Java 开发

从入门到精通

第2版

扶松柏 王洋 陈小玉◎编著

U0312873

人民邮电出版社

北　京

图书在版编目（CIP）数据

Java开发从入门到精通 / 扶松柏，王洋，陈小玉编
著. -- 2版. -- 北京 ：人民邮电出版社，2019.9（2020.9重印）
ISBN 978-7-115-50410-4

Ⅰ．①J… Ⅱ．①扶… ②王… ③陈… Ⅲ．①JAVA语
言—程序设计 Ⅳ．①TP312.8

中国版本图书馆CIP数据核字（2018）第279048号

内 容 提 要

本书专门介绍 Java 编程，主要内容包括：Java 基础知识、Java 语法基础、条件语句、循环语句、
数组、Java 面向对象编程、集合、常用的类库、泛型、异常处理、I/O 文件处理和流程、AWT、Swing、
JavaFX 基础知识、UI 组件、事件处理程序、基于 JavaFX 框架的 Web 和多媒体开发、数据库编程、
网络与通信编程、多线程和进程等。本书适合 Java 开发人员阅读，也适合计算机相关专业的师生阅
读。

◆ 编 著 扶松柏 王 洋 陈小玉
责任编辑 张 涛
责任印制 焦志炜

◆ 人民邮电出版社出版发行 北京市丰台区成寿寺路 11 号
邮编 100164 电子邮件 315@ptpress.com.cn
网址 http://www.ptpress.com.cn
固安县铭成印刷有限公司印刷

◆ 开本：787×1092 1/16
印张：41.75
字数：1119 千字 2019 年 9 月第 2 版
印数：20 001 – 20 300 册 2020 年 9 月河北第 3 次印刷

定价：109.00 元

读者服务热线：（010）81055410 印装质量热线：（010）81055316
反盗版热线：（010）81055315
广告经营许可证：京东市监广登字20170147号

前　　言

你从开始学习编程的那一刻起，就注定了以后所要走的路：从编程学习者开始，依次经历实习生、程序员、软件工程师、架构师、CTO 等职位的磨砺。当你站在职位顶峰的位置蓦然回首时，会发现自己的成功并不是偶然，在程序员的成长之路上会有不断修改代码、寻找并解决Bug、不停地测试程序和修改项目的经历。不可否认的是，只要你在自己的开发生涯中稳扎稳打，并且善于总结和学习，最终将会得到可喜的收获。

选择一本合适的书

对于一名想从事程序开发的初学者来说，究竟如何学习才能提高自己的开发技术呢？一个答案就是买一本合适的程序开发图书进行学习。但是，市面上许多面向初学者的编程图书都侧重基础知识的讲解，更偏向于理论，读者读了以后在面对实战项目时还是无从下手。如何从理论平滑过渡到项目实战，是初学者的痛点，为此，作者特意编写了本书。

本书涵盖了入门类、范例类和项目实战类 3 类图书的内容。另外，对实战知识不是点到为止地讲解，而是深入地探讨。用纸质书＋配套资源＋网络答疑的方式，完美实现了入门＋范例练习＋项目实战，帮助读者顺利适应项目实战的角色。

本书特色

❏　以"从入门到精通"的写作方法构建内容，让读者轻松入门。

为了使读者能够完全看懂本书的内容，本书遵循"从入门到精通"基础类图书的写法，循序渐进地讲解 Java 语言的基本知识。

❏　破解语言难点，以"技术解惑"贯穿全书，绕过学习中的陷阱。

本书不会罗列式讲解 Java 语言的知识点，为了帮助读者学懂基本知识点，每章都会有"技术解惑"板块，让读者知其然又知其所以然，也就是看得明白，学得通。

❏　全书有大量实例和范例，与"实例大全"类图书拥有同数量级的范例。

通过大量实例及范例，本书不仅实现了对知识点的横向切入和纵向比较，还从不同的角度展现一个知识点的用法，真正实现了举一反三的效果。

❏　配套资源包含视频讲解，降低了学习难度。

书中每一章均提供语音教学视频，这些视频能够引导初学者快速入门，增强学习的信心，从而快速理解所学知识。

❏　提供源程序＋视频＋PPT，让学习更轻松。

因为本书篇幅有限，不可能用一本书囊括"基础+范例+项目案例"的诸多内容，所以需要配套的资源来实现。本书的配套资源中不但有全书的源代码，而且有精心制作的实例讲解视频。本书的配套资源可以在 toppr 网站下载。

❏　通过 QQ 群和网站论坛实现教学互动，形成互帮互学的朋友圈。

为了方便给读者答疑，本书作者特提供了网站论坛、QQ 群（943546773）等技术支持，并且随时在线与读者互动。让大家在互学互帮中形成一个良好的学习编程的氛围。

本书的学习论坛参见 toppr 网站。

本书内容

本书由浅入深地详细讲解了 Java 的开发技术，并通过具体实例的实现过程演练了各个知识点的具体使用流程。本书共 25 章。第 1~2 章讲解了计算机基础和 Java 开发入门，以及如何编写第一段 Java 程序；第 3~9 章讲解了 Java 语法、条件语句、循环语句、数组、面向对象等知识，这些内容都是 Java 开发技术的核心知识；第 10~14 章讲解了集合、类库、泛型、异常处理、I/O 文件处理的基本知识，这些内容是 Java 开发技术的重点和难点；第 15~21 章讨论桌面开发技术，包括 AWT 技术、Swing 技术和 JavaFX 技术的基本知识；第 22~25 章是典型应用内容，讲解了数据库编程、网络与通信编程、多线程和案例。书中以"技术讲解""范例演练""技术解惑"贯穿全书，引领读者全面掌握 Java 语言的开发技术。

各章的模块

本书最大的特色是实现了入门知识、实例演示、范例演练、技术解惑四大部分内容的融合。其中各章内容由如下模块构成。

- ❏ 入门知识：循序渐进地讲解了 Java 语言开发的基本知识点。
- ❏ 实例演示：遵循理论加实践的学习模式，用大量实例演示了各个入门知识点的用法。
- ❏ 范例演练：为了达到对知识点融会贯通、举一反三的效果，为每个正文实例配备了两个演练范例，书中配套的大量范例从多个角度演示了各个知识点的用法和技巧。
- ❏ 技术解惑：把读者容易混淆的部分单独用一个模块进行讲解和剖析，对读者所学的知识实现了"拔高"处理。

本书读者对象

- ❏ 初学编程的自学者
- ❏ 编程爱好者
- ❏ 大中专院校的教师和学生
- ❏ 相关培训机构的教师和学员
- ❏ 毕业设计的学生
- ❏ 初级和中级程序开发人员
- ❏ 软件测试人员
- ❏ 实习中的初级程序员
- ❏ 在职程序员

致谢

十分感谢我的家人给予我的巨大支持。本人水平毕竟有限，书中难免存在纰漏之处，恳请读者提出意见或建议，以便修订并使之更臻完善。编辑联系邮箱是 zhangtao@ptpress.com.cn。

最后感谢读者购买本书，希望本书能成为读者编程路上的好帮手。

作者

资源与支持

本书由异步社区出品，社区（https://www.epubit.com/）为您提供相关资源和后续服务。

配套资源

本书配套资源包括书中示例的源代码。

要获得以上配套资源，请在异步社区本书页面中单击 `配套资源`，跳转到下载界面，按提示进行操作即可。注意，为保证购书读者的权益，该操作会给出相关提示，要求输入提取码进行验证。

如果您是教师，希望获得教学配套资源，请在社区本书页面中直接联系本书的责任编辑。

提交勘误

作者和编辑尽最大努力来确保书中内容的准确性，但难免会存在疏漏。欢迎您将发现的问题反馈给我们，帮助我们提升图书的质量。

当您发现错误时，请登录异步社区，按书名搜索，进入本书页面，单击"提交勘误"，输入勘误信息，单击"提交"按钮即可（见下图）。本书的作者和编辑会对您提交的勘误进行审核，确认并接受后，您将获赠异步社区的 100 积分。积分可用于在异步社区兑换优惠券、样书或奖品。

与我们联系

我们的联系邮箱是 contact@epubit.com.cn。

如果您对本书有任何疑问或建议，请您发邮件给我们，并请在邮件标题中注明本书书名，以便我们更高效地做出反馈。

如果您有兴趣出版图书、录制教学视频，或者参与图书翻译、技术审校等工作，可以发邮件给我们；有意出版图书的作者也可以到异步社区在线提交投稿（直接访问 www.epubit.com/selfpublish/submission 即可）。

如果您所在的学校、培训机构或企业，想批量购买本书或异步社区出版的其他图书，也可以发邮件给我们。

如果您在网上发现有针对异步社区出品图书的各种形式的盗版行为，包括对图书全部或部分内容的非授权传播，请您将怀疑有侵权行为的链接发邮件给我们。您的这一举动是对作者权益的保护，也是我们持续为您提供有价值的内容的动力之源。

关于异步社区和异步图书

"异步社区" 是人民邮电出版社旗下 IT 专业图书社区，致力于出版精品 IT 技术图书和相关学习产品，为作译者提供优质出版服务。异步社区创办于 2015 年 8 月，提供大量精品 IT 技术图书和电子书，以及高品质技术文章和视频课程。更多详情请访问异步社区官网 https://www.epubit.com。

"异步图书" 是由异步社区编辑团队策划出版的精品 IT 专业图书的品牌，依托于人民邮电出版社近 30 年的计算机图书出版积累和专业编辑团队，相关图书在封面上印有异步图书的 LOGO。异步图书的出版领域包括软件开发、大数据、AI、测试、前端、网络技术等。

异步社区

微信服务号

目　　录

第 1 章

计算机基础和 Java 开发入门

  Java 是一门神奇的编程语言，一直雄居各编程语言排行榜的榜首，用它开发的软件遍布各行各业。为什么 Java 语言如此受开发者追捧呢？它究竟有什么突出的优势，使之能够从众多的编程语言中脱颖而出？本章将一步步引领读者了解 Java 这门编程语言的强大之处。

1.1 计算机基础

计算机（Computer）是一种能按照某些预定的程序（这些程序往往体现的是人类的意志）对输入到其中的信息进行处理，并将处理结果输出的高度自动化的电子设备。本节将介绍计算机应用的基础知识，为读者步入本书后面知识的学习打下基础。

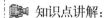 知识点讲解：

1.1.1 中央处理器

中央处理器（Central Processing Unit，CPU）是一块超大规模的集成电路，通常是一台计算机的运算核心和控制核心，主要包括算术和逻辑单元（Arithmetic and Logic Unit，ALU）和控制器（Control Unit，CU）两大部件。此外，还包括若干个寄存器和存储器，以及用于实现它们之间联系的数据、控制及状态总线。CPU 与内部存储器和输入/输出设备合称为电子计算机三大核心部件，其功能主要是执行计算机指令以及处理计算机软件中的数据。计算机的性能在很大程度上由 CPU 的性能决定，而 CPU 的性能主要体现在其运行速度上。

1.1.2 比特和字节

1. 比特

比特音译自英文名词 bit。在现实应用中，比特是表示信息量的一种单位。二进制数中的位表示信息量的度量单位，为信息量的最小单位。二进制数中的一位所包含的信息就是 1 比特，如二进制数 0100 就是 4 比特。在计算机应用中，二进制数 0 和 1 是构成信息的最小单位，被称作"位"或"比特"。例如数字化音响中用电脉冲表达音频信号，"1"代表有脉冲，"0"代表脉冲间隔。如果波形上每个点的信息用 4 位一组的代码表示，则称 4 比特，比特数越大，表达的模拟信号就越精确，对音频信号的还原能力就越强。

2. 字节

字节（Byte）是计算机信息技术用于计量存储容量的一种计量单位，有时也表示一些计算机编程语言中的数据类型和语言字符。

在计算机应用中，由若干比特组成 1 字节。字节由多少比特组成取决于计算机的自身结构。通常来说，微型计算机的 CPU 多用 8 位组成 1 字节，用以表示一个字符的代码，构成 1 字节的 8 位被看作一个整体，字节是存储信息的基本单位。大多数情况下，计算机存储单位的换算关系如下所示。

1B=8bit

1KB=1024B

1MB=1024KB

1GB=1024MB

上述关系中各个单位的具体说明如下所示。

❑ B 表示字节。

❑ bit 表示比特。

❑ KB 表示千字节。

❑ MB 表示兆字节。

❑ GB 表示吉字节。

1.1.3　二进制

二进制是计算技术中被广泛采用的一种数制，是使用 0 和 1 两个数码来表示数字的数制。二进制的基数为 2，进位规则是"逢二进一"，借位规则是"借一当二"，由 18 世纪德国数理哲学大师莱布尼茨发现。当前的计算机系统使用的基本上是二进制系统，数据在计算机中主要是以补码的形式存储的。计算机中的二进制则是一种非常微小的开关，用"开"表示 1，用"关"表示 0。因为只使用 0、1 两个数字符号，所以二进制非常简单方便，易于用电子方式实现。

下面介绍如何从十进制转换成二进制。

- □ 正整数转换成二进制：转换原则是除以 2 取余，然后倒序排列，高位补零。也就是说，将正的十进制数除以 2，将得到的商再除以 2，依次类推，直到商为 0 或 1 时为止，然后在旁边标出各步的余数，最后倒着写出来，高位补零即可。例如，为了将十进制数字 42 转换为二进制，将 42 除以 2，根据余数得到 010101，然后将得到的余数倒着排一下，就会得到数字 42 对应二进制数是 101010。但是因为计算机内部用于表示数的字节单位是定长的，如 8 位、16 位或 32 位，所以当位数不够时，需要在高位补零。前面将 42 转换成二进制数时得到的结果是 6 位的 101010，在前面缺少两位，所以将十进制 42 转换成二进制的最终结果是 00101010。

- □ 负整数转换成二进制：转换原则是先将对应的正整数转换成二进制，对二进制取反，然后对结果加 1。以十进制负整数−42 为例，将 42 的二进制形式（00101010）取反，得到的结果是 11010101，然后再加 1，结果是 11010110。

- □ 二进制整数转换成十进制：转换原则是先将二进制数字补齐位数，首位如果是 0，就代表正整数；首位如果是 1，则代表负整数。先看首位是 0 的正整数，补齐位数以后，获取"$n \times 2^m$"的计算结果，其中上标"m"表示二进制数字的位数，"n"表示二进制的某个位数。将二进制中的各个位数分别实现"$n \times 2^m$"计算，然后将计算结果相加，得到的值就为十进制。比如，将二进制 1010 转换为十进制的过程如下所示：

二进制					1	0	1	0
补齐位数	0	0	0	0	1	0	1	0
进行"$n \times 2^m$"计算	0×2^7	0×2^6	0×2^5	0×2^4	1×2^3	0×2^2	1×2^1	0×2^0
计算结果	0	0	0	0	8	0	2	0

将各位求和的结果是 10。所以，将二进制 1010 转换为十进制的结果是 10。

如果要转换的二进制数补足位数后首位为 1，表示这个二进制数是负整数。此时就需要先进行取反，再进行换算。例如，二进制数 11101011 的首位为 1，那么先取反，得到−00010100，然后按照上面的计算过程得出 10100 对应的十进制数为 20，所以二进制数 11101011 对应的十进制数为−20。

1.1.4　编码格式

1. ASCII 格式

美国信息交换标准代码（American Standard Code for Information Interchange，ASCII）是基于拉丁字母的一套计算机编码系统，主要用于显示现代英语和其他西欧语言。ASCII 是现今最通用的单字节编码系统，并等同于国际标准 ISO/IEC 646。

一个英文字母（不分大小写）占 1 字节的空间，一个中文汉字占 2 字节的空间。一个二进制数字序列，在计算机中作为一个数字单元，一般为 8 位二进制数，换算为十进制后，最小值为 0，最大值为 255。例如，一个 ASCII 码就是 1 字节。

2. Unicode 格式

Unicode（又称统一码、万国码或单一码）是计算机科学领域里的一项业界标准，包括字符集、编码方案等。Unicode 是为了解决传统的字符编码方案的局限性而产生的，它为每种语言中的每个字符设定统一并且唯一的二进制编码，以满足跨语言、跨平台进行文本转换、处理的要求。

最初的 Unicode 编码采用固定长度的 16 位，也就是 2 字节代表一个字符，这样一共可以表示 65 536 个字符。显然，要表示各种语言中所有的字符，这是远远不够的。Unicode 4.0 规范考虑到了这种情况，定义了一组附加字符编码，附加字符编码采用两个 16 位来表示，这样最多可以定义 1 048 576 个附加字符，在 Unicode 4.0 规范中只定义了 45 960 个附加字符，在 Unicode 5.0 版本中已定义的字符有 238 605 个。

Unicode 只是一种编码规范，目前实际实现的 Unicode 编码只有 3 种——UTF-8、UCS-2 和 UTF-16。这 3 种 Unicode 字符集之间可以按照规范进行转换。

3. UTF-8 格式

UTF-8（8-bit Unicode Transformation Format）是一种针对 Unicode 的可变长度字符编码，又称万国码。UTF-8 由 Ken Thompson 于 1992 年创建，现在已经标准化为 RFC 3629。UTF-8 用 1～6 字节编码 Unicode 字符，用在网页上，可以统一页面显示的中文简体及其他语言（如英文、日文、韩文）。一个 UTF-8 英文字符等于 1 字节。一个 UTF-8 中文（含繁体）字符，少数占用 3 字节，多数占用 4 字节。一个 UTF-8 数字占用 1 字节。

1.2　初识 Java

纵观各大主流招聘媒体，总是会看到多条招聘 Java 程序员的广告。由此可以看出，Java 程序员很受市场欢迎。本节将带领大家初步认识一下 Java 这门语言，为读者随后步入本书后面知识的学习打下基础。

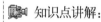 知识点讲解：

1.2.1　何谓 Java

我们通常所说的 Java，指的是 Sun 公司在 1995 年 5 月推出的一套编程架构，它主要由 Java 程序设计语言（以后简称 Java 语言）和 Java 运行时环境两部分组成。用 Java 实现的 HotJava 浏览器（支持 Java Applet）向我们展示了 Java 语言的魅力——跨平台、动态 Web 开发及 Internet 计算。当时，人们通过 HotJava 浏览器上运行的 Java Applet 程序，看到了 Java 是一门具有跨平台能力的程序设计语言，因而在动态 Web 开发及 Internet 计算领域有着巨大的潜力。从那以后，Java 便被广大程序员和企业用户广泛接受，成为最受欢迎的编程语言之一。

当然，Java 程序需要在 Java 平台的支持下运行，Java 平台则主要由 Java 虚拟机（Java Virtual Machine，JVM）和 Java 应用编程接口（Application Programming Interface，API）构成。我们需要在自己的设备上安装 Java 平台之后，才能运行 Java 应用程序。关于这一点，读者倒是不必太担心，如今所有操作系统都有相应版本的 Java 平台，我们只需要按照相关的指示安装好它们，然后我们的 Java 程序只需要编译一次，可以在各种操作系统中运行了。

Java 分为如下 3 个体系。

- ❑ JavaSE：Java2 Platform Standard Edition 的缩写，即 Java 平台标准版，涵盖 Java 语言的大多数功能，本书将以 JavaSE 平台进行讲解。
- ❑ JavaEE：Java 2 Platform Enterprise Edition 的缩写，即 Java 平台企业版，主要用于开发企业级程序。

❑ JavaME：Java 2 Platform Micro Edition 的缩写，即 Java 平台微型版，主要用于开发移动设备端的程序。

1.2.2 Java 的特点

❑ 语法简单：Java 语言的语法与 C/C++语言十分接近，这样大多数程序员可以很容易地学习和使用 Java。另外，Java 还丢弃了 C++中很少使用的、很难理解的那些特性，例如操作符重载、多继承、自动强制类型转换等，并且令广大学习者高兴的是 Java 不再使用指针，学习者再也不用为指针发愁了。除此之外，Java 还为我们提供了垃圾回收机制，使得程序员不必再为内存管理而担忧。

❑ 支持面向对象：Java 语言支持类、接口和继承等特性，并且为简单起见，Java 只支持类之间的单继承和接口之间的多继承，并且也支持类与接口之间的实现机制。总之，Java 是一门纯粹面向对象的程序设计语言。

❑ 支持分布式开发：Java 语言支持 Internet 应用开发，在基本的 Java 应用编程接口中有一个网络应用编程接口（java.net），这个接口提供了用于网络应用编程的类库，包括 URL、URLConnection、Socket、ServerSocket 等。Java 的远程方法激活（RMI）机制也是开发分布式应用的重要手段。

❑ 健壮性：Java 的强类型、异常处理、垃圾回收等机制保证了 Java 程序的健壮性。另外，Java 的安全检查机制对保证 Java 程序的健壮性也有相当大的作用。

❑ 安全性：由于程序员通常需要在网络环境中使用 Java 语言，因此 Java 必须为我们提供一套安全机制以防止程序被恶意代码攻击。Java 语言除了具有许多安全特性以外，还为从网络下载应用提供了安全防范机制（ClassLoader 类），例如，通过分配不同的名称空间可以防止本地类被外来的同名类意外替代。另外，Java 的字节代码检查和安全管理机制（SecurityManager 类）在 Java 应用程序中也起到"安全哨兵"的作用。

❑ 可移植性：相同的程序能够在不同的开发环境与应用环境中使用，不论使用的是微软的产品还是其他提供商的产品。当然，由于 Java 的运行环境是用 ANSI C 实现的，这赋予了 Java 系统很强的可移植性，使 Java 程序可以在多种平台上运行。

❑ 解释型语言：Java 程序的代码会在 Java 平台上被编译为字节码格式，这样 Java 程序就可以在安装了 Java 平台的任何系统中运行。在运行时，Java 平台中的 Java 解释器对这些字节码进行解释，执行过程中需要的类会在连接阶段载入到运行环境中。

❑ 支持多线程：当程序需要同时处理多项任务时，就需要用到多线程并行开发。如果一个程序在同一时间只能做一件事情，那它的功能也太过于简单了，肯定无法满足现实需求。在实际应用中，多线程条件下的并行开发是必不可少的，可以让我们在同一时间做多件事情，甚至开启多个线程，同时做一件事情，以提高效率。无论是 C/C++语言，还是其他程序设计语言，线程都是一个十分重要的概念。

❑ 高性能：与那些解释型的高级脚本语言相比，Java 的确称得上高性能。近年来，随着 JIT（Just-In-Time）编译器技术的发展，Java 的运行速度事实上已经越来越接近于 C++了。

❑ 动态：Java 语言的设计目标之一是适应动态变化的环境。Java 程序中的类需要能够动态地载入到运行环境中，也可以通过网络来载入所需要的类。动态语言有利于软件升级。

1.2.3 Java 的地位

"TIOBE 编程语言社区排行榜"是众多编程语言爱好者心目中的权威榜单。TIOBE 榜单每月更新一次，上面的排名客观公正地展示了各门编程语言的地位。TIOBE 排行榜的排名基于互联网上有经验的程序员、课程和第三方厂商的数量，TIOBE 编程语言社区排行榜使用著名的搜索引擎（诸如 Google、MSN、Yahoo!、Wikipedia、YouTube 以及 Baidu 等）进行计算。都说"长江后浪推前浪，一浪更比一浪强"，但是在编程榜单上，Java 和 C 语言的二人转已经表演多年，程序员也早已习惯 C 语言和 Java 的二人转局面。截至 2018 年 9 月，Java 语言和 C 语言依然是最大的赢家。表 1-1 显示了最近两年榜单上前两名编程语言的排名信息。

表 1-1　2017～2018 年编程语言使用率统计

2018 年排名	2017 年排名	语言	2018 年占有率（%）	和 2017 年相比（%）
1	1	Java	17.436	4.75
2	2	C	15.447	8.06

由表 1-1 的统计数据可以看出，最近两年 Java 语言一直位居榜首。虽然 TIOBE 编程语言社区排行榜只反映某编程语言的热门程度，并不能说明一门编程语言本身设计的优劣，或者使用一门编程语言编写的代码量的多少，但是这个排行榜可以考查大家的编程技能是否与时俱进，也可以在开发新系统时作为语言选择依据。Java 的功能比较强大，在服务器端应用、移动设备端应用、桌面应用和 Web 应用的开发中都占据重要的地位，所以占据排行榜榜首是非常正常的。

在现实应用中，Java 语言主要应用于如下领域。

❑ 服务器端应用：Java 在服务器端编程方面的表现很出色，拥有很多其他语言所没有的优势。

❑ 移动端应用：Java 在手机等移动设备上的应用比较广泛，如手机、平板电脑上的 Java 游戏随处可见，当前异常火爆的 Android 系统也支持 Java。

❑ 桌面应用：Java 和 C++、.NET 一样重要，影响着桌面程序的发展。

❑ Web 应用：Java 在 Web 应用的开发上有着巨大的优势，而且 Java 的大多数开发工具和开发框架都是开源的，具有更强的安全性。

1.3　技　术　解　惑

Java 语言开发技术博大精深。正是因为如此，Java 一直深受广大程序员的喜爱。作为一名初学者，肯定会在学习过程中遇到很多疑问和困惑。在本节的内容中，作者将自己的心得体会告诉大家，帮助读者解惑。

1.3.1　对初学者的建议

（1）学得要深入，基础要扎实。

基础的作用不必多说，在大学课堂上讲过很多次，在此重点说明"深入"。职场不是学校，企业要求你能高效地完成项目，但是现实中的项目种类繁多，我们需要从基础上掌握 Java 技术的精髓。走马观花式的学习已经被社会淘汰，入门水平不会被 IT 公司接受，他们需要的是高手。

（2）恒心，演练，举一反三。

学习编程的过程是枯燥的，我们需要将学习 Java 当成自己的乐趣，只有做到持之以恒才有机会学好。另外，编程最注重实践，最忌讳闭门造车。每一个语法，每一个知识点，都要反复用实例来演练，这样才能加深对知识的理解。要做到举一反三，只有这样才能对知识有深入的理解。

1.3.2　理解 Java 的垃圾回收机制

对于很多具有 C 语言基础的读者来说，在 Java 的众多突出特性之中，垃圾回收机制是首先要习惯的一个，因为在他们之前的习惯中，动态分配的对象所占的内存会在程序结束运行之前一直被占用，在明确释放之前不能分配给其他对象；而在 Java 中，当没有对象引用指向原先分配给某个对象的内存时，该内存便被垃圾回收机制视为垃圾，后者是 JVM 中的一个系统级线程，它会自动释放这样的内存块，垃圾被回收意味着程序不再需要的对象是"无用信息"，这些信息将被丢弃。当一个对象不再被引用时，JVM 就会回收它占用的内存，以便该内存能被后来的新对象使用。事实上，除了释放没用的对象之外，垃圾回收机制也会清除内存中的碎片。这些碎片是由于创建对象以及垃圾回收机制释放对象占用的内存空间造成的，碎片是分配给对象的内存块之间的空闲内存洞。执行碎片整理会将占用的堆内存移到堆的一端，JVM 则将整理出的内存分配给新的对象。

垃圾回收机制能自动释放内存空间，这样做可以减轻编程人员的负担，赋予 Java 虚拟机一些优点。它能提高编程效率。在没有垃圾回收机制的时候，可能要花许多时间来解决让人费解的存储器问题。在用 Java 语言编程时，靠垃圾回收机制可大大缩短时间。另外，它能保护程序的完整性，垃圾回收是 Java 语言安全性策略的一个重要部分。

垃圾回收的一个潜在缺点是，它的开销会影响程序性能。Java 虚拟机必须追踪所运行程序中有用的对象，而且最终释放没用的对象。这个过程需要占用处理器。另外，垃圾回收机制在算法上的不完备性，也会使得早先采用的某些垃圾回收不能保证 100% 回收所有的废弃内存。当然，随着垃圾回收算法的不断改进以及软硬件运行效率的不断提升，这些问题都终将得到解决。

1.3.3　充分利用 Java API 文档

Java API 文档是 Java 官方为广大程序员提供的一份福利，里面详细介绍了类、方法和变量的解释说明。如果开发人员对正在使用的类不熟悉，想查看类里面定义的变量或方法，就可以打开 Java API 文档进行阅读和查看。Oracle 官网上的在线 Java API 文档如图 1-1 所示。

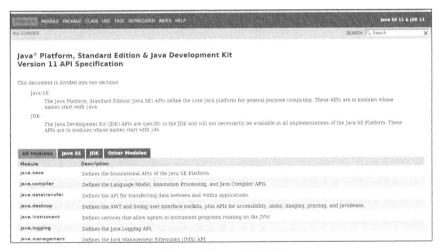

图 1-1　在线 Java API 文档

1.4　课 后 练 习

（1）二进制数 00101110 转换成十进制数的结果是_____。

（2）二进制数 00101110 转换成十六进制数的结果是_____。

（3）在网络中寻找在线的进制转换工具，练习将不同的数字转换成不同的进制。

第 2 章

第一段 Java 程序

　　经过对本书第 1 章内容的学习，相信大家已经了解了 Java 语言的基本特点。从本章内容开始，我们将和大家一起来学习 Java 语言的基本知识。当然，在学习具体语法知识之前，我们会首先介绍一下如何搭建 Java 开发环境。然后，我们会通过一段实例程序来介绍 Java 的运作机制，为后面的学习打下良好的基础。

2.1　搭建 Java 开发环境

"工欲善其事，必先利其器"，这一说法也同样适用于编程领域，因为学习 Java 开发也离不开一款好的开发工具。但是在使用开发工具进行 Java 开发之前，我们需要先安装好 JDK，并对其进行相关设置。

知识点讲解：

2.1.1　安装 JDK

如前所述，在进行任何 Java 开发之前，我们都必须先安装好 JDK，并配置好相关的环境，这样我们才能开始在自己的计算机中编译并运行 Java 程序。显然，JDK（Java Development Kit）是我们整个 Java 开发环境的核心，它包括 Java 运行环境（JRE）、Java 工具和 Java 基础类库，这是开发和运行 Java 程序的基础。所以，接下来我们首先要获得与自己当前所用操作系统对应的 JDK，具体操作如下。

（1）虽然 Java 语言是 Sun 公司发明的，但是 Sun 公司已经被 Oracle 收购，所以我们安装 JDK 的工作得从 Oracle 中文官方网站上找到相关的下载页面开始。Oracle 官方下载页面如图 2-1 所示。

图 2-1　Oracle 官方下载页面

（2）在该页面上单击"JavaSE"链接，弹出 Java 下载界面，如图 2-2 所示。

（3）单击图 2-2 中的"Java SE"链接，弹出 Java SE 下载界面，如图 2-3 所示。

图 2-2　Java 下载界面　　　　　　图 2-3　Java SE 下载界面

（4）继续单击"Oracle JDK"下方的"DOWNLOAD"按钮，弹出 JDK 下载界面，如图 2-4 所示。

（5）在图 2-4 中，你会看到有很多版本的 JDK，这时读者就需要根据自己当前所用的操作系统来下载相应的版本了。下面我们对各版本对应的操作系统做具体说明。

❑ Linux：基于 64 位 Linux 系统，官网目前分别提供了 bin.tar.gz 和 bin.rpm 两个版本的下载包。

❑ Mac OS：苹果操作系统。

❑ Windows x64：基于 x86 架构的 64 位 Windows 系统。

❑ Solaris SPARC：Oracle 官方自己的服务器系统。

注意：随着官方对 Java 11 的更新，官方可能会对上述不同系统分别推出 32 位版本和 64 位版本，读者可以随时关注官网的变化。例如下面的情况。

❑ Linux x86：基于 x86 架构的 32 位 Linux 系统。

❑ Windows x86：基于 x86 架构的 32 位 Windows 系统。

在这里，因为作者计算机中的操作系统是 64 位的 Windows 系统，所以在选中图 2-4 中的"Accept License Agreement"单选按钮后，单击的是"Windows"后面的"jdk-11_windows-x64_bin.exe"下载链接。如果下载的版本和自己的操作系统不对应，后续在安装 JDK 时就会面临失败。

（6）待下载完毕后，就可以双击下载的".exe"文件，开始进行安装了，将弹出安装向导，单击"下一步"按钮，如图 2-5 所示。

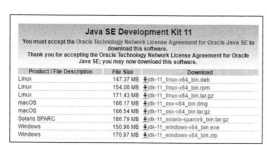

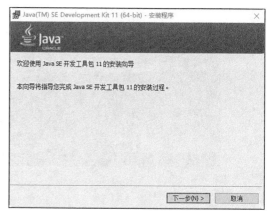

图 2-4　JDK 下载界面　　　　　　　　　　　　　　　图 2-5　安装向导

（7）安装程序将会弹出"定制安装"对话框，可以选择 JDK 的安装路径，作者设置的是"C:\Program Files\Java\jdk-11\"，如图 2-6 所示。

（8）设置好安装路径后，我们继续单击"下一步"按钮，安装程序就会提取安装文件并进行安装，如图 2-7 所示。

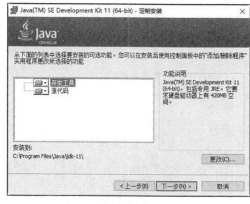

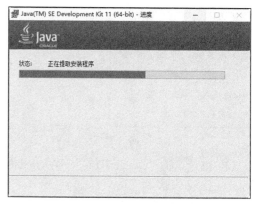

图 2-6　"定制安装"对话框　　　　　　　　　　　　　图 2-7　解压缩下载的文件

（9）安装程序在完成上述过程后会弹出"完成"对话框，单击"关闭"按钮即可完成整个安装过程，如图 2-8 所示。

（10）检测一下 JDK 是否真的安装成功了，具体做法是依次单击"开始"|"运行"，在"运行"对话框中输入"cmd"并按 Enter 键，在打开的 CMD 窗口中输入 java–version。如果显示图 2-9 所示的提示信息，则说明安装成功。

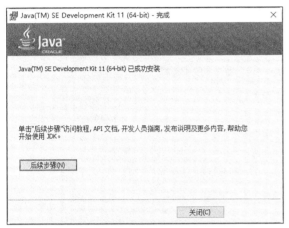

图 2-8　完成安装　　　　　　　　　　　图 2-9　验证 JDK 安装成功

2.1.2　配置开发环境——Windows 7

如果在 CMD 窗口中输入 java –version 命令后提示出错，则表明我们的 Java JDK 并没有完全安装成功。这时候读者不用紧张，只需要将 JDK 所在目录的绝对路径添加到系统变量 PATH 中即可解决。下面介绍该解决办法的流程。

（1）右击"我的电脑"，选择"属性"|"高级系统设置"，单击下面的"环境变量"，在下面的"系统变量"处选择"新建"，在"变量名"处输入 JAVA_HOME，在"变量值"处输入刚才的目录，比如作者使用的"C:\Program Files\Java\jdk-11\"，如图 2-10 所示。

（2）新建一个变量，名为 CLASSPATH，变量值如下所示，注意最前面分别有英文格式的一个句点和一个分号。

```
.;%JAVA_HOME%/lib;%JAVA_HOME%\lib\tools.jar
```

单击"确定"按钮，找到 PATH 变量，双击或单击进行编辑，在变量值的最前面添加如下值。

```
%JAVA_HOME%/bin;
```

具体如图 2-11 所示。

图 2-10　设置系统变量　　　　　　　　　　图 2-11　编辑系统变量

2.1.3　配置开发环境——Windows 10

如果读者使用的是 Windows 10 系统，在设置系统变量 PATH 时，操作会和上面的步骤有所区别。因为在 Windows 10 系统中选中 PATH 变量并单击"编辑"按钮后，会弹出与之前 Windows 系统不同的"编辑环境变量"对话框，如图 2-12 所示。我们需要单击右侧的"新建"按钮，然后才能添加 JDK 所在目录的绝对路径，而不能用前面步骤中使用的"%JAVA_HOME%"，此处需要分别添加 Java JDK 的绝对路径，例如作者的安装目录是"C:\Program Files\Java\jdk-11\"，所以需要分别添加如下两个变量值。

```
C:\Program Files\Java\jdk-11\bin
```

注意，在图 2-12 所示的界面中，一定要确保"C:\Program Files\Java\jdk-11\bin"选项在"C:\Program Files (x86)\Common Files\Oracle\Java\javapath"选项的前面（上面），否则会出错。

图 2-12　为 Windows 10 的系统变量 PATH 添加变量值

完成上述操作后，我们可以依次单击"开始" |"运行"，在"运行"对话框中输入"cmd"并按 Enter 车键，然后在打开的 CMD 窗口中输入 java-version，读者应该会看到图 2-13 所示的提示信息，输入 javac 会显示图 2-14 所示的提示信息，这就说明 Java JDK 安装成功了。

图 2-13　输入 java-version

图 2-14　输入 javac

2.2 编写第一段 Java 程序

在完成 Java 开发环境的安装和配置之后，我们就要开始编写一段 Java 程序了。然后，我们还要编译这段 Java 程序并让它运行起来。下面就正式开始我们的 Java 编程之旅吧！

 知识点讲解：

2.2.1 第一段 Java 代码

现在，让我们打开记事本程序，并在其中输入下面的代码。

（源码路径：daima\2\first.java）

```
public class first{
    /*这是一个 main方法*/
    public static void main(String [] args){
        /* 输出此消息 */
        System.out.println("第一段Java程序! ");
    }
}
```

然后将该文件保存为 first.java。请注意，文件名"first.java"中的字符"first"一定要和代码行"public class first"中的字符"first"一致，并且字母大小写也必须完全一致，否则后面的编译步骤将会失败，如图 2-15 所示。

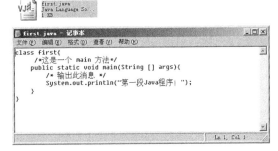

图 2-15　用记事本编辑文件 first.java

注意：可以用来编写 Java 程序的编辑器。可以使用任何无格式的纯文本编辑器来编辑 Java 源代码，在 Windows 操作系统中可以使用记事本（NotePad）、EditPlus 等程序，在 Linux 平台上可使用 vi 命令等。但是不能使用写字板和 Word 等文档编辑器来编写 Java 程序，因为写字板和 Word 等工具是有格式的编辑器，当我们使用它们编辑一个文档时，这个文档中会包含一些隐藏的格式化字符，这些隐藏字符会导致程序无法正常编译和运行。

2.2.2 关键字

关键字指的是 Java 系统保留使用的标识符，也就是说，这些标识符只有 Java 系统才能使用，程序员不能使用这样的标识符。例如在 first.java 中，public 就是一个关键字。另外，关键字还是 Java 中的特殊保留字。下面我们通过表 2-1 来具体看一下 Java 中到底有哪些关键字。

表 2-1　Java 关键字

abstract	boolean	break	byte	case	catch	char	class	const	continue
default	do	double	else	extends	final	finally	float	for	goto
if	implements	import	instanceof	int	interface	long	native	new	package
private	protected	public	return	short	static	strictfp	super	switch	synchronized
this	throw	throws	transient	try	void	volatile	while	assert	

另外，true、false 和 null 也都是 Java 中定义的特殊字符，虽然它们不属于关键字，但也不能被用作类名、方法名和变量名等。另外，表 2-1 中的 goto 和 const 是两个保留字(reserved word)。保留字的意思是，Java 现在还未使用这两个单词作为关键字，但可能在未来的 Java 版本中使用这两个单词作为关键字。

2.2.3　标识符

标识符指的是赋予类、方法或变量的名称。在 Java 语言中，我们通常会用标识符来识别类名、变量名、方法名、类型名、数组名和文件名。例如在 first.java 中，代码行"public class first"中的"first"就是一个标识符，它标识的是一个类，该类被命名为"first"。

按照 Java 语法的规定，标识符可以由大小写字母、数字、美元符号（$）组成，但不能以数字开头，标识符没有最大长度限制。例如下面都是合法的标识符。

```
Chongqin$
D3Tf
Two
$67.55
```

关于标识符的合法性，主要可以参考下面 4 条规则。

❑　标识符不能以数字开头，如 7788。
❑　标识符中不能出现规定以外的字符，如 You're、deng@qq.com。
❑　标识符中不能出现空格。
❑　标识符中只能出现美元字符$，而不能包含@、#等特殊字符。

由于标识符是严格区分大小写的，因此在 Java 中 no 和 No 是完全不同的。除此之外，还需要注意的是，虽然$符号在语法上允许使用，但我们会在编码规范中建议读者尽量不要使用，因为它很容易带来混淆。

❀　注意：在 Java 8 版本中，如果在标识符中使用了下划线"_"，那么 Java 编译器会将其标记为警告。如果在 lambda（正则）表达式中使用了下划线"_"，则直接将其标记为错误。在 Java 10 版本中，在任何情况下使用下划线"_"都会被标记为错误。

2.2.4　注释

代码中的注释是程序设计者与程序阅读者之间通信的桥梁，它可以最大限度提高团队开发的效率。另外，注释也是实现程序代码可维护性的重要环节之一。所以程序员不能为写注释而写注释，而应该为了提高代码的可读性和可维护性而写注释。

因为注释不会影响程序的运行，和程序代码的功能无关，所以即使没有注释，也不会妨碍程序的功能。尽管如此，我们还是建议读者养成在代码中添加注释的习惯。在 Java 程序中有如下 3 种添加注释的方式。

（1）单行(single-line)注释：使用双斜杠"//"写一行注释内容。

（2）块(block)注释：使用"/*……*/"格式（以单斜杠和一个星号开头，以一个星号和单斜杠结尾）可以写一段注释内容。

（3）文档注释：使用"/**……*/"格式（以单斜杠和两个星号开头，以一个星号和单斜杠结尾）可以生成 Java 文档注释，文档注释一般用于方法或类。

例如，在 first.java 中我们还可以在代码中添加以下注释。

```
/*
多行注释开始:
开始定义一个类
类的名字是first
first中的f是小写的
*/
public class first{
    /**
    *文档注释部分
    * main是一个方法，程序的执行总是从这个方法开始
    * @author toppr（作者信息）
    *
    */
    public static void main(String [] args){
        /*虽然是多行注释，但是也可以只写一行：输出此消息 */
```

```
        System.out.println("第一段Java程序！");    //单行注释：能够输出一段文本
    }
}
```

在上述代码中，我们对 3 种注释方式都做了示范，其中单行注释和块注释部分很容易理解，而文档注释通常由多行构成，一般分多行分别介绍某个类或方法的功能、作者、参数和返回值的信息。

2.2.5　main()方法

在 Java 语言中，main()方法被认为是应用程序的入口方法。也就是说，在运行 Java 程序的时候，第一个被执行的方法就是 main()方法。这个方法和 Java 中的其他方法有很大的不同，比如，方法的名字必须是 main，方法的类型必须是 public static void，方法的参数必须是一个 String[]类型的对象等。例如在前面的 first.java 中，main()方法就负责整个程序的加载与运行。如果一个 Java 程序没有 main()方法，该程序就没法运行。

2.2.6　控制台的输入和输出

控制台（Console）的专业名称是命令行终端，是无图形界面程序的运行环境，它会显示程序在运行时输入/输出的数据。我们在图 2-13 中看到的就是控制台在输入 java version 命令之后显示的信息。当然，控制台程序只是众多 Java 程序中的一类，本书前面章节中的实例都是控制台程序，例如 first.java 就是一个控制台程序，执行后会显示控制台界面，如图 2-16 所示。具体执行方法请看本章后面的内容。

图 2-16　控制台界面

在 Java 语言中，通常使用 System.out.println()方法将需要输出的内容显示到控制台中。在前面的实例 first.java 中，使用如下代码在控制台中输出文本"第一段 Java 程序！"。

```
System.out.println("第一段Java程序！");
```

2.3　编译并运行 Java 程序

经过前面的讲解，相信大家对 Java 程序已经有了大致的了解。本节将详细讲解如何编译并运行 Java 程序。

知识点讲解：

2.3.1　编译 Java 程序

在运行 Java 程序之前，我们首先要将它的代码编译成可执行的程序，为此，我们需要用到 javac 命令。由于我们在前面已经把 javac 命令所在的路径添加到了系统的 PATH 环境变量中，因此现在可以直接调用 javac 命令来编译 Java 程序了。另外，如果直接在命令行终端中输入 javac 命令，其后不跟任何选项和参数的话，它会输出大量与 javac 命令相关的帮助信息，读者在使用 javac 命令时可以参考这些帮助信息。在这里，我们建议初学者掌握 javac 命令的如下用法。

```
javac -d destdir srcFile
```

在上述命令中，-d 是 javac 命令的选项，功能是指定编译生成的字节码文件的存放路径（即 destdir）。在这里，destdir 必须是本地磁盘上的一条合法有效路径。而 srcFile 则表示的是 Java 源文件所在的路径，该路径既可是绝对路径，也可以是相对路径。通常，我们总是会将生成的字节码文件放在当前路径下，当前路径可以用点"."来表示。因此，如果以之前的 first.java 为例，我们可以首先进入它所在的路径，然后输入如下编译命令。

```
javac -d . first.java
```

假设 first.java 所在的路径为"C:\Users\apple"，则整个编译过程在 CMD 窗口中的效果如图 2-17 所示。运行上述命令后，会在该路径下生成一个编译后的文件 first.class，如图 2-18 所示。

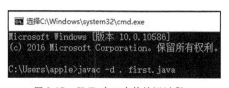

图 2-17　CMD 窗口中的编译过程

图 2-18　生成 first.class 文件

2.3.2　运行 Java 程序

待完成编译之后，我们就需要用到 java 命令来运行程序了。关于该命令，我们同样可以通过在命令行终端中直接输入不带任何参数或选项的 java 命令来获得其帮助信息。在这里，我们需要用到的 java 命令的格式如下所示。

```
java <main_class_name>//<main_class_name>表示Java程序中的类名
```

请一定要注意，java 命令后的参数应是 Java 程序的主类名（即 main()方法所在的类），它既不是字节码文件的文件名，也不是 Java 源文件名。例如，我们可以在命令行终端中进入 first.class 所在的路径，输入如下命令。

```
java first
```

上述命令会输出如下结果。

```
第一段Java程序!
```

在控制台中，完整的编译和运行结果如图 2-19 所示。

图 2-19　控制台中完整的编译和运行结果

另外需要提醒的是，初学者经常容易忘记 Java 是一门区分大小写的语言，例如在下面的命令中，我们错误地将 first 写成了 First，这会造成命令执行失败或异常。

```
java First
```

2.3.3　Java 11 新特性：新的程序运行方式

从 Java 11 开始新增了一个特性：启动单一文件的源代码程序。单一文件程序是指整个程序只有一个源码文件。这时在控制台中使用如下格式即可运行 Java 文件，从而省掉了编译环节。

```
java Java文件名
```

以上面的 Java 文件 first.java 为例，在运行之前先不编译它，而是希望 Java 启动器能直接运行文件 first.java。此时只需要将控制台命令放到程序目录中，然后运行如下命令即可。

```
java first.java
```

假设文件 first.java 位于本地计算机的"H:\eclipse-workspace\qiantao\src"目录下，则上述直接运行方式在控制台中的完整过程如下。

```
C:\Users\apple>h:

H:\>cd H:\eclipse-workspace\qiantao\src

H:\eclipse-workspace\qiantao\src>java first.java
第一段Java程序！
```

这是运行文件 first.java 的结果，省去了前面的编译环节

2.4 使用 IDE 工具——Eclipse

在体验 Java 程序的过程中，我们发现这样编写、编译、运行程序的过程非常烦琐。为了提高开发效率，我们可以使用第三方工具来帮助我们。在现实应用中，开发 Java 程序的最主流 IDE 工具是 Eclipse。本节将详细讲解搭建并使用 Eclipse 工具的知识。

 知识点讲解：

2.4.1 Eclipse

Eclipse 是一款著名的集成开发环境（IDE），最初主要用于 Java 开发。但由于 Eclipse 本身同时是一个开放源码的框架，后来陆续有人通过插件的形式将其扩展成了支持 Java、C/C++、Python、PHP 等主要编程语言的开发平台。目前，Eclipse 已经成为最受 Java 开发者欢迎的集成开发环境。

Eclipse 本身附带了一个标准的插件集，它们是 Java 开发工具（Java Development Tool，JDT）。当然，Eclipse 项目的目标是致力于开发全功能的、具有商业品质的集成开发环境。其中，下面是软件开发者经常会用到的 4 个组件。

- ❑ Eclipse Platform：一个开放的可扩展 IDE，提供一个通用的开发平台。
- ❑ JDT：支持 Java 开发。
- ❑ CDT：支持 C 开发。
- ❑ PDE：支持插件开发。

其中，启动 Java 版 Eclipse 后的界面如图 2-20 所示。

图 2-20 Eclipse 启动界面

2.4.2 获得并安装 Eclipse

Eclipse 是一个免费的开发工具，用户只需要去其官方网站下载即可，具体操作过程如下。

（1）打开浏览器，在浏览器的地址栏中输入 Eclipse 的网址，按 Enter 键打开后，单击右上角的"DOWNLOAD"按钮，如图 2-21 所示。

图 2-21 Eclipse 官网首页

17

（2）这时候，Eclipse 官网会自动检测用户当前所使用计算机的操作系统，并提供对应版本的下载链接。例如作者的计算机上安装的是 64 位 Windows 系统，所以会自动显示 64 位 Eclipse 的下载按钮，如图 2-22 所示。

（3）单击"DOWNLOAD 64 BIT"按钮之后，就会看到弹出的一个新页面，如图 2-23 所示。继续单击"Select Another Mirror"后，我们会在下方看到许多镜像下载地址。

图 2-22　64 位的 Eclipse 版本

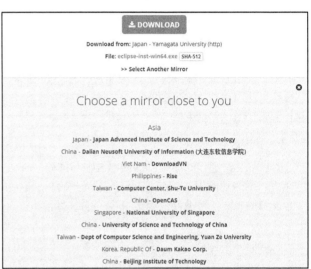

图 2-23　下载页面

（4）读者既可以根据自身情况选择一个镜像下载地址，也可以直接单击上方的"DOWNLOAD"按钮进行下载。下载完毕后会得到一个".exe"格式的可执行文件，双击这个文件就可以开始安装 Eclipse 了。安装程序首先会弹出欢迎界面，如图 2-24 所示。

图 2-24　Eclipse 欢迎界面

（5）安装程序会显示一个选择列表框，其中显示了不同版本的 Eclipse，在此读者需要根据自己的情况选择要下载的版本，如图 2-25 所示。

（6）因为本书将使用 Eclipse 开发 Java 项目，所以需要选择第一项"Eclipse IDE for Java Developers"。接下来单击"Eclipse IDE for Java Developers"，然后安装程序会弹出"安装目录"对话框，我们可以在此设置 Eclipse 的安装目录，如图 2-26 所示。

（7）设置好路径之后，我们继续单击"INSTALL"按钮。然后，安装程序会首先弹出协议对话框，我们只需要单击下方的"Accept Now"按钮继续安装即可，如图 2-27 所示。

（8）此时我们会看到一个安装进度条，这说明安装程序开始正式安装 Eclipse 了，如图 2-28 所示。安装过程通常会比较慢，需要读者朋友们耐心等待。

图 2-25　不同版本的 Eclipse

图 2-26　设置 Eclipse 的安装目录

图 2-27　单击"Accept Now"按钮

图 2-28　安装进度条

（9）安装完之后，安装程序会在界面底部显示 "Launch" 按钮，如图 2-29 所示。

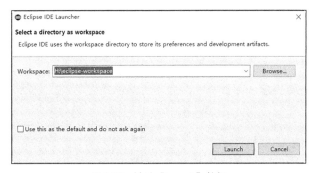

图 2-29　显示"Launch"按钮

（10）单击"Launch"按钮，就可以启动安装成功的 Eclipse 了。Eclipse 会在首次运行时弹出设置 workspace 的对话框，我们在此可以设置一条自己常用的本地路径作为"workspace"，如图 2-30 所示。

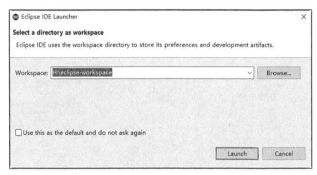

图 2-30　设置 workspace

注意："workspace"通常被翻译为工作空间，在这个目录中保存 Java 程序文件。"workspace"是 Eclipse 的硬性规定，每次启动 Eclipse 的时候，都要将"workspace"路径下的所有 Java 项目加载到 Eclipse 中。如果没有设置 workspace，Eclipse 会弹出一个界面，只有在设置一条路径后才能启动 Eclipse。设置一个本地目录为"workspace"后，会在这个目录中自动创建一个子目录".metadata"，在里面生成一些文件夹和文件，如图 2-31 所示。

（11）设置完 workspace 路径，单击"OK"按钮后，我们就会看到启动界面。启动完毕后，程序就会显示欢迎使用界面，如图 2-32 所示。

图 2-31　自动创建的子目录".metadata"中的内容

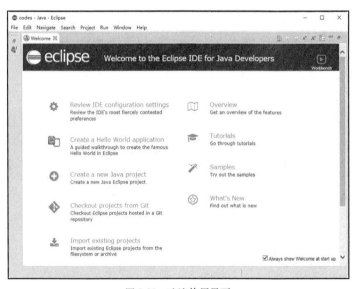

图 2-32　欢迎使用界面

2.4.3　新建一个 Eclipse 项目

（1）打开 Eclipse，在顶部的菜单栏中依次单击"File"｜"New"｜"Java Project"命令，新建一个项目，如图 2-33 所示。

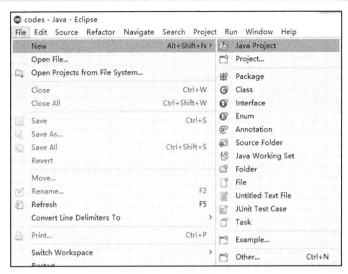

图 2-33　选择命令

（2）在打开的"New Java Project"对话框中，在"Project name"文本框中输入项目名称，例如输入"one"，其他选项使用默认设置即可，最后单击"Finish"按钮，如图 2-34 所示。

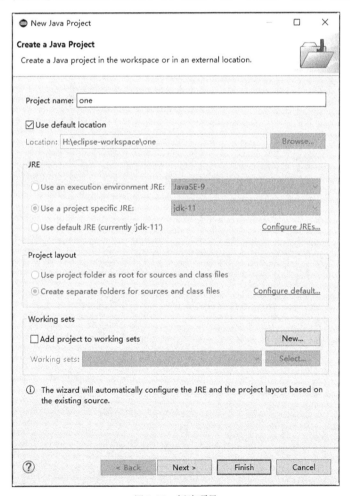

图 2-34　新建项目

（3）在 Eclipse 界面左侧的"Package Explorer"面板中，用鼠标右击项目名称"one"，然后在弹出的快捷菜单中依次选择"New"|"Class"命令，如图 2-35 所示。

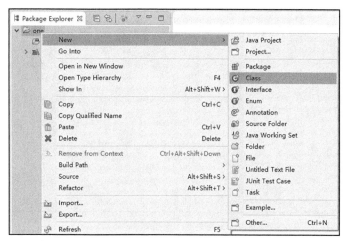

图 2-35　依次选择"New"|"Class"命令

（4）打开"New Java Class"对话框，在"Name"文本框中输入类名，如"First"，并分别勾选 public static void main(String[] args) 和 Inherited abstract methods，如图 2-36 所示。

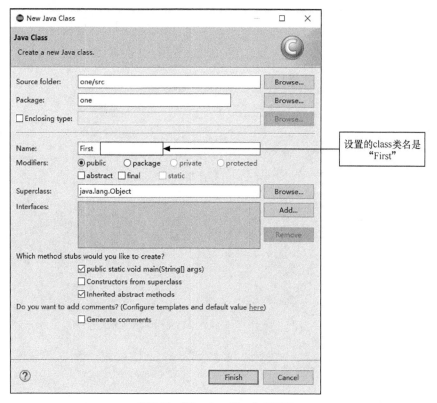

图 2-36　"New Java Class"对话框

（5）单击"Finish"按钮后，Eclipse 会自动打开刚刚创建的类文件 First.java，如图 2-37 所示。此时我们发现 Eclipse 会自动创建一些 Java 代码，从而提高了开发效率。

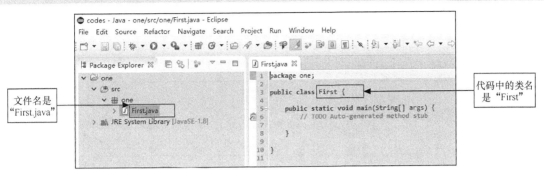

图 2-37 输入代码

注意：在前面的步骤中，设置的类文件名是"First"，因此会在 Eclipse 项目中创建一个名为 First.java 的文件，并且该文件里面的代码也体现出类名是"First"。在图 2-36 和图 2-37 中，标注的 3 个"First"必须大小写完全一致，否则程序就会出错。

（6）接着在自动生成的代码中添加如下一行 Java 代码。

```
System.out.println("第一段Java程序！");
```

添加后的效果如图 2-38 所示。

刚刚创建的项目"one"在我们的"workspace"目录中，进入这个目录，会发现里面自动生成的文件夹和文件，如图 2-39 所示。

图 2-38 添加一行代码   图 2-39 项目"one"在"workspace"目录中生成的文件和文件夹

2.4.4 编译并运行 Eclipse 项目

编译代码的方法非常简单，只需要单击 Eclipse 界面顶部的 ▶ 按钮即可编译并运行当前的 Java 项目。例如，对于 2.3.3 节中的项目"one"，单击 ▶ 按钮后会成功编译并运行这个项目，执行结果如图 2-40 所示。

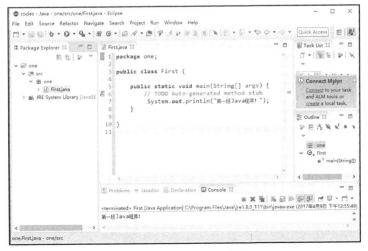

图 2-40 编译并运行项目

如果在一个项目中有多个".java"文件，而我们只想编译调试其中的某个文件，这时应该怎样实现呢？我们可以使用鼠标右击要运行的 Java 文件，例如 First.java，然后在弹出的命令中依次选择"Run As"|"1Java Application"命令，此时便只会运行文件 First.java，如图 2-41 所示。

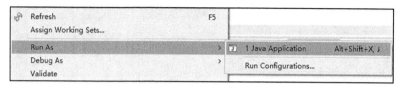

图 2-41　依次选择"Run As"|"1Java Application"命令

在编译完成后，Eclipse 会在"one"项目的项目目录下自动生成编译后的文件 First.class，具体位置是 one/bin/one/First.class。这就说明在 Eclipse 运行 Java 程序时，也需要先编译 Java 文件以生成".class"文件，之后运行的是编译后的文件"First.class"。

2.4.5　使用 Eclipse 打开一个 Java 项目

读者将本书配套资源复制到本地计算机上之后，在 Eclipse 界面顶部依次单击"File"|"Open Projects from File System"选项，如图 2-42 所示。

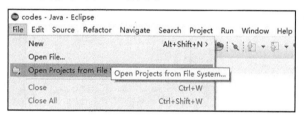

图 2-42　依次单击"File"|"Open Projects from File System"

此时在弹出的"Import Projects from File System or Archive"对话框中，单击"Directory"按钮，找到复制在本地计算机中的源码，然后单击右下角的"Finish"按钮，即可成导入并打开本书配套资源中的源码，如图 2-43 所示。

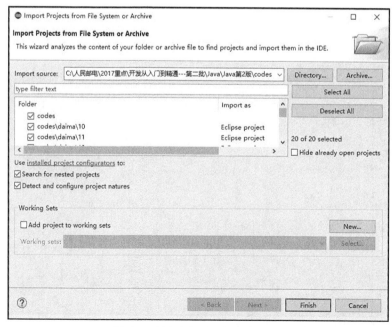

图 2-43　导入本书配套资源中的源码

注意：对于初学者来说，建议使用 Eclipse 新建项目后，直接使用 Eclipse 编辑器手动编写全部代码，这样可以帮助我们快速掌握 Java 语言的语法知识，通过实例巩固所学的知识。

2.5 Java 的运行机制

Java 是一种特殊的高级语言，不但具有解释型语言的特征，也具有编译型语言的特征。我们需要首先编译 Java 程序，然后解释运行 Java 程序。在 2.2 节中，我们通过一段 Java 程序了解了编译并运行 Java 程序的基本方法。但

 知识点讲解：

我们只是从表面了解了编译和运行 Java 程序的流程，为了加深读者对 Java 的理解，本节将从根本上讲解 Java 程序的运行机制。

2.5.1 编译型/解释型语言的运行机制

高级语言有两种执行程序的方式，分别是编译型和解释型。

1. 编译型语言

编译型语言会使用专门的编译器，针对特定平台（操作系统）将某种高级语言的源代码一次性"翻译"成可被该平台硬件执行的机器码（包括机器指令和操作数），并包装成该平台所能识别的可执行程序的格式，这个转换过程称为编译（Compile）。编译完之后会生成一个可以脱离开发环境的可执行程序，它可以在很多特定的平台上独立运行。

有些程序编译结束后，还可能需要对其他编译好的目标代码进行链接，即需要组装两个以上的目标代码模块才能生成最终的可执行程序，通过这种方式实现低层次的代码复用。

因为编译型语言是一次性编译成机器码，所以可以脱离开发环境独立运行，而且通常运行效率较高。但因为编译型语言的程序被编译成特定平台上的机器码，所以编译生成的可执行程序通常无法移植到其他平台上运行。如果需要移植，则必须将源代码复制到特定平台上，针对特定平台进行修改，至少需要采用特定平台上的编译器重新编译。现有的 C 和 C++等高级语言都属于编译型语言。

2. 解释型语言

解释型语言会使用专门的解释器将该语言的源程序逐行解释成特定平台的机器码并立即执行，解释型语言通常不会进行整体性的编译和链接处理，解释型语言相当于把编译型语言中的编译和解释过程混合到一起同时完成。可以认为：每次执行解释型语言的程序都需要进行一次编译，因此解释型语言的程序运行效率通常较低，而且不能脱离解释器独立运行。但解释型语言有一个优势——跨平台比较容易，只需要提供特定平台的解释器，每个特定平台上的解释器负责将源程序解释成特定平台的机器指令。解释型语言可以方便地实现源程序级的移植，但这是以牺牲程序执行效率为代价的。现有的 Ruby、Python 等语言都属于解释型语言。

2.5.2 Java 程序则要先编译、后运行

Java 语言比较特殊，由 Java 编写的程序必须经历编译步骤，但这个编译步骤并不会生成特定平台的机器码，而是生成一种与平台无关的字节码（也就是*.class 文件，例如 2.2.2 节中的 first.class 和 2.3.4 节中的 First.class 都是编译后的字节码文件）。当然，这种字节码必须使用 Java 解释器来解释执行。正因为如此，我们可以认为 Java 既是一种编译型语言，也是一种解释型语言。

在 Java 语言中，负责解释执行字节码文件的是 Java 虚拟机（Java Virtual Machine，JVM）。所有平台上的 JVM 向编译器提供相同的编程接口，而编译器只需要面向虚拟机，生成虚拟机能

理解的代码，然后由虚拟机来解释执行。在一些虚拟机的实现中，还会将虚拟机代码转换成特定系统的机器码执行，从而提高执行效率。

2.6　技　术　解　惑

2.6.1　遵循 Java 源文件的命名规则

Java 中的命名规则有很多，例如变量命名规则和类命名规则等。下面讲解的是 Java 源文件的命名规则。在编写 Java 程序时，源文件的名称不能随便起，需要遵循下面两条规则。

❑　Java 源文件的后缀必须是 ".java"，不能是其他文件后缀名。

❑　一般来说，可以任意命名 Java 源文件，但是当 Java 程序代码中定义了一个 public 类时，该源文件的主文件名必须与该 public 类（也就是说，该类在定义中使用 public 关键字来修饰）的类名相同。由此可以得出一个结论：因为 Java 源文件的文件名必须与 public 类的类名相同，所以一个 Java 源文件里最多只能定义一个 public 类。

根据上述规则，我们可以得出命名程序文件的如下 3 个建议。

❑　一个 Java 源文件只定义一个类，不同的类使用不同的 Java 源文件定义。

❑　将每个 Java 源文件中单独定义的类都定义成 public。

❑　保持 Java 源文件的主文件名与该 Java 源文件中定义的 public 类同名。

2.6.2　忽视系统文件的扩展名

有很多初学者经常犯一个错误，即在保存 Java 文件时经常保存成形如 "*.java.txt" 格式的文件名，因为这种格式的文件名从表面看起来太像 "*.java" 了，所以经常会引发错误。要想纠正这个错误，我们可以修改 Windows 系统的默认设置。因为 Windows 系统的默认设置是"隐藏已知文件类型的扩展名"，所以我们只需要取消勾选这个选项即可，如图 2-44 所示。

2.6.3　环境变量的问题

Java JDK 经过几年的发展，已经发展到现在的 JDK 10 系列。新的 JDK 更加成熟，速度也更快。但是往往程序员总是难以忘记以前版本的一些特点和用法，经常会不自觉地在新版本中按照旧版本的方式进行操作。例如最常见的就是环境变量问题，2.1.2 节已经介绍了设置环境变量的问题。其实对于开发纯 Java 项目来说，如果使用的是 JDK 1.5 以上版本，则完全不用画蛇添足般地设置环境变量。

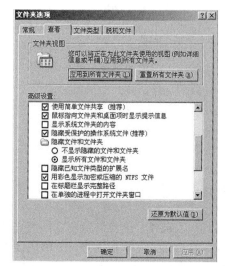

图 2-44　取消勾选"隐藏已知文件类型的扩展名"选项

设置 CLASSPATH 环境变量会比较麻烦，在设置 CLASSPATH 环境变量后，Java 解释器会在当前路径下搜索 Java 类，例如，在 First.class 文件所在路径下执行 java First 命令将没有任何问题。但如果设置了 CLASSPATH 环境变量，Java 解释器只在 CLASSPATH 环境变量指定的系列路径下搜索 Java 类，这就容易出现问题。

在当今很多教科书和资料中，都提到在 CLASSPATH 环境变量中添加 dt.jar 和 tools.jar 这两个文件，所以很多初学者会将 CLASSPATH 环境变量的值设置为如下形式。

```
D:\Java\jdk1.10.0\lib\dt.jar;D:\Java\jdk1.10.0\lib\tools.jar
```

这样做会导致 Java 解释器不在当前路径下搜索 Java 类，此时如果在文件 First.class 所在路径下执行 java First 命令，就会出现图 2-45 所示的错误提示。

```
E:\daima\2>java First
Exception in thread "main" java.lang.NoClassDefFoundError: First
Caused by: java.lang.ClassNotFoundException: First
        at java.net.URLClassLoader$1.run(URLClassLoader.java:202)
        at java.security.AccessController.doPrivileged(Native Method)
        at java.net.URLClassLoader.findClass(URLClassLoader.java:190)
        at java.lang.ClassLoader.loadClass(ClassLoader.java:307)
        at sun.misc.Launcher$AppClassLoader.loadClass(Launcher.java:301)
        at java.lang.ClassLoader.loadClass(ClassLoader.java:248)
Could not find the main class: First.  Program will exit.
```

图 2-45　错误提示

造成上述错误的原因是找不到类定义，这是由 CLASSPATH 环境变量设置不正确造成的。所以在此建议广大读者，在设置 CLASSPATH 环境变量时一定不要忘记在 CLASSPATH 环境变量中增加“.”，以强制 Java 解释器在当前路径下搜索 Java 类。

2.6.4　大小写的问题

Java 语言是严格区分大小写的，但是很多初学者对大小写问题往往都不够重视。例如，有的读者编写的 Java 程序里的类是“first”，但在运行 Java 程序时使用的是“java First”的形式。所以在此提醒读者必须注意，Java 程序中的 First 和 first 是不同的，必须严格注意 Java 程序中大小写的问题。在此建议广大读者，在按照书中实例程序编写 Java 代码时，必须严格注意 Java 程序中每个单词的大小写，不要随意编写，例如 class 和 Class 是不同的两个词，class 是正确的，但如果写成 Class，则程序无法编译通过。这是因为 Java 程序里的关键字全部是小写的，无须大写任何字母。

2.6.5　main()方法的问题

如果需要用 Java 解释器直接运行一个 Java 类，则这个 Java 类必须包含 main()方法。在 Java 中必须使用 public 和 static 来修饰 main()，并且必须使用 void 来声明 main()方法的返回值，而且 main()方法的形参只能是一个字符串数组，而不能是其他形式的参数。对于 main()方法来说，修饰它的修饰符 public 和 static 的位置可以互换，但其他部分则是固定的。

在定义 main()方法时也需要注意大小写的问题，如果不小心把方法名的首字母写成了大写，编译时不会出现任何问题，但运行程序时将引发错误。

2.6.6　注意空格问题

空格问题是初学者很容易犯的一个错误， Windows 系统中的很多路径都包含空格，例如 C 盘中的“Program Files”，而这个文件夹恰好是 JDK 的默认安装路径。如果 CLASSPATH 环境变量包含的路径中含有空格，则可能会引发错误。所以推荐大家在安装 JDK 和 Java 相关程序/工具时，不要安装在包含空格的路径里，否则可能引发错误。

2.6.7　到底用不用 IDE 工具

作者对初学者的建议是：在初期尽量不要使用 IDE 工具，但现在是追求速成的年代，大多数人都希望用最快的速度掌握 Java 技术。其实市面上的 IDE 工具居多，除了 Eclipse、Jbuilder 和 NetBeans 之外，还有 IBM 提供的 WSAD、JetBrains 提供的 IntelliJ IDEA、IBM 提供的 VisualAge、Oracle 提供的 JDeveloper、Symantec 提供的 Visual Cafe 以及 BEA 提供的 WorkShop，每个 IDE 都各有特色、各有优势。如果从工具学起，势必造成对工具的依赖，当换用其他 IDE 工具时会变得极为困难。而如果从 Java 语言本身学起，把 Java 语法和基本应用熟记于心，到那时再使用 IDE 工具便能得心应手。

在我们日常使用的 Windows 平台上可以选用记事本来编码，如果嫌 Windows 下记事本的颜色太单调，可以选择使用 EditPlus、UltraEdit、VS Code 和 sublime text 等工具。

如果实在要用 IDE 工具，例如 Eclipse，则建议纯粹将它作为一款编辑器来用，所有代码要靠自己一个一个字符敲入来完成，而不是靠里面的帮助文档和操作菜单来完成编码工作。

2.6.8　区分 JRE 和 JDK

对于很多初学者来说，对 JDK 和 JRE 两者比较迷糊，不知道它们之间到底有什么异同。

- ❏ JRE：表示 Java 运行时环境，全称是 Java Runtime Environment，是运行 Java 程序的必需条件。
- ❏ JDK：表示 Java 标准版开发包，全称是 Java SE Development Kit，是 Oracle 提供的一套用于开发 Java 应用程序的开发包，提供编译、运行 Java 程序所需的各种工具和资源，包括 Java 编译器、Java 运行时环境以及常用的 Java 类库等。

Oracle 把 Java 分为 Java SE、Java EE 和 Java ME，而且为 Java SE 与 Java EE 分别提供 JDK 和 Java EE SDK（Software Development Kit）两个开发包。如果读者只学习 Java SE 的编程知识，可以下载标准的 JDK；如果学完 Java SE 之后还需要继续学习 Java EE 相关内容，就必须下载 Java EE SDK。因为 Java EE SDK 版本中已经包含最新版的 JDK，所以在安装的 Java EE SDK 中已经包含 JDK。

一般来说，如果我们只是要运行 Java 程序，可以只安装 JRE，而无须安装 JDK。但是如果要开发 Java 程序，则应该安装 JDK。安装好 JDK 之后就自然包含 JRE 了，也可以运行 Java 程序。

2.7　课后练习

（1）编写一个 Java 程序，使之能够输出显示如下 3 条文本信息。

```
Java是一门面向对象语言
我爱学习Java
厉害了我的Java
```

（2）编写一个 Java 程序，使之能够输出 5 条同样的文本信息："我爱学习 Java"。

（3）编写一个 Java 程序，使之能够显示如下所示的图案效果。

```
    A         V   V         A
   A A         V   V       A A
  AAAAA         V V       AAAAA
 A     A         V       A     A
```

（4）（计算圆的面积和周长）编写一个 Java 程序，使用以下公式计算并显示半径为 5.8cm 的圆的面积和周长。

周长=2×半径×π

面积=半径×半径×π

（5）编写一个 Java 程序，使用下面的公式计算并显示宽为 4.5cm、高为 7.8cm 的矩形的面积和周长。

面积=宽×高

周长=2×(宽+高)

（6）编写一个 Java 程序，使之能够显示 1+2+3+4+5+6+7+8+9+10 的计算结果。

第 3 章

Java 语法基础

和其他编程语言一样,学习 Java 也要首先学习语法知识,例如变量、常量、运算符和数据类型等。本章将讲解 Java 语言的基本语法知识,主要包括量、数据类型、运算符、表达式和字符串等方面的知识,为读者步入本书后面知识的学习打下基础。

3.1　常量和变量

量是用来传递数据的介质，有着十分重要的作用。Java 语言中的量既可以是变化的，也可以是固定不变的。根据是否可变，可以将 Java 中的量分为变量和常量。在接下来的内容中，将详细讲解 Java 语言中变量和常量的基本知识。

知识点讲解：

3.1.1　常量

永远不变的量就是常量，常量的值不会随着时间的变化而发生改变，在程序中通常用来表示某一固定值的字符或字符串。在 Java 程序中，我们经常会用大写字母来表示常量名，具体格式如下。

```
final double PI=value;
```

在上述代码中，PI 是常量的名称，value 是常量的值。

实例 3-1	定义几个 Java 常量
	源码路径：daima\3\ding.java

实例文件 ding.java 的主要实现代码如下所示。

```
public class ding {
    //下面开始定义各种数据类型的常量
    public final double PI = 3.1415926;
    public final int Aa = 24;
    public final int Bb = 36;
    public final int Cc = 48;
    public final int Dd = 60;
    public final String Str1="hello";
    public final String Str2="aa";
    public final String Str3="bb";
    public final String Str4="cc";
    public final String Str5="dd";
    public final String Str6="ee";
    public final String Str7="ff";
    public final String Str8="gg";
    public final String Str9="hh";
    public final String Str10="ii";
    public final Boolean Mm=true;
    public final Boolean Nn=false;
}
```

拓展范例及视频二维码

范例 **3-1-01**：定义并操作常量

源码路径：**演练范例**\3-1-01\

范例 **3-1-02**：输出错误信息和
调试信息

源码路径：**演练范例**\3-1-02\

在上述代码中，我们分别定义了不同类型的常量，既有 double 类型，也有 int 类型；既有 String 类型，也有 Boolean 类型。

在 Java 中，常量也称为直接量，直接量是指在程序中通过源代码直接指定的值，例如在 `int a=5` 这行代码中，我们为变量 a 分配的初始值 5 就是一个直接量。

并不是所有数据类型都可以指定给直接量，能指定直接量的通常只有 3 种类型——基本类型、字符串类型和 null 类型。具体来说，Java 支持如下 8 种数据类型的直接量。

- ❑ int 类型的直接量：在程序中直接给出的整型数值，可分为十进制、八进制和十六进制 3 种，其中八进制需要以 0 开头，十六进制需要以 0x 或 0X 开头。例如 123、012（对应十进制的 10）、0x12（对应十进制的 18）等。
- ❑ long 类型的直接量：整数数值在后面添加 l（字母）或 L 后就变成了 long 类型的直接量，例如 3L、0x12L（对应十进制的 18L）。
- ❑ float 类型的直接量：浮点数在后面添加 f 或 F 就成了 float 类型的直接量，浮点数既可以是标准小数形式，也可以是科学记数法形式。例如 5.34F、3.14E5f。

- ❑ double 类型的直接量：直接给出标准小数形式或科学记数法形式的浮点数就是 double 类型的直接量。例如 5.34、3.14E5。
- ❑ boolean 类型的直接量：这种类型的直接量只有两个——true 和 false。
- ❑ char 类型的直接量：char 类型的直接量有 3 种形式，分别是用单引号括起的字符、转义字符以及用 Unicode 值表示的字符。例如'a'、'\n'和'\u0061'。
- ❑ String 类型的直接量：用双引号括起来的字符序列就是 String 类型的直接量。
- ❑ null 类型的直接量：这种类型的直接量只有一个——null。

在上面的 8 种类型中，null 类型是一种特殊类型，只有一个直接量 null，而且这个直接量可以赋给任何引用类型的变量，用于表示这个引用类型的变量中保存的地址为空，即还未指向任何有效对象。

✤ 注意：有关数据类型的详细知识，将在本章后面的内容中进行讲解。

3.1.2 变量

在 Java 程序中，变量是指在程序运行过程中其值会随时发生变化的量。在声明变量时必须为其分配一种类型，在程序运行过程中，变量的内存空间中的值是发生变化的，这个内存空间就是变量的实体。为了操作方便，给这个内存空间取了个名字，称为变量名。因为内存空间中的值就是变量值，所以即使申请了内存空间，变量也不一定有值。要让变量有值，就必须先放入一个值。在申请变量的时候，无论是什么样的数据类型，它们都会有默认值，例如 int 数据变量的默认值是 "0"，char 数据变量的默认值是 null，byte 数据变量的默认值是 "0"。

在 Java 程序中，声明变量的基本格式与声明常量有所不同，具体格式如下所示。

```
typeSpencifier varName=value;
```

- ❑ typeSpencifier：可以是 Java 语言中所有合法的数据类型，这和常量是一样的。
- ❑ varName：变量名，变量和常量的最大区别在于 value 的值可有可无，而且还可以对其进行动态初始化。

Java 中的变量分为局部变量和全局变量两种，具体说明如下所示。

1. 局部变量

顾名思义，局部变量就是在一个方法块或一个函数内起作用，超出这个范围，局部变量将没有任何作用。由此可以看出，变量在程序中是随时可以改变的，随时都在传递着数据。

实例 3-2	用变量计算三角形、正方形和长方形的面积
	源码路径：daima\3\PassTest.java

实例文件 PassTest.java 的主要实现代码如下所示。

```
public static void main(String args[]){
①        //计算三角形面积
         int a3=12,b3=34;              //赋值a3和b3
②        int s3=a3*b3/2;               //面积公式
         //输出结果
③        System.out.println("三角形的面积为"+s3);
         //计算正方形面积
④        double a1=12.2;               //赋值a1
⑤        double s1=a1*a1;              //面积公式
         //输出结果
⑥        System.out.println("正方形的面积为"+s1);
         //计算长方形面积
⑦        double a2=388.1,b2=332.3;     //赋值a2和b2
⑧        double s2=a2*b2;             //面积公式
⑨        System.out.println("长方形的面积为"+s2);   //输出结果
}
```

—— 拓展范例及视频二维码 ——

范例 **3-2-01**：计算长方形和
　　　　三角形的面积

源码路径：**演练范例\3-2-01**

范例 **3-2-02**：从控制台接收
　　　　输入字符

源码路径：**演练范例\3-2-02**

行①②定义两个 int 类型变量 a3 和 b3 并赋值，设置变量 s3 的值是 a3 乘以 b3，然后除以 2。

行③⑥⑨分别使用 println()函数输出变量 s3、s1 和 s2 的值。

行④⑤分别定义两个 double 类型的变量 a1 和 s1，设置 a1 的初始值是 12.2，设置 s1 的值是 a1 的平方。

行⑦分别定义两个 double 类型的变量 a2 和 b2，设置 a2 的初始值是 388.1，设置 b2 的初始值是 332.3。

行⑧定义一个 double 类型的变量 s2，并设置其初始值是 a2 乘以 b2。

执行后的结果如图 3-1 所示。

```
三角形的面积为204
正方形的面积为148.83999999999997
长方形的面积为20050.03
```

图 3-1　执行结果

2. 全局变量

明白局部变量后就不难理解全局变量了，其实全局变量就是作用区域比局部变量的作用区域更大的变量，能在整个程序内起作用。

实例 3-3	输出设置的变量值

源码路径：daima\3\Quan.java

实例文件 Quan.java 的主要实现代码如下所示。

拓展范例及视频二维码

```
public class Quan {
//下面分别定义变量x、y、z、z1、a、b、c、d、e
    byte x;
    short y;              //定义变量y
    int z;               //定义变量z
    int z1;              //定义变量z1
    long a;              //定义变量a
    float b;             //定义变量b
    double c;            //定义变量c
    char d;              //定义变量d
    boolean e;           //定义变量e
//下面设置z1的值，并分别输出x、y、z、a、b、c、d、e的值
public static void main(String[] args){
    int z1=111;          //给z1赋值
System.out.println("打印数据z="+z1);
//下面开始分别输出数据
Quan m=new Quan();       //定义对象m
System.out.println("打印数据x="+m.x);
System.out.println("打印数据y="+m.y);
System.out.println("打印数据z="+m.z);
System.out.println("打印数据a="+m.a);
System.out.println("打印数据b="+m.b);
System.out.println("打印数据c="+m.c);
System.out.println("打印数据d="+m.d);
System.out.println("打印数据e="+m.e);
    }
}
```

范例 **3-3-01**：演示局部变量的
　　　　　影响
源码路径：**演练范例\3-3-01**
范例 **3-3-02**：重定向输出流以
　　　　　实现程序日志
源码路径：**演练范例\3-3-02**

在上述实例代码中，全局变量将对整个程序产生作用，但是在局部可以随时更改全局变量的值。在上面的程序里，定义了全局变量 z1；在局部对这个变量重新赋值，这个变量的值将会发生改变。运行上面的程序，在这里定义了 byte 变量 "x"、short 变量 y、int 变量 z 和 z1、float 变量 b、double 变量 c、char 变量 d、Boolean 变量 e，它们都未赋予初始值，但是在执行的时候它们都有了值。这说明不管什么类型的变量，都有默认值。如果未给变量定义初始值，系统将赋予默认值，执行后的结果如图 3-2 所示。

```
打印数据z=111
打印数据x=0
打印数据y=0
打印数据z=0
打印数据a=0
打印数据b=0.0
打印数据c=0.0
打印数据d=
打印数据e=false
```

图 3-2　执行结果

在面对变量的作用域问题时，一定要确保知道变量要先定义，然后才能使用，但也不是说，变量定义后的语句一直都能使用前面定义的变量。我们可以用大括号将多条语句包裹起来形成一条复合语句，变量只能在定义它的复合语句中使用。例如在下面的演示代码中，前面定义变量 x 的值是 12，

而在后面的嵌套中又想重新对变量 x 进行定义并赋值，这在 Java 语言中是不允许的。

源码路径：daima\3\TestScope.java

```java
public class TestScope{
    public static void main(String[] args) {
        int x = 12; //{
                int q = 96; // x和q都可用
                int x = 3;  //错误的定义，Java中不允许有这种嵌套定义，因为前面已经定义了变量x
                System.out.println("x is "+x);
                System.out.println("q is "+q);
        //}
        q = x;
        System.out.println("x is "+x);
    }
}
```

要想解决上述问题，只需要删除重复的对变量 x 的赋值定义，然后删除嵌套的大括号即可。
例如下面的代码就是正确的：

```java
public class TestScope{
    public static void main(String[] args) {
        int x = 12;
        int q = 96;        // x和q都可用
            System.out.println("x is "+x);
            System.out.println("q is "+q);
        q = x;
            System.out.println("x is "+x);
    }
}
```

3.2 数 据 类 型

Java 中的数据类型可以分为简单数据类型和复杂数据类型两种。简单数据类型是 Java 的基础类型，包括整数类型、浮点类型、字符类型和布尔类型，这些是本章将重点讲解的内容。复合数据类型则由简单数据类型组成，是用户根据自己的需要定义并实现其意图的类型，包括类、接口、数组。当然，为了便于读者快速理解，也可以将 Java 中的数据类型分成更简单明了的两大类，即基本类型和引用类型。

知识点讲解：

3.2.1 为什么要使用数据类型

使用数据类型的根本原因是项目的需要。对程序员来讲，如果一个变量可以是任何形式的值，那么对该变量的操作就很难定义了，而且也很容易出错。通过引入数据类型，我们可以人为地限制变量的可操作范围，从而降低操作难度、降低出错率、提高计算机内存的使用率。项目中势必要处理整数、小数、英文字符、中文字符等元素，这些元素在计算机中都是用不同类型的数据表示的，每种类型的计算机都会分配指定大小的内存来进行处理。例如，遇到 short 类型，计算机会分配占 2 字节的内存来处理；遇到 int 类型，会分配 4 字节的内存来处理。如果不引入数据类型的概念，要处理整数和英文字符等不同类型的元素，计算机该怎么办？计算机只能设置一块固定大小的内存来处理各种元素，而且假如设置的太小，例如 2 字节，还可能会发生因为太小而不能处理的情况。如果设置的太大，例如 1000 字节，则可能会发生因为太大而过度消耗内存的情况。

Java 数据类型的具体分类如图 3-3 所示。

注意：实际上，Java 中还存在另外一种基本类型 void，它也有对应的包装类 java.lang.Void，不过我们无法直接对它进行操作。有关包的知识，将在本书后面的内容中进行讲解。

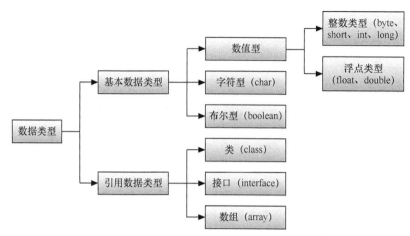

图 3-3　Java 数据类型的分类

3.2.2　简单数据类型的取值范围

基本数据类型是本章的重点，Java 中的基本数据类型共有三大类，8 个品种，分别是字符类型 char，布尔类型 boolean 以及数值类型 byte、short、int、long、float、double。数值类型又可以分为整数类型 byte、short、int、long 和浮点类型 float、double。Java 中的数值类型不存在无符号的情况，它们的取值范围是固定的，不会随着硬件环境或操作系统的改变而改变。

Java 中的简单数据类型是最简单的，主要由 byte、short、int、long、char、float、double 和 boolean 组成。在 Java 语言中，这 8 种基本类型的具体取值范围如下所示。

- ❑ byte：8 位，1 字节，最大数据存储量是 255，数值范围是-128～127。
- ❑ short：16 位，2 字节，最大数据存储量是 65536，数值范围是-32768～32767。
- ❑ int：32 位，4 字节，最大数据存储容量是 $2^{32}-1$，数值范围是 $-2^{31}\sim 2^{31}-1$。
- ❑ long：64 位，8 字节，最大数据存储容量是 $2^{64}-1$，数值范围是 $-2^{63}\sim 2^{63}-1$。
- ❑ float：32 位，4 字节，数值范围是 3.4e-45～1.4e38，直接赋值时必须在数字后加上 f 或 F。
- ❑ double：64 位，8 字节，数值范围在 4.9e-324～1.8e308，赋值时可以加 d 或 D，也可以不加。
- ❑ boolean：只有 true 和 false 两个取值。
- ❑ char：16 位，2 字节，存储 Unicode 码，用单引号赋值。

Java 决定了每种简单类型的大小，这些大小并不随机器结构的变化而变化，这种大小的不可更改正是 Java 程序具有很强移植能力的原因之一。

3.2.3　字符型

在 Java 程序中，存储字符的数据类型是字符型，用 char 表示。字符型通常用于表示单个字符，字符常量必须使用单引号"'"括起来。Java 语言使用 16 位的 Unicode 编码集作为编码方式，而 Unicode 被设计成支持世界上所有书面语言的字符，包括中文字符，所以 Java 程序支持各种语言的字符。

在 Java 程序中，字符型常量有如下 3 种表示形式。

- ❑ 直接通过单个字符来指定字符常量，例如'A' '9'和'0'等。
- ❑ 通过转义字符表示特殊字符常量，例如'\n' '\f'等。
- ❑ 直接使用 Unicode 值来表示字符常量，格式是'\uXXXX'，其中 XXXX 代表一个十六进制整数。

实例 3-4 输出字符型变量的值
源码路径: daima\3\Zifu.java

实例文件 Zifu.java 的主要实现代码如下所示。

```
①public class Zifu
②{
③    public static void main(String args[])
④    {
⑤        char ch1='\u0001';      //赋值ch1
⑥        char ch2='\u0394';      //赋值ch2
⑦        char ch3='\uffff';      //赋值ch2
⑧        System.out.println(ch1);   //输出ch1
⑨        System.out.println(ch2);   //输出ch2
⑩        System.out.println(ch3);   //输出ch2
⑪    }
⑫ }
```

—— 拓展范例及视频二维码 ——

范例 3-4-01: 输出文本字符

源码路径: 演练范例\3-4-01\

范例 3-4-02: 自动类型转换/
　　　　　　 强制类型转换

源码路径: 演练范例\3-4-02\

行①定义一个类,名为 Zifu,这个文件的名字必须和类相同,即 Zifu.java。

行②④⑪⑫是大括号分隔符。

行⑤⑥⑦分别赋值给 3 个 char 类型的变量 ch1、ch2 和 ch3。

行⑧⑨⑩分别使用 println()函数输出变量 ch1、ch2 和 ch3 的值。

执行后的结果如图 3-4 所示。

上述实例的执行结果是一些图形,为什么呢? 这是使用 Unicode 码表示的结果。Unicode 定义的国际化字符集能表示到今天为止的所有字符集,如拉丁文、希腊语等几十种语言,大部分字符我们是看不懂的,用户不需要掌握。读者请注意,在执行结果处有一个问号,它有可能是真的问号,也有可能是不能显示的符号。但是为了正常地输出这些符号,该怎么处理? Java 提供了转义字符,以"\"开头,十六进制下以"\"和"U"字开头,后面跟着十六进制数。常用的转义字符如表 3-1 所示。

图 3-4　执行结果

表 3-1　转义字符

转 义 字 符	描　　述
\0x	八进制字符
\u	十六进制 Unicode 字符
\'	单引号字符
\"	双引号字符
\\	反斜杠
\r	回车符
\n	换行符
\f	换页符
\t	制表符
\b	退格符

3.2.4　整型

整型(int)是有符号的 32 位整数。整型用在数组、控制语句等多个地方,Java 系统会把 byte 和 short 自动提升为整型。

int 是最常用的整数类型,通常情况下,Java 整数常量默认就是 int 类型。对于初学者来说,需要特别注意如下两点。

(1) 如果直接将一个较小的整数常量(在 byte 或 short 类型的数值范围内)赋给一个 byte 或 short 变量,系统会自动把这个整数常量当成 byte 或 short 类型来处理。

(2) 使用一个巨大的整数常量(超出 int 类型的数值表示范围)时,Java 不会自动把这个整数常量当成 long 类型来处理。如果希望 Java 系统把一个整数常量当成 long 类型来处理，应在这个整数常量的后面添加 l 或 L 作为后缀。通常推荐使用 L，因为字母 l 很容易跟数字 1 混淆。

实例 3-5　通过整型计算正方形和三角形的面积
源码路径：daima\3\zheng.java

实例文件 zheng.java 的主要实现代码如下所示。

```
① public static void main(String args[]){
   //开始计算正方形面积
②   int b=7;                    //赋值
③   int L=b*4;                  //赋值
④   int s=b*b;                  //赋值
⑤   System.out.println("正方形的周长为"+L);
   //输出周长
⑥   System.out.println("正方形的面积为"+s);
   //输出面积
⑦   //开始计算三角形面积
⑧   int a3=5,b3=7;              //赋值
⑨   int s3=a3*b3/2;            //计算面积
⑩   System.out.println("三角形的面积为"+s3);    //输出面积
```

—— 拓展范例及视频二维码 ——

范例 **3-5-01**：演示 int 类型的
提升处理
源码路径：**演练范例\3-5-01**
范例 **3-5-02**：自动提升数据
类型
源码路径：**演练范例\3-5-02**

行①是 Java 程序的入口函数 main()。

行②③④分别定义 3 个 int 类型的变量 b、L 和 s。其中变量 b 的初始值是 7，变量 L 的初始值是变量 b 的值乘以 4，变量 s 的初始值是变量 b 的平方。

行⑤⑥分别使用 println() 函数输出变量 L 和 s 的值。

行⑧分别定义 int 类型变量 a3 的初始值为 5，定义 int 类型变量 b3 的初始值为 7。

行⑨定义 int 类型变量 s3 的初始值为变量 a3 和 b3 的积，然后除以 2。

行⑩使用 println() 函数输出变量 s3 的值。

执行后的结果如图 3-5 所示。其实我们可以把一个较小的整数常量（在 int 类型的数值表示范围以内）直接赋给一个 long 类型的变量，这并不因为 Java 会把这个较小的整数常量当成 long 类型来处理。Java 依然会把这个整数常量当成 int 类型来处理，只是这个 int 类型变量的值会自动将类型转换为 long 类型。

```
正方形的周长为28
正方形的面积为49
三角形的面积为17
```

图 3-5　执行结果

3.2.5　浮点型

整型数据在计算机中肯定是不够用的，这时候就出现了浮点型数据。浮点型数据用来表示 Java 中的浮点数，浮点型数据表示有小数部分的数字，总共有两种类型：单精度浮点型（float）和双精度浮点型（double），它们的取值范围比整型大许多，下面对其进行讲解。

1. 单精度浮点型 —— float

单精度浮点型是专指占用 32 位存储空间的单精度数据类型，在编程过程中，当需要小数部分且对精度要求不高时，一般使用单精度浮点型，这种数据类型很少用，不详细讲解。

2. 双精度浮点型 —— double

双精度浮点型占用 64 位存储空间，在计算中占有很大的比重，能够保证数值的准确性。

double 类型代表双精度浮点数，float 类型代表单精度浮点数。double 类型的数值占 8 字节，64 位；float 类型的数值占 4 字节，32 位。更详细地说，Java 语言的浮点数有两种表示形式。

（1）十进制形式：这种形式就是平常简单的浮点数，例如 5.12、512.0、0.512。浮点数必须包含一个小数点，否则会被当成 int 类型处理。

（2）科学记数法形式：例如 5.12e2（即 5.12×10^2）或 5.12E2（也是 5.12×10^2）。必须指出的是，只有浮点类型的数值才可以使用科学记数形式表示。例如，51200 是 int 类型的值，但

512E2 则是浮点型的值。

　　Java 语言的浮点型默认是 double 型，如果希望 Java 把一个浮点型数值当成 float 型处理，应该在这个浮点型数值的后面加上 f 或 F。例如："5.12" 代表的是一个 double 型常量，它占用 64 位的内存空间；5.12f 或 5.12F 才表示一个 float 型常量，它占用 32 位的内存空间。当然，也可以在一个浮点数的后面添加 d 或 D 后缀，以强制指定 double 类型，但通常没必要。

　　由于 Java 浮点数使用二进制数据的科学记数法来表示浮点数，因此可能不能精确表示一个浮点数。例如，我们把 5.2345556f 赋给一个 float 类型的变量，接着输出这个变量时，会看到这个变量的值已经发生改变。double 类型的浮点数则比 float 类型的浮点数更加精确。即使浮点数的精度足够高（小数点后的数字很多），也依然可能发生这种情况。如果开发者需要精确保存一个浮点数，可以考虑使用 BigDecimal 类。

实例 3-6　使用浮点型计算圆的面积
源码路径：daima\3\Syuan.java

　　实例文件 Syuan.java 的主要实现代码如下所示。

```
public class Syuan{
    public static void main(String args[]){
①      double r=45.0324;           //赋值
②      final double PI=3.1415926;  //赋值
③      double area=PI*r*r;         //面积计算
④      System.out.println("圆的面积是: S="+area);
//输出面积
    }
}
```

拓展范例及视频二维码

范例 **3-6-01**：演示不同浮点型的
用法
源码路径：**演练范例\3-6-01**
范例 **3-6-02**：实现自动类型
转换
源码路径：**演练范例\3-6-02**

　　行①定义一个 double 类型的变量 r，表示圆的半径，设置初始值是 45.0324。

　　行②定义一个 double 类型的变量 PI，设置初始值是 3.1415926。这里使用关键字 final 修饰变量 PI，在 Java 程序中，我们用 final 修饰符来表示常量，变量一旦赋值后就无法改变。所以此处的 PI 为常量，值永远是 3.1415926。

　　行③定义一个 double 类型的变量 area，表示圆的面积，设置其值是变量（其实是常量）PI 的值乘以变量 r 的平方。

　　行④使用 println() 函数输出变量 area 的值。

　　执行后的结果如图 3-6 所示。

圆的面积是: S=6370.889196939849

图 3-6　使用浮点型计算圆的面积

3.2.6　布尔型

　　布尔型是一种表示逻辑值的简单类型，它的值只能是真或假这两个值中的一个。它是所有诸如 a<b 这样的关系运算的返回类型。Java 中的布尔型对应只有一种——boolean 类型，用于表示逻辑上的"真"或"假"。boolean 类型的值只能是 true 或 false，不能用 0 或非 0 来代表。布尔类型在 if、for 等控制语句的条件表达式中比较常见，在 Java 语言中使用 boolean 型变量的控制流程主要有下面几种。

　　❑　if 条件控制语句

　　❑　while 循环控制语句

　　❑　do 循环控制语句

　　❑　for 循环控制语句

实例 3-7　复制布尔型变量并输出结果
源码路径：daima\3\Bugu.java

　　实例文件 Bugu.java 的主要实现代码如下所示。

```
public static void main(String args[]) {
①        boolean b;                //定义变量b
②        b = false;                //赋值
③        System.out.println("b is " + b);
④        b = true;                 //赋值
⑤        System.out.println("b is " + b);
         //输出b的值
         //布尔值可以控制if语句的运行
⑥        if(b) System.out.println("This is
executed.");
⑦              b = false;   //赋值
         //布尔值可以控制if语句的运行
⑧        if(b) System.out.println("This is
not executed.");
⑨                 System.out.println("10 > 9 is " + (10 > 9));
         }
```

────── 拓展范例及视频二维码 ──────

范例 **3-7-01**：定义两个布尔型

变量并赋值

源码路径：**演练范例\3-7-01**

范例 **3-7-02**：实现强制类型

转换

源码路径：**演练范例\3-7-02**

行①定义一个 boolean 类型的变量 b。

行②设置变量 b 的初始值是 false。

行③⑤使用 println()函数输出变量 b 的值。

行④重新设置变量 b 的值是 true。

行⑥在 Java 程序中，布尔值可以控制 if 语句的运行。因为本行中变量 b 的值是 true，所以会运行 if(b)后面的输出语句，在后面使用 println()函数输出文本 "This is executed."。

行⑦重新设置变量 b 的值是 false。

在行⑧中，因为本行中变量 b 的值是 false，所以不会运行 if(b)后面的 println()输出语句。

行⑨使用 println()函数输出 "10 > 9" 的运算结果。

执行后的结果如图 3-7 所示。

```
b is false
b is true
This is executed.
10 > 9 is true
```

图 3-7　使用布尔型变量

3.3　运　算　符

运算符是程序设计语言中重要的构成元素之一，运算符可以细分为算术运算符、位运算符、关系运算符、逻辑运算符和其他运算符。在本节的内容中，我们将详细讲解 Java 语言中运算符的基本知识。

知识点讲解：

3.3.1　算术运算符

在数学中有加减乘除运算，算术运算符（Arithmetic Operator）就是用来处理数学运算的符号，这是最简单、也最常用的符号。在数字处理中几乎都会用到算术运算符，算术运算符可以分为基本运算符、取余运算符和递增或递减运算符等。具体说明如表 3-2 所示。

表 3-2　算术运算符

类　型	运　算　符	说　明
基本运算符	+	加
	−	减
	*	乘
	/	除
取余运算符	%	取余
递增和递减	++	递增
	− −	递减

1．基本运算符

在 Java 程序中，使用最广泛的便是基本运算符。

实例 3-8 使用基本运算符的加减乘除 4 种运算

源码路径: daima\3\JiBen1.java

实例文件 JiBen1.java 的主要实现代码如下所示。

```
public static void main(String args[]) {
①            int a=12;
②            int b=4;
             //下面开始使用4种运算符
③            System.out.println(a-b);
④            System.out.println(a+b);
⑤            System.out.println(a*b);
⑥            System.out.println(a/b);
   }
```

拓展范例及视频二维码

范例 **3-8-01**: 演示基本运算的
　　　　过程
源码路径: **演练范例\3-8-01**

范例 **3-8-02**: 实现加密处理
源码路径: **演练范例\3-8-02**

行①②分别定义两个 int 类型的变量 a 和 b，设置 a 的初始值是 12，设置 b 的初始值是 4。

行③使用 println()函数输出变量 a 和变量 b 的差。

行④使用 println()函数输出变量 a 和变量 b 的和。

行⑤使用 println()函数输出变量 a 和变量 b 的乘积。

行⑥使用 println()函数输出变量 a 除以 b 的结果。

执行后的结果如图 3-8 所示。

```
8
16
48
3
```

图 3-8 使用基本运算符

❀ 注意: 分母为零的情况要引起重视。计算机中的运算和数学运算有些不同，一般来说分母不能为零，为零会发生程序错误，但有时程序中分母为零并不是错误，例如下面的代码（daima\3\Jiben.java）。

```
public class Jiben {
 public static void main(String args[]){
        int AAA=126;          //定义int类型变量AAA的值是126
        //整型数据的分母不能为零
        System.out.println(a/0);
    }
}
```

编译上述代码后会得到图 3-9 所示的结果。

图 3-9 运行结果

上面的结果提示用户分母不能为零，如果将上述代码中的 "int AAA=126" 改为 "double AAA=126"，编译后会得到图 3-10 所示的结果。

图 3-10 更改后的运行结果

对于基本运算符，只要将分子定义为 double 型，分母为零就是正确的，得到的值是无穷大，这一点希望初学者能够加以理解。

2. 取余运算符

在现实应用中，除法运算的结果不一定总是整数，计算结果是使用第一个运算数除以第二个运算数，得到整数结果后剩下的值，就是余数。在 Java 程序中，取余运算符用于计算除法操作中的余数。由于取余运算符也需要进行除法运算，因此如果取余运算的两个运算数都是整数类型，则求余运算的第二个运算数不能是 0，否则将引发除以零异常。如果取余运算的两个操作数中有1 个或 2 个是浮点数，则允许第二个操作数是 0 或 0.0，只是求余运算的结果是 NaN（NaN 是 Java中的特殊数字，表示非数字类型）。0 或 0.0 对零以外的任何数求余都将得到 0 或 0.0。

🌸 注意：取余运算符是一种很奇怪的运算符，在数学运算中很少被提及，其实可以很简单地理解它。取余运算符一般被用在除法中，它的取值不是商，而是余数。例如 5/2，取余运算符取的是余数，所以结果是 1，而不是商值结果 2.5。

实例 3-9	使用 "%" 运算符
	源码路径：daima\3\Yushu.java

实例文件 Yushu.java 的主要实现代码如下所示：

```
public static void main(String[] args) {
    //求余数
①       int A=19%3;
②       int K=-19%-3;
③       int Q=19%-3;
④       int J=-19%3;
⑤       System.out.println("A=19%3的余数"+A);
⑥       System.out.println("K=-19%-3的余数"+K);
⑦       System.out.println("Q=19%-3的余数"+Q);
⑧       System.out.println("J=-19%3的余数"+J);
}
```

拓展范例及视频二维码

范例 **3-9-01**：演示取余运算的
规律
源码路径：**演练范例\3-9-01**
范例 **3-9-02**：用三元运算符
判断奇偶数
源码路径：**演练范例\3-9-02**

行①定义 1 个 int 类型的变量 A，设置其初始值是 19 除以 3 的余数。

行②定义 1 个 int 类型的变量 K，设置其初始值是-19 除以-3 的余数。

行③定义 1 个 int 类型的变量 Q，设置其初始值是 19 除以-3 的余数。

行④定义 1 个 int 类型的变量 J，设置其初始值是-19 除以 3 的余数。

行⑤⑥⑦⑧分别使用 println()函数输出 4 个变量 A、K、Q 和 J 的值。

执行后的结果如图 3-11 所示。

```
A=19%3的余数1
K=-19%-3的余数-1
Q=19%-3的余数1
J=-19%3的余数-1
```

图 3-11　取余运算

3．递增和递减运算符

递增和递减运算符分别是指 "++" 和 "--"，每执行一次，变量将会增加 1 或减少 1，它们可以放在变量的前面，也可以放在变量的后面。无论哪一种形式都能改变变量的结果，但它们有一些不同，这种变化让初学编程的人感到疑惑。递增、递减对于刚学编程的人来说是难点，读者一定要加强理解。理解的不是++与--的问题，而是在变量前用还是在变量后用的问题。

实例 3-10	使用递增和递减运算符
	源码路径：daima\3\Dione.java

实例文件 Dione.java 的主要实现代码如下所示。

```
public static void main(String args[]){
①       int a=199;
②       int b=1009;
        //数据的递增与递减
③       System.out.println(a++);
④       System.out.println(a);
⑤       System.out.println(++a);
⑥       System.out.println(b--);
⑦       System.out.println(b);
⑧       System.out.println(--b);
}
```

拓展范例及视频二维码

范例 **3-10-01**：演示递增和递减
运算符的用法
源码路径：**演练范例\3-10-01**
范例 **3-10-02**：更精确地运用
浮点数
源码路径：**演练范例\3-10-02**

行①②分别定义两个 int 类型的变量 a 和 b，设置 a 的初始值是 199，设置 b 的初始值是 1009。

行③使用 println()函数输出 a++的值，此处先输出，然后才加 1，所以结果是 199。

行④使用 println()函数输出 a 的值，因为在行②的最后加 1 了，所以这里的结果是 200。

行⑤使用 println()函数输出++a 的值，此处先加 1，再输出。这里要紧接着行④中 a 的值 200，所以本行的结果是 201。

行⑥使用 println()函数输出 b--的值，此处先输出 b 的值，再将 b 减 1，所以本行的结果是 1009。

行⑦使用 println()函数输出 b 的值，因为在行⑥的最后减 1 了，所以这里的结果是 1008。

行⑧使用 println()函数输出--b 的值，此处先减 1，然后执行程序。这里要紧接着行⑦中 b 的值 1008，所以本行的结果是 1007。

执行后的结果如图 3-12 所示。

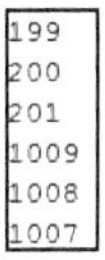

图 3-12　使用递增和递减运算符

3.3.2　关系运算符和逻辑运算符

在 Java 程序设计中，关系运算符（Relational Operator）和逻辑运算符（Logical Operator）显得十分重要。关系运算符定义值与值之间的相互关系，逻辑（logical）运算符定义可以用真值和假值链接在一起的方法。

1．关系运算符

在数学运算中有大于、小于、等于、不等于关系，在程序中可以使用关系运算符来表示上述关系。表 3-3 中列出了 Java 中的关系运算符，通过这些关系运算符会产生一个结果，这个结果是一个布尔值，即 true 或 false。在 Java 中，任何类型的数据，都可以用"=="比较是不是相等，用"!="比较是否不相等，只有数字才能比较大小，关系运算的结果可以直接赋予布尔变量。

表 3-3　关系运算符

类　　型	说　　明
==	等于
! =	不等于
>	大于
<	小于
>=	大于或等于
<=	小于或等于

2．逻辑运算符

布尔逻辑运算符是最常见的逻辑运算符，用于对布尔型操作数进行布尔逻辑运算，Java 中的布尔逻辑运算符如图 3-4 所示。

表 3-4　逻辑运算符

类　　型	说　　明
&&	与（AND）
||	或（OR）
∧	异或（XOR）
|	简化或（Short-Circuit OR）
&	简化并（Short-Circuit AND）
!	非（NOT）

逻辑运算符与关系运算符运算后得到的结果一样，都是布尔类型的值。在 Java 程序设计中，"&&"和"||"布尔逻辑运算符不总是对运算符右边的表达式求值，如果使用逻辑与"&"和逻

41

辑或"|"，则表达式的结果可以由运算符左边的操作数单独决定。通过表 3-5，读者可以了解常用逻辑运算符"&&"、"||"、"!"运算后的结果。

表 3-5　逻辑运算符

A	B	A&&B	A||B	!A
false	false	false	false	true
false	true	false	true	true
true	false	false	true	false
true	true	true	true	false

在接下来的内容中，将通过一个具体实例来说明关系运算符的基本用法。

实例 3-11　使用关系运算符
源码路径：daima\3\guanxi.java

实例文件 guanxi.java 的主要实现代码如下所示。

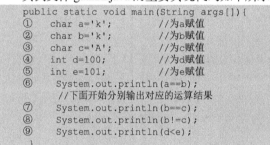

```java
public static void main(String args[]){
①    char a='k';        //为a赋值
②    char b='k';        //为b赋值
③    char c='A';        //为c赋值
④    int d=100;         //为d赋值
⑤    int e=101;         //为e赋值
⑥    System.out.println(a==b);
      //下面开始分别输出对应的运算结果
⑦    System.out.println(b==c);
⑧    System.out.println(b!=c);
⑨    System.out.println(d<e);
    }
```

拓展范例及视频二维码

范例 **3-11-01**：演示逻辑运算符
的用法
源码路径：**演练范例\3-11-01**
范例 **3-11-02**：不用乘法运算符
实现 2×16
源码路径：**演练范例\3-11-02**

行①②③分别定义 3 个 cha 类型的变量 a、b 和 c，并分别设置它们的初始值。
行④⑤分别定义两个 int 类型的变量 d 和 e，并分别设置它们的初始值。
行⑥使用 println()函数输出 a==b 的结果。
行⑦使用 println()函数输出 b==c 的结果。
行⑧使用 println()函数输出 b!=c 的结果。
行⑨使用 println()函数输出 d<e 的结果。
执行后的结果如图 3-13 所示。

```
true
false
true
true
```

图 3-13　使用关系运算符

3.3.3　位逻辑运算符

在 Java 程序设计中，使用位逻辑运算符来操作二进制数据。读者必须注意，位逻辑运算符只能操作二进制数据。如果用在其他进制的数据中，需要先将其他进制的数据转换成二进制数据。位逻辑运算符（Bitwise Operator）可以直接操作整数类型的位，这些整数类型包括 long、int、short、char 和 byte。Java 语言中位逻辑运算符的具体说明如表 3-6 所示。

表 3-6　位逻辑运算符

位逻辑运算符	说　　明
~	按位取反运算
&	按位与运算
|	按位或运算
^	按位异或运算
>>	右移
>>>	右移并用 0 填充
<<	左移

因为位逻辑运算符能够在整数范围内对位操作，所以这样的操作对一个值产生什么效果是很重要的。具体来说，了解 Java 如何存储整数值并且如何表示负数是非常有用的。表 3-7 中演示了操作数 A 和操作数 B 按位逻辑运算的结果。

表 3-7　位逻辑运算结果

操作数 A	操作数 B	A|B	A&B	A^B	~A
0	0	0	0	0	1
0	1	1	0	1	1
1	0	1	0	1	0
1	1	1	1	0	0

移位运算符把数字的位向右或向左移动，产生一个新的数字。Java 的右移运算符有两个，分别是>>和>>>。

❑ >>运算符：把第一个操作数的二进制码右移指定位数后，将左边空出来的位以原来的符号位填充。即，如果第一个操作数原来是正数，则左边补 0；如果第一个操作数是负数，则左边补 1。

❑ >>>：把第一个操作数的二进制码右移指定位数后，将左边空出来的位以 0 填充。

在接下来的内容中，将通过一个具体实例来说明位逻辑运算符的基本用法。

实例 3-12 使用位逻辑运算符
源码路径：daima\3\wei.java

实例文件 wei.java 的主要实现代码如下所示。

```
public class wei {
    public static void main(String[] args){
①      int a=129;
②      int b=128;
③      System.out.println("a和b 与的结果是: "+(a&b));
    }
}
```

拓展范例及视频二维码

范例 **3-12-01**：演示与运算符的
用法
源码路径：**演练范例\3-12-01**
范例 **3-12-02**：演示非运算符的
用法
源码路径：**演练范例\3-12-02**

行①②分别定义两个 cha 类型的变量 a 和 b，并分别设置它们的初始值。

行③使用 println()函数输出 $a\&b$ 的结果。a 的值是 129，转换成二进制就是 10000001；而 b 的值是 128，转换成二进制就是 10000000。根据与运算符的运算规律，只有两个位都是 1，运算结果才是 1，所以 $a\&b$ 的运算过程如下。

```
a       10000001
b       10000000
a&b     10000000
```

由此可以知道 10000000 的结果就是 10000000，转换成十进制就是 128。执行后的结果如图 3-14 所示。

a和b 与的结果是：128

图 3-14　执行结果

3.3.4　条件运算符

条件运算符是一种特殊的运算符，也被称为三目运算符。它与前面所讲的运算符有很大不同，Java 中提供了一个三目运算符，其实这跟后面讲解的 if 语句有相似之处。条件运算符的目的是决定把哪个值赋给前面的变量。在 Java 语言中使用条件运算符的语法格式如下所示。

```
变量=(布尔表达式) ? 为true时赋予的值:为false时赋予的值;
```

实例 3-13 使用条件运算符
源码路径：daima\3\tiao.java

实例文件 tiao.java 的主要实现代码如下所示。

```
public static void main(String args[]){
①    double chengji=70;
②    String Tiao=(chengji>=90)?"已经很优秀":
                "不是很优秀，还需要努力！";
     //输出结果
③    System.out.println(Tiao);
}
```

拓展范例及视频二维码

范例 **3-13-01**：根据条件的不同
实现赋值

源码路径：**演练范例\3-13-01**

范例 **3-13-02**：实现两个变量的
互换

源码路径：**演练范例\3-13-02**

行①定义 double 类型的变量 chengji，设置其初始值是 70。

行②定义 String 类型的变量 Tiao，并赋值显示条件运算结果。如果设置变量 chengji 大于或等于 90，则输出"已经很优秀"的提示；反之，就输出"不是很优秀，还需要努力！"的提示。

行③使用 println()函数输出 Tiao 的值。因为在代码中设置了"chengji=70"，所以执行后的结果如图 3-15 所示。

> 不是很优秀，还需要努力！

图 3-15　执行结果

3.3.5　赋值运算符

赋值运算符是等号"="，Java 中的赋值运算与其他计算机语言中的赋值运算一样，起到赋值的作用。在 Java 中使用赋值运算符的格式如下所示。

```
var = expression;
```

其中，变量 var 的类型必须与表达式 expression 的类型一致。

赋值运算符有一个有趣的属性，它允许我们对一连串变量进行赋值。请看下面的代码。

```
int x, y, z; x = y = z = 100;
```

在上述代码中，使用一条赋值语句将变量 x、y、z 都赋值为 100。这是由于"="运算符表示右边表达式的值，因此 z = 100 的值是 100，然后该值被赋给 y，并依次被赋给 x。使用"字符串赋值"是给一组变量赋予同一个值的简单办法。在赋值时类型必须匹配，否则将会出现编译错误。

实例 3-14　**演示赋值类型不匹配的错误**
源码路径：daima\3\fuzhi.java

实例文件 fuzhi.java 的主要实现代码如下所示。

```
public static void main(String args[]){
     //定义的字节数据
①    byte a=9;
②    byte b=7;
③    byte c=a+b;
④    System.out.println(c);
}
```

拓展范例及视频二维码

范例 **3-14-01**：扩展赋值运算符
的功能

源码路径：**演练范例\3-14-01**

范例 **3-14-02**：演示运算符的
应用

源码路径：**演练范例\3-14-02**

行①分别定义 byte 类型的变量 a 和 b，设置 a 的初始值是 9，设置 b 的初始值是 7。

行②定义 byte 类型的变量 c，并赋值为 a 和 b 的和。

Java 语言规定：byte 类型的变量在进行加减乘除和余数运算时会自动变为 int 类型。所以，本行的变量 a 和 b 会在计算时自动转换成 int 类型，但是本行在左侧已经明确声明为了 byte 类型，所以会出错。

```
Exception in thread "main" java.lang.Error: Unresolved compilation problem:
         Type mismatch: cannot convert from int to byte

         at fuzhi.main(fuzhi.java:8)
```

图 3-16　类型不匹配错误

行③使用 println()函数输出变量 c 的值。执行后会提示类型不匹配错误，执行结果如图 3-16 所示。

❀ 注意：在 Java 中可以对赋值运算符进行扩展，其中最为常用的有如下扩展操作。

❑ +=：对于 x+=y，等效于 x=x+y。

❑ -=：对于 x-=y，等效于 x=x-y。

❑ *=：对于 x*=y，等效于 x=x*y。

❑ /=：对于 x/=y，等效于 x=x/y。

- ❏ %=: 对于 x%=y，等效于 x=x%y。
- ❏ &=: 对于 x&=y，等效于 x=x&y。
- ❏ |=: 对于 x|=y，等效于 x=x|y。
- ❏ ^=: 对于 x^=y，等效于 x=x^y。
- ❏ <<=: 对于 x<<=y，等效于 x=x<<y。
- ❏ >>=: 对于 x>>=y，等效于 x=x>>y。
- ❏ >>>=: 对于 x>>>=y，等效于 x=x>>>y。

另外，在后面的学习中我们会接触到 equals()方法，此方法和赋值运算符==的功能类似。要想理解两者之间的区别，我们需要从变量说起。Java 中的变量分为两类，一类是值类型，它存储的是变量真正的值，比如基础数据类型，值类型的变量存储在内存的栈中；另一类是引用类型，它存储的是对象的地址，与该地址对应的内存空间中存储的才是我们需要的内容，比如字符串和对象等，引用类型的变量存储在内存中的堆中。赋值运算符==比较的是值类型的变量，如果比较两个引用类型的变量，比较的就是它们的引用地址。equals()方法只能用来比较引用类型的变量，也就是比较引用的内容。

==运算符比较的是左右两边的变量是否来自同一个内存地址。如果比较的是值类型（基础数据类型，如 int 和 char 之类）的变量，由于值类型的变量存储在栈里面，当两个变量有同一个值时，其实它们只用到同一个内存空间，所以比较的结果是 true。

eqluals()方法是 Object 类的基本方法之一，所以每个类都有自己的 equals()方法，功能是比较两个对象是否是同一个，通俗的理解就是比较这两个对象的内容是否一样。

3.3.6 运算符的优先级

数学中的运算都是从左向右运算的，在 Java 中除了单目运算符、赋值运算符和三目运算符外，大部分运算符也是从左向右结合的。单目运算符、赋值运算符和三目运算符是从右向左结合的，也就是说，它们是从右向左运算的。乘法和加法是两个可结合的运算，也就是说，这两个运算符左右两边的操作符可以互换位置而不会影响结果。

运算符有不同的优先级，所谓优先级，就是在表达式运算中的运算顺序。表 3-8 中列出了包括分隔符在内的所有运算符的优先级，上一行中的运算符总是优先于下一行的。

表 3-8　Java 运算符的优先级

运　算　符	Java 运算符
分隔符	.　[]　()　{}　,　;
单目运算符	++　--　~　!
强制类型转换运算符	(type)
乘法/除法/求余	*　/　%
加法/减法	+　-
移位运算符	<<　>>　>>>
关系运算符	<　<=　>=　>　instanceof
等价运算符	==　!=
按位与	&
按位异或	^
按位或	|
条件与	&&
条件或	||
三目运算符	?:
赋值	=　+=　-=　*=　/=　&=　|=　^=　%=　<<=　>>=　>>>=

根据表 3-9 所示的运算符的优先级，假设 int a=3，开始分析下面变量 b 的计算过程。

```
int b= a+2*a
```

程序先执行 2*a 得到 6，再计算 a+6 得到 9。使用圆括号( )可以改变程序的执行过程，例如：

```
int b=(a+2)*a
```

先执行 a+2 得到 5，再用 5*a 得到 15。

实例 3-15　使用表达式与运算符
源码路径：daima\3\biaoone.java

实例文件 biaoone.java 的主要实现代码如下所示。

```
public static void main(String args[]){
①      int a=231;
②      int b=4;
③      int h=56;
④      int k=45;
⑤      int x=a+h/b;
⑥      int y=h+k;
⑦      System.out.println(x);
⑧      System.out.println(y);
⑨      System.out.println(x==y);
}
```

拓展范例及视频二维码

范例 **3-15-01**：演示运算符的
优先级
源码路径：**演练范例\3-15-01**
范例 **3-15-02**：演示关系运算符
的应用
源码路径：**演练范例\3-15-02**

行①②③④分别定义 4 个 int 类型的变量 a、b、h 和 k，设置 a 的初始值是 231，设置 b 的初始值是 4，设置 h 的初始值是 56，设置 k 的初始值是 45。

行⑤定义一个 int 类型的变量 x，并赋值为 a+h/b，根据优先级规则，先计算除法 h/b，后计算加法。

行⑥定义一个 int 类型的变量 y，并赋值为 h+k。

行⑦⑧⑨使用 println()函数分别输出变量 x、y 和表达式 x==y 的值。

执行后的结果如图 3-17 所示。

```
245
101
false
```

图 3-17　执行结果

注意：书写 Java 运算符有两点注意事项。

（1）不要把一个表达式写得过于复杂，如果一个表达式过于复杂，就把它分成几步来完成。

（2）不要过多地依赖运算符的优先级来控制表达式的执行顺序，这样可读性太差，尽量使用圆括号( )来控制表达式的执行顺序。

3.4　字　符　串

字符串（String）是由 0 个或多个字符组成的有限序列，是编程语言中表示文本的数据类型。通常以字符串的整体作为操作对象，例如在字符串中查找某个子串、求取一个子串、在字符串的某个位置插入一个子串以及删除一个子串等。两个字符串相等的充要条件是：长度相等，并且各个对应位置的字符都相等。假设 p、q 是两个字符串，求 q 在 p 中首次出现的位置的运算叫作模式匹配。字符串的两种最基本的存储方式是顺序存储和链接存储。

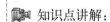

知识点讲解：

3.4.1　字符串的初始化

在 Java 程序中，使用关键字 new 来创建 String 实例，具体格式如下所示。

```
String a=new String( );
```

上面这行代码创建了一个名为 String 的类，并把它赋给变量，但它此时是一个空的字符串。接下来就为这个字符串赋值，赋值代码如下所示。

```
a="I am a person Chongqing"
```

在 Java 程序中，我们将上述两句代码合并，就可以产生一种简单的字符串表示方法。

```
String s=new String ("I am a person Chongqing");
```

除了上面的表示方法，还有表示字符串的如下一种形式。

```
String s= ("I am a person Chongqing");
```

实例 3-16　初始化一个字符串
源码路径：daima\3\Stringone.java

实例文件 Stringone.java 的主要实现代码如下所示。

```
public static void main(String[] args) {
①      String str = "上邪";
②      System.out.println("OK");
③      String cde = "别人笑我太疯癫";
④      System.out.println(str + cde);
}
```

行①定义一个字符串变量 str，设置 str 的初始值是"上邪"。

行②使用 println()函数输出字符串 "OK"。

行③定义一个字符串变量 cde，设置 cde 的初始值是"别人笑我太疯癫"。

行④使用 println()函数输出字符串 str 和 cde 的组合。

执行后的结果如图 3-18 所示。

拓展范例及视频二维码

范例 **3-16-01**：格式化一个
字符串
源码路径：**演练范例\3-16-01**
范例 **3-16-02**：扩展赋值运算符
的功能
源码路径：**演练范例\3-16-02**

```
OK
上邪别人笑我太疯癫
```

图 3-18　执行结果

✿ 注意：字符串并不是原始的数据类型，而是一种复杂的数据类型，对它进行初始化的方法不止一种，但也没有规定哪种方法最优秀，用户可以根据自己的习惯使用。

3.4.2　String 类

在 Java 程序中可以使用 String 类来操作字符串，在该类中有许多方法可以供程序员使用。

1. 索引

在 Java 程序中，通过索引函数 charAt()可以返回字符串中指定索引的位置。读者需要注意的是，这里的索引数字从零开始，使用格式如下所示。

```
public char charAt(int index)
```

2. 追加字符串

追加字符串函数 concat()的功能是在字符串的末尾添加字符串，追加字符串是一种比较常用的操作，具体语法格式如下所示。

```
Public String concat (String S)
```

实例 3-17　使用索引方法
源码路径：daima\3\suoyin.java

实例文件 suoyin.java 的主要实现代码如下所示。

```
public class suoyin {
   public static void main(String args[]){
①    String x="dongjiemeili";
②    System.out.println(x.charAt(5));
   }
}
```

行①定义一个字符串变量 x，设置 x 的初始值是"dongjiemeili"。

行②使用 println()函数输出字符串变量 x 中索引值为 5 的字母。因为下标从"0"开始，所以初学者可能会理解为字母"j"，可真正的结果并不是，下标为"5"，实际上是第 6 个字母。执行后的结果如图 3-19 所示。

拓展范例及视频二维码

范例 **3-17-01**：使用追加方法
源码路径：**演练范例\3-17-01**
范例 **3-17-02**：货币金额的
大写形式
源码路径：**演练范例\3-17-02**

```
<terminated>
i
```

图 3-19　执行结果

3. 比较字符串

比较字符串函数 equalsIgnoreCase()的功能是对两个字符串进行比较，看是否相同。如果相同，返回一个值 true；如果不相同，返回一个值 false。格式如下。

```
public Boolean equalsIgnoreCase(String s)
```

4. 取字符串长度

在 String 类中有一个方法可以获取字符串的长度，语法格式如下所示。

```
public int length ( )
```

实例 3-18　使用字符串比较方法

源码路径：daima\3\bijiao.java

实例文件 bijiao.java 的主要实现代码如下所示。

```
public static void main(String args[]){
①        String x="student";
②        String xx="STUDENT";
③        String y="student";
④        String z="T";
⑤        System.out.println(x.equalsIgnoreCase(xx));
⑥        System.out.println(x.equalsIgnoreCase(y));
⑦        System.out.println(x.equalsIgnoreCase(z));
}
```

拓展范例及视频二维码

范例 **3-18-01**：使用求字符串长度
　　　　的方法

源码路径：**演练范例\3-18-01**

范例 **3-18-02**：用 String 类格式
　　　　化当前日期

源码路径：**演练范例\3-18-02**

行①②③④定义 4 个字符串变量 x、xx、y 和 z，设置 x 的初始值是"student"，设置 xx 的初始值是 "STUDENT"，设置 y 的初始值是"student"，设置 z 的初始值是"T"。

行⑤使用函数 equalsIgnoreCase()比较 x 和 xx 的值是否相等，然后使用 println()函数输出比较结果。

行⑥使用函数 equalsIgnoreCase()比较 x 和 y 的值是否相等，然后使用 println()函数输出比较结果。

行⑦使用函数 equalsIgnoreCase()比较 x 和 z 的值是否相等，然后使用 println()函数输出比较结果。

```
true
true
false
```

图 3-20　比较字符串的结果

执行后的结果如图 3-20 所示。

5. 替换字符串

替换是两个动作，第一个是查找，第二个是替换。在 Java 中实现替换字符串的方法十分简单，只需要使用 replace()方法即可实现。此方法的声明格式如下所示。

```
public String replace (char old, char new)
```

6. 字符串的截取

有时候，经常需要从长的字符串中截取一段字符串，此功能可以通过 substring()方法实现，此方法有两种语法格式。

第一种格式如下。

```
public String substring(int begin)
```

第二种格式如下。

```
public String substring (int begin, int end)
```

实例 3-19　使用字符串替换方法

源码路径：daima\3\Tihuan.java

实例文件 Tihuan.java 的主要实现代码如下所示。

```
public static void main(String args[]){
①        String x="我想我要走了";
②        String y=x.replace('走','去');
③        System.out.println(y);
}
```

拓展范例及视频二维码

范例 **3-19-01**：使用字符串
　　　　截取方法

源码路径：**演练范例\3-19-01**

范例 **3-19-02**：字符串的大
　　　　小写转换

源码路径：**演练范例\3-19-02**

行①定义一个字符串变量 x，设置 x 的初始值是"我想我要走了"。

行②定义一个字符串变量 y，设置 y 的初始值是将 x 中的"走"替换为"去"之后的值。

行③使用 println()函数输出变量 y 的值。执行后的结果如图 3-21
所示。

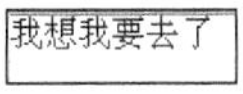

图 3-21 替换字符串
的结果

7. 字符串大小写互转

许多时候需要对字符串中的字母进行转换，在 String 类里，用户可
以使用专用方法进行互换。将大写字母转换成小写字母的方法的语法格式如下所示。

```
public String toLowerCase ( )
```

将小写字母转换成大写字母的方法的语法格式如下所示。

```
Public String toUpperCase ( )
```

8. 消除字符串中的空格字符

在字符串中可能有空白字符，有时在一些特定的环境中并不需要这样的空白字符，此时我
们可以使用 trim()方法去除空白，此方法的语法格式如下所示。

```
pbulic String trim ( )
```

实例 3-20 将大写字母转换成小写字母
源码路径：daima\3\Daxiao1.java

实例文件 Daxiao1.java 的主要实现代码如下所示。

```
public static void main(String args[]){
①        String x="I LOVE YoU!!";
         //字母大小写转换
②        String y=x.toLowerCase();
③        System.out.println(x);
④        System.out.println(y);
}
```

拓展范例及视频二维码

范例 **3-20-01**：将小写字母转
换成大写字母

源码路径：**演练范例\3-20-01**

范例 **3-20-02**：使用 trim()方法

源码路径：**演练范例\3-20-02**

行①定义一个字符串变量 x，设置 x 的初始值是
"I LOVE YoU!!"。

行②定义一个字符串变量 y，设置 y 的初始值是
将 x 中的字母都转换为小写后的值。

行③④使用 println()函数分别输出变量 x 和 y 的值。执行后的结果如
图 3-22 所示。

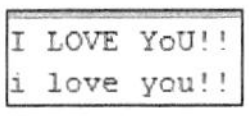

```
I LOVE YoU!!
i love you!!
```

图 3-22 执行结果

3.4.3 StringBuffer 类

StringBuffer 类是 Java 中另一个重要的操作字符串的类，当需要对字符串进行大量的修改
时，使用 StringBuffer 类是最佳选择。接下来将详细讲解 StringBuffer 类中的常用方法。

1. 追加字符

在 StringBuffer 类中实现追加字符功能的方法的语法格式如下所示。

```
public synchronized StringBuffer append(boolean b)
```

2. 插入字符

前面的字符追加方法总是在字符串的末尾添加内容，倘若需要在字符串中添加内容，就需
要使用方法 insert()，语法格式如下所示。

```
public synchronized StringBuffer insert(int offset, String s)
```

上述语法格式的含义是：将第 2 个参数的内容添加到第 1 个参数指定的位置，换句话说，
第 1 个参数表示要插入的起始位置，第 2 个参数是需要插入的内容，可以是包括 String 在内的
任何数据类型。

3. 颠倒字符

字符颠倒方法能够将字符颠倒，例如"我是谁"，颠倒过来就变成"谁是我"，很多时候需
要颠倒字符。字符颠倒方法 reverse()的语法格式如下所示。

```
public synchronized StringBuffer reverse( )
```

实例 3-21 使用字符追加函数

源码路径: daima\3\Zhui1.java

实例文件 Zhui1.java 的主要实现代码如下所示。

拓展范例及视频二维码

```
public static void main(String args[]){
①    StringBuffer x1 = new StringBuffer("金山
WPS办公");
②    x1.append(",中国人的选择");
③    System.out.println(x1);
④    StringBuffer x2 = new StringBuffer("WPS");
⑤    x2.append(2009);
⑥    System.out.println(x2);
}
```

范例 **3-21-01**:替换指定的
文本字符

源码路径:**演练范例\3-21-01**

范例 **3-21-02**:使用字符颠倒
方法 reverse()

源码路径:**演练范例\3-21-02**

行①定义 StringBuffer 对象 x1,设置 x1 的初始值是"金山 WPS 办公"。

行②在 x1 的后面使用函数 append()追加字符串"中国人的选择"。

行③使用 println()函数输出 x1 的值。

行④定义 StringBuffer 对象 x2,设置 x2 的初始值是"WPS"。

行⑤在 x2 的后面使用函数 append()追加数字"2009"。

行⑥使用 println()函数输出 x2 的值。执行后的结果如图 3-23 所示。

图 3-23 追加字符的结果

3.5 类型转换

在 Java 程序中,不同基本类型的值经常需要在不同类型之间进行转换。Java 语言提供的 7 种数值类型之间可以相互转换,有自动类型转换和强制类型转换两种类型转换方式。

知识点讲解:

3.5.1 自动类型转换

如果系统支持把某种基本类型的值直接赋给另一种基本类型的变量,这种方式被称为自动类型转换。当把一个取值范围小的数值或变量直接赋给另一个取值范围大的变量时,系统可以进行自动类型转换。

Java 中所有数值型变量之间可以进行类型转换,取值范围小的可以向取值范围大的进行自动类型转换。就好比有两瓶水,当把小瓶里的水倒入大瓶时不会有任何问题。Java 支持自动类型转换的类型如图 3-24 所示。

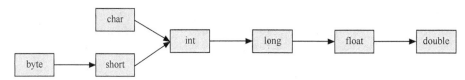

图 3-24 自动类型转换图

在图 3-24 所示的类型转换图中,箭头左边的数值可以转换为箭头右边的数值。当对任何基本类型的值和字符串进行连接运算时,基本类型的值将自动转换为字符串类型,尽管字符串类型不再是基本类型,而是引用类型。因此,如果希望把基本类型的值转换为对应的字符串,可以对基本类型的值和一个空字符串进行连接。

实例 3-22 演示 Java 的自动类型转换

源码路径: daima\3\zidong.java

实例文件 zidong.java 的主要实现代码如下所示。

```
public static void main(String[] args) {
    int a  = 6;      //定义int型变量a
    float f = a;     //int可以自动转换为float型
    System.out.println(f);    //输出6.0
    byte b = 9;      //定义一个byte型的整数变量
    //下面这行代码将出错，byte型不能自动转换
    //为char型
    //char c = b;
    //下面这行代码正确，byte型变量可以自动转换为
    double型
    double d = b;
    System.out.println(d); //此行将输出9.0
}
```

拓展范例及视频二维码

范例 **3-22-01**：把基本类型转换为
字符串
源码路径：**演练范例\3-22-01**
范例 **3-22-02**：判断用户名是否
正确
源码路径：**演练范例\3-22-02**

执行后的结果如图 3-25 所示。

```
6.0
9.0
```

图 3-25　自动类型转换后的结果

3.5.2　强制类型转换

如果希望把图 3-24 中箭头右边的类型转换为左边的类型，则必须使用强制类型转换。Java 中强制类型转换的语法格式如下所示。

```
(targetType)value
```

强制类型转换的运算符是圆括号 "( )"。下面的实例演示了使用强制类型转换的过程。

实例 3-23　**演示 Java 的强制类型转换**
源码路径：**daima\3\qiangzhi.java**

实例文件 qiangzhi.java 的主要实现代码如下所示。

```
public static void main(String[] args) {
    int iValue = 233;      //定义int型变量iValue的初始值是233
    //强制把一个int类型的值转换为byte型
    byte bValue = (byte)iValue;
    //将输出-23
    System.out.println(bValue);
    double dValue = 3.98;
    //强制把一个double类型的值转换为int型
    int toI = (int)dValue;
    //将输出3
    System.out.println(toI);
}
```

拓展范例及视频二维码

范例 **3-23-01**：使用基本强制
类型转换
源码路径：**演练范例\3-23-01**
范例 **3-23-02**：将浮点数强制
转换为整型
源码路径：**演练范例\3-23-02**

在上述代码中，当把一个浮点数强制类型转换为一个整数时，Java 将直接截断浮点数的小数部分。除此之外，上面的程序还把 233 强制类型转换为 byte 型整数，从而变成-23，这就是典型的溢出。执行后的结果如图 3-26 所示。

```
-23
3
```

图 3-26　强制类型转换后的结果

3.6　Java 11 新特性：新增的 String 函数

在新发布的 JDK 11 中，新增了 6 个字符串函数。下面介绍各个字符串函数。

📹 知识点讲解：

❑　String.repeat(int)
函数 String.repeat(int)的功能是根据 int 参数的值重复 String。

❑　String.lines()

函数 String.lines()的功能是返回从该字符串中提取的行，由行终止符分隔。行要么是零个或多个字符的序列，后面跟着一个行结束符；要么是一个或多个字符的序列，后面是字符串的结尾。一行不包括行终止符。在 Java 程序中，使用函数 String.lines()返回的流包含该字符串中出现的行的顺序。

❑　String.strip()

函数 String.strip()的功能是返回一个字符串，该字符串的值为该字符串，其中所有前导和尾部空白均被删除。如果该 String 对象表示空字符串，或者如果该字符串中的所有代码点是空白的，则返回一个空字符串。否则，返回该字符串的子字符串，该字符串从第一个不是空白的代码点开始，直到最后一个不是空白的代码点，并包括最后一个不是空白的代码点。在 Java 程序中，开发者可以使用此函数去除字符串开头和结尾的空白。

❑　String.stripLeading()

函数 String.stripLeading()的功能是返回一个字符串，其值为该字符串，并且删除字符串前面的所有空白。如果该 String 对象表示空字符串，或者如果该字符串中的所有代码点是空白的，则返回空字符串。

❑　String.stripTrailing()

函数 String.stripTrailing()的功能是返回一个字符串，其值为该字符串，并且删除字符串后面的所有空白。如果该 String 对象表示空字符串，或者如果该字符串中的所有代码点是空白的，则返回空字符串。

❑　String.isBlank()

函数 String.isBlank()的功能是判断字符串是否为空或仅包含空格。如果字符串为空或仅包含空格则返回 true；否则，返回 false。

下面的实例演示了使用上述 Java 11 新增字符串函数的过程。

实例 3-24　使用 Java 11 新增字符串函数
源码路径：daima\3\Example.java

实例文件 Example.java 的主要实现代码如下所示。

```
import java.util.stream.Collectors;

public class Example {

    /**

            * 写入文本标题
     */
    private static void writeHeader(final String headerText) {
        final String headerSeparator = "=".repeat(headerText.length() + 4);
        System.out.println("\n" + headerSeparator);
        System.out.println(headerText);
        System.out.println(headerSeparator);
    }

    public static void demonstrateStringLines() {
        String originalString = "Hello\nWorld\n123";

        String stringWithoutLineSeparators = originalString.replaceAll("\\n", "\\\\n");

        writeHeader("String.lines() on '" + stringWithoutLineSeparators + "'");

        originalString.lines();
    }

    public static void demonstrateStringStrip() {
        String originalString = "  biezhi.me  23333   ";
```

```
        writeHeader("String.strip() on '" + originalString + "'");
        System.out.println("'" + originalString.strip() + "'");
    }

    public static void demonstrateStringStripLeading() {
        String originalString = "  biezhi.me  23333  ";

        writeHeader("String.stripLeading() on '" + originalString + "'");
        System.out.println("'" + originalString.stripLeading() + "'");
    }

    public static void demonstrateStringStripTrailing() {
        String originalString = "  biezhi.me  23333  ";

        writeHeader("String.stripTrailing() on '" + originalString + "'");
        System.out.println("'" + originalString.stripTrailing() + "'");
    }

    public static void demonstrateStringIsBlank() {
        writeHeader("String.isBlank()");

        String emptyString = "";
        System.out.println("空字符串    -> " + emptyString.isBlank());

        String onlyLineSeparator = System.getProperty("line.separator");
        System.out.println("换行符      -> " + onlyLineSeparator.isBlank());

        String tabOnly = "\t";
        System.out.println("Tab 制表符 -> " + tabOnly.isBlank());

        String spacesOnly = "   ";
        System.out.println("空格        -> " + spacesOnly.isBlank());
    }

    public static void lines() {
        writeHeader("String.lines()");

        String str = "Hello \n World, I,m\nbiezhi.";

        System.out.println(str.lines().collect(Collectors.toList()));
    }

    public static void main(String[] args) {
        writeHeader("User-Agent\tMozilla/5.0 (Macintosh; Intel Mac OS X 10 13 5)");
        demonstrateStringLines();
        demonstrateStringStrip();
        demonstrateStringStripLeading();
        demonstrateStringStripTrailing();
        demonstrateStringIsBlank();
        lines();
    }
}
```

执行后会输出：

```
===============================================================
User-Agent Mozilla/5.0 (Macintosh; Intel Mac OS X 10_13_5)
===============================================================


=======================================
String.lines() on 'Hello\nWorld\n123'
=======================================


========================================
String.strip() on '  biezhi.me  23333  '
========================================
'biezhi.me  23333'


===============================================
String.stripLeading() on '  biezhi.me  23333  '
```

```
=======================================
'biezhi.me  23333 '

=======================================
String.stripTrailing() on '  biezhi.me  23333 '
=======================================
'  biezhi.me  23333'

===================
String.isBlank()
===================
空字符串     -> true
换行符       -> true
Tab 制表符   -> true
空格         -> true

=================
String.lines()
=================
[Hello , World, I,m, biezhi.]
```

3.7 技 术 解 惑

3.7.1 定义常量时的注意事项

在 Java 语言中，主要利用 final 关键字（在 Java 类中灵活使用 Static 关键字）来进行 Java 常量的定义。当常量被设定后，一般情况下就不允许再进行更改。在定义常量时，需要注意如下 3 点。

（1）在定义 Java 常量的时候，就需要对常量进行初始化。也就是说，必须在声明常量时就对它进行初始化。跟局部变量或类成员变量不同，在定义一个常量的时候，进行初始化之后，在应用程序中就无法再次对这个常量进行赋值。如果强行赋值的话，编译器会弹出错误信息，并拒绝接受这一新值。

（2）需要注意 final 关键字的使用范围。final 关键字不仅可以用来修饰基本数据类型的常量，还可以用来修饰对象的引用或方法，比如数组就是对象引用。为此，可以使用 final 关键字定义一个常量的数组。这是 Java 语言中的一大特色。一个数组对象一旦被 final 关键字设置为常量数组之后，它就只能恒定地指向一个数组对象，无法将其指向另一个对象，也无法更改数组中的值。

（3）需要注意常量的命名规则。在定义变量或常量时，不同的语言，都有自己的一套编码规则。这主要是为了提高代码的共享程度与易读性。在 Java 中定义常量时，也有自己的一套规则。比如在给常量取名时，一般都用大写字母。在 Java 语言中，区分大小写字母。之所以采用大写字母，主要是为了跟变量进行区分。虽然说给常量取名时采用小写字母，也不会有语法上的错误，但是为了在编写代码时能够一目了然地判断变量与常量，最好还是能够将常量设置为大写字母。另外，在常量中，往往通过下划线来分隔不同的字符，而不像对象名或类名那样，通过首字母大写的方式来进行分隔。这些规则虽然不是强制性的，但是为了提高代码的友好性，方便开发团队中的其他成员阅读，这些规则还是需要遵守的。

总之，Java 开发人员需要注意，被定义为 final 的常量需要采用大写字母命名，并且中间最好使用下划线作为分隔符来连接多个单词。定义为 final 的数据不论是常量、对象引用还是数组，在主函数中都不可以改变，否则会被编辑器拒绝并提示错误信息。

3.7.2 char 类型中单引号的意义

char 类型使用单引号括起来，而字符串使用双引号括起来。关于 String 类的具体用法以及对应的各个方法，读者可以参考查阅 API 文档中的信息。其实 Java 语言中的单引号、双引号和反斜线都有特殊的用途，如果在一个字符串中包含这些特殊字符，应该使用转义字符。例如希望在 Java 程序中表示绝对路径"c:\daima"，但这种写法得不到我们期望的结果，因为 Java 会把反斜线当成转义字符，所以应该写成"c:\\daima"的形式。只有同时写两个反斜线，Java 才会把第一个反斜线当成转义字符，与后一个反斜线组成真正的反斜线。

3.7.3 正无穷和负无穷的问题

Java 还提供了 3 个特殊的浮点数值——正无穷大、负无穷大和非数，用于表示溢出和出错。例如，使用一个正浮点数除以 0 将得到正无穷大，使用一个负浮点数除以 0 将得到负无穷大，用 0.0 除以 0.0 或对一个负数开方将得到一个非数。正无穷大通过 Double 或 Float 的 POSITIVE_INFINITY 表示，负无穷大通过 Double 或 Float 的 NEGATIVE_INFINITY 表示，非数通过 Double 或 Float 的 NaN 表示。

请注意，只有用浮点数除以 0 才可以得到正无穷大或负无穷大，因为 Java 语言会自动把和浮点数运算的 0（整数）当成 0.0（浮点数）来处理。如果用一个整数除以 0，则会抛出"ArithmeticException：/by zero"（除以 0 异常）。

3.7.4 移位运算符的限制

Java 移位运算符只能用于整型，不能用于浮点型。也就是说，>>、>>>和<<这 3 个移位运算符并不适合所有的数值类型，它们只适合对 byte、short、char、int 和 long 等整型数进行运算。除此之外，进行移位运算时还有如下规则：

（1）对于低于 int 类型（如 byte、short 和 char）的操作数来说，总是先自动类型转换为 int 类型后再移位。

（2）对于 int 类型的整数移位，例如 a>>b，当 b>32 时，系统先用 b 对 32 求余（因为 int 类型只有 32 位），得到的结果才是真正移位的位数。例如，a>>33 和 a>>1 的结果完全一样，而 a>>32 的结果和 a 相同。

（3）对 long 类型的整数移位时，例如 a>>b，当 b>64 时，总是先用 b 对 64 求余（因为 long 类型是 64 位），得到的结果才是真正移位的位数。

当进行位移运算时，只要被移位的二进制码没有发生有效位的数字丢失现象（对于正数而言，通常指被移出的位全部都是 0），不难发现左移 n 位就相当于乘以 2^n，右移则相当于除以 2^n。这里存在一个问题：左移时，左边舍弃的位通常是无效的，但右移时，右边舍弃的位常常是有效的，因此通过左移和右移更容易看出这种运行结果，并且位移运算不会改变操作数本身，只是得到一个新的运算结果，原来的操作数本身是不会改变的。

3.8 课后练习

（1）编写一个 Java 程序，输入圆柱体的半径和高后，计算并输出圆柱体的体积和表面积。

（2）编写一个 Java 程序，在控制台输入费用和酬金后，计算佣金率。例如，如果用户输入 10 作为费用，输入 15%作为佣金率，计算结果显示酬金为 1.5，总费用为 11.5。

（3）编写一个 Java 程序，在控制台输入一个介于 0 到 1000 的整数，将该整数的各位数字相加，输出结果。假设整数为 123，则各位数字相加的和为 6。

（4）编写一个 Java 程序，在控制台输入一个分钟数（例如 10 亿），然后显示这些分钟代表多少年和多少天。假设一年固定有 365 天。

第4章

条 件 语 句

在 Java 程序中有许多条件语句，条件语句在很多教材中也被称为顺序结构。通过条件语句，可以判断不同条件的执行结果。本章将带领读者一起领会 Java 语言中条件语句的基本知识，并通过具体实例的实现过程来讲解各个知识点的具体使用流程。

4.1 if 语句详解

if 语句是假设语句，是 Java 程序中最基础的条件语句。Java 语言中的 if 语句共有 3 种，分别是 if 语句、if...else 语句和 if...else...if...else 语句。本节将向读者详细讲解上述 3 种 if 语句的基本知识，并通过具体实例来讲解 if 语句的基本用法。

 知识点讲解：

4.1.1 if 语句

if 语句由保留字 if、条件语句和位于后面的语句组成。条件语句通常是一个布尔表达式，结果为 true 和 false。如果条件为 true，则执行语句并继续处理其后的下一条语句；如果条件为 false，则跳过语句并继续处理紧跟整个 if 语句的下一条语句。例如在图 4-1 中，当条件（condition）为 true 时，执行 statement1 语句；当条件为 false 时，执行 statement2 语句。

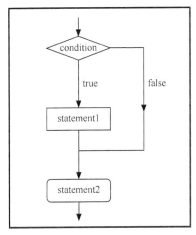

图 4-1 if 语句

if 语句的语法格式如下所示。

```
if (条件表达式)
```

语法说明：if 是该语句中的关键字，后续紧跟一对小括号，这对小括号任何时候都不能省略。小括号的内部是具体的条件，语法上要求条件表达式的结果为 boolean 类型。后续为功能代码，也就是当条件成立时执行的代码。在书写程序时，一般为了直观地表达包含关系，功能代码需要缩进。

例如下面的演示代码。

```
int a = 10;                              //定义int型变量a的初始值是10
    if (a >= 0)
        System.out.println("a是正数");    //a大于或等于0时的输出内容
    if ( a % 2 == 0)
        System.out.println("a是偶数");    //a能够整除2时的输出内容
```

在上述演示代码中，第一个条件判断变量 a 的值是否大于或等于零，如果该条件成立，输出"a 是正数"；第二个条件判断变量 a 是否为偶数，如果成立，也输出"a 是偶数"。

再看下面代码的执行流程。

```
int m = 20;                          //定义int型变量m的初始值是20
if ( m > 20)                         //如果变量m的值大于20
 m += 20;                            //将m的值加上20
System.out.println(m);               //输出m的值
```

按照前面的语法格式说明，只有 m+=20 这行代码属于功能代码，而后续的输出语句和前面的条件形成顺序结构，所以该程序执行以后输出的结果为 20。当条件成立时，如果需要执行的语句有多句，可以使用语句块来进行表述，具体语法格式如下所示。

```
if (条件表达式){
    功能代码块;
}
```

这种语法格式中，使用功能代码块来代替前面的功能代码，这样可以在代码块内部书写任意多行代码，而且也使整个程序的逻辑比较清楚，所以在实际的代码编写中推荐使用这种方式。

实例 4-1　判断成绩是否及格
源码路径：daima\4\Ifkong.java

实例文件 Ifkong.java 的主要代码如下所示。

```
public static void main(String args[]){
①      int chengji = 45;
②      if(chengji>60){
③          System.out.println("及格");
        }
④      System.out.println("不及格");
}
```

拓展范例及视频二维码

范例 **4-1-01**：检查成绩是否
优秀
源码路径：**演练范例**\4-1-01\
范例 **4-1-02**：判断某一年是否
为闰年
源码路径：**演练范例**\4-1-02\

行①定义 int 型变量 chengji，设置初始值为 45。

行②使用 if 语句，如果变量 chengji 的值大于 60，则输出行③中的提示文本"及格"。

行④如果变量 chengji 的值不大于 60，则输出本行中的提示文本"不及格"。

在上述实例中，因为没有满足 if 语句中的条件，所以没有执行 if 语句里面的内容。执行后的结果如图 4-2 所示。

不及格

图 4-2　判断成绩是否及格的结果

4.1.2　if 语句的延伸

在第一种 if 语句中，大家可以看到，并不对条件不符合的内容进行处理。因为这是不允许的，所以 Java 引入了另外一种条件语句 if...else，基本语法格式如下所示。

```
if(condition)          //设置条件condition
    statement1;        //如果条件condition成立，执行statement1这一行代码
else                   //如果条件condition不成立
    statement2;        //执行statement2这一行代码
```

if...else 语句的执行流程如图 4-3 所示。

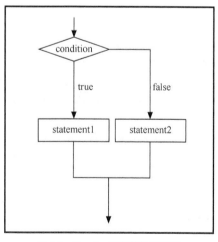

图 4-3　if...else 语句的执行流程

实例 4-2　对两种条件给出不同的答案
源码路径：daima\4\Ifjia.java

实例文件 Ifjia.java 的主要代码如下所示。

```
     public static void main(String args[]){
①      int a = 100;
②      if(a>99){
③          System.out.println("大于99");
        }
④      else{
⑤          System.out.println("小于或等于99");
        }
⑥System.out.println("检验完毕");
```

拓展范例及视频二维码

范例 **4-2-01**：根据两种条件给
出处理结果

源码路径：**演练范例\4-2-01**

范例 **4-2-02**：验证登录信息的
合法性

源码路径：**演练范例\4-2-02**

行①定义 int 类型变量 a，设置初始值为 100。

行②使用 if 语句，如果变量 a 的值大于 99，输出行③中的提示文本"小于或等于 99"。

行④如果变量 a 的值不大于 99，输出行⑤中的提示文本"不及格"。

行⑥无论变量 a 的值是否大于 99，程序都会执行本行代码，输出文本"检验完毕"。

执行后的结果如图 4-4 所示。

大于99
检验完毕

✿ 注意：在 Java 程序设计里，变量可以是中文。但在熟悉各种编码格式之前，不建议读者在代码中使用中文形式的变量。

图 4-4 使用 if...else 语句

4.1.3 有多个条件判断的 if 语句

if 语句实际上是一种功能十分强大的条件语句，可以对多种情况进行判断。可以判断多个条件的语句是 if-else-if，语法格式如下所示。

```
if (condition1)
        statement1;
else if (condition2)
        statement2;
else
        statement3
```

上述语法格式的执行流程如下。

（1）判断第一个条件 condition1，当为 true 时执行 statement1，并且程序运行结束。当 condition1 为 false 时，继续执行后面的代码。

（2）当 condition1 为 false 时，接下来先判断 condition2 的值，当 condition2 为 true 时执行 statement2，并且程序运行结束。当 condition2 为 false 时，执行后面的 statement3。也就是说，当前面的两个条件 condition1 和 condition2 都不成立（为 false）时，才会执行 statement3。

if-else-if 的执行流程如图 4-5 所示。

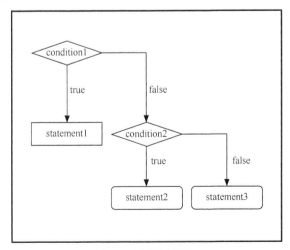

图 4-5 嵌套的 if 语句

在 Java 语句中，if...else 可以嵌套无限次。可以说，只要遇到值为 true 的条件，就会执行对应的语句，然后结束整个程序的运行。

实例 4-3 判断多个条件，然后给出不同的值
源码路径： daima\4\IfDuo.java

实例文件 IfDuo.java 的具体实现代码如下所示。

```
public static void main(String args[]){
①    int 总成绩 = 452;
②    if(总成绩>610)
③        System.out.println("重点本科");
④    else if(总成绩>570)
⑤        System.out.println("一般本科");
⑥    else if(总成绩>450)
⑦        System.out.println("专科");
⑧    else if(总成绩>390)
⑨        System.out.println("高职");
⑩    else
⑪        System.out.println("落榜");
⑫    System.out.println("检查完毕");
}
```

拓展范例及视频二维码

范例 **4-3-01**：判断某年是否
是闰年
源码路径：**演练范例\4-3-01**
范例 **4-3-02**：为新员工分配
部门
源码路径：**演练范例\4-3-02**

在行①中，定义 int 型变量"总成绩"，设置初始值为 452。这说明变量名可以是中文，但是不建议读者这么做，本实例采用中文变量的目的只是向大家展示 Java 语言的这个功能。

在行②中，使用 if 语句，如果变量"总成绩"的值大于 610，输出行③中的提示文本"重点本科"。

在行④中，如果变量"总成绩"的值大于 570 并且小于或等于 610，输出行⑤中的提示文本"一般本科"。

在行⑥中，如果变量"总成绩"的值大于 450 并且小于或等于 570，输出行⑦中的提示文本"专科"。

在行⑧中，如果变量"总成绩"的值大于 390 并且小于或等于 450，输出行⑨中的提示文本"高职"。

在行⑩中，如果变量"总成绩"不满足上面行②④⑥⑧列出的 4 个条件，说明此时变量"总成绩"的值小于或等于 390，此时输出行⑪中的提示文本"落榜"。

在行⑫中，无论变量"总成绩"的值是多少，程序都会执行本行代码，输出文本"检查完毕"。

执行后的结果如图 4-6 所示。

if…else…if 语句是嵌套语句，是可以根据多个状态进行判断的语

专科
检查完毕

图 4-6 判断多个条件的结果

句。其实 if 语句可以对一件事物进行多个条件限制，也可以对一件事物限制多个条件。

✿ 注意：要按照逻辑顺序书写 else if 语句。每个 else if 语句在书写时都是有顺序的，在实际书写时，必须按照逻辑上的顺序进行书写，否则将出现逻辑错误。if…else 语句是 Java 语言中提供的一种多分支条件语句，但是在判断某些问题时，书写会比较麻烦，所以在语法中提供了另外一种语句——switch 语句，以更好地实现多分支语句的判别。

4.2 switch 语句详解

switch 有"开关"之意，switch 语句是为了判断多条件而诞生的。使用 switch 语句的方法和使用 if 嵌套语句的方法十分相似，但是 switch 语句更直观、更容易理解。本节将详细讲解 switch 语句的基本用法。

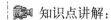 知识点讲解：

4.2.1 switch 语句的形式

switch 语句能够对条件进行多次判断，具体语法格式如下所示。

```
switch(整数选择因子) {
        case 整数值1 : 语句; break;
        case 整数值2 : 语句; break;
        case 整数值3 : 语句; break;
        case 整数值4 : 语句; break;
        case 整数值5 : 语句; break;
        //..
        case 整数值n : 语句; break;
        default:语句;
}
```

其中，"整数选择因子"必须是 byte、short、int 和 char 类型，每个整数必须是与 "整数选择因子"类型兼容的一个常量，而且不能重复。"整数选择因子"是一个特殊的表达式，能产生整数。switch 能将整数选择因子的结果与每个整数做比较。发现相符的，就执行对应的语句（简单或复合语句）。没有发现相符的，就执行 default 语句。

在上面的定义中，大家会注意到每个 case 均以一个 break 结尾。这样可使执行流程跳转至 switch 主体的末尾。这是构建 switch 语句的一种传统方式，但 break 是可选的。若省略 break，将会继续执行后面的 case 语句的代码，直到遇到 break 为止。尽管通常不想出现这种情况，但对有经验的程序员来说，也许能够善加利用。注意，最后的 default 语句没有 break，因为执行流程已到达 break 的跳转目的地。当然，如果考虑到编程风格方面的原因，完全可以在 default 语句的末尾放置一个 break，尽管它并没有任何实际用处。

switch 语句的执行流程如图 4-7 所示。

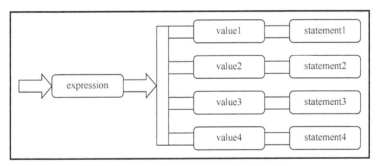

图 4-7 switch 语句的执行流程

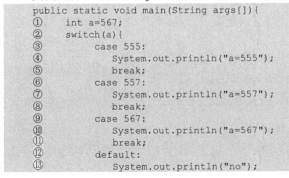

使用 switch 语句

源码路径：daima\4\switchtest1.java

实例文件 switchtest1.java 的具体代码如下所示。

```
public static void main(String args[]){
①      int a=567;
②      switch(a){
③          case 555:
④              System.out.println("a=555");
⑤              break;
⑥          case 557:
⑦              System.out.println("a=557");
⑧              break;
⑨          case 567:
⑩              System.out.println("a=567");
⑪              break;
⑫          default:
⑬              System.out.println("no");
```

拓展范例及视频二维码

范例 **4-4-01**：使用 switch 语句

源码路径：**演练范例\4-4-01**

范例 **4-4-02**：根据消费金额计
算折扣

源码路径：**演练范例\4-4-02**

```
            }
        }
```

行①定义 int 型变量 a，设置 a 的初始值为 567。

行②使用 switch 语句，整数选择因子是变量 a。

在行③中，如果 a 的值等于 555，则输出行④中的文本提示 a=555。

在行⑥中，如果 a 的值等于 557，则输出行⑦中的文本提示 a=557。

在行⑨中，如果 a 的值等于 567，则输出行⑩中的文本提示 a=567。

在行⑫中，如果前面的 3 个 case 条件都不成立，则输出行⑬中的文本提示 no。

行⑤⑧⑪使用 break 语句终止各自当前程序的执行。

事实证明，变量 a 的值是 567，所以执行后会输出行⑩中的文本提示 a=567，并使用 break 语句终止程序的执行。执行结果如图 4-8 所示。

图 4-8　执行结果

4.2.2　无 break 的情况

在本章前面演示的代码中，多次出现了 break 语句，其实在 switch 语句中可以没有 break 这个关键字。一般来说，当 switch 遇到一些 "break" 关键字时，程序会自动结束 switch 语句。如果把 switch 语句中的 break 关键字去掉了，程序将继续向下执行，直到整个 switch 语句结束。

实例 4-5　**在 switch 语句中去掉 break**
源码路径：daima\4\switchone1.java

实例文件 switchone1.java 的具体代码如下所示。

```java
    public static void main(String args[]){
①        int a=11;
②        switch(a){
③            case 11:
④                System.out.println("a=11");
⑤            case 22:
⑥                System.out.println("a=22");
⑦            case 33:
⑧                System.out.println("a=33");
⑨            break;
⑩            default:
⑪                System.out.println("no");
        }
    }
```

拓展范例及视频二维码

范例 **4-5-01**：去掉 break 后引
发的问题

源码路径：演练范例\4-5-01\

范例 **4-5-02**：判断用户所输入
月份的季节

源码路径：演练范例\4-5-02\

行①定义 int 型变量 a，设置 a 的初始值为 11。

行②使用 switch 语句，整数选择因子是变量 a。

在行③中，如果 a 的值等于 11，则输出行④中的文本提示 a=11。

在行⑤中，如果 a 的值等于 22，则输出行⑥中的文本提示 a=22。

在行⑦中，如果 a 的值等于 33，则输出行⑧中的文本提示 a=33。

在行⑨中，使用 break 语句终止各自当前程序的执行。

在行⑩中，如果前面的 3 个 case 条件都不成立，则输出行⑪中的文本提示 no。

执行后的结果如图 4-9 所示。通过执行结果可以看出 break 的作用，程序在找到符合条件的内容后仍继续执行，所以 break 语句在 switch 语句中十分重要。如果没有 break 语句，很有可能发生意外。

```
a=11
a=22
a=33
```

图 4-9　无 break 的情况

4.2.3　case 语句后没有执行语句

在前面的讲解中，switch 里的 case 语句都有执行语句。倘若 case 里没有执行语句，会怎么样呢？下面我们就通过一个实例来了解一下。

实例 4-6　在 case 语句后没有执行语句

源码路径：daima\4\Switchcase.java

实例文件 Switchcase.java 的具体代码如下所示。

```
public static void main(String args[]){
①          int a=111;
②          switch(a){
③              case 111:
④              case 222:
⑤              case 333:
⑥                  System.out.println
                    ("a=111|a=222|a=333");
⑦              default:
⑧                  System.out.println("no");
            }
}
```

拓展范例及视频二维码

范例 **4-6-01**：判断月份所在的
季节

源码路径：**演练范例\4-6-01**

范例 **4-6-02**：判断输入的年份
是否是闰年

源码路径：**演练范例\4-6-02**

行①定义 int 型变量 a，设置 a 的初始值为 111。

行②使用 switch 语句，整数选择因子是变量 a。

行③④分别使用两个 case 语句，这两个 case 语句后面都没有执行语句。

行⑤使用 case 语句，如果 a 的值等于 333，则输出行⑥中的文本提示 a=111|a=222|a=333。

在行⑦中，如果前面的 3 个 case 条件都不成立，则输出行⑧中的
文本提示 no。

```
a=111|a=222|a=333
no
```

图 4-10　执行结果

执行后的结果如图 4-10 所示。这说明当 case 语句后没有执行语
句时，即使条件为 true，也会忽略掉不执行。

4.2.4　default 可以不在末尾

通过前面的学习，很多初学者可能会误认为 default 一定位于 switch 的结尾。其实不然，它
可以位于 switch 中的任意位置，请看下面的实例。

实例 4-7　default 可以不在末尾

源码路径：daima\4\switch1.java

实例文件 switch1.java 的具体实现代码如下所示。

```
public static void main(String args[]){
    int a=1997; //定义int型变量a的初始值是1997
    switch(a)         {
//使用switch语句，设置整数选择因子是变量a
    case 1992: //如果a的值等于1992
        System.out.println("a=1992");
        //输出文本提示a=1992
    default:  //如果所有的case条件都不成立
        System.out.println("no");//输出默
认文本提示no
    case 1997:                    //如果a
的值等于1997
        System.out.println("a=1997");    //输出文本提示a=1997
    case 2008:                    //如果a的值等于2008
        System.out.println("a=2008");    //输出文本提示a=2008
    }
}
```

拓展范例及视频二维码

范例 **4-7-01**：根据月份获得每
个月的天数

源码路径：**演练范例\4-7-01**

范例 **4-7-02**：获取每个月中天
数的简写形式

源码路径：**演练范例\4-7-02**

上述代码很容易理解，就是变量 a 对应着哪一年，就从哪一条语句向下执行，直到程序结束为止。
如果没有对应的年份，则从 default 开始执行，直到程序结束为止。执行后的结果如图 4-11 所示。

```
Problems  @ Java
<terminated> switch1
a=1997
a=2008
```

图 4-11　执行结果

4.3　条件语句演练

到此为止，你已经学完 Java 语言中的所有条件语句，此时我们应该可以实现程序中的选择逻辑功能了。但是由于初学者编程经验尚浅，缺少处理问题的经验，因此在本节的内容中，将通过具体条件语句的实战演练来提高大家的编程能力。

知识点讲解：

4.3.1　正确使用 switch 语句

switch 是控制选择的一种方式，编译器生成代码时可以对这种结构进行特定的优化，从而产生效率比较高的代码。请看下面的实例。

实例 4-8	正确使用 switch 语句	
	源码路径：daima\4\Testone1.java	视频路径：视频\实例\第 4 章\024

实例文件 Testone1.java 的具体实现代码如下所示。

```java
public class Testone1 {
    public static void main(String[] args) {
        int i = 3;//定义int型变量i,设置初始值为3
        switch (i){
//使用switch语句,设置整数选择因子是变量a
        case 0://如果i的值等于0
            System.out.println("0");
            //输出文本提示0
            break;
        case 1:
            //如果i的值等于1
            System.out.println("1");
            //输出文本提示1
            break;
        case 3:                          //如果i的值等于3
            System.out.println("3");     //输出文本提示3
            break;
        case 5:                          //如果i的值等于5
            System.out.println("5");     //输出文本提示5
            break;
        case 10:                         //如果i的值等于10
            System.out.println("10");    //输出文本提示10
            break;
        case 13:                         //如果i的值等于13
            System.out.println("13");    //输出文本提示13
            break;
        case 14:                         //如果i的值等于14
            System.out.println("14");    //输出文本提示14
            break;
        default:                         //如果所有的case条件都不成立
            System.out.println("default");//输出文本提示default
            break;
        }
    }
}
```

拓展范例及视频二维码

范例 **4-8-01**：switch 语句的综合演练

源码路径：**演练范例\4-8-01**

范例 **4-8-02**：switch 语句默认值的用法

源码路径：**演练范例\4-8-02**

上面的 switch 语句代码非常简单，在编写代码时读者一定要清楚当参数 case 和 switch 的值相等时，系统就会执行对应的 case 语句。Java 中规定，参数 case 必须是常量表达式。也就是说，case 语句参数必须是最终的。执行上述代码后的结果如图 4-12 所示。

图 4-12　执行结果

4.3.2　正确使用 if 语句

条件语句在 Java 应用中使用比较广泛，难点在于如何准确地抽象条件。例如实现程序登录功能时，如果用户名和密码正确，则进入系统，否则弹出"密码错误"这样的提示信息等。下面的实例是一段经典的 if 语句代码。

实例 4-9	正确使用 if 语句
	源码路径：daima\4\Ifjing.java

实例文件 Ifjing.java 的具体实现代码如下所示。

```
public static void main(String[] args) {
        int month = 3;
//定义int型变量month, 设置初始值为3
        int days = 0;
//定义int型变量days, 设置初始值为0
            if(month == 1){
//如果month值为1, 设置变量days的值是31, 表示1月有31天
            days = 31;
            }else if(month == 2){    //如果month
值是2, 设置变量days的值是28, 表示2月有28天
            days = 28;
        } else if(month == 3){   //如果month值是3, 设置变量days的值是31, 表示3月有31天
            days = 31;
        } else if(month == 4){   //如果month值是4, 设置变量days的值是30, 表示4月有30天
            days = 30;
        } else if(month == 5){   //如果month值是5, 设置变量days的值是31, 表示5月有31天
            days = 31;
        } else if(month == 6){   //如果month值是6, 设置变量days的值是30, 表示6月有30天
            days = 30;
        } else if(month == 7){   //如果month值是7, 设置变量days的值是31, 表示7月有31天
            days = 31;
        } else if(month == 8){   //如果month值是8, 设置变量days的值是31, 表示8月有31天
            days = 31;
        } else if(month == 9){   //如果month值是9, 设置变量days的值是30, 表示9月有30天
            days = 30;
        } else if(month == 10){   //如果month值是10, 设置变量days的值是31, 表示10月有31天
            days = 31;
        } else if(month == 11){   //如果month值是11, 设置变量days的值是30, 表示11月有30天
            days = 30;
        } else if(month == 12){   //如果month值是12, 设置变量days的值是31, 表示12月有31天
            days = 31;
        }
        System.out.print(days);
}
```

拓展范例及视频二维码

范例 **4-9-01**：未找到条件执行
默认 case
源码路径：**演练范例\4-9-01**
范例 **4-9-02**：不存在 break 时
的执行情况
源码路径：**演练范例\4-9-02**

在书写 if 语句时，每个 else if 语句都是有顺序要求的。在实际书写时，必须按照逻辑上的顺序进行书写，否则将出现逻辑错误。执行上述代码后的结果如图 4-13 所示。

```
<terminated>
31
```

图 4-13 执行结果

4.3.3 switch 语句的执行顺序

有很多读者学完了 switch 语句后，并不真正知道 switch 语句的执行顺序是怎么一回事。从前面所学的知识可以知道，switch 表达式的值决定了执行哪个 case 分支，如果找不到相应的分支，就直接从"default"开始执行。当程序执行一条 case 语句时，因为例子的 case 分支中没有 break 和 return 语句，所以程序会执行紧跟其后的语句。为了更好地说明 switch 语句的执行顺序，下面我们通过 3 段代码来进行详细说明。

第 1 段代码（源码路径：daima\4\switchs1.java）如下所示。

```
public class switchs1 {
    public static void main(String[] args){
        int x=0;                         //定义int型变量x, 设置初始值为0
        switch(x){                       //使用switch语句, 设置整数选择因子是变量x
        default:                         //如果所有的case条件都不成立
            System.out.println("default"); //输出文本提示default
        case 1:                          //如果x的值等于1
            System.out.println(1);       //输出文本提示1
        case 2:                          //如果x的值等于2
```

```
            System.out.println(2);        //输出文本提示2
        }
    }
}
```
执行上面的代码会得到如下结果。
```
default
1
2
```
第 2 段代码（源码路径：daima\4\switchs2.java）如下所示。
```
public class switchs2 {
    public static void main(String[] args) {
            int x = 0;                         //定义int型变量x，设置初始值为0
            switch (x) {                       //使用switch语句，设置整数选择因子是变量x
            default:                           //如果所有的case条件都不成立
              System.out.println("default");//输出文本提示default
            case 0:                            //如果x的值等于0
                System.out.println(0);         //输出文本提示0
            case 1:                            //如果x的值等于1
                System.out.println(1);         //输出文本提示1
            case 2:                            //如果x的值等于2
                System.out.println(2);         //输出文本提示2
            }
    }
}
```
执行上面的代码会得到如下结果。
```
0
1
2
```
第 3 段代码（源码路径：daima\4\switchs3.java）如下所示。
```
public class switchs3 {
    public static void main(String[] args) {
            int x = 0;
            switch (x) {
            case 0:
                System.out.println(0);
            case 1:
                System.out.println(1);
            case 2:
                System.out.println(2);
            default:
                System.out.println("default");
            }
    }
}
```
执行上面的代码会得到如下结果。
```
01
2
default
```

4.4 技术解惑

4.4.1 if…else 语句的意义

实际上，只有 if…else 的条件语句才真正适合用来做有意义的条件判断，前面介绍的 if 语句只有一种状态，这种假设很少。而 if…else 语句能够针对两种状态，不管条件是否符合，都会给出结果。

对于 if…else 语句来说，因为 if 的条件和 else 的条件是互斥的，所以在实际执行时，只有一条语句中的功能代码会执行。当程序中有多个 if 时，else 语句和最近的 if 匹配。在实际开发中，有些公司在书写条件时，即使 else 语句中不书写代码，也要求必须书写 else，这样可以让条件封闭。这在语法上不是必需的。

4.4.2 使用 switch 语句时的几个注意事项

switch 语句是实现多路选择的一种便捷方式（比如从一系列执行路径中挑选一个），但它要求使用一个选择因子，并且必须是 int 或 char 类型。例如，假设将字符串或浮点数作为选择因子使用，那么在 switch 语句里会出错。对于非整数类型，必须使用一系列 if 语句。

另外，因为 switch 语句每次比较的是相等关系，所以可以把功能相同的 case 语句合并起来，而且可以把其他的条件合并到 default 语句中，这样可以简化 case 语句的书写，代码的结构相比最初的代码要简洁很多。例如，使用 if...else 语句根据月份获得每个月的天数（不考虑闰年），可以用下面的代码来实现。

```
int month = 10;
int days = 0;
switch(month){
 case 1:
 days = 31;
 break;
 case 2:
 days = 28;
 break;
 case 3:
 days = 31;
 break;
 case 4:
 days = 30;
 break;
 case 5:
 days = 31;
 break;
 case 6:
 days = 30;
 break;
 case 7:
 days = 31;
 break;
 case 8:
 days = 31;
 break;
 case 9:
 days = 30;
 break;
 case 10:
 days = 31;
 break;
 case 11:
 days = 30;
 break;
 case 12:
 days = 31;
 break;
}
```

根据简洁写法，上述代码也可以简化为如下形式。

```
int month = 10;
int days = 0;
switch(month){
 case 2:
 days = 28;
 break;
 case 4:
 case 6:
 case 9:
 case 11:
 days = 30;
 break;
```

```
default:
    days = 31;
}
```

其实 if 语句可以实现程序中所有的条件，switch 语句特别适合一系列相等条件的判别，结构显得比较清晰，而且执行速度相比 if 语句要稍微快一些。在实际的编码中，可以根据需要使用对应的语句以实现程序要求的逻辑功能。

4.4.3　switch 语句和 if…else if 语句的选择

我们知道，switch 语句和 if 语句的作用各有千秋，但是何时用 switch 语句会比较好呢？这要因具体情况而定。采用 if…else if 语句格式实现多分支结构，实际上是将问题细化成多个层次，并对每个层次使用单、双分支结构的嵌套。采用这种方法时，一旦嵌套层次过多，就会造成编程、阅读、调试十分困难。当某种算法要用某个变量或表达式单独测试每一个可能的整数常量，然后做出相应的动作时，if…else if 语句会很麻烦。正因为如此，Java 语言提供的 switch 语句用于直接处理多分支选择结构。

switch 语句与 if 语句不同，switch 语句只能对整型（包括字符型、枚举）等式进行测试，而 if 语句可以处理任意数据类型的关系表达式、逻辑表达式。如果有两个以上基于同一整型变量的条件表达式，那么最好使用 switch 语句。

4.5　课后练习

（1）编写一个 Java 程序，提示用户在控制台中输入 *a*、*b* 和 *c* 的值，这 3 个数值构成一个一元二次方程，然后输出这个方程有几个根。如果判断结果为正，表示有两个根；如果判断结果为 0，表示有一个根；否则，表示无实根。

（2）编写一个 Java 程序，在控制台中生成 1～12 的一个整数，并根据这个随机数输出对应月份的英文名称。

（3）编写一个 Java 程序，在控制台中提示用户输入月份和年份，然后输出指定的月有多少天。假如用户输入的月份是 2、年份是 2000，那么程序会显示 "February 2000 has 29 days"（2000年 2 月有 29 天）。如果用户输入的月份为 3、年份为 2005，那么程序应该显示 "March 2005 has 31 days"（2005 年 3 月有 31 天）。

（4）编写一个 Java 程序，在控制台中输入一个整数，判断这个数能否同时被 5 和 6 整除，再判断能否被 5 或 6 整除。

（5）编写一个 Java 程序，在控制台中输出九九乘法表。

（6）编写一个 Java 程序，在控制台中输出如下所示的矩形。

```
******
******
******
******
******
```

（7）编写一个 Java 程序，在控制台中输出如下所示的倒三角形。

```
*******
 *****
  ***
```

第 5 章

循 环 语 句

在本书上一章的内容中，我们学习了用于执行条件判断的条件语句。通过条件语句，我们可以让程序的执行顺序发生变化。接下来，为了在 Java 程序中实现循环和跳转等功能，本章将详细讲解 Java 中的循环语句。

5.1　循　环　语　句

Java 语言中主要有 3 种循环语句，分别是 for 循环语句、while 循环语句和 do...while 循环语句，下面我们将对这 3 种循环语句进行详细讲解。

知识点讲解：

5.1.1　for 循环

在 Java 程序中，for 语句是最为常见的一种循环语句，for 循环是一种功能强大且形式灵活的结构，下面对它进行讲解。

1. 书写格式

for 语句是一种十分常见的循环语句，语法格式如下所示。

```
for(initialization;condition;iteration){
    statements;
}
```

从上面的语法格式可以看出，for 循环语句由如下 4 部分组成。

❑ initialization：初始化操作，通常用于初始化循环变量。

❑ condition：循环条件，是一个布尔表达式，用于判断循环是否持续。

❑ iteration：循环迭代器，用于迭代循环变量。

❑ statements：要循环执行的语句（可以有多条语句）。

上述每一部分间都用分号分隔，如果只有一条语句需要重复执行，大括号就没有必要了。

在 Java 程序中，for 循环的执行过程如下。

（1）当循环启动时，先执行初始化操作，通常这里会设置一个用于主导循环的循环变量。重要的是要理解初始化表达式仅被执行一次。

（2）计算循环条件。condition 必须是一个布尔表达式，它通常会对循环变量与目标值做比较。如果这个布尔表达式为真，则继续执行循环体 statements；如果为假，则循环终止。

（3）执行循环迭代器，这部分通常是用于递增或递减循环变量的一个表达式，以便接下来重新计算循环条件，判断是否继续循环。

实例 5-1　使用 for 循环语句输出整数 0～9
源码路径：daima\5\forone1.java

实例文件 forone1.java 的主要代码如下所示。

```
public class Forone1 {
    public static void main(String args[]) {
①      for(int a=0;a<10;a++){
②          System.out.println(a);
        }
    }
}
```

行①定义一个 for 循环语句，在 initialization 部分定义了一个 int 类型的变量 a，并设置其初始值是 0。在 condition 部分设置的循环条件是 a 小于 10，只要 a 小于 10，就一直循环执行 iteration 表达式"a++"。也就是说，每循环一次，变量 a 的值就递增 1。

行②输出循环结果，执行后的结果如图 5-1 所示。

一般情况下，for 循环语句的循环迭代器中只迭代一个变量，但也可以迭代多个变量。同样，我们在执行初始化

拓展范例及视频二维码

范例 **5-1-01**：使用循环遍历
　　　　　数组
源码路径：**演练范例\5-1-01**
范例 **5-1-02**：使用 for 循环
　　　　　输出 8 个符号
源码路径：**演练范例\5-1-02**

图 5-1　使用 for 循环输出 0～9 十个数字

操作时也可以声明多个变量，每个变量用逗号隔开。下面通过一个实例（dama\5\ fortwo2.java）来演示表达式中有多个变量的情况。

实例 5-2 在 for 循环表达式中有多个变量

源码路径: daima\5\fortwo2.java

实例文件 fortwo2.java 的主要实现代码如下所示。

```java
public class fortwo2 {
  public static void main(String args[]){
    //for语句，只要变量Aa小于变量Bb，就执行后面的循环
    for(int Aa=2,Bb=12;Aa<Bb;Aa++,Bb--){
      System.out.println("Aa="+Aa);
      System.out.println("Bb="+Bb);
    }
  }
}
```

拓展范例及视频二维码

范例 **5-2-01**：计算整数 1 到 100 的和

源码路径: **演练范例\5-2-01**

范例 **5-2-02**：两头两两相加的方法

源码路径: **演练范例\5-2-02**

在上述代码中，设置变量 Aa 的初始值是 2，设置变量 Bb 的初始值是 12。只要变量 Aa 小于变量 Bb，就分别循环执行 Aa++和 Bb--操作。即每循环一次，变量 Aa 的值就递增 1，变量 Bb 的值就递减 1。执行上述代码后的结果如图 5-2 所示。

```
🖳 Console Ⅹ
<terminated>
Aa=2
Bb=12
Aa=3
Bb=11
Aa=4
Bb=10
Aa=5
Bb=9
Aa=6
Bb=8
```

图 5-2 执行结果

2. for 语句的嵌套

在 Java 中使用 for 循环语句时，for 语句是可以嵌套的。也就是说，可以在一个 for 语句中使用另外一个 for 语句。for 语句的嵌套形式是：for(*m*){for(*n*){}}，执行的方式是 *m* 循环执行一次，内循环执行 *n* 次，然后外循环执行第 2 次，内循环再执行 *n* 次，直到外循环执行完为止，内循环也会终止。请看下面的实例代码。

实例 5-3 for 语句的嵌套用法

源码路径: daima\5\fortwo3.java

实例文件 fortwo3.java 的主要实现代码如下所示。

```java
public static void main(String[] args) {
  //第一层for语句
  for(int a=0;a<3;a++)
  //设置a的初始值是0，只要a小于3，就循环对a递增1
  {
    //第二层for语句
    for(int b=a;b<3;b++)
    //设置b的初始值等于a，只要b小于3，就循环对b递增1
    {
      System.out.println("$");
      //循环输出美元符号
    }
    System.out.print("￥"); //循环输出人民币符号
  }
}
```

拓展范例及视频二维码

范例 **5-3-01**：计算学生 5 门成绩的和

源码路径: **演练范例\5-3-01**

范例 **5-3-02**：中文方式的实现过程

源码路径: **演练范例\5-3-02**

在上面的代码中，我们在一个 for 语句中嵌套了另外一个 for 语句。这种双重嵌套形式是最常用的 for 语句嵌套形式。上面这段代码使用嵌套的形式显示了人民币和美元符号，执行结果如图 5-3 所示。

```
$
$
$
￥$
￥$
￥$
￥
```

图 5-3 执行结果

实例 5-4　　在屏幕上输出用 "*" 摆放的 4*5 图形

源码路径: daima\5\fortwo4.java

实例文件 fortwo4.java 的主要代码如下所示。

```java
public static void main(String[] args) {
①    for(int x=1; x<5; x++)//外循环控制的是行数;
        {
②            for(int y=1; y<6; y++)
            //内循环控制的是每一行的列(个)数;
            {
③                    System.out.print("*");
                }
④            System.out.println(" ");
        }
}
```

行①是外层循环,用于控制星号显示的行数。设置行数用变量 x 表示,初始值是 1,只要 x 小于 5,就循环显示新的一行。

行②是内层循环,用于控制星号显示的列数。设置列数用变量 y 表示,初始值是 1,只要 y 小于 6,就循环显示新的一列。

行③④使用 println() 函数输出 4 行 5 列的星号,执行后的结果如图 5-4 所示。

拓展范例及视频二维码

范例 **5-4-01**: 编写一个三角形
　　　　序列
源码路径: 演练范例\5-4-01\
范例 **5-4-02**: 使用 for 循环输入
　　　　杨辉三角
源码路径: 演练范例\5-4-02\

图 5-4　执行结果

5.1.2　while 循环语句

在 Java 程序里,除了 for 语句以外,while 语句也是十分常见的循环语句,其特点和 for 语句十分类似。while 循环语句的最大特点,就是不知道循环多少次。在 Java 程序中,当不知道某个语句块或语句需要重复运行多少次时,通过使用 while 语句可以实现这样的循环功能。当循环条件为真时,while 语句重复执行一条语句或某个语句块。while 语句的基本使用格式如下所示。

```java
while (condition)              // condition表达式是循环条件,其结果是一个布尔值
{
    statements;
}
```

while 语句的执行流程如图 5-5 所示。

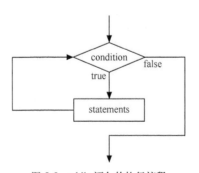

图 5-5　while 语句的执行流程

实例 5-5　　循环输出 18 个数字

源码路径: daima\5\whileone.java

实例文件 whileone.java 的主要代码如下所示。

```java
public class whileone {
  public static void main(String args[]) {
```

```
①      int X=0;
②      while(X<18){
③          System.out.print(X);
④          X++;
        }
    }
}
```

行①定义 int 类型的变量 X，设置其初始值为 0。

行②使用 while 循环，循环条件设为 X 小于 18。

行③④输出变量 X 的值。只要满足循环条件 X 小于 18，就循环输出 X 的值，并且每次循环中 X 值都会递增 1，直到 X 不小于 18 为止。由此可以看出，while 语句和 for 语句在结构上有很大不同。执行结果如图 5-6 所示。

```
<terminated> whileone [Java Application]
0123456789101112131415 1617
```

图 5-6 while 循环的执行结果

注意：如果 while 循环的循环体部分和迭代语句合并在一起，并且只有一行代码，那么可以省略 while 循环后面的花括号。但这种省略花括号的做法，可能会降低程序的可读性。在使用 while 循环时，一定要保证循环条件能变成 false，否则这个循环将成为死循环，即永远无法结束这个循环。

5.1.3 do...while 循环语句

许多软件程序中会存在这种情况：当条件为假时也需要执行语句一次。初学者可以这么理解，在执行一次循环后才测试循环的条件表达式。在 Java 语言中，我们可以使用 do...while 语句实现上述循环。

1. 书写格式

在 Java 语言中，do...while 循环语句的特点是至少会执行一次循环体，因为条件表达式在循环的最后。do...while 循环语句的使用格式如下所示。

```
do{
    statements;
}
while (condition)      // condition表示循环条件，是一个布尔值
```

在上述格式中，do...while 语句先执行"程序语句"一次，然后判断循环条件。如果结果为真，循环继续；如果为假，循环结束。

do...while 循环语句的执行流程如图 5-7 所示。

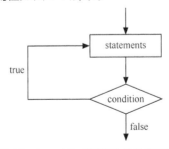

图 5-7 do...while 循环语句的执行流程

也就是说，在 do...while 语句中无论如何都要执行代码一次。

实例 5-6　使用 do...while 语句
源码路径: daima\5\doone.java

实例文件 doone.java 的主要代码如下所示。

```
public static void main(String args[]){
①        int x=0;
②        do{
③            System.out.println(x);
④              x++;
⑤        }while(x<8);
}
```

行①定义 int 型变量 x，设置其初始值为 0。

行②③④⑤这是使用 do…while 循环的部分，在行⑤设置循环条件是 x 小于 8。只要 x 的值小于 8，就循环输出 x 的值，并且每次循环时对 x 的值递增 1。

行③④输出变量 x 的值。只要满足循环条件 x 小于 18，就循环输出 x 的值，并且每次循环 x 值都会递增 1，直到 x 不小于 18 为止。执行后的结果与后面的图 5-10 一样。

2. 应用举例

do…while 语句是最常见的循环语句之一，使用频率十分高，接下来将通过一个具体实例来加深对 do…while 语句的学习与理解。可以使用 do…while 循环语句解决"计算不大于 120 的所有自然数的累加和"这一问题。

实例 5-7　计算不大于 120 的所有自然数的累加和
源码路径：daima\5\dothree.java

实例文件 dothree.java 的主要实现代码如下所示。

```
public static void main(String args[]){
    int i = 1;//设置int型变量i，设置其初始值为1
    int sum = 0;//设置int型变量sum，设置其初始值为0
    do        //开始do…while循环
    {
        sum += i;
        i++;//先运行sum = sum+i，再运行i=i+1
    }
    while(i<=120);  //do…while循环的条件是i小于或等于120
    System.out.println(sum); //输出sum的值
}
```

在编写上述 do…while 代码时，一定不要忘记 while 语句后面的分号";"，初学者容易漏掉这个分号，这会造成编译和运行时报错。执行结果如图 5-8 所示。

图 5-8　使用 do…while 语句计算累加和

5.2　跳 转 语 句

在使用条件语句和循环语句的过程中，有时候会遇到不需要再进行下去的情况，此时就需要有特定的语句来实现跳转功能，例如 break、return 等。在本节的内容中，我们将详细讲解在 Java 中使用跳转语句的基本知识。

　知识点讲解：

5.2.1　break 语句的应用

在本章前面的内容中，我们事实上已经接触过 break 语句，了解到它在 switch 语句里可以终止一条语句。其实除这个功能外，break 还能实现其他功能，例如退出循环。break 语句根据用户使用的不同，可以分为无标号退出循环和有标号退出循环两种。

1. 无标号退出循环

无标号退出循环是指直接退出循环，当在循环语句中遇到 break 语句时，循环会立即终止，循环体外面的语句也将会重新开始执行。请看下面的实例代码（daima\5\break1.java）。

实例 5-8　演示无标号退出循环的用法
源码路径：daima\5\break1.java

实例文件 break1.java 的主要实现代码如下所示。

```
public static void main(String args[]){
    for(int dd=0;dd<19;dd++) //使用for循环，只要dd的值小于19，就设置每次循环时对dd的值递增1
    {
        if(dd==3)    //使用if语句，如果dd的值等于3，则使用下面的break跳转
        {
            break;   //跳转功能从此开始
        }
        System.out.println(dd);//输出dd的值
    }
}
```

拓展范例及视频二维码

范例 **5-8-01**：跳出循环继续
　　　　　　执行
源码路径：**演练范例\5-8-01**
范例 **5-8-02**：跳出双循环中的
　　　　　　一个
源码路径：**演练范例\5-8-02**

在上面的代码中，不管 for 循环有多少次循环，都会在"dd==3"时终止程序，执行后的结果如图 5-9 所示。

```
Problems  @ Javadoc  Declaration  Console  Progress
<terminated> break1 [Java Application] F:\Java\jdk1.6.0_23\bin\javaw.exe
0
1
2
```

图 5-9　break 语句的执行结果

其实 break 语句不但可以用在 for 语句中，还可以用在 while 语句和 do...while 语句中，下面将通过一个具体实例对它们进行讲解。

实例 5-9　在 while 循环语句中使用 break 语句
源码路径：daima\5\break2.java

实例文件 break2.java 的主要代码如下所示。

```
public static void main(String args[]){
①        int A=0;
②        while(A<18){
③            if(A==7){
④                break;
            }
⑤            System.out.println(A);
⑥            A++;
        }
}
```

拓展范例及视频二维码

范例 **5-9-01**：在 do...while 语句中
　　　　　　使用 break 语句
源码路径：**演练范例\5-9-01**
范例 **5-9-02**：循环输出空心的
　　　　　　菱形
源码路径：**演练范例\5-9-02**

行①定义 int 型变量 A，设置其初始值为 0。

行②开始使用 while 循环，如果 A 的值小于 18，执行行②～⑥的 while 循环。

行③④使用 if 语句，如果 A 的值等于 7，执行行④中的 break 语句。

行⑤⑥输出 A 的值，每循环一次，设置 A 的值递增 1。执行后的结果如图 5-10 所示。

2. 有标号的 break 语句

在 Java 程序中，只有在嵌套的语句中才可以使用有标号的 break 语句。在嵌套的循环语句中，可以在循环语句

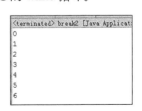

```
<terminated> break2 [Java Applicat
0
1
2
3
4
5
6
```

图 5-10　在 while 循环中使用 break 语句

的前面加一个标号，在使用 break 语句时，就可以通过在 break 的后面紧跟循环语句前面的标号来退出标号所在的循环。

实例 5-10 使用有标号的 break 语句

源码路径：daima\5\breakyou.java

实例文件 breakyou.java 的主要代码如下所示。

```java
public static void main(String args[]){
①   out:for(int X=0;X<10;X++){
②       System.out.println("X="+X);
③       for(int Y=0;Y<10;Y++){
④           if(Y==7){
⑤               break out;
            }
⑥           System.out.println("Y="+Y);
        }
    }
}
```

拓展范例及视频二维码

范例 **5-10-01**：将 break 用于嵌套
语句的外层
源码路径：**演练范例\5-10-01**
范例 **5-10-02**：演示初学者很
容易犯的错误
源码路径：**演练范例\5-10-02**

行①为外层 for 循环设置标号"out"，在循环中设置变量 X 的初始值是 0，只要 X 的值小于 10，就执行 for 循环，并且每次循环时设置 X 的值递增 1。

行②⑥分别输出 X 和 Y 的值。

行③在内层 for 循环中设置变量 Y 的初始值是 0，只要 Y 的值小于 10，就执行 for 循环，并且每次循环时设置 Y 的值递增 1。

行④⑤使用 if 语句设置当 Y 的值等于 7 时，执行⑤中的 break 语句，break 语句的功能是终止 out 循环语句的执行。

程序运行后，先执行外层循环，再执行内层循环。输出 X=0，然后内层循环语句输出 Y=0，然后依次输出 Y=1，Y=2，Y=3，Y=4，等等。当 Y=7 时，将会执行 break 语句，退出 out 循环（外层循环）语句，从而退出循环。执行后的结果如图 5-11 所示。

```
X=0
Y=0
Y=1
Y=2
Y=3
Y=4
Y=5
Y=6
```

图 5-11 执行结果

❀ 注意：标号要有意义。带标号的 break 语句只能放在这个标号所指的循环里面，如果放到别的循环体里面，会出现编译错误。另外，break 后面的标号必须有效，即这个标号必须在 break 语句所在的循环之前定义，或者在它所在循环的外层循环之前定义。当然，如果把这个标号放在 break 语句所在的循环之前定义，会失去标号的意义，因为 break 的默认功能就是结束其所在的循环。通常紧跟 break 之后的标号，必须在 break 所在循环的外层循环之前定义才有意义。

5.2.2 return 语句的应用

在 Java 程序中，使用 return 语句可以返回一个方法的值，并把控制权交给调用它的语句。return 语句的语法格式如下所示。

```
return [expression];
```

"expression"表示表达式，是可选参数，表示要返回的值，它的数据类型必须同方法声明中返回值的类型一致，这可以通过强制类型转换实现。

在编写 Java 程序时，return 语句如果被放在方法的最后，它将用于退出当前的程序，并返回一个值。如果把单独的 return 语句放在一个方法的中间，会出现编译错误。如果非要把 return 语句放在方法的中间，可以使用条件语句 if，然后将 return 语句放在这个方法的中间，用于实现将程序中未执行的全部语句退出。

实例 5-11 使用 return 语句

源码路径：daima\5\return1.java

实例文件 return1.java 的主要代码如下所示。

```
public static void main(String[] args) {
①                 System.out.println("---------无返回值类型的return语句测试--------");
②                 for (int i = 1;i <= 100 ; i++) {
③                         if (i == 4) return;
④                         System.out.println("i = " + i);
                   }
        }
```

拓展范例及视频二维码

范例 **5-11-01**：演示 return 语句的

高级用法

源码路径：**演练范例\5-11-01**

范例 **5-11-02**：foreach 循环

优于 for 循环

源码路径：**演练范例\5-11-02**

行①输出指定的文本"---------无返回值类型的 return 语句测试--------"。

行②使用 for 循环，i 的初始值为 1，设置只要 i 的值小于或等于 100，就执行循环。

行③使用 if 语句，如果 i 的值等于 4，就立即结束当前方法。

行④输出变量 i 的值，执行后的结果如图 5-12 所示。

```
---------无返回值类型的return语句测试--------
i = 1
i = 2
i = 3
```

图 5-12　执行结果

5.2.3　continue 语句

在 Java 语言中，continue 语句不如前面几种跳转语句应用得多，其作用是强制当前这轮迭代提前返回，也就是让循环继续执行，但不执行当前迭代中 continue 语句生效之后的语句。

实例 5-12　使用 continue 语句

源码路径：daima\5\conone.java

实例文件 conone.java 的主要代码如下所示。

```
public static void main(String args[]) {
    for(int a=0;a<10;a++)     //使用for循环
    {
        System.out.print(a); //输出变量a的值
        if(a%2==0)           //如果a是偶数
        {
            continue;         //使用continue
        }
        System.out.println("$");//输出美元符号
    }
}
```

拓展范例及视频二维码

范例 **5-12-01**：使用 continue 输出

九九乘法口诀表

源码路径：**演练范例\5-12-01**

范例 **5-12-02**：终止循环体

源码路径：**演练范例\5-12-02**

在上述代码中，先进入循环，输出为 0，然后执行控制语句，计算结果为 true。在执行 continue 语句时，再也不执行循环体语句中的剩余语句，回到循环语句，输出 1，然后进入选择控制语句，计算结果为 false，不再执行 continue 语句，继续执行，输出美元符号（$），依此类推。上述代码是无标号的，continue 也可带标号。执行后的结果如图 5-13 所示。

```
<terminated>
01$
23$
45$
67$
89$
```

图 5-13　执行结果

5.3　技 术 解 惑

5.3.1　使用 for 循环的技巧

控制 for 循环的变量经常只用于该循环，而不用在程序的其他地方。在这种情况下，可以在循环的初始化部分声明变量。当我们在 for 循环内声明变量时，必须记住重要的一点：该变量的作用域在 for 循环执行后就结束了（因此，该变量的作用域仅限于 for 循环内）。由于循环控制变量不会在程序的其他地方使用，因此大多数程序员都在 for 循环中声明它。

另外，初学者经常以为，只要在 for 后面的括号中控制了循环迭代语句，就万无一失了，其实不是这样的。请看下面的代码。

```java
public class TestForError{
  public static void main(String[] args) {
        //循环的初始化条件、循环条件、循环迭代语句都在下面一行
        for (int count = 0 ; count < 10 ; count++){
            System.out.println(count);
            //再次修改了循环变量
            count *= 0.1;
        }
        System.out.println("循环结束!");
    }
}
```

在上述代码中，我们在循环体内修改了 count 变量的值，并且把这个变量的值乘以 0.1，这会导致 count 的值永远都不超过 10，所以上述程序是一个死循环。

其实在使用 for 循环时，还可以把初始化条件定义在循环体之外，把循环迭代语句放在循环体内。把 for 循环的初始化语句放在循环之前定义还有一个好处，那就是可以扩大初始化语句中定义的变量的作用域。在 for 循环里定义的变量，其作用域仅在该循环内有效。for 循环终止以后，这些变量将不可被访问。

5.3.2　跳转语句的选择技巧

通过对本章前面内容的学习，Java 语言中 3 个跳转语句的知识全部学习完毕，但是究竟在什么时候用哪一种跳转语句是初学者面临的主要问题。为了解决这个问题，先看下面的一段代码（daima\5\tiao.java）。

```java
public class tiao {
  public static void main(String[] args){
        int i=0;
        outer:
            while(true){
                i++;
            inner:
                for(int j=0;j<15;j++){
                    i+=j;
                    if(j==3)
                        continue inner;
                    break outer;
                }
                continue outer;
            }
        System.out.println(i);
    }
}
```

上述代码的执行结果很简单，只输出数字"1"。这段代码同时用到了 break 和 continue 语句，它们都是用来停止循环语句的，但是两者有一定的区别。其中 break 是用来停止整个循环的，并开始处理 break 程序块的后面一行代码；而 continue 语句只是停止当前循环，因此开始执行同一循环的下一次循环。

再看下面的一段代码（daima\5\tiao1.java）。

```java
public class tiao1 {
  final static int Aa=10;
  public static void main(String[] args){
        for(int Bb=0;Bb<Aa;Bb++){
            System.out.print(Bb);
            if(Bb>5){
                break;
```

```
        }
        System.out.print(Bb);
    }
  }
}
```

执行上述代码后的结果如图 5-14 所示。

如果对上面的代码进行修改，将"break;"修改成"continue;"，执行结果将会发生变化，修改后的执行结果如图 5-15 所示。

图 5-14　执行结果

图 5-15　修改后的执行结果

由此可见，continue 的功能和 break 有点类似，区别在于 continue 只是中止当前迭代，接着开始下一次迭代；而 break 则完全终止循环。我们可以将 continue 的作用理解为：略过当前迭代中剩下的语句，重新开始新一轮的迭代。

5.4　课后练习

（1）编写一个 Java 程序，假设今年某大学的学费为 10000 元，学费的年增长率为 5%。使用循环语句编写程序，计算 10 年后的学费。

（2）编写一个 Java 程序，在控制台中提示用户输入学生数量、学生姓名和各自的成绩，并按照成绩降序输出学生的姓名。

（3）编写一个 Java 程序，在控制台中显示 100~1000 所有能被 5 和 6 整除的数。每行显示 10 个，并且用空格隔开。

（4）编写一个 Java 程序，使用 while 循环找出满足 n^2 大于 12000 的最小整数 n。

（5）编写一个 Java 程序，使用 while 循环找出满足 n^3 小于 12000 的最大整数 n。

（6）编写一个 Java 程序，在控制台中输出 ASCII 字符表中从"!"到"~"的字符，要求每行输出 10 个字符。

（7）编写一个 Java 程序，使用嵌套的 for 循环在控制台中输出下面的图形。

```
                        1
                     1  2  1
                  1  2  4  2  1
               1  2  4  8  4  2  1
            1  2  4  8  16  8  4  2  1
         1  2  4  8  16  32  16  8  4  2  1
      1  2  4  8  16  32  64  32  16  8  4  2  1
   1  2  4  8  16  32  64  128  64  32  16  8  4  2  1
```

第 6 章

数　组

　　数组是 Java 程序中最常见的一种数据结构，它能够将相同类型的数据用一个标识符封装到一起，构成一个对象序列或基本类型序列。数组相比我们前面学习的数据类型的存储效率要高，本章将详细讲解数组和数组操作的基本知识。

6.1 简单的一维数组

Java 自从推出以来，数组就一直是 Java 中最重要的组成部分。数组属于复合数据类型，一个数组可以拥有多个数组元素，这些数组元素可以是基本数据类型或复合类型。按照数组元素类型的不同，数组可以分为数值数组、字符数组、指针数组、结构数组等各种类型。按照数组内的维数来划分，可以将数组分为一维数组和多维数组。在日常 Java 编程应用中，一维数组最为常见，本节将详细讲解 Java 语言中一维数组的基本知识。

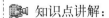知识点讲解：

6.1.1 声明一维数组

数组本质上就是某类元素的集合，每个元素在数组中都拥有对应的索引值，只需要指定索引值就可以取出对应的数据。在 Java 中声明一维数组的格式如下所示。

```
int[] array;
```
也可以用下面的格式。
```
int array[];
```
虽然这两种格式的形式不同，但含义是一样的，各个参数的具体说明如下所示。

❑ int：数组类型。
❑ array：数组名称。
❑ []：一维数组的内容通过这个符号括起来。

除上面声明的整型数组外，还可以声明多种数据类型的数组，例如下面的代码。

```
boolean[] array;    //声明布尔型数组
float[] array;      //声明浮点型数组
double[] array;     //声明双精度型数组
```

6.1.2 创建一维数组

创建数组实质上就是为数组申请相应的存储空间，数组的创建需要用大括号"{}"括起来，然后将一组相同类型的数据放在存储空间里，Java 编译器负责管理存储空间的分配。创建一维数组的方法十分简单，具体格式如下所示。

```
int[] a={1,2,3,5,8,9,15};
```
上述代码创建了一个名为 a 的整型数组，但是为了访问数组中的特定元素，应指定数组元素的位置序号，也就是索引（又称下标），一维数组的内部结构如图 6-1 所示。

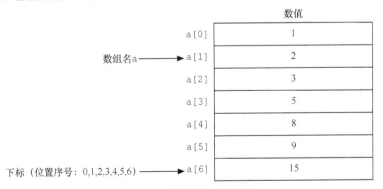

图 6-1 一维数组的内部结构

上面这个数组的名称是 a，方括号的数值表示数组元素的索引，这个序号通常也被称为下标。这样就可以很清楚地表示每一个数组元素，数组 a 的第一个值就用 a[0] 表示，第 2 个值就用 a[1] 表示，依次类推。

实例 6-1 创建并输出一维数组中的数据

源码路径：daima\6\shuzuone1.java

实例文件 shuzuone1.java 的主要代码如下所示。

```java
public static void main(String[] args) {
①      int[] X={12,13,24,77,68,39,60};
②      int[] Y;
③      Y=X;
④      for(int i=0;i<X.length;i++){
⑤              Y[i]++;
⑥              System.out.println("X["+i+"]
                ="+X[i]);
⑦              System.out.println("Y["+i+"]
                ="+Y[i]);
        }
}
```

拓展范例及视频二维码

范例 **6-1-01**：对数组 Y 赋值

源码路径：**演练范例**\6-1-01\

范例 **6-1-02**：获取一维数组中

的最小值

源码路径：**演练范例**\6-1-02\

行①定义一个 int 类型的数组 X，在里面存储了 7 个数组元素。

行②定义一个 int 类型的数组 Y，在行③设置数组 Y 的值和数组 X 的值相同。

行④使用 for 循环遍历数组，设置 i 的初始值为 0。如果 i 的值小于数组 X 的长度，执行将 i 的值递增 1 的循环。

行⑤对数组 Y 中的第 i 个元素递增 1。

行⑥⑦分别输出数组 X 和数组 Y 中的第 i 个元素。

因为数组下标都是从零开始的，所以最大数组下标为"length-1"。在上述代码中，数组 Y 没有任何元素，它只是被实例化为一个对象，告诉编译器为它分配一定的存储空间，然后将数组 X 赋值给数组 Y。这个编译操作实际上就是将 X 数组的内存地址赋给数组 Y。在上述代码中，Y 数组并没有赋值。执行后的结果如图 6-2 所示。

```
X[0]=13
Y[0]=13
X[1]=14
Y[1]=14
X[2]=25
Y[2]=25
X[3]=78
Y[3]=78
X[4]=69
Y[4]=69
X[5]=40
Y[5]=40
X[6]=61
Y[6]=61
```

图 6-2　执行结果

6.1.3　初始化一维数组

在 Java 程序里，一定要将数组看作一个对象，它的数据类型和前面的基本数据类型相同。很多时候我们需要对数组进行初始化处理，在初始化的时候需要规定数组的大小。当然，也可以初始化数组中的每一个元素。下面的代码演示了 3 种初始化一维数组的方法。

```java
int[] a=new int[8];                    //使用new关键字创建一个含有8个元素的int类型的数组a
int[] a=new int{1,2,3,4,5,6,7,8};      //初始化并设置数组a中的8个数组元素
int[] a={1,2,3,4};                     //初始化并设置数组a中的4个数组元素
```

对上述代码的具体说明如下所示。

❑　int：数组类型。

❑　a：数组名称。

❑　new：对象初始化语句。

在初始化数组的时候，当使用关键字 new 创建数组后，一定要明白它只是一个引用，直到将值赋给引用，开始进行初始化操作后才算真正结束。在上面 3 种初始化数组的方法中，读者可以根据自己的习惯选择一种初始化方法。

实例 6-2 初始化一维数组，并将数组中的值输出

源码路径：daima\6\shuzuone3.java

实例文件 shuzuone3.java 的主要代码如下所示。

```java
①import java.util.Random;
 public static void main(String[] args) {
②      Random rand=new Random();
③      int[] x=new int[rand.nextInt(5)];
④      double[] y=new double[rand.nextInt(5)];
        //随机产生0-4之间的数作为数组的长度
⑤      System.out.println("x的长度为"+x.length);
```

```
⑥          System.out.println("y的长度为"+y.length);
⑦          for(int i=0;i<x.length;i++){
⑧              x[i]=rand.nextInt(5);
⑨                  System.out.println("
                   x["+i+"]="+x[i]);
           }
⑩  for(int i=0;i<y.length;i++){
⑪          y[i]=rand.nextDouble();
⑫          System.out.println("y["+i+"
           ]="+y[i]);//打印数组y
           }
        }
```

拓展范例及视频二维码

范例 **6-2-01**：初始化两个不同

类型的数组

源码路径：**演练范例\6-2-01**

范例 **6-2-02**：将二维数组中的

行和列互换

源码路径：**演练范例\6-2-02**

行①插入类 Random，通过该类生成随机数。

行②实例化 Random 类，创建一个随机数对象 rand。

行③④分别定义 double 类型的数组 x 和 y，随机产生 0~4 的数作为数组的长度。

行⑤⑥分别输出数组 x 和数组 y 的长度。

行⑦使用 for 循环，设置如果 i 的值小于数组 x 的长度，则执行将 i 的值递增 1 的循环。

行⑧随机产生 0~4 的数并赋给数组 a 中的第 i 个元素。

行⑨输出数组 x 中的第 i 个元素。

行⑩使用 for 循环，设置如果 i 的值小于数组 y 的长度，则执行将 i 的值递增 1 的循环。

行⑪随机产生 double 类型的数并赋给数组 y 的第 i 个
元素。

行⑫输出数组 y 中的第 i 个元素。

执行后的结果如图 6-3 所示。读者需要注意，执行结
果是随机的，跟图 6-3 不一样是正常的。

```
x的长度为2
y的长度为1
x[0]=1
x[1]=1
y[0]=0.9082878502463703
```

图 6-3 执行结果

6.2 二 维 数 组

在 Java 语言的多维数组中，二维数组是应用最为广泛
的一种。二维数组是指有两个索引的数组，初学者可以将
二维数组理解成围棋的棋盘，要描述某个数组元素的位置，
必须通过纵横两个索引来描述。本节将详细讲解 Java 语言
中二维数组的基本知识，为读者步入本书后面的学习打下基础。

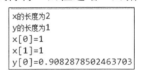

知识点讲解：

6.2.1 声明二维数组

你在前面已经学习了声明一维数组的知识，声明二维数组也十分简单，因为它与声明一维
数组的方法十分相似。很多程序员习惯将二维数组看作一种特殊的一维数组，其中的每个元素
又是一个数组。声明二维数组的语法格式如下所示。

```
float A[][];          //float类型的二维数组A
char B[][];           //char类型的二维数组B
int C[][];            //int类型的二维数组C
```

上述代码中各个参数的具体说明如下所示。

❑ float、char 和 int：表示数组的类型。

❑ A、B 和 C：表示数组的名称。

6.2.2 创建二维数组

创建二维数组的过程，实际上就是在计算机上申请一块存储空间的过程，例如下面是创建
二维数组的代码。

```
int A[][]={
{1,3,5},
```

```
{2,4,6,8}};
```

上述代码创建了一个二维数组，A 是数组名，实质上这个二维数组相当于一个 3 行 4 列的矩阵。当需要获取二维数组中的值时，可以使用索引来显示，具体格式如下所示。

```
array[i-1][j-1]
```

上述代码中各个参数的具体说明如下所示。

- ❑　i：数组的行数。
- ❑　j：数组的列数。

下面以一个二维数组为例，看一下 3 行 4 列的数组的内部结构，如表 6-1 所示。

表 6-1　二维数组的内部结构

行号＼列号	列 0	列 1	列 2	列 3
行 0	A[0] [0]	A[0] [1]	A[0] [2]	A[0] [3]
行 1	A[1] [0]	A[1] [1]	A[1] [2]	A[1] [3]
行 2	A[2] [0]	A[2] [1]	A[2] [2]	A[2] [3]

实例 6-3　创建二维数组并输出里面的数据

源码路径：daima\6\shuzutwo1.java

实例文件 shuzutwo1.java 的主要代码如下所示。

```java
public static void main(String[] args) {
    int [][] Aa={        //定义二维数组并初始化
        {11,12,23,24},
        {15,26,27,18},
        {19,10,17,18},
        {13,14,15,16},
        {17,18,19,20},
    };
    for(int i=0;i<Aa.length;i++)
    //循环输出数组行元素
      for(int j=0;j<Aa[i].length;j++){
    //循环输出数组列元素
            System.out.println("Aa["+i+"]["+j+"] ="+Aa[i][j]);
      }
}
```

拓展范例及视频二维码

范例 **6-3-01**：将二维数组的值
赋给另外的数组
源码路径：**演练范例\6-3-01**
范例 **6-3-02**：利用数组随机抽
取幸运观众
源码路径：**演练范例\6-3-02**

在上述代码中，使用 for 循环语句输出二维数组中的数据。在输出二维数组时，第一个 for 循环语句表示以行进行循环，第二个循环语句表示以每行的列数进行循环，从而取得二维数组中的每个值。执行后的结果如图 6-4 所示。

图 6-4　取二维数组中的每个值

6.2.3　初始化二维数组

初始化二维数组的方法非常简单，特别是在学习初始化一维数组的方法后，你会感到更为简单，因为初始化二维数组和初始化一维数组的方法一样，也是使用下面的语法格式实现的。

```
array=new int[]…[]{第一个元素的值，第二个元素的值，第三个元素的值，…};
```

或者用对象数组的语法来实现。

```
array=new int[]…[]{new构造方法(参数列)，{new构造方法(参数列)，…};
```

上述代码中各个参数的具体说明如下所示。

- ❏ array：数组名称。
- ❏ new：对象实例化语句。
- ❏ int：数组类型。

二维数组是多维数组中的一种，为了使数组的结构显得更加清晰，建议使用多个大括号"{}"括起来。下面以二维数组为例，如果希望第一维有 3 个索引，第二维有两个索引，可以使用下列语法指定元素的初始值。

```
integer[][]array=new Integer[][]{
    {new Integer(1), new Integer(2)},
    {new Integer(3), new Integer(4)},
    {new Integer(5), new Integer(6)},
}
```

上述代码中各个参数的具体说明如下所示。

- ❏ array：数组名称。
- ❏ int：数组类型。
- ❏ new：对象实例化语句。
- ❏ Integer：数组类型。

实例 6-4　求二维数组中的最大值

源码路径：daima\6\shuzutwo3.java

实例文件 shuzutwo3.java 的主要代码如下所示。

```
public static void main(String args[]){
①    int[][] a = {{12,32},{10,34},{18,36}};
②    int max =a[0][0] ;
③    for(int i = 0;i<a.length;i++){
④      for(int j = 0;j<a[i].length;j++){
⑤        if(a[i][j]>max){
⑥          max = a[i][j];
        }
      }
    }
⑦    System.out.println("这个二维数组中的
    最大值:"+max);
```

拓展范例及视频二维码

范例 **6-4-01**：计算二维数组中的
最大值和最小值

源码路径：**演练范例\6-4-01**

范例 **6-4-02**：设置 JTable 表格
的列名与列宽

源码路径：**演练范例\6-4-02**

行①定义一个 int 类型的二维数组 a，并设置这个二维数组的初始值。

行②假设二维数组中的第一个元素为最大值。

在行③中，第 1 个 for 循环语句以行进行循环，取得二维数组中每行中的最大值。

在行④中，第 2 个 for 循环语句以列进行循环，取得二维数组中每列中的最大值。

在行⑤中，在该数组中，如果有比行③和行④中最大值都大的值，那么这个值就是数组中的最大值。

执行后的结果如图 6-5 所示。在数组中寻找数组的最大元素和最小元素是十分常见的操作，例如一家公司查询本月工资情况时都需要求最大值和最小值。

这个二维数组中的最大值:36

图 6-5　执行结果

6.3　三 维 数 组

三维数组也是多维数组的一种，是二维数组和一维数组的升级。大多数情况下，使用一维数组和二维数组即可解决日常项目中的问题。但有时需要处理一些复杂的功能，可以考虑使用三维数组。本节将详细讲解三维数组的

📹 知识点讲解：

基本知识。

6.3.1　声明三维数组

声明三维数组的方法十分简单，与声明一维、二维数组的方法相似，具体格式如下所示。

```
float a[][][];
char b[][][];
```

上述代码中各个参数的具体说明如下所示。

❑ float 和 char：数组类型。

❑ a 和 b：数组名称。

6.3.2　创建三维数组的方法

在 Java 程序中，创建三维数组的方法也十分简单，例如下面的代码。

```
int[][][] a=new int[2][2][3];
```

在上面创建数组的代码中，定义了一个 2×2×3 的三维数组，可以将之想象成一个 2×3 的二维数组。

6.3.3　初始化三维数组

初始化三维数组的方法十分简单，例如可以用下面的代码初始化一个三维数组。

```
int[][][]a={
 //初始化三维数组
{{1,2,3}, {4,5,6}}
{{7,8,9},{10,11,12}}
}
```

通过上述代码，可以定义了并且初始化三维数组中元素的值。

实例 6-5　**使用三层循环遍历三维数组**
源码路径：daima\6\shuzuduo1.java

实例文件 shuzuduo1.java 的主要代码如下所示。

```
    public static void main(String[] args) {
①      int array[][][] = new int[][][]{
        { { 1, 2, 3 }, { 4, 5, 6 } },
        { { 7, 8, 9 }, { 10, 11, 12 } },
        { { 13, 14, 15 }, { 16, 17, 18 } }
        };
②      array[1][0][0] = 97;
③      for (int i = 0; i < array.length; i++) {
④          for (int j = 0; j < array[0].length; j++) {
⑤              for (int k = 0; k < array[0][0].length; k++) {
⑥                  System.out.print(array[i][j][k] + "\t");
                }
⑦              System.out.println();
            }
        }
    }
```

拓展范例及视频二维码

范例 **6-5-01**：产生一个随机数

源码路径：**演练范例\6-5-01**

范例 **6-5-02**：数组的下标和
下界

源码路径：**演练范例\6-5-02**

行①定义一个 int 类型的三维数组 array，然后在大括号中初始化数组中元素的值。

行②改变数组中 array[1][0][0]元素的值为 97。

行③④⑤使用 for 循环遍历数组中的所有元素，因为这是一个三维数组，所以需要用到 3 次 for 循环。

行⑥输出数组中的所有元素。

行⑦设置每输出多维数组中的一维数组后马上换行，换行后输出下一维的数组元素。执行后的结果如图 6-6 所示。

1	2	3
4	5	6
97	8	9
10	11	12
13	14	15
16	17	18

图 6-6　执行结果

6.4 操 作 数 组

定义数组和初始化数组的方法都十分简单，读者在学习过程中除了要掌握数组的定义和初始化知识外，还需要掌握操作数组的知识，操作数组在 Java 编程中具有极大的意义。本节将详细讲解几种常用的操作数组的方法。

 知识点讲解：

6.4.1 复制数组

复制数组是指复制数组中的数值，在 Java 中可以使用 System 的方法 arraycopy()实现数组复制功能。方法 arraycopy()有两种语法格式，其中第一种语法格式如下所示。

```
System.arraycopy(arrayA,0,arrayB,0,a.length);
```

❏ arrayA：来源数组名称。

❏ 0：来源数组的起始位置。

❏ arrayB：目的数组名称。

❏ 0：目的数组的起始位置。

❏ a.length：要从来源数组复制的元素个数。

上述数组复制方法 arraycopy()有一定局限，可以考虑使用方法 arraycopy()的第二种格式，使用第二种格式可以复制数组内的任何元素。第二种语法格式如下所示。

```
System.arraycopy(arrayA,2,arrayB,3,3);
```

❏ arrayA：来源数组名称。

❏ 2：来源数组从起始位置开始的第 2 个元素。

❏ arrayB：目的数组名称。

❏ 3：目的数组从起始位置开始的第 3 个元素。

❏ 3：从来源数组的第 2 个元素开始复制 3 个元素。

实例 6-6 **复制一维数组中的元素**
源码路径：daima\6\shuzugong1.java

实例文件 shuzugong1.java 的主要代码如下所示。

```
public class shuzugong1 {
public static void main(String[] args) {
    int X;                  //定义int型变量X
    int Y[] = { 10, 9, 8, 7, 6, 5, 4, 3, 2, 1 };
    //定义int型数组Y，并赋值10个整数
    System.arraycopy(Y, 0, Y, 0, Y.length);
    //开始复制数组
    for (X = 0; X < Y.length; X++) //遍历输出数
组Y中的元素
        System.out.print(Y[X] + " ");
    System.out.println();
  }
}
```

—— **拓展范例及视频二维码** ——

范例 **6-6-01**：复制数组元素
源码路径：**演练范例\6-6-01**
范例 **6-6-02**：实现计数器界面
源码路径：**演练范例\6-6-02**

执行后的结果如图 6-7 所示。

```
10 9 8 7 6 5 4 3 2 1
```

图 6-7 执行结果

6.4.2 比较数组

比较数组就是检查两个数组是否相等。如果相等，则返回布尔值 true；如果不相等，则返回布尔值 false。在 Java 中可以使用方法 equals()比较数组是否相等，具体格式如下所示。

```
Arrays.equals(arrayA,arrayB);
```

❑ arrayA：待比较数组的名称。

❑ arrayB：待比较数组的名称。

如果两个数组相等，就会返回 true；如果两个数组不相等，就会返回 false。·

实例 6-7 比较两个一维数组
源码路径：daima\6\shuzugong3.java

实例文件 shuzugong3.java 的主要代码如下所示。

```
public static void main(String[] args){
①    int[] a1={1,2,3,4,5,6,7,8,9,0};
②    int[] a2=new int[9];
③        System.out.println(Arrays.equals(a1, a2));
④    int[] a3={1,2,3,4,5,6,7,8,9,0};
⑤        System.out.println(Arrays.equals(a1, a3));
⑥    int[] a4={1,2,3,4,5,6,7,8,9,5};
⑦        System.out.println(Arrays.equals(a1, a4));
}
```

拓展范例及视频二维码

范例 **6-7-01**：比较两个数组的
元素

源码路径：演练范例\6-7-01\

范例 **6-7-02**：复选框控件数组

源码路径：**演练范例\6-7-02**

行①定义 int 类型的数组 a1，并给数组 a1 赋初始值。

行②定义 int 类型的数组 a2，设置数组 a2 有 9 个元素。

行③输出数组 a1 和数组 a2 的比较结果。

行④定义 int 类型的数组 a3，并给数组 a3 赋初始值。

行⑤输出数组 a1 和数组 a3 的比较结果。

行⑥定义 int 类型的数组 a4，并给数组 a4 赋初始值。

行⑦输出数组 a1 和数组 a4 的比较结果。

执行后的结果如图 6-8 所示。

```
false
true
false
```

图 6-8 执行结果

在比较数组的时候，一定要在程序的前面加上一句"import.java.util.Arrays;"，否则程序会自动报错。

6.4.3 排序数组

排序数组是指对数组内的元素进行排序，在 Java 中可以使用方法 sort() 实现排序功能，并且排序规则是默认的。方法 sort() 的语法格式如下所示。

```
Arrays.sort(a);
```

参数 a 是待排序数组的名称。

下面通过一个实例来演示使用 sort() 排序数组内元素的方法。

实例 6-8 使用 sort() 排序数组内的元素
源码路径：daima\6\shuzugong6.java

实例文件 shuzugong6.java 的主要实现代码如下所示。

```
import java.util.Arrays;
public class shuzugong6 {
    public static void main(String[] args){
        String[] a=new String[] {"123","XYZ",
        "ABCD","256"};
        //初始化数组a的元素，其中既有数字，也有字母
        Arrays.sort(a);          //对数组a
中的元素进行排序
        System.out.println(Arrays.asList(a));
        //输出排序后的结果
        }
}
```

拓展范例及视频二维码

范例 **6-8-01**：基本数据类型的数
组的排序

源码路径：**演练范例\6-8-01**

范例 **6-8-02**：复合数据类型的
数据的排序

源码路径：**演练范例\6-8-02**

在上述代码中用到了方法 Arrays.asList()，此方法返回由指定数组支持的固定大小的列表（更改返回列表并"写"到数组中），充当基于数组的集合和基于 API 之间的桥梁。执行后的结果如图 6-9 所示。

```
Problems @ Javadoc Declaration
<terminated> shuzugong6 [Java Application]
[123, 256, ABCD, XYZ]
```

图 6-9 执行结果

6.4.4 搜索数组中的元素

在 Java 中可以使用方法 binarySearch()搜索数组中的某个元素，语法格式如下所示。

```
int i=binarySearch(a, "abcde");
```

❑ a：要搜索的数组的名称。

❑ abcde：需要在数组中查找的内容。

下面通过一个具体实例来演示使用 binarySearch()搜索数组内元素的方法。

实例 6-9 使用 binarySearch()搜索数组内的元素
源码路径：daima\6\shuzugong5.java

实例文件 shuzugong5.java 的主要实现代码如下所示：

```
import java.util.Arrays;
//引入数组类库
public class shuzugong5{
    public static void main(String[] args) {
        int[] Aa={6,2,5,4,6,2,3};
        //定义int类型的数组Aa，并设置数组的初始值
        Arrays.sort(Aa);
        //排序数组Aa中的元素，sort（）是排序方法
        System.out.print("排序后的数组为: ");
        //输出文本
        for(int i=0;i<Aa.length;i++){
        //使用for循环遍历数组Aa中的所有数组元素
            System.out.print(+Aa[i]+" ");
            //输出数组Aa中的所有元素，此时数组已经过排序处理
        }
        System.out.println();
        int location=Arrays.binarySearch(Aa, 4);      //查找整数4在数组Aa中的位置
          System.out.println("查找4的位置是"+location+",Aa["+location+"]="+Aa[location]);
    }
}
```

拓展范例及视频二维码

范例 **6-9-01**：检索出数组元素
的索引

源码路径：**演练范例\6-9-01**

范例 **6-9-02**：另外一种搜索
方案

源码路径：**演练范例\6-9-02**

执行后的结果如图 6-10 所示。

```
Problems @ Javadoc Declaration
<terminated> shuzugong5 [Java Application]
排序后的数组为: 2 2 3 4 5 6 6
查找4的位置是3,Aa[3]=4
```

图 6-10 执行结果

6.4.5 填充数组

在 Java 程序设计里，可以使用 fill()方法向数组中填充元素。fill()方法的功能十分有限，只能使用同一个数值进行填充。使用 fill()方法的语法格式如下所示。

```
int a[]=new int[10];
Arrays.fill(array,11);
```

其中，参数 a 是指将要填充的数组的名称，上述格式的含义是将数值 11 填充到数组 a 中。

下面通过一段实例代码来讲解使用 fill()方法向数组中填充元素的方法。

实例 6-10 使用 fill()方法向数组中填充元素
源码路径：daima\6\shuzugong7.java

实例文件 shuzugong7.java 的主要实现代码如下所示。

```java
public static void main(String[] args) {
    int[] arr3=new int[5];              //定义包含5个元素的int型数组arr3
    Arrays.fill(arr3, 10);              //将数组全部填充10
    for (int i = 0; i < arr3.length; i++) {    //遍历输出数组arr3中的所有元素
        System.out.println(arr3[i]);
    }
}
```

执行后的结果如图 6-11 所示。

```
10
10
10
10
10
```

图 6-11　填充数组的结果

拓展范例及视频二维码

范例 **6-10-01**：全部替换数组内的元素

源码路径：**演练范例\6-10-01**

范例 **6-10-02**：填充数组元素演练

源码路径：**演练范例\6-10-02**

6.4.6　遍历数组

在 Java 语言中，foreach 语句是从 Java 1.5 开始出现的新特征之一，在遍历数组和遍历集合方面，foreach 为开发人员提供极大的方便。从实质上说，foreach 语句是 for 语句的特殊简化版本，虽然 foreach 语句并不能完全取代 for 语句，但是任何 foreach 语句都可以改写为 for 语句版本。

foreach 并不是一个关键字，习惯上将这种特殊的 for 语句称为"foreach"语句。从英文字面意思理解，foreach 就是"为每一个"的意思。foreach 语句的语法格式如下所示。

```java
for(type 变量x : 遍历对象obj){
    引用了x的Java语句;
}
```

其中，"type"是数组元素或集合元素的类型，"变量 x"是一个形参，foreach 循环自动将数组元素、集合元素依次赋给变量 x。

实例 6-11　**使用 foreach 遍历数组元素**

源码路径：daima\6\TestForEach.java

实例文件 TestForEach.java 的主要代码如下所示。

```java
public static void main(String[] args) {
    String[] books = {"AAA" , "BBB","CCC"};
    //使用foreach循环遍历数组元素
    //其中book将会自动迭代每个数组元素
    for (String book : books)
    {
        System.out.println(book);
        //输出数组中的元素
    }
}
```

拓展范例及视频二维码

范例 **6-11-01**：演示不对循环变量赋值

源码路径：**演练范例\6-11-01**

范例 **6-11-02**：用数组翻转字符串

源码路径：**演练范例\6-11-02**

从上面的程序中可以看出，使用 foreach 循环遍历数组元素时无须获得数组长度，也无须根据索引来访问数组元素。foreach 循环和普通循环的不同之处是，不需要循环条件，也不需要循环迭代语句，这些部分都由系统完成，foreach 循环自动迭代数组的每个元素，当每个元素都被迭代一次后，foreach 循环自动结束。执行后的结果如图 6-12 所示。

```
AAA
BBB
CCC
```

图 6-12　执行结果

6.5　技　术　解　惑

6.5.1　动态初始化数组的规则

在执行动态初始化时，程序员只需要指定数组的长度即可，即为每个数组元素指定所需的内存空间，系统将负责为这些数组元素分配初始值。在指定初始值时，系统按如下规则分配初始值。

❑ 数组元素的类型是基本类型中的整数类型（byte、short、int 和 long），数组元素的值是 0。

❑ 数组元素的类型是基本类型中的浮点类型（float、double），数组元素的值是 0.0。

❑ 数组元素的类型是基本类型中的字符类型（char），数组元素的值是'\u0000'。

❑ 数组元素的类型是基本类型中的布尔类型（boolean），数组元素的值是 false。

❑ 数组元素的类型是引用类型（类、接口和数组），数组元素的值是 null。

6.5.2 引用类型

如果内存中的一个对象没有任何引用的话，就说明这个对象已经不再被使用了，从而可以被垃圾回收。不过由于垃圾回收器的运行时间不确定，可被垃圾回收的对象实际被回收的时间是不确定的。对于一个对象来说，只要有引用存在，它就会一直存在于内存中。如果这样的对象越来越多，超出 JVM 中的内存总数，JVM 就会抛出 OutOfMemory 错误。虽然垃圾回收器的具体运行是由 JVM 控制的，但是开发人员仍然可以在一定程度上与垃圾回收器进行交互，目的在于更好地帮助垃圾回收器管理好应用的内存。这种交互方式就是从 JDK 1.2 开始引入的 java.lang.ref 包。

1. 强引用

在一般的 Java 程序中，见到最多的就是强引用（strong reference）。例如"Date date = new Date()"，其中的 date 就是一个对象的强引用。对象的强引用可以在程序中到处传递。很多情况下，会同时有多个引用指向同一个对象。强引用的存在限制了对象在内存中的存活时间。假如对象 A 中包含对象 B 的一个强引用，那么一般情况下，对象 B 的存活时间就不会短于对象 A。如果对象 A 没有显式地把对象 B 的引用设为 null 的话，那么只有当对象 A 被垃圾回收之后，对象 B 才不再有引用指向它，才可能获得被垃圾回收的机会。

除了强引用之外，java.lang.ref 包还提供了对一个对象的另一种不同的引用方式。JVM 的垃圾回收器对于不同类型的引用有不同的处理方式。

2. 软引用

软引用（soft reference）在强度上弱于强引用，通过类 SoftReference 来表示。它的作用是告诉垃圾回收器，程序中的哪些对象不那么重要，当内存不足的时候是可以被暂时回收的。当 JVM 中的内存不足时，垃圾回收器会释放那些只被软引用指向的对象。如果全部释放完这些对象之后，内存仍不足，则会抛出 OutOfMemory 错误。软引用非常适合于创建缓存。当系统内存不足时候，缓存中的内容是可以被释放的。比如考虑一个图像编辑器的程序。该程序会把图像文件的全部内容读取到内存中，以方便进行处理。用户也可以同时打开多个文件。当同时打开的文件过多时，就可能造成内存不足。如果使用软引用来指向图像文件的内容，垃圾回收器就可以在必要的时候回收这些内存。

6.5.3 数组的初始化

在 Java 中不存在只分配内存空间而不赋初始值的情况。因为一旦为数组的每个数组元素分配内存空间，内存空间里存储的内容就是数组元素的值，即使内存空间存储的内容为空，"空"也是值，用 null 表示。不管以哪一种方式初始化数组，只要为数组元素分配了内存空间，数组元素就有了初始值。获取初始值的方式有两种：一种由系统自动分配；另一种由程序员指定。

6.6 课 后 练 习

（1）编写一个 Java 程序，使用 sort()方法对一个指定的整数数组进行排序，并使用 binary

Search()方法查找数组中的某个元素，使用 printArray()方法在控制台中输出数组。预期执行结果如下。

```
数组排序结果为: [length: 10]
-9, -7, -3, -2, 0, 2, 4, 5, 6, 8
元素2在第5个位置
```

（2）编写一个 Java 程序，使用 sort()方法对整数数组进行排序，并使用 insertElement()方法向数组中插入新的元素。

（3）编写一个 Java 程序，通过 Collection 类的 Collection.max()和 Collection.min()方法查找数组中的最大和最小值。

（4）编写一个 Java 程序，通过 List 类的 Arrays.toString()方法和 list.Addall(array1.asList(array2))方法将两个字符型数组合并为一个数组。

（5）编写一个 Java 程序，在初始化字符型数组后对数组进行扩容。

（6）编写一个 Java 程序，使用 remove()方法删除数组中的元素。

（7）编写一个 Java 程序，初始化 3 个数组，然后使用 equals()方法判断两两数组是否相等。

第 7 章

Java 的面向对象（上）

    Java 是一门面向对象的语言，它为我们提供了定义类与接口的能力。其中，类被认为是一种自定义的数据类型，我们可以在其中为其定义相关的属性与方法。然后，我们就可以使用类来定义变量，所有使用类定义的变量都是引用变量，它们将会引用到类的对象，对象由类负责创建。本章将详细讲解 Java 面向对象的一些知识与面向对象的一些特性，重点学习类和方法的相关知识。

7.1　面向对象的基础

在具体学习本章内容之前,我们需要先弄清楚什么是面向对象,掌握面向对象的思想是学好 Java 语言的前提,本章将要讲解的类是面向对象编程的重要组成部分。

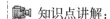
知识点讲解:

7.1.1　面向对象的定义

在目前的软件开发领域有两种主流的开发方法,它们分别是结构化开发方法和面向对象开发方法。早期的编程语言如 C、Basic、Pascal 等都是结构化编程语言,随着软件开发技术的逐渐发展,人们发现面向对象可以提供更好的可重用性、可扩展性和可维护性,于是催生了大量的面向对象的编程语言,如 C++、Java、C#和 Ruby 等。

一般认为,面向对象编程（Object-Oriented Programming,OOP）起源于 20 世纪 60 年代的 Simula 语言,发展至今,它已经是一种理论完善,并可由多种面向对象程序设计语言（Object-Oriented Programming Language,OOPL）来实现的技术了。因为存在很多原因,所以在国内大部分程序设计人员并没有很深入地了解 OOP 以及 OOPL 理论,对纯粹的 OOP 思想以及动态类型语言更是知之甚少。

对象的产生通常基于两种基本方式,它们分别是以原型对象为基础产生新对象和以类为基础产生新对象。

7.1.2　Java 的面向对象编程

面向对象编程方法是 Java 编程的指导思想。在使用 Java 进行编程时,应该首先利用对象建模技术（OMT）来分析目标问题,抽象出相关对象的共性,对它们进行分类,并分析各类之间的关系。然后再用类来描述同一类对象,归纳出类之间的关系。Coad 和 Yourdon（Coad/Yourdon 方法由 P.Coad 和 E.Yourdon 于 1990 年推出,Coad 是指 Peter Coad,而 Yourdon 是指 Edward Yourdon）在对象建模技术、面向对象编程和知识库系统的基础之上设计了一整套面向对象的方法,具体分为面向对象分析（OOA）和面向对象设计（OOD）。它们共同构成了系统设计的过程,如图 7-1 所示。

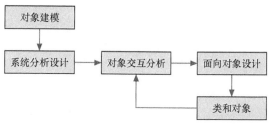

图 7-1　系统设计处理流程

7.1.3　一切皆为对象

在 Java 语言中,除了 8 个基本数据类型之外都是对象,对象就是面向对象程序设计的中心。对象是人们要进行研究的任何事物,从最简单的数字到复杂的航空母舰等均是对象。对象不仅能表示具体的事物,而且还能表示抽象的规则、计划或事件。对象是具有状态的,一个对象用数据值来描述它的状态。Java 通过为对象定义 Field（以前常称为属性,现在也称为字段）来描述对象的状态。对象也有操作（其也称为对象的行为）,这些操作可以改变对象的状态,Java 通过为对象定义方法来描述对象的行为。对象实现了数据和操作的结合,使数据和操作封装于对象的统一体中。由于对象是 Java 程序里的核心,所以,Java 里的对象具有唯一性,每个对象都用一个标识来引用它,如果某个对象失去了标识,那么这个对象将变成垃圾,只能等着垃圾回收系统来回收它。Java 语言不允许直接访问对象,而要通过对象引用来操作对象。

7.1.4　Java 面向对象的几个核心概念

1. 类

只要是一门面向对象的编程语言（例如 C++、C#等），那么就一定有类这个概念。类是指将相同属性的东西放在一起，类是一个模板，能够描述一类对象的行为和状态。请看下面两个例子。

（1）在现实生活中，可以将人看成一个类，这类称为人类。

（2）如果某个男孩想找一个对象（女朋友），那么所有的女孩都可能是这个男孩的女朋友，所有的女孩就是一"类"。

Java 中的每一个源程序至少都会有一个类，在本书前面介绍的实例中，用关键字 class 定义的都是类。Java 是面向对象的程序设计语言，类是面向对象的重要内容，我们可以把类当成一种自定义数据类型，可以使用类来定义变量，这种类型的变量统称为引用型变量。也就是说，所有类都引用数据类型。

2. 对象

对象是实际存在某个类中的每一个个体，因而也称为实例（instance）。对象的抽象是类，类的具体化就是对象，也可以说类的实例是对象。类用来描述一系列对象，类会概述每个对象包括的数据和行为特征。因此，我们可以把类理解成某种概念、定义，它规定了某类对象所共同具有的数据和行为特征。

接着前面的两个例子。

（1）人这个"类"的范围实在是太笼统了，人类里面的秦始皇是一个具体的人，是一个客观存在的人，我们就将秦始皇称为一个对象。

（2）想找对象（女朋友）的男孩已经找到目标了，他的女朋友名叫"大美女"。注意，假设叫这个名字的女孩人类中仅有这一个，此时名叫"大美女"的这个女孩就是一个对象。

在面向对象的程序中，首先要将一个对象看作一个类，假定人是对象，任何一个人都是一个对象，类只是一个大概念而已，而类中的对象是具体的，它们具有自己的属性（例如漂亮、身材好）和方法（例如会作诗、会编程）。

3. Java 中的对象

通过上面的讲解可知，我们的身边有很多对象，例如车、狗、人等。所有这些对象都有自己的状态和行为。拿一条狗来说，它的状态有名字、品种、颜色；行为有叫、摇尾巴和跑。

现实对象和软件对象之间十分相似。软件对象也有状态和行为，软件对象的状态就是属性，行为通过方法来体现。在软件开发过程中，方法操作对象内部状态的改变，对象的相互调用也是通过方法来完成的。

❋ 注意：类和对象有以下区别。

（1）类描述客观世界里某一类事物的共同特征，而对象则是类的具体化，Java 程序使用类的构造器来创建该类的对象。

（2）类是创建对象的模板和蓝图，是一组类似对象的共同抽象定义。类是一个抽象的概念，不是一个具体的事物。

（3）对象是类的实例化结果，是真实的存在，代表现实世界的某一事物。

4. 属性

属性有时也称为字段，用于定义该类或该类的实例所包含的数据。在 Java 程序中，属性通常用来描述某个对象的具体特征，是静态的。例如姚明（对象）的身高为 2.6m，小白（对象）的毛发是棕色的，二郎神（对象）额头上有只眼睛等，都是属性。

5. 方法

方法用于定义该类或该类实例的行为特征或功能实现。每个对象都有自己的行为或者使用它们的方法，比如说一只狗（对象）会跑会叫等。我们把这些行为称为方法，它是动态的，可以使用这些方法来操作一个对象。

6. 类的成员

属性和方法都被称为所在类的成员，因为它们是构成一个类的主要部分，如果没有这两样东西，那么类的定义也就没有内容了。

7.2　创　建　类

在 Java 程序中，创建类的过程十分简单，只需按照语法格式进行构造即可。

知识点讲解：

7.2.1　定义类

在 Java 语言中，定义类的语法格式如下所示。

```
[修饰符] class 类名
{
    零到多个构造器的定义...
    零到多个属性...
    零到多个方法...
```

在上面定义类的语法格式中，修饰符可以是 public、final 或 static，也可以完全省略它们，类名只要是一个合法的标识符即可，但这仅满足了 Java 的语法要求；如果从程序的可读性方面来看，那么 Java 类名必须由一个或多个有意义的单词构成，其中每个单词的首字母大写，其他字母全部小写，单词与单词之间不要使用任何分隔符。

在定义一个类时，它可以包含 3 个最常见的成员，它们分别是构造器、属性和方法。这 3 个成员可以定义零个或多个。如果 3 个成员都只定义了零个，则说明定义了一个空类，这没有太大的实际意义。类中各个成员之间的定义顺序没有任何影响，各个成员之间可以相互调用。需要注意的是，一个类的 static 方法需要通过实例化其所在类来访问该类的非 static 成员。

下面的代码定义一个名为 person 的类，这是具有一定特性（人类）的一类事物，而 Tom 则是类的一个对象实例，其代码如下所示。

```
class person {
    int age;                    //人具有age属性
    String name;                //人具有name属性
    void speak(){               //人具有speak方法
        System.out.println("My name is"+name);
    }
    public static void main(String args[]){
    //类及类属性和方法的使用
    person Tom=new person();    //创建一个对象
    Tom.age=27;                 //对象的age属性是27
    Tom.name="TOM";             //对象的name属性是TOM
    Tom.speak();                //对象的方法是speak
    }
```

一个类需要具备对应的属性和方法，其中属性用于描述对象，而方法可让对象实现某个具体功能。例如在上述实例代码中，类、对象、属性和方法的具体说明如下所示。

❑ 类：代码中的 person 就是一个类，它代表人类。

❑ 对象：代码中的 Tom（注意，不是 TOM）就是一个对象，它代表一个具体的人。

❑ 属性：代码中有两个属性：age 和 name，其中属性 age 表示对象 Tom 这个人的年龄是 27，属性 name 表示对象 Tom 这个人的名字是 TOM。

❑ 方法：代码中的 speak 是一个方法，它表示对象 Tom 这个人具有说话这一技能。

7.2.2 定义属性

在 Java 中定义属性的语法格式如下所示。

```
[修饰符] 属性类型 属性名 [=默认值];
```

上述格式的具体说明如下所示。

- ❑ 修饰符：修饰符可以省略，也可以是 public、protected、private、static、final，其中 public、protected、private 最多只能出现一个，它可以与 static、final 组合起来修饰属性。
- ❑ 属性类型：属性类型可以是 Java 语言允许的任何数据类型，它包括基本类型和现在介绍的复合类型。
- ❑ 属性名：属性名只要是一个合法的标识符即可，但这只是从语法角度来说的。如果从程序可读性角度来看，那么作者建议属性名应该由一个或多个有意义的单词构成，第一个单词的首字母小写，后面每个单词的首字母大写，其他字母全部小写，单词与单词之间不需使用任何分隔符。
- ❑ 默认值：在定义属性时可以定义一个由用户指定的默认值，如果用户没有指定默认值，则该属性的默认值就是其所属类型的默认值。

7.2.3 定义方法

在 Java 中定义方法的语法格式如下所示。

```
[修饰符] 方法返回值类型 方法名 [=形参列表];
{
    由零条或多条可执行语句组成的方法体
}
```

- ❑ 修饰符：它可以省略，也可以是 public、protected、private、static、final、abstract，其中 public、protected、private 这 3 个最多只能出现一个；abstract 和 final 最多只能出现一个，它们可以与 static 组合起来共同修饰方法。
- ❑ 方法返回值类型：返回值类型可以是 Java 语言允许的任何数据类型，这包括基本类型、复合类型与 void 类型。如果声明了方法的返回值类型，则方法体内就必须有一个有效的 return 语句，该语句可以是一个变量或一个表达式，这个变量或者表达式的类型必须与该方法声明的返回值类型相匹配。当然，如果一个方法中没有返回值，那么我们也可以将返回值声明成 void 类型。
- ❑ 方法名：方法名的命名规则与属性的命名规则基本相同，我们建议方法名以英文的动词开头。
- ❑ 形参列表：形参列表用于定义该方法可以接受的参数，形参列表由零到多组"参数类型形参名"组合而成，多组参数之间以英文逗号（,）隔开，形参类型和形参名之间以英文空格隔开。一旦在定义方法时指定了形参列表，则在调用该方法时必须传入对应的参数值——谁调用方法，谁负责为形参赋值。

在方法体中的多条可执行性语句之间有着严格的执行顺序，在方法体前面的语句总是先执行，在方法体后面的语句总是后执行。

读者实际上在前面的章节中已经多次接触过方法，例如"public static void main（String args[]）{}"这段代码中就使用了方法 main()，在下面的代码中也定义了几个方法。

```java
public class test_class {
//定义一个无返回值的方法
public void cheng(){                  //方法名是cheng
    System.out.println("我已经长大了"); //方法cheng的功能是输出文本"我已经长大了"
    //…
}
//定义一个有返回值的方法
public int Da(){                      //方法名是Da
int a=100;                            //定义变量a，设置初始值是100
```

```
        return a;                                //方法Da的功能返回变量a的值
    }
```

7.2.4　定义构造器

构造器是一个创建对象时自动调用的特殊方法，目的是执行初始化操作。构造器的名称应该与类的名称一致。当 Java 程序在创建一个对象时，系统会默认初始化该对象的属性，基本类型的属性值为 0（数值类型）、false（布尔类型），把所有的引用类型设置为 null。构造器是类创建对象的根本途径，如果一个类没有构造器，那么这个类通常将无法创建实例。为此 Java 语言提供构造器机制，系统会为该类提供一个默认的构造器。一旦程序员为类提供了构造器，那么系统将不再为该类提供构造器。

定义构造器的语法格式与定义方法的语法格式非常相似，在调用时，我们可以通过关键字 new 来调用构造器，从而返回该类的实例。下面，我们先来看一下定义构造器的语法格式。

```
[修饰符] 构造器名 (形参列表);
{
    由零条或多条可执行语句组成的构造器执行体
}
```

上述格式的具体说明如下所示。

❑　修饰符：修饰符可以省略，也可以是 public、protected、private 其中之一。

❑　构造器名：构造器名必须和类名相同。

❑　形参列表：这和定义方法中的形参列表的格式完全相同。

与一般方法不同的是，构造器不能定义返回值的类型，也不能使用 void 定义构造器没有返回值。如果为构造器定义了返回值的类型，或使用 void 定义构造器没有返回值，那么在编译时就不会出错，但 Java 会把它当成一般方法来处理。下面的代码演示了使用构造器的过程。

```
public class Person {                            //定义类Person
    public String name;                          //定义属性name
    public int age;                              //定义属性age

    public Person(String name, int age) {        //构造器函数Person()
        this.name = name;                        //开始自定义构造器，添加name属性
        this.age = age;                          //继续自定义构造器，添加age属性
    }
    public static void main(String[] args) {
        // 使用自定义的构造器创建对象（构造器是创建对象的重要途径）
        Person p = new Person("小明", 12);       //创建对象p，名字是"小明"，年龄是12
        System.out.println(p.age);               //输出对象p的年龄
        System.out.println(p.name);              //输出对象p的名字
    }
}
```

7.3　修　饰　符

在前面讲解定义属性和方法时，曾经提到过修饰符。在 Java 语言中，为了严格控制访问权限，特意引入了修饰符这一概念。在本节的内容中，我们将详细讲解修饰符。

知识点讲解：

7.3.1　public 修饰符

在 Java 程序中，如果将属性和方法定义为 public 类型，那么此属性和方法所在的类和及其子类、同一个包中的类、不同包中的类都可以访问这些属性和方法。

> **实例 7-1**　在类中创建 public 的属性和方法
> 源码路径：daima\7\Leitwo1.java

实例文件 Leitwo1.java 的主要代码如下所示。

```
public class Leitwo1{  //定义类Leitwo1
    public int a;      //定义public的int类型变量a
```

```
    public void print(){//定义方法print()
        System.out.println("a的值为"+a);
        //输出a的值
    }
}
class textone {      //定义类textone
    public static void main(String args[]){
        Leitwo1 aa=new Leitwo1();           //
定义类Leitwo1的对象aa
        aa.a=4478;      //因为a是public类型的，所以这
里它可用，可以设置对象aa、a值为4478
        aa.print();   //调用函数print()输出a的值
    }
}
```

拓展范例及视频二维码

范例 **7-1-01**：使用 public
修饰符
源码路径：**演练范例\7-1-01**
范例 **7-1-02**：温度单位转换
工具
源码路径：**演练范例\7-1-02**

在上面的实例代码中，类 textone 可以随意访问 Leitwo1 的方法和属性。代码执行后的结果如图 7-2 所示。

a的值为4478

图 7-2   执行结果

7.3.2   private 修饰符

在 Java 程序里，如果将属性和方法定义为 private 类型，那么该属性和方法只能在自己的类中访问，在其他类中不能访问。下面的实例代码很好地说明了这一特点：私有属性和私有方法可以在本类中发挥作用。

实例 7-2 私有属性和私有方法可以在本类中发挥作用
源码路径：daima\7\Leitwo3.java

实例文件 Leitwo3.java 的主要代码如下所示。

拓展范例及视频二维码

范例 **7-2-01**：使用 4 种方法
访问修饰符
源码路径：**演练范例\7-2-01**
范例 **7-2-02**：使用 private
私有修饰符
源码路径：**演练范例\7-2-02**

```
public class Leitwo3{        //定义类Leitwo3
 private String uname;       //定义私有属性uname
 private int uid;            //定义私有属性uid
    public String getuname(){
//定义公有方法getuname()
            return uname;
//方法getuname()的返回值uname
    }
    private int getuid(){//定义私有方法getuid()
        return uid; //方法getuid()的返回值是uid
    }
    public Leitwo3(String uname,int uid) {//此方法和类同名，所以它是一个构造方法，参数是uname和uid
        this.uname=uname;               //为属性uname赋值
        this.uid=uid;                   //为属性uid赋值
    }
    public static void main(String args[]){
    Leitwo3 PrivateUse1=new Leitwo3("AAA",21002);
//定义第一个对象PrivateUse1，设置uname的值是AAA，uid值是21002
    Leitwo3 PrivateUse2=new Leitwo3("BBB",61002);
//定义第二个对象PrivateUse2，设置uname的值是BBB，uid值是61002
        String a1=PrivateUse1.getuname();//定义字符串对象a1，在对象PrivateUse1中调用公有方法getuname()
        System.out.println("姓名:"+a1);//输出uname的姓名信息
        int a2=PrivateUse1.getuid();   //定义字符串对象a2，在对象PrivateUse1中调用私有方法getuid()
        System.out.println("学号:"+a2);//输出uid的学号信息
        String a3=PrivateUse2.getuname();//定义字符串对象a3，在对象PrivateUse2中调用公有方法getuname()
        System.out.println("姓名:"+a3);//输出uname的姓名信息
        int a4=PrivateUse2.getuid();   //定义字符串对象a4，在对象PrivateUse2中调用私有方法getuid()
        System.out.println("学号:"+a4);//输出uid的学号信息
    }
}
```

执行上述代码后的结果如图 7-3 所示。

```
Problems  @ Javadoc  Declaration  Console  Progress
<terminated> Leitwo3 [Java Application] F:\Java\jdk1.6.0_23\bin\javaw.exe
姓名: AAA
学号: 21002
姓名: BBB
学号: 61002
```

图 7-3   执行结果

7.3.3　protected 修饰符

在编写 Java 应用程序时，如果使用修饰符 protected 修饰属性和方法，那么该属性和方法只能在自己的子类和类中访问。下面的实例很好地说明了这一特点。

实例 7-3	使用 protected 修饰符
	源码路径：　daima\7\Leitwo4.java

实例文件 Leitwo4.java 的主要代码如下所示。

```
public class Leitwo4{                      //定义类Leitwo4
 protected  int a;                         //定义保护变量a
 protected void print(){                   //定义保护方法print()
     System.out.println("a="+a);           //输出变量a的值
 }
 public static void main(String args[]){
     Leitwo4 a1=new Leitwo4();             //定义对象a1
     a1.a=2011;                            //设置对象a1、a的值是2011
     a1.print();                           //调用保护方法print()
     Leitwo4 a2=new Leitwo4();             //定义对象a2
     a2.a=2012;                            //设置对象a2、a的值是2012
     a2.print();                           //调用保护方法print()
 }
}
```

执行上述代码后的结果如图 7-4 所示。

7.3.4　其他修饰符

```
a=2011
a=2012
```
图 7-4　执行结果

前面几节讲解的修饰符是在 Java 中最常用的修饰符。除了这几个修饰符外，在 Java 程序中还有许多其他的修饰符，具体说明如下所示。

- ❑ 默认修饰符：如果没有指定访问控制修饰符，则表示使用默认修饰符，这时变量和方法只能在自己的类及同一个包下的类中访问。
- ❑ static：由 static 修饰的变量称为静态变量，由 static 修饰的方法称为静态方法。
- ❑ final：由 final 修饰的变量在程序执行过程中最多赋值一次，所以经常定义它为常量。
- ❑ transient：它只能修饰非静态变量，当序列化对象时，由 transient 修饰的变量不会序列化到目标文件。当对象从序列化文件中重构对象时（反序列化过程），不会恢复由 transient 字段修饰的变量。
- ❑ volatile：和 transient 一样，它只能修饰变量。这个关键字的作用就是告诉编译器，只要是被此关键字修饰的变量都是易变、不稳定的。
- ❑ abstract：由 abstract 修饰的成员称为抽象方法，用 abstract 修饰的类可以扩展（增加子类），且不能直接实例化。用 abstract 修饰的方法不能在声明它的类中实现，且必须在某个子类中重写。
- ❑ synchronized：该修饰符只能应用于方法，不能修饰类和变量。此关键字用于在多线程访问程序中共享资源时实现顺序同步访问资源。

实例 7-4	使用默认修饰符创建属性和方法
	源码路径：　daima\7\UserOne1.java

实例文件 UserOne1.java 的主要代码如下所示。

```
class Leitwo5 {           //定义类Leitwo5
    int a;                //因为a前面没有修饰符，所以它是默认的
    int b;                //因为b前面没有修饰符，所以它是默认的
    void print(){         //因为print()前面没有修饰符，所以它是默认的
```

```
        int c=a+b;  //输出a与b的和
        System.out.println("a+b="+c);
    }
}
public class UserOne1{  //定义类UserOne1
    public static void main(String args[]){
        leitwo5 a1=new leitwo5();//定义对象a1
        a1.a=2;      //设置a的值2
        a1.b=3;      //设置b的值3
        a1.print();//调用函数print()输出a与b的和
    }
}
```

拓展范例及视频二维码

范例 **7-4-01**：使用类实战
　　　　　演练

源码路径：**演练范例\7-4-01**

范例 **7-4-02**：输出常用类型
　　　　　的值

源码路径：**演练范例\7-4-02**

在上面的实例代码中，全局变量和方法的访问权限修饰符都是默认的。因为类 Leitwo5 中的变量和方法都是默认的，所以我们可以在类 UserOne1 中访问类 Leitwo5 的方法 Print()，由此可见，类的属性和方法对于自己所在的类以及所在包（包的知识在后面讲解）下的类都是可见的。上述代码执行后的结果如图 7-5 所示。

图 7-5 执行结果

7.4 方 法 详 解

方法是类或对象行为特征的抽象，是类或对象中最重要的组成部分之一。Java 中的方法类似于传统结构化程序设计里的函数，Java 里的方法不能独立存在，所有的方法都必须定义在类中。方法在逻辑上要么属于类，要么属于对象。

知识点讲解：

7.4.1 方法与函数的关系

不论是从定义方法的语法上来看，还是从方法的功能上来看，都不难发现方法和函数之间的相似性。尽管实际上方法是由传统函数发展而来的，但方法与传统的函数有着显著不同。在结构化编程语言里，函数是老大，整个软件由许多的函数组成。在面向对象的编程语言里，类才是老大，整个系统由许多的类组成。因此在 Java 语言里，方法不能独立存在，方法必须属于类或对象。在 Java 中如果需要定义一个方法，则只能在类体内定义，不能独立定义一个方法。一旦将一个方法定义在某个类体内，并且这个方法使用 static 来修饰，则这个方法属于这个类；否则，这个方法属于这个类的对象。

在 Java 语言中，类型是静态的，即我们当定义一个类之后，只要不再重新编译这个类文件，那么该类和该类对象所拥有的方法是固定的，且永远都不会改变。因为 Java 中的方法不能独立存在，它必须属于一个类或者一个对象，所以方法也不能像函数那样独立执行。在执行方法时必须使用类或对象作为调用者，即所有方法都必须使用"类.方法"或"对象.方法"的格式来调用。此处可能会产生一个问题，当同一个类的不同方法之间相互调用时，不可以直接调用吗？在此需要明确一个原则：当在同一个类的一个方法中调用另外一个方法时，如果被调方法是普通方法，则默认使用 this 作为调用者；如果被调方法是静态方法，则默认使用类作为调用者。尽管从表面上看起来某些方法可以独立执行，但实际上它还是使用 this 或者类来作为调用者。

永远不要把方法当成独立存在的实体，正如现实世界由类和对象组成，而方法只能作为类和对象的附属，Java 语言里的方法也是一样。讲到此处，可以总结 Java 里的方法有如下主要属性。

- ❏ 方法不能独立定义，只能在类体里定义。
- ❏ 从逻辑意义上来看，方法要么属于该类本身，要么属于该类的一个对象。
- ❏ 永远不能独立执行方法，执行方法必须使用类或对象作为调用者。

7.4.2　传递方法参数

　　Java 里的方法是不能独立存在的，调用方法时也必须使用类或对象作为主调者。如果在声明方法时包含了形参声明，则调用方法时必须给这些形参指定参数值，调用方法时实际传给形参的参数值也称为实参。究竟 Java 中的实参值是如何传入方法的呢？这是由 Java 方法的参数传递机制来控制的。传递 Java 方法的参数方式只有一种，即使用值传递方式。值传递是指将实际参数值的副本（复制品）传入方法中，而参数本身不会受到任何影响。

实例 7-5	演示传递方法的参数
	源码路径：daima\7\chuandi.java

　　实例文件 chuandi.java 的主要代码如下所示。

```java
public class chuandi
{
    public static void swap(int a , int b) {
        //下面3行代码实现a、b变量值的交换
        int tmp = a;//定义一个临时变量来保存变量a的值
        a = b;        //把b的值赋给a
        b = tmp;      //把临时变量tmp的值赋给b
        System.out.println("在swap方法里，a的值是" + a + "; b的值是" + b);
    }
    public static void main(String[] args) {
        int a = 6;                //设置a的值是6
        int b = 9;                //设置b的值是9
        swap(a , b);              //调用函数swap()交换a和b的值
        System.out.println("交换结束后，实参a的值是" + a + "; 实参b的值是" + b);
    }
}
```

拓展范例及视频二维码

范例 **7-5-01**：传递引用类型参数

源码路径：**演练范例\7-5-01**

范例 **7-5-02**：编写同名的方法

源码路径：**演练范例\7-5-02**

　　执行后的结果如图 7-6 所示。

　　从执行结果可以看出，main()方法里的变量 a 和 b 并不是 swap()方法里的 a 与 b。正如前面讲的，a 和 b 只是 main()方法里变量 a 与 b 的复制品。Java 程序总是从 main()方法开始执行，

> swap方法里，a的值是9；b的值是6
> 交换结束后，实参a的值是6；实参b的值是9

图 7-6　执行结果

main()方法开始定义了 a、b 两个局部变量。当程序执行 swap()方法时，系统进入 swap()方法，并将 main()方法中的 a、b 变量作为参数值传入 swap()方法，swap()方法中的只是变量 a、b 的副本，而不是 a、b 本身，进入 swap()方法后系统中产生了 5 个变量。由于在 main()方法中调用 swap()方法时，main()方法还未结束。因此，系统分别为 main()方法和 swap()方法分配两块栈区，用于保存 main()方法和 swap()方法的局部变量。main()方法中的变量 a、b 作为参数值传入 swap()方法，但实际上是在 swap()方法栈区中重新产生两个变量 a、b，并将 main()方法栈区中变量 a、b 的值分别赋给 swap()方法栈区中的 a、b（即 swap()方法的 a、b 形参进行了初始化）。此时，系统存在两个 a 变量、两个 b 变量，只是存在于不同的方法栈区中。程序在 swap()方法中交换 a、b 两个变量的值，实际上是对覆盖区域中的 a、b 进行交换，交换结束后在 swap()方法中输出 a、b 变量的值，看到 a 的值为 9，b 的值为 6。由此可以得出，main()方法栈区中的 a、b 的值并未有任何改变，程序改变的只是 swap()方法栈区中的 a、b。由此可知值传递的实质是：当系统开始执行方法时，系统初始化形参，即把实参变量的值赋给方法的形参变量，方法里操作的并不是实际的实参变量。

7.4.3　长度可变的方法

　　自 JDK 1.5 之后，在 Java 中可以定义形参长度可变的参数，从而允许为方法指定数量不确定的形参。如果在定义方法时，在最后一个形参类型后增加 3 点"..."，则表明该形参可以接受多个参数值，它们当成数组传入。在下面的实例代码中定义了一个形参长度可变的方法。

实例 7-6 定义一个形参长度可变的方法
源码路径：daima\7\Bian.java

实例文件 Bian.java 的主要代码如下所示。

```
public class Bian
{ //定义形参长度可变的方法test()
  public static void test(int a , String... books)//参数books前面有3个点，这表示长度可变的
  {
      //books当成数组来处理
      for (String tmp : books)
//把参数books当成数组来处理
      {
          System.out.println(tmp);
//输出books中的元素
      }
      //输出整数变量a的值
      System.out.println(a); //输出整数变量a的值
  }
  public static void main(String[] args)
  {
      //调用test方法,设置方法test()中的args参数可以传入多个字符串
      test(5 , "AAA" , "BBB");
      //调用test方法, 设置方法test()中的args参数可以传入多个字符串
      test(23 , new String[]{"CCC" , "DDD"});
  }
}
```

拓展范例及视频二维码

范例 **7-6-01**：固定和非固定的
选择
源码路径：**演练范例\7-6-01**

范例 **7-6-02**：两个可变参数会
出问题
源码路径：**演练范例\7-6-02**

在上述代码中，当我们调用 test() 方法时，books 参数可以传入多个字符串作为参数值。从 test() 方法体的代码来看，形参个数可变的参数其实就是一个数组参数。执行结果如图 7-7 所示。

```
AAA
BBB
5
CCC
DDD
23
```

图 7-7　执行结果

7.4.4　不使用 void 关键字构造方法名

7.2.4 节已经讲解了构造器的知识，在此提醒读者，构造方法名不使用 void 关键字，只有一个 public 之类的修饰符而已。

实例 7-7 在类中创建一个构造方法
源码路径：daima\7\Dog.java

实例文件 Dog.java 的主要代码如下所示。

```
public class Dog{
①    String name;
     int age;
②    public Dog () {    //构造方法
         System.out.println("我是构造方法");
     }
③    void bark(){  // 汪汪叫
         System.out.println("汪汪, 不要过来");
     }
④    void hungry(){   // 饥饿
         System.out.println("主人, 我饿了");
     }
     public static void main(String[] args) {
⑤        Dog myDog = new Dog();
     }
}
```

拓展范例及视频二维码

范例 **7-7-01**：使用构造方法
源码路径：**演练范例\7-7-01**

范例 **7-7-02**：构造方法应用
源码路径：**演练范例\7-7-02**

行①定义 String 属性 name 和 int 属性 age。

行②定义构造方法 Dog ()，功能是输出文本"我是构造方法"。

行③定义普通方法 bark()，功能是输出文本"汪汪，不要过来"。

行④定义普通方法 hungry()，功能是输出文本"主人，我饿了"。

行⑤创建对象 myDog，这里虽然没有明确调用由行②③④定义的 3 个方法，但是在类实例化过程中 Java 自动执行构造方法，它不需要我们手动调用。所以本实例执行后的结果如图 7-8 所示。

我是构造方法

图 7-8　执行结果

7.4.5　递归方法

如果一个方法在其方法体内调用自身，那么这称为方法递归。方法递归包含一种隐式的循环，它会重复执行某段代码，但这种重复执行无须循环控制。例如有如下数学题。

已知有一个数列：$f(0)=1$，$f(1)=4$，$f(n+2)=2f(n+1)+f(n)$，其中 n 是大于 0 的整数，求 $f(10)$ 的值。

上述数学题可以使用递归来求解。在下面的实例代码中，定义了 fn 方法来计算 $f(10)$。

实例 7-8　使用递归方法 fn 计算 $f(10)$ 的值

源码路径：daima\7\digui.java

实例文件 digui.java 的主要代码如下所示。

```
public class digui{
    public static int fn(int n) {          //定义方法fn()，参数是n
        if (n == 0) {          //如果n等于0
            return 1;          //返回1
        }
        else if (n == 1) {    //如果n等于1
            return 4;          //返回4
        }
        else {        //如果n是其他值（不是0也不是4）

            //方法中调用自身，即方法递归
            return 2 * fn(n - 1) + fn(n - 2);
            //返回2 * fn(n - 1) + fn(n - 2)
        }
    }
    public static void main(String[] args) {
        //输出fn(10)的结果
        System.out.println(fn(10));        //输出fn(10)的结果
    }
}
```

拓展范例及视频二维码

范例 **7-8-01**：递归 5 的值

源码路径：**演练范例\7-8-01**

范例 **7-8-02**：和是 1000 的

递归

源码路径：**演练范例\7-8-02**

在上述代码中，fn (10) 等于 2*fn (9) +fn (8)，其中 fn (9) 又等于 2*fn (8) +fn (7) +……以此类推，最终得到 fn (2) 等于 2*fn (1) +fn (0)，fn (2) 是可计算的，然后一路反算回去，就可以最终得到 fn (10) 的值。仔细看上面的递归过程会发现，当一个方法不断地调用本身时，在某个时刻方法的返回值必须是确定的，即不再调用本身。否则这种递归就变成了无穷递归，类似于死循环。因此定义递归方法时规定：递归一定要向已知方向递归。

递归是非常有用的，例如我们希望遍历某个路径下的所有文件，但这个路径下的文件夹深度是未知的，此时就可以使用递归来实现这个功能。在系统中可以定义一个方法，该方法以一个文件路径作为参数，该方法可遍历出当前路径下所有文件和文件路径，即在该方法里再次调用该方法本身来处理该路径下的所有文件路径。由此可见，只要在一个方法的方法体里实现了再次调用方法本身，那么这就是递归方法。

在这里，上述代码的执行结果如图 7-9 所示。

10497

图 7-9　执行结果

7.5 使用 this

在讲解变量时，曾经将变量分为局部变量和全局变量两种。当局部变量和全局变量的数据类型和名称都相同时，全局变量将会被隐藏，不能使用。为了解决这个问题，Java规定可以使用关键字 this 去访问全局变量。使用 this 的语法格式如下所示。

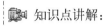
知识点讲解：

```
this.成员变量名
this.成员方法名()
```

下面通过一段实例代码讲解 this 的用法。

实例 7-9 讲解 this 的用法
源码路径：daima\7\leithree1.java

实例文件 leithree1.java 的主要代码如下所示。

```
public class leithree1 {
    public String color="粉红";//定义全局变量
    //定义一个方法
    public void hu(){
        String color="咖啡";//定义局部变量
        System.out.println ("她的外套是
        "+color+"色的");//使用局部变量
        System.out.println("她的外套是"+this.
color+"色的");//使用全局变量

    }
    public static void main(String args[]){
        leithree1 bb=new leithree1();    //定义对象bb
        bb.hu();                         //调用函数hu()

    }
}
```

拓展范例及视频二维码

范例 **7-9-01**：this 引用类的
属性和方法
源码路径：演练范例\7-9-01\
范例 **7-9-02**：在有参数的构造
函数中赋值
源码路径：演练范例\7-9-02\

上述代码在 main() 方法中调用 hu() 方法。执行后的结果如图 7-10 所示。如果在使用全局变量时去掉上面的"this"，则不会使用全局变量"粉红"，而是默认使用局部变量"咖啡"，如图 7-11 所示。

她的外套是咖啡色的
她的外套是粉红色的

图 7-10 执行结果

她的外套是咖啡色的
她的外套是咖啡色的

图 7-11 去掉 this 的执行结果

Java 中的关键字 this 总是指向调用的对象。根据 this 出现的位置不同，this 作为对象的默认引用有如下两种情形。

❏ 在构造器中引用该构造器执行初始化的对象。
❏ 在方法中引用调用该方法的对象。

7.6 使用类和对象

在 Java 程序中，使用对象实际上就是引用对象的方法和变量，通过点"."可以实现对变量的访问和对方法的调用。在 Java 程序中，方法和变量都有一定的访问权限，例如 public、protected 和 private 等，通过一定的访问权限允许或者限制其他对象的访问。本节将详细讲解在 Java 中使用类和对象的基本知识。

知识点讲解：

7.6.1 创建和使用对象

在 Java 程序中，一般通过关键字 new 来创建对象，计算机会自动为对象分配空间，然后访问变量和方法。对于不同的对象，变量也是不同的，方法由对象调用。

> **实例 7-10** 　在类中创建和使用对象
> 源码路径：daima\7\leidui1.java

实例文件 leidui1.java 的主要代码如下所示。

```
public class leidui1 {
    int X=12;                 //定义int类型变量X的初始值是12
    int Y=23;                 //定义int类型变量Y的初始值是23
    public void printFoo(){       //定义函数printFoo()
      System.out.println("X="+X+",Y="+Y);     //函数printFoo()的功能是输出X和Y的值
    }
    public static void main(String args[]){
        leidui1 Z=new leidui1();//定义对象Z
        Z.X=41;        //使用点设置X的值是41
        Z.Y=75;        //使用点设置Y的值是75
        Z.printFoo(); //使用点调用函数printFoo()
        leidui1 B=new leidui1();//定义对象B
        B.X=23;        //使用点设置X的值是23
        B.Y=38;        //使用点设置Y的值是38
        B.printFoo(); //使用点调用函数printFoo()
    }
}
```

—— 拓展范例及视频二维码 ——

范例 **7-10-01**：修改实例 7-10
的代码
源码路径：**演练范例\7-10-01**

范例 **7-10-02**：使用单例模式
源码路径：**演练范例\7-10-02**

代码执行后的结果如图 7-12 所示。

```
X=41,Y=75
X=23,Y=38
```

图 7-12　执行结果

7.6.2 使用静态变量和静态方法

在前面已经讲过，只要使用修饰符 static 关键字在变量和方法前面，那么这个变量和方法就称作静态变量和静态方法。静态变量和静态方法的访问只需要类名，通过运算"."即可以实现对变量的访问和对方法的调用。

> **实例 7-11** 　使用静态变量和静态方法
> 源码路径：daima\7\leijing1.java

实例文件 leijing1.java 的主要代码如下所示。

```
public class leijing1 {                    //定义类leijing1
    static int X;                          //定义静态变量X
    static int Y;                          //定义静态变量Y
        public void printJingTai(){    //定义函数printJingTai()，功能是输出X和Y的值
            System.out.println("X="+X+",Y="+Y);
        }
        public static void main(String args[]){
            leijing1 Aa=new leijing1();//定义对象Aa
            Aa.X=4;                //因为对象设置静态变量X，它被后面的声明覆盖，所以执行后无效
            Aa.Y=5;                //因为对象设置静态变量Y，它被后面的声明覆盖，所以执行后无效
            leijing1.X=112;        //类设置静态变量X，有效
            leijing1.Y=252;        //类设置静态变量Y，有效
            Aa.printJingTai();     //对象调用公有方法，有效
            leijing1 Bb=new leijing1();  //定义对象Bb
            Bb.X=3;                //对象设置静态变量X，无效
            Bb.Y=8;                //对象设置静态变量Y，无效
            leijing1.X=131;        //类设置静态变量X，有效
            leijing1.Y=272;        //类设置静态变量Y，有效
            Bb.printJingTai();     //对象调用公有方法，有效
        }
```

```
}
```

在上述代码中，new 运算符创建了一个对象。执行后的结果如图 7-13 所示。

```
X=112,Y=252
X=131,Y=272
```

图 7-13　执行结果

7.7　抽象类和抽象方法

在明白了类之后，就很容易理解抽象类。在类之前加一个关键字"abstract"就构成了抽象类。有了抽象类后，就必定有抽象方法，抽象方法就是抽象类里的方法。本节将详细讲解抽象类和抽象方法的基本知识，为读者学习本书后面的知识打下基础。

 知识点讲解：

7.7.1　抽象类和抽象方法的基础

抽象方法和抽象类必须使用 abstract 修饰符来定义，有抽象方法的类只能定义成抽象类，类里可以没有抽象方法。所谓抽象类是指只声明方法的存在而不去实现它的类，抽象类不能实例化，也就是不能创建对象。在定义抽象类时，要在关键字 class 前面加上关键字 abstract，其具体格式如下所示。

```
abstract class 类名{
    类体
}
```

在 Java 中使用抽象方法和抽象类的规则如下所示。

- ❏　抽象类必须使用 abstract 修饰符来修饰，抽象方法也必须使用 abstract 修饰符来修饰，方法不能有方法体。
- ❏　抽象类不能实例化，无法使用关键字 new 来调用抽象类的构造器创建抽象类的实例。
- ❏　抽象类里不能包含抽象方法，这个抽象类也不能创建实例。
- ❏　抽象类可以包含属性、方法（普通方法和抽象方法都可以）、构造器、初始化块、内部类、枚举类 6 种。抽象类的构造器不能创建实例，主要用于被其子类调用。
- ❏　含有抽象方法的类（包括直接定义一个抽象方法；继承一个抽象父类，但没有完全实现父类包含的抽象方法；实现一个接口，但没有完全实现接口包含的抽象方法）只能定义成抽象类。

由此可见，抽象类同样能包含与普通类相同的成员。只是抽象类不能创建实例，普通类不能包含抽象方法，而抽象类可以包含抽象方法。

抽象方法和空方法体的方法不是同一个概念。例如 public abstract void test()是一个抽象方法，它根本没有方法体，即方法定义后没有一对花括号。然而，但 public void test(){}是一个普通方法，它已经定义了方法体，只是这个方法体为空而已，即它的方法体什么也不做，因此这个方法不能使用 abstract 来修饰。

在接下来的实例中，首先创建抽象类，然后通过几段代码去实现它。

实例 7-12　**使用抽象类和抽象方法**
源码路径：daima\7\Fruit.java、pingguo.java、Juzi.java、zong.java

首先新建一个名为 Fruit 的抽象类，其代码（daima\7\Fruit.java）如下所示。

```
public abstract class Fruit {          //定义一个抽象类
    //定义抽象类
    public String color;               //定义颜色变量
    //定义构造方法
```

```
    public Fruit(){
        color="红色";                          //对变量color进行初始化
    }
    //定义抽象方法
    public abstract void harvest();   //收获方法
```

抽象类是不会具体实现的，如果不实现，那么这个类将不会有任何意义。然后来可以新建一个类来继承这个抽象类（继承的知识将在后面讲解），其代码（daima\7\pingguo.java）如下所示。

```
public class pingguo extends Fruit{            //定义一个子类pingguo
    public void harvest(){                     //开始编写方法harvest()的具体实现
            System.out.println("苹果已经收获!");//方法harvest()的功能是输出文本"苹果已经收获!"
    }
}
```

接下来新建一个名为 Juzi 的类，其代码（daima\7\Juzi.java）如下所示。

```
public class Juzi      {                       //定义类Juzi
    public void harvest(){                     //开始编写方法harvest()的具体实现
        System.out.println("橘子已经收获!");   //方法harvest()的功能是输出文本"橘子已经收获!"
    }
}
```

新建一个名为 zong 的类，其代码（daima\7\zong.java）如下所示。

```
public class zong {                            //定义类zong
    public static void main(String[] args){
        System.out.println("调用苹果类的harvest()方法的结果:");       //显示提示文本
        pingguo pingguo=new pingguo();         //新建苹果对象
        pingguo.harvest();                     //调用类pingguo中的harvest()方法
            System.out.println("调用橘子类的harvest()方法的结果:");      //显示提示文本
        Juzi orange=new Juzi();                //新建橘子对象
        orange.harvest();                      //调用类orange中的harvest()方法
    }
}
```

到此为止，整个程序编写完毕，执行后的结果如图 7-14 所示。

```
调用苹果类的harvest()方法的结果:
苹果已经收获!
调用橘子类的harvest()方法的结果:
橘子已经收获!
```

图 7-14　创建抽象类

7.7.2　抽象类必须有一个抽象方法

创建抽象类最大的要求是必须有一个抽象方法，下面通过一段实例代码来演示这个规则。

实例 7-13　抽象类必须有一个抽象方法

源码路径：daima\7\leichou.java

实例文件 leichou.java 的主要代码如下所示。

```
abstract class Cou {       //定义一个抽象类
    int a1;                //定义int类型变量a1
    int b1;                //定义int类型变量b1
    Cou(int a,int b)       //定义构造方法
    {
        a1=a;              //赋值a1
        b1=b;              //赋值b1
    }
    abstract int mathtext();//定义抽象方法mathtext()
class Cou1 extends Cou     //定义类Cou的子类Cou1
{
    Cou1(int a,int b)      //定义构造方法
    {
        super(a,b);        //使用super调用父类中的某一个构造方法（其应该为构造方法中的第一条语句）
    }
    int mathtext()         //定义
    {
```

拓展范例及视频二维码

范例 **7-13-01**：抽象类中的构造方法

源码路径：**演练范例\7-13-01**

范例 **7-13-02**：使用内部抽象类

源码路径：**演练范例\7-13-02**

```
      return a1+b1;
   }
 }
class Cou2 extends Cou{
 Cou2(int a,int b)        //定义构造方法
 {
     super(a,b);          //使用super调用父类中的某一个构造方法（其应该为构造方法中的第一条语句）
 }
 int mathtext(){
     return a1-b1;
 }
 }
public class leichou        //定义类leichou
 {
 public static void main(String args[]){
     Cou1 abs1=new Cou1(3,2);      //定义Cou1的对象abs1，分别对a和b赋值为3和2
     Cou2 abs2=new Cou2(4,2);      //定义Cou2的对象abs2，分别对a和b赋值为4和2
     Cou abs;                      //定义Cou的对象abs
     abs=abs1;                     //设置abs的值等于abs1
     System.out.println("加过后，它的值是"+abs.mathtext());
     abs=abs2;
     System.out.println("减过后，它的值是"+abs.mathtext());
 }
 }
```

在上述代码中，abs.mathtext()调用的是类 Cou1 中的方法 mathtext()，它实现了 a 加 b 的操作，所以 abs.mathtext()的结果是 5。而 abs.mathtext()调用的是类 Cou2 中的方法 mathtext()，实现了 a 减 b 的操作，所以 abs.mathtext()的结果是 2。执行后的结果如图 7-15 所示。

```
加过后，它的值是5
减过后，它的值是2
```

图 7-15　抽象类的规则

7.7.3　抽象类的作用

抽象类不能创建实例，它只能当成父类来继承。从语义的角度看，抽象类是从多个具体类中抽象出来的父类，它具有更高层次的抽象。从多个具有相同特征的类中抽象出一个抽象类，以这个抽象类作为其子类的模板，从而避免子类设计的随意性。

抽象类体现的是一种模板模式的设计，抽象类为多个子类的通用模板，子类在抽象类的基础上进行扩展、改造，但总体上子类会大致保留抽象类的行为方式。如果编写一个抽象父类，父类提供了多个子类的通用方法，并把一个或多个方法留给其子类实现，那么这就是一种模板模式，模板模式也是最常见、最简单的设计模式之一。接下来看一个模板模式的实例代码，在它演示的抽象父类中，父类的普通方法依赖于一个抽象方法，而抽象方法则推迟到子类中实现。

实例 7-14　**演示抽象类的作用**

源码路径：daima\7\moban.java 和 zilei.java

实例文件 moban.java 的主要代码如下所示。

```
public abstract class moban{//定义抽象类moban
    //转速
    private double turnRate;//定义私有变量turnRate
    public moban(){          //定义构造方法moban()
    }
    //把返回车轮半径的方法定义成抽象方法
    public abstract double getRadius();//定义抽
象方法getRadius()
    public void setTurnRate(double turnRate) {
//定义方法setTurnRate
        this.turnRate = turnRate;  //设置此处的
turnRate参数值和前面的私有变量turnRate的值相等
    }
    //定义计算速度的通用算法
    public double get Speed(){          //定义方法getSpeed()
    //速度等于车轮半径 * 2 * PI * 转速
        return java.lang.Math.PI * 2 * getRadius() * turnRate;
    }
```

—— 拓展范例及视频二维码 ——

范例 **7-14-01**：抽象类中的私有
方法

源码路径：**演练范例\7-14-01**

范例 **7-14-02**：忽略抽象类
外部的子类

源码路径：**演练范例\7-14-02**

```
    }
```

上述代码定义了抽象类 moban 来表示转速，在它里面定义了一个 getSpeed()方法。该方法用于返回当前车速，getSpeed()方法依赖于 getRadius 方法的返回值。对于抽象类 moban 来说，由于它无法确定车轮的半径，所以 getRadius()方法必须推迟到其子类中来实现。接下来开始编写子类 zilei 的代码，该子类实现了其抽象父类的 getRadius()方法，不但可以创建类 moban 的对象，还可通过该对象来取得当前速度。子类文件 zilei.java 的具体代码如下所示。

```
public class zilei extends moban{              //定义类moban的子类zilei
    public double getRadius()      {           //定义方法getRadius()，设置返回值是0.28
        return 0.28;
    }
    public static void main(String[] args) {
        zilei csm = new zilei();               //定义类zilei的对象csm
        csm.setTurnRate(15);                   //调用方法setTurnRate()，设置参数值是15
        System.out.println(csm.getSpeed());//调用方法getSpeed()返回计算结果: PI * 2 * 0.28* 15
    }
}
```

执行后的结果如图 7-16 所示。

注意：使用模板模式的两条规则

（1）抽象父类可以只定义需要使用的某些方法，其余则留给其子类来实现。

```
Console ✕
<terminated> zilei [Java Application]
26.389378290154266
```

图 7-16 执行结果

（2）父类中可能包含需要调用其他方法的方法，这些被调方法既可以由父类实现，也可由其子类实现。在父类中提供的方法只定义了一个通用算法，其实现也许并不完全由其自身来实现，而必须依赖于其子类的辅助。

7.8 软 件 包

插入软件包的方法十分简单，就是一行程序命令。本节将详细讲解定义包和插入软件包的方法，通过具体实例演示在 Java 中使用软件包的过程，这为读者学习本书后面的知识打下基础。

知识点讲解：

7.8.1 软件包的定义

定义软件包的方法十分简单，只需要在 Java 源程序的第一句中添加一段代码即可。在 Java 中定义包的格式如下所示。

```
package 包名;
```

package 声明了多程序中的类属于哪个包，在一个包中可以包含多个程序，在 Java 程序中还可以创建多层次的包，具体格式如下所示。

```
package 包名1[.包名2[.包名3]];
```

例如下面的代码创建了一个多层次的包。

```
package China.CQ;                         //加载一个包，其中父目录函数 "China" 的子目录是 "CQ"
public class UseFirst {                   //定义类
    public static void main(String args[]) {
        System.out.println("这个程序定义了一个包"); //输出
    }
}
```

执行上述代码后将会创建一个多层次的包。由此可见，定义软件包的过程实际上就是新建一个文件夹，将编译后的文件放在新建文件夹中。定义软件包实际上完成的就是这个事情。

7.8.2 在 Eclipse 中定义软件包

使用 Eclipse 定义软件包的方法十分简单，其具体操作过程如下所示。

（1）使用鼠标选择项目，单击鼠标右键，在弹出的快捷菜单中依次选择"New"｜"Package"，如图 7-17 所示。

（2）在打开的"Java Package"对话框中输入需要建立的软件包名，如果需要建立多级包，那么只需用点"."隔开即可，如图 7-18 所示。

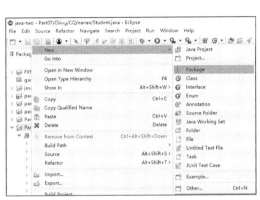

图 7-17　新建软件包

图 7-18　命名软件包

（3）单击"Finish"按钮，然后开始建立源代码。选择新建的包，单击鼠标右键，在弹出的快捷菜单中依次选择"new"｜"class"命令，在打开的新窗口中输入一个类名，例如 student，如图 7-19 所示。

（4）单击"Finish"按钮后，这个类将会自动添加软件包名，如图 7-20 所示。

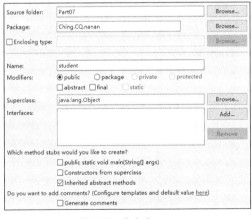

图 7-19　命名类

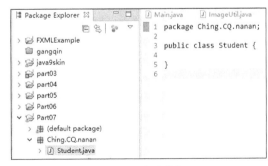

图 7-20　显示新建的包

7.8.3　在程序里插入软件包

在 Java 程序中插入软件包的方法十分简单，只需使用 import 语句插入所需的类即可。在第 6 章中，已经对插入软件包这个概念进行了初次的接触。在 Java 程序中插入软件包的格式如下所示。

```
import 包名1[.包名2…].(类名1*);
```

上述格式中各个参数的具体说明如下所示。

❑　包名 1：一级包。

□ 包名 2：二级包。

□ 类名：是需要导入的类名。也可使用*号，它表示将导入这个包中的所有类。

实例 7-15 在类中插入一些特定的包

源码路径：daima\7\leibao.java

实例文件 leibao.java 的主要代码如下所示。

```
import java.util.*;      //加载util包中的所有内容
import java.awt.*;       //加载awt包中的所有内容
import java.util.Date;   //加载util包中的Date子类
 class leibao{           //定义类leibao
     int a;              //定义int类型变量a
     int b;              //定义int类型变量b
          public void print(){    //定义打印方法
print()，使其分别输出a和b的值
               System.out.println("a="+a+",b="+b);
          }
}
public class BaoTwo{                        //定义类BaoTwo
     public static void main(String args[]){
          leibao a1=new leibao();           //定义类 leibao的对象a1
          a1.a=121;                         //设置a的值是121
          a1.b=232; ;                       //设置b的值是232
          a1.print();;                      //调用方法print()
     }
}
```

拓展范例及视频二维码

范例 **7-15-01**：导入包输出当前
日期

源码路径：**演练范例\7-15-01**

范例 **7-15-02**：导入外部文件中
的方法

源码路径：**演练范例\7-15-02**

代码执行后的结果如图 7-21 所示。

```
a=121,b=232
```

图 7-21 执行结果

7.9 技 术 解 惑

7.9.1 在 Java 中传递引用类型的实质

除了 8 种基本类型之外，在 Java 中其余类型都是引用类型，包括 String 也是引用类型，传递的也是引用类型。首先看下面的一段代码。

```
import java.util.Scanner;
import org.junit.Test;
public class TestCoreJava {
     @Test
     public void testString() {
          String original = "原来的值";
          modifyA(original);
          System.out.println(original);
          StringBuffer sb = new StringBuffer();
          sb.append(original);
          modifyObject(sb);
          System.out.println(sb.toString());
     }
     public void modifyA(String b) {
          b = "改变的值";
     }
     public void modifyObject(StringBuffer object ) {
          String b = "改变的值";
          StringBuffer sb1 = new StringBuffer();
          sb1.append(b);
          //object.append(b); 在object指向的引用没改变之前，调用append方法对其指向的堆内存中
          //内容进行修改，这可以达到修改原始StringBuffer对象sb的存放内容这个目的
```

```
            object = sb1;
        }
    }
```

本来作者以为既然传递的是引用，那么上述 String 对象的 original 交由方法 modifyA() 处理后，original 存放的值应该变为"改变的值"。同样尽管 StringBuffer 对象 sb 存放的值也应该变成"改变的值"，但是结果却没有，输出都为"原来的值"。这时怀疑是否它们传递的不是引用。原来 modifyA (String b) 方法在调用时，original 传递给该方法，这创建了一个新的 String 对象 b，它也将引用指向 original 对象指向的堆内存。而在 modifyA() 方法中使用语句"b = "改变的值";"时，该语句并不能达到改变 original 对象的目的，它仅将 b 对象的引用地址改为指向"改变的值"这个对象所在的堆内存。所以 original 对象还是指向原来的堆内存，当然它的输出结果也不会变，同样的问题对 StringBuffer 对象 sb 也存在。

可以看出，没有达到期望结果的原因是使用了"="赋值运算符，它修改了副本对象（被调用方法自己创建的中间对象，如 modifyA() 方法创建的 b）的引用地址，使它指向了不同的堆内存（这对原始的对象内容是没有影响的），而没有实际修改它指向的堆内存中的具体值。所以，modifyObject() 方法中那条被注释的语句可以达到修改原始内容的目的。

7.9.2 掌握 this 的好处

关键字 this 最大的作用就让类中的一个方法访问该类的另一个方法或属性。其实 this 关键字是很容易理解的，接下来作者举两个例子进行对比，相信大家看后对 this 的知识就完全掌握了。

第一段代码演示了没有使用 this 的情况，具体代码如下所示。

```
class A{
private int aa,bb;                      //声明两个int类型变量
public int returnData(int x,int y) {    //一个返回整数的方法
  aa = x;
  bb = y;
  return aa + bb;
}
}
```

在第二段代码中使用 this，具体代码如下所示。

```
class A{
private int aa,bb;                      //声明两个int类型变量
public int returnData(int aa,int bb)    //一个返回整数的方法
{
  this.aa = aa;                         //第一个aa是全局变量，后一个aa是参数aa
  this.bb = bb;                         //第一个bb是全局变量，后一个bb是参数bb
  return (this.aa + this.bb);
}
}
```

在下面的代码中需要重点注意在"MyDate newDay=new MyDate(this);"语句中 this 的作用。

```
class MyDate{
 private int day;
 private int month;
 private int year;                      //定义3个成员变量
 public MyDate(int day,int month,int year){
  this.day=day;
  this.month=month;
  this.year=year;
 } //构造方法
 public MyDate(MyDate date){
  this.day=date.day;
  this.month=date.month;
  this.year=date.year;                  //将参数Date类中的成员变量赋给MyDate类
 } //构造方法
 public int getDay(){
  return day;
 }//方法
 public void setDay(int day){
  this.day=day;                         //参数day赋给此类中的ddy
```

```
        }
        public MyDate addDays(int moreDay){
         MyDate newDay=new MyDate(this);
         newDay.day=newDay.day+moreDay;
         return newDay;                    //返回整个类
        }
        public void print(){
         System.out.println("My Date: "+year+"-"+month+"-"+day);
        }
    }
    public class TestMyDate{
     public static void main(String args[]){
      MyDate myBirth=new MyDate(19,11,1987);        //利用构造函数初始化
      MyDate next=myBirth.addDays(7);
      //addDays()的返回值是类,将其返回值赋给变量next
      next.print();
     }
    }
```

事实上，前两个类从本质说是相同的，而为什么在第二个类中使用 this 关键字呢？注意，第二个类中的方法 returnData (int aa,int bb)的形式参数分别为 aa 和 bb，这刚好和“private int aa,bb;”里的变量名是一样的。现在问题来了：究竟如何在 returnData 的方法体中区别形式参数 aa 和全局变量 aa 呢？两个 bb 也是如此吗？这就是引入 this 关键字的用处所在了。this.aa 表示的是全局变量 aa，而没有加 this 的 aa 表示形式参数 aa，bb 也是如此。

在此作者建议，在编程中不能过多使用 this 关键字。这从上面的代码中也可以看出，当相同的变量名加上 this 关键字过多时，有时会让人分不清。这时可以按照第三段代码进行修改，避免使用 this 关键字。

```
    class A{
    private int aa,bb;      //声明两个int类型变量
    public int returnData(int aa1,int bb1){
      aa = aa1;            //在aa后面加上数字1加以区分，其他以此类推
      bb = bb1;
      return aa + bb;
    }
    }
```

由此可以看出，尽管上面的第一段代码、第二段代码、第三段代码都是一样的，但是第三段代码既避免了使用 this 关键字，又避免了第一段代码中参数意思不明确的缺点，所以建议使用与第三段代码一样的方法。

7.9.3　推出抽象方法的原因

当编写一个类时，常常会为该类定义一些方法，这些方法用以描述该类的行为方式，这时这些方法都有具体的方法体。在某些情况下，某个父类只是知道其子类应该包含什么样的方法，但却无法准确知道这些子类如何实现这些方法，例如定义一个 Shape 类，这个类应该提供一个计算周长的方法 scalPerimeter()，不同 Shape 子类对周长的计算方法是不一样的，也就是说 Shape 类无法准确知道其子类计算周长的方法。

很多人以为，既然 Shape 不知道如何实现 scalPerimeter()方法，那么就干脆不要管它了。其实这是不正确的作法，假设有一个 Shape 引用变量，该变量实际上会引用到 Shape 子类的实例，那么这个 Shape 变量就无法调用 scalPerimeter()方法，必须将其强制类型转换为其子类类型才可调用 scalPerimeter()方法，这就降低了 Shape 的灵活性。

究竟如何既能在 Shape 类中包含 scalPerimeter()方法，又无须提供其方法实现呢？Java 中的做法是使用抽象方法满足该要求。抽象方法是只有方法签名，并没有方法实现的方法。

7.9.4　使用抽象类的时机

抽象类是一种很特殊的类，究竟在什么时候用抽象类呢？在设计一个工程的时候，有很多

重复的工作需要不同的类完成，这个时候就可以使用抽象类然后定义抽象方法，其他类继承这个类，快速使用方法来完成任务。至于如何继承，这将在下一章进行详细讲解。

7.9.5　static 修饰的作用

使用 static 修饰的方法属于这个类，或者说属于该类的所有实例所共有。使用 static 修饰的方法不但可以使用类作为调用者来调用，也可以使用对象作为调用者来调用。值得指出的是，因为使用 static 修饰的方法还是属于这个类的，所以使用该类的任何对象来调用这个方法都将会得到相同的执行结果，这与使用类作为调用者的执行结果完全相同。

不使用 static 修饰的方法则属于该类的对象，它不属于这个类。因此不使用 static 修饰的方法只能用对象作为调用者来调用，不能使用类作为调用者来调用。使用不同对象作为调用者来调用同一个普通方法，可能会得到不同的结果。

7.9.6　数组内是同一类型的数据

Java 是一门是面向对象的编程语言，能很好地支持类与类之间的继承关系，这样可能产生一个数组里可以存放多种数据类型的假象。例如有一个水果数组，要求每个数组元素都是水果，实际上数组元素既可以是苹果，也可以是香蕉，但这个数组中的数组元素类型还是唯一的，只能是水果类型。

另外，由于数组是一种引用类型的变量，因此使用它定义一个变量时，仅表示定义了一个引用变量（也就是定义了一个指针），这个引用变量还未指向任何有效的内存，因此定义数组时不能指定数组的长度。由于定义数组仅是定义了一个引用变量，并未指向任何有效的内存空间，所以还没有内存空间来存储数组元素，这时这个数组也不能使用，只有数组初始化后才可以使用。

7.10　课 后 练 习

（1）编写一个 Java 程序，使用下面的方法计算一个整数中各位数字之和。
```
public static int sumDig(long n);
```
例如，sumDig(854)返回 17。

（2）编写一个 Java 程序，使用方法获取一个整数的回文数。

（3）编写一个 Java 程序，使用方法反向显示一个整数。例如，输入 123 返回 321。

（4）编写一个 Java 程序，使用方法升序显示 3 个数字。

（5）编写一个 Java 程序，然后编写一个方法来判断某个数字是否为素数，最后输出小于 10 000 的素数个数。

第 8 章

Java 的面向对象（中）

上一章讲解了类和方法的基本知识，并通过具体实例演示了类和方法在 Java 程序中的作用，本章将进一步讲解 Java 语言在面向对象方面的核心技术，逐一深入讲解继承、重载、接口和构造器的知识。

8.1 类 的 继 承

继承是面向对象最重要的特征,在前面的章节中其实已经讲过继承了。本节将详细讲解 Java 语言中继承的基本知识。

知识点讲解:

8.1.1 继承的定义

类的继承是指从已经定义的类中派生出一个新类,是指我们在定义一个新类时,可以基于另外一个已存在的类,从已存在的类中继承有用的功能(例如属性和方法)。这时已存在的类便被称为父类,而这个新类则称为子类。在继承关系中,父类一般具有所有子类的共性特征,而子类则会为自己增加一些更具个性的方法。类的继承具有传递性,即子类还可以继续派生子类,因此,位于上层的类在概念上就更抽象,而位于下层的类在概念上就更具体。

8.1.2 父类和子类

继承是面向对象的机制,利用继承可以创建一个公共类,这个类具有多个项目的共同属性。我们可再用一些具体的类来继承该类,同时加上自己特有的属性。在 Java 中实现继承的方法十分简单,具体格式如下所示。

```
<修饰符>class<子类名>extends<父类名>{
    [<成员变量定义>]…
    [<方法定义>]…
}
```

我们通常所说的子类一般指的是某父类的直接子类,而父类也可称为该子类的直接超类。如果存在多层继承关系,比如,类 A 继承的是类 B,则它们之间的关系就必须符合下面的要求。

❑ 若存在另外一个类 C,类 C 是类 B 的子类,类 A 是类 C 的子类,那么可以判断出类 A 是类 B 的子类。

❑ 在 Java 程序中,一个类只能有一个父类,也就是说在 extends 关键字前只能有一个类,它不支持多重继承。

实例 8-1 新建两个类,让其中一个类继承另一个类
源码路径:daima\8\Jione1.java

实例文件 Jione1.java 的主要代码如下所示。

拓展范例及视频二维码

| 范例 8-1-01:演示类的继承 |
| 源码路径:演练范例\8-1-01\ |
| 范例 8-1-02:不能重写的方法 |
| 源码路径:演练范例\8-1-02\ |

```
class jitwo//定义类jitwo,从后面的代码中可知这是一个父类
{
    String name;    //定义String类型变量name
    int age;        //定义int类型变量age
    long number;    //定义long类型变量number
    jitwo(long number,String name,int age)
//构造方法jitwo()
    {
        System.out.println("姓名 "+name);    //输出姓名name
        System.out.println("年龄 "+age);     //输出年龄age
        System.out.println("手机 "+number);  //输出手机number
    }
}
①class super2b extends jitwo     //定义子类super2b,父类是jitwo
{
    super2b(long number,String name,int age,boolean b)  //构造方法super2b()
    {
②        super(number,name,age);              //通过super调用父类中的构造方法
        System.out.println("喜欢运动?"+b);    //输出喜欢的运动
    }
}
public class Jione1         //定义类Jione1
```

```
{
    public static void main(String args[])
    {
③       super2b abc1=new super2b(15881,"花花",18,true);          //设置参数值
    }
}
```

在行①中，类 super2b 是一个子类，继承了父类 jitwo 的属性和方法。

在行②中，通过 super 调用父类的构造方法，这说明子类是可以使用父类的属性和方法的。

在行③中，定义了子类 super2b 的对象 abc1，调用子类 super2b 中的构造方法 super2b()，最终执行的是父类中的构造方法 jitwo()，设置 4 个参数值分别是 15881、花花、18 和 true。代码执行后的结果如图 8-1 所示。

```
姓名 花花
年龄18
手机 15881
喜欢运动? true
```

图 8-1　执行结果

8.1.3　调用父类的构造方法

构造方法是 Java 类中比较重要的方法，一个子类可以访问构造方法，这在前面已经使用过多次。Java 语言调用父类构造方法的具体格式如下所示。

```
super(参数);
```

实例 8-2　**在子类中调用父类的构造方法**
源码路径：daima\8\Chinese.java

实例文件 Chinese.java 的主要代码如下所示。

```
class Ren {                                 //定义父类Ren
    public static void prt(String s)
    //定义方法prt()
    {
        System.out.println(s);//输出参数s
    }

    Ren() {                 //没有参数的构造方法Ren
        prt("A Person."); //输出文本
    }

    Ren(String name) {      //有参数的构造方法Ren
        prt("A person name is:" + name);
        //输出文本
    }
}
public class Chinese extends Ren {          //定义子类Chinese
    Chinese()                               //定义没有参数的构造方法Chinese
    {
①       super();                            //调用父类无参构造方法
②       prt("A chinese.");                  //调用父类中的方法prt()
    }
    Chinese(String name) {                  //定义有参构造方法Chinese
③       super(name);                        //调用父类具有相同形参的构造函数
        prt("his name is:" + name);         //调用父类中的方法prt()
    }
    Chinese(String name, int age) {         //定义有参构造方法Chinese
④       this(name);                         //具有两个形参的构造函数可调用只有一个形参的构造函数
        prt("his age is:" + age);           //调用父类的方法prt()
    }

    public static void main(String[] args) {
        Chinese cn = new Chinese();         //定义对象cn
        cn = new Chinese("kevin");          //调用具有一个参数的构造方法
        cn = new Chinese("kevin", 22);      //调用具有两个参数的构造方法
    }
}
```

拓展范例及视频二维码

范例 8-2-01：自动调用父类中
　　　　　默认的构造方法
源码路径：**演练范例\8-2-01**
范例 8-2-02：将字符串转换为
　　　　　整数
源码路径：**演练范例\8-2-02**

在上述代码中，this 和 super 不再像前面实例那样用点"."来调用一个方法或成员，而是直接在其后加上适当的参数，因此它的意义也就有了变化。在 super 后加参数调用的是父类中具有相同形参的构造函数，如行①和行③。在 this 后加参数调用的是当前类具有另一形参的构

造函数，如行④。当然，在类 Chinese 的各个构造函数中，this 和 super 在一般方法中的各种用法也仍可使用，比如行②中，我们可以将其替换为"this.prt"（因为它继承了父类中的那个方法）或者"super.prt"（因为它是父类中的方法且可由子类访问）的形式，这时它可以正确运行，只是有一点画蛇添足的味道而已。执行后的结果如图 8-2 所示。

```
A Person.
A chinese.
A person name is:kevin
his name is:kevin
A person name is:kevin
his name is:kevin
his age is:22
```

图 8-2　执行结果

8.1.4　访问父类的属性和方法

在 Java 程序中，一个类的子类可以访问父类的属性和方法，具体语法格式如下所示。

```
Super.[方法和全局变量];
```

实例 8-3　**用子类去访问父类的属性**
源码路径：daima\8\AccessSuperProperty.java

实例文件 AccessSuperProperty.java 的主要代码如下所示。

拓展范例及视频二维码

范例 **8-3-01**：把基本类型转换
为字符串
源码路径：**演练范例\8-3-01**
范例 **8-3-02**：实现整数进制
转换器
源码路径：**演练范例\8-3-02**

```
class BaseClass              //定义父类BaseClass
{
①    public int a = 5; //定义int类型变量a的值是5
}
class SubClass extends BaseClass
//定义子类SubClass，其父类为BaseClass
{
②    public int a = 7;
//定义公用的int类型变量a的值是7
    public void accessOwner()       //定义方法accessOwner()
    {
        System.out.println(a);       //输出变量a的值
    }
    public void accessBase()        //定义方法accessBase()
    {
③        System.out.println(super.a);
    }
    public static void main(String[] args){
④        SubClass sc = new SubClass();   //定义SubClass对象sc
        System.out.println(sc.a);       //直接访问SubClass对象的a属性将会输出7
        //输出7
        sc.accessOwner();                //调用方法accessOwner()
        //输出5
        sc.accessBase();                 //调用方法accessBase()
    }
}
```

在行①②中，分别在父类和子类中创建了一个同名变量属性 a，a 的初始值不同，此时子类 SubClass 中的 a 将会覆盖父类 BaseClass 中的 a。

在行③中，通过 super 来访问与方法调用者对应的父类对象

在行④中，当系统创建 SubClass 对象 sc 时，它会对应创建一个 BaseClass 对象。其中 SubClass 对象中 a 的值为 7，对应 BaseClass 对象中 a 的值为 5。只是 5 这个数值只有在 SubClass 类定义的实例方法中使用 super（Java 的关键字）作为调用者才可以访问到。执行 SubClass 后的结果如图 8-3 所示。

```
7
7
5
```

图 8-3　执行结果

在上述实例中，如果覆盖的是类属性，则在子类的方法中可以通过父类名作为调用者来访

问被覆盖的类属性。如果子类里没有包含和父类同名的属性，则子类可以继承父类属性。如果在子类实例方法中访问该属性时，则无须显式使用 super 或父类名作为调用者。由此可见如果我们在某个方法中访问名为 a 的属性，且没有显式指定调用者，那么系统查找 a 的顺序如下。

（1）查找该方法中是否有名为 a 的局部变量。

（2）查找当前类中是否包含名为 a 的属性。

（3）查找 a 的直接父类中是否包含名为 a 的属性，依次上溯 a 的父类，直到 java.lang.Object 类，如果最终没有找到名为 a 的属性，则系统提示编译错误。

8.1.5　多重继承

不要害怕"多重"，多重继承十分容易也十分简单，假如类 B 继承了类 A，类 C 继承了类 B，那么这种情况就叫作 Java 的多重继承。下面通过一个具体实例来演示 Java 多重继承的用法。

实例 8-4　**使用多重继承**

源码路径　daima\8\zero

实例文件 zero 的主要实现代码如下所示。

```
class Duolei {         //定义类Duolei
    String bname;//定义String类型的属性变量bname
    int    bid;    //定义int类型的属性变量bid
    int    bprice;//定义int类型的属性变量bprice
    Duolei(){    //定义构造方法Duolei()用于初始化
        bname="羊肉串";//设置bname的值是"羊肉串"
        bid=14002;//设置bid的值是14002
        bprice=45;//设置bprice的值是45
    }
    Duolei(Duolei a) {//定义构造方法Duolei()，
并且它有参数
        bname=a.bname;              //为bname赋值
        bid=a.bid;                  //为bid赋值
        bprice=a.bprice;            //为bprice赋值
    }
    Duolei(String name,int id,int price) { //定义构造方法Duolei()，并且它有参数
        bname=name;                //为bname赋值
        bid=id;                    //为bid赋值
        bprice=price;              //为bprice赋值

    }
    void print()    {              //定义方法print()，输出小吃信息
        System.out.println("小吃名: "+bname+"  序号: "+bid+"  价格: "+bprice);
    }
}
class Badder extends Duolei    {    //定义子类Badder，父类是Duolei
    String badder;                  //定义String类型的属性变量badder
    Badder()                        //定义无参构造方法
    {
        super();                    //调用父类同参构造方法
        badder="沙县小吃";          //badder赋值为"沙县小吃"
    }
    Badder( Badder b)               //定义有参构造方法
    {
        super(b);                   //调用父类同参构造方法
        badder=b.badder;            //为badder赋值
    }

    Badder(String x,int y,int z,String aa)    //定义有参构造方法
    {
        super(x,y,z);               //调用父类同参构造方法
        badder=aa;                  //为badder赋值
    }
}
//定义子类Factory，父类是Badder，根据继承关系可知，类Factory是类Duolei的孙子
class Factory extends Badder
```

```
{
        String factory;                        //定义String类型的属性变量factory
        Factory()                              //定义无参构造方法
        {
                super();                       //调用父类同参构造方法
                factory="成都小吃";            //赋值factory
        }

        Factory(Factory c)                     //定义有参构造方法
        {
                super(c);                      //调用父类同参构造方法
                factory=c.factory;             //赋值factory
        }
        //定义有参构造方法
        Factory(String x,int y,int z,String l,String n)
        {
                super(x,y,z,l);                //调用父类同参构造方法
                factory=n;                     //赋值factory
        }
}

public class zero{
        public static void main(String args[]){
                Factory a1=new Factory(); //Factory对象a1调用孙子类中的构造方法Factory()
                //Factory对象a1调用孙子类中的构造方法Factory(),注意参数
                Factory a2=new Factory("希望火腿",92099,25,"沙县蒸饺","金华小吃");
                Factory a3=new Factory(a2);    //Factory对象a1调用孙子类中的构造方法Factory()
                System.out.println(a1.badder); //输出a1的badder值
                System.out.println(a1.factory);//输出a1的factory值
                a1.print();                             //调用print()方法
                System.out.println(a2.badder); //输出a2的badder值
                System.out.println(a2.factory);//输出a2的factory值
                a2.print();                             //调用print()方法
                a3.print();                             //调用print()方法
        }
}
```

执行上述代码后的结果如图 8-4 所示。

```
沙县小吃
成都小吃
小吃名: 羊肉串 序号: 14002    价格: 45
沙县蒸饺
金华小吃
小吃名: 希望火腿 序号: 92099    价格: 25
小吃名: 希望火腿 序号: 92099    价格: 25
```

图 8-4   执行结果

8.1.6   重写父类的方法

子类扩展了父类，子类是一个特殊的父类。在大多数时候，子类总是以父类为基础，然后增加新的属性和方法。也有一种例外情况，子类需要重写父类的方法。例如飞鸟类都包含了飞翔的方法，鸵鸟作为一种特殊的鸟类，也是鸟的一个子类，所以鸵鸟也可以从飞鸟类中获得飞翔方法。由于鸵鸟不会飞，所以这个飞翔方法不适合鸵鸟，为此鸵鸟需要重写鸟类的方法。为了说明上述问题，我们通过下面的实例代码进行说明。

实例 8-5　**重写父类中的方法**

源码路径: daima\8\feiniao、tuoniao.java

首先在文件 feiniao.java 中定义类 feiniao，具体代码如下所示。

```
public class feiniao{                          //定义类feiniao
    //Bird类的fly()方法
    public void fly(){
        System.out.println("我会飞...");        //输出文本
    }
}
```

然后编写文件 tuoniao.java，在里面定义类 tuoniao，此类扩展了类 feiniao，重写了 feiniao

类的 fly() 方法。具体代码如下所示。

```
public class tuoniao extends feiniao{      //定义子类tuoniao，其父类是feiniao
    //重写Bird类的fly()方法
    public void fly(){
        System.out.println("我只能在地上跑...");
    }
    public void callOverridedMethod(){
        //在子类方法中通过super来显式调用父类被覆盖的方法
        super.fly();
    }
    public static void main(String[] args){
        //创建Ostrich对象
        tuoniao os = new tuoniao();
        //执行Ostrich对象的fly()方法，将输出"我只能在地上跑..."
        os.fly();
        os.callOverridedMethod();
    }
}
```

拓展范例及视频二维码

范例 **8-5-01**：实现方法的重写
源码路径：演练范例\8-5-01\
范例 **8-5-02**：简单的方法重写
源码路径：演练范例\8-5-02\

执行上面代码后的结果如图 8-5 所示。

这种子类改写父类方法的现象称为方法重写，也称为方法覆盖（override）。可以说子类重写了父类的方法，也可以说子类覆盖了父类的方法。Java 方法的重写要遵循"两同两小一大"的规则，"两同"是指方法名相同、形参列表相同；"两小"是指子类方法返回值的类型应比父类方法返回值的类型更小或相等，子类方法声明抛出的异常类应比父类方法声明抛出的异常类更小或相等。"一大"是指子类方法的访问权限应比父类方法更大或相等。特别需要指出的是，覆盖方法和被覆盖方法要么都是类方法，要么都是实例方法，不能一个是类方法，另一个是实例方法。

我只能在地上跑...
我会飞...

图 8-5 执行结果

8.2 重写和重载

在面向对象中，重写和重载都是十分重要的概念，它们都体现了 Java 的优越性。虽然两者的名字十分接近，但是实际上却相差得很远，它们并不是同一概念。本节将详细讲解重写和重载的基本知识，为读者学习本书后面的知识打下基础。

 知识点讲解：

8.2.1 重写

重写是建立在继承关系之上的，它能够使 Java 程序的结构变得更加丰富。对于初学者来说很难理解重写，但是只要明白它的思想就变得十分简单了。重写实际上就是在子类中重新编写来自父类的方法以达到自己的需求。下面通过一段实例代码来讲解方法重写的过程。

实例 8-6 使用方法重写
源码路径：daima\8\chongxie.java、chongxie.java

实例文件 chongxie.java 的主要实现代码如下所示。

```
public class chongxie                    //定义父类
{
    void print()                         //定义方法print()，使其输出文本"父类的方法"
    {
        System.out.println("父类的方法");
    }
}
class Chongxieone extends chongxie        //定义子类Chongxieone，其父类是chongxie
{
    void print()                         //在子类中也定义了方法print()，这就是重写方法
    {
        System.out.println("子类，重写了父类的方法");
```

```
                    }
              }
```

上述代码不会产生任何的结果，但是在父类中"有 void print(){}"方法，可在子类中重写此方法来达到子类的要求。

在编写 Java 程序时避免不了子类重写父类，新定义的类必然有新的特征，不然这个类也没有意义。上面这段代码的目的只是让读者明白如何重写，没有实际的意义，下面给出一段完整的实例文件让读者领会重写的重要性，其实现代码如下所示。

```
class Cxie                        //定义父类Cxie
{
 String sname;
 int      sid;
 int      snumber;
 void print()                     //父类中的方法print()
 {
     System.out.println("公司名:"+sname+"  序号:"+sid+"公司人数:"+snumber);
 }
 Cxie( String name,int id,int number)
 {
     sname=name;
     sid=id;
     snumber=number;
 }
}
class Cxietwo extends Cxie
//定义子类Cxietwo，其父类是Cxie
{
 String sadder;
 Cxietwo(String x,int y,int z,String aa) {
     super(x,y,z);
     sadder=aa;
 }
 void print()                     //子类中的方法print()，这就是重写方法
 {
     System.out.println("学院/系别:"+sname+"  序号:"+sid+"  总人数:"+snumber+"  地址:"+sadder);
 }
}
class gongsi{
 public static void main(String args[]){
     Cxietwo a1=new Cxietwo("计算机系",21,2700,"西三楼");
     a1.print();                  //调用方法print()，因为被重写，所以最终调用的是子类中的print()
 }
}
```

拓展范例及视频二维码

范例 **8-6-01**：演示方法的重载

源码路径：**演练范例\8-6-01**

范例 **8-6-02**：联合使用重写与

重载

源码路径：**演练范例\8-6-02**

执行代码后的结果如图 8-6 所示。

学院/系别: 计算机系 序号: 21 总人数: 2700 地址: 西三楼

图 8-6 执行结果

注意：Java 中的重写具有自己的规则，初学者需要牢记这些规则。

- ❑ 重写方法不能比被重写方法限制更严格的访问级别，即访问权限可以扩大但不能缩小。
- ❑ 标识为 final 的方法不能重写，静态方法不能重写。
- ❑ 重写方法的返回类型必须与被重写方法的返回类型相同
- ❑ 重写方法的参数列表必须与被重写方法的参数列表相同。
- ❑ 无论被重写的方法是否抛出异常，重写的方法都可以抛出任何非强制异常。但是，重写的方法不能抛出新的强制性异常，或者比被重写方法声明的更广泛的强制性异常，反之则可以。
- ❑ 抽象方法必须在具体类中重写。

实例 8-7　**注意重写方法的权限问题**

源码路径：daima\8\Cguize.java

实例文件 Cguize.java 的主要代码如下所示。

```
class Cguize{
    String sname;
    int     sid;
    int     snumber;
①   public void print(){
        System.out.println("公司名:"+sname+"  序号:"+sid+"  公司人数:"+snumber);
    }
    Cguize( String name,int id,int number){
        sname=name;
        sid=id;
        snumber=number;
    }
}
class CguizeOne extends Cguize{
String sadder;
CguizeOne(String x,int y,int z,String aa){
    super(x,y,z);
    sadder=aa;
}
② private void print()//重写方法降低访问权限
    {
        System.out.println("公司名为:"+sname+"  序号:"+sid+"  总人数:"+snumber+"  公司地
址:"+sadder);
    }
}
public class texttwo{
    public static void main(String args[]){
        CguizeOne al=new CguizeOne("重庆金区公司",72221,7001,"渝南大道");
③       a1.print();
    }
}
```

拓展范例及视频二维码

范例 **8-7-01**：演示子类重写
　　　　父类的方法
源码路径：**演练范例\8-7-01**
范例 **8-7-02**：查看数字的
　　　　取值范围
源码路径：**演练范例\8-7-02**

在行①中，定义方法 print()用于输出文本信息。

在行②中，定义一个和行①同名的方法 print()，这说明方法 print()在子类中被重写了。由于这里重写方法的权限是 private，小于父类方法 print()的 public，所以这是错误的。

在行③，由于调用了错误的重写方法，因此执行 texttwo 后会出现编译错误，结果如图 8-7 所示。要想改正这个错误，只须将行②中的 private 修改为 public 即可。

```
Exception in thread "main" java.lang.Error: Unresolved compilation problem:
        The method print() from the type CguizeOne is not visible

        at texttwo.main(Cguize.java:29)
```

图 8-7　执行结果

8.2.2　重载

重写和重载虽然不是同一个概念，但是它们也有相似之处，那就是它们都能体现出 Java 的优越性。重载大大减少了程序员的编程负担，开发者不需要记住那些复杂而难记的方法名称即可实现项目需求。

在 Java 程序中，同一类中可以有两个或者多个方法具有相同的方法名，只要它们的参数不同即可，这就是方法的重载。Java 中的重载规则十分简单，参数决定重载方法的调用。当调用重载方法时，要确定调用哪个参数是基于其参数的，如果是 int 类型参数调用该方法，则调用自带的 int 类型方法；如果是 double 类型参数调用该方法，则调用自带的 double 类型重载方法。

实例 8-8　**演示方法的重载**
源码路径：daima\8\Czai.java

实例文件 Czai.java 的主要代码如下所示。

```
public class Czai{
①   public void test(){
```

```
            System.out.println("无参数");
      }
②    public void test(String msg){
            System.out.println("重载的test
            方法 " + msg);
      }
      public static void main(String[] args){
            Czai ol = new Czai();
③          ol.test();
④          ol.test("hello");
      }
}
```

在行①②，分别定义两个同名方法 test()，但是其方法的形参列表不同。系统可以区分这两个方法，这种类型的方法称为方法重载。

在行③，调用方法 test()时没有传入参数，因此系统调用了上面没有参数的 test()方法。

在行④，调用方法 test()时传入了一个字符串参数，因此系统调用了上面有一个字符串参数的 test()方法。执行后的结果如图 8-8 所示。

```
无参数
重载的test方法 hello
```

图 8-8　执行结果

8.3　隐藏和封装

Java 程序可以通过某个对象直接访问其属性，但是这可能会引起一些潜在的问题。例如将某个 Person 类的 age 属性直接设为 10000，虽然这在语法上没有任何问题，但是这违背了自然现实。为此在 Java 中推出了封装这一概念，可以将类和对象的属性进行封装处理。

知识点讲解：

8.3.1　Java 中的封装

封装（encapsulation）是面向对象的三大特征之一，是指将对象的状态信息隐藏在对象内部，不允许外部程序直接访问对象的内部信息，而是通过该类所提供的方法实现对内部信息的操作和访问。封装是面向对象编程语言对客观世界的模拟，客观世界里的属性都隐藏在对象内部，外界无法直接操作和修改。例如 Person 对象中的 age 属性，只能随着岁月的流逝，age 属性才会增加，而我们不能随意修改 Person 对象的 age 属性。概括起来，在 Java 中封装类或对象的目的如下所示。

- ❑ 隐藏类的实现细节。
- ❑ 让使用者只能通过事先预定的方法来访问数据，从而在该方法里加入控制逻辑，限制对属性的不合理访问。
- ❑ 进行数据检查，从而有利于保证对象信息的完整性。
- ❑ 便于修改，提高代码的可维护性。

在 Java 中为了实现良好的封装，需要从如下两个方面考虑。

- ❑ 将对象的属性和实现细节隐藏起来，不允许外部直接访问。
- ❑ 把方法暴露出来，让方法操作或访问这些属性。

由此可见，封装有两个含义，一是把该隐藏的隐藏起来，二是把该暴露的暴露出来。这两个含义都需要使用 Java 提供的访问控制符来实现。

8.3.2　访问控制符

Java 提供了 3 个访问控制符，它们分别是 private、protected 和 public，分别代表了 3 个访问控制级别。除此之外，还有一个不加任何访问控制符的访问控制级别 default。上述这 4 个访问控制级别的具体说明如下所示。

- □ private：如果类里的一个成员（包括属性和方法）使用 private 访问控制符修饰时，那么这个成员只能在该类的内部被访问。很显然，这个访问控制符用作修饰属性最合适。使用 private 修饰属性可以把属性隐藏在类的内部。
- □ default：如果类里的一个成员（包括属性和方法）或者一个顶级类不使用任何访问控制符来修饰，那么我们就称它是默认访问控制，由 default 访问控制符修饰的成员或顶级类可以被相同包下其他类访问。
- □ protected：如果一个成员（包括属性和方法）使用 protected 访问控制符修饰，那么这个成员既可以被同一个包中的其他类访问，也可以被不同包中的子类访问。在通常情况下，如果使用 protected 来修饰一个方法，那么这通常是希望其子类来重写这个方法的。
- □ public：这是一个最宽松的访问控制级别，如果一个成员（包括属性和方法）或者一个顶级类使用了 public 来修饰，那么这个成员或顶级类就可以被所有类访问，这时不管访问类和被访问类是否处于同一包中，它们是否具有父子继承关系。

访问控制符控制一个类的成员是否可以被其他类访问。对于局部变量来说，其作用域就是它所在的方法，不可能被其他类来访问，因此它们不能使用访问控制符来修饰。

Java 中的顶级类也可以使用访问控制符来修饰，但是顶级类只能有两种访问控制级别，分别是 public 和 default（默认的）。顶级类不能使用 private 和 protected 修饰，由于顶级类既不处于任何类的内部，也没有外部类的子类，因此 private 和 protected 访问控制符对顶级类没有意义。在下面的实例代码中，使用了合理的访问控制符定义了一个 Person 类。

实例 8-9	使用访问控制符
	源码路径：daima\8\Person.java、TestPerson.java

实例文件 Person.java 的主要实现代码如下所示。

```java
public class Person{   //定义类Person
 private String name;  //定义私有属性变量name
 private int age;       //定义私有属性变量age
 public Person(){       //定义公有构造方法Person()
 }
 public Person(String name , int age){    //实现构造方法Person()
    this.name = name;
    this.age = age;
 }
 public void setName(String name) {     //定义方法setName()
    //执行合理性校验，要求用户名长度必须在1～8位之间
    if (name.length() > 8 || name.length() <1){
        System.out.println("您设置的人名不符合要求");
        return;
    }
    else{
        this.name = name;
    }
 }
 public String getName() { //定义方法getName()
    return this.name;
 }
 public void setAge(int age)                //定义方法setAge()
 {
    //执行合理性校验，要求用户年龄必须在0～200之间
    if (age > 200 || age < 0){
        System.out.println("您设置的年龄不合法");
        return;
    }
    else{
        this.age = age;
    }
```

拓展范例及视频二维码

范例 8-9-01：使用 4 种引用类型
源码路径：演练范例\8-9-01\
范例 8-9-02：使用访问控制符
源码路径：演练范例\8-9-02\

```
    }
    public int getAge() {
        return this.age;
    }
}
```

上述代码定义了 Person 类，该类的 name 和 age 属性只能在 Person 类内才可以操作和访问，在 Person 类之外只能通过各自对应的 setter 和 getter 方法来操作和访问。

下面编写文件 TestPerson.java 测试上面编写的 Person 类，具体代码如下所示。

```
public class TestPerson{
    public static void main(String[] args) {
        Person p = new Person();
        //因为age属性已被隐藏，所以下面语句将出现编译错误
        //p.age = 1000;
        //编译下面语句不会出现错误，但运行时将提示age属性不合法
        //程序不会修改p的age属性
        p.setAge(1000);
        //必须通过其对应的getter方法访问p的age属性
        //因为上面从未成功设置p的age属性，故此处输出0
        System.out.println("没能设置属性变量age时: " + p.getAge());
        //成功修改p的age属性
        p.setAge(50);
        //因为上面成功设置了p的age属性，故此处输出50
        System.out.println("成功设置属性变量age后: " + p.getAge());
        //不能直接操作p的name属性，只能通过其对应的setter方法来解决
        //因为"李达康"字符串长度满足1~8位,所以可以成功设置
        p.setName("李达康");
        System.out.println("成功设置属性变量name后: " + p.getName());
    }
}
```

执行 TestPerson 后的结果如图 8-9 所示。

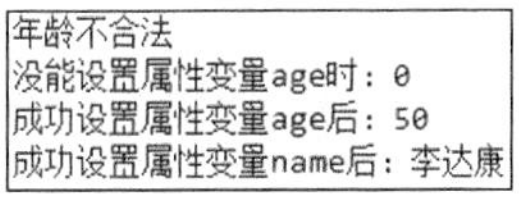

在使用 Java 中的访问控制符时，应该遵循如下所示的 3 条基本原则。

```
年龄不合法
没能设置属性变量age时: 0
成功设置属性变量age后: 50
成功设置属性变量name后: 李达康
```

图 8-9 执行结果

- ❑ 类里的绝大部分属性都应该使用 private 来修饰，除了一些由 static 修饰的、类似全局变量的属性，才可能考虑使用 public 来修饰。除此之外，有些方法是辅助实现该类的其他方法，这些方法称为工具方法，工具方法也应该使用 private 修饰。

- ❑ 如果某个类主要用作其他类的父类，该类里包含的大部分方法可能仅希望被其子类所重写，而不想被外界直接调用，则建议使用 protected 修饰这些方法。即使是用来作为纯父类的抽象类，有时候也会希望以父类的引用，操作子类的对象，比如多态操作，那时父类的这些方法也必须由 public 修饰。

- ❑ 希望暴露出来给其他类自由调用的方法应该使用 public 修饰。因此，类的构造器使用 public 修饰，暴露给其他类来创建该类的对象。因为顶级类通常都希望被其他类自由使用，所以大部分顶级类都使用 public 修饰。

8.3.3 Java 中的包

Oracle 公司的 JDK、各种系统软件厂商、众多的软件开发商，都会热心地为程序员提供成千上万的、具有各种用途的类。除此之外，程序员在程序开发过程中也要提供大量的类，这么多的类会不会发生同名的情况呢？答案是肯定的。如何处理这种重名问题呢？Java 允许在类名前增加一个前缀来限定这个类，这就是 Java 的包（package）机制。包机制提供了类的多层命名空间，用于解决类的命名冲突、类文件管理等问题。

Java 允许将一组功能相关的类放在同一个包下，从而组成逻辑上的类库单元。如果希望把一个类放在指定的包结构下，那么我们应该在 Java 源程序的第一个非注释行放如下格式的代码。

```
package packageName;
```

一旦在 Java 源文件中使用了 package 语句，则意味着该源文件里定义的所有类都属于这个包。包中每个类的完整类名都应该是包名和类名的组合，如果其他人需要使用该包下的类，那么也应该使用包名加类名的组合。在下面的代码中，在包 mmm 下面定义了一个简单的 Java 类。

```
package mmm;
public class TestHello{
    public static void main(String[] args) {
①        Hello h = new Hello();
    }
}
```

行①表明把 Hello 类放在包 mmm 的空间下。上面源文件可以保存在任意位置，可以使用如下命令来编译这个 Java 文件。

```
javac -d . Hello.java
```

前面已经介绍过，-d 选项用于设置编译生成类文件的保存位置，这里指定将生成的类文件保存在当前路径（"."代表当前路径）。使用该命令编译文件后，发现在当前路径下并没有 Hello.class 这个文件，但在当前路径下多了一个名为 mmm 的文件夹，该文件夹下则有一个 Hello.class 文件，这是怎么回事呢？这与 Java 的设计有关，假设某个应用中包含两个 Hello.class 文件，Java 通过引入包机制来区分两个不同的 Hello 类。不仅如此，这两个 Hello 类还对应两个 Hello.class 文件，它们在文件系统中也必须分开存放才不会引起冲突。Java 规定，对于包中的类，在文件系统中也必须有与包层次对应的目录结构。也就是上面的 Hello.class 必须放在 mmm 文件夹下才是有效的。当使用带 "-d" 选项的 javac 命令来编译 Java 源文件时，该命令会自动建立对应的文件结构来存放相应的类文件。如果直接使用 javac Hello.java 命令来编译这个文件，则将会在当前路径下生成一个 Hello.class 文件，而不会生成 mmm 文件夹。也就是说，如果编译 Java 文件时不使用 "-d" 选项，则编译器不会为 Java 源文件生成相应的文件结构。正因为如此，作者推荐在编译 Java 文件时总是使用 "-d" 选项，即若想把生成的类文件放在当前路径，应使用 "-d" 选项，而不是省略 "-d" 选项。进入编译器生成的 mmm 文件夹所在路径，执行如下命令。

```
javac mmm.Hello
```

运行上面命令后会看到上面程序正常输出。如果进入 mmm 路径下，使用 Java 的 Hello 命令来运行 Hello 类则会提示系统错误。

在 Java 中同一个包中的类不必位于相同的目录中，不仅如此，我们应该把 Java 源文件也放在与包名一致的目录结构下。如果系统中存在两个 Hello 类，那么通常也对应两个 Hello.java 源文件；如果把其源文件放在对应的文件结构下，那么就可以解决源文件在文件系统上的存储冲突。

很多读者以为只要把生成的类文件放在某个目录下，那么这个目录名就成了这个类的包名。这是错误的，不是有了目录结构，就有了包名。包名必须在 Java 源文件中通过 package 语句指定，而不是靠目录名来指定的。Java 的包机制需要满足如下两个前提。

❑ 源文件里使用 package 语句来指定包名。

❑ 类文件必须放在对应的路径下。

Java 的核心类都放在 Java 这个包及其子包中，Java 扩展的类放在了 javax 包以及子包中，这些实用类就是我们平常说的 API（应用程序接口）。Sun 按类的功能分别放在不同的包下，其中在开发过程中最常用的包如下所示。

❑ java.lang：包含了 Java 语言的核心类，如 String、Math、System 和 Thread 类等，使用这个包下的类时无须使用 import 语句来导入，系统会自动导入这个包下的所有类。

❑ java.util：包含了 Java 语言中的大量工具类、集合框架类和接口，例如 Arrays、List、Set 等。

❑ java.net：包含了一些与 Java 网络编程相关的类/接口。

❑ java.io：包含了一些与 Java 输入/输出编程相关的类/接口。

❑ java.text：包含了一些与 Java 格式化相关的类。

- □ java.sql：包含了使用 Java 进行 JDBC 数据库编程相关的类/接口。
- □ java.awt：包含了与抽象窗口工具包（abstract window toolkit）相关的类/接口，这些类要用于构建图形用户界面（GUI）程序。
- □ java.swing：包含与 Swing 图形用户界面编程相关的类/接口，这些类可构建与平台无关的 GUI 程序。

后面的内容将讲解上述包中的具体内容，此时此刻读者只需简单了解这些包的基本功能即可。

8.3.4　import

当需要使用不同包中的其他类时，需要使用该类的全名，这是一件很烦琐的事情。为了简化编程，Java 引入了 import 关键字，通过 import 可以向某个 Java 文件中导入指定包层次下的某个类或全部类，import 语句应该出现在 package 语句（如果有的话）之后、类定义之前。一个 Java 源文件只能包含一个 package 语句，但可以包含多个 import 语句，其中多个 import 语句用于导入多个包层次下的类。

使用 import 语句导入单个类的格式如下所示。

```
Import package.subpackage…ClassName
```

上述格式可以直接导入指定的 Java 类。一旦在 Java 源文件中使用 import 语句来导入指定类，则在该源文件中使用这些类时可以省略包前缀，不需要使用类全名。下面的代码使用 import 语句来导入 mmm.sub.Apple 类，具体代码如下所示。

```
package mmm;
import mmm.sub.Apple;
import java.util.*;      //这里的星号为所有之意，此处表示导入java.util包下的所有成员
import java.sql.*;         //导入java.sql包下的所有成员
public class TestHello {
   public static void main(String[] args) {
      Hello h = new Hello();
      //使用这种类的全名
      mmm.sub.Apple a = new lee.sub.Apple();
      //如果使用import语句来导入Apple类，则可以不再使用类全名
      Apple aa = new Apple();
      Date d = new Date();
   }
}
```

正如在上面代码中看到的，使用 import 语句可以简化编程。但 import 语句并不是必需的，只要坚持在类中使用其他类的全名，则可无须使用 import 语句。import 语句可以简化编程，可以导入指定包下的某个类或全部类。在 JDK 1.5 以后更是增加了一种静态导入的语法，它用于导入指定类的某个静态属性值或全部静态属性值。

静态导入语句使用 import static 实现，静态导入也有两种语法，其分别用于导入指定类的单个静态属性和全部静态属性。

8.4　接　　口

在 Java 语言中，还有一种元素和类的特性十分相似，这种元素就是接口。定义接口的方法和定义类的方法十分相似，并且在接口里面也有方法，在接口中可以派生新的类。本节将详细讲解接口的基本知识。

 知识点讲解：

8.4.1　定义接口

接口的方法和抽象类中的方法一样，它的方法是抽象的，也就是说接口是不能具体化成对象的，它只是指定要做什么，而不管具体怎么做。一旦定义了接口，任何类都可以实现这个接

口。它与类不同，一个类只可以有一个父类。一个类可以实现多个接口，这在编写程序时，解决了一个类要具备多方面特征的问题。在 Java 中创建接口的语法格式如下所示。

```
[public] interface<接口名>{
    [<常量>]
    [<抽象方法>]
}
```

- □ public：接口的修饰符只能是 public，因为只有这样接口才能被任何包中的接口或类访问。
- □ interface：接口的关键字。
- □ 接口名：它的定义规则和类名一样。
- □ 常量：在接口中不能声明变量，因为接口要具备 3 个特征，即 public、static 和 final。

8.4.2 接口里的常量和方法

因为在 Java 接口中定义变量时，只能使用关键字 public、static 和 final，所以在接口中只能声明常量，不能声明变量。在 Java 接口中，有的方法必须是抽象方法。

1. 接口里的量

在接口里只能有常量，主要原因是这样能保证实现该接口的所有类可以访问相同的常量。

实例 8-10 **在接口里定义常量**
源码路径：daima\8\jiechang.java

实例文件 jiechang.java 的主要代码如下所示。

```
①public interface Jiechang{
    int a=100;              //定义变量a并赋值
    int b=200;              //定义变量b并赋值
    int c=323;              //定义变量c并赋值
    int d=234;              //定义变量d并赋值
    int f=523;              //定义变量f并赋值
    void print();
    void print1();
}
②class Jiedo implements Jiechang{
③    public void print(){
        System.out.println(a+b);
    }

④    public void print1(){
        System.out.println(c+d+f);
    }
}
class Jie{
    public static void main(String args[])
    {
        Jiedo a1=new Jiedo();
⑤        a1.print();
⑥        a1.print1();
    }
}
```

拓展范例及视频二维码

范例 **8-10-01**：演示在定义接口
常量时出错
源码路径：**演练范例\8-10-01**
范例 **8-10-02**：Double 类型的
比较处理
源码路径：**演练范例\8-10-02**

在行①中，使用关键字 interface 定义接口 Jiechang，此处不但定义并赋值了变量 a、b、c、d、f，而且定义了两个方法 print() 和 print1()。

在行②中，定义类 Jiedo，通过关键字设置类 Jiedo 继承接口 Jiechang。

在行③中，定义方法 print()，输出变量 a 和 b 的和。

在行④中，定义方法 print1()，输出 3 个变量 c、d 和 f 的和。

在行⑤⑥中，分别调用方法 print() 和 print1() 输出计算结果，执行类 Jie 后的结果如图 8-10 所示。

```
300
1080
```

图 8-10 执行结果

注意：extends 与 implements 的区别要重视。在 Java 语言中，extends 关键字用于继承父类，只要那个类没有声明为 final 或者那个类定义为 abstract 就能继承。Java 不支持多重继承（这是指一个类不能同时继承两个及两个以上的类），但是这可以借助于接口来实现，这样就用到了 implements。虽然只能继承一个类，但是使用 implements 可以实现多个接口，此时只需用逗号分开即可。例如在下面的代码中，A 是子类名，B 是父类名，C、D 和 E 是接口名。

```
class A extends B implements C,D,E {}
```

2. 接口里的方法

在接口中，所有的方法都是抽象、公有的，因此在方法声明时，我们可以省略关键字 public、abstract，当然，添加修饰符也没有关系。下面的实例代码演示了在接口中使用方法的流程。

实例 8-11　实现并使用接口方法
源码路径：daima\8\cuofang.java

实例文件 cuofang.java 的主要代码如下所示。

```
interface newjie           //定义接口newjie
{
  void print();            //在接口中定义方法print()
  public void print1();//在接口中定义方法print1()
  abstract void print2();//在接口中定义方法print2()
  public abstract void print3();//在接口中定义方法
print3()
  abstract public void print4();//在接口中定义方法
print4()
}
class newjie1 implements newjie
//定义类newjie1，此类继承接口newjie
{
  public void print()                  //接口方法print()的具体实现代码
  {
    System.out.println("newjie接口里第一种方法没有修饰符");
  }

  public void print1()                 //接口方法print1()的具体实现代码
  {
    System.out.println("newjie接口里第二种方法有修饰符public");
  }

  public  void print2()                //接口方法print2()的具体实现代码
  {
    System.out.println("newjie接口里第三种方法有修饰符abstract");
  }

  public  void print3()                //接口方法print3()的具体实现代码
  {
    System.out.println("newjie接口里第四种方法有修饰符public和abstract");
  }

  public void print4()                 //接口方法print4()的具体实现代码
  {
    System.out.println("newjie接口里第五种方法有修饰符abstract和public");
  }
}

class coufang                          //定义测试类coufang
{
  public static void main(String args[]){
    newjie1 a1=new newjie1();          //定义类newjie1的对象a1
    a1.print();                        //调用接口方法print()
    a1.print1();                       //调用接口方法print1()
    a1.print2();                       //调用接口方法print2()
    a1.print3();                       //调用接口方法print3()
    a1.print4();                       //调用接口方法print4()
  }
}
```

拓展范例及视频二维码

范例 **8-11-01**：使用在接口中
定义的方法
源码路径：**演练范例\8-11-01**
范例 **8-11-02**：在接口中增
加新功能
源码路径：**演练范例\8-11-02**

上述代码定义了一个接口，在接口里定义了方法，其实这 5 个方法是相同的。在编写程序时，建议读者使用第一种方式。执行上述代码后的结果如图 8-11 所示。

```
newjie接口里第一种方法没有修饰符
newjie接口里第二种方法有修饰符public
newjie接口里第三种方法有修饰符abstract
newjie接口里第四种方法有修饰符public和abstract
newjie接口里第五种方法有修饰符abstract和public
```

图 8-11　接口里的方法

8.4.3　引用接口

在引用接口前需要先实现这个接口，前面已经多次演示了接口的实现方法。在接口的实现过程规定，一是能为所有的接口提供实现的功能，二是能遵循重写的所有规则，三是能保持相同的返回数据类型。在 Java 中实现接口的格式如下所示。

```
[<修饰符>] class<类名> implements <接口名>{
    ……
}
```

实例 8-12　**编写一个类去实现一个接口**
源码路径：daima\8\jieshi.java

实例文件 jieshi.java 的主要代码如下所示。

```
①interface JieOne{
    int add(int a,int b);
}
②interface JieTwo{
    int sub(int a,int b);
}
③interface JieThree{
    int mul(int a,int b);
}
④interface JieFour{
    int umul(int a,int b);
}
⑤class JieDuo implements JieOne,JieTwo,JieThree,JieFour{
    public int add(int a,int b){
        return a+b;
    }
        public int sub(int a,int b){
        return a-b;
    }
        public int mul(int a,int b){
        return a*b;
    }
    public int umul(int a,int b){
        return a/b;
    }
}
class jieshi{
    public static void main(String args[]){
⑥     JieDuo aa=new JieDuo();
⑦     System.out.println("a+b="+aa.add(2400,1200));//提供具体实现方法
⑧     System.out.println("a-b="+aa.sub(2400,1200)); //提供具体实现方法
⑨     System.out.println("a*b="+aa.mul(2400,1200)); //提供具体实现方法
⑩     System.out.println("a/b="+aa.umul(2400,1200)); //提供具体实现方法
    }
}
```

拓展范例及视频二维码

范例 **8-12-01**：实现接口继承

源码路径：**演练范例\8-12-01**

范例 **8-12-02**：经理和员工的差异

源码路径：**演练范例\8-12-02**

在行①②③④中，分别定义了 4 个接口 JieOne、JieTwo、JieThree 和 JieFour，并在这 4 个接口中分别定义了各自的内置方法：add()、sub()、mul()和 umu()。

在行⑤中，定义类 JieDuo，设置此类同时继承前面定义的接口 JieOne、JieTwo、JieThree 和 JieFour。在类 JieDuo 中编写了 4 个接口内置方法的具体实现，这 4 个方法分别实现四则运算的功能。

在行⑥中，定义类 JieDuo 的对象 aa，开始测试前面定义的接口方法。

在行⑦⑧⑨⑩中，分别调用接口方法 add()、sub()、mul()和 umu()实现四则运算功能。执行后的结果如图 8-12 所示。

在编写程序时，用户可以建立接口类型的引用变量。接口的引用变量能够存储一个指向对象的引用值，这个对象可以实现任何该接口类的实例，用户可以通过接口调用该对象的方法，这些方法在类中必须是抽象的。下面的代码演示了使用引用接口的过程。

```
a+b=3600
a-b=1200
a*b=2880000
a/b=2
```

图 8-12　执行结果

实例 8-13　使用接口类型的引用

源码路径：daima\8\jieyin.java

实例文件 jieyin.java 的主要代码如下所示。

```java
interface diyijie            //定义接口diyijie
{
    int add(int a,int b);//定义接口方法add
}
interface dierjie            //定义接口dierjie
{
    int sub(int a,int b);//定义接口方法sub
}
interface disanjie           //定义接口disanjie
{
    int mul(int a,int b);//定义接口方法mul
}
interface disijie            //定义接口disijie
{
    int umul(int a,int b);
                             //定义接口方法umul
}
class jiekouniu implements diyijie,dierjie,disanjie,disijie
//定义类jiekouniu,此类继承接口diyijie,dierjie,disanjie,disijie
{
    public int add(int a,int b)          //实现接口方法,实现加法运算
    {
      return a+b;
    }
    public int sub(int a,int b)          //实现接口方法,实现减法运算
    {
      return a-b;
    }
    public int mul(int a,int b)          //实现接口方法,实现乘法运算
    {
      return a*b;
    }
    public int umul(int a,int b)         //实现接口方法,实现除法运算
    {
      return a/b;
    }
}
class jieyin                             //编写测试类jieyin
{
    public static void main(String args[]) {
        jiekouniu aa=new jiekouniu();    //新建定义类jiekouniu的对象aa
        //接口的引用执行对象的引用
        diyijie  bb=aa;                  //接口引用赋值
        dierjie  cc=aa;                  //接口引用赋值
        disanjie dd=aa;                  //接口引用赋值
        disijie ee=aa;                   //接口引用赋值
        //对象引用并调用方法
        System.out.println("a+b="+aa.add(14,22));     //对象引用,输出求和运算结果
        System.out.println("a-b="+aa.sub(42,32));     //对象引用,输出减法运算结果
        System.out.println("a*b="+aa.mul(44,22));     //对象引用,输出乘法运算结果
        System.out.println("a/b="+aa.umul(24,22));    //对象引用,输出除法运算结果
        System.out.println("a+b="+bb.add(23,42));     //对象引用,输出求和运算结果
        System.out.println("a-b="+cc.sub(32,12));     //对象引用,输出减法运算结果
```

拓展范例及视频二维码

范例 **8-13-01**：继承中超类对象

引用变量引用

子类对象

源码路径：**演练范例\8-13-01**

范例 **8-13-02**：接口类型变量

引用实现接口

的类的对象

源码路径：**演练范例\8-13-02**

```
        System.out.println("a*b="+dd.mul(42,24));          //对象引用，输出乘法运算结果
        System.out.println("a/b="+ee.umul(342,22));        //对象引用，输出除法运算结果
    }
```

执行上述代码后的结果如图 8-13 所示。

```
a+b=36
a-b=10
a*b=968
a/b=1
a+b=65
a-b=20
a*b=1008
a/b=15
```

图 8-13　执行结果

8.4.4　接口间的继承

接口的继承和类的继承不一样，接口完全支持多继承，即一个接口可以有多个直接父接口。和类继承相似，子接口扩展某个父接口，并会获得父接口里定义的所有抽象方法、常量属性、内部类和枚举类定义。当一个接口继承多个父接口时，多个父接口排在 extends 关键字之后，多个父口之间以英文逗号","隔开。下面的实例定义了 3 个接口，其中第三个接口继承了前面两个接口。

实例 8-14　**演示接口之间的继承**
源码路径：daima\8\jicheng.java

实例文件 jicheng.java 的主要代码如下所示。

```
interface interfaceA                    //定义接口interfaceA
{
    int PROP_A = 5;                     //int类型的属性变量PROP_A，其初始值是5
    void testA();                       //定义接口方法testA()
}
interface interfaceB                    //定义接口interfaceB
{
    int PROP_B = 6;                     //int类型的属性变量PROP_B，其初始值是6
    void testB();                       //定义接口方法testB()
}
    //定义接口interfaceC，设置此接口同时继承接口interfaceA和interfaceB
interface interfaceC extends interfaceA, interfaceB
{
    int PROP_C = 7;                     //int类型的属性变量PROP_C，其初始值是7
    void testC();                       //定义接口方法testC()
}
public class jicheng {
    public static void main(String[] args){
        System.out.println(interfaceC.PROP_A);    //子接口调用父接口中PROP_A的值
        System.out.println(interfaceC.PROP_B);    //子接口调用父接口中PROP_B的值
        System.out.println(interfaceC.PROP_C);    //子接口调用自己的PROP_C的值
    }
}
```

在上面的代码中，接口 interfaceC 继承了 interfaceA 和 interfaceB，所以 interfaceC 获得了它们的常量。在方法 main 中通过 interfaceC 来访问 PROP_A、PROP_B 和 PROP_C 常量属性。执行结果如图 8-14 所示。

```
5
6
7
```

图 8-14　执行结果

━━━ 拓展范例及视频二维码 ━━━

范例 **8-14-01**：由 static 修饰
　　　　的方法
源码路径：**演练范例\8-14-01**
范例 **8-14-02**：Java 接口的
　　　　基本用法
源码路径：**演练范例\8-14-02**

8.4.5　接口的私有方法

在 Java 7 或更早版本中，在一个接口中只能定义常量或抽象方法这两种元素，不能在接口中提供方法实现。如果要提供抽象方法和非抽象方法（方法与实现）的组合，那么只能使用抽象类。

在 Java 8 版本中，特意在接口中引入了默认方法和静态方法这两个新功能。开发者可以在 Java 8 的接口中编写默认方法和静态方法的实现，在实现时仅需要使用"default"关键字来定义。由此可见，在 Java 8 的接口中，可以定义的成员有常量、抽象方法、默认方法和静态方法。

例如下面是一段在 Java 8 中接口的实现代码。

```
public interface JavaEight{
    String TYPE_NAME = "java seven interface";
    int TYPE_AGE = 20;
    String TYPE_DES = "java seven interface description";
    default void method01(String msg){
        //TODO
    }
    default void method02(){
        //TODO
    }
    // Any other abstract methods
    void method03();
    void method04(String arg);
    ...
    String method05();
}
```

如果仔细观察上面的代码，那么会发现有些代码冗余。如果要将冗余代码提取为常用方法，那应该使用公共方法。但是，如果 API 开发人员不想向客户端公开任何其他方法，那么应如何解决这个问题？我们应该使用抽象类来解决 Java 8 中遇到的上述情况。为了解决上述的问题，在 Java 9 版本中提供了新的功能：在接口中使用 private 私有方法，使用 "private" 访问修饰符在接口中编写私有方法。

在 Java 9 中，一个接口可以定义的成员有常量、抽象方法、默认方法、静态方法、私有方法和私有静态方法。例如下面是 Java 9 中的一段接口代码。

```
public interface JavaNine{
    String TYPE_NAME = "java seven interface";
    int TYPE_AGE = 20;
    String TYPE_DES = "java seven interface description";

    default void method01(){
        //TODO
    }
    default void method02(String message){
        //TODO
    }

    private void method(){
        //TODO
    }

    // Any other abstract methods
    void method03();
    void method04(String arg);
    ...
    String method05();
}
```

下面的实例分别演示了在 Java 7、Java 8 和 Java 9 中接口方法的用法。

实例 8-15　　**使用接口中的私有方法**

源码路径：daima\8\CustomClass7.java、CustomInterface7.java、CustomInterface8.java、CustomInterface9.java

（1）在 Java 7 或更早版本的接口中可能只包含抽象方法，这些接口方法必须由实现接口的类来实现。本实例在 Java 7 版本中的实现代码是 CustomClass7.java 和 CustomInterface7.java，其中在接口文件 CustomInterface7.java 中定义了接口 CustomInterface7，它里面只包含一个抽象方法 method()。实例文件 CustomInterface7.java 的具体实现代码如下所示。

```
public interface CustomInterface7 {      //定义接口CustomInterface7
    public abstract void method();       //定义抽象方法method()
}
```

在文件 CustomClass7.java 中定义接口中方法 method() 的具体实现，其具体实现代码如下所示。

```
public class CustomClass7 implements CustomInterface7 {
```

```
        @Override
        public void method() {            //实现抽象方法method()
            System.out.println("Hello World");
        }
        public static void main(String[] args){
            CustomInterface7 instance = new CustomClass7();//创建接口CustomInterface7实例instance
            instance.method();
        }
    }
```

执行上述 Java 7 版本的实例代码后会输出：

```
Hello World
```

（2）从 Java 8 版本开始，在接口中除了可以包含公共抽象方法外，还可以包含公共静态方法和公共默认方法。本实例 Java 8 版本的实现代码是 CustomClass8.java 和 CustomInterface8.java，其中在接口文件 CustomInterface8.java 中定义了接口 CustomInterface8，在其里面包含一个抽象方法 method1()、一个公共默认方法 method2()、一个公共静态方法 method3()。实例文件 CustomInterface8.java 的具体实现代码如下所示。

```
public interface CustomInterface8 {      //定义接口CustomInterface8
    public abstract void method1();       //定义抽象方法method1()
    public default void method2() {       //定义默认方法method2()
        System.out.println("default method");
    }
    public static void method3() {        //定义静态方法method3()
        System.out.println("static method");
    }
}
```

在文件 CustomClass8.java 中定义接口中方法 method1()、method2()和 method3()的具体实现，具体实现代码如下所示。

```
public class CustomClass8 implements CustomInterface8 {
    @Override
    public void method1() {               //实现抽象方法method1()
        System.out.println("abstract method");
    }
    public static void main(String[] args){
        CustomInterface8 instance = new CustomClass8();//创建接口CustomInterface8实例instance
        instance.method1();               //接口实例instance调用方法method1()
        instance.method2();               //接口实例instance调用方法method2()
        CustomInterface8.method3();       //调用方法method3()
    }
}
```

执行上述 Java 8 版本的实例代码后会输出：

```
abstract method
default method
static method
```

（3）从 Java 9 版本开始，可以在接口中添加私有方法和私有静态方法，这些私有方法可以提高代码的可重用性。例如两个默认方法需要共享代码，一个私有接口方法将允许它们这样做，但不能将私有方法暴露到它的实现类中。本实例在 Java 9 版本中的实现代码是 Custom Class9.java 和 CustomInterface9.java，其中在接口文件 CustomInterface8.java 中定义了接口 CustomInterface9，在其里面包含一个静态方法 method3()、一个私有方法 method4()、一个私有静态方法 method5()。实例文件 CustomInterface9.java 的具体实现代码如下所示。

```
public interface CustomInterface9 {      //定
义接口CustomInterface9
    public abstract void method1();       //定
义抽象方法method1()
    public default void method2() {
//定义默认方法method2()
        method4();
//在default方法中的私有方法method4()
        method5();
```

拓展范例及视频二维码

范例 8-15-01：接口中的
          抽象方法
源码路径：演练范例\8-15-01\
范例 8-15-02：继承抽象类
          并实现接口
源码路径：演练范例\8-15-02\

```
//私有静态方法method5()
        System.out.println("default method");
    }
    public static void method3() {      //定义静态方法method3()
        method5();  //私有静态方法method5()
        System.out.println("static method");
    }
    private void method4(){      //实现私有方法 method4()
        System.out.println("private method");
    }
    private static void method5(){         //实现私有静态方法 method4()
        System.out.println("private static method");
    }
}
```

在文件 CustomClass9.java 中调用在接口 CustomInterface9 中定义的方法，具体实现代码如下所示。

```
public class CustomClass9 implements CustomInterface9 {
    public void method1() {          //实现抽象方法method1()
        System.out.println("abstract method");
    }
    public static void main(String[] args){
        CustomInterface9 instance = new CustomClass9();//创建接口CustomInterface9实例instance
        instance.method1();                //接口实例instance调用方法method1()
        instance.method2();                //接口实例instance调用方法method1()
        CustomInterface9.method3();        //调用方法method3()
    }

    public void method4() {
        // TODO Auto-generated method stub

    }
}
```

执行上述 Java 9 版本的实例代码后会输出：

```
abstract method
private method
private static method
default method
private static method
static method
```

❀ 注意：在 Java 9 接口中编写私有方法时，开发者应该遵循如下所示的规则。

❑ 应该使用私有修饰符(private)来定义这些方法。

❑ 不能同时使用 private 和 abstract 来定义这些方法。

❑ "private" 意味着完全实现的方法，因为子类不能继承并覆盖此方法。

❑ "abstract" 意味着无实现方法，此时子类应该继承并覆盖此方法。

❑ 接口的私有方法必须包含方法体，且必须是具体方法。

❑ 接口的私有方法仅在该接口内是有用的或可访问的，我们无法从接口访问或继承私有方法到另一个接口或类。

8.5 技术解惑

8.5.1 重写方法的注意事项

（1）当子类覆盖了父类方法后，子类对象将无法访问父类中被覆盖的方法，但我们还可以在子类方法中调用父类中被覆盖的方法。如果需要在子类方法中调用父类中被覆盖的方法，则可以使用 super（当被覆盖的是实例方法时）或者父类名（当被覆盖方法是类方法时）作为调用者来调用父类中被覆盖的方法。

（2）如果父类方法具有私有访问权限，则该方法对其子类是隐藏的，其子类无法访问该方法，也就是说无法重写该方法。如果在子类中定义了一个与父类私有方法具有相同名字、相同形参列表、相同返回值类型的方法，则依旧还不是重写，只是在子类中重新定义了一个新方法。

8.5.2　重写和重载的区别

重写和重载十分好理解，重写实际上通常应用在具有继承关系的类之间，而重载则是在同一个类中有多个同名的方法，它们功能相近，主要通过参数来区别。初学者需要一个口诀即可理解重写重载，"继承可重写，方法可重载"。 方法重载和方法重写在英语中分别是 overload 和 override，经常看到很多初学者询问重载和重写的区别，其实把重载和重写放在一起比较本身没有太大的意义。事实上，它们之间的联系很少，除了二者都是发生在方法之间，并要求方法名相同之外，它们并没有太大的相似之处。当然，父类方法和子类方法之间也可能发生重载，因为子类会获得父类方法。如果子类定义一个与父类方法有相同方法名，但参数列表不同的方法，则会形成父类方法和子类方法的重载。如果子类定义了和父类同名的属性，也会发生子类属性覆盖父类属性的情形。在正常情况下，当子类里定义的方法或子类的属性直接访问该属性时，都会访问到覆盖属性，但无法访问父类中被覆盖的属性。

8.5.3　举例理解类的意义

一个类犹如一个小的模块，我们应该只让这个模块公开必须让外界知道的内容，而隐藏其他一切内容。在进行程序设计时，应该尽量避免一个模块直接操作和访问另一个模块内的数据。模块设计追求高内聚（尽可能把模块中的内部数据、功能实现细节藏在模块内部独立完成，不允许外部直接干预）、低耦合（仅暴露少量的方法给外部使用）。正如我们常见的 U 盘，U 盘里的数据及其实现细节完全隐藏在 U 盘里面，外部设备（如主机）只能通过 USB 驱动（提供一些方法供外部调用）来和 U 盘进行交互。

8.5.4　Java 包的一些规则

在 Java 语法中，只要求包名是有效的标识符即可，但从可读性角度来看，包名应该全部由小写字母组成。当系统越来越大时，会不会发生包名、类名同时重复的情形呢？这个可能性不大，在实际开发中，我们还是应该选择合适的包名，以便更好地组织系统中类库。为了避免不同公司之间类名的重复，Sun 建议使用公司的 Internet 域名来作为包名，例如公司的 Internet 域名是 sohu.com，则建议将该公司的所有类都放在 com.sohu 包及其子包下。

package 语句必须作为源文件的第一个非注释性语句。一个源文件只能指定一个包，即只能包含一条 package 语句，该源文件中可以定义多个类，则这些类将全部位于该包下。如果没有显式指定 package 语句，则它处于默认包下。在实际开发应用中，通常不会把类定义在默认的包下。另外，同一个包下的类可以自由访问。

8.5.5　探讨 package 和 import 机制

很多程序员用了很久的 Java，可是对于 Java 中的 package 跟 import 还是不太了解。很多人以为原始 java 文件中的 import 会让编译器把所导入的程序通通写到编译好的.class 档案中，或是认为 import 跟 C/C++中的#include 相似，实际上这种观念是错误的。

Java 会使用包机制的原因也非常明显，就像我们取姓名一样，仅是一所学校的同一届同学中，就有可能会出现不少同名的同学，如果不取姓的话，那学校在处理学生数据或是同学之间的称呼，就会发生很大的困扰。相同地，全世界的 Java 类别数量极多，而且还在不断地成长当中，如果类别不使用套件名称，那在用到相同名称的不同类别时，就会产生极大的困扰。幸运的是，Java 的套件名称我们可以自己取，不像人的姓没有太大的选择（所以有很多同名同姓的人）。如果依照 Oracle 的规范来取套件名称，那理论上不同人所取的套件名称就不会相同，也就不会发生名称冲突的情况。

1. package 机制

基本原则：需要将类文件切实安置到其所归属的包所对应的相对路径下。下面的文件 Hello.java 保存在"D:\Java\"目录下。

```
package  A;
public class Hello{
  public static void main(String args[]){
     System.out.println("Hello World!");
  }
}
D:\Java>javac  Hello.java   //此程序可以编译通过，接着执行
D:\Java>java  Hello          //但是执行时，却提示以下错误
Exception in thread "main" java.lang.NoClassDefFoundError: hello (wrong name: A/Hello)
        at java.lang.ClassLoader.defineClass0(Native Method)
        at java.lang.ClassLoader.defineClass(ClassLoader.java:537)
        at java.security.SecureClassLoader.defineClass(SecureClassLoader.java:123)
        at java.net.URLClassLoader.defineClass(URLClassLoader.java:251)
        at java.net.URLClassLoader.access$100(URLClassLoader.java:55)
        at java.net.URLClassLoader$1.run(URLClassLoader.java:194)
        at java.security.AccessController.doPrivileged(Native Method)
        at java.net.URLClassLoader.findClass(URLClassLoader.java:187)
        at java.lang.ClassLoader.loadClass(ClassLoader.java:289)
        at sun.misc.Launcher$AppClassLoader.loadClass(Launcher.java:274)
        at java.lang.ClassLoader.loadClass(ClassLoader.java:235)
        at java.lang.ClassLoader.loadClassInternal(ClassLoader.java:302)
```

原因是把生成的 Hello.class 打包在"D:\Java\A"文件中时，必须在 A 文件中才能运行。所以应该在"D:\Java"目录下建立一个 A 目录，然后把 Hello.class 放在它下面，此时执行才可正常通过。

```
D:\Java\>java A.hello    输出:Hello world!
```

2. import 机制

假设在"D:\Java"目录下建立文件 JInTian.java，其代码如下所示。

```
import  A.Hello;
public class JInTian{
   public static void main(String[] args){
        Hello  Hello1=new Hello();
   }
}
D:\Java\>javac JInTian.java    //编译成功！
D:\Java\>java  JInTian          //运行成功！
```

也就是说在 JInTian.class 中成功地引用了 Hello.class 类，这是通过 import A.Hello 来实现的。如果没有这段代码，那么就会提示不能找到 Hello.class 这个类。

如果"D:\Java"目录下仍保留一个 Hello.java 文件的话，那么对主程序执行编译命令时就会报错。如果删除文件"D:\Java\A\Hello.java"，只留文件 Hello.class，那么对主程序执行编译命令时可以通过，此时可以不需要子程序的源代码。

8.5.6 接口编程的机理

Java 接口体现的是一种实现规范和分离的程序设计原则，它充分利用接口可以降低各个程序模块之间的耦合，从而提高系统的可扩展性和可维护性。因为有了这种编程原则，所以很多软件架构设计理论都倡导"面向接口"的编程，而不是面向实现类的编程，希望通过这种接口式的编程来降低程序中的耦合。

在一个面向对象的系统中，系统的各种功能是由许多不同对象之间通过协作来完成的。在这种情况下，各个对象内部是如何实现自己的，这对系统设计人员来讲就不那么重要了；而各个对象之间的协作关系则成为系统设计的关键。小到不同类之间的通信，大到各模块之间的交

互，在系统设计之初都是要着重考虑的，这也是系统设计的主要工作内容。面向接口编程就是按照这种思想来编程的。在日常工作中，我们已经按照接口编程了，只不过大多数初学者没有这方面的意识，只是在被动地实现这一思想。这表现为频繁地抱怨别人修改的代码影响了你（接口没有设计到），这表现在某个模块的改动引起其他模块的大规模调整（模块接口没有很好地设计）等。

如果从更深层次理解接口，那么它应该为：定义（规范、约束）与实现（名实分离的原则）的分离。我们一般在实现一个系统的时候，通常是将定义与实现合为一体，不进行分离的。

接口本身反映了系统设计人员对系统的抽象理解。接口应该有两类，第一类是对某一类个体的抽象，它可对应为一个抽象体（abstract class）；第二类是对个体某一方面的抽象，即形成一个抽象面（interface）。

设计接口的另一个不可忽视的因素是接口所处的环境（context 或 environment）。持系统论观点的人士认为：环境是系统要素所处的空间与外部影响因素的总和。任何接口都是在一定的环境中产生的。因此环境的定义及环境的变化对接口的影响是不容忽视的，脱离原先的环境，所有的接口将失去原有的意义。

按照组件的开发模型（3C），面向对象、面向过程和接口三者相辅相成，浑然一体，缺一不可。具体说明如下所示。

- ❑ 面向对象是指在考虑问题时，以对象为单位来考虑它的属性及方法。
- ❑ 面向过程是指我们考虑问题时，以一个具体流程（事务过程）为单位来考虑它的实现。
- ❑ 接口设计与非接口设计是针对复用技术而言的，与面向对象（过程）不是一个问题。

其实 UML 里面所说的 interface 是协议的另一种说法，它并不是指 com 的 interface、CORBA 的 interface、Java 的 interface、Delphi 的 interface、人机界面的 interface 或 NIC 的 interface。在具体实现时，可以把 UML 的 interface 实现为语言的 interface、分布式对象环境的 interface 或其他 interface。就 UML 的 interface 而言，它指的是系统各部分的实现之间，通过 interface 所确定的协议来共同工作。由此可见，面向 interface 编程的原意是指面向抽象协议编程，实现者在实现时要严格遵循协议。也就如同 Bill Joy 大师所言：一边翻 rfc，一边写代码的意思。面向对象编程是指面向抽象和具象。抽象和具象是矛盾的统一体，不可能只有抽象没有具象。一般懂得抽象的人都明白这个道理，但有的人只知具象而不知抽象为何物。

8.5.7　接口和抽象类的区别和联系

接口和抽象类有很多相似之处，它们都具有如下特征。

- ❑ 接口和抽象类都不能实例化，它们都位于继承树的顶端，被其他类实现和继承。
- ❑ 接口和抽象类都可以包含抽象方法。实现接口或继承抽象类的普通子类都必须实现这些抽象方法。

接口和抽象类之间也有区别，这种差别主要体现在二者的设计目的上。作为系统与外界交互的窗口，接口体现的是一种规范。对于接口的实现者而言，接口规定了实现者必须向外提供哪些服务（以方法的形式来提供）；对于接口的调用者而言，接口规定了调用者可以调用哪些服务，以及如何调用这些服务（就是如何调用方法）。当在一个程序中使用接口时，接口是多个模块间的耦合标准；当在多个应用程序之间使用接口时，接口是多个程序之间的通信标准。

由于从某种程度上来看，接口类似于整个系统的"总纲"，它制定了系统各模块应该遵循的标准，因此一个系统中的接口不应该经常改变。一旦接口改变了，那么对整个系统甚至其他系统的影响将是辐射式的，并会导致系统中大部分类都需要改写。而抽象类则不一样，抽象类作为系统中多个子类的共同父类，它所体现的是一种模板式的设计。另外，抽象类也可以当成系统实现过程中的中间产品，这个中间产品已经实现了系统的部分功能（那些已经提供实现的方法），但这个产品依然不能当成最终产品，必须对其进行进一步的完善，这种完善可能有几种不同方式。在具体用法上，接口和抽象类存在如下 3 点差别。

❑ 接口不包含构造器。抽象类里可以包含构造器，抽象类里的构造器并不创建对象，而是让其子类调用这些构造器来完成属于抽象类的初始化操作。

❑ 接口里不能包含初始化块，但抽象类完全可以包含初始化块。

❑ 一个类最多只能有一个直接父类，这包括抽象类；但一个类可以直接实现多个接口，通过实现多个接口可以弥补 Java 单继承的不足。

8.6 课 后 练 习

（1）编写一个 Java 程序，通过重载 Exercise08_01 类的 printArray() 方法输出不同类型（整型，双精度及字符型）的数组。

（2）编写一个 Java 程序，重载类 MyClass 中的 info() 方法。

（3）编写一个 Java 程序，演示汉诺塔算法的实现过程。

汉诺塔（又称河内塔）问题是源于印度一个古老传说的益智玩具。大梵天创造世界的时候做了 3 根金刚石柱子，在一根柱子上从下往上按照大小顺序摆了 64 片黄金圆盘。大梵天命令婆罗门把圆盘从下面开始按大小顺序重新摆放在另一根柱子上。并且规定，在小圆盘上不能放大圆盘，在 3 根柱子之间一次只能移动一个圆盘。后来，这个传说就演变为汉诺塔游戏，具体玩法如下所示。

❑ 有 3 根杆子 A、B、C，A 杆上有若干碟子。

❑ 每次移动一个碟子，小的只能叠在大的上面。

❑ 把所有碟子从 A 杆全部移到 C 杆上。

（4）编写一个 Java 程序，演示斐波那契数列的实现过程。斐波那契数列指的是 0，1，1，2，3，5，8，13，21，34，55，89，144，233，377，610，987，1597，2584，4181，6765，10946，17711，28657，46368，…

需要特别说明的是，第 0 项是 0，第 1 项是第一个 1。这个数列从第三项开始，每一项都等于前两项之和。

（5）编写一个 Java 程序，计算自然数 1～10 的阶乘。一个正整数的阶乘（factorial）是所有小于及等于该数的正整数积，并且 0 的阶乘为 1。自然数 n 的阶乘写作 $n!$，即：

$$n!=1×2×3×\cdots×n$$

阶乘亦可以用递归方式定义：$0!=1$，$n!=(n-1)! × n$。

（6）编写一个 Java 程序，在函数中使用 for 循环和 foreach 循环。

（7）编写一个 Java 程序，在循环中使用 break 或 continue 跳到指定的标签处。

第 9 章

Java 的面向对象（下）

前面两章讲解了 Java 中面向对象的基本知识，并通过具体实例演示了各个知识点的用法。本章将进一步讲解 Java 在面向对象方面的核心技术，逐一讲解构造器、多态、块初始化、包装类、类成员、final 修饰符、内部类和枚举类的知识，为读者学习本书后面的知识打下基础。

9.1 构造器详解

构造器是一个特殊的方法，这个方法能够创建类的实例。由于在 Java 语言里构造器是创建对象的重要途径，所以在一个Java类中必须包含一个或多个构造器。本节将详细讲解Java构造器的基本知识，为读者学习本书后面的知识打下基础。

知识点讲解：

9.1.1 初始化构造器

构造器最大的用处就是在创建对象时执行初始化操作。因为构造器不是函数，所以它没有返回值。这里要说明一下，尽管构造器中可以存在 return 语句，但是 return 什么都不返回。假如我们指定了返回值，虽然编译器不会报出任何错误，但是 JVM 会认为它是一个与构造器同名的函数，这样就会出现一些莫名其妙的无法找到构造器的错误，这是要加倍注意的。例如在下面的实例代码中自定义了一个构造器，通过这个构造器我们可以自定义初始化操作。

实例 9-1	定义一个构造器
	源码路径：daima\9\chuyin.java

实例文件 chuyin.java 的主要实现代码如下所示。

```java
public class chuyin{                    //定义类chuyin
    public String name;
    public int count;
    //提供自定义的构造器，该构造器包含两个参数
    public chuyin(String name, int count){
        //构造器里的this代表初始化对象
        //下面两行代码将传入的两个参数赋值给this代表对
象的name和count属性
        this.name = name;
        this.count = count;
    }
    public static void main(String[] args){
        //使用自定义的构造器来创建chuyin对象
        //系统将会对该对象执行自定义的初始化
        chuyin tc = new chuyin("AAA", 20000);
        //输出TestConstructor对象的name和count属性
        System.out.println(tc.name);
        System.out.println(tc.count);
    }
}
```

拓展范例及视频二维码

范例 **9-1-01**：自定义一个构造器

源码路径：**演练范例\9-1-01**

范例 **9-1-02**：使用 Java 构造器

源码路径：**演练范例\9-1-02**

上述代码在输出对象 chuyin 时，其属性 name 不再为 null，而属性 count 也不再是 0，这就是提供自定义构造器的作用。因为 Java 规定，一旦在程序中创建了构造器，那么系统将不会再提供默认的构造器。所以在上述代码中，类 chuyin 不可以通过"new chuyin()"方式创建实例，因为此类不再包含无参数的构造器。上述代码执行后的结果如图 9-1 所示。

```
AAA
20000
```
图 9-1 执行结果

9.1.2 构造器重载

如果用户希望该类能保留无参数的构造器，或者希望有多种初始化方式，则可以为该类提供多个构造器。如果一个类里提供了多个构造器，那么就形成了构造器的重载。建议读者在编程时为 Java 的类保留无参数的默认构造器。也就是说，如果你为一个类编写了有参数的构造器，那么我们通常会建议你再为该类额外编写一个无参数的构造器。另外，因为构造器主要用于被其他方法来调用，用以返回该类的实例，所以通常把构造器设置成 public 访问权限，从而允许系统中任何位置的类都可以创建该类的对象。除非在一些极端的情况下，我们需要限制创建该类的对象，可以把构造器设置成 private 等其他权限，它主要用于被其子类调用，把其设置为 private 可以阻止其他类创建该类的实例。

　　构造器重载和方法重载基本相似，它们都要求构造器的名字相同，这一点无须特别要求。因为构造器必须与类名相同，所以同一个类中的所有构造器名肯定相同。为了让系统能区分不同的构造器，多个构造器的参数列表必须不同。

实例 9-2　**构造器的重载**
源码路径：daima\9\gouchong.java

　　实例文件 gouchong.java 的主要实现代码如下所示。

```
public class gouchong
{
    public String name;
    public int count;
    //提供无参数的构造器
    public gouchong()
    {
    }
    //提供带两个参数的构造器，对该构造器返回的Java
对象执行初始化
    public gouchong(String name , int count)
    {
        this.name = name;
        this.count = count;
    }
    public static void main(String[] args)
    {
        //通过无参数构造器创建ConstructorOverload对象
        gouchong oc1 = new gouchong();
        //通过有参数构造器创建ConstructorOverload对象
        gouchong oc2 = new gouchong("BBB", 18000);
        System.out.println(oc1.name + " " +  oc1.count);
        System.out.println(oc2.name + " " +  oc2.count);

    }
}
```

拓展范例及视频二维码

范例 **9-2-01**：在构造器中使用
另一个构造器
源码路径：**演练范例\9-2-01**
范例 **9-2-02**：重写父类中的
方法
源码路径：**演练范例\9-2-02**

　　上面的类 gouchong 提供了两个重载的构造器，虽然这两个构造器的名字相同，但是形参列表不同。系统通过 new 调用构造器时，系统将根据传入的实参列表来决定调用哪个构造器。执行后的结果如图 9-2 所示。

```
Problems @ Javadoc Declaration
<terminated> gouchong [Java Application]
null 0
BBB 18000
```

图 9-2　执行结果

9.1.3　调用父类构造器

　　在 Java 程序中，子类不会获得父类的构造器，但有的时候在子类的构造器里需要调用父类构造器的初始化代码，就如同 9.1.2 节介绍的一个构造器需要调用另一个重载的构造器一样。在一个构造器中调用另一个重载的构造器需要使用 this 来实现，在子类构造器中调用父类构造器需要使用 super 来实现。

实例 9-3　**调用父类中的构造器**
源码路径：daima\9\fugou.java

　　本实例的功能是在类构造器中使用 super 调用 Base 构造器里的初始化代码，实例文件 fugou.java 的主要实现代码如下所示。

```
class Base                    //定义父类Base
{
    public double size;       //定义属性变量size
    public String name;       //定义属性变量name
    public Base(double size, String name)
//定义构造方法
    {
```

拓展范例及视频二维码

范例 **9-3-01**：演示构造器之间的
调用关系
源码路径：**演练范例\9-3-01**
范例 **9-3-02**：计算几何图形的
面积
源码路径：**演练范例\9-3-02**

```
            //构造器里的this代表初始化对象
            //将传入的两个参数赋给this代表对象的size和name属性
            this.size = size;
            this.name = name;
        }
}
public class fugou extends Base            //定义子类fugou，父类是Base
{
    public String color;                   //定义新的属性color
    public fugou(double size, String name, String color){

        super(size, name);                 //通过super来调用父类构造器方法，实现初始化过程
        this.color = color;                //子类属性赋值
    }
    public static void main(String[] args) {
        fugou s = new fugou(9.1, "测试", "红色");          //定义fugou对象s
        //输出Sub对象的3个属性
        System.out.println(s.size + "--" + s.name + "--" + s.color);
    }
}
```

执行后的结果如图 9-3 所示。

上面的实例代码定义了类 Base 和类 fugou，其中类 fugou 是类 Base 的子类，程序在类 fugou 的构造器中使用 super 来调用 Base 构造器的初始化代码。由整个过程可以看出，使用 super 调用和

图 9-3　执行结果

使用 this 调用非常相似，其区别在于 super 调用的是父类构造器，而 this 调用的是同一个类中重载的构造器。因此使用 super 调用的父类构造器也必须出现在子类构造器执行体的第一行。由此可见，不会同时出现 this 调用和 super 调用的情形。

9.2　多　态

多态性是面向对象程序设计中一个重要的代码重用机制，它是面向对象语言中很普遍的一个概念。本节我们将详细讲解 Java 语言中的多态。

 知识点讲解：

9.2.1　多态的定义

在计算机应用中，实际上有 4 种不同类型的多态，我们先来看面向对象中普遍使用的多态。

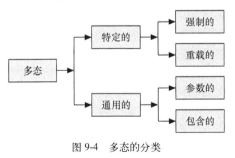

图 9-4　多态的分类

人们通常把多态分为两大类（分别是特定的和通用的），4 小类（分别是强制的、重载的、参数的和包含的）。它们的结构如图 9-4 所示。

在这样一个体系中，多态表现出有多种形式的能力。通用的多态引用有相同结构类型的大量对象，它们有着共同的特征。特定的多态涉及小部分没有相同特征的对象。这 4 种多态的具体说明如下所示。

- ❏ 强制的：一种隐式地进行类型转换的方法。
- ❏ 重载的：将一个标识符用作多个意义。
- ❏ 参数的：为不同类型的参数提供相同的操作。
- ❏ 包含的：类包含关系的抽象操作。

接下来，我们将详细介绍一下这 4 种多态。

1．强制的多态

强制型多态会隐式地将参数按某种方法转换成编译器认为正确的类型以避免错误。例如在以下的表达式中，编译器必须决定二元运算符"+"应做的工作。

```
2.0 + 2.0
2.0 + 2
2.0 + "2"
```

第一个表达式将两个 double 类型的操作数相加，这在 Java 中特别声明使用的是强制性的多态。

第二个表达式将 double 类型和 int 类型的操作数相加，这种运算在 Java 中没有明确定义，不过编译器通常会选择隐式地将第二个操作数转换为 double 类型，并执行 double 类型的加法。这样对程序员来说十分方便，否则将会抛出一个编译错误，或者强制程序员显式地将 int 类型数据转换为 double 类型数据。

第三个表达式将 double 类型数据与一个 String 类型数据相加，这种操作在 Java 中也没有明确定义，但编译器通常会选择将 double 类型数据转换成 String 类型数据，并将它们串联。

强制型多态也会发生在方法调用中。假设类 Derived 继承了类 Base，类 C 有一个原型为 m（Base）的方法，则在下面的代码中，编译器隐式地将类 Derived 的对象 derived 转化为类 Base 的对象。这种隐式的转换使方法 m（Base）使用所有能转换成 Base 类的所有参数。

```
C c = new C();
Derived derived = new Derived();
c.m( derived );
```

隐式的强制转换可以避免类型转换的麻烦，减少编译错误。当然编译器会优先验证符合定义的对象类型。

2．重载的多态

重载型多态会允许用相同的运算符或方法表示截然不同的意义。例如，"+"在上面的程序中有两个意思，一是表示两个 double 类型的数相加，二是表示两个数据串联。另外还有整型相加、长整型等，这些运算符的重载依赖于编译器根据上下文做出的选择。以往的编译器会把操作数隐式转换为完全符合操作符的类型。虽然 Java 明确支持重载，但是不支持用户定义的操作符重载。

Java 支持用户定义的方法重载。在一个类中可以有相同名字的方法，这些方法可以有不同这两个意义。在这些重载方法中必须满足参数数目不同、相同位置上的参数类型不同这两个条件，这些不同可以帮助编译器区分不同版本的方法。

编译器以这种唯一表示的特征来表示不同的方法，这比用名字表示更为有效。正因为如此，所有的多态行为都能编译通过。

强制和重载这两种类型的多态之所以都分类为特定的多态，是因为这些多态都具有特定的意义。这些划入多态中的特性给程序员带来了很大的方便。强制多态排除了麻烦的类型转换和编译错误。重载多态像一块糖，它允许程序员用相同的名字表示不同的方法，这非常方便。

3．参数的多态

参数型多态允许把许多类型抽象成某种单一的表示。例如，对于一个名为 List 的抽象类，我们可以用它来描述一组具有同样特征的对象，以此提供一个通用的模板。我们可以通过指定一种类型来重用这个抽象类。由于这些参数可以是任何用户定义的类型，很多用户都可以使用这个抽象类，因此参数型多态毫无疑问地成为最强大的多态。

Java 实际上并不支持真正的安全类型的参数多态，这也是 java.util.List 和 java.util 中的其他集合类是用原始的 java.lang.Object 编写的原因。Java 中的单根继承方式解决了部分问题，但没有发挥出参数型多态的全部功能。

4．包含的多态

同样的操作可用于一个类型及其子类型（注意是子类型，不是子类），包含型多态一般需要在运行时进行类型检查。Java 中的包含型多态其实是子类型的多态。在早期，Java 的开发者所提及的多态就特指子类型的多态。通过一种面向类型的观点，我们可以看到子类型多态的强大功能。

9.2.2 演示 Java 中的多态

前面一节讲解了 Java 多态的理论知识，接下来我们将通过一段实例代码来讲解多态在 Java 程序中的作用。

实例 9-4	在 Java 程序中使用多态
	源码路径：daima\9\duotai.java

实例文件 duotai.java 的主要实现代码如下所示。

```java
class jiBaseClass{                          //定义父类jiBaseClass
    public int book = 6;                    //定义属性变量book的初始值是6
    public void base()                      //定义方法base()，其功能是输出文本
    {
        System.out.println("父类的普通方法");
    }
    public void test()                      //定义方法test()，其功能是输出文本
    {
        System.out.println("父类被覆盖的方法");
    }
}
public class duotai extends jiBaseClass{    //定义子类duotai，父类是jiBaseClass
    //重新定义一个book实例属性覆盖父类的book实例属性
    public String book = "Android江湖";
    public void test()                      //重定义方法test()
    {
        System.out.println("子类覆盖父类的方法");
    }
    public void sub()                       //定义方法sub()
    {
        System.out.println("子类的普通方法");
    }
    public static void main(String[] args) {
        //下面编译时类型和运行时类型完全一样，因此不存在多态
        jiBaseClass bc = new jiBaseClass();
        //输出 6
        System.out.println(bc.book);
        //下面两次调用将执行jiBaseClass的方法
        bc.base();
        bc.test();

        //下面编译时类型和运行时类型完全一样，因此不存在多态
        duotai sc = new duotai();
        //输出"Android江湖"
        System.out.println(sc.book);
        //下面调用将执行从父类继承到的base方法
        sc.base();
        //下面调用将执行当前类的test方法
        sc.test();
        //下面调用将执行当前类的sub方法
        sc.sub();

        //下面编译时类型和运行时类型不一样，多态发生
        jiBaseClass sanYin = new duotai();
        //输出 6，这表明访问的是父类属性
        System.out.println(sanYin.book);
        //下面调用将执行从父类继承到的base方法
        sanYin.base();
        //下面调用将执行当前类的test方法
        sanYin.test();
        //jiBaseClass类没有提供sub方法，这是因为sanYin的编译类型是jiBaseClass
        //所以以下面代码编译时会出现错误
        //sanYin.sub();
    }
}
```

拓展范例及视频二维码

范例 **9-4-01**：基于继承实现的

多态

源码路径：**演练范例\9-4-01**

范例 **9-4-02**：基于接口实现的

多态

源码路径：**演练范例\9-4-02**

在上述代码的 main()方法中显式创建了 3 个引用变量，其中前两个引用变量 bc 和 sc 的编译时类型和运行时类型完全相同，因此调用它们的属性和方法非常正常，完全没有任何问题。但第三个引用变量 sanYin 则比较特殊，它编译时的类型是 BaseClass，而运行时类型是 SubClass，当调用该引用变量的 test()方法时，实际执行的是类 SubClass 覆盖后的 test()方法，这就是多态。上述代码执行后的结果如图 9-5 所示。

因为子类其实是父类的一种特化，所以 Java 允许把一个子类对象直接赋给一个父类引用变量，无须任何类型转换。当把一个子类对象直接赋给父类引用变量时，例如上面的 "jiBaseClass sanYin=SubClass0;"，这个引用变量 sanYin 的编译时类型是 BaseClass，而运行时类型是 SubClass。当运行时调用该引用变量的方法时，其方法行为实际是子类方法的行为，而不是父类方法的行为。这种在相同的引用变量上出现不同的运行时行为情况，就是多态。

```
6
父类的普通方法
父类被覆盖的方法
Android江湖
父类的普通方法
子类覆盖父类的方法
子类的普通方法
6
父类的普通方法
子类覆盖父类的方法
```

图 9-5　执行结果

当然，引用变量在编译阶段只能调用其编译时类型所具有的方法，在运行时则执行它运行时类型所具有的方法。因此在编写 Java 代码时，引用变量只能调用声明该变量时所用类里包含的方法。例如我们通过 "Object m = new Person()" 代码定义一个变量 m，则此 m 能调用 Object 类的方法，而不能调用在类 Person 中定义的方法。

与方法不同的是，对象的属性则不具备多态性，如上面的 sanYin 引用变量，程序在输出它的 book 属性时，并不是输出在 SubClass 类里定义的实例属性，而是输出 BaseClass 类的实例属性。表面看上面的代码显式创建了 3 个对象，其实在内存里至少创建了 5 个对象，因为当系统创建 sc 和 sanYin 两个变量所引用的对象时，系统会隐式地为各自创建对应的父类对象，其父类对象可以在 SubClass 类上通过 super 引用来访问。不管是 sc 变量，还是 sanYin 变量，它们都可以访问到两个 book 属性，其中一个来自 BaseClass 类里定义的实例属性，另一个来自 SubClass 类里定义的实例属性。当通过引用变量访问其包含的实例属性时，系统总是试图访问它编译时类所定义的属性，而不是它运行时类所定义的属性。

❀　注意：多态的核心是类型的一致性。对象上的每一个引用和静态的类型检查器都要确认这样的依附。当一个引用成功地依附于另一个不同的对象时，有趣的多态现象就产生了。我们也可以把几个不同引用依附于同一个对象。

多态依赖于类型和实现的分离，多用进行接口和实现分离。多态行为会用到类的继承关系所建立起来的子类型关系。Java 接口同样支持用户定义的类型，相应地，Java 的接口机制启动了建立在类型层次结构上的多态行为。

9.2.3　使用 instanceof 运算符

instanceof 是 Java 语言中的一个二元操作符，和= =、>、<等是同一类元素。由于 instanceof 是由字母组成的，所以它也是 Java 的保留关键字。instanceof 的作用是测试它左边的对象是否是它右边类的实例，然后返回一个 boolean 类型的 instanceof。请看下面的代码。

```
String s = "I AM an Object!";
boolean isObject = s instanceof Object;
```

上述代码声明了一个 String 型对象引用，指向一个 String 型对象，然后用 instanceof 来测试它所指向的对象是否是 Object 类的一个实例。因为这是真的，所以返回结果 true，也就是 isObject 的值为 true。

比如我们在编写一个处理账单系统时，其中有如下 3 个类。

```
public class Bill {//省略细节}
public class PhoneBill extends Bill {//省略细节}
public class GasBill extends Bill {//省略细节}
```

在具体处理程序中有一个专门的方法来接受一个 Bill 类型的对象，这样可以计算金额。假设两种账单的计算方法不同，而传入的 Bill 对象可能是两种中的任何一种，因此需要使用 instanceof 来判断。

```java
public double calculate(Bill bill) {
    if (bill instanceof PhoneBill) {
        //计算电话账单
    }
    if (bill instanceof GasBill) {
        //计算燃气账单
    }
    ...
```

这样就可以用一个方法来处理两种子类。然而这种作法通常认为没有很好地利用面向对象的多态性。其实上面的功能用方法重载完全可以实现，这是面向对象编程应用的作法，这样可以避免回到结构化编程模式。只要提供两个名字和返回值都相同、接受参数类型不同的方法就可以了。

```java
public double calculate(PhoneBill bill) {
    //计算电话账单
}

public double calculate(GasBill bill) {
    //计算燃气账单
}
```

Java 语言规定，instanceof 运算符前面的操作数类型要么与后面的类型相同，要么与后面类型有父子继承关系，否则会引起编译错误。

实例 9-5　使用 instanceof 运算符

源码路径：daima\9\ceshi.java

实例文件 ceshi.java 的具体实现代码如下所示。

```java
public static void main(String[] args) {
    //若声明hello时使用Object类，则hello的编译类型是Object，Object是所有类的父类
    //但hello变量的实际类型是String类型
    Object hello = "Hello";
    //String是Object类的子类，所以返回true。
    System.out.println("字符串是否是Object类的实例: " + (hello instanceof Object));
    //返回true。
    System.out.println("字符串是否是String类的实例: " + (hello instanceof String));
    //返回false。
    System.out.println("字符串是否是Math类的实例: " + (hello instanceof Math));
    //String实现了Comparable接口，所以返回true。
    System.out.println("字符串是否是Comparable接口的实例: " + (hello instanceof Comparable));
    String a = "Hello";
①  System.out.println("字符串是否是Math类的实例: " + (a instanceof Math));
}
```

拓展范例及视频二维码

范例 9-5-01：和 isInstance 的
区别
源码路径：演练范例\9-5-01\

范例 9-5-02：使用 instanceof
源码路径：演练范例\9-5-02\

在行①中，因为类 String 既不是 Math 类，也不是 Math 类的父类，所以这行代码无法编译通过，这就是因为类型不匹配所造成的。由此可见，在 Java 中使用 instanceof 运算符的最主要目的是：在执行强制类型转换之前，应首先判断前一个对象是否是后一个类的实例，是否可以成功地转换，从而保证代码更加健壮。

9.3　引 用 类 型

在本书前面的内容中曾经涉及引用类型的知识，但是都没有深入详解，这是因为读者还不具备深入学习引用类型所需要的知识。本节将详细讲解 Java 中的引用类型，为读者学习本书后面的知识打下基础。

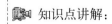 知识点讲解：

9.3.1　4 种引用类型

对于需要长期运行的应用程序来说，如果无用对象所占用的内存空间不能得到及时释放的话，那么在一个局部时间段内便形成了事实上的内存泄漏。如果要及时地释放内存，那么在 Java 中最稳妥的方法就是，在使用完对象之后立刻执行"object=null"语句。当然，这也是一种理想状态。

在 JDK 中引入了 4 种对象引用类型，通过如下 4 种引用类型强行调用垃圾回收方法 "System.gc()" 来解决内存泄漏问题。

（1）强引用：在日常编程中所用的大多数引用类型都属于强引用类型，方法是显式执行 "object=null" 语句。

（2）软引用：对于软引用的对象，如果内存空间足够，那么垃圾回收器是不会回收它的；如果内存空间不足，那么垃圾回收器将回收这些对象占用的内存空间。在 Java 中软引用对应 java.lang.ref.SoftReference 类，如果要软引用一个对象，则只需将其作为参数传入 SoftReference 类的构造方法中就行了。

（3）弱引用：与前面的软引用相比，被弱引用的对象拥有更短的内存时间（也就是生命周期）。垃圾回收器一旦发现了弱引用对象，不管当前内存空间是不是足够，都会回收它的内存，弱引用对应着 java.lang.ref.WeakReference 类。同样的道理，如果想弱引用一个对象，则只需将其作为参数传入 WeakReference 类的构造方法中就行了。

（4）虚引用：虚引用不是一种真实可用的引用类型，完全可以将其视为一种"形同虚设"的引用类型。设计虚引用的目的在于结合引用关联队列，实现对对象引用关系的跟踪。在 Java 中虚引用对应 java.lang.ref.PhantomReference 类。如果要虚引用一个对象，则只需将其作为参数传入 PhantomReference 类的构造方法中就行了，同时作为参数传入的还有引用关联队列 java.lang.ref.ReferenceQueue 的对象实例。

实例 9-6	使用弱引用
	源码路径：daima\9\TestReference.java

本实例演示了弱引用所引用的对象被系统回收的过程，实例文件 TestReference.java 的主要实现代码如下所示。

```
import java.lang.ref.*;
public class TestReference{
    public static void main(String[] args) throws Exception{
        //创建一个字符串对象
①      String str = new String("Java开发从入门到精通");
        //创建一个弱引用，让此弱引用引用"Struts2**指南"字符串
②      WeakReference<String> wr = new WeakReference<String>(str);
        //切断str引用和"Java开发从入门到精通"字符串之间的引用
        str = null;
        //取出弱引用所引用的对象
③      System.out.println(wr.get());
        //强制垃圾回收
        System.gc();
④      System.runFinalization();
        //再次取出弱引用所引用的对象
⑤      System.out.println(wr.get());
    }
}
```

拓展范例及视频二维码

范例 9-6-01：使用按值传递
源码路径：演练范例\9-6-01\

范例 9-6-02：使用按引用传递
源码路径：演练范例\9-6-02\

在行①中，创建一个字符串对象，并让引用变量 str 引用这个对象。

在行②中，创建一个弱引用对象，并让这个对象和引用变量 str 引用同一个对象。

在行③中，切断 str 跟字符串"Java 开发从入门到精通"之间的引用关系，此时这个字符串只有一个弱引用对象引用它。这个时候程序依然可以通过这个弱引用来访问该字符串常量，

当程序执行"System.out.println(wr.get())"时依然可以输出"Java开发从入门到精通"。

在行④中，程序会强制垃圾回收。如果系统垃圾回收器启动，那么将只有弱引用所引用的对象会清除掉。

在行⑤中 当执行本行代码的时候，就只能输出 null 的值了。程序的执行结果如图 9-6 所示。

```
Java开发从入门到精通
null
```

图 9-6　执行结果

9.3.2　引用变量的强制类型转换

在编写 Java 程序时，引用变量只能调用编译时类型的方法，而不能调用运行时类型的方法，即使实际所引用对象确实包含该方法。如果需要让这个引用变量调用运行时类型的方法，则必须使用强制类型转换把它转换成运行时类型。强制类型转换需要借助于类型转换运算符。

Java 中的类型转换运算符是小括号"()"，使用类型转换运算符的语法格式如下所示。

```
(type)variable
```

上述格式可以将变量 variable 转换成一个 type 类型的变量，这种类型转换运算符可以将一个基本类型变量转换成另一个类型。除此之外，此类型转换运算符还可以将一个引用类型变量转换成其子类类型。

下面通过一段实例代码来演示使用强制转换的过程。

实例 9-7　**使用强制转换**
源码路径：daima\9\qiangzhuan.java

实例文件 qiangzhuan.java 的具体实现代码如下所示。

```java
public class qiangzhuan
    {
    public static void main(String[] args) {
            double d = 13.4;
            long l = (long)d;
            System.out.println(l);
            int in = 5;
            //下面代码试图把一个数值型变量转换为
boolean型的，所以会出错
            //boolean b = (boolean)in;
            Object obj = "Hello";
            //obj变量的编译类型为Object，它是String类型的父类，可以强制类型转换
            //而且obj变量实际上的类型也是String类型，所以运行时也可通过
            String objStr = (String)obj;
            System.out.println(objStr);
            //定义一个objPri变量，编译类型为Object，实际类型为Integer
            Object objPri = new Integer(5);
            //objPri变量的编译类型为Object，它是String类型的父类，可以强制类型转换
            //而objPri变量实际上的类型是Integer类型，所以下面代码运行时引发ClassCastException异常
            String str = (String)objPri;
        }
    }
```

拓展范例及视频二维码

范例 **9-7-01**：使用自动转换

源码路径：**演练范例\9-7-01**

范例 **9-7-02**：使用强制转换

源码路径：**演练范例\9-7-02**

在上述代码中，因为变量 objPri 的实际类型是 Integer，所以运行上述代码时会引发 ClassCastException 异常。执行结果如图 9-7 所示。

```
13
Exception in thread "main" Hello
java.lang.ClassCastException: java.base/java.lang.Integer cannot be cast to java.base/java.lang.String
        at qiangzhuan.main(qiangzhuan.java:22)
```

图 9-7　执行结果

为了解决上述异常，在进行类型转换之前应先通过 instanceof 运算符来判断是否可以转换成功。

9.4　组　　合

在上一章曾经讲解了继承的知识，继承是实现类重用的重要手段，但继承会破坏封装。相比之下，在 Java 中通过组合也可以实现类重用，且采用组合方式来实现类重用则能提供更好的封装性。

 知识点讲解：

如果需要复用一个类，那么除了把这个类当成基类来继承之外，还可以把该类当成另一个类的组合，从而允许新类直接复用该类的 public 方法。不管是继承还是组合，都允许在新类（在继承关系中就是子类）中直接复用旧类的方法。在继承关系中，子类可以直接获得父类的 public 方法。当程序在使用子类时，可以直接访问该子类从父类中继承的方法。而组合能够把旧类对象作为新类的属性来嵌入，用以实现新类的功能。我们看到的只是新类的方法，而不能看到嵌入在对象中的方法。因此，通常需要在新类里使用 private 来修饰嵌入的旧类对象。

如果仅从类复用的角度来看，则很容易发现父类的功能等同于嵌入类，它们都是将自身的方法提供给新类使用。子类和组合关系里的整体类都可以复用原有类的方法，这样可以实现自身功能。

实例 9-8	**对比继承与组合这两种重用形式**
	源码路径：daima\9\jiben.java、haiyou.java

在实例文件 jiben.java 中定义 3 个类，其中类 dongwu 是父类，下面有 niao 和 nnn 两个子类，具体实现代码如下所示。

```
class dongwu                          //父类
{
    private void beat()               //方法beat()输出文本"休息..."
    {
        System.out.println("休息...");
    }
    public void breath()              //方法breath()输出文本"走路..."
    {
        beat();
        System.out.println("走路...");
    }
}
//继承dongwu，直接复用父类的breath方法
class niao extends dongwu             //定义子类niao
{
    public void fly(){
        System.out.println("飞翔...");
    }
}
//继承dongwu，直接复用父类的breath方法
class nnn extends dongwu              //定义子类dongwu
{
    public void run(){
        System.out.println("奔跑...");
    }
}
public class jiben{
    public static void main(String[] args){
        niao b = new niao();          //定义子类对象
        b.breath();                   //调用父类中的breath()方法
        b.fly();                      //调用自身中的fly()方法
        nnn w = new nnn();            //定义子类对象w
        w.breath();                   //调用父类中的breath()方法
        w.run();                      //调用自身中的run()方法
    }
}
```

拓展范例及视频二维码

范例 **9-8-01**：组合和继承的
区别
源码路径：**演练范例\9-8-01**

范例 **9-8-02**：组合基本类型
源码路径：**演练范例\9-8-02**

在上述代码中，类 niao 和类 nnn 继承了类 dongwu，从而 nnn 和 niao 可以获得 dongwu 的

方法，从而复用了 dongwu 提供的 breath() 方法。这种方式相当于让类 nnn 和类 niao 同时具有父类 dongwu 的 breath() 方法，这样类 niao 和 nnn 都可以直接调用 dongwu 里面定义的 breath() 方法。执行后的结果如图 9-8 所示。

※ 注意：上述实例在鸟类对象中设置了一个动物的属性。这样的设置看起来可能有点怪异，好像其他属性就不是动物属性了。建议读者无须纠结这么多，上述实例的目的只是简单地对比重用的效果，只要理解并掌握继承这种重用形式即可。

```
休息...
走路...
飞翔...
休息...
走路...
奔跑...
```
图 9-8 执行结果

我们知道编程都讲究代码复用的原则，可以借助于组合来实现代码复用。编写可以实现复用功能并且可以实现上述功能的文件 haiyou.java，具体实现代码如下所示。

```java
class dongwu                          //定义父类dongwu
{
    private void beat(){
        System.out.println("休息...");
    }
    public void breath(){
        beat();
        System.out.println("走路...");
    }
}
class niao{
    //将原来的父类嵌入原来的子类中，作为子类的一个组合成分
    private dongwu a;
    public niao(dongwu a){
        this.a = a;
    }
    //重新定义一个自己的breath()方法
    public void breath(){
        //直接复用dongwu提供的breath()方法来实现niao的breath()方法
        a.breath();
    }
    public void fly(){
        System.out.println("飞翔...");
    }
}
class nnn{
    //将原来的父类嵌入原来的子类中，作为子类的一个组合成分
    private dongwu a;
    public nnn(dongwu a){
        this.a = a;
    }
    //重新定义一个自己的breath()方法
    public void breath(){
        //直接复用dongwu提供的breath()方法来实现niao的breath()方法
        a.breath();
    }
    public void run(){
        System.out.println("奔跑...");
    }
}
public class haiyou{
    public static void main(String[] args){
        //此时需要显式创建被嵌入的对象
        dongwu a1 = new dongwu();
        niao b = new niao(a1);
        b.breath();
        b.fly();
        //此时需要显式创建被嵌入的对象
        dongwu a2 = new dongwu();
        nnn w = new nnn(a2);
        w.breath();
        w.run();
    }
}
```

在上述代码中，对象 nnn 和 niao 由对象 dongwu 组合而成，在上述代码创建对象 nnn 和 niao 之前，首先要创建对象 dongwu，并利用对象 dongwu 来创建对象 nnn 和 niao。

9.5　初　始　化　块

Java 使用构造器对单个对象进行初始化操作，在使用构造器时需要初始化完成整个 Java 对象的状态，然后将 Java 对象返回给程序，从而让该 Java 对象的信息更加完整。在 Java 中，还有一个语言元素与构造器的功能很

知识点讲解：

类似，那就是初始化块，它能够对 Java 对象实现初始化操作。本节我们将详细讲解 Java 中的初始化块。

9.5.1　初始化块概述

在 Java 语言的类中，初始化块和属性、方法、构造器处于平等的地位。在一个类里可以有多个初始化块，在相同类型的初始化块之间是有顺序的，其中前面定义的初始化块先执行，后面定义的初始化块后执行。在 Java 中实现初始化块的语法格式如下所示。

```
修饰符 {
//初始化块的可执行代码
}
```

在 Java 语言中有两种初始化块，它们分别是静态初始化块和非静态初始化块。

- ❑ 静态初始化块：它使用 static 定义，当类装载到系统时执行一次。如果在静态初始化块中想初始化变量，则只能初始化类变量，即由 static 修饰的数据成员。
- ❑ 非静态初始化块：它在生成每个对象时都会执行一次，可以初始化类的实例变量。非静态初始化块会在其构造器的主体代码之前执行。

实例 9-9　**在类中同时包含构造器和初始化块**
源码路径：daima\9\ren.java

实例文件 ren.java 的主要代码如下所示。

```
public class ren{               //定义类ren
    //下面定义一个初始化块
        int a = 6;
        //在初始化块中
        if (a > 4){
          System.out.println("ren初始化块:局部变量a的值大于4");
        }
          System.out.println("ren的初始化块");
    }
    //定义第二个初始化块
    {
      System.out.println("ren的第二个初始化块");
    }
    //定义无参数的构造器
    public ren(){
      System.out.println("ren类的无参数构造器");
    }
    public static void main(String[] args){
      new ren();
    }
}
```

拓展范例及视频二维码

范例 **9-9-01**：说明初始化块的
执行顺序
源码路径：**演练范例\9-9-01**
范例 **9-9-02**：提高产品的
质量
源码路径：**演练范例\9-9-02**

执行后的结果如图 9-9 所示。

上面的实例代码定义了一个类 ren，在它里面既包含了构造器，也包含了初始化块。当创建 Java 对象时，系统总是先调用在该类中定义的初始化块。如果在一个类中定义了两个普通的初始化块，则前面定义的初始化块先执行，后面定义的初始化块后执行。由此可见，初始化的作用和

构造器相似，它们都对 Java 对象执行指定的初始化操作，但它们之间依然存在一些差异。

✿　注意：当 Java 创建一个对象时，系统先为该对象的所有实例属性分配内存，然后程序开始对这些实例属性执行初始化操作，初始化顺序是先执行初始化块或声明属性时指定的初始值，然后执行构造器里指定的初始值。初始化块虽然也是 Java 类的一种成员，但是因为它没有名字和标识，所以无法通过类和对象来调用初始化块。只有在创建 Java 对象时才能隐式地执行初始化块，并且应在执行构造器之前执行。

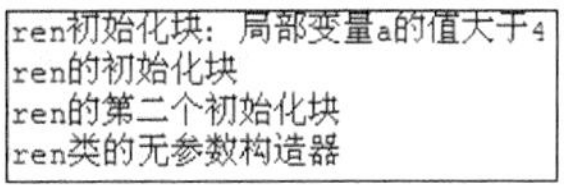

```
ren初始化块：局部变量a的值大于4
ren的初始化块
ren的第二个初始化块
ren类的无参数构造器
```

图 9-9　执行结果

9.5.2　静态初始化块

如果在 Java 中使用 static 修饰符定义了初始化块，则称这个初始化块为静态初始化块。静态初始化块是类相关的，系统将在类初始化阶段执行静态初始化块，而不是在创建对象时才执行。因此静态初始化块总是比普通初始化块先执行。

静态初始化块能够初始化整个类。它通常用于对类属性执行初始化处理，但是不能初始化实例属性。与普通初始化块类似的是，系统在类初始化阶段执行静态初始化块时，不仅会执行本类的静态初始化块，还会一直上溯到 java.lang.Object 类（如果它包含静态初始化块），先执行 java.lang.Object 类的静态初始化块，然后执行其父类的静态初始化块……最后才执行该类的静态初始化块。经过上述过程才能完成该类的初始化过程。完成类的初始化工作后，才可以在系统中使用这个类，这包括访问这个类的方法和属性，或者用此类来创建实例。

实例 9-10　使用静态初始化块

源码路径：daima\9\jing.java

本实例演示了在 Java 程序中使用静态初始化块的用法，实例文件 jing.java 的具体实现代码如下所示。

```java
class gen                      //定义第一个类gen，这是父类
{
    static{                    //定义静态初始化块，使其输出文本"gen的静态初始化块"
        System.out.println("gen的静态初始化块");
    }
    {
        System.out.println("gen的普通初始化块");
    }
    public gen()               //构造器方法gen()，使其输出文本"gen的无参数构造器"
    {
        System.out.println("gen的无参数构造器");
    }
}
class zhong extends gen        //定义子类zhong
{
    static{                    //定义静态初始化块
        System.out.println("zhong的静态初始化块");
    }
    {
        System.out.println("zhong的普通初始化块");
    }
    public zhong()             //构造器方法zhong()
    {
        System.out.println("zhong的无参数构造器");
    }
    public zhong(String msg)   //重载方法
    {
        //通过this调用同一类中重载的构造器
        this();
        System.out.println("zhong的带参数构造器，其参数值:" + msg);
    }
}
```

拓展范例及视频二维码

范例 **9-10-01**：使用初始化块

源码路径：**演练范例\9-10-01**

范例 **9-10-02**：不使用初始化块
　　　　　　的对比

源码路径：**演练范例\9-10-02**

```
    }
class xiao extends zhong        //定义子类xiao
{
    static{                     //定义静态初始化块
        System.out.println("xiao的静态初始化块");
    }
    {
        System.out.println("xiao的普通初始化块");
    }
    public xiao()               //构造方法xiao()
    {
        //通过super调用父类中有一个字符串参数的构造器
        super("AAAA");
        System.out.println("执行xiao的构造器");
    }
}

public class jing              //定义测试类jing
{
    public static void main(String[] args) {
        new xiao();            //第一个调用构造方法，创建第一个xiao对象
        new xiao();            //第二个调用构造方法，创建第二个xiao对象
    }
}
```

上述代码定义了 gen、zhong 和 xiao 三个类，它们都提供了静态初始化块和普通初始化块，并且在类 zhong 中使用 this 调用了重载构造器，而在 xiao 中使用 super 显式调用了其父类指定的构造器。上述代码执行了两次 "new xiao();"，创建两个 xiao 对象。当我们第一次创建 xiao 类的一个对象时，因为系统中还不存在 xiao 类，因此需要先加载并初始化类 xiao。在初始化类时 xiao 会先执行其顶层父类的静态初始化块，然后执行父类的静态初始化块，最后才执行 xiao 本身的静态初始化块。当初始化类 xiao 成功后，类 xiao 将在该虚拟机中一直存在。当第二次创建实例 xiao 时，无须再次初始化 xiao 类。执行后的结果如图 9-10 所示。

```
gen的静态初始化块
zhong的静态初始化块
xiao的静态初始化块
gen的普通初始化块
gen的无参数构造器
zhong的普通初始化块
zhong的无参数构造器
zhong的带参数构造器，其参数值：AAAA
xiao的普通初始化块
执行xiao的构造器
gen的普通初始化块
gen的无参数构造器
zhong的普通初始化块
zhong的无参数构造器
zhong的带参数构造器，其参数值：AAAA
xiao的普通初始化块
执行xiao的构造器
```

图 9-10　执行结果

9.6　包　装　类

Java 虽然是面向对象的编程语言，但是在程序里面包含了 8 种基本数据类型，这 8 种基本数据类型不支持面向对象的编程机制。这些基本数据类型不具备"对象"的特性，例如没有可以调用的属性和方法。当然，这 8 种基本

知识点讲解：

数据类型也带来了一定的方便之处，例如它们可以进行简单、有效的常规数据处理。在某些时候，在使用基本数据类型时会有一些制约，例如所有引用类型的变量都继承自 Object 类，它们的对象都可以当成 Object 类型的对象来使用。但是基本数据类型的变量就不可以，如果有方法需要用到 Object 类型的参数，实际需要的值却是数字 3 之类的数值，那么这可能就比较难以处理。为了解决 8 种基本数据类型的变量不能当成 Object 类型变量来使用的这一问题，在 Java 中引入了包装类，通过包装类可以为 8 种基本数据类型分别定义相应的引用类型，这称为基本数据类型的包装类。

表 9-1 列出了在 Java 中基本数据类型和包装类之间的关系。

将基本数据类型变量包装成包装类实例是通过对应包装类的构造器来实现的，并且在 8 个包中除了 Character 之外，还可以通过传入一个字符串参数来构建包装类对象。

表 9-1 基本数据类型和包装类之间的对应关系

基本数据类型	包 装 类
byte	Byte
short	Short
int	Integer
long	Long
char	Character
float	Float
double	Double
boolean	Boolean

实例 9-11 把基本类型变量转换成对应包装类对象

源码路径：daima\9\baozhuang.java

实例文件 baozhuang.java 的主要代码如下所示。

```java
public class baozhuang{
    public static void main(String[] args) {
        boolean b1 = true;
        //通过构造器把b1基本类型变量包装成包装类对象
        Boolean b1Obj = new Boolean(b1);
        int it = 5;
        //通过构造器把it基本类型变量包装成包装类对象
        Integer itObj = new Integer(it);
        //把一个字符串转换成Float对象
        Float fl = new Float("1.23");
        //把一个字符串转换成Boolean对象
        Boolean bObj = new Boolean("true");
        System.out.print("---------" + bObj);
        //下面会引发java.lang.NumberFormatException异常
        //Long lObj = new Long("ddd");
        //取出Boolean对象里的boolean型变量
        boolean bb = bObj.booleanValue();
        //取出Integer对象里的int型变量
        int i = itObj.intValue();
        //取出Float对象里的float型变量
        float f = fl.floatValue();
    }
}
```

拓展范例及视频二维码

范例 **9-11-01**：使用自动装箱和
　　　　　　　自动拆箱
源码路径：**演练范例\9-11-01**
范例 **9-11-02**：骑车销售商场
　　　　　　　模式
源码路径：**演练范例\9-11-02**

执行后的结果如图 9-11 所示。

上面的实例代码演示了如何把基本类型变量转换成对应包装类对象，以及如何把一个字符串包装成包装类对象的过程。上面程序分别把基本类型变量包装成包装类对象。并且通过向包装类构造器传入一个字符串参数，并分别利用"4.56""false"等字符

图 9-11 执行结果

串来创建包装类对象。由于其中一行代码试图把字符串 "ddd" 转换成 long 类型变量，所以编译时没有问题，但是在运行时会引发 java.lang.NumberFormat Exception 异常。

9.7 final 修饰符

第 7 章曾经简要地介绍过 final 修饰符的基本知识，final 可以用于修饰类、变量和方法。通过 final 修饰以后，我们能够将其修饰的类、方法和变量表示成不可改变的状态。本节将深入讲解 final，为后续学习做好铺垫。

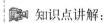 知识点讲解：

9.7.1　用 final 修饰变量

如果某个变量使用了 final 修饰符，那么就表示该变量一旦获得了初始值之后就不可改变了。final 既可以用来修饰成员变量（包括类的成员和实例的成员），也可以用来修饰局部变量和形参。当然，在 Java 中用 final 修饰局部变量和全局变量的作用是不同的，其原因就在于 final 变量在获得初始值之后是不能重新赋值的。

1. 用 final 修饰成员变量

成员变量是随着类初始化或对象初始化而初始化的。当初始化类时，系统会为该类的类属性分配内存，并分配一个默认值；当创建对象时，系统会为该对象的实例属性分配内存，并分配默认值。也就是说当执行静态初始化块时可以对类属性赋初始值，当执行普通初始化块、构造器时也可对实例属性赋初始值。因此，成员变量的初始值可以在定义该变量时指定默认值，也可以在初始化块、构造器中指定初始值，否则成员变量的初始值将由系统自动分配。

总而言之，对于被 final 修饰的成员变量来说，由于有了初始值后就不能再重新赋值，所以我们不可以在普通方法中对这些成员变量重新赋值。只能在定义该成员变量时指定默认值，或者在静态初始化块、初始化块和构造器时为成员变量指定初始值。如果既没有在定义成员变量时指定初始值，也没有在初始化块、构造器时为成员变量指定初始值，那么这些成员变量的值将一直是 0、'\u0000'、false 或 null，这样这些成员变量也就失去了存在的意义。

而且这些被 final 修饰的成员变量只能选择要么在定义成员变量时指定初始值，要么在初始化块和构造器时赋予初始值。如果在定义该成员变量时指定了默认值，则不能在初始化块和构造器时为该属性重新赋值。综上所述，final 在修饰类属性、实例属性时能够指定初始值的一定范围，具体说明如下所示。

- ❑ 修饰类属性时：可在静态初始化块中声明该属性时指定初始值。
- ❑ 修饰实例属性时：可在非静态初始化块声明该属性、构造器时指定初始值。

2. 用 final 修饰局部变量

在初始化局部变量时，局部变量必须由程序员显式初始化。因此使用 final 修饰局部变量时既可以指定默认值，也可以不指定默认值。如果在定义修饰的局部变量时没有指定默认值，则可以在后面代码中对该变量赋一个初始值，前提是这样的赋值操作只能执行一次，不能重复。如果在定义由 final 修饰的局部变量时已经指定了默认值，则在后面的代码中不能再对该变量赋值。下面的实例演示了使用 final 修饰局部变量和形参的情形。

实例 9-12	使用 final 修饰成员变量
	源码路径：daima\9\chengyuan.java

实例文件 chengyuan.java 的主要代码如下所示。

```java
public class chengyuan{
    //定义成员变量时指定默认值，这是正确的
    final int a = 6;
    final String str;
    final int c;
    final static double d;
    //初始化块，可对没有指定默认值的实例属性指定初始值
    {
        //在初始化块中为实例属性指定初始值，合法
        str = "Hello";
        //由于定义a属性时已经指定了默认值,因此不能为a重
新赋值,下面赋值语句非法
        //a = 9;
    }
    //静态初始化块，可对没有指定默认值的类属性指定初始值
    static{
        //在静态初始化块中为类属性指定初始值，合法
```

拓展范例及视频二维码

范例 **9-12-01**：使用 final 修饰
基本类型
源码路径：**演练范例\9-12-01**
范例 **9-12-02**：两个相同的
宠物
源码路径：**演练范例\9-12-02**

```
        d = 5.8;
    }
    //构造器可对没有指定默认值且没有在初始化块中指定初始值的实例属性指定初始值
    public chengyuan(){
        c = 5;
    }
    public void changeFinal(){
        //普通方法不能为final修饰的成员变量赋值
        //d = 1.3;
        //不能在普通方法中为final成员变量指定初始值
        //ch = 'a';
    }
    public static void main(String[] args){
        chengyuan tf = new chengyuan();
        System.out.println(tf.a);
        System.out.println(tf.c);
        System.out.println(tf.d);
    }
}
```

上面的实例代码演示了初始化 final 变量的各种途径。和普通成员变量不同的是，final 成员变量（包括实例成员和类成员）必须由程序员显式初始化，系统不会对 final 成员进行隐式初始化。所以如果想在构造器、初始化块中对 final 成员变量进行初始化，则一定要在初始化之前就访问该成员变量的值。执行后的结果如图 9-12 所示。

```
6
5
5.8
```

图 9-12　执行结果

9.7.2　final 方法

在 Java 中，我们可以用 final 来修饰那些不希望重写的方法。也就是说，如果我们不希望子类重写父类的某个方法，则可以使用 final 来修饰该方法。譬如说，Java 的 Object 类中就有一个 final 方法——getClass()，因为 Java 不希望任何类重写这个方法，所以它的设计者就用 final 把这个方法密封起来。但对于该类提供的方法 toString()和 equals()系统允许子类重写，所以没有使用 final 修饰该方法。

实例 9-13　**重写 final 修饰方法的测试**
源码路径：daima\9\cuowu.java

实例文件 cuowu.java 的主要代码如下所示。

```
public class cuowu{
 public final void test(){}
}
class Sub extends cuowu{
 //下面的方法定义将出现编译错误，不能重写final方法
 public void test(){}
}
```

上述代码中的父类是 cuowu，在该类中定义的方法 test()是一个 final 方法，如果其子类试图重写这个方法则会引发编译错误。

在 Java 程序中，对于 private 方法来说，因为它仅在当前类中可见，所以其子类无法访问该方法。如果在子类中定义了一个与父类 private 方法有相同方法名、形参列表和返回值类型的方法，那么这也不是方法重写，只是重新定义了一个新方法。即使使用 final 修饰了一个 private 访问权限的方法，仍然可以在其子类中定义一个与该方法具有相同方法名、形参列表、返回值类型的方法。例如下面的代码在子类中“重写”了父类的 private final 方法。

```
public class chongsi{
 private final void test(){}
}
class mmm extends chongsi{
 //下面的方法定义将不会出现问题
 public void test(){}
}
```

由 final 修饰的方法只是不能重写，但可以重载。

9.8　内　部　类

内部类是指在外部类的内部再定义一个类。内部类作为外部类的一个成员，是依附于外部类而存在的。内部类可以是静态的，可以使用 protected 和 private 来修饰，而外部类只能使用 public 和默认的包访问权限。Java 中的内部类主要有成员内部类、局部内部类、静态内部类和匿名内部类等。

 知识点讲解：

9.8.1　内部类概述

在 Java 程序中，人们通常会把类定义成一个独立的程序单元。在某些情况下，我们也可以把类定义在另一个类的内部，这个定义在其他类内部的类称为内部类（有时也叫嵌套类），包含内部类的类称为外部类（有时也叫宿主类）。Java 从 JDK 1.1 开始引入了内部类，内部类的主要作用如下所示。

❑ 内部类提供了更好的封装，可以把内部类隐藏在外部类之内，不允许同一个包中的其他类访问该类。譬如说，假设我们需要创建一个名为 mmm 的类，类 mmm 需要组合一个 mmmLeg 类型的属性，并且 mmmLeg 类型只有在 mmm 类里才有效，离开了类 mmm 之后它就没有任何意义。在这种情况下，我们可以把 mmmLeg 定义成 mmm 的内部类，不允许其他类访问类 mmmLeg。

❑ 内部类的成员可以直接访问外部类的私有数据，因为内部类被当成了外部类的成员，同一个类的成员之间当然是可以互相访问的。但外部类不能访问内部类的实现细节，例如内部类的属性。

❑ 匿名内部类适合创建那些仅使用一次的类。当需要传入一个 Command 对象时，重新专门定义 PrintCommand 和 AddCommand 两个实现类可能没有太大的意义，因为这两个实现类可能仅需使用一次。在这种情况下，使用匿名内部类会更加方便。

因为内部类是一个编译时的概念，所以一旦编译成功它们就会成为完全不同的两类。举个例子，对于一个名为 outer 的外部类和在其内部定义的名为 inner 的内部类来说，编译完成后会生成两个类的编译文件，它们分别是 outer.class 和 outer$inner.class。

❀ 注意：为什么需要内部类呢？典型的情况是，内部类继承某个类或实现某个接口，内部类的操作创建其外围类的对象。你可以认为内部类提供了某种进入外围类的窗口。使用内部类最吸引人的原因是每个内部类都能独立地继承一个（接口的）实现，所以无论外围类是否已经继承了某个（接口的）实现，这些对于内部类都没有影响。如果没有内部类提供的可以继承多个具体或抽象类的能力，则一些设计与编程问题就很难解决。从这个角度看，内部类使得多重继承的解决方案变得更完整。接口解决了部分问题，而内部类有效地实现了"多重继承"。

9.8.2　非静态内部类

定义内部类的方法非常简单，只要把一个类放在另一个类的内部定义即可。此处的"类的内部"包括类中的任何位置，甚至在方法中也可以定义内部类（方法里定义的内部类称为局部内部类）。在 Java 中定义内部类的语法格式如下所示。

```
public class 类名{
//此处定义内部类
}
```

在大多数情况下，内部类都作为成员内部类来定义，而不是作为局部内部类。成员内部是一种与属性、方法、构造器和初始化块相似的类成员；局部内部类和匿名内部类则不是类成员。Java 中的成员内部类分别是静态内部类和非静态内部类，使用 static 修饰的成员内部类是静态内部类，没有使用 static 修饰的成员内部类是非静态内部类。因为内部类可以作为其外部类的成员，所以它可以使用任意访问控制符来修饰，例如 private 和 protected 等。

实例 9-14 演示非静态内部类的用法
源码路径：daima\9\feijing.java

实例文件 feijing.java 的主要代码如下所示。

```
public class feijing                    //这是一个外部类
{
      private double weight;
      //下面两行是外部类的两个重载构造器
      public feijing(){}
      public feijing(double weight){
          this.weight = weight;
      }
      //定义一个内部类
①    private class feijingLeg{
          //内部类的两个属性
          private double length;
          private String color;
          public feijingLeg(double length , String color)
          {
              this.length = length;
              this.color = color;
          }
          //内部类方法
          public void info(){
              System.out.println("当前位置是： " + color + "，坐标： " + length);
              //直接访问外部类的private属性：weight
②            System.out.println("所属地区： " + weight);
          }
      }
③    public void test(){
④        feijingLeg cl = new feijingLeg(1.12 , "白里透红");
          cl.info();
      }
      public static void main(String[] args){
          feijing feijing = new feijing(2122);
          feijing.test();
      }
}
```

拓展范例及视频二维码

范例 **9-14-01**：使用 this 限定
源码路径：演练范例\9-14-01\

范例 **9-14-02**：重新计算对象的散列码
源码路径：演练范例\9-14-02\

在行①中，在类 feijing 中定义了一个名为 feijingLeg 的非静态内部类，并在 feijingLeg 类的实例方法中直接访问类 feijing 的私有访问权限的实例属性。类 feijingLeg 的代码是一个普通的类定义，因为把此类定义放在了另一个类的内部，所以它就成为一个内部类，我们可以使用 private 修饰符来修饰这个类。

在行②④中，因为在非静态内部类中可以直接访问外部类的私有成员，所以本行代码就是在类 feijingLeg 的方法内直接访问其外部类的私有属性。这是因为在非静态内部类对象中保存了一个它寄存的外部类对象的引用（当调用非静态内部类的实例方法时，必须有一个非静态内部类实例，而非静态内部类实例必须寄存在外部类实例里）。

在行③中，在外部类 feijing 中定义了 test()方法，在该方法里创建了一个对象 feijingLeg，并调用了该对象的 info()方法。当在外部类中使用非静态内部类时，这与平时使用的普通类并没有太大的区别。

编译上述程序，将会看到在文件所在路径下生成了两个类文件，一个是 feijing.class，另一个是 feijing$feijingLeg.class，前者是外部类 feijing 的类文件，后者是内部类 feijingLeg 的类文件。执行结果如图 9-13 所示。

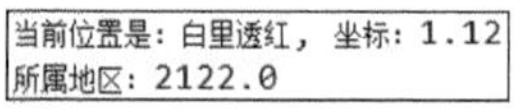

```
当前位置是：白里透红，坐标：1.12
所属地区：2122.0
```

图 9-13　执行结果

9.8.3　成员内部类

成员内部类作为外部类的一个成员存在，与外部类的属性、方法并列。在 Java 程序中，成员内部类可以访问外部类的静态与非静态的方法和成员变量。例如下面是生成成员内部类对象的基本方法。

```
OuterClass.InnerClass inner = new OuterClass().new InnerClass();
```

下面是在局部内部类中访问外部类成员变量的基本方法。

```
OuterClass.this.a;
```

实例 9-15　**演示非静态内部类的用法**
源码路径：daima\9\MemberInner.java　　　　　视频路径：视频\实例\第 9 章\063

实例文件 MemberInner.java 的主要代码如下所示。

```
class MemberInner{//定义类MemberInner，这是一个外部类
    private int a = 1;
    public void execute(){
            //在外部类中创建成员内部类
            InnerClass innerClass = this.new InnerClass();
    }
    /**成员内部类*/
    public class InnerClass{
        //内部类可以创建与外部类同名的成员变量
        private int a = 2;
        public void execute(){
            System.out.println(this.a);
①           //在内部类中使用外部类成员变量的方法
            System.out.println(MemberInner.this.a);
        }
    }
    public static void main(String[] args) {
②       MemberInner.InnerClass innerClass = new MemberInner().new InnerClass();
        innerClass.execute();
    }
}
```

拓展范例及视频二维码

范例 **9-15-01**：使用成员内部类

源码路径：**演练范例\9-15-01**

范例 **9-15-02**：使用局部内部类

源码路径：**演练范例\9-15-02**

在行①中，使用 this 关键字引用的是内部类。

在行②中，创建一个成员内部类对象 innerClass，调用了外部类和内部类的共同方法 execute()。

本实例的功能和实例 9-14 的类似，只不过实例 9-14 使用的是 private 的内部类，而本实例用的是 public 的内部类。执行后的结果如图 9-14 所示。

```
2
1
```

图 9-14　执行结果

9.8.4　局部内部类

在 Java 程序中，在方法中定义的内部类称为局部内部类。与局部变量类似，局部内部类不能有访问说明符，因为它不是外围类的一部分，但是它可以访问当前代码块内的常量和此外围类的所有成员。在 Java 语言中，类似于局部变量，不能将局部内部类定义为 public、protected、private 或者 static 类型。并且在定义方法的过程中，只能在方法中声明 final 类型的变量。

实例 9-16　**演示局部内部类的用法**
源码路径：daima\9\ LocalInnerClass.java

实例文件 LocalInnerClass.java 的主要实现代码如下所示。

```
public static void main(String[] args) {
        //定义局部内部类
        class InnerBase{
```

```
            int a;
      }
      //定义局部内部类的子类
      class InnerSub extends InnerBase{
            int b;
      }
      //创建局部内部类的对象
      InnerSub is = new InnerSub();
      is.a = 58;
      is.b = 888;
      System.out.println("类InnerSub对象is的
属性a和属性b的值分别是: " + is.a + "," + is.b);
      }
}
```

拓展范例及视频二维码

范例 **9-16-01**: 使用匿名内部类

源码路径: **演练范例\9-16-01**

范例 **9-16-02**: 带参数的构造
函数

源码路径: **演练范例\9-16-02**

代码执行后的结果如图 9-15 所示。

类InnerSub对象is的属性a和属性b的值分别是: 58,888

图 9-15 执行结果

9.8.5 静态内部类

前面介绍的两种内部类与变量类似，读者可以对照参考变量的用法。如果不需要内部类对象与其外围类对象之间有联系，则可以将内部类声明为 static，这通常称为嵌套类（nested class）。想要理解 static 应用于内部类时的含义，就必须记住普通内部类对象隐含地保存了一个引用，这个引用指向创建它的外围类对象。然而当内部类是 static 时就不必这样了。嵌套类有如下两个含义。

❑ 要创建嵌套类的对象，并不需要外围类的对象。

❑ 不能从嵌套类的对象中访问非静态的外围类对象。

请看下面的演示代码（daima\9\TestStaticInner.java）。

```
public class TestStaticInner{
      private int prop1 = 5;
      private static int prop2 = 9;
      static class StaticInnerClass{
            private static int age;
            public static void main(String args[])
①           //System.out.println(prop1);
            //下面代码正常
            System.out.println(prop2);
      }
   }
} .
```

在行①中，代码会出现错误，因为静态内部类试图访问外部类的实例成员。

生成一个静态内部类不需要外部类成员：这是静态内部类和成员内部类的区别。静态内部类的对象可以直接生成 "Outer.Inner in = new Outer.Inner();"，而不需要通过外部类对象来生成。这样实际上使静态内部类成为了一个顶级类。在正常情况下，不能在接口内部放置任何代码，但嵌套类可以作为接口的一部分，因为它是静态的。只将嵌套类置于接口的命名空间内，这并不违反接口的规则。

9.9 匿 名 类

我们经常会在一些Java程序中看到一个很奇怪的写法，直接在代码中随机用 new 新建一个接口，然后在 new 里面粗暴地加入某些要执行的代码，就像下面的代码这样。

知识点讲解:

```
Runnable x = new Runnable() {     //直接新建接口
```

```
        @Override
        public void run() {                      //方法run()的实现代码
            System.out.println(this.getClass());
        }
    };
    x.run();                                     //调用方法run()
```

这里使用的就是匿名类，这样做的好处是使代码更加简洁、紧凑，模块化程度更高。本节将详细讲解 Java 匿名类的基本知识。

9.9.1　定义匿名类

在 Java 程序中，因为匿名类没有名字，所以它的创建方式有点儿奇怪，具体创建格式如下。

```
new 类/接口名（参数列表）|实现接口() {
    //匿名内部类的类体部分
}
```

- ❑　new："新建"操作符关键字。
- ❑　类/接口名：它可以是接口名称、抽象类名称或普通类的名称。
- ❑　（参数列表）：小括号表示为构造函数的参数列表（如果是接口则没有构造函数，也没有参数，只有一个空括号）。
- ❑　大括号{...}：中间的代码表示匿名类内部的一些结构。在这里可以定义变量的名称、方法，它跟普通的类一样。

在 Java 程序中，因为匿名类是没有名称的类，所以其名称由 Java 编译器给出，一般形式如下所示。

```
外部类名称+$+匿名类
```

因为 Java 程序中的匿名类没有名称，所以不能在其他地方引用，也不能实例化，只能使用一次，当然它也就不能有构造器。

在 Java 程序中，匿名类根据存在位置不同分为两类：成员匿名类和局部匿名类。下面的实例演示了使用成员匿名类和局部匿名类的过程。

实例 9-17　**使用成员匿名类和局部匿名类**
源码路径：daima\9\niming.java

实例文件 niming.java 的具体实现代码如下所示。

```
public class niming {
    InterfaceA a = new InterfaceA() {};//成员匿名类
    public static void main(String[] args){
        InterfaceA a = new InterfaceA() {};
        //局部匿名类
//以上两种是通过接口实现匿名类的，称为接口式匿名类，
//也可以通过继承类
        niming test = new niming(){};
//继承式匿名类
    }
    private interface InterfaceA{}
```

拓展范例及视频二维码

范例 **9-17-01**：实现类似构造器的效果
源码路径：**演练范例\9-17-01**
范例 **9-17-02**：实现内部类的继承
源码路径：**演练范例\9-17-02**

上述代码在 main 方法外部使用了成员匿名类，在 main 方法内部使用了局部匿名类。

在 Java 语言中，匿名类不能使用任何关键字和访问控制符，匿名类和局部类访问规则一样，只不过内部类显式定义了一个类，然后通过 new 的方式创建这个局部类实例。而匿名类直接使用 new 新建一个类实例，并没有定义这个类。匿名类最常见的方式就是使用回调模式，通过默认实现一个接口创建一个匿名类，然后 new 这个匿名类的实例。

9.9.2　匿名内部类

Java 中的匿名内部类也没有名字，具体创建格式如下所示。

```
new 父类构造器（参数列表）|实现接口（）{
    //匿名内部类的类体部分
```

}

由此可见，使用匿名内部类时必须要继承一个父类或者实现一个接口，当然也仅能继承一个父类或者实现一个接口。同时它也没有 class 关键字，这是因为匿名内部类是直接使用 new 来生成一个对象引用的，当然这个引用是隐式的。下面的实例演示了使用匿名内部类的过程。

实例 9-18　　使用匿名内部类
源码路径：daima\9\Bird.java 和 niming2.java

（1）因为匿名内部类不能是抽象类，所以必须要实现它的抽象父类或者接口里面的所有抽象方法。在文件 Bird.java 中定义抽象类 Bird，具体实现代码如下所示。

```java
public abstract class Bird { //定义抽象类Bird
    private String name;//定义私有成员属性name
    public String getName() {
        return name;
    }
    public void setName(String name) {
        this.name = name;
    }

    public abstract int fly();
}
```

拓展范例及视频二维码

范例 **9-18-01**：不用匿名内部类
　　　　　实现抽象方法
源码路径：**演练范例\9-18-01**
范例 **9-18-02**：实现基本的匿名
　　　　　内部类
源码路径：**演练范例\9-18-02**

（2）编写文件 niming2.java 进行测试，在类 niming 中，test()方法接收一个 Bird 类型的参数，同时我们知道没有办法直接 new（新建）一个抽象类，所以必须要先实现类才能 new（新建）它的实现类实例。在 mian 方法中直接使用匿名内部类来创建一个 Bird 实例。文件 niming2.java 的具体实现代码如下所示。

```java
public class niming2 {

    public void test(Bird bird){
        System.out.println(bird.getName() + "使劲飞能飞 " + bird.fly() + "米");
    }

    public static void main(String[] args) {
        niming2 test = new niming2();
        test.test(new Bird() {//直接使用匿名内部类来创建一个Bird实例
            public int fly() {
                return 8000;
            }

            public String getName() {
                return "大雁";
            }
        });
    }
}
```

执行后的结果如图 9-16 所示。

❀ 注意：匿名内部类存在一个缺陷，就是它仅能使用一次。在创建匿名内部类时会立即创建一个该类的实例，因为该类的定义会立即消失，所以匿名内部类不能够重复使用。对于上面的实例，如果我们需要对 test()方法里面的内部类使用多次，则建议重新定义一个类，而不是使用匿名内部类。

大雁使劲飞能飞 8000米

图 9-16　执行结果

9.9.3　匿名内部类使用 final 形参

在 Java 中，当我们需要给匿名内部类传递参数的时候，并且如果会在内部类中使用该形参的话，那么该形参就必须是由 final 修饰的。也就是说，该匿名内部类所在方法的形参必须要加上 final 修饰符。下面的实例演示了匿名内部类通过实例初始化实现类似构造器功能的过程。

实例 9-19　匿名内部类使用 final 形参
源码路径：daima\9\niming3.java

实例文件 niming3.java 的具体实现代码如下所示。

```java
public class niming3 {
    public static void main(String[] args) {
        niming3 outer = new niming3();
        Inner inner = outer.getInner("Inner", "gz");
        System.out.println(inner.getName());
        System.out.println(inner.getProvince());
    }

    public Inner getInner(final String name, final String city) {
        return new Inner() {
            private String nameStr = name;
            private String province;
            // 实例初始化
            {
                if (city.equals("gz")) {
                    province = "gd";
                }else {
                    province = "";
                }
            }

            public String getName() {
                return nameStr;
            }
            public String getProvince() {
                return province;
            }
        };
    }
}
interface Inner {
    String getName();
    String getProvince();
}
```

拓展范例及视频二维码

范例 **9-19-01**：在接口上使用
匿名内部类
源码路径：**演练范例\9-19-01**
范例 **9-19-02**：Thread 类的匿名
内部类实现
源码路径：**演练范例\9-19-02**

执行结果如图 9-17 所示。

Inner
gd

图 9-17　执行结果

9.10　枚　举　类

在大多数情况下，我们要实例化的类对象是有限而且固定的，例如季节类只有春、夏、秋、冬 4 个对象。这种实例数量有限而且固定的类，在 Java 里称为枚举类。本节将详细讲解 Java 中枚举类的基本知识。

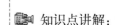 知识点讲解：

9.10.1　枚举类的方法

由于在 Java 中所有的枚举类都继承自 java.lang.Enum 类，所以枚举类可以直接使用 java.lang.Enum 类中所包含的方法。在类 java.lang.Enum 中提供了如下几个常用的方法。

❑　int compareTo(E o)：用于比较与指定枚举实例之间的顺序，同一个枚举实例只能与相同类型的枚举实例进行比较。如果该枚举实例位于指定枚举之后则返回正整数；如果它位于指定枚举之前，则返回负整数，否则返回零。

- String name()：返回此枚举实例的名称，这个名称就是定义枚举类时列出的所有枚举值之一。与此方法相比，大多数程序员应该优先考虑使用 toString()方法，因为 toString()方法能够返回用户友好的名称。
- int ordinal()：返回枚举值在枚举类中的索引值（就是枚举值在枚举声明中的位置，第一个枚举值的索引值为零）。
- String toString()：返回枚举常量的名称，它与 name 方法相似，但 toString()方法更加常用。
- public static <T extends Enum<T>>T valueOf(Class<T> enumType, String name)：这是一个静态方法，能够返回指定枚举类中指定名称的枚举值。名称必须与在该枚举类中声明枚举值时所用的标识符完全匹配，不允许使用额外的空字符。

9.10.2 模拟枚举类

在 Java 的早期版本中，它是不提供枚举类型的，我们可以通过如下方式来模拟一个枚举类。

- 通过 private 将构造器隐藏起来。
- 把此类需要用到的所有实例都以 public static final 属性的形式保存起来。
- 提供一些静态方法以允许其他程序根据特定参数来获取与之匹配的实例。

下面通过一段实例代码来演示这种模拟枚举类的方法。

实例 9-20 模拟一个枚举类
源码路径：daima\9\jijie.java、Testjijie.java

首先定义一个名为 jijie 的类，然后在里面分别为 4 个季节定义 4 个对象，这样类 jijie 就定义为了一个枚举类。实例文件 jijie.java 的主要实现代码如下所示。

```
public class jijie{
    //把Season类定义成不可变的，将其属性定义成final
    private final String name;
    private final String desc;
    public static final jijie SPRING = new jijie("春天", "小桥流水");
    public static final jijie SUMMER = new jijie("夏天", "烈日高照");
    public static final jijie FALL = new jijie("秋天", "天高云淡");
    public static final jijie WINTER = new jijie("冬天", "惟余莽莽");
    public static jijie getSeaon(int jijieNum){
        switch(jijieNum){
            case 1 :
                return SPRING;
            case 2 :
                return SUMMER;
            case 3 :
                return FALL;
            case 4 :
                return WINTER;
            default :
                return null;
        }
    }
    //将构造器定义成private访问权限
    private jijie(String name, String desc){
        this.name = name;
        this.desc = desc;
    }
    //只为name和desc属性提供getter方法
    public String getName(){
        return this.name;
    }
    public String getDesc(){
        return this.desc;
    }
}
```

拓展范例及视频二维码

范例 **9-20-01**：简单实用的

枚举类型

源码路径：**演练范例\9-20-01**

范例 **9-20-02**：使用自定义

函数

源码路径：**演练范例\9-20-02**

在上述代码中，类 jijie 是一个不可变类，此类包含了 4 个 static final 常量属性，这 4 个常

量属性代表了该类所能创建的对象。当其他程序需要使用 jijie 对象时，不但可以使用 Season.SPRING 方式来获取 jijie 对象，也可通过 getjijie 静态工厂方法获得 jijie 对象。

接下来，我们就可以在编写文件 Testjijie.java 时使用上面定义的 jijie 类来实现具体的功能了。

```
public Testjijie(jijie s){
    System.out.println(s.getName() + ", 是一个"+ s.getDesc() + "的季节");
}
public static void main(String[] args) {
    //直接使用jijie的FALL常量代表一个Season对象
    new Testjijie(jijie.FALL);
}
```

从上面的演示代码可以看出，使用枚举类的好处是使程序更加健壮，避免创建对象的随意性。代码执行后的结果如图 9-18 所示。

秋天，是一个天高云淡的季节

9.10.3 枚举类型

图 9-18 执行结果

枚举类型是从 JDK 1.5 开始引入的，Java 引进了一个全新的关键字 enum 来定义枚举类。例如下面的代码就是典型枚举类型的定义。

```
public enum Color{
    RED, BLUE, BLACK, YELLOW, GREEN
}
```

显然，实际上 enum 所定义的类型就是一个特殊的类。而这些类都是类库中 Enum 类的子类（java.lang.Enum），它们继承了 Enum 中许多有用的方法。编译代码之后发现，编译器将 enum 类型单独编译成了一个字节码文件 Color.class。

接下来以上面的 Color 类为例，详细介绍使用 enum 定义的枚举类的特征及用法。

（1）Color 枚举类就是 class，而且是一个不可以继承的 final 类。其枚举值（RED，BLUE……）都是 Color 类型的静态常量，我们可以通过下面的方式来得到 Color 枚举类的一个实例：

```
Color c=Color.RED;
```

这些枚举值都是 public static final 的，也就是我们经常定义的常量方式，因此枚举类中的枚举值最好全部大写。

（2）既然枚举类是 class，那么可以在枚举类型中有构造器、方法和数据域。但是枚举类中的构造器有很大的不同，具体说明如下所示。

❏ 构造器只是在构造枚举值的时候调用，看下面的一段代码。

```
enum Color{
    RED(255, 0, 0), BLUE(0, 0, 255), BLACK(0, 0, 0), YELLOW(255, 255, 0),GREEN(0, 255, 0);
    //构造枚举值，比如RED(255, 0, 0)
    private Color(int rv, int gv, int bv){
        this.redValue=rv;
        this.greenValue=gv;
        this.blueValue=bv;
    }
    public String toString(){             //覆盖了父类Enum的toString()
        return super.toString()+"("+redValue+","+greenValue+","+blueValue+")";
    }
    private int redValue;                 //自定义数据域
    private int greenValue;
    private int blueValue;
}
```

❏ 构造器只能为 private，绝对不允许有 public 构造器。这样可以保证外部代码无法新构造枚举类的实例。这也是完全符合情理的，因为我们知道枚举值是 public static final 的常量而已。枚举类的方法和数据域可以允许外部访问。看下面的一段代码。

```
public static void main (String args[])  {
    // Color colors=new Color (100, 200, 300); //错误的
    Color color=Color.RED;
    System.out.println (color); // 调用了toString()方法
}
```

（3）所有枚举类都继承了 Enum 的方法，接下来详细介绍这些方法。

□ 定义 ordinal 方法返回枚举值在枚举类中的顺序，这个顺序根据枚举值声明的顺序而定。

```
Color.RED.ordinal();          //返回结果：0
Color.BLUE.ordinal();         //返回结果：1
```

□ 定义 compareTo 方法，用 Enum 实现 java.lang.Comparable 接口，因此可以比较对象与指定对象的顺序。Enum 中的 compareTo 返回的是两个枚举值的顺序之差。当然，前提是两个枚举值必须属于同一个枚举类，否则会抛出 ClassCastException 异常。

```
Color.RED.compareTo(Color.BLUE); //返回结果 -1
```

□ 编写静态方法 values，它返回一个包含全部枚举值的数组。

```
Color[] colors=Color.values();
for(Color c:colors){
    System.out.print(c+"，");
}//返回结果：RED, BLUE, BLACK YELLOW, GREEN
```

□ 定义 Color 对象 c，并为它赋枚举常量值，然后返回对象 c 的枚举常量的名称。

```
Color c=Color.RED;
System.out.println(c); //返回结果：RED
```

□ 定义 valueOf 方法，此方法和 toString 方法是相对应的，返回带指定名称的指定类型的枚举常量。

```
Color.valueOf("BLUE"); //返回结果：Color.BLUE
```

□ 定义 equals 方法比较两个枚举类对象的引用。

```
public final boolean equals(Object other) {
    return this==other;
}
```

（4）枚举类可以在 switch 语句中使用，例如下面的代码。

```
Color color=Color.RED;
switch(color){
   case RED: System.out.println("it's red");break;
   case BLUE: System.out.println("it's blue");break;
   case BLACK: System.out.println("it's blue");break;
}
```

为了说明 enum 的用法，接下来通过一个实例来说明它的具体使用流程。

实例 9-21 | **演示枚举类的使用**
源码路径：daima\9\jijieEnum.java、TestEnum.java

（1）在程序中定义一个枚举类，文件 jijieEnum.java 的主要实现代码如下所示。

```
public enum jijieEnum{
    SPRING,SUMMER,FALL,WINTER;
}
```

编译上述程序后将会生成一个 jijieEnum.class 文件，这表明枚举类是一个特殊的类，其关键字和 class、interface 等关键字的作用大致相似。在定义枚举时需要显式列出所有枚举值，如上面的"SPRING,SUMMER,FALL,WINTER"，在所有枚举值之间用逗号","隔开，枚举值列举结束后以英文分号作为结束。这些枚举值代表了该枚举类中的所有可能实例。如果要使用该枚举类的某个实例，则可以使用 EnumClass.variable 的形式，如 jijieEnum.SPRING。

（2）编写代码测试上面定义的枚举类 jijieEnum，实例文件 TestEnum.java 的主要实现代码如下所示。

```
public void judge(jijieEnum s){
    //switch语句里的表达式可以是枚举值
    switch (s){
        case SPRING:
            System.out.println("万物复苏的春天");
            break;
        case SUMMER:
            System.out.println("盛夏的果实");
            break;
        case FALL:
            System.out.println("天高云淡之秋");
            break;
```

拓展范例及视频二维码

范例 **9-21-01**：枚举类遍历和
switch 操作
源码路径：**演练范例\9-21-01**
范例 **9-21-02**：使用枚举类的
常用方法
源码路径：**演练范例\9-21-02**

```
        case WINTER:
            System.out.println("惟余莽莽之冬日");
            break;
    }
}
public static void main(String[] args){
    //所有枚举类都有一个values方法，它返回该枚举类的所有实例
    for (jijieEnum s : jijieEnum.values()){
        System.out.println(s);
    }
    new TestEnum().judge(jijieEnum.SPRING);
```

上述代码演示了枚举类 jijieEnum 的用法，该类通过 values 方法返回了 jijieEnum 枚举类中
的所有实例，并通过循环迭代输出了 jijieEnum 枚举类的所有实
例。并且 switch 表达式中还使用了 jijieEnum 对象作为表达式，
这是 JDK 1.5 增加枚举后 switch 扩展的功能，switch 表达式可以
是任何枚举类实例。不仅如此，当 switch 表达式使用枚举类型变
量时，后面 case 表达式中的值直接使用枚举值的名字，无须添加
枚举类作为限定。执行结果如图 9-19 所示。

图 9-19　执行结果

9.11　Java 11 新特性：嵌套访问控制

在 Java 程序中，嵌套是一种访问控制上下文，它允许
多个类同属一个逻辑代码块，但是被编译成多个分散的类
文件，它们在访问彼此的私有成员时无须通过编译器添加
访问扩展方法。很多 JVM（Java 虚拟机）支持在一个源文

知识点讲解：

件中放入多个类的做法。这对于用户是透明的，用户认为它们在一个类中，所以希望它们共享
同一套访问控制体系。为了达到目的，编译器需要经常需要通过附加的 Access Bridge 把私有成
员的访问权限扩大到包中。这种方式和封装相违背，并且会轻微地增加程序的大小，干扰用户
和工具。所以开发者希望用一种更直接、更安全、更透明的方式来实现。

另外，在反射的时候也会有一个更大的问题。当使用 java.lang.reflect.Method.invoke 从一个
nestmate 调用另一个 nestmate 私有方法时会发生 IllegalAccessError 错误。这个是让人不能理解
的，因为反射应该和源码级访问拥有相同的权限。

请看下面的一段代码。

```
public class JEP181 {

    public static class Nest1 {
        private int varNest1;
        public void f() throws Exception {
            final Nest2 nest2 = new Nest2();
            //这里没问题
            nest2.varNest2 = 2;
            final Field f2 = Nest2.class.getDeclaredField("varNest2");
            //这里在 java 8环境下会报错，在java11中是没问题的
            f2.setInt(nest2, 2);
            System.out.println(nest2.varNest2);
        }
    }

    public static class Nest2 {
        private int varNest2;
    }

    public static void main(String[] args) throws Exception {
        new Nest1().f();
```

```
        }
    }
```

在 Java 11 之前的版本中，classfile 用 InnerClasses 和 EnclosingMethod 两种属性来帮助编译器确认源码的嵌套关系，每一个嵌套的类型会编译到自己的类文件中，再使用上述属性来连接其他类文件。这些属性对于 JVM 确定嵌套关系已经足够了，但是它们不直接适用于访问控制，并且和 Java 语言绑定得太紧。

为了提供一种更大的、更广泛的并且不仅仅是 Java 语言的嵌套类型，同时弥补访问控制检测的不足，Java11 引入了两个新的类文件属性，定义了两种嵌套成员。

一种是嵌套主机（也叫顶级类），它包含一个 NcstMembers 属性，用于确定其他静态的嵌套成员。

另一种嵌套成员包含一个 NestHost 属性，用于确定它的嵌套主机。

针对 Java 11 的上述新特性，JVM 新增了一条访问规则：一个 field 或 method R 可以被 class 或 interface D 访问，当且仅当如下任意条件为真。

❑ R 是私有的，声明在另一个 class 或 interface C 中，并且 C 和 D 是 nestmates。

❑ C 和 D 是 nestmates 表名，它们肯定有一个相同的主机。

下面的实例演示了在 Java 11 程序中访问嵌套成员的流程。

实例 9-22 访问嵌套成员

源码路径：daima\9\qiantao.java

实例文件 qiantao.java 的具体实现代码如下所示。

```java
import java.lang.reflect.Field;
public class qiantao {
    public static class Nest1 {
        private int varNest1;
        public void f() throws Exception {
            final Nest2 nest2 = new Nest2();
            //下面是正确的
            nest2.varNest2 = 2;
            //下面是错误的
①          final Field f2 = Nest2.class.getDeclaredField("varNest2");
            f2.setInt(nest2, 2);
            //发生java.lang.IllegalAccessException:异常
        }
    }
    public static class Nest2 {
        private int varNest2;
    }
    public static void main(String[] args) throws Exception {
        new Nest1().f();
    }
}
```

在上述代码中，Nest1 不能访问 Nest2 中的私有成员，所以行①会发生错误。再看下面的实例，它演示了在一个 Java 11 程序中同时嵌套两个类的访问情形。

实例 9-23 同时嵌套两个类的访问情形

源码路径：daima\9\Entity.java 和 Nestmate.java

（1）在实例文件 Entity.java 中定义类 Entity，然后在此类里面同时嵌套两个子类，具体实现代码如下所示。

```java
class Entity {

    String name;

    public static class InnerEntity {
        String detail;
```

```
    }

    public static class AnotherInnerEntity {
        String quality;
    }
}
```

（2）在实例文件 Nestmate.java 中演示了访问文件 Entity.java 中嵌套成员的过程。

```
import java.util.Arrays;
import java.util.List;

public class Nestmate {

    public static void main(String[] args) {
        System.out.println(Entity.class.isNestmateOf(Entity.class));
        System.out.println(Entity.class.isNestmateOf(Entity.InnerEntity.class));
        System.out.println(Entity.class.isNestmateOf(Entity.AnotherInnerEntity.class));
        System.out.println(Entity.InnerEntity.class.isNestmateOf(Entity.AnotherInner
        Entity.class));
        System.out.println(List.class.getNestHost());
        System.out.println(Arrays.class.getNestHost());
    }
}
```

执行后会输出：

```
true
false
false
false
interface java.util.List
class java.util.Arrays
```

9.12　技术解惑

9.12.1　构造器和方法的区别

在学习 Java 时必须要理解构造器。因为构造器是一种特殊的方法，这对于初学者来说经常将其混淆。但是，构造器和方法又有很多重要的区别。我们说构造器是一种方法，就像讲澳大利亚的鸭嘴兽是一种哺乳动物。要理解鸭嘴兽，则必须先理解它和其他哺乳动物的区别。同样，要理解构造器就要了解构造器和方法的区别。所有学习 Java 的人，尤其是对那些要认证考试的人来说，理解构造器是非常重要的。

1. 功能和作用的不同

构造器可创建一个类的实例，这个过程也可以在创建一个对象的时候用到。

```
Platypus p1 = new Platypus();
```

构造器用于创建对象，而方法则用于执行对象要做的动作或行为。

2. 修饰符和返回值的不同

和方法一样，构造器可以有任何的访问修饰符，例如 public、protected、private 或者没有修饰符（通常被 package 和 friendly 调用）。不同于方法的是，构造器不能有非访问性质的修饰，例如 abstract、final、native、static 或者 synchronized。

另外，返回类型也是非常重要的。方法能返回任何类型的值或者无返回值（void），构造器没有返回值，也不需要 void。

3. 命名方式不同

构造器使用和类相同的名字，而方法则不同（虽然构造器是构造方法，但命名却不同于方法）。按照习惯，方法的名称以小写字母开头，而构造器的名称以大写字母开头。构造器通常是一个名词，因为它和类名相同；而方法通常更接近动词，因为它说明一个操作。

4. 使用 this 用法的区别

构造器和方法使用关键字 this 时有很大的区别。方法引用 this 指向正在执行方法的类的实例。静态方法不能使用 this 关键字，因为静态方法不属于类的实例，所以 this 也就没有什么指向的。构造器的 this 指向同一个类中有不同参数列表的另外一个构造器，看下面的一段代码。

```java
public class Platypus {
  String name;
  Platypus(String input) {
    name = input;
  }
Platypus() {
    this("John/Mary Doe");
}
public static void main(String args[]) {
    Platypus p1 = new Platypus("digger");
    Platypus p2 = new Platypus();
  }
}
```

在上面的代码中，有两个不同参数列表的构造器。第一个构造器如下所示。

```java
Platypus(String input) {
  name = input;
} //给类的成员name赋值
```

第二个构造器如下所示。

```java
Platypus() {
this("John/Mary Doe");
}//调用第一个构造器，给成员变量name一个初始值 "John/Mary Doe"
```

在构造器中，如果要使用关键字 this，那么必须将其放在第一行；否则，将会导致编译错误。

9.12.2　this 在构造器中的作用

假设有两个构造器 A 和 B，其中构造器 B 完全包含了构造器 A。对于这种完全包含的情况，如果是两个方法之间存在这种关系，则可以在方法 B 中调用方法 A。但是构造器不能直接被调用，必须使用 new 关键字来调用构造器。一旦使用关键字 new 来调用构造器，那么将会导致系统重新创建一个对象。为了在构造器 B 中调用构造器 A 中的初始化代码，且又不会重新创建一个 Java 对象，可以使用 this 关键字来调用相应构造器。上面的例子演示了 this 的这种妙用。

还有很多初学者认为用 this 来调用另一个重载的构造器是没有必要的，因为可以将一个构造器中的代码复制、粘贴到这个构造器的方法上来解决上述问题。虽然这也可以实现，但是这种做法是错误的。因为从软件工程的角度来看，这样操作是相当"菜"的。在软件开发中有一个规则：不要把相同的代码段写两次以上。因为几乎所有的软件产品都需要不断更新，如果需要更新构造器 A 的初始化代码，假设构造器 B、构造器 C……都包含了相同的初始化代码，则需要同时打开构造器 A、构造器 B、构造器 C……这样会涉及修改许多代码。反之，如果构造器 B、构造器 C……是通过 this 调用了构造器 A 的初始化代码，则只需打开构造器 A 进行修改即可。在此提醒广大读者，在同一个程序中应该尽量避免相同的代码重复出现，要充分复用每一段代码，尽量让程序代码更加简单并高效。

9.12.3　子类构造器调用父类构造器的情况

无论是否使用 super 来执行父类构造器的初始化代码，子类构造器总会调用一次父类的构造器。在 Java 程序中，有如下几种子类构造器调用父类构造器的情况。

❑ 子类构造器执行体的第一行使用 super 显式调用父类构造器，系统将根据 super 调用传入的实参列表调用对应的父类构造器。

❑ 子类构造器执行体的第一行代码使用 this 显式调用本类中重载的构造器，系统将根据 this 调用传入的实参列表调用本类中的另一个构造器。执行本类中另一个构造器时调用父类构造器。

❑ 子类构造器执行体中既没有 super 调用，也没有 this 调用，系统将会在执行子类构造器前隐式调用父类无参构造器。

在上述所有情况中，当调用子类构造器来初始化子类对象时，构造器总会在子类构造器之前执行。并且在执行父类构造器时，系统会再次上溯执行其父类的构造器……依此类推。创建任何 Java 对象时，最先执行的总是 java.lang.Object 类的构造器。

9.12.4　强制类型转换的局限性

Java 中的强制类型转并不是万能的，在进行强制类型转换时需要注意如下两点。

❑ 基本类型之间的转换只能在数值类型之间进行，这里所说的数值类型包括整型、字符型和浮点型。数值型不能和布尔型之间进行类型转换。

❑ 引用类型之间的转换只能把一个父类变量转换成子类类型。如果是两个没有任何继承关系的类型，则无法进行类型转换，否则编译时就会出现错误。如果试图把一个父类实例转换成子类类型，则这个对象实际上必须是子类实例才行（即编译时类型为父类类型，而运行时类型是子类类型），否则会在运行时引发 ClassCastException 异常。

9.12.5　继承和组合的选择

在 Java 编程中，经常会遇到选择继承还是选择组合的问题。继承是对已有的类进行一番改造，目的是获得一个特殊的版本。也就是说将一个较为抽象的类改造成能适用于某些特定需求的类，例如前面演示代码中类 nnn 和 dongwu 的关系，使用继承更能表达其现实意义。毕竟用一只动物来合成一只老虎毫无意义，原因是老虎并不是由动物组成的。反之，如果两个类之间有明确的整体、部分的关系，例如 Person 类需要复用 Arm 类的方法（Person 对象由 Arm 对象组合而成），则此时就应该采用组合关系来实现复用，把 Arm 作为 Person 类的嵌入属性，借助 Arm 的方法实现 Person 的方法。

概括起来说，继承要表达的是一种“是（is）”的关系，而组合表达的是“有（has）”的关系。

9.12.6　发生异常的原因

当试图使用一个字符串来创建 Byte、Short、Integer、Long、Float 和 Double 等包装类对象时，如果传入的字符串不能成功转换成对应的基本类型变量，则会引发 java.lang.NumberFormatException 异常。如果试图使用一个字符串来创建 Boolean 对象时，传入的字符串是“true”，或此字符串中不同字母的大小写发生了变化，例如“True”，都会创建 true 对应的 Boolean 对象。如果传入其他字符串，则会创建对应的 Boolean 对象。

如果希望获得包装类对象中包装的基本类型变量，则可以使用包装类提供的 xxxValue()实例方法。

9.12.7　用 final 修饰基本类型和引用类型变量之间的区别

当使用 final 修饰基本类型变量时，因为程序不能对基本类型变量重新赋值，所以不能改变基本类型变量。但对于引用类型的变量而言，它保存的仅是一个引用，final 只保证这个引用所引用的地址不会改变。也就是说它会一直引用同一个对象，但是这个对象可以发生改变。

9.12.8　类的 4 种权限

由于外部类的上一级程序单元是包，所以它只有两个作用域，一个是同一个包，一个是任何位置。包访问权限和公开访问权限正好对应省略访问控制符和 public 访问控制符。省略访问控制符是包访问权限，即同一包中的其他类可访问省略访问控制符的成员。如果一个外部类不使用任何访问控制符修饰，则只能被同一个包中的其他类访问。而内部类的上一级程序单元是外部类，它具有 4 个作用域，它们分别是同一个类、同一个包、父子类和任何位置，对应可以使用 4 种访问控制权限。

9.12.9 手工实现枚举类的缺点

在 Java 程序中手工实现枚举类会存在如下几个问题。

❑ 类型不安全：前面演示每个季节的代码是一个整数，我们完全可以把一个季节当成一个整数来使用。假如进行加法运算 jijie_SPRING+jijie_SUMMER，此种运算完全正常。

❑ 没有命名空间：当需要使用季节时，必须在 SPRING 前使用 jijie_前缀。

❑ 输出的意义不明确：当我们输出某个季节时，例如输出 jijie_SPRING，实际上输出的是 1，这个 1 很难猜测它代表了春天。

由此可见，手工定义的枚举类既有存在的意义，也存在手工定义枚举类代码量比较大的问题，所以 Java 从 JDK 1.5 后开始增加了对枚举类的支持。

9.13 课 后 练 习

（1）编写一个 Java 程序，然后通过创建的 displayObjectClass()方法演示 instanceof 关键字的用法。

（2）编写一个 Java 程序，在构造函数中使用 Enum（枚举）关键字。

（3）编写一个 Java 程序，然后通过创建的 sumvarargs()方法来统计所有数字的值，要求使用 varargs 来实现。

（4）编写一个 Java 程序，要求在重载方法中使用可变参数。

（5）编写一个 Java 程序，演示类的属性变量是可以重写（覆盖）的。

（6）编写一个 Java 程序，要求演示当子抽象类继承父抽象类时必须显式调用父抽象类的显性构造器这一特性。

（7）执行下面的代码后会输出什么？

```
A a1 = new A();
A a2 = new B();
B b = new B();
C c = new C();
D d = new D();
System.out.println(a1.show(b));    ①
System.out.println(a1.show(c));    ②
System.out.println(a1.show(d));    ③
System.out.println(a2.show(b));    ④
System.out.println(a2.show(c));    ⑤
System.out.println(a2.show(d));    ⑥
System.out.println(b.show(b));     ⑦
System.out.println(b.show(c));     ⑧
System.out.println(b.show(d));     ⑨
```

第 10 章

集 合

　　Java 中的集合类是一组特别有用的工具类，我们能够用它们存储数量不等的多个对象，并实现一些常用的数据结构，例如栈和队列等。除此之外，集合还可以保存具有映射关系的关联数组。本章将详细讲解 Java 中的集合。

10.1　Java 中的集合类

Java 中的集合类大致上可分为 4 种，分别是 Set、List、Map 和 Queue，具体说明如下所示。

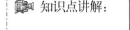知识点讲解：

- ❏ Set：代表的是无序、不可重复元素的集合。
- ❏ List：代表的是有序、可重复元素的集合。
- ❏ Map：代表的是具有映射关系元素的集合。
- ❏ Queue：从 JDK 1.5 以后增加的一种集合体系，代表的是一种有优先关系元素的集合。

从本质上来说，这些集合类就是一个容器，我们可以把多个对象（实际上是对象的引用，但习惯上都称对象）"丢进"该容器中。在 JDK 1.5 之前，这些集合类通常会导致容器中所有对象丢失原有的数据类型，即它们会把所有对象都当成 Object 类来处理，自从 JDK 1.5 引入了泛型以后，现在这些集合类可以记住容器中对象的数据类型了，我们也因而可以编写出更简洁、健壮的代码。

接下来，先来看一下 Java 中集合类的框架结构，如图 10-1 所示。

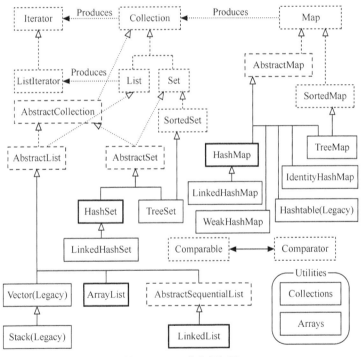

图 10-1　Java 集合框架图

在这张图中，我们可以看到在 Java 中集合类的框架结构由如下 3 部分组成。

- ❏ 集合接口：有 6 个接口（用短虚线表示），分别表示不同集合类型，它们是集合框架的基础。
- ❏ 抽象类：有 5 个抽象类（用长虚线表示），这些是集合接口的部分实现。它们可进一步扩展为自定义集合类。
- ❏ 实现类：有 8 个实现类（用实线表示），这些是接口的完全具体化。

在很大程度上，只要我们能理解了接口，就基本上可以掌握整个框架了。虽然总要根据特定的功能来实现接口，但实际访问这些集合的方法基本上还是限制在既有的接口方法上的。这样我们在更改基本数据结构的同时就不必改变其他代码了。看一下这些接口，它们主要有如下 4 种。

□ Collection 接口：在上述框架中，这是所有构造类集合的基础，是 Java 中所有集合类的根接口。

□ Set 接口：继承 Collection，但它不允许元素重复，使用自己内部的一个排列机制。

□ List 接口：继承 Collection，它允许元素重复，以插入的次序来放置元素，不会重新排列。

□ Map 接口：在这类接口下，集合元素应该是一组成对的"键-值"对象，即它所持有的元素应该都是"键-值"对。Map 中不能有重复的键，它拥有自己的内部排列机制。

容器中的元素类型都为 Object，从容器中取得元素时必须将它转换成原来的类型。

10.2 Collection 接口和 Iterator 接口

Collection 接口可处理任何容器对象或元素组，如果我们想要尽可能地以常规方式处理一组元素，则可以使用这一接口。Collection 接口的结构如图 10-2 所示。

知识点讲解：

```
            Collection

+add(element : Object) : boolean
+addAll(collection : Collection) : boolean
+clear() : void
+contains(element : Object) : boolean
+containsAll(collection : Collection) : boolean
+equals(object : Object) : boolean
+hashCode() : int
+iterator() : Iterator
+remove(element : Object) : boolean
+removeAll(collection : Collection) : boolean
+retainAll(collection : Collection) : boolean
+size() : int
+toArray() : Object[]
+toArray(array : Object[ ]) : Object[]
```

图 10-2　Collection 接口结构

接下来，我们将会详细讲解 Collection 接口和 Iterator 接口的基本知识。

10.2.1　Collection 接口概述

在 Java 语言中，Collection 接口按功能主要可以分为以下几类。

（1）单元素的添加、删除操作。

□ boolean add (Object o)：将对象添加给集合。

□ boolean remove (Object o)：如果集合中有与 o 相匹配的对象，则删除对象 o。

（2）查询操作。

□ int size()：返回当前集合中元素的数量。

□ boolean isEmpty()：判断集合中是否有元素。

□ boolean contains (Object o)：查找集合中是否含有对象 o。

□ Iterator iterator()：返回一个迭代器，它用来访问集合中的各个元素。

（3）批量操作（即作用于一组元素或整个集合的操作）。

□ boolean containsAll (Collection c)：查找集合中是否含有集合 c 中的所有元素。

□ boolean addAll (Collection c)：将集合 c 中的所有元素添加给该集合。

□ void clear()：删除集合中所有元素。

□ void removeAll (Collection c)：从集合中删除集合 c 中的所有元素。

□ void retainAll (Collection c)：从集合中删除集合 c 中不包含的元素。

（4）将实现 Collection 接口的容器转换为 Object 数组。

❑ Object[] toArray()：返回一个包含此集合中所有元素的数组。

❑ Object[] toArray (Object[] a)：返回按适当顺序包含列表中的所有元素的数组（从第一个元素到最后一个元素）。

除此之外，我们还可以把集合类对象转换成任何其他引用类型的对象数组。但是不能直接将它们转换成基本数据类型的数组，因为这些集合类对象必须要持有对象的引用。另外，由于我们要实现一个接口就必须要实现该接口中的所有方法，因此其调用者就需要有一种途径来知道它所调用的方法是不是该对象所支持的。如果我们在调用某一方法时抛出 Unsupported OperationException 异常，则表示当前对象不支持这个方法。注意，在 Collection 接口中没有提供 get()方法，如果要遍历集合中的元素，就必须使用 Iterator 接口。有关异常的知识，将在第 13 章中进行讲解。

10.2.2 Iterator 接口概述

如您所见，接口 Collection 中还有一个方法 iterator()，该方法会返回一个实现 Iterator 接口的实例。Iterator 接口能以迭代方式逐个访问集合中的元素，并将指定元素安全地从 Collection 中移除。Iterator 接口的结构如图 10-3 所示。Iterator 接口中包含的方法如下所示。

图 10-3　Iterator 接口的结构

❑ boolean hasNext()：判断是否存在另一个可访问的元素。

❑ Object next()：返回要访问的下一个元素。如果到达集合结尾，则抛出 NoSuchElement Exception 异常。

❑ void remove()：删除上次访问返回的对象。此方法必须紧跟在一个元素访问后执行，如果上次访问后集合已被修改，则它会抛出 IllegalStateException 异常。

在 Iterator 中执行删除操作会对底层 Collection 带来影响。Iterator 是故障快速修复（fail- fast）的。这意味当另一个线程修改底层集合的时候，如果正在使用 Iterator 遍历集合，那么 Iterator 就会抛出 ConcurrentModificationException（另一种 RuntimeException 异常）异常并立刻失败。

10.2.3 使用 Collection 接口中的方法来操作集合里的元素

实例 10-1 使用 Collection 接口中的方法来操作集合里的元素

源码路径：daima\10\yongCollection.java

实例文件 yongCollection.java 的主要代码如下所示。

```
import java.util.*;
public class yongCollection {
    public static void main(String[] args) {
        @SuppressWarnings("rawtypes")
        Collection<Comparable> c = new ArrayList
        <Comparable>();//添加元素
        //虽然集合里不能有基本类型的值，但Java支持自动装箱
        c.add(6);                //添加元素6
        System.out.println("集合c的元素个数为: " + c.
size());
        c.remove(6);             //删除指定元素6
        System.out.println("集合c的元素个数为:" + c.
size());
        //判断是否包含指定字符串
        System.out.println("集合c中是否包含美美字符串:" + c.contains("美美"));
        c.add("android江湖");        //添加元素 "android江湖"
        System.out.println("集合c的元素:" + c);
        Collection books = new HashSet();
        books.add("android江湖");     //添加元素 "android江湖"
        books.add("会当凌绝顶");       //添加元素 "会当凌绝顶"
        System.out.println("集合c是否完全包含books集合?" + c.containsAll(books));
        //用集合c删除books集合中的元素
```

拓展范例及视频二维码

范例 **10-1-01**：使用 Iterator
遍历元素
源码路径：**演练范例\10-1-01**
范例 **10-1-02**：用 HashSet
删除学生
源码路径：**演练范例\10-1-02**

```
        c.removeAll(books);
        System.out.println("集合c的元素:" + c);
        c.clear();                    //删除c集合中所有元素
        System.out.println("集合c的元素:" + c);
        //books集合里只剩下集合c里也同时包含的元素
        books.retainAll(c);
        System.out.println("集合books的元素:" + books);
    }
}
```

代码执行后的结果如图 10-4 所示。

上面的实例代码创建了两个 Collection 对象，一个是集合 c，一个是集合 books，其中集合 c 是 ArrayList 的实例，而集合 books 则是 HashSet 的实例，虽然它们使用的实现类不同。正如你所见，当我们把它们当成 Collection 来使用时，在使用 remove、clear 等这些方法来操作集合元素时它们是没有任何区别的。另

```
集合c的元素个数为:2
集合c的元素个数为:1
集合c中是否包含美美字符串:true
集合c的元素: [美美, android江湖]
集合c是否完全包含books集合? false
集合c的元素: [美美]
集合c的元素: []
集合books的元素:[]
```

图 10-4　执行结果

外，当我们使用 System.out 的 println 方法输出集合对象时，它将输出[ele1，ele2，...]的形式，这显然是因为 Collection 的实现类重写了 toString()方法，所有 Collection 集合实现类都重写了 toString()方法，此方法能够一次性地输出集合中的所有元素。

10.3　Set 接口

Set 如同一个罐子，我们可以把对象"丢进" Set 集合里面，集合里多个对象之间没有明显的顺序。Set 接口与 Collection 接口基本类似，它并没有提供任何额外的方法。事实上，Set 本身就继承自 Collection，它们之间唯一的区别就是 Set 类容

知识点讲解：

器不允许存储相同的元素，如果试图把两个相同元素加入同一个 Set 集合中，那么其 add 方法就会返回 false 以宣告元素添加失败。本节将详细讲解 Set 接口的基本知识。

10.3.1　Set 接口概述

在 Java 语言中，Set 接口的结构如图 10-5 所示。

1. 散列表

散列表是一种用于查找对象的数据结构。散列表为每个对象计算出一个整数，这称为 Hash

Set
+add(element : Object) : boolean
+addAll(collection : Collection) : boolean
+clear() : void
+contains(element : Object) : boolean
+containsAll(collection : Collection) : boolean
+equals(object : Object) : boolean
+hashCode() : int
+iterator() : Iterator
+remove(element : Object) : boolean
+removeAll(collection : Collection) : boolean
+retainAll(collection : Collection) : boolean
+size() : int
+toArray() : Object[]
+toArray(array : Object[ ]) : Object[]

图 10-5　Set 接口的结构

Code（散列码）。散列表是个链接式列表的阵列。每个列表称为一个 buckets（散列表元）。对象位置的计算为 index=HashCode % buckets（HashCode 为对象散列码，buckets 为散列表元总数）。

当添加元素时，有时会遇到已经填充元素的散列表元，这种情况称为 Hash Collisions（散列冲突），这时必须判断该元素是否已经存在于该散列表中。

如果散列码是合理且随机分布的，并且散列表元的数量足够大，那么散列冲突的数量就会减少。同时，我们也可以通过设定一个初始的散列表元数量来更好地控制散列表的运行。初始散列表元的数量为：

```
buckets = size * 150% + 1              //size为预期元素的数量
```

如果散列表中的元素放得太满，那么就必须进行 rehashing（再散列）。再散列使散列表元数增倍，并将原有对象重新导入新的散列表元中，而删除原始的散列表元。加载因子决定何时要对散列表进行再散列。在 Java 编程语言中，加载因子默认值为 0.75，默认散列表元为 101。

2. Comparable 接口和 Comparator 接口

"集合框架"中有两种比较接口，它们分别是 Comparable 接口和 Comparator 接口。String 和 Integer 等 Java 内建类实现的是 Comparable 接口，它可以让这些类型的元素遵守既定的排序方式。对于没有实现 Comparable 接口的类或者自定义的类，我们可以通过 Comparator 接口来定义自己的比较方式。

1）Comparable 接口

在包 java.lang 中，接口 Comparable 适用于拥有自然顺序的类。即假定某个对象集合中的元素是同一类型的，该接口允许我们把该集合中的元素排序成某种自然顺序。

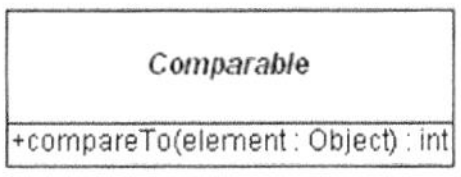

Comparable 接口的结构如图 10-6 所示。其中方法 int compareTo (Object o) 用于比较当前实例对象与对象 o。如果当前实例对象位于对象 o 之前，则返回负值；如果两个对象在排序中位置相同，则返回 0；如果它位于对象 o 后面，则返回正值。

图 10-6　Comparable 接口的结构

早在 Java 2 SDK 版本 1.4 中，Java 就有 24 个类实现了 Comparable 接口。在表 10-1 中展示了 8 种基本类型的自然排序。尽管一些类共享同一种自然排序，但只有相互可比的类才能排序。

表 10-1　8 种基本类型的自然排序

类	排　　序
BigDecimal, BigInteger, Byte, Double, Float, Integer, Long, Short	按数字大小排序
Character	按 Unicode 值的大小排序
String	按字符串中字符的 Unicode 值排序

当利用 Comparable 接口创建自己的类的排序过程时，这只是实现 compareTo() 方法的问题。通常依赖几个数据成员的自然排序。同时类也应该覆盖 equals() 和 hashCode() 以确保两个相等的对象返回同一个散列码。

2）Comparator 接口

如果一个类不能用于实现 java.lang.Comparable，或者不喜欢默认的 Comparable 行为，只想提供自己的排列顺序（可能有多种排序方式），那么我们可以实现 Comparator 接口来自定义一个比较器。Comparator 接口的结构如图 10-7 所示。

❑ int compare (Object o1, Object o2)：能够对两个对象 o1 和 o2 进行比较，如果 o1 位于 o2 的前面，则返回负值，如果在排列顺序中认为 o1 和 o2 是相同的则返回 0，如果 o1 位于 o2 的后面则返回正值。与

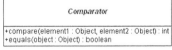

图 10-7　Comparator 接口的结构

Comparable 相似，返回值 0 不表示元素相等，它只是表示两个对象排在同一位置。由 Comparator 用户决定如何处理它们。如果两个不相等的元素进行比较后结果为零，那么首先应该确信这是你要的结果，然后记录行为。

❑ boolean equals (Object obj)：指示对象 obj 是否和比较器相等。该方法重写 Object 的 equals() 方法，检查的是 Comparator 实现的等同性，不是处于比较状态下的对象。

3. SortedSet 接口

Java 集合框架中还有一个特殊的 Set 接口 SortedSet，它能让集合中的元素始终保持有序的排列状态。此接口主要用于赋予集合排序的能力，即能实现此接口的集合都属于可排序的集合。添加到实现 SortedSet 接口的集合中的元素必须先实现 Comparable 接口，否则必须给它的构造函数提供一个 Comparator 接口的实现。类 TreeSet 是其唯一一个实现。

因为 Set 要求其元素必须是唯一的，所以如果添加元素时比较两个元素（Comparable 的 compareTo()方法或 Comparator 的 compare()方法）的函数返回的是 0，那么添加元素的操作就会失败。当然，在这个过程中我们必须要确保比较方法与 equals()在执行结果上的一致性。SortedSet 接口的结构如图 10-8 所示。

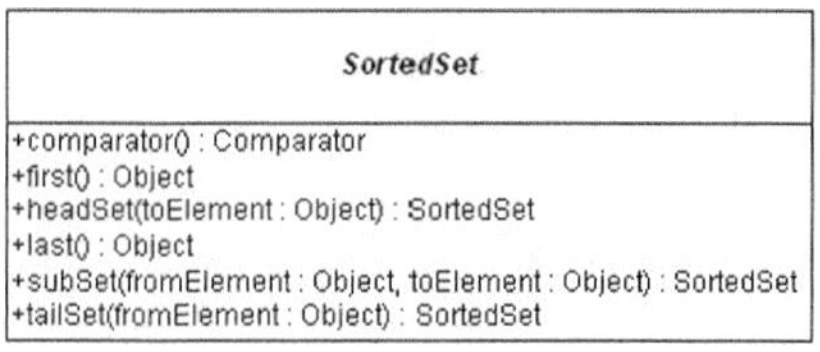

SortedSet
+comparator() : Comparator
+first() : Object
+headSet(toElement : Object) : SortedSet
+last() : Object
+subSet(fromElement : Object, toElement : Object) : SortedSet
+tailSet(fromElement : Object) : SortedSet

图 10-8　SortedSet 接口的结构

❑ Comparator comparator()：返回对元素进行排序时使用的比较器，如果使用 Comparable 接口的 compareTo()方法对元素进行比较，则返回 null。

❑ Object first()：返回有序集合中的第一个（最低）元素。

❑ Object last()：返回有序集合中的最后一个（最高）元素。

❑ SortedSet subSet (Object fromElement, Object toElement)：返回从 fromElement（包括）到 toElement（不包括）范围内元素的 SortedSet 子集。

❑ SortedSet headSet (Object toElement)：返回 SortedSet 的一个子集，其内的各元素皆小于 toElement。

❑ SortedSet tailSet (Object fromElement)：返回 SortedSet 的一个子集，其内的各元素皆大于或等于 fromElement。

4．AbstractSet 抽象类

AbstractSet 类重写了 Object 类的 equals()和 hashCode()方法，以确保两个相等的集合返回相同的散列码。如果两个集合大小相等且包含相同元素，则这两个集合相等。按照定义可知，集合的散列码是集合中元素散列码的总和。因此不论集合的内部顺序如何，两个相等的集合会有相同的散列码。AbstractSet 抽象类中的主要方法如下所示。

❑ boolean equals (Object obj)：对两个对象进行比较，以便确定它们是否相同。

❑ int hashCode()：返回该对象的散列码。相同对象必须返回相同的散列码。

5．HashSet 类和 TreeSet 类

Java 集合框架中支持 Set 接口的实现通常有两种形式，它们分别是 HashSet 和 TreeSet（TreeSet 实现 SortedSet 接口）。在更多情况下，我们会使用 HashSet 存储重复自由的集合。考虑到效率，添加到 HashSet 中的对象需要采用恰当分配散列码的方式来实现 hashCode()方法。虽然大多数系统类覆盖 Object 中默认的 hashCode()和 equals()实现，但创建自己要添加到 HashSet 的类时，别忘了覆盖方法 hashCode()和 equals()。

而当我们要从集合中以有序方式插入和抽取元素时，TreeSet 类的实现很有用处。当然，为了这一切能顺利进行，添加到 TreeSet 中的元素必须是可排序的。

1）HashSet 类

❑ HashSet()：构建一个空的散列集。

❑ HashSet (Collection c)：构建一个散列集，并且添加集合 c 中的所有元素。

❑ HashSet (int initialCapacity)：构建一个拥有特定容量的空散列集。

❑ HashSet (int initialCapacity, float loadFactor)：构建一个拥有特定容量和加载因子的空散列集。加载因子是 0.0～1.0 的一个数。

2）TreeSet 类

❑ TreeSet()：构建一个空的树集。

❑ TreeSet (Collection c)：构建一个树集，并且添加集合 c 中的所有元素。

❑ TreeSet (Comparator c)：构建一个树集，并且使用特定的比较器对其中的元素进行排序。

比较器没有任何数据，它只是比较方法的存放器。这种对象有时称为函数对象。函数对象通常在"运行过程中"定义为匿名内部类的一个实例。

❑ TreeSet (SortedSet s)：构建一个树集，添加有序集合 s 中的所有元素，并且使用与有序集合 s 相同的比较器排序。

6．LinkedHashSet 类

类 LinkedHashSet 扩展了 HashSet。如果我们想跟踪添加给类 HashSet 中的元素顺序，则使用 LinkedHashSet 类的实现会有很大的帮助。LinkedHashSet 的迭代器按照元素的插入顺序来访问各个元素，它提供了一个可以快速访问各个元素的有序集合，但这也增加了实现的代价，因为散列表元中的各个元素是通过双重链接式列表链接在一起的。

❑ LinkedHashSet()：构建一个空的链接式散列集。

❑ LinkedHashSet (Collection c)：构建一个链接式散列集，并且添加集合 c 中的所有元素。

❑ LinkedHashSet (int initialCapacity)：构建一个拥有特定容量的空链接式散列集。

❑ LinkedHashSet (int initialCapacity, float loadFactor)：构建一个拥有特定容量和加载因子的空链接式散列集。加载因子是 0.0～1.0 中的一个数。

10.3.2 使用 HashSet

HashSet 是 Set 接口的典型实现，大多数时候在使用 Set 集合时就是使用这个实现类。HashSet 按散列算法来存储其中的元素，因此它具有很好的存取和查找功能。

HashSet 的主要特点如下所示。

❑ 它不能保证元素的排列顺序，顺序有可能发生变化。

❑ HashSet 不是同步的，如果多个线程同时访问一个 HashSet，且有两条或者以上的线程同时修改了 HashSet 集合时，那么必须通过代码来保证其同步。

❑ 集合中的元素可以是 null。

当向 HashSet 集合中保存一个元素时，HashSet 会调用该对象的 hashCode()方法来得到该对象的散列码，然后根据该散列码来决定该对象在 HashSet 中的存储位置。如果有两个元素通过 equals()方法比较返回 true，但它们的 hashCode()方法返回值不相等，那么 HashSet 将会把它们存储在不同位置。

实例 10-2 使用 HashSet 判断集合元素是否相同

源码路径：daima\10\yongHashSet.java

实例文件 yongHashSet.java 的主要代码如下所示。

```
import java.util.*;
//类A的equals()方法总是返回true,但没有重写其hashCode()方法
class A{
    public boolean equals(Object obj){
        return true;
    }
}
//类B的hashCode()方法总是返回1,但没有重写其equals()方法
class B{
    public int hashCode(){ //实现方法hashCode()
        return 1;
    }
}
//类C的hashCode()方法总是返回2,但没有重写其equals()方法
class C{
    public int hashCode(){ //实现方法hashCode()
        return 2;
    }
    public boolean equals(Object obj){ //实现方法equals()
```

拓展范例及视频二维码

范例 **10-2-01**：向 HashSet 添加
一个可变对象

源码路径：演练范例\10-2-01\

范例 **10-2-02**：生成一个不重复
的随机序列

源码路径：演练范例\10-2-02\

```
            return true;
        }
    }
    public class yongHashSet{
        public static void main(String[] args) {
            HashSet<Object> books = new HashSet<Object>();           //新建HashSet对象books
            //分别向books集合中添加两个A对象、两个B对象、两个C对象
            books.add(new A());                    //添加对象A
            books.add(new A());                    //添加对象A
            books.add(new B());                    //添加对象B
            books.add(new B());                    //添加对象B
            books.add(new C());                    //添加对象C
            books.add(new C());                    //添加对象C
            System.out.println(books);             //输出books中的元素
        }
    }
```

上述代码执行后的结果如图 10-9 所示。

上面的实例代码分别提供了 3 个类 A、B 和 C，它们分别重写了 equals()、hashCode()两个方法中的一个或全部，演示了 HashSet 判断集合元素是否相同的过程。在 books 集合

```
[B@1, B@1, C@2, A@c17164, A@de6ced]
```

图 10-9　执行结果

中分别添加了两个 A 对象、两个 B 对象和两个 C 对象，其中 C 类重写的 equals()方法总是返回 true，hashCode()方法总是返回 2，这将导致 HashSet 把两个 C 对象当成同一个对象。

10.3.3　使用 TreeSet 类

TreeSet 是 SortedSet 接口的唯一实现，可以确保集合元素处于排序状态。下面的实例代码演示了 TreeSet 类的基本用法。

实例 10-3 **使用 TreeSet 类**
源码路径：daima\10\yongTestTreeSet.java

实例文件 yongTestTreeSet.java 的具体实现代码如下所示。

```
import java.util.*;
public class yongTestTreeSet{
  public static void main(String[] args) {
     TreeSet<Integer> nums = new TreeSet<Integer>();
     //向TreeSet中添加4个Integer对象
     nums.add(5);             //添加整数5
     nums.add(2);             //添加整数2
     nums.add(10);            //添加整数10
     nums.add(-9);            //添加整数-9
     //输出集合元素，看到集合元素已经处于排序状态
     System.out.println(nums);
     //输出集合里的第一个元素
     System.out.println(nums.first());
     //输出集合里的最后一个元素
     System.out.println(nums.last());
     //返回小于4的子集，不包含4
     System.out.println(nums.headSet(4));
     //返回大于5的子集，如果Set中包含5，则子集中还包含5
     System.out.println(nums.tailSet(5));
     //返回大于等于-3且小于4的子集
     System.out.println(nums.subSet(-3 , 4));
  }
}
```

拓展范例及视频二维码

范例 **10-3-01**：实现基本排序
　　　　功能

源码路径：**演练范例\10-3-01**

范例 **10-3-02**：实现
　　　Comparable 接口

源码路径：**演练范例\10-3-02**

TreeSet 并不是根据元素的插入顺序进行排序的，而是根据元素的实际值来排序的。与 HashSet 集合采用散列算法来决定元素的存储位置不同，TreeSet 采用红黑树的数据结构对元素进行排序。运行结果如图 10-10 所示。

在 Java 语言中，TreeSet 支持两种排序方法，它们分别是自然排序和定制排序。在默认情况下，TreeSet 采用自然排序。

1. 自然排序

Java 提供了一个 Comparable 接口，该接口定义了一个 compareTo (Object obj) 方法，该方法返回一个整数值。实现该接口的类必须实现该方法，这样实现该接口的类对象就可以比较大小了。

在实现自然排序时，TreeSet 会调用集合元素的 compareTo (Object obj) 方法来比较元素之间的大小，然后将集合元素按照升序排序。当一个对象调用该方法与另一个对象进行比较时，如果该方法返回 0 则表明这两个对象相等，如果返回一个正整数则表明 obj1 大于 obj2，如果返回一个负整数则表明 obj1 小于 obj2。

大部分类在实现 compareTo (Object obj) 方法时，都需要将比较对象 obj 的类型强制转换成相同类型，因为只有相同类的两个实例才能比较大小。如果把一个对象添加到 TreeSet 集合中，则 TreeSet 会调用该对象的 compareTo (Object obj) 方法与集合中的其他元素进行比较——此时应要求集合中的其他元素与该元素是同一个类的实例。也就是说，向类 TreeSet 中添加的应该是同一个类的对象，否则会引发 ClassCastException 异常。

当向类 TreeSet 中添加对象时，如果该对象是程序员自定义的类对象，则可以向 TreeSet 中添加多种类型的对象，前提是用户的自定义类实现了 Comparable 接口，实现该接口的 compareTo(Object obj) 方法时没有进行强制类型转换。但当试图操作 TreeSet 里的集合数据时，不同类型的元素间依然会发生 ClassCastException 异常。

当一个对象加入 TreeSet 集合中时，TreeSet 调用该对象的 compareTo (Object obj) 方法与容器中的其他对象进行比较，然后根据红黑树算法决定它的存储位置。如果两个对象通过 compareTo (Object obj) 比较相等，则 TreeSet 认为它们应存储在同一位置。对于 TreeSet 集合而言，它判断两个对象不相等的标准是：两个对象通过 equals() 方法返回 false，或通过 compareTo (object obj) 方法没有返回 0。即使两个对象是同一个对象，Treeset 也会把它当成两个对象来处理。

2. 定制排序

TreeSet 的自然排序是根据集合元素的大小进行的，TreeSet 将它们按升序进行排列。如果需要实现定制排序，例如降序排列，则可以借助于 Comparator 接口的帮助。该接口里包含一个 "int compare (T o1, T o2)" 方法，此方法用于比较 o1 和 o2 的大小。如果该方法返回正整数则表明 o1 大于 o2；如果该方法返回 0，则表明 o1 等于 o2；如果该方法返回负整数，则表明 o1 小于 o2。

如果需要实现定制排序，则需要在创建 TreeSet 集合对象时提供一个 Comparator 对象与 TreeSet 集合进行关联，由该 Comparator 对象负责集合元素的排序逻辑。

图 10-10 运行结果

实例 10-4　演示 TreeSet 的自然排序用法
源码路径：daima\10\yongTreeSet.java

实例文件 yongTreeSet.java 的主要代码如下所示。

```
import java.util.*;
//Z类重写了equals方法，总是返回false
//重写了compareTo(Object obj)方法返回正整数
class Z implements Comparable<Object>
    int age;                    //定义int类型变量age
    public Z(int age){          //定义构造方法Z
        this.age = age;         //赋值属性age
    }
    public boolean equals(Object obj){ //定义方
法equals()
        return false;
    }
```

拓展范例及视频二维码

范例 10-4-01：使用 TreeSet 的
　　　　　定制排序
源码路径：演练范例\10-4-01\
范例 10-4-02：使用映射的相
　　　　　关类
源码路径：演练范例\10-4-02\

```
        public int compareTo(Object obj){        //定义方法compareTo()
            return 1;
        }
    }
    public class yongTreeSet{
        public static void main(String[] args) {
            TreeSet<Z> set = new TreeSet<Z>();        //新建TreeSet对象set
            Z z1 = new Z(6);                          //新建类Z对象实例z1
            set.add(z1);                              //强z1添加到集合中
        System.out.println(set.add(z1));
            //在下面输出set集合中将看到有两个元素
            System.out.println(set);
            //修改set集合中第一个元素的age属性
            ((Z)(set.first())).age = 9;
            //输出set集合中最后一个元素的age属性，将看到它也变成了9
        System.out.println(((Z)(set.last())).age);
        }
    }
```

执行后的结果如图 10-11 所示。

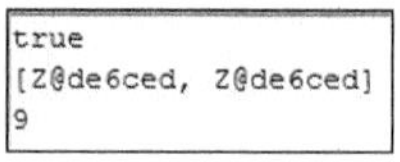

上面的实例代码先把同一个对象再次添加到 TreeSet 集合中，因为 z1 对象的方法 equals()总是返回 false，而且方法 compareTo (object obj) 总是返回 1。由于 TreeSet 会认为 z1 对象和它自己也不相同，所以在此 TreeSet 中添加了两个 z1 对象。

```
true
[Z@de6ced, Z@de6ced]
9
```

图 10-11　执行结果

10.3.4　使用 EnumSet 类

EnumSet 是一个专门为枚举类型设计的集合类，在 EnumSet 中的所有元素都必须是指定枚举类型的枚举值，该枚举类型在创建 EnumSet 时显式或隐式地指定。枚举类型在创建集合时显式或隐式地指定，枚举集在内部表示为位向量。使用 EnumSet 类表示的这种形式非常紧凑且高效，此类的空间和时间性能非常高效，足以用作传统的基于"位标志"的替换形式。它具有高品质、类型安全的优势。

如果指定的 Collection 也是一个枚举集，则批量操作（如 containsAll 和 retainAll）也应运行得非常快。由 Iterator 方法返回的迭代器按自然顺序遍历这些元素（该顺序是声明枚举常量的顺序），返回的迭代器从不抛出 ConcurrentModificationException 异常，也不一定显示在迭代时发生的任何由集合修改的效果。

类 EnumSet 不允许使用 null 元素，如果试图插入 null 元素，则系统将抛出 NullPointerException 异常。但是测试是否出现 null 元素或移除 null 元素将不会抛出异常。像大多数 Collection 一样，EnumSet 是不同步的，如果多个线程同时访问一个枚举集，并且至少有一个线程修改该集合，则此枚举集在外部应该是同步的。这通常是对自然封装该枚举集的对象执行同步操作来完成的。如果不存在这样的对象，则应该使用方法 Collections.synchronizedSet (java.util.Set)来"包装"该集合。我们最好在创建时完成这一操作，以防止意外的非同步访问。

```
    Set<MyEnum> s = Collections.synchronizedSet(EnumSet.noneOf(Foo.class));
```

在实现时需要注意，所有基本操作都在固定时间内执行。虽然并不保证，但它们很可能比其 HashSet 副本更快。如果参数是另一个 EnumSet 实例，则诸如 addAll()和 AbstractSet.removeAll (java.util.Collection) 等批量操作也会在固定时间内执行。

类 EnumSet 没有暴露任何构造器来创建该类的实例，我们应该通过它提供的 static 方法来创建 EnumSet 对象。类 EnumSet 提供了如下常用 static 方法来创建 EnumSet 对象。

❑ static EnumSet allOf（Class elementType）：创建一个包含指定枚举类的所有枚举值的 EnumSet 集合。

❑ static EnumSet complementOf（EnumSet s）：创建一个元素类型与指定 EnumSet 里的元素类型相同的 EnumSet，新 EnumSet 集合包含原 EnumSet 集合不包含的、此枚举类剩

下的枚举值，即新 EnumSet 集合和原 EnumSet 集合中的集合元素加起来就是该枚举类的所有枚举值。

- □ static EnumSet copyOf（Collection c）：使用一个普通集合来创建 EnumSet 集合。
- □ static EnumSet copyOf（EnumSet s）：创建一个与指定 EnumSet 具有相同元素类型和相同集合元素的 EnumSet。
- □ static EnumSet noneOf（Class elementType）：创建一个元素类型为指定枚举类型的空 EnumSet。
- □ static EnumSet of（E first, E... rest）：创建一个包含一个或多个枚举值的 EnumSet 集合，传入的多个枚举值必须属于同一个枚举类。
- □ static EnumSet range（E from, E to）：创建从 from 枚举值到 to 枚举值范围内的所有枚举值的 EnumSet 集合。

实例 10-5 **使用 EnumSet 保存枚举类里的值**
源码路径：daima\10\yongEnumSet.java

实例文件 yongEnumSet.java 的主要代码如下所示。

拓展范例及视频二维码

范例 **10-5-01**：复制 Collection
集合中的元素
源码路径：**演练范例\10-5-01**
范例 **10-5-02**：使用集合的
相关类
源码路径：**演练范例\10-5-02**

```java
import java.util.*;
enum Season{
    SPRING,SUMMER,FALL,WINTER
}
public class yongEnumSet{
    public static void main(String[] args){
        //创建一个EnumSet集合，集合元素就是Season枚举
类的全部枚举值
        EnumSet<Season> es1 = EnumSet.allOf(Season.class);
        //输出[SPRING,SUMMER,FALL,WINTER]
        System.out.println(es1);
        //创建一个空EnumSet集合，指定其集合元素是Season枚举类的枚举值
        EnumSet<Season> es2 = EnumSet.noneOf(Season.class);
        System.out.println(es2); //输出[]
        //手动添加两个元素
        es2.add(Season.WINTER);
        es2.add(Season.SPRING);
        System.out.println(es2);
        //以指定枚举值创建EnumSet集合
        EnumSet<Season> es3 = EnumSet.of(Season.SUMMER , Season.WINTER);
        //输出[SUMMER,WINTER]
        System.out.println(es3);
        EnumSet<Season> es4 = EnumSet.range(Season.SUMMER , Season.WINTER);
        //输出[SUMMER,FALL,WINTER]
        System.out.println(es4);
        //新创建的EnumSet集合中的元素和es4集合中的元素有相同类型
        //es5中的集合元素 + es4中的集合元素 = Season枚举类的全部枚举值
        EnumSet<Season> es5 = EnumSet.complementOf(es4);
        //输出[SPRING]
        System.out.println(es5);
    }
}
```

在上面的实例代码中，我们演示了 EnumSet 集合的常规用法，使用 EnumSet 保存枚举类里的值。

代码执行后的结果如图 10-12 所示。

```
[SPRING, SUMMER, FALL, WINTER]
[]
[SPRING, WINTER]
[SUMMER, WINTER]
[SUMMER, FALL, WINTER]
[SPRING]
```

图 10-12 执行结果

10.4 List 接口

List 接口继承于 Collection 接口，我们通常用它来定义一个允许出现重复项的有序集合，该接口不但能够对列表进行子集处理，还添加了面向位置的操作。在本节将详细讲解 Java 语言中 List 接口的基本知识。

 知识点讲解：

10.4.1 List 接口概述

实现 List 接口的集合应该是一个有序集合，它的默认顺序就是元素添加进来的先后顺序。每个元素都有对应的顺序索引，我们可以通过其索引访问相应位置上的元素。例如第一次添加的元素索引为 0，第二次添加的元素索引为 1，依此类推。正因为如此，List 接口的集合才允许人们使用重复元素。下面我们来看一下 List 接口的具体结构，如图 10-13 所示。

List 接口中包括了众多功能强大的方法，具体说明如下所示。

1）面向索引的操作方法

这些方法中包括插入某个元素或集合的功能，还包括获取、除去或更改元素的功能。在 List 中可以从列表的头部或尾部开始搜索元素，如果找到元素，那么它还将报告元素所在的位置。在 List 集合中增加了一些根据索引来操作集合元素的方法，这些方法的具体说明如下所示。

List
+add(element : Object) : boolean
+add(index : int, element : Object) : void
+addAll(collection : Collection) : boolean
+addAll(index : int, collection : Collection) : boolean
+clear() : void
+contains(element : Object) : boolean
+containsAll(collection : Collection) : boolean
+equals(object : Object) : boolean
+get(index : int) : Object
+hashCode() : int
+indexOf(element : Object) : int
+iterator() : Iterator
+lastIndexOf(element : Object) : int
+listIterator() : ListIterator
+listIterator(startIndex : int) : ListIterator
+remove(element : Object) : boolean
+remove(index : int) : Object
+removeAll(collection : Collection) : boolean
+retainAll(collection : Collection) : boolean
+set(index : int, element : Object) : Object
+size() : int
+subList(fromIndex : int, toIndex : int) : List
+toArray() : Object[]
+toArray(array : Object[]) : Object[]

图 10-13　List 结构

- □ void add (int index, Object element)：在指定索引 index 上添加元素 element。
- □ boolean addAll (int index, Collection c)：将集合 c 中的所有元素添加到指定索引 index 上。
- □ Object get (int index)：返回 List 中指定索引的元素。
- □ int indexOf (Object o)：返回第一个出现元素 o 的索引，元素不存在时返回-1。
- □ int lastIndexOf (Object o)：返回最后一个出现元素 o 的索引，元素不存在时返回-1。
- □ Object remove (int index)：删除指定索引位置上的元素。
- □ Object set (int index, Object element)：用元素 element 取代索引 index 上的元素，并且返回旧元素。

2）处理集合子集的方法

List 接口不但能以索引序列迭代遍历整个列表，还能处理集合的子集。这些方法的具体说明如下所示。

- □ ListIterator listIterator()：返回一个列表迭代器来访问列表中的元素。
- □ ListIterator listIterator (int index)：返回一个列表迭代器来从指定索引 index 开始访问列表中的元素。
- □ List subList (int fromIndex, int toIndex)：返回从指定索引 fromIndex（包含）到 toIndex（不包含）范围内各个元素的子列表。子列表的更改（如 add()、remove()和 set()调用）对底层 List 也有影响。

1. ListIterator 接口

ListIterator 接口继承于 Iterator 接口，它支持添加或更改底层集合中的元素，还支持双向访问。ListIterator 没有当前位置，光标位于调用 previous()和 next() 方法返回值之间。ListIterator 接口的结构如图 10-14 所示。

- ❑ void add (Object o)：将对象 o 添加到当前位置的前面。
- ❑ void set (Object o)：用对象 o 替代 next（或 previous）方法访问上一个元素。如果上次调用后列表结构修改了，那么将抛出 IllegalStateException 异常。
- ❑ boolean hasPrevious()：判断向后迭代时是否有元素可访问。

图 10-14　ListIterator 接口结构

- ❑ Object previous()：返回上一个对象。
- ❑ int nextIndex()：返回下次调用 next()方法时将返回元素的索引。
- ❑ int previousIndex()：返回下次调用 previous()方法时将返回元素的索引。

在正常情况下，不用 ListIterator 改变某次遍历集合元素的方向——向前或者向后。虽然它在技术上可以实现，但是使用 previous()方法后应该立刻调用 next()，返回的是同一个元素。调用 next()和 previous()的顺序颠倒后，运行结果依然相同。

当使用 add()操作添加一个元素后，新元素立刻会添加到隐式光标的前面。因此添加元素后调用 previous()会返回新元素，而调用 next()则不起作用，它返回添加操作之前的下一个元素。

2. AbstractList 和 AbstractSequentialList 抽象类

Java 中有两个实现了 List 接口的抽象类，它们分别是 AbstractList 和 AbstractSequentialList。像 AbstractSet 类一样，它们重写 equals()和 hashCode()方法以确保两个相等的列表返回相同的散列码。如果两个列表大小相等且包含顺序相同的相同元素，则这两个列表相等。这里的 hashCode() 是在 List 接口中定义的，而且是在这两个抽象类中要实现的方法。

除了 equals()和 hashCode()方法之外，AbstractList 和 AbstractSequentialList 还实现了 List 接口中其余方法的一部分。因为数据的随机访问和顺序访问是分别实现的，使得创建具体列表的实现过程更为容易。需要定义的方法取决于你希望支持的行为，你永远不必亲自提供的是 iterator 方法的实现。

3. LinkedList 类和 ArrayList 类

在"集合框架"中还有两种实现了 List 接口的常规类，它们分别是 ArrayList 和 LinkedList，我们可以根据具体需求来决定使用哪一种。如果要求列表支持随机访问，而不必在除尾部以外的任何位置执行插入或删除元素的操作，那就应该选择 ArrayList。而如果该列表需要频繁地在列表的中间位置执行添加和删除元素的操作，且要顺序地访问列表元素，那么选择 LinkedList

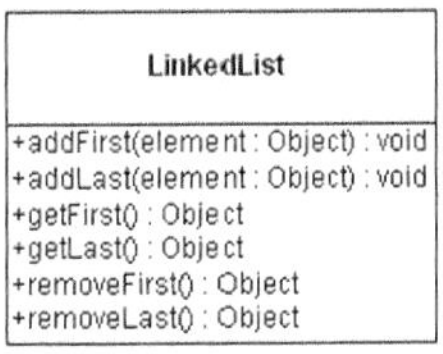

图 10-15　LinkedList 类的结构

会更合适一些。

ArrayList 和 LinkedList 都实现了 Cloneable 接口，并且都提供了两个构造函数，其中一个是无参的，一个则接受另一个 Collection 类的实参。

首先来看 LinkedList 类。LinkedList 类添加了一些处理列表两端元素的方法，其具体结构如图 10-15 所示。

- ❑ void addFirst (Object o)：将对象 o 添加到列表的开头。
- ❑ void addLast (Object o)：将对象 o 添加到列表的结尾。
- ❑ Object getFirst()：返回列表开头的元素。
- ❑ Object getLast()：返回列表结尾的元素。
- ❑ Object removeFirst()：删除并且返回列表开头的元素。

❑ Object removeLast()：删除并且返回列表结尾的元素。

❑ LinkedList()：构建一个空的链接列表。

❑ LinkedList (Collection c)：构建一个链接列表，并且添加集合 c 的所有元素。

通过上述方法可知，我们可以把 LinkedList 当作一个堆栈、队列或其他面向端点的数据结构。

再来看 ArrayList 类。ArrayList 类封装了一个可进行动态再分配的 Object[]数组，每个 ArrayList 对象都有一个初始容量。当元素添加到 ArrayList 时，该容量会在常量时间内自动增加。在向一个 ArrayList 对象添加大量元素时，我们可以使用 ensureCapacity 方法增加它的容量。这可以减少重新分配内存的次数。

❑ void ensureCapacity (int minCapacity)：将 ArrayList 对象当前的容量增加 minCapacity。

❑ void trimToSize()：整理 ArrayList 对象容量为列表当前大小。程序可使用这个操作减少 ArrayList 对象的存储空间。

10.4.2　根据索引操作集合内的元素

List 接口作为 Collection 接口的子接口，可以使用 Collection 接口里的全部方法。

实例 10-6　**根据索引来操作集合内的元素**
源码路径：daima\10\yongList.java

实例文件 yongList.java 的主要代码如下所示。

```java
import java.util.*;
    public class yongList{
    public static void main(String[] args){
        List<String> books = new ArrayList<String>();
        //向books集合中添加3个元素AAA、BBB、CCC
        books.add(new String("AAA"));
        books.add(new String("BBB"));
        books.add(new String("CCC"));
        System.out.println(books);
        //将新字符串DDD插入到第二个位置
        books.add(1 , new String("DDD"));
        for (int i = 0 ; i < books.size() ; i++ ){
//使用for循环输出books中的元素
            System.out.println(books.get(i));
        }
        books.remove(2); //删除第三个元素
        System.out.println(books);
        //判断指定元素在List集合中的位置:输出1表明位于第二位
        System.out.println(books.indexOf(new String("DDD")));
        //将第二个元素替换成新的字符串对象
        books.set(1, new String("BBB"));
        System.out.println(books);
        //将books集合的第二个元素（包括）到第三个元素（不包括）截取成子集合
        System.out.println(books.subList(1 , 2));
    }
}
```

拓展范例及视频二维码

范例 **10-6-01**：用 equals 方法
判断两个对象是
否相等
源码路径：**演练范例\10-6-01**

范例 **10-6-02**：通过 add 方法向
List 集合中 添加
元素
源码路径：**演练范例\10-6-02**

程序执行后的结果如图 10-16 所示。

在上面的实例代码中，我们演示了 List 类集合的独特用法。如您所见，这类集合可以根据位置索引来访问集合中的元素，因此 List 增加了一种新的遍历集合元素的方法，即用普通 for 循环来遍历集合元素。

另外，在 List 中还额外提供了方法 iterator，该方法可返回一个 listIterator 对象，ListIterator 接口继承了 Iterator 接口，提供了专门操作 List 的方法。ListIterator 接口在 Iterator 接口的基础上增加了如下方法。

❑ boolean hasPrevious()：返回与该迭代器关联的集合是否还有上一

```
[AAA, BBB, CCC]
AAA
DDD
BBB
CCC
[AAA, DDD, CCC]
1
[AAA, BBB, CCC]
[BBB]
```

图 10-16　执行结果

个元素。

- ❑ Object previous()：返回该迭代器的上一个元素。
- ❑ void add()：在指定位置插入一个元素。

对比 ListIterator 与普通 Iterator 会发现，ListIterator 中增加了向前迭代的功能，而 Iterator 只能向后迭代，而且 ListIterator 还可通过 add 方法向 List 集合添加元素，而 Iterator 只能删除元素。

10.4.3　使用 ArrayList 和 Vector 类

ArrayList 类和 Vector 类作为 List 类的两个典型实现，完全支持本章前面介绍的 List 接口中的全部功能。由于 ArrayList 类和 Vector 类都是基于数组实现的 List 类，所以类 ArrayList 和 Vector 封装了动态再分配的 Object[]数组。每个 ArrayList 或 Vector 对象都有一个 Capacity 属性，这个 Capacity 属性表示所封装的 Object[]数组的长度。当向 ArrayList 或 Vector 中添加元素时，它们的容量会自动增加。在 Java 编程应用中，我们无须关心类 ArrayList 和 Vector 的 Capacity 属性。但如果向 ArrayList 集合或 Vector 集合中添加多个元素，那么可使用方法 ensureCapacity 一次性地增加容量，这样做的好处是减少分配次数，提高系统性能。

类 ArrayList 和 Vector 在用法上几乎完全相同，但由于 Vector 是一个从 JDK 1.1 就开始有的集合，虽然在最开始的时候 Java 还没有提供系统集合框架，所以在 Vector 中提供了一些方法名很长的方法（例如 addElement (Object obj)，此方法与 add (Object obj)没有任何区别）。从 JDK 1.2 以后，Java 开始提供系统集合框架，将 Vector 作为 List 的实现之一改为了 List 接口实现，从而导致 Vector 里有一些功能重复的方法。

下面的代码（daima\10\yongVector.java）演示了 Vector 作为"栈"功能的过程。

```java
import java.util.Enumeration;
import java.util.Iterator;
import java.util.List;
import java.util.Vector;

public class yongVector {
    public static void test() {
        Vector<String> hs = new Vector<String>();
        hs.add("a1");
        hs.add("b2");
        hs.add("a1");
        hs.add("c3");
        hs.add("a1");
        hs.add("d4");
        System.out.println("用迭代器输出");
        printSet(hs);
        System.out.println("用索引输出");
        printSet2(hs);
    }

    public static void printSet(List hs) {
        Iterator iterator = hs.iterator();
        while (iterator.hasNext()) {
            System.out.println(iterator.next());
        }
    }

    public static void printSet2(Vector<String> hs) {
        Enumeration<String> elements = hs.elements();
        while (elements.hasMoreElements()) {
            System.out.println(elements.nextElement());
        }
    }

    public static void main(String[] args) {
        yongVector.test();
    }
}
```

上述代码执行后的结果如图 10-17 所示。

```
用迭代器输出
a1
b2
a1
c3
a1
d4
用索引输出
a1
b2
a1
c3
a1
d4
```

图 10-17　执行结果

10.5　Map 接口

实现 Map 接口的集合可保存具有映射关系的数据，因此
在 Map 集合里通常保存了两组值，一组值保存 Map 里的 key，
另外一组值保存 Map 里的 value，key 和 value 可为任何引用
类型的数据。其中，key 不允许重复，即同一个 Map 对象中

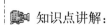 知识点讲解：

任何两个 key 通过 equals 方法比较总是返回 false。key 和 value 之间存在单向一对一关系，即通过
指定 key 总能找到唯一确定的 value。当从 Map 中取出数据时，只要给出指定的 key，就可以取出
对应的 value。本节将详细讲解 Java 语言中 Map 接口的基本知识。

10.5.1　Map 接口中的方法

在 Java 语言中，Map 接口的结构如图 10-18 所示。
在上述结构中包含了如下几类常用的内置方法。

1. 添加、删除操作

❏ Object put (Object key, Object value)：将互相关联的一个
key/value 对放入该 Map 中。如果该 key 已经存在，那么
与此关键字相关的新 value 将取代旧 value，方法返回该
key 的旧 value；如果 key 原先并不存在，则返回 null。

❏ Object remove (Object key)：从 Map 中删除与 key 相关的
映射。

```
                Map

+clear() : void
+containsKey(key : Object) : boolean
+containsValue(value : Object) : boolean
+entrySet() : Set
+get(key : Object) : Object
+isEmpty() : boolean
+keySet() : Set
+put(key : Object, value : Object) : Object
+putAll(mapping : Map) : void
+remove(key : Object) : Object
+size() : int
+values() : Collection
```

图 10-18　Map 接口的结构

❏ void putAll (Map t)：将来自特定 Map 中的所有元素添加给该 Map。

❏ void clear()：从 Map 中删除所有映射。

Map 接口中的 key 和 value 都可以为 null，但是不能把 Map 作为一个 key 或 value 添加给自身。

2. 查询操作

❏ Object get (Object key)：获得与 key 相关的 value，并且返回与 key 相关的对象。如果没
有在 Map 中找到该 key，则返回 null。

❏ boolean containsKey (Object key)：判断 Map 中是否存在 key。

❏ boolean containsValue (Object value)：判断 Map 中是否存在 value。

❏ int size()：返回当前 Map 中映射的数量。

❏ boolean isEmpty()：判断 Map 中是否有任何映射。

3. 视图（子集）操作（用于处理 Map 中 key/value 对）

❏ Set keySet()：返回 Map 中所有关键字的视图集。因为映射中 key 的集合必须是唯一的，
所以应用 Set 来支持。你还可以从视图中删除元素，此时 key 和它相关的 value 将从源

Map 中删除，但是不能添加任何元素。

❑ Collection values()：返回 Map 中所有值的视图集。因为映射中 value 的集合不是唯一的，所以要用 Collection 来支持。我们还可以从视图中删除元素，此时 value 和它的 key 将从源 Map 中删除，但是不能添加任何元素。

❑ Set entrySet()：返回 Map.Entry 对象的视图集，即 Map 中的 key/value 对。

因为映射是唯一的，所以要用 Set 来支持。我们还可以从视图中删除元素，此时这些元素将从源 Map 中删除，但是不能添加任何元素。

10.5.2　Map 接口中的接口和类

1. Entry 接口

通过 Map 接口中的 entrySet() 方法可以返回一个实现 Map.Entry 接口的对象集合，集合中的每个对象都是底层 Map 中一个特定的 "key/value" 对。Map.Entry 接口的结构如图 10-19 所示。

通过 Map.Entry 接口集合的迭代器可以获得每一个条目（唯一获取方式）的 key 或 value 并对 values 进行更改。当条目通过迭代器返回后，除非是迭代器自身的 remove() 方法或者迭代器返回条目的 setValue() 方法，其余对源 Map 外部的修改都会导致此条目集变得无效，同时产生条目行为未定义。

❑ Object getKey()：返回条目的关键字。

❑ Object getValue()：返回条目的 value。

❑ Object setValue (Object value)：将相关 Map 中的值改为 value，并且返回旧值。

2. SortedMap 接口

在集合框架中提供了一个特殊的 Map 接口——SortedMap，它用来保持 key 的有序。SortedMap 接口的结构如图 10-20 所示。

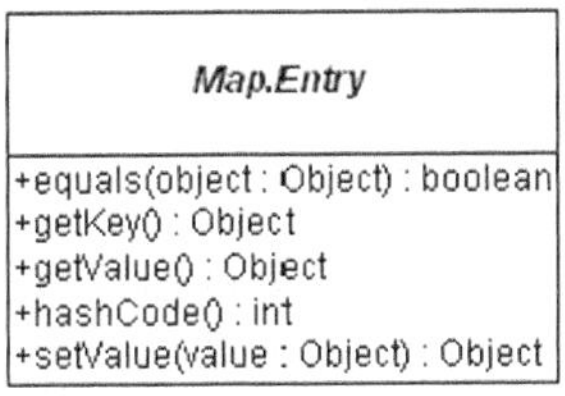

Map.Entry
+equals(object : Object) : boolean
+getKey() : Object
+getValue() : Object
+hashCode() : int
+setValue(value : Object) : Object

图 10-19　Map.Entry 接口的结构

SortedMap
+comparator() : Comparator
+firstKey() : Object
+headMap(toKey : Object) : SortedMap
+lastKey() : Object
+subMap(fromKey : Object, toKey : Object) : SortedMap
+tailMap(fromKey : Object) : SortedMap

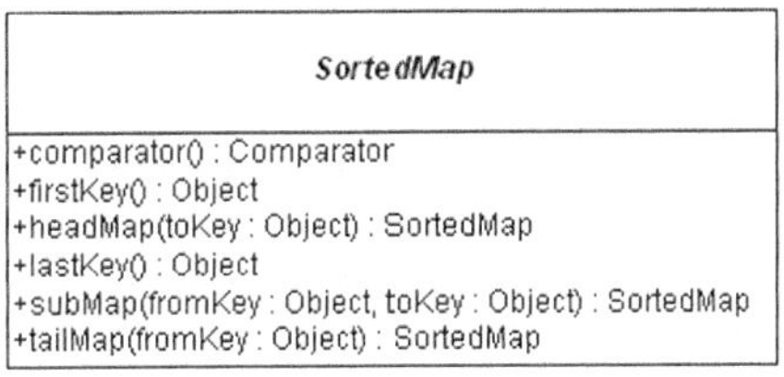

图 10-20　SortedMap 接口的结构

SortedMap 接口是 Map 的视图，在里面有两个端点提供了访问方法。除了排序是作用于映射的 key 以外，处理 SortedMap 和处理 SortedSet 是一样的。添加到 SortedMap 实现类的元素必须实现 Comparable 接口，否则必须给它的构造函数提供一个 Comparator 接口的实现，类 TreeMap 是它的唯一实现。

对于映射来说，每个 key 只能对应一个 value。如果在添加一个 "key/value" 对时比较两个 key 产生了为 "0" 的返回值（通过 Comparable 的 compareTo() 方法或通过 Comparator 的 compare() 方法），那么原 key 对应的值被新的 value 替代。如果两个元素不相等则应该修改比较方法，让比较方法和 equals 方法的效果一致。

❑ Comparator comparator()：返回对 key 进行排序时使用的比较器，如果使用 Comparable 接口的 compareTo() 方法对 key 进行比较，则返回 null。

❑ Object firstKey()：返回 Map 中第一个（最低）key。

❑ Object lastKey()：返回 Map 中最后一个（最高）key。

❑ SortedMap subMap (Object fromKey, Object toKey)：返回从 fromKey（包括）至 toKey

（不包括）范围内元素的 SortedMap 视图。

- □ SortedMap headMap (Object toKey)：返回 SortedMap 的一个视图，其内各元素的 key 都应小于 toKey。

- □ SortedSet tailMap (Object fromKey)：返回 SortedMap 的一个视图，里面各元素的 key 皆大于或等于 fromKey。

3. AbstractMap 抽象类

和其他抽象集合实现相似，类 AbstractMap 重写了 equals()和 hashCode()方法以确保两个相等映射返回相同的散列码。如果两个映射大小相等、包含同样的 key 且每个 key 在这两个映射中对应的 value 都相同，则这两个映射相等。映射的散列码是映射元素散列码的总和，其中每个元素都是 Map.Entry 接口的一个实现。所以不论映射内部的顺序如何，两个相等映射会报告相同的散列码。

4. HashMap 类和 TreeMap 类

在 Java 的集合框架中有两种实现 Map 接口的常规类，它们分别是 HashMap 和 TreeMap（其中，TreeMap 直接实现的是 SortedMap 接口）。当我们要在 Map 中插入、删除和定位元素时，HashMap 是最好的选择。但是如果我们要按自然顺序或自定义顺序来遍历 key，那么选择 TreeMap 会更合适一些。使用 HashMap 时要求添加的 key 类明确定义了 hashCode()和 equals()的实现。

1）HashMap 类

为了优化 HashMap 空间的使用，可以调优初始容量和负载因子。

- □ HashMap()：构建一个空的 HashMap。

- □ HashMap (Map m)：构建一个 HashMap，并且添加 Map 对象 m 的所有元素。

- □ HashMap (int initialCapacity)：构建一个拥有特定容量的空的 HashMap。

- □ HashMap (int initialCapacity, float loadFactor)：构建一个拥有特定容量和加载因子的空的 HashMap。

2）TreeMap 类

TreeMap 没有调优选项，因为该树总处于平衡状态。

- □ TreeMap()：构建一个空的 Map 树。

- □ TreeMap (Map m)：构建一个 Map 树，并且添加 Map 对象 m 中的所有元素。

- □ TreeMap (Comparator c)：构建一个 Map 树，并且使用特定的比较器对 key 进行排序。

- □ TreeMap (SortedMap s)：构建一个 Map 树，添加 Map 树 s 中的所有元素，并且使用与有序 Map 对象 s 相同的比较器进行排序。

5. LinkedHashMap 类

LinkedHashMap 继承自 HashMap 类，它能够按照插入的顺序将加入到 Map 中的"key/value"对元素链接起来。并且和 LinkedHashSet 一样，在 LinkedHashMap 内部也采用了双重链接式列表。

- □ LinkedHashMap()：构建一个空的链接型 HashMap。

- □ LinkedHashMap (Map m)：构建一个链接型 HashMap，并且添加 Map 对象 m 中的所有元素。

- □ LinkedHashMap (int initialCapacity)：构建一个拥有特定容量的空的链接型 HashMap。

- □ LinkedHashMap (int initialCapacity, float loadFactor)：构建一个拥有特定容量和加载因子的空的链接型 HashMap。

- □ LinkedHashMap (int initialCapacity, float loadFactor,boolean accessOrder)：构建一个拥有特定容量、加载因子和访问顺序的空的链接型散列 Map。

如果将 accessOrder 设置为 true，那么链接散列 Map 将使用访问顺序而不是插入顺序来迭代各个 Map。当每次调用 get 或者 put 方法时，相关的映射便从它的当前位置上删除，然后放到链接式 Map 列表的结尾处。（只有链接式 Map 列表中的位置才会受到影响，散列表元则不受影响；散列表映射总是在对应于 key 的散列码的散列表元中。）此特性对于实现高速缓存的"删除最近最少使用"原则很有用。例如我们可以希望将最常访问的映射保存在内存中，并且从数据库中读取不经常访问的对象。当我们在表中找不到某个映射，并且该表中的映射已经非常满时，可以让迭代器进入该表，将它枚举的前几个映射删除掉——这些是最近最少使用的映射。

❑ protected boolean removeEldestEntry (Map.Entry eldest)：如果想删除最旧的映射，则覆盖该方法以便返回 true。当某个映射在添加给 Map 之后便调用该方法，默认的实现方法返回 false，这表示默认条件下旧的映射没有删除。我们可以重新定义本方法，以便有选择地在最旧的映射符合某个条件或者 Map 超过了某个大小时，返回 true。

6. WeakHashMap 类

类 WeakHashMap 是 Map 接口的一个特殊实现，它会使用 WeakReference（弱引用）来存放散列表的 key。在使用这种方式时，当映射的 key 在 WeakHashMap 的外部不再引用时，垃圾收集器回收它，但它会把到达该对象的弱引用纳入一个队列。WeakHashMap 将定期检查该队列，以便找出新到达的弱引用。当一个弱引用到达该队列时，就表示 key 不再被任何对象所使用，并且它已经被收集起来。然后 WeakHashMap 便删除与之映射的 value。

❑ WeakHashMap()：构建一个空弱散列 Map。

❑ WeakHashMap (Map t)：构建一个弱散列 Map，并且添加 Map 对象中的所有映射。

❑ WeakHashMap (int initialCapacity)：构建一个拥有特定容量的空弱散列 Map。

❑ WeakHashMap (int initialCapacity, float loadFactor)：构建一个拥有特定容量和加载因子的空弱散列 Map。

7. IdentityHashMap 类

类 IdentityHashMap 也是 Map 的一个特殊实现。在此类中 key 的散列码不应该由 hashCode() 方法来计算，而应该由 System.identityHashCode 方法进行计算（即使已经重新定义了 hashCode 方法）。这是 Object.hashCode 根据对象的内存地址来计算散列码时使用的方法。并且为了比较各个对象，IdentityHashMap 使用"＝＝"，而不使用 equals 方法。也就是说，对于不同的 key 对象，即使它们的内容相同，也被视为不同的对象。类 IdentityHashMap 可以实现对象拓扑结构转换（topology-preserving object graph transformations），比如实现对象的串行化或深度复制。在进行转换时，需要一个"节点表"跟踪那些已经处理过的对象引用。即使碰巧有对象相等，"节点表"也不应视其相等。另一个应用是维护代理对象，比如调试工具希望在程序调试期间维护每个对象的一个代理对象。

类 IdentityHashMap 不是一般意义的 Map 实现，它的实现有意违背了 Map 接口要求通过 equals 方法比较对象的约定。这个类仅使用在很少发生的需要强调等同性语义的情况下。

❑ IdentityHashMap()：构建一个空的全同散列 Map，默认的预期最大尺寸为 21。预期最大尺寸是 Map 期望把持的 key/value 对映射的最大数目。

❑ IdentityHashMap (Map m)：构建一个全同散列 Map，并且添加 Map 对象 m 中的所有元素。

❑ IdentityHashMap (int expectedMaxSize)：构建一个拥有预期最大尺寸的空全同散列 Map。若放置超过预期最大尺寸的 key/value 映射，将引起内部数据结构的增长，有时可能很费时。

8. Hashtable 类

由于 HashMap 和 Hashtable 都是 Map 接口的典型实现类，所以它们之间的关系类似于 ArrayList 和 Vector 的关系。Hashtable 是一个古老的 Map 类，它从 JDK 1.0 起就已经出现了，由于当它出现时 Java 还没有 Map 接口，所以它包含了两个烦琐的方法，它们分别是 elements()

（类似于由 Map 接口定义的 values()方法）和 keys()（类似于由 Map 接口定义的 keySet()方法），现在已经很少使用这两个方法了。

10.5.3 使用 HashMap 和 Hashtable 实现类

因为 HashMap 里的 key 不能重复，所以 HashMap 里最多只有一项 key/value 对的 key 为 null，但可以有无数多项 key/value 对的 value 为 null。在下面的实例代码中，演示了用 null 值作为 HashMap 的 key 和 value 的情形。

实例 10-7 用 null 值作为 HashMap 的 key 和 value
源码路径：daima\10\yongNullHashMap.java

实例文件 yongNullHashMap.java 的主要实现代码如下所示。

```java
import java.util.*;
public class yongNullHashMap{
 public static void main(String[] args) {
//新建HashMap对象实例hm
    HashMap hm = new HashMap();
    //将两个key为null的"key/value"对放入到HashMap中
    hm.put(null , null);
    hm.put(null , null);
    hm.put("a" , null);//将一个value为null且
key为"a"的key/value对放入HashMap中
    System.out.println(hm); //输出Map对象
  }
}
```

拓展范例及视频二维码

范例 **10-7-01**：使用 HashMap
的简单例子
源码路径：**演练范例\10-7-01**
范例 **10-7-02**：HashMap 结合
List 的用法
源码路径：**演练范例\10-7-02**

上述代码试图向 HashMap 中放入 3 个 key/value 对，其中"hm.put(null , null);"代码行无法放入 key/Value 对，这是因为 Map 中已经有一个 key/value 对的 key 为 null 的情形，所以无法再放入 key 为 null 的 key/value 对。而在"hm.put(null , null);"处可以放入该 key/value 对，因为一个 HashMap 中可以有多项 value 为 null。执行结果如图 10-21 所示。

为了成功地在 HashMap、Hashtable 中存储、获取对象，作为 key 的对象必须实现 hashCode 和 equals 方法。与 HashSet 集合不能保证元素顺

`{null=null, a=null}`

图 10-21　执行结果

序一样，HashMap、Hashtable 也不能保证 key/value 对的顺序。和 HashSet 相似的是，HashMap、Hashtable 判断两个 key 是否相等的标准也是相同的，如果两个 key 通过 equals 方法比较后返回 true，则两个 key 的 hashCode 值相等。

除此之外，在 HashMap 和 Hashtable 中还包含一个名为 containsValue 方法来判断是否包含指定的 value。具体判断标准非常简单，两个对象通过 equals 比较返回 true 即可。下面的实例代码演示了 Hashtable 判断两个 value 是否相等的过程。

实例 10-8 判断两个 value 是否相等
源码路径：daima\10\yongHashtable.java

实例文件 yongHashtable.java 的主要实现代码如下所示。

```java
import java.util.*;
class AAAA{                    //定义类AAAA
 int count;
 public AAAA(int count){        //定义构造方法AAAA()
    this.count = count;
 }
 public boolean equals(Object obj){//定义方法equals()
    if (obj == this){            //如果obj的值和this相等
       return true;            //则返回true
    }
    //如果obj的值和this不相等，或obj.getClass() == AAAA.class
    if (obj != null && obj.getClass() == AAAA.class){
       AAAA a = (AAAA)obj;        //新建AAAA对象a
       if (this.count == a.count){   //如果count值等于a的count
```

```
                return true;          //则返回true
            }
        }
        return false;          //否则，返回false
    }
    public int hashCode(){  //定义方法hashCode()
        return this.count;  //返回count值
    }
}
class BBBB{                              //定义类BBBB
    public boolean equals(Object obj) {//定义方法
equals()
        return true;
    }
}
public class yongHashtable{
    public static void main(String[] args)      {
        Hashtable<AAAA, Object> ht = new Hashtable<AAAA, Object>(); //新建Hashtable对象ht
        ht.put(new AAAA(60000) , "android江湖");       //将新建的AAAA对象添加到ht中
        ht.put(new AAAA(87563) , "会当凌绝顶");         //将新建的AAAA对象添加到ht中
        ht.put(new AAAA(1232) , new BBBB());           //将新建的AAAA对象和BBBB对象添加到ht中
        System.out.println(ht);
        //只要两个对象通过equals比较返回true，Hashtable就认为它们是相等的value
        //因为Hashtable中有一个B对象，它与任何对象通过equals方法比较都相等，所以下面输出true
        System.out.println(ht.containsValue("测试字符串"));
        //只要两个A对象的count属性相等，它们通过equals方法比较返回true，且hashCode相等
        //Hashtable即认为它们是相同的key，所以下面输出true
        System.out.println(ht.containsKey(new AAAA(87563)));
        //下面语句可以删除最后一个key/value对
        ht.remove(new AAAA(1232));
        for (Object key : ht.keySet()){
            System.out.print(key + "---->");
            System.out.print(ht.get(key) + "\n");
        }
    }
}
```

拓展范例及视频二维码

范例 **10-8-01**：使用 Hashtable
　　　　　的简单用法

源码路径：**演练范例\10-8-01**

范例 **10-8-02**：Hashtable
　　　　　的删除操作用法

源码路径：**演练范例\10-8-02**

上述代码定义了类 AAAA 和类 BBBB，其中类 AAAA 判断两个 AAAA 对象相等的标准是 count 属性——只要两个 AAAA 对象的 count 属性相等，那么通过 equals 方法比较会返回 true，它们的 hashCode 也相等。而对象 BBBB 可以与任何对象相等。执行结果如图 10-22 所示。

```
{AAAA@ea60=android江湖, AAAA@1560b=会当凌绝顶, AAAA@4d0=BBBB@15db9742}
true
true
AAAA@ea60---->android江湖
AAAA@1560b---->会当凌绝顶
```

图 10-22　执行结果

注意：Hashtable 是一个线程安全的 Map 实现，而 HashMap 是线程不安全的实现，所以 HashMap 比 Hashtable 的性能高一点。如果有多条线程访问同一个 Map 对象，那么使用 Hashtable 实现类会更好。Hashtable 是一个古老的类，它的类名甚至没有遵守 Java 的命名规范——每个单词的首字母都应该大写。也许因为当初开发 Hashtable 的工程师也没有注意到这一点，越来越多的程序员在大量的 Java 程序中使用了 HashTable 类，所以这个类名也就不能改为 HashTable 了，否则将导致大量程序需要改写。与前面介绍的 Vector 类似，建议读者尽量少用 Hashtable 实现类，即使需要创建线程安全的 Map 实现类。可以通过本章后面介绍的 Collections 工具类来把 HashMap 变成线程安全的。

10.5.4　使用 SortedMap 接口和 TreeMap 实现类

正如 Set 接口派生出了子接口 SortedSet，SortedSet 接口有一个 TreeSet 实现类一样，Map 接口也派生了一个子接口 SortedMap，SortedMap 也有一个 TreeMap 实现类。与 TreeSet 类似的

是，TreeMap 也基于红黑树算法对 TreeMap 中所有的 key 进行排序，从而保证所有 TreeMap 中的 key/value 对处于有序状态。在 TreeMap 中有如下两种排序方式。

❑ 自然排序：TreeMap 中的所有 key 必须实现 Comparable 接口，而且所有 key 应该是同一类对象，否则将会抛出 ClassCastException 异常。

❑ 定制排序：在创建 TreeMap 时，传入一个 Comparator 对象，该对象负责对 TreeMap 中的所有 key 进行排序。采用定制排序时不要求 Map 的 key 实现 Comparable 接口。

下面的代码以自然排序为例，演示了使用 TreeMap 的基本方法。

实例 10-9　使用 TreeMap 实现自然排序
源码路径：daima\10\yongTreeMap.java

实例文件 yongTreeMap.java 的主要实现代码如下所示。

```java
import java.util.*;
//类RR重写了equals方法，如果count属性相等则返回true
//重写了compareTo(Object obj)方法，如果count属性相等则返回0
class RR implements Comparable{
 int count;                          //定义int类型变量count
 public RR(int count){   //构造方法RR
    this.count = count;
 }
 public String toString(){ //实现方法toString()
    return "RR(count属性:" + count + ")";
 }
 public boolean equals(Object obj) {//实现方
法equals()
    if (this == obj){
    //if条件语句判断
        return true;
    }
    if (obj != null && obj.getClass() == RR.class){
        RR r = (RR)obj;
        if (r.count == this.count){
            return true;                //若if条件成立则返回true
        }
    }
    return false;                       //若if条件不成立则返回false
 }
 public int compareTo(Object obj){     //实现方法compareTo()，实现排序操作功能
    RR r = (RR)obj;                    //新建RR对象r
    if (this.count > r.count){         //如果当前count大于对象r的count则返回1
        return 1;
    }
    else if (this.count == r.count){   //如果当前count等于对象r的count则返回0
        return 0;
    }
    else{                              //如果当前count小于对象r的count则返回-1
        return -1;
    }
 }
}
public class yongTreeMap{
 public static void main(String[] args) {
    TreeMap<RR, String> tm = new TreeMap<RR, String>();    //新建TreeMap对象实例tm
    tm.put(new RR(3) , "android江湖");
    tm.put(new RR(-5) , "会当凌绝顶");
    tm.put(new RR(9) , "一览众山小");
    System.out.println(tm);
    System.out.println(tm.firstEntry()); //返回该TreeMap的第一个Entry对象
    System.out.println(tm.lastKey());             //返回该TreeMap的最后一个key
    System.out.println(tm.higherKey(new RR(2))); //返回该TreeMap比new R(2)大的最小key
    System.out.println(tm.lowerEntry(new RR(2))); //返回该TreeMap比new R(2)小的最大key
    System.out.println(tm.subMap(new RR(-1) , new RR(4))); //返回该TreeMap中的子TreeMap
 }
}
```

拓展范例及视频二维码

范例 **10-9-01**：按 key 降序
操作处理

源码路径：**演练范例\10-9-01**

范例 **10-9-02**：按 key 升序
操作处理

源码路径：**演练范例\10-9-02**

上述代码定义了类 RR，此类不但重写了方法 equals()，而且实现了 Comparable 接口，这样就可以使用这个 RR 对象来作为 TreeMap 的 key，此处的 TreeMap 使用自然排序。执行结果如图 10-23 所示。

```
{RR(count属性:-5)=会当凌绝顶, RR(count属性:3)=android江湖, RR(count属性:9)=一览众山小}
RR(count属性:-5)=会当凌绝顶
RR(count属性:9)
RR(count属性:3)
RR(count属性:-5)=会当凌绝顶
{RR(count属性:3)=android江湖}
```

图 10-23　执行结果

SortedMap 是一种排序接口，定义接口 SortedMap 的格式如下所示。

```
public interface SortedMap<K,V>
extends Map<K,V>
```

由于之前讲解的 TreeMap 就是此接口的实现类，所以 TreeMap 可以完成排序功能，在此接口上定义一些 Map 中没有的方法。下面的实例代码演示了使用 SortedMap 接口按 key 实现升序排序的过程。

实例 10-10　使用 SortedMap 接口按 key 实现升序排序
源码路径：daima\10\SortedMapDemo.java

实例文件 SortedMapDemo.java 的主要实现代码如下所示。

```
public class SortedMapDemo {
    public static void main(String[] args) {
      HashMap<String,String> map=new HashMap<String, String>();
        map.put("1","11");                   //向集合中添加第1条数据
        map.put("3", "22");                  //向集合中添加第2条数据
        map.put("2", "33");                  //向集合中添加第3条数据
        SortedMap<String,String> sort=new TreeMap<String,String>(map); // SortedMap排序
        Set<Entry<String,String>> entry1=sort.entrySet(); //获取entry1返回的Set视图
        //对Set视图进行迭代，返回的条目包含key和value，格式为：key=value
        Iterator<Entry<String,String>> it=entry1.iterator();
        while(it.hasNext()){            //对Entry进行迭代，遍历输出排序后的数据信息
         Entry<String,String> entry=it.next();  //得到一个Entry对象
         //entry.getKey()获得当前迭代的Entry对象（返回Set视图中的Entry）中的key
         //entry.getValue()获得当前迭代Entry对象的value
         System.out.println("排序之后:"+entry.getKey()+" 值"+entry.getValue());
         }
      }
}
```

执行后的结果如图 10-24 所示。

```
排序之前:1 值11
排序之前:2 值33
排序之前:3 值22
===================================================
排序之后:1 值11
排序之后:2 值33
排序之后:3 值22
```

图 10-24　执行结果

拓展范例及视频二维码

范例 **10-10-01**：TreeMap 的默
认升序排序
源码路径：**演练范例**\10-10-01\
范例 **10-10-02**：按 value 值进行
排序
源码路径：**演练范例**\10-10-02\

10.5.5　使用 WeakHashMap 类

WeakHashMap 与前面讲解的 HashMap 十分相似，如果此种 Map 除了自身对 key 的引用之外，此 key 没有其他引用，那么此 Map 会自动丢弃此 value。例如在下面的实例代码中声明了 HashMap 和 WeakHashMap 两个 Map 对象，同时向两个 Map 中放入 a、b 两个对象，当 HashMap 用 remove 方法删除 a 并且将 a、b 都指向 null 时，WeakHashMap 中的 a 将自动回收掉。出现这个状况的原因是，对于对象 a 而言，当 HashMap 用 remove 方法删除并且将 a 指向 null 后，除了 WeakHashMap 中还保存 a 以外已经没有指向 a 的指针了，所以 WeakHashMap 会自动舍弃掉 a，而 b 对象虽然指向了 null，但由于在 HashMap 中还有指向 b 的指针，所以 WeakHashMap 将会保留 b。

实例 10-11　使用 WeakHashMap 类遍历数据

源码路径：　daima\10\yongWeakHashMap.java

实例文件 yongWeakHashMap.java 的主要实现代码如下所示。

```java
public static void main(String[] args) {
    //新建WeakHashMap对象实例whm，将"key/value对"添加到 WeakHashMap中
    WeakHashMap<String, String> whm = new WeakHashMap<String, String>();
    //将WeakHashMap中添加3个key/value对，3个key都是匿名字符串对象（没有其他引用）
    whm.put(new String("语文") , new String("99"));
    whm.put(new String("数学") , new String("89"));
    whm.put(new String("英文") , new String("79"));
    //将WeakHashMap中添加一个key-value对,该key
是一个系统缓存的字符串对象
    whm.put("java" , new String("69"));
    //输出whm对象，将看到4个key/value对
    System.out.println(whm);
    System.gc();//通知系统立即进行垃圾回收
    System.runFinalization();
    //在通常情况下，将只看到一个key/value对
    System.out.println(whm);
}
```

拓展范例及视频二维码

范例 **10-11-01**：使用 WeakHashMap

源码路径：**演练范例\10-11-01**

范例 **10-11-02**：打印出代码

　　　　　中的变量

源码路径：**演练范例\10-11-02**

在上述代码中，对象实例 Map 是普通的引用对象，

而对象实例 Weakmap 是用 WeakHashMap 创建的弱引用对象。在经过 System.gc()方法垃圾回收处理后，WeakHashMap 会自动删除 Key 对应的 key/value 对。在本实例中，垃圾回收后会删除 WeakHashMap 对象实例的前 3 个 key/value 对，因为这 3 个 key 是匿名字符串对象，只有 WeakHashMap 保留了对它们的弱引用。而由于 WeakHashMap 对象实例中的第四个 key 是一个字符串直接量，系统会保留对该字符串的强引用，也就是会缓存这个字符串直接量，所以垃圾回收不会回收它。执行后的结果如图 10-25 所示。

```
{英文=79, java=69, 数学=89, 语文=99}
{java=69}
```

图 10-25　执行结果

❋　注意：在使用 WeakHashMap 的弱引用时，一定不要让这个 key 所引用的对象具有强引用，否则它将会失效。例如范例中的实例文件 TestHashMap.java。

10.5.6　使用 IdentityHashMap 类

此 Map 实现类的实现机制与 HashMap 基本相似，但它在处理两个 key 相等时的方法比较独特。在 IdentityHashMap 中，当且仅当两个 key 严格相等（keyl==key2）时，IdentityHashMap 才会认为两个 key 相等。对于普通的 HashMap 来说，只要 keyl 和 key2 通过 equals 比较返回 true 且它们的 hashCode 值相等即可。

IdentityHashMap 提供了与 HashMap 基本相似的方法，也允许使用 null 作为 key 和 value。和 HashMap 类似的是，IdentityHashMap 不保证任何 key/value 对之间的顺序，更不保证它们的顺序能够随着时间的推移保持不变。请看下面的实例代码。

实例 10-12　使用 IdentityHashMap 类

源码路径：　daima\10\yongIdentityHashMap.java

实例文件 yongIdentityHashMap.java 的主要实现代码如下所示。

```java
import java.util.*;
public class yongIdentityHashMap{
    public static void main(String[] args) {
        IdentityHashMap<String, Integer> ihm =
new IdentityHashMap<String, Integer>();
        //下面两行代码将会向IdentityHashMap对象中
添加新建的两个"key/value"对
        ihm.put(new String("语文") , 77);
        ihm.put(new String("数学") , 87);
        ihm.put("java" , 97);            //普通添加
```

拓展范例及视频二维码

范例 **10-12-01**：增加相同 Key

　　　　　的内容

源码路径：**演练范例\10-12-01**

范例 **10-12-02**：增加能重复的

　　　　　key 内容

源码路径：**演练范例\10-12-02**

```
        ihm.put("java" , 67);              //普通添加
        System.out.println(ihm);
    }
}
```

上面的代码试图向 IdentityHashMap 对象中添加 4 个 key/value 对，前两个 key/value 对中的 key 是新创建的字符串对象，由于它们通过 "==" 比较不相等，所以 IdentityHashMap 会把它们当成两个 key 来处理。后两个 key/value 对中的 key 都是字符串直接量，而且它们的字节序列完全相同，由于 Java 会缓存字符串直接量，所以它们通过 "==" 比较返回 true，IdentityHashMap 会认为它们是同一个 key，只能添加一个 key/value 对。执行结果如图 10-26 所示，并且每次执行后的显示顺序不一样。

```
<terminated> yongIdentityHashMap
{语文=77, java=67, 数学=87}
```
图 10-26　执行结果

10.5.7　使用 EnumMap 类

EnumMap 是一个与枚举类一起使用的 Map 实现，在 EnumMap 中所有 key 都必须是单个枚举类的枚举值。在 Java 中创建 EnumMap 时，必须显式或隐式指定它对应的枚举类。由于 EnumMap 在内部以数组形式保存，所以这种实现形式非常紧凑、高效。

EnumMap 会根据 key 的自然顺序（即枚举值在枚举类中的定义顺序）来维护 key/value 对的顺序。在程序中通过 keySet()、entrySet()、values() 等方法来遍历 EnumMap 时即可看到这种顺序。EnumMap 不允许使用 null 作为 key，但允许使用 null 作为 value。如果试图使用 null 作为 key，则会抛出 NullPointerException 异常。如果只是查询是否包含值为 null 的 key，或者只是使用删除值为 null 的 key，则不会抛出异常。

与创建普通 Map 有所区别的是，创建 EnumMap 时必须指定一个枚举类，从而将该 EnumMap 和指定枚举类关联起来。下面的代码演示了 EnumMap 类的用法。

```
import java.util.*;
enum Sjiejie{              //新建枚举
    SPRING,SUMMER,FALL,WINTER
}
public class TestEnumMap{
    public static void main(String[] args) {
        //创建一个EnumMap对象，该EnumMap中的所有key必须是Sjiejie枚举类的枚举值
        EnumMap enumMap = new EnumMap(Sjiejie.class);
        enumMap.put(Sjiejie.SUMMER , "热啊");
        enumMap.put(Sjiejie.SPRING , "暖和");
        System.out.println(enumMap);
    }
}
```

在上述代码中，一个 EnumMap 对象在创建该 EnumMap 对象时指定它的 key 只能是 Sjiejie 枚举类的枚举值。如果向该 EnumMap 中添加两个 key/value 对后，那么这两个 key/value 对将会以 Sjiejie 枚举值的自然顺序进行排序。

10.6　Queue 接口

接口 Queue 用于模拟队列数据结构，队列通常是指 "先进先出"（FIFO）的容器。队列头部保存队列中存放时间最长的元素，队列尾部保存队列中存放时间最短的元素。新元素 offer（插入）到队列的尾部，访问元素（poll）操作会返回队列头部的元素。通常不允许随机访问队列中的元素。

📹 知识点讲解：

在 Queue 接口中定义了如下常用的操作方法。

❏　void add (Object e)：将指定元素加入此队列的尾部。

❏　Object element()：获取队列头部的元素，但是不删除该元素。

❏　boolean offer (Object e)：将指定元素加入此队列的尾部。当使用有容量限制的队列时，

此方法通常比 add (Object e)方法更好。

❑ Object peek()：获取队列头部的元素，但是不删除该元素。如果此队列为空，则返回 null。

❑ Object poll()：获取队列头部的元素，并删除该元素。如果此队列为空，则返回 null。

❑ Object remove()：获取队列头部的元素，并删除该元素。

在接口 Queue 中有两个常用的实现类，它们分别是 LinkedList 和 PriorityQueue，本节将详细介绍这两个实现类的基本知识。

10.6.1 LinkedList 类

类 LinkedList 是 List 接口的实现类，也是一个 List 集合，可以根据索引来随机访问集合中的元素。另外，在 LinkedList 中还实现了 Deque 接口。接口 Deque 是 Queue 接口的子接口，它代表一个双向队列。在 Deque 接口中定义了可以双向操作队列的方法，如下所示。

❑ void addFirst (Object e)：将指定元素插入该双向队列的开头。

❑ void addLast (Object e)：将指定元素插入该双向队列的末尾。

❑ Iterator descendinglterator()：返回与该双向队列对应的迭代器，该迭代器将以逆向顺序来迭代队列中的元素。

❑ Object getFirst()：获取但不删除双向队列的第一个元素。

❑ Object getLast()：获取但不删除双向队列的最后一个元素。

❑ boolean offerFirst (Object e)：将指定的元素插入该双向队列的开头。

❑ boolean offerLast (Object e)：将指定的元素插入该双向队列的末尾。

❑ Object peekFirst()：获取但不删除该双向队列的第一个元素，如果此双端队列为空，则返回 null。

❑ Object peekLast()：获取但不删除该双向队列的最后一个元素，如果此双端队列为空，则返回 null。

❑ Object pollFirst()：获取并删除该双向队列的第一个元素，如果此双端队列为空，则返回 null。

❑ Object pollLast()：获取并删除该双向队列的最后一个元素，如果此双端队列为空，则返回 null。

❑ Object pop()：压出该双向队列所表示栈中的第一个元素。

❑ void push (Objecte)：将一个元素压进该双向队列所表示的栈中（即该双向队列的头部）。

❑ Object removeFirst()：获取并删除该双向队列的第一个元素。

❑ Object removeFirstOccurrence (Object o)：删除该双向队列中第一次的出现元素 o。

❑ removeLast()：获取并删除该双向队列的最后一个元素。

❑ removeLastOccurrence (Object o)：删除该双向队列中最后一次出现的元素 o。

因为在类 LinkedList 中还包含了 pop（出栈）和 push（入栈）这两个方法，所以类 LinkedList 不仅可以作为双向队列来使用，而且也可以当成"栈"来使用。除此之外，因为 LinkedList 还实现了 List 接口，所以它经常当成 List 来使用。

实例 10-13 演示 LinkedList 类的用法
源码路径：daima\10\yongLinkedList.java

实例文件 yongLinkedList.java 的主要代码如下所示。

```java
import java.util.*;
public class yongLinkedList{
    public static void main(String[] args) {
        LinkedList<String> books = new LinkedLis
        t<String>();
        //将字符串元素加入队列的尾部
        books.offer("android江湖");
```

```
                //将一个字符串元素入栈
                books.push("会当凌绝顶");
                //将字符串元素添加到队列的头部
                books.offerFirst("一览众山小");
                for (int i = 0; i < books.size() ; i++ ){
//使用for循环输出books中的元素
                        System.out.println (books.
get(i));
                }
                System.out.println(books.peekFirst());
//访问并不删除队列的第一个元素
                System.out.println(books.peekLast());//
访问并不删除队列的最后一个元素
                System.out.println(books.pop());//采用
出栈的方式将第一个元素出栈队列
                System.out.println(books);
                System.out.println(books.pollLast());
                System.out.println(books);
        }
}
```

拓展范例及视频二维码

范例 **10-13-01**：演示数组的
最好性能
源码路径：**演练范例\10-13-01**
范例 **10-13-02**：演示 Priority
Queue 的用法
源码路径：**演练范例\10-13 02**

//下面输出将看到队列中第一个元素被删除
//访问并删除队列的最后一个元素
//在输出中将看到队列中只剩下中间一个元素

　　上述实例代码演示了 LinkedList 作为双向队列、栈和 List 集合的用法。由此可见，LinkedList 是一个功能非常强大集合类。代码执行后的结果如图 10-27 所示。

```
一览众山小
会当凌绝顶
android江湖
一览众山小
android江湖
一览众山小
[会当凌绝顶, android江湖]
android江湖
[会当凌绝顶]
```

图 10-27 执行结果

10.6.2 PriorityQueue 类

　　PriorityQueue 是一个基于优先级堆的无界优先级队列。优先级队列中的元素按照自然顺序进行排序，或者根据构造队列时提供的 Comparator 进行排序，这具体取决于所使用的构造方法。优先级队列不允许使用 null 元素。使用自然顺序的优先级队列不允许插入不可比较的对象，这样做可能会导致 ClassCastException 异常。

　　PriorityQueue 队列的头是按指定排序方式确定的最小元素。如果多个元素都是最小值，则头是其中一个元素——选择方法是任意的。队列使用操作 poll、remove、peek 和 element 可以访问队列的头元素。

　　PriorityQueue 的优先级队列是无界的，但是有一个内部容量用于控制存储队列元素的数组大小，它通常至少等于队列的大小。随着不断向优先级队列添加元素，其容量会自动增加。无须指定容量增加策略的细节。类 PriorityQueue 及其迭代器实现了 Collection 和 Iterator 接口的所有可选方法。方法 iterator()中提供的迭代器不保证能以特定的顺序遍历优先级队列中的元素。如果需要按顺序遍历，则建议使用 Arrays.sort (pq.toArray())。

10.7　集合工具类 Collections

　　在集合的应用开发中，集合的接口和子类是最常使用的，在 JDK 中提供了一种集合操作的工具类 Collections，可以直接通过此类方便地操作集合。Collections 是一个能操作 Set、List 和 Map 等集合的工具类。在该工具类里提供的大量方法可对集合元素进行排序、查询和修改等操作，它还提供了将集合对象设置为不可变和对集合对象实现同步等方法。

知识点讲解：

10.7.1　排序操作

　　在工具类 Collections 中，提供了如下方法来对 List 集合元素进行排序。

❑ static void reverse (List list)：反转指定 List 集合中的元素顺序。
❑ static void shuffle (Listlist)：对 List 集合中的元素进行随机排序（shuffle 方法模拟了"洗

牌"动作)。

- ❑ static void sort (List list)：根据元素的自然顺序对指定 List 集合的元素按升序进行排序。
- ❑ static void sort (List list, Comparator c)：根据指定 Comparator 产生的顺序对 List 集合的元素进行排序。
- ❑ static void swap (List list,int i,int j)：在指定 List 集合中交换 i 处元素和 j 处元素。
- ❑ static void rotate (Listlist.int distance)：当 distance 为正数时，将 List 集合中后 distance 个元素移到前面；当 distance 为负数时，将 List 集合中前 distance 个元素移到后面。该方法不会改变集合的长度。

实例 10-14	使用 Collections 工具类来操作 List 集合
	源码路径：　daima\10\TestSort.java

文件 TestSort.java 的主要实现代码如下所示。

```java
import java.util.*;

public class TestSort{
    public static void main(String[] args) {
        ArrayList<Integer> nums = new ArrayList<Integer>();        //新建ArrayList对象实例nums
        nums.add(2);                           //向nums中添加元素2
        nums.add(-5);                          //向nums中添加元素-5
        nums.add(3);                           //向nums中添加元素3
        nums.add(0);                           //向nums中添加元素0
        System.out.println(nums);              //输出:[2, -5, 3, 0]
        Collections.reverse(nums);             //将List集合元素的次序反转
        System.out.println(nums);              //输出:[0, 3, -5, 2]
        Collections.sort(nums);                //将List集合元素按自然顺序排序
        System.out.println(nums);              //输出:[-5, 0, 2, 3]
        Collections.shuffle(nums);             //将List集合元素的按随机顺序排序
        System.out.println(nums);              //输出集合信息，注意，每次输出的次序不固定
    }
}
```

代码运行后的结果如图 10-28 所示，每次执行结果的显示顺序都不一样。

```
[2, -5, 3, 0]
[0, 3, -5, 2]
[-5, 0, 2, 3]
[3, 2, 0, -5]
```

图 10-28　执行结果

拓展范例及视频二维码

范例 **10-14-01**：用 sort()方法对
集合进行排序

源码路径：**演练范例\10-14-01**

范例 **10-14-02**：增加所需的
元素

源码路径：**演练范例\10-14-02**

10.7.2　查找和替换操作

在 Collections 中还提供了如下用于查找、替换集合元素的方法。

- ❑ static int binarySearch (List list, Object key)：使用二分搜索法搜索指定 List 集合，以获得指定对象在 List 集合中的索引。如果要使该方法正常工作，那么必须保证 List 中的元素已经处于有序状态。
- ❑ static Object max (Collection coll)：根据元素的自然顺序，返回给定集合中的最大元素。
- ❑ static Object max (Collection coll, Comparator comp)：根据指定 Comparator 产生的顺序，返回给定集合中的最大元素。
- ❑ static Object min (Collection coll)：根据元素的自然顺序，返回给定集合中的最小元素。
- ❑ static Object min (Collection coll, Comparator comp)：根据指定 Comparator 产生的顺序，返回给定集合中的最小元素。
- ❑ static void fill (List list, Object obj)：使用指定元素 obj 替换指定 List 集合中的所有元素。
- ❑ static int frequency (Collection c, Object o)：返回指定集合中等于指定对象的元素数量。

- ❏ static int indexOfSubList (List source, List target)：返回子 List 对象在母 List 对象中第一次出现的位置索引。如果母 List 中没有出现这个子 List，则返回-1。
- ❏ static int lastIndexOfSubList (List source, List target)：返回子 List 对象在母 List 对象中最后一次出现的位置索引。如果母 List 中没有出现这个子 List，则返回-1。
- ❏ static boolean replaceAll (List list, Object oldVal, Object newVal)：使用一个新值 newVal 替换 List 对象中所有的旧值 oldVal。

实例 10-15 使用 Collections 实现查找处理
源码路径：daima\10\yongSearch.java

实例文件 yongSearch.java 的主要代码如下所示。

```java
import java.util.*;
public class yongSearch{
    public static void main(String[] args){
        ArrayList nums = new ArrayList();
        nums.add(2);
        nums.add(-5);
        nums.add(3);
        nums.add(0);
        //输出:[2, -5, 3, 0]
        System.out.println(nums);
        System.out.println(Collections.max(nums));
        //输出最大元素，将输出3
        System.out.println(Collections.min(nums));
        //输出最小元素，将输出-5
        //将nums中的0用1来代替
        Collections.replaceAll(nums , 0 , 1);
        //输出:[2, -5, 3, 1]
        System.out.println(nums);
        //判断-5在List集合中出现的次数，返回1
        System.out.println(Collections.frequency(nums , -5));
        //对nums集合排序
        Collections.sort(nums);
        //输出:[-5, 1, 2, 3]
        System.out.println(nums);
        //只有排序后的List集合才可用二分法查询，输出3
        System.out.println(Collections.binarySearch(nums , 3));
    }
}
```

拓展范例及视频二维码

范例 **10-15-01**：用 binarySearch()
方法检索内容
源码路径：**演练范例\10-15-01**
范例 **10-15-02**：替换一个集合
中的指定内容
源码路径：**演练范例\10-15-02**

程序执行后的结果如图 10-29 所示。

```
[2, -5, 3, 0]
3
-5
[2, -5, 3, 1]
1
[-5, 1, 2, 3]
3
```

图 10-29　执行结果

10.8　其他集合类

除了本章前面介绍的集合类之外，在 Java 中还有很多其他重要的集合类，例如 Stack 类和属性类。本节将简要介绍 Stack 类和属性类的基本知识，为读者学习本书后面的知识打下基础。

 知识点讲解：

10.8.1　Stack 类

栈采用先进后出的数据存储方式，每个栈都包含一个栈顶，每次出栈都将栈顶的数据取出。

经常上网的读者应该清楚地知道，在浏览器中有一个后退按钮，如果每次后退都是后退到上一步的操作，那么实际上这就是一个栈的应用，因为它采用的是一个先进后出的操作。

在 Java 中可以使用 Stack 类进行栈的操作，Stack 类是 Vector 的子类。定义 Stack 类的语法格式如下所示。

```
public class Stack extends Vector
```

在 Stack 类中常用的操作方法如表 10-2 所示。

表 10-2　Stack 类的常用方法

序号	方　　法	类型	描　　述
1	public boolean empty()	常量	测试栈是否为空
2	public E peek()	常量	查看栈顶，但不删除
3	public E pop()	常量	出栈，同时删除
4	public E push(E item)	普通	入栈
5	public int search(Object o)	普通	在栈中查找

下面的实例代码分别完成了入栈及出栈操作。

实例 10-16　**实现入栈及出栈操作**
源码路径：daima\10\jinchu.java

实例文件 jinchu.java 的主要实现代码如下所示。

拓展范例及视频二维码

```
import java.util.Stack;
        public class StackDemo {
        public static void main(String args[]) {
        Stack s = new Stack(); // 实例化Stack对象
        s.push("A");            // 入栈
        s.push("B");            // 入栈
        s.push("C");            // 入栈
        System.out.print(s.pop() + "、") ;// 出栈
        System.out.print(s.pop() + "、") ;// 出栈
        System.out.println(s.pop() + "、") ;
        // 出栈
        System.out.print(s.pop() + "、") ;     // 错误，出栈，出现异常，栈为空
        }
    }
```

范例 **10-16-01**：使用类 Stack 中的方法
源码路径：演练范例\10-16-01\

范例 **10-16-02**：使用类 Stack 实战演练
源码路径：演练范例\10-16-02\

执行上述代码后的结果如图 10-30 所示。从运行结果可以看出，先进去的内容最后才取出，而且如果栈已经为空，则无法再弹出，这时会出现空栈异常。

```
C、B、A、
Exception in thread "main" java.util.EmptyStackException
        at java.util.Stack.peek(Stack.java:85)
        at java.util.Stack.pop(Stack.java:67)
        at jinchu.main(jinchu.java:17)
```

图 10-30　执行结果

10.8.2　属性类 Properties

在 Java 语言中，属性操作类 Properties 是一个较为重要的类。要想明白属性操作类的作用，就必须先清楚什么叫属性文件。实际上在之前讲解国际化操作时就使用了属性文件（Message.properties），在一个属性文件中保存多个属性，每个属性都是直接用字符串表示出来的 "key=value" 对，如果要想轻松地操作这些属性文件中的属性，那么可以通过 Properties 类方便地完成。

其实在 Windows 操作系统的很多地方都可以见到属性文件。例如 Windows 的启动引导文件 boot.ini 就是使用属性文件的方式来保存的，具体代码如下所示。

```
[boot loader]
timeout=5
```

```
default=multi(0)disk(0)rdisk(0)partition(1)\WINDOWS
```

这可以发现它是通过"key=value"形式保存的，这样的文件就是属性文件。类 Properties 本身是 Hashtable 类的子类，既然是其子类，则它肯定也是按照 key 和 value 的形式存放数据的。类 Properties 的定义格式如下所示。

```
public class Properties
extends Hashtable<Object,Object>
```

Properties 类中的很多方法都有实际用处，主要方法如表 10-3 所示。

表 10-3　Properties 类的主要方法

序号	方　　法	类型	描　　述
1	public Properties()	构造	构造一个空的属性类
2	public Properties(Properties defaults)	常量	构造一个指定属性内容的属性类
3	public String getProperty(String key)	常量	根据属性的 key 取得属性的 value，如果没有 key，则返回 null
4	public String getProperty(String key, String defaultValue)	普通	根据属性的 key 取得属性的 value，如果没有 key，则返回 defaultValue
5	public Object setProperty(String key, String value)	普通	设置属性
6	public void list(PrintStream out)	普通	属性打印
7	public void load(InputStream inStream) throws IOException	普通	从输入流中取出全部的属性内容
8	public void loadFromXML(InputStream in) throws IOException, InvalidPropertiesFormatException	普通	从 XML 文件格式中读取内容
9	public void store(OutputStream out,String comments) throws IOException	普通	将属性内容通过输出流输出，同时声明属性的注释
10	public void storeToXML(OutputStream os,String comment) throws IOException	普通	以 XML 文件格式输出属性，默认编码
11	public void storeToXML(OutputStream os,String comment, String encoding) throws IOException	普通	以 XML 文件格式输出属性，用户指定默认编码

虽然类 Properties 是 Hashtable 的子类，也可以像 Map 那样使用 put()方法保存任意类型的数据，但是一般属性都是由字符串组成的，所以本书在使用本类时只关心 Properties 类本身的方法，而从 Hashtable 接口中继承下来的方法，本书将不进行介绍。下面以一些实际操作向读者讲解 Properties 类中各种方法的使用方式。

❀ 注意：XML（eXtensible Markup Language，可扩展的标记性语言）是现在开发中使用最广泛的一门语言，所有的属性内容都可以通过 storeToXML()和 loadFromXML()两个方法以 XML 文件格式进行保存和读取，但是使用 XML 格式保存时应按照指定的文档格式进行存放，如果格式出错，则会无法读取。

在 Java 编程应用中，可以使用 setProperty()和 getProperty()方法设置和取得属性，操作时要以 String 为操作类型。例如下面的代码。

```
public class test {
  public static void main(String[] args) {
    Properties pro = new Properties();          // 创建Properties对象
    pro.setProperty("BJ", "BeiJing");           // 设置内容
    pro.setProperty("TJ", "TianJin");           // 设置内容
    pro.setProperty("NJ", "NanJing");           // 设置内容
    System.out.println("1、BJ属性存在:" + pro.getProperty("BJ"));
    System.out.println("2、SC属性不存在:" + pro.getProperty("SC"));
    System.out.println("3、SC属性不存在，同时设置显示的默认值:" + pro.getProperty("SC", "
没有发现"));
  }
}
```

执行上述代码后输出如下结果。

```
BJ属性存在：BeiJing
```

SC属性不存在：null
SC属性存在，同时设置默认值：没有发现

当正常属性类操作完成之后，可以将其内容保存在文件中。这时直接使用 store()方法即可，同时指定 OutputStream 类型，以指明输出位置。属性文件的扩展名是任意的，但是最好按照标准将属性文件的扩展名统一设置成"*.properties"。下面的实例代码演示了这一用法。

实例 10-17　　使用属性类 Properties

源码路径：daima\10\test.java

实例文件 test.java 的主要实现代码如下所示。

```java
import java.io.File;
import java.io.FileOutputStream;
import java.util.Properties;
public class test {
    public static void main(String[] args) {
        Properties pro = new Properties();          //创建Properties对象
        pro.setProperty("BJ", "BeiJing");           //设置内容
        pro.setProperty("TJ", "TianJin");           //设置内容
        pro.setProperty("NJ", "NanJing");           //设置内容
        // 设置属性文件的保存路径
        File file = new File("H:" + File.separator + "area.properties");
        try {
            pro.store(new FileOutputStream(file), "Area Info"); //保存属性到普通文件
中，并设置注释内容
        } catch (Exception e) {                     //异常处理
            e.printStackTrace();                    //输出异常堆栈信息
        }
    }
}
```

执行上述代码后可以发现在属性类中所保存的全部内容都直接输出到了属性文件中，即在"H"盘创建了一个名为"area.properties"的文件，文件内容是我们预先设置的内容。结果如图 10-31 所示。

图 10-31　执行结果

拓展范例及视频二维码

范例 **10-17-01**：获取 JVM 的
系统属性
源码路径：演练范例\10-17-01\
范例 **10-17-02**：新建一个指定的
配置文件
源码路径：演练范例\10-17-02\

❀ 注意：我们必须具有对代码中的"H"盘有操作权限，否则运行后将会提示没有操作权限。

在 Java 应用中，可以通过 load()方法从输入流中将所保存的所有属性内容读取出来。例如下面的代码。

```java
public class PropertiesDemo03 {
    public static void main(String[] args) {
        Properties pro = new Properties();  //创建Properties对象
        //设置属性文件的操作路径
        File file = new File("D:" + File.separator + "area.properties");
        try {
            pro.load(new FileInputStream(file)); // 读取属性文件
        } catch (Exception e) {
            e.printStackTrace();
        }
        System.out.println("BJ属性值存在，内容是:"+ pro.getProperty("BJ"));
    }
}
```

执行上述代码后输出如下结果。

```
BJ属性值存在，内容是：BeiJing
```

10.9 创建不可变的 List、Set 和 Map（Java 9 新增功能）

在 Java 9 中，通过在 List、Set 和 Map 接口中添加静态工厂的方式来更新 Collection API，这样可以轻松有效地创建小型不可变的集合。本节将详细讲解在 Java 9 中创建不可变 List、Set 和 Map 的知识。

知识点讲解：

10.9.1 Java 9 以前版本的解决方案

在 Java 9 以前的版本中，创建不可变集合的方法是将可变集合包装在另一个对象中创建一个不可变的（或不可修改的）集合，该对象只是原始可变对象的包装器。例如要想在 JDK 8 或更早版本中创建对两个整数的无法修改的列表，可以使用如下代码实现。

```
List<Integer> list = new ArrayList<>();
list.add(100);
list.add(200);
List<Integer> list2 = Collections.unmodifiableList(list);
```

这种作法的一个十分严重的缺陷是不可变的 List 只修改 List 的包装。不能使用 list2 变量修改列表，但是仍然可以使用 List 变量来修改列表，并且在使用 list2 变量读取 List 时将会反映出修改。下面是一个完整的创建一个不可变 List 的实例，并显示在以后更改其内容的过程。

实例 10-18	创建不可变集合
	源码路径：daima\10\PreJDK9UnmodifiableList.java

实例文件 PreJDK9UnmodifiableList.java 的主要代码如下所示。

```
public static void main(String[] args) {
    List<Integer> list = new ArrayList<>();        //新建List集合的对象list
    list.add(100);                                 //向集合中添加数据100
    list.add(200);                                 //向集合中添加数据200
    System.out.println("list = " + list);          //输出集合list中的数据信息
    // 创建一个不可修改的集合list2，其中数据和list一样
    List<Integer> list2 = Collections.unmodifiableList(list);
    System.out.println("list2 = " + list2);        //输出集合list2中的数据
    list.add(300);                                 //向集合list中添加数据300
    // 分别输出结合list和list2中的数据信息
    System.out.println("list = " + list);
    System.out.println("list2 = " + list2);
}
```

在上述实例代码中，只要保留原始列表的引用就可以更改其内容，并且不可变的 list 也不是真正不可变的。执行结果如图 10-32 所示。

```
list = [100, 200]
list2 = [100, 200]
list = [100, 200, 300]
list2 = [100, 200, 300]
```

图 10-32　执行结果

拓展范例及视频二维码

范例 **10-18-01**：一个常见的
错误程序
源码路径：**演练范例\10-18-01**
范例 **10-18-02**：错误解决方案
源码路径：**演练范例\10-18-02**

10.9.2 Java 9 版本的解决方案

在前面的实例中并没有实现真正的不可变集合，要想在 Java 8 及其以前的版本中实现不可变集合，需要编写大量烦琐的代码。为此在 Java 9 中将静态工厂方法 of() 重载到 List 接口，方法 of() 提供了一种简单而紧凑的方式来创建不可变的 List。下面下是 of() 方法的所有版本。

❑　static <E> List<E> of()

❑　static <E> List<E> of(E e1)

❑　static <E> List<E> of(E e1, E e2)

- ❑ static <E> List<E> of(E e1, E e2, E e3)
- ❑ static <E> List<E> of(E e1, E e2, E e3, E e4)
- ❑ static <E> List<E> of(E e1, E e2, E e3, E e4, E e5)
- ❑ static <E> List<E> of(E e1, E e2, E e3, E e4, E e5, E e6)
- ❑ static <E> List<E> of(E e1, E e2, E e3, E e4, E e5, E e6, E e7)
- ❑ static <E> List<E> of(E e1, E e2, E e3, E e4, E e5, E e6, E e7, E e8)
- ❑ static <E> List<E> of(E e1, E e2, E e3, E e4, E e5, E e6, E e7, E e8, E e9)
- ❑ static <E> List<E> of(E e1, E e2, E e3, E e4, E e5, E e6, E e7, E e8, E e9, E e10)
- ❑ static <E> List<E> of(E... elements)

由此可见，方法 of()有 11 个特定版本，它们可用于创建 0~10 这 11 个元素的 list。使用 of()方法返回的列表具有以下特征。

- ❑ 结构上是不可变的。尝试添加、替换或删除元素会抛出 UnsupportedOperationException 异常。
- ❑ 不允许 null 元素。如果列表中的元素为 null，则抛出 NullPointerException 异常。
- ❑ 如果所有元素都是可序列化的，那么它们也是可序列化的。
- ❑ 元素顺序与 of()方法中指定的且与 of(E... elements)方法的可变参数版本中使用的数组相同。
- ❑ 对返回列表的实现类没有保证。也就是说，不要指望返回的对象是 ArrayList 或任何其他实现 List 接口的类。这些方法的实现是内部的，不应该假定它们的类名。例如 List.of() 和 List.of("A")可能会返回两个不同类的对象。

在全新的 Collections 类中包含一个静态属性 EMPTY_LIST，它表示不可变的空表。它还包含一个静态方法 emptyList()来获取不可变的空表。singletonList(T object)方法返回具有指定元素的不可变单例列表。下面的代码显示了 JDK 9 版本和之前版本创建不可变的空和单例列表的方式。

```
// JDK 9之前版本
List<Integer> emptyList1 = Collections.EMPTY_LIST;
List<Integer> emptyList2 = Collections.emptyList();
// JDK 9版本
List<Integer> emptyList = List.of();
// JDK 9之前版本
List<Integer> singletonList1 = Collections.singletonList(100);
// JDK 9版本
List<Integer> singletonList = List.of(100);
```

在 Java 9 中如何使用 of()方法从数组中创建一个不可变的 list？这取决于想要操作的数组列表。可能需要一个列表元素与数组元素相同，或者希望使用数组本身作为列表中唯一元素。使用 List.of(array)将调用 of(E... elements)方法，返回列表的元素与数组中的元素相同。如果希望数组本身是列表中的唯一元素，则需要使用 List.<array-type>of(array)方法，这将调用 of(E e1)方法，返回的列表将具有一个元素，这是数组本身。下面的实例演示了在 Java 9 中使用 List 接口的 of()静态工厂方法创建不可变的列表过程。

实例 10-19 使用 of()静态工厂方法创建不可变的列表
源码路径：daima\10\ListTest.java

实例文件 ListTest.java 的主要代码如下所示。

```
public static void main(String[] args) {
    // 创建不可修改的列表集合emptyList
    List<Integer> emptyList = List.of();            //创建有0个元素的集合emptyList
    List<Integer> luckyNumber = List.of(19);        //创建有19个元素的集合luckyNumber
    List<String> vowels = List.of("A", "E", "I", "O", "U");//创建包含5个字母的集合vowels
    System.out.println("emptyList = " + emptyList);          //输出集合emptyList的值
    System.out.println("singletonList = " + luckyNumber);//输出集合singletonList的值
    System.out.println("vowels = " + vowels);       //输出集合vowels t的值
    try {
        //尝试使用null元素
```

```
        List<Integer> list = List.of(1, 2, null, 3); //创建集合列表，里面包含一个空元素
    } catch(NullPointerException e) {
        System.out.println("Nulls not allowed in List.of().");//输出不能有空元素的异常提示
    }
    try {
        luckyNumber.add(8);                           //添加集合元素8
    } catch(UnsupportedOperationException e) {
        System.out.println("Cannot add an element.");  //输出不能添加元素的异常提示
    }
    try {
        luckyNumber.remove(0);                        //删除元素0
    } catch(UnsupportedOperationException e) {
        System.out.println("Cannot remove an element.");//输出不能删除元素的异常提示
    }
}
```

程序运行后的结果如图 10-33 所示。

```
emptyList = []
singletonList = [19]
vowels = [A, E, I, O, U]
Nulls not allowed in List.of().
Cannot add an element.
Cannot remove an element.
```

图 10-33　执行结果

拓展范例及视频二维码

范例 **10-19-01**：Java 9 实现

不可变的 Set

源码路径：**演练范例\10-19-01**

范例 **10-19-02**：Java 9 实现

不可变的 Map

源码路径：**演练范例\10-19-02**

10.10　使用 var 类型推断（Java 10 新增功能）

从 Java 10 版本开始，新增了局部类型功能，只需使用关键字 var 就可以声明不带类型的局部变量。从此以后，也可以像其他动态语言一样简洁定义 Java 变量了，开发者通过把变量声明为 var 来让编译器自行推断其类型。例如开发者可以用下面的方式定义变量。

```
var list = new ArrayList<String>();  //变量list被推断为 ArrayList<String>
var stream = list.stream();          //对象stream被推断为 Stream<String>
```

而在以前的 Java 版本中，只能用如下所示的方法定义变量。

```
ArrayList<String> list = new ArrayList<String>();//变量list被定义为 ArrayList<String>类型
Stream<String> stream = list.stream();//变量stream被推断为Stream<String>类型
```

Java 编译器在处理 var 变量的时候，会检测右侧的代码声明，并将对应类型用于左侧，这一过程发生在初始化阶段。JIT 在编译成字节码的时候，用的还是推断后的结果类型。在键入代码的时候这个新特性可以节省不少字符，更重要的是可以去除冗余的信息，使代码变得清爽，还可以对齐变量的名称。当然，这样也会付出一些代价，请看下面的代码。

```
var lovnx = new URL("https://github.com/Lovnx");
var connection = lovnx.openConnection();
var reader = new BufferedReader(
    new InputStreamReader(connection.getInputStream()));
```

上述代码因为使用 var 而变得简洁，但是变量 connection 不是由构造函数直接创建的，所以我们将不会立刻知道它的实际类型，这只能借助 IDE 才能明确知道 connection 的类型是什么。另外，你可能担心命名成 var 的方法与变量冲突。其实不用担心，从技术上来讲，var 不是一个关键字而是一个保留的类型名称，也就是说它的作用域只在编译器推断类型的范围内，而在其他地方还是有效的标识符。这样也限制了一些东西，即类名不能命名为 var。

在 Java 程序中使用 var 定义推断类型变量时，必须注意如下所示的 4 点。

（1）用 var 声明变量时必须有初始值，例如下面的代码都是错误的。

```
var x;
var foo;
foo = "Foo";
```

（2）用 var 声明的必须是一个显式的目标类型，它不可以用在 lamdba 变量或数组变量上。

例如下面的代码是错误的。

```
var f = () -> { };
```

下面的代码也是错误的。

```
var ints = {0, 1, 2};
var appendSpace = a -> a + " ";
var compareString = String::compareTo
```

（3）用 var 声明的变量的初始值不能为 null，例如下面的代码是错误的。

```
var g = null;
```

（4）关键字 var 不能声明不可表示的类型，例如 null 类型、交叉类型（Java 8 开始引入的一种名为交集类型的新类型）和匿名类类型。

下面的实例演示了在 Java 10 中使用 var 声明局部变量的过程。

实例 10-20　使用 var 声明局部变量
源码路径：daima\10\var10.java

实例文件 var10.java 的主要代码如下所示。

```
public class var10 {
    public static void main(String[]
    args) {
        final var test = "ABC";
        System.out.println(test);
    }
}
```

程序运行后会输出如下结果。

```
ABC
```

拓展范例及视频二维码

范例 **10-20-01**：Java 10 使用 var
声明变量 1
源码路径：**演练范例\10-20-01**
范例 **10-20-02**：Java 10 使用 var
声明变量 2
源码路径：**演练范例\10-20-02**

10.11　技术解惑

10.11.1　Collection 集合元素的改变问题

当使用 Iterator 迭代访问 Collection 集合元素时，Collection 集合里的元素不能改变，只能通过 Iterator 中的 remove 方法删除上一次 next 方法返回的集合元素，否则将会引发 java.util.ConcurrentModificationException 异常。下面的演示代码说明了这个问题。

```
public class IteratorError{
    public static void main(String[] args) {
        Collection books = new HashSet();          //创建一个集合books
        books.add("android江湖");                   //添加一个元素
        books.add("会当凌绝顶");                      //添加一个元素
        Iterator it = books.iterator();            //获取books集合对应的迭代器
        while(it.hasNext()){
            String book = (String)it.next();
            System.out.println(book);              //输出集合books中的元素
            if (book.equals("Struts2权威指南")){
                //在使用Iterator迭代过程中，不可修改集合元素，下面这行代码会引发异常
                books.remove(book);
            }
        }
    }
}
```

10.11.2　深入理解 HashSet

即使两个 A 对象通过 equals 比较返回 true，但 HashSet 依然把它们当成两个对象；即使两个 B 对象的 hashCode()方法返回相同值（都是 1），但 HashSet 依然把它们当成两个对象。在此读者需要注意一个问题：如果需要把一个对象放入 HashSet 中时，那么应重写该对象对应类的 equals()方法，也应该重写其 hashCode()方法，其规则是如果两个对象通过 equals()方法比较返

回 true，那么这两个对象的散列码也应该相同。

如果两个对象通过 equals()方法比较返回 true，但这两个对象的 hashCode()方法返回不同的散列码时，会导致把这两个对象保存在 HashSet 的不同位置，从而两个对象都可以添加成功，这和 HashSet 的规则有点出入。

如果两个对象的 hashCode()方法返回的散列码相同，但它们通过 equals()方法比较返回 false 时将更麻烦。这是因为如果两个对象的散列码相同，HashSet 将试图把它们保存在同一个位置，但实际上又不行（不然只会剩下一个对象），所以处理起来比较复杂。而且 HashSet 访问集合元素时也是根据元素的散列码来访问的，如果 HashSet 中包含两个有相同散列码的元素，则将会导致性能下降。

10.11.3　使用类 EnumSet 的注意事项

另外，在使用类 EnumSet 需要注意如下 3 点。

（1）不允许使用 null 元素，试图插入 null 元素将抛出 NullPointerException。但是测试是否出现 null 元素或移除 null 元素时将不会抛出异常。

（2）EnumSet 是不同步的，不是线程安全的。

（3）EnumSet 的本质就是为枚举类型定制的一个集合，且枚举集中所有元素都必须来自单个枚举类型。

10.11.4　ArrayList 和 Vector 的区别

ArrayList 和 Vector 的显著区别是：ArrayList 是线程不安全的，当多条线程访问同一个 ArrayList 集合时，如果有超过一条的线程修改了 ArrayList 集合，则程序必须手动调整以保证该集合的同步性；Vector 集合是线程安全的，无须程序保证该集合的同步性。因为 Vector 是线程安全的，所以 Vector 的性能比 ArrayList 的性能要低。实际上即使需要保证集合 List 的线程安全，同样不推荐使用 Vector 实现类，Collections 工具类可以将 ArrayList 变成线程安全的。

10.11.5　TreeMap 判断两个元素相等的标准

类似于 TreeSet 判断两个元素相等的标准，TreeMap 判断两个 key 相等的标准也是两个 key 通过 equals 比较返回 true，且通过 compareTo 方法返回 0，TreeMap 即判断这两个 key 是相等的。如果想用自定义的类作为 TreeMap 的 key，且想让 TreeMap 良好地工作，那么重写该类的 equals 方法和 compareTo 方法有一致的结果，即当两个 key 通过 equals 方法比较返回 true 时，它们通过 compareTo 方法应该返回 0。如果 equals 方法与 compareTo 方法的返回结果不一致，那么该 TreeMap 与 Map 接口的规则有出入（当 equals 比较返回 true，但 compareTo 比较不返回 0），或者 TreeMap 的处理性能有所下降（当 compareTo 比较返回 0，但 equals 比较不返回 true 时）。

10.11.6　分析 Map 类的性能

对于 Map 常用实现类来说，HashMap 和 Hashtable 的效率大致相同，因为它们的实现机制几乎完全一样；但是 HashMap 比 Hashtable 要快一点，因为 Hashtable 需要额外实现同步操作。

而 TreeMap 比 HashMap、Hashtable 要慢（尤其在插入、删除 key/value 对的时候更慢），因为 TreeMap 需要额外的红黑树操作来维护 key 之间的次序。但是使用 TreeMap 也有一个好处——TreeMap 中的 key/value 对总是处于有序状态，无须专门进行排序操作。当 TreeMap 被填充之后，就可以调用 keySet()取得由 key 组成的 Set，然后使用 toArray()生成 key 的数组。接下来使用 Arrays 的 binarySearch()方法在已经排序数组中快速地查询对象。当然，通常只在无法使用 HashMap 的时候才这么做，因为 HashMap 正是为快速查询而设计的。通常，如果需要使用 Map，那么还是应该首选 HashMap 实现，除非需要一个总是排好序的 Map 时，才使用 TreeMap。

LinkedHashMap 比 HashMap 慢一点，因为它需要维护链表来保持 Map 中 key 的顺序。

10.11.7　LinkedList、ArrayList、Vector 的性能问题

LinkedList 与 ArrayList、Vector 的实现机制完全不同，ArrayList、Vector 的内部以数组形式来保存集合中的元素，因此随机访问集合元素时有较好的性能。而 LinkedList 内部以链表形式来保存集合中的元素，因此随机访问集合元素时性能较差，但在插入、删除元素时其性能非常出色（只需改变指针所指的地址即可）。实际上，Vector 因为实现了线程同步功能，所以它的各方面性能都有所下降。

对于所有内部基于数组的集合实现（例如 ArrayList、Vector 等）来说，随机访问的速度比使用 Iterator 迭代访问的性能要好，因为随机访问会映射成对数组元素的访问。

通常在 Java 编程过程中无须理会 ArrayList 和 LinkedList 之间的性能差异，只需了解 LinkList 集合不仅提供了 List 的功能，还额外提供了双向队列、栈的功能。但在一些性能非常敏感的地方需要慎重选择使用哪个 List 实现。

10.11.8　用 swap()方法交换集合中两个位置的内容

下面的代码（daima\10\tihuan.java）演示了 swap()方法的用法。

```java
import java.util.*;

public class tihuan {
    public static void main(String[] args) {
        List<String> all = new ArrayList<String>();                 // 实例化List
        Collections.addAll(all, "1、MLDN", "2、LXH", "3、mldnjava");    // 增加内容
        System.out.print("交换之前的集合:") ;          // 输出信息
        Iterator<String> iter = all.iterator() ;   // 实例化Iterator对象
        while (iter.hasNext()) {                    // 迭代输出
            System.out.print(iter.next() + "、"); // 输出内容
        }
        Collections.swap(all,0,2) ;                 // 交换指定位置的内容
        System.out.print("\n交换之后的集合:") ;       // 输出信息
        iter = all.iterator() ;                     // 实例化Iterator对象
        while (iter.hasNext()) {                    // 迭代输出
            System.out.print(iter.next() + "、"); // 输出内容
        }
    }
}
```

程序运行后输出如下结果。

```
交换之前的集合: 1、MLDN、2、LXH、3、mldnjava
交换之后的集合: 3、mldnjava、2、LXH、1、MLDN
```

10.12　课后练习

（1）编写一个 Java 程序，使用 Collection 类中的 iterator()方法来遍历集合。

（2）编写一个 Java 程序，使用 Collections 类中的 Collections.shuffle()方法来打乱集合元素的顺序。

（3）编写一个 Java 程序，使用 Hashtable 类中的 keys()方法来遍历输出键值。

（4）编写一个 Java 程序，遍历从 Collection 接口延伸的 List、Set 和以 key/value 对进行存储的 Map 类型的集合。要求在程序中分别使用了普通 for、增强型 for 和 iterator 等方式来遍历集合。

（5）编写一个 Java 程序，使用类 Collection 和类 Listiterator 中的方法 listIterator()和方法 collection.reverse()来反转集合中的元素。

（6）编写一个 Java 程序，使用 Collection 类中的 collection.remove()方法删除集合中指定的元素。

（7）编写一个 Java 程序，要求使用 Collection 类中的 Collections.unmodifiableList()方法设置集合为只读。

第 11 章

常用的类库

    Java 为程序员提供了丰富的基础类库，这些类库能够帮助程序员快速开发出功能强大的项目。例如 Java SE 提供了 3000 多个基础类库，使用基础类库可以提高开发效率，降低开发难度。对于初学者来说，建议以 Java API 文档为参考进行编程演练，遇到问题时查阅 API 文档，逐步掌握更多的类。本章将详细讲解 Java 语言中常用类库的基本知识，为读者学习本书后面的知识打下基础。

11.1　StringBuffer 类

前面曾经讲解过 String 类型的基本知识。在 Java 中规定，一旦声明为 String 其内容就不可改变，如果要改变，那么改变的肯定是 String 的引用地址。如果一个字符串需要经常改变，则必须使用 StringBuffer 类。在 String 类中可以通过"+"来连接字符串，在 StringBuffer 中只能使用方法 append()来连接字符串。

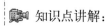 知识点讲解：

11.1.1　StringBuffer 类概述

表 11-1 中列出了 StringBuffer 类中的一些常用方法，读者想要了解此类的所有方法，可以自行查询 JDK 文档。

表 11-1　StringBuffer 类的常用方法

定　　义	类型	描　　述
public StringBuffer()	构造	StringBuffer 的构造方法
public StringBuffer append(char c)	方法	在 StringBuffer 中提供了大量的追加操作（与 String 中使用的"+"类似），使用它们可以向 StringBuffer 中追加内容，此方法可以添加任何的数据类型
public StringBuffer append(String str)	方法	
public StringBuffer append(StringBuffer sb)	方法	
public int indexOf(String str)	方法	查找指定字符串是否存在
public int indexOf(String str,int fromIndex)	方法	从指定位置开始查找指定字符串是否存在
public StringBuffer insert(int offset,String str)	方法	在指定位置处加上指定字符串
public StringBuffer reverse()	方法	将内容反转保存
public StringBuffer replace(int start,int end, String str)	方法	替换指定内容
public int length()	方法	求出内容长度
public StringBuffer delete(int start,int end)	方法	删除指定范围内的字符串
public String substring(int start)	方法	从指定开始点截取字符串
public String substring(int start,int end)	方法	截取指定范围内的字符串
public String toString()	方法	Object 类继承的方法，用于将内容变为 String 类型

类 StringBuffer 支持的大部分方法与 String 的类似。使用类 StringBuffer 可以在开发中提升代码的性能，为了保证用户操作的适应性，在类 StringBuffer 中定义的大部分方法名称都与 String 中的是一样的。

11.1.2　使用 StringBuffer 类

在 Java 中，我们可以使用类 StringBuffer 的方法 append()来连接字符串，此方法会返回一个 StringBuffer 类的实例，这样就可以采用代码链的形式一直调用 append()方法。也可以直接使用 insert()方法在指定位置上为 StringBuffer 添加内容。

实例 11-1　通过 append()方法将各种类型的数据转换成字符串
源码路径：daima\11\StringBufferT1.java

实例文件 StringBufferT1.java 的主要代码如下所示。

```
public class StringBufferT1{
    public static void main(String args[]){
        StringBuffer buf = new StringBuffer() ;
//声明StringBuffer对象
        buf.append("Hello ") ;//向StringBuffer中
添加内容
        buf.append("World").append("!!!") ;
//连续调用append()方法
        buf.append("\n") ;      //添加一个转义字符
```

── 拓展范例及视频二维码 ──

范例 **11-1-01**：验证 StringBuffer
　　　的内容可修改
源码路径：演练范例\11-1-01\
范例 **11-1-02**：实现简单的数字
　　　时钟效果
源码路径：演练范例\11-1-02\

```
buf.append("数字 = ").append(1).append("\n") ;//添加数字
buf.append("字符 = ").append('C').append ("\n");//添加字符
buf.append("布尔 = ").append(true) ;//添加布尔值
System.out.println(buf) ; //直接输出对象, 调用toString()
    }
};
```

在上述代码中,"buf.append("数字 = ").append(1).append("\n")"实际上就是一种代码链的操作形式。执行后的结果如图 11-1 所示。

在 Java 中,我们可以使用类 StringBuffer 的方法 insert()在指定位置为 StringBuffer 插入新的字符串。在 StringBuffer 中专门提供了字符串反转的操作方法,所谓的字符串反转就是指将 "Hello" 字符串转为 "olleH"。

```
Hello World!!!
数字 = 1
字符 = C
布尔 = true
```

图 11-1 执行结果

实例 11-2	在任意位置处为 StringBuffer 添加内容
	源码路径: daima\11\StringBufferT3.java

实例文件 StringBufferT3.java 的主要代码如下所示。

```
public class StringBufferT3{
    public static void main(String args[]){
    //声明StringBuffer对象
    StringBuffer buf = new StringBuffer() ;
    buf.append("World!!") ;  //添加文本内容
    buf.insert(0,"Hello ") ; //在第一个内容之前添
加内容
        System.out.println(buf) ;//直接输出对象, 调
用toString()
    buf.insert(buf.length(),"MM~") ;//在最后添加内容
        System.out.println(buf) ;    //直接输出对象, 调用toString()
    }
};
```

拓展范例及视频二维码

范例 11-2-01:演示字符串
反转操作
源码路径: 演练范例\11-2-01\
范例 11-2-02:实现简单的电子
时钟效果
源码路径: 演练范例\11-2-02\

代码执行后的结果如图 11-2 所示。

```
<terminated> StringBufferT3
Hello World!!
Hello World!!MM~
```

图 11-2 执行结果

StringBuffer 中也存在 replace()方法,此方法可以对指定范围内的内容进行替换。在 String 中如果要进行替换,则使用 replaceAll()方法,而在 StringBuffer 中使用的是 replace()方法,这一点读者在使用时需要注意。

通过方法 substring()可以直接从 StringBuffer 指定范围中截取出内容。

实例 11-3	在任意位置处为 StringBuffer 替换内容
	源码路径: daima\11\StringBufferT5.java

实例文件 StringBufferT5.java 的主要代码如下所示。

```
public class StringBufferT5{
    public static void main(String args[]){
        //声明StringBuffer对象
        StringBuffer buf = new StringBuffer() ;
        //向StringBuffer中添加内容
        buf.append("Hello ").append("World!!") ;
        //将world替换掉
        buf.replace(6,11,"AAA") ;
        //输出替换之后的内容
        System.out.println("内容替换之后的结果:"
+ buf) ;
    }
};
```

拓展范例及视频二维码

范例 11-3-01:演示字符串的
替换操作
源码路径: 演练范例\11-3-01\
范例 11-3-02:实现简单的
模拟时钟效果
源码路径: 演练范例\11-3-02\

代码执行后的结果如图 11-3 所示。

因为 StringBuffer 本身的内容是可更改的,所以也可以通过方法 delete()删除指定范围的内容。通过方法 indexOf()

```
<terminated> StringBufferT5 [Java Application]
内容替换之后的结果: Hello AAA!!
```

图 11-3 执行结果

可以查找指定的内容,如果查找到了,则返回内容的位置;如果没有查找到则返回-1。

<table>
<tr><td>实例 11-4</td><td>从 StringBuffer 中删除指定范围的字符串
源码路径：daima\11\StringBufferT7.java</td></tr>
</table>

实例文件 StringBufferT7.java 的主要代码如下所示。

```
public class StringBufferT7{
    public static void main(String args[]){
    StringBuffer buf = new StringBuffer() ;
//声明StringBuffer对象
        //向StringBuffer中添加内容
        buf.append("Hello ").append("World!!") ;
        buf.replace(6,11,"AAA") ;//将world替换掉
        String str = buf.delete(6,15).toString() ;
//删除指定范围内的内容
        System.out.println("删除之后的结果:" +
str) ; //输出删除之后的内容
        }
};
```

拓展范例及视频二维码

范例 **11-4-01**：查找指定的内容
是否存在

源码路径：**演练范例\11-4-01**

范例 **11-4-02**：实现一个简单的
万年历

源码路径：**演练范例\11-4-02**

代码执行后的结果如图 11-4 所示。

```
<terminated> StringBufferT7
删除之后的结果: Hello
```

图 11-4　执行结果

11.2　Runtime 类

在 Java 语言中，类 Runtime 主要表示运行时环境，它实际上是一个封装了 JVM 进程信息的类。每一个运行的 Java 程序都代表着一个 JVM 实例，后者还对应着一个 Runtime 类的实例，此实例会在 JVM 启动运行时创建。在 JDK 文档

知识点讲解：

中，读者不会发现任何有关 Runtime 类对构造方法的定义，这是因为 Runtime 类本身的构造方法是私有化的（这里使用了单件模式），如果想取得一个 Runtime 实例，则只能通过以下方式来实现。

```
Runtime run = Runtime.getRuntime();
```

也就是说，类 Runtime 提供了一个静态的 getRuntime()方法。我们可以通过该方法取得 Runtime 类的实例，那么取得 Runtime 类的实例有什么用处呢？因为 Runtime 表示的是一个 JVM 进程，所以我们通过 Runtime 实例可以获取一些系统的信息。

11.2.1　Runtime 类概述

Runtime 类的常用方法如表 11-2 所示。

表 **11-2**　**Runtime** 类的常用方法

方 法 定 义	类型	描　　　述
public static Runtime getRuntime()	普通	取得 Runtime 类的实例
public long freeMemory()	普通	返回 JVM 的空闲内存量
public long maxMemory()	普通	返回 JVM 的最大内存量
public void gc()	普通	运行垃圾回收器，释放空间
public Process exec(String command) throws IOException	普通	执行本机命令

11.2.2　使用 Runtime 类

1. 得到 JVM 的内存空间信息

使用类 Runtime 可以取得 JVM 中的内存空间，包括最大内存空间、空闲内存空间等，通过这些信息可以清楚地知道 JVM 的内存使用情况。通过下面的实例代码可以查看 JVM 的空间情况。

实例 11-5 使用 Runtime 类查看 JVM 的空间情况

源码路径: daima\11\Runtime T1.java

实例文件 Runtime T1.java 的主要实现代码如下所示。

```java
public class RuntimeT1{
    public static void main(String args[]){
        Runtime run = Runtime.getRuntime();        // 通过Runtime类的静态方法实例化操作
        System.out.println("JVM最大内存量:" + run.maxMemory()) ;
        // 获取当前计算机的最大内存,机器不同,获得的值也不同
        System.out.println("JVM空闲内存量:" + run.freeMemory()) ;// 获取程序运行时的空闲内存
        String str = "Hello " + "World" + "!!!" +"\t" + "Welcome " + "To " + "BEIJING" +
        "~" ;//连接复杂的字符串
        System.out.println(str) ;              //输出复杂字符串的内容
        for(int x=0;x<1000;x++){
            str += x ;                        //大批次(999次)循环修改内容,这样会产生多个垃圾
        }
        System.out.println("操作String之后的,JVM空闲内存量:" + run.freeMemory()) ;
        //输出JVM的空闲内存
        run.gc() ;                            //进行垃圾收集,释放内存空间
        System.out.println("垃圾回收之后的,JVM空闲内存量:" + run.freeMemory()) ;
        //输出垃圾回收后的空闲内存量
    }
};
```

上述代码通过 for 循环修改了 String 中的内容,由于这样的操作必然会产生大量的垃圾,占用系统内存,所以计算后可以发现 JVM 的内存有所减少,但是当执行 gc()方法进行垃圾收集后,可用的空间就变大了。执行结果如图 11-5 所示。

```
JVM最大内存量: 3797417984
JVM空闲内存量: 254741016
Hello World!!!  Welcome To BEIJING~
操作String之后的,JVM空闲内存量: 249372312
垃圾回收之后的,JVM空闲内存量: 255530888
```

图 11-5　执行结果

拓展范例及视频二维码

范例 **11-5-01**: 显示当前电脑的
内存信息
源码路径: **演练范例\11-5-01**
范例 **11-5-02**: 打开电脑中的
记事本程序
源码路径: **演练范例\11-5-02**

2. 联合使用 Runtime 类与 Process 类

在 Java 程序中,可以直接使用类 Runtime 运行本机的可执行程序。当前计算机的执行程序就是我们平常所说的进程,这些进程在 Java 中用 Process 类来表示。

实例 11-6 调用本机可执行程序

源码路径: daima\11\RuntimeT2.java

实例文件 RuntimeT2.java 的主要代码如下所示。

```java
public class RuntimeT2{
    public static void main(String args[]){
        //取得Runtime类的实例化对象
        Runtime run = Runtime.getRuntime() ;
        try{
            //调用本机程序,此方法需要异常处理
            run.exec("notepad.exe") ;
        }catch(Exception e){
            e.printStackTrace() ;//将日志信息输出到控制台
            System.out.println(e) ;//输出异常信息
        }
    }
};
```

拓展范例及视频二维码

范例 **11-6-01**: 让记事本进程运行
5 秒后消失
源码路径: **演练范例 11-6-01**
范例 **11-6-02**: 查看生日的
相关信息
源码路径: **演练范例\11-6-02**

程序运行后会打开一个记事本文件,执行结果如图 11-6 所示。

❀ 注意: Java 提供了无用单元自动收集机制。通过方法 totalMemory()和 freeMemory()可以

知道对象的堆内存有多大，还剩多少。Java 会周期性地回收垃圾对象（未使用的对象），以释放内存空间。但是如果想先于收集器的下一次指令周期来收集废弃对象，那么可以通过调用 gc() 方法来根据需要运行无用单元收集器。一个很好的试验方法是先调用 gc()方法，然后调用 freeMemory()方法来查看基本的内存使用情况，接着执行代码，然后再次调用 freeMemory()方法看看分配了多少内存。

图 11-6　执行结果

11.3　程序国际化

国际化操作是在开发中较为常见的一种要求，什么叫国际化操作呢？实际上国际化操作就是指一个程序可以同时适应多门语言，即如果现在的程序使用者是中国人，则会以中文为显示文字；如果现在的程序使用者是英国人，则会以

英语为显示文字，也就是说通过国际化操作可以使一个程序适应各个国家或地区的语言要求。本节将详细讲解在 Java 中实现程序国际化的基本知识。

11.3.1　国际化基础

在 Java 中，我们通常会使用类 Locale 来实现 Java 程序的国际化，除此之外，还需要用属性文件和 ResourceBundle 类来支持。属性文件是指扩展名为.properties 的文件，文件内容的保存结构为"key=value"（关于属性文件的具体操作可以参照相关部分的介绍）。如果国际化程序只是显示语言的不同，那么就可以根据不同国家或地区定义不同的属性文件，属性文件中保存真正要使用的文字信息，可以使用类 ResourceBundle 访问这些属性文件。

假如现在要求有一个程序可以同时适应法语、英语、中文显示，那么此时就必须使用国际化。我们可以根据不同国家或地区配置不同的资源文件（资源文件有时也称为属性文件，因为其扩展名为.properties），所有的资源文件以"key=value"的形式出现，例如"message=你好！"。在程序执行中仅根据 key 找到 value 并将 value 的内容进行显示。也就是说只要 key 不变，value 的内容可以任意更换。

在 Java 程序中必须通过以下 3 个类实现 Java 程序的国际化操作。

❑ java.util.Locale：表示一个国家或地区语言类。

❑ java.util.ResourceBundle：访问资源文件。

❑ java.text.MessageFormat：格式化资源文件的占位字符串。

上述 3 个类的具体操作流程是：先通过类 Locale 指定区域码，然后根据 Locale 类所指定的区域码找到相应的资源文件，如果资源文件中存在动态文本，则使用 MessageFormat 进行格式化。

11.3.2 Locale 类

要想实现 Java 程序的国际化，首先需要掌握 Locale 类的基本知识。表 11-3 列出了 Locale 类中的构造方法。

表 11-3 Locale 类的构造方法

方 法 定 义	类型	描 述
public Locale(String language)	构造	根据语言代码构造一个语言环境
public Locale(String language,String country)	构造	根据语言和国家或地区构造一个语言环境

实际上对于各个国家或地区都有对应的 ISO 编码，例如中国的编码为 zh-CN，英语-美国的编码为 en-US，法语的编码为 fr-FR。

读者实际上没有必要记住各个国家或地区的编码，只需要知道几个常用的就可以了。如果想知道全部国家或地区的编码，那么可以直接搜索 ISO 国家或地区编码。如果觉得麻烦也可以直接在 IE 浏览器中查看各个国家或地区的编码，因为 IE 浏览器可以适应多个国家或地区对语言显示的要求。操作步骤为选择"工具"→"Internet 选项"命令，在打开的对话框中选择"常规"选项卡，单击"语言"按钮，在打开的对话框中单击"添加"按钮，弹出图 11-7 所示的对话框。

图 11-7 国家或地区编码

11.3.3 ResourceBundle 类

ResourceBundle 类的主要作用是读取属性文件，读取属性文件时可以直接指定属性文件的名称（指定名称时不需要文件的扩展名），也可以根据类 Locale 所指定的区域码来选取指定的资源文件，ResourceBundle 类的常用方法如表 11-4 所示。

表 11-4 ResourceBundle 类的常用方法

方 法 定 义	类型	描 述
public static final ResourceBundle getBundle (String baseName)	普通	取得 ResourceBundle 的实例，并指定要操作的资源文件名称
public static final ResourceBundle getBundle (String baseName,Locale locale)	普通	取得 ResourceBundle 的实例，并指定要操作的资源文件名称和区域码
public final String getString(String key)	普通	根据 key 从资源文件中取出对应的 value

如果要使用 ResourceBundle 对象，则要直接通过 ResourceBundle 类中的静态方法 getBundle() 来取得。

实例 11-7 通过 ResourceBundle 取得资源文件中的内容

源码路径：daima\11\InterT1.java

实例文件 InterT1.java 的主要代码如下所示。

```java
import java.util.ResourceBundle ;
public class InterT1{
    public static void main(String args[]){
        ResourceBundle rb = ResourceBundle.getBundle
("Message") ; //找到资源文件, 不用编写扩展名
        System.out.println("内容:" + rb.getString
("info")) ; //输出从资源文件中获取的内容
    }
};
```

拓展范例及视频二维码

范例 **11-7-01**：输出不同国家或地区的"你好！"

源码路径：**演练范例\11-7-01**

范例 **11-7-02**：判断日期格式的有效性

源码路径：**演练范例\11-7-02**

上述代码读取了资源文件 Message.properties 中的内容，执行结果如图 11-8 所示。从以上程序中可以发现，程序通过资源文件中的 key 取得了对应的 value。读者需要注意的是，这个文件必须以 GBK 形式编码，否则在命令行环境中非英文字符会出现乱码。

图 11-8　执行结果

11.3.4　处理动态文本

已知在国际化内容中，所有资源内容都是固定的，但是若输出的消息中包含了一些动态文本，则必须使用占位符清楚地表示出动态文本的位置。在 Java 中通过"{编号}"格式设置占位符。在使用占位符之后，程序可以直接通过 MessageFormat 对信息进行格式化，并为占位符动态设置文本的内容。

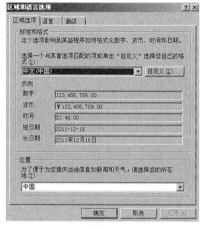

图 11-9　"区域和语言选项"对话框

类 MessageFormat 是类 Format 的子类。Format 类主要实现格式化操作，除了 MessageFormat 子类外，在 Format 中还有 NumberFormat、DateFormat 两个子类。

在进行国际化操作时，不仅有文字需要处理，数字显示、日期显示等都要符合各个区域的要求，我们可以通过控制面板中的"区域和语言选项"对话框观察到这一点，如图 11-9 所示。由于同时改变的有数字、货币、时间等，所以在类 Format 中提供了 3 个子类来实现上述功能，它们分别是 MessageFormat、DateFormat、NumberFormat。

假设现在要输出的信息（以中文为例）是"你好，xxx!"，其中，因为内容 xxx 是由程序动态设置的，所以此时可以修改之前的 3 个属性文件，让其动态地接收程序的 3 个文本。

（1）中文的属性文件 Message_zh_CN.properties 的内容如下所示。

```
info = \u4f60\u597d\uff0c{0}\uff01
```

以上信息就是中文的"你好，{0}!"，中文必须使用 Unicode 16 编码格式。

（2）英语的属性文件为 Message_en_US.properties，内容如下所示。

```
info = Hello,{0}!
```

（3）法语的属性文件为 Message_fr_FR.properties，内容如下所示。

```
info = Bonjour,{0}!
```

以上 3 个属性文件都加入了"{0}"，它表示一个占位符。如果有更多的占位符，则直接在后面继续加上"{1}""{2}"即可。然后可以继续使用之前的 Locale 类和 ResourceBundle 类读取资源文件的内容，但是读取之后的文件因为要处理占位符，所以要使用 MessageFormat 类进行处理，主要使用下面的方法来实现。

```
public static String format(String pattern,Object…arguments)
```

其中，第 1 个参数表示要匹配的字符串，第 2 个参数"Object…arguments"表示输入参数可以为任意多个，这并没有具体个数的限制。

实例 11-8　使用 MessageFormat 格式化动态文本

源码路径：daima\11\InterT3.java

实例文件 InterT3.java 的主要代码如下所示。

```
public class InterT3{
    public static void main(String args[]){
```

```
            Locale zhLoc = new Locale("zh","CN") ;   //表示中国地区
            Locale enLoc = new Locale("en","US") ;
            //表示美国地区
            Locale frLoc = newLocale("fr","FR") ;
            //表示法国地区
            //找到中文的属性文件，需要指定中文的Locale对象
            ResourceBundle zhrb = ResourceBundle
            getBundle("Message",zhLoc) ;
            //找到英文的属性文件，需要指定英文的Locale对象
            ResourceBundle enrb = ResourceBundle.
getBundle("Message",enLoc) ;
            //找到法文的属性文件，需要指定法文的Locale对象
            ResourceBundle frrb = ResourceBundle.getBundle("Message",frLoc) ;
            //依次读取各个属性文件中的内容，通过键值读取，此时的键值名称统一为info
            String str1 = zhrb.getString("info") ;
            String str2 = enrb.getString("info") ;
            String str3 = frrb.getString("info") ;
            System.out.println("中文:" + MessageFormat.format(str1,"无敌")) ;
            System.out.println("英语:" + MessageFormat.format(str2,"wudiwudi")) ;
            System.out.println("法语:" + MessageFormat.format(str3," wudiwudi")) ;
      }
   };
```

拓展范例及视频二维码

范例 **11-8-01**：使用数组传递参数

源码路径：**演练范例\11-8-01**

范例 **11-8-02**：使用常见的日期格式

源码路径：**演练范例\11-8-02**

上述代码通过 MessageFormat.format()方法设置了动态文本的内容，执行结果如图 11-10 所示。

```
中文：中文，好的，无敌！
英语：Hello,wudiwudiwudi!
法语：Bonjour,wudiwudiwudi!
```

图 11-10　执行结果

注意：在 Java 的可变参数传递中可以接收多个对象，在方法传递参数时可以使用如下形式实现。

```
   返回值类型 方法名称(Object…args)
```

上述表示方法可以接收任意个参数，然后按照数组的方式输出即可。

11.3.5　使用类代替资源文件

在 Java 中可以使用属性文件来保存所有的资源信息，当然也可以使用类来保存所有的资源信息，但是在开发中此种作法并不多见，主要还是以属性文件的应用为主。与之前的资源文件一样，如果使用类保存信息，则必须按照“key/value”的形式出现，而且类的命名必须与属性文件一致，此类必须继承 ListResourceBundle 类，继承之后要重写此类中的 getContent()方法。例如用下面的代码建立了一个中文资源类。

```
   import java.util.ListResourceBundle ;
   public class Message_zh_CN extends ListResourceBundle{
    private final Object data[][] = {          //二维数组用于存储资源信息
       {"info","中文, 好的, {0}!"}
    } ;
    public Object[][] getContents(){          //重写的方法
       return data ;
    }
   };
```

然后在如下的国际化程序中使用上面定义的资源类。

```
   import java.util.ResourceBundle ;
   import java.util.Locale ;
   import java.text.* ;
   public class InterT6{
    public static void main(String args[]){
       Locale zhLoc = new Locale("zh","CN") ;          //表示中国地区
       //找到中文的属性文件，需要指定中文的Locale对象
       ResourceBundle zhrb = ResourceBundle.getBundle("Message",zhLoc) ;
       String str1 = zhrb.getString("info") ;          //获取zhrb中的String类型数据
       System.out.println("中文:" + MessageFormat.format(str1,"管西京")) ;
    }
   };
```

读者在此一定要注意，资源类中的属性一定是一个二维数组。另外，在本章之前讲解的程序中出现了 Message.properties、Message_zh_CN.properties 和 Message_zh_CN.class，如果在一个项目中

同时存在这 3 个类型的文件，那么最终只能使用一个，使用时需要按照优先级来考虑，顺序为 Message_zh_CN.class、Message_zh_CN.properties、Message.properties。但是从实际开发的角度来看，使用一个类文件来代替资源文件的方式是很少见的，所以需要重点要掌握资源文件的使用。

11.4　System 类

System 类可能是我们在日常开发中最常看见的类，例如系统输出语句"System.out. println()"就属于 System 类。实际上类 System 是一些与系统相关的属性和方法的集合，而且在此类中所有的属性都是静态的，使用类 System 可直接引用这些属性和方法。

知识点讲解：

11.4.1　使用 System 类

在表 11-5 中列出了 System 类的一些常用方法。

表 11-5　System 类的常用方法

方 法 定 义	类型	描 述
public static void exit(int status)	普通	系统退出，如果 status 为非 0 则表示退出
public static void gc()	普通	运行垃圾收集机制，调用的是 Runtime 类中的 gc 方法
public static long currentTimeMillis()	普通	返回以毫秒为单位的当前时间
public static void arraycopy(Object src, int srcPos, Object dest,int destPos, int length)	普通	数组复制操作
public static Properties getProperties()	普通	取得当前系统的全部属性
public static String getProperty(String key)	普通	根据键值取得属性的具体内容

由此可见，因为 System 类中的方法都是静态的，并且都是使用 static 定义的，所以在使用时直接使用类名称就可以，例如 System.gc()。

实例 11-9　计算一个程序的执行时间
源码路径：daima\11\SystemT1.java

实例文件 SystemT1.java 的主要代码如下所示。

```java
public class SystemT1{
    public static void main(String args[]){
        //定义startTime变量，通过startTime()取得开始计算之前的时间
        long startTime = System.currentTimeMillis() ;
        int sum = 0 ;       //声明变量
        //执行累加操作
        for(int i=0;i<30000000;i++){
            sum += i ;
        }
        long endTime = System.currentTimeMillis() ;
        //取得计算之后的时间
        //结束时间减去开始时间，并输出结果
        System.out.println("计算所花费的时间:" + (endTime-startTime) +"毫秒") ;
    }
};
```

拓展范例及视频二维码

范例 **11-9-01**：列出指定属性
源码路径：**演练范例\11-9-01**

范例 **11-9-02**：查看常用的系统属性
源码路径：**演练范例\11-9-02**

执行结果如图 11-11 所示，不同计算机的执行结果是不同的。

计算所花费的时间：22毫秒

图 11-11　执行结果

11.4.2 垃圾对象的回收

Java 为我们提供了垃圾的自动收集机制，它能够不定期地自动释放 Java 中的垃圾空间。类 System 中的一个 gc() 方法也可以进行垃圾收集，而且此方法实际上是 Runtime 类中 gc() 方法的封装，功能类似。接下来将要讲解的是如何对一个对象进行回收，一个对象如果不再被任何栈内存所引用，那么此对象就可以称为垃圾对象，等待回收。实际上因为等待的时间是不确定的，所以可以直接调用方法 System.gc() 进行垃圾回收。

在实际开发中，垃圾内存的释放基本上都是由系统自动完成的，除非有特殊情况，一般很少直接调用 gc() 方法。但是如果在一个对象被回收之前要进行某些操作，那么该怎么办呢？实际上在类 Object 中有一个名为 finalize() 的方法，定义此方法的语法格式如下所示。

```
protected void finalize() throws Throwable
```

程序中的一个子类只需要重写上述方法即可在释放对象前进行某些操作。我们可以通过下面的实例代码观察对象释放的过程。

实例 11-10　使用 System 释放对象

源码路径：daima\11\SystemT4.java

实例文件 SystemT4.java 的主要实现代码如下所示。

```java
class Person{
 private String name ; //定义私有属性name
 private int age ;      //定义私有属性age
 public Person(String name,int age){
//实现构造方法Person()
    this.name = name ; //为name赋值
    this.age = age;    //为age赋值
 }
 public String toString(){//实现覆写toString()方法
    return "姓名:" + this.name + ", 年龄:" +
this.age ;
 }
 public void finalize() throws Throwable{      //当对象实例释放空间时默认调用方法finalize()
    System.out.println("对象被释放 --> " + this) ; //显示被释放的对象
 }
};
public class SystemT4{
 public static void main(String args[]){
    Person per = new Person("张三",30) ;  // 新建对象实例per
    per = null ;                          // 断开引用
    System.gc() ;                         // 强制性释放空间
 }
};
```

拓展范例及视频二维码

范例 **11-10-01**：输出程序的运行时间
源码路径：演练范例\11-10-01\
范例 **11-10-02**：输出所有的系统属性
源码路径：演练范例\11-10-02\

以上程序强制调用了释放空间的方法，而且在对象释放前调用了 finalize() 方法。如果在 finalize() 方法中出现异常，且程序并不会受其影响，那么它会继续执行。执行结果如图 11-12 所示。

方法 finalize() 抛出的是 Throwable 异常。因为可以发现在方法 finalize() 上抛出的异常并不是常见的 Exception，而是使用 Throwable 抛出的异常，所以在调用此方法时不一定只在程序运行中产生错误，也有可能产生 JVM 错误。

对象被释放 --> 姓名:张三，年龄: 30

图 11-12　执行结果

11.5　Date 类

在 Java 程序的开发过程中经常会遇到操作日期类型的情形，Java 为日期的操作提供了良好的支持，主要使用包 java.util 中的 Date、Calendar 以及 java.text 包中的 Simple DateFormat 实现。在本节将详细介绍如何使用 Date 类。

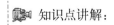

知识点讲解：

11.5.1　使用 Date 类

Date 类是一个较为简单的操作类，我们在使用中直接用类 java.util.Date 的构造方法创建一个 Date 对象，并将其输出就可以得到一个完整的日期，它的构造方法如下所示。

```
public Date()
```

通过下面的实例代码可以得到当前的系统日期。

实例 11-11　**获取当前的系统日期**
源码路径：daima\11\DateT1.java

实例文件 DateT1.java 的主要实现代码如下所示。

```java
import java.util.Date ;
public class DateT1{
  public static void main(String args[]){
     Date date = new Date() ;//直接实例化Date对象
     System.out.println("当前日期为:" + date) ;
//输出当前的日期
  }
};
```

拓展范例及视频二维码

范例 **11-11-01**：获取 UNIX
时间戳
源码路径：**演练范例\11-11-01**
范例 **11-11-02**：格式化显示
日期格式
源码路径：**演练范例\11-11-02**

程序运行后的结果如图 11-13 所示。从运行结果可以看出，已经得到了系统的当前日期，但是这个日期的格式并不是我们平常看到的格式，而且这个时间也不能精确到毫秒，要想按照我们自己的格式显示时间可以使用 Calendar 类完成操作。

当前日期为: Sun Apr 16 10:15:38 CST 2017

图 11-13　执行结果

11.5.2　使用 Calendar 类

在 Java 中，我们可以通过类 Calendar 获取当前的时间，并且可以精确到毫秒。但是此类本身是一个抽象类，如果要想使用一个抽象类，则必须依靠对象的多态性，通过子类进行父类的实例化操作。Calendar 的子类是 GregorianCalendar，Calendar 中提供了表 11-6 所示的常量，它们分别表示日期的各个单位。

表 11-6　Calendar 类中的常量

常　　量	类型	描　　述
public static final int YEAR	int	获取年
public static final int MONTH	int	获取月
public static final int DAY_OF_MONTH	int	获取日
public static final int HOUR_OF_DAY	int	获取小时，24 小时制
public static final int MINUTE	int	获取分
public static final int SECOND	int	获取秒
public static final int MILLISECOND	int	获取毫秒

除了在表 11-6 中提供的全局常量外，Calendar 类还提供了一些常用方法，如表 11-7 所示。

表 11-7　Calendar 类提供的方法

方　　法	类型	描　　述
public static Calendar getInstance()	普通	根据默认的时区实例化对象
public boolean after(Object when)	普通	判断一个日期是否在指定日期之后
public boolean before(Object when)	普通	判断一个日期是否在指定日期之前
public int get(int field)	普通	返回给定日历字段的值

下面的代码可以获取系统的当前时间。

实例 11-12	获取当前的系统时间
	源码路径: daima\11\DateT2.java

实例文件 DateT2.java 的主要实现代码如下所示。

```
import java.util.* ;
public class DateT2{
    public static void main(String args[]){
        Calendar calendar = new GregorianCalendar();          //实例化Calendar类对象
        System.out.println("YEAR: " + calendar.get(Calendar.YEAR));          //显示当前是哪一年
        System.out.println("MONTH: " + (calendar.get(Calendar.MONTH) + 1));//显示当前是哪一月
        System.out.println("DAY_OF_MONTH: " + calendar.get(Calendar.DAY_OF_MONTH));
//显示当天是该月的第多少天
        System.out.println("HOUR_OF_DAY: " + calendar.get(Calendar.HOUR_OF_DAY)); //显示几点
        System.out.println("MINUTE: " + calendar.get(Calendar.MINUTE));          //显示几分
        System.out.println("SECOND: " + calendar.get(Calendar.SECOND));          //显示几秒
        System.out.println("MILLISECOND: " + calendar.get(Calendar.MILLISECOND));//显示毫秒
    }
};
```

上述代码通过 GregorianCalendar 子类实例化 Calendar 类，然后通过 Calendar 类中的各种常量及方法取得系统的当前时间。执行结果如图 11-14 所示。

```
YEAR: 2017
MONTH: 10
DAY_OF_MONTH: 10
HOUR_OF_DAY: 19
MINUTE: 32
SECOND: 16
MILLISECOND: 802
```

图 11-14　执行结果

───── 拓展范例及视频二维码 ─────

范例 **11-12-01**：获取日期的特定
部分
源码路径：**演练范例\11-12-01**
范例 **11-12-02**：显示当前月的
月历
源码路径：**演练范例\11-12-02**

11.5.3　使用 DateFormat 类

尽管类 java.util.Date 获取的时间是一个正确的时间，但是因为其显示格式不理想，所以无法符合人们习惯的要求，实际上这时可以为此类进行格式化操作，将其变为符合人们习惯的日期格式。DateFormat 类与 MessageFormat 类都属于 Format 类的子类，专门用于格式化数据。DateFormat 类的定义格式如下所示。

```
public abstract class DateFormat
extends Format
```

由于从表面定义上看，DateFormat 类是一个抽象类，所以无法直接实例化，但是此抽象类提供了一个静态方法，使用它可以直接取得本类的实例。DateFormat 类的常用方法如表 11-8 所示。

表 11-8　**DateFormat 类的常用方法**

方　　法	类型	描　　述
public static final DateFormat getDateInstance()	普通	得到默认的对象
public static final DateFormat getDateInstance(int style, Locale aLocale)	普通	根据 Locale 得到对象
public static final DateFormat getDateTimeInstance()	普通	得到日期时间对象
public static final DateFormat getDateTimeInstance(int dateStyle,int timeStyle,Locale aLocale)	普通	根据 Locale 得到日期时间对象

上述 4 个方法都可以构造类 DateFormat 的对象，但是以上方法中需要传递若干个参数，这些参数表示日期地域或日期的显示形式。

实例 11-13	演示 DateFormat 中的默认操作
	源码路径: daima\11\DateT3.java

实例文件 DateT3.java 的主要代码如下所示。

```
import java.text.DateFormat ;
import java.util.Date ;
public class DateT3{
    public static void main(String args[]){
        DateFormat df1 = null ;
        //声明一个DateFormat
        DateFormat df2 = null ;
        //声明一个DateFormat
        df1 = DateFormat.getDateInstance() ;
    //得到日期的DateFormat对象
        df2 = DateFormat.getDateTimeInstance() ;
    //得到日期时间的DateFormat对象
        System.out.println("DATE:" + df1.forma
t(new Date())) ; //按照日期进行格式化
        System.out.println("DATETIME:" + df2.format(new Date())) ; //按照日期时间格式化
    }
};
```

拓展范例及视频二维码

范例 **11-13-01**：指定显示的风格

源码路径：**演练范例\11-13-01**

范例 **11-13-02**：重定向标准输出

源码路径：**演练范例\11-13-02**

执行结果如图 11-15 所示。从程序运行结果中发现，第 2 个 DATETIME 显示了时间，但还不是比较合理的中文显示格式。如果想取得更加合理的时间格式，则必须在构造 DateFormat 对象时传递若干个参数。

```
DATE: 2017-4-16
DATETIME: 2017-4-16 10:43:07
```

图 11-15　执行结果

11.5.4　使用 SimpleDateFormat 类

在 Java 开发过程中，我们经常需要将一种日期格式转换为另外一种日期格式，例如日期 2011-10-19 10:11:30.345 转换后为 2011 年 10 月 19 日 10 时 11 分 30 秒 345 毫秒。从这两个日期可以发现，日期的数字完全一样，只是格式有所不同。在 Java 中要想实现上述转换功能，必须使用包 java.text 中的类 SimpleDateFormat 来完成。

首先必须定义出一个完整的日期转化模板，在模板中通过特定的日期标记可以将一个日期格式中的日期数字提取出来，日期格式化模板如表 11-9 所示。

表 **11-9**　日期格式化模板

标记	描　　述
y	年，由于年份是 4 位数字，所以需要使用 yyyy 表示
M	月份，由于月份是两位数字，所以需要使用 MM 表示
d	月中的天数，由于天数是两位数字，所以需要使用 dd 表示
H	一天中的小时数（24 小时），小时是两位数字，使用 HH 表示
m	小时中的分钟数，分钟是两位数字，使用 mm 表示
s	分钟中的秒数，秒是两位数字，使用 ss 表示
S	毫秒数，毫秒数是 3 位数字，使用 SSS 表示

另外，还需要使用类 SimpleDateFormat 中的方法才可以完成转换，此类中的常用方法如表 11-10 所示。

表 **11-10**　**SimpleDateFormat** 类中的常用方法

方　　法	类型	描　　述
public SimpleDateFormat(String pattern)	构造	通过一个指定模板构造对象
public Date parse(String source) throws ParseException	普通	将一个包含日期的字符串变为 Date 类型
public final String format(Date date)	普通	将一个 Date 类型按照指定格式变为 String 类型

在实际开发中，由于用户所输入的数据都是以 String 方式进行接收的，所以此时为了正确地将 String 变为 Date 型数据，可以依靠 SimpleDateFormat 类来完成。

实例 11-14 演示格式化日期操作

源码路径: daima\11\DateT5.java

实例文件 DateT5.java 的主要代码如下所示。

拓展范例及视频二维码

范例 **11-14-01**: 将 String 数据变
为 Date 数据

源码路径: **演练范例\11-14-01**

范例 **11-14-02**: 把一个日期变为
指定格式

源码路径: **演练范例\11-14-02**

```java
import java.text.* ;
import java.util.* ;
public class DateT5{
    public static void main(String args[]){
        String strDate = "2017-10-19 10:11:30.345" ;
        //准备第1个模板，从字符串中提取出日期数字
        String pat1 = "yyyy-MM dd HH:mm:ss.SSS" ;
        //准备第2个模板，将提取后的日期数字变为指定格式
        String pat2 = "yyyy年MM月dd日 HH时mm分ss秒
SSS毫秒" ;
        SimpleDateFormat sdf1 = new SimpleDateFormat
(pat1) ;
        //实例化模板对象
        SimpleDateFormat sdf2 = new SimpleDateFormat(pat2) ;
        //实例化模板对象
        Date d = null ;
        try{
            d = sdf1.parse(strDate) ;       // 将给定字符串中的日期提取出来
        }catch(Exception e){                // 如果提供的字符串格式有错误，则进行异常处理
            e.printStackTrace() ;           // 打印异常信息
        }
    System.out.println(sdf2.format(d)) ;    // 将日期变为新的格式
    }
};
```

在上述代码中，首先使用第 1 个模板将字符串中表示日期的
数字取出，然后使用第 2 个模板将这些日期数字重新转化为新的
格式。执行结果如图 11-16 所示。

2017年10月19日 10时11分30秒345毫秒

图 11-16　执行结果

11.6　Math 类

Math 类是实现数学运算的类，此类提供了一系列的数
学操作方法，例如求绝对值、三角函数等。因为在类 Math
中提供的一切方法都是静态方法，所以直接调用类名称即
可。Math 类中常用方法如下所示。

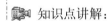 知识点讲解:

- ❏ public static int abs (int a)、public static long abs (long a)、public static float abs (float a)、
  public static double abs (double a)：求绝对值。
- ❏ public static native double acos (double a)：求反余弦函数。
- ❏ public static native double asin (double a)：求反正弦函数。
- ❏ public static native double atan (double a)：求反正切函数。
- ❏ public static native double ceil (double a)：返回大于 a 的最小整数。
- ❏ public static native double cos (double a)：求余弦函数。
- ❏ public static native double exp (double a)：求 e 的 a 次幂。
- ❏ public static native double floor (double a)：返回小于 a 的最大整数。
- ❏ public static native double log (double a)：返回 lna。
- ❏ public static native double pow (double a, double b)：求 a 的 b 次幂。
- ❏ public static native double sin (double a)：求正弦函数。
- ❏ public static native double sqrt (double a)：求 a 的平方根。
- ❏ public static native double tan (double a)：求正切函数。

❏ public static synchronized double random()：返回 0～1 的随机数。

下面的实例演示了使用 Math 类的基本操作方法。

实例 11-15　使用 Math 类实现基本运算
　源码路径：daima\11\MathDemo01.java

实例文件 MathDemo01.java 的主要实现代码如下所示。

```java
public class MathDemo01{
 public static void main(String args[]){
    // Math类中的方法都是静态方法，直接使用“类.方法
    // 名称()”的形式即可
    System.out.println("求平方根:" + Math.sqrt
    (9.0)) ;
    System.out.println("求两数的最大值:" + Math.max
    (10,30)) ;
    System.out.println("求两数的最小值:" + Math.
    min(10,30)) ;
    System.out.println("2的3次方:" + Math.pow
    (2,3)) ;
    System.out.println("四舍五入:" + Math.round
    (33.6)) ;
 }
};
```

拓展范例及视频二维码

范例 **11-15-01**：求最小的整数但
不小于本身

源码路径：**演练范例\11-15-01**

范例 **11-15-02**：Math 类中常用
方法的用法

源码路径：**演练范例\11-15-02**

在上面的操作中，尽管 Math 类中 round()方法的作用是进行四舍五入操作，但是此方法在操作时将小数点后面的全部数字都忽略掉，如果想精确到小数点后的准确位数，则必须使用类 BigDecimal 来完成。执行结果如图 11-17 所示。

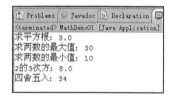

图 11-17　执行结果

11.7　Random 类

Random 类是一个随机数产生类，可以指定一个随机数的范围，然后在范围内产生任意数字。Random 类中的常用方法如表 11-11 所示。

📹 知识点讲解：

表 **11-11**　**Random 类的常用方法**

方　　法	类型	描　　述
public boolean nextBoolean()	普通	随机生成 boolean 值
public double nextDouble()	普通	随机生成 double 值
public float nextFloat()	普通	随机生成 float 值
public int nextInt()	普通	随机生成 int 值
public int nextInt(int n)	普通	随机生成 0～n 的某个 int 值
public long nextLong()	普通	随机生成 long 值

通过下面的实例代码可以生成 10 个随机数字，且每个数字都不大于 100。

实例 11-16	生成 10 个不大于 100 的随机数字
	源码路径：daima\11\RandomDemo01.java

实例文件 RandomDemo01.java 的主要实现代码如下所示。

```java
import java.util.Random ;
public class RandomDemo01{
 public static void main(String args[]){
    Random r = new Random() ;  //实例化Random对象
    for(int i=0;i<10;i++){       //随机数的个数
        System.out.print(r.nextInt(100) + "\t") ;
//输出10个不大于100的随机数
    }
 }
};
```

拓展范例及视频二维码

范例 **11-16-01**：使用 Random
类生成随机数
源码路径：**演练范例\11-16-01**
范例 **11-16-02**：使用 ThreadLocal
Random 和
Random 类
源码路径：**演练范例\11-16-02**

上述代码用到了 Random 类，并通过 for 循环生成了 10 个不大于 100 的随机数。执行结果如图 11-18所示。

50	53	7	81	45	17	85	80	23	1

图 11-18　执行结果

注意：在 Math 类中也有一个 random()方法。在 Math 类中的 random()方法生成一个区间为 [0,1.0]的随机小数。通过前面对 Math 类的学习可以发现，Math 类中的方法 random()是直接调用类 Random 中的 nextDouble()方法来实现的。只是方法 random()的调用比较简单，所以很多程序员都习惯使用 Math 类的 random()方法来生成随机数字。

11.8　NumberFormat 类

NumberFormat 类是用来对数字进行格式化的类，即可以按照本地的风格习惯进行数字显示。此类的定义如下所示。

知识点讲解：

```java
public abstract class NumberFormat extends Format
```

NumberFormat 类是一个抽象类，同时它和 MessageFormat 类一样，都是 Format 的子类，我们可以直接使用 NumberFormat 类中提供的静态方法来实例化。 NumberFormat 类的常用方法如表 11-12 所示。

表 11-12　**NumberFormat** 类的常用方法

方　　法	类型	描　　述
public static Locale[] getAvailableLocales()	普通	返回所有语言环境的数组
public static final NumberFormat getInstance()	普通	返回当前默认语言环境的数字格式
public static NumberFormat getInstance(Locale inLocale)	普通	返回指定语言环境的数字格式
public static final NumberFormat getCurrencyInstance()	普通	返回当前默认环境的货币格式
public static NumberFormat getCurrencyInstance(Locale inLocale)	普通	返回指定语言环境的数字格式

因为我们使用的操作系统是中文语言环境，所以以上数字显示为中国的数字格式化形式。另外，在类 NumberFormat 中还有一个比较常用的子类——DecimalFormat。DecimalFormat 类也是 Format 的一个子类，其主要作用是格式化数字。当然，它在格式化数字时要比直接使用 NumberFormat 更加方便，因为它可以直接按用户自定义的方式进行格式化操作。与 SimpleDateFormat 类似，如果要进行自定义格式化操作，则必须指定格式化操作的模板，此模板如表 11-13 所示。

表 11-13 **DecimalFormat** 格式化模板

标 记	位 置	描 述
0	数字	代表阿拉伯数字，每个 0 表示一位阿拉伯数字，如果该位不存在则显示 0
#	数字	代表阿拉伯数字，每个#表示一位阿拉伯数字，如果该位不存在则不显示
.	数字	小数点分隔符或货币的小数分隔符
-	数字	代表负号
,	数字	分组分隔符
E	数字	分隔科学记数法中的尾数和指数
;	子模式边界	分隔正数和负数子模式
%	前缀或扩展名	数字乘以 100 并显示为百分数
\u2030	前缀或扩展名	乘以 1000 并显示为千分数
¤ \u00A4	前缀或扩展名	货币记号，由货币号替换。如果两个同时出现，则用国际货币符号替换；如果出现在某个模式中，则使用货币小数分隔符，而不使用小数分隔符
,	前缀或扩展名	用在前缀或扩展名中为特殊字符加引号，例如 "'#'#" 将 123 格式化为 "#123"；要想创建单引号本身，则连续使用两个单引号，例如 "# o'clock"

实例 11-17 演示格式化数字操作

源码路径：daima\11\NumberFormatT1.java

实例文件 NumberFormatT1.java 的主要代码如下所示。

```java
import java.text.* ;
public class NumberFormatT1{
    public static void main(String args[]){
        NumberFormat nf = null ;
        //声明一个NumberFormat对象
        nf = NumberFormat.getInstance() ;
        //得到默认的数字格式化显示
        System.out.println("格式化之后的数字:" +
        nf.format(10000000)) ;
        System.out.println("格式化之后的数字:" +
        nf.format(1000.345)) ;
    }
};
```

—— 拓展范例及视频二维码 ——

范例 **11-17-01**：格式化对象数字

源码路径：**演练范例\11-17-01**

范例 **11-17-02**：计算程序运行

时间

源码路径：**演练范例\11-17-02**

在上述代码中，首先使用第 1 个模板将字符串中表示日期的数字取出，然后使用第 2 个模板将这些数字重新转化为新的格式。执行结果如图 11-19 所示。

```
🔳 Problems @ Javadoc 🔍 Declaration 🔲 Co
<terminated> NumberFormatT1 [Java Application]
格式化之后的数字: 10,000,000
格式化之后的数字: 1,000.345
```

图 11-19 执行结果

11.9 BigInteger 类

在编程时肯定无法使用基本类型来接收一个非常大的数字，在 Java 初期当碰到大数字时往往会使用 String 类进行接收，然后采用拆分的方式进行计算，但是这种操作非常麻烦。Java 为了解决这个问题，专门提供了 BigInteger 类。BigInteger 类是一个表示大整数的类，定义在 java.math 包中。如果在操作时一个整型数据

知识点讲解：

已经超过了整数的最大类型长度，且数据无法装入，那么此时可以使用 BigInteger 类进行操作。
BigInteger 类中封装了各个常用的基本运算，在表 11-14 列出了此类的常用方法。

表 11-14 BigInteger 类的常用方法

方 法	类型	描 述
public BigInteger(String val)	构造	将一个字符串变为 BigInteger 类型的数据
public BigInteger add(BigInteger val)	普通	加法
public BigInteger subtract(BigInteger val)	普通	减法
public BigInteger multiply(BigInteger val)	普通	乘法
public BigInteger divide(BigInteger val)	普通	除法
public BigInteger max(BigInteger val)	普通	返回两个大数中的较大值
public BigInteger min(BigInteger val)	普通	返回两个大数中的较小值
public BigInteger[] divideAndRemainder (BigInteger val)	普通	除法操作，数组的第 1 个元素为除法的商，第 2 个元素为除法的余数

表 11-14 列出的只是 BigInteger 类中的常用方法，读者可以自行查阅 JDK 文档来了解其他方法的具体用法。下面的实例代码展示了使用 BigInteger 类的过程。

实例 11-18 使用 BigInteger 类实现大数运算
源码路径：daima\11\BigIntegerDemo01.java

实例文件 BigIntegerDemo01.java 的主要实现代码如下所示。

```java
import java.math.BigInteger ;
public class BigIntegerDemo01{
 public static void main(String args[]){
    BigInteger bi1 = new BigInteger("123456789") ;      //声明BigInteger对象
    BigInteger bi2 = new BigInteger("987654321") ;      //声明BigInteger对象
    System.out.println("加法操作:" + bi2.add(bi1)) ;     //加法操作
    System.out.println("减法操作:" + bi2.subtract(bi1)) ; //减法操作
    System.out.println("乘法操作:" + bi2.multiply(bi1)) ; //乘法操作
    System.out.println("除法操作:" + bi2.divide(bi1)) ;   //除法操作
    System.out.println("最大数:" + bi2.max(bi1)) ;        //求出最大数
    System.out.println("最小数:" + bi2.min(bi1)) ;        //求出最小数
    BigInteger result[] = bi2.divideAndRemainder(bi1) ;  //求出带余数的除法操作
    System.out.println("商是:" + result[0] + "; 余数是:" + result[1]) ;
 }
};
```

程序执行结果如图 11-20 所示。

```
加法操作: 1111111110
减法操作: 864197532
乘法操作: 121932631112635269
除法操作: 8
最大数: 987654321
最小数: 123456789
商是: 8; 余数是: 9
```

图 11-20 执行结果

--- 拓展范例及视频二维码 ---

范例 **11-18-01**：使用 BigInteger 类

源码路径：**演练范例\11-18-01**

范例 **11-18-02**：BigInteger 类
综合应用

源码路径：**演练范例\11-18-02**

11.10 BigDecimal 类

在 Java 中对于不需要任何计算精度的数字来说，可以直接使用 float 或 double，如果需要精确计算的结果，则必须使用 BigDecimal 类，而且使用此类也可以进行大数操作。BigDecimal 类中的常用方法如表 11-15 所示。

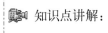 知识点讲解：

表 11-15 BigDecimal 类的常用方法

方 法	类型	描 述
public BigDecimal(double val)	构造	将 double 表示形式转换为 BigDecimal
public BigDecimal(int val)	构造	将 int 表示形式转换为 BigDecimal
public BigDecimal(String val)	构造	将 string 表示形式转换为 BigDecimal
public BigDecimal add(BigDecimal augend)	普通	加法
public BigDecimal subtract(BigDecimal subtrahend)	普通	减法
public BigDecimal multiply(BigDecimal multiplicand)	普通	乘法
public BigDecimal divide(BigDecimal divisor)	普通	除法

下面的实例代码演示了使用 BigDecimal 类实现四舍五入的运算过程。

实例 11-19 使用 BigDecimal 类实现四舍五入运算

源码路径：daima\11\BigDecimalDemo01.java

实例文件 BigDecimalDemo01.java 的主要实现代码如下所示。

```java
import java.math.* ;
class MyMath{
 public static double add(double d1,double d2){          //方法add()实现加法计算
    BigDecimal b1 = new BigDecimal(d1) ;
    BigDecimal b2 = new BigDecimal(d2) ;
    return b1.add(b2).doubleValue() ;
 }
 public static double sub(double d1,double d2){          //方法sub()实现减法计算
    BigDecimal b1 = new BigDecimal(d1) ;
    BigDecimal b2 = new BigDecimal(d2) ;
    return b1.subtract(b2).doubleValue() ;
 }
 public static double mul(double d1,double d2){          //方法mul()实现乘法计算
    BigDecimal b1 = new BigDecimal(d1) ;
    BigDecimal b2 = new BigDecimal(d2) ;
    return b1.multiply(b2).doubleValue() ;
 }
 public static double div(double d1,double d2,int len){   //方法div()实现乘法计算
    BigDecimal b1 = new BigDecimal(d1) ;
    BigDecimal b2 = new BigDecimal(d2) ;
    return b1.divide(b2,len,BigDecimal.ROUND_HALF_UP).doubleValue() ;
 }
 public static double round(double d,int len){          //方法round()实现四舍五入
    BigDecimal b1 = new BigDecimal(d) ;
    BigDecimal b2 = new BigDecimal(1) ;
    return b1.divide(b2,len,BigDecimal.ROUND_HALF_UP).doubleValue() ;
 }
};
public class BigDecimalDemo01{
 public static void main(String args[]){
    System.out.println("加法运算:" + MyMath.round(MyMath.add(10.345,3.333),1)) ;
    System.out.println("减法运算:" + MyMath.round(MyMath.sub(10.345,3.333),3)) ;
    System.out.println("乘法运算:" + MyMath.round(MyMath.mul(10.345,3.333),2)) ;
    System.out.println("除法运算:" + MyMath.div(10.345,3.333,3)) ;
 }
};
```

在上述代码中，最重要的是方法 round()，此处的四舍五入操作实际上是用方法 divide()实现的，因为只有此方法才可以指定小数点之后的位数，而且任何数字除以 1 都是原数字。执行结果如图 11-21 所示。

拓展范例及视频二维码

范例 **11-19-01**：使用 BigDecimal 类
实现四则运算

源码路径：演练范例\11-19-01\

范例 **11-19-02**：使用 BigDecimal 类

源码路径：演练范例\11-19-02\

```
🔝 Problems  @ Javadoc  🔍 Declaration  🖥 Console  ☒
<terminated> BigDecimalDemo01 [Java Application] F:\Java\
加法运算: 13.7
减法运算: 7.012
乘法运算: 34.48
除法运算: 3.104
```

图 11-21 执行结果

11.11　复 制 对 象

Java 支持复制对象的操作，这可以直接使用 Object 类中的方法 clone() 来实现。此方法的定义如下所示。

```
protected Object clone() throws CloneNotSupportedE
xception
```

方法 clone() 是受保护类型，因此在子类中必须重写此方法，而且重写之后应该扩大访问权限，这样它才能被外部调用。但是具体的复制方法实现还是在 Object 中，因此在覆写方法中只需要调用 Object 类中的 clone() 方法即可完成操作，而且在对象所在类中必须实现 Cloneable 接口才可以完成对象的复制操作。

直接查询 JDK 文档会发现，由于在接口 Cloneable 中并没有任何的方法，所以此接口在设计上为标识接口，这表示对象可以复制。下面的实例代码演示了使用 clone() 方法实现对象复制的过程。

实例 11-20　**使用 clone() 方法实现对象复制**

源码路径：daima\11\CloneDemo01.java

实例文件 CloneDemo01.java 的主要实现代码如下所示。

```
class mm implements Cloneable{      //实现Cloneable接口表示可以复制
  private String name ;
  public mm(String name){           //构造方法mm()
    this.name = name ;
  }
  public void setName(String name){//设置属性name
    this.name = name ;
  }
  public String getName(){          //获取属性name
    return this.name ;
  }
  public String toString(){         //返回name
    return "姓名:" + this.name ;
  }
  public Object clone()   //定义复制方法clone()
          throws CloneNotSupportedException
  {
    return super.clone() ;          //设置具体的复制操作由父类完成
  }
};
public class CloneDemo01{
  public static void main(String args[]) throws Exception{
    mm p1 = new mm("张三") ;        //定义对象p1的name是"张三"
    mm p2 = (mm)p1.clone() ;        //定义对象p,然后将p1的值复制过来
    p2.setName("李四") ;
    System.out.println("原始对象:" + p1) ;        //输出对象p1原来的值
    System.out.println("复制后的对象:" + p2) ;    //输出复制后对象p12的值
  }
};
```

代码执行结果如图 11-22 所示。

图 11-22　执行结果

11.12　Arrays 类

在 Java 中，Arrays 类是数组的操作类，定义在 java.util 包中，主要功能是实现数组元素的查找、数组内容的填充、排序等。Arrays 类的常用方法如表 11-16 所示。

表 11-16　Arrays 类的常用方法

方　　法	类型	描　　述
public static boolean equals(int[] a,int[] a2)	普通	判断两个数组 a 和 a2 是否相等。此方法可以重载多次以判断各种数据类型的数组
public static void fill(int[] a,int val)	普通	将指定内容 val 填充到数组 a 中。此方法可以重载多次以填充各种数据类型的数组
public static void sort(int[] a)	普通	数组排序。此方法可以重载多次以对各种类型的数组进行排序
public static int binarySearch(int[] a,int key)	普通	对排序后的数组进行检索。此方法可以重载多次以对各种类型的数组进行搜索。其中 a 表示要搜索的数组，key 表示要搜索的值
public static String toString(int[] a)	普通	输出数组信息。此方法可以重载多次以输出各种数据类型的数组

下面的实例代码通过整型数组讲解 Arrays 类的常用方法。

实例 11-21　使用 Arrays 类

源码路径：daima\11\ArraysT.java

实例文件 ArraysT.java 的主要实现代码如下所示。

```java
import java.util.* ;
public class ArraysT{
 public static void main(String arg[]){
     int temp[] = {3,4,5,7,9,1,2,6,8} ;
     //声明一个整型数组
     Arrays.sort(temp) ;          //进行排序操作
     System.out.print("排序后的数组:") ;
     System.out.println(Arrays.toString(temp)) ;
     //以字符串形式输出数组
     // 如果要想使用二分法查询，则必须是排序之后的数组
     int point = Arrays.binarySearch(temp,3) ;
     //检索位置
     System.out.println("元素'3'的位置在:" + point) ;
     Arrays.fill(temp,3) ;          //填充数组temp中的每个元素都是3
     System.out.print("数组填充:") ;           //提示文本
     System.out.println(Arrays.toString(temp)) ; //输出数组temp中的元素信息
 }
};
```

拓展范例及视频二维码

范例 **11-21-01**：Arrays 类的基本
　　　　　　用法
源码路径：**演练范例\11-21-01**
范例 **11-21-02**：Arrays 类的综合
　　　　　　用法
源码路径：**演练范例\11-21-02**

在上述代码中，首先使用静态初始化方式声明了一个一维数组，然后利用 Arrays 类的方法 sort()进行排序，并通过二分查找法查找指定内容是否存在，重新将数组的内容填充后，又利用方法 toString()将全部内容变为 String 的形式并输出。执行结果如图 11-23 所示。

```
Problems  @ Javadoc  Declaration  Console 
<terminated> ArraysT [Java Application] F:\Java\jdk1
排序后的数组: [1, 2, 3, 4, 5, 6, 7, 8, 9]
元素'3'的位置在: 2
数组填充: [3, 3, 3, 3, 3, 3, 3, 3, 3]
```

图 11-23　执行结果

11.13　Comparable 接口

在讲解数组时曾经提到过我们可以直接使用 java.util.Arrays 类进行数组的排序操作，例如，可以使用 Arrays 类中的 sort()方法对任意类型的数组进行排序，并且在排列时可以根据每个数组元素值的大小进行排序。同样

知识点讲解：

此类也可以对 Object 数组进行排序，但是要使用此种方法排序也是有要求的，即对象所在的类必须实现 Comparable 接口，此接口就是指定对象排序规则的。

11.13.1　Comparable 接口概述

在 Java 中，Comparable 接口的定义如下所示。

```java
public interface Comparable<T>{
```

```
    public int compareTo(T o) ;
}
```

从以上定义中可以发现，Comparable 接口也使用了 Java 泛型技术。它只有一个 compareTo()
方法，此方法可以返回一个 int 类型的数据，但是此值只能为以下 3 种。

❑ 1：表示大于。

❑ −1：表示小于。

❑ 0：表示相等。

假设要求设计一个学生类，此类中包含了姓名、年龄、成绩，并产生一个对象数组。要求
按成绩由高到低进行排序，如果成绩相等，则按年龄由低到高排序。如果直接编写排序操作，
则会比较麻烦，所以此时可以观察如何使用 Arrays 类中的 sort() 方法进行排序操作。我们可以
通过如下实例代码实现排序操作。

实例 11-22 　使用 Arrays 类中的 sort() 方法进行排序操作

源码路径： daima\11\ComparableT1.java

实例文件 ComparableT1.java 的主要实现代码如下所示。

```java
class Student implements Comparable<Student> {        //指定类型为Student
    private String name ;                             //定义私有属性name
    private int age ;                                 //定义私有属性age
    private float score ;                             //定义私有属性score
    public Student(String name,int age,float score){  //定义有参构造方法Student
        this.name = name ;                            //为参数赋值name
        this.age = age ;                              //为参数赋值age
        this.score = score ;                          //为参数赋值score
    }
    public String toString(){                         //定义方法toString()返回name、age和score值
        return name + "\t\t" + this.age + "\t\t" + this.score ;
    }
    public int compareTo(Student stu){                //重写compareTo()方法，实现排序规则的应用
        if(this.score>stu.score){                     // score降序排列算法
            return -1 ;                               //如果当前score小于stu的score则返回-1
        }else if(this.score<stu.score){
            return 1 ;                                //如果当前score大于stu的score则返回1
        }else{
            if(this.age>stu.age){                     //age降序排列算法
                return 1 ;
            }else if(this.age<stu.age){               //如果当前age小于stu的age则返回-1
                return -1 ;
            }else{                                    //如果当前age不小于stu的age则返回0
                return 0 ;
            }
        }
    }
};
public class ComparableT1{
    public static void main(String args[]){
        Student stu[] = {new Student("张三",20,90.0f),    //定义Student对象stu[]并赋初始值
        new Student("李四",22,90.0f),new Student("王五",20,99.0f),//新建4个Student对象并分别赋值
        new Student("赵六",20,70.0f),new Student("孙七",22,100.0f)) ;
        java.util.Arrays.sort(stu) ;                     //进行排序操作
        for(int i=0;i<stu.length;i++){
            System.out.println(stu[i]) ;                 //循环输出数组对象中的内容
        }
    }
};
```

上述代码执行后的结果如图 11-24 所示。

```
Problems  @ Javadoc  Declaration  Console
<terminated> ComparableT1 [Java Application] F:\Java
孙七          22          100.0
王五          20          99.0
张三          20          90.0
李四          22          90.0
赵六          20          70.0
```

图 11-24　执行结果

拓展范例及视频二维码

范例 **11-22-01**：默认 List 和数组
排序方法
源码路径：**演练范例**\11-22-01\

范例 **11-22-02**：自定义排序实现
方式
源码路径：**演练范例**\11-22-02\

从程序运行结果中可以发现，程序完成了要求的排序规则，它对对象数组进行了排序操作。

11.13.2　使用 Comparable 接口

11.13.1 节所讲解的排序过程也是数据结构中的二叉树排序方法，通过二叉树进行排序，然后利用中序遍历的方式把内容依次读取出来。二叉树排序的基本原理是将第 1 个内容作为根节点，如果后面的值比根节点的值小，则放在根节点的左子树；如果后面的值比根节点的值大，则放在根节点的右子树。

实例 11-23　使用 Integer 实例化 Comparable 接口

源码路径：daima\11\ComparableT2.java

实例文件 ComparableT2.java 的主要代码如下所示。

```
public class ComparableT2{
    public static void main(String args[]){
        //声明一个Comparable接口对象
        Comparable com = null ;
        com = 30 ;// 通过Integer为Comparable实例化
        //调用toString()方法
        System.out.println("内容为:" + com) ;
    }
};
```

拓展范例及视频二维码

范例 **11-23-01**：用 Comparable 操作

二叉树

源码路径：演练范例\11-23-01\

范例 **11-23-02**：转换角度和弧度

源码路径：演练范例\11-23-02\

在上述代码中，接口 Comparable 通过 Integer 对象进行实例化，然后在直接输出 Comparable 接口对象时调用的是 Integer 类中的 toString()方法，这时此方法已经被 Integer 类覆写了。下面的代码就将直接使用 Comparable 接口完成，为了方便输出时也直接将 Comparable 接口输出。执行结果如图 11-25 所示。

内容为: 30

图 11-25　执行结果

11.13.3　使用 Comparator 接口

如果一个类已经开发完成，但是在此类建立初期并没有实现 Comparable 接口，则此时无法进行对象排序操作。为了解决这个问题，Java 又定义了另一个比较器的操作接口——Comparator。此接口定义在 java.util 包中，定义格式如下所示。

```
public interface Comparator<T>{
    public int compare(To1,To2) ;
    boolean equals(Object obj) ;
}
```

由此可以发现，在此接口中也存在一个 compareTo()方法，与之前不同的是，它要接收两个对象，其返回值依然是 0、-1、1。此外，此接口与之前不同的是，需要单独指定一个比较器的比较规则类才可以完成数组排序。

在下面的实例中，假如我们定义一个学生类，其中有姓名和年龄属性，并按照年龄排序。

实例 11-24　使用 Comparator 接口进行排序操作

源码路径：daima\11\ComparatorT.java

实例文件 ComparatorT.java 的主要实现代码如下所示。

```
class Student11{                          //指定类型为Student1
  private String name ;                   //定义私有属性name
  private int age;                        //定义私有属性age
  public Student11(String name,int age){  //实现构造方法Student1()
     this.name = name ;
     this.age = age ;
  }
  public boolean equals(Object obj){      //重写equals方法
     if(this==obj){                       //如果this和obj两个引用对象相等则返回true
        return true ;
     }
```

```
        if(!(obj instanceof Student11)){      //使用if语句判断对象属于哪种类型
            return false ;                    //obj不是Student1的对象时返回false
        }
        Student11 stu = (Student11) obj ;     //定义Student1对象stu
        if(stu.name.equals(this.name)&&stu.age==this.age){
            return true ;                     //当对象stu的name、age和当前对象的相等则返回true
        }else{
            return false ;                    //否则返回false
        }
    }
    public void setName(String name){         //实现方法setName()
        this.name = name ;
    }
    public void setAge(int age){//实现方法setAge()
        this.age = age ;
    }
    public String getName(){                  //实现方法getName()
        return this.name ;
    }
    public int getAge(){                      //实现方法getAge()
        return this.age ;
    }
    public String toString(){ //实现方法toString()
        return name + "\t\t" + this.age  ;
    }
};

class Student11Comparator implements Comparator<Student11>{      // 实现比较器
    // 因为Object类中已经有了equals()方法
    public int compare(Student11 s1,Student11 s2){
        if(s1.equals(s2)){
            return 0 ;
        }else if(s1.getAge()<s2.getAge()){    // 按年龄比较
            return 1 ;
        }else{
            return -1 ;
        }
    }
};
public class ComparatorT{
    public static void main(String args[]){
        Student11 stu[] = {new Student11("张三",20),
            new Student11("李四",22),new Student11("王五",20),
            new Student11("赵六",20),new Student11("孙七",22)} ;
        java.util.Arrays.sort(stu,new StudentComparator()) ;   // 进行排序操作
        for(int i=0;i<stu.length;i++){                         // 循环输出数组中的内容
            System.out.println(stu[i]) ;
        }
    }
};
```

拓展范例及视频二维码

范例 **11-24-01**：实现排序功能

源码路径：**演练范例\11-24-01**

范例 **11-24-02**：实现分组功能

源码路径：**演练范例\11-24-02**

在上述代码中，Comparator 和 Comparable 接口都可以实现相同的排序功能，但是与 Comparable 接口相比，Comparator 接口明显是一种补救方法。本实例执行后的结果如图 11-26 所示。

```
孙七        22
李四        22
赵六        20
王五        20
张三        20
```

图 11-26 执行结果

11.14 Observable 类和 Observer 接口

Observable 类和 Observer 接口最大的作用就是实现观察者模式。在 Java 中，我们可以直接依靠 Observable 类和 Observer 接口实现观察者模式。

在 Java 中，需要观察的类必须继承于 Observable 类，

 知识点讲解：

此类的常用方法如表 11-17 所示。

表 11-17 Observable 类的常用方法

方 法	类型	描 述
public void addObserver(Observer o)	普通	添加一个观察者
public void deleteObserver(Observer o)	普通	删除一个观察者
protected void setChanged()	普通	被观察者状态发生改变
public void notifyObservers(Object arg)	普通	通知所有观察者状态改变

每一个观察者类都需要实现 Observer 接口， Observer 接口的定义如下所示。

```
public interface Observer{
    void update(Observable o,Object arg) ;
}
```

上述定义接口格式的代码只定义了一个名为 update()方法，其中第 1 个参数表示被观察者实例，第 2 个参数表示修改的内容。下面的实例代码演示了实现观察者模式的具体过程。

实例 11-25 **使用 Observable 类实现观察者模式**
源码路径：daima\11\ObserDemoT.java

实例文件 ObserDemoT.java 的主要实现代码如下所示。

```
import java.util.* ;
class House extends Observable{        //表示可以观察房子
 private float price ;//价钱
 public House(float price){//实现构造方法House()
    this.price = price ;
 }
 public float getPrice(){   //实现方法getPrice()
    return this.price ;
 }
 public void setPrice(float price){
    //每一次修改的时候都应该引起观察者的注意
    super.setChanged() ;             //设置变化点
    super.notifyObservers(price) ;//改变价格
    this.price = price ;
 }
 public String toString(){        //实现方法toString()
    return "房子价格为:" + this.price ;
 }
};
class HousePriceObserver implements Observer{
 private String name ;
 public HousePriceObserver(String name){        // 设置每一个购房者的名字
    this.name = name ;
 }
 public void update(Observable o,Object arg){   //实现方法update()
    if(arg instanceof Float){
        System.out.print(this.name + "观察到价格更改为:") ;
        System.out.println(((Float)arg).floatValue()) ;        //输出价格变化值
    }
 }
};
public class ObserDemoT{
 public static void main(String args[]){
    House h = new House(1000000) ;
    HousePriceObserver hpo1 = new HousePriceObserver("购房者A") ;
    HousePriceObserver hpo2 = new HousePriceObserver("购房者B") ;
    HousePriceObserver hpo3 = new HousePriceObserver("购房者C") ;
    h.addObserver(hpo1) ;
    h.addObserver(hpo2) ;
    h.addObserver(hpo3) ;
```

拓展范例及视频二维码

范例 **11-25-01**：实现观察者
模式 1
源码路径：**演练范例\11-25-01**
范例 **11-25-02**：实现观察者
模式 2
源码路径：**演练范例\11-25-02**

```
        System.out.println(h) ;      // 输出房子价格
        h.setPrice(666666) ;         // 修改房子价格
        System.out.println(h) ;      // 输出房子价格
    }
};
```

　　在上述代码中，多个观察者都在关注着价格的变化，只要价格一有变化，所有观察者会立刻有所行动。代码的执行结果如图 11-27 所示。

```
🄿 Problems  @ Javadoc  🔍 Declaration  🖳 Console 🗙
<terminated> ObserDemoI [Java Application] F:\Java\jdk1
房子价格为: 1000000.0
购房者C观察到价格更改为: 666666.0
购房者B观察到价格更改为: 666666.0
购房者A观察到价格更改为: 666666.0
房子价格为: 666666.0
```

图 11-27　执行结果

11.15　正则表达式

　　众所周知，在程序开发中，难免会遇到需要匹配、查找、替换、判断字符串的情况，而这些情况有时又比较复杂，如果用纯编码方式来解决，那么往往会浪费程序员的时间及精力。因此，学习及使用正则表达式便成了解决这一矛盾的主要手段。

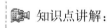 知识点讲解：

11.15.1　正则表达式概述

　　正则表达式是一种用于模式匹配和替换的规范，一个正则表达式就是由普通的字符（例如字符 a～z）以及特殊字符（元字符）组成的文字模式，用来描述在查找文字主体时待匹配的一个或多个字符串。作为一个模板，正则表达式将某个字符模式与所搜索的字符串进行匹配。

　　自从 JDK 1.4 推出 java.util.regex 包以来，Java 就为我们提供了很好的正则表达式应用平台。如果要在程序中应用正则表达式，则必须依靠 Pattern 类与 Matcher 类，这两个类都在 java.util.regex 包中定义。Pattern 类的主要作用是进行正则规范编写，而 Matcher 类主要是执行规范，验证一个字符串是否符合规范。

　　常用的正则规范如表 11-18～表 11-20 所示。

表 11-18　常用的正则规范

序号	规范	描　述	序号	规范	描　述
1	\\	表示反斜线（\）字符	9	\w	表示字母、数字、下划线
2	\t	表示制表符	10	\W	表示非字母、数字、下划线
3	\n	表示换行	11	\s	表示所有空白字符（换行、空格等）
4	[abc]	字符 a、b 或 c	12	\S	表示所有非空白字符
5	[^abc]	表示除了 a、b、c 之外的任意字符	13	^	行的开头
6	[a-zA-Z0-9]	表示由字母、数字组成	14	$	行的结尾
7	\d	表示数字	15	.	匹配除换行符之外的任意字符
8	\D	表示非数字			

表 11-19　数量表示（**X** 表示一组规范）

序号	规范	描　　述	序号	规范	描　　述
1	X	必须出现一次	5	$X\{n\}$	必须出现 n 次
2	$X?$	可以出现 0 次或 1 次	6	$X\{n,\}$	必须出现 n 次以上
3	$X*$	可以出现 0 次、1 次或多次	7	$X\{n,m\}$	必须出现 $n\sim m$ 次
4	$X+$	可以出现 1 次或多次			

表 11-20　逻辑运算符（**X**、**Y** 表示一组规范）

序号	规范	描　　述	序号	规范	描　　述
1	XY	X 规范后跟着 Y 规范	3	(X)	作为一个捕获组规范
2	$X\mid Y$	X 规范或 Y 规范			

11.15.2　Java 中的正则表达式类

在 Java 语言中，如下所示的两个类可以实现正则表达式功能。

❑ java.util.regex.Matcher：匹配器类。通过解释类 Pattern（模式）对字符序列执行匹配操作的引擎。

❑ java.util.regex.Pattern：正则表达式的编译表示形式。指定为字符串的正则表达式必须首先编译为此类的实例，然后使用得到的模式创建 Matcher 对象。根据正则表达式，该对象可以与任意字符序列匹配。因为执行匹配所涉及的所有状态都驻留在匹配器中，所以多个匹配器可以共享同一模式。

在 Java 程序中，类 Pattern 直接使用表 11-18～表 11-20 中的正则规则即可完成相应的操作。Pattern 类的常用方法如表 11-21 所示。

表 11-21　Pattern 类的常用方法

方　　法	类型	描　　述
public static Pattern compile(String regex)	普通	指定正则表达式规则
public Matcher matcher(CharSequence input)	普通	返回 Matcher 类实例
public String[] split(CharSequence input)	普通	字符串拆分

在类 Pattern 中如果要取得 Pattern 类实例，则必须调用 compile()方法。如果要验证一个字符串是否符合规范，则可以使用 Matcher 类，Matcher 类的常用方法如表 11-22 所示。

表 11-22　Matcher 类的常用方法

方　　法	类型	描　　述
public boolean matches()	普通	执行验证
public String replaceAll(String replacement)	普通	字符串替换
public Matcher appendReplacement (StringBuffer sb, String replacement)	普通	将当前匹配的子串替换为指定字符串，并将从上次匹配结束后到本次匹配结束后之间的字符串添加到 StringBuffer 对象中，最后返回其字符串表示形式。注意，最后一次匹配后的字符串并没有添加入 StringBuffer 对象中，若需要这部分的内容需要使用 appendTail 方法
public StringBuffer appendTail (StringBuffer sb)	普通	将最后一次匹配后剩余的字符串添加到一个 StringBuffer 对象里

下面直接使用 Pattern 类和 Matcher 类完成一个简单的验证过程。日期格式要求：

yyyy-mm-dd。正则表达式如下所示。

日期	1983	-07	23
格式	四位数字	两位数字	两位数字
正则表达式	\d{4}	\d{2}	\d{2}

11.15.3 使用 Pattern 类和 Matcher 类

实例 11-26 验证一个字符串是否为合法的日期格式
源码路径：daima\11\RegexDemoT3.java

实例文件 RegexDemoT3.java 的主要代码如下所示。

```java
import java.util.regex.Pattern ;
import java.util.regex.Matcher ;
public class RegexDemoT3{
    public static void main(String args[]){
        //指定好一个日期格式的字符串
        String str = "1983-07-27" ;
        String pat = "\\d{4}-\\d{2}-\\d{2}" ;
//指定好正则表达式
        Pattern p = Pattern.compile(pat) ;
//实例化Pattern类
        Matcher m = p.matcher(str) ;
//实例化Matcher类
        if(m.matches()){                        //使用正则表达式进行验证匹配
            System.out.println("日期格式合法!") ;
        }else{
            System.out.println("日期格式不合法!") ;
        }
    }
};
```

拓展范例及视频二维码

范例 **11-26-01**：按照字符串的数字

拆分字符串

源码路径：**演练范例\11-26-01**

范例 **11-26-02**：使用三角函数

源码路径：**演练范例\11-26-02**

在上述代码中，由于"\"字符是需要转义的，两个"\"实际上表示的是一个"\"，所以实际上"\\d"表示的是"\d"。执行结果如图 11-28 所示。

日期格式合法！

图 11-28 执行结果

❀ 注意：因为正则表达式是一个很庞大的体系，所以此处仅列举了一些入门的概念，更多的内容请参阅相关资料。

11.15.4 String 类和正则表达式

在 String 类中有 3 个方法支持正则操作，具体信息如表 11-23 所示。

表 **11-23** **String** 类中支持正则表达式的方法

方　　法	类型	描　　述
public boolean matches(String regex)	普通	字符串匹配
public String replaceAll(String regex,String replacement)	普通	字符串替换
public String[] split(String regex)	普通	字符串拆分

在正则操作中，如果出现了正则表达式中的一些字符，则需要对这些字符进行转义，例如，现在有字符串 "LXH:98|MLDN:90|LI:100"，要求将其拆分成下面的形式。

```
LXH      98
MLDN     90
LI       100
```

如果要完成上述操作，则应该先使用"|"进行拆分，之后再使用":"进行拆分。如果直接使用"|"进行拆分，则会发现根本就无法正确地执行此操作。

实例 11-27 使用 String 修改之前的操作
源码路径：daima\11\RegexDemoT5.java

实例文件 RegexDemoT5.java 的主要代码如下所示。

```
import java.util.regex.Pattern ;
import java.util.regex.Matcher ;
public class RegexDemoT5{
    public static void main(String args[]){
        //要求将里面的字符取出，也就是说按照数字拆分
        String str = "A1B22C333D4444E55555F" ;
//指定一个字符串
        String pat = "\\d+" ; //指定正则表达式
        Pattern p = Pattern.compile(pat) ;
//实例化Pattern类
        Matcher m = p.matcher(str) ;
//实例化Matcher类的对象
        String newString = m.replaceAll("_") ;
//加入横杠
        System.out.println(newString) ;
    }
};
```

拓展范例及视频二维码

范例 **11-27-01**：字符的替换、

验证和拆分

源码路径：**演练范例\11-27-01**

范例 **11-27-02**：使用反三角函数

源码路径：**演练范例\11-27-02**

代码的执行结果如图 11-29 所示。

```
<terminated> RegexDemoT5
A_B_C_D_E_F
```

图 11-29　执行结果

11.15.5　Java 9 新增的正则表达式方法

在 Java 9 版本中，类 java.util.regex.Matcher 中新增了如下所示的正则表达式方法。

❏ appendReplacement(StringBuilder sb, String replacement)：将当前匹配的子串替换为指定字符串，并将从上次匹配结束后到本次匹配结束后之间的字符串添加到 StringBuilder 对象中，最后返回其字符串表示形式。注意：最后一次匹配后的字符串并没有添加入 StringBuilder 对象中，若需要这部分的内容需要使用 appendTail() 方法。

❏ appendTail(StringBuilder sb)：将最后一次匹配后剩余的字符串添加到 StringBuilder 对象里。参数 “sb” 表示目标字符串生成器。

❏ results()：返回匹配结果的数据流，也就是返回 MatchResult 对象的数据流。

下面的实例演示了使用上述新正则表达式方法的过程。

实例 11-28　使用 Java 9 新正则表达式方法

源码路径：daima\11\MatcherMethods.java

实例文件 MatcherMethods.java 的主要实现代码如下所示。

```
public class MatcherMethods {
    public static void main(String[] args) {
        String sentence = "a man a plan a canal panama";
        System.out.printf("语句: %s%n", sentence);
        //使用方法appendReplacement()和appendTail()
        Pattern pattern = Pattern.compile("an"); //正则表达式匹配字符 "an"
        //定义匹配对象实例matcher
        Matcher matcher = pattern.matcher(sentence);
        //重建字符串
        StringBuilder builder = new StringBuilder();
        //将文本追加到builder对象; 将字符 "an" 转换成大写形式
        while (matcher.find()) {
            matcher.appendReplacement(
                    builder, matcher.group().toUpperCase());
        }
        //将最后一次匹配后剩余的字符串添加到builder对象里
        matcher.appendTail(builder);
        System.out.printf("%n使用appendReplacement/appendTail处理后: %s%n", builder);
        //使用方法replaceFirst()
        matcher.reset();               //重置匹配为初始状态
        System.out.printf("%n使用replaceFirst处理前: %s%n", sentence);
        String result = matcher.replaceFirst(m ->m.group().toUpperCase());
        System.out.printf("使用replaceFirst处理后: %s%n", result);
        //使用方法replaceAll()
```

```
                matcher.reset(); //重置匹配为初始状态
                System.out.printf("%n使用replaceAll处理前: %s%n", sentence);
                result = matcher.replaceAll(m -> m.group().toUpperCase());
                System.out.printf("使用replaceAll处理后: %s%n", result);
                //获取MatchResult流
                System.out.printf("%n使用方法results()处理:%n");
                pattern = Pattern.compile("\\w+"); //正则表达式匹配
                matcher = pattern.matcher(sentence);
                System.out.printf("统计单词个数: %d%n",matcher.results().count());
                matcher.reset(); //重置匹配为初始状态
                System.out.printf("平均每个单词的长度: %f%n",matcher.results().mapToInt
(m -> m.group().length()).average().orElse(0));
        }
    }
```

在上述代码中，使用 Java 9 中的方法 appendReplacement()和 appendTail()将字符串中的字符 "an" 转换成大写形式，使用 Java 9 中的方法 results()统计了字符串中的单词个数和平均每个单词的长度。本实例执行后的结果如图 11-30 所示。

```
语句: a man a plan a canal panama

使用appendReplacement/appendTail处理后: a mAN a plAN a cANal pANama

使用replaceFirst处理前: a man a plan a canal panama
使用replaceFirst处理后: a mAN a plan a canal panama

使用replaceAll处理前: a man a plan a canal panama
使用replaceAll处理后: a mAN a plAN a cANal pANama

使用方法results()处理:
统计单词个数: 7
平均每个单词的长度: 3.000000
```

图 11-30　执行结果

11.15.6　Java 11 新特性：正则表达式参数的局部变量语法

在 Java 11 版本中，为 Lambda 参数新增了局部变量语法，这样可以消除隐式类型表达式中正式参数定义的语法与局部变量定义的语法的不一致性。因此，在隐式类型 Lambda 表达式中定义正式参数时可以使用关键字 var。

在以前的 Java 版本中，Lamdba 表达式可能是隐式类型的，它形参的所有类型全部是靠推到出来的。隐式类型 Lambda 表达式如下。

```
(x, y) -> x.process(y)
```

从 Java 10 开始，隐式类型变量可用于本地变量，如以下代码所示。

```
var foo = new Foo();
for (var foo : foos) { ... }
try (var foo = ...) { ... } catch ...
```

为了和局部变量保持一致，我们希望以 var 作为隐式类型 Lambda 表达式的形参，如以下代码所示。

```
(var x, var y) -> x.process(y)
```

在 Java 11 中允许以 var 作为隐式类型 Lambda 表达式的形参。统一格式的好处是可以把修饰符和注解添加在局部变量和 Lambda 表达式的形参上，并且不会丢失简洁性，如以下代码所示。

```
@Nonnull var x = new Foo();
(@Nonnull var x, @Nullable var y) -> x.process(y)
```

11.16　Timer 类和 TimerTask 类

Timer 类是一种线程设施，可以实现在某一个时间或某一段时间后安排某一个任务执行一次或定期重复执行。该功能要与类 TimerTask 配合使用。TimerTask 类用来实现由 Timer 安排的一次或重复执行的某一个任务。

 知识点讲解：

11.16.1　Timer 类

每一个 Timer 对象对应一个线程，因此 Timer 所执行的任务应该迅速完成，否则可能会延迟后续任务的执行，而这些后续任务就有可能堆在一起，等到该任务完成后才能快速连续执行它们。Timer 类的常用方法如表 11-24 所示。

表 11-24　Timer 类的常用方法

方　　法	类型	描　　述
public Timer()	构造	用来创建一个计时器并启动该计时器
public void cancel()	普通	用来终止该计时器，并放弃所有已安排的任务，这对当前正在执行的任务没有影响
public int purge()	普通	移除所有已经取消的任务，一般用来释放内存空间
public void schedule(TimerTask task, Date time)	普通	安排一个任务在指定时间执行，如果已经超过该时间，则立即执行
public void schedule(TimerTask task,Date firstTime, long period)	普通	安排一个任务在指定时间执行，然后以固定频率（单位：毫秒）重复执行
public void schedule(TimerTask task,long delay)	普通	安排一个任务在一段时间（单位：毫秒）后执行
public void schedule(TimerTask task,long delay, long period)	普通	安排一个任务在一段时间（单位：毫秒）后执行，然后以固定频率（单位：毫秒）重复执行
public void scheduleAtFixedRate(TimerTask task, Date firstTime, long period)	普通	安排一个任务在指定时间执行，然后以近似固定的频率（单位：毫秒）重复执行
public void scheduleAtFixedRate(TimerTask task, long delay, long period)	普通	安排一个任务在一段时间（单位：毫秒）后执行，然后以近似固定的频率（单位：毫秒）重复执行

方法 schedule() 与方法 scheduleAtFixedRate() 的区别在于，当重复执行任务时它们对于时间间隔出现延迟的情况处理不同，具体说明如下所示。

- ❑ 方法 schedule()：执行时间间隔永远是固定的，如果之前出现了延迟的情况，那么之后也会继续按照设定好的间隔时间来执行。
- ❑ 方法 scheduleAtFixedRate()：可以根据出现的延迟时间自动调整下一次的执行时间。

11.16.2　TimerTask 类

在 Java 应用中，必须使用类 TimerTask 来执行具体任务。TimerTask 类是一个抽象类，如果要使用该类，那么需要建立一个类来继承此类，并实现其中的抽象方法。TimerTask 类的常用方法如表 11-25 所示。

表 11-25　TimerTask 类的常用方法

方　　法	类型	描　　述
public void cancel()	普通	用来终止此任务。如果该任务只执行一次且还没有执行，则永远不会执行；如果为重复执行任务，则之后不会再执行（如果任务正在执行，则执行完后不会再执行）
public void run()	普通	该任务所要执行的具体操作。该方法为引入的 Runnable 接口中的方法，子类需要覆写此方法
public long scheduled ExecutionTime()	普通	返回最近一次要执行该任务的时间（如果正在执行，则返回此任务的安排时间）。它一般在 run() 方法中调用，用来判断当前是否有足够的时间来完成该任务

实例 11-29 建立 TimerTask 的子类，建立测试类进行任务调度

源码路径：daima\11\MyTask.java 和 TestTask.java

实例文件 MyTask.java 的主要代码如下所示。

```
// 完成具体的任务操作
import java.util.TimerTask ;
import java.util.Date ;
import java.text.SimpleDateFormat ;
class MyTask extends TimerTask{
// 任务调度类都要继承TimerTask
        public void run(){
                SimpleDateFormat sdf = null ;
                sdf = new SimpleDateFormat("yyyy-MM
-dd HH:mm:ss.SSS") ;
                System.out.println("当前系统时间为: "
+ sdf.format(new Date())) ;
        }
};
```

拓展范例及视频二维码

范例 **11-29-01**：使用双曲线

函数

源码路径：**演练范例\11-29-01**

范例 **11-29-02**：指数和对数

运算

源码路径：**演练范例\11-29-02**

然后在文件 TestTask.java 中调用上面定义的子类，主要代码如下所示。

```
import java.util.Timer ;
public class TestTask{
        public static void main(String args[]){
                Timer t = new Timer() ;      // 建立Timer类对象
                MyTask mytask = new MyTask() ;      // 定义任务
                t.schedule(mytask,1000,2000) ;      // 设置任务的执行, 1s后开始, 每2s重复
        }
};
```

执行 TestTask 后的结果如图 11-31 所示。

```
当前系统时间为: 2017-09-27 16:49:14.260
当前系统时间为: 2017-09-27 16:49:16.153
当前系统时间为: 2017-09-27 16:49:18.154
当前系统时间为: 2017-09-27 16:49:20.155
```

图 11-31　执行结果

11.17　技　术　解　惑

11.17.1　StringBuffer 和 String 的异同

StringBuffer 类和 String 类都用来代表字符串，只是由于 StringBuffer 的内部实现方式和 String 不同，所以 StringBuffer 在处理字符串时，不生成新的对象，在内存使用上要优于 String 类。因此，在实际使用时，如果经常需要对一个字符串进行修改（例如插入、删除等操作），那么使用 StringBuffer 要更加适合一些。

在 StringBuffer 类中存在很多和 String 类一样的方法，这些方法在功能上和 String 类的功能是完全一样的。但是有一个最显著的区别在于，每次对于 StringBuffer 对象的修改都会改变对象自身，这点是和 String 类最大的区别。

另外，由于 StringBuffer 是线程安全的（关于线程的概念后续有专门的章节进行介绍），所以它在多线程程序中也可以很方便地使用，但是程序的执行效率相对来说就要慢一些。

11.17.2　通过 System 类获取本机的全部环境属性

在 Java 应用中，可以直接通过类 System 获取本机的全部环境属性，例如下面的代码（daima\11\SystemT2.java）。

```
public class SystemT2{
 public static void main(String args[]){
    System.getProperties().list(System.out) ;      // 列出系统的全部属性
  }
```

```
};
```

代码执行后的结果如图 11-32 所示。

```
-- listing properties --
sun.desktop=windows
awt.toolkit=sun.awt.windows.WToolkit
java.specification.version=9
file.encoding.pkg=sun.io
sun.cpu.isalist=amd64
sun.jnu.encoding=GBK
java.class.path=C:\123\人民邮电\2017重点\开发从入门到精通---第二批\Jav...
java.vm.vendor=Oracle Corporation
sun.arch.data.model=64
user.variant=
java.vendor.url=http://java.oracle.com/
user.timezone=
os.name=Windows 10
java.vm.specification.version=9
sun.java.launcher=SUN_STANDARD
user.country=CN
sun.boot.library.path=C:\Program Files\Java\jre-9\bin
sun.java.command=SystemT2
jdk.debug=release
sun.cpu.endian=little
user.home=C:\Users\apple
user.language=zh
java.specification.vendor=Oracle Corporation
java.home=C:\Program Files\Java\jre-9
```

图 11-32　执行结果

上面程序列出了系统中与 Java 相关的各个属性，在属性中需要关注如下两点。

❑ 文件默认编码：file.encoding=GBK。

❑ 文件分隔符：file.separator=\。

11.17.3　分析对象的生命周期

一个类被加载后首先要进行初始化，然后才能进行对象的实例化。在实例化的过程中构造器将会完成它的调用，反之，当一个对象不再使用时就要等待垃圾回收机制将其销毁，待对象终结之后，就是程序卸载。对象的生命周期实际上与人的生命周期是一样的。在母体中孕育生命实际上就是初始化操作，这是由 JVM 自动进行的，但是此时并不能立刻使用；当这个人出生时就是对象的实例化操作；人出生之后可以进行很多的社会活动，这相当于使用对象调用了一系列的操作方法；当一个人工作一辈子之后就要退休了，要把这个职位让给其他人，实际上这就属于垃圾收集工作，释放空间给其他对象来使用，这就是卸载，这也将由 JVM 进行自动处理。

11.17.4　若未实现 Comparable 接口会出现异常

如果上述演示代码在 Student 类中没有实现 Comparable 接口，则在执行时会出现以下异常。

```
Exception in thread "main" java.lang.
    ClassCastException: org.lxh.demo11. comparabledemo.Student
    cannot be cast to java.lang.Comparable
    at java.util.Arrays.mergeSort(Unknown Source)
    at java.util.Arrays.sort(Unknown Source)
    at org.lxh.demo11.comparabledemo.
    ComparableDemo01.main(ComparableDemo01. java:35)
```

上述异常是类型转换异常，原因是在排序时所有对象都将进行 Comparable 转换，所以一旦没有实现此接口就会出现以上错误。

11.17.5　正则表达式的好处

假设现在要求判断一个字符串是否由数字组成，则可以有以下两种作法。其中不使用正则验证的实现代码（daima\11\RegexDemoT1.java）如下所示。

```java
public class RegexDemoT1{
 public static void main(String args[]){
    String str = "1234567890" ;        // 此字符串由数字组成
    boolean flag = true ;              // 定义一个标记变量
```

```
// 要先将字符串拆分成字符数组，之后依次判断
char c[] = str.toCharArray() ;          // 将字符串变为字符数组
for(int i=0;i<c.length;i++){            // 循环依次判断
    if(c[i]<'0'||c[i]>'9'){            // 如果满足条件，则表示不是数字
        flag = false ;                 // 标记
        break ;                        // 程序不再向下继续执行
    }
}
if(flag){
    System.out.println("由数字组成!") ;
}else{
    System.out.println("不是由数字组成的!") ;
}
}
};
```

在上述代码中，先将一个字符串拆分成一个字符数组，然后对数组中的每个元素进行验证，如果发现字符的范围不是 0~9，表示它不是数字，则设置一个标志位，并退出循环。执行结果如图 11-33 所示。

使用正则验证的实现代码（daima\11\RegexDemoT2.java）如下所示。

```
import java.util.regex.Pattern ;
public class RegexDemoT2{
 public static void main(String args[]){
    String str = "1234567890" ;                       // 此字符串由数字组成
    if(Pattern.compile("[0-9]+").matcher(str).matches()){    // 使用正则
        System.out.println("由数字组成!") ;
    }else{
        System.out.println("不是由数字组成的!") ;
    }
 }
};
```

以上代码完成了和第 1 个范例同样的功能，但是代码的长度要比第 1 个程序短很多。实际上以上程序就是使用正则表达式进行验证的，而中间的"[0-9]+"就是正则表达式的匹配字符，它表示的含义是：由 1 个以上的数字组成。执行结果如图 11-34 所示。

图 11-33　执行结果　　　　　　图 11-34　执行结果

11.18　课后练习

（1）编写一个 Java 程序，使用 SimpleDateFormat 类中的 format(date)方法格式化时间。

（2）编写一个 Java 程序，使用 Date 类及 SimpleDateFormat 类的 format(date)方法输出当前时间。

（3）编写一个 Java 程序，使用类 Calendar 输出年份和月份等时间信息。

（4）编写一个 Java 程序，使用类 SimpleDateFormat 中的 format()方法将时间戳转换成时间。

（5）编写一个 Java 程序，在控制台上提示用户输入从正五边形中心到顶点的距离，计算五边形的面积。

（6）编写一个 Java 程序，在控制台上提示用户输入地球上两个点的经度和纬度，然后计算并显示出最大圆距离值。

（7）编写一个 Java 程序，在控制台上提示用户输入一个正多边形的边数和边长，然后计算并输出这个正多边形的面积。

第 12 章

泛　型

　　泛型（generic type 或者 generics）是对 Java 语言类型系统的一种扩展，它的主要作用是支持类型参数化。也就是说，泛型可以把类型当作一种参数，我们可以将类型参数看作使用时再指定类型的占位符，就像之前将方法的参数看作运行时再指定值的占位符一样。本章将详细讲解 Java 语言中泛型的基本知识。

12.1 泛 型 概 述

在 Java 语言中引入泛型的目的是实现功能增强，本节将简要讲解泛型的基本知识，阐述泛型的优点和意义。

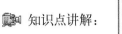 知识点讲解：

12.1.1 泛型的优点

在引入泛型之前，Java 的集合类有一个缺点：当我们把一个对象"丢进"集合后，这些集合类通常会"忘记"这个对象的数据类型。当我们再次取出该对象时，该对象的编译类型就变成了 Object 类型（尽管其在运行时类型没变）。这些 Java 集合设计成这样是因为设计集合的程序员不知道我们需要用它来保存什么类型的对象，所以他们把集合设计成能保存任何类型的对象，以追求更好的通用性。但是这样做会带来如下两个问题。

❑ 集合对元素类型没有任何限制，这样可能引发一些问题。如果我们想创建一个只能保存 Pig 的集合，但程序也可以轻易地将 Cat 对象"丢"进去，那么很可能就会引发异常。

❑ 当对象"丢进"集合时，集合就会丢失该对象的一些状态信息，因为集合只知道它盛装的是 Object，所以我们在取出集合中的元素后通常还需要对其进行强制类型转换。这种强制类型转换既会增加编程的复杂度，也有可能引发 ClassCastException 异常。

在这种情况下，如果我们使用泛型，那么就会获得如下两点好处。

（1）提高类型的安全性。

泛型的主要目标是提高 Java 程序的类型安全性，即我们可以通过泛型定义来对变量类型进行限制，编译器可以在一个很高的层次上进行类型验证。

Java 程序倾向于定义这样的集合，即它的元素或键是公共类型的，比如"String 列表"或者"String 到 String 的映射"。通过在变量声明中捕获这一附加的类型信息，泛型允许编译器实施这些附加的类型约束。类型错误就可以在编译时捕获了，而不是在运行时当作 ClassCastException 展示出来。将类型检查从运行时挪到编译时有助于更容易地找到错误，并可提高程序的可靠性。

（2）避免强制类型转换。

泛型的一个附带好处是避免源代码中的许多强制类型转换。这使得代码更加可读，并且减少了出错机会。尽管减少强制类型转换可以降低使用泛型类代码的复杂度，但是声明泛型变量会带来相应的复杂操作。

12.1.2 类型检查

在编译 Java 程序时，如果不检查类型则会引发异常。

实例 12-1 **不检查类型会引发异常**
源码路径：daima\12\youErr.java

实例文件 youErr.java 的具体实现代码如下所示。

```
import java.util.*;
public class youErr{
    public static void main(String[] args) {
        //创建一个只想保存字符串的List集合
        List<Comparable> strList = new ArrayList<Comparable>();
        strList.add("AAA");
        strList.add("BBB");
        strList.add("CCC");
        //假如"不小心"把一个Integer对象"丢进"了集合
①       strList.add(5);
```

拓展范例及视频二维码

范例 **12-1-01**：自定义非泛型栈结构
源码路径：**演练范例\12-1-01**

范例 **12-1-02**：用泛型实现栈结构
源码路径：**演练范例\12-1-02**

```
        for (int i = 0; i < strList.size() ; i++ ){
            // 因为List里取出的全部是Object，所以必须强制类型转换
            // 最后一个元素将出现ClassCastException异常
②           String str = (String)strList.get(i);
        }
    }
```

在上述代码中，我们创建了一个 List 集合。原本只希望此 List 集合保存字符串对象，但在行①中，我们却把一个 Integer 对象"丢进"了 List 集合中，这将导致程序在行②引发 ClassCastException 异常，因为程序试图把一个 Integer 对象转化为 String 类型。

如果希望创建一个 List 对象并且该 List 对象中只能保存字符串类型，那么我们可以扩展 ArrayList。

实例 12-2　创建一个只能存放 String 对象的 StrList 集合类
源码路径：daima\12\CheckT.java

实例文件 CheckT.java 的具体实现代码如下所示。

```
import java.util.*;
//自定义一个StrList集合类，使用组合方式来复用ArrayList类
class StrList{
    private List<String> strList = new ArrayList<String>();
    //定义StrList的add方法
    public boolean add(String ele){
        return strList.add(ele);
    }
    //重写get方法，将get方法的返回值类型改为String类型
    public String get(int index){
        return (String)strList.get(index);
    }
    public int size(){
        return strList.size();
    }
}
public class CheckT{
    public static void main(String[] args) {
        //创建一个只保存字符串的List集合
        StrList strList = new StrList();
        strList.add("AAA");
        strList.add("BBB");
        strList.add("CCC");
        //下一行代码不能把Integer对象"丢进"集合中，否则将引起编译异常
①       strList.add(5);
        System.out.println(strList);
        for (int i = 0; i < strList.size() ; i++ ){
            //因为StrList里的元素类型就是String类型，所以无须强制类型转换
            String str = strList.get(i);
        }
    }
}
```

拓展范例及视频二维码

范例 **12-2-01**：自定义泛型化
数组类
源码路径：**演练范例\12-2-01**
范例 **12-2-02**：泛型方法和
数据查询
源码路径：**演练范例\12-2-02**

在上述代码中，我们定义的 StrList 类实现了编译时的异常检查功能。当程序在行①处试图将一个 Integer 对象添加到 StrList 时，代码不能通过编译。因为 StrList 只能接受 String 对象作为元素，所以行①在编译时会出现错误提示。上述做法极其有用，并且使用方法 get() 返回集合元素时，无须进行类型转换。但是上述做法也存在一个非常明显的局限性：当程序员需要定义大量的 List 子类时，这是一件让人沮丧的事情。从 JDK 1.5 以后，Java 开始引入了"参数化类型"（parameterized type）这一概念，它允许我们在创建集合时指定集合元素的类型（例如 List<String>），这说明此 List 只能保存字符串类型对象。Java 的这种参数化类型称为泛型。

12.1.3 使用泛型

我们接下来以 12.1.2 节中的文件 youErr.java 为基础，讲解使用泛型的优点。

实例 12-3 使用泛型
源码路径: daima\12\fanList.java

实例文件 fanList.java 的具体实现代码如下所示。

```
import java.util.*;
public class fanList{
    public static void main(String[] args) {
        //创建一个只保存字符串的List集合
①       List<String> strList = new ArrayList<String>();
        strList.add("AAA");
        strList.add("BBB");
        strList.add("CCC");
        //下面代码将引起编译错误
②       strList.add(5);
        for (int i = 0; i < strList.size() ; i++ ){
            //下面代码无须强制类型转换
③           String str = strList.get(i);
        }
    }
}
```

拓展范例及视频二维码

范例 **12-3-01**：泛型化方法和
最小值
源码路径：**演练范例\12-3-01**
范例 **12-3-02**：泛型化接口和
最大值
源码路径：**演练范例\12-3-02**

上述代码创建了一个特殊的 List 集合——strList，此 List 集合只能保存字符串对象，不能保存其他类型的对象。创建这种特殊集合的方法非常简单，先在集合接口和类后增加尖括号，然后在尖括号里放数据类型，这表明这个集合接口、集合类只能保存特定类型的对象。其中通过①行指定了 strList 不是一个任意的 List 集合，而是一个 String 类型的 List 集合，写作 "List<String>"。List 是带一个类型参数的泛型接口，上述代码的类型参数是 String。在创建此 ArrayList 对象时也指定了一个类型参数。②行会引起编译异常，输出如下所示的异常信息。

```
Exception in thread "main" java.lang.Error: Unresolved compilation problem:
    The method add(int, String) in the type List<String> is not applicable for the ar
    guments (int)

    at fanList.main(fanList.java:14)
```

发生异常的原因是 strList 集合只能添加 String 对象，所以不能将 Integer 对象"丢进"该集合。并且在③行不需要进行强制类型转换，因为 strList 对象可以"记住"它的集合元素都是 String 类型。

由此可见，上述使用泛型的代码更加健壮，并且程序再也不能"不小心"地把其他对象"丢进" strList 集合中。整个程序更加简洁，集合会自动记住所有集合元素的数据类型，从而无须对集合元素进行强制类型转换。

12.2 泛型详解

前面已经讲解了 Java 泛型的知识，本节将进一步讲解泛型与类和接口之间的关系。

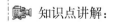
知识点讲解：

12.2.1 定义泛型接口和类

从 JDK 1.5 开始，我们可以为任何类增加泛型声明（虽然泛型是集合类的重要使用场所但并不是只有集合类才可以使用泛型声明）。下面的实例代码自定义了一个名为 "fru" 的类，在此类中可以包含一个泛型声明。

实例 12-4　定义泛型接口和类

源码路径：daima\12\fru.java

实例文件 fru.java 的具体实现代码如下所示。

```java
import java.util.*;
//定义fru类时使用了泛型声明
public class fru<T>{
    //使用T类型形参定义属性
    private T info;                   //定义属性info
    public fru(){}
    //下面方法中使用T类型形参来定义方法
    public fru(T info)               //构造方法fru(){
        this.info = info;
    }
    public void setInfo(T info) {    //设置属性
info的方法
        this.info = info;
    }
    public T getInfo(){              //获取属性info的方法
        return this.info;
    }
    public static void main(String[] args){
        //因为传给T形参的是String类型，所以构造器的参数只能是String
        fru<String> a1 = new fru<String>("水果");
        System.out.println(a1.getInfo());
        //因为传给T形参的是Double类型，所以构造器的参数只能是Double或者double
        fru<Double> a2 = new fru<Double>(5.8);
        System.out.println(a2.getInfo());            //输出属性info的值
    }
}
```

拓展范例及视频二维码

范例 **12-4-01**：使用通配符
增强泛型
源码路径：**演练范例\12-4-01**
范例 **12-4-02**：实现泛型化折
半查找
源码路径：**演练范例\12-4-02**

上述代码定义了一个带泛型声明的 fru<T>类，我们在使用 fru<String>类时会为形参 T 传入实际类型，这样可以生成如 fru<String>、fru<Double>……形式的多个逻辑子类（物理上并不存在）。这就是在 12.1 节中讲解的可以使用 List<String>、ArrayList<String>等类型的原因，由于 JDK 在定义 List、ArrayList 等接口、类时使用了类型形参，因此在使用这些类时为其传入了实际的类型参数。执行结果如图 12-1 所示。

水果
5.8

图 12-1　执行结果

12.2.2　派生子类

在 Java 应用中，我们也可以从泛型类中派生一个子类。当创建了带泛型声明的接口和父类之后，我们就可以为该接口创建实现类或从该父类派生子类。但是读者需要注意的是，在使用这些接口和父类时不能包含类型形参。例如下面代码是错误的：

```java
public class A extends fru<T>{}
```

如果想从类 fru 中派生一个子类，则可以使用如下代码来实现。

```java
public class A extends fru<String>
```

在我们使用对象或类的方法时必须为所有的数据形参传入参数值，而在使用类、接口时则可以不为类型形参传入实际类型，这点与使用泛型是不一样的，即下面代码也是正确的。

```java
public class A extends fru
```

如果我们从 fru<String>类派生出一个子类，那么在 fru 类中所有使用 T 类型形参的地方都将替换成 String 类型。也就是说，该类的子类实际上继承的方法应该是 String getInfo()和 void setInfo（String info)，如果该子类需要重写父类的方法，就必须要特别注意这种情况。下面的代码演示了上述情形。

```java
public class A1 extends fru<String>{
    //正确重写了父类的方法，返回值与父类的返回值完全相同
    public String getInfo(){
        return "子类" + super.getInfo();
    }
    /*
    //下面方法是错误的，重写父类方法时返回值类型不一致
    public Object getInfo(){
        return "子类";
```

```
    }
    */
}
```

如果在使用 fru 类时没有传入实际的类型参数，那么 Java 编译器可能会发出警告，这是因为使用了未经检查或不安全的操作，这是泛型检查的警告。此时系统会将类 fru\<T\>中的 T 形参当成 Object 类型来处理。下面的代码演示了上述情形。

```
public class A2 extends fru{
    //重写父类的方法
    public String getInfo(){
        //由于super.getInfo()方法返回值是Object类型
        //所以toString()才返回String类型
        return super.getInfo().toString();
    }
}
```

上述代码都是从带泛型声明的父类派生出的子类，创建带泛型声明接口实现类的方法与此几乎一样，在此不再赘述。

12.2.3 并不存在泛型类

我们可以把类 ArrayList\<String\>当作 ArrayList 的子类，而事实上系统并没有为 ArrayList \<String\>生成新的类文件，而且也不会把 ArrayList\<String\>当成新类来处理。例如，下面的代码输出的结果是 true。

```
List<String> l1 = new ArrayList<String>();
List<Integer> l2 = new ArrayList<Integer>();
System.out.println(l1.getClass() == l2.getClass());
```

运行上面代码片段后，可能有些读者认为应该输出 false，但实际输出为 true。因为不管泛型类的实际类型参数是什么，它们在运行时都属于同样的类（class）。

实际上，泛型类对所有可能的类型参数都具有同样的行为，从而可以把相同的类当成许多不同的类来处理。另外，在 Java 类的静态方法、静态初始化或者静态变量的声明和初始化中，也不允许使用类型参数。下面的程序演示了这种错误。

```
public class R<T>{
    //下面程序代码错误，不能在静态属性声明中使用类型参数
    static T info;
    T age;
    public void foo(T msg){}
    //下面代码错误，不能在静态方法声明中使用类型形参
    public static void bar(T msg){}
}
```

因为在系统中并不会真正生成泛型类，所以 instanceof 运算符不能使用在泛型类身上，例如下面的代码是错误的。

```
Collection cs = new ArrayList<String>();
// 下面代码在编译时引发错误：instanceof 运算符后不能使用泛型类
if(cs instanceof List<String>){...}
```

12.3 类型通配符

类型实参之间的继承关系并不会构成实参所在泛型类或接口之间的继承关系。如果 SubClass 是 SuperClass 的子类型（子类或者子接口），而 G 是具有泛型声明的类或者接口，那么 G\<SubClass\>是 G\<Super Class\>的子类型这种假设并不成立。例如 List\<String\> 并不是 List\<Object\> 的子类。接下来将它与数组进行对比。

知识点讲解：

```
//下面程序编译正常、运行正常
Number[] nums = new Integer[7];
nums[0] = 9;
System.out.println(nums[0]);
//下面程序编译正常，但在运行时会发生 java.lang.ArrayStoreException 异常
```

```
Integer[] ints = new Integer[5];
Number[] nums2 = ints;
nums2[0] = 0.4;
System.out.println(nums2[0]);
//下面程序发生编译异常，Type mismatch: cannot convert from List<Integer> to List<Number>
List<Integer> iList = new ArrayList<Integer>();
List<Number> nList = iList;
```

数组和泛型有所不同。如果 SubClass 是 SuperClass 的子类型（子类或者子接口），那么 SubClass[]依然是 SuperClass[]的子类，但 G<SubClass>不是 G<SuperClass>的子类。

在这里，如果我们需要表示各种泛型 List 的父类，那么就需要使用类型通配符，类型通配符是一个问号（？），它将一个问号作为类型实参传给 List 集合，写作 List<?>（意思是未知类型元素的 List）。这个问号 "？" 称作通配符，它的元素类型可以匹配任何类型，例如下面的代码。

```
public void test(List<?> c){
   ……
}
```

现在我们可以使用任何类型的 List 来调用它，程序依然可以访问集合 c 中的元素，其类型是Object。这种写法适用于任何支持泛型声明的接口和类，例如 Set<?>、Collection<?>、Map<?, ?>等。

这种带通配符的 List 仅表示它是各种泛型 List 的父类，并不能把元素加入到其中，例如下面的代码会引发编译错误：

```
List<?> c = new ArrayList<String>();
   // 下面程序引发编译错误
 c.add(new Object());
```

这是因为我们不知道上面程序中 c 集合的元素类型，所以不能向其中添加对象。唯一的例外是 null，它是所有引用类型的实例。例如下面的程序是正确的。

```
c.add(null);
```

12.3.1　设置类型实参的上限

当直接使用 "List<?>" 这种形式时，说明这个 List 集合是任何泛型 List 的父类。有一种特殊的情况，我们不想这个 List<?>是任何泛型 List 的父类，只想表示它是某一类泛型 List 的父类。例如在下面的实例中假设有一个简单的绘图程序，它首先分别定义 3 个形状类，然后定义画布类以实现画图工作。

实例 12-5　定义泛型接口和类

源码路径：daima\12\Shape.java、Circle.java、Rectangle.java、Canvas.java

（1）编写文件 Shape.java，定义一个抽象类 Shape，具体代码如下所示。

```
public abstract class Shape
{
   public abstract void draw(Canvas c);
}
```

（2）编写文件 Circle.java，定义 Shape 的子类 Circle，具体代码如下所示。

```
public class Circle extends Shape{
   //实现画图方法，以打印字符串来模拟画图方法
   public void draw(Canvas c){
      System.out.println("在画布" + c + "画一个圆");
   }
}
```

（3）编写文件 Rectangle.java，定义 Shape 的子类 Rectangle，具体代码如下所示。

```
public class Rectangle extends Shape {
   //实现画图方法，以打印字符串来模拟画图方法
   public void draw(Canvas c) {
      System.out.println("把一个矩形画在画布" + c + "上");
   }
}
```

上述流程定义了 3 个形状类，其中 Shape 是一个抽象父类，该抽象父类有两个子类 Circle 和 Rectangle。

（4）定义画布类 Canvas，通过此画布类可以画数量不等的形状（Shape 子类的对象），程序员应该如何定义 Canvas 类呢？编写文件 Canvas.java 实现最合适的作法，具体实现代码如下所示。

```
import java.util.*;
public class Canvas{
    //同时在画布上绘制多个形状
    public void drawAll(List<? extends Shape>
    shapes){
        for (Shape s : shapes){
            s.draw(this);
        }
    }
    public static void main(String[] args){
        List<Circle> circleList = new ArrayList<
Circle>();
        //把List<Circle>对象当成List<?extends Shape>使用
        circleList.add(new Circle());
        Canvas c = new Canvas();
        c.drawAll(circleList);
    }
}
```

拓展范例及视频二维码

范例 **12-5-01**：泛型类型变量的
限定

源码路径：**演练范例\12-5-01**

范例 **12-5-02**：泛型子类型的
限定

源码路径：**演练范例\12-5-02**

代码执行结果如图 12-2 所示。

在画布Canvas@15db9742画一个圆

图 12-2 执行结果

12.3.2 设置类型形参的上限

在 Java 语言中，泛型不仅允许在使用通配符形参时设定类型上限，也允许在定义类型形参时设定上限。这表示传给这个类型形参的实际类型必须是上限类型，或是该上限类型的子类。下面的实例文件 ffruu.java 演示了设置类型形参上限的具体用法。

实例 12-6 设置类型形参上限
源码路径：daima\12\ffruu.java

实例文件 ffruu.java 的具体实现代码如下所示。

```
import java.util.*;
public class ffruu<T extends Number>{
    T col;
    public static void main(String[] args){
        ffruu<Integer> ai = new ffruu<Integer>();
        ffruu<Double> ad = new ffruu<Double>();
        //下面代码将引起编译异常，因为String类型传给T形
参，但String不是Number的子类型
①      ffruu<String> as = new ffruu<String>();
    }
}
```

拓展范例及视频二维码

范例 **12-6-01**：超类型限定
源码路径：**演练范例\12-6-01**

范例 **12-6-02**：无限定用法
源码路径：**演练范例\12-6-02**

上面的代码定义了一个泛型类 ffruu，它的类型形参的上限是 Number 类。由于这表明在使用类 ffruu 时为 T 形参传入的实际类型参数只能是 Number 或是 Number 的子类，所以在①行代码处将会引发编译错误。这是因为类型形参 T 是有上限的，而此处传入的实际是 String 类型，它既不是 Number 类型，也不是 Number 类型的子类型。

在另外一种情况下，程序需要为类型形参设定多个上限（最多有一个父类上限，可以有多个接口上限）以表明该类型形参必须是其父类的子类（包括是父类本身），并且实现多个上限接口。这种情形是一种极端情形，例如下面的代码。

```
// 表明T类型必须是 Number 类或其子类，并必须实现 java.io.Serializable 接口
public class Apple<T extends Number & java.io.Serializable>{
    ......
}
```

12.3.3 设置通配符的下限

当使用的泛型只能在本类及其父类类型上应用的时候，就必须设置泛型的下限。例如下面的演示代码。

```
class Info<T>{ extends Number                          //设置泛型并设置上限为Number
    public T var;                                      //定义泛型变量
    public void setVar(T var){
        this.var=var;
    }
    public T getVar(){
        return var;
    }
    public String toString(){                          //覆写toString方法，方便打印对象
        return this.var.toString();
    }
}
public class gennericDemo09{
    public static void main(String args[]){
        Info<String> i1=new Info<String>();            //声明String的泛型对象
        Info<Object> i2=new Info<Object>();            //声明Object的泛型对象
        i1.setVar("MLDN");
        i2.setVar(new Object());
        fun(i1);
        fun(i2);
    }
    public static void fun(Info<? super String> temp){//只能接收String或Object类型的泛型
        System.out.println(temp);
    }
}
```

除此之外，我们可以通过泛型方法返回泛型类，例如下面的代码。

```
class Info<T extends Number>{                          //指定上限，它只能是数字类型
    private T var;                                      //此类型由外部决定
    public T getVar(){
        return var;
    }
    public void setVar(T var){
        this.var=var;
    }
    public String toString(){                          //覆写toString方法，方便打印对象
        return this.var.toString();
    }
}
public class gennericDemo05
{
    public static void main(String args[]){
        Info<Integer> info=fun(30);
        System.out.println(info.getVar());
    }
    public static <T extends Number> Info<T> fun(T temp){
        Info<T> info=new Info<T>();                    //根据传入的数据类型实例化Info
        info.setVar(temp);                             //将传递的内容设置到Info对象的var属性之中
        return info;                                   //返回实例化对象
    }
}
```

12.4 泛型方法

Java 提供了泛型方法，如果一个方法声明成泛型方法，那么它将拥有一个或多个类型参数。不过与泛型类不同，这些类型参数只能在它所修饰的泛型方法中使用。在 Java 中，定义一个泛型方法常用的形式如下所示。

知识点讲解：

[访问权限修饰符] [static] [final] <类型参数列表> 返回值类型 方法名([形式参数列表])

访问权限修饰符（包括 private、public、protected）、static 和 final 都必须写在类型参数列表的前面。返回值类型必须写在类型参数表的后面。泛型方法可以写在一个泛型类中，也可以写在一个普通类中。由于泛型类中的任何方法本质上都是泛型方法，所以在实际使用中很少会在泛型类中再用上面的形式来定义泛型方法。类型参数可以用在方法体中修饰局部变量，也可以用在方法的参数表中修饰形式参数。泛型方法可以是实例方法也可以是静态方法。类型参数可以使用在静态方法中，这是与泛型类的重要区别。

在 Java 中，通常有如下两种使用泛型方法的形式。

```
<对象名|类名>.<实际类型>方法名(实际参数表);
[对象名|类名].方法名(实际参数表);
```

如果泛型方法是实例方法，则要使用对象名作为前缀。如果泛型方法是静态方法，则可以使用对象名或类名作为前缀。如果是在类的内部调用且采用第二种形式，则前缀可以省略。注意，这两种调用方法的差别在于前面是否显式地指定了实际类型。是否要使用实际类型，需要根据泛型方法的声明形式以及调用时的实际情况（就是看编译器能否从实际参数表中获得足够的类型信息）来决定。

实例 12-7　演示泛型方法的完整用法
源码路径：daima\12\cefang.java

实例文件 cefang.java 的具体实现代码如下所示。

```java
import java.util.*;
public class cefang{
    //声明一个泛型方法，该泛型方法中带一个T形参
    static <T> void fromArrayToCollection(T[] a, Collection<T> c) {
        for (T o : a){
            c.add(o);
        }
    }
    public static void main(String[] args) {
        Object[] oa = new Object[200];
        Collection<Object> co = new
        ArrayList<Object>();
        //下面代码中T代表Object类型
        fromArrayToCollection(oa, co);
        String[] sa = new String[200];
        Collection<String> cs = new ArrayList<
String>();
        //下面代码中T代表String类型
        fromArrayToCollection(sa, cs);
        //下面代码中T代表Object类型
        fromArrayToCollection(sa, co);
        Integer[] ia = new Integer[200];
        Float[] fa = new Float[200];
        Number[] na = new Number[100];
        Collection<Number> cn = new ArrayList<Number>();
        //下面代码中T代表Number类型
        fromArrayToCollection(ia, cn);
        //下面代码中T代表Number类型
        fromArrayToCollection(fa, cn);
        //下面代码中T代表Number类型
        fromArrayToCollection(na, cn);
        //下面代码中T代表String类型
        fromArrayToCollection(na, co);
        //下面代码中T代表String类型，na是一个Number数组
        //因为Number既不是String类型，也不是它的子类，所以出现编译错误
        fromArrayToCollection(na, cs);
    }
}
```

拓展范例及视频二维码

范例 **12-7-01**：带有两个参数的
泛型
源码路径：演练范例\12-7-01\
范例 **12-7-02**：一个有界类型
程序
源码路径：演练范例\12-7-02\

上述代码定义了一个泛型方法，在该泛型方法中定义了一个 T 类型形参，它可以在该方法内当成普通类型来使用。与在接口、类中定义的类型形参不同的是，方法声明中定义的类型形参只能在方法中使用，而在接口、类声明中定义的类型形参则可以在整个接口、类中使用。

12.5 泛型接口

除了泛型类和泛型方法以外，我们在 Java 中还可以使用泛型接口。定义泛型接口的方法与定义泛型类的方法非常相似，具体定义形式如下所示。

📷 知识点讲解：

```
interface 接口名<类型参数表>
```

下面的实例演示了定义并使用泛型接口的方法。

实例 12-8 定义并使用泛型接口
源码路径：daima\12\MyClass.java 和 demoGenIF.java

（1）创建一个名为 MinMax 的接口来返回某个对象集的最小值或最大值。

```
interface MinMax<T extends Comparable<T>>{    //创建接口MinMax
  T min();                                      //返回最小值
  T max();                                      //返回最大值
}
```

上述接口没有什么特别难懂的地方，类型参数 T 是有界类型，它必须是 Comparable 的子类。Comparable 本身也是一个泛型类，它由系统定义在类库中，可以用来比较两个对象的大小。

（2）通过定义一个类来实现这个接口，具体代码如下所示。

```
class MyClass<T extends Comparable<T>> implements MinMax<T>{
  T [] vals;
  MyClass(T [] ob){
    vals = ob;
  }
  public T min(){
    T val = vals[0];
    for(int i=1; i<vals.length; ++i)
        if (vals[i].compareTo(val) < 0)
            val = vals[i];
    return val;
  }
  public T max(){
    T val = vals[0];
    for(int i=1; i<vals.length; ++i)
        if (vals[i].compareTo(val) > 0)
            val = vals[i];
    return val;
  }
}
```

—————— 拓展范例及视频二维码 ——————

范例 **12-8-01**：没有泛型的容器类

源码路径：**演练范例\12-8-01**

范例 **12-8-02**：实现一个泛型类

源码路径：**演练范例\12-8-02**

在上述代码中，类的内部很容易理解，只是 MyClass 的声明部分"class MyClass<T extends Comparable<T>> implements MinMax<T>"看上去比较奇怪，它的类型参数 T 必须和要实现的接口的声明完全一样。接口 MinMax 的类型参数 T 最初是有界形式的，现在已经不需要重写一遍。如果重写成下面的格式则将无法通过编译。

```
class MyClass<T extends Comparable<T>> implements MinMax<T extends Comparable<T>>
```

通常，如果在一个类中实现了一个泛型接口，则此类也是泛型类；否则，它无法接收传递给接口的类型参数。例如下面的声明格式是错误的。

```
class MyClass  implements MinMax<T>
```

因为在类 MyClass 中需要使用类型参数 T，而类的使用者无法把它的实际参数传递进来，所以编译器会报错。不过如果实现的是泛型接口的特定类型，例如：

```
class MyClass  implements MinMax<Integer>
```

那么上述写法是正确的，现在这个类不再是泛型类。编译器会在编译此类时将类型参数 T 用 Integer 来代替，而无须等到创建对象时再处理。

（2）编写文件 demoGenIF.java 测试 MyClass 的工作情况，具体实现代码如下所示。

```java
public class demoGenIF{
  public static void main(String args[]){
    Integer inums[] = {56,47,23,45,85,12,55};
    Character chs[] = {'x','w','z','y','b','o','p'};
    MyClass<Integer> iob = new MyClass<Integer>(inums);
    MyClass<Character> cob = new MyClass<Character>(chs);
    System.out.println("Max value in inums: "+iob.max());
    System.out.println("Min value in inums: "+iob.min());
    System.out.println("Max value in chs: "+cob.max());
    System.out.println("Min value in chs: "+cob.min());
  }
}
```

由此可见，使用类 MyClass 创建对象的方式和前面使用普通的泛型类没有任何区别。程序执行后的结果如图 12-3 所示。

```
Min value in inums: 12
Max value in chs: z
Min value in chs: b
```

图 12-3　执行结果

12.6　泛型继承

和普通类一样，Java 中的泛型类也是可以继承的，任何一个泛型类都可以作为父类或子类。泛型类与非泛型类在继承时的主要区别是，泛型类的子类必须将泛型父类所需要的类型参数沿着继承链向上传递，这与构造方法参数必须沿着继承链向上传递的方式类似。本节将简要讲解 Java 泛型继承的基本知识，为读者学习本书后面的知识打下基础。

知识点讲解：

12.6.1　以泛型类为父类

当一个类的父类是泛型类时，因为这个子类必须要把类型参数传递给父类，所以这个子类也必定是泛型类。

实例 12-9　**将泛型类作为父类**
源码路径：daima\12\superGen.java、derivedGen.java 和 demoHerit_1.java

（1）在文件 superGen.java 中定义一个泛型类，具体代码如下所示。

```java
public class superGen<T> {  //定义一个泛型类
  T ob;
  public superGen(T ob){
    this.ob = ob;
  }
  public superGen(){
    ob = null;
  }
  public T getOb(){
    return ob;
  }
}
```

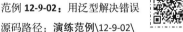

拓展范例及视频二维码

范例 **12-9-01**：一个隐蔽的错误
源码路径：演练范例\12-9-01\
范例 **12-9-02**：用泛型解决错误
源码路径：演练范例\12-9-02\

（2）在文件 derivedGen.java 中定义泛型类的一个子类，具体代码如下所示。

```java
public class derivedGen <T> extends superGen<T>{
  public derivedGen(T ob){
    super(ob);
  }
}
```

在此需要特别注意 derivedGen 声明成 superGen 子类的语法。

```
public class derivedGen <T> extends superGen<T>
```

这两个类型参数必须用相同的标识符 T，这意味着传递给 derivedGen 的实际类型也会传递给 superGen。例如下面的定义。

```
derivedGen<Integer> number = new derivedGen<Integer>(100);
```

将 Integer 作为类型参数传递给 derivedGen，经由它传递给 superGen，因此后者的成员 ob 也是 Integer 类型的。虽然 derivedGen 并没有使用类型参数 T，但由于它要传递类型参数给父类，所以它不能定义成非泛型类。当然，在 derivedGen 中可以使用 T，还可以增加自己需要的类型参数。下面的代码展示了一个更为复杂的 derivedGen 类。

```
public class derivedGen <T, U> extends superGen<T>{
  U dob;
  public derivedGen(T ob1, U ob2){
    super(ob1);                    //传递参数给父类
    dob = ob2;                     //为自己的成员赋值
  }
  public U getDob(){
    return dob;
  }
}
```

在 Java 程序中，使用泛型子类和其他泛型类没有区别，使用者无须知道它是否继承了其他类。

（3）编写测试文件 demoHerit_1.java，具体代码如下所示。

```
public class demoHerit_1{
  public static void main(String args[]){
    //创建子类的对象,它需要传递两个参数,其中Integer类型给父类,自己使用String类型
    derivedGen<Integer,String> oa=new derivedGen<Integer,String>
    (100,"Value is: ");
      System.out.print(oa.getDob());
      System.out.println(oa.getOb());
  }
}
```

程序执行结果如图 12-4 所示。

12.6.2　以非泛型类为父类

```
Value is: 100
```
图 12-4　执行结果

前面介绍了泛型类继承泛型类的情况，除此之外，泛型类也可以继承非泛型类。此时不需要传递类型参数给父类，所有的类型参数都是为自己准备的。下面是一个简单的例子。首先编写如下所示的代码。

```
public class nonGen{
}
```

然后定义一个泛型类作为它的子类，具体代码如下所示。

```
public class derivedNonGen<T> extends nonGen{
  T ob;
  public derivedNonGen(T ob, int n){
    super(n);
    this.ob = ob;
  }
  public T getOb(){
    return ob;
  }
}
```

上述泛型类传递了一个普通参数给它的父类，所以它的构造方法需要有两个参数。接下来编写测试上述程序，具体代码如下所示。

```
public class demoHerit_2{
  public static void main(String args[]){
  derivedNonGen<String> oa =new derivedNonGen<String> ("Value is: ", 100);
      System.out.print(oa.getOb());
      System.out.println(oa.getNum());
  }
}
```

程序执行后输出如下结果。

```
Value is: 100
```

12.7　强制类型转换

和普通对象一样，泛型类对象也可以采用强制类型转换变成另外的泛型类型，不过只有两者在各个方面都兼容时才能这么做。泛型类强制类型转换的一般格式如下所示。

知识点讲解：

```
(泛型类名<实际参数>)泛型对象
```

下面的实例代码展示了两个转换，其中一个是正确的，另一个是错误的。它使用了 12.6.1 节中的两个类 superGen 和 derivedGen。

实例 12-10 使用强制类型转换

源码路径：daima\12\demoForceChange.java

实例文件 demoForceChange.java 的主要实现代码如下所示。

```java
public class demoForceChange{
  public static void main(String args[]){
    superGen <Integer> oa = new
superGen<Integer>(100);
    derivedGen<Integer,String> ob = new
    derivedGen<Integer, String>(200,"Good");
    //试图将子类对象转换成父类，正确
    if ((superGen<Integer>)ob instanceof
    superGen)
      System.out.println("derivedGen object
      is changed to superGen");
    //试图将父类对象转换成子类，错误
    if ((derivedGen<Integer,String>)oa inst
anceof derivedGen)
      System.out.println("superGen object is changed to derivedGen");
  }
}
```

拓展范例及视频二维码

范例 **12-10-01**：使用泛型的
情况
源码路径：**演练范例\12-10-01**
范例 **12-10-02**：不使用泛型的
情况
源码路径：**演练范例\12-10-02**

编译上述程序时会出现一个警告，如果不理会这个警告继续运行程序，那么会输出如下结果。

```
derivedGen object is changed to superGen
Exception in thread "main" java.lang.ClassCastException: superGen
    at demoForceChange.main(demoForceChange.java:7)
```

在上述代码中，第一个类型转换成功，而第二个未成功。因为 oa 转换成子类对象时，无法提供足够的类型参数。由于强制类型转换容易引起错误，所以对于泛型类强制类型转换的要求是很严格的，即便是下面这样的转换也不能成功。

```
(derivedGen<Double,String>)ob
```

因为 ob 的第一个实际类型参数是 Integer 类型，它无法转换成 Double 类型。所以在此建议读者，如果不是十分必要，不要进行强制类型转换。

12.8　擦　　除

通常，程序员不必知道 Java 编译器将源代码转换成为类文件的细节。但在使用泛型时，对此过程进行一般的了解是很有必要的，因为只有了解了这一细节，程序员才能理解泛型的工作原理，以及一些令人惊讶的行为——如果程序员不知道，那么可能会认为这是错误的。本节将详细讲解 Java 中擦除的基本知识。

知识点讲解：

12.8.1　擦除的定义

Java 在 JDK 1.5 以前的版本中是没有泛型的，为了保证对以前版本的兼容，Java 采用了与

C++模板完全不同的方式来处理泛型（尽管两者的使用方式看上去很相似），Java 采用的方法称为擦除。

擦除的工作原理是：当编译 Java 代码时，全部泛型类型的信息会被删除（擦除），也就是使用类型参数替换它们的限界类型。如果没有指定界限，则默认类型是 Object，然后运用相应的强制转换（由类型参数来决定）以维持与类型参数的兼容。编译器会强制这种类型兼容。对于泛型来说，这种方法意味着在运行时不存在类型参数，它们只是一种语法糖。为了更好地理解泛型是如何工作的，请看下面的两段代码。

```
//默认情况下，T由Object指定界限
public class Gen<T>{
  //下面所有的T将由Object所代替
  T ob;
  Gen(T ob){
    this.ob = ob;
  }
  T getOb(){
    return ob;
  }
}
```

上述类编译完成后，在命令行终端输入命令 javap Gen，这里的 javap 是由系统提供的一个反编译命令，它可以获取类文件中的信息或者是反汇编代码。执行该命令后输出如下内容。

```
Compiled from "Gen.java"
public class Gen extends java.lang.Object{
    java.lang.Object ob;
    Gen(java.lang.Object);
    java.lang.Object getOb();
}
```

从上述结果中可以看出，T 占据的所有位置都由 java.lang.Object 所取代，这也是前面将 T 称为"占位符"的原因。如果类型参数指定了上界，那么就会用上界类型来代替它。下面的代码表明了这一描述。

```
//T由String限界
public class GenStr<T extends String>{
  //下面所有的T将由String所代替
  T ob;
  GenStr(T ob){
    this.ob = ob;
  }
  T getOb(){
    return ob;
  }
}
```

用命令 javap 来反编译这个类，可以得到下面的结果。

```
Compiled from "GenStr.java"
public class GenStr extends java.lang.Object{
    java.lang.String ob;
    GenStr(java.lang.String);
    java.lang.String getOb();
}
```

在使用泛型对象时，实际上所有的类型信息也都会被擦除，编译器自动插入强制类型转换。例如下面的代码。

```
Gen<Integer> oa = new Gen<Integer>(100);
Gen<Integer> ob = oa.getOb();
```

因为 getOb 的实际返回类型是 Object 类型，所以后面这一句相当于下面的代码。

```
Gen<Integer> ob = (Gen<Integer>)oa.getOb();
```

正是因为擦除会去除实际的类型，所以在运行时进行类型识别将得到原始类型，而非具体指定的参数类型。

当把一个具有泛型信息的对象赋给另一个没有泛型信息的变量时，所有在尖括号之间的类型信息都被扔掉了。下面的实例（daima\12\cachu.java）演示了这种擦除。

实例 12-11	演示擦除的用法
	源码路径: daima\12\cachu.java

实例文件 cachu.java 的具体实现代码如下所示。

```
①class Apple<T extends Number>{
    T size;
    public Apple(){
    }
    public Apple(T size){
        this.size = size;
    }
    public void setA(T size){
        this.size = size;
    }
    public T getSize(){
        return this.size;
    }
}
public class cachu{
    public static void main(String[] args){
②       Apple<Integer> a = new Apple<Integer>(6);
        //a的getSize方法返回Integer对象
        Integer as = a.getSize();
        //把a对象赋给Apple变量,这样会丢失尖括号里的类型信息
③       Apple b = a;
        //b只知道size的类型是Number
        Number size1 = b.getSize();
        //下一行代码引起编译错误
        //Integer size2 = b.getSize();
    }
}
```

在行①中,定义一个带有泛型声明的 Apple 类,其类型形参的上限是 Number,此类型形参用于定义 Apple 类的 size 属性。

在行②中,创建一个 Apple 对象,因为该 Apple 对象以 Integer 作为类型形参的值,所以在调用 a 的 getSize 方法时会返回 Integer 类型的值。

在行③中,把 a 赋给一个不带泛型信息的变量 b,此时编译器会丢失对象 a 的泛型信息。虽然所有尖括号里的信息都会丢失,但是因为 Apple 类型形参的上限是 Number 类,所以编译器依然知道 b 的 getSize 方法会返回 Number 类型,但是具体是 Number 的哪个子类就不知道了。

从逻辑上来看,List<String>是 List 的子类,如果直接把一个 List 对象赋给一个 List<String>对象则会引发编译错误。但泛型,可以直接把一个 List 对象赋给一个 List<String>对象,编译器会提示错误"未经检查的转换"。

12.8.2 擦除带来的问题

擦除是一种很巧妙的办法,但它有时候会带来一些意想不到的问题:在某些情况下,它会导致两个看上去并不相同的泛型类或是泛型方法,由于擦除的作用,编译后它们成为相同的类和方法。这种错误也被称为冲突。冲突产生的原因主要有下述 3 种。

1. 静态成员共享问题

在泛型类中可以有静态的属性或者方法。前面已经介绍过静态方法不能使用所在类的类型参数。其中静态成员是否可以使用所在类的类型参数或者是本泛型类的对象呢?答案是:否!例如下面的代码展示了这一错误。

```
public class foo<T>{
    static T sa;                            //错误
    static foo<T> sb = new foo<T>();        //错误
    static foo<Integer> si = new foo<Integer>(100);
```

```
static foo<String> ss = new foo<String>("Good");
T ob;
foo( T ob){
  this.ob = ob;
}
foo(){
  this.ob = null;
}
}
```

在上述代码中，出现错误的两个变量 sa 和 sb 都以不同的形式使用了所在类的类型参数 T。由于它们是静态成员，是独立于所在类的对象，因此它们也可以在对象创建之前就使用。此时，因为编译器无法知道用哪一个具体的类型参数来替代 T，所以编译器不允许这样使用。在静态方法中不允许出现类型参数 T 也是同样的道理。

2．重载冲突问题

擦除带来的另外一个问题是重载的冲突，例如有如下两个方法重载。

```
void conflict(T o){  }
void conflict(Object o){  }
```

由于在编译时 T 会被 Object 所取代，因此它们实际上声明的是同一个方法，重载就出错了。另一种情形不是很直观，比如下面的方法重载。

```
public  int conflict(foo<Integer> i){}
public  int conflict(foo<String> s){}
```

编译上述代码时会报错。

由此可见，编译器只是怀疑它可能会引发冲突，如果加上一些其他信息能够消除这一分歧，那么编译是可以通过的。比如可以写成如下格式。

```
public int conflict(foo<Integer> i){}
public Sring conflict(foo<String> s){}
```

只是将返回类型修改一下，编译器就能从调用者处获得足够的信息，可以成功通过编译。

3．接口实现问题

由于接口也可以是泛型接口，而一个类又可以实现多个泛型接口，因此也可能会引发冲突。比如下面的代码。

```
class foo implements Comparable<Integer>, Comparable<Long>
```

因为 Comparable<Integer> 和 Comparable<Long> 都擦除成 Comparable，所以这实际上实现同一个接口。要实现泛型接口，只能实现具有不同擦除效果的接口。否则只能用下面的格式的来写。

```
class foo<T> implements Comparable<T>
```

12.9　技　术　解　惑

12.9.1　Java 语言中泛型的本质

泛型在本质上就是类型的参数化。而通常所谓的类型参数化的主要作用是声明一种可变的数据类型，它的实际类型将由用户提供的实际类型参数来决定。也就是说，我们声明的是类型的形式参数，而用户提供的实际参数类型将决定形式参数的类型。举一个简单的例子，假设方法 max() 要求返回两个参数中较大的那个，那么可以写成下面的形式。

```
Integer max(Integer a, Integer b){
return a>b?a:b;
}
```

这样编写代码当然没有问题。不过，如果需要比较的参数不是 Integer 类型，而是 Double 或是 Float 类型，那么就需要另外再写 max() 方法。参数有多少种类型，就要写多少个 max() 方法。无论如何改变参数类型，实际上 max() 方法体内部的代码都不需要改变。如果有一种机制能够在编写 max()方法时，不必确定参数 a 和 b 的数据类型，而等到调用时再确定它们的数据类型，那么只需要编写一个 max()就可以了，这将大大降低程序员的工作量。

C++提供了函数模板和类模板来实现这一功能。而从 JDK 1.5 开始，Java 也提供了类似的机制——泛型。从形式上看，泛型和 C++的模板很相似，但它们是采用完全不同的技术来实现的。

在泛型出现之前，Java 的程序员可以采用一种变通的办法将参数类型均声明为 Object 类型。由于 Object 类是所有类的父类，所以它可以指向任何类对象，但这样不能保证类型安全。

泛型则弥补了上述作法所缺乏的类型安全，也简化了过程，不必显式地在 Object 与实际操作的数据类型之间进行强制转换。通过泛型，所有的强制类型转换都是自动和隐式的。因此，泛型扩展了重复使用代码的能力，而且既安全又简单。

12.9.2　泛型方法和类型通配符的区别

JDK 对于 Collection 接口中两个方法的定义如下所示。

```
public interface Collection<E>{
        boolean containsAll(Collection<?> c);
        boolean addAll(Collection<? extends E> c);
}
```

上述两个方法都采用了类型通配符的形式，如果采用泛型方法来代替它们，那么具体代码如下所示。

```
public interface Collection<E>{
        boolean <T> containsAll(Collection<T> c);
        boolean <T extends E> addAll(Collection<T> c);
}
```

上述方法使用了<T extends E>泛型形式，这是在定义类型形参时设定上限（其中 E 是在 Collection 接口里定义的类型形参，在该接口里 E 可当成普通类型来使用）。

在上面两个方法中类型形参 T 只使用了一次，类型形参 T 的唯一效果是在不同的调用点传入不同的实际类型。对于这种情况，应该使用通配符，因为通配符就是用来支持灵活的子类化的。

泛型方法允许类型形参用来表示方法的一个或多个参数之间的类型依赖关系，或者方法返回值与参数之间的类型依赖关系。如果没有这样的类型依赖关系，则不应该使用泛型方法。如果有需要，我们可以同时使用泛型方法和通配符，如 JDK 的 Collections.copy()方法。

同时使用泛型方法和通配符也是可以的，例如下面的方法 Collections.copy()。

```
class Collections {
public static <T>  void copy(List<T> dest, List<? extends T> src){...}
}
```

注意两个参数的类型依赖关系。由于任何从源 list 中复制出来的对象必须将其指定为目标 list(dest) 的元素类型——T 类型，因此源的元素类型可以是 T 的任意子类型，我们不关心具体类型。

方法 copy 的签名使用一个类型参数表示类型依赖，使用一个通配符作为第二个参数的元素类型。我们也可以用其他方式写这个函数的签名而不使用通配符。

```
class Collections {
public static <T, S extends T>  void copy(List<T> dest, List<S> src){...}
}
```

上述代码是可以的，但是第一个类型参数在 dest 的类型和第二个参数中的 S 的上限这两个地方都使用，而 S 本身只使用一次，在 src 的类型中，没有其他类型依赖它。这意味着我们可以用通配符来代替 S。由于使用通配符比显式声明的类型参数更加清晰和准确，所以在可能的情况下使用通配符更好。

另外，通配符还有一个优势，它们可以在方法签名之外使用，比如 field 的类型，局部变量和数组。类型通配符与显式声明类型形参还有一个显著的区别，类型通配符既可在方法签名中定义形参类型，也可以定义变量的类型。但在泛型方法中类型形参必须在对应方法中显式声明。

12.9.3　泛型类的继承规则

现在再来讨论一下泛型类的继承规则。前面所看到的泛型类之间是通过关键字 extends 来直接继承的，这种继承关系十分明显。不过，如果类型参数之间具有继承关系，那么对应的泛型是否也会具有相同的继承关系呢？比如 Integer 是 Number 的子类，那么 Generic<Integer>是否是 Generic<Number>的子类呢？答案：否！例如下面的代码将不会编译成功。

```
Generic<Number> oa = new Generic<Integer>(100);
```

因为 oa 的类型不是 Generic<Integer>的父类，所以这条语句无法编译通过。事实上，无论类型参数之间是否存在联系，对应的泛型类之间都是不存在联系的。

12.9.4　类型擦除和泛型特性之间的联系

在 Java 中，泛型很多奇怪的特性都与擦除的存在有关。

- 泛型类并没有独有的 Class 类对象，比如并不存在 List<String>.class 或是 List<Integer>.class，而只有 List.class。
- 静态变量是泛型类的所有实例共享的。对于声明为 MyClass<T>的类，访问其中静态变量的方法仍然是 MyClass.myStaticVar。不管是通过 new MyClass<String>还是 new MyClass<Integer>创建的对象，都共享一个静态变量。
- 泛型的类型参数不能用在异常处理的 catch 语句中。异常处理是由 JVM 在运行时执行的。由于类型信息被擦除，因此 JVM 是无法区分 MyException <String>和 MyException<Integer>这两个异常类型的。对于 JVM 来说，它们都是 MyException 类型的，也就无法执行与异常对应的 catch 语句。

12.9.5　使用原则和注意事项

在 Java 中，使用泛型的时候可以遵循如下基本的原则，从而避免一些常见的问题。

- 在代码中避免泛型类和原始类型的混用。比如 List<String>和 List 不应该共同使用，因为这样会产生一些编译器警告和潜在的运行时异常。当需要利用 JDK 5 之前开发的遗留代码时，也尽可能地隔离相关的代码。
- 在使用带通配符的泛型类的时候，需要明确通配符所代表的类型概念。由于具体类型是未知的，因此很多操作是不允许的。
- 泛型类最好不要同数组一块使用。你只能创建 new List<?>[10]这样的数组，而无法创建 new List<String>[10]这样的数组。这限制了数组的使用能力，而且会带来很多令人费解的问题。因此，当需要类似数组功能的时候，可使用集合类。
- 不要忽视编译器给出的警告信息。

12.10　课后练习

（1）编写一个 Java 程序，使用泛型方法打印不同字符串的元素，预期执行结果如下所示。

```
整型数组元素为：
1 2 3 4 5

双精度型数组元素为：
1.1 2.2 3.3 4.4

字符型数组元素为：
H E L L O
```

（2）编写一个 Java 程序，使用在泛型方法返回 3 个可比较对象的最大值，要求使用 extends 关键字。

（3）类型通配符一般是使用问号？代替具体的类型参数。例如 List<?> 在逻辑上是 List<String>、List<Integer> 等所有 List<具体类型实参>的父类。编写一个 Java 程序，使用通配符输出 List 里面的元素。

（4）编写一个 Java 程序，定义一个实现了 Serializable 接口的类 Exercise12_04 类。

（5）编写一个 Java 程序，实例化练习（4）中的 Employee 对象，并将该对象序列化到一个文件中。

（6）编写一个 Java 程序实现反序列化操作，读取练习（5）中的内容生成文件 employee.ser。

第 13 章

异常处理

　　由于 Java 应用程序在运行的过程中，总难免会发生一些异常，所以异常处理是我们在编写代码时必须要考虑的一项工作。所谓异常，是指程序在运行时发生的错误或者不正常的情况。异常对程序员来说是一件很麻烦的事情，需要进行检测和处理。但 Java 语言非常人性化，它可以自动检测异常，并对异常进行捕获，然后通过相应的机制对异常进行处理。本章将详细讲解 Java 处理异常的知识。

13.1 异 常 概 述

在程序设计里，异常处理是指提前编写程序处理可能发生的意外。如聊天工具需要连接网络，首先就是检查网络，对网络的各个程序进行捕获，然后根据各种情况编写程序。如果登录聊天系统后突然发现没有登录网络，那么

异常可以向用户提示"网络有问题，请检查联网设备"之类的提醒，这种提醒就是异常处理的工作。

13.1.1　认识异常

在编程过程中，首先应当尽可能避免发生错误和异常，对于不可避免、不可预测的情况再考虑异常发生时如何处理。Java 中的每一个异常都是一个对象。Java 的运行时环境将按照这些异常所属的类型进行处理，Java 中的异常类型有很多，几乎每种异常类型都对应一个类（class）。

究竟异常的对象是在哪里创建的呢？异常主要有两个来源，一是 Java 运行时环境自动抛出系统生成的异常，而不管程序员是否已经对其进行了捕获和处理，比如除数为 0 这样的异常，只要发生就一定会抛出。二是程序员抛出的异常，这个异常可以是程序员自己定义的，也可以是 Java 语言自带的，并使用 throw 关键字抛出异常，这种异常处理通常用来向调用者汇报一些出错信息。异常是针对方法来说的，抛出、声明抛出、捕获和处理异常都是在方法中进行的。

在 Java 中，异常处理通过 try、catch、throw、throws、finally 这 5 个关键字进行管理。这 5 个关键字的具体说明如下所示。

- ❏ try：它里面放置可能引发异常的代码。
- ❏ catch：后面对应异常类型和一个代码块。它表明该 catch 块是用于处理这种类型的代码块，可以有多个 catch 块。
- ❏ finally：主要用于回收在 try 块里打开的物理资源（如数据库连接、网络连接和磁盘文件），异常机制保证 finally 块总是被执行。只有 finally 块执行完成之后，才会执行 try 或者 catch 块中的 return 或者 throw 语句，如果 finally 中使用了 return 或者 throw 等终止方法的语句，则就不会跳回，直接停止。
- ❏ throw：用于抛出一个实际的异常。它可以单独作为语句来抛出一个具体的异常对象。
- ❏ throws：用在方法签名中，用于声明该方法可能抛出的异常。

Java 处理异常的语法结构通常如下所示。

```
try{
        程序代码
}catch(异常类型1 异常的变量名1)
{
        程序代码
}catch(异常类型2 异常的变量名2)
{
        程序代码
}finally
{
        程序代码
}
```

13.1.2　Java 提供的异常处理类

在 Java 中有一个 lang 包，在此包里面有一个专门处理异常的类——Throwable，此类是所有异常的父类，Java 中所有的异常类都是它的子类。其中 Error 和 Exception 这两个类十分重要，用得也较多。前者用来定义通常情况下不希望被捕获的异常，而后者是程序能够捕获的异常情

况。Java 中常用异常类的信息如表 13-1 所示。

表 13-1　Java 中的异常类

异常类名称	异常类含义
ArithmeticExeption	算术异常类
ArratIndexOutOfBoundsExeption	数组小标越界异常类
ArrayStroeException	将与数组类型不兼容的值赋值给数组元素时抛出的异常
ClassCastException	类型强制转换异常类
ClassNotFoundException	未找到相应大类异常
EOFEException	文件已结束异常类
FileNotFoundException	文件未找到异常类
IllegalAccessException	访问某类被拒绝时抛出的异常类
InstantiationException	试图通过 newInstance()方法创建一个抽象类或抽象接口的实例时抛出的异常类
IOEException	输入/输出抛出异常类
NegativeArraySizeException	建立元素个数为负数的异常类
NullPointerException	空指针异常
NumberFormatException	字符串转换为数字异常类
NoSuchFieldException	字段未找到异常类
NoSuchMethodException	方法未找到异常类
SecurityException	小应用程序执行浏览器安全设置禁止动作时抛出的异常类
SQLException	操作数据库异常类
StringIndexOutOfBoundsException	字符串索引超出范围异常类

13.2　异常处理方式

　　Java 的异常处理可以让程序具有更好的容错性，程序更加健壮。当程序运行出现意外情形时，系统会自动生成一个 Exception 对象来通知程序，从而实现"业务功能代码"和"错误处理代码"分离，提供更好的可读性。Java 中异常的处理方式有 try/catch 捕获异常、throws 声明异常

知识点讲解：

和 throw 抛出异常等，在出现异常后可以使用上述方式直接捕获并处理。

13.2.1　try…catch 语句

　　在编写 Java 程序时，需要处理的异常一般是放在 try 代码块里，然后创建 catch 代码块。在 Java 语言中，用 try…catch 语句来捕获异常的语法格式如下所示。

```
try {
    可能会出现异常情况的代码
}catch (SQLException e) {
    处理操纵数据库出现的异常
}catch (IOException e) {
    处理操纵输入流和输出流出现的异常
}
```

以上代码中的 try 块和 catch 块后的{...}都是不可以省略的。当程序操纵数据库出现异常时，Java 虚拟机将创建一个包含异常信息的 SQLException 对象。catch (SQLException e)语句中的引用变量 e 引用这个 SQLException 对象。上述格式的执行流程如下所示。

　　（1）如果执行 try 块中的业务逻辑代码出现异常，则系统自动生成一个异常对象，该异常

对象提交给 Java 运行环境，这个过程称为抛出（throw）异常。

（2）当 Java 运行环境收到异常对象时，它会寻找能处理该异常对象的 catch 块，如果找到合适的 catch 块并把该异常对象交给 catch 块来处理，那这个过程称为捕获（catch）异常；如果 Java 运行时环境找不到捕获异常的 catch 块，则运行时环境终止，Java 程序也将退出。

实例 13-1　使用 try...catch 语句进行异常处理

源码路径：daima\13\Yichang1.java

实例文件 Yichang1.java 的主要代码如下所示。

```
public class Yichang1{
    public static void main(String args[]) {
        int x,y;              //定义int类型变量x和y
        try{
            x=0;              //为变量x赋值
            y=5/x;            //为变量y赋值
            System.out.println("需要检验的程序");
        }
        catch(ArithmeticException e){
            System.out.println("发生了异常，分母
不能为零");
        }
        System.out.println("程序运行结束");
    }
}
```

拓展范例及视频二维码

范例 **13-1-01**：类没有发现异常

源码路径：**演练范例\13-1-01**

范例 **13-1-02**：建立测试类进行

任务调度

源码路径：**演练范例\13-1-02**

代码执行后的结果如图 13-1 所示。

上面实例代码存在明显的错误，因为算术表达式中的分母为零，我们都知道除法运算中分母不能为零，这段代码需要放在 try 代码块里，然后通过 catch 里的代码对它进行处理，执行程序后会得到图 13-1 所示的结果。上面这个代码是用户自己编写对它进行处理的，实际上这个代码可以交给系统进行处理。

图 13-1　执行结果

13.2.2　处理多个异常

在 Java 程序中经常需要面对同时处理多个异常的情况，下面通过一个具体的实例代码讲解如何处理多个异常。

实例 13-2　处理多个异常

源码路径：daima\13\Yitwo1.java

实例文件 Yitwo1.java 的具体实现代码如下所示。

```
public class Yitwo1{
    public static void main(String args[]){
        int [] a=new int[5];      //定义int类型数组a,设置最大索引值为5
        try{
            a[6]=123;             //试图赋值索引为6的元素值是123,会出错
            System.out.println("需要检验的程序");
        }
        catch(ArrayIndexOutOfBoundsException e){
            System.out.println("发生了ArrayIndexOutOfBoundsException异常");
        }
        catch(ArithmeticException e){
            System.out.println("发生了
            ArithmeticException异常");
        }
        catch(Exception e){
            System.out.println("发生了
            Exception异常");
        }
        System.out.println("结束");
    }
}
```

拓展范例及视频二维码

范例 **13-2-01**：非法访问异常

源码路径：**演练范例\13-2-01**

范例 **13-2-02**：文件未发现异常

源码路径：**演练范例\13-2-02**

```
}
```

在上述代码中定义了一个 int 类型的数组 a，我们猜测这个程序可能会发生 3 个异常，运行后会得到图 13-2 所示的结果。

```
发生了ArrayIndexOutOfBoundsException异常
结束
```

图 13-2　处理多个异常

13.2.3　finally 语句

在 Java 语言中，实现异常处理的完整语法结构如下所示。

```
try{
     //业务实现逻辑
     ...
}
catch(SubException e){
     //异常处理块1
     ...
}
catch(SubException2 e){
     //异常处理块2
     ...
}
     ...
finally{
     //资源回收块
     ...
}
```

对于上述语法结构，读者需要注意如下 5 点。

（1）只有 try 块是必需的，也就是说如果没有 try 块，则不会有后面的 catch 块和 finally 块。

（2）catch 块和 finally 块都是可选的，但 catch 块和 finally 块至少应出现一个，也可以同时出现。

（3）可以有多个 catch 块，捕获父类异常的 catch 块必须位于捕获子类异常的后面。

（4）不能只有 try 块，既没有 catch 块也没有 finally 块。

（5）多个 catch 块必须位于 try 块之后，finally 块必须位于所有 catch 块之后。

由此可见，在使用 try…catch 处理异常时可以加上关键字 finally，它可以增大处理异常的功能，它究竟有什么作用呢？不管程序有无异常发生都将执行 finally 块中的内容，这使得一些不管在任何情况下都必须执行的步骤可以执行，这样可保证程序的健壮性。

由于异常会强制中断正常流程，所以这会使某些不管在任何情况下都必须执行的步骤被忽略，从而影响程序的健壮性。例如老管开了一家小店，店里上班的正常流程为：每天上午 9 点开门营业，工作 8 小时，下午 5 点关门下班。异常流程为：老管在工作时突然感到身体不适，提前下班。我们可以编写如下 work()方法表示老管的上班情形。

```
public void work()throws LeaveEarlyException {
   try{
       9点开门营业
       每天工作8小时   //可能会抛出DiseaseException异常
       下午5点关门下班
   }catch(DiseaseException e){
       throw new LeaveEarlyException();
   }
}
```

假如老管在工作时突然感到身体不适，提前下班，那么流程会跳转到 catch 代码块。这意味着关门的操作不会被执行，这样的流程显然是不安全的，必须确保关门这个操作在任何情况下都会执行。在程序中应该确保占用的资源被释放，比如及时关闭数据库连接，关闭输入流或者输出流。finally 代码块能保证特定的操作总会执行，其语法格式如下所示。

```
public void work()throws LeaveEarlyException {
   try{
```

```
        9点开门营业
        每天工作8小时    //可能会抛出DiseaseException异常
    }catch(DiseaseException e){
        throw new LeaveEarlyException();
    }finally{
        下午17点关门下班
    }
}
```

由此可见，在 Java 中，不管 try 代码块中是否出现异常，程序都会执行 finally 代码块。请看下面实例的具体演示代码。

实例 13-3　演示 finally 语句的使用
源码路径：daima\13\Yitwo2.java

实例文件 Yitwo2.java 的具体实现代码如下所示。

```
public class Yitwo2 {
  public static void main(String args[]) {
    try{
        int age=Integer.parseInt("25L");//抛出异常
        System.out.println("输出1");
    }
                catch(NumberFormatException e){
                    int b=8/0;
                    System.out.println("请输入整
数年龄");
                    System.out.println("错误
"+e.get Message());
                }
                finally {
                    System.out.println("输出2");
                }
                System.out.println("输出3");
        }
}
```

拓展范例及视频二维码

范例 **13-3-01**：数据库操作异常
源码路径：演练范例\13-3-01\
范例 **13-3-02**：在方法中抛出异常
源码路径：演练范例\13-3-02\

实例文件执行后的结果如图 13-3 所示。

13.2.4　访问异常信息

在 Java 应用程序中，我们可以在 catch 块中访问异常对象的相关信息，此时只需调用 catch 后异常对象的方法。当运行的程序决定调用某个 catch 块来处理该异常对象时，它会将这个异常对象赋给 catch 块后面的异常参数，此时程序可以通过这个参数来获得此异常的相关信息。

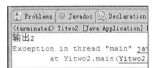

图 13-3　执行结果

在 Java 程序中，所有的异常对象都包含如下所示的常用方法。

- □ getMessage()：返回该异常的详细描述字符串。
- □ printStackTrace()：将该异常的跟踪栈信息输出到控制台（通常用于输出发生异常的位置信息）。
- □ printStackTrace (PrintStream s)：将该异常的跟踪栈信息输出到指定输出流。
- □ getStackTrace()：返回该异常的跟踪栈信息。

下面的实例代码演示了程序如何访问异常信息的流程。

实例 13-4　演示如何访问异常信息
源码路径：daima\13\fangwen.java

实例文件 fangwen.java 的具体实现代码如下所示。

```
import java.io.*;
public class fangwen{
    public static void main(String[] args)  {
        try{
            FileInputStream fis = new FileInputStream("a.txt");
```

```
        }
        catch (IOException ioe){
            System.out.println(ioe.getMessage());
//得到异常对象的详细信息
            ioe.printStackTrace();//打印该异常的
跟踪信息
        }
    }
}
```

上述代码调用了 Exception 对象的 getMessage 方法来得到异常对象的详细信息，也使用了 printStackTrace 来打印该异常的跟踪信息。代码运行后的结果如图 13-4 所示。从执行结果可以看到异常的详细描述信息"a.txt（系统找不到指定的文件）"，这就是调用异常方法 getMessage 返回的字符串。

```
java.io.FileNotFoundException: a.txt (系统找不到指定的文件。)
        at java.io.FileInputStream.open(Native Method)
        at java.io.FileInputStream.<init>(FileInputStream.java:106)
        at java.io.FileInputStream.<init>(FileInputStream.java:66)
        at fangwen.main(fangwen.java:9)
a.txt (系统找不到指定的文件。)
```

图 13-4　执行结果

13.3　抛出异常

在很多时候程序对异常暂时不处理，只是将异常抛出交给父类，让该类的调用者处理。在 Java 程序中抛出异常这一做法在编程过程中经常用到，本节将带领大家一起学习在 Java 程序中抛出异常的基本知识。

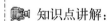

知识点讲解：

13.3.1　使用 throws 抛出异常

抛出异常是指一个方法不处理异常，而是调用层次向上传递，谁调用这个方法，这个异常就由谁处理。在 Java 中可以使用 throws 来抛出异常，具体格式如下所示。

```
void methodName (int a) throws Exception{
}
```

如果一个方法可能会出现异常，却没有能力处理这种异常，那么我们就可以在方法声明处用 throws 子句来声明抛出异常。例如汽车在运行时可能会出现故障，汽车本身没办法处理这个故障，因此类 Car 的 run()方法声明抛出 CarWrongException 异常。

```
public void run() throws CarWrongException{
    if(车子无法刹车)throw new CarWrongException("车子无法刹车");
    if(发动机无法启动)throw new CarWrongException("发动机无法启动");
}
```

类 Worker 的 gotoWork()方法调用 run()方法，gotoWork()方法捕获并处理 CarWrong Exception 异常。在异常处理过程中，又生成了新的迟到异常 LateException，gotoWork()方法本身不会再处理 LateException 异常，而是声明抛出 LateException 异常。

```
public void gotoWork() throws LateException{
    try{
        car.run();
    }catch(CarWrongException e){   //处理车子出故障的异常
    //找人修车子
    ……
    //创建一个LateException对象，并将其抛出
    throw new LateException("因为车子出故障，所以迟到了");
    }
}
```

谁会来处理类 Worker 的 gotoWork()方法抛出的 LateException 异常呢？显然是职工的老板，如果某职工上班迟到了，那就扣他的工资。一个方法中可能会出现多种异常，使用 throws 子句可以声明抛出多个异常，例如下面的代码。

```
public void method() throws SQLException,IOException{…}
```

实例 13-5　**演示如何用 throws 关键字将异常抛出**

源码路径：daima\13\YiThree1.java

实例文件 YiThree1.java 的具体代码如下所示。

```
public class YiThree1{
①    public void methodName(int x) throws
     ArrayIndexOutOfBoundsException,ArithmeticException{
          System.out.println(x);
②        if(x==0){
             System.out.println("没有异常");
             return;
          }
③        else if(x==1){
             int [] a=new int[3];
             a[3]=5;
          }
④        else if(x==2){
             int i=0;
             int j=5/i;
          }
     }
     public static void main(String args[]){
          YiThree1 ab=new YiThree1();
⑤        try{
             ab.methodName(0);
          }
          catch(Exception e){
             System.out.println("异常:"+e);
          }
⑥        try{
             ab.methodName(1);
          }
          catch(ArrayIndexOutOfBoundsException e){
             System.out.println("异常:"+e);
          }
⑦        try{
             ab.methodName(2);
          }
          catch(ArithmeticException e){
             System.out.println("异常:"+e);
          }
     }
}
```

> **拓展范例及视频二维码**
>
> 范例 **13-5-01**：使用 throws 关键
> 字抛出异常
> 源码路径：**演练范例\13-5-01**
> 范例 **13-5-02**：捕获单个异常
> 源码路径：**演练范例\13-5-02**

在行①中，定义方法 methodName()。使用关键字 throws 抛出异常，然后设置捕获 ArrayIndexOutOfBoundsException 异常和 ArithmeticException 异常，这两个异常的具体说明请看表 13-1。

在行②中，如果 x 等于零则输出"没有异常"。

在行③中，如果 x 等于 1，则定义一个 int 类型的数组 a，设置数组的大小是 3，即它含有 3 个元素。然后设置设置数组元素 a[3]=5，这是非法的。因为 int[3]的下标只能是 0、1、2，3 就超出了上标范围。

在行④中，如果 x 等于 2，则设置一个分母为零的异常。

在行⑤中，检索行②中的异常，并输出异常信息。

在行⑥中，检索行③中的异常，并输出异常信息。

在行⑦中，检索行④中的异常，并输出异常信息。

执行上述程序后会得到图 13-5 所示的结果。

图 13-5　使用 throws 抛出异常

13.3.2　使用 throw 抛出异常

在 Java 中，我们也可以使用关键字 throw 抛出异常，把异常抛给上一级调用方，抛出的异常既可以是异常引用，也可以是异常对象。如果需要在程序中自行抛出异常，则应该使用 throw 语句。开发者可以单独使用 throw 语句，throw 语句抛出的不是异常类，而是一个异常实例，而且每次只能抛出一个异常实例。

在 Java 语言中，使用 throw 语句的语法格式如下所示。

```
throw ExceptionInstance;
```

通常我们应该有如下两种使用 throw 语句抛出异常的情况。

（1）当 throw 语句抛出的异常是 Checked 异常时，该 throw 语句要么处于 try 块里显式捕获该异常，要么放在一个有 throws 声明抛出的方法中，即把异常交给方法的调用者处理。

（2）当 throw 语句抛出的异常是 Runtime 异常时，该语句无须放在 try 块内，也无须放在 throws 声明抛出的方法中，程序既可以显式使用 try...catch 来捕获并处理该异常，也可以完全不理会该异常，把该异常交给方法的调用者来处理。

下面还是以前面的汽车为例进行讲解，以下代码表明汽车在运行时会出现故障。

```
public void run()throws CarWrongException{
   if(车子无法刹车)
throw new CarWrongException("车子无法刹车");
   if(发动机无法启动)
    throw new CarWrongException("发动机无法启动");
}
```

值得注意的是，由 throw 语句抛出的对象必须是 java.lang.Throwable 类或者其子类的实例。例如下面的代码是不合法的。

```
throw new String("有人溺水了，救命啊!"); //编译错误，  String类不是异常类型
```

关键字 throws 和 throw 尽管只有一个字母之差，但却有着不同的用途，注意不要将两者混淆。

实例 13-6	使用 throw 抛出异常
	源码路径：daima\13\YiFour.java

实例文件 YiFour.java 的主要代码如下所示。

```
public class YiFour {
   public static void main(String args[]){
      try{
         throw new ArrayIndexOutOfBoundsException();
      }
      catch(ArrayIndexOutOfBoundsException aoe){
         System.out.println("异常:"+aoe);
      }
      try{
         throw new ArithmeticException();
      }
      catch(ArithmeticException ae){
         System.out.println("异常:"+ae);
      }
   }
}
```

拓展范例及视频二维码

范例 **13-6-01**：使用 throw 关键
字处理异常
源码路径：**演练范例\13-6-01**
范例 **13-6-02**：捕获多个异常
源码路径：**演练范例\13-6-02**

实例文件执行后的结果如图 13-6 所示。

```
Problems  @ Javadoc  Declaration  Console  ⅩⅩ
<terminated> YiFour [Java Application] C:\Program Files\Java
异常:java.lang.ArrayIndexOutOfBoundsException
异常:java.lang.ArithmeticException
```

图 13-6   执行结果

13.4   自定义异常

前面讲解的异常类都是系统自带且自己处理的，但是
很多时候程序员需要自定义异常类库。在 Java 程序中要想
创建自定义异常，需要继承类 Throwable 或者它的子类
Exception。自定义异常让系统把它看成一种异常，由于自
定义异常继承 Throwable 类，因此也继承了它里面的方法。

 知识点讲解：

13.4.1   Throwable 类及其子类

Throwable 是 java.lang 包中一个专门用来处理异常的类。它有 Error 和 Exception 两个子类，
它们分别用来处理两组异常。类 Error 和 Exception 的具体说明如下所示。

（1）Error：用来处理程序运行环境方面的异常，比如虚拟机错误、装载错误和连接错误，
这类异常主要是和硬件有关，而不是由程序本身抛出的。

（2）Exception：是 Throwable 的一个主要子类。Exception 下面还有子类，其中一部分子类
对应于 Java 程序运行时常常遇到的各种异常处理，其中包括隐式异常。程序中除数为 0 引起的
错误、数组下标越界错误等异常也称为运行时异常，因为它们虽然是由程序本身引起的异常，
但不是程序主动抛出的，而是在程序运行中产生的。在 Exception 中另一部分子类对应于 Java
程序中非运行时异常的处理，这些异常也称为显式异常。它们都是在程序中用语句抛出，也是
用语句进行捕获的，比如未找到文件引起的异常、未找到类引起的异常等。

在 Throwable 类中，我们最常用到的子类如下所示。

❑ ArithmeticException：由于除数为 0 引起的异常。

❑ ArrayStoreException：由于数组存储空间不足引起的异常。

❑ ClassCastException：当把一个对象归为某个类，但实际上此对象并不是由这个类创建
的，也不是其子类创建的，则会引起异常。

❑ IllegalMonitorStateException：监控器状态出错引起的异常。

❑ NegativeArraySizeException：数组长度是负数产生的异常。

❑ NullPointerException：程序试图访问一个空数组中的元素或访问空对象中的方法或变量
时产生异常。

❑ OutofMemoryException：用 new 语句创建对象时，如系统无法为其分配内存空间则产生异常。

❑ SecurityException：由于访问了不应访问的指针，所以使安全性出问题而引起异常。

❑ IndexOutOfBoundsException：由数组下标越界或字符串访问越界引起异常。

❑ IOException：由于文件未找到、未打开或者 I/O 操作不能进行而引起异常。

❑ ClassNotFoundException：未找到指定名称的类或接口引起异常。

❑ CloneNotSupportedException：程序的一个对象引用 Object 类的 clone 方法，但此对象
并没有连接 Cloneable 接口，从而引起异常。

❑ InterruptedException：当一个线程处于等待状态时，另一个线程中断此线程，从而引起

异常。有关线程的内容将在本书后面进行详细讲述。

- ❑ NoSuchMethodException：未找到所调用的方法引起异常。
- ❑ Illega1AccessException：试图访问一个非 public 方法。
- ❑ StringIndexOutOfBoundsException：访问字符串序号越界，引起异常。
- ❑ ArrayIndexOutOfBoundsException：访问数组元素下标越界，引起异常。
- ❑ NumberFormatException：字符的 UTF 代码数据格式有错引起异常。
- ❑ IllegalThreadException：线程调用某个方法而所处状态不适当，引起异常。
- ❑ FileNotFoundException：未找到指定文件引起异常。
- ❑ EOFException：未完成输入操作文件已结束引起异常。

Java 提供了丰富的异常类，这些异常类之间有严格的继承关系。下面的实例代码演示了在 Java 中使用异常类的过程。

实例 13-7	演示如何使用常见的异常类
	源码路径：daima\13\gaoji.java

实例文件 gaoji.java 的主要代码如下所示。

```java
public class gaoji{
    public static void main(String[] args) {
        try{
            int a = Integer.parseInt(args[0]);
            int b = Integer.parseInt(args[1]);
            int c = a / b;
            System.out.println("您输入的两个数相除的
            结果是:" + a / b);
        }
        catch (IndexOutOfBoundsException ie){
            System.out.println("数组越界: 运行程序时输入的参数个数不够");
        }
        catch (NumberFormatException ne){
            System.out.println("数字格式异常: 程序只能接受整数参数");
        }
        catch (ArithmeticException ae){
            System.out.println("算术异常");
        }
        catch (Exception e){
            e.printStackTrace();
            System.out.println("未知异常");
        }
    }
}
```

在上述代码中，我们为 IndexOutOfBoundsException、NumberFormatException、Arithmetic Exception 等异常类提供了专门的异常处理逻辑。可能有如下几种 Java 运行时的异常处理逻辑。

- ❑ 如果运行该程序时输入的参数不够，则将会发生数组越界异常。Java 运行时将使用 IndexOutOfBoundsException 对应的 catch 块处理该异常。
- ❑ 如果运行该程序输入的参数不是数字，而是字母，则将发生数字格式异常。Java 运行时将调用 NumberFormatException 对应的 catch 块处理该异常。
- ❑ 如果运行该程序输入的第二个参数是 0，则将发生除零异常。Java 运行时将调用 ArithmeticException 对应的 catch 块处理该异常。
- ❑ 如果程序运行时出现其他异常，则该异常对象是 Exception 类或其子类的实例。Java 运行时将调用 Exception 对应的 catch 块处理该异常。

上述程序中的异常都是常见的运行时异常，读者应该记住这些异常，并掌握在哪些情况下可能会出现这些异常。

上述程序执行后的结果如图 13-7 所示。

数组越界：运行程序时输入的参数个数不够

图 13-7　执行结果

13.4.2　使用 Throwable 类自定义异常

实例 13-8　**演示如何编写自定义异常类并使用它**
源码路径：daima\13\YiZone1.java、MyYi.java 和 MyyiT.java

在本实例中编写了几段程序，使用自定义异常来解决异常问题。

第一段代码（daima\13\YiZone1.java）如下所示。

```
public class YiZone1 extends Exception {
    public YiZone1() {
        super();
    }
    public YiZone1(String msg) {
        super(msg);
    }
    public YiZone1(String msg, Throwable cause){
        super(msg, cause);
    }
    public YiZone1(Throwable cause) {
        super(cause);
    }
}
```

拓展范例及视频二维码

范例 **13-8-01**：深入理解自定义
异常
源码路径：**演练范例**\13-8-01\
范例 **13-8-02**：数组元素类型
不匹配异常
源码路径：**演练范例**\13-8-02\

第二段代码（daima\13\MyYi.java）如下所示。

```
public class MyYi extends Throwable {
    public MyYi(){
        super();
    }
    public MyYi(String msg) {
        super(msg);
    }
    public MyYi(String msg, Throwable cause) {
        super(msg, cause);
    }
    public MyYi(Throwable cause) {
        super(cause);
    }
}
```

第三段代码（daima\13\MyyiT.java）如下所示。

```
public class MyyiT{
    public static void firstException() throws MyYi{
        throw new MyYi("\"firstException()\" method occurs an exception!");
    }

    public static void secondException() throws MyYi{
        throw new MyYi("\"secondException()\" method occurs an exception!");
    }
    public static void main(String[] args) {
    try {
        MyyiT.firstException();
        MyyiT.secondException();
    } catch (MyYi e2){
        System.out.println("Exception: " + e2.getMessage());
        e2.printStackTrace();
    }
    }
}
```

执行上述程序后得到图 13-8 所示的结果。

图 13-8　执行结果

13.5　Checked 异常和 Runtime 异常的区别

在 Java 中，异常主要分成 Runtime 异常和 Checked 异常
两大类。所有的 Checked 异常都是从类 java.lang.Exception
中衍生出来的，而 Runtime 异常是从类 java.lang.Runtime
Exception 或类 java.lang.Error 中衍生出来的。本章前面讲解的
用 throws 抛出异常机制就是基于 Checked 异常和 Runtime 异常理论来实现的。Checked 异常和
Runtime 异常的不同之处表现在机制和逻辑这两方面。

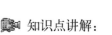 知识点讲解：

13.5.1　机制上的差异

Checked 异常和 Runtime 异常在机制上表现为如下两点不同。

❑　定义方法的方式。

❑　处理抛出的异常的方式。

请看下面代码对 CheckedException 的定义。

```
public class CheckedException extends Exception{
 public CheckedException() {}
 public CheckedException( String message ){
    super( message );
 }
}
```

下面是一个使用异常的例子。

```
public class ExceptionalClass{
    public void method1()
     throws CheckedException{
      // ... throw new CheckedException("...出错了");
     }
    public void method2(String arg){
     if( arg == null ) {
        throw new NullPointerException("method2的参数arg是null! ");
     }
    }
    public void method3() throws CheckedException{
     method1();
    }
}
```

在上述代码中两个方法 method1()和 method2()都会抛出异常，可是只有 method1()进行了声
明。另外，method3()本身并不会抛出异常，可是它却声明会抛出 Checked 异常。在向你解释之
前，让我们先来看看这个类的 main()方法。

```
public static void main (String[] args){
 ExceptionalClass example = new ExceptionalClass();
 try{
   example.method1();
   example.method3();
 }
```

```
catch (CheckedException ex) { } example.method2(null);
}
```

在方法 main()中，如果要调用 method1()方法，那么我们必须把这个调用放在 try/catch 程序块当中，因为它会抛出 Checked 异常。

相比之下，当我们调用 method2()方法时，则不需要把它放在 try/catch 程序块当中，因为它抛出的异常不是 Checked 异常，而是 Runtime 异常。会抛出 Runtime 异常的方法在定义时不必声明它会抛出异常。接下来再来看看 method3()，它调用了方法 method1()却没有把这个调用放在 try/catch 程序块当中。在 method3()的具体实现代码中，明确声明通过调用 method1()的方式抛出异常。它没有捕获这个异常，而是把它传递下去。实际上方法 main()也可以这样做，通过声明它会抛出 Checked 异常来避免使用 try/catch 程序块（当然我们反对这种做法）。

13.5.2 逻辑上的差异

从逻辑角度来说，Checked 异常和 Runtime 异常有不同的使用目的。其中 Checked 异常用来指调用者能够直接处理的异常情况，而 Runtime 异常用来指调用者本身无法处理或恢复的程序错误。

使用 Checked 异常可以迫使我们捕获它并处理这种异常情况。以 java.net.URL 类的构建器（constructor）为例，每一个构建器都会抛出 MalformedURLException。MalformedURL Exception 就是一种 Checked 异常。设想一下，你用一个简单的程序来提示用户输入一个 URL，然后通过这个 URL 下载一个网页。如果用户输入的 URL 有错误，那么构建器就会抛出一个异常。既然这个异常是 Checked 异常，那么程序就可以捕获它并正确处理，比如提示用户重新输入。看下面的代码。

```
public void method(){
 int [] numbers = { 1, 2, 3 };
 int sum = numbers[0] numbers[3];
}
```

在运行方法 method()时会遇到 ArrayIndexOutOfBoundsException（因为数组 numbers 的成员范围为 0～2）。对于这个异常，调用者无法处理/纠正。方法 method()和上面的 method2()一样都是 Runtime 异常的情形。上面已经提到，Runtime 异常用来指示调用者本身无法处理/恢复的程序错误。而程序错误通常是无法在运行过程中处理的，必须修改程序代码。

总之在程序运行过程中一个 Checked 异常抛出的时候，只有适当处理这个异常的调用者才应该用 try/catch 来捕获它。而对于 Runtime 异常来说，则不应当在程序中捕获它。如果你要捕获它，那么就会冒这样一个风险：程序代码的错误掩盖在运行当中无法察觉。因为在程序测试过程中，系统打印出来的调用堆栈路径（StackTrace）往往能使你更快找到并修改代码中的错误。很多人建议捕获 Runtime 异常并记录在日志中，但是这样会有一个坏处：我们必须通过浏览日志来找出问题，而用来测试程序的测试系统（比如 Unit Test）却无法直接捕获问题并报告出来。

在程序中捕获 Runtime 异常还会带来更多的问题，例如要捕获哪些 Runtime 异常？什么时候捕获？Runtime 异常是不需要声明的，你怎样知道有没有 Runtime 异常需要捕获？你想在程序每一次调用方法时，都使用 try/catch 语句块吗？

13.6 技 术 解 惑

13.6.1 使用嵌套异常处理是更合理的方法

在 Java 程序中，可以在 finally 块中再次包含一个完整的异常处理流程。这种在 try 块、catch 块或 finally 块中包含完整异常处理流程的情形称为异常处理的嵌套。

异常处理流程代码可以放在任何能放可执行代码的地方，因此完整的异常处理流程既可放在 try 块里，也可放在 catch 块里，也可放在 finally 块里。异常处理嵌套的深度没有明确的限制，但通常没有必要使用超过两层的嵌套异常处理，层次太深的嵌套异常处理没有必要，而且会降低程序可读性。

13.6.2　区别 throws 关键字和 throw 关键字

在抛出异常处理时，Java 提供了两种方法，通过 throws 关键字和 throw 关键字进行处理。其中 throw 语句用在方法体内，表示抛出异常，它由方法体内的语句来处理，不能单独使用，要么和 try…catch 一起使用，要么和 throws 一起使用。throws 语句用在方法声明后面，表示这个方法可能会抛出异常，它表示的是一种倾向、可能，但不一定实际发生。

13.6.3　异常类的继承关系

当 Java 运行环境接收到异常对象时，每个 catch 块都是专门用于处理该异常类及其子类的异常实例。当 Java 运行时环境接收到异常对象后，它会依次判断该异常对象是否是 catch 块后的异常类或其子类的实例，如果是，则 Java 运行时环境将调用该 catch 块来处理这个异常，否则再次将异常对象和下一个 catch 块里的异常类进行比较。

当程序进入负责处理异常的 catch 块时，系统生成的异常对象 ex 将会传给 catch 块后的异常形参，从而允许 catch 块通过该对象来获得异常的详细信息。在一个 try 块后可以有多个 catch 块，这是为了针对不同异常类提供不同的异常处理方式。当系统发生不同的意外情况时，系统会生成不同的异常对象，Java 运行时会根据该异常对象所属的异常类来决定使用哪个 catch 块来处理这个异常。

通过在 try 块后提供多个 catch 块可以不必在异常处理块中使用 if、switch 判断异常类型，但依然可以针对不同异常类型提供相应的处理逻辑，从而提供更细致有条理的异常处理逻辑。通常情况下，如果 try 块被执行一次，则 try 块后只有一个 catch 块会被执行，不可能有多个 catch 块被执行。除非在循环中使用了 continue 开始下一次循环，并且下一次循环又重新运行了 try 块，这才可能导致多个 catch 块被执行。

try 块与 if 语句不一样，try 块后的花括号"{…}"不可以省略，即使 try 块里只有一行代码，也不可以省略这个花括号。同样道理，也不能省略 catch 块后的花括号"{…}"。try 块里声明的变量是代码块内的局部变量，它只在 try 块内有效，catch 块中不能访问该变量。

13.6.4　子类 Error 和 Exception

类 Throwable 有两个直接子类 Error 和 Exception。Error 类对象（如动态连接错误等）由 Java 虚拟机生成并抛弃（通常 Java 程序不对这类异常进行处理）；Exception 类对象是 Java 程序处理或抛弃的对象。其中类 RuntimeException 代表运行时由 Java 虚拟机生成的异常，如算术运算例外 ArithmeticException（由除 0 出错等导致）、数组越界异常 ArrayIndexOutOfBoundsException 等；其他则为非运行时异常，如输入输出异常 IOException 等。Java 编译器要求 Java 程序必须捕捉或声明所有的非运行时例外，但对运行时例外可以不处理。

13.7　课后练习

（1）编写一个 Java 程序，使用类 System 中的 System.err.println() 展示异常的处理方法。

（2）编写一个 Java 程序，使用多个 catch 块处理出现在继承关系中的多个异常。

（3）编写一个 Java 程序，使用 finally 通过 e.getMessage() 来捕获异常（非法参数异常）。

（4）编写一个 Java 程序，要求使用多线程方式处理异常。

（5）编写一个 Java 程序，要求使用重载方法处理异常。

（6）编写一个 Java 程序，要求使用多个 catch 来处理链式异常。

（7）编写一个 Java 程序，要求通过继承 Exception 来实现自定义异常。

第 14 章

I/O 文件处理和流处理

开发者通过编写 Java 程序可以处理计算机中的文件，这些功能是通过 Java 中的 I/O 模块实现的。另外从 Java 8 开始提供了一个新的 Stream API 来处理流操作，并在 Java 9 中对与流操作相关的 API 进行了升级。本章将详细讲解通过 I/O 流对文件数据执行读写的方法，并讲解和 Stream 流操作相关的知识。

14.1　Java I/O 概述

不管是什么开发语言，都要提供对硬盘数据的处理功能，Java 自然也不能例外。什么是 I/O 呢？I/O（input/output）即输入/输出。每台计算机都会有一个专用的 I/O 地址，用来处理自己的输入/输出信息。CPU 与外部设备、存储器的

 知识点讲解：

连接和数据交换都需要通过接口设备来实现，前者称为 I/O 接口，而后者则称为存储器接口。存储器通常在 CPU 的同步控制下工作，接口电路比较简单；而 I/O 设备品种繁多，相应的接口电路也各不相同，因此，习惯上说的接口只是指 I/O 接口。

Java 中的 I/O 操作是通过输入/输出数据流的形式来完成的，因此它也称作数据流操作。说简单点这实际上就是一种数据的输入和输出方式，其中输入模式是指允许程序读取外部数据（包括来自磁盘、光盘等存储设备的数据）、用户输入的数据。这些数据源都是文件、网络、压缩包或者其他数据，如图 14-1 所示。

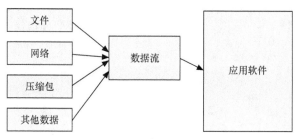

图 14-1　输入模式

输出模式与输入模式恰好相反，输出模式是指允许程序记录运行状态，将程序数据输出到磁盘、光盘等存储设备中。Java I/O 操作主要指的是使用 Java 进行输入、输出操作，Java 中的所有操作类都存放在 java.io 包中，在使用时需要导入此包。

在整个 java.io 包中最重要的就是 5 个类和 1 个接口，这 5 个类分别是 File、OutputStream、InputStream、Writer 和 Reader，1 个接口是 Serializable。

14.2　File 类

在整个 I/O 包中，唯一与文件有关的类就是 File。我们使用 File 类可以实现创建或删除文件等常用的操作功能。要想使用 File 类，需要首先观察 File 类的构造方法，此类的常用构造方法如下所示。

 知识点讲解：

```
public File(String pathname)
```

在实例化 File 类时必须设置好路径。如果要使用一个 File 类，则必须向 File 类的构造方法中传递一个文件路径，假如要操作 E 盘下的文件 test.txt，则路径必须写成 "E:\\test.txt"，其中 "\\" 表示一个 "\"。要操作文件，还需要使用 File 类中定义的若干方法。

14.2.1　File 类中的方法

在 Java 语言中，File 类中的主要方法如表 14-1 所示。

表 14-1 **File** 类中的主要方法和常量

方法/常量	类型	描述
public static final String pathSeparator	常量	表示路径的分隔符，Windows 系统中的值是 ";"
public static final String separator	常量	表示路径的分隔符，Windows 系统中的值是 "\"
public File（String pathname）	构造	创建 File 类对象，传入完整路径
public boolean createNewFile() throws IOException	普通	创建新文件
public boolean delete()	普通	删除文件
public boolean exists()	普通	判断文件是否存在
public boolean isDirectory()	普通	判断给定路径是否是一个目录
public long length()	普通	返回文件的大小
public String[] list()	普通	列出指定目录的全部内容，只列出名称
public File[] listFiles()	普通	列出指定目录的全部内容，会列出路径
public boolean mkdir()	普通	创建一个目录
public boolean renameTo（File dest）	普通	为已有的文件重新命名

14.2.2 使用 File 类操作文件

1. 创建文件

当类 File 的对象实例化之后，可以使用 createNewFile 创建一个新文件，但是因为此方法使用了 throws 关键字，所以必须使用 try...catch 进行异常处理。例如，现在要在 D 盘中创建一个文件 test.txt，可以通过如下所示的实例代码来实现。

实例 14-1　**使用 File 类创建文件**
源码路径：daima\14\FileT1.java

实例文件 FileT1.java 的主要实现代码如下所示。

```java
import java.io.File ;              //引入File接口类
import java.io.IOException ;
public class FileT1{
    public static void main(String args[]){
        File f = new File("d:\\test.txt") ;
        //实例化File类的对象
        try{
            f.createNewFile() ;//根据给定的路径创建文件
        }catch(IOException e){       //检测异常信息
            e.printStackTrace() ;  //输出异常信息
        }
    }
};
```

拓展范例及视频二维码

范例 **14-1-01**：使用 File 类
创建文件
源码路径：**演练范例\14-1-01**
范例 **14-1-02**：使用 File 类
删除文件
源码路径：**演练范例\14-1-02**

运行上述代码后可以发现在 D 盘中已经创建了一个名为 "test.txt" 的文件。如果在不同的操作系统中，则路径的分隔符表示是不一样的，例如 Windows 中使用反斜线表示目录的分隔符 "\"，而在 Linux 中使用正斜线表示目录的分隔符 "/"。

✿ 注意：在上述实例代码中，"d:\\test.txt" 是一个绝对路径地址，读者在运行上述程序时必须确保在自己的计算机中确实存在这个文件，本章后面的实例也是如此。如果读者想让上述程序在不同环境下运行，则考虑将备操作文件放在程序文件的同级目录下，也可以放在程序文件的工作空间中，然后用相对路径的方式设置备操作文件的路径。

既然 Java 程序本身具有可移植性的特点，那么我们在编写路径时最好根据程序所在的操作系统自动使用符合本地操作系统要求的分隔符，这样才能达到可移植的目的。要实现这个功能，就需要观察 File 类中提供的两个常量。下面的实例代码演示了使用 File 类中两个常量的方法。

实例 14-2 使用 File 中的两个常量
源码路径：daima\14\FileT2.java

实例文件 FileT2.java 的主要实现代码如下所示。

```
import java.io.File ;
import java.io.IOException ;
public class FileT2{
    public static void main(String args[]){
        System.out.println("pathSeparator:" + File.
pathSeparator) ;      // 调用静态常量
        System.out.println("separator:" + File.
separator) ;      // 调用静态常量
    }
};
```

执行上述代码后的结果如图 14-2 所示。

由此可见，对于之前创建文件的操作来说，最好使用上面的常量来表示路径。我们可以对上述代码进行修改，如下所示。

拓展范例及视频二维码

范例 **14-2-01**：列出磁盘下的
文件和文件夹
源码路径：**演练范例\14-2-01**
范例 **14-2-02**：实现文件过滤
显示功能
源码路径：**演练范例\14-2-02**

```
Problems @ Javadoc Declaration
<terminated> FileT2 [Java Application]
pathSeparator: ;
separator: \
```

图 14-2 执行结果

实例 14-3 使用 File 类创建文件的另一个方案
源码路径：daima\14\FileT3.java

实例文件 FileT3.java 的主要实现代码如下所示。

```
import java.io.File ;
import java.io.IOException ;
public class FileT3{
    public static void main(String args[]){
        File f = new File("d:"+File.separator+"
test.txt") ;//实例化File类的对象
        try{
            f.createNewFile() ;
            //根据给定的路径创建文件
        }catch(IOException e){
            e.printStackTrace() ;   //输出异常信息
        }
    }
};
```

拓展范例及视频二维码

范例 **14-3-01**：利用递归列出
所有文件
源码路径：**演练范例\14-3-01**
范例 **14-3-02**：移动操作某个
文件
源码路径：**演练范例\14-3-02**

上述代码的运行结果与前面程序是一样的，即也会在 D 盘中创建了一个名为 "test.txt" 的文件，但此时的程序可以在任意操作系统中使用，前提是使用备操作文件的相对路径方式。

2. 删除文件

Java 的 File 类也支持删除文件的操作。如果要删除一个文件，则可以使用 File 类中的 delete() 方法实现。

实例 14-4 使用 File 类删除文件
源码路径：daima\14\FileT4.java

实例文件 FileT4.java 的主要实现代码如下所示。

```
import java.io.File ;
import java.io.IOException ;
public class FileT4{
    public static void main(String args[]){
        //实例化File类的对象
        File f = new File("d:"+File.separator+"
test.txt") ;
        f.delete() ;       //删除文件
    }
};
```

拓展范例及视频二维码

范例 **14-4-01**：在删除文件时
增加判断
源码路径：**演练范例\14-4-01**
范例 **14-4-02**：修改文件的
属性
源码路径：**演练范例\14-4-02**

执行后会删除文件 "D:\test.txt"。上面的实例代码虽然能够成功删除文件，但是也会存在一个问题——在删除文件前应该保证文件存在。所以以上程序在使用时最好先判断文件是否存在，如果存在，则执行删除操作。判断一个文件是否存在可以直接使用 File 类提供的 exists()方法，此方法返回 boolean 类型值。

3. 创建文件夹

除了可以创建文件外，在 Java 中也可以使用 File 类创建一个指定文件夹，此功能可以使用方法 mkdir()来完成。

实例 14-5　使用 File 类创建文件夹
源码路径：daima\14\FileT7.java

实例文件 FileT7.java 的主要实现代码如下所示。

```java
import java.io.File ;
import java.io.IOException ;
public class FileT7{
    public static void main(String args[]){
        File f = new File("d:"+File.separator+"www");
        //实例化File类的对象
        f.mkdir() ;          //创建文件夹
    }
};
```

运行上述代码后，会在 D 盘创建一个名为 "www" 的文件夹。

拓展范例及视频二维码

范例 **14-5-01**：创建一个文件或者
　　　　　　　文件夹
源码路径：**演练范例\14-5-01**
范例 **14-5-02**：使用判断文件的
　　　　　　　属性方法
源码路径：**演练范例\14-5-02**

4. 列出目录中的全部文件

假设给出了一个具体目录，通过 File 类可以直接列出这个目录中的所有内容。在 File 类中定义了如下两个方法可以列出文件夹中的内容。

❑ public String[] list()：列出全部名称，返回一个字符串数组。
❑ public File[] listFiles()：列出完整的路径，返回一个 File 对象数组。

实例 14-6　使用 list()方法列出一个目录中的全部内容
源码路径：daima\14\FileT8.java

实例文件 FileT8.java 的主要实现代码如下所示。

```java
import java.io.File ;
import java.io.IOException ;
public class FileT8{
    public static void main(String args[]){
        //实例化File类的对象
        File f = new File("d:"+File.separator) ;
        //列出给定目录中的内容
        String str[] = f.list() ;
        for(int i=0;i<str.length;i++){
            System.out.println(str[i]) ;
        }
    }
};
```

拓展范例及视频二维码

范例 **14-6-01**：列出目录中全部
　　　　　　　文件的完整路径
源码路径：**演练范例\14-6-01**
范例 **14-6-02**：显示指定类型的
　　　　　　　文件
源码路径：**演练范例\14-6-02**

上述代码执行后会显示 D 盘目录中的内容，如图 14-3 所示。

5. 判断一个给定路径是否是目录

在 Java 编程中，可以直接使用 File 类中的方法 isDirectory()来判断某指定路径是否是一个目录。下面的实例演示了这一用法。

实例 14-7　判断一个给定的路径是否是目录
源码路径：daima\14\FileT10.java

实例文件 FileT10.java 的主要实现代码如下所示。

```java
import java.io.File ;
```

```
import java.io.IOException ;
public class FileT10{
    public static void main(String args[]){
        File f = new File("d:"+File.separator) ;
        //实例化File类的对象
        if(f.isDirectory()){      //判断是否是目录
            System.out.println(f.getPath() + "
            路径是目录。") ;
        }else{
            System.out.println(f.getPath() + "
            路径不是目录。") ;
        }
    }
};
```

拓展范例及视频二维码

范例 **14-7-01**：输出文件的
属性信息

源码路径：**演练范例\14-7-01**

范例 **14-7-02**：删除文件或
文件夹

源码路径：**演练范例\14-7-02**

执行后的结果如图 14-4 所示。

```
<terminated> FileT8 [Java Application]
Adobe
ajax
android-sdk-windows
area.properties
Baofeng
Bin
book
CAD2012
chapter4-10
```

```
Problems @ Javadoc Declaration
<terminated> FileT10 [Java Application]
d:\路径是目录。
```

图 14-3　执行结果　　　　　　　　　　图 14-4　执行结果

14.3　RandomAccessFile 类

File 类只是针对文件本身进行操作的，如果要对文件内容进行操作，那么可以使用类 RandomAccessFile 来实现。类 RandomAccessFile 属于随机读取类，可以随机读取一个文件中指定位置的数据，假设在文件中保存了以下 3 个数据。

知识点讲解：

```
aaaaaaaa, 30
bbbb, 31
cccccc, 32
```

此时如果使用类 RandomAccessFile 来读取"bbb"信息，那么就可以将"aaa"的信息跳过，这相当于在文件中设置了一个指针，根据此指针的位置进行读取。但是如果想实现这样的功能，则每个数据的长度应该保持一致，所以应统一设置姓名为 8 位，数字为 4 位。若要实现上述功能，则必须使用 RandomAccessFile 类中的几种设置模式，然后在构造方法中传递此模式。

14.3.1　RandomAccessFile 类的常用方法

RandomAccessFile 类的常用方法如表 14-2 所示。

表 **14-2**　**RandomAccessFile** 类的常用方法

方法	类型	描述
public RandomAccessFile（File file,String mode）throws FileNotFoundException	构造	接收 File 类的对象，指定操作路径，但是在设置时需要设置模式，r 为只读；w 为只写；rw 为读写
public RandomAccessFile（String name,String mode）throws FileNotFoundException	构造	不再使用 File 类对象表示文件，而是直接输入一个固定的文件路径
public void close() throws IOException	普通	关闭操作
public int read(byte[] b) throws IOException	普通	将内容读取到一个字节数组中
public final byte readByte() throws IOException	普通	读取一个字节
public final int readInt() throws IOException	普通	从文件中读取整型数据

续表

方法	类型	描述
public void seek（long pos）throws IOException	普通	设置读指针的位置
public final void writeBytes（String s）throws IOException	普通	将一个字符串写入到文件中，按字节的方式进行处理
public final void writeInt（int v）throws IOException	普通	将一个 int 类型数据写入文件，长度为 4 位
public int skipBytes（int n）throws IOException	普通	指针跳过多少个字节

当使用 rw 方式声明 RandomAccessFile 对象时，如果要写入的文件不存在，则系统会自动创建。

14.3.2 使用 RandomAccessFile 类

实例 14-8 使用 RandomAccessFile 类写入数据
源码路径：daima\14\RandomAccessT1.java

实例文件 RandomAccessT1.java 的主要实现代码如下所示。

```java
import java.io.File ;
import java.io.RandomAccessFile ;
public class RandomAccessT1{
    //直接抛出所有的异常，程序中不进行处理
    public static void main(String args[]) throws Exception{
        //指定要操作的文件
        File f = new File("d:" + File.separator + "test.txt") ;
        //声明RandomAccessFile类的对象
        RandomAccessFile rdf = null ;
        //读写模式，如果文件不存在，则自动创建
        rdf = new RandomAccessFile(f,"rw") ;
        String name = null ;
        int age = 0 ;
        name = "aaaaaaaa" ;     //字符串长度为8
        age = 30 ;              //数字的长度为4
        rdf.writeBytes(name) ;  //将姓名写入文件之中
        rdf.writeInt(age) ;     //将年龄写入文件之中
        name = "bbbb    " ;     //字符串长度为8
        age = 31 ;              //数字的长度为4
        rdf.writeBytes(name) ;  //将姓名写入文件之中
        rdf.writeInt(age) ;     //将年龄写入文件之中
        name = "cccccc  " ;     //字符串长度为8
        age = 32 ;              //数字的长度为4
        rdf.writeBytes(name) ;  //将姓名写入文件之中
        rdf.writeInt(age) ;     //将年龄写入文件之中
        rdf.close() ;           //关闭
    }
};
```

拓展范例及视频二维码
范例 14-8-01：使用 RandomAccessFile 读取数据
源码路径：演练范例\14-8-01\
范例 14-8-02：以树结构显示文件的路径
源码路径：演练范例\14-8-02\

上述代码运行后会在文件"D\test"中写入数据"aaaaaaaa""bbbb"和"cccccc"，如图 14-5 所示。

为了保证可以进行随机读取，在上述实例代码中写入的名字都是 8 字节，写入的数字是固定的 4 字节。

图 14-5 执行结果

14.4　字节流与字符流

在程序中，所有的数据都是以流的方式进行传输或保存的，程序需要数据时使用输入流读取数据，而当程序需要将一些数据保存起来时，就要使用输出流。本节将详细讲解 Java 处理字节流和字符流的基本知识。

　知识点讲解：

14.4.1　字节流类和字符流类

在 java.io 包中流操作主要有字节流类和字符流类两大类，这两个类都有输入和输出操作。

❑ 字节流：在字节流中主要使用 OutputStream 类完成输出数据，输入使用的是 InputStream 类。字节流主要操作字节类型数据，以字节数组为准，主要操作类是 OutputStream 类和 InputStream 类。

❑ 字符流：在字符流中输出主要使用 Writer 类来完成，输入主要是使用 Reader 类完成。在程序中一个字符等于两个字节，Java 提供了 Reader 和 Writer 两个专门操作字符流的类。

在 Java 程序中，I/O 操作是有相应步骤的。以文件操作为例，主要的操作流程如下所示。

❑ 使用类 File 打开一个文件。

❑ 通过字节流或字符流的子类指定输出位置。

❑ 进行读/写操作。

❑ 关闭输入/输出。

14.4.2　使用字节流

1. 字节输出流 OutputStream

OutputStream 类是整个 I/O 包中字节输出流的最大父类，此类的定义如下所示。

```
public abstract class OutputStream
extends Object
implements Closeable, Flushable
```

从以上定义中可以发现，OutputStream 类是一个抽象类，如果要使用此类，则首先必须通过子类实例化对象。如果现在要操作的是一个文件，则可以使用 FileOutputStream 类，它通过向上转型后可以实例化 OutputStream。OutputStream 类的主要操作方法如表 14-3 所示。

表 14-3　OutputStream 类的常用方法

方法	类型	描述
public void close() throws IOException	普通	关闭输出流
public void flush() throws IOException	普通	刷新缓冲区
public void write(byte[] b) throws IOException	普通	将一个字节数组写入数据流
public void write(byte[] b,int off,int len) throws IOException	普通	将一个指定范围的字节数组写入数据流
public abstract void write(int b) throws IOException	普通	将一个字节数据写入数据流

FileOutputStream 子类的构造方法如下所示。

```
public FileOutputStream(File file) throws FileNotFoundException
```

操作它时必须接收 File 类的实例，并指明要输出的文件路径。在定义 OutputStream 类时可以发现此类实现了 Closeable 和 Flushable 两个接口，其中 Closeable 的定义如下所示。

```
public interface Closeable{
    void close() throws IOException
}
```

Flushable 的定义如下所示。

```
public interface Flushable{
    void flush() throws IOException
}
```

因为这两个接口的作用从定义方法中可以发现，即 Closeable 表示可关闭，Flushable 表示可刷新，而且在类 OutputStream 中已经有了这两个方法的实现，所以操作时用户一般不会关心这两个接口，而是直接使用 OutputStream 类。

实例 14-9 向文件中写入字符串

源码路径：daima\14\OutputStreamT1.java

实例文件 OutputStreamT1.java 的主要实现代码如下所示。

```
import java.io.File ;
import java.io.OutputStream ;
import java.io.FileOutputStream ;
public class OutputStreamT1{
    //异常抛出，不处理
    public static void main(String args[])
    throws Exception{
        //第1步，使用File类找到一个文件，声明File对象
        File f= new File("d:" + File.separator + "
        test.txt") ;
        //第2步，通过子类实例化父类对象
        OutputStream out = null ;
        // 准备好一个输出对象
        out = new FileOutputStream(f) ;  // 通过对象多态性进行实例化
        //第3步，进行写操作
        String str = "Hello World!!!";    //准备一个字符串
        byte b[] = str.getBytes() ;       //由于只能输出字节数组，所以将字符串变为字节数组
        out.write(b) ;                    //输出内容，保存文件
        //第4步，关闭输出流
        out.close() ;                     //关闭输出流
    }
};
```

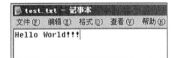

拓展范例及视频二维码

范例 **14-9-01**：用 write(int t)方式
写入文件内容
源码路径：**演练范例\14-9-01**
范例 **14-9-02**：使用 FileOutput
Stream 追加内容
源码路径：**演练范例\14-9-02**

执行代码后将在文件"D\test"中写入数据"Hello World!!!"，如图 14-6 所示。

上面的实例代码可以将指定内容成功地写入到文件文件"D\test"中。以上程序在实例化、写、关闭时都有异常发生，为了方便，可以直接在主方法上使用 thorws 关键字抛出异常，以减少 try…catch 语句。当使用上述代码操作文件 test.txt 时，操作之前文件本身是不存在的，但是操作之后程序会为用户自

动创建新文件，并将内容写入文件之中。整个操作过程是直接将一个字符串变为字节数组，然后将字节数组直接写入文件中。

图 14-6　执行结果

2. 追加新内容

如果重新执行程序，则会覆盖文件中的内容，也就是说前面的实例无论执行过多少次，都只会在文件"D\test"中显示一个"Hello World!!!"。其实在 Java 中可以通过类 FileOutputStream 向文件追加内容，此类的另外一个构造方法如下所示。

```
public FileOutputStream(File file,boolean append) throws FileNotFoundException
```

在上述构造方法中，如果将 append 的值设置为 true，则表示在文件末尾追加内容。

✿ 注意：对于写入的数据要换行。上面的程序的功能是在文件之后追加内容，但是存在一个美观的问题——内容是紧跟在原有内容之后的。我们可以用换行来区别原有数据和追加数据，在 Java 中可以使用"\r\n"在文件中增加换行。如果要换行，则直接在字符串要换行处加入一个"\r\n"，如下面的代码所示。

```
String str = "\r\n Hello World!!!"; // 准备一个字符串
```

经过上述处理后，新内容是在换行之后追加的。

3．字节输入流 InputStream

Java 程序可以通过 InputStream 类把文件中的内容读取进来，InputStream 类的定义如下所示。

```
public abstract class InputStream
extends Object
implements Closeable
```

与 OutputStream 类一样，InputStream 类本身也是一个抽象类，必须依靠其子类。如果现在从文件中读取，则其子类肯定是 FileInputStream。InputStream 类的主要方法如表 14-4 所示。

表 14-4　InputStream 类的常用方法

方法	类型	描述
public int available() throws IOException	普通	可以取得输入文件的大小
public void close() throws IOException	普通	关闭输入流
public abstract int read() throws IOException	普通	以数字的方式读取内容
public int read(byte[] b) throwsIOException	普通	将内容读到字节数组中，同时返回读入的个数

FileInputStream 类的构造方法如下所示。

```
public FileInputStream(File file) throws FileNotFoundException
```

实例 14-10　**从文件中读取内容**
源码路径：daima\14\InputStreamT1.java

实例文件 InputStreamT1.java 的主要实现代码如下所示。

```
import java.io.File ;
import java.io.InputStream ;
import java.io.FileInputStream ;
public class InputStreamT1{
    //异常抛出，不处理
     public static void main(String args[])
  throws Exception{
        //第1步，使用File类找到一个文件
        File f= new File("d:" + File.separator + "
        test.txt") ;
        //第2步，通过子类实例化父类对象，声明File对象
        InputStream input = null ;              // 准备好一个输入对象
        input = new FileInputStream(f);         // 通过对象多态性进行实例化
        //第3步，进行读操作
        byte b[] = new byte[1024] ;             // 所有的内容都读到此数组之中
        input.read(b)                           // 读取内容
        //第4步，关闭输出流
        input.close() ;                         // 关闭输出流
        System.out.println("内容为:" + new String(b)) ;  // 把字节数组变为字符串输出
    }
};
```

拓展范例及视频二维码

范例 **14-10-01**：消除空格
源码路径：**演练范例\14-10-01**
范例 **14-10-02**：查找替换文本
　　　　　文件的内容
源码路径：**演练范例\14-10-02**

上述代码执行后可以读取文件"D\test"中的数据，如图 14-7 所示。

在上面的实例代码中，文件"D\test"中的数据虽然已经读取进来，但是发现后面有很多个空格。这是因为开辟的字节数组大小为 1024 字节，而实际的内容只有 28 字节，也就是说存在 996 个空白的空间，在将字节数组变为字符串时也会将这 996 个无用的空间转为字符串。这样的操作肯定是不合理的。如果要想解决这个

```
<terminated> InputStreamT1 [Java Application] F:\
内容为: Hello World!!!Hello World!!!
```
图 14-7　执行结果

问题，则要使用 read 方法，在此方法上有一个返回值，此返回值表示向数组中写入了多少个数据。

4．开辟指定大小的 byte 数组

在实例 14-10 中，虽然最后指定了 byte 数组的范围，但是程序依然开辟了很多的无用空间，这样肯定会造成资源的浪费，那么此时能否根据文件的数据量来选择开辟空间的大小呢？要想完成这样的操作，则要从 File 类着手，因为在 File 类中存在一个 length()方法，此方法可以取得文件的大小。下面的实例演示了 length()方法的用法。

实例 14-11 使用 length()方法获取文件的长度
源码路径：daima\14\InputStreamT3.java

实例文件 InputStreamT3.java 的主要实现代码如下所示。

```java
import java.io.File ;
import java.io.InputStream ;
import java.io.FileInputStream ;
public class InputStreamT3{
    public static void main(String args[])
    throws Exception{        //异常抛出，不处理
        //第1步，使用File类找到一个文件
        File f= new File("d:" + File.separator + "
        test.txt") ;    //声明File对象
        //第2步，通过子类实例化父类对象
        InputStream input = null ;
        //准备好一个输入的对象
        input = new FileInputStream(f) ;
        //通过对象多态性，进行实例化
        //第3步，进行读操作
        byte b[] = new byte[(int)f.length()] ;        //数组大小由文件决定
        int len = input.read(b) ;                     //读取内容
        //第4步，关闭输出流
        input.close() ;                               //关闭输出流
        System.out.println("读入数据的长度:" + len) ;
        System.out.println("内容为:" + new String(b)) ;  //把byte数组变为字符串输出
    }
};
```

拓展范例及视频二维码
范例 **14-11-01**：InputStream
演练 1
源码路径：**演练范例\14-11-01**
范例 **14-11-02**：InputStream
演练 2
源码路径：**演练范例\14-11-02**

执行后的结果如图 14-8 所示。

除了上述方式外，也可以使用方法 read()通过循环从文件中把内容读取进来。在下面的实例中，使用 read() 方法进行了循环读取操作。

```
读入数据的长度: 28
内容为: Hello World!!!Hello World!!!
```

图 14-8　执行结果

实例 14-12 使用 read()方法进行了循环读取操作
源码路径：daima\14\InputStreamT4.java

实例文件 InputStreamT4.java 的主要实现代码如下所示。

```java
import java.io.File ;
import java.io.InputStream ;
import java.io.FileInputStream ;
public class InputStreamT4{
    public static void main(String args[])
    throws Exception{        //异常抛出，不处理
        //第1步，使用File类找到一个文件
        File f= new File("d:" + File.separator + "
        test.txt") ;    //声明File对象
        //第2步，通过子类实例化父类对象
        InputStream input = null ;
        //准备好一个输入对象
        input = new FileInputStream(f) ;
        //通过对象多态性进行实例化
        //第3步，进行读操作
        byte b[] = new byte[(int)f.length()] ;        //数组大小由文件决定
        for(int i=0;i<b.length;i++){
            b[i] = (byte)input.read() ;               //读取内容
        }
        //第4步，关闭输出流
        input.close() ;                               //关闭输出流
        System.out.println("内容为:" + new String(b)) ;  //把字节数组变为字符串输出
    }
};
```

拓展范例及视频二维码
范例 **14-12-01**：InputStream
演练 3
源码路径：**演练范例\14-12-01**
范例 **14-12-02**：InputStream
演练 4
源码路径：**演练范例\14-12-02**

实例文件执行后的结果如图 14-9 所示。

但是上面程序中的 InputStreamT4.java 还是存在一个问题，前面的程序都是在明确知道具体数组大小的前提下开展的，如果此时不知道要输入的内容有多

```
Problems  @ Javadoc  Declaration  Consol
<terminated> InputStreamT4 [Java Application] F:\
内容为: Hello World!!!Hello World!!!
```

图 14-9　执行结果

大，则只能通过判断是否读到文件末尾来读取文件。我们可以通过下面的实例来实现。

实例 14-13　未知内容时读取文件的内容
源码路径：daima\14\InputStreamT5.java

实例文件 InputStreamT5.java 的主要实现代码如下所示。

```
public class InputStreamT5{
    public static void main(String args[]) throws Exception{        //异常抛出，不处理
        // 第1步，使用File类找到一个文件
        File f= new File("d:" + File.separator + "test.txt") ;      //声明File对象
        // 第2步，通过子类实例化父类对象
        InputStream input = null ;                                  //准备好一个输入对象
        input = new FileInputStream(f)  ;
        //通过对象多态性进行实例化
        // 第3步，进行读操作
        byte b[] = new byte[1024];//数组大小由文件决定
        int len = 0 ;                       //初始化变量len
        int temp = 0 ;                      //初始化变量temp
        while((temp=input.read())!=-1){
        //接收每一个读进来的数据
            // 表示还有内容，文件没有读完
            b[len] = (byte)temp ;
            len++ ;
        }
        // 第4步，关闭输出流
        input.close() ;         //关闭输出流
        System.out.println("内容为:" + new String(b,0,len)) ;         //以字符串形式输出字节数组
    }
};
```

拓展范例及视频二维码

范例 **14-13-01**：InputStream
演练 5
源码路径：演练范例\14-13-01\
范例 **14-13-02**：InputStream
演练 6
源码路径：演练范例\14-13-02\

上述程序代码要判断 temp 接收到的内容是否是–1。正常情况下程序是不会返回–1 的，只有当输入流的内容已经到末尾，才会返回这个数字，通过此数字可以判断输入流中是否还有其他内容。执行后的结果如图 14-10 所示。

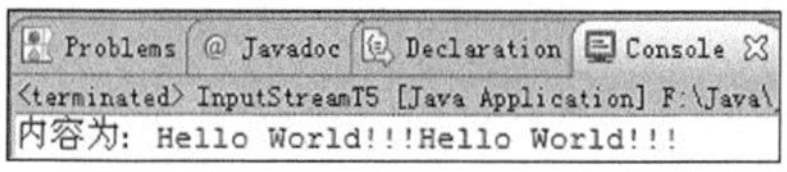

图 14-10　执行结果

14.4.3　使用字符流

1. 字符输出流 Writer

在 Java 语言中，Writer 本身是一个字符流的输出类，此类定义如下所示。

```
public abstract class Writer
extends Object
implements Appendable, Closeable, Flushable
```

Writer 本身也是一个抽象类。如果要使用此类，则要使用其子类。此时如果向文件中写入内容，则应该使用 FileWriter 的子类。Wirter 类的常用方法如表 14-5 所示。

表 **14-5**　**Writer** 类的常用方法

方法	类型	描述
public abstract void close() hrows IOException	普通	关闭输出流
public void write(String str) throws IOException	普通	输出字符串
public void write(char[] cbuf) throws IOException	普通	输出字符数组
public abstract void flush() throws IOException	普通	强制性清空缓存

FileWriter 类的构造方法如下所示。

```
public FileWriter(File file) throws IOException
```

在 Writer 类中除了可以实现 Closeable 和 Flushable 接口之外，还实现了 Appendable 接口，此接口的定义如下所示。

```
public interface Appendable{
    Appendable append(CharSequence csq) throws IOException ;
    Appendable append(CharSequence csq,int start,int end) throws IOException ;
```

```
    Appendable append(char c) throws IOException
}
```

此接口表示的是可以追加内容，接收的参数是 CharSequence。实际上因为 String 类实现了此接口，所以可以直接通过此接口的方法向输出流中追加内容。下面的实例代码可以向指定文件中写入数据。

实例 14-14 向指定文件中写入数据
源码路径：daima\14\WriterT1.java

实例文件 WriterT1.java 的主要实现代码如下所示。

```
import java.io.File ;
import java.io.Writer ;
import java.io.FileWriter ;
public class WriterT1{
    public static void main(String args[])
    throws Exception{ //异常抛出，不处理
        // 第1步，使用File类找到一个文件
        File f= new File("d:" + File.separator + "
        test.txt") ; //声明File对象
        // 第2步，通过子类实例化父类对象
        Writer out = null ;    // 准备好一个输出对象
        out = new FileWriter(f)  ;        //通过对象多态性进行实例化
        // 第3步，进行写操作
        String str = "Hello World!!!" ;   //准备一个字符串
        out.write(str) ;                  //输出内容,保存文件
        // 第4步，关闭输出流
        out.close() ;                     //关闭输出流
    }
};
```

拓展范例及视频二维码

范例 **14-14-01**：使用 FileWriter 类
源码路径：演练范例\14-14-01\
范例 **14-14-02**：FileWriter 的
异常处理
源码路径：演练范例\14-14-02\

由上述代码可以看出，整个程序与 OutputStream 的操作流程并没有太大的区别。它的唯一的好处是可以直接输出字符串，而不用将字符串变为字节数组之后再输出。执行后可以在文件"D\test"中写入数据，结果如图 14-11 所示。

```
test.txt - 记事本
文件(F)  编辑(E)  格式(O)  查看(V)  帮助(H)
Hello World!!!
```

图 14-11　执行结果

2. 使用 FileWriter 追加文件内容

在 Java 程序中使用字符流操作也可以实现文件的追加功能，直接使用 FileWriter 类的如下构造即可实现追加功能。

```
    public FileWriter(File file, boolean append) throws IOException
```

通过上述代码可以将 append 的值设置为 true 以表示追加。下面的实例演示了追加文件内容的功能。

实例 14-15 追加文件内容
源码路径：daima\14\WriterT2.java

实例文件 WriterT2.java 的主要实现代码如下所示。

```
public class WriterT2{
    public static void main(String args[]) throws Exception{   //异常抛出，不处理
        //第1步，使用File类找到一个文件
        File f= new File("d:" + File.separator + "
        test.txt") ;         //声明File对象
        //第2步，通过子类实例化父类对象
        Writer out = null ;  //准备好一个输出对象
        out = new FileWriter(f,true)  ;
        //通过对象多态性进行实例化
        //第3步，进行写操作
        String str = "\r\nAAAA\r\nHello World!!!";
        //准备一个字符串
        out.write(str) ;      //输出内容，保存文件
        //第4步，关闭输出流
        out.close() ;         //关闭输出流
    }
};
```

拓展范例及视频二维码

范例 **14-15-01**：使用 Writer.
write()方法
源码路径：演练范例\14-15-01\
范例 **14-15-02**：使用 Writer.
append()方法
源码路径：演练范例\14-15-02\

上述代码执行后可以在文件"D\test"中追加文本内容，结果如图 14-12 所示。

图 14-12　执行结果

3. 字符输入流 Reader

Reader 类能够使用字符的方式从文件中取出数据，此类的定义如下所示。

```
public abstract class Reader
extends Object
implements Readable, Closeable
```

Reader 类是一个抽象类。如果现在要从文件中读取内容，则可以直接使用 FileReader 子类。类 Reader 的常用方法如表 14-6 所示。

表 14-6　**Reader** 类的常用方法

方法	类型	描述
public abstract void close() throws IOException	普通	关闭输出流
public int read() throws IOException	普通	读取单个字符
public int read(char[] cbuf) throws IOException	普通	将内容读到字符数组中，返回读入的长度

FileReader 类的构造方法如下所示。

```
public FileReader(File file) throws FileNotFoundException
```

实例 14-16　使用循环方式读取文件内容

源码路径：daima\14\ReaderT1.java

实例文件 ReaderT1.java 的主要实现代码如下所示。

```
public class ReaderT1{
  //异常抛出，不处理
   public static void main(String args[])
 throws Exception{
        //第1步，使用File类找到一个文件
        File f= new File("d:" + File.separator + "
 test.txt") ;
        //声明File对象
        //第2步，通过子类实例化父类对象
        Reader input = null ;   //准备好一个输入对象
        input = new FileReader(f)  ;
        //通过对象多态性进行实例化
        // 第3步，进行读操作
        char c[] = new char[1024] ;       //所有内容都读到此数组之中
        int len = input.read(c) ;          //读取内容
        // 第4步，关闭输出流
        input.close() ;                    //关闭输出流
        System.out.println("内容为:" + new String(c,0,len)) ;       //把字符数组变为字符串输出
    }
};
```

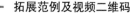

拓展范例及视频二维码

范例 **14-16-01**：读取指定
文件的内容
源码路径：**演练范例\14-16-01**
范例 **14-16-02**：批量文件
重命名
源码路径：**演练范例\14-16-02**

程序执行后的结果如图 14-13 所示。如果此时不知道数据的长度，那么也可以像操作字节流那样，使用循环方式读取内容。

图 14-13　执行结果

14.5 字节转换流

在 Java 语言的 I/O 包中，流的类型实际上分为字节流和字符流两种，除此之外，还存在一组"字节流-字符流"的转换类。具体说明如下所示。

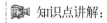

- ❏ OutputStreamWriter：是 Writer 的子类，将输出的字符流变为字节流，即将一个字符流的输出对象变为字节流的输出对象。
- ❏ InputStreamReader：是 Reader 的子类，将输入的字节流变为字符流，即将一个字节流的输入对象变为字符流的输入对象。

以文件操作为例来讲解它们的作用。内存中的字符数据需要用 OutputStreamWriter 将其转换为字节流才能保存在文件中，在读取时需要将读入的字节流通过 InputStreamReader 转换为字符流。不管如何操作，最终都是以字节形式保存在文件中的。

OutputStreamWriter 类的构造方法如下所示。

```
public OutputStreamWriter(OutputStream out)
```

实例 14-17 **将字节输出流变为字符输出流**
源码路径：daima\14\OutputStreamWriterT.java

实例文件 OutputStreamWriterT.java 的主要实现代码如下所示。

```java
import java.io.* ;
public class OutputStreamWriterT{
  // 抛出所有异常
  public static void main(String args[])
throws Exception  {
    File f = new File("d:" + File.separator + "
    test.txt") ;
    Writer out = null ;          // 字符输出流
    // 字节流变为字符流
    out = new OutputStreamWriter(new
    FileOutputStream(f)) ;
    out.write("hello world!!");// 使用字符流输出
    out.close() ;
  }
};
```

拓展范例及视频二维码

实现代码执行后会创建文件"D\test"，并在里面写入指定的内容，效果如图 14-14 所示。

🌸 注意：FileOutputStream 是 OutputStream 的直接子类，FileInputStream 也是 InputStream 的直接子类。但是字符流文件中的两个操作类却有一些特殊，FileWriter 并不直接是 Writer 的子类，而是 OutputStreamWriter 的子类，FileReader 也不直接是 Reader 的

图 14-14 执行结果

子类，而是 InputStreamReader 的子类。从这两个类的继承关系可以清楚地发现，不管是使用字节流还是字符流，实际上最终都是以字节形式操作输入/输出流的。

14.6 内存操作流

前面所讲解的输出和输入都是基于文件实现的，其实也可以将输出位置设置在内存上，此时就要使用 ByteArrayInputStream、ByteArrayOutputStream 来完成输入和输出功能。其中 ByteArrayInputStream 的功能是将内容写入到内存中，而 ByteArrayOutputStream 的功能是输出内存中的数据。

ByteArrayInputStream 类的主要方法如表 14-7 所示。

表 14-7　**ByteArrayInputStream** 类的主要方法

方法	类型	描述
public ByteArrayInputStream(byte[] buf)	构造	将全部内容写入内存中
public ByteArrayInputStream(byte[] buf,int offset, int length)	构造	将指定范围的内容写入到内存中

ByteArrayOutputStream 类的主要方法如表 14-8 所示。

表 14-8　**ByteArrayOutputStream** 类的主要方法

方法	类型	描述
public ByteArray OutputStream()	构造	创建对象
public void write(int b)	普通	将内容从内存中输出

下面的实例代码使用内存操作流将一个大写字母转换为小写字母。

实例 14-18　**使用内存操作流将一个大写字母转换为小写字母**
源码路径：daima\14\ByteArrayT.java

实例文件 ByteArrayT.java 的主要实现代码如下所示。

```java
import java.io.* ;
public class ByteArrayT{
    public static void main(String args[]){
        String str = "HELLOWORLD" ;           // 定义一个字符串，它全部由大写字母组成
        ByteArrayInputStream bis = null ;       // 内存输入流
        ByteArrayOutputStream bos = null ;      // 内存输出流
        bis = new ByteArrayInputStream(str.getBytes()) ;  // 向内存中输出内容
        bos = new ByteArrayOutputStream() ;     // 准备从内存ByteArrayInputStream中读取内容
        int temp = 0 ;
        while((temp=bis.read())!=-1){
            char c = (char) temp ;              // 读取的数字变为字符
            bos.write(Character.toLowerCase(c)) ;  // 将字符变为小写
        }
        // 所有数据全部在ByteArrayOutputStream中
        String newStr = bos.toString();//取出内容
        try{
            bis.close() ;          //关闭bis流
            bos.close() ;          //关闭bos流
        }catch(IOException e){
            e.printStackTrace() ;
        }
        System.out.println(newStr) ;
    }
};
```

拓展范例及视频二维码

范例 **14-18-01**：使用内存
操作流 1
源码路径：**演练范例**\14-18-01\
范例 **14-18-02**：使用内存
操作流 2
源码路径：**演练范例**\14-18-02\

程序执行后的结果如图 14-15 所示。

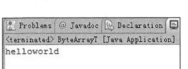

图 14-15　执行结果

从执行结果可以看出，字符串已经由大写变为了小写，全部操作都是在内存中完成的。一般在生成一些临时信息时才会使用内存操作流，而这些临时信息如果要保存在文件中，则代码执行完后还要删除这个临时文件，所以此时使用内存操作流是最合适的。

14.7　管　道　流

管道流可以实现两个线程间的通信，这两个线程为管道输出流（PipedOutputStream）和管道输入流（PipedInput Stream）。如果要进行管道输出，则必须把输出流连到输入流上。使用 PipedOutputStream 类的方法可以实现连接管道功能，其方法如下所示。

知识点讲解：

```
public void connect (PipedInputStream snk) throws IOException
```

下面的实例代码验证了管道流实现线程连接的过程。

实例 14-19　**使用管道流实现线程连接**

源码路径：daima\14\guan.java

实例文件 guan.java 的主要实现代码如下所示。

```java
import java.io.* ;
class Send implements Runnable{                    // 线程类
    private PipedOutputStream pos = null ;         // 管道输出流
    public Send(){
        this.pos = new PipedOutputStream() ;       // 实例化输出流
    }
    public void run(){
        String str = "Hello World!!!" ;            // 要输出的内容
        try{
            this.pos.write(str.getBytes()) ;
        }catch(IOException e){
            e.printStackTrace() ;
        }
        try{
            this.pos.close() ;
        }catch(IOException e){
            e.printStackTrace() ;
        }
    }
    public PipedOutputStream getPos(){             // 得到此线程的管道输出流
        return this.pos ;
    }
};
class Receive implements Runnable{
    private PipedInputStream pis = null ;          // 管道输入流
    public Receive(){
        this.pis = new PipedInputStream() ;        // 实例化输入流
    }
    public void run(){
        byte b[] = new byte[1024] ; // 接收内容
        int len = 0 ;
        try{
            len = this.pis.read(b) ;// 读取内容
        }catch(IOException e){
            e.printStackTrace() ;
        }
        try{
            this.pis.close() ;           // 关闭
        }catch(IOException e){
            e.printStackTrace() ;
        }
        System.out.println("接收的内容为:" + new String(b,0,len)) ;
    }
    public PipedInputStream getPis(){
        return this.pis ;
    }
};
public class guan{
```

拓展范例及视频二维码

范例 **14-19-01**：写入读取

一个字符串

源码路径：**演练范例**\14-19-01\

范例 **14-19-02**：多次写入

读取字符串

源码路径：**演练范例**\14-19-02\

```
public static void main(String args[]){
    Send s = new Send() ;
    Receive r = new Receive() ;
    try{
        s.getPos().connect(r.getPis()) ;      // 连接管道
    }catch(IOException e){
        e.printStackTrace() ;
    }
    new Thread(s).start() ;                   // 启动线程
    new Thread(r).start() ;                   // 启动线程
    }
};
```

上述代码定义了两个线程对象，在发送线程类中定义了管道输出流，在接收线程类中定义了管道输入流。在操作时只需要使用 PipedOutputStream 类提供的 connection()方法就可以将两个线程管道连接在一起，线程启动后会自动进行管道的输入、输出操作。执行结果如图 14-16 所示。

图 14-16　执行结果

14.8　打　印　流

在 Java 的 I/O 包中，打印流是输出信息最方便的一个类，主要包括字节打印流（PrintStream）和字符打印流（PrintWriter）。打印流提供了非常方便的打印功能，通过打印流可以打印任何的数据类型，例如小数、整数、字符串等。

知识点讲解：

14.8.1　打印流概述

PrintStream 类是 OutputStream 的子类，PrintStream 类的常用方法如表 14-9 所示。

表 14-9　PrintStream 类的常用方法

方法	类型	描述
public PrintStream(File file) throws FileNotFoundException	构造	通过 File 对象实例化 PrintStream 类
public PrintStream(OutputStream out)	构造	接收 OutputStream 对象以实例化 PrintStream 类
public PrintStream printf(Locale l,String format,Object... args)	普通	根据指定的 Locale 进行格式化输出
public PrintStream printf(String format, Object... args)	普通	根据本地环境格式化输出
public void print(boolean b)	普通	此方法可以重载很多次，输出任意数据
public void println(boolean b)	普通	此方法可以重载很多次，输出任意数据后换行

从在 PrintStream 类中定义的构造方法可以清楚地发现，有一个构造方法可以直接接收 OutputStream 类的实例，这是因为与 OutputStream 类相比，PrintStream 类能更加方便地输出数据，这就好像将 OutputStream 类重新包装了，使输出更加方便一样。把一个输出流的实例传递到打印流后，可以更加方便地输出内容。也就是说，打印流把输出流重新装饰了一下，就像送别人礼物，需要把礼物包装一下才会更加好看，这样的设计称为装饰设计模式。

从 JDK 1.5 之后，Java 对 PrintStream 类进行了扩充，在里面增加了格式化的输出方式，此功能可以直接使用 printf()方法完成操作。但是在进行格式化输出时需要指定输出的数据类型，数据类型的格式化表示如表 14-10 所示。

表 **14-10**　格式化输出

字符	描述
%s	表示内容为字符串
%d	表示内容为整数
%f	表示内容为小数
%c	表示内容为字符

14.8.2　使用打印流

实例 14-20　使用 PrintStream 输出

源码路径：daima\14\PrintT1.java

实例文件 PrintT1.java 的主要实现代码如下所示。

```java
import java.io.* ;
public class PrintT1{
    public static void main(String arg[])
    throws Exception{
        PrintStream ps = null ;   // 声明打印流对象
        //如果现在使用FileOutputStream进行实例化，
        //则意味着把所有的输出保存到指定文件中
        ps = new PrintStream(new FileOutputStream
        (new File("d:"+File.separator+"test.txt")));
        ps.print("hello ") ;        //写入文件的内容
        ps.println("world!!!") ;    //写入文件的内容
        ps.print("1 + 1 = " + 2) ;  //写入文件的内容
        ps.close() ;
    }
};
```

拓展范例及视频二维码

范例 **14-20-01**：进行格式化
输出操作
源码路径：**演练范例**\14-20-01\
范例 **14-20-02**：删除磁盘中的
临时文件
源码路径：**演练范例**\14-20-02\

与使用 OutputStream 直接输出相比，上述代码在输出内容时明显方便了许多。执行后的结果如图 14-17 所示。

图 14-17　执行结果

14.9　System 类

System 类是一个表示系统的类，此类在前面的章节中已经详细介绍过。在 Java 应用中，类 System 对 I/O 给予了一定的支持，在 System 类中定义了表 14-11 所示的 3 个常量，这3 个常量在 Java 的 I/O 操作中发挥了非常大的作用。

知识点讲解：

表 **14-11**　**System 类的常量**

System 类的常量	描述
public static final PrintStream out	对应系统的标准输出，一般是显示器
public static final PrintStream err	输出错误信息
public static final InputStream in	对应标准输入，一般是键盘

细心的读者应该发现，System 类中的 3 个常量不符合命名规则。对于 System 提供的 in、out、err 这 3 个常量，如果按照 Java 的命名要求，则其全部字母是应该大写的，但是此处使用的是小写，这些都是 Java 历史发展的产物。

14.9.1 System.out

System.out 是 PrintStream 的对象，在 PrintStream 中定义了一系列的 print() 和 println() 方法，本书前面使用的 System.out.print() 或 System.out.println() 语句调用的实际上就是类 PrintStream 的方法。因为此对象表示的是向显示器输出，而 PrintStream 又是 OutputStream 的子类，所以可以直接使用此对象向屏幕上输出信息。

在下面的实例代码中，使用 OutputStream 向屏幕上输出指定信息。

实例 14-21 使用 System.out 向屏幕上输出指定信息
源码路径：daima\14\SystemT1.java

实例文件 SystemT1.java 的主要实现代码如下所示。

```java
import java.io.OutputStream ;
import java.io.IOException ;
public class SystemT1{
    public static void main(String args[]){
        OutputStream out = System.out ;        // 此时的输出流是向屏幕上输出
        try{
            out.write("hello world!!!".
                getBytes()) ; // 向屏幕上输出
        }catch(IOException e){
            e.printStackTrace();//打印异常
        }
        try{
            out.close() ; // 关闭输出流
        }catch(IOException e){
            e.printStackTrace() ;
        }
    }
};
```

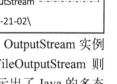

拓展范例及视频二维码

范例 **14-21-01**：使用
OutputStream
源码路径：演练范例\14-21-01\
范例 **14-21-02**：使用
FileOutputStream
源码路径：演练范例\14-21-02\

上述代码直接使用 OutputStream 向屏幕输出信息，也就是说，只要使用 OutputStream 实例化了某个子类，这个子类就具备了输出向外输出信息的能力。如果使用了 FileOutputStream 则表示向文件输出，如果使用了 System.out 则表示向显示器输出，这完全显示出了 Java 的多态性的好处，即根据子类的不同完成的功能也不同。执行结果如图 14-18 所示。

```
hello world!!!
```
图 14-18 执行结果

14.9.2 System.err

在 Java 应用中，System.err 用于输出错误信息。如果程序出现错误，则可以直接使用 System.err 进行输出，下面的实例演示了输出错误信息的过程。

实例 14-22 使用 System.err 输出错误信息
源码路径：daima\14\SystemT2.java

实例文件 SystemT2.java 的主要实现代码如下所示。

```java
public class SystemT2{
    public static void main(String args[]){
        String str = "hello" ; //声明一个非数字的字符串
        try{
            System.out.println(Integer.parseInt(str)) ;
            // 强制进行转换类型会出错
        }catch(Exception e){
            System.err.println(e) ;
        }
    }
};
```

拓展范例及视频二维码

范例 **14-22-01**：使用
System.err
源码路径：演练范例\14-22-01\
范例 **14-22-02**：System.err
实战
源码路径：演练范例\14-22-02\

在上述代码中，因为要把字符串"hello"变为整型数据，所以会引发 NumberFormatException 异常信息，当捕捉到异常后，直接在 catch 中使用 System.err 输出信息。执行后的结果如图 14-19 所示。

```
java.lang.NumberFormatException: For input string: "hello"
```

图 14-19　执行结果

14.9.3　System.in

在 Java 应用程序中，System.in 是一个键盘输入流，其本身是 InputStream 类型的对象。在 Java 应用中，可以使用 System.in 实现从键盘读取数据的功能。

实例 14-23　**从键盘上读取数据**
源码路径：daima\14\SystemT4.java

实例文件 SystemT4.java 的主要实现代码如下所示。

```java
import java.io.InputStream ;
public class SystemT4{
    //抛出所有异常
    public static void main(String args[])
    throws Exception {
        InputStream input = System.in ;
        //从键盘接收数据
        byte b[] = new byte[5] ;  //开辟空间，接收数据
        System.out.print("请输入内容:") ;  //提示信息
        int len = input.read(b) ;       //接收数据
        System.out.println("输入的内容为: " + new
        String(b,0,len)) ;
        input.close() ;               //关闭输入流
    }
};
```

拓展范例及视频二维码

范例 **14-23-01**：没有指定字节
数组长度
源码路径：**演练范例\14-23-01**
范例 **14-23-02**：动态加载磁盘
中的文件
源码路径：**演练范例\14-23-02**

执行后的结果如图 14-20 所示。

在上面的实例代码中，虽然实现了从键盘中输入数据的功能，但是存在如下两个问题。

□　尽管指定了输入数据的长度，但如果现在输入的数据超出了其长度范围，则只能输入部分数据。

图 14-20　执行结果

□　如果指定的字节数组长度是奇数，则有可能出现中文乱码。

为了解决上述问题，需要不指定字节数组长度。程序执行后如果输入的是英文字母，则没有任何的问题；如果输入的是中文，则会产生乱码，这是因为数据是以字节的方式读进来的，一个汉字是分两次读取的，所以造成了乱码。其实最好的输入方式是将全部的输入数据暂时放到一块内存中，然后一次性从内存中读取出来，这样所有数据都只读了一次，不会造成乱码，而且也不会受长度的限制。如果要想完成这样的操作则可以使用 14.9.4 节中的 BufferedReader 类来完成。

14.9.4　输入/输出重定向

从前面的操作中读者已经了解了 System.out、System.err、System.in 这 3 个常量的作用，通过 System 类也可以改变 System.in 的输入流来源以及 System.out 和 System.err 两个输出流的输出位置。在 System 类中提供的重定向方法如表 14-12 所示。

表 **14-12**　**System 类提供的重定向方法**

方法	类型	描述
public static void setout(PrintStream out)	普通	重定向"标准"输出流
public static void setErr(PrintStream err)	普通	重定向"标准"错误输出流
public static void setIn(InputStream in)	普通	重定向"标准"输入流

实例 14-24 **为 System.out 输出重定向**

源码路径：daima\14\SystemT6.java

实例文件 SystemT6.java 的主要实现代码如下所示。

拓展范例及视频二维码

范例 **14-24-01**：为用户保存
错误信息
源码路径：**演练范例\14-24-01**

范例 **14-24-02**：重定向输出位置
源码路径：**演练范例\14-24-02**

```java
import java.io.File ;
import java.io.FileOutputStream ;
import java.io.PrintStream ;
public class SystemT6{
    public static void main(String args[])
    throws Exception {
        System.setOut(
            new PrintStream(
                new FileOutputStream("d:" +
                    File.separator + "red.txt"))) ; // System.out输出重定向
        System.out.print("www.***.cn" ;              // 不再向屏幕上输出
        System.out.println(", 老管") ;
    }
};
```

运行以上程序后，所有使用 System.out 输出的信息不会在屏幕上显示，而是直接将信息保存到文件 "D:\red.txt" 中。执行后的结果如图 14-21 所示。

除了可以为 System.out 重定向输出位置外，我们也可以为 System.err 重定向输出位置。在使用这两种操作时一定要注意，方法 setOut() 只负责 System.out 的输出重定向，而方法 setErr() 只负责 System.err 的输出重定向，两者不可混用。

另外，虽然在 System 类中提供了 setErr() 错误输出的重定向方法，但是在一般情况下，建议不要使用此方法修改 System.err 的重定向，因为从概念上讲 System.err 的错误信息是不希望用户看到的。虽然以上两个操作可以完成输出的重定向，但是从表 14-12 中可以发现，它们不只可以对输出进行重定向，而且对输入也可以。假设在 D 盘上有一个名为 "demo.txt" 的文件，将 System.in 的输入设置为从文件中读取，这样当使用 System.in 时就会从文件流中读取信息，而不是从键盘读取。文件 demo.txt 的内容如图 14-22 所示。

图 14-21 执行结果

图 14-22 文件 demo.txt 的内容

下面的实例代码设置了 System.in 的输入重定向内容。

实例 14-25 **设置 System.in 的输入重定向内容**

源码路径：daima\14\SystemT9.java

实例文件 SystemT9.java 的主要实现代码如下所示。

拓展范例及视频二维码

范例 **14-25-01**：实现标准输入
源码路径：**演练范例\14-25-01**

范例 **14-25-02**：使用 System.in
源码路径：**演练范例\14-25-02**

```java
import java.io.FileInputStream ;
import java.io.InputStream ;
import java.io.File ;
public class SystemT9{
    public static void main(String args[])
    throws Exception{    //抛出所有异常
        //设置输入重定向
        System.setIn(new FileInputStream("d:"+
        File.separator + "demo.txt")) ;
        InputStream input = System.in ;          //从文件中接收数据
        byte b[] = new byte[1024] ;              //开辟空间，接收数据
        int len = input.read(b) ;                //接收
        System.out.println("输入的内容为:" + new String(b,0,len)) ;
        input.close() ;                          //关闭输入流
    }
};
```

因为在上述代码中修改了 System.in 的输入位置，并将其输入重定向到从文件中读取，所以会将文件中的内容读取进来。执行后的结果如图 14-23 所示。

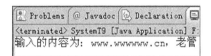

图 14-23　执行结果

14.10　BufferedReader 类

BufferedReader 类能够从缓冲区中读取内容，所有的输入字节数据都将放在缓冲区中。本节将详细介绍如何使用 BufferedReader 类。

知识点讲解：

14.10.1　BufferedReader 类概述

BufferedReader 类的常用方法如表 14-13 所示。

表 14-13　**BufferedReader** 类的常用方法

方法	类型	描述
public BufferedReader(Reader in)	构造	接收一个 Reader 类的实例
public String readLine() throws IOException	普通	一次性从缓冲区中将内容全部读取进来

因为在 BufferedReader 类中定义的构造方法只能接收字符输入流的实例，所以必须使用字符输入流和字节输入流的转换 InputStreamReader 类将字节输入流 System.in 变为字符流。

因为每一个汉字要占两字节，所以需要将 System.in 这个字节输入流变为字符输入流。

当将 System.in 变为字符流放入到 BufferedReader 后，可以通过方法 readLine()等待用户输入信息。下面的实例演示了这一过程。

实例 14-26　设置 System.in 的输入重定向内容
源码路径：daima\14\BufferedReaderT.java

实例文件 BufferedReaderT.java 的主要实现代码如下所示。

```java
import java.io.* ;
public class BufferedReaderT{
    public static void main(String args[]){
        BufferedReader buf = null ;   //声明对象
        //将字节流变为字符流
        buf = new BufferedReader(new
        InputStreamReader(System.in)) ;
        String str = null ;           //接收输入内容
        System.out.print("请输入内容:") ;
        try{
            str = buf.readLine() ; //读取一行数据
        }catch(IOException e){
            e.printStackTrace() ; //输出信息
        }
        System.out.println("输入的内容为:" + str) ;
    }
};
```

拓展范例及视频二维码

范例 **14-26-01**：使用输入
重定向
源码路径：**演练范例\14-26-01**
范例 **14-26-02**：前一个输出
作为第二个输入
源码路径：**演练范例\14-26-02**

执行后的结果如图 14-24 所示。

从上述执行结果可以发现，程序非但没有了长度的限制，而且也可以正确地接收中文了，所以以上代码就是键盘输入数据的标准格式。

图 14-24　执行结果

14.10.2　使用 BufferedReader 类

假设要求从键盘输入两个数字，然后执行两个整数的加法操作。因为从键盘接收过来的内容全部是采用字符串的形式存放的，所以可以直接通过包装类 Integer 将字符串转换为基本数据类型。

实例 14-27　输入两个数字，并让两个数字相加
源码路径：daima\14\ExecT1.java

实例文件 ExecT1.java 的主要实现代码如下所示。

```java
import java.io.* ;
public class ExecT1{
    public static void main(String args[]) throws Exception{
        int i = 0 ;
        int j = 0 ;
        BufferedReader buf = null ;//接收键盘输入的数据
        buf = new BufferedReader(new InputStreamReader(System.in)) ;
        String str = null ;        //接收数据
        System.out.print("请输入第一个数字:") ;
        //接收数据
        str = buf.readLine() ;
        //将字符串变为整数
        i = Integer.parseInt(str) ;
        System.out.print("请输入第二个数字:") ;
        str = buf.readLine() ;      //接收数据
        j = Integer.parseInt(str) ;
        //将字符转换为整数
        System.out.println(i + " + " + j +
        " = " + (i + j)) ;
    }
};
```

拓展范例及视频二维码

范例 **14-27-01**：设计一个专门处理
输入数据的类
源码路径：**演练范例\14-27-01**
范例 **14-27-02**：删除文件夹中的
所有文件
源码路径：**演练范例\14-27-02**

上述代码执行后的结果如图 14-25 所示。

在上面的实例中，虽然已经实现了题目所要求的功能，但是存在几个问题。由于如果输入的字符串不是数字，则无法转换，并会出现数字格式化异常，所以在转换时应该使用正则进行验证，如果验证成功了，则表示可以进行转换；如果验证失败了，则表示无法进行转换，要等待用户重新输入数字。为了处理最常见的可能是整数、小数、日期、字符串

图 14-25　执行结果

类型的数据，下面的实例实现了一个专门的输入数据类，以完成输入数据的功能。

实例 14-28　实现一个专门的输入数据类
源码路径：daima\14\InputData.java

实例文件 InputData.java 的主要实现代码如下所示。

```java
public class InputData{
    private BufferedReader buf = null ;
    public InputData(){// 只要输入数据就要使用此语句
        this.buf = new BufferedReader(new
        InputStreamReader(System.in)) ;
    }
    public String getString(String info){
    // 得到字符串信息
        String temp = null ;
```

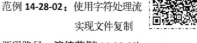

拓展范例及视频二维码

范例 **14-28-01**：BufferedReader
读取文件内容
源码路径：**演练范例\14-28-01**
范例 **14-28-02**：使用字符处理流
实现文件复制
源码路径：**演练范例\14-28-02**

```
            System.out.print(info) ;    // 打印提示信息
            try{
                temp = this.buf.readLine() ; // 接收数据
            }catch(IOException e){
                e.printStackTrace() ;
            };
            return temp ;
        }
    public int getInt(String info,String err){        // 得到一个整数int类型的输入数据
        int temp = 0 ;
        String str = null ;
        boolean flag = true ;                         // 定义一个标记位
        while(flag){
            str = this.getString(info) ;             // 接收数据
            if(str.matches("^\\d+$")){               // 判断是否由数字组成
                temp = Integer.parseInt(str) ;        // 转型
                flag = false ;                        // 结束循环
            }else{
                System.out.println(err) ;            // 打印错误信息
            }
        }
        return temp ;
    }
    public float getFloat(String info,String err){    // 得到一个小数形式的输入数据
        float temp = 0 ;
        String str = null ;
        boolean flag = true ;                         // 定义一个标记位
        while(flag){
            str = this.getString(info) ;             // 接收数据
            if(str.matches("^\\d+.?\\d+$")){         // 判断是否由数字组成
                temp = Float.parseFloat(str) ;        // 转型
                flag = false ;                        // 结束循环
            }else{
                System.out.println(err) ;            // 输出错误信息
            }
        }
        return temp ;
    }
    public Date getDate(String info,String err){      // 得到一个小数形式的输入数据
        Date temp = null ;
        String str = null ;
        boolean flag = true ;                         // 定义一个标记位
        while(flag){
            str = this.getString(info) ;             // 接收数据
            if(str.matches("^\\d{4}-\\d{2}-\\d{2}$")){  // 判断是否由数字组成
                SimpleDateFormat sdf = new SimpleDateFormat("yyyy-MM-dd") ;
                try{
                    temp = sdf.parse(str) ;           // 将字符串变为Date型数据
                }catch(Exception e){}
                flag = false ;                        // 结束循环
            }else{
                System.out.println(err) ;            // 输出错误信息
            }
        }
        return temp ;
    }
};
```

上述代码可以实现整数、小数、字符串、日期类型数据的输入。在得到日期类型时使用了
SimpleDateFormat 类，并指定了日期的转换模板，它可将字符串变为 Date 类型的数据，这一点
在开发中较为常用。

14.11　Scanner 类

　　从 JDK 1.5 版本之后，专门提供了输入数据类 Scanner，
此类不但可以输入数据，而且也能方便地验证输入的数据。
本节将详细讲解类 Scanner 的知识。

 知识点讲解：

14.11.1　Scanner 类概述

Scanner 类可以接收任意的输入流。Scanner 类放在 java.util 包中，其常用方法如表 14-14 所示。在 Scanner 类中有一个可以接收 InputStream 类型的构造方法，这就表示只要是字节输入流的子类都可以通过 Scanner 类进行读取。

表 14-14　Scanner 类的常用方法

方法	类型	描述
public Scanner(File source) throws FileNotFoundException	构造	从文件中接收内容
public Scanner(InputStream source)	构造	从指定的字节输入流中接收内容
public boolean hasNext(Pattern pattern)	普通	判断输入数据是否符合指定的正则标准
public boolean hasNextInt()	普通	判断输入的数据是否是整数
public boolean hasNextFloat()	普通	判断输入的数据是否是小数
public String next()	普通	接收内容
public String next(Pattern pattern)	普通	接收内容，进行正则验证
public int nextInt()	普通	接收数字
public float nextFloat()	普通	接收小数
public Scanner useDelimiter(String pattern)	普通	设置读取的分隔符

14.11.2　使用 Scanner 类

Java 中可以使用 Scanner 类实现基本的数据输入。最简单的数据输入方法是直接使用 Scanner 类的 next()方法来实现。

实例 14-29　**输入数据**
源码路径：daima\14\ScannerT1.java

实例文件 ScannerT1.java 的主要实现代码如下所示。

```
import java.util.* ;
public class ScannerT1{
    public static void main(String args[]){
        //从键盘接收数据
        Scanner scan = new Scanner(System.in);
        System.out.print("输入数据:") ;
        String str = scan.next() ;    // 接收数据
        System.out.println("输入的数据为:" + str) ;
    }
};
```

拓展范例及视频二维码

范例 **14-29-01**：设计一个
分隔符
源码路径：**演练范例\14-29-01**
范例 **14-29-02**：创建磁盘
索引文件
源码路径：**演练范例\14-29-02**

程序运行后的结果如图 14-26 所示。

在上面的实例中存在一个问题，如果输入了带有空格的数据，则只能取出空格之前的数据。这是因为 Scanner 将空格当作了分隔符。如果要输入 int 或 float 类型的数据，则在类 Scanner 中也有支持这些类型的方法，但是在输入之前最好先使用方法 hasNextXxx()进行验证。下面的实例代码实现了这一功能。

```
<terminated> ScannerT1 [Java Application]
输入数据: aaa   www
输入的数据为: aaa
```

图 14-26　执行结果

实例 14-30　**使用方法 hasNextXxx()进行验证**
源码路径：daima\14\ScannerT3.java

实例文件 ScannerT3.java 的主要实现代码如下所示。

```
import java.util.* ;
public class ScannerT3{
    public static void main(String args[]){
```

```
Scanner scan = new Scanner(System.in) ;
//从键盘接收数据
int i = 0 ;                  //变量i初始化为0
float f = 0.0f ;             //变量f初始化为0
System.out.print("输入整数:") ;   //提示文本
if(scan.hasNextInt()){   //判断输入的是否是整数
    i = scan.nextInt() ;      //接收整数
    System.out.println("整数数据:" + i) ;
    //是整数时给出的提示
}else{
    System.out.println("输入的不是整数!") ;
    //不是整数时给出的提示
}
System.out.print("输入小数:") ;
if(scan.hasNextFloat()){         //判断输入的是否是小数
    f = scan.nextFloat() ;       //接收小数
    System.out.println("小数数据:" + f) ;   //是小数时给出的提示
}else{
    System.out.println("输入的不是小数!") ;   //不是小数时给出的提示
}
};
```

拓展范例及视频二维码

范例 **14-30-01**:扫描控制台输入
源码路径:**演练范例\14-30-01**
范例 **14-30-02**:使用空格分隔文本
源码路径:**演练范例\14-30-02**

执行后的结果如图 14-27 所示。

在 Java 应用中,Scanner 类没有提供专门的日期格式输入操作,如果想得到一个日期类型的数据,那么必须自己编写正则表达式进行验证,并手动转换。下面的实例代码演示了使用正则表达式获取日期的操作过程。

图 14-27 执行结果

实例 14-31 使用正则表达式获取日期
源码路径:daima\14\ScannerT4.java

实例文件 ScannerT4.java 的主要实现代码如下所示。

```
import java.util.* ;
import java.text.* ;
public class ScannerT4{
    public static void main(String args[]){
        Scanner scan = new Scanner(System.in) ;
        //从键盘接收数据
        String str = null ;
        Date date = null ;
        System.out.print("输入日期 (yyyy-MM-dd):") ;
        if(scan.hasNext("^\\d{4}-\\d{2}-\\d{2}$")){   //正则表达式判断,格式形如"2018-4-28"之类
            str = scan.next("^\\d{4}-\\d{2}-\\d{2}$") ;    //接收
            try{
                date = new SimpleDateFormat("yyyy-MM-dd").parse(str) ;
            }catch(Exception e){}
        }else{
            System.out.println("输入的日期格式错误!") ;
        }
        System.out.println(date) ;
    }
};
```

拓展范例及视频二维码

范例 **14-31-01**:使用 next()方法
源码路径:**演练范例\14-31-01**
范例 **14-31-02**:使用 nextLine()方法
源码路径:**演练范例\14-31-02**

上述代码使用 hasNext()对输入的数据进行正则验证,如果数据合法,则转换成 Date 类型。执行后的结果如图 14-28 所示。

如果要从文件中获取数据,则直接将类 File 的实例传入到 Scanner 的构造方法中即可。假如现在要显示"d:\test.txt"中的内容,则可以采用实例 14-32 中的代码,此文件的内容如图 14-29 所示。读者需要注意的是,这里的日期和月份必须是两位数字,比如必须是 1998-01-01,如果是 1998-1-1 则会告知不符合格式。

图 14-28 执行结果   图 14-29 文件"d:\test.txt"中的内容

311

在 Java 程序中，可以用下面的实例代码来读取文件 "d:\test.txt" 中的内容。

实例 14-32　读取文件 "d:\test.txt" 中的内容
源码路径：daima\14\ScannerT5.java

实例文件 ScannerT5.java 的主要实现代码如下所示。

```java
import java.util.* ;
import java.text.* ;
import java.io.* ;
public class ScannerT5{
    public static void main(String args[]){
        File f = new File("D:" + File.separator + "
        test.txt") ;    //指定操作文件
        Scanner scan = null ;
        try{
            scan = new Scanner(f) ;
//从键盘接收数据
        }catch(Exception e){}
        StringBuffer str = new StringBuffer() ;        //定义StringBuffer对象str
        while(scan.hasNext()){
            str.append(scan.next()).append('\n') ;     //读取数据
        }
        System.out.println("文件内容为:" + str) ;      //显示读取的内容
    }
};
```

拓展范例及视频二维码

范例 **14-32-01**：next()与
　　　　　　　nextLine()的区别
源码路径：**演练范例\14-32-01**

范例 **14-32-02**：计算输入数
　　　　　　　总数和平均值
源码路径：**演练范例\14-32-02**

代码执行后的结果如图 14-30 所示。

从操作过程可以发现，Scanner 类有一个默认的分隔符，它表示如果在文件中存在换行，则表示一次输入结束，所以本程序采用循环方式进行读取，并在每次读完一行后加入换行符，因为读取时内容需要反复修改，所以使用 StringBuffer 类可以提升操作性能。

```
Problems  @ Javadoc  Declaration
<terminated> ScannerT5 [Java Application] F
文件内容为: guan
30
1222
```

图 14-30　执行结果

14.12　数据操作流

在 Java 的 I/O 包中，提供了两个与平台无关的数据操作流，它们分别为数据输出流（DataOutputStream）和数据输入流（DataInputStream）。数据输出流会按照一定的格式输出数据，再通过数据输入流按照一定的格式将数据读入，这样可以方便地对数据进行处理。

 知识点讲解：

例如，有一个由表 14-15 所示的一组表示订单的数据。

表 **14-15**　订单数据

商品名	价格/元	数量/个
帽子	98.3	3
衬衣	30.3	2
裤子	50.5	1

如果要将以上数据保存到文件中，则可以使用数据输出流将内容保存到文件，然后再使用数据输入流从文件中读取出来。

14.12.1 DataOutputStream 类

DataOutputStream 类是 OutputStream 的子类，此类的定义如下所示。

```
public class DataOutputStream extends FilterOutputStream implements DataOutput
```

DataOutputStream 类继承 FilterOutputStream 类（FilterOutputStream 是 OutputStream 的子类），同时实现了 DataOutput 接口，在 DataOutput 接口定义了一系列写入各种数据的方法。

DataOutput 是数据的输出接口，其中定义了各种数据的输出操作方法，例如在 DataOutput Stream 类中的各种 writeXxx() 方法就是此接口定义的。但是在数据输出时一般会直接使用 DataOutputStream，只有在对象序列化时才有可能直接操作到此接口，这一点将在讲解 Externalizable 接口时介绍。

DataOutputStream 类的常用方法如表 14-16 所示。

表 14-16　DataOutputStream 类的常用方法

方法	类型	描述
public DataOutputStream(OutputStream out)	构造	实例化对象
public final void writeInt(int v) throws IOException	普通	将一个 int 值以 4 字节值形式写入基础输出流中
public final void writeDouble(double v) throws IOException	普通	写入一个 double 类型中，该值以 8 字节值形式写入基础输出流中
public final void writeChars(String s) throws IOException	普通	将一个字符串写入到输出流中
public final void writeChar(int v) throws IOException	普通	将一个字符写入到输出流中

例如通过下面的实例代码可以将订单数据写入到文件 order.txt 中。

实例 14-33　**将订单数据写入到文件 order.txt 中**
源码路径：daima\14\DataOutputStreamT.java

实例文件 DataOutputStreamT.java 的主要实现代码如下所示。

```java
public class DataOutputStreamT{
    public static void main(String args[]) throws Exception{    //抛出所有异常
        DataOutputStream dos = null ;                           //声明数据输出流对象
        File f = new File("d:" + File.separator + "order.txt") ; //设置文件的保存路径
        dos = new DataOutputStream(new FileOutputStream(f)) ;   //实例化数据输出流对象
        String names[] = {"帽子","衬衣","裤子"} ;                //商品名称
        float prices[] = {98.3f,30.3f,50.5f} ;                  //商品价格
        int nums[] = {3,2,1} ;                                  //商品数量
        for(int i=0;i<names.length;i++){                        //循环输出
            dos.writeChars(names[i]) ;
            //写入字符串
            dos.writeChar('\t') ;           //写入分隔符
            dos.writeFloat(prices[i]) ;//写入价格
            dos.writeChar('\t') ;           //写入分隔符
            dos.writeInt(nums[i]) ;         //写入数量
            dos.writeChar('\n') ;           //换行
        }
        dos.close() ;                       //关闭输出流
    }
};
```

```
拓展范例及视频二维码

范例 14-33-01：乱码
        问题 1
源码路径：演练范例\14-33-01\
范例 14-33-02：乱码
        问题 2
源码路径：演练范例\14-33-02\
```

在上述代码的设置结果中每条数据之间使用"\n"来分隔，每条数据中的每个内容之间使用"\t"分隔。数据写入后就可以利用 DataInputStream 将内容读取进来。

14.12.2 DataInputStream 类

DataInputStream 类是 InputStream 的子类，能够读取并使用 DataOutputStream 输出的数据。DataInputStream 类的定义如下所示。

```
public class DataInputStream extends FilterInputStream implements DataInput
```

　　DataInputStream 类继承 FilterInputStream 类（FilterInputStream 是 InputStream 的子类），同时实现 DataInput 接口，在 DataInput 接口中定义了一系列读入各种数据的方法。

　　DataInput 接口是读取数据的操作接口，与 DataOutput 接口提供的各种 writerXxx() 方法对应。在此接口中定义了一系列的 readXxx() 方法，这些方法在 DataInputStream 类中都有实现。一般在操作时不会直接使用到此接口，而主要使用 DataInputStream 类完成读取功能，只有在对象序列化时才有可能直接利用此接口读取数据，这一点在讲解 Externalizable 接口时再介绍。

　　DataInputStream 类的常用方法如表 14-17 所示。

表 14-17　DataInputStream 类的常用方法

方法	类型	描述
public DataInputStream(InputStream in)	构造	实例化对象
public final int readInt() throws IOException	普通	从输入流中读取整数
public final float readFloat() throws IOException	普通	从输入流中读取小数
public final char readChar() throws IOException	普通	从输入流中读取一个字符

　　通过下面的实例代码可以读取文件 order.txt 中的订单数据。

实例 14-34　　**读取文件 order.txt 中的订单数据**

源码路径：daima\14\DataInputStreamT.java

　　实例文件 DataInputStreamT.java 的主要实现代码如下所示。

```java
import java.io.DataInputStream ;
import java.io.File ;
import java.io.FileInputStream ;
public class DataInputStreamT{
    public static void main(String args[]) throws Exception{      // 抛出所有异常
        DataInputStream dis = null ;                              // 声明数据输入流对象
        File f = new File("d:" + File.separator + "order.txt") ;  // 设置文件的保存路径
        dis = new DataInputStream(new FileInputStream(f)) ;       // 实例化数据输入流对象
        String name = null ;    // 接收名称
        float price = 0.0f      // 接收价格
        int num = 0 ;           // 接收数量
        char temp[] = null      // 接收商品名称
        int len = 0 ;           // 保存读取数据的个数
        char c = 0 ;            // '\u0000'
        try{
            while(true){
                temp = new char[200] ;// 开辟空间
                len = 0 ;
                while((c=dis.readChar())!='\t'){
                // 接收内容
                    temp[len] = c ;
                    len ++ ;    // 读取长度加1
                }
                name = new String(temp,0,len) ;       // 将字符数组变为String
                price = dis.readFloat() ;             // 读取价格
                dis.readChar() ;                      // 读取\t
                num = dis.readInt() ;                 // 读取int
                dis.readChar() ;                      // 读取\n
                System.out.printf("名称：%s；价格：%5.2f；数量：%d\n",name,price,num) ;
            }
        }catch(Exception e){}
        dis.close() ;
    }
};
```

拓展范例及视频二维码

范例 **14-34-01**：使用 DataInputStream

源码路径：**演练范例\14-34-01**

范例 **14-34-02**：DataInputStream

联合用法

源码路径：**演练范例\14-34-02**

　　在使用数据输入流进行读取时，因为每条记录之间使用"\t"作为分隔，每行记录之间使用"\n"作为分隔，所以要分别使用 readChar() 读取这两个分隔符，才能将数据正确地还原。执行结果如图 14-31 所示。

图 14-31 执行结果

14.13 合 并 流

合并流的功能是将两个文件合并成一个文件。在 Java 中必须使用 SequenceInput Stream 类来实现合并流功能，此类的常用方法如表 14-18 所示。

📹 知识点讲解：

表 14-18 **SequenceInputStream** 类的常用方法

方法	类型	描述
public SequenceInputStream(InputStream s1,InputStream s2)	构造	使用两个输入流对象实例化本类对象
public int available() throws IOException	普通	返回文件大小

可以通过如下实例代码来合并两个文件 a.txt、b.txt，在编写本实例代码之前要先提供这两个文件。

实例 14-35 合并两个文件
源码路径：daima\14\SequenceT.java

实例文件 SequenceT.java 的主要实现代码如下所示。

```java
public class SequenceT{
    public static void main(String args[]) throws Exception {    // 抛出所有异常
        InputStream is1 = null ;                                  // 输入流1
        InputStream is2 = null ;                                  // 输入流2
        OutputStream os = null ;                                  // 输出流
        SequenceInputStream sis = null ;                          // 合并流
        is1 = new FileInputStream("d:" + File.separator + "a.txt") ;
        is2 = new FileInputStream("d:" + File.separator + "b.txt") ;
        os = new FileOutputStream("d:" + File.separator + "ab.txt") ;
        sis = new SequenceInputStream(is1,is2);
        // 实例化合并流
        int temp = 0 ;    // 接收内容
        while((temp=sis.read())!=-1){ // 循环输出
            os.write(temp) ;          // 保存内容
        }
        sis.close() ;                 // 关闭合并流
        is1.close() ;                 // 关闭输入流1
        is2.close() ;                 // 关闭输入流2
        os.close() ;                  // 关闭输出流
    }
};
```

拓展范例及视频二维码

范例 **14-35-01**：SequenceInput Stream 演练 1
源码路径：**演练范例\14-35-01**

范例 **14-35-02**：SequenceInput Stream 演练 2
源码路径：**演练范例\14-35-02**

上述代码由于在实例化 SequenceInputStream 类时指定了两个输入流，所以 Sequence Input Stream 类在读取时实际上是从两个输入流中一起读取内容的。一定要确保文件 a.txt、b.txt 和 ab.txt 存在，否则会抛出异常。

14.14　压　缩　流

为了减少传输时的数据量 Java 也提供了专门的压缩流，可以将文件或文件夹压缩成 ZIP、JAR、GZIP 等文件形式。

 知识点讲解：

14.14.1　ZIP 压缩输入/输出流概述

在 Java I/O 中，不仅可以实现 ZIP 压缩格式的输入、输出，也可以将指定的文件压缩为 JAR 及 GZIP 格式。ZIP 是一种较为常见的压缩形式，在 Java 中要实现 ZIP 压缩需要导入 java.util.zip 包，然后使用此包中的 ZipFile、ZipOutputStream、ZipInputStream 和 ZipEntry 几个类完成操作。

在 Java 中，JAR 压缩的支持类保存在 java.util.jar 包中，其中它有如下几个最为常用的类。

❑ JAR 压缩输出流：JarOutputStream。

❑ JAR 压缩输入流：JarInputStream。

❑ JAR 文件：JARFile。

❑ JAR 实体：JAREntry。

GZIP 是用于 UNIX 系统的文件压缩格式，在 Linux 中经常会使用到形式为*.gz 的文件，这就是 GZIP 格式。GZIP 压缩的支持类保存在 java.util.zip 包中，它有如下两个常用的类。

❑ GZIP 压缩输出流：GZIPOutputStream。

❑ GZIP 压缩输入流：GZIPInputStream。

在每个压缩文件中都会存在多个子文件，每个子文件在 Java 中都使用 ZipEntry 来表示。ZipEntry 类的常用方法如表 14-19 所示。

表 14-19　ZipEntry 类的常用方法

方法	类型	描述
public ZipEntry(String name)	构造	创建对象并指定要创建的 ZipEntry 名称
public boolean isDirectory()	普通	判断此 ZipEntry 是否为目录

另外需要注意的是，压缩的输入/输出类定义在 java.util.zip 包中。压缩的输入/输出流也属于 InputStream 或 OutputStream 的子类，但是却没有定义在 java.io 包中，而是以一种工具类的形式提供的，在操作时它们还需要使用 java.io 包的支持。

14.14.2　ZipOutputStream 类

如果要完成一个文件或文件夹的压缩，则要使用 ZipOutputStream 类。ZipOutputStream 类是 OutputStream 的子类，其常用操作方法如表 14-20 所示。

表 14-20　ZipOutputStream 类的常用方法

方法	类型	描述
public ZipOutputStream(OutputStream out)	构造	创建新的 ZIP 输出流
public void putNextEntry(ZipEntry e) throws IOException	普通	设置每个 ZipEntry 对象
public void setComment(String comment)	普通	设置 ZIP 文件的注释

现在假设在 D 盘中存在一个名为 www.txt 的文件，文件中的内容如图 14-32 所示。

图 14-32 www.txt 的内容

如果要将此文件压缩成文件 www.zip，则可以通过如下实例代码来实现。

实例 14-36 将指定文件压缩成文件 www.zip
源码路径：daima\14\ZipOutputStreamT1.java

实例文件 ZipOutputStreamT1.java 的主要实现代码如下所示。

```java
public class ZipOutputStreamT1{
    public static void main(String args[])
    throws Exception{   // 抛出所有异常
        File file = new File("d:" + File.
        separator + "www.txt") ; // 定义要压缩的文件
        File zipFile = new File("d:" + File.
        separator + "www.zip") ; // 定义压缩文件的名称
        InputStream input = new FileInputStream
        (file) ;            // 定义文件的输入流
        ZipOutputStream zipOut = null ;
        // 声明压缩流对象
        zipOut = new ZipOutputStream(new
        FileOutputStream(zipFile)) ;
        zipOut.putNextEntry(new ZipEntry(file.getName())) ;   // 设置ZipEntry对象
        zipOut.setComment("www.www.cn") ;       // 设置注释
        int temp = 0 ;
        while((temp=input.read())!=-1){          // 读取内容
            zipOut.write(temp) ;                  // 压缩输出
        }
        input.close() ;                           // 关闭输入流
        zipOut.close() ;                          // 关闭输出流
    }
};
```

拓展范例及视频二维码

范例 **14-36-01**：ZipOutputStream
演练 1
源码路径：演练范例\14-36-01\
范例 **14-36-02**：ZipOutputStream
演练 2
源码路径：演练范例\14-36-02\

上述代码将文件 www.txt 作为源文件，然后使用 ZipOutputStream 将所有的压缩数据输出到 www.zip 文件中，程序运行后会在 D 盘上创建一个名为 www.zip 的压缩文件。执行结果如图 14-33 所示。

上面代码的作用是对一个文件进行压缩，但是在日常开发中，往往需要对一个文件夹进行压缩，假如在 D 盘中存在一个名为 www 的文件夹，如图 14-34 所示。

图 14-33 执行结果

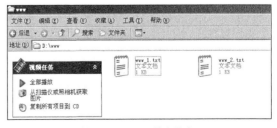

图 14-34 www 的文件夹

从使用各种压缩软件的经验来看，如果现在对文件进行压缩，则在压缩后的文件中应该存在一个名为 www 文件夹。由于在文件夹中应该存放着各个压缩文件，所以在实现时就应该列出文件夹中的全部内容，并把每个内容都设置成 ZipEntry 对象，以保存到压缩文件中。我们可以通过如下实例代码来压缩 D 盘中的文件夹 www。

实例 14-37　　压缩 D 盘中的文件夹 www

源码路径：daima\14\ZipOutputStreamT2.java

实例文件 ZipOutputStreamT2.java 的主要实现代码如下所示。

```java
import java.util.zip.ZipOutputStream ;
import java.io.FileOutputStream ;
public class ZipOutputStreamT2{
    public static void main(String args[])
    throws Exception{          // 抛出所有异常
        File file = new File("d:" + File.
        separator + "www") ;    // 定义要压缩的文件夹
        File zipFile = new File("d:" + File.
        separator + "www.zip") ; // 定义压缩文件的名称
        InputStream input = null;//定义文件输入流
        ZipOutputStream zipOut = null ;
        // 声明压缩流对象
        zipOut = new ZipOutputStream(new FileOutputStream(zipFile)) ;
        zipOut.setComment("www.www.cn") ;              // 设置注释
        int temp = 0 ;
        if(file.isDirectory()){                        // 判断是否是文件夹
            File lists[] = file.listFiles() ;          // 列出全部文件
            for(int i=0;i<lists.length;i++){
                input = new FileInputStream(lists[i]) ;    // 定义文件的输入流
                zipOut.putNextEntry(new ZipEntry(file.getName()
                    +File.separator+lists[i].getName())) ;  // 设置ZipEntry对象
                while((temp=input.read())!=-1){            // 读取内容
                    zipOut.write(temp) ;                   // 压缩输出
                }
                input.close() ;                            // 关闭输入流
            }
        }
        zipOut.close() ;                                   // 关闭输出流
    }
};
```

拓展范例及视频二维码

范例 **14-37-01**：ZipOutputStream
　　　　　演练 3
源码路径：**演练范例\14-37-01**

范例 **14-37-02**：ZipFile
　　　　　演练
源码路径：**演练范例\14-37-02**

以上代码将文件夹"www"中的内容压缩成 www.zip 文件。程序首先判断给定的路径是否是文件夹，如果是文件夹，则将此文件夹中的内容使用 listFiles()方法全部列出（此方法返回 File 的对象数组），然后将此 File 对象数组中的每个文件进行压缩，每次压缩时都要设置一个新的 ZipEntry 对象。程序执行完毕后，在 D 盘中会生成一个名为 www.zip 的文件夹，打开后的效果如图 14-35 所示。

图 14-35　压缩的文件夹

14.14.3 ZipFile 类

在 Java 中，每个压缩文件都可以使用 ZipFile 来表示，还可以使用 ZipFile 根据压缩后的文件名找到每个压缩文件中的 ZipEntry 并对其执行解压缩操作。ZipFile 类的常用方法如表 14-21 所示。

表 14-21 ZipFile 类的常用方法

方法	类型	描述
public ZipFile(File file) throws ZipException, IOException	构造	根据 File 类实例化 ZipFile 对象
public ZipEntry getEntry(String name)	普通	根据名称找到对应的 ZipEntry
public InputStream getInputStream(ZipEntryentry) throws IOException	普通	根据 ZipEntry 取得 InputStream 实例
public String getName()	普通	得到压缩文件的路径名称

当进行 ZipFile 类实例化时需要用 File 来指定路径。

实例 14-38　**实例化 ZipFile 类对象**
源码路径：daima\14\ZipFileT1.java

实例文件 ZipFileT1.java 的主要实现代码如下所示。

```java
import java.io.File ;
import java.io.FileInputStream ;
import java.io.InputStream ;
import java.util.zip.ZipEntry ;
import java.util.zip.ZipOutputStream ;
import java.util.zip.ZipFile ;
import java.io.FileOutputStream ;
public class ZipFileT1{
    public static void main(String args[]) throws
    Exception{   // 抛出所有异常
    File file = new File("d:" + File.separator +
    "www.zip") ; // 找到压缩文件
        ZipFile zipFile = new ZipFile(file);        // 实例化ZipFile对象
        System.out.println("压缩文件的名称: " + zipFile.getName()) ;
                                            // 得到压缩文件的名称
    }
};
```

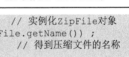

拓展范例及视频二维码

范例 **14-38-01**：实现压缩

处理

源码路径：**演练范例\14-38-01**

范例 **14-38-02**：快速全盘

查找文件

源码路径：**演练范例\14-38-02**

以上程序只是实例化 ZipFile 对象，并通过 getName()方法取得了压缩文件的名称。执行后的结果如图 14-36 所示。

图 14-36　执行结果

14.14.4 ZipInputStream 类

ZipInputStream 类是 InputStream 类的子类，通过此类可以方便地读取 ZIP 格式的压缩文件，此类的常用方法如表 14-22 所示。

表 14-22 ZipInputStream 类的常用方法

方法	类型	描述
public ZipInputStream(InputStream in)	构造	实例化 ZipInputStream 对象
public ZipEntry getNextEntry() throws IOException	普通	取得下一个 ZipEntry

ZipInputStream 类可以像使用 ZipFile 的方法一样，也可以取得 ZIP 压缩文件中的每个 ZipEntry。

实例 14-39　获取 www.zip 中的一个 ZipEntry
源码路径：daima\14\ZipInputStreamT1.java

实例文件 ZipInputStreamT1.java 的主要实现代码如下所示。

```java
public class ZipInputStreamT1{
    public static void main(String args[]) throws Exception{ // 抛出所有异常
        File zipFile = new File("d:" + File.separator + "www.zip") ;
                                            //定义压缩文件的名称
        ZipInputStream input = null;//定义压缩输入流
        //实例化ZipInputStream
        input = new ZipInputStream
        (new FileInputStream(zipFile)) ;
        ZipEntry entry = input.getNextEntry() ;
        //得到一个压缩实体
        System.out.println("压缩实体名称:" + entry.
        getName()) ;
        input.close() ;
    }
};
```

拓展范例及视频二维码

范例 **14-39-01**：读取压缩
文件实体
源码路径：**演练范例\14-39-01**
范例 **14-39-02**：获取磁盘中
所有文件
源码路径：**演练范例\14-39-02**

执行代码后的结果如图 14-37 所示。

从上面的实例中可以发现，通过 ZipInputStream 类中的 getNextEntry()方法可以依次取得每个 ZipEntry，这样可将此类与 ZipFile 结合从而对压缩的文件夹执行解压缩操作。但是需要注意的是，在 mldndir.zip 文件中由于其本身是包含压缩文件夹的，所以在进行解压缩前，应该先根据 ZIP 文件中的文件夹名

```
Problems  @ Javadoc  Declaration  Console
<terminated> ZipInputStreamT1 [Java Application] F:
压缩实体名称: www\www_1.txt
```

图 14-37　执行结果

称在硬盘上创建一个对应的文件夹，然后才能把文件解压缩进去。而且在操作时，对于每一个解压缩文件都必须先创建（File 类的 createNewFile()方法可以创建新文件）后再输出内容。

14.15　回　退　流

在 Java I/O 中，所有的数据都采用顺序读取方式，即对于一个输入流来说，都是采用从头到尾的顺序进行读取的。如果在输入流中读取了某个不需要的内容，则只能通过程序将这些不需要的内容处理掉。为了解决这样的读取问题，在 Java 中提供了回退输入流（PushbackInputStream、PushbackReader），它可以把读取进来的某些数据重新退回到输入流的缓冲区中。

知识点讲解：

在回退流之中，对于不需要的数据可以使用 unread()方法将内容重新送回到输入流的缓冲区中。下面以 PushbackInputStream 为例进行讲解，PushbackInputStream 类的常用方法如表 14-23 所示。

表 14-23　**PushbackInputStream** 类的常用方法

方法	类型	描述
public PushbackInputStream(InputStream in)	构造	将输入流放入到回退流中
public int read() throws IOException	普通	读取数据
public int read(byte[] b,int off,int len) throws IOException	普通	读取指定范围内的数据
public void unread(int b) throws IOException	普通	回退一个数据到缓冲区前面
public void unread(byte[] b) throws IOException	普通	回退一组数据到缓冲区前面
public void unread(byte[] b,int off,int len) throws IOException	普通	回退指定范围内的一组数据到缓冲区前面

由于表 14-24 中的 3 个 unread()方法与 InputStream（PushbackInputStream 是 InputStream 的子类）类中的 3 个 read()方法相对应，所以回退完全是针对于输入流进行操作的，如表 14-24 所示。

表 14-24 回退流与输入流的对应关系

	InputStream		PushbackInputStream
读取一个	public abstract int read() throws IOException	回退一个	public void unread(int b)throws IOException
读取一组	public int read(byte[] b) throws IOException	回退一组	public void unread(byte[] b) throws IOException
读取部分	public int read(byte[] b,int off,int len) throws IOException	回退部分	public void unread(byte[] b,int off, int len) throws IOException

下面以一个简单的程序为例来讲解回退流的用法，假设现在内存中有一个字符串 "www.www.cn"，只要输入的内容是 "." 则执行回退操作，即不读取 "."。

实例 14-40 **演示回退流的用法**
源码路径：daima\14\huitui.java

实例文件 huitui.java 的主要实现代码如下所示。

```java
public class huitui{
    public static void main(String args[]) throws Exception {    //抛出所有异常
        String str = "www.www.cn" ;                               //定义字符串
        PushbackInputStream push = null ;                         //定义回退流对象
        ByteArrayInputStream bai = null ;                         //定义内存输入流
        bai = new ByteArrayInputStream(str.getBytes()) ;          //实例化内存输入流
        push = new PushbackInputStream(bai) ;
        //从内存中读取数据
        System.out.print("读取之后的数据为:") ;
        int temp = 0 ;
        while((temp=push.read())!=-1){    //读取内容
            if(temp=='.'){    //判断是否读取到了"."
                push.unread(temp) ;    //放回到缓冲区中
                temp = push.read() ;    //再读一遍
                System.out.print("(退回"+
                (char)temp+")") ;
            }else{
                System.out.print((char)temp);//输出内容
            }
        }
    }
};
```

拓展范例及视频二维码
范例 **14-40-01**：使用回退流 1
源码路径：**演练范例\14-40-01**
范例 **14-40-02**：使用回退流 2
源码路径：**演练范例\14-40-02**

执行后的结果如图 14-38 所示。

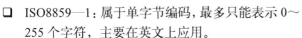

图 14-38 执行结果

14.16 字 符 编 码

在计算机世界里，任何文字都是以指定的编码方式存在的，在 Java 程序开发中最常见的是 ISO8859—1、GBK/GB2312、Unicode、UTF 编码，具体说明如下所示。

知识点讲解：

- ❑ ISO8859—1：属于单字节编码，最多只能表示 0～255 个字符，主要在英文上应用。
- ❑ GBK/GB2312：中文的国标编码，专门用来表示汉字，是双字节编码。如果在此编码中出现英文，则使用 ISO8859—1 编码，GBK 可以表示简体中文和繁体中文，而 GB2312 只能表示简体中文，GBK 兼容 GB2312。

- Unicode：Java 中使用此编码方式，它是最标准的一种编码，使用十六进制表示编码。但此编码不兼容 ISO8859—1 编码。

- UTF：由于 Unicode 不支持 ISO8859—1 编码，它也容易占用更多的空间，而且英文字母也需要使用两个字节来编码，这样使得 Unicode 不便于传输和存储，因此产生了 UTF 编码。UTF 编码兼容了 ISO8859—1 编码，同时也可以用来表示所有的语言字符，不过 UTF 编码是不定长编码，每个字符的长度为 1～6 字节不等。一般在中文网页中使用此编码，这样可以节省空间。

在程序中如果处理不好字符的编码，那么就有可能出现乱码问题。如果现在本机的默认编码是 GBK，但在程序中使用了 ISO8859—1 编码，则会出现字符的乱码问题。就像两个人交谈，一个人说的是中文，另外一个人说的是其他语言，如果语言不同，则肯定无法沟通。

如果要避免产生乱码，则程序的编码与本地的默认编码保持一致即可。要想知道本机的默认编码，则在 Java 中可以使用类 System 来实现。

14.16.1 得到本机编码

在前面讲解常用类库时曾经介绍过，使用 System 类可以取得与系统有关的信息，所以直接使用此类即可找到系统的默认编码，使用方法如下所示。

```
public static Properties getProperty()
```

我们可以使用上述方法得到 JVM 的默认编码，下面的实例代码演示了这一功能。

实例 14-41 获取 JVM 的默认编码
源码路径：daima\14\CharSetT1.java

实例文件 CharSetT1.java 的主要实现代码如下所示。

```java
public class CharSetT1{
    public static void main(String args[]){
        System.out.println("系统默认编码:" +
            System.getProperty("file.encoding")) ;
            // 获取当前系统编码
    }
};
```

程序执行后的结果如图 14-39 所示。现在操作系统的默认编码是 GBK，如果此时使用了 ISO8859—1 编码，则会出现乱码。

拓展范例及视频二维码

范例 **14-41-01**：获取系统
默认编码
源码路径：**演练范例\14-41-01**
范例 **14-41-02**：file.encoding
编码
源码路径：**演练范例\14-41-02**

图 14-39 执行结果

14.16.2 产生乱码

假设本地的默认编码是 GBK，接下来通过 ISO8859—1 对文字进行编码转换。如果要实现的编码转换可以使用 String 类中的 getBytes（String charset）方法实现，则此方法可以设置指定的编码，该方法的定义如下所示。

```
public byte[] getBytes(String charset) ;
```

下面的实例代码演示了使用上述方法的过程。

实例 14-42 使用 getBytes()方法产生乱码
源码路径：daima\14\CharSetT2.java

实例文件 CharSetT2.java 的主要实现代码如下所示。

```
import java.io.OutputStream ;
import java.io.FileOutputStream ;
import java.io.File ;
public class CharSetT2{
    public static void main(String args[])
    throws Exception {
        File f = new File("D:" + File.separator +  "
        test.txt") ;   //实例化File类
        OutputStream out = new FileOutputStream(f) ;
        //实例化输出流
        byte b[] = "中国, 你好!".getBytes
        ("ISO8859—1") ;      //转码操作
        out.write(b) ;        //写入保存
        out.close() ;         //关闭
    }
};
```

拓展范例及视频二维码

范例 **14-42-01**：读取字节

转换成字符

源码路径：**演练范例\14-42-01**

范例 **14-42-02**：编码 ISO-8859-1、

GBK、UTF-8

源码路径：**演练范例\14-42-02**

在上述代码中，因为编码不一致，所以在保存时出现了乱码。在 Java 开发中，乱码是一个比较常见的问题。乱码的产生只有一个原因，即输出内容的编码（例如程序指定）与接收内容的编码（如本机环境默认）不一致。执行后发现在文件 D:\test.txt 中出现了乱码，执行结果如图 14-40 所示。

图 14-40　执行结果

14.17　对象序列化

对象序列化就是把一个对象变为二进制数据流的一种方法，通过对象序列化可以方便地实现对象的传输或存储。本节将详细讲解 Java 语言中对象序列化的基本知识。

知识点讲解：

14.17.1　Serializable 接口

如果想实现对一个类的对象进行序列化处理，则对象所在的类必须实现 java.io.Serializable 接口。Serializable 接口的定义如下所示。

```
public interface Serializable{}
```

由此可以发现，在此接口中并没有定义任何方法，所以此接口是一个标识接口，这表示一个类具备了序列化的能力。下面的实例代码定义了一个可序列化的类。

实例 14-43　定义一个可序列化的类

源码路径：daima\14\Person.java

实例文件 Person.java 的主要实现代码如下所示。

```
import java.io.Serializable ;
public class Person implements Serializable{
    private String name ; //声明name属性,
    但是此属性不被序列化
    private int age ;        //声明age属性
    public Person(String name,int age){
    //通过构造设置内容
        this.name = name ;   //为属性name赋值
        this.age = age ;     //为属性age赋值
    }
    public String toString(){//覆写toString()方法
        return "姓名:" + this.name + "; 年龄:" +
        this.age ;
    }
};
```

拓展范例及视频二维码

范例 **14-43-01**：实现序列化

操作

源码路径：**演练范例\14-43-01**

范例 **14-43-02**：实现反序列化

操作

源码路径：**演练范例\14-43-02**

在上述代码中，由于 Person 类已经实现了序列化接口，所以此类的对象是可以经过二进制数据流进行传输的。而如果要完成对象的输入或输出，那么还必须依靠对象输出流（ObjectOutputStream）

和对象输入流（ObjectInputStream）。使用对象输出流输出序列化对象的步骤有时也称为序列化，而使用对象输入流读入对象的过程有时也称为反序列化。

14.17.2　对象输出流 ObjectOutputStream

一个对象如果要进行输出，则必须使用 ObjectOutputStream 类来实现，此类的定义如下所示。

```
public class ObjectOutputStream
extends OutputStream
implements ObjectOutput, ObjectStreamConstants
```

ObjectOutputStream 类属于 OutputStream 的子类，此类的常用方法如表 14-25 所示。

表 14-25　**ObjectOutputStream** 类的常用方法

方法	类型	描述
public ObjectOutputStream(OutputStream out) throws IOException	构造	传入输出的对象
public final void writeObject(Object obj) throws IOException	普通	输出对象

ObjectOutputStream 类的使用形式与类 PrintStream 的非常相似，在实例化时也需要传入一个 OutputStream 的子类对象，然后根据传入的 OutputStream 子类的对象不同输出的位置也不同。在下面的实例代码中，将 Person 类的对象保存在了文件中。

实例 14-44　将 Person 类的对象保存在文件中

源码路径：daima\14\SerT1.java　　视频路径：视频\实例\第 14 章\101

实例文件 SerT1.java 的主要实现代码如下所示。

```java
import java.io.File ;
import java.io.FileOutputStream ;
import java.io.OutputStream ;
import java.io.ObjectOutputStream ;
public class SerT1{
    public static void main(String args[])
    throws Exception {
        File f = new File("D:" + File.separator + "
        test.txt") ;      //定义保存路径
        ObjectOutputStream oos = null ;
    //声明对象输出流
        OutputStream out = new FileOutputStream(f) ;   //文件输出流
        oos = new ObjectOutputStream(out) ;            //向文件尾部追加新文本
        oos.writeObject(new Person("张X",30)) ;         //保存对象
        oos.close() ;                                   //关闭
    }
};
```

拓展范例及视频二维码

范例 **14-44-01**：使用 ObjectOutputStream

源码路径：**演练范例\14-44-01**

范例 **14-44-02**：实现序列化处理

源码路径：**演练范例\14-44-02**

通过以上代码可将内容保存到文件中，保存的内容全是二进制数据，但是不可以直接修改保存的文件本身，因为这会破坏其保存格式。执行结果如图 14-41 所示。

图 14-41　执行结果

14.17.3　对象输入流 ObjectInputStream

使用对象输入流 ObjectInputStream 可以直接把序列化好的对象反序列化。ObjectInputStream 的定义如下所示。

```
public class ObjectInputStream
extends InputStream
implements ObjectInput, ObjectStreamConstants
```

ObjectInputStream 类也是 InputStream 的子类，与使用 PrintStream 类的方法类似。ObjectInputStream 类同样需要接收 InputStream 类的实例才可以实例化，此类的主要操作方法如表 14-26 所示。

表 14-26　ObjectInputStream 类的主要操作方法

方法	类型	描述
public ObjectInputStream(InputStream in) throws IOException	构造	构造输入对象
public final Object readObject() throws IOException, ClassNotFoundException	普通	从指定位置读取对象

我们使用对象输入流将 14.17.2 节保存在文件中的对象读取出来，这个过程也称为反序列化。下面的实例代码在文件中将 Person 对象实现了反序列化（读取）操作。

实例 14-45　将 Person 对象实现反序列化（读取）操作
源码路径：daima\14\SerT2.java

实例文件 SerT2.java 的主要实现代码如下所示。

```
public class SerT2{
    public static void main(String args[])
    throws Exception {
        File f = new File("D:" + File.separator + "
        test.txt") ;    //定义保存路径
        ObjectInputStream ois = null ;
        //声明对象输入流
        InputStream in     put = new FileInputS
        tream(f) ;    //文件输入流
        ois = new ObjectInputStream(input) ;
        //实例化对象输入流
        Object obj = ois.readObject() ;
        //读取对象
        ois.close() ;                    //关闭
        System.out.println(obj) ;
    }
};
```

拓展范例及视频二维码

范例 **14-45-01**：将 User 类的
　　对象序列化
源码路径：**演练范例\14-45-01**
范例 **14-45-02**：将序列化的
　　内容反序列化
源码路径：**演练范例\14-45-02**

执行结果如图 14-42 所示。

从程序的运行结果中可以清楚地发现，只要实现了 Serializable 接口类，对象中的所有属性就都被序列化了。如果用户想根据自己的需要选择序列化的属性，则可以使用另外一种序列化接口——Externalizable。

图 14-42　执行结果

14.17.4　Externalizable 接口

由 Serializable 接口声明的类的对象中的内容都将序列化。如果现在用户希望自己指定序列化的内容，则可以让一个类实现 Externalizable 接口。Externalizable 接口的定义如下所示。

```
public interface Externalizable extends Serializable {
    public void writeExternal(ObjectOutput out) throws IOException ;
    public void readExternal(ObjectInput in) throws IOException,
ClassNot FoundException ;
}
```

接口 Externalizable 是 Serializable 的子接口，在此接口中定义了两个方法，这两个方法的作用如下所示。

❑ writeExternal（ObjectOutput out）：在此方法中指定要保存的属性信息，它在对象序列化时调用。

❑ readExternal（ObjectInput in）：在此方法中读取保存的信息，它在对象反序列化时调用。

上述两个方法的参数类型分别是 ObjectOutput 和 ObjectInput，定义这两个接口的语法格式如下所示。

```
public interface ObjectOutput extends DataOutput
public interface ObjectInput extends DataInput
```

上述两个接口分别继承 DataOutput 和 DataInput，这两个方法可以像 DataOutput Stream 和 DataInputStream 那样直接输出和读取各种类型的数据。

当一个类要使用 Externalizable 实现序列化时，此类中必须存在一个无参构造方法，因为在反序列化时会默认调用无参构造实例化对象，如果没有此无参构造，则运行时将会出现异常，这个实现机制与 Serializable 接口是不同的。

实例 14-46 | **修改 Person 类并实现 Externalizable 接口**
源码路径：daima\14\Person1.java

实例文件 Person1.java 的主要实现代码如下所示。

```
package org.lxh.demo12.serdemo;
import java.io.Externalizable;
import java.io.IOException;
import java.io.ObjectInput;
import java.io.ObjectOutput;
public class Person implements Externalizable {
//此类的对象可以序列化
    private String name;    //声明name属性
    private int age;        //声明age属性
    public Person(){}       //必须定义无参构造
    public Person(String name, int age) {
        //通过构造方法设置属性内容
        this.name = name;
        this.age = age;
    }
    public String toString() {              //覆写toString()方法
        return "姓名:" + this.name + "; 年龄:" + this.age;
    }
    //覆写此方法，根据需要读取内容，反序列化时使用它
    public void readExternal(ObjectInput in)
    throws IOException, ClassNotFoundException {
        this.name = (String)in.readObject() ;  //读取姓名属性
        this.age = in.readInt() ;               //读取年龄属性
    }
    //覆写此方法，根据需要可以保存属性或具体内容，序列化时使用它
    public void writeExternal(ObjectOutput out)
      throws IOException {
        out.writeObject(this.name) ;            //保存姓名属性
        out.writeInt(this.age) ;                //保存年龄属性
    }
}
```

拓展范例及视频二维码

范例 **14-46-01**：序列化和反序列化
Person 对象
源码路径：**演练范例\14-46-01**
范例 **14-46-02**：合并多个
".txt" 文件
源码路径：**演练范例\14-46-02**

以上程序中的 Person 类实现了 Externalizable 接口，这样用户就可以在类中有选择地保存需要的属性或者其他具体数据。

使用 Externalizable 接口实现序列化明显要比使用 Serializable 接口实现序列化麻烦得多，除此之外，两者的实现还有所不同，如表 14-27 所示。

表 14-27　接口 **Serializable** 与接口 **Externalizable** 实现序列化的区别

区别	Serializable	Externalizable
实现复杂度	实现简单，Java 对其有内建支持	实现复杂，由开发人员自己完成
执行效率	所有对象由 Java 统一保存，性能较低	开发人员决定保存哪个对象，可能会提升速度
保存信息	保存时占用空间大	部分存储，可能造成空间减少

在一般开发中，因为使用 Serializable 接口比较方便，所以其在日常项目中出现较多。

14.17.5　关键字 transient

接口 Serializable 实现的操作实际上是将对象中的全部属性进行序列化，当然也可以使用 Externalizable 接口实现部分属性的序列化，但这样操作比较麻烦。当使用 Serializable 接口实现序列化操作时，如果对象中的某个属性不希望被序列化，则可以使用关键字 transient 进行声明。

下面的实例代码设置 Person 中的 name 属性不希望被序列化。

实例 14-47 | **设置 Person 中的 name 属性不希望被序列化**
源码路径：daima\14\Person.java

实例文件 Person.java 的主要实现代码如下所示。

```
package org.lxh.demo12.serdemo;
import java.io.Serializable;
public class Person implements Serializable {    //此类对象可以被序列化
    private transient String name;
    //此属性将不被序列化
    private int age;           //此属性将被序列化
    public Person(String name, int age) {
        this.name = name;
        this.age = age;
    }
    public String toString() {
    //覆盖toString(),输出信息
        return "姓名:" + this.name + ";
        年龄:" + this.age;
    }
}
```

拓展范例及视频二维码

范例 **14-47-01**：使用 transient
        练习 1
源码路径：演练范例\14-47-01\
范例 **14-47-02**：使用 transient
        练习 2
源码路径：演练范例\14-47-02\

我们重新保存如下实例代码,然后再读取对象。

实例 14-48 | **重新保存并再次读取对象**
源码路径：daima\14\SerT4.java

实例文件 SerT4.java 的主要实现代码如下所示。

拓展范例及视频二维码

范例 **14-48-01**：能否被序列化的
        问题
源码路径：演练范例\14-48-01\
范例 **14-48-02**：恢复原始的
        对象
源码路径：演练范例\14-48-02\

```
public class SerT4{
    public static void main(String args[])
    throws Exception{
        ser() ;
        dser() ;
    }
    public static void ser() throws Exception {
        File f = new File("D:" + File.separator + "
        test.txt") ;    // 定义保存路径
        ObjectOutputStream oos = null ;
                // 声明对象输出流
        OutputStream out = new FileOutputStream(f) ;    // 文件输出流
        oos = new ObjectOutputStream(out) ;
        oos.writeObject(new Person("张三",30)) ;          // 保存对象
        oos.close() ;                                     // 关闭
    }
    public static void dser() throws Exception {
        File f = new File("D:" + File.separator + "test.txt") ;    // 定义保存路径
        ObjectInputStream ois = null ;                             // 声明对象输入流
        InputStream input = new FileInputStream(f) ;               // 文件输入流
        ois = new ObjectInputStream(input) ;                       // 实例化对象输入流
        Object obj = ois.readObject() ;                            // 读取对象
        ois.close() ;                                              // 关闭
        System.out.println(obj) ;
    }
};
```

上述代码中的姓名设置为"张三",执行后的结果如图 14-43 所示。

图 14-43 执行结果

14.17.6 序列化一组对象

因为在对象输出时只提供了一个对象的输出操作（writeObject（Object obj）),并没有为我

们提供多个对象的输出操作，所以如果要同时序列化多个对象，那么就可以使用对象数组进行操作。因为数组属于引用数据类型，所以可以直接使用 Object 类型进行接收。继续研究 14.17.5节的实例文件 Person.java，在下面的实例代码中序列化了多个 Person 对象。

实例 14-49　序列化多个 Person 对象
源码路径：daima\14\SerT5.java

实例文件 SerT5.java 的主要实现代码如下所示。

```java
public class SerT5{
    public static void main(String args[]) throws Exception{
        Person per[] = {new Person("张三",30),new
        Person("李四",31),
            new Person("王五",32)} ;
        ser(per) ;
        Object o[] = (Object[])dser() ;
        for(int i=0;i<o.length;i++){
            Person p = (Person)o[i] ;
            System.out.println(p) ;
        }
    }
    public static void ser(Object obj[])
    throws Exception {
        File f = new File("D:" + File.separator +
        "test.txt") ;    // 定义保存路径
        ObjectOutputStream oos = null ;    // 声明对象输出流
        OutputStream out = new FileOutputStream(f) ;            // 文件输出流
        oos = new ObjectOutputStream(out) ;
        oos.writeObject(obj) ;                                  // 保存对象
        oos.close() ;                                          // 关闭
    }
    public static Object[] dser() throws Exception {
        File f = new File("D:" + File.separator + "test.txt") ;    // 定义保存路径
        ObjectInputStream ois = null ;                             // 声明对象输入流
        InputStream input = new FileInputStream(f) ;               // 文件输入流
        ois = new ObjectInputStream(input) ;                       // 实例化对象输入流
        Object obj[] = (Object[])ois.readObject() ;                // 读取对象
        ois.close() ;                                              // 关闭
        return obj ;
    }
};
```

拓展范例及视频二维码

范例 14-49-01：序列化和反序列化
对象

源码路径：演练范例\14-49-01\

范例 14-49-02：使用

serialVersionUID

源码路径：演练范例\14-49-02\

上述代码使用对象数组可以保存多个对象，但是数组本身存在长度的限制。为了解决数组中的长度问题，可以使用动态对象数组（类集）完成。执行结果如图 14-44 所示。

```
Problems @ Javadoc Declaration
<terminated> SerT5 [Java Application] F
姓名：张三；年龄：30
姓名：李四；年龄：31
姓名：王五；年龄：32
```

图 14-44　执行结果

14.18　Buffer 类

我们可以将 Buffer 理解为一个容器，它的本质是一个数组，发送到 Channel 中的所有对象都必须放到 Buffer 中，而从 Channel 中读取的数据也必须先读到 Buffer 中。

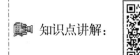

知识点讲解：

14.18.1 Buffer 类中的主要方法

Buffer 就像数组一样，可以保存多个类型相同的数据。在 Buffer 中有 3 个非常重要的概念，它们分别是容量（capacity）、界限（limit）和位置（position）。具体说明如下所示。

❑ 容量（capacity）：缓冲区的容量（capacity）表示该 Buffer 的最大数据容量，即最多可以存储多少数据。缓冲区的容量不可能为负值，在创建后也不能改变。

❑ 界限（limit）：第一个不应该被读出或者写入的缓冲区位置索引。也就是说，位于 limit 后的数据既不可读，也不可写。

❑ 位置（position）：用于指明下一个可以读出或者写入的缓冲区位置索引（类似于 I/O 流中的记录指针）。当使用 Buffer 从 Channel 中读取数据时，position 的值恰好等于已经读到了多少数据。当新建一个 Buffer 对象时，其 position 值为 0，如果从 Channel 中读取两个数据到该 Buffer 中，则 position 为 2，它指向 Buffer 中第三个（第一个位置的索引为 0）位置。

除此之外，Buffer 还支持一个可选标记（mark，类似传统 I/O 流中 mark），该 mark 允许程序直接将 position 定位到该 mark 处。这些值应满足如下关系。

```
0≤mark≤position≤limit≤capacity
```

Buffer 的主要作用就是载入数据，然后输出数据。开始时 Buffer 的 position 为 0，limit 为 capacity，程序调用 put 不断地向 Buffer 中放入数据（或者从 Channel 中获取一些数据），每放入一些数据，Buffer 的 position 相应地向后移动一些位置。

当 Buffer 载入数据结束后，调用 Buffer 的 flip 方法，该方法将 limit 设置为 position 所在位置，将 position 设为 0，这样使从 Buffer 中读数据时总是从 0 开始。读完刚刚装入的所有数据后就结束，也就是说 Buffer 调用 flip 方法后，它为输出数据做好了准备。当 Buffer 输出数据结束后，它调用 clear 方法，此处使用 clear 方法不是清空 Buffer 中的数据，而是将 position 置为 0，将 limit 置为 capacity，这样为再次向 Buffer 中装入数据做好准备。

除此之外，在 Buffer 中还包含了下面的常用方法。

❑ int capacity()：返回 Buffer 的 capacity 大小。

❑ boolean hasRemaining()：判断当前位置（position）和界限（limit）之间是否还有元素可供处理。

❑ int limit()：返回 Buffer 的界限（limit）位置。

❑ Buffer limit (int newLt)：重新设置界限（limit）值，并返回一个具有新 limit 的缓冲区对象。

❑ Buffer mark()：设置 Buffer 的 mark 位置，它只能在 0 和位置（position）之间进行标记。

❑ int position()：返回 Buffer 中的当前位置（position）。

❑ Buffer position (int newPs)：设置 Buffer 的新位置，并返回一个改变 position 后的 Buffer 对象。

❑ int remaining()：返回当前位置和界限（limit）之间的元素个数。

❑ Buffer reset()：将位置（position）转到 mark 所在的位置。

❑ Buffer rewind()：将位置（position）设置成 0，取消设置的 mark。

除了上述 position、limit、mark 方法之外，在 Buffer 子类中还提供了两类非常重要的方法，例如可以使用 put 和 get 方法向 Buffer 中放入数据和从 Buffer 中取出数据。当使用 put 和 get 方法来放入、取出数据时，Buffer 既支持单个数据的访问，也支持批量数据的访问（以数组作为参数）。

当使用 put 和 get 访问 Buffer 中的数据时，有如下两种方式。

❑ 相对（relative）：从 Buffer 的当前位置读取或写入数据，然后将位置（position）值按处理元素的个数来增加。

❑ 绝对（absolute）：直接根据索引来从 Buffer 中读取或写入数据。当使用绝对方式来访问 Buffer 里的数据时，并不会影响位置（position）值。

14.18.2 使用 Buffer 类

下面的实例代码演示了使用 Buffer 类中的一些常规操作方法。

实例 14-50 使用 Buffer 类中的常规操作方法
源码路径：daima\14\BufferTest.java

实例文件 BufferTest.java 的主要实现代码如下所示。

```java
import java.nio.*;
public class BufferTest{
    public static void main(String[] args) {
        //创建Buffer
①        CharBuffer buff = CharBuffer.
        allocate(8);   //1
        System.out.println("capacity: "
        + buff.capacity());
        System.out.println("limit: "
        + buff.limit());
        System.out.println("position: "
        + buff.position());
        //放入元素
②        buff.put('a');   //2
③        buff.put('b');   //3
④        buff.put('c');   //4

        System.out.println("加入3个元素后, position = "
        + buff.position());
        //调用flip()方法
⑤        buff.flip();   //5
        System.out.println("执行flip()后, limit = "
        + buff.limit());
        System.out.println("position = "
        + buff.position());
        //取出第一个元素
        System.out.println("第一个元素(position=0):"
⑥            + buff.get());   //6
        System.out.println("取出一个元素后, position = "
        + buff.position());
        //调用clear方法
⑦        buff.clear();   //7
        System.out.println("执行clear()后, limit = "
        + buff.limit());
        System.out.println("执行clear()后, position = "
        + buff.position());
        System.out.println("执行clear()后, 缓冲区中的内容并没有清除:"
⑧            + buff.get(2));   //8
        System.out.println("执行绝对读取后, position = "
        + buff.position());
    }
}
```

拓展范例及视频二维码

范例 **14-50-01**：创建字节
缓冲流并操作
源码路径：演练范例\14-50-01\
范例 **14-50-02**：一个使用
Buffer 的例子
源码路径：演练范例\14-50-02\

在行①中，通过 CharBuffer 的静态方法 allocate() 创建一个 capacity 为 8 的 CharBuffer，此时该 Buffer 的 limit 和 capacity 都为 8，position 为 0。

在行②③④中，向 CharBuffer 中放入 3 个数值。

在行⑤中，调用 Buffer 的 flip() 方法，该方法将会把 limit 设为 position 处，把 position 设为 0。当 Buffer 调用 flip() 方法之后，limit 就移到原来 position 所在的位置，这样相当于把 Buffer 中没有数据的存储空间"封印"起来，从而避免读取 Buffer 中的数据时读到 null 值。

在行⑥中，在程序中取出一个元素，然后 position 向后移动一位，也就是该 Buffer 的 position 等于 1。

在行⑦中，Buffer 调用 clear() 方法将 position 设为 0，将 limit 设为与 capacity 相等。

在行⑧中，对 Buffer 执行 clear 方法后，该 Buffer 对象里的数据依然存在，所以程序依然可以取出位置为 2 的值，也就是字符 c。因为末尾代码采用的是根据索引来取值的方式，所以该方法不会影响 Buffer 的 position 值。

本实例的执行结果如图 14-45 所示。

在 Java 程序中，通过 allocate()方法创建的 Buffer 对象是普通的 Buffer。在 ByteBuffer 中还提供了 allocateDirect()方法来创建直接 Buffer。创建直接 Buffer 的成本比创建普通 Buffer 的成本高，但这可以使运行时环境直接在该 Buffer 上执行较快的本机 I/O 操作。

因为创建直接 Buffer 会增加创建的成本，所以直接 Buffer 只适用于长生存期的 Buffer，而不适合创建短生存期、一次用完就丢弃的 Buffer。因为只有 ByteBuffer 才提供了 allocateDirect 方法，所以只能在 ByteBuffer 级别上创建直接 Buffer。如果希望使用其他类型，则应该将该 Buffer 转成其他类型的 Buffer。

```
capacity: 8
limit: 8
position: 0
加入3个元素后, position = 3
执行flip()后, limit = 3
position = 0
第一个元素（position=0）: a
取出一个元素后, position = 1
执行clear()后, limit = 8
执行clear()后, position = 0
执行clear()后, 缓冲区中的内容并没有清除: c
执行绝对读取后, position = 0
```

图 14-45 执行结果

注意：直接 Buffer 在编程上的用法与普通 Buffer 并没有太大的区别，在此不再赘述。

14.19 Channel 类

在 Java 语言中，Channel 类类似于传统的流对象，但与传统的流相比，Channel 可以直接将部分或全部指定文件直接映射成 Buffer。程序不能直接访问 Channel 中的数据，这包括读取、写入，Channel 只能与 Buffer 进行交互。

知识点讲解：

在 Channel 中最常用的 3 类方法是 map、read 和 write，其中 map()方法将 Channel 对应的部分或全部数据映射到 ByteBuffer 中，而 read()或 write()方法都有一系列重载形式，这些方法用于从 Buffer 中读取数据或向 Buffer 里写入数据。map()方法的签名如下所示。

```
MappedByteBuffer map(FileChannel.MapMode mode, long position, long size)
```

其中第一个参数执行映射时的模式，它有只读和读写等模式，而后两个参数用于控制将 Channel 中的哪些数据映射成 ByteBuffer。

下面的实例代码演示了直接将 FileChannel 中的全部数据映射成 ByteBuffer 的过程。

实例 14-51 将 FileChannel 中的全部数据映射成 ByteBuffer

源码路径：daima\14\FileChannelTest.java

实例文件 FileChannelTest.java 的主要实现代码如下所示。

```java
public class FileChannelTest{
    public static void main(String[] args){
        FileChannel inChannel = null;      //新建FileChannel对象inChannel，初始值是null
        FileChannel outChannel = null;     //新建outChannel对象inChannel，初始值是null
        try{
            File f = new File("src\\FileChannelTest.java");
            //创建FileInputStream，为该文件输入流创建FileChannel
            inChannel = new FileInputStream(f).getChannel();
            //将FileChannel里的全部数据映射成ByteBuffer
            MappedByteBuffer buffer = inChannel.map(FileChannel.MapMode.READ_ONLY,0 , f.length());
            //使用GBK字符集来创建解码器
            Charset charset = Charset.forName("GBK");
            //以文件输出流创建FileBuffer，用来控制输出
            outChannel = new FileOutputStream("a.txt").getChannel();
            //直接输出buffer里的全部数据
            outChannel.write(buffer);
```

```
                    //再次调用buffer的clear()方法，复原limit、position的值
                    buffer.clear();
                    //创建解码器(CharsetDecoder)对象
                    CharsetDecoder decoder = charset.newDecoder();
                    //使用解码器将ByteBuffer转换成CharBuffer
                    CharBuffer charBuffer = decoder.decode(buffer);
                    //CharBuffer的toString方法可以获取对应的字符串
                    System.out.println(charBuffer);
            }
            catch (IOException ex){
                    ex.printStackTrace();
            }
            finally{
                    try{
                        if (inChannel != null)
                            inChannel.close();
                        if (outChannel != null)
                            outChannel.close();
                    }
                    catch (IOException ex){
                        ex.printStackTrace();
                    }
            }
    }
}
```

拓展范例及视频二维码

范例 **14-51-01**：使用一个非阻塞
的 accept()
源码路径：**演练范例\14-51-01**
范例 **14-51-02**：使用非阻塞
实战演练
源码路径：**演练范例\14-51-02**

　　上述代码分别使用类 FileInputStream、FileOutputStream 来获取 FileChannel，虽然 FileChannel 既可读取也可写入，但 FileInputStream 获取的 FileChannel 只能读，而 FileOutputStream 获取的 FileChannel 只能写。因此先直接将指定 Channel 中的全部数据映射成 ByteBuffer，然后将整个 ByteBuffer 中的全部数据写入一个输出 FileChannel 中，这就完成了文件的复制操作。在程序的后面部分为了输出 FileChannelTest.java 文件里的内容，使用 Charset 和 CharsetDecoder 类将 ByteBuffer 转换成 CharBuffer。本实例的执行结果如图 14-46 所示。

```
import java.io.*;
import java.nio.*;
import java.nio.channels.*;
import java.nio.charset.*;

public class FileChannelTest
{
        public static void main(String[] args)
        {
                FileChannel inChannel = null;
                FileChannel outChannel = null;
                try
                {
                        File f = new File("FileChannelTest.java");
                        //创建FileInputStream，以该文件输入流创建FileChannel
                        inChannel = new FileInputStream(f)
                                .getChannel();
                        //将FileChannel里的全部数据映射成ByteBuffer
                        MappedByteBuffer buffer = inChannel.map(FileChannel.MapMode.READ_ON
                                0 , f.length());
                        //使用GBK来创建解码器
                        Charset charset = Charset.forName("GBK");
                        //以文件输出流创建FileBuffer，用来控制输出
                        outChannel = new FileOutputStream("a.txt")
```

图 14-46　执行结果

　　通过下面的实例代码可以复制文件 a.txt 的内容，然后将复制内容追加在该文件后面。

实例 14-52　**复制文件 a.txt 中的内容并追加在该文件后面**
源码路径：daima\14\fuzhui.java

　　实例文件 fuzhui.java 的主要实现代码如下所示。

```
    public static void main(String[] args){
```

```
FileChannel randomChannel = null;
try{
    File f = new File("a.txt");
    //创建File对象f,新建文本文件"a.txt"
    //创建一个RandomAccessFile对象
    RandomAccessFile raf = new
    RandomAccessFile(f, "rw");
    //获取RandomAccessFile对应的Channel
    randomChannel = raf.getChannel();
    //将Channel中的所有数据映射成ByteBuffer
    ByteBuffer buffer = randomChannel.map
    (FileChannel.MapMode.READ_ONLY,0 , f.
    length());
    randomChannel.position(f.length());      //把Channel的记录指针移动到最后
    randomChannel.write(buffer);             //输出buffer中的所有数据
}
```

拓展范例及视频二维码

范例 **14-52-01**：实现读取
　　　　文件操作
源码路径：**演练范例\14-52-01**
范例 **14-52-02**：实现写入
　　　　文件操作
源码路径：**演练范例\14-52-02**

上述代码可以将 Channel 的记录指针移动到该 Channel 的最后,从而让程序将指定 ByteBuffer 的数据追加到该 Channel 的后面。每运行一次上面的程序,将会复制一次文件 a.txt 中的内容,并将全部内容追加到该文件的后面。

14.20 **使用流** API

从 Java 8 开始引入了全新的流（Stream）API,这里的流和 I/O 流不同,它更像具有 Iterable 的集合类,但其行为和集合类又有所不同。引入流 API 的目的在于弥补 Java 函数式在编程方面的缺陷,对于很多支持函数式编程的语言来说,

知识点讲解：

map()和 reduce()等函数基本上都内置到标准库中了。不过,Java 8 中流 API 的功能非常完善和强大,足以用很少的代码来完成许多复杂的功能。

14.20.1 **Java 8 中的流**

在 Java 8 版本中,流 API 的接口是 java.util.stream,流的元素可以是对象引用（Stream<String>）,也可以是原始的整数（IntStream）、长整型（LongStream）或双精度（DoubleStream）数据流。所有的流计算都通过如下所示的共同结构组成。

- ❑ 1 个流来源
- ❑ 0 个或多个中间操作
- ❑ 1 个终止操作

其中流来源的常用方法如表 14-28 所示。

表 **14-28** 流来源的常用方法

方法	描述
Collection.stream()	使用集合元素创建一个流
Stream.of(T...)	使用传递给工厂方法的参数创建一个流
Stream.of(T[])	使用数组元素创建一个流
Stream.empty()	创建一个空流
Stream.iterate(T first, BinaryOperator<T> f)	创建一个包含序列 first, f(first), f(f(first)), ... 的无限流
Stream.generate(Supplier<T> f)	使用生成器函数创建一个无限流
IntStream.range(lower, upper)	创建一个由下限到上限（不含）之间的元素组成的 IntStream
IntStream.rangeClosed(lower, upper)	创建一个由下限到上限（含）之间的元素组成的 IntStream

方法	描述
BufferedReader.lines()	创建一个由 BufferedReader 的行组成的流
BitSet.stream()	创建一个由 BitSet 中的设置位索引组成的 IntStream
Stream.chars()	创建一个与 String 中的字符相对应的 IntStream

中间操作负责将一个流转换为另一个流，中间操作包括 filter()（选择与条件匹配的元素）、map()（根据函数来转换元素）、distinct()（删除重复）、limit()（在特定大小处截断流）和 sorted()。中间流操作的常用方法如表 14-29 所示。

表 14-29　中间流操作的常用方法

操作	内容
filter(Predicate<T>)	与预期匹配的流元素
map(Function<T, U>)	将提供的函数应用于流元素中的结果
flatMap(Function<T, Stream<U>>)	将提供的流处理函数应用于流元素后获得的流元素
distinct()	已删除重复的流元素
sorted()	按自然顺序排序流元素
Sorted(Comparator<T>)	按提供的比较符排序流元素
limit(long)	截断至所提供长度的流元素
skip(long)	丢弃了前 N 个元素的流元素

Java 流的中间操作是惰性的，调用中间操作只会设置流管道的下一个阶段，不会启动任何操作。重建操作可进一步划分为无状态和有状态操作，其中无状态操作（比如 filter()或 map()）可以独立处理每个元素，而有状态操作（比如 sorted()或 distinct()）可以合并以前看到的并影响其他元素处理状态的元素。

在执行终止操作时开始处理数据集，比如缩减（sum()或 max()）、应用（forEach()）或搜索（findFirst()）操作。终止操作会生成一个结果或副作用，在执行终止操作时它会终止流管道。如果想再次遍历同一个数据集，则可以设置一个新的流管道。终止流操作的常用方法如表 14-30 所示。

表 14-30　终止流操作的常用方法

操作	描述
forEach(Consumer<T> action)	将提供的操作应用于流的每个元素
toArray()	使用流元素创建一个数组
reduce(...)	将流元素聚合为一个汇总值
collect(...)	将流元素聚合到一个汇总结果的容器中
min(Comparator<T>)	通过比较符返回流中最小的元素
max(Comparator<T>)	通过比较符返回流中最大的元素
count()	返回流的大小
{any,all,none}Match(Predicate<T>)	返回流的任何/所有元素是否与提供的预期条件相匹配
findFirst()	返回流的第一个元素（如果有）
findAny()	返回流的任何元素（如果有）

通过在 Collection 接口中新添加流的方法，可以将任何集合转化为一个流。即使是一个数组，也可以使用静态的 Stream.of()方法将数组转化为一个流。下面的实例演示了使用 Stream.of()方法将参数转换为一个流的过程。

实例 14-53	使用 Stream.of()方法将参数转换为一个流
	源码路径：daima\14\T6.java

实例文件 T6.java 的主要实现代码如下所示。

```java
public static void main(String[] args) {
    //使用静态的Stream of方法
    Stream<String> words = Stream.of
    ("ab,cd,ef,gh".split(","));
    System.out.printf("num: %d", words.
    count());
}
```

执行以上代码后将会输出如下结果。

```
num: 4
```

拓展范例及视频二维码

范例 **14-53-01**：生成斐波那契

数列

源码路径：**演练范例\14-53-01**

范例 **14-53-02**：把 π 表示为一个

无穷 Stream

源码路径：**演练范例\14-53-02**

14.20.2　Java 9 中新增的 Stream

在 JDK 9 中，Stream API 接口新增了如下所示的方法。

❑ takeWhile（Predicate<? super T> predicate）：使用一个 Predicate（断言）作为参数，返回给定 Stream 的子集，直到 Predicate 语句第一次返回 false。如果第一个值不满足断言条件，将返回一个空的 Stream。

❑ dropWhile（Predicate<? super T> predicate）：功能和前面的方法 takeWhile()相反，它使用一个 predicate(断言)作为参数，直到 predicate 语句第一次返回 true 才返回给定 Stream 的子集。

❑ ofNullable（T t）：如果为非空，则返回流描述的指定值，否则返回空的流。

❑ iterate（T seed, Predicate<? super T> hasNext, UnaryOperator<T> next）：允许使用初始种子值创建顺序（可能是无限）流，并迭代应用指定的下一个方法。当指定的 hasNext 的 predicate 方法返回 false 时，迭代停止。

在 Java 8 版本中，流接口有两种方法：skip（long count）和 limit（long count）。其中 skip()方法可以从头开始跳过指定数量的元素后返回流元素；limit()方法可以从流的开始返回等于或小于指定数量的元素。skip()方法从一开始就删除元素，而 limit()方法从头开始删除剩余的元素，两者都基于元素的数量。dropWhile()和 takeWhile()分别与 skip()和 limit()方法很像，然而，新方法适用于 Predicate 而不是元素的数量。我们可以将这些方法想象是具有异常的 filter()方法。filter()方法可以评估所有元素上的预期，而 dropWhile()和 takeWhile()方法则从流的起始处对元素进行预期评估，直到预期失败。

对于有序流来说，dropWhile()方法返回流的元素，从指定预期为 true 的起始处丢弃元素。考虑存在如下所示的有序整数流。

```
1, 2, 3, 4, 5, 6, 7
```

如果在 dropWhile()方法中使用一个 predicate 方法，该方法对小于 5 的整数返回 true，则该方法将删除前 4 个元素并返回其余部分。

```
5, 6, 7
```

对于无序流来说，dropWhile()方法的行为是非确定性的，它可以选择删除匹配预期的任何元素子集。当前的实现从匹配元素开始丢弃匹配元素，直到找到不匹配的元素为止。dropWhile()方法有两种极端情况：如果第一个元素与预期不匹配，则该方法返回原始流；如果所有元素都与预期匹配，则该方法返回一个空流。而 takeWhile()方法的工作方式与 dropWhile()方法相同，只不过它从流的起始处返回匹配的元素，而丢弃其余的。

如果为非空元素，则 Nullable（T t）方法返回包含指定元素的单个元素的流。如果指定元素为空，则返回一个空流。在流处理过程中，flatMap()方法非常有用。考虑如下所示的 map，其值可能为 null。

```
Map<Integer, String> map = new HashMap<>();
map.put(1, "One");
map.put(2, "Two");
map.put(3, null);
map.put(4, "four");
```

如何在此 map 中获取一组非 null 的值？也就是说，如何从 map 中获得一个包含"One""Two"和"Four"的集合？下面是 Java 8 的解决方案，flatMap()方法中的 Lambda 表达式使用了三元运算符。

```
Set<String> nonNullvalues = map.entrySet()
    .stream()
    .flatMap(e -> e.getValue() == null ? Stream.empty() : Stream.of(e.getValue()))
    .collect(toSet());
```

而在 Java 9 中，使用 ofNullable()方法可以使此表达式更加简单。

```
Set<String> nonNullvalues = map.entrySet()
    .stream()
    .flatMap(e -> Stream.ofNullable(e.getValue()))
    .collect(toSet());
```

新的 iterate（T seed, Predicate<? super T> hasNext, UnaryOperator<T> next）方法允许使用初始种子值创建顺序（可能是无限）流，并迭代应用指定的下一个方法。当指定的 hasNext 的预期返回 false 时，迭代停止。调用此方法与使用 for 循环相同。

```
for (T n = seed; hasNext.test(n); n = next.apply(n)) {
    // n是添加到流中的元素
}
```

例如下面的代码会生成包含 1~10 的所有整数的流。

```
Stream.iterate(1, n -> n <= 10, n -> n + 1)
```

实例 14-54　在 Stream 接口中使用 Java 9 的新方法

源码路径：daima\14\StreamTest.java

本实例用到了 Java 9 中的新增方法 dropWhile()、takeWhile()和 ofNullable()，实例文件 StreamTest.java 的主要实现代码如下所示。

```
public class StreamTest {
    public static void main(String[] args) {
        System.out.println("Using Stream.
        dropWhile() and Stream.takeWhile():");
        testDropWhileAndTakeWhile();
        //调用方法testDropWhileAndTakeWhile()
        System.out.println("\nUsing Stream.
        ofNullable():");
        testOfNullable();
        //调用方法testOfNullable()
        System.out.println("\nUsing Stream.
        iterator():");
        testIterator();                           //调用方法testIterator()
    }
    //实现testDropWhileAndTakeWhile()方法
    public static void testDropWhileAndTakeWhile() {
        List<Integer> list = List.of(1, 3, 5, 4, 6, 7, 8, 9); //新建列表list并初始化
        System.out.println("Original Stream: " + list);
        List<Integer> list2 = list.stream()                      //新建列表list2
                .dropWhile(n -> n % 2 == 1) //调用dropWhile()方法
                .collect(toList());
        System.out.println("After using dropWhile(n -> n % 2 == 1): " + list2);
        List<Integer> list3 = list.stream()
                .takeWhile(n -> n % 2 == 1)//调用takeWhile()方法
                .collect(toList());//使用toList()方法将元素添加到列表
```

━━━ 拓展范例及视频二维码 ━━━

范例 14-54-01：使用 Java 9 收集器

源码路径：**演练范例\14-54-01**

范例 14-54-02：使用过滤和扁平映射

源码路径：演练范\14-54-02\

```
        System.out.println("After using takeWhile(n -> n % 2 == 1): " + list3);
    }
    public static void testOfNullable() {
        Map<Integer, String> map = new HashMap<>();          //新建Map对象map
        map.put(1, "One");                                   //添加元素1
        map.put(2, "Two");                                   //添加元素2
        map.put(3, null);                                    //添加元素3
        map.put(4, "Four");                                  //添加元素4
        Set<String> nonNullValues = map.entrySet()
                                      .stream()
                                      .flatMap(e -> Stream.ofNullable(e.getValue()))
                                      .collect(toSet());

        System.out.println("Map: " + map);
        System.out.println("Non-null Values in Map: " + nonNullValues);
    }
    public static void testIterator() {
        List<Integer> list = Stream.iterate(1, n -> n <= 10, n -> n + 1)
                                   .collect(toList());
        System.out.println("Integers from 1 to 10: " + list);
    }
}
```

执行后的结果如图 14-47 所示。

```
Using Stream.dropWhile() and Stream.takeWhile():
Original Stream: [1, 3, 5, 4, 6, 7, 8, 9]
After using dropWhile(n -> n % 2 == 1): [4, 6, 7, 8, 9]
After using takeWhile(n -> n % 2 == 1): [1, 3, 5]

Using Stream.ofNullable():
Map: {1=One, 2=Two, 3=null, 4=Four}
Non-null Values in Map: [One, Four, Two]

Using Stream.iterator():
Integers from 1 to 10: [1, 2, 3, 4, 5, 6, 7, 8, 9, 10]
```

图 14-47　执行结果

14.21　使用 try…with…resources 语句

从 Java 7 开始，编译器和运行环境支持新的 try…with…resources 语句，这称为 ARM 块（Automatic Resource Management），它用于实现自动资源管理功能。try… with…resources 语句支持流以及任何可关闭的资源。本节将详细讲解使用 try…with…resources 语句的知识。

 知识点讲解：

14.21.1　try…with…resources 语句概述

在 JDK 7 版本之前，一个资源在使用完毕后需要手动关闭。下面是一个常见的文件操作演示代码。

```
Charset charset = Charset.forName("US-ASCII");        //定义字符集对象charset
String s = ...;                                       //定义字符串变量s
BufferedWriter writer = null;                         //定义BufferedWriter对象writer
try {
  writer = Files.newBufferedWriter(file, charset);    //实现写入操作
  writer.write(s, 0, s.length());
} catch (IOException x) {
  System.err.format("IOException: %s%n", x);          //有异常则抛出异常
} finally {
  if (writer != null) writer.close();                 //手动关闭写入流操作
}
```

也就是说，在 JDK 7 版本之前的代码中，一定要牢记在 finally 中执行 close 方法以便及时释放资源。

try…with…resources 是 JDK 7 中一个新的异常处理机制，它能很容易地关闭在 try…catch 语句块中使用的资源。所谓的资源（resource）是指在程序完成后，必须关闭的对象。try…with…resources 语句确保了每个资源在语句结束时自动关闭，所有实现 java.lang.AutoCloseable 的接口（其中，包括实现 java.io.Closeable 的所有对象）都可以作为资源。下面的实例演示了使用 try…with…resources 语句自动关闭资源的方法。

实例 14-55　使用 try…with…resources 语句自动关闭资源
源码路径：daima\14\Demo.java

实例文件 Demo.java 的具体实现代码如下所示。

```java
public class Demo {
    public static void main(String[] args) {
        try(Resource res = new Resource()) {     //新建资源对象Resource res
            res.doSome();                         //定义方法doSome()
        } catch(Exception ex) {                   //抛出异常
            ex.printStackTrace();
            //输出跟踪信息
        }
    }
}
class Resource implements AutoCloseable {
    void doSome() {
        System.out.println("实现一个功能");
    }
    @Override
    public void close() throws Exception {
        System.out.println("资源被关闭");
    }
}
```

拓展范例及视频二维码

范例 **14-55-01**：使用 try…catch
处理资源
源码路径：**演练范例\14-55-01**
范例 **14-55-02**：使用 throw
处理资源
源码路径：**演练范例\14-55-02**

执行结果如图 14-48 所示。由此可以看到，资源终止然后自动关闭了。

```
实现一个功能
资源被关闭
```

图 14-48　执行结果

14.21.2　try…with…resources 的改进（Java 9 新增功能）

在 Java 9 中对 try…with…resources 语句进行了改进。如果已经有一个资源是 final 的或等效于 final 的变量，那么可以在 try…with…resources 语句中使用该变量，而无须在 try…with…resources 语句中声明一个新变量。

假设给定了如下所示的资源声明代码。

```java
//一个final资源
final Resource resource1 = new Resource("resource1");
//一个实际的final资源
Resource resource2 = new Resource("resource2");
```

在 Java 9 之前的版本中，可以编写如下所示的代码来管理上述资源。

```java
//在Java 7或8中使用try…with…resources语句
try (Resource r1 = resource1;
    Resource r2 = resource2) {//通过resource1和resource 2 传递r1和r2
}
```

而在 Java 9 版本中，可以通过如下所示的代码完成资源释放功能。

```java
try (resource1;
    resource2) {
}
```

　　由此可见，Java 9 代码更加简洁和直观。下面的实例演示了在 Java 9 中使用 try…with…resources 语句的过程。

实例 14-56　模拟对银行客户的管理
源码路径：daima\14\MenuOption.java、CreditInquiry.java

　　本实例实现了一个简单的银行客户管理系统，银行工作人员可以及时查看客户的资金情况，例如银行借款和存款余额等信息。这些客户的资金信息保存到一个记事本文件中，我们将其命名为"123.txt"。

　　(1) 定义一个枚举文件 MenuOption.java，在里面定义不同的菜单选项。当银行管理员登录系统后，可以通过菜单来查看客户的资金信息。文件 MenuOption.java 的具体实现代码如下所示。

```java
public enum MenuOption {
    // 声明枚举的内容
    ZERO_BALANCE(1),
    CREDIT_BALANCE(2),
    DEBIT_BALANCE(3),
    END(4);
    private final int value; //当前菜单项
    //构造器
    private MenuOption(int value) {this.value = value;}
}
```

　　(2) 实例文件 CreditInquiry.java 的功能是在控制台显示一个文本菜单，银行工作人员可以根据提示输入 3 个选项，它们分别是显示账户为负数的客户、余额为零的客户和账户为正数的客户。文件 CreditInquiry.java 具体实现代码如下所示。

```java
public class CreditInquiry {
private final static MenuOption[] choices =
MenuOption.values();
public static void main(String[] args) {
        Scanner input = new Scanner(System.in);
        //获取客户信息
        MenuOption accountType = getRequest
(input);
        while (accountType != MenuOption.END) {
                switch (accountType) {
                case ZERO_BALANCE:
                        System.out.printf("%nAccounts
                        with zerobalances:%n");
                        break;
                case CREDIT_BALANCE:
                        System.out.printf("%nAccounts with creditbalances:%n");
                        break;
                case DEBIT_BALANCE:
                        System.out.printf("%nAccounts with debitbalances:%n");
                        break;
                }
        readRecords(accountType);
        accountType = getRequest(input); // get user's request
        }
}
        //从客户处获得请求
        private static MenuOption getRequest(Scanner input) {
                int request = 4;
                // 显示请求选项
                System.out.printf("%nEnter request%n%s%n%s%n%s%n%s%n", " 1 - List accounts
                with zero balances", " 2 - List accounts with credit balances"," 3 - List
                accounts with debit balances"," 4 - Terminate program");
                try {
                        do { //输入请求
                                System.out.printf("%n? ");
                                request = input.nextInt();
                        } while ((request < 1) || (request > 4));
```

　　　　　　　　　　　　　拓展范例及视频二维码

范例 **14-56-01**：使用 catch 区块
　　　　　来捕捉
源码路径：**演练范例\14-56-01**
范例 **14-56-02**：使用 Throws
　　　　　捕捉意外
源码路径：**演练范例\14-56-02**

```
        }
        catch (NoSuchElementException noSuchElementException) {
        System.err.println("Invalid input. Terminating.");
        }
        return choices[request - 1]; //根据选项返回一个枚举值
        }
        //读取记录文件和显示适当类型的记录
        private static void readRecords(MenuOption accountType) {
                //打开文件和处理内容
                try (Scanner input = new Scanner(Paths.get("123.txt"))){
                        while (input.hasNext()) { //读取更多数据
                                int accountNumber = input.nextInt();
                                String firstName = input.next();
                                String lastName = input.next();
                                double balance = input.nextDouble();
                                //如果是正确的账户类型则显示记录
                                if (shouldDisplay(accountType, balance)) {
                                        System.out.printf("%-10d%-12s%-12s%10.2f%n",accountNumber,
                                                firstName, lastName, balance);
                                }
                                else {
                                        input.nextLine(); //丢弃当前记录的其余部分
                                }
                        }
                }
        catch (NoSuchElementException | IllegalStateException |
        IOException e) {
                System.err.println("Error processing file.Terminating.");
        System.exit(1);
        }
}
        //使用记录类型确定是否显示该记录
        private static boolean shouldDisplay(MenuOption option, double balance) {
        if ((option == MenuOption.CREDIT_BALANCE) && (balance < 0)){
                return true;
        }
        else if ((option == MenuOption.DEBIT_BALANCE) && (balance >0)) {
                return true;
        }
        else if ((option == MenuOption.ZERO_BALANCE) && (balance ==0)) {
                return true;
        }
        return false;
        }
    }
```

方法 getRequest()的功能是获取银行工作人员在控制台中输入的菜单选项。方法 readRecords()用来读取文件"123.txt"中记录的客户信息，此方法使用 try…with…resources 语句创建了一个打开文件时的 Scanner 对象实例。寻找到对应类型的客户信息后，使用 try…with…resources 语句关闭 Scanner 对象和文件操作。

假如文件"123.txt"中存储的内容是：

```
300 Pam White 0.00
200 Steve Green -345.67
400 Sam Red -42.16
100 Bob Blue 24.98
500 Sue Yellow 224.62
```

则执行本实例后会输出如下所示的内容。

```
Enter request
1 - List accounts with zero balances
2 - List accounts with credit balances
3 - List accounts with debit balances
4 - Terminate program
? 1
Accounts with zero balances:
300 Pam White 0.00
```

```
Enter request
1 - List accounts with zero balances
2 - List accounts with credit balances
3 - List accounts with debit balances
4 - Terminate program
? 2
Accounts with credit balances:
200 Steve Green -345.67
400 Sam Red -42.16
Enter request
1 - List accounts with zero balances
2 - List accounts with credit balances
3 - List accounts with debit balances
4 - Terminate program
? 3
Accounts with debit balances:
100 Bob Blue 24.98
500 Sue Yellow 224.62
Enter request
1 - List accounts with zero balances
2 - List accounts with credit balances
3 - List accounts with debit balances
4 - Terminate program
? 4
```

14.22　技　术　解　惑

14.22.1　使用 File.separator 表示分隔符

在操作文件时一定要使用 File.separator 表示分隔符。对于大多数初学者来说，往往会使用 Windows 开发环境，这是由于 Windows 操作系统支持的开发工具较多，使用方便；而程序在发布时往往是直接在 Linux 或其他操作系统上部署的，所以如果不使用 File.separator，则程序运行就有可能存在问题。这一点读者在日后的开发中一定要有所警惕。

14.22.2　综合演练创建和删除文件

假设有如下题目。

给定一个文件路径，如果此文件存在，则将其删除，如果文件不存在则创建一个新文件。

要想实现上述功能，需要使用前面学习的 3 个方法。具体代码（daima\14\FileT6.java）如下所示。

```java
import java.io.File ;
import java.io.IOException ;
public class FileT6{
    public static void main(String args[]){
        File f = new File("d:"+File.separator+"test.txt") ;// 实例化File类的对象
        if(f.exists()){                                    // 如果文件存在则删除
            f.delete() ;                                   // 删除文件
        }else{
            try{
                f.createNewFile() ;                        // 根据给定的路径创建文件
            }catch(IOException e){
                e.printStackTrace() ;                      // 输出异常信息
            }
        }
    }
};
```

上述代码实现了题目所要求的功能，但是细心的读者可能会发现以上程序的问题，在每次程序执行完毕之后，文件并不会立刻创建或删除，而是会有一些延迟，这是由于所有的操作都需要通过 JVM 来完成而造成的。因此读者在进行文件操作时，一定要考虑到延迟的影响。

14.22.3　File 类的复杂用法

假设有如下题目。

要求列出此目录下的全部内容，因为给定目录可能存在子文件夹，所以此时要求把所有子文件夹的子文件列出来。

要想实现上述题目要求的功能，需要先判断给定路径是否是目录，然后再使用方法 listFiles() 列出一个目录中的全部内容。由于一个文件夹中可能包含其他文件或子文件夹，子文件夹中也可能包含其他子文件夹，所以此处只能采用递归的调用方式完成。具体代码（daima\14\FileT11.java）如下所示。

```java
import java.io.File ;
import java.io.IOException ;
public class FileT11{
    public static void main(String args[]){
        File my = new File("d:" + File.separator) ;// 操作路径
        print(my) ;
    }
    public static void print(File file){            // 递归调用
        if(file!=null){                             // 判断对象是否为空
            if(file.isDirectory()){                 // 如果是目录
                File f[] = file.listFiles() ;       // 列出全部的文件
                if(f!=null){                        // 判断此目录能否列出
                    for(int i=0;i<f.length;i++){
                        print(f[i]) ;               // 因为所给的路径有可能是目录，所以，继续判断
                    }
                }
            }else{
                System.out.println(file) ;          // 输出路径
            }
        }
    }
};
```

上述代码使用递归调用不断地判断传进来的路径是否为目录，如果是目录则继续列出子文件夹，如果不是则直接打印路径名称。执行结果如图 14-49 所示。

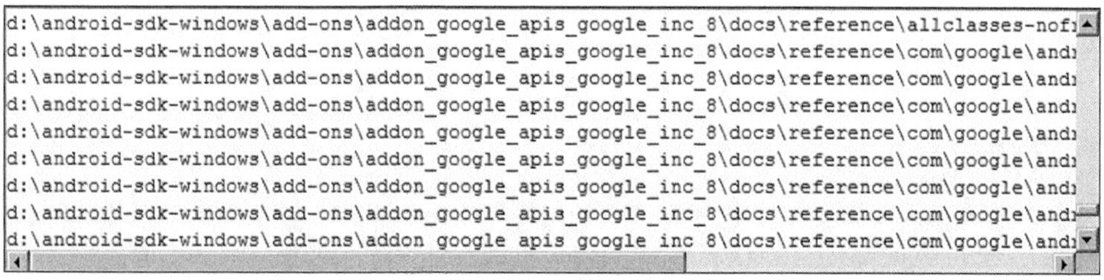

```
d:\android-sdk-windows\add-ons\addon_google_apis_google_inc_8\docs\reference\allclasses-nof
d:\android-sdk-windows\add-ons\addon_google_apis_google_inc_8\docs\reference\com\google\and
d:\android-sdk-windows\add-ons\addon_google_apis_google_inc_8\docs\reference\com\google\and
d:\android-sdk-windows\add-ons\addon_google_apis_google_inc_8\docs\reference\com\google\and
d:\android-sdk-windows\add-ons\addon_google_apis_google_inc_8\docs\reference\com\google\and
d:\android-sdk-windows\add-ons\addon_google_apis_google_inc_8\docs\reference\com\google\and
d:\android-sdk-windows\add-ons\addon_google_apis_google_inc_8\docs\reference\com\google\and
d:\android-sdk-windows\add-ons\addon_google_apis_google_inc_8\docs\reference\com\google\and
d:\android-sdk-windows\add-ons\addon_google_apis_google_inc_8\docs\reference\com\google\and
```

图 14-49　执行结果

14.22.4　字节流和字符流的区别

字节流和字符流的使用方式非常相似，两者除了在操作代码上有不同之外，是否还有其他的不同呢？实际上字节流在操作时不会用到缓冲区（内存），是文件直接操作的，而字符流在操作时使用了缓冲区，通过缓冲区再操作文件。为了更加明确地说明两者的区别，下面以两个写文件操作为例进行比较，但是在字节流和字符流的操作完成之后都不关闭输出流。

使用字节流不关闭执行，具体代码（daima\14\OutputStreamT5.java）如下所示。

```java
import java.io.File ;
import java.io.OutputStream ;
import java.io.FileOutputStream ;
public class OutputStreamT5{
    public static void main(String args[]) throws Exception{    // 抛出异常，不处理
        // 第1步，使用File找到一个文件
        File f= new File("d:" + File.separator + "test.txt") ;  // 声明File对象
```

```
            // 第2步，通过子类实例化父类对象
            OutputStream out = null ;                          // 准备好一个输出对象
            out = new FileOutputStream(f) ;                    // 实例化
            // 第3步，进行写操作
            String str = "Hello World!!!" ;                    // 准备一个字符串
            byte b[] = str.getBytes() ;                        // 只能输出字节数组，所以将字符串变为字节数组
            out.write(b) ;                                     // 写入数据
            // 第4步，关闭输出流
            // out.close() ;                                   // 关闭输出流
        }
    };
```

　　此时没有关闭字节流操作，但是文件中也依然有了输出的内容，这证明字节流是直接操作文件的。执行后会在文件"D:\test"中写入指定的内容，结果如图 14-50 所示。

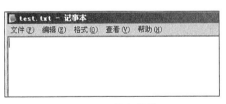

图 14-50　执行结果

　　下面继续使用字符流完成写入工作，具体代码（daima\14\WriterT3.java）如下所示。

```
import java.io.File ;
import java.io.Writer ;
import java.io.FileWriter ;
public class WriterT3{
    public static void main(String args[]) throws Exception{      // 抛出异常，不处理
        // 第1步，使用File类找到一个文件
        File f= new File("d:" + File.separator + "test.txt") ;    // 声明File对象
        // 第2步，通过子类实例化父类对象
        Writer out = null ;                                       // 准备好一个输出对象
        out = new FileWriter(f) ;                                 // 通过对象多态性进行实例化
        // 第3步，进行写操作
        String str = "Hello World!!!" ;                           // 准备一个字符串
        out.write(str) ;                                          // 输出内容，保存文件
        // 第4步，关闭输出流
        // out.close() ;                                          // 此时没有关闭
    }
};
```

　　上述代码使用字符流不关闭执行，程序运行后会发现文件中没有任何内容。这是因为字符流在操作时使用了缓冲区，而在关闭字符流时会强制输出缓冲区中的内容，但是如果程序没有关闭，则缓冲区中的内容是无法输出的。执行结果如图 14-51 所示。

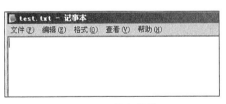

图 14-51　执行结果

　　在此可以得出一个结论：字符流使用了缓冲区，而字节流没有使用缓冲区。在某些情况下，如果一个程序频繁地操作一个资源（如文件或数据库）则会降低性能，此时为了提升性能，可以将一部分数据暂时读入到内存的一块区域，以后直接从此区域中读取数据。因为读取内存的速度会比较快，所以这样可以提升程序的性能。

　　在字符流操作中，所有的字符都是在内存中形成的，在输出前所有的内容暂时会保存在内存之中，这时使用了缓冲区暂存数据。如果想在不关闭时也可以输出字符流的全部内容，则可以使用 Writer 类中的 flush()方法来完成。下面的代码（daima\14\WriterT4.java）强制性清空了缓冲区中的内容。

```
import java.io.File ;
import java.io.Writer ;
import java.io.FileWriter ;
public class WriterT4{
    public static void main(String args[]) throws Exception{      // 抛出异常，不处理
        // 第1步，使用File类找到一个文件
        File f= new File("d:" + File.separator + "test.txt") ;    // 声明File对象
        // 第2步，通过子类实例化父类对象
        Writer out = null ;                                       // 准备好一个输出对象
        out = new FileWriter(f) ;                                 // 通过对象多态性进行实例化
```

```
        // 第3步，进行写操作
        String str = "Hello World!!!" ;              // 准备一个字符串
        out.write(str) ;                             // 输出内容，保存文件
        // 第4步，关闭输出流
        out.flush() ;                                // 强制性清空缓冲区中的内容
        // out.close() ;                             // 此时，没有关闭
    }
} ;
```

程序执行后会发现文件中已经有了内容，结果如图 14-52 所示。

因为所有的文件在硬盘中或在传输时都是以字节方式进行存储的，包括图片等都是按字节的方式存储的，而字符只有在内存中才会形成，所以在 Java 开发应用中，字节流使用得较为广泛。

图 14-52　执行结果

14.22.5　System.err 和 System.out 的选择

在文件（daima\14\ReaderT2.java）代码中，如果将 catch 中的 System.err 换成 System.out，输出结果会完全一致，那么我们应该选择 System.err 还是 System.out 呢？

System.out 和 System.err 都是 PrintStream 的实例化对象，通过实例代码可以发现，两者都可以输出错误信息。一般来讲 System.out 将信息显示给用户看，是正常的信息显示，而 System.err 正好相反，显示的是不希望用户看到的信息，会直接在后台打印，是专门显示错误的。

一般来讲，如果要输出错误信息，最好不要使用 System.out，而是直接使用 System.err，这一点能从其概念上区分。如果读者现在使用 Eclipse 开发工具进行开发，则可以发现，使用 System.err 打印的异常信息是红色的，而使用 System.out 打印的异常信息是普通颜色的，当然，这只是在开发工具层次上的支持。

14.22.6　使用 I/O 实现一个简单的菜单效果

在 Java 应用程序中经常遇到菜单显示功能，接下来我们将使用 I/O 实现一个简单的菜单效果。在具体实现上，我们可以使用 switch 这个功能。因为程序本身需要接收输入数据，而且需要显示，以后还可能在程序中加入具体的操作。为了应对这种情况，我们专门编写了一个操作类，即菜单调用操作类，而具体的实际操作由操作类完成。本程序的输入数据程序依然使用之前的 InputData 来完成。

首先编写一个专门的操作类，具体代码（daima\14\Operate.java）如下所示。

```
public class Operate{
    public static void add(){           // 增加操作
        System.out.println("** 选择的是增加操作") ;
    }
    public static void delete(){        // 删除操作
        System.out.println("** 选择的是删除操作") ;
    }
    public static void update(){        // 更新操作
        System.out.println("** 选择的是更新操作") ;
    }
    public static void find(){          // 查看操作
        System.out.println("** 选择的是查看操作") ;
    }
} ;
```

上述操作类的代码比较简单，因为程序的功能是要求实现菜单，如果要完成具体的操作，那么直接修改此类即可。

接下来开始编写菜单显示类，此类用于接收选择的数据，同时使用 switch 判断是哪个操作。具体代码（daima\14\Menu.java）如下所示。

```
public class Menu{
    public Menu(){
        while(true){
```

```
                    this.show() ;          // 无限制调用菜单的显示
            }
    }
    public void show(){
        System.out.println("===== Xxx系统 =====") ;
        System.out.println("      [1]增加数据") ;
        System.out.println("      [2]删除数据") ;
        System.out.println("      [3]修改数据") ;
        System.out.println("      [4]查看数据") ;
        System.out.println("      [0]系统退出\n") ;
        InputData input = new InputData() ;
        int i = input.getInt("请选择:", "请输入正确的选项!") ;
        switch(i){
            case 1:{
                Operate.add() ;          // 调用增加操作
                break ;
            }
            case 2:{
                Operate.delete() ;       // 调用删除操作
                break ;
            }
            case 3:{
                Operate.update() ;       // 调用更新操作
                break ;
            }
            case 4:{
                Operate.find() ;         // 调用查看操作
                break ;
            }
            case 0:{
                System.exit(1) ;         // 系统退出
                break ;
            }
            default:{
                System.out.println("请选择正确的操作!") ;
            }
        }
    }
};
```

上述操作类的代码比较简单，因为程序的功能要求只是实现菜单，如果要完成具体的操作，直接修改此类即可。

最后开始编写测试文件，调用上面的两个类来实现菜单效果。具体代码（daima\14\ ExecT3.java）如下所示。

```
import java.io.* ;
public class ExecT3{
    public static void main(String args[]) throws Exception{
        new Menu() ;
    }
};
```

执行后的结果如图 14-53 所示。

图 14-53　执行结果

14.22.7　对象序列化和对象反序列化操作时的版本兼容性问题

在对象进行序列化或反序列化操作时需要考虑 JDK 版本的问题。由于序列化的 JDK 版本和反序列化的 JDK 版本不统一则有可能造成异常，所以在序列化操作中引入了一个常量

serialVersionUID，可以通过此常量来验证版本的一致性。在进行反序列化时，JVM 会把传来的字节流中的 serialVersionUID 与本地相应实体（类）的 serialVersionUID 进行比较，如果相同就认为是一致的，可以进行反序列化，否则就会出现序列化版本不一致的异常。

当实现 java.io.Serializable 接口的实体（类）没有显式地定义一个名为 serialVersionUID、类型为 long 的变量时，Java 序列化机制在编译时会自动生成一个此版本的 serialVersionUID。当然，如果不希望通过编译来自动生成，那么也可以直接显式地定义一个名为 serialVersionUID、类型为 long 的变量，只要不修改这个变量的序列化实体，可以相互进行串行化和反串行化。

为了解决兼容性问题，可以直接在上述代码的 Person 中加入以下的常量。

```
private static final long serialVersionUID = 1L;
```
其中 serialVersionUID 的具体内容由用户指定。

14.22.8　不能让所有的类都实现 Serializable 接口

如果一个类实现了 Serializable 接口后可以直接序列化，而且在此接口中没有任何的方法，同时也不会让实现此接口的类增加不必要的操作，那么所有的类都实现此接口不是更好吗？这样也可以增加类的一个功能，但事实是不可以的！因为这在以后的版本升级中会存在问题。在目前已知的 JDK 版本中，java.io.Serializable 接口没有定义任何的方法，如果所有的类都实现此接口在语法上并没有任何的问题，并且在以后的 JDK 版本中修改了此接口又增加了许多方法呢？以往系统中的所有类就都会修改，这样肯定会很麻烦，所以最好只在需要序列化对象的类上实现 Serializable 接口。

14.23　课后练习

（1）编写一个 Java 程序，使用类 File 中的方法 fileToChange.lastModified() 和方法 fileToChange setLastModified() 修改文件最后的修改日期。

（2）编写一个 Java 程序，使用 BufferedWriter 类中的 read() 方法和 write() 方法将文件内容复制到另一个文件中。

（3）编写一个 Java 程序，使用类 File 中的方法 oldName.renameTo（newName）重命名文件。

（4）编写一个 Java 程序，使用类 File 中的方法 mkdirs() 递归创建目录。

（5）编写一个 Java 程序，使用类 File 中的 dir.list() 方法在指定目录中查找所有文件列表。

（6）编写一个 Java 程序，使用类 File 中的 list() 方法遍历指定目录下的所有目录。

（7）编写一个 Java 程序，在本地 C 盘中查找以字母"b"开头的所有文件。

第 15 章

AWT 的奇幻世界

　　Java 在开发图形用户界面的程序应用方面，虽然没有 Microsoft 公司推出的设计语言（例如 C#）那么强势，但它依然功能强大。Java 为我们提供了一个名为 AWT 的包，通过这个包可以进行各种图形编程。AWT 是 Java 软件图形编程的工具之一，任何学习 Java 程序的程序员都必须要精通这个工具。本章将详细讲解与 AWT 相关的知识，为读者学习本书后面的知识打下基础。

15.1　GUI 框架概述

图形用户界面（Graphical User Interface，GUI）是指采用图形方式显示的计算机操作用户界面。图形用户界面是一种人与计算机进行通信的界面显示格式，允许用户使用鼠标等输入设备操纵屏幕上的图标或菜单选项，以选择命令、调用文件、启动程序或执行其他一些日常任务。Java 作为一门面向对象编程的语言，为开发 GUI 程序提供了许多功能强大的框架。本节将详细讲解这些 GUI 框架的发展历程。

 知识点讲解：

15.1.1　AWT 框架

在 1995 年的春天 Java 第一次发布的时候，其中包含了一个名为 AWT（Abstract Windowing Toolkit）的库，通过此库可以构建图形用户界面应用程序。当时 Java 很有雄心地宣布——"Write once，Run anywhere"。并且许诺：一个具有下拉菜单、命令按钮、滚动条以及其他常见 GUI 控件的应用程序能够在各种操作系统上运行，且不必重新编译成针对某一平台的二进制代码，这包括 Microsoft Windows、Sun's own Solaris、Apple's Mac OS 以及 Linux。

AWT 这个 GUI 类库希望可以在所有平台下都能运行，这套基本类库称为"抽象窗口工具集"（abstract window toolkit），它为 Java 应用程序提供了基本的图形组件。AWT 是窗口框架，它从不同平台的窗口系统中抽取出共同组件，当程序运行时，它将这些组件的创建和动作委托给程序所在的运行平台。也就是说，当使用 AWT 编写图形界面应用时，应用程序仅指定了界面组件的位置和行为，并没有提供真正的实现，JVM 调用操作系统本地的图形界面来创建与平台一致的对等体。

15.1.2　Swing 框架

Swing 是 1997 年在 JavaOne 大会上提出并在 1998 年 5 月发布的 JFC（Java Foundation Classes），包含了一个新的使用 Java 窗口的开发包，这个新的 GUI 组件叫作 Swing。Swing 是 AWT 的升级，并且看起来它对 Java 占据计算机世界很有帮助。对 Java 来说已经万事俱备了，因为可以下载的 Applet[Applet 是采用 Java 编写的小应用程序，该程序可以包含在 HTML（标准通用标记语言的一个应用）页中，这与在页中包含图像的方式大致相同]将是未来的软件，人们将从其他操作系统转向 JavaOS，从传统的计算机转向叫作 JavaStation 的瘦客户端网络计算机，Microsoft 最终将因为不能在桌面程序领域与之相抗衡而被废黜。虽然这些景象从来没有实现过，但 Swing 作为 Java Applet 和应用程序的 GUI 库倒是使用十分广泛。

15.1.3　JavaFX 框架

Java 推出 JavaFX 框架的目的是取代 Swing 框架。JavaFX 是一个强大的图形和多媒体处理工具包集合，它允许开发者设计、创建、测试、调试和部署富客户端程序，并且和 Java 一样跨平台。从 JDK 8 开始，JavaFX 库已经写入到 Java API 中，成为 Java 标准库的一部分。因此在 JavaFX 应用程序中，可以调用 Java 库中的各种 API。例如 JavaFX 应用程序可以使用 Java API 库来访问本地系统并且连接到基于服务器中间件的应用程序。

JavaFX 最突出的优势是可以自定义程序外观。通过层级样式表（CSS）将外观和样式与业务逻辑实现进行分离，因此开发人员可以专注于编码工作。图形设计师使用 CSS 来定制程序的外观和样式。如果你具有 Web 设计背景，或者你希望分离用户界面（UI）和后端逻辑，那么可以通过 FXML 脚本语言来表述图形界面并且使用 Java 代码来表述业务逻辑。如果你希望通过非编码方式来设计 UI，则可以使用 JavaFX Scene Builder。在你进行 UI 设计时，Scene Builder

会创建 FXML 标记，它可以与一个集成开发环境（IDE）对接，这样开发人员可以向其中添加业务逻辑。

15.2 AWT 框架的结构

在 Java 语言中，所有和 AWT 相关的类都放在 java.awt 包以及它的子包中，和 AWT 相关的包如下所示。

知识点讲解：

❑ java.awt
❑ java.awt.accessibility
❑ java.awt.color
❑ java.awt.datatransfer
❑ java.awt.dnd
❑ java.awt.event
❑ java.awt.im
❑ java.awt.image
❑ java.awt.peer
❑ java.awt.print
❑ java.awt.font
❑ java.awt.geom

AWT 编程中有 Component 和 MenuComponent 两个基类，AWT 包中主要类的层次关系如图 15-1 所示。

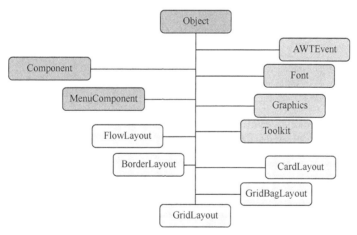

图 15-1 AWT 包主要类的层次关系

在 java.awt 包中提供 Component 和 MenuComponent 两种基类来表示图形界面元素。

❑ Component：代表一个能以图形化方式显示并可与用户交互的对象，例如 Button 代表一个按钮，TextField 代表一个文本框等。

❑ MenuComponent：代表了图形界面的菜单组件，包括 MenuBar（菜单栏）、MenuItem（菜单项）等子类。

AWT 包中类的详细包含关系如图 15-2 所示。

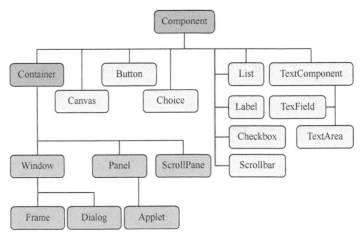

图 15-2 AWT 包中类的详细包含关系

除此之外，AWT 图形用户界面编程里还有 Container 和 LayoutManager 这两个重要的概念。其中 Container 是一种特殊的组件，它代表一种容器，可以盛装普通的组件，而 LayoutManager 是容器管理其他组件布局的方式。

15.3 容 器

Java 的图形用户界面的最基本组成部分是组件（component），组件是一个可以用图形化方式显示在屏幕上并能与用户进行交互的对象，例如一个按钮、一个标签等。组件不能独立地显示出来，必须将组件放在一定的容器中才可以显示出来。

 知识点讲解：

15.3.1 容器概述

容器 java.awt.Container 是 Component 的子类。在一个容器中可以容纳多个组件，并使它们成为一个整体。容器可以简化图形化界面的设计，以整体结构来布置界面。所有的容器都可以通过方法 add()向容器中添加组件。

因为 AWT 中的容器（container）是一个类，本身也是一个组件，所以它具有组件的所有性质，但是它的主要功能是容纳其他组件和容器。在 AWT 容器中，可以调用组件的所有方法。类 Component 可以通过如下 4 个常用方法来设置组件的大小、位置和可见性。

❏ setLocation （int x, int y）：设置组件具体的显示位置。

❏ setSize （int width, int height）：设置组件具体的显示大小。

❏ setBounds （int x, int y, int width, int height）：同时设置组件的显示位置和具体大小。

❏ setVisible （Boolean b）：设置该组件的可见性。

另外，在 AWT 容器中还可以盛装其他组件，在 Java 的容器类（Container）中主要提供了如下常用方法来访问容器里的组件。

❏ Component add （Component comp）：向容器中添加其他组件（该组件既可以是普通组件，也可以是容器），并返回被添加的组件。

❏ Component getComponentAt （int x, int y）：返回指定点的组件。

❏ int getComponentCount()：返回该容器内组件的数量。

❑ Componento getComponents()：返回该容器内的所有组件。

在 AWT 中主要提供了如下两种容器类型。

❑ Window：可独立存在的顶级窗口。

❑ Panel：可作为容器容纳其他组件，但不能独立存在，必须添加到其他容器中（如 Window、Panel 或者 Applet 等）。

15.3.2 容器中的常用组件

在 AWT 容器中常用的组件有 Frame、Panel 和 ScrollPane，在接下来的内容中将详细介绍这 3 种组件的基本知识。

1. Frame

Frame 是最常见的窗口，是 Window 类的子类，具有如下 3 个特征。

❑ Frame 对象有自己的标题，允许通过拖曳操作来改变窗口的位置和大小。

❑ 初始化时处于不可见状态，我们可以使用 setVisible（true）方法使其显示出来。

❑ 在默认情况下，使用 BorderLayout 作为其布局管理器样书。

在下面的实例代码用 Frame 创建了一个窗口。

实例 15-1 用 Frame 创建一个窗口
源码路径：dima\15\yongFrame.java

实例文件 yongFrame.java 的具体实现代码如下所示。

```java
import java.awt.*;
public class yongFrame{
 public static void main(String[] args)  {
      Frame f = new Frame("一个测试窗口而已");
      f.setBounds(30, 30 , 200, 200);
      //设置窗口的大小、位置
      f.setVisible(true);
      //将窗口显示出来 (Frame对象默认处于隐藏状态)
 }
}
```

拓展范例及视频二维码

范例 **15-1-01**：控制窗体
加载时的位置
源码路径：**演练范例\15-1-01**
范例 **15-1-02**：设置窗体在
屏幕中的位置
源码路径：**演练范例\15-1-02**

执行后的结果如图 15-3 所示。

从图 15-3 所示的窗口中可以看出，该窗口是 Windows 10 系统的窗口风格，这也证明了 AWT 确实是调用程序所在运行平台的本地 API 创建了窗口。如果单击图 15-3 所示窗口右上角的"×"按钮，则该窗口不会关闭，这是因为我们还未给该窗口编写任何事件响应。如果想关闭该窗口，那么可以通过关闭运行该程序的命令行窗口来关闭它。

图 15-3　执行结果

2. Panel

Panel 也是 AWT 中的一个容器，展现给我们一个矩形区域，在该区域中可以继续盛装其他组件。下面的实例代码使用 Panel 作为容器盛装了一个文本框和一个按钮，并将该 Panel 对象添加 Frame 对象中。

实例 15-2 使用 Panel 作为容器盛装一个文本框和一个按钮
源码路径：daima\15\yongPanel.java

实例文件 yongPanel.java 的具体实现代码如下所示。

```java
import java.awt.*;
public class yongPanel{
 public static void main(String[] args) {
     Frame f = new Frame("测试窗口");
```

```
Panel p = new Panel(); //创建一个Panel对象
p.add(new TextField(20))
//向Panel对象中添加两个组件
p.add(new Button("单击我"));
f.add(p);
f.setBounds(30, 30 , 250, 120);
//设置窗口的大小、位置
f.setVisible(true);
//将窗口显示出来（Frame对象默认处于隐藏状态）
    }
}
```

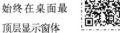

拓展范例及视频二维码

范例 **15-2-01**：从上次关闭
位置启动窗体
源码路径：**演练范例\15-2-01**
范例 **15-2-02**：始终在桌面最
顶层显示窗体
源码路径：**演练范例\15-2-02**

执行后的结果如图 15-4 所示。

从图 15-4 中可以看出，使用 AWT 创建窗口的方法十分简单，只需要通过 Frame 创建一些 AWT 组件，并把这些组件添加到由 Frame 创建的窗口中即可。

3. ScrollPane

ScrollPane 是一个带滚动条的容器，它也不能独立存在，必须添加到其他容器中。

下面的实例代码使用 ScrollPane 容器代替了 Panel 容器。

图 15-4　执行结果

实例 15-3　使用 ScrollPane 容器代替 Panel 容器
源码路径：daima\15\yongScrollPane.java

实例文件 yongScrollPane.java 的具体实现代码如下所示。

```
import java.awt.*;
public class yongScrollPane{
 public static void main(String[] args)  {
    Frame f = new Frame("测试窗口");
    //创建一个ScrollPane容器，指定总是具有滚动条
    ScrollPane sp = new ScrollPane(ScrollPane.
    SCROLLBARS_ALWAYS);
    sp.add(new TextField(20));
    //向ScrollPane容器中添加两个组件
    sp.add(new Button("单击我"));
    f.add(sp);//将ScrollPane容器添加到Frame对象中
    f.setBounds(30, 30 , 250, 120);
    //设置窗口的大小、位置
    f.setVisible(true);
    }
}
```

拓展范例及视频二维码

范例 **15-3-01**：设置窗体的大小
源码路径：**演练范例\15-3-01**
范例 **15-3-02**：根据桌面大小
调整窗体大小
源码路径：**演练范例\15-3-02**

//将窗口显示出来（Frame对象默认处于隐藏状态）

执行后的结果如图 15-5 所示。

在图 15-5 所示的执行结果中，窗口具有水平、垂直滚动条，上述代码向 ScrollPane 容器中添加了一个文本按钮，但是在图 15-5 中只能看到一个按钮，却看不到文本框，这是为什么呢？这是因为 ScrollPane 使用了 BorderLayout 布局管理器，BorderLayout 导致该容器中只有一个组件可以显示出来。有关 BorderLayout 的基本知识将在本章后面的章节中进行详细介绍。

图 15-5　执行结果

15.4　布局管理器

在一节中，虽然向窗口中添加了组件，但是摆放得毫无规则，甚至一个组件铺满了整个窗口，这种效果肯定不是用户想要的。Java 为我们提供了 FlowLayout、BorderLayout 和 GridLayout 等布局方式，本节将介绍把各个组件按照不同的方式进行摆放的知识。

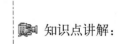 知识点讲解：

15.4.1 FlowLayout 布局

在默认情况下，AWT 的布局管理器是 FlowLayout，这个管理器将组件按从上到下的顺序进行摆放，它将所有的组件摆放在居中位置。在 FlowLayout 中有如下 3 个构造器。

- ❑ FlowLayout()：使用默认对齐方式和默认垂直、水平间距创建 FlowLayout 布局管理器。
- ❑ FlowLayout（int align）：使用指定对齐方式和默认垂直、水平间距创建 FlowLayout 布局管理器。
- ❑ FlowLayout（int align, int hgap, int vgap）：使用指定对齐方式和指定垂直、水平间距创建 FlowLayout 布局管理器。

上述构造器中的参数 hgap、vgap 分别代表水平间距、垂直间距，我们只需为这两个参数传入整数值即可，其中用 align 表示 FlowLayout 中组件的排列方向（从左向右、从右向左、从中间向两边等）。该参数应该使用类 FlowLayout 的静态常量，例如 FlowLayout.LEFT、FlowLayout.CENTER 和 FlowLayout.RIGHT。

在 AWT 中，Panel 和 Applet 默认使用 FlowLayout 布局管理器。

实例 15-4　　使用 FlowLayout 布局

源码路径：daima\15\Wintwo1.java

实例文件 Wintwo1.java 的主要实现代码如下所示。

```java
public class Wintwo1 extends Frame{
    private static final long serialVersionUID = 1L;
    //下面依次定义3个按钮组件
    Button b1=new Button("提交");
    Button b2=new Button("取消");
    Button b3=new Button("重置");
    Wintwo1(){
        this.setTitle("使用FlowLayout布局");
        //设置窗口名称
        this.setLayout(new FlowLayout());
        //设置布局管理器为FlowLayout
        //将按钮组件放入窗口中
        this.add(b1);
        this.add(b2);
        this.add(b3);
        this.setBounds(100,100,450,350);  //设置窗口的位置和大小
        this.setVisible(true);            //设置窗口的可见性
    }
```

拓展范例及视频二维码

范例 **15-4-01**：分别添加文本框和

3 个按钮

源码路径：**演练范例\15-4-01**

范例 **15-4-02**：禁止改变窗体的

大小

源码路径：**演练范例\15-4-02**

执行后的结果如图 15-6 所示。

图 15-6　执行结果

15.4.2 BorderLayout 布局

在 Java 程序设计中，通过 BorderLayout 布局方式可以将窗口划成上、下、左、右、中 5 个区域，普通组件可以放置在这 5 个区域中的任意一个。当改变使用 BorderLayout 的容器大小时，上、下和中区域可以水平调整，而左、右和中间区域可以垂直调整。

在 AWT 开发应用中，Frame、Dialog 和 ScrollPane 默认使用 BorderLayout 布局管理器。在 BorderLayout 中有如下两个构造器。

- ❑ BorderLayout()：使用默认水平间距、垂直间距创建 BorderLayout 布局管理器。

❑ BorderLayout（int hgap，int vgap）：使用指定的水平间距、垂直间距创建 BorderLayout 布局管理器。

当向使用 BorderLayout 布局管理器的容器中添加组件时，需要使用类 BorderLayout 中的如下静态属性来指定添加到哪个区域。

❑ EAST（东）
❑ NORTH（北）
❑ WEST（西）
❑ SOUTH（南）
❑ CENTER（中）

实例 15-5　使用 BorderLayout 布局
源码路径：daima\15\WinThree.java

实例文件 WinThree.java 的主要实现代码如下所示。

```java
public class WinThree extends Frame{
        //下面依次定义5个按钮组件
        Button b1=new Button("中间");
        Button b2=new Button("上边");
        Button b3=new Button("下边");
        Button b4=new Button("左边");
        Button b5=new Button("右边");
        WinThree(){
        this.setTitle("使用BorderLayout
布局·");         //设置窗口名称
        //设置布局管理器为BorderLayout
        this.setLayout(new BorderLayout());
        //将按钮组件放入窗口规定位置中
        this.add(b1,BorderLayout.CENTER);
        this.add(b2,BorderLayout.NORTH);
        this.add(b3,BorderLayout.SOUTH);
        this.add(b4,BorderLayout.WEST);
        this.add(b5,BorderLayout.EAST);
        this.setBounds(300,200,450,450);
        //设置窗口的位置和大小
        this.setVisible(true);             //设置窗口的可见性
        this.setBackground(Color.blue);    //设置窗口的背景色
        }
```

拓展范例及视频二维码

范例 **15-5-01**：向 5 个区域中
添加组件
源码路径：**演练范例\15-5-01**
范例 **15-5-02**：设置窗体
标题栏的图标
源码路径：**演练范例\15-5-02**

执行后的结果如图 15-7 所示。

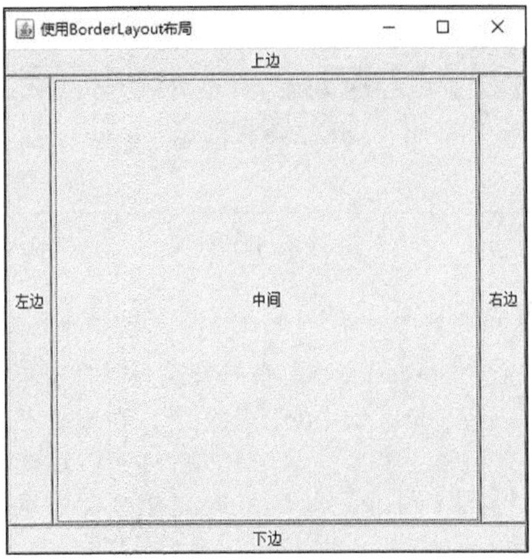

图 15-7　执行结果

注意：BorderLayout 最多只能放 5 个组件，要想放多个组件，则需要先将部分组件放在 Panel 中，然后再把 Panel 添加到 BorderLayout 中。如果组件个数小于 5 个，则没有放置组件的地方，它将被相邻的组件所占用。

15.4.3　GridLayout 布局

GridLayout 布局也是 AWT 中常用的一种布局方式，它实际上就是矩形网格。在网格中可以放置各个组件，每个网格的高度相等。它里面的组件会随着网格的大小而在水平方向和垂直方向上伸缩，网格大小是由容器和创建网格的多少来确定的。当向 GridLayout 的容器中添加组件时，默认从左向右、从上向下依次将组件添加到每个网格中。与 FlowLayout 不同的是，放在 GridLayout 布局管理器中的各组件的大小由组件所处的区域来决定（每个组件将自动涨大到占满整个区域）。

在 GridLayout 中有如下两个构造器。

❑ GridLayout（int rows，int cols）：采用指定行数、列数和默认横向间距、纵向间距将容器分割成多个网格。

❑ GridLayout（int rows，int cols，int hgap，int vgap）：采用指定行数、列数和指定横向间距、纵向间距将容器分割成多个网格。

实例 15-6	使用 GridLayout 布局
	源码路径：daima\15\Winfour1.java

实例文件 Winfour1.java 的主要实现代码如下所示。

```
class Winfour1 extends Frame implements ActionListener{
    int i=5;
    //定义9个按钮组件
    Button b1=new Button("按钮A");
    Button b2=new Button("按钮B");
    Button b3=new Button("按钮C");
    Button b4=new Button("按钮D");
    Button b5=new Button("按钮E");
    Button b6=new Button("按钮F");
    Button b7=new Button("按钮G");
    Button b8=new Button("按钮H");
    Button b9=new Button("按钮I");
    Winfour1(){
    //设置窗口名称
    this.setTitle("使用GridLayout布局");
    //设置布局管理器为3行3列的GridLayout    this.setLayout(new GridLayout(3,3));
        //将按钮组件放入窗口
        this.add(b1);
        this.add(b2);
        this.add(b3);
        this.add(b4);
        this.add(b5);
        this.add(b6);
        this.add(b7);
        this.add(b8);
        this.add(b9);
        //为每个按钮组件添加监听
        b1.addActionListener(this);
        b2.addActionListener(this);
        b3.addActionListener(this);
        b4.addActionListener(this);
        b5.addActionListener(this);
        b6.addActionListener(this);
        b7.addActionListener(this);
        b8.addActionListener(this);
        b9.addActionListener(this);
        //设置窗口的位置和大小
    this.setBounds(100,100,450,450);
        //设置窗口的可见性
```

拓展范例及视频二维码

范例 15-6-01：向 GridLayout
区域添加文本框
源码路径：演练范例\15-6-01\
范例 15-6-02：拖动没有
标题栏的窗体
源码路径：演练范例\15-6-02\

```
        this.setVisible(true);
    }
    //实现ActionListener接口中的actionPerformed方法
    public void actionPerformed(ActionEvent e){
        i++;
        Button bi=new Button("按钮"+i);
        this.add(bi);
        bi.addActionListener(this);
        this.setVisible(true);
    }
```

执行后的结果如图 15-8 所示。

图 15-8　执行结果

15.4.4　GridBagLayout 布局

GridBagLayout 是 Java 中最有弹性但也是最复杂的一种布局管理器，它只有一种构造函数，但必须配合 GridBagConstraints 才能达到设置的效果。GridBagLayout 类的层次结构如下所示。

```
java.lang.Object
  --java.awt.GridBagLayout
```

在 GirdBagLayout 中有如下 3 个非常重要的构造函数。

❑ GirdBagLayout()：建立一个新的 GridBagLayout 管理器。

❑ GridBagConstraints()：建立一个新的 GridBagConstraints 对象。

❑ GridBagConstraints（int gridx，int gridy，int gridwidth，int gridheight，double weightx，double weighty，int anchor，int fill，Insets insets，int ipadx，int ipady）：建立一个新的 GridBag Constraints 对象，并指定其参数值。

15.4.5　CardLayout 布局

CardLayout 布局管理器可以在一组组件中设置只显示某一个组件，用户可以根据需要选择要显示的组件。就像一副扑克牌一样，所有扑克牌叠在一起，每次只有最上面的一张牌才可见。在 CardLayout 中提供了如下两个构造器。

❑ CardLayout()：创建默认的 CardLayout 布局管理器。

❑ CardLayout（int hgap，int vgap）：通过指定卡片与容器左右边界的间距（hgap）、上下边界的间距（vgap）来创建 CardLayout 布局管理器。

在 CardLayout 中可以通过如下 5 个方法来设置组件的可见性。

❑ first（Container target）：显示 target 容器中的第一个卡片。

- ❑ last（Container target）：显示 target 容器中的最后一个卡片。
- ❑ previous（Container target）：显示 target 容器的前一个卡片。
- ❑ next（Container target）：显示 target 容器的后一个卡片。
- ❑ show（Container target，String name）：显示 target 容器中指定名字的卡片。

15.4.6 BoxLayout 布局管理器

虽然 GridBagLayout 布局管理器的功能很强大，但是其使用方法比较复杂，为此 Swing 引入了一个新的布局管理器——BoxLayout。BoxLayout 保留了 GridBagLayout 的很多优点，并且使用方法更简单。BoxLayout 可以在垂直和水平两个方向上摆放 GUI 组件，BoxLayout 为我们提供了一个简单的构造器——BoxLayout（Container target，int axis）。它创建基于 target 容器的 BoxLayout 布局管理器，该布局管理器中的组件按 axis 方向进行排列。其中 axis 分为 BoxLayout.X_AXIS（横向）和 BoxLayout.Y_AXIS（纵向）两个方向。

实例 15-7	使用 BoxLayout 布局
	源码路径：daima\15\yongBoxLayout.java

实例文件 yongBoxLayout.java 的主要实现代码如下所示。

```java
import java.awt.*;
import javax.swing.*;
public class yongBoxLayout{
    private Frame f = new Frame("使用BoxLayout布局");
    public void init(){
        f.setLayout(new BoxLayout(f , BoxLayout.
Y_AXIS));
        f.add(new Button("第一个按钮"));
        f.add(new Button("第二个按钮"));
        f.pack();
        f.setVisible(true);
    }
    public static void main(String[] args) {
        new yongBoxLayout().init();
    }
}
```

拓展范例及视频二维码

范例 **15-7-01**：将 Box 作为
　　　　　容器
源码路径：**演练范例\15-7-01**
范例 **15-7-02**：应用流式布局
源码路径：**演练范例\15-7-02**

执行后的结果如图 15-9 所示。

在 Java 应用中，BoxLayout 通常和 Box 容器结合使用，Box 是一个和 Panel 容器类似的特殊容器。BoxLayout 默认使用 BoxLayout 布局管理器，在 Box 中提供了如下两个静态方法来创建 Box 对象。

- ❑ createHorizontalBox()：创建一个水平排列组件的 Box 容器。
- ❑ createVerticalBox()：创建垂直排列组件的 Box 容器。

在获得 Box 容器之后，就可以使用它来盛装普通 GUI 组件，然后再将这些 Box 组件添加到其他容器中，从而形成整体的窗口布局。

图 15-9　执行结果

15.5　AWT 中的常用组件

本节从应用的角度进一步介绍了 AWT 的一些组件，目的是使大家加深对 AWT 的理解，掌握如何运用各种组件构造图形化用户界面，学会使用组件的颜色和字体。希望大家认真学习，为本书后面的章节打好基础。

 知识点讲解：

15.5.1　AWT 组件概览

在 AWT 中提供了一些基本组件。

❑ Button：按钮，可接受单击操作。

❑ Canvas：用于绘图的画布。

❑ Checkbox：复选框组件（也可变成单选框组件）。

❑ CheckboxGroup：用于将多个 Checkbox 组件组合成一组，一组 Checkbox 组件将只有一个可以选中，即全部变成单选框组件。

❑ Choice：下拉式选择框组件。

❑ Frame：窗口，在 GUI 程序里通过该类创建窗口。

❑ Label：标签类，用于放置提示性文本。

❑ List：列表框组件，可以添加多项条目。

❑ Panel：不能单独存在的基本容器类，必须放到其他容器中。

❑ Scrollbar：滑动条组件。如果需要用户输入位于某个范围内的值，那么可以使用滑动条组件，如调色板中设置 RGB 的 3 个值所用的滑动条。当创建一个滑动条时，必须指定它的方向、初始值、滑块大小、最小值和最大值。

❑ ScrollPane：带水平及垂直滚动条的容器组件。

❑ TextArea：多行文本域。

❑ TextField：单行文本框。

这些基本组件的效果图如图 15-10 所示。

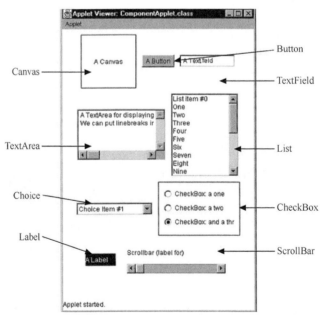

图 15-10　AWT 基本组件效果图

上述 AWT 组件的用法比较简单，前面已经多次用到了 Button，读者可以查阅 API 文档来获取它们各自的构造器、方法等详细信息。

15.5.2　使用组件

下面的实例代码演示了使用 AWT 基本组件的方法。

实例 15-8　使用 AWT 的基本组件

源码路径：daima\15\yongzu.java

实例文件 yongzu.java 的主要实现代码如下所示。

```
public class yongzu{
    Frame f = new Frame("使用AWT的基本组件");
    Button ok = new Button("确认");//新建一个按钮
    CheckboxGroup cbg = new CheckboxGroup();
    Checkbox male = new Checkbox("男" , cbg ,true); //定义一个单选框 (处于cbg一组)，初始处于被选中状态
    Checkbox female = now Checkbox("女" , cbg , false); //定义一个单选框 (处于cbg一组)，初始处于没有选中状态
    Checkbox married = new Checkbox("是否已婚?" , false); //定义一个复选框，初始处于没有选中状态
    Choice colorChooser = new Choice();              //定义一个下拉选择框
    List colorList = new List(6, true);              //定义一个列表选择框
    TextArea ta = new TextArea(5, 20);               //定义一个5行20列的多行文本域
    TextField name = new TextField(50);              //定义一个50列的单行文本域
    public void init(){
        colorChooser.add("红色");   //添加选项
        colorChooser.add("绿色");   //添加选项
        colorChooser.add("蓝色");   //添加选项
        colorList.add("红色");      //添加选项
        colorList.add("绿色");      //添加选项
        colorList.add("蓝色");      //添加选项
        Panel bottom = new Panel();
        //创建一个装载了文本框、按钮的Panel
        bottom.add(name);
        bottom.add(ok);
        f.add(bottom , BorderLayout.SOUTH);
        Panel checkPanel = new Panel();          //创建一个装载了下拉选择框、3个Checkbox的Panel
        checkPanel.add(colorChooser);
        checkPanel.add(male);
        checkPanel.add(female);
        checkPanel.add(married);
        //创建一个垂直排列组件的Box，它盛装多行文本域、Panel
        Box topLeft = Box.createVerticalBox();
        topLeft.add(ta);
        topLeft.add(checkPanel);
        //创建一个垂直排列组件的Box，它盛装topLeft、colorList
        Box top = Box.createHorizontalBox();
        top.add(topLeft);
        top.add(colorList);
        f.add(top);                 //将top Box容器添加到窗口的中间
        f.pack();
        f.setVisible(true);
    }
}
```

拓展范例及视频二维码

范例 **15-8-01**：在窗体中布局

各种组件

源码路径：演练范例\15-8-01\

范例 **15-8-02**：设置窗体的

背景颜色

源码路径：**演练范例**\15-8-02\

执行结果如图 15-11 所示。

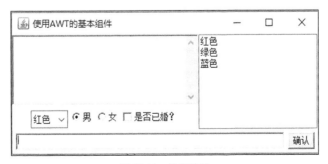

图 15-11　执行结果

15.6　AWT 中的对话框

对话框是 Window 类中的一个子类，也是一个容器类。由于对话框是可以独立存在的顶级窗口，所以其用法与普通窗口的用法几乎完全一样。

知识点讲解：

15.6.1　AWT 对话框概述

在 AWT 对话框中有多个重载构造器，在其构造器中可能包含如下 3 个参数。

❑ owner：指定该对话框所依赖的窗口，它既可以是窗口，也可以是对话框。
❑ title：指定该对话框的窗口标题。
❑ modal：指定该对话框是否是模式的，可以是 true 也可以是 false。

另外，在类 Dialog 中还有一个名为 FileDialog 的子类，此类代表一个文件对话框，以用于打开或者保存文件。在 FileDialog 中提供了几个构造器，分别可支持 parent、title 和 mode 这 3 个构造参数，其中 parent、title 指定文件对话框所属父的窗口和标题，而 mode 指定该窗口打开文件或保存文件，该参数支持 FileDialog.LOAD 和 FileDialog.SAVE 两个参数值。

FileDialog 为我们提供了如下两个方法来获取打开/保存文件的路径。

❑ getDirectory()：获取 FileDialog 打开/保存文件的绝对路径。
❑ getFile()：获取 FileDialog 打开/保存文件的文件名。

15.6.2　使用 AWT 对话框

实例 15-9 演示模式对话框和非模式对话框的用法
源码路径：daima\15\yongDialog.java

实例文件 yongDialog.java 的主要实现代码如下所示。

```java
public class yongDialog{
    Frame f = new Frame("测试");
    Dialog d1 = new Dialog(f, "模式对话框" , true);
    Dialog d2 = new Dialog(f, "非模式对话框" , false);
    Button b1 = new Button("打开模式对话框");
    Button b2 = new Button("打开非模式对话框");
    public void init()    {
        d1.setBounds(20 , 30 , 300, 400);
        d2.setBounds(20 , 30 , 300, 400);
        b1.addActionListener(new ActionListener(){
            public void actionPerformed(ActionEvent e){
                d1.setVisible(true);
            }
        });
        b2.addActionListener(new ActionListener(){
            public void actionPerformed(ActionEvent e)
            {
                d2.setVisible(true);
            }
        });
        f.add(b1);
        f.add(b2 , BorderLayout.SOUTH);
        f.pack();
        f.setVisible(true);
    }
```

拓展范例及视频二维码

范例 **15-9-01**：创建打开、保存
文件的对话框
源码路径：**演练范例\15-9-01**
范例 **15-9-02**：实现一个预览
图片复选框
源码路径：**演练范例\15-9-02**

执行后的结果如图 15-12 所示。

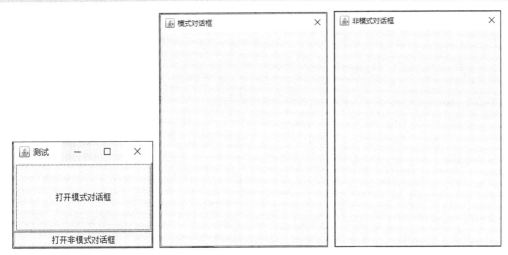

图 15-12　执行结果

上面的实例创建了 d1 和 d2 两个对话框，其中 d1 是一个模式对话框，而 d2 是非模式对话框（两个对话框都是空的）。在该窗口中还提供了两个按钮，两个按钮分别用于打开模式对话框和非模式对话框。打开模式对话框后鼠标无法激活原来的"测试窗口"，但打开非模式对话框后还可以激活原来的"测试窗口"。

15.7　使用图像多分辨率 API

多分辨率图像是指针对同一张图片，处理成多张不同分辨率的图片供项目所用。在现实应用中，在 Android 和 iOS 等移动项目中经常用到多分辨率图片，这是因为市面中的 iOS 和 Android 设备的分辨率是不同的。为了保证同

知识点讲解：

一个项目中的图片能够在分辨率各异的不同设备中正确并完整地显示出来，很有必要使用多分辨率这一功能。假设在当前市面中，Android 设备的主流分辨率有 4 种：960×640、1136×640、1334×750、1920×1080。Android 开发人员在开发一个项目时，需要保证项目中的素材图片能够在这 4 种主流分辨率设备中完整显示出来，这时候就很有必要将素材图片处理成多分辨率模式。也就是将每一张素材图片都制作成 4 个版本，大小对应上述 4 种分辨率。在 Java 9 API 中，java.awt.image 提供一个全新的接口 MultiResolutionImage。本节将详细讲解在 Java 9 中使用 MultiResolutionImage 实现多分辨率图像的知识。

15.7.1　图像多分辨率概述

通过使用多分辨率图像 API，开发者可以很容易操作和展示不同分辨率的图像。这个新的 API 定义在 java.awt.image 包中，其主要功能如下所示。

❑　将不同分辨率的图像封装到一张（多分辨率的）图像中，作为它的变体。
❑　获取这个图像的所有变体。
❑　获取特定分辨率的图像变体，这是根据给定的 DPI 度量来表示指定大小的逻辑图像的最佳变体。

15.7.2　图像多分辨率 API 详解

在 Java 程序中，和图像多分辨率 API 相关的类和接口定义在 java.awt.image 和 java.awt.Graphics 中，具体说明如下所示。

1. 类 java.awt.Graphics

类 Graphics 的功能是从接口 MultiResolutionImage 中获取所需的图像变体。

2. 类 java.awt.image.AbstractMultiResolutionImage

类 AbstractMultiResolutionImage 提供了一些实现图像的默认方法，此类需要实现 MultiResolutionImage 接口。它主要包含如下所示的方法。

- getWidth（ImageObserver observer）：获取图像的宽度，"observer"表示等待加载的图像。
- getHeight（ImageObserver observer）：获取图像的高度，"observer"表示等待加载的图像。
- getSource()：获取生成图像像素的对象。
- public Graphics getGraphics()：创建一个图形上下文，如果当前是不可显示的，则此方法返回 null。
- getProperty（String name，ImageObserver observer）：通过名称获取此图像的属性。各种图像格式都定义了私人属性名。如果某属性不是为特定图像定义的，则此方法返回 UndefinedProperty 对象；如果此图像的属性目前未知，则此方法返回 null，然后通知 ImageObserver 对象。参数"name"表示属性名，参数"observer"表示等待加载此图像的对象。
- protected abstract Image getBaseImage()：返回默认宽度和高度的基图像。

3. 类 java.awt.image.BaseMultiResolutionImage

类 BaseMultiResolutionImage 提供了类 AbstractMultiResolutionImage 的基础实现，主要包含如下所示的方法。

- 构造方法 public BaseMultiResolutionImage（Image... resolutionVariants）：创建一个指定分辨率的多分辨率图像，参数"resolutionVariants"是一个由分辨率组成的数组。
- 构造方法 public BaseMultiResolutionImage（int baseImageIndex，Image... resolutionVariants）：创建一个指定索引和分辨率的图像。参数"baseImageIndex"表示分辨率数组中的索引，参数"resolutionVariants"表示根据图像大小排列的分辨率数组变量。
- public Image getResolutionVariant（double destImageWidth，double destImageHeight）：获取一个具体的图像，参数"destImageWidth"表示图像的宽度，参数"destImageHeight"表示图像的高度，它们的单位都是"像素"。
- protected Image getBaseImage()：获取默认宽度和高度的最佳渲染图像。

4. 类 java.awt.image.MultiResolutionImage

类 MultiResolutionImage 封装了一组不同高度和宽度的图像（也就是不同分辨率），允许我们根据自己的需要进行查询。它主要包含如下所示的方法。

- Image getResolutionVariant（double destImageWidth，double destImageHeight）：返回一个具体的图像。参数"destImageWidth"表示图像的宽度，参数"destImageHeight"表示图像的高度，它们的单位都是"像素"。
- List<Image> getResolutionVariants()：返回一个图像列表，在列表中包含所有分辨率的变种。

15.7.3　图像多分辨率 API 实战

在下面的实例中，我们事先准备了 5 种不同分辨率的网络图像，将这 5 张图像的 URL 地址存储在列表对象 imgUrls 中，然后将这 5 张图像封装成 MultiResolutionImage 图像。最后使用方法 getResolutionVariants() 检索这个封装图像的所有变体，使用 getResolutionVariant() 获取每一个特定分辨率图像的变体。

实例 15-10 获取每一个特定分辨率图像的变体
源码路径：daima\15\Main.java

实例文件 Main.java 的主要实现代码如下所示。

```java
public class Main {
    public static void main(String[] args) throws IOException {
        //定义列表imgUrls，用于保存5张图片的URL地址
        List<String> imgUrls = List.of("http://***.com.cn/product/35_500x2000/934/
cer4BqfSR3IQ.jpg",  "http://***.com/mf044/high/mf826-02349842.jpg",
"http://***.com/imgad/pic/item/37d3d539b6003af316c5cf743f2ac65c1038b6a2.jpg",
"https://***.com/timg?image&quality=80&size=b9999_10000&sec=1507457619121&di=
5f3ffc532b986d9badc4e9bb78d5e668&imgtype=0&src=http%3A%2F%2Fimg103.mypsd.com.
cn%2F20130527%2F1%2FMypsd_2526_201305270825320003B.jpg","https://***.com/timg?
image&quality=80&size=b9999_10000&sec=1507457638258&di=c30e420c3a9006995ad31fa8
137814e2&  imgtype=0&src=http%3A%2F%2Fimg103.mypsd.com.cn%2F20130521%2F1%2FMypsd_
2116_201305210826350011B.jpg");

        //定义列表对象images
        List<Image> images = imgUrls.stream().
        map(url -> {
            try {
                return ImageIO.read(new URL(url));
                //读取5张图片URL地址列表
            } catch (IOException e) {
            }
            return null;
        }).collect(Collectors.toList());
        //将读取的数据存储到列表中
        //封装成MultiResolutionImage对象resoImages
        MultiResolutionImage resoImages = new BaseMultiResolutionImage(images.toArray
(new Image[0]));
        //获取所有的变体
        List<Image> variants = resoImages.getResolutionVariants();
        System.out.println("图片数量: " + variants.size());
        variants.stream().forEach(System.out::println);        //输出变体流
        //依次得到5个分辨率图像变体，各自对应一个具体尺寸
        Image variant1 = resoImages.getResolutionVariant(1280, 960);
        System.out.printf("\n目标图像[%d,%d]: [%d,%d]", 1280, 960, variant1.getWidth(null),
variant1.getHeight(null));
        Image variant2 = resoImages.getResolutionVariant(720, 480);
        System.out.printf("\n目标图像[%d,%d]: [%d,%d]", 720, 480, variant2.getWidth(null),
variant2.getHeight(null));
        Image variant3 = resoImages.getResolutionVariant(600, 400);
        System.out.printf("\n目标图像[%d,%d]: [%d,%d]", 600, 400, variant3.getWidth(null),
variant3.getHeight(null));
        Image variant4 = resoImages.getResolutionVariant(320, 240);
        System.out.printf("\n目标图像[%d,%d]: [%d,%d]", 320, 240, variant4.getWidth(null),
variant4.getHeight(null));
        Image variant5 = resoImages.getResolutionVariant(240, 160);
        System.out.printf("\n目标图像[%d,%d]: [%d,%d]", 240, 160, variant5.getWidth(null),
variant5.getHeight(null));
    }
}
```

拓展范例及视频二维码

范例 **15-10-01**：实现左右
选择框效果
源码路径：**演练范例**\15-10-01\
范例 **15-10-02**：使用三种
间距分割按钮
源码路径：**演练范例**\15-10-02\

本实例执行后的结果如图 15-13 所示。

```
图片数量: 5
BufferedImage@4116aac9: type = 5 ColorModel: #pixelBits = 24 numComponents = 3
BufferedImage@3af9c5b7: type = 5 ColorModel: #pixelBits = 24 numComponents = 3
BufferedImage@37271612: type = 5 ColorModel: #pixelBits = 24 numComponents = 3
BufferedImage@ed7f8b4: type = 5 ColorModel: #pixelBits = 24 numComponents = 3 c
BufferedImage@4c309d4d: type = 5 ColorModel: #pixelBits = 24 numComponents = 3

目标图像[1280,960]: [1024,768]
目标图像[720,480]: [1024,669]
目标图像[600,400]: [1024,669]
目标图像[320,240]: [500,313]
目标图像[240,160]: [500,313]
```

图 15-13　执行结果

15.8　javax.imageio.plugins.tiff

在 Java 9 中新增了一个图像处理接口 javax.imageio. plugins.tiff，它专门用于处理 TIFF 格式的图片。从严格意义上来说，这个接口属于 Java I/O 系统中的 ImageIO 模块，本应该放在第 14 章中进行讲解，但是因为它的演示范例用

知识点讲解：

到了大量的 AWT 知识，所以将它放到本章中进行讲解。本节将详细讲解在 Java 9 程序中处理 TIFF 图片的知识。

15.8.1　ImageIO 模块概述

在 Java 程序中，使用类 ImageIO 中的静态方法可以执行许多常见的图像 I/O 操作功能。并且 ImageIO 还包含了一些基本类和接口，有的用来描述图像文件内容（包括元数据和缩略图）（IIOImage），有的用来控制图像读取过程（ImageReader、ImageReadParam）和控制图像写入过程（ImageWriter 和 ImageWriteParam）。

Java 语言的图像 I/O API 主要保存在 javax.imageio 中，JDK 已经内置了常见图片格式的插件，并且还提供了插件体系结构，第三方也可以开发自己的插件以支持其他图片格式。在 ImageIO API 中，常用的图像操作类和接口如下所示。

- ❏ ImageReader：实现图像读入操作，用来解析和解码图像的抽象超类。在 Java Image I/O 框架的上下文中读入图像的类必须创建此类的子类。ImageReader 对象通常由特定格式的服务提供者接口（SPI）类来实例化。服务提供者类（例如 ImageReaderSpi 的实例）向 IIORegistry 注册，后者使用前者进行格式识别和表示可用格式 reader 和 writer。在设置输入源时（使用 setInput 方法），可以将它标记为"只向前搜索"。此设置意味着在输入源中的图像将只按顺序读取，避免在缓存中包含与以前已经读取的图像关联的数据的那些输入部分。

- ❏ ImageReadParam：描述如何对流进行解码的类。此类的实例或其子类用于提供 ImageReader 实例规定的"入门"信息。编码为文件或流的一部分图像被认为可以向多维扩展的：宽度和高度的空间维数、band 的数量以及逐步解码传递。此类允许选中所有这些维数中与图像相邻（不相邻）的矩形子区域进行解码。此外，可以不连续地对空间维数进行二次取样。最后，颜色和格式转换可以通过控制目标图像的 ColorModel 和 SampleModel 来指定，或者通过提供 BufferedImage 或使用 ImageTypeSpecifier 来指定。

- ❏ RenderedImag：是一个通用接口，用于包含或生成 Raster 形式图像数据的对象。图像数据可以作为单个 tile 或 tile 规则数组来存储/生成。

- ❏ ImageWriter：用来编码和写入图像的抽象超类。此类必须由在 Java Image I/O 框架上下文中写出的图像类为其创建子类。通常由特定格式的服务提供者类对 ImageWriter 对象进行实例化。服务提供者类在 IIORegistry 中注册，后者使用前者进行格式识别和表示可用格式 reader 和 writer。

- ❏ BufferedImage：描述了可访问图像数据缓冲区的 Image。BufferedImage 由图像数据的 ColorModel 和 Raster 组成。Raster 的 SampleModel 中的 band 数量和类型必须与 ColorModel 所要求的数量和类型相匹配，以表示其颜色和 alpha 分量。所有 BufferedImage 对象的左上角坐标都为（0，0）。因此，用来构造 BufferedImage 的任何 Raster 都必须满足：minX=0 且 minY=0。

上述常用的 ImageIO 类和接口都包含了大量的内置方法，通过这些内置方法可以实现对图像文件的操作。下面的实例演示了分别使用 ImageReader 和 BufferedImage 获取图片大小的过程。

实例 15-11 使用 ImageReader 和 BufferedImage 获取图片的大小

源码路径：daima\15\ImageUtil.java

实例文件 ImageUtil.java 的主要实现代码如下所示。

```java
public class ImageUtil {
    /**设置源图片路径名称如1234.jpg*/
    private String srcpath = "1234.jpg";
    public ImageUtil() {
    }
    /**使用ImageReader获取图片尺寸，参数src表示源图片路径*/
    public void getImageSizeByImageReader(String src) {
        long beginTime = new Date().getTime();
        File file = new File(src);
        try {
            Iterator<ImageReader> readers = ImageIO.getImageReadersByFormatName("jpg");
            ImageReader reader = (ImageReader) readers.next();
            ImageInputStream iis = ImageIO.createImageInputStream(file);
            reader.setInput(iis, true);
            System.out.println("width:" + reader.getWidth(0));
            System.out.println("height:" + reader.getHeight(0));
        } catch (IOException e) {
            e.printStackTrace();
        }
        long endTime = new Date().getTime();
        System.out.println("使用[ImageReader]获取图片尺寸耗时：[" + (endTime - beginTime)+"]ms");
    }

    /**使用BufferedImage获取图片尺寸，参数src表示源图片路径*/
    public void getImageSizeByBufferedImage(String src) {
        long beginTime = new Date().getTime();
        File file = new File(src);
        FileInputStream is = null;
        try {
            is = new FileInputStream(file);
        } catch (FileNotFoundException e2) {
            e2.printStackTrace();
        }
        BufferedImage sourceImg = null;
        try {
            sourceImg = javax.imageio.
            ImageIO.read(is);
            System.out.println("width:" +
            sourceImg.getWidth());
            System.out.println("height:" + sourceImg.getHeight());
        } catch (IOException e1) {
            e1.printStackTrace();
        }
        long endTime = new Date().getTime();
        System.out.println("使用[BufferedImage]获取图片尺寸耗时：[" + (endTime - beginTime)+"]ms");
    }
    public String getSrcpath() {
        return srcpath;
    }
    public void setSrcpath(String srcpath) {
        this.srcpath = srcpath;
    }
    public static void main(String[] args) throws Exception {
        ImageUtil util = new ImageUtil();
        util.getImageSizeByImageReader(util.getSrcpath());
        util.getImageSizeByBufferedImage(util.getSrcpath());
    }
}
```

拓展范例及视频二维码

范例 **15-11-01**：错乱的布局

方式

源码路径：**演练范例\15-11-01**

范例 **15-11-02**：整齐的布局

方式

源码路径：**演练范例\15-11-02**

执行后的结果如图 15-14 所示。

```
width:1437
height:800
使用[ImageReader]获取图片尺寸耗时：[198]ms
width:1437
height:800
使用[BufferedImage]获取图片尺寸耗时：[286]ms
```

图 15-14　执行结果

注意：在上述实例中，素材图片 "1234.jpg" 必须是 JPG 格式的，而不能是将其他格式图片的扩展名修改为 ".jpg"，否则 ImageReader 读取将会报错，这也是大多数新手经常犯的错误。

15.8.2　TIFF 接口

在 Java 9 以前的版本中，javax.imageio 提供了内置标准 API 方法来处理一些常见的图片格式，例如 JPEG 和 PNG 图像，但是并没有提供对 TIFF 格式的处理方法。在 Java 9 中，专门提供了 javax.imageio.plugins.tiff 用于处理 TIFF 格式的图片。在下面的实例中，首先将读取 TIFF 格式图像的输入流，设置其元数据标签和目标偏移量。然后将处理后的数据写入另一个 TIFF 图像中，并在本地新建这个 TIFF 格式的图像文件。

实例 15-12　**使用 TIFF 接口处理 TIFF 图像**
源码路径：daima\15\MainApp.java

实例文件 MainApp.java 的主要实现代码如下所示。

```java
public class MainApp {
    public static void main(String[] args) throws IOException {
        //新建InputStream对象stream，创建一个
        //URL地址的图片作为要处理的TIFF素材图片
        InputStream stream = new URL(

        "http://***.com/wp-content/uploads/
        2017/03/javasampleapproach-logo.tiff").
        openStream();
        //通过图像名称的扩展名"TIFF"获取对应的
        //ImageReaders
        ImageReader tiffReader = ImageIO.
        getImageReadersByFormatName("tiff").
        next();
        //创建一个图像输入流
        ImageInputStream input = ImageIO.createImageInputStream(stream);
        tiffReader.setInput(input);          //设置接收的数据格式
        //创建一个新的TIFFImageReadParam对象实例
        TIFFImageReadParam mTIFFImageReadParam = new TIFFImageReadParam();
        System.out.println("--- TIFFImageReadParam - 默认目标 ---");
        //依次输出TIFFImageReadParam中包含的TagSets标签
        mTIFFImageReadParam.getAllowedTagSets().forEach(System.out::println);
        //依次删除BaselineTIFFTagSet和FaxTIFFTagSet这两个标签
        mTIFFImageReadParam.removeAllowedTagSet(BaselineTIFFTagSet.getInstance());
        mTIFFImageReadParam.removeAllowedTagSet(FaxTIFFTagSet.getInstance());
        // mTIFFImageReadParam.removeAllowedTagSet(ExifParentTIFFTagSet.getInstance());
        // mTIFFImageReadParam.removeAllowedTagSet(GeoTIFFTagSet.getInstance());
        //输出删除两个标签后的剩余标签信息
        System.out.println("--- TIFFImageReadParam - 删除两个TagSets后 ---");
        mTIFFImageReadParam.getAllowedTagSets().forEach(System.out::println);
        //设置目标偏移量
        mTIFFImageReadParam.setDestinationOffset(new Point(20, 20)); //宽和高各自新增20像素
        //读取原始图像
        BufferedImage image = tiffReader.read(0, mTIFFImageReadParam);
        System.out.println("--- TIFFImage检索后---");
        System.out.println(image);                                  //显示图像信息
        System.out.println("- 高: " + image.getHeight());           //显示高度
        System.out.println("- 宽: " + image.getWidth());            //显示宽度
        IIOMetadata metaData = tiffReader.getImageMetadata(0);      //获取图像的元数据
        System.out.println("本地元数据格式名称: " + metaData.getNativeMetadataFormatName());
        //新建一个TIFF图像
        File newTIFFimage = new File("newTiffImage.tiff");
        ImageIO.write(image, "TIFF", newTIFFimage);
    }
}
```

拓展范例及视频二维码

范例 15-12-01：AWT 事件
处理机制
源码路径：演练范例\15-12-01\
范例 15-12-02：为窗体添加
菜单
源码路径：演练范例\15-12-02\

在上述代码中，原始的 TIFF 图像是一张网络图片，大小是 240×240 像素，使用 TIFF 接口处理后会在本地生成一张大小为 260×260 像素的新 TIFF 图片。执行后的结果如图 15-15 所示。

```
--- TIFFImageReadParam - 默认目标 ---
javax.imageio.plugins.tiff.BaselineTIFFTagSet@10dba097
javax.imageio.plugins.tiff.FaxTIFFTagSet@1786f9d5
javax.imageio.plugins.tiff.ExifParentTIFFTagSet@704d6e83
javax.imageio.plugins.tiff.GeoTIFFTagSet@43a0cee9
--- TIFFImageReadParam - 删除两个TagSets后 ---
javax.imageio.plugins.tiff.ExifParentTIFFTagSet@704d6e83
javax.imageio.plugins.tiff.GeoTIFFTagSet@43a0cee9
--- TIFFImage检索后---
BufferedImage@4ae82894: type = 0 ColorModel: #pixelBits = 24 numComponents = 3 color space = java.awt.color.ICC_ColorSpace(
- 高: 260
- 宽: 260
本地元数据格式名称: javax_imageio_tiff_image_1.0
```

图 15-15 执行结果

15.9 技 术 解 惑

15.9.1 使用绝对定位

相信曾经学习过 Visual Basic 的读者可能比较怀念那种随意拖动控件的感觉，对 Java 的布局管理器非常不习惯。实际上 Java 也提供了拖曳控件的方式，即 Java 也可以对 GUI 组件进行绝对定位。

在 Java 容器中采用绝对定位的步骤如下所示。

（1）将 Container 的布局管理器设成 null：setLayout（null）。

（2）在往容器上加组件的时候，先调用 setBounds()或 setSize()方法来设置组件的大小、位置、或者在直接创建 GUI 组件时通过构造参数指定该组件的大小、位置，然后将该组件添加到容器中。

下面的代码演示了如何使用绝对定位来控制窗口中的 GUI 组件，具体代码（daima\15\yongNullLayout.java）如下所示。

```java
import java.awt.*;
public class yongNullLayout{
    Frame f = new Frame("测试窗口");
    Button b1 = new Button("第一个按钮");
    Button b2 = new Button("第二个按钮");
    public void init(){
        f.setLayout(null);
        b1.setBounds(20, 30, 90, 28);
        f.add(b1);
        b2.setBounds(50, 45, 120, 35);
        f.add(b2);
        f.setBounds(50, 50, 200, 100);
        f.setVisible(true);
    }
    public static void main(String[] args) {
        new yongNullLayout().init();
    }
}
```

代码执行后的结果如图 15-16 所示。

图 15-16 执行结果

从上述执行结果可以看出，使用绝对定位甚至可以将两个按钮重叠起来。可见使用绝对定位确实非常灵活，而且很简捷，但这种方式是以丧失跨平台特性作为代价的。

15.9.2　对事件处理模型的简化

我们可以把事件处理模型简化成如下：当事件源组件上发生事件时，系统将执行该事件源组件中所有监听器对应的方法。这与前面普通的 Java 编程方式不同，普通 Java 程序里的方法由程序主动调用，事件处理中的事件处理程序方法由系统负责调用。

15.9.3　使用 AWT 开发动画

Java 也可用于开发一些动画。可以借助于 Swing 提供的 Timer 类来实现每隔一定时间间隔就重新调用组件的 repaint()方法，其中类 Timer 是一个定时器，在此类中提供了构造器 Timer (int delay，ActionListener listener)，该构造器每隔 delay 毫秒系统自动触发 ActionListener 监听器里的事件处理程序（actionPerformed 方法）。本书配套资源中提供了实现一个简单弹球游戏的动画，具体路径是 daima\15\xiaoqiu.java，读者可以参阅配套资源中的具体代码，源文件中标明了详细的注释。

15.9.4　图片缩放在现实中的意义

其实我们可以使用图片文件作为原始文件，然后将其尺寸总是设置为 80×60，并且总是以当前时间作为文件名来输出该文件。如果为该程序增加图形界面，允许用户选择需要缩放的源图片和缩放后的目标文件名，并可以设置缩放后的尺寸，那么该程序将具有更好的实用性。

对位图文件进行缩放是非常实用的功能，例如很多 Web 站点的应用都允许会员用户上传图片，而 Web 应用则需要对用户上传的位图生成相应的缩略图，这就需要对位图进行缩放。使用缩略图的好处是可以节约 Web 站点的空间，提高上传效率。

15.9.5　AWT 和 Swing 是窗体编程的两个主角

从最开始 Java 就提供了构建跨平台窗口的 GUI 应用程序库，从 AWT、Swing 到现在的 SWT 和 JFace。最初的工具包能力微弱，但是后来提供的工具包认识到之前的缺点并取得了巨大的进步。SWT 和 JFace 不仅使 Java 成为构建桌面应用程序的可行选择，也使之成为具有优势的开发平台。尽管过去为了得到轻便和强大的 Java 系统必然要接受它在 GUI 方面的缺点，但如今这个不足已经不存在了。其中 Java 最引以为傲的是 AWT 和 Swing，这两个内容将是本章和下一章的主角。

Swing 并没有完全替代 AWT，而是建立在 AWT 基础之上的，Swing 为我们提供了功能更加强大的用户界面组件、即使在完全采用 Swing 编写的 GUI 程序中，依然需要使用 AWT 的事件处理机制。本章主要介绍了 AWT 组件，这些 AWT 组件在 Swing 里将有对应的实现，二者用法基本相似，下一章会有更详细的介绍。

15.9.6　AWT 中的菜单组件不能创建图标菜单

如果希望创建带图标的菜单，则应该使用 Swing 菜单中的 JMenuBar、JMenu、Jmenu、JMenuItem 和 JPopupMenu 组件。使用 Swing 菜单组件的方法和使用 AWT 菜单组件的方法基本相似。

15.9.7　Java 的事件模型

为了使图形界面能够接受用户的操作，必须给各个组件加上事件处理机制。在 Java 的事件处理过程中主要涉及了如下 3 类对象。

- ❑ Event Source（事件源）：事件发生的场所，通常就是各个组件，例如按钮、窗口、菜单等。
- ❑ Event（事件）：事件封装了 GUI 组件上发生的特定事情（通常就是一次用户操作）。如果程序需要获得 GUI 组件上所发生事件的相关信息，则这些都通过 Event 对象来获得。

❑ Event Listener（事件监听器）：负责监听事件源所发生的事件，并对各种事件做出响应处理。

当用户按下一个按钮、单击某个菜单项或单击窗口右上角的状态按钮时，这些动作都会激发一个相应的事件。该事件会由 AWT 封装成一个相应的 Event 对象，并触发事件源上注册的事件监听器（特殊的 Java 对象），事件监听器调用对应的事件处理程序（事件监听器里的实例方法）来做出相应的响应。

AWT 的事件处理机制是一种委派式（delegation）事件处理方式，其中普通组件（事件源）负责将整个事件处理委托给特定对象（事件监听器），当该事件源发生指定事件时就通知所委托的事件监听器，由事件监听器来处理这个事件。

每个组件均可以针对特定的事件指定一个或多个事件监听对象，每个事件监听器也可监听一个或多个事件源。因为在同一个事件源上可能发生多种事件，所以委派式事件处理方式可以把事件源上所有可能发生的事件分别授权给不同的事件监听器来处理，同时也可以让一类事件使用同一个事件监听器来处理。

AWT 事件类的基本结构如图 15-17 所示。

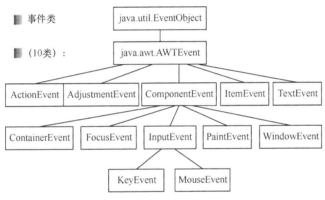

图 15-17　AWT 事件类的基本结构

实现 AWT 事件处理机制的基本步骤如下所示。

（1）实现事件监听器类。该监听器类是一个特殊的 Java 类，必须实现一个 XxxListener 接口。

（2）创建普通组件（事件源），创建事件监听器对象。

（3）调用方法 addXxxListener()将事件监听器对象注册给普通组件（事件源）。这样当事件源上发生指定事件时，AWT 会触发事件监听器，由事件监听器调用相应的方法（事件处理程序）来处理事件，事件源上所发生的事件会作为参数传入事件处理程序中。

下面的代码很好地演示了上述步骤，具体代码（daima\15\Eventyong.java）如下所示。

```java
import java.awt.*;
import java.awt.event.*;
public class Eventyong{
    private Frame f = new Frame("测试事件");
    private Button ok = new Button("确定");
    private TextField tf = new TextField(30);
    public void init()
    {
        //注册事件监听器
        ok.addActionListener(new OkListener());
        f.add(tf);
        f.add(ok , BorderLayout.SOUTH);
        f.pack();
        f.setVisible(true);
    }
    //定义事件监听器类
    class OkListener implements ActionListener
```

```
    {
        //下面定义的方法就是事件处理程序, 它用于响应特定的事件
        public void actionPerformed(ActionEvent e)
        {
            System.out.println("用户单击了ok按钮");
            tf.setText("Hello World");
        }
    }
    public static void main(String[] args)
    {
        new Eventyong().init();
    }
}
```

在上述代码中, 当单击"确定"按钮时会触发处理程序, 然后会看到程序中 tf 文本框内变为"Hello World", 并且在控制台中输出"用户单击了 ok 按钮"字符串。执行结果如图 15-18 所示。

图 15-18　执行结果

15.9.8　事件和事件监听器

在 AWT 中, 当外部动作在 AWT 组件上进行操作时, 系统会自动生成事件对象, 这个事件对象是 EventObject 子类的实例, 该事件对象会自动触发注册到事件源上的事件监听器。AWT 的事件机制涉及事件源、事件和事件监听器 3 个成员, 其中事件源最容易创建, 只要通过关键字 new 即可创建一个 AWT 组件, 该组件就是事件源; 程序员无须关心事件的产生, 它是由系统自动产生的; 实现事件监听器是整个事件处理的核心。

事件监听器必须实现事件监听器接口, AWT 提供大量的事件监听器接口用于实现不同类型的事件监听器, 以监听不同类型的事件。AWT 为我们提供丰富的事件类来封装不同组件上所发生的特定操作, 其中 AWT 的事件类都是 AWTEvent 类的子类, 而 AWTEven 是 EventObject 类的子类。

1. 事件种类

为了便于学习和掌握, 通常将 AWT 中的事件分为低级事件和高级事件两大类。

1) 低级事件

低级事件是指基于特定动作的事件, 例如鼠标的进入、单击、拖放等鼠标事件, 当组件得到焦点、失去焦点时会触发焦点事件。

- ❑ ComponentEvent: 组件事件。当组件尺寸发生变化、位置发生移动、显示/隐藏状态发生改变时触发该事件。
- ❑ ContainerEvent: 容器事件。当容器添加组件、删除组件时触发该事件。
- ❑ WindowEvent: 窗口事件。当窗口状态发生改变(如打开、关闭、最大化、最小化)时触发。
- ❑ FocusEvent: 焦点事件。当组件得到焦点或失去焦点时触发该事件。
- ❑ KeyEvent: 键盘事件。当键盘上的键按下、松开时触发该事件。
- ❑ MouseEvent: 鼠标事件。当鼠标执行单击、按下、松开、移动等动作时触发该事件。
- ❑ PaintEvent: 组件绘制事件。该事件是一个特殊事件类型, 当 GUI 组件调用 update 或 paint 方法来呈现自身时将触发该事件, 该事件并非专用于事件处理模型。

2）高级事件

高级事件也称为语义事件，是基于语义的事件，它可以不和特定的动作相关联，而依赖于触发此事件的类。例如在 TextField 中按 Enter 键会触发 ActionEvent 事件，滑动滚动条会触发 AdjustmentEvent 事件，选中项目列表的某一条会触发 ItemEvent 事件。

- ❑ ActionEvent：动作事件。当单击按钮、菜单项，TextField 中按 Enter 键时会触发。
- ❑ AdjustmentEvent：调节事件。在滑动条上移动滑块以调节数值时触发。
- ❑ ItemEvent：选项事件。当用户选中某项或取消选中某项时触发。
- ❑ TextEvent：文本事件。当文本框、文本域里的文本发生改变时触发。

2．事件、监听器和处理程序

不同的事件需要使用不同的监听器来监听，不同的监听器需要实现不同的监听器接口。当发生指定事件后，事件监听器会调用所包含的事件处理程序（实例方法）来处理事件。在表 15-1 中显示了常用事件、监听器接口和处理程序之间的对应关系。

表 15-1　事件、监听器和处理程序

事件	监听器接口	处理程序及触发时机
ActionEvent	ActionListener	actionPerformed：单击按钮、文本框、菜单项时触发
AdjustmentEvent	AdjustmentListener	adjustmentValueChanged：滑块位置发生改变时触发
ContainerEvent	ContainerListener	componentAdded：向容器中添加组件时触发
		componentRemoved：从容器中删除组件时触发
FocusEvent	FocusListener	focusGained：组件得到焦点时触发
		focusLost：组件失去焦点时触发
		componentHidden：组件隐藏时触发
ComponentEvent	ComponentListener	componentMoved：组件位置发生改变时触发
		componentResized：组件大小发生改变时触发
		componentShown：显示组件时触发
		keyPressed：按下某个键时触发
KeyEvent	KeyListener	keyReleased：松开某个键时触发
		keyTyped：单击某个键时触发
		mouseClicked：在某个组件上单击鼠标键时触发
		mouseEntered：鼠标进入某个组件时触发
MouseEvent	MouseListener	mouseExited：鼠标离开某个组件时触发
		mousePressed：在某个组件上按下鼠标键时触发
		mouseReleased：在某个组件上松开鼠标键时触发
		mouseDragged：在某个组件上移动鼠标且按下鼠标键时触发
MouseEvent	MouseMotionListener	mouseMoved：在某个组件上移动鼠标且没有按下鼠标键时触发
TextEvent	TextListener	textValueChanged：文本组件里的文本发生改变时触发
ItemEvent	ItemListener	itemStateChanged：某项被选中或取消选中时触发
		windowActivated：窗口激活时触发
		windowClosed：窗口调用 dispose 即将关闭时触发
		windowClosing：用户单击窗口右上角的"×"按钮时触发
WindowEvent	WindowListener	windowDeactivated：窗口失去激活时触发
		windowDeiconified：窗口恢复时触发
		windowIconified：窗口最小化时触发
		windowOpened：窗口首次打开时触发

通过表 15-1 所示的内容可以大致知道常用组件可能产生哪些事件，以及该事件对应的监听器接口，通过实现该监听器接口就可以实现对应的事件处理程序。通过 addXxxListener 将事件监听器注册给指定的组件（事件源）。当事件源组件上发生特定事件时，注册到该组件事件监听器里的对应方法（事件处理程序）将会被触发。

15.10　课后练习

（1）编写一个 Java 程序，实现如下所示的效果，单击矩形按钮绘制矩形，单击圆形按钮绘制圆形。要求用 AWT 实现。

（2）编写一个 Java 程序，实现一个绘图板界面，在上面可以随意绘制线条。要求用 AWT 实现。

（3）编写一个 Java 程序，测试 ImageIO 可支持读写的全部文件格式。

（4）编写一个 Java 程序，实现如下所示的右键菜单功能，要求用 AWT 实现。

（5）编写一个 Java 程序，在窗口中添加如下所示的菜单，要求用 AWT 实现。

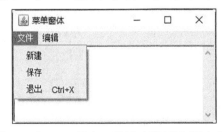

（6）编写一个 Java 程序，通过事件适配器来创建事件监听器，要求用 AWT 实现。

（7）编写一个 Java 程序，创建一个 AWT 窗口程序，程序执行后在控制台显示窗口组件的响应事件。

第 16 章

Swing

随着时代的发展和开发技术的不断进步，AWT 已经不能满足程序设计者的需求，这时候一个华丽的编程工具——Swing 出现了，它建立在 AWT 基础之上，能够在不同平台上保持组件的界面样式。本章将介绍与 Swing 相关的知识。

16.1　Swing 概述

Swing 是一个用于构建 Java 程序界面的开发工具包，它以 AWT 为基础，可以使用任何插件的外观风格，开发人员只需用很少的代码就可以调用 Swing 丰富、灵活的功能和模块化组件来创建优秀的用户界面。开发 Swing 界面的主要步骤是导入 Swing 包、选择界面风格、设置顶层容器、设置按钮和标签、添加组件到容器上和为组件设置步骤、处理事件等，如图 16-1 所示。

知识点讲解：

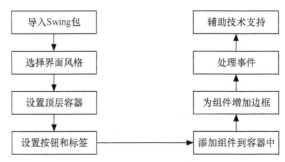

图 16-1　Swing 开发步骤

Swing 是 Java 平台下的 UI 框架，它的作用是处理用户和计算机之间的全部交互。它实际上充当了用户和计算机内部的中间人。Swing 是 100%用 Java 实现的，Swing 组件是用 Java 实现的轻量级（light-weight）组件，没有本地代码，不依赖操作系统的支持，这是它与 AWT 组件的最大区别。由于 AWT 组件通过与具体平台相关的对等类（Peer）来实现，因此 Swing 组件比 AWT 组件具有更强的实用性。Swing 在不同平台上表现一致，并且能提供本地窗口系统不支持的其他特性。

在 AWT 组件中，由于控制组件外观的对等类与具体平台相关，因此这使得 AWT 组件只有与本机相关的外观。Swing 使程序在一个平台上运行时能够有不同的外观，用户可以选择自己喜欢的外观。

Swing 组件遵守名为 MVC（Model-View-Controller，即模型-视图-控制器）的设计模式，其中模型（Model）维护组件的各种状态，视图（View）是组件的可视化表现，控制器（Controller）用于控制对各种事件、组件做出怎样的响应。这三者之间的联动关系是：当模型发生改变时，它会通知所有依赖它的视图，视图则会通过控件来指定其响应机制。Swing 使用 UI 代理来包装视图和控制器，通过另一个模型对象来维护该组件的状态。例如按钮 JButton 有一个维护其状态信息的模型对象 ButtonModel。Swing 组件的模型是自动设置的，因此一般都使用 JButton，而无须关心对象 ButtonModel。Swing 的 MVC 实现也称为 Model-Delegate（模型-代理）。对于一些简单的 Swing 组件通常无须关心它对应的模型对象，但对于一些高级 Swing 组件（如 JTree、JTable 等）则需要维护复杂的数据，这些数据就是由该组件对应的模型来维护的。另外，通过创建 Model 类的子类或通过实现适当的接口可以为组件建立自己的模型，然后用 setModel()方法把模型与组件联系起来。

16.2 Swing 的组件

Swing 是 AWT 的扩展,它提供了许多新的图形界面组件。Swing 组件的名称以"J"开头,除了拥有与 AWT 类似的按钮(JButton)、标签(JLabel)、复选框(JCheckBox)、菜单(JMenu)等基本组件外,它还增加了一个丰富的高层组件集合,如表格(JTable)、树(JTree)。本节将详细讲解 Swing 组件的基本知识,为读者学习本书后面的知识打下基础。

 知识点讲解:

16.2.1 Swing 组件的层次结构

在 javax.swing 包中定义了两种类型的组件,它们分别是顶层容器(Jframe、Japplet、JDialog 和 JWindow)和轻量级组件。Swing 组件都是 AWT 中 Container 类的直接子类和间接子类,具体层次结构如下所示。

```
Java.awt.Component
    -Java.awt.Container
        -Java.awt.Window
            -java.awt.Frame-Javax.swing.JFrame
            -javax.Dialog-Javax.swing.JDialog
            -Javax.swing.JWindow
        -java.awt.Applet-Javax.swing.JApplet
        -Javax.swing.Box
        -Javax.swing.Jcomponet
```

Swing 包是 JFC(Java Foundation Classes)的一部分,它由许多包组成,各个包的具体说明如表 16-1 所示。

表 16-1　Swing 包

包	描述
com.sum.swing.plaf.motif	用户界面代表类,实现 Motif 界面样式
com.sum.java.swing.plaf.windows	用户界面代表类,实现 Windows 界面样式
javax.swing	Swing 组件和使用工具
javax.swing.border	Swing 轻量级组件的边框
javax.swing.colorchooser	JColorChooser 的支持类/接口
javax.swing.event	事件和监听器类
javax.swing.filechooser	JFileChooser 的支持类/接口
javax.swing.pending	未完实现的 Swing 组件
javax.swing.plaf	抽象类,定义 UI 代表的行为
javax.swing.plaf.basic	实现所有标准界面样式公共功能的基类
javax.swing.plaf.metal	用户界面代表类,实现 Metal 界面样式
javax.swing.table	JTable 组件
javax.swing.text	支持文档的显示和编辑
javax.swing.text.html	支持显示和编辑 HTML 文档
javax.swing.text.html.parser	HTML 文档的分析器
javax.swing.text.rtf	支持显示和编辑 RTF 文件
javax.swing.tree	JTree 组件的支持类
javax.swing.undo	支持取消操作

有关上述包的几点说明如下所示。

- 包 swing 是 Swing 中提供的最大包，它包含了将近 100 个类和 25 个接口。几乎所有的 Swing 组件都在 swing 包中，只有 JTableHeader 和 JTextComponent 是例外，它们分别在 swing.table 和 swing.text 中。
- 在 swing.border 包中定义了事件和事件监听器类，这与 AWT 的 event 包类似，它们都包括事件类和监听器接口。
- 在 swing.pending 包中包含了未完全实现的 Swing 组件。
- 在 swing.table 包中主要包括表格组建（JTable）的支持类。
- 在 swing.tree 包中包含了 JTree 的支持类。
- 包 swing.text、swing.text.html、swing.text.html.parser 和 swing.text.rtf 都是用于显示和编辑文档的包。

如果将 Swing 组件按照功能来划分，那么可分为如下几类。

- 顶层容器：JFrame、JApplet、JDialog 和 JWindow（几乎不会使用）。
- 中间容器：JPanel、JScrollPane、JSplitPane、JTooeBar 等。
- 特殊容器：在用户界面上具有特殊作用的中间容器，如 JlnternaeFrame、JRootPane、JLayeredPane 和 JDestopPane 等。
- 基本组件：实现人机交互的组件，如 JButton、JComboBox、JList、JMenu、JSlider 等。
- 不可编辑信息的显示组件：向用户显示不可编辑信息的组件，如 JLabel、JProgressBar 和 JToolTip 等。
- 可编辑信息的显示组件：向用户显示可编辑的格式化信息组件，如 JTable、JTextArea 和 JTextField 等。
- 特殊对话框组件：可以直接产生特殊对话框的组件，如 JColorChooser 和 JFileChooser 等。

16.2.2　Swing 实现 AWT 组件

在 Swing 中，除了 Canvas 之外为其他 AWT 组件均提供了相应的实现。和 AWT 组件相比，Swing 组件有如下 4 个额外功能。

- 可以为 Swing 组件设置提示信息。使用 setToolTipText()方法可为组件设置对用户有帮助的提示信息。
- 很多 Swing 组件（如按钮、标签、菜单项等）除了使用文字外，还可以使用图标修饰自己。为了允许在 Swing 组件中使用图标，Swing 为 Icon 接口提供了一个实现类 ImageIcon，该实现类代表一个图像图标。
- 支持插拔式的外观风格。每个 JComponent 对象都有一个相应的 ComponentUI 对象，该对象为 JComponent 完成所有的绘画、事件处理、尺寸大小等工作。ComponentUI 对象依赖当前使用的 PLAF，使用 UIManager.setLookAndFeel()方法可以改变图形界面的外观风格。
- 支持设置边框。Swing 组件可以设置一个或多个边框。Swing 中提供了各式各样的边框以供用户选择，也能建立组合边框或自己设计边框。一种空白边框可以增大组件，同时协助布局管理器对容器中的组件进行合理的布局。

每个 Swing 组件都有一个对应的 UI 类，例如 JButton 组件就有一个对应的 ButtonUI 类来作为 UI。每个 Swing 组件的 UI 代理的类名总是将该 Swing 组件类名中的 J 去掉，然后在后面加上 UI。UI 代理类通常是一个抽象基类，不同的 PLAF 会有不同的 UI 代理实现类。Swing 类库中包含几套 UI，每套 UI 代理都几乎包含了所有 Swing 组件的 ComponentUI 实现，每套实现都称为 PLAF 的一种实现。

下面实例演示了使用 Swing 组件创建窗口的过程，在窗口中分别设置了菜单、右键菜单以及基本组件的 Swing 实现。

实例 16-1 使用 Swing 组件创建窗口

源码路径：daima\16\SwingAWT.java

实例文件 SwingAWT.java 的主要实现代码如下所示。

```java
public class SwingAWT{
    JFrame f = new JFrame("测试");
    //定义按钮指定图标
    Icon okIcon = new ImageIcon("tu/ok.png");
    JButton ok = new JButton("确认" , okIcon);
    //定义单选按钮使之处于选中状态
    JRadioButton nan = new JRadioButton("男" , true);
    //定义单选按钮使之处于未选中状态
    JRadioButton fenan = new JRadioButton("女" , false);
    //定义ButtonGroup将上面两个JRadioButton组合在一起
    ButtonGroup bg = new ButtonGroup();
    //定义复选框使之处于未选中状态
    JCheckBox married = new JCheckBox("婚否?" , false);
    String[] colors = new String[]{"红色" , "绿色" , "蓝色"};
    //下拉选择框
    JComboBox colorChooser = new JComboBox(colors);
    //列表选择框
    JList colorList = new JList(colors);
    // 8行20列的多行文本域
    JTextArea ta = new JTextArea(8, 20);
    // 40列的单行文本域
    JTextField name = new JTextField(40);
    JMenuBar mb = new JMenuBar();
    JMenu file = new JMenu("文件");
    JMenu edit = new JMenu("编辑");
    //创建"新建"菜单项
    Icon newIcon = new ImageIcon("tu/new.png");
    JMenuItem newItem = new JMenuItem("新建
" , newIcon);
    //创建"保存"菜单项
    Icon saveIcon = new ImageIcon("tu/save.png");
    JMenuItem saveItem = new JMenuItem("保存" , saveIcon);
    //创建"退出"菜单项
    Icon exitIcon = new ImageIcon("tu/exit.png");
    JMenuItem exitItem = new JMenuItem("退出" , exitIcon);
    JCheckBoxMenuItem autoWrap = new JCheckBoxMenuItem("换行");
    //创建"复制"菜单项
    JMenuItem copyItem = new JMenuItem("复制" , new ImageIcon("tu/copy.png"));
    //创建"粘贴"菜单项
    JMenuItem pasteItem = new JMenuItem("粘贴" , new ImageIcon("tu/paste.png"));
    JMenu format = new JMenu("格式");
    JMenuItem commentItem = new JMenuItem("注释");
    JMenuItem cancelItem = new JMenuItem("取消注释");

    //定义右键菜单来设置程序风格
    JPopupMenu pop = new JPopupMenu();
    //组合3个风格菜单项的ButtonGroup
    ButtonGroup flavorGroup = new ButtonGroup();
    //创建3个单选框按钮设定程序的外观风格
    JRadioButtonMenuItem metalItem = new JRadioButtonMenuItem("Metal风格" , true);
    JRadioButtonMenuItem windowsItem = new JRadioButtonMenuItem("Windows风格");
    JRadioButtonMenuItem motifItem = new JRadioButtonMenuItem("Motif风格");

    public void init(){
        //创建一个装载了文本框、按钮的JPanel
        JPanel bottom = new JPanel();
        bottom.add(name);
        bottom.add(ok);
        f.add(bottom , BorderLayout.SOUTH);
        //创建一个装载了下拉选择框、3个JCheckBox的JPanel
        JPanel checkPanel = new JPanel();
        checkPanel.add(colorChooser);
        bg.add(nan);
        bg.add(fenan);
```

拓展范例及视频二维码

范例 **16-1-01**：右下角弹出
信息窗体
源码路径：**演练范例\16-1-01**

范例 **16-1-02**：实现一个
淡入淡出窗体
源码路径：**演练范例\16-1-02**

```
checkPanel.add(nan);
checkPanel.add(fenan);
checkPanel.add(married);
//创建一个垂直排列组件的Box，盛装多行文本域JPanel
Box topLeft = Box.createVerticalBox();
//使用JScrollPane作为普通组件的JViewPort
JScrollPane taJsp = new JScrollPane(ta);
topLeft.add(taJsp);
topLeft.add(checkPanel);
//创建一个垂直排列组件的Box，盛装topLeft、colorList
Box top = Box.createHorizontalBox();
top.add(topLeft);
top.add(colorList);
//将top Box容器添加到窗口的中间
f.add(top);
//-----------下面开始组合菜单并为菜单添加事件监听器----------
//为newItem设置快捷键，设置快捷键时要使用大写字母
newItem.setAccelerator(KeyStroke.getKeyStroke('N' , InputEvent.CTRL_MASK));
newItem.addActionListener(new ActionListener(){
    public void actionPerformed(ActionEvent e){
        ta.append("单击了"新建"菜单\n");
    }
});
//为file菜单添加菜单项
file.add(newItem);
file.add(saveItem);
file.add(exitItem);
//为edit菜单添加菜单项
edit.add(autoWrap);
//使用addSeparator方法来添加菜单分隔符
edit.addSeparator();
edit.add(copyItem);
edit.add(pasteItem);
commentItem.setToolTipText("使用注释起来!");
//为format菜单添加菜单项
format.add(commentItem);
format.add(cancelItem);
//使用new JMenuItem("-")方法不能添加菜单分隔符
edit.add(new JMenuItem("-"));
//将format菜单组合到edit菜单中，从而形成二级菜单
edit.add(format);
//将file、edit菜单添加到mb菜单条中
mb.add(file);
mb.add(edit);
//为f窗口设置菜单条
f.setJMenuBar(mb);
//-----------下面开始组合右键菜单并安装右键菜单----------
flavorGroup.add(metalItem);
flavorGroup.add(windowsItem);
flavorGroup.add(motifItem);
pop.add(metalItem);
pop.add(windowsItem);
pop.add(motifItem);
//为3个菜单创建事件监听器
ActionListener flavorListener = new ActionListener(){
    public void actionPerformed(ActionEvent e){
        try{
            if (e.getActionCommand().equals("Metal风格")){
                changeFlavor(1);
            }
            else if (e.getActionCommand().equals("Windows风格")){
                changeFlavor(2);
            }
            else if (e.getActionCommand().equals("Motif风格")){
                changeFlavor(3);
            }
        }
        catch (Exception ee){
            ee.printStackTrace();
```

```
            }
        }
    };
    //为3个菜单添加事件监听器
    metalItem.addActionListener(flavorListener);
    windowsItem.addActionListener(flavorListener);
    motifItem.addActionListener(flavorListener);
    //调用该方法即可设置右键菜单，无须使用事件机制
    ta.setComponentPopupMenu(pop);
    //设置关闭窗口时退出程序
    f.setDefaultCloseOperation(JFrame.EXIT_ON_CLOSE);
    f.pack();
    f.setVisible(true);
}

//定义一个方法以改变界面风格
private void changeFlavor(int flavor)throws Exception{
    switch (flavor){
        //设置Metal风格
        case 1:
            UIManager.setLookAndFeel("javax.swing.plaf.metal.MetalLookAndFeel");
            break;
        //设置Windows风格
        case 2:
            UIManager.setLookAndFeel("com.sun.java.swing.plaf.windows.WindowsLookAndFeel");
            break;
        //设置Motif风格
        case 3:
            UIManager.setLookAndFeel("com.sun.java.swing.plaf.motif.MotifLookAndFeel");
            break;
    }
    //更新f窗口内顶级容器以及内部所有组件的UI
    SwingUtilities.updateComponentTreeUI(f.getContentPane());
    //更新mb菜单条以及内部所有组件的UI
    SwingUtilities.updateComponentTreeUI(mb);
    //更新pop右键菜单以及内部所有组件的UI
    SwingUtilities.updateComponentTreeUI(pop);

}
public static void main(String[] args) {
    //设置Swing窗口使用Java风格
    JFrame.setDefaultLookAndFeelDecorated(true);
    new SwingAWT().init();
}
}
```

上述代码在创建按钮、菜单项时传入了一个 ImageIcon 对象，通过此方式可以创建带图标的菜单项。执行结果如图 16-2 所示。

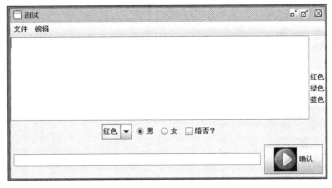

图 16-2　执行结果

16.3　拖　放　处　理

拖放操作是常见的操作，我们经常会通过拖放操作来完成复制、剪切的功能。这种复制、粘贴操作无须剪贴板支持，程序将数据从拖放源直接传给拖放目标。这种通过拖放实现的复制、粘贴效果也称为复制、移动。

知识点讲解：

从 JDK 1.4 版本开始，Swing 的部分组件已提供了默认的拖放支持，从而能以更简单的方式进行拖放操作。在 Swing 中可以支持的拖放操作组件如表 16-2 所示。

表 16-2　Swing 中支持拖放操作的组件

Swing 组件	作为拖放源导出	作为拖放目标接受
JColorChooser	导出颜色对象的本地引用	可接收任何颜色
JFileChooser	导出文件列表	无
JList	导出所选节点的 HTML 描述	无
JTable	导出所选中的行	无
II ‰	导出所选节点的 HTML 描述	无
JTextComponent	导出所选文本	接收文本，其子类 JTextArea 还接收文件列表，负责将文件打开

表 16-2 中的 Swing 组件都没有启动拖放支持，我们可以调用这些组件的 setDragEnabled 方法来启动拖放支持。下面程序演示了 Swing 提供的拖放支持。

除此之外，Swing 还提供了一种非常特殊的类 TransferHandler，通过此类可以直接将某个组件的指定属性设置成拖放目标，前提是该组件具有该属性的 setter 方法。例如类 JTextArea 提供了 setForeground（Color）方法，我们可以利用 TransferHandler 将 foreround 定义成拖放目标。

实例 16-2　演示 Swing 提供的拖放功能
源码路径：daima\16\tuo.java

实例文件 tuo.java 的主要实现代码如下所示。

拓展范例及视频二维码

范例 **16-2-01**：框架容器的
背景图片

源码路径：**演练范例\16-2-01**

范例 **16-2-02**：更多选项的
框架容器

源码路径：**演练范例\16-2-02**

```java
public class tuo{
    JFrame jf = new JFrame("拖放支持");
    JTextArea srcTxt = new JTextArea(8 , 30);
    JTextField jtf = new JTextField(34);
    public void init(){
        srcTxt.append("拖放支持.\n");
        srcTxt.append("可以将这段文本域的内容拖入
        其他程序.\n");
        //启动文本域和单行文本框的拖放支持
        srcTxt.setDragEnabled(true);
        jtf.setDragEnabled(true);
        jf.add(new JScrollPane(srcTxt));
        jf.add(jtf , BorderLayout.SOUTH);
    jf.setDefaultCloseOperation(JFrame.EXIT_ON_CLOSE);
        jf.pack();
        jf.setVisible(true);
    }
```

在上述代码中，加粗代码部分开始实现多行文本域和单行文本框的拖放支持功能，执行后的结果如图 16-3 所示。

图 16-3 执行结果

16.4 实现进度条效果

在 Java 应用中，JProgressBar、Progress Monitor 和 BoundedRangeModel 组件可以实现进度条效果。进度条是图形界面中广泛使用的 GUI 组件。当我们复制一个较大的文件时，操作系统将会显示一个进度表，以标识复制操作完成的比例。当我们启动 Eclipse 等程序时，因为需要加载较多的资源，所以启动速度较慢，程序也会在启动过程中显示一个进度条，来表示该软件启动完成的比例，如图 16-4 所示。

知识点讲解:

图 16-4 Eclipse 启动进度条

16.4.1 创建一个进度条

使用 JProgressBar 可以非常方便地创建 Eclipse 样式的进度条指示器，使用 JProgressBar 创建进度条的基本步骤如下所示。

（1）创建一个 JProgressBar 对象。在创建该对象的时候可以指定 3 个参数：进度条的排列方向、进度条的最大值和最小值。也可以在创建该对象时不传入任何参数，而是在编码时修改它们。

（2）调用该对象的常用方法设置进度条的普通属性。JProgressBar 除了提供排列方向、最大值、最小值的 setter 和 getter 方法之外，还提供了如下 3 个方法。

❑ setBorderPainted（boolean b）：设置该进度条是否使用边框。

❑ setIndeterminate（boolean newValue）：设置该进度条是否为进度不确定的进度条，如果一个进度条的进度不能确定，那么将看到一个滑块在进度条中左右移动。

❑ setStringPainted（boolean newValue）：设置是否在进度条中显示完成的百分比。

另外，JProgressBar 也为上面两个属性提供了 getter()方法，但是这两个 getter()方法通常没有太大作用。

（3）当程序中工作进度发生改变时调用 JProgressBar 对象的 setValue()方法来改变进度。当进度条的完成进度发生改变时，还可以调用进度条对象的如下两个方法。

❑　double getPercentComplete()：返回进度条的完成百分比。

❑　String getString()：返回进度字符串的当前值。

实例 16-3	演示实现进度条效果的方法
	源码路径：daima\16\yongJProgressBar.java

实例文件 yongJProgressBar.java 的主要实现代码如下所示。

```java
public class yongJProgressBar{
    JFrame frame = new JFrame("进度条");
    //创建一个垂直进度条
    JProgressBar bar = new JProgressBar(JProgressBar.VERTICAL );
    JCheckBox indeterminate = new JCheckBox("不确定进度");
    JCheckBox noBorder = new JCheckBox("不绘制边框");
    public void init(){
        Box box = new Box(BoxLayout.Y_AXIS);
        box.add(indeterminate);
        box.add(noBorder);
        frame.setLayout(new FlowLayout());
        frame.add(box);
        //把进度条添加到JFrame窗口中
        frame.add(bar);
        //设置进度条的最大值和最小值
        bar.setMinimum(0);
        bar.setMaximum(100);
        //在进度条中设置绘制完成的百分比
        bar.setStringPainted(true);
        noBorder.addActionListener(new ActionListener()  {
            public void actionPerformed(ActionEvent event){
                //根据该选择框决定是否绘制进度条的边框
                bar.setBorderPainted(!noBorder.isSelected());
            }
        });
        indeterminate.addActionListener(new ActionListener(){
            public void actionPerformed(ActionEvent event){
                //设置该进度条的进度是否确定
                bar.setIndeterminate(indeterminate.isSelected());
                bar.setStringPainted(!indeterminate.isSelected());
            }
        });
        frame.setDefaultCloseOperation(JFrame.EXIT_ON_CLOSE);
        frame.pack();
        frame.setVisible(true);
        //采用循环方式来不断改变进度条的完成进度
        for (int i = 0 ; i <= 100 ; i++){
            //改变进度条的完成进度
            bar.setValue(i);
            try{
                Thread.sleep(100);
            }
            catch (Exception e){
                e.printStackTrace();
            }
        }
    }
}
```

拓展范例及视频二维码

范例 **16-3-01**：SimulatedTarget

　　模拟耗时任务

源码路径：**演练范例\16-3-01**

范例 **16-3-02**：拖放形式改变

　　颜色

源码路径：**演练范例\16-3-02**

上面程序创建了一个竖直进度条，并通过方法设置了进度条的外观形式（是否包含边框及是否显示百分比），然后通过一个循环来不断改变进度条的 value 属性，该 value 将会自动换成进度条的完成百分比。执行结果如图 16-5 所示。

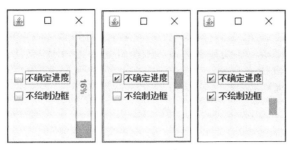

图 16-5 执行结果

16.4.2 使用 ProgressMonitor 创建进度条对话框

使用 ProgressMonitor 的方法和使用 JProgressessBar 的方法非常相似，区别只是 Progress Monitor 可以直接创建一个进度对话框。ProgressMonitor 为我们提供了如下构造器。

```
ProgressMonitor(Component parentComponent, Object message, String note, int min, int max)
```

其中，参数 parentComponent 用于设置该进度对话框的父组件，参数 message 设置该进度对话框的描述信息，note 设置该进度对话框的提示文本，min 和 max 设置该对话框所包含进度条的最小值和最大值。

使用 ProgressMonitor 创建的对话框中包含了一个固定的进度条，程序甚至不能设置该进度条是否包含边框（总是包含边框），不能设置进度不确定，不能改变进度条的方向（总是水平方向）。

与普通进度条类似，进度对话框也不能自动监视目标任务的完成进度，程序通过调用进度条对话框的 setProgress 方法来改变进度条的完成比例（该方法类似于 JProgressBar 的 setValue()方法）。

16.5 技 术 解 惑

16.5.1 贯穿 Java 开发的 MVC 模式

MVC 是一种开发模式，是 Java 平台中最受欢迎的一种开发模式。MVC 试图"把角色分开"，使负责显示的代码、处理数据的代码、对响应交互并驱动变化的代码彼此分离。这有点迷惑？如果我为这个设计模式提供一个现实世界的非技术性示例，那么它就比较容易了。请想象一次时装秀。把秀场当成 UI，假设服装就是数据，是展示给用户的计算机信息。假设这次时装秀中只有一个人，这个人设计服装、修改服装、同时还在 T 台上展示这些服装。这看起来不是一个构造良好或有效率的设计。

假设同样的时装秀采用 MVC 设计模式。这次不是一个人完成每件事，而是将角色分开。时装模特（不要与 MVC 缩写中的模型混淆）展示服装，他们扮演的角色是视图，他们知道展示服装（数据）的适当方法，但是根本不知道如何创建或设计服装。另一方面，时装设计师充当控制器，时装设计师对于如何在 T 台上走秀没有概念，但他能创建和设计服装。时装模特和设计师都能独立地处理服装，但都有自己的专业领域。

16.5.2 Swing 的优势

Swing 胜过 AWT 的主要优势在于 MVC 体系结构已普遍使用。在一个 MVC 用户界面中，存在模型、视图和控件 3 个通信对象。模型是指定的逻辑表示法，视图是模型的可视化表示法，而控件则指定如何处理用户的输入。当模型发生改变时，它会通知所有依赖它的视图，视图使用控件指定其响应机制。

为了简化组件的设计工作，Swing 组件将视图和控件两部分合为一体。每个组件有一个相关的分离模型和它使用的界面（包括视图和控件）。比如，按钮 JButton 有一个存储其状态的分离模型对象 ButtonModel。组件的模型是自动设置的，一般都使用 JButton 而不是 ButtonModel 对象。另外，通过 Model 类的子类或实现适当的接口，可以为组件建立自己的模型。setModel() 方法可把数据模型与组件联系起来。

MVC 是现有编程语言中制作图形用户界面的一种通用思想，其思路是把数据内容和显示方式分离开，这样就使得数据显示更加灵活多样。比如，某年级各个班级的学生人数是数据，则显示方式是多种多样的，可以采用柱状图显示，也可以采用饼图显示，还可以直接输出数据。因此在设计的时候，就要考虑把数据和显示方式分开，这对于实现多种多样的显示是非常有帮助的。

16.5.3　使用 JSlider 和 BoundedRangeModel 测试滑动条效果

在 Java 应用中，可以使用 JSlider 和 BoundedRangeModel 测试滑动条效果。使用 JSlider 可以创建一个滑动条，这个滑动条有最小值、最大值和当前值等属性。JSlider 与 JProgressBar 相比主要有如下 3 点区别。

❑ JSlider 不采用填充颜色的方式来表示该组件的当前值，而是采用滑块的位置来表示该组件的当前值。

❑ JSlider 允许用户手动改变滑动条的当前值。

❑ JSlider 允许为滑动条指定刻度值，这些刻度值既可以是连续的数字，也可以是自定义的刻度值，甚至可以是图标。

使用 JSlider 创建滑动条的基本操作步骤如下所示。

（1）使用 JSlider 构造器创建一个 JSlider 对象。JSlider 有多个重载构造器，但这些构造器可以接受如下 4 个参数。

❑ orientation：用于指定该滑动条的摆放方向，默认是水平摆放。它有 JSlider.VERTICAL 和 JSlider.HORIZONTAL 两个值。

❑ min：指定该滑动条的最小值，该属性默认是 0。

❑ max：指定该滑动条的最大值，该属性默认是 100。

❑ value：指定该滑动条的当前值，该属性默认是 50。

（2）调用 JSlider 的如下方法来设置滑动条的外观样式。

❑ setExtent（int extent）：设置滑动条上的保留区，用户拖动滑块时不能超过保留区。例如最大值为 100 的滑动条，如果设置保留区为 20，则滑块最大只能拖动到 80。

❑ setInverted（boolean b）：设置是否需要反转滑动条。滑动条滑轨上的刻度值默认从小到大、从左到右、从下到上的顺序排列。如果该方法为 true，则排列方向会反转过来。

❑ setLabelTable（Dictionary labels）：为该滑动条指定刻度标签。该方法的参数是 Dictionary 类型，它是一个古老的抽象集合类，其子类是 Hashtable。传入 Hashtable 集合对象的 key/value 对为{Integer value, java.swing.JComponent label}格式，刻度标签可以是任何组件。

❑ setMajorTickSpacing（int n）：设置主刻度标记的间隔。

❑ setMinorTickSpacing（int n）：设置次刻度标记的间隔。

❑ setPaintLabels（boolean b）：设置是否在滑块上绘制刻度标签。如果没有为该滑动条指定刻度标签，则默认将刻度值的数值作为标签。

❑ setPaintTicks（boolean b）：设置是否需要在滑块上绘制刻度标记。

❑ setPaintTrack（boolean b）：设置是否为滑块绘制滑轨。

❑ setSnapToTicks（boolean b）：设置滑块是否必须停在滑道的有刻度处。如果它为 true，则滑块只能停在有刻度处；如果用户没有将滑块拖到有刻度处，则系统自动将滑块定位到最近的刻度处。

（3）如果程序需要根据用户拖动滑块进行相应的处理，则需要为该 JSlider 对象添加事件处理程序。在 JSlider 中提供了 addChangeListener 方法来添加事件监听器，该监听器负责监听滑动条的改变。

（4）将 JSlider 对象添加到其他容器中。

16.5.4　使用 ListCellRenderer 改变窗体中列表项的外观

在 Java 应用中，可以使用 ListCellRenderer 改变窗体中列表项的外观。如果希望像 QQ 程序那样每个列表项既有图标也有字符串，那么可以通过调用 JList 或 JComboBox 的 setCellRenderer（ListCellRenderer cr）方法来实现，此方法需要接收一个 ListCellRenderer 对象，该对象代表一个列表项绘制器。

ListCellRenderer 只是一个接口，由于它并未强制指定该列表项绘制器属于哪种组件，因此我们可以采用扩展任何组件的方式来实现 ListCellRenderer 接口。通常采用扩展其他容器（如 JPanel）的方式来实现列表项绘制器，在实现列表项绘制器时可以通过重写 paintComponent 方法来改变单元格的外观行为。

16.6　课后练习

（1）编写一个 Java 程序，创建一棵最简单的 Swing 树，预期执行结果如下所示。

（2）以练习（1）为基础编写一个 Java 程序，它应实现增加、修改和删除节点的功能，并允许用户通过拖动将一个节点变成另一个节点。

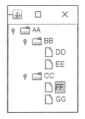

（3）编写一个 Java Swing 程序，实现类似 QQ 好友的界面效果，预期执行结果如下所示。

（4）编写一个 Java Swing 程序，使用 JList 和 JComboBox 的构造器创建列表框。

（5）编写一个 Java Swing 程序，尝试使用 JSlider 创建不同样式的滑动条。

（6）编写一个 Java Swing 程序，使用 JProgressBar 分别创建不确定的进度条和不绘制边框的进度条。

第 17 章

JavaFX 开发基础

从 Java 8 开始，Oracle 公司便推出了 JavaFX 框架，目的是取代 AWT 和 Swing 实现 GUI 的界面开发功能。与 AWT 和 Swing 相比，JavaFX 最突出的优势是对 Web 开发的支持性更高，并且提供了更加强大的绘图功能。本章将详细讲解 JavaFX 开发的基础知识。

17.1 JavaFX 概述

JavaFX 是一个强大的图形和多媒体处理工具包集合，它允许开发者设计、创建、测试、调试和部署富客户端程序，并且和 Java 一样跨平台。因为 JavaFX 库写成了 Java API，所以 JavaFX 应用程序代码可以调用各种 Java 库中的 API。

 知识点讲解：

例如 JavaFX 应用程序可以使用 Java API 库来访问本地系统的功能并且连接到基于服务器中间件的应用程序。

注意，Oracle JDK 将不再包含 JavaFX（OpenJDK 从未提供过）。相反，JavaFX 通过 OpenJFK 提供，并且可以像任何 Java 应用程序中的任何其他库一样使用。除了 JavaFX 之外，还将停止对 Applet 和 Java Web Start 的支持。如果仍然想使用 Java Web Start，那么必须保持在 JDK 8 的版本，直至 Oracle 停止免费更新后，花钱购买该服务。

17.1.1 JavaFX 的特色

和传统的 AWT、Swing 框架相比，JavaFX 可以自定义程序外观。例如使用层级样式表（CSS）将外观和样式与业务逻辑实现进行分离，因此开发人员可以专注编码工作。图形设计师使用 CSS 来方便地定制程序的外观和样式。如果你具有 Web 设计背景，或者希望分离用户界面（UI）和后端逻辑，那么可以通过 FXML 标记语言来表述图形界面，并且使用 Java 代码来表述业务逻辑。如果希望通过非编码方式来设计 UI，则可以使用 JavaFX Scene Builder。在进行 UI 设计工作时，Scene Builder 会创建 FXML 标记来与一个集成开发环境（IDE）对接，这样开发人员可以向其中添加业务逻辑。

根据 Oracle 官方文档可知，在 JavaFX 中主要引入了如下所示的内容。

- ❏ Java API
- ❏ FXML 和 Scene Builder
- ❏ WebView
- ❏ 与 Swing 互操作
- ❏ 内置的 UI 控件和 CSS
- ❏ Modena 主题
- ❏ 3D 图像处理能力
- ❏ Canvas API 和 Printing API
- ❏ Rich Text 支持
- ❏ 多点触摸
- ❏ Hi-DPI 支持
- ❏ 图形渲染硬件加速
- ❏ 高性能多媒体引擎
- ❏ 自包含的应用部署模型

17.1.2 安装 e(fx)clipse 插件

e(fx)clipse 提供了如下所示的两组插件。

（1）一组 Eclipse IDE 插件用于简化 JavaFX 应用程序的开发。这是因为它提供了针对 FXML 和 JavaFX-CSS 的专用编辑器。除此之外，它还附带一个小的 DSL，其可作为 FXML 的替代选择使用声明的方式来定义 JavaFX 场景图，从而避免因 FXML 导致的噪声。

（2）一组运行时插件使 JavaFX 可在 OSGi 环境中使用（目前只支持 Equinox）。对于大中型应用程序，它为 Eclipse 4 应用程序平台提供了插件，从而为 JavaFX 开发人员提供了一个首屈一指的应用程序框架（基于 DI、服务和一个中央应用程序模型而构建）。

在 Eclipse 中安装 e(fx)clipse 插件的基本流程如下所示。

（1）打开 Eclipse，依次单击选择"Help"→"Install New Software"菜单选项，弹出"Install"界面，如图 17-1 所示。

（2）从 Work with 的下拉列表中选择"-- All Available Sites --"选项，在下面的 Details 区域取消勾选"Group items by category"选项。然后在上面的文本框中输入关键字"e(fx)"，此时会在下方只显示 e(fx)clipse IDE 选项，所有以 e(fx)clipse IDE 开头的选项都是 e(fx)clipse IDE 的子项，如图 17-2 所示。

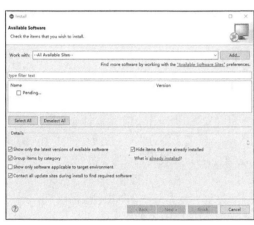

图 17-1　"Install"界面

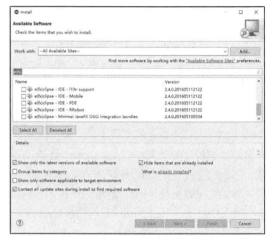

图 17-2　输入关键字"e(fx)"

（3）勾选由关键字"e(fx)"检索到的上述选项，然后单击"Next"按钮后弹出"Install Details"界面，如图 17-3 所示。

（4）单击"Next"按钮后弹出"Review Licenses"界面，如图 17-4 所示。在此勾选"I accept the terms of the license agreement"选项。

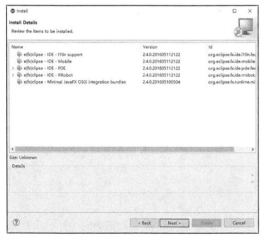

图 17-3　"Install Details"界面

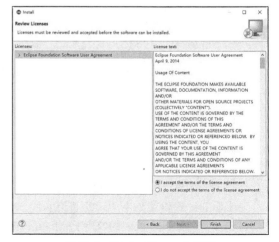

图 17-4　"Review Licenses"界面

（5）单击"Finish"按钮后开始安装插件，安装进度完成后需要重启 Eclipse。

17.1.3 认识第一个 JavaFX 程序

实例 17-1	第一个 JavaFX 程序
	源码路径：daima\17\MyJavaFX.java

实例文件 MyJavaFX.java 的主要实现代码如下所示。

```
①import javafx.application.Application;
②import javafx.scene.Scene;
③import javafx.scene.control.Button;
④import javafx.stage.Stage;

public class MyJavaFX extends Application {
  @Override
  public void start(Stage primaryStage) {
⑤      Button btOK = new Button("OK");
⑥      Scene scene = new Scene(btOK, 200, 250);
⑦      primaryStage.setTitle("MyJavaFX");
⑧      primaryStage.setScene(scene);
⑨      primaryStage.show();
  }
  public static void main(String[] args) {
⑩      launch(args);
  }
}
```

拓展范例及视频二维码

范例 **17-1-01**：绘制简单的

线条

源码路径：**演练范例\17-1-01**

范例 **17-1-02**：设置指定样式的

笔触

源码路径：**演练范例\17-1-02**

因为每个 JavaFX 程序都需要定义在一个继承 javafx.application.Application 的类中，所以行①②③④引入了以"javafx"开头的接口文件。

在行⑤中，重新定义了 start()方法，这个方法本来定义 javafx.application.Application 类中。当一个 JavaFX 应用启动时，JVM 使用它的无参构造方法来创建类的一个实例，同时调用其 start()方法。方法 start()一般将 UI 组件放入一个场景，并且在窗体中显示该场景。在行⑤创建了一个 Button 对象。

在行⑥中，将行⑤中创建的 Button 对象放到一个 Scene 对象中。可以使用构造方法 Scene（node，width，height）创建一个 Scene 对象。这个构造方法指定了场景的宽度和高度，并且将节点置于一个场景中。

在行⑦中，设置窗体的标题，标题在窗体中显示。

在行⑧中，一个 Stage 对象是一个窗体。当应用程序启动的时候，主窗体的 Stage 对象由 JVM 自动创建。本行代码将场景设定在主窗体中。

在行⑨中，调用方法 show()显示主窗体界面。

在行⑩中，定义了方法 launch()。这是一个定义在 Application 类中的静态方法，用于启动一个独立的 JavaFX 应用程序。如果从命令行运行程序，那么 main()方法不是必需的。当从一个不完全支持 JavaFX 的 IDE 中启动 JavaFX 程序的时候，就会需要用到 main()方法。

执行后的结果如图 17-5 所示。

图 17-5 执行结果

17.2 JavaFX 界面结构

在讲解 JavaFX 界面开发之前，很有必要讲解 JavaFX 界面的具体结构。

17.2.1 窗体结构剖析

由图 17-1 所示的窗体执行结果可知，按钮总是位于场

知识点讲解：

景的中间并且占据整个窗体，无论你如何改变窗体的大小。在 JavaFX 框架中，可以通过设置按钮的位置和大小属性来解决这个问题。然而，一个更好的方法是使用称为面板的容器类，自动将相关的节点布局在一个希望的位置和大小处。将节点置于一个面板中，然后将面板再置于一个场景中。这里的节点可以是任何可视化组件，比如形状、图像视图、UI 组件或者面板。形状是指文字、直线、圆、椭圆、矩形、弧、多边形、折线等。UI 组件是指标签、按钮、复选框、单选按钮、文本域、文本输入区域等。下面以图 17-5 所示的执行结果为素材，总结出 JavaFX 窗体界面的具体结构，如图 17-6 所示。

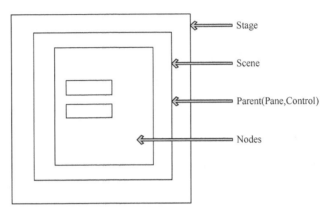

图 17-6 JavaFX 界面的具体结构

在图 17-6 所示的窗体结构中，Scene 可以包含 Control 或者 Pane，但是不能包含 Shape 和 ImageView。Pane 可以包含 Node 的任何子类型。可以使用构造方法 Scene（Parent，width，height）或者 Scene（Parent）创建 Scene，后一个构造方法中的场景尺寸将自动确定。Node 的每个子类都有一个无参构造方法，以创建一个默认节点。

下面的实例将一个按钮置于一个面板中。

实例 17-2 **将一个按钮置于一个面板中**
源码路径：daima\17\ButtonInPane.java

实例文件 ButtonInPane.java 的主要实现代码如下所示。

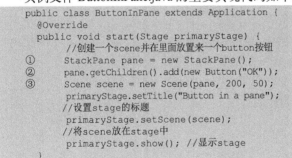

```
public class ButtonInPane extends Application {
    @Override
    public void start(Stage primaryStage) {
        //创建一个scene并在里面放置来一个button按钮
①       StackPane pane = new StackPane();
②       pane.getChildren().add(new Button("OK"));
③       Scene scene = new Scene(pane, 200, 50);
        primaryStage.setTitle("Button in a pane");
        //设置stage的标题
        primaryStage.setScene(scene);
        //将scene放在stage中
        primaryStage.show(); //显示stage
    }
}
```

拓展范例及视频二维码

范例 **17-2-01**：使用 FlowPane
布局
源码路径：**演练范例\17-2-01**
范例 **17-2-02**：使用 HBox 布局
源码路径：**演练范例\17-2-02**

在行①中，创建一个 StackPane。

在行②中，将一个按钮作为面板的组成部分（child）加入到 Scene 中。方法 getChildren()用于返回 javafx.collections.ObservableList 的一个实例，这里的 ObservableList 类似于 ArrayList，它存储一个元素集合。调用方法 add（e）可将一个元素加入到列表中。StackPane 将节点放到面板的中央，并且放在其他节点之上，这里只有一个节点在面板中。

在行③中，设置一个指定大小的 Scene，StackPane 会得到一个节点的偏好尺寸，代码运行后看到按钮以这个偏好尺寸进行显示。

执行后的结果如图 17-7 所示。

图 17-7 执行结果

17.2.2 属性绑定

在 JavaFX 应用程序中，通过属性绑定可以将一个目标对象绑定到源对象中，源对象的修改变化将自动反映到目标对象中。属性绑定是一个比较新颖的概念，具体来说就是：当目标对象绑定到源对象后，如果源对象中的值改变了，那么目标对象也将自动改变。目标对象称为被绑定对象或者被绑定属性，源对象称为可绑定对象或者观察对象。举个例子，假如在窗体居中的位置绘制了一个圆，当窗体大小发生改变的时候，圆不再居中显示。当窗体大小发生改变后，为了使这个圆依然显示在中央位置，圆心的 x 坐标和 y 坐标需要重新设置到面板的中央。我们可以通过将方法 centerX 和 centerY 分别绑定到面板的 width/2 以及 height/2 上面来实现。下面实例就是这样实现的。

实例 17-3	使用属性绑定功能
	源码路径：daima\17\CircleCenter.java

实例文件 CircleCenter.java 的主要实现代码如下所示。

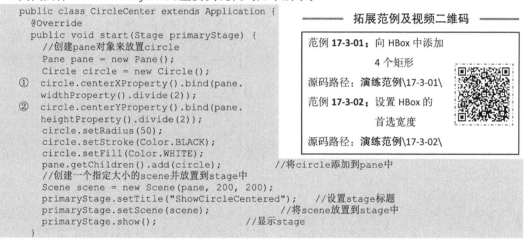

```
public class CircleCenter extends Application {
  @Override
  public void start(Stage primaryStage) {
    //创建pane对象来放置circle
    Pane pane = new Pane();
    Circle circle = new Circle();
①   circle.centerXProperty().bind(pane.
    widthProperty().divide(2));
②   circle.centerYProperty().bind(pane.
    heightProperty().divide(2));
    circle.setRadius(50);
    circle.setStroke(Color.BLACK);
    circle.setFill(Color.WHITE);
    pane.getChildren().add(circle);        //将circle添加到pane中
    //创建一个指定大小的scene并置到stage中
    Scene scene = new Scene(pane, 200, 200);
    primaryStage.setTitle("ShowCircleCentered");    //设置stage标题
    primaryStage.setScene(scene);          //将scene放置到stage中
    primaryStage.show();                   //显示stage
  }
```

拓展范例及视频二维码

范例 **17-3-01**：向 HBox 中添加
4 个矩形
源码路径：**演练范例\17-3-01**
范例 **17-3-02**：设置 HBox 的
首选宽度
源码路径：**演练范例\17-3-02**

在行①中，在 Circle 类中的 centerX 属性用于表示圆心的 x 坐标。

在行②中，属性 centerY 表示圆心的 y 坐标。如同 JavaFX 类中的许多属性一样，在属性绑定中，该属性既可以作为目标，也可以作为源。目标监听源的变化，一旦源对象发生变化，目标将对象自动更新自身。一个目标采用方法 bind() 和源进行绑定，语法格式如下所示。

```
target.bind(source);
```

方法 bind() 在 javafx.beans.property.Property 接口中定义，绑定属性是 javafx.beans.property.Property 的一个实例。源对象是 javafx.beans.value.ObservableValue 接口的一个实例。ObservableValue 是一个包装了值的实体，并且值发生改变时可以观察到。本实例的初始结果如图 17-8 所示，放大窗体后的结果如图 17-9 所示。

图 17-8 初始执行结果

图 17-9 放大窗体后的结果

在 JavaFX 框架中，可以为基本类型和字符串定义对应的绑定属性。double/float/long/int/boolean 类型值的绑定属性类型是 DoubleProperty/FloatProperty/LongProperty/IntegerProperty/BoaleanProperty。字符串的绑定属性类型是 StringProperty。因为这些属性同时也是 ObservableValue 的子类型，所以它们也可以作为源对象来绑定属性。

在上述实例代码中，centeX 的属性获取方法是 centerXProperty()，通常将 getCenterX()称为值的获取方法，将 setCenterX（double）称为值的设置方法，而将 centerXProperty()称为属性获取方法。读者需要注意，getCenterX()返回一个 double 值，而 centerXProperty()返回一个 DoubleProperty 类型的对象。

17.2.3　样式属性和角度属性

JavaFX 框架中有很多通用属性，其大部分组件都会拥有这类属性，例如我们接下来将要讲解的样式属性 style 和角度属性 rotate。

1. style 属性

在 JavaFX 框架中，因为样式属性的设置方式类似于网页设计中常用到的层级样式表（CSS），所以 JavaFX 的样式属性称为 JavaFX CSS。JavaFX 中，样式属性使用前缀 "-fx-" 来定义，每个节点拥有自己的样式属性。读者可以从官方文档中找到这些属性的具体信息。

在 JavaFX 框架中，设定窗体样式的语法格式是 styleName:value。可以一起设置一个窗体元素的多个样式属性，此时需要通过分号 ";" 进行分隔。比如下面的代码设置了一个圆的两个 JavaFX CSS 属性。

```
circle.setStyle("-fx-stroke: black; -fx-fill : red; ") ;
```

上述代码语句等价于下面的两个语句。

```
circle.setStroke(Color.BLACK)
circle.setFill(Color.RED);
```

如果使用了一个不正确的 JavaFX CSS，则 Java 程序依然可以编译和运行，但是将忽略设置的样式。

2. rotate 属性

在 JavaFX 框架中，角度属性 rotate 可以设定一个以度为单位的角度，让元素节点围绕它的中心旋转这个角度。如果设置的角度是正值，则表示按照顺时针进行旋转；如果设置的角度是负值，则表示按照逆时针进行旋转。例如，下面代码的功能是将一个按钮顺时针旋转 80°。

```
button.setRotate(80);
```

下面的实例创建了一个按钮，然后设置它的样式，并将它放入到一个窗体面板中。然后将面板旋转 45°，并设置它的样式是边框颜色为红色、背景颜色为淡灰色。

实例 17-4　创建指定样式的按钮

源码路径：daima\17\StyleRotate.java

实例文件 StyleRotate.java 的主要实现代码如下所示。

拓展范例及视频二维码

```
public class StyleRotate extends Application {
  @Override
  public void start(Stage primaryStage) {
    //创建scene对象，并在里面放置一个按钮
    StackPane pane = new StackPane();
    Button btOK = new Button("OK");
    //添加OK按钮
    btOK.setStyle("-fx-border-color: blue;");
    //设置按钮的边框颜色为绿色
    pane.getChildren().add(btOK); //添加OK按钮
    pane.setRotate(45);     //旋转面板45°
    pane.setStyle("-fx-border-color: red; -fx-background-color: lightgray;");
    //设置面板边框的颜色和背景颜色
    Scene scene = new Scene(pane, 200, 250);        //设置scene对象的大小
```

范例 **17-4-01**：在 HBox 的控件

之间设置空格

源码路径：**演练范例\17-4-01**

范例 **17-4-02**：HBox 设置

填充和间距

源码路径：**演练范例\17-4-02**

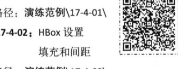

```
    primaryStage.setTitle("NodeStyleRotateDemo");    //设置显示的标题
    primaryStage.setScene(scene);                    //将scene面板放在stage窗体
    primaryStage.show();                             //显示stage
    }
```

执行后的结果如图 17-10 所示。

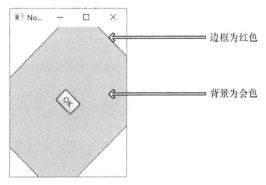

边框为红色

背景为会色

图 17-10　执行结果

17.3　使用 Color 类设置颜色

在 JavaFX 框架中，使用 Color 类设置窗体元素的颜色。JavaFX 定义抽象类 Paint 用于绘制节点。Javafx.scene.paint.Color 是 Paint 的一个子类，用于封装颜色信息。

知识点讲解：

17.3.1　设置颜色的方法

第一种是通过 color()设置颜色。

```
public static Color color(double red,
            double green,
            double blue)
```

或

```
public static Color color(double red,
            double green,
            double blue,
            double opacity)
```

- ❑ red：表示 Color 对象的红色值，取值范围为 0.0～1.0。
- ❑ green：表示 Color 对象的绿色值，取值范围为 0.0～1.0。
- ❑ blue：表示 Color 对象的蓝色值，取值范围为 0.0～1.0。
- ❑ opacity：表示 Color 对象的透明度，取值范围为 0.0～1.0。

第二种是通过 rgb()设置颜色。

```
public static Color rgb(int red,
        int green,
        int blue)
```

或

```
public static Color rgb(int red,
        int green,
        int blue,
        double opacity)
```

- ❑ red：表示 Color 对象的红色值，取值范围为 0～255。
- ❑ green：表示 Color 对象的绿色值，取值范围为 0～255。
- ❑ blue：表示 Color 对象的蓝色值，取值范围为 0～255。

❑ opacity：表示 Color 对象的透明度，取值范围为 0.0～1.0。

第三种是通过设置灰度的方法 gray()来设置颜色。

```
public static Color gray(double gray,
                double opacity)
```

或

```
public static Color gray(double gray)
```

❑ gray：表示 Color 对象的灰度值，取值范围为 0.0（黑色）～1.0（白色）。

❑ opacity：表示 Color 对象的透明度，取值范围为 0.0～1.0。

第四种是通过色相、饱和度和亮度（即 hsb()方法）设置颜色。

```
public static Color hsb(double hue,
                double saturation,
                double brightness,
                double opacity)
```

或

```
public static Color hsb(double hue,
                double saturation,
                double brightness)
```

❑ hue：色相。

❑ saturation：饱和度。取值范围为 0.0～1.0。

❑ brightness：亮度。取值范围为 0.0～1.0。

❑ opacity：透明度级别。取值范围为 0.0～1.0。

第五种是通过 web()设置颜色，创建一个用 HTML 或 CSS 属性字符串指定的 RGB 颜色。

```
public static Color web(java.lang.String colorString,
                double opacity)
```

或

```
public static Color web(java.lang.String colorString)
```

这种颜色设置方法支持如下所示的格式。

❑ 任何标准的 HTML 颜色名称。

❑ HTML 长或短格式的十六进制字符串，可选十六进制透明度。

❑ RGB（R，G，B）或 RGBA（R，G，B，A）格式字符串。R、G 或 B 的值可以是 0～255 的一个整数，或者是一个浮点数。如果存在 alpha 分量，则浮点值的范围为 0～1。

❑ HSL（H，S，L）或高强度（H，S，L，A）格式字符串。

在表 17-1 中，左侧列表演示了 Web 格式颜色，右侧列表演示了和左侧等效功能的代码。

表 17-1　颜色设置对比

Web 格式颜色	同样的功能
Color.web("orange");	Color.ORANGE
Color.web("0xff668840");	Color.rgb(255, 102, 136, 0.25)
Color.web("0xff6688");	Color.rgb(255, 102, 136, 1.0)
Color.web("#ff6688");	Color.rgb(255, 102, 136, 1.0)
Color.web("#f68");	Color.rgb(255, 102, 136, 1.0)
Color.web("rgb(255,102,136)");	Color.rgb(255, 102, 136, 1.0)
Color.web("rgb(100%,50%,50%)");	Color.rgb(255, 128, 128, 1.0)
Color.web("rgb(255,50%,50%,0.25)");	Color.rgb(255, 128, 128, 0.25)
Color.web("hsl(240,100%,100%)");	Color.hsb(240.0, 1.0, 1.0, 1.0)
Color.web("hsla(120,0%,0%,0.25)");	Color.hsb(120.0, 0.0, 0.0, 0.25)

17.3.2 使用 RGB 方式设置颜色

下面的实例演示了使用 RGB 方式设置颜色的过程。

实例 17-5　使用 RGB 方式设置颜色
源码路径：daima\17\RGB.java

实例文件 RGB.java 的主要实现代码如下所示。

```
public class RGB extends Application {
    public static void main(String[] args) {
        Application.launch(args);
    }
    @Override
    public void start(Stage primaryStage) {
        primaryStage.setTitle("Drawing Text");
        Group root = new Group();
        Scene scene = new Scene(root, 300,
        250, Color.WHITE);   //白色的矩形区域
        int x = 100;
    //定位x坐标
        int y = 100;                                    //定位y坐标
        int red = 30;                                   //红色值
        int green = 40;                                 //绿色值
        int blue = 50;                                  //蓝色值
        Text text = new Text(x, y, "JavaFX 2.0");       //创建显示的文本对象text
        text.setFill(Color.rgb(red, green, blue, .99)); //填充颜色
        text.setRotate(60);                             //旋转文本60°
        root.getChildren().add(text);                   //添加文本
        primaryStage.setScene(scene);
        primaryStage.show();
    }
}
```

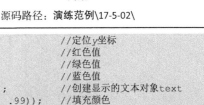

拓展范例及视频二维码

范例 **17-5-01**：在垂直方向
设置 4 个矩形
源码路径：**演练范例\17-5-01**
范例 **17-5-02**：设置 VBox 的
间距
源码路径：**演练范例\17-5-02**

执行结果如图 17-11 所示。

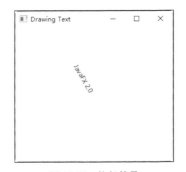

图 17-11　执行结果

17.3.3 使用 Web 方式设置颜色

下面的实例演示了使用 Web 方式设置颜色的过程。

实例 17-6　使用 Web 方式设置颜色
源码路径：daima\17\WEB.java

实例文件 WEB.java 的主要实现代码如下所示。

```
//省略部分代码
public void start(Stage stage) {
    Scene scene = new Scene(new Group());
    stage.setTitle("Label Sample");
    //设置窗体标题
    stage.setWidth(400);      //设置窗体宽度
    stage.setHeight(180);     //设置窗体高度
    HBox hbox = new HBox();
```

拓展范例及视频二维码

范例 **17-6-01**：使用 RGB 颜色
源码路径：**演练范例\17-6-01**
范例 **17-6-02**：使用颜色的名称
源码路径：**演练范例\17-6-02**

```
//添加文字
Label label1 = new Label("使用Web方式设置颜色，设置的颜色是：#0076a3");
label1.setTextFill(Color.web("#0076a3"));        //设置文字颜色
hbox.setSpacing(10);                             //设置上下间距
hbox.getChildren().add((label1));                //将文字放在窗体中
((Group) scene.getRoot()).getChildren().add(hbox);
stage.setScene(scene);
stage.show();
}
```

执行结果如图 17-12 所示。

图 17-12　执行结果

17.4　绘　制　文　字

在 JavaFX 框架中，我们可以使用 Text 包中的类在窗体中绘制文本，Text 包的位置是 javafx.scene.text。text 包主要有 Text 和 Font 两个类，本节将详细讲解这两个类的使用方法。

17.4.1　Text 包概述

1. Text 类的方法

在 JavaFX 框架中，文本类 Text 的具体结构如下所示：

```
java.lang.Object
        javafx.scene.Node
                javafx.scene.shape.Shape
                        javafx.scene.text.Text
```

javafx.scene.text.Text 类的常用方法如下所示。

❑ public final void setText（java.lang.String value）：用于设置属性文本值，默认值为空。

❑ public final java.lang.String getText()：用于获取属性文本值，默认值为空。

❑ public final StringProperty textProperty()：定义要显示的字符串文本，默认值为空。

❑ public final void setX(double value)：用于设置文本原点的 x 坐标，默认值为零。

❑ public final double getX()：用于获取文本原点的 x 坐标，默认值为零。

❑ public final void setY（double value）：用于设置文本原点的 y 坐标，默认值为零。

❑ public final double getY()：用于获取文本原点的 y 坐标，默认值为零。

❑ public final void setFont（Font value）：设置显示文本的字体。

❑ public final void setTextAlignment（TextAlignment value）：用于设置文本的水平对齐方式。

2. Font 类的方法

在 JavaFX 框架中，类 Font 的具体结构如下所示：

```
java.lang.Object
    javafx.scene.text.Font
```

在 Java 程序中，可以使用类 javafx.scene.text.Font 创建一个指定的字体。Font 实例可以用本身的构造方法或者静态方法来构建，也可以用本身的名字、字体粗细、字体形态和大小来描述，例如 Times、Courier 和 Arial 是字体名字的示例。可以通过调用静态方法 getFamilies() 获得一个可用的字体名字列表。List 是一个为列表定义通用方法的接口，ArrayList 是 List 的具体实现。字体形态是 FontPosture.ITALIC 和 FontPosture.REGULAR 两个常量。

类 javafx.scene.text.Font 中的常用方法如下所示。

❑ public static Font getDefault()：获取默认字体。

❑ public static java.util.List<java.lang.String> getFontNames()：获取所有安装在当前用户系统中的字体名称，包括所有的字体。

❑ public static Font font（java.lang.String family，FontWeight weight，FontPosture posture，double size）：搜索字体系统，返回一个指定格式的字体。注意，该方法并一定会返回一个具体的字体。

> ❑ family：字体系列。它和 CSS 中的字体系列是一样的。
>
> ❑ weight：字体粗细。它和 CSS 中的字体粗细一样。
>
> ❑ posture：设置字体的姿势，例如斜体。
>
> ❑ size：设置字体的大小，如果设置的值小于 0 则使用默认大小。

❑ public final java.lang.String getName()：用于获取字体的全名。

17.4.2 绘制指定样式的文本

下面的实例代码演示了在窗体中绘制指定样式文本的过程。

实例 17-7 绘制指定样式的文本
源码路径：daima\17\Zi.java

实例文件 Zi.java 的主要实现代码如下所示。

```java
public void start(Stage primaryStage) {
    primaryStage.setTitle("");
    Group root = new Group();
    Scene scene = new Scene(root, 300, 250,
    Color.WHITE);            //设置窗体大小
    Group g = new Group(); //创建Group对象g
    Text t = new Text();     //创建文本对象text
    t.setCache(true);
    t.setX(10.0);            //设置文本的起始位置的x坐标
    t.setY(70.0);            //设置文本的起始位置的y坐标
    t.setFill(Color.RED);    //设置文本的颜色
    t.setText("JavaFX");     //设置文本的内容
    t.setFont(Font.font("Courier New",
    FontWeight.BOLD, 32));   //分别设置文本的字体、粗细和大小
    g.getChildren().add(t);//将文本对象添加到Group对象g
    root.getChildren().add(g);
    primaryStage.setScene(scene);
    primaryStage.show();
}
```

拓展范例及视频二维码

范例 **17-7-01**：旋转显示的文字
源码路径：**演练范例\17-7-01**

范例 **17-7-02**：设置文字的字体
源码路径：**演练范例\17-7-02**

执行结果如图 17-13 所示。

```
JavaFX
```

图 17-13 执行结果

17.5　绘　制　形　状

在 JavaFX 框架中,可以使用 Shape 类在窗体场景中绘制线条、圆、椭圆等形状。Shape 类是一个抽象基类,定义了所有形状的共同属性。这些属性有 fill、stroke、strokeWidth。其中 fill 属性指定填充形状内部区域的颜色,Stroke 属性指定形状边缘的颜色,strokeWidth 属性用于指定形状边缘的宽度。本节将详细讲解使用 Shape 类绘制各种形状的过程。

 知识点讲解:

17.5.1　使用 Line 绘制线条

在 JavaFX 框架中,使用类 javafx.scene.shape.Line 可以绘制线条。当使用 Line 在窗体中执行绘制操作时,需要使用屏幕坐标空间(系统)来渲染线条。屏幕坐标系将(0,0)放在左上角,x 坐标沿着 x 轴移动。当从上到下移动点时,y 坐标值随之增加。

在 JavaFX 应用中,场景图形对象(如线,圆和矩形)是 Shape 类的派生类。所有形状对象可以在两个成形区域之间执行几何操作,例如减法、相交和并集。要在 JavaFX 窗体中绘制线条,需要用到 javafx.scene.shape.Line 类。

要想在 Java 程序中创建一个 Line 对象,需要指定一个起始坐标和一个结束坐标。在创建线条节点时,可以通过如下两种方法来设置起点和终点。

(1)使用具有参数 startX,startY,endX 和 endY 的构造函数。所有参数的数据类型均为 double。下面的代码使用构造函数创建了一个起点为(100,10)和终点(10,110)的线条。

```
Line line = new Line(100, 10,  10,   110);
```

(2)使用空构造函数来实例化一个 Line 类,然后使用 setter()方法设置每个属性。例如下面的代码创建了一个线条对象,并且使用 setter()方法设置了线条的起点和终点。

```
Line line = new Line();
line.setStartX(100);
line.setStartY(10);
line.setEndX(10);
line.setEndY(110);
```

在窗体场景图上绘制的线条节点默认的笔触宽度为 1.0 和笔触颜色为黑色,如果所有形状的笔触颜色均为 null,则表示除了 Line、Polyline 和 Path 节点之外没有任何颜色。

在 JavaFX 框架中,要想创建不同类型的线条,可以设置其继承父类 javafx.scene.shape.Shape 的属性。表 17-2 显示了可以在一个线条上设置的属性。

表 17-2　可以在线条上设置的属性

属性	数据类型/说明
fill	javafx.scene.paint.Paint：用于填充形状内的颜色
smooth	Boolean：默认是 true,表示打开反锯齿；false 表示关闭反锯齿
strokeDashOffset	Double：将距离设置为虚线模式
strokeLineCap	javafx.scene.shape.StrokeLineCap：在线或路径的末尾设置帽样式,有如下 3 种风格： ❑　StrokeLineCap.BUTT ❑　StrokeLineCap.ROUND ❑　StrokeLineCap.SQUARE
strokeLineJoin	javafx.scene.shape.StrokeLineJoin：当线条相遇时设置装饰,有如下 3 种类型： ❑　StrokeLineJoin.MITER ❑　StrokeLineJoin.BEVEL ❑　StrokeLineJoin.ROUND

续表

属性	数据类型/说明
strokeMiterLimit	Double：设置斜角连接的限制以及斜角连接装饰 StrokeLineJoin.MITER
stroke	javafx.scene.paint.Paint：设置形状线条的颜色
strokeType	javafx.scene.shape.StrokeType：设置 Shape 节点的周围描边的位置，有如下 3 种类型： ❑ StrokeType.CENTERED ❑ StrokeType.INSIDE ❑ StrokeType.OUTSIDE
strokeWidth	Double：设置线的宽度

类 javafx.scene.shape.Line 中常用的方法和属性如下所示。

❑ 属性 startX：起点的 x 坐标。
❑ 属性 startY：起点的 y 坐标。
❑ 属性 endX：终点的 x 坐标。
❑ 属性 endY：终点的 y 坐标。
❑ 方法 public Line()：创建一个空的 Line 对象。
❑ 方法 public Line（double startX，double startY，double endX，double endY）：使用指定起点和终点绘制一个 Line 对象。

实例 17-8 使用 Line 绘制直线
源码路径：daima\17\HLine.java

实例文件 HLine.java 的主要实现代码如下所示。

```
public void start(Stage stage) {
    VBox box = new VBox();
    final Scene scene = new Scene(box,300, 250);   //窗体大小
    scene.setFill(null);
    Line line = new Line(); //绘制线条
    line.setStartX(0.0f); //起始X坐标
    line.setStartY(0.0f); //起始Y坐标
    line.setEndX(100.0f); //终点X坐标
    line.setEndY(100.0f); //终点Y坐标
    box.getChildren().add(line);
    stage.setScene(scene);
    //使用setter方法设置开始和结束坐标
    stage.show();
}
```

拓展范例及视频二维码

范例 **17-8-01**：实现文字特效
源码路径：**演练范例\17-8-01**
范例 **17-8-02**：实现文本反射效果
源码路径：**演练范例\17-8-02**

行①定义一个名为 LinePane 的自定义面板类。

行②③在自定义面板类创中创建两条直线，并将直线的起点和终点与面板的宽度和高度绑定。当调整面板大小的时候，直线上两个点的位置也会发生相应的变化。执行结果如图 17-14 所示。

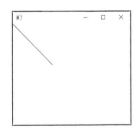

图 17-14　执行结果

17.5.2　使用 Rectangle 绘制矩形

在 JavaFX 框架中，使用类 javafx.scene.shape.Rectangle 来绘制矩形。这通过参数 x、y、width、 height、arcWidth 以及 arcHeight 属性进行定义。矩形的左上角点处于 (x, y)，参数 aw（arcWidth）表示圆角处弧的水平直径，ah（arcHeight）表示圆角处弧的垂直直径。

类 javafx.scene.shape.Line 中常用的方法和属性如下所示。

❑ 属性 x：矩形左上角的 x 坐标（默认值为 0）。

❑ 属性 y：矩形左上角的 y 坐标（默认值为 0）。

❑ 属性 width：矩形的宽度（默认值为 0）。

❑ 属性 height：矩形的高度（默认值为 0）。

❑ 属性 arcWidth：矩形的 arcWidth 值（默认值为 0），arcWidth 是圆角处圆弧的水平直径。

❑ 属性 arcHeight：矩形的 arcHeight 值（默认值为 0），arcHeight 是圆角外圆弧的垂直直径。

❑ 方法 public Rectangle()：创建一个空的矩形对象。

❑ 方法 public Rectangle（double width,double height）：使用给定位置的左上角和宽度、高度创建一个矩形对象。

下面的实例程序创建了多个矩形，因为默认的填充颜色是黑色，所以矩形填充为黑色。画笔的默认颜色是白色。

实例 17-9　　绘制多个样式的矩形
源码路径：daima\17\LRectangle.java

实例文件 LRectangle.java 的主要实现代码如下所示。

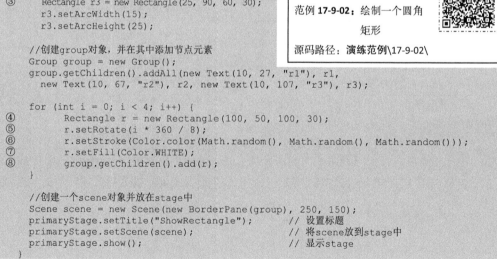

拓展范例及视频二维码

范例 **17-9-01**：绘制一个基本的
矩形
源码路径：**演练范例\17-9-01**
范例 **17-9-02**：绘制一个圆角
矩形
源码路径：**演练范例\17-9-02**

```java
public void start(Stage primaryStage) {
    // 创建Rectangle对象
①   Rectangle r1 = new Rectangle(25, 10, 60, 30);
    r1.setStroke(Color.BLACK);
    r1.setFill(Color.WHITE);
②   Rectangle r2 = new Rectangle(25, 50, 60, 30);
③   Rectangle r3 = new Rectangle(25, 90, 60, 30);
    r3.setArcWidth(15);
    r3.setArcHeight(25);

    //创建group对象，并在其中添加节点元素
    Group group = new Group();
    group.getChildren().addAll(new Text(10, 27, "r1"), r1,
      new Text(10, 67, "r2"), r2, new Text(10, 107, "r3"), r3);

    for (int i = 0; i < 4; i++) {
④       Rectangle r = new Rectangle(100, 50, 100, 30);
⑤       r.setRotate(i * 360 / 8);
⑥       r.setStroke(Color.color(Math.random(), Math.random(), Math.random()));
⑦       r.setFill(Color.WHITE);
⑧       group.getChildren().add(r);
    }

    //创建一个scene对象并放在stage中
    Scene scene = new Scene(new BorderPane(group), 250, 150);
    primaryStage.setTitle("ShowRectangle");        // 设置标题
    primaryStage.setScene(scene);                  // 将scene放到stage中
    primaryStage.show();                           // 显示stage
}
```

在行①中，创建第一个矩形对象 $r1$，设置矩形 $r1$ 的线条颜色为黑色。

在行②中，创建第二个矩形对象 $r2$。由于没有设置矩形 $r2$ 的线条颜色，所以默认为白色。

在行③中，创建第三个矩形对象 $r3$，并设置它的弧宽度和高度（下面的两行代码）。这样 $r3$ 显示为一个圆角矩形。

在行④中，使用 for 循环程序创建一个矩形。

在行⑤中，旋转将 for 循环创建的矩形。

在行⑥中，将 for 循环创建的矩形设置为随机的线条颜色。

在行⑦中，将 for 循环创建的矩形的填充颜色设置为白色。如果这行代码由"r.setFill（null），"所替代，那么矩形将不会填充颜色。

在行⑧中，将 for 循环创建的矩形添加到面板上。执行结果如图 17-15 所示。

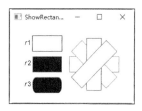

图 17-15　执行结果

17.5.3　使用 Circle 绘制圆

在 JavaFX 框架中，使用类 javafx.scene.shape.Circle 来绘制圆形。一个圆由参数 centerX、centerY 以及 radius 来定义。Circle 类的常用属性和方法如下所示。

❑ 属性 centerX：圆心的 x 坐标，默认为 0。
❑ 属性 centerY：圆心的 y 坐标，默认为 0。
❑ 属性 radius：圆的半径，默认为 0。
❑ 属性 fill：圆指定的填充颜色。
❑ 方法 public Circle（double radius）：创建一个指定半径的 Circle 对象。
❑ public Circle（double radius，Paint fill）：创建一个指定半径和填充色的 Circle 对象。
❑ public Circle()：创建一个空的 Circle 对象。
❑ public Circle（double centerX，double centerY，double radius）：在指定位置创建一个指定半径的 Circle 对象。
❑ public Circle（double centerX，double centerY，double radius，Paint fill）：在指定位置创建一个指定半径和填充色的 Circle 对象。

实例 17-10　使用 Circle 绘制圆

源码路径：daima\17\ControlCircle.java

实例文件 ControlCircle.java 的主要实现代码如下所示。

```java
public void start(Stage primaryStage) {
    StackPane pane = new StackPane();
    Circle circle = new Circle(50);
    //绘制一个圆，其半径是50
    circle.setStroke(Color.BLACK);
    //设置圆的线条颜色是黑色
    circle.setFill(Color.WHITE);
    //设置圆的填充颜色是白色
    pane.getChildren().add(circle);
    HBox hBox = new HBox();
    //创建HBox布局对象hBox
    hBox.setSpacing(10);    //设置hBox的边距
    hBox.setAlignment(Pos.CENTER);
    //设置元素居中对齐
    Button btEnlarge = new Button("Enlarge");    //创建按钮对象btEnlarge
    Button btShrink = new Button("Shrink");      //创建按钮对象btShrink
    hBox.getChildren().add(btEnlarge);           //将按钮btEnlarge添加到hBox
    hBox.getChildren().add(btShrink);            //将按钮btShrink添加到hBox
    BorderPane borderPane = new BorderPane();    //创建BorderPane对象borderPane
    borderPane.setCenter(pane);                  //设置borderPane居中显示
    borderPane.setBottom(hBox);
    BorderPane.setAlignment(hBox, Pos.CENTER);   //设置BorderPane对象居中显示
    Scene scene = new Scene(borderPane,200,150); //创建指定大小的Scene
    primaryStage.setTitle("ControlCircle");      //设置窗体标题
    primaryStage.setScene(scene);
    primaryStage.show();                         //显示窗体
}
```

拓展范例及视频二维码

范例 **17-10-01**：绘制一个指定的圆形

源码路径：**演练范例\17-10-01**

范例 **17-10-02**：绘制一个阴影圆形

源码路径：**演练范例\17-10-02**

执行结果如图 17-16 所示。

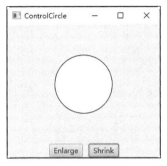

图 17-16　执行结果

17.5.4　使用 Ellipse 绘制椭圆

在 JavaFX 框架中，使用类 javafx.scene.shape.Ellipse 来绘制椭圆。一个椭圆由参数 centerX、centerY、radiusX 和 radiusY 进行定义，Ellipse 类的常用属性和方法如下所示。

❑ 属性 centerX：椭圆圆心的 x 坐标，默认为 0。
❑ 属性 centerY：椭圆圆心的 y 坐标，默认为 0。
❑ 属性 radiusX：椭圆的水平半径，默认为 0。
❑ 属性 radiusY：椭圆的垂直半径，默认为 0。
❑ 属性 fill：圆指定的填充颜色
❑ 方法 public Ellipse()：创建一个空的实例 Ellipse。
❑ 方法 public Ellipse（double centerX，double centerY，double radiusX，double radiusY）：创建一个指定大小和位置的实例 Ellipse。

实例 17-11　使用 Ellipse 绘制指定样式的椭圆
源码路径：daima\17\LEllipse.java

实例文件 LEllipse.java 的主要实现代码如下所示。

```
public void start(Stage primaryStage) {
    // 创建一个scene对象并放在stage中
    Scene scene = new Scene(new MyEllipse(), 300, 200);
    primaryStage.setTitle("ShowEllipse");        //设置标题
    primaryStage.setScene(scene);//将scene放到stage中
    primaryStage.show();            //显示stage
}
public static void main(String[] args) {
    launch(args);
}
}
class MyEllipse extends Pane {
    private void paint() {
        getChildren().clear();
①      for (int i = 0; i < 16; i++) {
            // 创建一个椭圆对象，并添加到pane中
②          Ellipse e1 = new Ellipse(getWidth() / 2, getHeight() / 2, getWidth()/ 2 - 50,
            getHeight() / 2 - 50);
③          e1.setStroke(Color.color(Math.random(), Math.random(),Math.random()));
④          e1.setFill(Color.WHITE);
⑤          e1.setRotate(i * 180 / 16);
            getChildren().add(e1);
        }
    }

    @Override
    public void setWidth(double width) {                //覆盖方法，重新设置宽度
        super.setWidth(width);
        paint();
    }
```

拓展范例及视频二维码

范例 **17-11-01**：绘制一个
　　　　　　基本的椭圆
源码路径：**演练范例\17-11-01**
范例 **17-11-02**：使用 HSB 颜色
源码路径：**演练范例\17-11-02**

```
@Override
public void setHeight(double height) {              //覆盖方法，重新设置高度
  super.setHeight(height);
  paint();
}
```

在行①中，使用 for 循环创建椭圆。

在行②中，创建椭圆对象 e1，并设置椭圆的高度和宽度。

在行③中，给椭圆对象 e1 设置随机的线条颜色。

在行④中，设置椭圆对象 e1 的填充颜色为白色。

在行⑤中，旋转椭圆对象 e1，并在下一行代码中将椭圆添加到面板中。执行结果如图 17-17 所示。

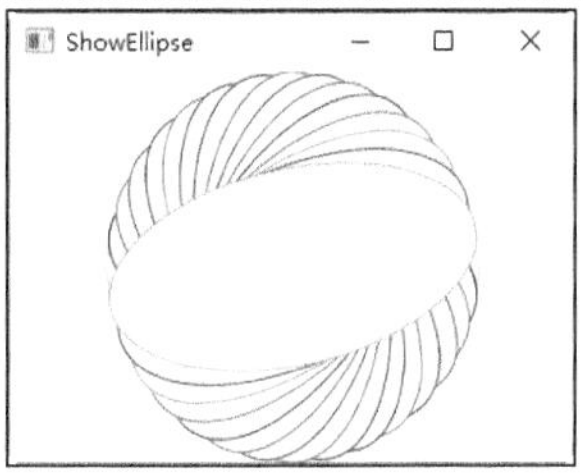

图 17-17　执行结果

17.5.5　使用 Arc 绘制圆弧

在 JavaFX 框架中，使用类 javafx.scene.shape.Arc 可绘制一个圆弧。一段弧可以看作椭圆的一部分，由参数 centerX、center、radiusX、radiusY、startAngle、length 以及一个圆弧类型（ArcType.OPEN、ArcType.CHORD 或者 ArcType.ROUND）来确定。其中参数 startAngle 是圆弧起始角度，length 是跨度（即圆弧所覆盖的角度）。角度使用度作为单位，并且遵循通常的数学约定（即 00 代表最东的方向，正角度表示从最东方向开始顺时针旋转的角度）。

圆弧类 Arc 的常用属性和方法如下所示。

❏ 属性 centerX：圆弧圆心的 x 坐标，默认为 0。

❏ 属性 centerY：圆弧圆心的 y 坐标，默认为 0。

❏ 属性 radiusX：圆弧的水平半径，默认为 0。

❏ 属性 radiusY：圆弧的垂直半径，默认为 0。

❏ 属性 startAngle：圆弧的起始角度，以度为单位。

❏ 属性 length：圆弧的角度范围，以度为单位。

❏ 属性 type：圆弧的闭合类型，其取值有 ArcType.OPEN、ArcType.CHORD 和 ArcType.ROUND。

❏ 方法 public Arc()：创建一条空的圆弧对象 Arc。

❏ 方法 public Arc（double centerX，double centerY，double radiusX，double radiusY，double startAngle，double length）：使用给定参数创建一条圆弧对象 Arc。

实例 17-12　使用 Arc 绘制圆弧

源码路径：daima\17\LArc.java

实例文件 LArc.java 的主要实现代码如下所示。

拓展范例及视频二维码

范例 **17-12-01**：绘制一个指定的圆弧

源码路径：**演练范例\17-12-01**

范例 **17-12-02**：绘制一个指定的圆形

源码路径：**演练范例\17-12-02**

```
public class LArc extends Application {
  @Override
  public void start(Stage primaryStage) {
①      Arc arc1 = new Arc(150, 100, 80, 80, 30, 35);
        //创建圆弧对象arc1
        arc1.setFill(Color.RED);
        //设置填充颜色
        arc1.setType(ArcType.ROUND);
        //设置圆弧类型为ArcType.ROUND

②      Arc arc2 = new Arc(150, 100, 80, 80, 30 + 90, 35);
        arc2.setFill(Color.WHITE);           //白色填充颜色
        arc2.setType(ArcType.OPEN);          //圆弧类型
        arc2.setStroke(Color.BLACK);         //线条颜色是黑色

③      Arc arc3 = new Arc(150, 100, 80, 80, 30 + 180, 35);
        arc3.setFill(Color.WHITE);
```

```
          arc3.setType(ArcType.CHORD);
          arc3.setStroke(Color.BLACK);

④         Arc arc4 = new Arc(150, 100, 80, 80, 30 + 270, 35);
          arc4.setFill(Color.GREEN);
          arc4.setType(ArcType.CHORD);
          arc4.setStroke(Color.BLACK);

       // 创建group和节点p
⑤      Group group = new Group();
          group.getChildren().addAll(new Text(210, 40, "arc1: round"),
            arc1, new Text(20, 40, "arc2: open"), arc2,
            new Text(20, 170, "arc3: chord"), arc3,
            new Text(210, 170, "arc4: chord"), arc4);

       //创建scene对象并放在stage中
       Scene scene = new Scene(new BorderPane(group), 300, 200);
       primaryStage.setTitle("ShowArc");              //设置标题
       primaryStage.setScene(scene);
       primaryStage.show();                           //显示窗体
    }
```

在行①中，创建第一条圆弧 arc1。设置其中心位于（150，100）处，radiusX 等于 80，radiusY 等于 80，起始角度是 30°，length 等于 35。因为 arc1 的填充颜色是红色，所以 arc1 显示为红色填充。

在行②中，创建第二条圆弧 arc2。设置其中心位于（150，100）处，radiusX 等于 80，radiusY 等于 80，起始角度是 30°+90°，length 等于 35。设置圆弧类型是 ArcType.OPEN，设置填充颜色为白色，设置线条颜色是黑色。

在行③中，创建第三条弧 arc3。设置其中心位于（150，100）处，设置 radiusX 等于 80，radiusY 等于 80，起始角度是 30°+180°，length 等于 35，arc3 的弧类型为 ArcType.CHORD。由于 arc3 的填充颜色是白色，线条颜色是黑色，所以 arc3 显示为一条黑色轮廓的弦。圆弧角度可以是负数。一个负的起始角度表示从最右侧方向顺时针旋转一个角度，一个负的跨度角度表示从起始角度开始顺时针旋转一个角度。下面的代码定义了同样一条弧。

```
       new Arc(x,y,radiusX, radiusY, -30, -20);
       new Arc(x,y,radiusX, radiusY,-50, 20);
```

在上述代码中，第 1 条代码语句使用负的起始角-30°，以及负的跨度角度-20°。第 2 条代码使用负的起始角度-50°，以及正的跨度角度 20°。

在行④中，创建第四条弧 arc4。设置其中心位于（150，100）处，设置 radiusX 等于 80，radiusY 等于 80，起始角度是 30°+270°，length 等于 35，arc3 的弧类型为 ArcType.CHORD。弧 arc4 使用绿色填充颜色，线条颜色是黑色。

在行⑤中，在指定位置绘制文本，最终的执行结果如图 17-18 所示。

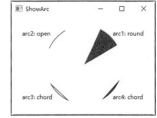

图 17-18　执行结果

17.5.6　使用 Polygon 绘制多边形

在 JavaFX 框架中，使用类 javafx.scene.shape.Polygon 可绘制一个多边形。绘制多边形类 Polygon 的常用属性和方法如下所示。

❑ public Polygon()：创建一个空的多边形实例 Polygon。

❑ public Polygon（double... points）：创建一个指定边数的多边形实例 Polygon。

实例 17-13	使用 Polygon 绘制多边形

源码路径：daima\17\LPolygon.java

实例文件 LPolygon.java 的主要实现代码如下所示。

```
public class LPolygon extends Application {
  @Override
  public void start(Stage primaryStage) {
    //创建一个scene对象
    Scene scene = new Scene(new MyPolygon(), 400, 400);
    primaryStage.setTitle("ShowPolygon");          //设置stage标题
    primaryStage.setScene(scene);                  //将scene对象放到stage中
    primaryStage.show();                           //显示stage对象
  }
  public static void main(String[] args) {
    launch(args);
  }
}

class MyPolygon extends Pane {
  private void paint() {
    //创建一个polygon对象，并将其放到pane中
①    Polygon polygon = new Polygon();
     polygon.setFill(Color.WHITE);
     polygon.setStroke(Color.BLACK);
②    ObservableList<Double> list = polygon.getPoints();

     double centerX = getWidth() / 2, centerY = getHeight() / 2;
     double radius = Math.min(getWidth(), getHeight()) * 0.4;

     //添加点到多边形列表
③    for (int i = 0; i < 6; i++) {
④      list.add(centerX + radius * Math.cos(2 * i * Math.PI / 6));
⑤      list.add(centerY - radius * Math.sin(2 * i * Math.PI / 6));
     }
     getChildren().clear();                //清空资源
     getChildren().add(polygon);
  }
}
```

┌─────────────────────────────────────┐
│ ──── **拓展范例及视频二维码** ──── │
│ 范例 **17-13-01**：绘制一个   │
│   多边形   │
│ 源码路径：**演练范例\17-13-01**   │
│ 范例 **17-13-02**：绘制多种图形   │
│ 源码路径：**演练范例\17-13-02**   │
└─────────────────────────────────────┘

在行①中，创建了一个多边形对象，并将其加入到面板中。

在行②中，使用Polygon.getPoints()方法返回一个Observable List<Double>。

在行③中，使用for循环添加6个点到多边形中，每个点由其 x 和 y 坐标来表示。在行④中将对于每个点的 x 坐标添加到多边形的列表中，在行⑤中将它的 y 坐标添加到多边形的列表中。

在行④⑤中，通过列表对象中的方法 add()将一个元素添加到列表中。读者需要注意，传递给 add（value）的值必须是 double 类型的。如果传递的是一个 int 类型的值，那么这个值将会自动装箱成一个 Integer。这样会触发错误，因为 ObservableList<Double>由 Double 类型的元素组成。最终的执行结果如图 17-19 所示。

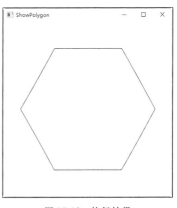

图 17-19　执行结果

17.5.7　使用 Polyline 绘制折线

在 JavaFX 框架中，使用类 javafx.scene.shape.Polyline 可绘制一个折线。Polyline 类的使用方法和 Polygon 的基本一样，不同之处是 Polyline 中的起点和终点不会连接起来。绘制折线类 Polyline 的常用属性和方法如下所示。

❑　public Polyline()：创建一个空的折线实例 Polyline。

❑　public Polyline（double... points）：创建一个指定边数的折线实例 Polyline。

实例 17-14　使用 Polyline 绘制折线
源码路径：daima\17\LPolyline.java

实例文件 LPolyline.java 的主要实现代码如下所示。

```
public void start(Stage stage) {
  Group root = new Group();
  Scene scene = new Scene(root, 260, 80);          //创建指定大小的scene对象
  stage.setScene(scene);
  Group g = new Group();
  Polyline polyline = new Polyline();
  //创建折线对象polyline
① polyline.getPoints().addAll(new Double[]{
      0.0, 0.0,
      20.0, 10.0,
      10.0, 20.0 });
  g.getChildren().add(polyline);
  scene.setRoot(g);
  stage.show();                                    //显示窗体内容
}
```

拓展范例及视频二维码

范例 **17-14-01**：绘制一个折线
源码路径：**演练范例\17-14-01**
范例 **17-14-02**：绘制多种图形
源码路径：**演练范例\17-14-02**

在行①中，分别设置 3 个点的 x 坐标和 y 坐标，然后利用这 3 个点绘制折线。执行后的结果如图 17-20 所示。

图 17-20　执行结果

17.5.8　使用 CubicCurve 绘制三次曲线

在 JavaFX 框架中，可以使用类 javafx.scene.shape.CubicCurve 绘制三次曲线。类 CubicCurve 中的常用属性和方法如下所示。

- ❑ startX：定义三次曲线段起始点的 x 坐标，默认值是 0.0。
- ❑ startY：定义三次曲线段起始点的 y 坐标，默认值是 0.0。
- ❑ endX：定义三次曲线段结束点的 x 坐标，默认值是 0.0。
- ❑ endY：定义三次曲线段结束点的 y 坐标，默认值是 0.0。
- ❑ controlX1：定义三次曲线段第一控制点的 x 坐标，默认值是 0.0。
- ❑ controlY1：定义三次曲线段第一控制点的 y 坐标，默认值是 0.0。
- ❑ controlX2：定义三次曲线段第二控制点的 x 坐标，默认值是 0.0。
- ❑ controlY2：定义三次曲线段第二控制点的 y 坐标，默认值是 0.0。
- ❑ public CubicCurve()：创建一个空的 CubicCurve 实例。
- ❑ public CubicCurve（double startX，double startY，double controlX1，double controlY1，double controlX2，double controlY2，double endX，double endY）：根据属性参数创建一个 CubicCurve 实例。

实例 17-15　使用 CubicCurve 绘制三次曲线
源码路径：daima\17\CubicCurve1.java

实例文件 CubicCurve1.java 的主要实现代码如下所示。

```
public void start(Stage stage) {
  stage.setTitle("ComboBoxSample");                  //设置标题
  Scene scene = new Scene(new Group(), 450, 250);    //设置窗体区域大小
  CubicCurve cubic = new CubicCurve();               //创建三次曲线对象
  cubic.setStartX(0.0f);                             //设置三次曲线起点的x坐标
  cubic.setStartY(50.0f);                            //设置三次曲线起点的y坐标
  cubic.setControlX1(25.0f);                         //设置三次曲线第一控制点的x坐标
  cubic.setControlY1(0.0f);                          //设置三次曲线第一控制点的y坐标
  cubic.setControlX2(75.0f);                         //设置三次曲线第二控制点的x坐标
  cubic.setControlY2(100.0f);                        //设置三次曲线第二控制点的y坐标
```

```
    cubic.setEndX(100.0f);
    //设置三次曲线结束点的x坐标
    cubic.setEndY(50.0f);
    //设置三次曲线结束点的y坐标
    Group root = (Group) scene.getRoot();
    root.getChildren().add(cubic);
    stage.setScene(scene);
    stage.show();
}
```

拓展范例及视频二维码

范例 **17-15-01**：绘制一个曲线

源码路径：**演练范例**\17-15-01\

范例 **17-15-02**：绘制多中形状

源码路径：**演练范例**\17-15-02\

执行的后效果如图 17-21 所示。

图 17-21　执行结果

17.5.9　使用 QuadCurve 绘制二次曲线

在 JavaFX 框架中，可以使用类 javafx.scene.shape.QuadCurve 绘制二次曲线。和类 CubicCurve 相比，类 QuadCurve 中只有两个控制点。类 QuadCurve 中的常用属性和方法如下所示。

- ❑ startX：定义二次曲线段起始点的 x 坐标，默认值是 0.0。
- ❑ startY：定义二次曲线段起始点的 y 坐标，默认值是 0.0。
- ❑ endX：定义二次曲线段结束点的 x 坐标，默认值是 0.0。
- ❑ endY：定义二次曲线段结束点的 y 坐标，默认值是 0.0。
- ❑ controlX：定义二次曲线段第一控制点的 x 坐标，默认值是 0.0。
- ❑ controlY：定义二次曲线段第一控制点的 y 坐标，默认值是 0.0。
- ❑ public QuadCurve()：创建一个空的 QuadCurve 实例。
- ❑ public QuadCurve（double startX，double startY，double controlX，double controlY，double endX，double endY）：根据属性参数值创建一个 QuadCurve 实例。

实例 17-16　使用 QuadCurve 绘制二次曲线

源码路径：daima\17\LQuadCurve.java

实例文件 LQuadCurve.java 的主要实现代码如下所示。

```
public void start(Stage stage) {
    Group root = new Group();
    Scene scene = new Scene(root, 500, 350);
    //设置窗体区域大小
    stage.setScene(scene);
    stage.setTitle("二次曲线啊");
    QuadCurve quad = new QuadCurve();
    //创建二次曲线对象
    quad.setStartX(0.0f);
    //开始依次设置二次曲线的6个参数
    quad.setStartY(50.0f);
    quad.setEndX(400.0f);
    quad.setEndY(200.0f);
    quad.setControlX(125.0f);
    quad.setControlY(0.0f);
    root.getChildren().add(quad);
    scene.setRoot(root);
    stage.show();
}
```

拓展范例及视频二维码

范例 **17-16-01**：绘制二次曲线

源码路径：**演练范例**\17-16-01\

范例 **17-16-02**：实现基本用户

交互

源码路径：**演练范例**\17-16-02\

执行后的效果如图 17-22 所示。

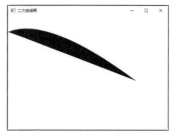

图 17-22　执行结果

17.6　显 示 图 像

在 JavaFX 框架中，可以使用 image 包中的类在窗体场景中显示图像。在现实应用中，我们最常用的类主要有 Image 和 ImageView。本节将详细讲解它们的使用方法。

 知识点讲解：

17.6.1　使用 Image 显示图像

在 JavaFX 框架中，类 javafx.scene.image.Image 表示一个图像，从一个特定文件名或者 URL 地址中载入一个图像。下面代码的功能是使用当前程序文件中 image 目录下的 us.gif 图像文件创建一个 Image 对象。

```
new Image ("image/us.gif")
```

下面代码的功能是使用 Web 中相应 URL 地址的图像文件创建一个 Image 对象。

```
new Image("http://www.c s.armstrong.edu/liang/")
```

类 javafx.scene.image.Image 中常用的属性和方法如下所示。

- ❑ 属性 error：显示图像是否正确载入，默认值是 false。
- ❑ 属性 height：图像的高度。
- ❑ 属性 width：图像的宽度。
- ❑ 属性 progress：已经完成图像载入的大致百分比。
- ❑ 方法 public Image（java.lang.String url）：创建一个内容来自 URL 地址的 Image 对象。
- ❑ 方法 public Image（java.lang.String url，boolean backgroundLoading）：使用指定参数创建一个 Image 对象，其中参数 url 表示图像的 URL 地址，参数 backgroundLoading 表示是否加载图像的背景。
- ❑ 方法 public Image（java.lang.String url，double requestedWidth，double requestedHeight，boolean preserveRatio，boolean smooth）：使用指定参数创建一个 Image 对象。其中参数 url 表示图像的 URL 地址，参数 requestedwidth 表示图像边框的宽度，参数 requestedheight 表示图像边框的高度，参数 preserveratio 设置在放入窗体时是否保留原图像的纵横缩放比例，smooth 设置在缩放此图像以适应指定边框时是否使用更好的质量筛选算法或更快的筛选算法从而实现平滑效果。
- ❑ 方法 public Image（java.lang.String url，double requestedWidth，double requestedHeight，boolean preserveRatio，boolean smooth，boolean backgroundLoading）：使用指定参数创建一个 Image 对象，同名参数的含义和前面方法中的相同。
- ❑ 方法 public Image（java.io.InputStream is）：功能是创建一个从指定输入流加载的 Image 图像对象。参数 is 表示将要加载的图像流。

❑ 方法 public Image（java.io.InputStream is，double requestedWidth，double requestedHeight，boolean preserveRatio，boolean smooth）：使用指定参数创建一个 Image 对象，同名参数的含义和前面方法中的相同。

下面的实例加载了一个指定图像，并设置它的宽度为 100，高度为 150，同时保留原来的纵横比，同时使用更快的过滤方法。

实例 17-17 加载设置指定的图像文件
源码路径：daima\17\LImage.java

实例文件 LImage.java 的主要实现代码如下所示。

```java
public void start(Stage primaryStage) {
    //创建一个pane对象
    Pane pane = new HBox(10);
    pane.setPadding(new Insets(5, 5, 5, 5));
    //设置填充边距
    Image image = new Image("123.jpg",100,
    150, false, false);   //新建图像对象image
    pane.getChildren().add(new ImageView(image));
    Scene scene = new Scene(pane);
    primaryStage.setTitle("ShowImage");      //设置标题
    primaryStage.setScene(scene);
    primaryStage.show();                     //显示stage
}
```

拓展范例及视频二维码

范例 **17-17-01**：显示网络图像
源码路径：**演练范例\17-17-01**
范例 **17-17-02**：获取指定坐标
的像素颜色
源码路径：**演练范例\17-17-02**

执行后效果如图 17-23 所示。

图 17-23 执行结果

17.6.2 使用 ImageView 显示图像

在 JavaFX 框架中，类 javafx.scene.image.ImageView 是一个用于显示图像的节点。ImageView 类可以从 Image 对象产生。下面代码的功能是利用一个图像文件创建一个 ImageView 对象。

```java
Image image=new Image("mage/us.gif");
ImageView imageView=new ImageView(image);
```

另外，也可以直接利用一个文件或者 URL 来创建一个 ImageView，例如下面的演示代码。

```java
ImageView imageView=new ImageView("image/us.gif");
```

类 javafx.scene.image.ImageView 中常用的属性和方法如下所示。

❑ 属性 fitHeight：改变图像大小，使之显示有适合高度的边界框。
❑ 属性 fitWidth：改变图像大小，使之显示有适合宽度的边界框。
❑ 属性 preserveratio：在载入窗体时设置是否保留原图像的纵横缩放比例。
❑ 属性 smooth：在缩放此图像以适应指定边框时，设置是否使用更好的质量筛选算法或更快的筛选算法来实现平滑效果。
❑ 属性 viewport：图像的矩形窗口。

- □ 属性 x：ImageView 原点的 x 坐标。
- □ 属性 y：ImageView 原点的 y 坐标。
- □ 方法 public ImageView()：创建一个 ImageView 对象。
- □ 方法 public ImageView（java.lang.String url）：根据 URL 地址创建一个 ImageView 对象。
- □ 方法 public ImageView（Image image）：使用给定的图像分配一个新的 ImageView 对象，参数 image 表示用到的图像。

在下面的实例中，分别使用类 Image 和类 ImageView 在 3 个图像视图中显示同一幅图像。

实例 17-18　**在 3 个图像视图中显示同一幅图像**
源码路径：daima\17\LImageView.java

实例文件 LImageView.java 的主要实现代码如下所示。

```java
public void start(Stage primaryStage) {
    //创建一个pane对象，并放在图像视图中
    Pane pane = new HBox(10);
    pane.setPadding(new Insets(5, 5, 5, 5));
//设置填充边距
    Image image = new Image("123.jpg");
    //新建图像对象image
    pane.getChildren().add(new ImageView(image));
    ImageView imageView2 = new ImageView(image);
//新建第二个图像视图
    imageView2.setFitHeight(100);    //设置高度
    imageView2.setFitWidth(100);     //设置宽度
    pane.getChildren().add(imageView2);
    ImageView imageView3 = new ImageView(image);   //新建第三个图像视图
    imageView3.setRotate(90);                      //旋转图片90°
    pane.getChildren().add(imageView3);
    Scene scene = new Scene(pane);
    primaryStage.setTitle("ShowImage");            //设置标题
    primaryStage.setScene(scene);                  //将创建的scene放在stage中
    primaryStage.show();                           //显示stage
}
```

拓展范例及视频二维码

范例 **17-18-01**：把像素写入
图片中
源码路径：演练范例\17-18-01\
范例 **17-18-02**：使用字节数组
源码路径：演练范例\17-18-02\

执行后的效果如图 17-24 所示。

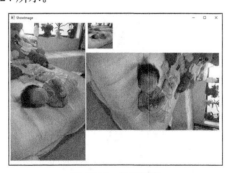

图 17-24　执行结果

17.7　界　面　布　局

在 JavaFX 框架中，可以使用内置的面板类实现界面布局功能，这些类都位于 javafx.scene.layout 包中。JavaFX 提供了多种类型的面板以在一个容器中组织节点，它们可以自动地将节点布局在希望的位置并设置为指定大小。具体来说，在 JavaFX 程序中可以使用表 17-3 所示的面板类实现界面布局功能。

知识点讲解：

表 17-3　面板类实现的界面布局

类	功能
Pane	布局面板的基类，通过内置方法 getChildren()返回面板的节点列表
StackPane	将节点放在面板中央，并且叠加在其他节点之上
FlowPane	将节点以水平方式一行一行地放置，或者以垂直方式一列一列地放置
GirdPane	将节点放在一个二维网格的单元中
BorderPane	将节点放在顶部、右边、底部、左边和中间区域
HBox	将节点放在单行中
VBox	将节点放在单列中

17.7.1　使用 Pane 的画布功能

在 JavaFX 框架中，类 javafx.scene.layout.Pane Pane 是所有特定面板的基类，通常作为显示形状的一个画布。下面的实例在类 javafx.scene.layout.Pane 中绘制了一个圆。

实例 17-19　在类 javafx.scene.layout.Pane 中绘制一个圆
源码路径：daima\17\ShowPane.java

实例文件 ShowPane.java 的主要实现代码如下所示。

```
public void start(Stage primaryStage) {
    //绘制一个圆，并设置其属性
    Circle circle = new Circle();
    //创建Circle对象circle，开始绘制一个圆
    circle.setCenterX(100);
    //设置圆心的x坐标
    circle.setCenterY(100);
    //设置圆心的y坐标
    circle.setRadius(50);
    //设置圆的半径是50
    circle.setStroke(Color.BLACK);
    //设置绘制圆的线条颜色是黑色
    circle.setFill(null);          //设置圆的填充颜色,nuu表示白色
    //创建pane对象，并在里面绘制一个圆
    Pane pane = new Pane();
    pane.getChildren().add(circle); //将创建的circle放在Pane中
    //创建scene对象并将其放在stage对象中
    Scene scene = new Scene(pane, 200, 200);//设置场景的大小
    primaryStage.setTitle("ShowCircle"); //设置标题
    primaryStage.setScene(scene);     //将scene对象放到stage中
    primaryStage.show();              //显示stage对象
}
```

拓展范例及视频二维码

范例 **17-19-01**：实现基本的
布局
源码路径：**演练范例\17-19-01**
范例 **17-19-02**：设置文本
换行宽度
源码路径：**演练范例\17-19-02**

上述代码创建了一个 Circle 对象，并将它的圆心设置在（100，100）处，同时这个坐标也是场景的中心，因为在使用"Scene scene"创建场景时给出的宽度和高度都是 200。再次提醒读者，在 Java 坐标系中，面板左上角的坐标是（0，0），而传统坐标系中的（0，0）位于窗体的中央。在 Java 坐标系中，x 坐标从左到右递增，y 坐标从上到下递增。本实例执行后的效果如图 17-25 所示。默认执行结果是圆在窗体的中间显示，当窗体大小改变后，圆不再居中显示。要想窗体改变大小的时候依然居中显示这个圆，需要重新设置圆心的 x 和 y 坐标在面板的中央，此时可以通过 17.2.2 节的设置属性绑定方法来实现。

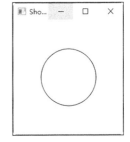

图 17-25　执行结果

17.7.2　使用 StackPane 实现特定面板功能

在 JavaFX 框架中，类 javafx.scene.layout.StackPane 可以创建一个面板，在这个面板中可以放置按钮和文本等组件。下面的实例使用 StackPane 创建一个面板，然后在面板中放置一个按钮。

实例 17-20	在面板中放置一个按钮
	源码路径：daima\17\LStack.java

实例文件 LStack.java 的主要实现代码如下所示。

```
public void start(Stage primaryStage) {
    //创建scene对象，并在里面放一个按钮
    StackPane pane = new StackPane();
    pane.getChildren().add(new Button
("按钮"));
    Scene scene = new Scene(pane, 500, 200);
    primaryStage.setTitle("按钮是一个
pane"); //设置标题
    primaryStage.setScene(scene);
    primaryStage.show();
}
```

拓展范例及视频二维码

范例 **17-20-01**：将 QuadCurveTo
添加到路径中
源码路径：**演练范例\17-20-01**
范例 **17-20-02**：使用 Path、
MoveTo 创建曲线
源码路径：**演练范例\17-20-02**

上述代码创建了一个特定的面板 StackPane，然后将节点放置在 StackPane 面板的中央。每个 StackPane 面板都有一个容纳面板节点的列表，这个列表是 ObservableList 的实例，通过面板中的 getChildren()方法得到。也可以使用 add（node）方法将一个元素加到列表中，也可以使用 addAll（node1，node2,...）添加一系列节点到面板中。本实例执行后的效果如图 17-26 所示。

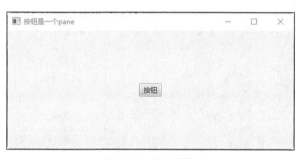

图 17-26　执行结果

17.7.3　使用 FlowPane 实现序列放置

在 JavaFX 框架中，类 javafx.scene.layout.FlowPane 能够将面板里面的节点按照添加的次序，从左到右水平放置，或者从上到下垂直放置。当一行或者一列排满的时候，开始新的一行或者一列。类 javafx.scene.layout.FlowPane 中的常用属性和方法如下所示。

❑　属性 orientation：面板方向，默认是 Orientation.HORIZONTAL。
❑　属性 hgap：节点之间的水平间隔，默认是 0。
❑　属性 vgap：节点之间的垂直间隔，默认是 0。
❑　属性 prefWrapLength：设置首选长度，包括首选高度和宽度。
❑　属性 alignment：设置面板内容的整体对齐方式，默认是 Pos.LEFT。
❑　属性 columnHalignment：设置面板中每一列节点的水平对齐方式。
❑　属性 rowValignment：设置面板中每一行节点的垂直对齐方式。
❑　方法 public FlowPane()：创建一个默认的 FlowPane 对象实例。
❑　方法 public FlowPane（Orientation orientation）：通过给定方向创建一个 FlowPane 对象实例，取值是 hgap＝0 或者 vgap＝0，分别表示垂直对齐或水平对齐。

- 方法 public FlowPane（double hgap，double vgap）：使用指定的水平和垂直间距创建一个 FlowPane 对象实例。
- 方法 public FlowPane（Orientation orientation，double hgap，double vgap）：使用给定的方向、水平间距以及垂直间距创建一个 FlowPane 对象实例。

由此可见，在 FlowPane 面板中可以使用两个常数（Orientation.HORIZONTAL 和 Orientation.VERTICAL）中的一个来确定节点是水平还是垂直排列，可以以像素为单位指定节点之间的距离。

在上述属性中，alignment、orientation、hgap 和 vgap 是绑定属性。JavaFX 中的每个绑定属性都有一个获取方法（比如 getHgap()）以返回其值，一个设置方法（比如 sethGap（double））用于设置一个值，一个获取方法用于返回属性本身（比如 hGapProperty()）。对于 ObjectProperty<T>类型的数据域来说，值获取方法返回一个 T 类型的值，属性获取方法返回一个 ObjectProperty<T>类型的属性值。

下面的实例在创建的 FlowPane 面板中同时添加了标签和文本域元素。

实例 17-21　在面板中同时添加标签和文本
源码路径：daima\17\LFlowPane.java

实例文件 LFlowPane.java 的主要实现代码如下所示。

拓展范例及视频二维码

范例 **17-21-01**：使用 FlowPane 布局
源码路径：**演练范例\17-21-01**

范例 **17-21-02**：FlowPane 布局演练
源码路径：**演练范例\17-21-02**

```java
public void start(Stage primaryStage) {
    //创建FlowPane面板对象pane并设置其属性
①  FlowPane pane = new FlowPane();
②  pane.setPadding(new Insets(11, 12, 13, 14));
③  pane.setHgap(5);
④  pane.setVgap(5);
    //在pane对象中放置标签和文本
⑤  pane.getChildren().addAll(new Label
    ("用户昵称:"),
⑥    new TextField(), new Label("MI:"));
⑦  TextField tfMi = new TextField();
⑧  tfMi.setPrefColumnCount(1);
⑨  pane.getChildren().addAll(tfMi, new Label("用户密码:"),
⑩    new TextField());
    //创建Scene对象scene,并放在stage中
⑪  Scene scene = new Scene(pane, 200, 250);
    primaryStage.setTitle("ShowFlowPane");   //设置标题
    primaryStage.setScene(scene);
    primaryStage.show();                     //显示stage
}
```

在行①中，创建了一个 FlowPane 对象 pane。

在行②中，采用 Insets 对象设置其 padding 属性，Insets 对象指定了面板边框的大小。构造方法 Insets（11，12，13，14）创建了一个 Insets 实例，它的边框大小（以像素为单位）分别是顶部 11、右边 12、底部 13、左边 14。当然，也可以使用构造方法 Insets（value）来创建四条边具有相同值的 Insets。

在行③④中，hGap 属性和 vGap 属性分别指定了面板中两个相邻节点之间的水平和垂直间隔。

在行⑤中，每个 FlowPane 都包含一个 ObservableList 对象以容纳节点。可以使用 getChildren() 方法返回该列表。在 FlowPane 面板中，可以使用 add（node）或者 addAll（node1，node2，…）方法将一个节点添加到其列表中。也可以使用 remove（node）方法从列表中移除一个节点，或者使用 removeAll()方法移除面板中的所有节点。

在行⑥～⑩中，程序将标签和文本域添加到面板中。

在行⑦中，创建一个 TextField 对象 tfMi。

在行⑧中，调用 tfMi.setPrefColumnCount（1）将 MI 文本域的期望列数设置为 1。为 MI 的 TextField 对象声明了一个显式引用 tfMi。设置这个显式引用是很有必要的，因为我们需要直接引用这个对象来设置它的 prefColumnCount 属性。

在行⑪中，和本行后面的代码将面板加入到场景中，然后将场景设置到窗体舞台，最后显示当前的窗体舞台。请注意，如果修改窗体的大小，则这些节点会自动重新组织来适应面板。最终的执行结果如图 17-27 所示。

注意：假设将对象 tfMi 重复 10 次加入到面板中，是否会有 10 个文本域出现在面板中呢？当然不会，文本域这样的节点在一个面板中只能加一次。如果将一个节点加入到一个面板中多次或者加入到不同面板中，那么将会引起运行时错误。

图 17-27 执行结果

17.7.4 使用 GridPane 实现网格布局

在 JavaFX 框架中，类 javafx.scene.layout.GridPane 能够将面板中的节点精确地布局在一个网格中。类 javafx.scene.layout.FlowPane 中的常用属性和方法如下所示。

❑ 属性 hgap：设置节点之间的水平间隔，默认为 0。

❑ 属性 vgap：设置节点之间的垂直间隔，默认为 0。

❑ 属性 alignment：设置面板中内容元素的整体对齐方式，默认值是 Pos.LEFT。

❑ 属性 gridLinesVisible：设置网格线是否可见，默认是 false。

❑ 方法 public static void setRowIndex（Node child,java.lang.Integer value）：将一个节点设置到新的行，该方法会重新定位节点。参数 child 表示 GridPane 面板中的子节点，参数 value 表示子节点的行索引号。

❑ 方法 public static java.lang.Integer getRowIndex（Node child）：对于一个指定的节点，返回其对应的行序号。参数 child 表示 GridPane 面板中的子节点。

❑ 方法 public static void setColumnIndex（Node child，java.lang.Integer value）：将一个节点设置到新的列，该方法会重新定位节点。参数 child 表示 GridPane 面板中的子节点，参数 value 表示子节点的列索引号。

❑ 方法 public static java.lang.Integer getColumnIndex（Node child）：对于一个指定的节点，返回其对应的列序号。参数 child 表示 GridPane 面板中的子节点。

❑ 方法 public static void setRowSpan（Node child，java.lang.Integer value）：设置行间距。

❑ 方法 public static java.lang.Integer getRowSpan（Node child）：获取行间距。

❑ 方法 public static void setColumnSpan（Node child，java.lang.Integer value）：设置列间距。

❑ 方法 public static java.lang.Integer getColumnSpan（Node child）：获取列间距。

❑ 方法 public void add（Node child，int columnIndex，int rowIndex）：添加一个节点到指定的列和行。

❑ 方法 public void addColumn（int columnIndex，Node...children）：添加多个节点到指定的列。

❑ 方法 public void addRow（int rowIndex，Node...children）：添加多个节点到指定的行。

下面的实例使用了 GridPane 布局方式，分别将 3 个标签、3 个文本域和 1 个按钮添加到网格的特定位置。

实例 17-22　**将 3 个标签、3 个文本域和 1 个按钮添加到网格中的特定位置**
源码路径：daima\17\LGrid.java

实例文件 LGrid.java 的主要实现代码如下所示。

```
    public void start(Stage primaryStage) {
    //创建一个GridPane对象pane，并设置它的属性
①    GridPane pane = new GridPane();
```

```
②          pane.setAlignment(Pos.CENTER);
            pane.setPadding(new Insets(11.5, 12.5, 13.5, 14.5));
            pane.setHgap(5.5);
            pane.setVgap(5.5);

            //在pane对象中放置节点元素
③          pane.add(new Label("用户名:"), 0, 0);
            pane.add(new TextField(), 1, 0);
            pane.add(new Label("MI:"), 0, 1);
            pane.add(new TextField(), 1, 1);
            pane.add(new Label("密码:"), 0, 2);
            pane.add(new TextField(), 1, 2);
            Button btAdd = new Button("添加名字");
④          pane.add(btAdd, 1, 3);
⑤          GridPane.setHalignment(btAdd, HPos.RIGHT);
            //创建Scene对象scene, 并放在stage中
⑥          Scene scene = new Scene(pane);
            primaryStage.setTitle("ShowGridPane"); //设置标题
            primaryStage.setScene(scene);          //将scene放到stage中
            primaryStage.show();                   //显示stage
    }
```

拓展范例及视频二维码

范例 **17-22-01**：请输入
用户名
源码路径：**演练范例**\17-22-01\
范例 **17-22-02**：会员登录系统
界面
源码路径：**演练范例**\17-22-02\

在行①中，创建一个 GridPane 对象，然后在后面的 4 行代码中设置显示属性。

在行②中，设置 GridPane 的对齐方式为居中位置，这样里面的节点将会居中放置在网格面板中央。这时如果改变窗体的大小，那么里面的元素节点依然位于网格面板的居中位置。

在行③中，将标签放置在第 0 列第 0 行，列和行的索引从 0 开始，通过 Add()方法将一个节点放在特定的列和行中。在此需要注意，并不是网格中的每个单元格都需要填充。

在行④中，将一个按钮放置在第 1 列第 3 行，但是第 0 列第 3 行没有节点。如果要从 GridPane 中移除一个节点，那么需要使用 pane.getChildren().remove（node）方法属性。如果要移除所有节点，那么需要使用 pane.getChildren().removeAll()方法来实现。

在行⑤中，调用静态方法 setHalignment()，设置单元格中的按钮为右对齐。

在行⑥中，因为没有场景大小，所以根据其中的节点大小自动计算场景。

本实例最终的执行结果如图 17-28 所示。

图 17-28　执行结果

17.7.5　使用 BorderPane 实现区域布局

在 JavaFX 框架中，类 javafx.scene.layout.BorderPane 可以将面板里面的节点元素放在 5 个区域：顶部、底部、左边、右边以及中间，5 个区域的属性值说明如下所示。

- ❑ 顶部：Pos.TOP_LEFT。
- ❑ 底部：Pos.BOTTOM_LEFT。
- ❑ 左侧：Pos.TOP_LEFT。
- ❑ 右侧：Pos.TOP_RIGHT。
- ❑ 中心：Pos.CENTER。

上述 5 个区域的位置说明如图 17-29 所示。

类 javafx.scene.layout.BorderPane 中的常用属性和方法如下所示。

- ❑ 属性 center：放置在中间区域的节点，默认是 null。
- ❑ 属性 top：放置在顶部区域的节点，默认是 null。

图 17-29　BorderPane 布局的 5 个区域

❑　属性 bottom：放置在底部区域的节点，默认是 null。

❑　属性 left：放置在左侧区域的节点，默认是 null。

❑　属性 right：放置在右侧区域的节点，默认是 null。

❑　方法 public BorderPane()：创建一个 BorderPane 对象实例。

❑　方法 public static void setAlignment（Node child，Pos value）：设置 BorderPane 中节点的对齐方式，参数 child 表示面板里面的节点，参数 value 表示对齐方式。

❑　方法 public static Pos getAlignment（Node child）：返回 BorderPane 里面节点的对齐方式。

❑　方法 public static void setMargin（Node child，Insets value）：设置 BorderPane 里面节点的边距。

❑　方法 public static Insets getMargin（Node child）：获取 BorderPane 里面节点的边距。

下面实例代码的功能是，将 5 个按钮分别放置在 BorderPane 面板的 5 个区域。

实例 17-23　**将 5 个按钮分别放置在 BorderPane 面板的 5 个区域**
源码路径：daima\17\LBorderPane.java

实例文件 LBorderPane.java 的主要实现代码如下所示。

```
public class LBorderPane extends Application {
    @Override
    public void start(Stage primaryStage) {
        //创建一个BorderPane对象pane
①      BorderPane pane = new BorderPane();
        //在BorderPane对象pane中放置节点
②      pane.setTop(new CustomPane("Top"));
③      pane.setRight(new CustomPane("Right"));
④      pane.setBottom(new CustomPane("Bottom"));
⑤      pane.setLeft(new CustomPane("Left"));
⑥      pane.setCenter(new CustomPane("Center"));

        //创建一个Scene对象scene，并将其放置在stage里面
        Scene scene = new Scene(pane);
        primaryStage.setTitle("ShowBorderPane"); //设置标题
        primaryStage.setScene(scene); //将scene对象实例放在stage中
        primaryStage.show(); //显示stage
    }
}
//自定义一个pane对象，设置里面的文本标记显示在各个节点的中间
⑦ class CustomPane extends StackPane {
        public CustomPane(String title) {
⑧      getChildren().add(new Label(title));
⑨      setStyle("-fx-border-color: red");       //设置边框颜色
⑩      setPadding(new Insets(11.5, 12.5, 13.5, 14.5));
    }
}
```

拓展范例及视频二维码

范例 **17-23-01**：将按钮添加到 BorderPane
源码路径：**演练范例\17-23-01**

范例 **17-23-02**：绑定 BorderPane 的宽度和高度
源码路径：**演练范例\17-23-02**

在行①中，创建一个 BorderPane 对象 pane。

在行②～⑥中，将 CustomPane 的 5 个实例分别放入边框面板（border pane）的 5 个区域中。此处需要注意，由于面板是一个节点，所以面板可以加入另外一个面板中。调用 setTop（null）可将一个节点从顶部区域移除。如果一个区域没有被占据，那么不会分配空间给这个区域。

在行⑦中，定义了继承 StackPanede 的 CustomPane 类。

在行⑧中，在 CustomPane 的构造方法中加入一个具有特定标题的标签。

在行⑨中，为边框颜色设置样式。

在行⑩中，使用 insets()方法设置边框的内边距。

本实例的执行结果如图 17-30 所示。

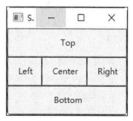

图 17-30　执行结果

17.7.6　使用 HBox 实现水平布局

在 JavaFX 框架中，类 javafx.scene.layout.HBox 可以将面板里面的节点元素布局在单个水平行中。前面学习的 FlowPane 可以将里面的子节点布局在多行或者多列中，但是一个 HBox 只能把面板里面的子节点布局在一行中。

类 javafx.scene.layout.HBox 中的常用属性和方法如下所示。

- ❑ 属性 spacing：设置两个节点之间的水平间隔，默认值是 0。
- ❑ 属性 alignment：设置方框中子节点的整体对齐方式，默认值是 Pos.TOP_LEFT，这表示左对齐。
- ❑ 属性 fillHeight：设置可以改变大小的子节点是否自适应方框的高度，默认值是 true，这表示可以。
- ❑ 方法 public HBox()：创建一个默认的 HBox 对象实例。
- ❑ 方法 public Hbox（double spacing）：在节点间使用指定的水平间隔创建一个 HBox 对象实例。
- ❑ 方法 public static void setHgrow（Node child，Priority value）：设置随着子节点的变化而生成的水平空白。因为 HBox 是水平布局，所以子节点的宽度不会跟随父类一起扩展。当父类区域扩大时，水平方向会有空白，若想要子节点随父类扩展则可调用该方法。设置子节点水平方向自动填充父节点，可以同时设置多个子节点自动填充。参数 child 表示子节点，参数 value 表示空白值。
- ❑ 方法 public static Priority getHgrow（Node child）：获取水平空白值。
- ❑ 方法 public static void setMargin（Node child，Insets value）：为 HBox 面板中的节点设置外边距。
- ❑ 方法 public static Insets getMargin（Node child）：获取 HBox 面板中节点的外边距。

实例 17-24	使用 HBox 实现水平布局
	源码路径：daima\17\LHBox.java

实例文件 LHBox.java 的主要实现代码如下所示。

拓展范例及视频二维码

范例 **17-24-01**：设置 Hbox
首选宽度
源码路径：**演练范例**\17-24-01\

范例 **17-24-02**：HBox 设置
填充和间距
源码路径：**演练范例**\17-24-02\

```
public class LHBox extends Application {
  @Override
  public void start(Stage primaryStage) {
①    TextField myTextField = new TextField();
②    HBox hbox = new HBox();
     hbox.getChildren().add(myTextField);
③    HBox.setHgrow(myTextField, Priority.ALWAYS);
     Scene scene = new Scene(hbox, 320,
     112, Color.rgb(0, 0, 0, 0));
     primaryStage.setScene(scene);
     primaryStage.show();
  }
```

在行①，创建一个 TextField 对象 myTextField。

在行②，创建一个 HBox 对象 hbox，设置里面的元素水平布局。

在行③，将 TextField 文本控件设置为在调整父类 HBox 的宽度时，实现自动水平增长宽度。本实例的执行结果如图 17-31 所示。根据输入的文字增多，文本框将自动增宽并容纳。

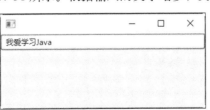

图 17-31　执行结果

17.7.7　使用 VBox 实现垂直布局

在 JavaFX 框架中，类 javafx.scene.layout.VBox 可以将面板里面的节点元素布局在单个垂直列中。前面学习的 FlowPane 可以将面板里面的子节点布局在多行或者多列中，但是一个 VBox 只能把面板里面的子节点布局在一列中。

类 javafx.scene.layout.VBox 中的常用属性和方法如下所示。

❑ 属性 spacing：设置两个节点之间的垂直间隔，默认值是 0。

❑ 属性 alignment：设置方框中子节点的整体对齐方式，默认值是 Pos.TOP_LEFT，这表示左对齐。

❑ 属性 fillHeight：设置可以改变大小的子节点是否自适应方框的宽度，默认值是 true，这表示可以。

❑ 方法 public VBox()：创建一个默认的 VBox 对象实例。

❑ 方法 public Vbox (double spacing)：在节点间使用指定的垂直间隔创建一个 VBox 对象实例。

❑ 方法 public static void setVgrow (Node child, Priority value)：设置随着子节点的变化而生成的垂直空白。因为 VBox 是垂直布局，所以子节点的高度不会跟随父类一起扩展。当父类区域扩大时，垂直方向会有空白，若想要子节点随父类扩展则应调用该方法。设置子节点垂直方向自动填充父节点，可以同时设置多个子节点自动填充。参数 child 表示子节点，参数 value 表示空白值。

❑ 方法 public static Priority getVgrow (Node child)：获取垂直空白值。

❑ 方法 public static void setMargin (Node child,Insets value)：为 VBox 面板中的节点设置外边距。

❑ 方法 public static Insets getMargin (Node child)：获取 VBox 面板中节点的外边距。

下面的实例同时使用了 HBox 和 VBox 布局，将两个按钮放在一个 HBox 中，将 5 个标签放在一个 VBox 中。

实例 17-25　使用 VBox 实现垂直布局
源码路径：daima\17\LHBoxVBox.java

实例文件 LHBoxVBox.java 的主要实现代码如下所示。

```java
public class LHBoxVBox extends Application {
  @Override
  public void start(Stage primaryStage) {
    BorderPane pane = new BorderPane();        //创建一个BorderPane对象pane
    pane.setTop(getHBox());                     //将节点元素放在pane对象中
    pane.setLeft(getVBox());
    //创建一个Scene对象scene，并放在stage中
    Scene scene = new Scene(pane);
    primaryStage.setTitle("ShowHBoxVBox");      //设置标题
    primaryStage.setScene(scene);              //将scene放在stage中
    primaryStage.show();                        //显示stage
  }
  //创建HBox布局方法
① private HBox getHBox() {
  HBox hBox = new HBox(15);
  hBox.setPadding(new Insets(15, 15, 15, 15));
② hBox.setStyle("-fx-background-color: gold");
  hBox.getChildren().add(new Button("小毛毛"));
  hBox.getChildren().add(new Button("好宝宝"));
  ImageView imageView = new ImageView
  (new Image("123.jpg"));
  hBox.getChildren().add(imageView);
  return hBox;
```

拓展范例及视频二维码

范例 **17-25-01**：设置 VBox 的间距
源码路径：**演练范例\17-25-01**

范例 **17-25-02**：设置 Vbox 填充和间距
源码路径：**演练范例\17-25-02**

```
      }
//创建VBox布局方法
③    private VBox getVBox() {
     VBox vBox = new VBox(15);
     vBox.setPadding(new Insets(15, 5, 5, 5));
④    vBox.getChildren().add(new Label("宝宝特点"));
     Label[] courses = {new Label("活泼"), new Label("可爱"),
          new Label("聪明"), new Label("健康")};
     for (Label course: courses) {
⑤        VBox.setMargin(course, new Insets(0, 0, 0, 15));
⑥        vBox.getChildren().add(course);
     }
     return vBox;
     }
```

在行①中，定义方法 getHBox()返回包含两个按钮和一个图像视图的 HBox。

在行②中，使用 CSS 设置 HBox 的背景颜色为金色。

在行③中，定义方法 getVBox()返回包含了 5 个标签的 VBox。

在行④中，将第一个标签加入到 VBox 中。

在行⑤中，使用 setMargin()方法，在节点加入 Vbox 的时候设置节点外边距。

在行⑥中，将其他 4 个标签加入到 VBox 中。

本实例的执行结果如图 17-32 所示。

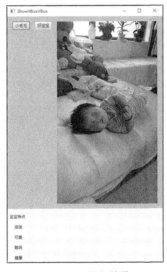

图 17-32　执行结果

17.8　技 术 解 惑

17.8.1　Swing、AWT 和 JavaFX 的区别

JavaFX 属于后来者居上，受 Oracle 官方支持，界面效果堪比 WPF、Silverlight、Flash！而 AWT 只能说是中规中矩，曾经独领风骚过，可惜已经风光不再。JavaFX 开发文档、示例程序都可唾手可得。另外，随着 HTML 5 的普及，JavaFX 对 HTML 5 的支持使之更加随处可见，跨平台的优势将进一步呈现出来。

17.8.2　JavaFX 的属性类型

JavaFX 属性的功能是存储控件的内部状态，并允许我们监听来自 JavaFX UI 控件的状态更改。JavaFX 的属性之间可以彼此绑定，这允许属性根据另一个属性的变化值来进行同步。在现实应用中，有如下两种类型的 JavaFX 属性。

（1）读/写属性：可以读取和修改的属性值。例如 SimpleStringProperty 类创建一个字符串属性，该属性对包装的字符串值是可读写的。

（2）只读属性：要想创建只读属性，请使用以 ReadOnly 作为前缀的包装类。创建只读属性需要如下两个步骤。

① 例化只读包装类。

② 调用方法 getReadOnlyProperty()返回一个真正的只读属性对象。

17.9　课　后　练　习

（1）编写一个 JavaFX 程序，在面板中显示 4 张国旗图像。

（2）编写一个 JavaFX 程序，能够在面板中随机显示 52 张扑克牌中的 3 张。

（3）编写一个 JavaFX 程序，垂直显示 5 个文字，并且对每个文字设置一个随机颜色和透明度，并设置每个文字的字体样式和大小。

（4）编写一个 JavaFX 程序，程序执行后显示围绕一个圆的字符串"欢迎学习 JavaFX"。

（5）编写一个 JavaFX 程序以实现国际象棋棋盘效果，每个单元格都是填充了白色或黑色的 Rectangle。

（6）编写一个 JavaFX 程序，在界面中绘制一个圆柱体。

（7）编写一个 JavaFX 程序，绘制一个 10×10 方阵，方阵中的每个元素都是随机产生的数字 0 或 1，并且可以修改里面的数字。

第 18 章

使用 JavaFX UI 组件

UI 是 User Interface 的缩写，即用户界面。而组件则是指我们将一段或几段完成各种功能的代码封装为一个或几个独立的模块（module）。用户界面组件就是封装一个或几个 UI 功能的模块。在图形用户界面（GUI）应用程序中，这些组件是快速开发 UI 程序的最大利器，前面用到的按钮、文本和标签等都是组件。JavaFX 框架中的 UI 组件非常灵活并且功能全面，可以帮助开发者创建类别广泛且实用的用户界面。本章将详细讲解使用 JavaFX UI 组件的知识，为读者学习本书后面的知识打下坚实的基础。

18.1　使用标签组件

在 JavaFX 框架中，标签类 javafx. scene.control.Label 是一个显示小段文字、一个节点或同时显示两者的区域。标签经常给其他组件（通常为文本域）做搭配标记。JavaFX 中的标签和按钮共享许多属性，这些共同属性定义在类 javafx.scene.control.Labeled 中。

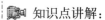 知识点讲解：

18.1.1　标签属性和方法

类 Labeled 中主要包含如下所示的属性和方法。

❑ 属性 text：在标签中显示的文本。

❑ 属性 alignment：设置 Labeled 中文本和节点的对齐方式。

❑ 属性 graphic：设置 Labeled 中的图片，此属性可以是任何一个节点，比如一个形状、一个图像或者一个组件。

❑ 属性 underline：设置文本是否需要加下划线。

❑ 属性 contentDisplay：使用 ContentDisplay 中定义的常量 TOP、BOTTOM、LEFT 和 RIGHT 来设置节点相对于文本的位置。

❑ 属性 graphicTextGap：设置图片和文本之间的间隔。

❑ 属性 textFill：设置用于填充文本的图片。

❑ 方法 public Labeled()：创建一个空的 Lable 对象实例。

❑ 方法 public Labeled（java.lang.String text）：创建一个指定文本的 Lable 对象实例。

❑ 方法 public Labeled（java.lang.String text，Node graphic）：创建一个指定文本和图片的 Lable 对象实例。

当程序中创建一个 Label 对象之后，可以使用 Labeled 类中的如下方法来设置或者修改文本和图标。

❑ setText（String text）method：设置文本内容。

❑ setGraphic（Node graphic）：设置图标。

❑ 方法 setContentDisplay（ContentDisplay value）：定义图形与文本的相对位置，ContentDisplay 常量的可选值分别是：居左为 LEFT，居右为 RIGHT，居中为 CENTER，居上为 TOP，居下为 BOTTOM。

❑ 方法 setTextFill()：设置文本的填充颜色。下面的代码创建了一个带文本的 Label，然后为其添加一个图标，并且还指定了文本的填充颜色。

```
Label label1 = new Label("Search");
Image image = new Image(getClass().getResourceAsStream("labels.jpg"));
label1.setGraphic(new ImageView(image));
label1.setTextFill(Color.web("#0076a3"));
```

❑ 方法 setFont()：对 Label 默认的字体大小进行修改。下面的代码设置 label1 的字体大小为 30 points，并且将字体设置为 Aria1，label2 的字体大小为 32 points，字体为 Cambria。

```
//使用Font类构造函数来构造Font对象
label1.setFont(new Font("Arial", 30));
//使用Font类的font静态方法
label2.setFont(Font.font("Cambria", 32));
```

❑ 方法 setWrapText()：折叠文字。当需要在一个比较小的空间内放置一个 Label 时，对文本折叠换行以便能够更好地适应布局空间。这时需要将 setWrapText()方法的参数值设为 true。例如下面的演示代码。

```
Label label3 = new Label("A label that needs to be wrapped");
label3.setWrapText(true);
```

❏ 方法 setTextOverrun（OverrunStyle value）：如果标签的布局区域不仅有宽度限制，还有高度限制，那么可以指定当无法显示所有文本内容时标签的显示行为。这时候就可以使用此方法来实现此功能，其中 OverrunStyle 用于指示如何处理未完全呈现出来的文本。

18.1.2　标签组件实战演练

下面的实例实现了几个具有文本和图片的标签效果。

实例 18-1　**使用标签组件创建有文本和图片的标签**
源码路径：daima\18\GXJLabel.java

实例文件 GXJLabel.java 的主要实现代码如下所示。

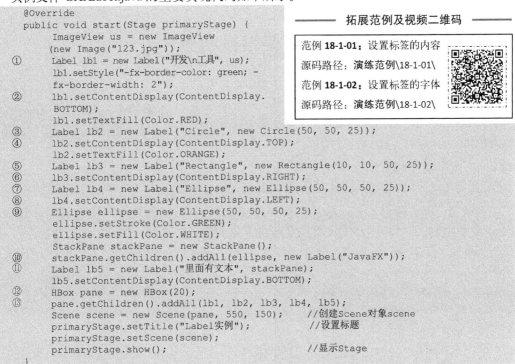

```
     @Override
     public void start(Stage primaryStage) {
         ImageView us = new ImageView
         (new Image("123.jpg"));
①        Label lb1 = new Label("开发\n工具", us);
         lb1.setStyle("-fx-border-color: green; -
         fx-border-width: 2"));
②        lb1.setContentDisplay(ContentDisplay.
         BOTTOM);
         lb1.setTextFill(Color.RED);
③        Label lb2 = new Label("Circle", new Circle(50, 50, 25));
④        lb2.setContentDisplay(ContentDisplay.TOP);
         lb2.setTextFill(Color.ORANGE);
⑤        Label lb3 = new Label("Rectangle", new Rectangle(10, 10, 50, 25));
⑥        lb3.setContentDisplay(ContentDisplay.RIGHT);
⑦        Label lb4 = new Label("Ellipse", new Ellipse(50, 50, 50, 25));
⑧        lb4.setContentDisplay(ContentDisplay.LEFT);
⑨        Ellipse ellipse = new Ellipse(50, 50, 50, 25);
         ellipse.setStroke(Color.GREEN);
         ellipse.setFill(Color.WHITE);
         StackPane stackPane = new StackPane();
⑩        stackPane.getChildren().addAll(ellipse, new Label("JavaFX"));
⑪        Label lb5 = new Label("里面有文本", stackPane);
         lb5.setContentDisplay(ContentDisplay.BOTTOM);
⑫        HBox pane = new HBox(20);
⑬        pane.getChildren().addAll(lb1, lb2, lb3, lb4, lb5);
         Scene scene = new Scene(pane, 550, 150);      //创建Scene对象scene
         primaryStage.setTitle("Label实例");           //设置标题
         primaryStage.setScene(scene);
         primaryStage.show();                          //显示Stage
     }
```

拓展范例及视频二维码

范例 **18-1-01**：设置标签的内容
源码路径：**演练范例\18-1-01**

范例 **18-1-02**：设置标签的字体
源码路径：**演练范例\18-1-02**

在行①中，创建一个有一段文本和一个图像的标签。设置文本内容是"开发\n 工具"，因为"\n"表示换行，所以这段文本显示为两行。

在行②中，将图像放置在文本"开发\n 工具"的底部。

在行③中，创建一个有一段文本和一个圆的标签。

在行④中，将圆放在文本的上方。

在行⑤中，创建一个有一段文本和一个矩形的标签。

在行⑥中，设置矩形位于文本的右侧。

在行⑦中，创建一个有一段文本和一个椭圆的标签。

在行⑧中，将椭圆放置于文本的左侧。

在行⑨中，创建一个 Ellipse 椭圆对象 ellipse。

在行⑩中，将椭圆 ellipse 和一个标签一起放到堆栈面板中。

在行⑪中，创建有一段文本以及将该堆栈面板作为节点的一个标签。如本实例所示，可以将任何节点放在标签中。

在行⑫中，创建一个 HBox 对象 pane。

在行⑬中，将 5 个标签都放置于 HBox 中。

本实例执行后的结果如图 18-1 所示。

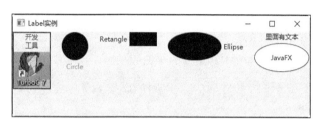

图 18-1 执行结果

18.2 使用按钮组件

在 JavaFX 框架中，按钮类 Button 的主要作用是当用户单击按钮时执行一个动作（action）。另外，由于 Button继承自 Labeled 类，所以它可以显示文本、图像，或两者兼而有之。

 知识点讲解：

18.2.1 按钮属性和方法

javafx.scene.control.Button 是一个在被单击时触发某一动作的组件，JavaFX 框架中提供了常规按钮、开关按钮、复选框按钮和单选按钮。这些按钮的公共特性在 ButtonBase 和 Labeled 类中定义，其中 Labeled 定义了标签和按钮的共同属性。按钮和标签非常类似，但按钮具有定义在 ButtonBase 类中的 anAction 属性，该属性用于设置一个处理按钮动作的处理程序。

Button 中的常用属性和方法如下所示。

❑ 属性 defaultButton：默认按钮，通常在按下键盘中的 Enter 键时激活。

❑ 属性 cancelButton：取消按钮，通常在按下键盘中的 Esc 键时激活。

❑ 方法 public Button()：创建一个空按钮。

❑ 方法 public Button（java.lang.String text）：创建一个具有指定文本的按钮，参数 text 表示文本的内容。

❑ 方法 public Button（java.lang.String text，Node graphic）：创建一个具有给定文本和图片的按钮，参数 text 表示文本的内容，参数 graphic 表示图片等的地址。

❑ 方法 public final void setDefaultButton（boolean value）：设置默认按钮的属性值。

❑ 方法 public final boolean isDefaultButton()：获取默认按钮的属性值。

❑ 方法 setGraphicTextGap()：当为按钮同时设置了文本和图形内容时，可以使用此方法设置它们之间的间距。

❑ 方法 setOnAction()：当鼠标单击按钮时，首要的功能就是执行一个动作。此时我们可以使用此方法来定义当用户单击按钮时将发生什么操作。下面代码演示了如何为button2 定义一个动作的过程。这样当用户单击 button2 时，一个 Label 的文本设置为Accepted。

```
button2.setOnAction((ActionEvent e) -> {
    label.setText("Accepted");
});
```

❑ 方法 addEventHandler()：因为 Button 类继承自 Node 类，所以可以为 Button 添加 javafx.scene.effect 包下的任何特效来增强视觉效果。例如在下面的演示代码中，当 onMouseEntered 事件被触发时，它会通过方法 addEventHandler()向 button3 上添加阴影（DropShadow）特效。

```
DropShadow shadow = new DropShadow();

//当鼠标单击按钮时添加阴影特效
button3.addEventHandler(MouseEvent.MOUSE_ENTERED, (MouseEvent e) -> {
    button3.setEffect(shadow);
});

//当鼠标离开按钮时移除阴影效果
button3.addEventHandler(MouseEvent.MOUSE_EXITED, (MouseEvent e) -> {
    button3.setEffect(null);
});
```

❑ 方法 getStyleClass()：在 JavaFX 中使用的 CSS 类似于 HTML 中使用的 CSS，因为它们都基于相同的 CSS 规范。开发者可以在一个单独的 CSS 样式文件中定义样式，然后通过 getStyleClass()方法在应用程序中使用它。该方法继承 Node 类，并且在所有的 UI 控件中都可用。下面的代码展示了使用 CSS 样式的过程。

```
//下面是CSS文件中的代码
.button1{
    -fx-font: 22 arial;
    -fx-base: #b6e7c9;
}
//下面是ButtonSample.java中的代码
button1.getStyleClass().add("button1");
```

18.2.2　按钮组件实战演练

下面的实例代码使用按钮控制一段文本的左右移动。

实例 18-2　**使用按钮控制一段文本的左右移动**
源码路径：daima\18\GXJButton.java

实例文件 GXJButton.java 的主要实现代码如下所示。

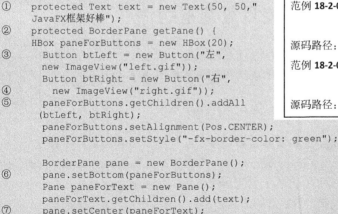

```
public class GXJButton extends Application {
①   protected Text text = new Text(50, 50,"
    JavaFX框架好棒");
②   protected BorderPane getPane() {
    HBox paneForButtons = new HBox(20);
③     Button btLeft = new Button("左",
      new ImageView("left.gif"));
      Button btRight = new Button("右",
④       new ImageView("right.gif"));
⑤     paneForButtons.getChildren().addAll
      (btLeft, btRight);
      paneForButtons.setAlignment(Pos.CENTER);
      paneForButtons.setStyle("-fx-border-color: green");

      BorderPane pane = new BorderPane();
⑥     pane.setBottom(paneForButtons);
      Pane paneForText = new Pane();
      paneForText.getChildren().add(text);
⑦     pane.setCenter(paneForText);
⑧     btLeft.setOnAction(e -> text.setX(text.getX() - 10));
⑨     btRight.setOnAction(e -> text.setX(text.getX() + 10));
    return pane;
  }
  @Override
  public void start(Stage primaryStage) {
    //创建Scene对象scene
    Scene scene = new Scene(getPane(), 450, 200);
    primaryStage.setTitle("ButtonDemo"); //设置标题
```

拓展范例及视频二维码

范例 **18-2-01**：向按钮添加
单击操作侦听器
源码路径：**演练范例\18-2-01**

范例 **18-2-02**：为 Button 设置
阴影效果
源码路径：**演练范例\18-2-02**
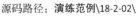

```
      primaryStage.setScene(scene);
      primaryStage.show();
    }

    public static void main(String[] args) {
      launch(args);
    }
  }
```

在行①中，创建一段指定的文本。

在行②中，定义一个受保护的 getPane()方法以返回一个面板，当文本声明为受保护的文本后，它可以被①中的子类所访问到。

在行③～④中，创建两个按钮 btLeft 和 btRight，每个按钮包含一段文本和一个图像。

在行⑤中，将按钮放置于一个 HBox 中。

在行⑥中，将 HBox 放在一个 border 面板的底部。

在行⑦中，将行①创建的文本移到 border 面板中央。

在行⑧中，单击 btLeft 按钮后会将文本往左边移动。

在行⑨中，单击 btRight 按钮后会将文本往右边移动。

执行本实例后的结果如图 18-2 所示。

默认效果　　　　　　　　　　　　　　　右移后效果

图 18-2　执行结果

18.3　使用复选框组件

在 JavaFX 框架中，复选框类 CheckBox 主要给用户提供选择，并且可以进行多项选择。本节将详细讲解使用复选框组件的知识。

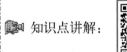 知识点讲解：

18.3.1　复选框属性和方法

复选框组件类 CheckBox 如同按钮类 Button 一样，同样继承类 ButtonBase 和类 Labeled 的所有属性，比如 onAction、text、graphic、alignment、graphicTextGap、textFill 和 contentDisplay。复选框类 javafx.scene.control.CheckBox 中的常用属性和方法如下所示。

❑ 属性 indeterminate：设置当前复选框的状态。

❑ 属性 selected：标识一个复选框是否被选中。

❑ 属性 allowIndeterminate：设置 Checkbox 是否在 3 个状态（选中/未选中/未定义）之间循环变换。如果属性值是 true，则 Checkbox 将在这 3 个状态之间循环；如果属性值是 false，则 Checkbox 将在选中和非选中状态之间循环。

❑ 方法 public CheckBox()：创建一个空的复选框。

❑ 方法 public CheckBox（java.lang.String text）：创建一个具有特定文本的复选框。

❑　方法 public final void setSelected（boolean value）：如果设置为 true，则在应用程序启动时为选中状态。

❑　方法 public final boolean isSelected()：获取选中状态的值。

在 JavaFX 框架中，复选框 Checkbox 的状态可以是定义或者未定义的。当其状态被定义后，我们可以选中或者取消选中它。但是当它未定义时，不能选中或者取消选中它。组合使用 CheckBox 类的 setSelected()和 setIndeterminate()方法可以为 CheckBox 指定一个状态。表 18-1 展示了 Checkbox 基于 INDETERMINATE 和 SELECTED 属性的 3 种状态。

表 18-1　Checkbox 的状态

属性值	Checkbox 外观
INDETERMINATE = false SELECTED = false	☐ I agree
INDETERMINATE =false SELECTED = true	☑ I agree
INDETERMINATE = true SELECTED = true/false	⊟ I agree

在 JavaFX 应用程序中，当需要用 Checkbox 展示多种混合状态的界面元素时，可能需要启动 Checkbox 的 3 种状态，比如是、否、不适用。CheckBox 对象的 allowIndeterminate 属性决定了 Checkbox 是否在 3 种状态（选中、未选中、未定义）之间循环变换。

18.3.2　复选框组件实战演练

以 18.2.2 节中的实例为基础，下面的实例增加两个复选框来设置窗体中文本的字体。

实例 18-3　使用复选框设置窗体中文本的字体
源码路径：daima\18\GXJCheckBox.java

在实例文件 GXJCheckBox.java 中定义了一个继承 GXJButton 类的子类，具体实现代码如下所示。

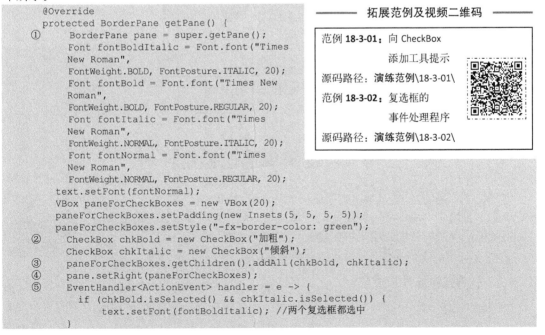

拓展范例及视频二维码

范例 **18-3-01**：向 CheckBox
添加工具提示
源码路径：**演练范例**\18-3-01\
范例 **18-3-02**：复选框的
事件处理程序
源码路径：**演练范例**\18-3-02\

```
      @Override
      protected BorderPane getPane() {
①        BorderPane pane = super.getPane();
          Font fontBoldItalic = Font.font("Times
          New Roman",
          FontWeight.BOLD, FontPosture.ITALIC, 20);
          Font fontBold = Font.font("Times New
          Roman",
          FontWeight.BOLD, FontPosture.REGULAR, 20);
          Font fontItalic = Font.font("Times
          New Roman",
          FontWeight.NORMAL, FontPosture.ITALIC, 20);
          Font fontNormal = Font.font("Times
          New Roman",
          FontWeight.NORMAL, FontPosture.REGULAR, 20);
      text.setFont(fontNormal);
      VBox paneForCheckBoxes = new VBox(20);
      paneForCheckBoxes.setPadding(new Insets(5, 5, 5, 5));
      paneForCheckBoxes.setStyle("-fx-border-color: green");
②     CheckBox chkBold = new CheckBox("加粗");
      CheckBox chkItalic = new CheckBox("倾斜");
③     paneForCheckBoxes.getChildren().addAll(chkBold, chkItalic);
④     pane.setRight(paneForCheckBoxes);
⑤     EventHandler<ActionEvent> handler = e -> {
        if (chkBold.isSelected() && chkItalic.isSelected()) {
            text.setFont(fontBoldItalic); //两个复选框都选中
        }
```

```
        else if (chkBold.isSelected()) {
           text.setFont(fontBold); //加粗复选框选中
        }
        else if (chkItalic.isSelected()) {
           text.setFont(fontItalic); //斜体复选框选中
        }
        else {
           text.setFont(fontNormal); //两个复选框都未选中
        }
   ⑥  };

     chkBold.setOnAction(handler);
     chkItalic.setOnAction(handler);
     return pane;
  }
```

在行①中，调用类 GXJButton 中的 super.getPane()方法，以获得一个包含按钮和文本的 border 面板。

在行②～③中，创建一个复选框，并加入到 paneForCheckBoxes 中。

在行④中，将 paneForCheckBoxes 加入到 border 面板中。

在行⑤～⑥中，创建处理复选框动作事件的处理程序，根据复选框的状态来设置合适的字体。

在 GXJButton 中定义本实例的 start()方法，并且设置其在 GXJCheckBoxo 中被继承。当运行 GXJCheckBox 时，程序会调用 GXJButton 中的 start()方法。执行后的结果如图 18-3 所示。

选中加粗复选框 　　　　　　　　　　　　　　选中倾斜复选框

同时选中加粗和倾斜复选框

图 18-3　执行结果

18.4　使用单选按钮组件

在 JavaFX 框架中，单选按钮类 RadioButton 可以让用户从一组选项中选择一个条目选项。RadioButton 是 ToggleButton 的子类，单选按钮和开关按钮的不同之处是，单选按钮显示一个圆，而开关按钮渲染成类似于按钮。

18.4.1　单选按钮属性和方法

在 Java 程序中，一个 RadioButton 可以被选中或者取消选中。典型的用法是将多个 Radio Button 放在一组中，同一时间只有一个 Button 可以被选中。这正是 Radio Button 区别于 Toggle

Button（开关按钮）的地方，因为一组中的所有 Toggle Button 可以同时取消选中。

从外观上看，单选按钮类似于复选框。复选框是方形的，可以选中或者不选中；而单选按钮显示为一个圆，它或是填充的（选中时），或是空白的（未选中时）。

正如之前所说，RadioButton 是开关类 ToggleButton 的子类，而开关类 ToggleButton 中的常用属性和方法如下所示。

- ❑ 属性 selected：表明按钮是否被选中。
- ❑ 属性 toggleGroup：设置按钮属于哪一组。
- ❑ 方法 public ToggleButton()：创建一个空的开关按钮。
- ❑ 方法 public ToggleButton（java.lang.String text）：创建一个具有指定文本的按钮，参数 text 表示文本内容。
- ❑ 方法 public ToggleButton（java.lang.String text，Node graphic）：创建一个具有指定文本和图形的按钮，参数 text 表示文本内容，参数 graphic 表示图片地址。
- ❑ 方法 public final void setSelected（boolean value）：如果将参数值设置为 true，则表示当前的单选按钮处于选中状态。
- ❑ 方法 public final boolean isSelected()：查询当前的单选按钮是否处于选中状态。

类 javafx.scene.control.RadioButton 中独有的方法如下所示。

- ❑ 方法 public RadioButton()：创建一个空的单选按钮。
- ❑ 方法 public RadioButton（java.lang.String text）：创建一个具有指定文本的单选按钮，参数 text 表示文本内容。

❀ 注意：尽管复选框 Checkbox 和单选按钮 Radio 看起来很相似，但是它不能组合到 Toggle Group 中同时选中多项。

18.4.2 单选按钮组件实战演练

下面的实例基于 18.3.2 节的实例，定义了一个继承类 CheckBoxDemo 的子类，然后使用单选按钮控制窗体中文本的颜色。

实例 18-4 使用单选按钮控制窗体中文本的颜色
源码路径：daima\18\GXJRadioButton.java

实例文件 GXJRadioButton.java 的主要实现代码如下所示。

```
    @Override
①   protected BorderPane getPane() {
②       BorderPane pane = super.getPane();
        VBox paneForRadioButtons = new VBox(20);
        paneForRadioButtons.setPadding(new
        Insets(5, 5, 5, 5));
        paneForRadioButtons.setStyle
        ("-fx-border-color: green");
        paneForRadioButtons.setStyle
        ("-fx-border-width: 2px; -fx-border-
        color: green");
③       RadioButton rbRed = new RadioButton("红");
        RadioButton rbGreen = new RadioButton("绿");
        RadioButton rbBlue = new RadioButton("蓝");
④       paneForRadioButtons.getChildren().addAll(rbRed, rbGreen, rbBlue);
⑤       pane.setLeft(paneForRadioButtons);

⑥       ToggleGroup group = new ToggleGroup();
        rbRed.setToggleGroup(group);
        rbGreen.setToggleGroup(group);
⑦       rbBlue.setToggleGroup(group);

⑧       rbRed.setOnAction(e -> {
```

拓展范例及视频二维码

范例 **18-4-01**：在 ToggleGroup
中创建单选按钮
源码路径：**演练范例\18-4-01**
范例 **18-4-02**：实现单选按钮
事件处理
源码路径：**演练范例\18-4-02**

```
        if (rbRed.isSelected()) {
            text.setFill(Color.RED);
        }
    });
    rbGreen.setOnAction(e -> {          //选中单选按钮rbGreen时执行的程序
        if (rbGreen.isSelected()) {
            text.setFill(Color.GREEN);   //填充绿色
        }
    });
    rbBlue.setOnAction(e -> {           //选中单选按钮rbBlue时执行的程序
        if (rbBlue.isSelected()) {
            text.setFill(Color.BLUE);    //填充绿色
        }
⑨   });
    return pane;
}
```

在行①中，设置类 GXJRadioButton 继承类 GXJCheckBox，并重写 getPane()方法。

在行②中，使用方法 getPane()调用类 GXJCheckBox 中的 getPane()方法，创建一个包含复选按钮、按钮和一段文本的边框面板，这个边框面板是通过调用 super.getPane()返回的。

在行③～④中，分别创建 3 个单选按钮对象，并将其加入到 paneForRadioButtons 中。

在行⑤中，将 paneForRadioButtons 加入到边框面板中。

在行⑥～⑦中，将单选按钮组合在一起。

在行⑧～⑨中，创建处理单选按钮动作事件的处理程序，并根据单选按钮的状态设置合适的颜色。

这个 JavaFX 程序的 start()方法是在 ButtonDemo 中定义的，在 GXJCheckBox 中被继承，同时又在 GXJRadioButton 中被继承下来。当运行 GXJRadioButton 时，会调用 GXJButton 中的 start()方法。本实例执行后的结果如图 18-4 所示。

图 18-4　执行结果

18.5　使用文本框组件

在 JavaFX 框架中，文本框类 TextField 主要用于输入或显示一个字符串，是实现了接收和显示文本输入功能的 UI 组件。TextField 提供了从用户处接收文本输入的功能，TextField 是 TextInputControl 的子类，TextInputControl 类是 JavaFX 中所有文本组件的超类。

18.5.1　文本框的属性和方法

TextInputControl 中常用的属性和方法如下所示。

❏ 属性 promptText：显示提示文本。

❏ 属性 text：设置组件中的文本内容。

❑ 属性 length：设置文本框中输入的字符数。

❑ 属性 editable：设置是否可以编辑文本框。

❑ 方法 protected TextInputControl（TextInputControl.Content content）：创建一个指定内容的 TextInputControl 对象。

❑ 方法 public final StringProperty promptTextProperty()：在文本框中显示提示的文本。

❑ 方法 public final java.lang.String getPromptText()：获取提示文本属性 promptText 的值。

❑ 方法 public final void setPromptText（java.lang.String value）：设置提示文本属性 promptText 的值。

❑ 方法 public final java.lang.String getText()：获取文本框中的文本内容。

❑ 方法 public final void setText（java.lang.String value）：设置文本框中的文本内容。

❑ 方法 public final int getLength()：获取文本框的长度。

❑ 方法 public final boolean isEditable()：获取文本框是否可编辑。

❑ 方法 public final void setEditable（boolean value）：设置文本框是否可编辑。

❑ 方法 public final BooleanProperty editableProperty()：设置可以由用户来编辑。

❑ 方法 setPrefColumnCount()：设置文本域的大小，这个大小是指同一时间可以显示的最大字符个数。

❑ 方法 copy()：将当前选中范围内的文本复制到剪切板，并保留选中内容。

❑ 方法 cut()：将当前选中范围内的文本复制到剪切板，并移除选中内容。

❑ 方法 selectAll()：选中文本域中输入的文本。

❑ 方法 paste()：将剪切板中的内容粘贴到文本域中，并替换当前选中的内容。

类 javafx.scene.control.TextField 中常用的属性和方法如下所示。

❑ 属性 prefColumnCount：设置文本域的优先列数。

❑ 属性 onAction：设置文本域上处理动作事件的处理程序。

❑ 属性 alignment：设置文本在文本域中的对齐方式。

❑ 方法 public TextField()：创建一个空的文本域。

❑ 方法 public TextField（java.lang.String text）：创建一个具有指定文本的文本域。

18.5.2 文本框组件实战演练

下面的实例基于 18.4.2 节中的实例，定义了一个继承类 GXJRadioButton 的子类 GXJRadioButton，并提供了一个文本框以供用户输入信息。

实例 18-5 | **创建一个文本框供用户输入信息**
源码路径：daima\18\GXJTextField.java

实例文件 GXJTextField.java 的主要实现代码如下所示。

```
①public class GXJTextField extends GXJRadioButton {
 @Override
 protected BorderPane getPane() {
   BorderPane pane = super.getPane();
②   BorderPane paneForTextField =
     new BorderPane();
     paneForTextField.setPadding(new
     Insets(5, 5, 5, 5));
     paneForTextField.setStyle("-fx-border-
     color: green");
     paneForTextField.setLeft(new Label("请
     输入指令: "));
     TextField tf = new TextField();
     tf.setAlignment(Pos.BOTTOM_RIGHT);
③   paneForTextField.setCenter(tf);
```

拓展范例及视频二维码

范例 **18-5-01**：实现单行

文本输入

源码路径：**演练范例\18-5-01**

范例 **18-5-02**：设置 TextField 的

提示文本

源码路径：**演练范例\18-5-02**

```
        pane.setTop(paneForTextField);
④       tf.setOnAction(e -> text.setText(tf.getText()));
    return pane;
  }
```

在行①中，设置新类 GXJTextField 继承类 GXJRadioButton。

在行②～③中，创建一个标签和文本域以便用户输入新的文本。

在行④中，在文本域中设定一个新的文本并且按回车键后会显示一条新消息，在文本域中按回车键后会触发一个动作事件。

执行本实例后的结果如图 18-5 所示。

图 18-5　执行结果

18.6　使用文本域组件

在 JavaFX 框架中，文本域类 TextArea 允许用户在文本域里面输入多行文本。虽然可以创建多个 TextField 对象达到输入多行文本的目的，但是使用 TextArea 类是实现输入多行文本的最好选择。

　知识点讲解：

18.6.1　文本域的属性和方法

在 JavaFX 框架中，文本域组件 TextArea 继承了类 javafx.scene.control.TextInputControl，类 TextArea 中常用的属性和方法如下所示。

❑　属性 wrapText：设置文本是否要换行。

❑　属性 prefColumnCount：设置文本的优先列数。

❑　属性 prefRowCount：设置文本的优先行数。

❑　方法 public TextArea()：创建一个空的文本区域对象实例。

❑　方法 public TextArea (java.lang.String text)：创建一个显示指定文本的文本区域对象实例。

18.6.2　文本域组件实战演练

下面的实例演示了使用文本域组件的过程，本实例由两个文件来实现。

实例 18-6	使用文本域组件
	源码路径：daima\18\GXJDescriptionPane.java 和 GXJTextArea.java

（1）编写文件 GXJDescriptionPane.java，在里面定义一个继承 BorderPane 类的 GXJDescriptionPane，此类中包含一个滚动面板内的文本区域，以及一个标签，该标签显示一个图像图标和一个标题。文件 GXJDescriptionPane.java 的主要实现代码如下所示。

```
public class GXJDescriptionPane extends BorderPane {
    /** 定义Label对象显示图像标题*/
    private Label lblImageTitle = new Label();
    /** 显示文本域中的文本 */
```

```
        private TextArea taDescription = new TextArea();
        public GXJDescriptionPane() {
            // 设置图片和文字居中显示，将文字放在图片下方
            lblImageTitle.setContentDisplay(ContentDisplay.TOP);
            lblImageTitle.setPrefSize(200, 100);
            //设置标签和文本域的字体
            lblImageTitle.setFont(new Font("SansSerif", 16));
            taDescription.setFont(new Font("Serif", 14));
①          taDescription.setWrapText(true);
②          taDescription.setEditable(false);
            //创建一个滚动条对象
③          ScrollPane scrollPane = new ScrollPane(taDescription);
            //将标签和滚动条放到border区域
            setLeft(lblImageTitle);
            setCenter(scrollPane);
            setPadding(new Insets(5, 5, 5, 5));
        }
        /** 设置标题 */
        public void setTitle(String title) {
            lblImageTitle.setText(title);
        }
        /** 设置图片视图*/
        public void setImageView(ImageView icon) {
            lblImageTitle.setGraphic(icon);
        }
        /**设置文本*/
        public void setDescription(String text) {
            taDescription.setText(text);
        }
    }
```

┌─────────────────────────────────────┐
│ ━━━━ **拓展范例及视频二维码** ━━━━ │
│   │
│ 范例 **18-6-01**：绑定文本框   │
│   字符串   │
│ 源码路径：**演练范例\18-6-01**   │
│ 范例 **18-6-02**：添加   │
│   ContextMenu   │
│ 源码路径：**演练范例\18-6-02**   │
└─────────────────────────────────────┘

在行①中，因为将属性 wrapText 设置为 true，所以当文本不能一行显示的时候它会自动换行，删除本行可以取消此功能。

在行②中，因为文本域设置为不可编辑，所以不能在文本区域中编辑默认的描述文字，删除本行可以取消此功能。

在行③中，设置文本域位于一个 ScrollPane 中，ScrollPane 组件为文本域提供了滚动条功能。

（2）编写文件 GXJTextArea.java，它定义一个继承类 Application 的子类 GXJTextArea，创建 GXJDescriptionPane 类的实例并加入到窗体场景中。文件 GXJTextArea.java 的主要实现代码如下所示。

```
public class GXJTextArea extends Application {
    @Override
    public void start(Stage primaryStage) {
①      GXJDescriptionPane descriptionPane = new GXJDescriptionPane();
        //设置标题、文本和图像
②      descriptionPane.setTitle("VC++6.0");
        String description = "最早的开发C语言利器 ...";
③      descriptionPane.setImageView(new ImageView("123.jpg"));
④      descriptionPane.setDescription(description);
        //创建窗体
        Scene scene = new Scene(descriptionPane, 450, 200);
        primaryStage.setTitle("使用TextArea"); //设置标题
        primaryStage.setScene(scene);
        primaryStage.show();
    }
    public static void main(String[] args) {
                launch(args);
    }
}
```

在行①中，创建类 GXJDescriptionPane 的实例对象 descriptionPane。

在行②中，在描述面板的内设置标题。

在行③中，设置在面板中显示的图像。

在行④中，设置在面板中显示的文本。DescriptionPane 是 Pane 的子类，在里面包含了一个显示图像和标题的标签，以及显示关于图像描述的一个文本区域。

执行本实例后的结果如图 18-6 所示。

图 18-6　执行结果

18.7　使用选择框组件

在 JavaFX 框架中，选择框类 Choice Box<T>允许用户从一些选项中做出快速选择，这是一个泛型类。本节将详细讲解使用选择框组件 ChoiceBox 的知识。

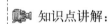 知识点讲解：

18.7.1　选择框的属性和方法

在 JavaFX 框架中，选择框类 ChoiceBox<T>的常用属性和方法如下所示。

- ❏ 属性 selectionModel：选择框的选择模型。因为选择框中只有一个选项可以选择，所以 ChoiceBox 只支持单一选择模型。一般来说，与选择模型的主要交互是显式地设置项目列表中的项目被选中，或监听用户操作动作的变化，知道哪些选项已被选中。
- ❏ 属性 showing：设置下拉列表是否显示用户的选择列表，这是一个只读属性。
- ❏ 属性 items：设置在"选择框"中显示的选项，待选项目必须是这些选项中的一项。
- ❏ 方法 public ChoiceBox()：创建一个空的选择框对象实例。
- ❏ 方法 public ChoiceBox (ObservableList<T> items)：创建一个拥有指定 items 选项的选择框对象实例。
- ❏ 方法 public final void setSelectionModel (SingleSelectionModel<T> value)：设置 ChoiceBox 的选择模型。因为只有一个选项可以选择，所以 ChoiceBox 只支持单一选择模式。一般来说，与选择模型的主要交互是显式地设置项目列表中的选项应被选中，或监听选择动作的变化，知道哪些选项已被选中。
- ❏ 方法 public final SingleSelectionModel<T> getSelectionModel()：返回选中的选项。
- ❏ 方法 public final void setItems (ObservableList<T> value)：设置选项的值。

18.7.2　选择框组件实战演练

下面的实例代码展示了使用 ChoiceBox 控件实现一个选项选择器的过程。

实例 18-7 用 ChoiceBox 控件实现一个选项选择器

源码路径：daima\18\GXJChoiceBoxTest.java

实例文件 GXJChoiceBoxTest.java 的主要实现代码如下所示。

```java
public void start(Stage primaryStage) throws Exception {
    FlowPane fp = new FlowPane();
    //创建一个流面板对象
    ChoiceBox<Object> cb = new ChoiceBox<>();
    //创建选择框
    cb.setItems(FXCollections.
    observableArrayList(//设置选择框中的选项
            "英语", "打开 ",
            new Separator(), "保存", "另存为")
    );
    final String [] greeting = {"aaa","
    bbb","ccc","ddd","eee",}; //定义一个数组

    final Label label = new Label();
    //定义标签对象
    cb.getSelectionModel().selectedIndexProperty().addListener((ov,oldv,newv)->{
        label.setText(greeting[newv.intValue()]);         //根据用户选择的选项显示数组的值
    });
    cb.setTooltip(new Tooltip("选择"));                    //设置悬浮式提示文本"选择"
    fp.getChildren().add(cb);
    fp.getChildren().add(label);
    Scene scene = new Scene(fp,500,300);                  //窗体大小
    primaryStage.setScene(scene);
    primaryStage.show();                                  //显示窗体
}
```

拓展范例及视频二维码

范例 **18-7-01**：使用选择框组件

源码路径：**演练范例\18-7-01**

范例 **18-7-02**：在 ChoiceBox

中填充数据

源码路径：**演练范例\18-7-02**

执行本实例后的结果如图 18-7 所示。

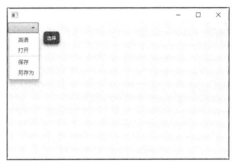

图 18-7 执行结果

18.8 使用密码框组件

在 JavaFX 框架中，密码框类 PasswordField 实现了一个特殊的文本框区域，在里面输入的字符会显示为隐藏样式的效果。图 18-8 显示了输入了密码的密码框效果。本节将详细讲解使用密码框组件 PasswordField 的知识。

知识点讲解：

图 18-8 密码框组件效果

18.8.1 密码框的属性和方法

在 JavaFX 框架中，由于密码框类 PasswordField 继承类 TextInputControl 和 TextField，所以

它也继承了这两个组件中的属性和方法，其中最为常用的方法如下所示。

- 方法 public PasswordField()：创建一个空的密码框区域。
- 方法 copy()：将当前选中范围内的文本复制到剪切板，并保留选中内容。
- 方法 cut()：将当前选中范围内的文本复制到剪切板，并移除选中内容。
- 方法 setText()：在应用程序启动时在组件中显示一个文本。但是，这个在 setText() 方法中指定的字符串在 PasswordField 中被回显字符给隐藏了，回显字符默认是小数点。
- 方法 getText()：可以通过此方法可获取输入到 PasswordField 中的值，可以在应用程序中处理这个值，并且根据需要设置验证逻辑。

18.8.2　密码框组件实战演练

下面的实例演示了使用密码框组件的过程。

实例 18-8　演示密码框的使用
源码路径：daima\18\GXJPasswordField.java

实例文件 GXJPasswordField.java 的主要实现代码如下所示。

```java
public class GXJPasswordField extends Application {
    final Label message = new Label("");            //定义标签对象message的初始值为空
    @Override
    public void start(Stage stage) {
        Group root = new Group();
        Scene scene = new Scene(root, 260, 80);
        //创建指定大小的区域
        stage.setScene(scene);
        stage.setTitle("密码框实例");
        //设置窗体标题
        VBox vb = new VBox();
        //垂直布局
        vb.setPadding(new Insets(10, 0, 0, 10));
        //设置4个方向的边距
        vb.setSpacing(10);
        HBox hb = new HBox();                       //水平布局
        hb.setSpacing(10);
        hb.setAlignment(Pos.CENTER_LEFT);
        Label label = new Label("请输入密码");        //设置显示的标签文本
        final PasswordField pb = new PasswordField();  //定义密码框对象
        pb.setOnAction(new EventHandler<ActionEvent>() {
            @Override
            public void handle(ActionEvent e) {
                if (!pb.getText().equals("GXJ")) {   //设置正确的密码是"GXJ"
                    message.setText("你输入的密码错误!!! ");  //如果输入的不是"GXJ"，则输出错误提示文本
                    message.setTextFill(Color.web("red"));  //设置错误提示文本的颜色是红色
                } else {                             //如果输入的是"GXJ"，
                    message.setText("您的密码已被确认!!! ");  //密码正确提示文本
                    message.setTextFill(Color.web("black"));//密码正确提示文本的颜色是黑色
                }
                pb.setText("");
            }
        });
        hb.getChildren().addAll(label, pb);
        vb.getChildren().addAll(hb, message);
        scene.setRoot(vb);
        stage.show();
    }

    public static void main(String[] args) {
        launch(args);
    }
}
```

执行本实例后的结果如图 18-9（a）～（d）所示。

拓展范例及视频二维码

范例 **18-8-01**：密码字段和
操作侦听器
源码路径：**演练范例\18-8-01**
范例 **18-8-02**：实现会员登录
系统
源码路径：**演练范例\18-8-02**

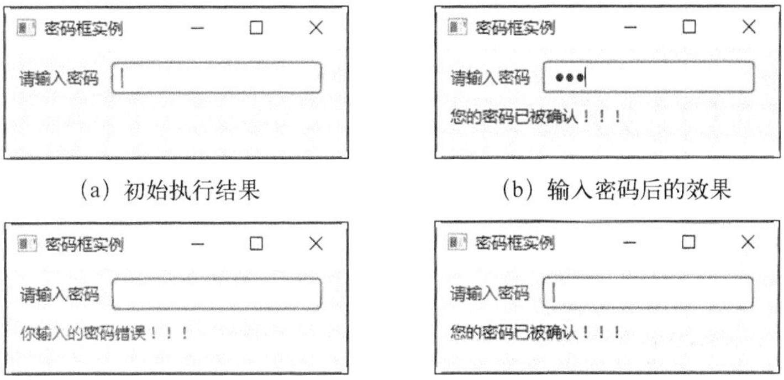

(a) 初始执行结果　　　　　　　　　(b) 输入密码后的效果

(c) 输入密码错误并按下回车键后的效果　　　(d) 密码正确按下回车键后的效果

图 18-9　执行结果

18.9　使用组合框组件

组合框是用户界面中的一种典型元素,它允许用户从多个选项中选择一项。在 JavaFX 框架,组合框组件的实现类是 ComboBox<T>,这是一个泛型类。本节将详细讲解使用组合框组件 ComboBox 的知识。

知识点讲解:

18.9.1　组合框的属性和方法

组合框组件 ComboBox 也称为选择列表 (choice list) 或下拉式列表 (drop down list),它包含一个条目列表,用户能够从中进行选择。使用组合框可以限制用户的选择范围,并避免对输入数据的有效性进行烦琐的检查。

组合框 ComboBox 是用户界面中的典型元素,它允许用户从多个选项中选择一项。当要展示的项目较多时它非常有用,因为它对下拉列表提供了滚动功能,这点与选择框(ChoiceBox)不同。如果选项的数目不是很多,则开发者可以决定使用 ComboBox 和 Choice Box 哪个更符合实际需要。

组合框类 ComboBox<T>继承类 javafx.scene.control.ComboBoxBase<T>,它包含了如下常用的属性和方法。

- ❑　属性 value:在一个组合框中选择的值。
- ❑　属性 editable:设置组合框是否允许用户输入。
- ❑　属性 showing:表示 ComboBox 弹出的状态,以及是否当前可见(ComboBox 可能隐藏在其他窗口中)。
- ❑　属性 promptText:设置显示的提示信息。
- ❑　属性 onAction:设置处理动作事件的处理程序。
- ❑　方法 getValue():获得选中的选项值。当用户选择一个选项时,selectionModel 属性的所选项和 value 属性都会更新为新值。
- ❑　方法 setValue():设置在 ComboBox 中被选定的选项。

类 javafx.scene.control.ComboBox<T>中包含了如下常用的属性和方法。

- ❑　属性 items:设置在组合框中弹出的选项条目。
- ❑　属性 converter:将用户输入转换为 T 类型对象,这样可以通过检索属性值的方式进行检索。
- ❑　属性 buttonCell:渲染组合框的按钮区域。

❑ 属性 selectionModel：设置组合框的所选择选项，只能有一个选项被选择。当在一个
　 CombBox 对象上调用 setValue 方法时，selectionModel 属性的被选项会设置为对应值，
　 即使该值并不在 ComboBox 的选项列表中。如果选项列表中包括了对应值，则对应的
　 选项将会选中。

❑ 属性 visibleRowCount：组合框弹出部分最多可以显示的条目行数。

❑ 方法 public ComboBox()：创建一个空的组合框对象实例。

❑ 方法 public ComboBox（ObservableList<T> items）：创建一个具有指定条目选项的组合框。

18.9.2　组合框实战演练

下面的实例演示了使用组合框组件 ComboBox 的具体过程。

实例 18-9　使用组合框组件 ComboBox
源码路径：daima\18\GXJComboBox.java

实例文件 GXJComboBox.java 的具体实现流程如下所示。

（1）创建用户界面。

创建一个组合框对象实例，将照片名作为选择值。创建一个 GXJDescriptionPane
（GXJDescriptionPane 类已在 18.2.2 节中介绍过）对象实例。将组合框放置在边框面板的上部，
而将描述面板放置在边框面板的中央。

（2）实现事件处理。

编写一个事件处理程序以处理来自组合框的动作事件，然后分别设置选定图片的名字、图
像以及图像描述面板中的文本。

实例文件 GXJComboBox 的主要实现代码如下所示。

```java
public class GXJComboBox extends Application {
    //定义一个数组保存下拉选项名
    private String[] flagTitles = {"VC++开发工具", "小毛毛1", "小毛毛2",
        "小老鼠", "小毛毛3", "小毛毛4", "小毛毛5", "小毛毛6",
        "小毛毛7"};
    //定义图像数组ImageView，用于保存9张图片的地址
    private ImageView[] flagImage = {new
    ImageView("123.jpg"),
        new ImageView("1.jpg"),
        new ImageView("2.jpg"),
        new ImageView("3.jpg"),
        new ImageView("4.jpg"),
        new ImageView("5.jpg"),
        new ImageView("6.jpg"),
        new ImageView("7.jpg"), new ImageView("456.jpg")};
    //定义数组flagDescription来保存描述9张图片的文本
    private String[] flagDescription = new String[9];
    //声明并创建GXJDescriptionPane对象实例
    private GXJDescriptionPane descriptionPane = new GXJDescriptionPane();
    //创建一个组合框对象实例
    private ComboBox<String> cbo = new ComboBox<>();
    @Override
    public void start(Stage primaryStage) {
        //向数组中添加9张图片的描述文本
        flagDescription[0] = "VC++6.0曾经是最好的开发工具！";
        flagDescription[1] = "小毛毛在睡觉1......";
        flagDescription[2] = "小毛毛在睡觉2......";
        flagDescription[3] = "环字城中的小老鼠......";
        flagDescription[4] = "小毛毛在睡觉3......";
        flagDescription[5] = "小毛毛在睡觉4......";
        flagDescription[6] = "小毛毛在睡觉5......";
        flagDescription[7] = "小毛毛在睡觉6......";
        flagDescription[8] = "小毛毛在睡觉7......";
        //设置数组中的第一个元素在列表中显示
        setDisplay(0);
```

拓展范例及视频二维码

范例 **18-9-01**：创建可编辑
组合框
源码路径：**演练范例**\18-9-01\
范例 **18-9-02**：创建组合框
单元格
源码路径：**演练范例**\18-9-02\

```
    //将Combobox对象和description对象添加到定义的pane对象中
    BorderPane pane = new BorderPane();
    BorderPane paneForComboBox = new BorderPane();
    paneForComboBox.setLeft(new Label("选择照片: "));
    paneForComboBox.setCenter(cbo);
    pane.setTop(paneForComboBox);
    cbo.setPrefWidth(400);
    cbo.setValue("毛毛宝贝");
    ObservableList<String> items = FXCollections.observableArrayList(flagTitles);
    cbo.getItems().addAll(items);
    pane.setCenter(descriptionPane);
    //显示选择的照片
    cbo.setOnAction(e -> setDisplay(items.indexOf(cbo.getValue())));

    //创建指定大小的窗体
    Scene scene = new Scene(pane, 450, 570);
    primaryStage.setTitle("ComboBoxDemo实战");  //设置标题
    primaryStage.setScene(scene);
    primaryStage.show();  //显示窗体
  }
  /** 显示每个图像对应的信息*/
  public void setDisplay(int index) {
    descriptionPane.setTitle(flagTitles[index]);
    descriptionPane.setImageView(flagImage[index]);
    descriptionPane.setDescription(flagDescription[index]);
  }
  public static void main(String[] args) {
    launch(args);
  }
}
```

上述代码将图片信息存储在 3 个数组中：flagTitles、flagImage 和 flagDescription。数组 flagTitles 中存放 9 张图片的名称，数组 flagImage 中存放 9 张图像的地址，数组 flagDescription 中存放这 9 张图片的描述。

上述代码根据数组 flagTitles 中的值创建一个组合框，使用 getItem() 方法从组合框返回一个列表，使用 addAll() 方法将多个条目加入到列表中。当用户选择组合框中的一项后，会触发对应的事件处理程序，通过事件处理程序确定选中项的索引值，并调用 setDisplay（int index）方法在面板上设置相应的图像名、图像地址及图像描述。

执行本实例后的结果如图 18-10 所示。

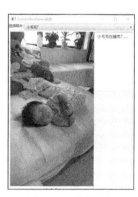

图 18-10   执行结果

18.10   使用列表视图组件

在 JavaFX 框架中，列表视图组件的实现类是 ListView<T>，这是一个泛型类。ListView 列表视图的功能与组合框的基本相同，但它允许用户选择一个或多个选项值，执行后会展示一个可以滚动的列表。

知识点讲解：

18.10.1   列表视图的属性和方法

在 JavaFX 框架中，ListView 列表视图组件包含了如下常用的属性和方法。

❑ 属性 items：列表视图中的选项条目。

❑ 属性 selectionModel：设置选项条目是如何选定的，还可获得用户选择的选项条目。

❑ 属性 focusModel：获取列表对象中选项条目的焦点。

❏ 属性 orientation：设置选项条目在列表视图中是水平显示还是垂直显示。

❏ 属性 cellFactory：创建一个有特定效果的单元格。

❏ 属性 editable：设置是否可以编辑选项状态。

❏ 属性 editingIndex：设置列表中某个索引选项的编辑状态。

❏ 属性 onEditStart：当用户启动编辑状态时，将会触发此事件处理程序。

❏ 属性 onEditCommit：表示编辑提交状态，当用户执行编辑输入操作时，如果将此过程处于持久状态则会使用此属性。

❏ 属性 onEditCancel：当用户取消编辑单元格时，将触发此事件处理程序。

❏ 属性 selectedItemProperty：该属性是一个 Observable 的实例，可以在这个属性上加一个监听器来处理属性的变化。

❏ 方法 public ListView()：创建一个空的列表视图。

❏ 方法 public ListView（ObservableList<T> items）：创建一个指定条目的列表视图。

❏ 方法 getSelectionModel()：返回一个 SelectionModel 实例，该实例不但包含了设置选择模式的功能，还包括了获得被选中项的索引值的功能。选择模式由 SelectionMode.MULTIPLE 和 SelectionMode.SINGLE 这两个常量中的一个来定义。这两个值表明可以选择单个还是多个条目，默认值是 SelectionMode.SINGLE。

❏ 方法 getSelectionModel().getSelectedIndex()：返回在单选（Single-Selection）模式下被选中的列表项索引号。

❏ getSelectionModel().getSelectedItem()：返回当前被选中的列表项。

❏ getFocusModel().getFocusedIndex()：返回当前获得焦点的列表项索引号。

❏ getFocusModel().getFocusedItem()：返回当前获得焦点的列表项。

18.10.2 列表视图组件实战演练

下面的实例演示了使用 ListView 列表视图组件的过程。

实例 18-10 使用 ListView 列表视图组件
源码路径：daima\18\GXJListView.java

本实例的实现文件是 GXJListView.java，具体实现流程如下所示。

（1）创建用户界面。

创建有 9 个图片名的列表作为选择值，然后将这个列表框放到一个滚动面板中，将滚动面板放到边框面板的左边。创建 9 个图像视图用来显示这 9 张图片。创建一个流式面板来包含图像视图，并且将面板放在边框面板的中央。

（2）处理事件。

创建一个监听器来实现 InvalidationListener 接口中的 invalidated 方法，在面板中放置选定的图像视图。

实例文件 GXJListView.java 的主要实现代码如下所示。

```
public class GXJListView extends Application {
    //创建数组Strings，保存列表视图中的9条选项条目
①   private String[] flagTitles = {"小毛毛1", 小毛毛2", "小老鼠","小毛毛3", "小毛毛4", "小毛毛5",
    "小毛毛6", "VC++6.0","小毛毛7"};

    //定义数组ImageView，保存9张图片的地址
②   private ImageView[] ImageViews = {
    new ImageView("1.jpg"),
    new ImageView("2.jpg"),
    new ImageView("3.jpg"),
    new ImageView("4.jpg"),
    new ImageView("5.jpg"),
```

```
          new ImageView("6.jpg"),
          new ImageView("7.jpg"),
          new ImageView("123.jpg"),
          new ImageView("456.jpg")
③    };

     @Override
     public void start(Stage primaryStage) {
       ListView<String> lv = new ListView<>
④        (FXCollections.observableArrayList
          (flagTitles));
          lv.setPrefSize(400, 400);
⑤        lv.getSelectionModel().setSelectionMode
          (SelectionMode.MULTIPLE);

     //创建FlowPane对象实例显示图像视图
     FlowPane imagePane = new FlowPane(10, 10);
     BorderPane pane = new BorderPane();
⑥      pane.setLeft(new ScrollPane(lv));
        pane.setCenter(imagePane);

⑦      lv.getSelectionModel().selectedItemProperty().addListener(
        ov -> {
           imagePane.getChildren().clear();
           for (Integer i: lv.getSelectionModel().getSelectedIndices()) {
              imagePane.getChildren().add(ImageViews[i]);
           }
⑧      });

     //创建制定大小的窗体
     Scene scene = new Scene(pane, 800, 400);
     primaryStage.setTitle("ListView组件演练"); //设置标题
     primaryStage.setScene(scene);
     primaryStage.show(); //显示窗体
   }
   public static void main(String[] args) {
     launch(args);
   }
```

拓展范例及视频二维码

范例 **18-10-01**：自定义列表
                         视图
源码路径：**演练范例\18-10-01**

范例 **18-10-02**：处理列表项目
                         选择
源码路径：**演练范例\18-10-02**

在行①中，创建数组 Strings，保存列表视图中的 9 个选项条目。

在行②～③中，定义数组 ImageView，创建包含 9 张图片视图的数组和保存 9 张图片的地址，此处和数组 Strings 中的元素顺序保持一致。

在行④中，因为列表视图中的条目来自 String 数组，所以图像视图数组中的序号对应于列表视图数组中的第一个选项。

在行⑤中，列表视图的选择模式设为多选，从而允许用户在列表视图中选择多项。

在行⑥中，列表视图置于一个滚动面板中，这样当列表中的条目数超过显示区域时可以滚动显示。

在行⑦～⑧中，当用户在列表视图中选择某个选项后，会执行监听的事件处理程序，从而得到被选中条目的序号，并且将相应的图像视图加入到流式面板中。

本实例执行后允许用户在一个列表视图中选择图片名，并且在一个图像视图中显示选中的图片。执行结果如图 18-11 所示。

图 18-11　执行结果

441

18.11　使用滚动条组件

滚动条是一个允许用户在某个范围内进行选择的组件。在 JavaFX 框架中，滚动条组件的实现类是 ScrollBar，这是一个泛型类。本节将详细讲解使用 JavaFX 滚动条组件的知识。

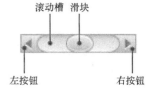

📹 知识点讲解：

18.11.1　滚动条的属性和方法

通常，用户通过滚动鼠标的方式改变滚动条的值。例如用户可以上下拖动滚动块、单击滚动条轨道、单击滚动条的左按钮或者右按钮。图 18-12 显示了滚动条组件 ScrollBar 的 3 个区域：滑块（Thumb），左右（或上下）按钮和滚动槽（Track）。

图 18-12　ScrollBar 的元素

在 JavaFX 框架中，滚动条组件 ScrollBar 包含了如下常用的属性和方法。

- 属性 min：滚动条代表的最小值，默认值是 0。
- 属性 max：滚动条代表的最大值，默认值是 100。
- 属性 value：滚动条的当前值，默认值是 0。
- 属性 orientation：设置滚动条的滚动方向，默认值是 HORIZONTAL（水平滚动）。
- 属性 unitIncrement：设置滚动条滚动时的增量值或减量值。
- 属性 blockIncrement：单击滚动条轨道时的调节值，默认值是 10。
- 属性 visibleAmount：设置滚动条的宽度，默认值是 15。
- 方法 public ScrollBar()：创建一个默认的水平滚动条。
- 方法 public final void setMin（double value）：设置滚动条的最小值。
- 方法 public final double getMin()：获取滚动条的最小值。
- 方法 public final DoubleProperty minProperty()：这个滚动条能表示的最小值。
- 方法 public final void setMax（double value）：设置滚动条的最大值。
- 方法 public final double getMax()：获取滚动条的最大值。
- 方法 public final DoubleProperty maxProperty()：这个滚动条能表示的最大值。
- 方法 public final void setValue（double value）：设置当前滚动条的值。
- 方法 public final double getValue()：获取当前滚动条的值。
- 方法 public final void setOrientation（Orientation value）：设置滚动条的滚动方向。
- 方法 public final Orientation getOrientation()：获取滚动条的滚动方向。
- 方法 public void increment()：以 unitIncrement 值增加滚动条的值。
- 方法 public void decrement()：以 unitDecrement 值减少滚动条的值。

18.11.2　滚动条组件实战演练

下面的实例使用水平滚动条和垂直滚动条来控制面板中显示的文本。使用水平滚动条左右移动文本，使用垂直滚动条上下移动文本。

实例 18-11   使用水平滚动条和垂直滚动条控制面板中的文本

源码路径：daima\18\GXJScrollBar.java

实例文件 GXJScrollBar.java 的具体实现流程如下所示。

（1）创建用户界面。

创建一个 Text 对象，将它放置于边框面板的中央。然后创建一个垂直滚动条，将它放到边框面板的右边。接下来创建一个水平滚动条，将它放到边框面板的底部。

（2）处理事件。

创建一个事件监听器，当滚动条中的滑块由于 value 属性的改变而移动时，事件处理程序会相应地移动文本。

实例文件 GXJScrollBar.java 的主要实现代码如下所示。

```
   @Override
   public void start(Stage primaryStage) {
①      Text text = new Text(20, 20, "JavaFX非常好用！");
②      ScrollBar sbHorizontal = new ScrollBar();
③      ScrollBar sbVertical = new ScrollBar();
       sbVertical.setOrientation(Orientation.VERTICAL);

       //创建Pane对象paneForText
       Pane paneForText = new Pane();
④      paneForText.getChildren().add(text);

       //在窗体上添加滚动条和文本
       BorderPane pane = new BorderPane();
⑤      pane.setCenter(paneForText);
⑥      pane.setBottom(sbHorizontal);
⑦      pane.setRight(sbVertical);

       //监听水平滚动条值的变化
⑧      sbHorizontal.valueProperty().addListener(ov ->
⑨        text.setX(sbHorizontal.getValue() * paneForText.getWidth() /
⑩          sbHorizontal.getMax()));

       //监听垂直滚动条值的变化
⑪      sbVertical.valueProperty().addListener(ov ->
⑫        text.setY(sbVertical.getValue() * paneForText.getHeight() /
⑬          sbVertical.getMax()));

       //创建Scene对象scene
       Scene scene = new Scene(pane, 450, 170);
       primaryStage.setTitle("ScrollBar演练"); //设置标题
       primaryStage.setScene(scene);
       primaryStage.show(); //显示stage
   }
```

拓展范例及视频二维码

范例 **18-11-01**：创建一个
　　　　　　　滚动条
源码路径：**演练范例\18-11-01**
范例 **18-11-02**：滚动条事件
　　　　　　　处理
源码路径：**演练范例\18-11-02**

在行①中，创建 Text 文本对象。

在行②③中，创建两个滚动条实例，它们分别是水平滚动条 sbHorizontal 和垂直滚动条 sbVertical。

在行④中，将 Text 文本放在一个面板中。

在行⑤中，将面板放在边框面板的中央。如果文本直接放在边框面板中央，则不能通过重设它的 x 和 y 属性改变文本的位置。

在行⑥⑦中，将 sbHorizontal 和 sbVertical 分别放置在边框面板的右侧和底部。

在行⑧中，注册一个监听器以监听 sbHorizontal 中 value 属性值的变化情况。

在行⑨⑩中，当滚动条的值发生改变时，调用事件处理程序将 sbHorizontal 的当前值设置为水平滚动条的 x 值。

在行⑪中，注册一个监听器以监听 sbVertical 中 value 属性的变化。

在行⑫⑬中，当滚动条的值发生改变时，调用事件处理程序将 sbVertical 的当前值设置为垂直滚动条的 y 值。

执行本实例后的结果如图 18-13 所示。

图 18-13　执行结果

18.12　使用滑块组件

滑块通常也称为滑动条，在 JavaFX 框架中，滑块组件的实现类是 Slider。Slider 与前面讲解的 ScrollBar 类似，但是 Slider 具有更多的属性，并且可以以多种形式显示。在 Java 应用程序中，可以使用滑块（slider）来显示一个区间范围内的数据并与之交互。

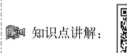

18.12.1　滑块的属性和方法

在 JavaFX 框架中，Slider 控件由滑轨（track）和可拖放滑块（thumb）组成。Slide 也可以包括多个刻度标记（tick mark）和刻度标签（tick label），以表示数值区间的范围。图 18-14 展示了一个典型的滑块及其主要组成。

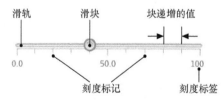

图 18-14　滑块的主要组成元素

在 JavaFX 框架中，滑块组件 Slider 包含了如下常用的属性和方法。

❑ 属性 max：滑动条代表的最大值，默认值是 100。
❑ 属性 min：滑动条代表的最小值，默认值是 0。
❑ 属性 value：滑动条的当前值，默认值是 0。
❑ 属性 valueChanging：当值为 true 时，它表示当前滑块值正在改变，它通知该值正在改变。计算变化值后，将其值重置为 false。
❑ 属性 orientation：设置滑动条的方向（默认值为 HORIZONTAL）。
❑ 属性 showTickLabels：设置是否显示刻度标签。
❑ 属性 showTickMarks：设置是否显示刻度标记。
❑ 属性 majorTickUnit：设置主刻度之间的单元距离。
❑ 属性 minorTickCount：设置两个主刻度之间放置的次刻度数。

- ❑ 属性 snapToTicks：设置滑块值是否应始终与刻度对齐。
- ❑ 属性 blockIncrement：单击滑动条的轨道时的调节值，默认值是 10。
- ❑ 方法 public Slider()：创建一个默认的水平滑动条。
- ❑ 方法 public Slider（double min，double max，double value）：创建一个具有指定最大值、最小值和当前值的滑动条。
- ❑ 方法 spublic final void setMax（double value）：定义滑动条所表示数据的最大值。
- ❑ 方法 public final double getMax()：获取滑动条所表示数据的最大值。
- ❑ 方法 public final void setMin（double value）：定义滑动条所表示数据的最小值。
- ❑ 方法 public final double getMin()：获取滑动条所表示数据的最小值。
- ❑ 方法 public final void setSnapToTicks（boolean value）：如果设置参数值为 true，那么可以使滑动条所表示的值永远对齐刻度标记。
- ❑ 方法 public final void setBlockIncrement（double value）：设置当用户单击滑动条时滑块的移动距离。

18.12.2 滑块组件实战演连

下面的实例演示了当滑动条中的 value 属性值发生变化时会触发事件监听程序，实现移动面板中文本的功能。

实例 18-12 使用滑块组件移动面板中的文本
源码路径：daima\18\GXJSlider.java

实例文件 GXJSlider.java 的主要实现代码如下所示。

```java
public void start(Stage primaryStage) {
    Text text = new Text(20, 20, "JavaFX非常好用");

    Slider slHorizontal = new Slider();
①   slHorizontal.setShowTickLabels(true);
②   slHorizontal.setShowTickMarks(true);

    Slider slVertical = new Slider();
    slVertical.setOrientation(Orientation.VERTICAL);
    slVertical.setShowTickLabels(true);
    slVertical.setShowTickMarks(true);
    slVertical.setValue(100);

    //创建新的Pane对象实例
    Pane paneForText = new Pane();
    paneForText.getChildren().add(text);

    //创建BorderPane对象实例，在里面放置文本和滑动条
    BorderPane pane = new BorderPane();
    pane.setCenter(paneForText);
    pane.setBottom(slHorizontal);
    pane.setRight(slVertical);

③   slHorizontal.valueProperty().addListener(ov ->
④       text.setX(slHorizontal.getValue() * paneForText.getWidth() /slHorizontal.getMax()));

⑤   slVertical.valueProperty().addListener(ov ->
⑥       text.setY((slVertical.getMax() - slVertical.getValue())
⑦*  paneForText.getHeight() / slVertical.getMax()));

    //创建指定大小的Scene区域
    Scene scene = new Scene(pane, 450, 170);
    primaryStage.setTitle("SliderDemo"); //设置标题
    primaryStage.setScene(scene);
    primaryStage.show(); //显示窗体
}
```

拓展范例及视频二维码

范例 **18-12-01**：自定义滑块刻度
源码路径：**演练范例**\18-12-01\
范例 **18-12-02**：滑块值属性更改监听器
源码路径：**演练范例**\18-12-02\

在行①②中，在滑动条上设置标签、主刻度标记和次刻度标记。

在行③中，注册一个事件监听器程序，以监听水平滑动条 slHorizontal 的 value 属性的变化情况。

在行④中，当水平滑动条的值改变时，调用对应的事件处理程序为面板中的文本设置一个新位置。

在行⑤中，注册另外一个事件监听器程序，以监听垂直滑动条 slVertical 的 value 属性的变化情况。

在行⑥⑦中，当垂直滑动条的值改变时，调用对应的事件处理程序为面板中的文本设置一个新位置。

执行本实例后的结果如图 18-15 所示。

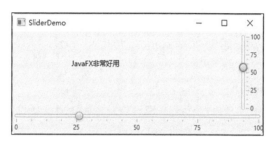

图 18-15　执行结果

18.13　使用树视图组件

在 JavaFX 应用程序中，可以使用树视图组件 TreeView 创建一个树状结构，并且可以向树视图中增加项、处理事件以及通过实现和添加单元格工厂（cell factory）自定义树的单元格。本节将详细讲解使用 JavaFX 树视图组件的知识。

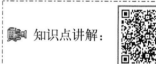

知识点讲解：

18.13.1　树视图的属性和方法

在 JavaFX 框架中，树视图组件的实现类是 TreeView<T>，这是一个泛型类。类 TreeView 提供了展示层级结构的视图，在树中最顶级的节点称为"根（root）节点"。根节点包括一些子节点，这些子节点还可以有下级子节点。一个没有子节点的节点称为"叶子（leaf）节点"。

在 JavaFX 框架中，树视图组件 TreeView 主要包含了如下常用的属性和方法。

❑ 属性 cellFactory：树视图的单元格。单元格工厂机制用于产生 TreeCell 实例，以便在 TreeView 中表现单个的 TreeItem。当应用程序需要操作大量的动态数据或增加数据操作时，使用单元格工厂会非常有用。

❑ 属性 root：树视图的根节点。

❑ 属性 showRoot：设置树视图的根节点是否可见。

❑ 属性 selectionModel：选择视图节点。

❑ 属性 editable：设置树视图的节点是否可编辑。

❑ 属性 editingItem：树视图中的某个条目是否可编辑。

❑ 方法 public TreeView()：创建一个视图对象。

- 方法 public TreeView（TreeItem<T> root）：创建一个指定根节点的视图对象。
- 方法 public static <T> EventType<TreeView.EditEvent<T>> editAnyEvent()：这是一个事件处理方法，有任何编辑事件发生都会触发。
- 方法 public static <T> EventType<TreeView.EditEvent<T>> editStartEvent()：这是一个事件处理方法，编辑操开始作就会触发。
- 方法 public static <T> EventType<TreeView.EditEvent<T>> editCancelEvent()：这是一个事件处理方法，编辑操作取消就会触发。

18.13.2　树视图组件实战演练

下面的实例演示了使用 JavaFX 树视图组件 TreeView 的过程。

实例 18-13　　使用树视图组件 TreeView
源码路径：daima\18\GXJTreeView.java

实例文件 GXJTreeView.java 的主要实现代码如下所示。

```java
public class GXJTreeView extends Application {
    private final Node rootIcon = new ImageView(
        new Image(getClass().getResourceAsStream("110.png"))
    );
    public static void main(String[] args) {
        launch(args);
    }
    @Override
    public void start(Stage primaryStage) {
        primaryStage.setTitle("Tree View Sample");
        TreeItem<String> rootItem = new TreeItem<> ("Inbox", rootIcon);
        rootItem.setExpanded(true);
        for (int i = 1; i < 6; i++) {
            TreeItem<String> item = new TreeItem<> ("Message" + i);
            rootItem.getChildren().add(item);
        }
        TreeView<String> tree = new TreeView<> (rootItem);
        StackPane root = new StackPane();
        root.getChildren().add(tree);
        primaryStage.setScene(new Scene(root, 300, 250));
        primaryStage.show();
    }
}
```

拓展范例及视频二维码

范例 **18-13-01**：创建本地树视图
源码路径：**演练范例\18-13-01**
范例 **18-13-02**：含有复选框的树视图
源码路径：**演练范例\18-13-02**

在上述代码中，使用 for 循环创建树视图条目 TreeItem 作为子节点，然后调用 getChildren() 和 add()方法将这些条目添加到根节点上。另外，也可以尝试使用 addAll()方法一次性添加这些子节点。上述实现代码可以通过类 TreeView 的构造方法来设置根节点，或者通过 setRoot()方法来指定根节点。在根节点对象中，调用 setExpanded()方法定义树视图的初始外观。在默认情况下，所有的 TreeItem 实例是折叠起来的，并且在必要时才能手工展开。如果在调用 setExpanded()方法时设置参数为 true，则在程序启动时会自动展开根节点。执行结果如图 18-16 所示。

图 18-16　执行结果

18.14　使用进度组件

在 JavaFX 应用程序中，可以使用进度指示器（Progress Indicator）和进度条（ProgressBar）实现进度可视化。本节将详细讲解这两个组件的知识。

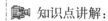 知识点讲解：

18.14.1　进度指示器

在 JavaFX 框架中，进度指示器组件的实现类是 ProgressIndicator，其功能是以动态变化的饼图来展示进度效果，主要包含了如下常用的属性和方法。

- ❑ 属性 indeterminate：是否为可确定的进度指示器。有时候应用程序无法确定完成任务所需的时间，在这种情况下进度展示控件会保持为不确定模式（Indetermine mode），直到任务时长可确定为止。典型的不确定进度指示器会以某种形式的动画来预示潜在的"无限"进展。
- ❑ 属性 progress：表示进度值，范围是 0～1 或 0%～100%。
- ❑ 方法 public ProgressIndicator()：创建一个进度指示器对象。
- ❑ 方法 public ProgressIndicator（double progress）：创建一个有指定进度值的进度指示器对象。
- ❑ 方法 public final boolean isIndeterminate()：检查进度展示控件是否处于不确定模式中。
- ❑ 方法 public final void setProgress（double value）：设置一个具体大小的进度值。
- ❑ 方法 public final double getProgress()：获取当前的进度值。

18.14.2　进度条

在 JavaFX 框架中，进度条组件的实现类是 ProgressBar，其功能是使用带有完成度的指示条来展示进度效果，主要包含了如下构造方法。

- ❑ 方法 public ProgressBar()：创建一个进度条对象实例。
- ❑ 方法 public ProgressBar（double progress）：创建一个有指定进度值的进度条对象实例。

18.14.3　进度组件实战演练

下面的实例演示了使用进度指示器和进度条的过程。

实例 18-14 | **使用进度指示器和进度条**
源码路径：daima\18\GXJProgress.java

实例文件 GXJProgress.java 的主要实现代码如下所示。

```
public class GXJProgress extends Application {

    final Float[] values = new Float[] {-1.0f, 0f, 0.6f, 1.0f};
    final Label [] labels = new Label[values.length];
    final ProgressBar[] pbs = new ProgressBar[values.length];
    final ProgressIndicator[] pins = new ProgressIndicator[values.length];
    final HBox hbs [] = new HBox [values.length];

    @Override
    public void start(Stage stage) {
        Group root = new Group();
        Scene scene = new Scene(root, 300, 250);
        stage.setScene(scene);
        stage.setTitle("进度控制实例");

        for (int i = 0; i < values.length;
        i++) { //使用for循环递增进度条值
            final Label label =
            labels[i] = new Label();
            label.setText("进度:" + values[i]);
```

拓展范例及视频二维码

范例 **18-14-01**：创建一个
　　　　　　进度条
源码路径：**演练范例\18-14-01**
范例 **18-14-02**：创建完成
　　　　　　25%的进度条
源码路径：**演练范例\18-14-02**

```
        final ProgressBar pb = pbs[i] = new ProgressBar();     //创建进度条对象pb
        pb.setProgress(values[i]);
        final ProgressIndicator pin = pins[i] = new ProgressIndicator();
        pin.setProgress(values[i]);
        final HBox hb = hbs[i] = new HBox();
        hb.setSpacing(5);                                       //设置边距
        hb.setAlignment(Pos.CENTER);                            //居中对齐显示
        hb.getChildren().addAll(label, pb, pin);
    }

    final VBox vb = new VBox();                                 //创建VBox对象
    vb.setSpacing(5);                                           //设置边距
    vb.getChildren().addAll(hbs);
    scene.setRoot(vb);
    stage.show();
}
```

上述实例代码展示了进度控件根据进度变量值而处在不同状态的用法。进度变量使用一个 0~1 的正数来表示进度的百分比，例如 0.4 表示 40%。如果进度变量为负数，则表示对应的进度展示控件处于不确定模式。可以使用 isIndeterminate() 方法来检查进度展示控件是否处于不确定模式中。执行结果如图 18-17 所示。

图 18-17　执行结果

18.15　使用 HTML 编辑器组件

在 Web 页面程序中（例如留言板、BBS 论坛和邮件系统），经常会用到 HTML 编辑器功能。图 18-18 所示的论坛回复功能便是用 HTML 编辑器实现的。

知识点讲解：

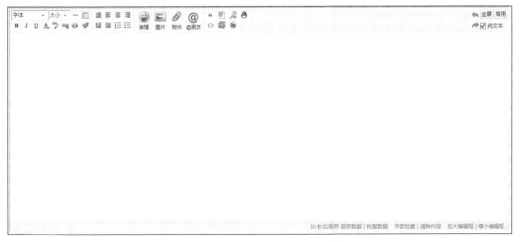

图 18-18　BBS 论坛中的 HTML 编辑器

通过 HTML 编辑器，我们可以在页面中对发布的文本设置颜色、大小或特效，也可以实现段落的排版处理和快速插入指定的图片，等等上述操作都是在可视化界面中实现的。在 JavaFX 框架中，可以使用 HTMLEditor 组件实现 HTML 编辑器功能。本节将详细讲解 HTML 编辑器组件 HTMLEditor 的基本知识。

18.15.1　HTML 编辑器组件概述

在 JavaFX 框架中，HTML 编辑器组件的实现类是 HTMLEditor，这是一个功能强大的文本编辑器。它基于 HTML5 文档编辑特征来实现，主要包含如下所示的编辑功能。

- ❑ 文本格式化，包括通过样式控制粗体、斜体、下划线和删除线。
- ❑ 段落设置，如格式、字体、字体大小。
- ❑ 前景色和背景色。
- ❑ 文本缩进。
- ❑ 项目符号和编号。
- ❑ 文本对齐。
- ❑ 添加水平分隔线。
- ❑ 复制和粘贴文本片段。

HTML 编辑器组件 HTMLEditor 主要包含了如下常用的方法。

- ❑ 方法 public HTMLEditor()：创建一个新的 HTMLEditor 对象实例。
- ❑ 方法 protected java.lang.String getUserAgentStylesheet()：设置 HTML 编辑器使用自己的 CSS 样式表，返回值是一个指定的 URL 地址。
- ❑ 方法 public java.lang.String getHtmlText()：返回 HTML 编辑器的内容。
- ❑ 方法 public void setHtmlText（java.lang.String htmlText）：设置 HTML 编辑器的内容。

18.15.2　HTML 编辑器组件实战演练

实例 18-15　使用 HTML 编辑器组件
源码路径：daima\18\GXJHTMLEditor.java

实例文件 GXJHTMLEditor.java 的主要实现代码如下所示。

```
public class GXJHTMLEditor extends Application {
    @Override
    public void start(Stage stage) {
        stage.setTitle("HTMLEditor实战演练");
        //设置标题
        stage.setWidth(550);    //设置宽度
        stage.setHeight(400);   //设置高度
        final HTMLEditor htmlEditor = new
        HTMLEditor();
        htmlEditor.setPrefHeight(245);
        final String INITIAL_TEXT = "
        HTMLEditor类提供了一个方法 "
                    + "来定义应用程序启动时编辑区
域中显示的内容。";
        htmlEditor.setHtmlText(INITIAL_TEXT);   //设置在里面显示的文本
        Scene scene = new Scene(htmlEditor);
        stage.setScene(scene);                  //将HTMLEditor组件添加到scene中
        stage.show();
    }
```

拓展范例及视频二维码

范例 **18-15-01**：设置 HTML
编辑器的内容
源码路径：**演练范例\18-15-01**
范例 **18-15-02**：获取 HTML 的
内容
源码路径：**演练范例\18-15-02**

通过上述代码可知，与任何其他 UI 组件的用法一样，HTMLEditor 组件也要添加到 Scene 中才能在应用程序上显示。上述代码直接将 HTMLEditor 组件添加到 Scene 中，然后通过 setHtmlText() 方法为编辑器设置了初始显示文本。执行结果如图 18-19（a）和（b）所示。

(a) 初始执行结果   (b) 使用 HTMLEditor 编辑器设置文本样式

图 18-19 执行结果

18.16 使用菜单组件

菜单是桌面应用程序选择选项的标准方法，菜单和菜单项可以与选择项快捷键组合称为键盘快捷键。本节将详细讲解 JavaFX 框架中菜单组件的基本知识。

 知识点讲解：

18.16.1 菜单组件概述

JavaFX 框架中提供了多个可以实现菜单功能的 API，具体说明如下所示。

❑ MenuBar

❑ MenuItem

❑ Menu

❑ CheckMenuItem

❑ RadioMenuItem

❑ Menu

❑ CustomMenuItem

❑ SeparatorMenuItem

❑ ContextMenu

菜单是一系列根据用户需要进行显示的可响应事件的菜单项。当菜单可见时，用户一次可以选择一个菜单项。当用户单击一个菜单项后，菜单就会返回到隐藏模式。使用菜单可以将一些不需要始终显示的功能放在其中，这样可以节省应用程序的 UI 空间。

菜单栏中的菜单通常会分组到不同类别中。编码模式定义一个菜单栏和一些分类菜单，并为分类菜单填充菜单项。当在 JavaFX 应用程序中构建菜单时，需要使用如下所示的菜单项类。

❑ MenuItem：创建一个可响应事件的选项。

❑ Menu：创建一个子菜单。

❑ RadioButtonItem：创建一个相互排斥的选项。

❑ CheckMenuItem：创建一个可在选中和未选中状态间切换的选项。

当需要在一个分类中对菜单项进行分隔操作时，需要使用 SeparatorMenuItem 类。对于需要分类显示的菜单来说，分类菜单一般位于窗口的上方，Scene 中其余的空间留给那些重要的控件。基于一些原因，如果不想在 UI 中为菜单栏分配可见空间时，那么可以使用上下文菜单，这样用户可以通过单击鼠标来打开它。

18.16.2　创建菜单栏

在 JavaFX 程序中，虽然可以将菜单栏放置在 UI 中的任何位置，但是菜单栏一般放在 UI 的上方，而且通常会包含一个或者多个菜单。菜单栏会自动伸缩以适用应用程序窗口的宽度。在默认情况下，每个添加到菜单栏的菜单都是由带有文本的按钮来表示的。

在创建一个 JavaFX 菜单时，必须创建一个菜单栏 MenuBar 对象来保存 Menu 对象。菜单对象可以包含 Menu 和 MenuItem 对象，菜单可以包含其他菜单作为子菜单。MenuItems 是 Menu 对象的子选项。下面的实例演示了创建菜单栏并添加菜单和菜单项的过程。

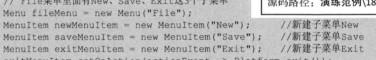

实例 18-16　创建菜单栏并添加菜单和菜单项
源码路径：daima\18\GXJMenu.java

实例文件 GXJMenu.java 的主要实现代码如下所示。

拓展范例及视频二维码

> 范例 **18-16-01**：创建菜单和
> 菜单项
> 源码路径：**演练范例\18-16-01**
> 范例 **18-16-02**：菜单项中的
> 滑动条
> 源码路径：**演练范例\18-16-02**

```java
public void start(Stage primaryStage) {
    BorderPane root = new BorderPane();
    Scene scene = new Scene(root, 500, 250,
    Color.WHITE);//创建指定大小的窗体
    MenuBar menuBar = new MenuBar();
    //创建新的菜单对象menuBar
    menuBar.prefWidthProperty().bind
    (primaryStage.widthProperty());
    root.setTop(menuBar);
    // File菜单里面有New、Save、Exit这3个子菜单
    Menu fileMenu = new Menu("File");
    MenuItem newMenuItem = new MenuItem("New");          //新建子菜单New
    MenuItem saveMenuItem = new MenuItem("Save");        //新建子菜单Save
    MenuItem exitMenuItem = new MenuItem("Exit");        //新建子菜单Exit
    exitMenuItem.setOnAction(actionEvent -> Platform.exit());
    fileMenu.getItems().addAll(newMenuItem, saveMenuItem,new SeparatorMenuItem(), exitMenuItem);
    //创建菜单Web
    Menu webMenu = new Menu("Web");
    CheckMenuItem htmlMenuItem = new CheckMenuItem("HTML");//子菜单HTML
    htmlMenuItem.setSelected(true);
    webMenu.getItems().add(htmlMenuItem);                //向菜单Web中添加子菜单项

    CheckMenuItem cssMenuItem = new CheckMenuItem("CSS");  //子菜单CSS
    cssMenuItem.setSelected(true);                        //设置两个子菜单都处于被选择状态
    webMenu.getItems().add(cssMenuItem);                 //向菜单Web中添加子菜单项
    //创建菜单SQL
    Menu sqlMenu = new Menu("SQL");
    ToggleGroup tGroup = new ToggleGroup();              //添加一个ToggleGroup对象
    RadioMenuItem mysqlItem = new RadioMenuItem("MySQL"); //子菜单MySQL
    mysqlItem.setToggleGroup(tGroup);

    RadioMenuItem oracleItem = new RadioMenuItem("Oracle");//子菜单Oracle
    oracleItem.setToggleGroup(tGroup);
    oracleItem.setSelected(true);                        //设置子菜单Oracle处于被选中状态

    sqlMenu.getItems().addAll(mysqlItem, oracleItem,
        new SeparatorMenuItem());                        //向菜单SQL中添加子菜单项

    Menu tutorialManeu = new Menu("Tutorial");           //创建拥有子菜单的菜单Tutorial
    tutorialManeu.getItems().addAll(
        new CheckMenuItem("Java"),                       //孙子菜单Java
        new CheckMenuItem("JavaFX"),                     //孙子菜单JavaFX
        new CheckMenuItem("Swing"));                     //孙子菜单Swing

    sqlMenu.getItems().add(tutorialManeu);               //将孙子菜单添加到子菜单
    menuBar.getMenus().addAll(fileMenu, webMenu, sqlMenu);   //将3个菜单添加到scene中
    primaryStage.setScene(scene);
    primaryStage.show();                                 //显示窗体
}
```

在上述代码中，类 Menu 是类 MenuItem 的子类，它所包含的 getItems().add()方法能够添加

其他的 Menu 和 MenuItem 实例子元素。执行结果如图 18-20 所示。

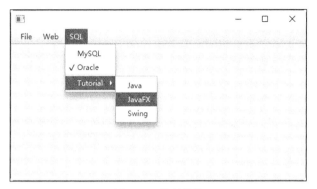

图 18-20 执行结果

18.17 使用文件选择框组件

文件选择框的功能十分常见,用于快速打开当前机器中的某一个文件。例如依次单击 Eclipse 中的 File、Open File 菜选项单后会弹出一个文件选择框界面,如图 18-21 所示。

知识点讲解:

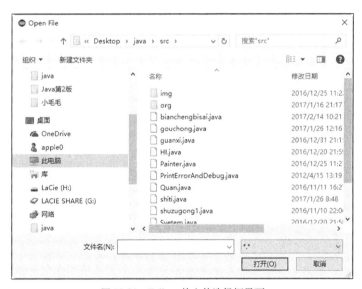

图 18-21 Eclipse 的文件选择框界面

本节将详细讲解使用 JavaFX 文件选择框组件的基本知识。

18.17.1 文件选择框概述

在 JavaFX 框架中,文件选择框组件的实现类是 FileChooser。由此可见,文件选择框组件 FileChooser 与其他 UI 组件类不同,它并不属于 controls 包。类 FileChooser 在 javafx.stage 包中定义,与其他基本根图形元素(例如 Stage、Windows 和 Popup)在一起。

文件选择框组件 FileChooser 主要包含如下常用的属性和方法。

❑ 属性 title：文件对话框的标题。

❑ 属性 initialDirectory：在文件对话框中显示的初始目录。

❑ 属性 initialFileName：在文件对话框中显示的初始文件名。

❑ 方法 public FileChooser()：创建一个文件对话框对象实例。

❑ 方法 public final void setTitle（java.lang.String value）：设置文件对话框的标题。

❑ 方法 public final java.lang.String getTitle()：获取文件对话框的标题。

❑ 方法 public final StringProperty titleProperty()：显示文件对话框的标题。

❑ 方法 public final void setInitialDirectory（java.io.File value）：设置文件对话框中初始目录的值。

❑ 方法 public final java.io.File getInitialDirectory()：获取文件对话框中初始目录的值。

❑ 方法 public final void setInitialFileName（java.lang.String value）：设置文件对话框中初始文件名的值。

❑ 方法 public final java.lang.String getInitialFileName()：获取文件对话框中初始文件名的值。

❑ 方法 public ObservableList<FileChooser.ExtensionFilter> getExtensionFilters()：获取文件对话框中可以使用的文件类型。

❑ 方法 public java.io.File showOpenDialog（Window ownerWindow）：显示一个新打开的文件对话框，在里面可以选择一个文件。该方法的返回值为用户选择的文件，在用户没有选择文件时返回 null。

❑ 方法 public java.util.List<java.io.File> showOpenMultipleDialog（Window ownerWindow）：显示一个新打开的文件对话框，在里面可以选择多个文件。该方法返回值为由用户选择的多个文件列表，在用户没有选择文件时返回 null。返回的列表不可以修改，如果尝试修改它则会抛出 UnsupportedOperationException 异常。

❑ 方法 public java.io.File showSaveDialog（Window ownerWindow）：打开一个保存对话框窗体。与其他展示对话框的方法一样，此方法返回用户选择的文件，当没有做出选择时会返回 null。

18.17.2　文件选择框组件实战演练

下面的实例代码在窗体中设置了两个按钮，单击按钮后可以分别打开文件系统中的一张或多张图片。

实例 18-17　**使用文件选择框组件**
源码路径：daima\18\GXJFileChooser.java

实例文件 GXJFileChooser.java 的主要实现代码如下所示。

```
public final class GXJFileChooser extends Application {
    private Desktop desktop = Desktop.getDesktop();
    @Override
    public void start(final Stage stage) {
        stage.setTitle("FileChooser实战演练");
        //设置窗体显示的标题
        final FileChooser fileChooser = new
        FileChooser(); //创建文件选择框对象
        fileChooser
        final Button openButton = new
        Button("打开一个照片...");
        //创建按钮openButton
        final Button openMultipleButton =
        new Button("打开照片...");
        //创建按钮openMultipleButton
        openButton.setOnAction(
            new EventHandler<ActionEvent>() {
                @Override
```

拓展范例及视频二维码

范例 **18-17-01**：使用文件
选择框
源码路径：演练范例\18-17-01\

范例 **18-17-02**：配置文件
选择器
源码路径：演练范例\18-17-02\

//单击按钮openButton后的事件处理程序

```
                        public void handle(final ActionEvent e) {           //实现方法handle()
                            File file = fileChooser.showOpenDialog(stage);       //创建文件选择对话框
                            if (file != null) {                    //如果选择了文件
                                openFile(file);                    //则打开这个文件
                            }
                        }
                    });
            openMultipleButton.setOnAction(
            //单击按钮openMultipleButton后的事件
            处理程序
                new EventHandler<ActionEvent>() {
                    @Override
                    public void handle(final ActionEvent e) {  //实现方法handle()
                        List<File> list =fileChooser.showOpenMultipleDialog(stage);
                        //创建文件选择对话框
                        if (list != null) {
                            for (File file : list) {           //如果文件列表不为空则打开文件
                                openFile(file);
                            }
                        }
                    }
                });
        final GridPane inputGridPane = new GridPane(); //创建GridPane布局对象inputGridPane
        GridPane.setConstraints(openButton, 0, 0);       //在inputGridPane中添加按钮openButton
        GridPane.setConstraints(openMultipleButton, 1, 0);
        //在inputGridPane中添加按钮openMultipleButton
        inputGridPane.setHgap(6);                         //设置按钮之间的水平间距
        inputGridPane.setVgap(6);                         //设置按钮之间的垂直间距
        inputGridPane.getChildren().addAll(openButton, openMultipleButton);
        final Pane rootGroup = new VBox(12);
        rootGroup.getChildren().addAll(inputGridPane);
        rootGroup.setPadding(new Insets(12, 12, 12, 12));    //设置四边的边距
        stage.setScene(new Scene(rootGroup));
        stage.show();
    }

    public static void main(String[] args) {
        Application.launch(args);
    }
    //创建方法openFile()以打开文件
    private void openFile(File file) {
        try {
            desktop.open(file);
        } catch (IOException ex) {
            Logger.getLogger(
                GXJFileChooser.class.getName()).log(
                    Level.SEVERE, null, ex
                );
        }
    }
}
```

在上述实例代码中,"打开一个照片"按钮允许用户选择一个文件,而"打开照片"按钮则允许用户打开一个文件选择框然后选择多个文件。这些按钮的 setOnAction()方法基本上是一样的,它们唯一的不同在于调用 FileChooser()方法的不同。具体说明如下所示。

❑ 单击"打开一个照片"按钮调用 showOpenDialog()方法显示一个新打开的文件对话框,在里面选择一个文件。

❑ 单击"打开照片"按钮调用 showOpenMultipleDialog()方法显示一个新打开的文件对话框,在里面可以选择多个文件。

执行结果如图 18-22 (a) 和 (b) 所示。

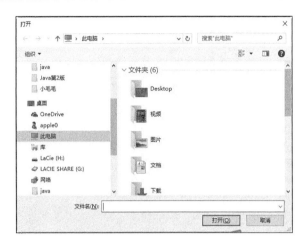

（a）初始执行结果　　　　　　　（b）单击"打开一个照片"按钮后的效果

图 18-22　执行结果

18.18　使用颜色选择器组件

在网页设计和软件开发领域经常会用到颜色选择器，专业的开发工具和设计工具也都提供了内置的颜色选择器，例如 Word2017 的颜色选择器界面如图 18-23 所示。

知识点讲解：

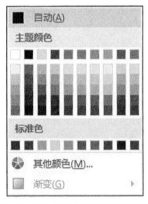

图 18-23　Word2017 的颜色选择器界面

使用颜色选择器可以快速设置窗体中文本和按钮等元素的颜色。本节将详细讲解使用 JavaFX 颜色选择器组件的基本知识。

18.18.1　颜色选择器概述

在 JavaFX 框架中，颜色选择器组件的实现类是 ColorPicker。ColorPicker 控件是一种典型的用户界面组件，它允许用户在一个可用范围内选择特定颜色，或者通过指定 RGB 或 HSB 的组合值来设置一种新的颜色。ColorPicker 控件由颜色选择器、调色板和自定义颜色对话框窗体组成。图 18-24 显示了这些元素的具体结构。

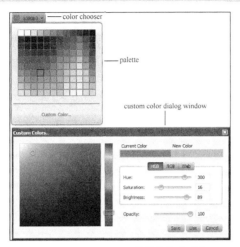

图 18-24　ColorPicker 控件的构成元素

1. 颜色选择器的元素

在 JavaFX 框架中，ColorPicker 中的颜色选择器元素是一个 ComboBox（组合框），它带有颜色指示器和对应的标签，如图 18-24 所示的顶部内容，颜色指示器显示当前选中的颜色。

在 ColorPicker 控件的实现过程中，允许使用 3 种颜色选择器的外观：按钮、分隔菜单按钮和下拉列表，如图 18-25 所示。按钮外观提供了典型的带有颜色指示器和标签的按钮，分隔菜单按钮外观中的按钮部分和下拉菜单部分被分隔开，下拉列表的外观是颜色选择器的默认外观，它也有一个下拉菜单，但是这个菜单没有和按钮部分隔开。如果要应用某种外观，那么可以使用对应的 CSS 类。

图 18-25　颜色选择器的多种外观

2. 调色板

调色板包含了预定义的颜色集和指向自定义颜色对话框窗体的自定义颜色（custom color）链接，调色板的初始外观如图 18-26 所示。如果已经定义了一个自定义颜色，那么它会显示在调色板的自定义颜色区域，如图 18-27 所示。

图 18-26　调色板的初始外观　　　图 18-27　调色板的自定义颜色区域

调色板支持使用上、下、左、右按键来进行导航选择。当应用程序重新启动时，自定义颜色集不会加载进来，除非它们在应用程序中进行了保存。在调色板或者自定义颜色区域中被选中的每种颜色都会显示在颜色选择器的颜色指示器中，颜色选择器标签也会显示对应的十六进制的网页颜色值。

3. 自定义颜色对话框窗体

自定义颜色对话框窗体是一个模态窗口，可以通过单击调色板中相应的链接打开它。当打开自定义颜色窗体后，会显示当前颜色选择器中颜色指示器对应的颜色。用户可以通过在颜色区域上移动鼠标或者垂直颜色条来定义一个新颜色，如图 18-28 所示。注意，无论何时，只要用户调整了颜色区域的圆圈位置或颜色条上的矩形位置，对应的颜色值均会自动指定到与 ColorPicker 控件对应的属性上。

另一种定义新颜色的方法是设置 HSB（色相/饱和度/亮度）或 RGB（红/绿/蓝）值，也可以输入网页颜色值到对应的文本框中。图 18-29 显示了设置自定义颜色的 3 个面板。

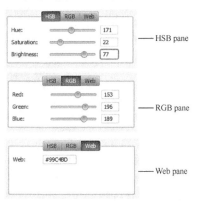

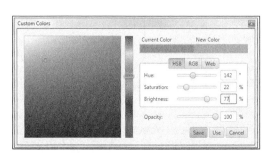

图 18-28　自定义颜色对话框窗体　　　图 18-29　自定义颜色对话框窗体中的颜色设置面板

用户也可以通过移动 Opacity 滑块或者输入 0～100 的某个值来设置自定义颜色的透明度。在完成所有的设置并且新颜色指定完毕后，用户可以单击 Use 按钮来应用它，或者单击 Save 按钮将新颜色保存到自定义颜色区域。

4．内置方法

颜色选择器组件 ColorPicker 主要包含如下常用的方法。

❑ 方法 public ColorPicker()：创建一个空的颜色选择器对象实例，默认显示为白色。

❑ 方法 public ColorPicker（Color color）：创建一个指定颜色的颜色选择器对象实例。

❑ 方法 public final ObservableList<Color> getCustomColors()：获取已创建的自定义颜色，它会返回一个包含 Color 对象的 ObservableList，这些 Color 对象与创建的颜色相对应。虽然无法在应用程序启动时将它们设置到 Color Picker 中，但是可以将某个自定义颜色设置为 ColorPicker 选中的颜色值。

❑ 方法 getValue()：获得颜色选择器的 Color 值。

❑ 方法 setFill()：使用 Color 值填充指定的对象。

18.18.2　颜色选择器组件实战演练

实例 18-18　使用颜色选择器组件
源码路径：daima\18\GXJColorPicker.java

实例文件 GXJColorPicker.java 的主要实现代码如下所示。

```
public void start(Stage stage) {
    stage.setTitle("ColorPicker实战演练");
    //设置标题
    //创建指定大小的Scene对象
    Scene scene = new Scene(new HBox(20),
    400, 200);
    HBox box = (HBox) scene.getRoot();
    //创建HBox对象，实现水平布局
    box.setPadding(new Insets(5, 5, 5, 5));
```

拓展范例及视频二维码

范例 **18-18-01**：使用颜色
选择器
源码路径：演练范例\18-18-01\

范例 **18-18-02**：实现颜色的
替换处理
源码路径：演练范例\18-18-02\

```
    //设置边距
    //创建ColorPicker对象
    final ColorPicker colorPicker = new
    ColorPicker();
    colorPicker.setValue(Color.CORAL);
    //设置显示的文本内容
    final Text text = new Text
    ("欢迎使用颜色选择器!");
    text.setFont(Font.font ("Verdana",
    30));     //设置文本的字体和大小
    text.setFill(colorPicker.getValue());        //使用ColorPicker颜色填充文本
    colorPicker.setOnAction((ActionEvent t) -> {
        text.setFill(colorPicker.getValue());
    });
    box.getChildren().addAll(colorPicker, text);
    stage.setScene(scene);
    stage.show();
    }
```

上述实例代码创建了一个 ColorPicker 对象实例,并定义了其颜色变化时的行为。通过类ColorPicker 中的 getValue()方法获得的 Color 值传递给 Text 对象的 setFill()方法,这样在颜色选择器中选中的颜色应用到了文本"欢迎使用颜色选择器!"之中。执行结果如图 18-30 所示。

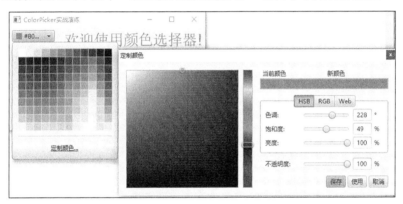

图 18-30　执行结果

18.19　技 术 解 惑

18.19.1　制作圆形按钮

在 JavaFx 中并没有函数可以直接设置按钮的形状,那么如何制作一个圆形按钮呢?可以参考下面的方法步骤。

(1)新建一个按钮,也可以用 seenbuilder 直接拉一个(感觉还是这样快一点),设置该按钮的 ID 为 button1。

(2)使用 CSS 修饰该按钮。虽然在 CSS 中也没有直接设置按钮形状的函数,但是可以巧妙地使用属性"-fx-border-radius",这是一个设置圆角矩形的属性,其中包含 4 个参数,它们分别设置圆角矩形 4 个角处的圆的半径,我们要用到的就是这个属性。

(3)在 CSS 文件中加入如下代码,把按钮的 4 个角设置为半径为 50 的半圆。

```
#button1{ -fx-border-radius: 50; -fx-background-radius:50;}
```

(4)设置按钮的大小为 100×100,由于每个角都是半径为 50 的四分之一圆,所以该按钮就变成了由 4 个半径为 50 的四分之一圆组成的一个大圆。

在使用上述方法制作圆形按钮时,需要注意的是不能在按钮中添加图片,否则它又会变成方形的。

18.19.2　设置按钮的内容

创建 JavaFX 的 Button 按钮对象后，可以使用以下方法设置文本并安装图标。

❑　setText（String text）：设置按钮的文本标题。

❑　setGraphic（Node graphic）：设置图标。

除了使用 ImageView 对象外，还可以使用 javafx.scene.shape 包中的形状作为 Button 中的图形元素。方法 setGraphicTextGap() 可以设置文本和图形内容之间的差距。以下代码将图像安装到按钮中。

```
Image okImage = new Image(getClass().getResourceAsStream("OK.png"));
button.setGraphic(new ImageView(okImage));
```

18.19.3　树表视图

在 JavaFx 中，通过 TreeTableView 控件实现的树表视图效果可以按列展现具有无限层级结构的数据。TreeTableView 控件与 TreeView 和 TableView 控件有很多相似之处，并且在各个方面都扩展了它们的功能。在 Java 程序中，实现一个 TreeTableView 组件的基本步骤如下所示。

（1）创建树节点。

（2）创建根元素。

（3）添加树节点到根元素下。

（4）创建一个或多个列。

（5）定义单元格内容。

（6）创建一个树表视图。

（7）为树表视图分配列。

18.20　课　后　练　习

（1）编写一个 JavaFx 程序，绘制一个如下所示的笑脸效果。

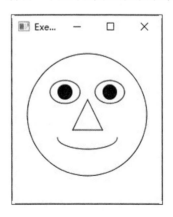

（2）编写一个 JavaFx 程序，在窗体中绘制一个简单的柱形统计图。

（3）编写一个 JavaFx 程序，在窗体中绘制一个成绩统计饼形图。

（4）编写一个 JavaFx 程序，在窗体中绘制一个立方体。

（5）编写一个 JavaFx 程序，在窗体中绘制交通指示牌中的"STOP"标识。

（6）编写一个 JavaFx 程序，在窗体中绘制一个 3×3 网格线，要求竖线是红色，横线是蓝色。

（7）编写一个 JavaFx 程序，在窗体中绘制 $f(x) = x^2$ 的曲线图。

第 19 章

JavaFX 事件处理程序

对于普通窗口以及界面布局程序来说，只有编写监听程序和事件处理程序才能实现动态交互的需求。本章将详细讲解 JavaFX 中事件处理的基本知识，为读者学习本书后面的知识打下坚实的基础。

19.1　JavaFX 事件处理系统概述

为了使 JavaFX 图形界面能够响应用户的操作，必须给各个组件加上事件处理机制。通过事件处理程序可以实现交互功能，这是一款软件最重要的功能之一。例如单击注册按钮后会弹出一个新的注册表单界面供用户输入注册

 知识点讲解：

信息，单击删除按钮后可以删除一个会员，等等，这些都属于事件处理机制的功能。

19.1.1　Java 的事件模型

事件（event）可以说是一个用户操作（如按键、单击、鼠标移动等），或者是一些出现（如系统生成的通知）。应用程序需要在事件发生时响应事件。

正如之前所说，为了使图形界面能够响应应用用户的操作，必须给各个组件加上事件处理机制。Java 的事件处理机制主要涉及如下 3 类对象。

- ❑ 事件源（event source）：事件发生的场所，通常就是各个组件，例如按钮、窗口、菜单等。
- ❑ 事件（event）：事件封装了 GUI 组件上发生的特定事情（通常就是一次用户操作）。如果程序需要获得 GUI 组件上所发生事件的相关信息，那么这些都可通过 Event 对象来取得。
- ❑ 事件监听器（event listener）：负责监听事件源发生的事件，并对各种事件做出响应。

当用户按下一个按钮、单击某个菜单项或窗口右上角的状态按钮时，这些动作就会激发一个相应的事件，该事件会由 AWT 封装成一个相应的 Event 对象，并触发事件源上注册的事件监听器（特殊的 Java 对象），事件监听器调用对应的事件处理程序（事件监听器里的实例方法）来做出相应的响应。

19.1.2　JavaFX 中的事件

在 JavaFX 程序中，事件是 Event 类或其任何子类的实例。JavaFX 提供了包括 DragEvent、KeyEvent、MouseEvent、ScrollEvent 等多种事件。开发人员可以通过继承 Event 类来实现自己的事件。每个事件中都包含了表 19-1 所示的描述信息。

表 19-1　事件属性

属性	描述
事件类型（event type）	发生事件的类型
源（source）	事件的来源，表示该事件在事件派发链中的位置。事件通过派发链传递时，"源"会随之发生改变
目标（target）	发生动作的节点，在事件派发链的末尾。"目标"不会改变，但是如果某个事件过滤器在事件捕获阶段消费了该事件，那么"目标"将不会收到该事件

事件子类提供了一些额外信息，这些信息与事件的类型有关。例如 MouseEvent 类包含哪个按钮被单击、单击次数以及鼠标的位置等信息。

1. 事件类型

事件类型是 EventType 类的实例。事件类型对单个事件类的多个事件进行了细化分类。例如 KeyEvent 类包含如下所示的事件类型：

- ❑ KEY_PRESSED
- ❑ KEY_RELEASED
- ❑ KEY_TYPED

事件类型是一个层级结构，每个事件类型有一个名称和一个父类型。例如，按键被按下的

事件名叫 KEY_PRESSED，其父类型是 KeyEvent.ANY。顶级事件类型的父类型是 null。图 19-1
展示了事件类型的层级结构。

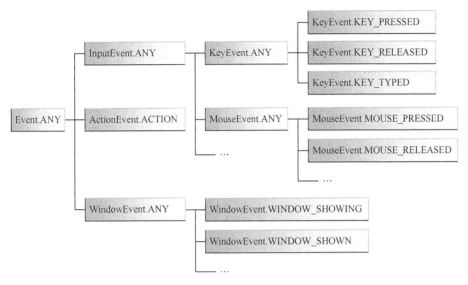

图 19-1　事件类型的层级结构

在图 19-1 所示的层次结构中，顶级事件类型是 Event.ROOT，它相当于 Event.ANY。在子
类型中，事件类型名中的"ANY"表示该事件类下所有的事件子类型。例如，为了给所有类型
的键盘事件（key event）提供相同的响应，可以使用 KeyEvent.ANY 作为事件过滤器（event filter）
或事件处理程序（event handler）的事件类型。如果要在按键被释放时才响应，则可以使用
KeyEvent.KEY_RELEASED 作为事件过滤器或事件处理程序的事件类型。

2. 事件目标

事件目标可以是任何实现了 EventTarget 接口的类的实例。buildEventDispatchChain 方法的
具体实现创建了事件派发链，事件必须经过该派发链才能到达事件目标。

类 Window、Scene 和 Node 均实现了 EventTarget 接口，这些类的子类也均继承了此实现。
因此，在我们开发的 UI 中大多数元素都有已经定义好了的派发链，这使得开发人员可以聚焦
在如何响应事件上而不必关心创建事件派发链。

如果开发者创建了一个响应用户动作的自定义 UI 控件，并且该控件是 Window、Scene 或
者 Node 的子类，那么通过继承机制，这些控件也会成为一个事件目标。如果开发的控件或控
件中的某个元素不是 Window、Scene 或者 Node 的子类，那么开发者必须要为该控件或元素实
现 EventTarget 接口。例如，MenuBar 控件通过继承成为了事件目标，一个菜单栏的 MenuItem
元素必须实现 EventTarget 接口以便响应相关的事件。

19.1.3　事件处理机制的流程

在 JavaFX 应用程序中，事件处理机制的基本处理流程如下所示。

❑ 选择目标
❑ 构造路径
❑ 捕获事件
❑ 事件冒泡

1. 目标选择

当一个动作发生时，事件处理机制根据内部规则决定哪一个 Node 是事件目标。具体规

则如下所示。

- ❏ 对于键盘事件，事件目标是已获取焦点的 Node。
- ❏ 对于鼠标事件，事件目标是光标所在位置处的 Node；对于合成的（synthesized）鼠标事件，触摸点当作光标所在位置。
- ❏ 对于在触摸屏上产生的连续手势事件，事件目标是手势开始时所有触碰位置中心点处的 Node；对于在非触摸屏（例如触控板）上产生的间接手势，事件目标是光标所在位置的 Node。
- ❏ 对于由在触摸屏上划动而产生的划动（swipe）事件，事件目标是所有手指全部路径中心处的 Node；对于间接划动事件，事件目标是光标所在位置处的 Node。
- ❏ 对于触摸事件，每个触摸点默认的事件目标是第一次按下时所在位置处的 Node。在事件过滤器或者事件处理程序中可通过 ungrab()、grab()或者 grab（Node）方法来为触摸点指定不同的事件目标。

如果有多个 Node 位于光标或者触摸处，最上层的 Node 将作为事件目标。例如，如果用户单击或触摸了图 19-2 中的三角形，那么该三角形即为事件目标，而不是包含该三角形和圆的矩形。

当按下鼠标按键时事件目标就被选定，随后的鼠标事件都将分发到同样的事件目标上，一直到鼠标按键释放时为止。手势事件也类似，从该手势的开始直到完成，手势事件都会分发到手势开始时识别出的事件目标。对于触摸事件来说，默认会将事件分发到每个触摸点的初始事件目标，除非通过 ungrab()、grab()或 grab(node)方法修改了事件目标。

2. 构造路径

初始的事件路径是由事件派发链决定的，派发链是在选中的事件目标的 buildEventDispatchChain 方法实现中创建的。例如，如果用户单击了图 19-2 中的三角形，那么初始路径如图 19-3 中的灰色节点所示。当场景图中的一个节点选中作为事件目标时，在 Node 类 buildEventDispatchChain 方法的默认实现中设置的初始事件路径即为从 Stage 到其自身的一条路径。

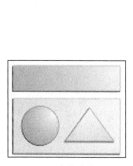

图 19-2　窗体中的图形

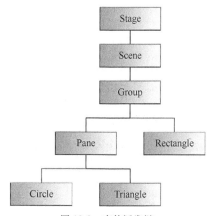

图 19-3　事件派发链

由于路径上的事件过滤器和事件处理程序均会处理事件，所以路径可能会被修改。同样道理，如果事件过滤器或者事件处理程序在某个时间消费掉了事件，则初始路径上的一些节点可能收不到该事件。

3. 事件捕获

在事件捕获阶段，事件由程序的根节点派发并通过事件派发链向下传递到目标节点。如果使用图 19-3 所示的事件派发链，则在事件捕获阶段，事件将从 Stage 节点传递到 Triangle 节点。如果派发链中的任何节点为所发生的事件类型注册了事件过滤器，则将会调用该事件过滤器。当事件过滤器执行完成以后，对应事件会向下传递到事件派发链的下一个节点。如果该节点未注册事件过滤器，则事件将被传递到事件派发链的下一个节点。如果没有任何事件过滤器消费掉事件，则事件目标最终将会接收到该事件并进行处理。

4．事件冒泡

当到达事件目标并且所有已注册的事件过滤器都处理完事件以后，该事件将顺着派发链从目标节点返回到根节点。如果使用图 19-3 所示的事件派发链，事件在冒泡阶段将从 Triangle 节点传递到 Stage 节点。

如果在事件派发链中有节点为特定类型的事件注册了事件处理程序，则在对应类型的事件发生时将会调用对应的事件处理程序。当事件处理程序执行完成后，对应的事件将会向上传递给事件派发链的上一个节点。如果没有任何事件处理程序消费掉事件，则根节点最终将接收到对应的事件并且完成处理过程。

19.1.4　事件处理

事件处理机制在功能上主要由事件过滤器和事件处理程序两部分来完成的，这两部分的类均是 EventHandler 接口的实现。如果你想要在某事件发生时通知应用程序，那么就需要为该事件注册一个事件过滤器或事件处理程序。事件过滤器和事件处理程序之间主要区别在于执行两者的时机不同。

1．事件过滤器

事件过滤器在事件捕获阶段执行。父节点的事件过滤器可以为多个子节点提供公共的事件处理，如果有必要的话，也可以消费掉事件以阻止子节点收到该事件。当某事件被传递并经过注册了事件过滤器的节点时，就会执行为该事件类型注册的事件过滤器。

一个节点可以注册多个事件过滤器，事件过滤器的执行顺序取决于事件类型的层级关系。特定事件类型的事件过滤器会先于通用事件类型的过滤器执行。例如，事件 MouseEvent.MOUSE_PRESSED 的事件过滤器会在事件 InputEvent.ANY 的事件过滤器之前执行。同层级的事件过滤器的执行顺序并未指定。

2．事件处理程序

事件处理程序在事件冒泡阶段执行。如果子节点的事件处理程序未消耗掉对应的事件，那么父节点的事件处理程序就可以在子节点处理完成以后处理该事件，并且父节点的事件处理程序还可以为多个子节点提供公共的事件处理过程。当某事件返回并经过注册了事件处理程序的节点时，就会执行为该事件类型注册的事件处理程序。

一个节点可以注册多个事件处理程序，事件处理程序的执行顺序取决于事件类型的层级。特定事件类型的事件处理程序会先于通用事件类型的事件处理程序执行。例如，事件 KeyEvent.KEY_TYPED 的过滤器会在事件 InputEvent.ANY 的处理程序之前执行。同层级的事件处理程序的执行顺序并未指定，不过有一种例外情况，使用快捷方法注册的事件处理程序会最后执行。

19.1.5　事件和事件源

在 JavaFX 程序中，事件是从一个事件源上产生的对象。触发一个事件意味着产生一个事件并委派处理程序处理该事件。当运行 Java GUI 程序的时候，程序和用户进行交互，并且事件驱动它的执行，这称为事件驱动编程。事件可以定义为一个告知程序某事件发生的信号。事件由外部用户来动作，比如由鼠标的移动、单击和键盘按键所触发。程序可以选择响应或者忽略一个事件。产生一个事件并且触发它的组件称为事件源对象，或者简单地称为源对象或者源组件。例如，一个按钮是一个按钮单击动作事件的源对象。一个事件是一个事件类的实例。Java 事件类的根类是 java.util.EventObject，JavaFX 事件类的根类是 javafx.event.Event。一些事件类的层次关系显示在图 19-4 中。

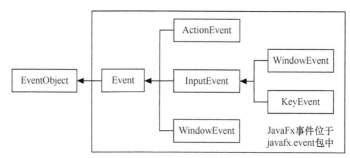

图 19-4　JavaFX 中的事件是 javafx.event.Event 类的一个对象

一个事件对象包含与事件相关的任何属性。可以通过 EventObject 类中的方法 getSource()来确定一个事件的源对象。EventObject 的子类处理特定类型的事件，比如动作事件、窗口事件、鼠标事件以及键盘事件等。表 19-2 的前 3 列给出了一些外部用户动作、源对象以及触发的事件类型。

表 19-2　常用的事件及动作

用户动作	源对象	触发的事件类型	事件注册方法
单击一个按钮	Button	ActionEvent	setOnAction(EventHandler<ActionEvent>)
在一个文本域中按回车键	TextField	ActionEvent	setOnAction(EventHandler<ActionEverit>)
勾选或者取消勾选	RadioButton	ActionEvent	setOnAction (EventHandler<ActionEvent>)
勾选或者取消勾选	CheckBox	ActionEvent	setOnAction (EventHandler<ActionEvent>)
选择一个新的选项	CombaBox	ActionEvent	setOnAction (EventHandler<ActionEvent>)
按下鼠标	Node、Scene	MouseEvent	setOnMousePressed(EventHandler<MouseEvent>)
释放鼠标	—	—	setOnMouseReleased(EventHandler<MouseEvent>)
单击鼠标	—	—	setOnMouseClicked(EventHandler<MouseEvent>)
鼠标进入	—	—	setOnMouseEntered (EventHandler<MouseEvent>)
鼠标退出	—	—	setOnMouseExited(EventHandler<MouseEvent>)
鼠标移动	—	—	setOnMouseMoved(EventHandler<MouseEvent>)
鼠标拖曳	—	—	setOnMouseDragged(EventHandler<MouseEvent>)
按下键	Node、Scene	KeyEvent	setOnKeyPressed(EventHandler<KeyEvent>)
释放键	—	—	setOnKeyReleased(EventHandler<KeyEvent>)
敲击键	—	—	setOnKeyTyped(EventHandler<KeyEvent>)

例如，当单击一个按钮时，按钮创建并触发一个 ActionEvent，如表 19-2 的第一行所示。此处的按钮是一个事件源对象，ActionEvent 是一个由源对象触发的事件对象，如图 19-5 所示。

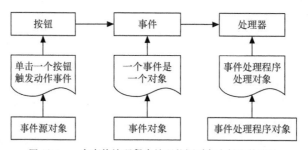

图 19-5　一个事件处理程序处理从源对象上触发的事件

19.2 使用快捷方法实现事件处理

在 JavaFX 程序中，我们可以使用"快捷"方法注册事件处理程序，这种简单的方式可以创建和注册事件处理程序来响应鼠标事件、键盘事件、动作（action）事件、拖曳事件、窗口事件等。

 知识点讲解：

19.2.1 快捷方法概述

在 Java 程序中，大多数快捷方法都定义在 Node 类中，并且这些方法对 Node 的所有子类也都是可用的。除此之外还有一些其他类也包含快捷方法。表 19-3 列出了这些快捷方法可以处理的事件，并且标识出了这些方法是在哪些类中定义的。

表 19-3 带有事件处理快捷方法的类

用户动作	事件类型	所在类
按下键盘上的按键	KeyEvent	Node、Scene
移动鼠标或者按下鼠标按键	MouseEvent	Node、Scene
执行完整的"按下-拖曳-释放"鼠标动作	MouseDragEvent	Node、Scene
在一个节点中，底层输入法提示其文本发生了改变。编辑的文本被生成/改变/移除时，底层输入法会提交最终结果，或者改变插入符位置	InputMethodEvent	Node、Scene
执行所在平台支持的拖曳动作	DragEvent	Node、Scene
滚动某对象	ScrollEvent	Node、Scene
在某对象上执行旋转手势	RotateEvent	Node、Scene
在某对象上执行滑动手势	SwipeEvent	Node、Scene
触摸某对象	TouchEvent	Node、Scene
在某对象上执行缩放手势	ZoomEvent	Node、Scene
请求上下文菜单	ContextMenuEvent	Node、Scene
按下按钮显示或隐藏组合框，选择菜单项	ActionEvent	ButtonBase、ComboBoxBase、ContextMenu、MenuItem、TextField
编辑列表、表格或者树的子项	ListView.EditEvent TableColumn.CellEditEvent TreeView.EditEvent	ListView TableColumn TreeView
媒体播放器遇到错误	MediaErrorEvent	MediaView
显示或者隐藏菜单	Event	Menu
隐藏弹出式窗口	Event	PopupWindow
选项卡被选中或者关闭	Event	Tab
窗口被关闭、显示或者隐藏	WindowEvent	Window

使用快捷方法注册事件处理程序的格式如下所示：

```
setOnEvent-type(EventHandler<? super event-class> value)
```

❑ Event-type：表示该事件处理程序处理的事件类型，例如，setOnKeyTyped 表示处理 KEY_TYPED 事件、setOnMouseClicked 表示处理 MOUSE_CLICKED 事件。

❑ event-class：表示事件类型的定义类，例如 KeyEvent 表示与键盘输入有关的事件，MouseEvent 表示与鼠标输入有关的事件。

□　<? super event-class>：表示该方法接收一个 event-class 类型或其父类型事件处理程序作为参数。例如，当事件是鼠标事件或者键盘事件时都可以使用 InputEvent 类型的事件处理程序。

下面的实例展示了注册定义事件处理程序的过程，该事件处理程序处理键盘输入时产生的事件，即按键被按下并释放时产生的事件：

```
setOnKeyTyped(EventHandler<? super KeyEvent> value)
```

开发人员可以在快捷方法的调用中把事件处理程序定义为匿名类，这种方式可以一步到位地创建和注册事件处理程序。事件处理程序需要实现 handle() 方法来提供事件处理代码。

19.2.2　处理按钮事件

下面是一个使用快捷方法处理事件的实例。

实例 19-1　使用快捷方法处理事件
源码路径：daima\19\YourApplication.java

实例文件 YourApplication.java 的具体实现代码如下所示。

```java
public class YourApplication extends Application {
    public static void main(String[] args) {
        Application.launch(args);
    }
    @Override
    public void start(Stage primaryStage) {
        primaryStage.setTitle("你好，JavaFX");
        //设置标题
        Group root = new Group();
        Scene scene = new Scene(root, 300, 250);
        //设置指定大小的scene
        Button btn = new Button();
        //创建按钮对象btn
        btn.setLayoutX(100); //设置按钮横向位置
        btn.setLayoutY(80);  //设置按钮纵向位置
        btn.setText("你好，JavaFX");        //设置显示的文本
        btn.setOnAction(new EventHandler<ActionEvent>() {
            public void handle(ActionEvent event) {
                System.out.println("你好，JavaFX");
            }
        });
        root.getChildren().add(btn);
        primaryStage.setScene(scene);
        primaryStage.show();
    }
}
```

拓展范例及视频二维码

范例 **19-1-01**：使用 CSS 改变
按钮的外观
源码路径：**演练范例\19-1-01**
范例 **19-1-02**：实现一个简单的
计算器
源码路径：**演练范例\19-1-02**

上述代码创建了仅包含一个按钮的窗口，使用 setOnAction() 方法注册了一个事件处理程序来处理按钮单击事件。单击按钮后会触发按钮单击事件，这个按钮单击事件会调用事件处理程序中的 handle() 方法在控制台中输出"你好，JavaFX"这个提示信息。执行后的结果如图 19-6 所示，单击"你好，JavaFX"按钮后在控制台上输出文本信息，如图 19-7 所示。

图 19-6　执行结果　　　　　图 19-7　输出文本信息

19.3 处理鼠标事件

在 JavaFX 程序中，当鼠标按键在一个节点元素上或者一个场景中按下、释放、单击、移动或者拖曳时，就会触发一个 MouseEvent 事件。本节将详细讲解在 JavaFX 框架中处理鼠标事件的知识。

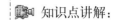 知识点讲解：

19.3.1 鼠标事件概述

在 JavaFX 框架中，类 MouseEvent 处理鼠标事件，能够捕捉和鼠标相关的操作，例如单击数、鼠标位置（x 和 y 坐标），或者哪个鼠标按键被按下。MouseEvent 类的常用方法如下所示。

- ❑ 方法 public final double getX()：返回事件源节点中鼠标点的 x 坐标。
- ❑ 方法 public final double getY()：返回事件源节点中鼠标点的 y 坐标。
- ❑ 方法 public final double getScreenX()：返回场景中鼠标点的 x 坐标。
- ❑ 方法 public final double getScreenY()：返回场景中鼠标点的 y 坐标。
- ❑ 方法 public final double getScreenX()：返回屏幕中鼠标点的 x 坐标。
- ❑ 方法 public final double getScreenY()：返回屏幕中鼠标点的 y 坐标。
- ❑ 方法 public final MouseButton getButton()：表明当前哪一个鼠标按钮被单击。
- ❑ 方法 public final int getClickCount()：返回该事件中鼠标的单击次数。
- ❑ 方法 public final boolean isStillSincePress()：设置鼠标光标停留在系统提供的滞后区域，因为这次事件之前已发生事件。如果事件发生前最后一次按下事件没有显著的鼠标移动（系统滞后区），则此方法返回为 true。
- ❑ 方法 public final boolean isShiftDown()：如果该事件中 Shift 按键被按下，则返回 true。
- ❑ 方法 public final boolean isControlDown()：如果该事件中 Control 按键被按下，则返回 true。
- ❑ 方法 public final boolean isAltDown()：如果该事件中 Alt 按键被按下，则返回 true。
- ❑ 方法 public final boolean isMetaDown()：如果该事件中鼠标的 Meta 按钮被按下，则返回 true。
- ❑ 方法 public boolean isSynthesized()：设置此事件是否由使用触摸屏而不是通常的鼠标事件设备合成的，如果使用触摸屏合成此事件则返回 true。
- ❑ 方法 public final boolean isShortcutDown()：如果该事件中键盘的 ShortCut 按钮被按下，则返回 true。
- ❑ 方法 public final boolean isPrimaryButtonDown()：如果该事件中鼠标的左键按钮被按下，则返回 true。
- ❑ 方法 public final boolean isSecondaryButtonDown()：如果该事件中鼠标的右键按钮被按下，则返回 true。
- ❑ 方法 public final boolean isMiddleButtonDown()：如果该事件中鼠标的中间按钮被按下，则返回 true。

19.3.2 使用鼠标事件

下面的实例演示了使用鼠标事件的过程，首先在窗体面板中显示一条消息，并且使用鼠标来移动消息。当鼠标拖动消息时，这条消息会随之移动，并且总是显示在鼠标指针处。

实例 19-2　**使用鼠标事件**
源码路径：daima\17\GXJMouseEvent.java

实例文件 GXJMouseEvent.java 的主要实现代码如下所示。

```
public void start(Stage primaryStage) {
        //创建一个Pane对象pane，然后设置其属性
        Pane pane = new Pane();
①       Text text = new Text(20, 20, "JavaFX
        鼠标事件测试程序");
        pane.getChildren().addAll(text);
②       text.setOnMouseDragged(e -> {
③         text.setX(e.getX());
④         text.setY(e.getY());
      });
      Scene scene = new Scene(pane, 300, 100);
      primaryStage.setTitle("鼠标事件");
      //设置窗体的标题
      primaryStage.setScene(scene);      //将scene放到stage中
      primaryStage.show();               //显示stage
}
```

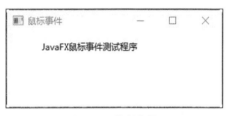

拓展范例及视频二维码

范例 **19-2-01**：一个简单的事件
处理程序
源码路径：**演练范例\19-2-01**
范例 **19-2-02**：使用鼠标事件
演练
源码路径：**演练范例\19-2-02**

在行①中，创建一个 Text 对象，在窗体中写入一段文本。

在行②中，注册一个处理程序，用于处理鼠标拖动事件。

在行③④中，任何时候只要拖动鼠标，文本的 x 坐标和 y 坐标都设置（拖动）到鼠标位置。执行后可以使用鼠标拖动窗体中的文本，执行结果如图 19-8 所示。

图 19-8　执行结果

19.4　处理键盘事件

键盘事件使得可以采用键盘来控制和执行一个动作，或者从键盘获得输入。本节将详细讲解在 JavaFX 框架中处理键盘事件的知识。

知识点讲解：

19.4.1　键盘事件概述

在 JavaFX 框架中，类 KeyEvent 处理键盘事件。在一个节点或者场景中只要按下、释放或者敲击键盘按键，就会触发一个 KeyEvent 事件。KeyEvent 对象描述了事件的性质（例如一个按键被按下、释放或者敲击）和键值。

类 KeyEvent 中的常用方法如下所示。

❑　方法 public final java.lang.String getCharacter()：返回该事件中与该键相关的字符。

❑　方法 public final java.lang.String getText()：返回一个描述键编码的字符串。

❑　方法 public final KeyCode getCode()：返回该事件中与该键相关的键编码。

❑　方法 public final boolean isShiftDown()：如果该事件中 Shift 键被按下，则返回 true。

❑　方法 public final boolean isControlDown()：如果该事件中 Control 键被按下，则返回 true。

❑　方法 public final boolean isAltDown()：如果该事件中 Alt 键被按下，则返回 true。

❏　方法 public final boolean isMetaDown()：如果该事件中鼠标的 Meta 按钮被按下，则返回 true。

在 JavaFX 程序中，每个键盘事件都有一个相关的编码，开发者可以通过 KeyEvent 中的 getCode()方法返回编码。键的编码是定义在 KeyCode 中的常量，在表 19-4 中列出了一些常量的具体说明，其中 KeyCode 是一个权举类型的变量。

表 19-4　一些常量的具体说明

常量	描述	常量	描述
HOME	Home 键	DOWN	向下的方向键
END	End 键	LEFT	向左的方向键
PAGE_UP	PgUp 键	RIGHT	向右的方向键
PACLDOWN	PgDn 键	ESCAPE	Esc 键
UP	向上的方向键	TAB	Tab 键
CONTROL	Ctrl 键	ENTER	Enter 键
SHIFT	Shift 键	UNDEFINED	未知的 KeyCode
BACK_SPACE	Backspace 键	F1～F12	键 F1～F12
CAPS	Caps Lock 键	0～9	数字键 0～9
NUM_LOCK	Num Lock 键	A～Z	字母键 A～Z

对于按下键和释放键事件来说，方法 getCode()返回的是表 19-4 中的值，方法 getText()返回的是一个描述键编码的字符串，方法 getCharacter()返回的是一个空字符串。对于敲击键事件来说，方法 getCode()返回的都是 UNDEFINED，方法 getCharacter0 返回的都是相应的 Unicode 字符或者和敲击键事件相关的一个字符序列。

19.4.2　使用键盘事件

在下面的实例中，我们在窗体中显示一个用户输入的字符，用户可以使用键盘中的上、下、左、右方向键来控制字符的移动。

实例 19-3　使用键盘中的上、下、左、右方向键控制字符的移动
源码路径：daima\17\GXJKeyEvent.java

实例文件 GXJKeyEvent.java 的主要实现代码如下所示。

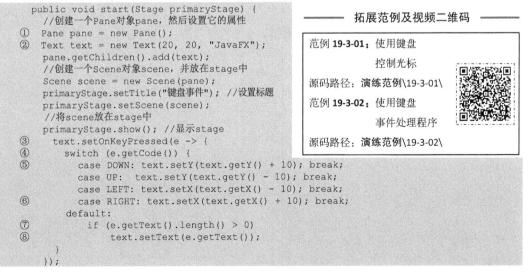

```
    public void start(Stage primaryStage) {
        //创建一个Pane对象pane，然后设置它的属性
①    Pane pane = new Pane();
②    Text text = new Text(20, 20, "JavaFX");
        pane.getChildren().add(text);
        //创建一个Scene对象scene，并放在stage中
        Scene scene = new Scene(pane);
        primaryStage.setTitle("键盘事件"); //设置标题
        primaryStage.setScene(scene);
        //将scene放在stage中
        primaryStage.show(); //显示stage
③    text.setOnKeyPressed(e -> {
④      switch (e.getCode()) {
⑤        case DOWN: text.setY(text.getY() + 10); break;
          case UP:   text.setY(text.getY() - 10); break;
          case LEFT: text.setX(text.getX() - 10); break;
⑥        case RIGHT: text.setX(text.getX() + 10); break;
          default:
⑦          if (e.getText().length() > 0)
⑧            text.setText(e.getText());
        }
    });
```

拓展范例及视频二维码

范例 **19-3-01**：使用键盘
控制光标
源码路径：演练范例\19-3-01\
范例 **19-3-02**：使用键盘
事件处理程序
源码路径：演练范例\19-3-02\

```
⑨     text.requestFocus(); //光标定位，接收键盘输入
   }
```

在行①中，创建一个窗体面板 Scene 对象 scene。

在行②中，创建一个 Text 文本对象 text，并将文本放置在面板中。

在行③～⑧中，定义 setOnKeyPressed 响应按键事件，当一个键被按下时调用事件处理程序。读者在此需要注意，在一个枚举类型的 switch 语句中，case 后面跟的是枚举常量（行④～⑧）。常量是不受限的（unqualified），即无须加 KeyCode 等类来限定。例如在 case 子句中使用 KeyCode.DOWN 将会出现错误。

在行④中，使用方法 e.getCode() 来获得键的编码。

在行⑤中，使用方法 e.getText() 得到该键的字符。

在行⑦中，和行⑧表示如果一个非方向键被按下，则会使用该字符。

在行⑤中，及其后面的 3 行 case 语句表示，当键盘中的一个方向键被按下时，字符按照方向键所表示的方向进行移动。

在行⑨中，表示只有一个被聚焦的节点可以接收 KeyEvent 事件。当在一个 text 对象中调用方法 requestFocus() 时，text 对象可以接收键盘输入，这个方法必须在 scense 被显示后才能调用。

执行结果如图 19-9 所示。

图 19-9　执行结果

19.5　使用事件过滤器

在 JavaFx 框架中，可以使用事件过滤器处理由键盘动作、鼠标动作、滚轮动作以及其他用户与程序之间的交互动作所产生的事件。

19.5.1　注册和移除事件过滤器

通过事件过滤器，开发者可以在事件捕获阶段处理事件。在这里，一个节点可以由一个或多个事件过滤器来处理一个事件，而一个事件过滤器也可以由多个节点使用并处理多种不同的事件类型。事件过滤器使父节点可以为所有的子节点提供通用的事件处理机制或者拦截事件以使子节点不再响应该事件。

在 JavaFX 框架中，如果要想在事件捕获阶段处理事件，那么对应的节点就必须先注册一个事件过滤器。事件过滤器是 EventHandler 接口的一个实现。当对应节点接收到与事件过滤器关联的特定事件时，该接口的 handle() 方法提供了需要执行的代码。

要想注册事件过滤器，需要使用 addEventFilter() 方法来实现，该方法接收事件类型和事件过滤器实例作为参数。例如在之前的演示代码中，第一个事件过滤器添加到了一个节点之上，并且指定处理了一种特定的事件类型；第二个事件过滤器定义为处理输入事件，并注册到两个不同的节点之上，同一个事件过滤器也注册监听两种不同类型的事件。

```
//为一个node和指定的事件类型注册一个Evnet
node.addEventFilter(MouseEvent.MOUSE_CLICKED,
                        new EventHandler<MouseEvent>() {
                            public void handle(MouseEvent) { ... };
                        });
//定义一个事件过滤器
EventHandler filter = new EventHandler(<InputEvent>() {
    public void handle(InputEvent event) {
        System.out.println("Filtering out event " + event.getEventType());
        event.consume();
    }
//将同一个事件过滤器注册到两个不同的节点上
```

```
myNode1.addEventFilter(MouseEvent.MOUSE_PRESSED, filter);
myNode2.addEventFilter(MouseEvent.MOUSE_PRESSED, filter);

//将事件过滤器注册给不同的事件类型
myNode1.addEventFilter(KeyEvent.KEY_PRESSED, filter);

// 为一个node和指定的事件类型注册一个Evnet
node.addEventFilter(MouseEvent.MOUSE_CLICKED,
                    new EventHandler<MouseEvent>() {
                        public void handle(MouseEvent) { ... };
                    });

// 定义一个事件过滤器
EventHandler filter = new EventHandler(<InputEvent>() {
    public void handle(InputEvent event) {
        System.out.println("Filtering out event " + event.getEventType());
        event.consume();
    }
//将同一个事件过滤器注册到两个不同的节点上
myNode1.addEventFilter(MouseEvent.MOUSE_PRESSED, filter);
myNode2.addEventFilter(MouseEvent.MOUSE_PRESSED, filter);
//将事件过滤器注册给不同的事件类型
myNode1.addEventFilter(KeyEvent.KEY_PRESSED, filter);
```

读者需要注意的是，为某一种事件类型定义的事件过滤器也同样可用于该事件类型的子类型事件中。如果你希望某个事件过滤器不再为某个节点处理事件或不再处理某种事件类型的事件，那么可以使用方法 removeEventFilter()移除该事件过滤器。该方法接收事件类型和事件过滤器实例作为参数。例如下面的演示代码，为 myNode1 节点移除了已定义的 MouseEvent.MOUSE_PRESSED 事件类型的事件过滤器。该事件过滤器仍然会通过 KeyEvent.KEY_PRESSED 事件由 myNode2 和 myNode1 来执行。

```
//移除一个事件过滤器
myNode1.removeEventFilter(MouseEvent.MOUSE_PRESSED, filter);
```

19.5.2　使用事件过滤器

在 JavaFX 框架中，事件过滤器一般用在事件分派链的分支节点上，并且在事件捕获阶段被调用。我们可以使用事件过滤器来执行一个动作，例如重新定义事件响应或阻止事件到达目标。

下面的实例演示了使用事件过滤器的过程，在实例中创建了一个可拖曳面板（draggable panels），完美展示了事件过滤器的如下用法。

❏　通过为父事件类型注册事件过滤器来为子类型提供通用的事件处理机制。

❏　使用事件以阻止子节点响应该事件。

实例 19-4　创建一个可拖曳的面板
源码路径：daima\17\DraggablePanelsExample.java

实例文件 DraggablePanelsExample.java 的主要实现代码如下所示。

拓展范例及视频二维码

范例 **19-4-01**：使用事件过滤器
演练
源码路径：**演练范例\19-4-01**

范例 **19-4-02**：单选按钮事件
处理
源码路径：**演练范例\19-4-02**

```
private Node makeDraggable(final Node node) {
    final DragContext dragContext = new
    DragContext();
    final Group wrapGroup = new Group(node);

    wrapGroup.addEventFilter(
            MouseEvent.ANY,
            new EventHandler<MouseEvent>() {
                @Override
                public void handle(final
                MouseEvent mouseEvent) {
                    if (dragModeActiveProperty.get()) {
                        //禁用所有元素的鼠标事件
                        mouseEvent.consume();
```

```
                    }
                }
            });

    wrapGroup.addEventFilter(
            MouseEvent.MOUSE_PRESSED,
            new EventHandler<MouseEvent>() {
                @Override
                public void handle(final MouseEvent mouseEvent) {
                    if (dragModeActiveProperty.get()) {
                        //记住初始鼠标光标坐标和节点位置
                        dragContext.mouseAnchorX = mouseEvent.getX();
                        dragContext.mouseAnchorY = mouseEvent.getY();
                        dragContext.initialTranslateX =
                                node.getTranslateX();
                        dragContext.initialTranslateY =
                                node.getTranslateY();
                    }
                }
            });

    wrapGroup.addEventFilter(
            MouseEvent.MOUSE_DRAGGED,
            new EventHandler<MouseEvent>() {
                @Override
                public void handle(final MouseEvent mouseEvent) {
                    if (dragModeActiveProperty.get()) {
                        //通过鼠标的移动计算delta从初始位置移动的节点距离
                        node.setTranslateX(
                                dragContext.initialTranslateX
                                + mouseEvent.getX()
                                - dragContext.mouseAnchorX);
                        node.setTranslateY(
                                dragContext.initialTranslateY
                                + mouseEvent.getY()
                                - dragContext.mouseAnchorY);
                    }
                }
            });

    return wrapGroup;
}
```

上述代码为每个面板都注册并定义了如下事件的事件过滤器。

❑ ANY：事件过滤器为面板处理了所有的鼠标事件。如果拖曳模式复选框被选中，则事件过滤器会释放掉所有的鼠标事件，对于子节点，面板中所有的 UI 控件都不会再接收到鼠标事件。如果复选框未被选中，则鼠标光标所在位置的控件就会处理该事件。

❑ MOUSE_PRESSED：该事件过滤器只为面板处理鼠标按下事件。如果拖曳模式复选框被选中，则鼠标的当前位置就会存储下来。

❑ MOUSE_DRAGGED：该事件过滤器只为面板处理鼠标拖曳事件。如果拖曳模式复选框被选中，则该面板就会移动。

在此需要注意的是，一个面板注册了 3 个事件过滤器。特定事件类型的事件过滤器会在父事件类型调用之前调用，因此 MouseEvent.MOUSE_PRESSED 事件和 MouseEvent.MOUSE_DRAGGED 事件的事件过滤器会在 MouseEvent.ANY 事件的事件过滤器之前调用。

图 19-10 是本实例执行后的初始效果，整个界面由 3 个面板组成。每个面板包含不同的 UI 控件，在屏幕底部有一个复选框用于控制面板是否可以拖曳。

如果该复选框未被选中，那么单击面板中的任意控件都会得到响应。如果该复选框被选中了，则每个控件都不会响应鼠标的单击事件。取而代之的是，单击面板中的任何地方并拖曳鼠标会移动整个面板，这样能够改变面板的位置，如图 19-11 所示。

图 19-10 初始执行结果

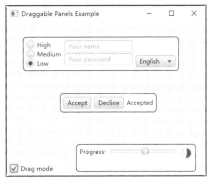

图 19-11 勾选复选框并拖曳

19.6 使用事件处理程序

在 JavaFX 框架中，可以使用事件处理程序来处理键
盘动作、鼠标动作、滚轮动作和用户与程序之间其他交互
动作产生的事件。事件处理程序使开发者可以在事件冒泡
阶段处理事件，在这里，一个节点可以有一个或多个用来
处理事件的事件处理程序。而一个事件处理程序也可以被多个节点所使用，并且可以处理多种
不同的事件类型。如果子节点的事件处理程序没有消耗掉对应的事件，则父节点的事件处理程
序可以在子节点处理完事件之后继续对事件做出响应，并且为多个子节点提供通用的事件处理
机制。

 知识点讲解：

19.6.1 注册和移除事件处理程序

如果想要在事件冒泡阶段处理事件，那么对应的节点就必须要先注册一个事件处理程序。
事件处理程序是 EventHandler 接口的实现。当对应节点接收到与 EventHandler 关联的特定事件
时，该接口的 handle()方法提供了需要执行的代码。

可以使用 addEventHandler()方法注册处理程序，该方法接收事件类型和事件处理程序实例
作为参数。在下面的演示代码中，第一个事件处理程序添加到了一个节点上，并指定处理一种
特定的事件类型；第二个事件处理程序定义为处理输入事件，并注册到了两个不同的节点之上。
同一个事件处理程序也可注册监听两种不同类型的事件。

```
// 为一个node和指定的事件类型注册一个事件处理程序
node.addEventHandler(DragEvent.DRAG_ENTERED,
                     new EventHandler<DragEvent>() {
                         public void handle(DragEvent) { ... };
                     });

// 定义一个事件处理程序
EventHandler handler = new EventHandler(<InputEvent>() {
    public void handle(InputEvent event) {
        System.out.println("Handling event " + event.getEventType());
        event.consume();
    }

// 将同一个事件处理程序注册到两个不同的节点
myNode1.addEventHandler(DragEvent.DRAG_EXITED, handler);
myNode2.addEventHandler(DragEvent.DRAG_EXITED, handler);

// 将事件处理程序注册给不同的事件类型
myNode1.addEventHandler(MouseEvent.MOUSE_DRAGGED, handler);
```

在此需要注意的是，定义为某种事件类型的事件处理程序也同样可用于该事件类型的任何子类型事件中。如果希望某个事件处理程序不再为某个节点处理事件或不再处理某种事件类型的事件，那么可以使用 removeEventHandler() 方法移除该事件处理程序。该方法接收事件类型和事件处理程序实例作为参数。例如下面的代码可以为 myNode1 节点移除掉已定义的 DragEvent.DRAG_EXITED 事件类型的事件处理程序。该事件处理程序仍然会通过 MouseEvent.MOUSE_DRAGGED 事件由 myNode2 和 myNode1 来执行。

```
// 移除一个事件处理程序
myNode1.removeEventHandler(DragEvent.DRAG_EXITED, handler);
```

注意：要想通过快捷方法移除一个已经注册的事件处理程序，需要给快捷方法传入一个 null 参数，例如：node1.setOnMouseDragged(null)。

19.6.2　使用事件处理程序

在 JavaFX 应用程序中，事件处理程序一般用在事件分派链的叶子节点或者分支节点上，并且在事件冒泡阶段调用。可以在分支节点上使用事件处理程序来执行一个动作，例如为所有子节点定义默认的响应。

下面的实例演示了使用事件处理程序处理键盘事件的过程，它给出了事件处理程序的如下用法：

❑　为两个不同的事件类型注册一个事件处理程序。

❑　在父节点中为所有的子节点提供通用的事件处理机制。

实例 19-5　**使用事件处理程序处理键盘事件**
源码路径：daima\17\KeyboardExample.java

实例文件 KeyboardExample.java 的具体实现流程如下所示。

（1）编写为按键节点定义的 installEventHandler() 方法。

在本实例中，屏幕上展示的每个按键都由一个按键节点表示。所有的按键包含在一个键盘节点中。每个按键节点都有一个事件处理程序以在按键获取焦点时接收按键事件。事件处理程序通过改变屏幕上按键的颜色来响应回车键的按下和释放事件。随后对应的事件将会被消耗掉，这样父节点 keyboardNode 不会再接收到该事件。

```
private void installEventHandler(final Node keyNode) {
    // 回车键按下/释放事件的事件处理程序，其他键由父节点的事件处理程序来处理
    final EventHandler<KeyEvent> keyEventHandler =
        new EventHandler<KeyEvent>() {
            public void handle(final KeyEvent keyEvent) {
                if (keyEvent.getCode() == KeyCode.ENTER) {
                    setPressed(keyEvent.getEventType()
                        == KeyEvent.
                        KEY_PRESSED);

                    keyEvent.consume();
                }
            }
        };

    keyNode.setOnKeyPressed(keyEventHandler);
    keyNode.setOnKeyReleased(keyEventHandler);
}
```

（2）为键盘节点定义的 installEventHandler() 方法。

键盘节点有两个事件处理程序，它们用来处理未被按键节点的事件处理程序消耗掉的按键事件。第一个事件处理程序改变与按下按键相同的按键节点颜色。第二个事件处理程序响应左右箭头方向键并移动焦点。

```
private void installEventHandler(final Parent keyboardNode) {
    // 没有被按键节点处理掉的按键按下/释放事件的事件处理程序
    final EventHandler<KeyEvent> keyEventHandler =
```

```
            new EventHandler<KeyEvent>() {
                public void handle(final KeyEvent keyEvent) {
                    final Key key = lookupKey(keyEvent.getCode());
                    if (key != null) {
                        key.setPressed(keyEvent.getEventType()
                                        == KeyEvent.KEY_PRESSED);

                        keyEvent.consume();
                    }
                }
            };

    keyboardNode.setOnKeyPressed(keyEventHandler);
    keyboardNode.setOnKeyReleased(keyEventHandler);

    keyboardNode.addEventHandler(KeyEvent.KEY_PRESSED,
                        new EventHandler<KeyEvent>() {
                            public void handle(
                                final KeyEvent keyEvent) {
                                    handleFocusTraversal(
                                        keyboardNode,
                                        keyEvent);
                                }
                        });
}
```

实例执行后的初始效果如图 19-12 所示,整个界面由 4 个字母组成,每个字母都在一个正方形中,它们表示键盘上相应的按键。屏幕上的第一个按键是高亮显示的,表示它当前获得了焦点。使用键盘上的左右方向键将焦点移到屏幕上不同的按键上。

当按下 Enter 键时,屏幕上获取焦点的按键就会变成红色。当松开回车键时,屏幕上的按键就会恢复为原来的颜色。当按下的按键与屏幕上某个按键一致时该按键就会变红,松开键盘上的按键时屏幕上的按键就会恢复为原来的颜色。如果按下的按键与屏幕上的 4 个按键都不一致,则没有任何事情发生。图 19-13 展示了屏幕上的 A 键获取焦点而键盘上的 D 键被按下时的屏幕截图。

图 19-12　初始执行结果

图 19-13　D 键被按下时的效果

监听按键按下事件的两个事件处理程序会被认为是同级别的。因此,即使其中一个的事件处理程序消耗掉了事件,另外一个事件处理程序依然会被调用。

19.7 使用可触摸设备的事件

从 JavaFX 2.2 开始,用户可以在可触摸设备上使用触摸和手势与 JavaFX 程序进行交互,例如触摸、缩放旋转和轻扫等动作。触摸和手势可能还会涉及单点或多点触摸,这些动作所生成的事件类型取决于用户触摸或者手势的产生类型。

知识点讲解:

19.7.1 手势和触摸事件

在 JavaFX 程序中,触摸和手势事件的处理过程与其他事件的处理过程是一样的,它们需要在事件冒泡阶段处理。当 JavaFX 程序运行在带有触摸屏或者带有可识别手势的触摸板设备上时就会产生手势事件,在可识别手势的各种平台上,调用原生的识别机制来确定所执行的手势。表 19-5 描述了支持的手势以及对应的事件类型。

表 19-5　支持的手势和产生的事件类型

手势	描述	产生的事件
旋转	两根手指做旋转动作，一根手指绕另一根手指顺时针运动以便该对象顺时针旋转，反之亦然	ROTATION_STARTED ROTATE ROTATION_FINISHED
滚动	滑动动作，向上或向下滑动来做竖直滚动，向左或向右滑动来做水平滚动	SCROLL_STARTED SCROLL SCROLL_FINISHED 如果用鼠标的滚轮滚动，则只产生 SCROLL 事件
轻扫	通过屏幕或者触摸板向上、下、左、右方向做轻扫动作。对角线运动不会识别为轻扫动作	SWIPE_LEFT SWIPE_RIGHT SWIPE_UP SWIPE_DOWN 每个轻扫手势只生成一个轻扫事件，但也会生成 SCROLL_START、SCROLL 和 SCROLL_FINISHED 事件
缩放	两支手指做捏的动作，捏合在一起表示缩小，分开表示放大	ZOOM_STARTED ZOOM ZOOM_FINISHED

当程序运行在触摸屏设备上时，用户对程序的操作就需要依赖这一系列单点或多点的触摸事件，这些事件可对触摸或者手势中的每个单独触摸点进行更低水平的跟踪。

1. 手势的目标

大多数手势的目标都是手势起始位置处所有触摸点中心的节点，轻扫手势的目标是所有手指的完整移动路径中心的节点。如果在目标点处有多个节点，那么最顶层的节点会当作目标。所有的单一手势、持续性手势和手势惯性所产生的事件都会传递到手势开始时选定的节点上。

2. 生成的其他事件

除了手势和触摸的执行事件之外，手势和触摸也会产生其他类型的事件，轻扫手势除了产生轻扫事件之外还会产生滚动事件。根据轻扫的距离，轻扫和滚动事件可能会有不同的目标。滚动事件的目标是手势开始处的节点，轻扫事件的目标是手势整个移动路径中心处的节点。

触摸屏上的触摸动作也会产生相应的鼠标事件。例如，触摸屏幕上的一个点会产生TOUCH_PRESSED 和 MOUSE_PRESSED 事件。移动屏幕上的一个点会产生滚动事件和拖曳事件。即使我们开发的程序并不会直接处理触摸和手势事件，也可以通过响应触摸所产生的鼠标事件来在触摸设备上运行并尽可能少地改动。

如果想开发一个程序来处理触摸、手势和鼠标事件，那么我们还要确保未对同一个事件处理多次。例如，如果一个手势产生了滚动动作和拖曳动作，而我们对两种动作采用了相同的事件处理，那么屏幕上的动作就可能会是预期的两倍。在这个时候，我们可以对鼠标事件使用isSynthesized()方法进行判断，判断该事件是由鼠标动作产生的，还是由触摸屏上的动作产生的，并且对相同的事件仅处理一次。

19.7.2　手势事件实战

下面的实例监听并操作了屏幕中长方形和椭圆的过程，并且在操作过程中输出了操作事件的日志信息。要想完美体验本实例中的手势事件，需要在有触摸屏或者支持手势的触摸板设备上运行本实例。要想产生触摸事件，需要在有触摸屏的设备上运行本实例程序。

实例 19-6 监听并操作屏幕中的长方形和椭圆
源码路径：daima\17\GestureEvents.java

下面介绍实例文件 GestureEvents.java 的具体实现流程。

1. 创建图形

在本实例中屏幕显示了一个长方形和一个椭圆形，用户可以用手势来移动、旋转或者缩放这些图形对象。创建每个图形和包含图形布局面板的实现代码如下所示。

```
// 创建对手势进行响应的图形并使用一个VBox来组织它们
VBox shapes = new VBox();
shapes.setAlignment(Pos.CENTER);
shapes.setPadding(new Insets(15.0));
shapes.setSpacing(30.0);
shapes.setPrefWidth(500);
shapes.getChildren().addAll(createRectangle(), createEllipse());
...
private Rectangle createRectangle() {

    final Rectangle rect = new Rectangle(100, 100, 100, 100);
    rect.setFill(Color.DARKMAGENTA);
...
    return rect;
}

private Ellipse createEllipse() {

    final Ellipse oval = new Ellipse(100, 50);
    oval.setFill(Color.STEELBLUE);
...
    return oval;
}
```

———— 拓展范例及视频二维码 ————

范例 **19-6-01**：控制圆的大小
源码路径：演练范例\19-6-01\
范例 **19-6-02**：可观察对象的
监听器
源码路径：演练范例\19-6-02\

2. 处理事件

总的来说，在本实例程序中图形对象的事件处理程序为其所处理的各种类型事件执行了类似的操作，各种事件类型都会在事件日志中插入一条记录。

在支持手势惯性的平台上，可能会在"事件类型_FINISHED"事件之后再产生附加的事件。如果有任何与滚动手势相关联的惯性，则在 SCROLL_FINISHED 事件之后可能就会产生 SCROLL 事件。可以用 isInertia()方法来判断该事件是否是由手势惯性产生的。如果该方法返回 true，那么表示该事件是在手势完成以后产生的。

事件是通过触摸屏或者触摸板上的手势产生的，SCROLL 事件也可以通过鼠标滚轮产生。使用方法 isDirect()来标识该事件的来源，如果该方法返回 true，那么表示该事件是由触摸屏上的手势产生的。否则，该方法返回 false。开发者可以根据此信息对事件的不同来源提供不同的处理方式。

触摸屏上的触摸事件也会产生相应的鼠标事件。例如，触摸一个对象会同时产生 TOUCHE_PRESSED 和 MOUSE_PRESSED 事件。方法 isSynthesized()可判断鼠标事件的来源，如果该方法返回 true，就表示该事件是通过触摸产生的，而不是鼠标。

在本实例程序中方法 inc()和方法 dec()为手势事件的目标提供了一个视觉提示。正在进行的手势数量是被追踪的，并且当前活动的手势数量从 0 变到 1 或者变回 0 时目标节点的外观也会产生变化。

（1）处理滚动事件。

当执行滚动手势以后，会产生 SCROLL_STARTED、SCROLL 和 SCROLL_FINISHED 事件。当鼠标滚轮滚动时，只会产生 SCROLL 事件。下面的代码展示了本实例中长方形滚动事件的事件处理程序，椭圆形的事件处理程序与此类似。

```
rect.setOnScroll(new EventHandler<ScrollEvent>() {
        @Override public void handle(ScrollEvent event) {
```

```
                    if (!event.isInertia()) {
                        rect.setTranslateX(rect.getTranslateX() + event.getDeltaX());
                        rect.setTranslateY(rect.getTranslateY() + event.getDeltaY());
                    }
                    log("Rectangle: Scroll event" +
                        ", inertia: " + event.isInertia() +
                        ", direct: " + event.isDirect());
                    event.consume();
                }
});
rect.setOnScrollStarted(new EventHandler<ScrollEvent>() {
        @Override public void handle(ScrollEvent event) {
            inc(rect);
            log("Rectangle: Scroll started event");
            event.consume();
        }
});
rect.setOnScrollFinished(new EventHandler<ScrollEvent>() {
        @Override public void handle(ScrollEvent event) {
            dec(rect);
            log("Rectangle: Scroll finished event");
            event.consume();
        }
});
```

　　除了前面介绍的通用事件处理方式之外，在 SCROLL 事件的处理中还会沿滚动手势的方向移动该节点。如果滚动手势在窗体外部停止，那么图形就会移到窗体外面。长方形的事件处理程序忽略了由惯性产生的 SCROLL 事件。椭圆形的事件处理程序会继续移动椭圆来响应惯性产生的 SCROLL 事件，并且可能会导致即使手势在窗体内停止也有可能将椭圆移出窗体。

　　（2）处理缩放事件。

　　当执行缩放手势时，会产生 ZOOM_SATRTED、ZOOM 和 ZOOM_FINISHED 事件。下面的代码展示了长方形缩放事件的事件处理程序，椭圆形的事件处理程序与之类似。

```
rect.setOnZoom(new EventHandler<ZoomEvent>() {
    @Override public void handle(ZoomEvent event) {
        rect.setScaleX(rect.getScaleX() * event.getZoomFactor());
        rect.setScaleY(rect.getScaleY() * event.getZoomFactor());
        log("Rectangle: Zoom event" +
            ", inertia: " + event.isInertia() +
            ", direct: " + event.isDirect());

        event.consume();
    }
});
rect.setOnZoomStarted(new EventHandler<ZoomEvent>() {
    @Override public void handle(ZoomEvent event) {
        inc(rect);
        log("Rectangle: Zoom event started");
        event.consume();
    }
});
rect.setOnZoomFinished(new EventHandler<ZoomEvent>() {
    @Override public void handle(ZoomEvent event) {
        dec(rect);
        log("Rectangle: Zoom event finished");
        event.consume();
    }
});
```

　　除了前面介绍的通用事件处理方式之外，在 ZOOM 事件的处理中还会根据手势的动作来缩放对应的对象。长方形和椭圆形的事件处理程序对于所有 ZOOM 事件的处理方式都相同，无论事件的惯性或来源情况如何。

　　（3）处理旋转事件。

　　当执行旋转手势时，会产生 ROTATE_SATRTED、ROTATE 和 ROTATE_FINISHED 事件。

下面的代码展示了长方形旋转事件的事件处理程序。椭圆形的事件处理程序与之类似。

```
rect.setOnRotate(new EventHandler<RotateEvent>() {
        @Override public void handle(RotateEvent event) {
            rect.setRotate(rect.getRotate() + event.getAngle());
            log("Rectangle: Rotate event" +
                ", inertia: " + event.isInertia() +
                ", direct: " + event.isDirect());
            event.consume();
        }
});
rect.setOnRotationStarted(new EventHandler<RotateEvent>() {
        @Override public void handle(RotateEvent event) {
            inc(rect);
            log("Rectangle: Rotate event started");
            event.consume();
        }
});
rect.setOnRotationFinished(new EventHandler<RotateEvent>() {
        @Override public void handle(RotateEvent event) {
            dec(rect);
            log("Rectangle: Rotate event finished");
            event.consume();
        }
});
```

除了前面介绍的通用事件处理方式外，在 ROTATE 事件的处理中还会根据手势的动作来旋转对应的对象。长方形和椭圆形对于所有 ROTATE 事件的事件处理程序都相同，无论事件的惯性或来源情况如何。

（4）处理轻扫事件。

当执行轻扫手势时，会产生 SWIPE_DWON、SWIPE_LEFT、SWIPE_RIGHT 或者 SWIPE_UP 事件中的某一个事件，具体取决于轻扫的方向。下面的代码展示了长方形 SWIPE_RIGHT 和 SWIPE_LEFT 事件的事件处理程序。椭圆形未处理轻扫事件。

```
rect.setOnSwipeRight(new EventHandler<SwipeEvent>() {
        @Override public void handle(SwipeEvent event) {
            log("Rectangle: Swipe right event");
            event.consume();
        }
});
rect.setOnSwipeLeft(new EventHandler<SwipeEvent>() {
        @Override public void handle(SwipeEvent event) {
            log("Rectangle: Swipe left event");
            event.consume();
        }
});
```

对轻扫事件的处理仅是在日志中记录了该事件。然而，轻扫事件也会产生滚动事件。轻扫事件的目标是手势路径中心处的最顶层节点，该目标可能与滚动事件的目标不一样，滚动事件的目标是手势开始处的最顶层节点。当长方形和椭圆形由轻扫手势产生滚动事件的目标时，就会响应这个滚动事件。

（5）处理触摸事件。

当触摸一块触摸屏时，每一个触摸点会产生 TOUCH_MOVED、TOUCHE_PRESSED、TOUCH_RELEASED 或者 TOUCH_STATIONARY 事件。触摸事件包含该触摸动作的所有触摸点的信息。下面的代码展示了长方形 TOUCHE_PRESSED 和 TOUCH_RELEASED 事件的事件处理程序。椭圆形未处理触摸事件。

```
rect.setOnTouchPressed(new EventHandler<TouchEvent>() {
        @Override public void handle(TouchEvent event) {
            log("Rectangle: Touch pressed event");
            event.consume();
        }
});
```

```
rect.setOnTouchReleased(new EventHandler<TouchEvent>() {
        @Override public void handle(TouchEvent event) {
            log("Rectangle: Touch released event");
            event.consume();
        }
});
```

对触摸事件的处理仅是在日志中记录了该事件。触摸事件可对触摸或者手势中每个单独的触摸点进行更低水平的跟踪。

（6）处理鼠标事件。

鼠标的动作或者触摸触摸屏的动作均会产生鼠标事件，例如下面的代码展示了椭圆形对 MOUSE_PRESSED 和 MOUSE_RELEASED 事件的事件处理程序。只有当鼠标按下和释放事件是由触摸触摸屏产生的时候，椭圆形才会处理对应的鼠标事件。长方形鼠标事件的事件处理程序在日志中记录了所有鼠标按下和释放事件。

```
oval.setOnMousePressed(new EventHandler<MouseEvent>() {
        @Override public void handle(MouseEvent event) {
            if (event.isSynthesized()) {
                log("Ellipse: Mouse pressed event from touch" +
                    ", synthesized: " + event.isSynthesized());
            }
            event.consume();
        }
});
oval.setOnMouseReleased(new EventHandler<MouseEvent>() {
        @Override public void handle(MouseEvent event) {
            if (event.isSynthesized()) {
                log("Ellipse: Mouse released event from touch" +
                    ", synthesized: " + event.isSynthesized());
            }
            event.consume();
        }
```

3．管理日志

本实例展示了由屏幕上的图形所处理的事件日志。一个 ObservableList 对象用来记录每个图形事件，一个 ListView 对象用来显示事件列表。本实例的操作日志最多可展示 50 条记录，最新的记录会添加到列表的最上方，而最旧的记录会从底部移除。查看 GestureEvents.java 文件来了解管理日志的代码。

本实例执行后的结果如图 19-14 所示。

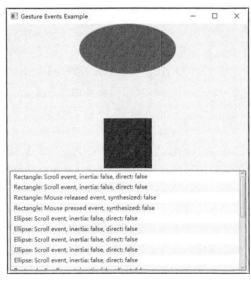

图 19-14　执行结果

19.8　技 术 解 惑

19.8.1　实现鼠标移到按钮上按钮变大的效果

请看下面的实现代码，在按钮中通过如下所示的监听事件来检测鼠标是否进入按钮。

```
private void button1Enter(MouseEvent event);
```

应该如何将按钮变大呢？最简单的方法是在鼠标进入该按钮的一瞬间隐藏该按钮，然后把一个原本隐藏的大一些按钮的设置属性为可见。在计算机快速反应的情况下，显示效果就是按钮变大的效果。

```
private void button1Enter(MouseEvent event) {//鼠标进入时小按钮隐藏，大按钮显现
        button1.setVisible(false);
        bigbutton1.setVisible(true);
        //System.out.println("enter");
}
private void bigbutton1exit(MouseEvent event) {//当然，离开的时候要还原
        bigbutton1.setVisible(false);
        button1.setVisible(true);
}
```

在使用本方法时需要注意，大按钮一定要覆盖小按钮，最好两个按钮中心对齐。

19.8.2　实现 JavaFX 绑定

JavaFX 可以同步绑定两个值：当因变量更改时，其他变量更改。如果要将属性绑定到另一个属性上，那么需要调用 bind()方法，该方法在一个方向绑定值。例如，当属性 A 绑定到属性 B 时，属性 B 的更改将更新属性 A，而不是相反的过程。

JavaFX 提供了许多绑定选项，以便在域对象和 GUI 控件的属性之间进行同步。开发者可以在 JavaFX 的属性 API 中使用以下 3 种绑定策略。

❑ Java Bean 上的双向绑定。
❑ 与 Fluent API 的高级绑定。
❑ 使用 javafx.beans.binding.*中定义的绑定对象进行低级绑定。

19.9　课 后 练 习

（1）编写一个 JavaFX 程序，在窗体中分别绘制正弦函数和余弦函数曲线，要求用红色绘制正弦函数，用蓝色绘制余弦函数。

（2）编写一个 JavaFX 程序，使用静态方法绘制一个箭头。

（3）编写一个 JavaFX 程序，在窗体中绘制两个实心圆，然后用黑线连接圆心，并显示圆心距离。

（4）编写一个 JavaFX 程序，在窗体中绘制两个空心圆，然后用直线连接这两个圆，要求直线不能到圆内。

（5）编写一个 JavaFX 程序，提示用户分别输入两个矩形的中心坐标、宽度和高度，然后判断这两个矩形是否重叠。

（6）编写一个 JavaFX 程序，单击按钮后将四边形向右旋转 45°。

（7）编写一个 JavaFX 程序，窗体中能够在上、下、左、右 4 个方向移动小球。

第 20 章

JavaFX 框架下的 Web 开发

和传统的 Swing 或 AWT 框架相比，JavaFX 的突出优势是对 Web 功能实现了前所未有的支持，例如可以支持更多的 HTML 特性，这包括 Web Socket、Web Worker 和 Web Fonts 等。本章将详细讲解 JavaFX 框架下与 Web 开发相关的基本知识。

20.1 JavaFX 内嵌浏览器概述

在 JavaFX 框架中专门提供了一个用于浏览 Web 页面的浏览器，这是一个基于开源 Web 浏览器引擎 WebKit 的浏览器，支持 CSS、JavaScript、DOM 和 HTML5。在 JavaFX 应用程序中，该内嵌浏览器具有如下功能。

知识点讲解：

- ❏ 加载本地或者远程 URL 的 HTML 内容。
- ❏ 获取 Web 历史。
- ❏ 执行 JavaScript 指令。
- ❏ 由 JavaScript 向上调用 JavaFX。
- ❏ 管理 Web 上的弹出式（pop-up）窗口。
- ❏ 为内嵌浏览器应用特效。

在 JavaFX 框架中，由于内嵌浏览器从类 Node 继承了所有的属性和方法，所以它包含 Node 的所有特性，图 20-1 展示了 JavaFX 内嵌浏览器的架构以及与其他 JavaFX 类之间的关系。

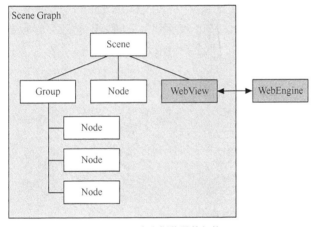

图 20-1 内嵌浏览器的架构

1. WebEngine

在 JavaFX 框架中，类 WebEngine 提供了基本的 Web 页面功能。尽管它并不与用户直接交互，但是它也支持用户交互功能，如导航链接和提交 HTML 表单。类 WebEngine 一次只能处理一个 Web 页面，支持加载 HTML 内容和访问 DOM 对象等基本功能，也支持 JavaScript 指令。

在 JavaFXAPI 中，有如下两个构造方法能够创建 WebEngine 对象。

- ❏ 空构造：如果使用空构造方法来实例化它，那么 URL 可以通过 WebEngine 对象的 load() 方法来传入。
- ❏ 带一个 URL 参数的构造

从 JavaFX SDK2.2 开始，开发人员可以为某个特定的 WebEngine 启用或禁用 JavaScript 调用，以及应用自定义样式表。用户可以使用自定义样式表替换 WebEngine 实例渲染页面中的默认样式表。

2．WebView

在 JavaFX 框架中，类 WebView 是类 Node 的一个扩展，它封装了 WebEngine 对象，将 HTML 内容加入程序的 Scene 中，并且提供各种属性和方法来应用特效和变换。通过 WebView 对象的 getEngine()方法可以返回一个与之关联的 WebEngine。

下面的代码演示了创建 WebView 和 WebEngine 对象的典型方式。

```
WebView browser = new WebView();
WebEngine webEngine = browser.getEngine();
webEngine.load("http://mySite.com");
```

3．PopupFeatures

在 JavaFX 框架中，类 PopupFeatures 描述了 JavaScript 规范中定义的 Web 弹出式窗口的功能。当需要在程序中打开一个新浏览器窗口时，这个类的实例就会传递到通过调用 setCreatePopupHandler()方法在 WebEngine 对象上注册的弹出式处理程序中，下面的代码演示了创建弹出式处理程序的过程。

```
webEngine.setCreatePopupHandler(new Callback<PopupFeatures, WebEngine>() {
    @Override public WebEngine call(PopupFeatures config) {
        // do something
        // return a web engine for the new browser window
    }
});
```

如果该方法返回同一 WebView 对象的 WebEngine，那么目标文档将会在同一个浏览器窗口中打开。如果需要在另外的窗口中打开目标文档，则需要指定另一个 Web View 的 WebEngine 对象。如果需要阻止该弹出式窗口，则返回 null 即可。

20.2　使用 WebView 组件

就目前而言，WebView 组件公认为是 JavaFX 框架实现 Web 页面浏览功能的最主要手段。本节将详细讲解如何使用 JavaFX 中的 WebView 组件。

 知识点讲解：

20.2.1　WebView 组件概述

在 JavaFX 框架中，WebView 组件的继承关系如下所示。

```
java.lang.Object
    javafx.scene.Node
        javafx.scene.Parent
            javafx.scene.web.WebView
```

接下来，我们将详细了解一下 WebView 组件的常用属性和方法。

1．常用属性

WebView 组件的常用属性如下所示。

❑ 属性 width：WebView 的宽度。

❑ 属性 height：WebView 的高度。

❑ 属性 fontScale：字体缩放比例，默认值是 1.0。

❑ 属性 minWidth：最小宽度值。

❑ 属性 minHeight：最小高度值。

❑ 属性 prefWidth：首选的宽度值。

❑ 属性 prefHeight：首选的高度值。

❑ 属性 maxWidth：最大宽度值。

❑ 属性 maxHeight：最大高度值。

❑ 属性 fontSmoothingType：字体平滑显示模式。

❏ 属性 contextMenuEnabled：是否使用上下文菜单，默认值是 true。

2. 常用方法

WebView 组件的常用方法如下所示。

❏ 构造方法 public WebView()：创建一个 WebView 对象实例。

❏ 方法 public final double getWidth()：获取 WebView 的宽度。

❏ 方法 public final double getHeight()：获取 WebView 的高度。

❏ 方法 public final void setFontScale（double value）：设置字体的缩放比例，默认值是 1.0。

❏ 方法 public final double getFontScale()：获取字体的缩放比例，默认值是 1.0。

❏ 方法 public boolean isResizable()：设置子节点是否可以调节大小。

❏ 方法 public void resize（double width，double height）：重新调节为指定的大小。

20.2.2 WebView 组件实战演练

在下面的实例中，我们创建了一个 Browser 类，该类封装了 WebView 对象和具有多种 UI 控件的工具栏，程序执行后会打开已设定好的网页。

实例 20-1 浏览指定的网页
源码路径：daima\19\GXJWebView01.java

编写文件 GXJWebView01.java，在类 GXJWebView01 中创建了 Scene 并在其中添加了 Browser 对象，具体实现代码如下所示。

```
public class GXJWebView01 extends Application {
    private Scene scene;
    @Override public void start(Stage stage) {
        stage.setTitle("Web View");    //设置标题
        scene = new Scene(new Browser(),900,600,
        Color.web("#666970"));//设置窗体大小和颜色
        stage.setScene(scene);
        stage.show();          //显示窗体
    }
    public static void main(String[] args){
        launch(args);
    }
}
class Browser extends Region {
    final WebView browser = new WebView();
    final WebEngine webEngine = browser.getEngine();
    public Browser() {
        webEngine.load("http://www.baidu.com");  //显示指定的网页
        getChildren().add(browser);              //将Web对象添加到scene

    }
    @Override protected void layoutChildren() {
        double w = getWidth();                   //子节点元素的宽度
        double h = getHeight();                  //子节点元素的高度
        layoutInArea(browser,0,0,w,h,0, HPos.CENTER, VPos.CENTER);
    }
    @Override protected double computePrefWidth(double height) {
        return 900;                              //设置界面宽度
    }
    @Override protected double computePrefHeight(double width) {
        return 600;                              //设置界面高度
    }
}
```

执行结果如图 20-2 所示。

拓展范例及视频二维码

范例 **20-1-01**：使用 WebView 组件
源码路径：**演练范例\20-1-01**

范例 **20-1-02**：加载一个提醒对话框
源码路径：**演练范例\20-1-02**

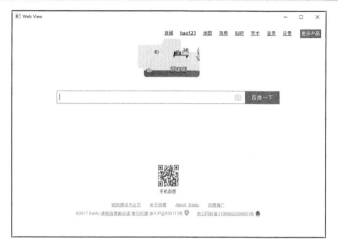

图 20-2　执行结果

20.3　使用 WebEngine 接口

在 JavaFX 中，类 WebEngine 提供了基本的 Web 页面功能，支持 JavaScript 交互功能和 CSS 样式功能。本节将详细讲解如何使用 JavaFX 中的 WebEngine 接口。

知识点讲解：

20.3.1　WebEngine 概述

在 JavaFX 框架中，WebEngine 接口的继承关系如下所示。

```
java.lang.Object
    javafx.scene.web.WebEngine
```

接下来，我们将详细了解 WebEngine 接口的常用属性和方法。

1. 常用属性

WebEngine 接口的常用属性如下所示。

❏ 属性 document：使用文档处理当前的网页。

❏ 属性 location：表示当前要处理的 URL。

❏ 属性 title：当前网页的标题。

❏ 属性 javaScriptEnabled：是否启用 JavaScript 功能，默认值是 true，这表示开启。

❏ 属性 userStyleSheetLocation：本地 CSS 样式文件的地址，只能是本地地址不能是远程地址，默认值是 null。

❏ 属性 onAlert：JavaScript 的 Alert 提醒处理属性。

❏ 属性 onStatusChanged：JavaScript 的 Status 状态改变处理属性。

❏ 属性 onResized：JavaScript 的窗口大小调整属性。

❏ 属性 onVisibilityChanged：JavaScript 的窗口可见性处理属性。当运行在网页上的脚本更改了窗口对象的可见性时，将调用此处理程序。

❏ 属性 confirmHandler：JavaScript 的 Confirm 确认处理属性。

❏ 属性 promptHandler：JavaScript 的提示处理属性。当运行在网页上的脚本调用提示函数时，会调用此处理程序。然后可以显示一个带有文本字段的对话框中，并返回用户的输入。

2. 常用方法

❑ 方法 public WebEngine()：创建一个新的 WebEngine 对象。

❑ 方法 public WebEngine（java.lang.String url）：创建一个已加载指定 URL 的 WebEngine 对象。

❑ 方法 public final Worker<java.lang.Void> getLoadWorker()：返回一个可跟踪加载进程的 Worker 对象。

❑ 方法 public final org.w3c.dom.Document getDocument()：返回当前网页的文档对象 Document，如果网页加载失败则返回 null。

❑ 方法 public final ReadOnlyStringProperty locationProperty()：返回当前加载网页的 URL。

❑ 方法 public final java.lang.String getTitle()：返回当前加载网页的标题。

❑ 方法 public void load（java.lang.String url）：加载指定 URL 地址的网页。

❑ 方法 public void loadContent（java.lang.String content,java.lang.String contentType）：直接加载指定的内容。当需要加载一些无法通过 URL 访问的系统文件（例如 SVG 文本可能来自数据库）时，此方法非常有用。此方法是异步的，允许设置正在加载的字符串内容的类型，而不仅仅是 HTML。

❑ 方法 public WebHistory getHistory()：返回会话历史对象。

❑ 方法 public java.lang.Object executeScript（java.lang.String script）：在当前页上下文中执行的 JavaScript 脚本。

20.3.2 在 JavaFX 中执行 JavaScript 程序

在下面的实例中首先创建了一个 HTML 文件 help.html，在 HTML 文件中执行了一条 JavaScript 指令，该指令负责切换帮助文档中的主题列表。

实例 20-2 | 在 JavaFX 中执行 JavaScript 程序
源码路径：daima\20\help.html、GXJWebView02.java

文件 help.html 的具体实现代码如下所示。

```html
<html lang="zh">
    <head>
        <!-- Visibility toggle script -->
        <script type="text/javascript">
            <!--
            function toggle_visibility(id) {
                var e = document.getElementById(id);
                if (e.style.display == 'block')
                        e.style.display = 'none';
                else
                        e.style.display = 'block';
            }
//-->
        </script>
    </head>
    <body>
        <h1>在线帮助系统</h1>
        <p class="boxtitle"><a href="#" onclick=
        "toggle_visibility('help_topics');"
    class="boxtitle">[+]显示/隐藏　帮助主题</a></p>
        <ul id="help_topics" style='display:none;'>
            <li>打不开网页怎么办？</li>
            <li>网页乱码怎么办？</li>
            <li>还有更好的网站吗？</li>
            <li>我们也不是万能的！</li>
        </ul>
    </body>
</html>
```

拓展范例及视频二维码

范例 **20-2-01**：加载指定
网页的内容
源码路径：**演练范例\20-2-01**
范例 **20-2-02**：获取 HTML
DOM 的内容
源码路径：**演练范例\20-2-02**

　　然后添加一个包含 4 个超链接（hyperlink）对象的工具栏，这样可以在不同的网页之间进行切换。单击工具栏中的"帮助"链接后，它会指向刚刚创建的 help.html 文件。实例文件 GXJWebView02.java 的具体实现代码如下所示。

```java
public class GXJWebView02 extends Application {

    private Scene scene;

    @Override
    public void start(Stage stage) {
        //创建一个scene对象实例，设置窗体标题
        stage.setTitle("应用实战");
        scene = new Scene(new Browser02(stage), 900, 600, Color.web("#666970"));
        stage.setScene(scene);
        //显示stage窗体
        stage.show();
    }

    public static void main(String[] args) {
        launch(args);
    }
}
class Browser02 extends Region {
    private final HBox toolBar;           //水平布局变量toolBar
    //定义数组imageFiles，它保存了5张素材图片
    final private static String[] imageFiles = new String[]{
        "product.png",
        "blog.png",
        "documentation.png",
        "partners.png",
        "help.png"
    };
    //定义数组captions，它保存了5张素材图片对应的文字标题
    final private static String[] captions = new String[]{
        "百度",
        "新浪",
        "网易",
        "搜狐",
        "帮助"
    };
    //定义数组urls，它保存了单击5张素材图片后会显示的网页地址
    final private static String[] urls = new String[]{
        "http://www.baidu.com",
        "http://www.sina.com/",
        "http://www.163.com",
        "http://www.sohu.com",
        GXJWebView02.class.getResource("help.html").toExternalForm()
    };
    final ImageView selectedImage = new ImageView();
    final Hyperlink[] hpls = new Hyperlink[captions.length];
    final Image[] images = new Image[imageFiles.length];
    final WebView browser = new WebView();
    final WebEngine webEngine = browser.getEngine();
    final Button toggleHelpTopics = new Button("Toggle Help Topics");
    private boolean needDocumentationButton = false;
    public Browser02(final Stage stage) {
        for (int i = 0; i < captions.length; i++) {
            //创建超级链接
            Hyperlink hpl = hpls[i] = new Hyperlink(captions[i]);
            Image image = images[i]
                    = new Image(getClass().getResourceAsStream(imageFiles[i]));
            hpl.setGraphic(new ImageView(image));
            final String url = urls[i];
            final boolean addButton = (hpl.getText().equals("Help"));

            //处理事件
            hpl.setOnAction((ActionEvent e) -> {
```

```
                              needDocumentationButton = addButton;
                              webEngine.load(url);
                          });
                  }
            //创建一个水平工具栏
            toolBar = new HBox();
            toolBar.setAlignment(Pos.CENTER);
            toolBar.getStyleClass().add("browser-toolbar");
            toolBar.getChildren().addAll(hpls);
            toolBar.getChildren().add(createSpacer());
            //设置单击工具栏后的动作
            toggleHelpTopics.setOnAction((ActionEvent t) -> {
                webEngine.executeScript("toggle_visibility('help_topics')");
            });
             //网页加载进程
            webEngine.getLoadWorker().stateProperty().addListener(
               (ObservableValue<? extends State> ov, State oldState,
                  State newState) -> {
                        toolBar.getChildren().remove(toggleHelpTopics);
                        if (newState == State.SUCCEEDED) {
                            if (needDocumentationButton) {
                                toolBar.getChildren().add(toggleHelpTopics);
                            }
                        }
            });
             //加载显示主页
            webEngine.load("http://www.oracle.com/products/index.html");

             //添加组件
            getChildren().add(toolBar);
            getChildren().add(browser);
        }
        private Node createSpacer() {          //控制toolbar和browser的布局和显示
            Region spacer = new Region();
            HBox.setHgrow(spacer, Priority.ALWAYS);
            return spacer;
        }

        @Override
        protected void layoutChildren() {
            double w = getWidth();
            double h = getHeight();
            double tbHeight = toolBar.prefHeight(w);
            layoutInArea(browser,0,0,w,h-tbHeight,0,HPos.CENTER,VPos.CENTER);
            layoutInArea(toolBar,0,h-tbHeight,w,tbHeight,0,HPos.CENTER,VPos.CENTER);
        }

        @Override
        protected double computePrefWidth(double height) {
            return 900;
        }

        @Override
        protected double computePrefHeight(double width) {
            return 600;
        }
    }
```

上述代码添加了各种不同 Web 资源的 URL，这包括百度、新浪、网易和搜狐。同样也创建了工具栏并在其中使用 for 循环创建了超链接。使用 setOnAction()方法定义了超链接的行为，当用户单击链接时，相应的 URL 值会传到 WebEngine 的 load()方法中。本实例的加载过程总在后台线程中完成，初始化加载过程的方法会在调度后台线程之后马上返回。getLoadWorker()方法提供了 Worker 接口的一个实例，可以用来跟踪加载过程。如果帮助页面的进度状态是 SUCCEEDED，则 Toggle Help Topics 按钮会添加到工具栏。执行结果如图 20-3（a）～（c）所示。

（a）单击"百度"链接后的执行结果　　　　　　（b）单击"帮助"链接后的执行结果

（c）单击"显示/隐藏帮助主题"链接后的执行结果

图 20-3　执行结果

20.3.3　在 Web 页面中调用 JavaFX 程序

在 JavaFX 程序中创建一个接口对象，并通过调用方法 JSObject.setMember()使它对 JavaScript 可见。这样就可以在 JavaScript 中调用该对象的 public 方法并访问 public 属性了。下面的实例首先在文件 help.html 中添加了如下一行代码：

```
<p><a href="about:blank"onclick="app.exit()">Exit the Application</a></p>
```

通过单击文件 help.html 中的"Exit the Application"超级链接，用户可以退出 WebView 程序。

实例 20-3　　在 Web 页面中调用 JavaFX 程序
源码路径：daima\20\GXJWebView03.java

实例文件 GXJWebView03.java 的主要实现代码如下所示。

```
final ImageView selectedImage = new ImageView();
final Hyperlink[] hpls = new Hyperlink
[captions.length];
final Image[] images = new Image[imageFiles.
length];
final WebView browser = new WebView();
final WebEngine webEngine = browser.getEngine();
final Button toggleHelpTopics = new
Button("显示/不显示帮助主题");
private boolean needDocumentationButton = false;
……
public Browser03(final Stage stage) {
    //应用样式
    getStyleClass().add("browser");
```

拓展范例及视频二维码

范例 **20-3-01**：获取原始的
XML 数据
源码路径：**演练范例\20-3-01**

范例 **20-3-02**：桥接生成
HTML5 内容
源码路径：**演练范例\20-3-02**

```
for (int i = 0; i < captions.length; i++) {
    //创建超链接
    Hyperlink hpl = hpls[i] = new
    Hyperlink(captions[i]);
    Image image = images[i]
            = new Image(getClass().getResourceAsStream(imageFiles[i]));
    hpl.setGraphic(new ImageView(image));
    final String url = urls[i];
    final boolean addButton = (hpl.getText().equals("Help"));

    // process event
    hpl.setOnAction((ActionEvent e) -> {
        needDocumentationButton = addButton;
        webEngine.load(url);
    });

}
```

上述代码在工具栏处实现了一个附加按钮来隐藏/显示帮助主题。只有选择了"帮助"页面时该按钮才会加到工具栏中。当用户单击"Toggle Help Topics"按钮时，executeScript()方法会为 help.html 页面执行名为 toggle_visibility()的 JavaScript 函数，然后帮助主题就会出现。如果用户再单击一次，那么函数 toggle_visibility()会隐藏主题列表。

另外，根据上述代码可知，由于 JavaApp 接口中的 exit()方法是 public（公用）的，因此它可以被外部访问。调用这个方法的时候，会终止 JavaFX 程序的运行。因为 JavaApp 接口被设置为 JSObject 实例的一个成员，所以 JavaScript 就知道了该接口。在 JavaScript 中该接口的名称是 window.app 或者 app，它唯一能被 JavaScript 调用的方法就是 app.exit()。当你编译、运行本实例程序并单击"帮助"图标时，"Exit the Application"链接会出现在页面底部，如图 20-4 所示。单击"Exit the Application"链接后会关闭当前的 JavaFX 程序。

图 20-4　执行结果

20.3.4　实现弹出式窗口

在 JavaFX 框架中，当需要在程序中打开一个新的浏览器窗口界面时，使用 setCreate Popup Handler()方法将类 PoupFeatures 的实例注册到 WebEngine 对象的弹出窗口处理程序中。要想在 JavaFX 程序中实现一个弹出式窗口，可以为文档设置一个可选的 WebView 对象，这样该对象将会在一个单独的窗口中打开。

下面的实例使用方法 setPrefSize()创建了一个新的指定大小的区域，在这个区域中可以展示新窗口打开的链接页面。

实例 20-4　展示在新窗口打开的链接页面

源码路径：daima\20\GXJWebView04.java

实例文件 GXJWebView04.java 的主要实现代码如下所示。

```
smallView.setPrefSize(500, 400);
//手柄弹出窗口
webEngine.setCreatePopupHandler(
        (PopupFeatures config) -> {
            smallView.setFontScale(0.8);
            if (!toolBar.getChildren().contains(smallView)) {
                toolBar.getChildren().
                add(smallView);
            }
            return smallView.getEngine();
});

 // 网页加载过程
webEngine.getLoadWorker().stateProperty().
addListener(
    (ObservableValue<? extends State> ov,
    State oldState,
        State newState) -> {
            toolBar.getChildren().
            remove(toggleHelpTopics);
            if (newState == State.SUCCEEDED) {
                JSObject win
                        = (JSObject) webEngine.executeScript("window");
                win.setMember("app", new JavaApp());
                if (needDocumentationButton) {
                    toolBar.getChildren().add(toggleHelpTopics);
                }
            }
});

//加载主页
webEngine.load("http://www.oracle.com/products/index.html");
//添加组件
getChildren().add(toolBar);
getChildren().add(browser);
```

拓展范例及视频二维码

范例 **20-4-01**：JavaFX 使用
HTML 文件
源码路径：**演练范例\20-4-01**
范例 **20-4-02**：创建一个
标识图
源码路径：**演练范例\20-4-02**

　　程序运行后，如果单击鼠标右键并单击"在新窗口中打开链接"选项，那么会在右下方弹出一个小窗口，在这个窗口中显示目标链接页面的内容。这个小窗口是通过浏览器对象 smallView 添加到程序的工具栏中的，这个行为通过 setCreatePopupHandler()方法来定义，返回一个可选浏览器来通知应用程序在哪里绘制目标页面。执行结果如图 20-5 所示。

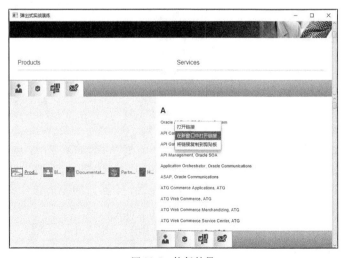

图 20-5　执行结果

20.4　管理 Web 历史记录

在 JavaFX 框架中，可以使用类 WebHistory 来获取已访问的页面列表，这表示与 WebEngine 对象相关联的一个会话历史记录。本节将详细讲解如何使用类 WebHistory 管理 Web 历史记录。

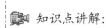 知识点讲解：

20.4.1　WebHistory 概述

在 JavaFX 程序中，使用方法 WebEngine.getHistory()可以获取某个特定 WebEngine 对象的 WebHistory 实例，例如下面的代码。

```
WebHistory history = webEngine.getHistory();.
```

类 WebHistory 获取的已访问页面列表是与 WebEngine 对象中的会话历史记录相关联的，其中的历史记录基本上是一个条目列表。每一个条目表示一个已访问过的页面并且对该页面相关信息提供了访问，如 URL、标题、页面最后的访问日期等。该列表可通过调用 getEntries()方法来获得。

在 JavaFX 框架中，类 WebHistory 中的常用属性和方法如下所示。

❑ 属性 currentIndex：定义浏览历史记录中当前浏览页面的索引。

❑ 属性 maxSize：定义浏览历史列表中浏览数量的最大值，默认值是 100。

❑ 方法 public int getCurrentIndex()：获取当前浏览页面的索引号。

❑ 方法 public void setMaxSize（int value）：设置浏览历史列表中浏览数量的最大值，默认值是 100。

❑ 方法 public int getMaxSize()：获取最大索引值。

20.4.2　网页浏览历史记录实战

在 JavaFX 程序中，通常使用标准或者自定义的 UI 控件来显示历史记录列表。下面的实例展示了获取历史记录并且把它放到 ComboBox 组件中进行展示的过程。

实例 20-5　**将获取的历史记录放到 ComboBox 组件中**
源码路径：daima\20\GXJWebView05.java

实例文件 GXJWebView05.java 的主要实现代码如下所示。

```
final ComboBox comboBox = new ComboBox();
    ......
    //历史进程处理
    final WebHistory history = webEngine.getHistory();
    history.getEntries().addListener(
        (ListChangeListener.Change<? extends WebHistory.Entry> c) -> {
                c.next();
                c.getRemoved().stream().forEach((e) -> {
                comboBox.getItems().
                remove(e.getUrl());
        });
                c.getAddedSubList().stream().
                forEach((e) -> {
                comboBox.getItems().add(e.
                getUrl());
        });
    });
    //选中历史组合框中选项的处理行为
    comboBox.setOnAction((Event ev) -> {
        int offset
                = comboBox.getSelectionModel().getSelectedIndex()
                - history.getCurrentIndex();
        history.go(offset);
```

拓展范例及视频二维码

范例 **20-5-01**：添加切换按钮
源码路径：**演练范例\20-5-01**
范例 **20-5-02**：用 JavaScript
　　　　　　关闭 JavaFX
源码路径：**演练范例\20-5-02**

```
        });
        //页面加载进程
        webEngine.getLoadWorker().stateProperty().addListener(
            (ObservableValue<? extends State> ov, State oldState,
                State newState) -> {
                        toolBar.getChildren().remove(toggleHelpTopics);
                        if (newState == State.SUCCEEDED) {
                            JSObject win
                                    = (JSObject) webEngine.executeScript("window");
                            win.setMember("app", new JavaApp());
                            if (needDocumentationButton) {
                                toolBar.getChildren().add(toggleHelpTopics);
                            }
                        }
                });
        ......
```

执行后的结果如图 20-6 所示，单击历史记录列表中的某条选项后进到对应的页面。

图 20-6　执行结果

20.5　使用 CSS 文件

层级样式表（Cascading Style Sheet）是一种用来表现
HTML（标准通用标记语言的一个应用）或 XML（标准通用
标记语言的一个子集）等文件样式的计算机语言。CSS 不仅
可以静态地修饰网页，还可以配合各种脚本语言动态地对网
页中的各元素进行格式化。在 JavaFX 框架中，可以使用 CSS 来设置窗体中各个元素的样式。下面
的实例演示了使用 CSS 设置 JavaFX 样式的过程。

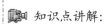
知识点讲解：

实例 20-6　会员用户登录系统
源码路径：daima\20\FXMLExample

（1）使用 Eclipse 新建一个名为"fxmlexample"的工程，然后编写样式文件 Login.css，具
体实现代码如下所示。

```
root {
    display: block;
}
①root {
    -fx-background-image: url("background.jpg");
}
②label {
    -fx-font-size: 12px;
    -fx-font-weight: bold;
    -fx-text-fill: #333333;
    -fx-effect: dropshadow( gaussian , rgba(255,255,255,0.5) , 0,0,0,1 );
}
③#welcome-text {
    -fx-font-size: 32px;
```

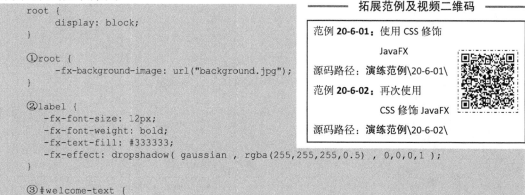

拓展范例及视频二维码

范例 **20-6-01**：使用 CSS 修饰
JavaFX
源码路径：**演练范例\20-6-01**
范例 **20-6-02**：再次使用
CSS 修饰 JavaFX
源码路径：**演练范例\20-6-02**

```
     -fx-font-family: "Arial Black";
     -fx-fill: #818181;
     -fx-effect: innershadow( three-pass-box , rgba(0,0,0,0.7) , 6, 0.0 , 0 , 2 );
  }

④#actiontarget {
  -fx-fill: FIREBRICK;
  -fx-font-weight: bold;
  -fx-effect: dropshadow( gaussian , rgba(255,255,255,0.5) , 0,0,0,1 );
  }

⑤button {
     -fx-text-fill: white;
     -fx-font family: "Arial Narrow";
     -fx-font-weight: bold;
     -fx-background-color: linear-gradient(#61a2b1, #2A5058);
     -fx-effect: dropshadow( three-pass-box , rgba(0,0,0,0.6) , 5, 0.0 , 0 , 1 );
  }

⑥button:hover {
     -fx-background-color: linear-gradient(#2A5058, #61a2b1);
  }
```

在行①中，设置一个背景图使 JavaFX 应用程序更有吸引力，背景图应用到了 ".root" 样式上，它表示会将样式应用到 Scene 实例的 root 节点上，该样式的定义由属性名（-fx-background-image）和属性值（url（"background.jpg"））组成。

在行②中，使用样式类 ".label" 改进标签控件的外观，这表示对应的样式会影响表单中所有的 label 控件。本部分代码的作用是增加字体的大小和字重，并且应用了一个灰色（#333333）的阴影，使用阴影的目的是增加深灰色字体与浅灰色背景之间的对比度。

在行③④中，为表单中的两个 Text 对象创建一些特别的视觉效果：scenetitle 中包括文本"欢迎光临～～～"，actiontarget 表示当用户按下"登录"按钮时返回的文本内容。开发者可以通过不同的方式来为 Text 对象应用不同的样式，为 welcome-text 和 actiontarget ID 增加样式属性，样式名的格式为在 ID 之前增加前缀 "#"。

在行③中，将文本"Welcome"的字体大小增加到 32 点，并且字体变成了 Arial Black。将文本"欢迎光临～～～"的填充颜色设置为深灰色（#818181）并且应用一个内阴影效果，并创建一个浮雕效果。可以通过将文本的填充颜色设置为比背景色深一些的颜色来产生内阴影效果。

在行④中，为 actiontarget 所设置的样式与前面所述的内容很相似。

在行⑤中，为按钮增加样式，使得当鼠标移到按钮上时会改变其外观。这样的改变将会使用户能感知到按钮当前是否被激活，这是一个常见的设计实践。首先通过本部分代码使用样式类 ".button" 选择器来创建按钮初始状态的样式，这样以后添加新的按钮到这个表单之中，新按钮也会使用此样式。

在行⑥中，创建一个稍有不同的外观，当用户将鼠标悬停在按钮上时使用它。这可以使用 hover 伪类（pseudo-class）来实现。一个伪类由类选择器、冒号以及伪类名称构成。

（2）编写文件 FXMLExample.java，在里面调用之前编写的样式文件 Login.css，其主要实现代码如下所示。

```
public class FXMLExample extends Application {
    @Override
    public void start(Stage stage) throws Exception {
        Parent root = FXMLLoader.load(getClass().getResource("fxml_example.fxml"));

        stage.setTitle("FXML Welcome");
        stage.setScene(new Scene(root, 300, 275));
        stage.show();
    }
```

```
public static void main(String[] args) {
    Application.launch(FXMLExample.class, args);
}
}
```

（3）编写 FXML 文件 fxml_example.fxml 实现 UI 界面的设计布局。在 Eclipse 中右键单击文件 fxml_example.fxml，在弹出的选项中选择 "Open with SceneBuilder"，然后打开可视化视图界面，如图 20-7 所示。

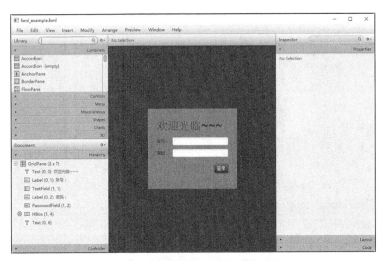

图 20-7　SceneBuilder 可视化视图界面

文件 fxml_example.fxml 的具体实现代码如下所示。

```xml
<?xml version="1.0" encoding="UTF-8"?>
<?import java.lang.*?>
<?import java.net.*?>
<?import javafx.geometry.*?>
<?import javafx.scene.control.*?>
<?import javafx.scene.layout.*?>
<?import javafx.scene.text.*?>

<GridPane alignment="center" hgap="10" styleClass="root" vgap="10" xmlns:fx="http://***.com/
fxml/1" xmlns="http://***.com/javafx/8" fx:controller="fxmlexample.FXMLExampleController">
  <padding><Insets bottom="10" left="25" right="25" top="25" /></padding>
  <children>
    <Text id="welcome-text" text="欢迎光临～～～" GridPane.columnIndex="0" GridPane.columnSpan=
    "2" GridPane.rowIndex="0" />
    <Label text="账号: " GridPane.columnIndex="0" GridPane.rowIndex="1" />
    <TextField GridPane.columnIndex="1" GridPane.rowIndex="1" />
    <Label text="密码: " GridPane.columnIndex="0" GridPane.rowIndex="2" />
    <PasswordField fx:id="passwordField" GridPane.columnIndex="1" GridPane.rowIndex="2" />
    <HBox alignment="bottom_right" spacing="10" GridPane.columnIndex="1" GridPane.
    rowIndex="4">
      <children>
          <Button onAction="#handleSubmitButtonAction" text="登录" />
      </children>
    </HBox>
    <Text fx:id="actiontarget" GridPane.columnIndex="0" GridPane.columnSpan="2" GridPane.
    halignment="RIGHT" GridPane.rowIndex="6" />
  </children>
<stylesheets>
  <URL value="@Login.css" />
</stylesheets>
  <columnConstraints>
    <ColumnConstraints />
    <ColumnConstraints />
  </columnConstraints>
  <rowConstraints>
```

```
            <RowConstraints />
            <RowConstraints />
            <RowConstraints />
            <RowConstraints />
            <RowConstraints />
            <RowConstraints />
            <RowConstraints />
        </rowConstraints>

</GridPane>
```

有关 FXML 的知识将在后面讲解，执行本实例后的结果如图 20-8 所示。

图 20-8　执行结果

20.6　使用 FXML

FXML 是一种基于 XML 的语言，它的设计目的是将构建用户界面和应用程序逻辑代码进行分离的结构。这种表现和应用逻辑的分离对 Web 开发者来说非常有吸引力，因为他们可以使用 Java 组件来构建一个用户界面但不需要掌握那些获取和填充数据的代码。本节将详细讲解在 JavaFX 框架中使用 FXML 的知识。

20.6.1　FXML 概述

FXML 是由 JavaFX 框架推出的，虽然它并没有定义具体的语法格式，但是它具有一个基本的预定义结构。在 FXML 中所表达的内容以及如何将其应用到一个构建场景图（scene graph）中，这些都取决于你所构造的 API。由于 FXML 直接映射为 Java 代码，所以可以通过 Java API 文档来理解对应的 XML 元素和属性的含义。一般来说，大多数的 JavaFX 类都可以映射为 XML 元素，并且大多数的 Bean 属性都会映射为元素的属性。

从 MVC 设计模式的角度来看，FXML 文件描述的用户界面是其中的 View 部分。Controller 是一个 Java 类，可以实现 Initializable 接口，以将其声明为 FXML 文件的控制器。Model 部分包括领域模型对象，使用 Java 代码来定义并通过 Controller 来与 View 相关联。

当使用 FXML 来创建用户界面，尤其是在创建大型复杂的场景图、表单、数据入口、复杂动画的用户界面时，使用 FXML 功能会更强大。FXML 同样适于创建静态布局，例如表单、控件、表格等。另外，也可以通过 FXML 使用脚本来构建动态布局。

除了能够给 Web 开发者带来一个更为熟悉的 UI 开发方式之外，使用 FXML 还会得到如下所示的好处。

❑　因为在 FXML 中场景图的结构更为清晰明了，所以开发组能更为方便地创建和维护一个可测试的用户界面。

- ❑ FXML 不是一种编译型语言，不需要重新编译代码就可以看到用户界面的改变。
- ❑ FXML 的内容在读取文件时可以本地化。
- ❑ 可以在任何基于 JVM 的语言中使用 FXML，例如 Java、Scala 或 Clojure。
- ❑ FXML 不仅可构建 MVC 中的 View 部分，也可以构建服务、任务或领域对象，并且可以在 FXML 中使用 JavaScript 或其他脚本语言。

20.6.2　FXML 实战演练

本实例创建了一个通讯录系统应用程序，其中包括一个带有名字、电话和邮件地址的表格。本实例展示了如何使用数据来填充表格，在应用程序启动时对数据进行排序，对齐表格单元格中的数据以及向表格内增加行。

实例 20-7　创建一个通讯录系统
源码路径：daima\20\FXMLTableView

（1）编写文件 FXMLTableView.java。设置窗体的标题，设置调用 FXML 文件 fxml_tableview. fxml，具体实现代码如下所示。

```
public void start(Stage primaryStage)
throws Exception {
    primaryStage.setTitle("FXML实战演练");
    Pane myPane = (Pane)FXMLLoader.load
(getClass().getResource("fxml_tableview.fxml"));
        Scene myScene = new Scene(myPane);
        primaryStage.setScene(myScene);
        primaryStage.show();
    }
```

拓展范例及视频二维码

范例 **20-7-01**：使用 FXML

实战演练 1

源码路径：**演练范例\20-7-01**

范例 **20-7-02**：使用 FXML

实战演练 2

源码路径：**演练范例\20-7-02**

（2）开始创建基本的 UI 用户界面文件 fxml_tableview.fxml，具体实现流程如下所示。

- ❑ 先创建一个 GridPane 布局容器作为场景的根节点，然后增加一个 Label 和 TableView 控件作为其子节点，对应代码如下所示。

```
<GridPane alignment="CENTER" hgap="10.0" vgap="10.0"
    xmlns:fx="http://javafx.com/fxml"
    fx:controller="fxmltableview.FXMLTableViewController">
    <padding>
        <Insets bottom="10.0" left="10.0" right="10.0" top="10.0" />
    </padding>
</GridPane>
```

- ❑ 向 GridPane 布局容器中增加 Label 和 TableView，对应代码如下所示。

```
<GridPane alignment="CENTER" hgap="10.0" vgap="10.0"
    xmlns:fx="http://javafx.com/fxml"
    fx:controller="fxmltableview.FXMLTableViewController">
    <padding>
        <Insets bottom="10.0" left="10.0" right="10.0" top="10.0"/>
    </padding>
    <Label style="-fx-font: NORMAL 20 Tahoma;" text="Address Book"
        GridPane.columnIndex="0" GridPane.rowIndex="0">
    </Label>
    <TableView fx:id="tableView" GridPane.columnIndex="0"
        GridPane.rowIndex="1">
    </TableView>
</GridPane>
```

- ❑ 增加 Inset 类的 import 语句，对应代码如下所示。

```
<?import javafx.geometry.Insets?>
```

- ❑ 增加表格中的列，使用 TableColumn 类在表格中增加 3 列，它们分别显示数据的 First Name、Last Name 和 Email。对应代码如下所示。

```
<TableView fx:id="tableView" GridPane.columnIndex="0" GridPane.rowIndex="1">
    <columns>
```

```
            <TableColumn text="名字">
            </TableColumn>
            <TableColumn text="电话">
            </TableColumn>
            <TableColumn text="邮箱地址">
            </TableColumn>
        </columns>
    </TableView>
```

（3）编写数据模型文件 Person.java，当在 JavaFX 中创建表格时，一个可能的最佳实践是通过一个数据模型类来定义数据模型并提供操作表格的方法和属性。在文件 Person.java 中通过类 Person 来定义地址簿的数据，具体实现代码如下所示。

```java
public class Person {
    private final SimpleStringProperty firstName = new SimpleStringProperty("");
    private final SimpleStringProperty lastName = new SimpleStringProperty("");
    private final SimpleStringProperty email = new SimpleStringProperty("");

    public Person() {
        this("", "", "");
    }
    public Person(String firstName, String lastName, String email) {
        setFirstName(firstName);
        setLastName(lastName);
        setEmail(email);
    }

    public String getFirstName() {
        return firstName.get();
    }

    public void setFirstName(String fName) {
        firstName.set(fName);
    }

    public String getLastName() {
        return lastName.get();
    }

    public void setLastName(String fName) {
        lastName.set(fName);
    }

    public String getEmail() {
        return email.get();
    }

    public void setEmail(String fName) {
        email.set(fName);
    }
}
```

（4）返回到 UI 用户界面文件 fxml_tableview.fxml，实现数据与表格的相互关联，定义展示数据的行，并将其中的数据关联到表格列。具体实现流程如下所示。

❑　创建列表 ObservableList 并定义一些希望展示在表格中的数据，对应代码如下所示。

```
</columns>
<items>
    <FXCollections fx:factory="observableArrayList">
        <Person firstName="Jacob" lastName="Smith"
            email="jacob.smith@example.com"/>
        <Person firstName="Isabella" lastName="Johnson"
            email="isabella.johnson@example.com"/>
        <Person firstName="Ethan" lastName="Williams"
            email="ethan.williams@example.com"/>
        <Person firstName="Emma" lastName="Jones"
            email="emma.jones@example.com"/>
```

```
        <span class="bold">&lt;Person firstName="Michael" lastName="Brown"</span>
                <span class="bold">email="michael.brown@example.com"/&gt;</span>
        <span class="bold">&lt;/FXCollections&gt;</span>
<span class="bold">&lt;/items&gt;</span>
&lt;/TableView&gt;
```

❑ 为每列指定一个 Cell Factory 将数据关联到列，对应代码如下所示。

```
<columns>
    <TableColumn text="First Name">
        <cellValueFactory><PropertyValueFactory property="firstName" />
        </cellValueFactory>
    </TableColumn>
    <TableColumn text="Last Name">
        <cellValueFactory><PropertyValueFactory property="lastName" />
        </cellValueFactory>
    </TableColumn>
    <TableColumn text="Email Address">
        <cellValueFactory><PropertyValueFactory property="email" />
        </cellValueFactory>
    </TableColumn>
</columns>
```

❑ 引入需要的包，对应代码如下所示。

```
<?importjavafx.scene.control.cell.*?>
<?importjavafx.collections.*?>
<?import fxmltableview.*?>
```

❑ 设置在启动时排序，这使得 First Name 列在应用启动时按字母升序排列。首先需要为
对应的列创建一个 ID，然后创建一个索引来引用它。对应代码如下所示。

```
<TableColumn fx:id="firstNameColumn" text="名字">
```

❑ 指定排序顺序，在</items>和</TableView>两个标记之间增加如下所示的代码。

```
</items>
    <sortOrder>
        <fx:reference source="firstNameColumn"/>
    </sortOrder>
</TableView>
```

❑ 为每一列增加 prefWidth 属性来增加列宽，对应代码如下所示。

```
<TableColumn fx:id="firstnameColumn" text="名字" prefWidth="100">
        <cellValueFactory><PropertyValueFactory property="firstName" />
        </cellValueFactory>
    </TableColumn>
    <TableColumn text="电话" prefWidth="100">
        <cellValueFactory><PropertyValueFactory property="lastName" />
        </cellValueFactory>
    </TableColumn>
    <TableColumn text="邮箱地址" prefWidth="200">
        <cellValueFactory><PropertyValueFactory property="email" />
        </cellValueFactory>
    </TableColumn>
```

❑ 在<cellValueFactory>节点下增加如下代码从而将 First Name 居中对齐。

```
<TableColumn fx:id="firstNameColumn" text="First Name" prefWidth="100">
    <cellValueFactory><PropertyValueFactory property="firstName" />
    </cellValueFactory>
    <cellFactory>
        <FormattedTableCellFactory alignment="center">
        </FormattedTableCellFactory>
    </cellFactory>
</TableColumn>
```

到此为止，整个 FXML 文件设计完毕，在 SceneBuilder 可视化界面中的设计效果如图 20-9
所示。

图 20-9　SceneBuilder 可视化界面效果

（5）编写文件 FormattedTableCellFactory.java 来设置表格单元中的数据对齐方式，具体实现流程如下所示。

❑ 设置类 FormattedTableCellFactoryand 实现 Callback 接口，并在其中创建 TextAlignment 和 Formt 类实例。对应代码如下所示。

```java
public class FormattedTableCellFactory<S, T> implements Callback<TableColumn<S, T>,
TableCell<S, T>> {

    private TextAlignment alignment;
    private Format format;

    public TextAlignment getAlignment() {
        return alignment;
    }

    public void setAlignment(TextAlignment alignment) {
        this.alignment = alignment;
    }

    public Format getFormat() {
        return format;
    }

    public void setFormat(Format format) {
        this.format = format;
    }
```

❑ 实现类 TabCell 和类 TableColumn，重写 TableCell 类的 updateItem()方法，并调用单元格的 setTextAlign()方法。对应代码如下所示。

```java
public TableCell<S, T> call(TableColumn<S, T> p) {
    TableCell<S, T> cell = new TableCell<S, T>() {

        @Override
        public void updateItem(Object item, boolean empty) {
            if (item == getItem()) {
                return;
            }
            super.updateItem((T) item, empty);
            if (item == null) {
                super.setText(null);
                super.setGraphic(null);
            } else if (format != null) {
                super.setText(format.format(item));
            } else if (item instanceof Node) {
                super.setText(null);
                super.setGraphic((Node) item);
            } else {
                super.setText(item.toString());
                super.setGraphic(null);
```

```
                    }
                }
        };
        cell.setTextAlignment(alignment);
        switch (alignment) {
            case CENTER:
                cell.setAlignment(Pos.CENTER);
                break;
            case RIGHT:
                cell.setAlignment(Pos.CENTER_RIGHT);
                break;
            default:
                cell.setAlignment(Pos.CENTER_LEFT);
                break;
        }
        return cell;
    }
```

到此为止，整个实例介绍完毕，最终执行结果如图 20-10 所示。在表单底部输入名字、电话和邮箱信息，单击"添加"按钮后将新的数据信息添加到通讯录中。

图 20-10　执行结果

20.7　技 术 解 惑

20.7.1　JavaFX 集合

JavaFX 中的集合由 javafx.collections 包定义，javafx.collections 包由以下接口和类组成。
接口包括以下几个。

❑ ObservableList：允许跟踪更改的列表。

❑ ListChangeListener：接收更改通知的接口。

❑ ObservableMap：允许跟踪更改的映射。

❑ MapChangeListener：从 ObservableMap 中接收更改通知的接口。

类包括以下几个。

❑ FXCollections：实用程序类映射到 java.util.Collections。

❑ ListChangeListener.Change：表示对 ObservableList 所做的更改。

❑ MapChangeListener.Change：表示对 ObservableMap 所做的更改。

20.7.2 使用标题面板

在 JavaFX 程序中，标题面板是一个带标题的面板控件。它可以打开或者关闭，并且可以封装任何节点，例如 UI 控件、图片，以及添加到布局容器中的界面元素组。标题面板可以使用 Accordion 控件来分组，Accordion 控件可以让你创建多个面板并且每次显示其中一个。

使用 JavaFX API 中的 Accordion 类和 TitledPane 类可以创建标题面板控件。要想创建一个 TitledPane 控件，需要为其定义一个标题和一些内容。可以使用 TitledPane 类的带两个参数的构造方法，或者使用 setText 和 setContent 方法来完成此任务。

20.8　课　后　练　习

（1）编写一个 JavaFX 程序，在窗体中实现一个执行加减乘除四则运算的计算器。

（2）编写一个 JavaFX 程序，在窗体中实现一个利率计算器。

（3）编写一个 JavaFX 程序，单击鼠标时在窗体中交替显示文本。

（4）编写一个 JavaFX 程序，在窗体中绘制一个圆，按下鼠标时显示的是黑色的圆，松开鼠标时显示的是白色的圆。

（5）编写一个 JavaFX 程序，使用键盘中的箭头按键移动窗体中的黑色实心圆。

（6）编写一个 JavaFX 程序，在窗体中绘制一个指定圆心和半径的圆，移动鼠标时会提示鼠标是否在圆内。

（7）编写一个 JavaFX 程序，在窗体中绘制一个指定中心点、宽和高的矩形，移动鼠标时会提示鼠标是否在矩形内。

第 21 章

JavaFX 框架下的多媒体开发

多媒体永远是软件项目的热门领域之一，动画、音乐、视频和 3D 特效等应用在日常生活中随处可见。本章将详细讲解使用 JavaFX 框架开发多媒体应用程序的知识。

21.1　变　换　操　作

变换是指从一种表现形式变为另外一种表现形式的过程，平移、旋转和缩放等操作都属于变换的范畴。在 JavaFX 框架中，所有与变换相关的类都位于 javafx. scene. transform 包中，并且都继承自 Transform 类。本节将详细讲解如何在 JavaFX 框架中实现变换操作。

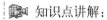 知识点讲解：

21.1.1　变换概述

就目前而言，几乎所有的变换操作都是通过修改图形对象在坐标系统中的位置来实现的，图形的具体位置是通过具体的坐标来确定的。JavaFX 框架支持以下 4 种类型的变换操作。

- ❏ 平移（translation）：是指在同一平面内，将一个图形上的所有点都按照某个直线方向移动相同的距离，这种图形运动叫作图形的平移运动，简称平移。平移操作不会改变图形的形状和大小，图形经过平移后对应的线段相等，对应的角相等，对应点所连的线段相等。
- ❏ 旋转（rotation）：是指物体围绕一个点或一个轴做圆周运动。如地球绕地轴旋转，同时也围绕太阳旋转。
- ❏ 缩放（scaling）：本章讲解的缩放是指在每个坐标轴方向上有单独缩放因子的缩放，特殊情况是方向缩放（在一个方向上）。形状可能会变化，比如矩形可能变成不同外形的矩形，还可能变成平行四边形（平行于轴线之间的角度保持不变，但不保持所有的角度）。
- ❏ 错切（shearing）：是指将图形按照一定的比例，在某方向上对图形的每个点到某条平行于该方向的直线的有向距离进行缩放操作得到的平面图形。

上述 4 种变换特效既可以应用在一个独立的节点上，也可以应用在一组节点上。可以一次指定一个变换应用到一个节点上，也可以将多个变换组合在一起应用到一个节点之上。

在 JavaFX 框架中，可以通过类 Transform 来实现仿射变换（affine transformation）的概念。而类 Affine 继承类 Transform，是所有变换的超类。仿射变换基于欧几里德代数学，表示从初始坐标系到另一个坐标系的线性映射（通过矩阵来实现），并同时保留线条的平直度（straightness）和平行性（parallelism）。仿射变换能够使用 ObservableArrayList 实现旋转、平移、缩放和错切。

✿ 注意：一般不建议直接使用 Affine 类，而是使用 Translate、Scale、Rotate 和 Shear 等特定变换类。

可以在 3 个坐标轴方向上实现 JavaFX 中的变换操作，这样就可以创建 3D 对象和特效。3D 图形对象是具有深度的，为了管理它们的显示，JavaFX 中实现了 Z 缓冲（Z-buffering）。Z 缓冲使虚拟世界里的透视效果和真实世界一致：位于前面的固体对象会遮挡后面的景象。Z 缓冲可以通过调用 setDepthTest()方法来启用。

为了简化变换的使用，JavaFX 为变换类实现了带有 x 轴和 y 轴的构造函数，也实现了带有 x、y 和 z 轴的构造函数。如果想创建一个 2D 效果，那么可以只指定 x 和 y 轴的坐标值；如果想实现 3D 效果，则需要指定 3 个轴的坐标值。如果想在 JavaFX 程序中看到 3D 对象及其变换效果，必须开启透视镜头。

21.1.2　变换操作

下面的实例通过一个木琴琴键特效演示了 4 种变换类型操作的过程。

实例 21-1	实现一个木琴琴键特效
	源码路径：daima\21\Xylophone.java

实例文件 Xylophone.java 的具体实现流程如下所示。

1. 平移操作

平移变换在这里要实现的功能是，将一个节点对象沿着某条坐标轴从初始位置移动到另一个位置。木琴琴键的初始位置是由 x、y 和 z 轴坐标来定义的，本实例的初始位置是由变量 xStart、yPos 和 zPos 来定义的。其他一些变量用来简化变换时的计算。木琴中每一个琴键的位置都是基于某个基准琴键的。样例沿着 3 个坐标轴采用不同的位移来移动这些基准琴键，并将它们放置到正确的位置。对应的实现代码如下所示。

```
Group rectangleGroup = new Group();
rectangleGroup.setDepthTest(DepthTest.ENABLE);
double xStart = 260.0;
double xOffset = 30.0;
double yPos = 300.0;
double zPos = 0.0;
double barWidth = 22.0;
double barDepth = 7.0;
// 创建base1对象
Cube base1Cube = new Cube(1.0, new Color(0.2, 0.12, 0.1, 1.0), 1.0);
base1Cube.setTranslateX(xStart + 135);
base1Cube.setTranslateZ(yPos+20.0);
base1Cube.setTranslateY(11.0);
```

拓展范例及视频二维码

范例 **21-1-01**：实现平移变换

源码路径：**演练范例\21-1-01**

范例 **21-1-02**：实现旋转处理

源码路径：**演练范例\21-1-02**

2. 旋转操作

旋转变换要实现的功能是，围绕 Scene 中的一个特定轴心点移动节点对象，需要使用类 Transform 中的 rotate()方法来实现旋转功能。为了在本实例程序中实现围绕镜头旋转使用了旋转变换。具体实现技术其实是当鼠标旋转镜头时实例自己在移动。对应的实现代码如下所示。

```
class Cam extends Group {
        Translate t  = new Translate();
        Translate p  = new Translate();
        Translate ip = new Translate();
        Rotate rx = new Rotate();
        { rx.setAxis(Rotate.X_AXIS); }
        Rotate ry = new Rotate();
        { ry.setAxis(Rotate.Y_AXIS); }
        Rotate rz = new Rotate();
        { rz.setAxis(Rotate.Z_AXIS); }
        Scale s = new Scale();
        public Cam() { super(); getTransforms().addAll(t, p, rx, rz, ry, s, ip); }
}
......
        scene.setOnMouseDragged(new EventHandler<MouseEvent>() {
            public void handle(MouseEvent me) {
                mouseOldX = mousePosX;
                mouseOldY = mousePosY;
                mousePosX = me.getX();
                mousePosY = me.getY();
                mouseDeltaX = mousePosX - mouseOldX;
                mouseDeltaY = mousePosY - mouseOldY;
                if (me.isAltDown() && me.isShiftDown() && me.isPrimaryButtonDown()) {
                        cam.rz.setAngle(cam.rz.getAngle() - mouseDeltaX);
                }
                else if (me.isAltDown() && me.isPrimaryButtonDown()) {
                        cam.ry.setAngle(cam.ry.getAngle() - mouseDeltaX);
                        cam.rx.setAngle(cam.rx.getAngle() + mouseDeltaY);
                }
                else if (me.isAltDown() && me.isSecondaryButtonDown()) {
                        double scale = cam.s.getX();
                        double newScale = scale + mouseDeltaX*0.01;
                        cam.s.setX(newScale); cam.s.setY(newScale); cam.s.setZ(newScale);
                }
```

```
                     else if (me.isAltDown() && me.isMiddleButtonDown()) {
                             cam.t.setX(cam.t.getX() + mouseDeltaX);
                             cam.t.setY(cam.t.getY() + mouseDeltaY);
                     }
             }
     });
```

在此需要注意，轴心点和角度决定了图像移动的目标点。在指定轴心点时你需要仔细地计算值，否则图像可能会出现在你不期望出现的地方。

3. 缩放操作

在这里，我们希望通过缩放变换，使节点对象根据缩放因子来变大或者缩小。缩放变换通过节点坐标乘以对应的缩放因子来改变节点。和旋转变换类似，缩放变换也基于一个轴心点，这个轴心点认为是发生缩放的点。要想实现缩放变换，需要使用类 Scale 以及类 Transform 的 scale()方法。在本实例程序中，可以通过按下 Alt 键和鼠标右键来缩放木琴。对应的实现代码如下所示。

```
else if (me.isAltDown() && me.isSecondaryButtonDown()) {
        double scale = cam.s.getX();
        double newScale = scale + mouseDeltaX*0.01;
        cam.s.setX(newScale); cam.s.setY(newScale); cam.s.setZ(newScale);
            }
......
```

4. 错切操作

错切变换是指旋转一个坐标轴，这样 x 和 y 轴就不再垂直，节点坐标根据指定的乘数来变化。要想实现错切变换，需要使用 Shear 类和 Transform 类的 shear()方法。在本实例中，可以在按住 Shift 键的同时按下鼠标左键并拖动鼠标来使木琴发生错切变换。对应的实现代码如下所示。

```
else if (me.isShiftDown() && me.isPrimaryButtonDown()) {
        double yShear = shear.getY();
        shear.setY(yShear + mouseDeltaY/1000.0);
        double xShear = shear.getX();
        shear.setX(xShear + mouseDeltaX/1000.0);
}
```

5. 多重变换操作

我们可以通过指定一个有序的变换链来构建多重变换。例如可以先缩放一个对象，然后对其应用错切变换，或者平移后对其进行缩放。如下代码将多重变换应用到一个对象上来创建木琴的琴键。

```
Cube base1Cube = new Cube(1.0, new Color(0.2, 0.12, 0.1, 1.0), 1.0);
base1Cube.setTranslateX(xStart + 135);
base1Cube.setTranslateZ(yPos+20.0);
base1Cube.setTranslateY(11.0);
base1Cube.setScaleX(barWidth*11.5);
base1Cube.setScaleZ(10.0);
base1Cube.setScaleY(barDepth*2.0);
```

本实例最终的执行结果如图 21-1 所示。

图 21-1　执行结果

21.2　动　画　效　果

在 JavaFX 框架中，动画效果可以分为时间轴动画和过渡两种，它们将分别由类 Timeline 和类 Transition 来实现，这两个类都是 javafx.animation.Animation 的子类。本节将详细讲解如何在 JavaFX 框架中实现动画效果。

 知识点讲解：

21.2.1　过渡动画

JavaFX 框架中的类 Transition 提供了在一条内部时间轴上展现动画的手段。Transition 可以组合用来创建并行或串行的多重动画。类 Transition 的完整路径是 javafx.animation.Animation，在里面主要包含了如下所示的属性和方法。

- ❑ 属性 autoReverse：定义在交替周期中动画是否需要倒转方向。
- ❑ 属性 cycleCount：定义这个动画的循环次数。
- ❑ 属性 rate：定义这个动画的速度和方向。
- ❑ 属性 status：只读属性，表明动画的状态。
- ❑ 方法 public void pause()：暂停动画。
- ❑ 方法 public void play()：从当前位置播放动画。
- ❑ 方法 public void stop()：停止播放动画。

在现实应用中，通常将过渡动画类型分为 4 种。下面介绍这 4 种过渡动画。

1. 褪色过渡（fade transition）

褪色过渡是指在给定时间内修改节点的不透明度。在 JavaFX 框架中，褪色过渡动画的实现类是 FadeTransition，它包含了如下所示的常用属性和方法。

- ❑ 属性 node：表示过渡的目标节点，这是一个不可能改变的过渡目标节点。
- ❑ 属性 duration：表示褪色过渡的持续时间，默认值是 400ms。
- ❑ 属性 fromValue：设置褪色过渡开始时的透明度，默认值是 Double.NaN。
- ❑ 属性 toValue：设置褪色过渡结束时的透明度，默认值是 Double.NaN。
- ❑ 属性 byValue：设置动画透明度的递增值。
- ❑ 方法 public FadeTransition()：创建一个空的褪色过渡对象实例。
- ❑ 方法 public FadeTransition（Duration duration）：创建一个指定持续时间的褪色过渡对象实例。
- ❑ 方法 public FadeTransition（Duration duration，Node node）：创建一个指定持续时间和节点的褪色过渡对象实例。
- ❑ 方法 public final void setNode（Node value）：设置过渡的目标节点。

下面的代码展示了在一个矩形上应用褪色过渡的效果。首先创建一个圆角矩形，然后对它应用褪色过渡效果。

```
final Rectangle rect1 = new Rectangle(10, 10, 100, 100);
rect1.setArcHeight(20);
rect1.setArcWidth(20);
rect1.setFill(Color.RED);
......
FadeTransition ft = new FadeTransition(Duration.millis(3000), rect1);
ft.setFromValue(1.0);
ft.setToValue(0.1);
ft.setCycleCount(Timeline.INDEFINITE);
ft.setAutoReverse(true);
ft.play();
```

2. 路径过渡（path transition）

路径过渡是指在给定时间内将一个节点沿着一个路径的一端移动到另一端。在 JavaFX 框架中，路径过渡动画的实现类是 FadeTransition，它包含了如下所示的常用属性和方法。

- ❑ 属性 node：转变的目标节点。
- ❑ 属性 duration：转变的持续时间。
- ❑ 属性 orientation：节点沿着路径的方向。
- ❑ 属性 path：一个节点移动路径的形状。
- ❑ 方法 public PathTransition()：创建一个空的路径过渡。
- ❑ 方法 public PathTransition（Duration duration，Shape path）：创建一个具有给定持续时间和路径的路径过渡。
- ❑ 方法 public PathTransition（Duration duration，Shape path，Node node）：创建一个具有给定持续时间、路径和节点的路径过渡。

下面的代码展示了在一个矩形上应用路径过渡的效果，这个动画会在矩形达到路径端点时反转。首先创建了一个圆角矩形，然后创建了一个新的路径过渡并应用到了矩形之上。

```
final Rectangle rectPath = new Rectangle (0, 0, 40, 40);
rectPath.setArcHeight(10);
rectPath.setArcWidth(10);
rectPath.setFill(Color.ORANGE);
.....
Path path = new Path();
path.getElements().add(new MoveTo(20,20));
path.getElements().add(new CubicCurveTo(380, 0, 380, 120, 200, 120));
path.getElements().add(new CubicCurveTo(0, 120, 0, 240, 380, 240));
PathTransition pathTransition = new PathTransition();
pathTransition.setDuration(Duration.millis(4000));
pathTransition.setPath(path);
pathTransition.setNode(rectPath);
pathTransition.setOrientation(PathTransition.OrientationType.ORTHOGONAL_TO_TANGENT);
pathTransition.setCycleCount(Timeline.INDEFINITE);
pathTransition.setAutoReverse(true);
pathTransition.play();
```

3. 并行过渡（parallel transition）

并行过渡是指在同一时间内执行多个过渡效果。在 JavaFX 框架中，并行过渡动画的实现类是 ParallelTransition，它包含了如下所示的常用属性和方法。

- ❑ 属性 node：并行过渡转变的目标节点。
- ❑ 方法 public ParallelTransition()：创建一个空的并行过渡。
- ❑ 方法 public ParallelTransition（Node node）：创建一个具有给定目标节点的并行过渡对象实例。
- ❑ 方法 public ParallelTransition（Animation... children）：创建一个具有给定子动画的并行过渡对象实例。
- ❑ 方法 public ParallelTransition（Node node, Animation... children）：创建一个具有给定目标节点和子动画的并行过渡对象实例。
- ❑ 方法 public final ObservableList<Animation> getChildren()：获取按顺序播放动画的列表。

4. 串行过渡（sequential transition）

串行过渡是指一个接一个地执行多个过渡动画效果。在 JavaFX 框架中，串行过渡动画的实现类是 SequentialTransition，它包含了如下所示的常用属性和方法。

- ❑ 属性 node：串行过渡转变的目标节点。此节点可以用于所有的子转换操作，不定义目标节点本身。
- ❑ 方法 public SequentialTransition()：创建一个空的串行过渡对象实例。

❑ 方法 public SequentialTransition（Node node）：创建一个具有给定目标节点的串行过渡对象实例。

❑ 方法 public SequentialTransition（Animation... children）：创建一个具有给定子动画的串行过渡对象实例。

❑ 方法 public SequentialTransition（Node node, Animation... children）：创建一个具有给定目标节点和子动画的串行过渡对象实例。

在下面的实例中，使用路径过渡动画实现了一个升旗动作。

实例 21-2　使用路径过渡动画实现一个升旗的动画效果

源码路径：daima\21\FlagRisingAnimation.java

实例文件 FlagRisingAnimation.java 的主要实现代码如下所示。

```
     public void start(Stage primaryStage) {
①        Pane pane = new Pane();                    //创建Pane对象pane
②        ImageView imageView = new ImageView("123.jpg");
         //创建一个ImageView对象imageView并添加到pane中
③        pane.getChildren().add(imageView);
④        PathTransition pt = new PathTransition(Duration.millis(10000),
         //创建PathTransition对象pt
⑤          new Line(100, 200, 100, 0), imageView);
⑥        pt.setCycleCount(5);
         pt.play();              //开始动画
         Scene scene = new Scene(pane, 250, 200);
         //创建一个Scene对象scene并放到stage中
         primaryStage.setTitle("路径过渡动画实战");
         //设置标题
         primaryStage.setScene(scene);
         primaryStage.show();
     }
```

在行①中，创建一个 Pane 面板对象 pane。

在行②中，使用指定的图像文件创建一个图像视图。

在行③中，将图像视图放置在面板中。

在行④⑤中，创建一个路径移动对象，设置周期为 10s，使用一条直线作为路径，图像视图作为节点。图像视图将沿着直线移动，由于直线没有放置在场景中，所以不会在窗体中看到它。

在行⑥中，将循环数设置为 5，该动画将重复执行 5 次。

执行结果如图 21-2 所示。

图 21-2　执行结果

21.2.2　时间轴动画

在计算机应用中，动画是由它的一些相关属性进行驱动的，例如大小、位置和颜色等。JavaFX 框架支持关键帧动画（key frame animation），在关键帧动画中，绘图场景（graphical scene）中动画状态的转换是由特定时间点的 Scene 状态的起始和结束快照（key frames，关键帧）来定义的。系统能够自动执行动画，在需要时它可以停止、暂停、恢复、反转或者重复动作。

在 JavaFX 框架中，时间轴动画提供了随着时间变化更新这些属性值的能力。JavaFX 时间轴动画的实现类是 javafx.animation.Timeline，它包含了如下所示的常用方法。

❑ 方法 public Timeline()：创建一个空的时间轴动画对象实例。

❑ 方法 public Timeline（double targetFramerate）：创建一个具有指定目标帧速率的时间轴动画对象实例。

❑ 方法 public Timeline（KeyFrame... keyFrames）：创建一个具有指定关键帧的时间轴动画对象实例。

❑ 方法 public Timeline（double targetFramerate,KeyFrame... keyFrames）：创建一个具有目标帧速率和关键帧的时间轴动画对象实例。

❑ 方法 public final ObservableList<KeyFrame> getKeyFrames()：返回时间轴动画的关键帧。

❑ 方法 public void stop()：停止播放动画并将播放头重置为初始位置。如果当前没有播放动画，则此方法无效。

下面的实例使用时间轴动画实现了一个闪烁的文本效果，通过文本交替来产生闪烁的动画效果。

实例 21-3 使用时间轴动画实现一个闪烁的文本效果
源码路径：daima\21\GXJTimeline.java

实例文件 GXJTimeline.java 的主要实现代码如下所示。

```
   public void start(Stage primaryStage) {
①   StackPane pane = new StackPane();
②   Text text = new Text(20, 50, "好美的动画");
    text.setFill(Color.RED);
③   pane.getChildren().add(text); //添加文本到窗体
    //创建更改文本的事件处理程序
    EventHandler<ActionEvent> eventHandler = e -> {
④     if (text.getText().length() != 0) {
⑤       text.setText("");
       }
⑥     else {
⑦       text.setText("这就是动画,不一样的烟火! ");
       }
    };
⑧   Timeline animation = new Timeline(      //创建文本交替显示的动画
⑨     new KeyFrame(Duration.millis(500), eventHandler));
⑩   animation.setCycleCount(Timeline.INDEFINITE);
    animation.play(); //开始动画
    //暂停或重启动画
⑪   text.setOnMouseClicked(e -> {
⑫     if (animation.getStatus() == Animation.Status.PAUSED) {
⑬       animation.play();
       }
⑭     else {
⑮       animation.pause();
       }
⑯   });
    Scene scene = new Scene(pane, 250, 50);
    primaryStage.setTitle("动画实战");
    primaryStage.setScene(scene);
    primaryStage.show();
   }
```

拓展范例及视频二维码

范例 **21-3-01**：实现褪色过渡效果

源码路径：**演练范例\21-3-01**

范例 **21-3-02**：实现填充过渡效果

源码路径：**演练范例\21-3-02**

在行①中，创建一个 StackPane 堆栈面板对象 pane。

在行②中，创建一个 Text 文本对象 text，设置文本的初始值。

在行③中，将创建的文本对象 text 放置在面板中。

在行④~⑤中，创建一个事件处理程序，如果文本为非空，则将本文设置为空字符串。

在行⑥~⑦中，如果文本为空，则设置显示文本为"这就是动画，不一样的烟火！"。

在行⑧~⑨中，创建一个时间轴动画以获得一个关键帧，创建一个关键帧每 0.5 秒运行一个动作事件。

在行⑩中，设置动画无限运行。

在行⑪中，为文本设置鼠标单击事件处理程序。

在行⑫~⑬中，如果动画暂停了，则鼠标在文本上单击一次会继续播放。

在行⑭~⑮中，如果动画正在播放，那么在文本上单击一次鼠标将暂停播放。

本实例的执行结果如图 21-3 所示。

图 21-3 执行结果

21.3　视　觉　特　效

视觉特效（Visual F/X 或 VFX）通常是影视作品中不可
或缺的部分，主要是在后期制作中进行的，通过使用多种工
具和技术（如美术设计、模型、动画以及类似的软件）实现。
而特殊效果（诸如爆破、飞车追逐）都在现场的布置中实现。
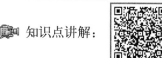
在 JavaFX 框架中，这类特效都位于 javafx.scene.effect 包中，并且都是 Effect 类的子类。本节将详
细讲解如何在 JavaFX 框架中实现视觉特效。

21.3.1　混合特效

混合（blend）是指使用预定义的混合模式将两个输入组合到一起生成的特效。在 Java 程序
中，如果一个节点要使用混合特效（node.setBlendMode()），则需要提供如下两个输入。

（1）顶层输入：将要被渲染的节点。

（2）底层输入：对于节点下面的所有元素，底层输入的内容决定于以下 4 个规则。

❑ 在同一个 Group 窗体中具有更低 Z-order（窗口显示顺序）的所有内容都包括在内。

❑ 如果对应的 Group 具有明确定义的混合模式，则终止底层输入查找过程，之前所找到
的内容都会作为底层输入。

❑ 如果 Group 具有默认的混合模式，则所有在 Group 之下的节点都包括在内，并且继续
递归应用此规则。

❑ 如果处理过程递归回到了根节点，那么 Scene 的背景图也包括在内。

混合模式定义了对象混合在一起的方式。如图 21-4 所示，可以看到在几种不同混合模式下
一个圆形与一个正方形组合在一起的效果。

SRC_ATOP　　　　　　　　MULTIPLY　　　　　　　　SRC_OVER

图 21-4　3 种混合模式演示

在 JavaFX 框架中，混合特效的实现类是 javafx.scene.effect.Blend，它主要包含了如下所示
的属性和方法。

❑ 属性 mode：混合模式，默认值为 SRC_OVER。

❑ 属性 opacity：设置透明度，取值范围是 0.0～1.0，默认值是 1.0。

❑ 属性 bottomInput：表示此混合操作的底层输入。如果设置为 null 或未指定，那么将一
个图形图像节点的效果作为输入。默认值是 null。

❑ 属性 topInput：表示此混合操作的顶部输入。如果设置为 null 或未指定，那么将一个图
形图像节点的效果作为输入。默认值是 null。

❑ 方法 public Blend()：创建一个空的混合对象实例。

❑ 方法 public Blend（BlendMode mode）：创建一个指定模式的混合对象实例。

❑ 方法 public Blend（BlendMode mode，Effect bottomInput，Effect topInput）：创建一个
指定模式、底层输入和顶部输入的混合对象实例。

在下面的实例中，我们演示了如何使用混合特效。

实例 21-4 使用混合特效

源码路径：daima\21\GXJBlend.java

实例文件 GXJBlend.java 的主要实现代码如下所示。

```java
public class GXJBlend extends Application {
    Stage stage;
    Scene scene;
    @Override public void start(Stage stage) {
        stage.show();
        scene = new Scene(new Group(), 500, 300);    //设置Scene的宽度和高度
        ObservableList<Node> content = ((Group)scene.getRoot()).getChildren();
        content.add(blendMode());
        //向窗体中添加混合处理方法blendMode()
        stage.setScene(scene);
    }
    //定义混合处理方法blendMode()
    static Node blendMode() {
        //定义Rectangle矩形对象r
        Rectangle r = new Rectangle();
        r.setX(60);          //设置矩形起始的x坐标
        r.setY(50);          //设置矩形起始的y坐标
        r.setWidth(50);      //设置矩形的宽度
        r.setHeight(50);
//设置矩形的高度
        r.setFill(Color.BLUE);                  //设置矩形的填充颜色
        //定义Circle圆形对象c
        Circle c = new Circle();
        c.setFill(Color.RED);                   //设置圆的填充颜色
        c.setCenterX(60);                       //设置圆心的x坐标
        c.setCenterY(50);                       //设置圆心的y坐标
        c.setRadius(25);                        //设置圆的半径
        c.setBlendMode(BlendMode.SRC_ATOP);     //设置混合模式
        Group g = new Group();                  //创建Group对象g
        g.setBlendMode(BlendMode.SRC_OVER);
        g.getChildren().add(r);                 //添加矩形
        g.getChildren().add(c);                 //添加圆形
        return g;
    }
}
```

拓展范例及视频二维码

范例 **21-4-01**：沿着路径的动画

源码路径：**演练范例\\21-4-01**

范例 **21-4-02**：实现并行过渡

动画效果

源码路径：**演练范例\\21-4-02**

执行后的结果如图 21-5 所示。

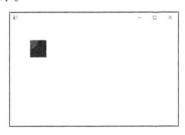

图 21-5 执行后的结果

21.3.2 发光特效

发光特效能够使图像中较亮的部分发光，发光效果基于一个可配置的阈值，阈值范围是 0.0～1.0，默认是 0.3。图 21-6 显示了在默认阈值和阈值为 1.0 两种情形下的发光特效。

—— 默认阈值

—— 阈值为1.0

图 21-6 默认阈值和阈值为 1.0 情形下的发光特效

在 JavaFX 框架中，发光特效的实现类是 javafx.scene.effect.Bloom，在里面主要包含了如下所示的属性和方法。

- ❏ 属性 input：输入值。如果设置为 null 或未指定，则将一个图形图像节点的效果作为输入值。
- ❏ 属性 threshold：可配置的阈值。阈值范围是 0.0～1.0，默认值是 0.3。
- ❏ 方法 public Bloom()：创建一个空的发光特效对象实例。
- ❏ 方法 public Bloom（double threshold）：创建一个具有指定阈值的发光特效对象实例。

下面我们来演示一下如何使用发光特效。

实例 21-5　使用发光特效

源码路径：daima\21\GXJBloom.java

实例文件 GXJBloom.java 的主要实现代码如下所示。

```java
public void start(Stage stage) {
        stage.show();
        //创建制定大小的窗体
        scene = new Scene(new Group(), 500, 100);
        ObservableList<Node> content = ((Group)scene.getRoot()).getChildren();
        //调用发光方法bloom()
        content.add(bloom());
        stage.setScene(scene);
}
//定义发光方法bloom()
static Node bloom() {
        Group g = new Group();
        Rectangle r = new Rectangle();
        //创建新的矩形对象r
        r.setX(10);         //设置矩形起始的x坐标
        r.setY(10);         //设置矩形起始的y坐标
        r.setWidth(300);    //设置矩形的宽度
        r.setHeight(80);            //设置矩形的高度
        r.setFill(Color.DARKBLUE);          //设置矩形的填充颜色

        Text t = new Text();                //创建文本对象t
        t.setText("我爱学习JavaFX");        //设置文本内容
        t.setFill(Color.YELLOW);            //设置文本的颜色
            //设置文本的字体
        t.setFont(Font.font("null", FontWeight.BOLD, 36));
        t.setX(25);                 //设置显示文本的x坐标
        t.setY(65);                 //设置显示文本的y坐标

        g.setCache(true);
        //定义发光对象
        Bloom bloom = new Bloom();
        bloom.setThreshold(1.0);            //设置阈值是1.0
        g.setEffect(bloom);
        g.getChildren().add(r);             //将对象r添加到窗体
        g.getChildren().add(t);             //将对象t添加到窗体
        g.setTranslateX(100);               //设置平移坐标
        return g;
    }
```

执行后的结果如图 21-7 所示。

拓展范例及视频二维码

范例 **21-5-01**：实现顺序过渡
动画

源码路径：演练范例\21-5-01\

范例 **21-5-02**：实现暂停过渡
动画

源码路径：演练范例\21-5-02\

图 21-7　执行结果

21.3.3 模糊特效

模糊（blurring）是一种常见的特效，可为选定的对象提供焦点。JavaFX 框架支持 3 种模糊特效方式，它们分别是方框模糊、运动模糊和高斯模糊。

1. 方框模糊（box blur）

方框模糊是一种使用简单方框过滤器内核的模糊特效，可以在两个维度上定义大小，以此来控制应用到对象上的模糊量，以及指定一个 Iterations 参数来控制模糊结果的质量。图 21-8 显示了两个模糊文本的样例。

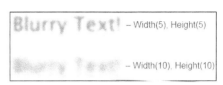

图 21-8　两个模糊文本的样例

在 JavaFX 框架中，方框模糊的实现类是 javafx.scene.effect.BoxBlur，在里面主要包含了如下所示的属性和方法。

- 属性 input：表示输入值。如果设置为 null 或未指定，则一个图形图像节点的效果将作为输入。
- 属性 width：模糊效果的水平尺寸。取值范围为 0.0～255.0，默认值是 5.0。
- 属性 height：模糊效果的垂直尺寸。取值范围为 0.0～255.0，默认值是 5.0。
- 属性 iterations：定义模糊质量。取值范围为 0～3，默认值是 1。值为 3 时表示效果接近高斯模糊的质量。
- 方法 public BoxBlur()：创建一个空的方框模糊对象实例。
- 方法 public BoxBlur（double width，double height，int iterations）：创建一个拥有指定宽度、高度和模糊质量的方框模糊对象实例。

2. 动感模糊（motion blur）

动感模糊特效使用了高斯模糊效果，可以通过设置半径和角度的方式来创建移动对象的效果。图 21-9 展示了将动感模糊应用在一个文本上的效果。

在 JavaFX 框架中，动感模糊的实现类是 javafx.scene.effect.MotionBlur，在里面主要包含了如下所示的属性和方法。

- 属性 input：表示输入值。如果设置为 null 或未指定，则一个图形图像节点的效果将作为输入。
- 属性 radius：设置动感模糊的半径，取值范围为 0.0～63.0，默认值是 10.0。
- 属性 angle：设置动感模糊的角度，默认值是 0.0。
- 方法 public MotionBlur()：创建一个空的动感模糊对象实例。
- 方法 public MotionBlur（double angle，double radius）：创建一个拥有指定半径和角度的动感模糊对象实例。

3. 高斯模糊（gaussian blur）

高斯模糊是一种使用高斯算法并指定半径来实现对象模糊的特效。图 21-10 展示了将高斯模糊应用到一个文本上的效果。

图 21-9　将动感模糊应用在一个文本上　　　　图 21-10　高斯模糊

在 JavaFX 框架中，高斯模糊的实现类是 javafx.scene.effect.GaussianBlur，在里面主要包含了如下所示的属性和方法。

- ❑ 属性 input：表示输入值。如果设置为 null 或未指定，则一个图形图像节点的效果将作为输入。
- ❑ 属性 radius：设置高斯模糊的半径。取值范围为 0.0～63.0，默认值是 10.0。
- ❑ 方法 public GaussianBlur()：创建一个空的高斯模糊对象实例。
- ❑ 方法 public GaussianBlur（double radius）：创建一个设置了指定模糊半径的高斯模糊对象实例。

下面的实例演示了实现上述 3 种模糊特效的过程。

实例 21-6 ┃ **实现 3 种模糊特效**
源码路径：daima\21\GXJBlur.java

实例文件 GXJBlur.java 的主要实现代码如下所示。

```java
public void start(Stage stage) {
    stage.show();
    scene = new Scene(new Group(), 800, 300);
    ObservableList<Node> content = ((Group)scene.getRoot()).getChildren();
    //添加方框模糊方法boxBlur()
    content.add(boxBlur());
    //添加动感模糊方法motionBlur()
    content.add(motionBlur());
    //添加高斯模糊方法gaussianBlur()
    content.add(gaussianBlur());
    stage.setScene(scene);
}
//定义高斯模糊方法gaussianBlur()
static Node gaussianBlur() {
    Text t2 = new Text();//创建文本对象t2
    t2.setX(10.0f);     //设置文本的x坐标
    t2.setY(140.0f);              //设置文本的y坐标
    t2.setCache(true);
    t2.setText("高斯模糊");           //设置显示的文本
    t2.setFill(Color.RED);           //设置文本颜色
    //设置文本字体加粗和红色
    t2.setFont(Font.font("null", FontWeight.BOLD, 40));
    t2.setEffect(new GaussianBlur());
    return t2;
}
//定义动感模糊方法motionBlur()
static Node motionBlur() {
    Text t = new Text();            //创建文本对象t
    t.setX(20.0f);                  //设置文本的x坐标
    t.setY(80.0f);                  //设置文本的y坐标
    t.setText("动感模糊");          //设置显示的文本
    t.setFill(Color.RED);           //设置文本颜色
    //设置文本字体加粗和大小
    t.setFont(Font.font("null", FontWeight.BOLD, 40));
    //定义动感模糊对象mb
    MotionBlur mb = new MotionBlur();
    mb.setRadius(15.0f);            //设置模糊半径
    mb.setAngle(45.0f);             //设置模糊角度
    t.setEffect(mb);

    t.setTranslateX(520);           //水平平移520
    t.setTranslateY(100);           //垂直平移100

    return t;
}
//定义方框模糊方法boxBlur()
static Node boxBlur() {
    Text t = new Text();            //定义文本对象t
    t.setText("方框模糊");          //设置显示的文本
    t.setFill(Color.RED);           //设置文本颜色
        //设置文本字体加粗和大小
    t.setFont(Font.font("null", FontWeight.BOLD, 40));
```

┌─────────── 拓展范例及视频二维码 ───────────┐

范例 **21-6-01**：实现文本打字
效果
源码路径：**演练范例\21-6-01**
范例 **21-6-02**：实现时间轴动画
源码路径：**演练范例\21-6-02**

```
                t.setX(10);                  //设置文本的x坐标
                t.setY(40);                  //设置文本的y坐标

                BoxBlur bb = new BoxBlur();  //定义方框模糊对象
                bb.setWidth(5);              //设置模糊宽度
                bb.setHeight(5);             //设置模糊高度
                bb.setIterations(3);         //设置模糊质量，3表示接近高斯模糊

                t.setEffect(bb);
                t.setTranslateX(300);        //水平平移300
                t.setTranslateY(100);        //垂直平移100

                return t;
        }
```

执行后的结果如图 21-11 所示。

图 21-11　执行结果

21.3.4　阴影特效

阴影（drop shadow effect）是一种为内容渲染一个阴影的特效，它可以指定相关对象的颜色、半径、位移以及阴影的一些参数。图 21-12 显示了阴影特效应用在不同对象上的效果。

在 JavaFX 框架中，阴影特效的实现类是 javafx.scene.effect.DropShadow，该类主要包含了如下的属性和方法。

❑ 属性 input：表示输入值。如果设置为 null 或未指定，则一个图形图像节点的效果将作为输入。

❑ 属性 radius：阴影的半径。取值范围为 0.0～127.0，默认值是 10.0。

图 21-12　阴影特效样例

❑ 属性 width：阴影模糊的宽度。取值范围为 0.0～255.0，默认值是 21.0。由于小于 1 的值不分布在原来的像素上，所以它对阴影没有模糊效果。

❑ 属性 height：阴影模糊的高度。取值范围为 0.0～255.0，默认值是 21.0。

❑ 属性 blurType：用于模糊阴影的算法，默认是 BlurType.THREE_PASS_BOX。

❑ 属性 spread：阴影的蔓延范围，它是半径的一部分。取值范围为 0.0～1.0，默认值是 0.0。

❑ 属性 color：阴影的颜色。默认是 Color.BLACK。

❑ 属性 offsetX：以像素为单位，x 轴方向的阴影偏移量。默认值是 0.0。

❑ 属性 offsetY：以像素为单位，y 轴方向的阴影偏移量。默认值是 0.0。

❑ 方法 public DropShadow()：创建一个默认参数的阴影实例。

❑ 方法 public DropShadow（double radius，Color color）：创建一个拥有指定半径和颜色的阴影实例。

❑ 方法 public DropShadow（double radius，double offsetX，double offsetY，Color color）：创建一个拥有指定半径、颜色、x 轴偏移量和 y 轴偏移量的阴影实例。

❑ 方法 public DropShadow（BlurType blurType，Color color，double radius，double spread，double offsetX，double offsetY）：创建一个拥有指定半径、颜色、模糊阴影算法、蔓延范围、x 轴偏移量和 y 轴偏移量的阴影实例。

下面的实例演示了使用阴影特效的过程。

实例 21-7	使用阴影特效
	源码路径：daima\21\GXJDropShadow.java

实例文件 GXJDropShadow.java 的主要实现代码如下所示。

```
public void start(Stage stage) {
    stage.show();
    //创建指定大小的scene窗体
    scene = new Scene(new Group(),
    400, 200);
    ObservableList<Node> content =
    ((Group)scene.getRoot()).getChildren();
    ///调用阴影方法dropShadow()
    content.add(dropShadow());
    stage.setScene(scene);
}
//定义阴影方法dropShadow()
static Node dropShadow() {
    Group g = new Group();
    DropShadow ds = new DropShadow();                      //定义阴影对象ds
    ds.setOffsetY(3.0f);//设置y轴方向的阴影偏移量
    ds.setColor(Color.color(0.4f, 0.4f, 0.4f));            //设置阴影的颜色
    Text t = new Text();                                   //创建文本对象t
    t.setEffect(ds);                                       //为文本添加特效
    t.setCache(true);
    t.setX(10.0f);                                         //文本的x坐标
    t.setY(30.0f);                                         //文本的y坐标
    t.setFill(Color.RED);                                  //文本的颜色
    t.setText("JavaFX的阴影特效");                          //文本的内容
    t.setFont(Font.font("null", FontWeight.BOLD, 32));     //文本的字体加粗和大小
    DropShadow ds1 = new DropShadow();      //定义阴影对象ds1
    ds1.setOffsetY(4.0f);                                  //设置y轴方向的阴影偏移量
    Circle c = new Circle();                               //定义一个圆对象c
    c.setEffect(ds1);                                      //为圆添加阴影特效
    c.setCenterX(50.0f);                                   //设置圆心的x坐标
    c.setCenterY(80.0f);                                   //设置圆心的y坐标
    c.setRadius(30.0f);                                    //设置圆的半径
    c.setFill(Color.ORANGE);                               //设置圆的颜色
    c.setCache(true);
    g.getChildren().add(t);
    g.getChildren().add(c);
    return g;
}
```

拓展范例及视频二维码

范例 **21-7-01**：实现混合特效
源码路径：演练范例\21-7-01\
范例 **21-7-02**：使用混合模式
源码路径：演练范例\21-7-02\

执行后的结果如图 21-13 所示。

图 21-13　执行结果

❋　注意：将阴影设置得太宽会使对应的元素有一种沉重的感觉。建议阴影应选择逼真的颜色，一般应比元素自身的背景色浅一些。如果有多个带阴影特效的对象，则建议让所有对象的阴影朝一个方向。阴影特效给人一种光线从一个方向照射过来并形成阴影的感觉。

21.3.5　内阴影特效

内阴影（inner shadow effect）是一种使用特定颜色、半径和偏移量，为指定的内容在其边

界内渲染出一个阴影特效。图 21-14 显示为一个纯文本应用内阴影特效后的效果。

在 JavaFX 框架中，内阴影特效的实现类是 javafx.scene.effect.InnerShadow，该类主要包含了如下的属性和方法。

Inner Shadow
Inner Shadow

图 21-14　内阴影特效

❏ 属性 input：表示输入值。如果设置为 null 或未指定，则一个图形图像节点的效果将作为输入。

❏ 属性 radius：阴影的半径。取值范围为 0.0～127.0，默认值是 10.0。

❏ 属性 width：内阴影模糊的宽度大小。取值范围为 0.0～255.0，默认值是 21.0。由于小于 1 的值没有分布在原来的像素上，所以对阴影没有模糊效果。

❏ 属性 height：内阴影模糊的高度。取值范围为 0.0～255.0，默认值是 21.0。

❏ 属性 blurType：模糊阴影的算法，默认是 BlurType.THREE_PASS_BOX。

❏ 属性 choke：内阴影的阻塞值。取值范围为 0.0～1.0，默认值是 0.0。

❏ 属性 color：阴影的颜色，默认值是 Color.BLACK。

❏ 属性 offsetX：以像素为单位，x 轴方向的阴影偏移量。默认值是 0.0。

❏ 属性 offsetY：以像素为单位，y 轴方向的阴影偏移量。默认值是 0.0。

❏ 方法 public InnerShadow()：创建一个默认参数的内阴影实例。

❏ 方法 public InnerShadow（double radius，Color color）：创建一个拥有指定半径和颜色的内阴影实例。

❏ 方法 public InnerShadow（double radius，double offsetX，double offsetY，Color color）：创建一个拥有指定半径、颜色、x 轴偏移量和 y 轴偏移量的内阴影实例。

❏ 方法 public InnerShadow（BlurType blurType，Color color，double radius，double choke，double offsetX，double offsetY）：创建一个拥有指定半径、颜色、模糊阴影算法、蔓延范围、x 轴偏移量和 y 轴偏移量的内阴影实例。

下面的实例演示了使用内阴影特效的过程。

实例 21-8　**使用内阴影特效**
源码路径：daima\21\GXJInnerShadow.java

实例文件 GXJInnerShadow.java 的主要实现代码如下所示。

```
public void start(Stage stage) {
        stage.show();
        //创建指定大小的窗体
        scene = new Scene(new Group(), 840, 240);
        ObservableList<Node> content = ((Group)scene.getRoot()).getChildren();
        //内阴影方法innerShadow()
        content.add(innerShadow());
        stage.setScene(scene);
    }

    static Node innerShadow() {
        InnerShadow is = new InnerShadow();
        //创建InnerShadow内阴影对象is
        is.setOffsetX(2.0f);
        //x轴方向的阴影偏移量
        is.setOffsetY(2.0f);//y轴方向的阴影偏移量
        Text t = new Text();//创建文本对象t
        t.setEffect(is);
        t.setX(10);                    //文本的x坐标
        t.setY(10);                    //文本的y坐标
        t.setText("使用内阴影特效");    //文本的内容
        t.setFill(Color.RED);          //文本的颜色
        t.setFont(Font.font("null", FontWeight.BOLD, 80)); //设置文本字体加粗，大小为80

        t.setTranslateX(100);          //平移文本
        t.setTranslateY(100);          //垂直移动文本
```

──── **拓展范例及视频二维码** ────

范例 **21-8-01**：实现高斯模糊特效
源码路径：**演练范例\21-8-01**
范例 **21-8-02**：实现方框特效
源码路径：**演练范例\21-8-02**

```
        return t;
    }
```

执行后的结果如图 21-15 所示。

使用内阴影特效

图 21-15　执行结果

21.3.6　倒影特效

倒影（reflection）是一种在实际对象之下渲染倒影的特效。图 21-16 显示为一个纯文本应用倒影特效后的效果。

Reflection in JavaFX...

图 21-16　倒影特效

在 JavaFX 框架中，倒影特效的实现类是 javafx.scene.effect.Reflection，该类主要包含了如下属性和方法。

- ❏ 属性 input：表示输入值。如果设置为 null 或未指定，则一个图形图像节点的效果将作为输入。
- ❏ 属性 topOffset：顶部距离。输入的底部和反射的顶部之间的距离，默认值是 0.0。
- ❏ 属性 topOpacity：顶部不透明值，是底部反射的不透明度。默认值是 0.0。
- ❏ 属性 bottomOpacity：底部不透明值，是底部反射的不透明度。默认值是 0.0。
- ❏ 属性 fraction：在反射中可见的输入分数。例如设置为 0.5 表示只有输入的下半部分在反射中可见。取值范围为 0.0～1.0，默认值 0.75。
- ❏ 方法 public Reflection()：创建一个默认参数的倒影特效实例。
- ❏ 方法 public Reflection（double topOffset，double fraction，double topOpacity，double bottomOpacity）：创建一个拥有指定顶部距离、分数、顶部/底部透明度的倒影特效实例。

下面的实例演示了使用倒影特效的过程。

实例 21-9　**使用倒影特效**
源码路径：daima\21\GXJReflection.java

实例文件 GXJReflection.java 的主要实现代码如下所示。

```java
public void start(Stage stage) {
        stage.show();
        scene = new Scene(new Group(), 500, 200);    //创建指定大小的面板对象scene
        ObservableList<Node> content = ((Group)scene.getRoot()).getChildren();
        content.add(reflection());
        //调用反射阴影特效方法reflection()
        stage.setScene(scene);
        //将对象scene添加到stage
    }
    //定义反射阴影特效方法reflection()
    static Node reflection() {
        Text t = new Text();   //新建文本对象t
        t.setX(10.0f);          //设置文本的x坐标
        t.setY(50.0f);          //设置文本的y坐标
        t.setCache(true);
        t.setText("反射阴影特效"); //设置文本的内容
        t.setFill(Color.RED);
        t.setFont(Font.font("null", FontWeight.BOLD, 30));    //设置文本字体加粗和大小
```

拓展范例及视频二维码

范例 **21-9-01**：实现运动模糊
特效
源码路径：**演练范例\21-9-01**

范例 **21-9-02**：实现缩放特效
源码路径：**演练范例\21-9-02**

```
Reflection r = new Reflection();           //定义反射阴影对象r
r.setFraction(0.7f);                        //设置可见输入分数
t.setEffect(r);
t.setTranslateX(30);                        //水平平移
t.setTranslateY(40);        //垂直平移
return t;
}
```

执行后的结果如图 21-17 所示。

图 21-17　执行结果

21.3.7　光照特效

光照特效（lighting effect）能够模拟一个光源照射在给定的内容上，主要给扁平的对象实现一种逼真的三维立体效果。图 21-18 显示为一个纯文本应用光照特效后的效果。

在 JavaFX 框架中，光照特效的实现类是 javafx.scene.effect.Light，该类主要包含了如下所示的属性和方法。

图 21-18　光照特效

- □ 属性 color：光源的颜色，默认值是 Color.WHITE。
- □ 方法 protected Light()：创建一个默认的光照特效对象。
- □ 方法 public final void setColor（Color value）：创建一个指定光源颜色的光照特效对象。

下面的实例演示了使用光照特效的过程。

实例 21-10　使用光照特效
源码路径：daima\21\GXJLight.java

实例文件 GXJLight.java 的主要实现代码如下所示。

```
public void start(Stage stage) {
        stage.show();
        //设置Scene的宽度和高度
        scene = new Scene(new Group(), 500, 300);
        ObservableList<Node> content =
        ((Group)scene.getRoot()).getChildren();
        //向窗体中添加光照特效方法lighting()
        content.add(lighting());
        stage.setScene(scene);
}
//定义光照特效方法lighting()
static Node lighting() {
        Light.Distant light = new Light. Distant();//定义Distant对象light
        light.setAzimuth(-135.0f);              //设置光照方向
        Lighting l = new Lighting();            //定义光照对象l
        l.setLight(light);
        l.setSurfaceScale(5.0f);                //设置光照表面度
        Text t = new Text();                     //创建文本对象t
        t.setText("JavaFX\n光照特效!");         //设置文本内容
        t.setFill(Color.RED);                    //设置文本颜色
        //设置文本的字体加粗和大小
        t.setFont(Font.font("null", FontWeight.BOLD, 70));
        t.setX(50.0f);                           //设置文本的x坐标
        t.setY(10.0f);                           //设置文本的y坐标
        t.setTextOrigin(VPos.TOP);               //设置文本源点
        t.setEffect(l);                          //设置模糊半径为1
```

拓展范例及视频二维码

范例 **21-10-01**：实现下降阴影
特效
源码路径：**演练范例\21-10-01**
范例 **21-10-02**：实现内部阴影
特效
源码路径：**演练范例\21-10-02**

```
        t.setTranslateX(0);              //水平平移
        t.setTranslateY(20);             //垂直平移
        return t;
    }
```

执行后的结果如图 21-19 所示。

图 21-19 光照特效

21.4 3D 特效

3D 是一种三维立体效果，在程序中通过 3D 技术可以提高场景的逼真性。JavaFX 框架中提供了一个通用的三维图形库，可以使用 3D 几何学、镜头和光照来创建、显示和操控 3D 空间中的对象。本节将详细讲解在 JavaFX 框架中实现 3D 特效的知识。

 知识点讲解：

21.4.1 JavaFX 3D 概述

JavaFX SDK 的早期原型提供了对 3D 网格（mesh）、镜头（camera）和光照（Lighting）的支持，JavaFX 3D 图形处理的应用场景包括库存和过程可视化、科学和工程可视化、3D 图表、机械 CAD 和 CAE、医学成像、产品营销、建筑设计与模拟、任务规划、培训和娱乐。

在 JavaFX 2.x 中可以创建二维对象，并可以将这些二维对象变换到 3D 空间中。可以通过集成类 Group 的方式创建自定义 Group，并且可设置任何想要的子变换矩阵。开发者可以模拟其他 3D 内容专业包（例如 Maya、3D Studio Max 等）所提供的变换组（transform group）行为，因为我们可以自定义对应变换组中的子矩阵。

21.4.2 使用 3D 形状

在 JavaFX 框架中，3D 形状的实现类是 javafx.scene.shape.Shape3D，该类主要包含了如下属性和方法。

- 属性 material：定义 3D 形状的材质，默认值是 null。
- 属性 drawMode：定义渲染 3D 图形的绘制模式，有填充（DrawMode.LINE）和线框（DrawMode.FILL）两种模式，默认是 DrawMode.FILL。
- 属性 cullFace：设置 3D 图形的剔除无效值，默认是 CullFace.BACK。
- 方法 protected Shape3D()：定义一个 3D 形状的对象实例。

在 JavaFX 应用程序中，可以创建两种类型的 3D 形状：预定义形状和用户自定义形状。具体说明如下所示。

1. 预定义形状

预定义 3D 形状用于快速创建 3D 对象，这些形状通常包括盒子、圆柱和球体。例如创建一个 Box 对象并指定其宽度、高度和深度大小，演示代码如下所示。

```
Box myBox=New Box(width,height,depth);
```

例如创建一个 Cylinder 对象并指定其半径和高度，演示代码如下所示。

```
Cylinder myCylinder = new Cylinder(radius, height);
Cylinder myCylinder2 = new Cylinder(radius, height, divisions);
```

例如创建一个 Sphere 对象并指定其半径，演示代码如下所示。

```
Sphere mySphere = new Sphere(radius);
Sphere mySphere2 = new Sphere(radius, divisions);
```

2.用户自定义形状

在 JavaFX 框架中，可以使用类 javafx.scene.shape.TriangleMesh 的网格功能来自定义 3D 形状。类 TriangleMesh 中包括独立的点数组、纹理坐标以及描述三角形构成几何网格的面。光滑组（smoothing group）对曲面中的三角形进行分组管理，在不同的光滑组中的三角形组成了硬边（hard edge）。

使用下面的步骤可以创建一个 TriangleMesh 实例。

❑ 创建一个新的 TriangleMesh 实例，例如下面的演示代码。

```
Mesh=new TriangleMesh();
```

定义表示网格定点的点集合，如下面的演示代码。

```
float points[]={…};
mesh.getPoints().addAll(points);
```

❑ 为每个顶点描述纹理坐标，例如下面的演示代码。

```
float texCoords[]={…};
mesh.getTexCoords().addAll(texCoords);
```

❑ 使用顶点来构造面，这些面使用三角形来描述其拓扑结构。例如下面的演示代码。

```
Int faces[]={…};
mesh.getFaces().addAll(faces);
```

❑ 定义每个面所属的光滑组，例如下面的演示代码。

```
int smoothingGroups[]={…};
mesh.getFaceSmoothingGroups().addAll(smoothingGroups);
```

光滑组可以调整各个面的顶点使其变得光滑或碎片化，如果每个面都有不同的光滑组，那么网格会变得非常碎片化。如果所有的面都在同一个光滑组中，那么网格看起来非常平滑。

21.4.3　3D 镜头

在 JavaFX 程序中，镜头是一个可以添加到 JavaFX 的场景图（scene graph）中的节点，因此可以在 3D UI 布局中四处移动镜头。这与在 2D 布局中镜头固定在一个位置是不同的。在 JavaFX 框架中，3D 镜头的实现类是 javafx.scene.Camera，里面主要包含了如下所示的属性和方法。

❑ 属性 nearClip：近裁剪值。设置镜头到近裁剪平面的距离，默认值是 0.1。建议不要将近裁剪值设置得太小或者将远裁剪值设置得过大，因为这可能会看见一些奇怪的东西。

❑ 属性 farClip：远裁剪值。设置镜头到远裁剪平面的距离，默认值是 100.0。可以把远近清晰平面想象成两个平面，它们位于摄像机视线的两个特殊位置。在视图中只能看到处于这两个平面之间的物体。在场景中到摄像机的距离比近清晰平面（near clip plane）更近的物体和比远清晰平面（far clip plane）更远的物体在视图中都看不到。

❑ 方法 protected Camera()：创建一个摄像机对象。

✿ 注意：需要设置裁剪面来使场景中的内容充分可见。但是视觉范围不能设置得过大以避免出现数值错误。如果近裁剪面设置得过大，则场景会被裁剪掉。如果近裁剪面设置得过小，则由于数值接近零会导致出现一些奇怪的东西；如果远裁剪面设置得过大，则会触发数值错误，尤其是当近裁剪面设置得过小时。

在 JavaFX 的场景坐标中，默认的镜头投影面为 $z = 0$，并且镜头的坐标系如下所示。

❑ x 坐标轴指向右边。

❑ y 坐标轴指向下面。

❑ z 坐标轴从观察者指向屏幕里面。

1. 透视镜头（perspective camera）

JavaFX 为渲染 3D 场景提供了一个透视镜头接口 PerspectiveCamera，在这里镜头为透视投影定义了一个观察量（viewing volume），它通过修改 fieldOfView 的属性值来改变。透视镜头接口的实现类是 javafx.scene.PerspectiveCamera，里面主要包含了如下所示的属性和方法。

❑ 属性 fieldOfView：设置相机投影平面的视角，单位是度，默认值是 30.0。

❑ 属性 verticalFieldOfView：设置是否将 fieldOfView 属性应用于投影平面的垂直距离。如果值为 false，则将 fieldOfView 用于投影平面的水平尺寸。

❑ 方法 public PerspectiveCamera()：创建一个透视镜头对象实例。

❑ 方法 public PerspectiveCamera（boolean fixedEyeAtCameraZero）：创建一个具有指定 fixedEyeAtCameraZero 值的透视镜头对象实例。通过设置 fixedEyeAtCameraZero 标识可以控制镜头的位置，这样它会渲染在 3D 环境中镜头所能看到的内容。当 fixedEyeAtCameraZero 选项设置为 true 时，构造的 PerspectiveCamera 会将其观察点位置（eye position）固定到坐标空间的（0，0，0）处，无论投影区域的范围或窗体大小如何改变。当 fixedEyeAtCameraZero 设置为默认值 false 时，由镜头所定义的坐标系统会将其初始位置放到面板的左上角。这种模式使用透视镜头来渲染 2D UI，但是对大多数 3D 图形应用程序来说，这都是无用的。镜头会在窗体改变大小时移动，例如，保持初始位置在面板的左上角。这正是在 2D UI 布局时你所需要的，但是在 3D 布局中却没有用处。因此，在进行 3D 图形程序设计时为了改变或移动镜头，将 fixedEyeAtCameraZero 属性设置为 true 是非常重要的。

2．视野范围（field of view）

在 JavaFX 框架中，镜头的视野范围可以按下面的方法进行设置。

```
camera.setFieldOfView(double value);
```

镜头的视野范围越大，透视失真和大小差异就会越大。具体说明如下所示。

❑ Fisheye 镜头：具有 180°的视野范围。

❑ Normal 镜头：具有 40°～62°的视野范围。

❑ Telephot 镜头：具有 1°～30°的视野范围。

3．裁剪面（clipping planes）

在 JavaFX 程序中，可以按照下面的方法在本地坐标系统中为镜头设置近裁剪面。

```
camera.setNearClip(double value);
```

也可以按照下面的方式在本地坐标系统中为镜头设置远裁剪面。

```
camera.setFarClip(double value);
```

设置的近或远裁剪面决定了视野的大小。如果设置的近裁剪面太大，则一般会裁剪到场景中靠前的部分。如果设置太小，则会开始裁剪场景的背面。

在下面的实例中我们构建了一个 3D 图形，并在其中构建了一个摄像机场景。

实例 21-11　**构建 3D 图形的摄像机场景**
源码路径：daima\21\Simple3DBoxApp.java

实例文件 Simple3DBoxApp.java 的主要实现代码如下所示。

```java
public class Simple3DBoxApp extends Application {
    public Parent createContent() throws
    Exception {
        //构建立方体
        Box testBox = new Box(5, 5, 5);
        //材质颜色是红色
        testBox.setMaterial(new PhongMaterial
        (Color.RED));
        testBox.setDrawMode(DrawMode.LINE);
        //设置绘制模式
        //创建一个指定位置的镜头
        PerspectiveCamera camera = new
        PerspectiveCamera(true);
```

拓展范例及视频二维码

范例 **21-11-01**：实现反射特效
效果
源码路径：**演练范例\21-11-01**
范例 **21-11-02**：实现照明特效
效果
源码路径：**演练范例\21-11-02**

```
camera.getTransforms().addAll (            //获取所有对象的平移变换
        new Rotate(-20, Rotate.Y_AXIS),    //实现Rotate的旋转变换
        new Rotate(-20, Rotate.X_AXIS),    //实现Rotate的旋转变换
        new Translate(0, 0, -15));         //实现Translate的平移变换
//创建Group对象root
Group root = new Group();
root.getChildren().add(camera);            //添加相机对象到Group中
root.getChildren().add(testBox);           //添加立方体对象到Group中

//创建一个SubScene场景对象subScene，设置场景大小
SubScene subScene = new SubScene(root, 300,300);
subScene.setFill(Color.ALICEBLUE);         //填充场景颜色
subScene.setCamera(camera);                //设置场景使用相机
Group group = new Group();                 //创建新的Group对象group中
group.getChildren().add(subScene);         //将子元素全都添加到subScene中
return group;
}
```

执行后的结果如图 21-20 所示。

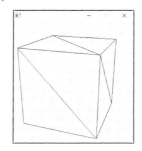

图 21-20　光照特效

21.4.4　使用子场景

在 JavaFX 程序中，子场景节点（SubScene Node）是场景图中的一种内容容器，是一种进行场景分隔的特殊节点。子场景节点可以使用不同的镜头来渲染场景的不同部分。如果希望在布局中对 3D 对象使用 Y-up 坐标系，而对 2D UI 对象使用 Y-down 坐标系，则可以使用一个子场景节点。

在 Java 程序中，下面是一些可能使用子场景的地方。

❑ 覆盖 UI 控件（需要一个静态的镜头）。

❑ 在控件之下增加背景（静态或很少更新的镜头）。

❑ "抬头"视角。

❑ 对 3D 对象使用 Y-up 坐标系并对 2D UI 使用 Y-down 坐标系。

在 JavaFX 框架中，子场景的实现类是 javafx.scene.SubScene，里面主要包含了如下所示的属性和方法。

❑ 属性 root：定义子场景图中的根节点。如果将一个 Group 组作为根节点，那么场景图中的内容将通过场景的宽度和高度来说明。默认值是 null。

❑ 属性 width：定义场景的宽度。

❑ 属性 height：定义场景的高度。

❑ 属性 fill：定义场景的背景填充色，默认值是 null。

❑ 属性 userAgentStylesheet：使用指定的 CSS 主题样式。

❑ 方法 public SubScene（Parent root,double width,double height）：创建指定根节点、宽度和高度的子场景对象实例。

❑ 方法 public SubScene（Parent root，double width，double height，boolean depthBuffer，SceneAntialiasing antiAliasing）：创建指定根节点、宽度、高度、深度缓冲、抗锯齿的子场景对象实例。

在下面的实例中，我们通过子场景实现类场景对分离，然后使用不同的镜头来渲染场景中的某一部分。一旦子场景创建完毕，就可以使用一些可用的方法来修改它，包括设置或者获取子场景的高度（height）、根节点（root node）、宽度（width）、背景填充（background fill）以及渲染子场景的镜头类型和是否在子场景中进行抗锯齿处理（anti-aliased）。

实例 21-12　**远近移动 3D 图形**

源码路径：daima\21\GXJSubScene.java

实例文件 GXJSubScene.java 的主要实现代码如下所示。

```java
public class GXJSubScene extends Application {
    private Thread thread;                  //线程变量
    private boolean isRunning = true;
    //运行标识变量
    private PerspectiveCamera camera;
    //透视相机变量
    private int speed = -1;                 //速度
    private int count = 1;                  //次数
    private int maxCount = 50;              //最大次数
    public Parent createContent() throws
    Exception {
        Box testBox = new Box(5, 5, 5);
        //创建立方体图形
        testBox.setMaterial(new PhongMaterial(Color.BLUE));    //设置材质颜色
        testBox.setDrawMode(DrawMode.FILL);                    //设置绘图模式
        //创建相机对象
        camera = new PerspectiveCamera(true);
        camera.getTransforms().addAll (                        //获取所有对象的变化
                new Rotate(-20, Rotate.Y_AXIS),                //旋转变化
                new Rotate(-20, Rotate.X_AXIS),                //旋转变化
                new Translate(0, 0, -20));                     //平移变化
        //定义Graph对象
        Group root = new Group();
        root.getChildren().add(camera);                        //添加相机到root中
        root.getChildren().add(testBox);                       //添加立方体到root中
        //定义SubScene对象创建一个指定大小的子场景
        SubScene subScene = new SubScene(root, 310,310, true, SceneAntialiasing.BALANCED);
        subScene.setFill(Color.ALICEBLUE);                     //子场景的填充颜色
        subScene.setCamera(camera);                            //子场景使用相机
        Group group = new Group();                             //创建Group对象
        group.getChildren().add(subScene);
        return group;
    }

    @Override
    public void start(Stage primaryStage) throws Exception {
        primaryStage.setResizable(false);
        Scene scene = new Scene(createContent(), 300, 300);    //创建Scene对象scene
        thread = new Thread(new Runnable() {                   //多线程处理
                @Override
                public void run() {
                        while(isRunning){
                            try {
                                Thread.sleep(10);              //动态间隔是0μs
                            } catch (InterruptedException e) {
                                e.printStackTrace();
                            }
                            Platform.runLater(new Runnable() {
                                @Override
                                public void run() {
                                    camera.getTransforms().addAll(
                                            new Translate(0, 0,speed));
                                    count++;
                                    if(count >= maxCount){
                                        speed = -speed;
                                        count = 0;
                                    }
                                }
                            });
                        }
                }
        });
```

拓展范例及视频二维码

范例 **21-12-01**：绘制条形图

源码路径：**演练范例\21-12-01**

范例 **21-12-02**：绘制动态
条形图

源码路径：**演练范例\21-12-02**

在上述代码中，通过线程对镜头中的 transform()方法进行位置变换，程序运行后循环展示移近移远的效果。执行结果如图 21-21 所示。

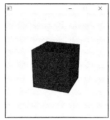

图 21-21　位置变换

21.4.5　使用光照

在 JavaFX 程序中，光照（light）在场景界面中被定义为了一个节点。如果在场景中被激活的光照集合为空，则会提供一个默认的光照。每个光照都带有一组受影响的节点集合。如果受影响的节点集合为空，那么所有在场景（或子场景）中的节点都会受到影响。如果父节点在受影响的节点集合中，则其所有的子节点也都会受到影响。

在 JavaFX 框架中，光照会与 Shape3D 对象的几何形状及其材质相互作用来提供渲染结果，目前程序中主要提供如下两种类型的光源。

❑　AmbientLight：看起来从四周照射过来的光源。

❑　PointLight：在空间具有一个固定点，并且从其自身向四周均匀放射的光源。

1．AmbientLight 光源

在 JavaFX 框架中，AmbientLight 光源的实现类是 javafx.scene.AmbientLight，里面主要包含了如下所示的方法。

❑　方法 public AmbientLight()：创建一个默认的环境光源对象实例，默认颜色是Color.WHITE。

❑　方法 public AmbientLight（Color color）：使用指定颜色创建一个环境光源对象实例。

2．PointLight 光源

在 JavaFX 框架中，PointLight 光源的实现类是 javafx.scene.PointLight，里面主要包含了如下所示的方法。

❑　方法 public PointLight()：创建一个默认的点光源对象实例，默认颜色是 Color.WHITE。

❑　方法 public PointLight（Color color）：使用指定颜色创建一个点光源对象实例。

在 JavaFX 程序中，要想创建点光源（point light）并将其添加到场景中，建议按照如下所示的步骤来实现。

（1）创建 PointLight 对象，然后设置光源颜色。例如下面的演示代码。

```
PointLight light=new PointLight();
light.setColor(Color.RED);
```

（2）将光源添加到场景图中。例如下面的演示代码。

```
Group lightGroup = new Group();
lightGroup.getChildren().add(light);
root.getChildren().add(lightGroup);
```

（3）旋转操作光源。例如下面的演示代码将光源旋转 45°。

```
light.rotate(45);
```

（4）移动 lightGroup 并且使光源随之移动。在下面的演示代码中，使用 setTranslateZ()方法设置了属性 translateZ 的值，此处设置为了−75。这个值将会添加到任何由 ObservableList 和 layoutZ 方法所定义的变换之上。

```
lightGroup.setTranslateZ(-75);
```

21.4.6 使用材质

在 JavaFX 框架中，类 javafx.scene.paint.Material 包含了一系列的渲染属性，以实现 3D 应用中的材质功能。类 PhongMaterial 是 Material 的一个子类，JavaFX 的材质功能主要通过这个子类来实现。在 JavaFX 框架中，类 Material 的层级结构如下所示。

```
java.lang.Object
    javafx.scene.paint.Material (抽象类)
        javafx.scene.paint.PhongMaterial
```

在类 javafx.scene.paint.PhongMaterial 中主要包含了如下所示的属性和方法。

❑ diffuseColor：漫反射颜色。

❑ diffuseMap：漫反射贴图。

❑ specularMap：高光贴图。

❑ specularColor：高光颜色。

❑ bumpMap：凹凸贴图。这是一个正常存储为 RGB 图像的贴图。

❑ normalMap：常规贴图。

❑ selfIlluminationMap：自发光贴图。

❑ 方法 public PhongMaterial()：创建一个默认颜色是 Color.WHITE 的 PhongMaterial 对象实例。

❑ 方法 public PhongMaterial（Color diffuseColor）：使用指定颜色创建一个 PhongMaterial 对象实例。

❑ 方法 public PhongMaterial（Color diffuseColor，Image diffuseMap，Image specularMap，Image bumpMap，Image selfIlluminationMap）：使用指定颜色和材质属性创建一个 PhongMaterial 对象实例。

下面的实例代码演示了联合使用材质、光照、子场景和 3D 形状的过程。

实例 21-13 联合使用材质、光照、子场景和 3D 形状
源码路径：daima\21\MSAAApp.java

实例文件 MSAAApp.java 的主要实现代码如下所示。

```
public void start(Stage stage) {
//验证当前平台是否支持3D功能
    if (!Platform.isSupported(ConditionalFeature.SCENE3D)) {
        throw new RuntimeException("*** 出错了,不支持3D! ");//不支持3D功能时输出的提示
    }
    stage.setTitle("JavaFX实战");                          //设置显示的标题
    Group root = new Group();                             //创建组对象root
    Scene scene = new Scene(root, 900, 600);              //创建Scene对象scene
    scene.setFill(Color.color(0.2, 0.2, 0.2, 1.0));       //设置scene对象的填充颜色
    //设置scene对象的填充颜色

    HBox hbox = new HBox();//水平布局
    hbox.setLayoutX(35);        //水平布局的x坐标
    hbox.setLayoutY(100);       //水平布局的y坐标
    //创建指定颜色的材质对象phongMaterial
    PhongMaterial phongMaterial = new
    PhongMaterial(Color.color(1.0, 0.7, 0.8));
     Cylinder cylinder1 = new Cylinder
     (100, 200);       //创建圆柱体对象cylinder1
    cylinder1.setMaterial(phongMaterial);
    //将材质对象phongMaterial应用给圆柱体cylinder1
    SubScene noMsaa = createSubScene("抗锯齿关闭", cylinder1,
            Color.TRANSPARENT,
            new PerspectiveCamera(), false);             //抗锯齿关闭
    hbox.getChildren().add(noMsaa);

    Cylinder cylinder2 = new Cylinder(100, 200);         //创建圆柱体对象cylinder2
```

拓展范例及视频二维码

范例 21-13-01：StackedBarChart 演示

源码路径：演练范例\21-13-01\

范例 21-13-02：绘制基本
散点图

源码路径：演练范例\21-13-02\

```
        cylinder2.setMaterial(phongMaterial);//将材质对象phongMaterial应用给圆柱体cylinder2
        SubScene msaa = createSubScene("抗锯齿打开", cylinder2,
                Color.TRANSPARENT,                            //抗锯齿打开
                new PerspectiveCamera(), true);
        hbox.getChildren().add(msaa);

        Slider slider = new Slider(0, 360, 0);                //创建滑动条对象slider
        slider.setBlockIncrement(1);                          //滑动条值增加/递减
        slider.setTranslateX(425);                            //滑动水平移动变换
        slider.setTranslateY(425);                            //滑动垂直移动变换
        cylinder1.rotateProperty().bind(slider.valueProperty()); //滑动条值绑定圆柱体cylinder1
        cylinder2.rotateProperty().bind(slider.valueProperty()); //滑动条值绑定圆柱体cylinder2
        root.getChildren().addAll(hbox, slider);
        stage.setScene(scene);
        stage.show();
    }

    private static Parent setTitle(String str) {
        final VBox vbox = new VBox();                         //垂直布局对象vbox
        final Text text = new Text(str);                      //文本对象
        text.setFont(Font.font("Times New Roman", 24));       //文本字体和大小
        text.setFill(Color.WHEAT);                            //文本颜色
        vbox.getChildren().add(text);
        return vbox;
    }

    private static SubScene createSubScene(String title, Node node,
            Paint fillPaint, Camera camera, boolean msaa) {
        Group root = new Group();                             //创建组对象root
        //创建PointLight光源对象light，设置颜色是白色
        PointLight light = new PointLight(Color.WHITE);
        light.setTranslateX(50);                              //设置light的x轴平移变换
        light.setTranslateY(-300);                            //设置light的y轴平移变换
        light.setTranslateZ(-400);                            //设置light的z轴平移变换
        //创建PointLight光源对象light2，设置指定颜色
        PointLight light2 = new PointLight(Color.color(0.6, 0.3, 0.4));
        light2.setTranslateX(400);                            //设置light2的x轴平移变换
        light2.setTranslateY(0);                              //设置light2的y轴平移变换
        light2.setTranslateZ(-400);                           //设置light2的z轴平移变换
        //创建AmbientLight光源对象ambientLight，设置指定颜色
        AmbientLight ambientLight = new AmbientLight(Color.color(0.2, 0.2, 0.2));
        node.setRotationAxis(new Point3D(2, 1, 0).normalize());
        node.setTranslateX(180);                              //设置ambientLight的x轴平移变换
        node.setTranslateY(180);                              //设置ambientLight的y轴平移变换
        root.getChildren().addAll(setTitle(title), ambientLight,
                                  light, light2, node);
        //创建指定大小的子场景对象subScene
        SubScene subScene = new SubScene(root, 500, 400, true,
                msaa ? SceneAntialiasing.BALANCED : SceneAntialiasing.DISABLED);
        subScene.setFill(fillPaint);                          //子场景填充
        subScene.setCamera(camera);                           //子场景相机

        return subScene;
    }
```

执行后的结果如图 21-22 所示。

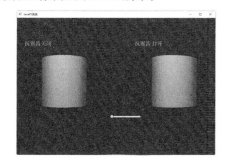
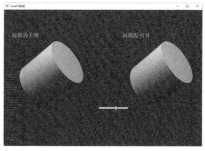

图 21-22　执行结果

21.5　音频和视频

随着网络多媒体需求的快速增长，音频和视频成为互联网应用中不可或缺的一部分。在 JavaFX 框架中，通过内置接口可以在桌面窗口或者支持平台的网页中创建具有回播放功能的音频和视频应用程序。本节将详细讲解在 JavaFX 框架中实现音频或视频等多媒体程序的知识。

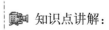 知识点讲解：

21.5.1　使用 Media 获取获得媒体源

在 JavaFX 框架中，通过类 javafx.scene.media.Media 来获取媒体资源，它包括音频资源和视频资源。类 Media 中包含的常用属性和方法如下所示。

- ❑ 属性 error：设置媒体源的异常信息值。如果它为非空，则无法加载媒体。
- ❑ 属性 onError：表示错误发生时调用的事件处理程序。
- ❑ 属性 width：表示源视频以像素为单位的宽度。
- ❑ 属性 height：表示源视频以像素为单位的高度。
- ❑ 属性 duration：表示源媒体以秒为单位的持续播放时间。
- ❑ 方法 public Media（java.lang.String source）：构建一个指定地址的媒体源对象，参数 source 表示媒体源的地址。这个媒体源的 source 地址必须是一个有效的 URI，并且是不可变的。它只支持 HTTP、文件和 JAR URL 格式。如果提供的 URL 无效，则将引发异常。如果发生异步错误，则将设置错误属性 error。

21.5.2　使用 MediaPlayer 播放并控制媒体

在 JavaFX 框架中，通过类 javafx.scene.media.MediaPlayer 可以播放并控制媒体资源，它包括音频资源和视频资源。类 MediaPlayer 中包含的常用属性和方法如下所示。

- ❑ 属性 error：检测错误信息，有错误发生则抛出异常。
- ❑ 属性 onError：表示错误发生时调用的事件处理程序。
- ❑ 属性 autoPlay：设置一个播放操作是否自动开始。
- ❑ 属性 rate：设置媒体资源的播放速率。若设置为 1.0 则表示正常速率，设置为 2.0 表示两倍播放速率。其取值范围是 0.0～8.0，默认值是 1.0。
- ❑ 属性 currentRate：当前媒体资源的播放速率。
- ❑ 属性 volume：播放音频的音量。
- ❑ 属性 balance：音频输出时的平衡值（左右拖动来设置）。取值范围是 −1.0 到 +1.0。−1.0 表示全左，0 表示中心，+1.0 表示全右。默认值是 0。
- ❑ 属性 startTime：开始播放时间。表示媒体开始播放时的时间偏移，或在重复播放时重新启动。当停止播放时，当前时间将重置此值。如果这个值是正的，那么第一次播放的媒体可能在播放前会有一个延迟，除非播放位置可设为任意时间内的媒体。取值范围是 $0 \leqslant startTime < stopTime$。
- ❑ 属性 stopTime：停止播放时间，表示媒体停止播放或重新启动时的时间偏移。取值范围是 $startTime < stopTime \leqslant Media.duration$。
- ❑ 属性 cycleDuration：播放过程的开始时间和停止时间之间的持续时间。
- ❑ 属性 totalDuration：总播放时间。如果一直允许播放，则直到播放完成为止。
- ❑ 属性 currentTime：当前媒体的播放时间。

- ❑ 属性 status：当前媒体播放器的状态。
- ❑ 属性 bufferProgressTime：设置在缓冲区中可以缓存多少媒体播放资源。
- ❑ 属性 cycleCount：指定媒体播放的次数。
- ❑ 属性 currentCount：已经完成的循环重放数。
- ❑ 属性 mute：指定音频是否禁音。
- ❑ 属性 onReady：播放动作准备就绪时触发事件处理程序。
- ❑ 属性 onPlaying：播放时触发事件处理程序。
- ❑ 属性 onStopped：播放停止时触发事件处理程序。
- ❑ 属性 onRepeat：重复播放时触发事件处理程序。
- ❑ 方法 public MediaPlayer（Media media）：创建一个指定媒体资源的播放器对象。
- ❑ 方法 public void play()：播放媒体资源。
- ❑ 方法 public void pause()：暂停播放媒体资源。
- ❑ 方法 public void stop()：将播放器定位到一个新的重新播放时间点。

21.5.3 使用 MediaView 显示视频

在 JavaFX 框架中，通过类 javafx.scene.media.MediaView 可以显示视频。类 MediaView 是类 Node 的子类，提供了 MediaPlayer 播放的 Media 视图。类 MediaPlayer 中包含的常用属性和方法如下所示。

- ❑ 属性 onError：有错误发生时触发事件处理程序。
- ❑ 属性 mediaPlayer：为媒体视图设置一个媒体播放器。
- ❑ 属性 smooth：设置是否使用有更好分辨率的媒体资源效果。
- ❑ 属性 x：指定媒体视图当前的 x 坐标。
- ❑ 属性 y：指定媒体视图当前的 y 坐标。
- ❑ 属性 fitWidth：为媒体设置一个适合的视图宽度。
- ❑ 属性 fitHeight：为媒体设置一个适合的视图高度。
- ❑ 属性 viewport：指定媒体框架中的矩形视口（又称为视觉窗口或显示区域）。视口是在媒体框架坐标中指定的矩形，在缩放之前产生的边界是视口的大小。
- ❑ 构造方法 public MediaView()：构建一个空的媒体视图。
- ❑ 方法 public MediaView（MediaPlayer mediaPlayer）：构建一个具有指定媒体播放器的媒体视图。

21.5.4 控制播放的视频演练

下面的实例在一个视图中播放一个指定的视频。在播放过程中可以使用播放和暂停按钮来播放或暂停视频，使用重播按钮来重新播放视频，使用滑动条来控制音量。

实例 21-14 控制播放指定的视频文件
源码路径：daima\21\MediaDemo.java

实例文件 MediaDemo.java 的主要实现代码如下所示。

```
public class MediaDemo extends Application {
①    private static final String MEDIA_URL =
②        "http://clips.vorwaerts-gmbh.de/big_buck_bunny.mp4";

  @Override
  public void start(Stage primaryStage) {
③        Media media = new Media(MEDIA_URL);
④        MediaPlayer mediaPlayer = new MediaPlayer(media);
⑤        MediaView mediaView = new MediaView(mediaPlayer);
```

```
⑥        Button playButton = new Button(">");
         playButton.setOnAction(e -> {
            if (playButton.getText().equals(">")) {
               mediaPlayer.play();
               playButton.setText("||");
            } else {
            mediaPlayer.pause();
            playButton.setText(">");
         }
⑦        });

⑧        Button rewindButton = new Button("<<");
⑨        rewindButton.setOnAction(e -> mediaPlayer.seek(Duration.ZERO));

⑩        Slider slVolume = new Slider();
         slVolume.setPrefWidth(150);
         slVolume.setMaxWidth(Region.USE_PREF_SIZE);
         slVolume.setMinWidth(30);
         slVolume.setValue(50);
⑪         mediaPlayer.volumeProperty().bind(
⑫           slVolume.valueProperty().divide(100));

⑬        HBox hBox = new HBox(10);
         hBox.setAlignment(Pos.CENTER);
         hBox.getChildren().addAll(playButton, rewindButton,
⑭           new Label("声音"), slVolume);

         BorderPane pane = new BorderPane();
⑮        pane.setCenter(mediaView);
⑯        pane.setBottom(hBox);

         //创建指定大小的scene对象，并将其放在stage中
         Scene scene = new Scene(pane, 650, 500);
         primaryStage.setTitle("MediaDemo实战");      //设置stage的显示标题
         primaryStage.setScene(scene);                //将scene放到stage中
         primaryStage.show();                         //显示stage
      }
```

拓展范例及视频二维码

范例 **21-14-01**：内嵌多媒体
　　　　　　播放器

源码路径：**演练范例\21-14-01**

范例 **21-14-02**：开发一个
　　　　　　播放器

源码路径：**演练范例\21-14-02**

在行①②中，设置一个指定 URL 地址的 MP4 视频作为媒体源。

在行③中，根据行②中的 URL 创建一个 Media 对象。

在行④中，利用 Media 对象创建一个 MediaPlayer 对象。

在行⑤中，利用 MediaPlayer 对象创建一个 MediaView。行③④⑤中的 3 个对象之间的关系如图 21-23 所示。一个 Media 对象支持实时流媒体，本实例将播放这个远程媒体文件。一个 Media 对象可以由多个媒体播放器共享，并且不同的视图可以使用同一个 MediaPlayer 对象。

图 21-23　③④⑤这 3 个对象之间的关系

在行⑥⑦中，创建一个播放按钮，用于实现播放或暂停播放视频的功能。如果当前按钮显示的是>，单击后则显示为||，并且播放视频。如果当前按钮显示的是||，则单击此按钮后将显示为>，并且暂停播放视频。

在行⑧中，创建一个重播按钮。

在行⑨中，调用 seek（Duration.ZERO）方法重设再次播放时间到媒体流的开始位置。

在行⑩中，创建一个滑动条以设置音量大小。

在行⑪ ⑫中，将当前媒体播放器的音量属性绑定到滑动条上。

在行⑬ ⑭中，将按钮和滑动条放在一个 HBox 中。

在行⑮中，将媒体视图放在边框面板的中央。

在行⑯中，将 HBox 放置在边框面板的底部。

本实例的执行结果如图 21-24 所示，可以通过按钮来控制视频的播放和暂停，通过滑动条控制音量的大小。

图 21-24 执行结果

21.6 CSS API（Java 9 新增功能）

20.5 节已经讲解了在 JavaFX 中使用 CSS 设置样式的方法。因为 CSS 的强大功能，特别是在大型项目中可以统一设置某类元素样式的特性，所以在 Java 9 中对 CSS 功能进行了升级。为了更好地利用 CSS 设置 JavaFX 程序的样式

知识点讲解：

（skin），在 Java 9 中通过 javafx.scene.control.skin 来使用 CSS 功能，在 javafx.scene.control.skin 中为各个 JavaFX 元素提供了默认的 CSS 样式文件。本节将详细讲解在 Java 9 程序中使用 CSS 样式的知识。

21.6.1 使用传统方式

在 Java 9 程序中，可以继续调用 Java 8 中的方法来使用 CSS 功能。下面的实例使用 CSS 样式实现一个手机拨号键盘的效果，这是用 Java 8 方式实现的。

实例 21-15 使用 CSS 样式实现一个手机拨号键盘效果
源码路径：daima\21\StyleButtons.java

首先编写 CSS 样式文件 mobile_buttons.css，然后编写 Java 程序文件 StyleButtons.java，通过方法 getStylesheets()调用 CSS 文件 mobile_buttons.css，主要实现代码如下所示。

```java
public class StyleButtons extends Application {
    @Override
    public void start(Stage primaryStage) {
//新建BorderPane对象root，它表示整个拨号界面
    BorderPane root = new BorderPane();
    Scene scene = new Scene(root,180,270);
//定义Scene对象scene，设置窗体大小
//通过方法getStylesheets()调用CSS文件
//mobile_buttons.css
    scene.getStylesheets()
        .add(getClass().getResource
        ("mobile_buttons.css")
                    .toExternalForm());
//定义String类型数组keys，它分别存储拨号键盘中的12个按钮元素
    String[] keys = {"1", "2", "3",
                     "4", "5", "6",
                     "7", "8", "9",
                     "*", "0", "#"};
    GridPane numPad = new GridPane();         //创建GridPane对象实现手机九宫格效果
    numPad.getStyleClass().add("num-pad");    //调用CSS文件中的"num-pad"样式
//使用for循环，将数组keys中存储的12个按钮元素添加到拨号界面中
    for (int i=0; i < 12; i++) {
        Button button = new Button(keys[i]);
```

拓展范例及视频二维码

范例 21-15-01：绘制饼形图

源码路径：**演练范例\21-15-01**

范例 21-15-02：处理饼形图

事件

源码路径：**演练范例\21-15-02**

```
                    button.getStyleClass().add("num-button");//调用CSS文件中的"um-button"样式
                    numPad.add(button, i % 3, (int) Math.ceil(i/3) );
            }
            //拨号按钮
            Button call = new Button("拨号");                    //创建"拨号"按钮
            call.setId("call-button");
            call.setMaxSize(Double.MAX_VALUE, Double.MAX_VALUE);
            numPad.add(call, 0, 4);
            GridPane.setColumnSpan(call, 3);

            GridPane.setHgrow(call, Priority.ALWAYS);
            root.setCenter(numPad);
            primaryStage.setScene(scene);
            primaryStage.show();
    }
```

执行本实例后的结果如图 21-25 所示。

图 21-25　执行结果

21.6.2　使用 Skin API

在 Java 9 中，javafx.scene.control.skin 几乎为每个 JavaFx 控件提供了对应的皮肤类。截至
Java 9 正式版发布时，javafx.scene.control.skin 为如下所示的 JavaFx 控件提供了皮肤类。

- ❑ AccordionSkin
- ❑ ButtonBarSkin
- ❑ ButtonSkin
- ❑ CellSkinBase
- ❑ CheckBoxSkin
- ❑ ChoiceBoxSkin
- ❑ ColorPickerSkin
- ❑ ComboBoxBaseSkin
- ❑ ComboBoxListViewSkin
- ❑ ComboBoxPopupControl
- ❑ ContextMenuSkin
- ❑ DateCellSkin
- ❑ DatePickerSkin
- ❑ HyperlinkSkin
- ❑ LabelSkin
- ❑ LabeledSkinBase
- ❑ ListCellSkin
- ❑ ListViewSkin
- ❑ MenuBarSkin

- ❏ MenuButtonSkin
- ❏ MenuButtonSkinBase
- ❏ NestedTableColumnHeader
- ❏ PaginationSkin
- ❏ ProgressBarSkin
- ❏ ProgressIndicatorSkin
- ❏ RadioButtonSkin
- ❏ ScrollBarSkin
- ❏ ScrollPaneSkin
- ❏ SeparatorSkin
- ❏ SliderSkin
- ❏ SpinnerSkin
- ❏ SplitMenuButtonSkin
- ❏ SplitPaneSkin
- ❏ TabPaneSkin
- ❏ TableCellSkin
- ❏ TableCellSkinBase
- ❏ TableColumnHeader
- ❏ TableHeaderRow
- ❏ TableRowSkin
- ❏ TableRowSkinBase
- ❏ TableViewSkin
- ❏ TableViewSkinBase
- ❏ TextAreaSkin
- ❏ TextFieldSkin
- ❏ TextInputControlSkin
- ❏ TitledPaneSkin
- ❏ ToggleButtonSkin
- ❏ ToolBarSkin
- ❏ TooltipSkin
- ❏ TreeCellSkin
- ❏ TreeTableCellSkin
- ❏ TreeTableRowSkin
- ❏ TreeTableViewSkin
- ❏ TreeViewSkin
- ❏ VirtualContainerBase
- ❏ VirtualFlow

上述各个皮肤类的名字和 JavaFX 中的常用控件名字一一对应，具体各个类包含的方法和接口信息请读者参阅官方文档。

在下面的实例中，我们使用 Skin API 实现指定样式的按钮。

实例 21-16	实现指定样式的按钮效果
	源码路径：daima\21\csspseudoclass

首先编写 CSS 样式文件 csspseudoclass.css，然后编写 Java 程序文件 Demo.java 来监听用户，单击窗体中的转换按钮来调用样式文件中的样式，主要实现代码如下所示。

```java
public class Demo extends Application {
    private MyCtrl        myCtrl;
    private ToggleButton buttonInteractive;

    @Override public void init() {
        myCtrl = new MyCtrl();
        buttonInteractive=new ToggleButton("转换? ");
        registerListeners();
    }

    private void registerListeners() {
    //监听按钮单击事件处理程序
        buttonInteractive.setOnAction(actionEvent -> {
            myCtrl.setInteractive(!myCtrl.isInteractive());
            buttonInteractive.setText("转换: " + (myCtrl.isInteractive() ? "是" : "否"));
        });
    }
    @Override public void start(Stage stage) throws Exception {
        VBox pane = new VBox();
        pane.setPadding(new Insets(10, 10, 10, 10));
        pane.setAlignment(Pos.CENTER);
        pane.setSpacing(10);
        pane.getChildren().addAll(myCtrl, buttonInteractive);
        VBox.setMargin(myCtrl, new Insets(10, 10, 10, 10));
        Scene scene = new Scene(pane);
        stage.setTitle("CSS样式");
        stage.setScene(scene);
        stage.show();
    }
}
```

拓展范例及视频二维码

范例 21-16-01：绘制区域图
源码路径：演练范例\21-16-01\
范例 21-16-02：创建区域图
源码路径：演练范例\21-16-02\

本实例执行后的结果如图 21-26 所示。

图 21-26　执行结果

21.7　技 术 解 惑

21.7.1　注册一个事件处理程序

如果在事件冒泡阶段处理事件，那么对应节点必须要注册一个事件处理程序。事件处理程序是 EventHandler 接口的实现。当对应节点接收到与 EventHandler 相关联的特定事件时，该接口的 handle()方法提供了需要执行的代码。

可以使用 addEventHandler()方法注册处理程序。该方法接收事件类型和事件处理程序实例作为参数。例如在下面的代码中，第一个事件处理程序添加到了一个节点之上，并处理一种特定的事件类型。第二个事件处理程序定义为处理输入事件，并注册到两个不同的节点之上。同一个事件处理程序也可注册监听两种不同类型的事件。

```
//为一个节点和指定的事件类型注册了一个事件处理程序
node.addEventHandler(DragEvent.DRAG_ENTERED,
                     new EventHandler<DragEvent>() {
                         public void handle(DragEvent) { ... };
                     });
//定义一个事件处理程序
EventHandler handler = new EventHandler(<InputEvent>() {
    public void handle(InputEvent event) {
        System.out.println("Handling event " + event.getEventType());
        event.consume();
    }
//将同一个事件处理程序注册到两个不同的节点
myNode1.addEventHandler(DragEvent.DRAG_EXITED, handler);
myNode2.addEventHandler(DragEvent.DRAG_EXITED, handler);
//将Event Handler注册给不同的事件类型
myNode1.addEventHandler(MouseEvent.MOUSE_DRAGGED, handler);
```

需要注意的是，为某一种类型事件定义的事件处理程序也同样可用于该事件类型的任何子类型事件。

21.7.2　注意场景背景图的问题

场景背景图往往是不透明的颜色。如果它作为底层输入，则 SRC_ATOP（取下层非交集部分与上层交集部分进行渲染）模式会渲染在一个完全不透明的源上，这样它就不会有任何效果。这种情况下，SRC_ATOP 模式等同于 SRC_OVER（正常绘制显示或上下层绘制叠盖）模式。

21.7.3　*y*-down 坐标系和 *y*-up 坐标系

在大多数 2D 图形坐标系统（包括 UI）中，*y* 轴坐标值会沿着屏幕向下的方向增加，包括 PhotoShop、JavaFX 和 Illustrator 都是这样的。一般来说，大多数的 2D 图形库都是以这种方式工作的。而在很多 3D 图形坐标系统中，*y* 轴坐标值是沿着屏幕向上的方向增加的。虽然也有一些 3D 图形坐标系统沿屏幕向上方向增加的是 *z* 轴坐标值，但是大多数沿着屏幕向上方向增加的都是 *y* 轴坐标值。

y-down 和 *y*-up 坐标系在各自的上下文中都是正确的。在 JavaFX 中，镜头的坐标系是 *y*-down 类型的，也就是说 *x* 坐标轴指向右，*y* 坐标轴指向下，*z* 坐标轴指向远离观察者方向或指向屏幕里面。如果希望 3D 场景是 *y*-up 类型的，那么可以在 root 之下创建一个 Xform Node，这称为 root3D。如下面的演示代码所示，可以将其 rx.setAngle 属性设置为 180°，也就是将其翻转。然后将 3D 元素添加到 root3D Node 中，并且将镜头放到 root3D 之下。

```
root3D = new Xform();
root3D.rx.setAngle(180.0);
root.getChildren().add(root3D);
root3D.getChildren().add(...); //将你所有的3D节点添加到这里
```

21.8　课后练习

（1）编写一个 JavaFX 程序，使用按钮控制窗体中文本的左右移动，也可以控制文本的显示颜色。

（2）编写一个 JavaFX 程序，通过按钮控制窗体中 3 个圆形的颜色，实现模拟信号灯效果。

（3）编写一个 JavaFX 程序，在窗体中实现英里和千米的转换。

（4）编写一个 JavaFX 程序，在窗体中模拟风扇转动的动画效果，并且可以通过按钮控制风扇的转动和停止。

（5）编写一个 JavaFX 程序，在窗体中模拟秒表效果，并且可以通过按钮控制控制秒表的暂停、启动和清空。

（6）编写一个 JavaFX 程序，在窗体中模拟 4 辆赛车比赛的效果，并且可以设置每辆车的速度。

（7）编写一个 JavaFX 程序，在窗体中实现一个简单的万年历效果。

第 22 章

数据库编程

　　数据库技术是现代软件技术的重要组成部分之一，通过数据库可以存储海量的数据。增减、修改数据库中的数据可以实现软件的交互功能，因为软件显示的内容是从数据库中读取的。由此可见，数据库在软件实现过程中是一个中间媒介的作用。本章将介绍数据库方面的基本知识。

22.1 SQL 基础

SQL 是一种结构化查询语言，1986 年 10 月美国国家标准局确立了 SQL 标准，1987 年国际标准化组织也通过了这一标准。自此，SQL 成为了数据库领域的国际标准语言。因此，各个数据库厂家纷纷推出支持 SQL 的软件或接口软件。

知识点讲解：

SQL 作为一种国际标准，对数据库以外的领域也产生了很大的影响，有不少软件产品将 SQL 语言的数据查询功能与图形功能、软件工程工具、软件开发工具、人工智能程序结合起来。SQL 已经成为了关系数据库领域中的一个主流语言。

SQL 语言主要具有如下 3 个功能。

❑ 数据定义
❑ 数据操纵
❑ 视图

下面，我们将对 SQL 基本功能的具体实现进行简要介绍。

22.1.1 数据定义

因为关系数据库是由概念模式（也叫逻辑模式）、外模式和内模式构成的，所以关系数据库的基本操作对象是表、视图和索引。因此 SQL 的数据定义功能包括定义表、定义视图和定义索引。

1. 数据库操作

数据库是一个存储多个基本表的数据集，我们可以使用 SQL 的创建语句来创建它，其语法格式如下。

```
CREATE DATABASE <数据库名>〔其他参数〕；
```

其中，在同一个数据库系统中<数据库名>必须是唯一的，不能重复，不然将导致数据存取失败。〔其他参数〕因具体数据库系统不同而不同。

例如，我们可以使用下面的语句建立一个名为"manage"的数据库。

```
CREATE DATABASE manage ◄——————— 数据库名
```

我们也可以将数据库及其全部内容从系统中删除，其语法格式如下所示。

```
DROP DATABASE <数据库名>
```

例如，通过如下语句删除上面创建的数据库"manage"。

```
DROP DATABASE manage；
```

2. 表操作

表是数据库中最重要的组成部分，人们通过数据库表可以存储大量的网站数据。数据库表的操作主要涉及如下 3 个方面。

（1）创建表。

SQL 语言使用 CREATE TABLE 语句定义基本表，其具体的语法格式如下所示。

```
CREATE TABLE <表名>；
```

例如，要创建一个职工表 ZHIGONG，它由职工编号 id、姓名 name、性别 sex、年龄 age 和部门 Dept 5 个属性组成。其主要实现代码如下所示。

```
CREATE TABLE ZHIGONG
(id CHAR(5),
Name CHAR(20),
Sex CHAR(1),
Age INT,
Dept CHAR(15));
```

上述代码中的 CHAR()和 INT 表示的都是表属性的数据类型。

（2）修改表。

随着应用环境和应用需求的变化，有时会需要修改已经建立好的表。其具体的语法格式如下所示。

```
ALTER TABLE<表名>
[ADD<新列名><数据类型>[完整性约束]]
[DROP<完整性约束名>]
[MODIFY<列名><数据类型>];
```

其中，<表名>是指要修改的表，ADD 子句实现的是向表内添加新列和新的完整性约束条件，DROP 子句删除指定的完整性约束条件，MODIFY 子句修改原有的列定义。

例如，下面的语句向 ZHIGONG 表中增加了"工作时间"列，并设置数据类型为日期型。

```
ALTER TABLE ZHIGONG ADD shijian DATE;
```

（3）删除表。

可以使用 SQL 语句中的 DROP TABLE 删除某个不需要的表。其具体的语法格式如下所示。

```
DROP TABLE<表名>;
```

例如，使用如下语句可以删除表 ZHIGONG

```
DROP TABLE ZHIGONG;
```

❀　注意：在使用 DROP TABLE 命令时一定要小心，一旦删除一个表之后，你将无法恢复它。在建设一个站点时，很可能需要向数据库输入测试数据。而这个站点退出时，需要清空表中的这些测试信息。如果你想清除表中的所有数据但不删除这个表，那么就可以使用 TRUNCATE TABLE 语句。例如，我们可以用如下代码从表 ZHIGONG 中删除所有数据。

```
TRUNCATE TABLE mytable
```

3．索引操作

建立索引是加快表的查询速度的有效手段。读者可以根据个人需要在基本表上建立一个或多个索引，从而提高系统的查询效率。建立和删除索引是由数据库管理员或表的属主负责完成的。

（1）建立索引。

在数据库中建立索引的语法格式如下所示。

```
CREATE [UNIQUE|FULLTEXT|SPATIAL] INDEX index_name
    [USING index_type]
    ON tbl_name (index_col_name,...)
index_col_name:
    col_name [(length)] [ASC | DESC]
```

CREATE INDEX 会映射到 ALTER TABLE 语句上，用于创建索引。通常，当使用 CREATE TABLE 创建表时，也会在表中创建所有的索引，CREATE INDEX 允许向已有的表中添加索引。

例如，通过如下语句为表 ZHIGONG 建立索引，并按照职工号升序和姓名降序建立唯一索引。

```
CREATE UNIQUE index  NO-Index ON ZHIGONG(ID ASC, NAME DESC);
```

（2）删除索引。

通过 DROP 子句可以删除已经创建的索引，具体语法格式如下所示。

```
DROP INDEX<索引名>
```

22.1.2　数据操纵

SQL 的数据操纵功能包括 SELECT、INSERT、DELETE 和 UPDATE 共 4 个语句，即检索查询和更新两部分功能。下面，将分别介绍上述功能的实现。

1．SQL 查询语句

SQL 是结构化查询语言，其主要功能是同各种数据库建立联系。查询指的是对存储于 SQL 中的数据请求。查询要完成的任务是将 SELECT 语句的结果集提供给用户。SELECT 语句从 SQL 中检索出数据，然后以一个或多个结果集的形式返回给用户。

SELECT 查询的基本语法结构如下所示。

```
SELECT[predicate]{*|table.*|[table.]]field [,[table.]field2[,...]}
[AS alias1 [,alias2[,...]]]
[INTO new_table_name]
FROM tableexpression [, ...]
[WHERE...]
[GROUP BY...]
[ORDER BY...][ASC | DESC] ]
```

接下来，具体说明一下上述语法。

❑ predicate：指定返回记录（行）的数量，可选值有 ALL 和 TOP。

❑ *：指定表中所有字段（列）。

❑ table：指定表的名称。

❑ field：指定表中字段（列）的名称。

❑ [AS alias]：是表中实际字段（列）名称的化名。

❑ [INTO new_table_name]：创建新表及名称。

❑ tableexpression：表的名称。

❑ [GROUP BY...]：表示以该字段的值进行分组。

❑ [ORDER BY...]：表示升序排列，降序选 DESC。

使用下面的代码可以获取表 ZHIGONG 内的所有职工信息。

```
SELECT *
FROM ZHIGONG;
```

通过如下代码可以获取表 ZHIGONG 内的部分职工信息。

```
SELECT id,name
FROM ZHIGONG;
```

上述代码只获取了职工表中职工编号和姓名信息。

我们使用下面的代码可以获取表 ZHIGONG 中 name 值为"红红"的信息。

```
SELECT *
FROM ZHIGONG
WHERE name="红红";
```

上述代码获取职工表中姓名为"红红"的职工信息。

我们也可以用下面的代码来获取表 users 内 age 值大于 30 的信息。

```
SELECT *
FROM users
WHERE age>30
```

2．SQL 更新语句

SQL 的更新语句包括修改、删除和插入 3 类子句，接下来将分别介绍它们。

（1）修改。

SQL 语句中修改的语法格式如下所示。

```
UPDATE<表名> SET <列名> = <新列名>
WHERE <表达式>
```

例如，通过如下代码可以将表 ZHIGONG 内名为"红红"的职工年龄修改为 50。

```
UPDATE ZHIGONG SET AGE = '50'
WHERE Name = '红红'
```

同样，用 UPDATE 语句可以同时更新多个字段，例如，如下代码将表 ZHIGONG 内名为"红红"的职工年龄修改为 50，所属部门修改为"化学"。

```
UPDATE ZHIGONG SET AGE = '50',DPT='化学'
WHERE Name = '红红'
```

（2）删除。

SQL 语句中删除的语法格式如下所示。

```
DELETE
FROM <表名>
WHERE <表达式>
```

例如，通过如下代码可以将表 ZHIGONG 内名为"红红"的职工信息删除。

```
DELETE ZHIGONG WHERE Name = '红红'
```

（3）插入。

SQL 语句中插入新表的语法格式如下所示。

```
INSERT INTO <表名>
VALUES (value1, value2,....)
```

在指定字段上插入一行数据的语法格式如下所示。

```
INSERT INTO <表名> (column1, column2,...)
VALUES (value1, value2,....)
```

例如，通过如下代码可以向表 ZHIGONG 内插入名为"红红"、年龄为"20"的职工信息。

```
INSERT INTO ZHIGONG (tName, AGE)
VALUES ('红红', '20')
here .....
```

❀ 注意：SQL 语言是数据库技术的核心要素之一，几乎所有的数据库操作都是基于 SQL 的。数据的添加、删除和修改等操作都需要使用 SQL 来实现。本书篇幅所限，只对 SQL 的基础知识进行了介绍。如果想要更深入了解应用知识，那么可以上网搜索，例如查找关键字"SQL 语法"或"SQL 用法"，即可获得详细的信息。另外也可以参考相关图书，了解 SQL 更高级的用法。

22.2　初识 JDBC

JDBC 是 Java 程序员用来连接数据库的一个主要工具，没有这个工具，在用 Java 开发程序时要想连接数据库就会相当麻烦，麻烦到几乎不可能完成的程度。本节将简要介绍 JDBC 的基本知识。

 知识点讲解：

22.2.1　JDBC API

JDBC 是一组抽象层次较低的接口，也就是说，它会直接调用 SQL 命令。在这方面它的功能极佳，数据库连接 API 易于使用，同时它也被设计为基础接口，以便在它之上进一步建立抽象层次更高的接口和工具。这些高级接口是"对用户友好的"接口，它们使用的是一种更易理解和更为方便的 API，这种 API 在幕后转换为 JDBC 等低级接口。

在关系数据库的"对象/关系"映射中，表中的每行对应于类的一个实例，而每列对应于该实例的一个属性。于是，程序员可直接对 Java 对象进行操作，存取数据所需的 SQL 调用将在"掩盖下"自动生成。此外还可提供更复杂的映射，例如将多个表中的行结合到一个 Java 类中。

随着人们对 JDBC 的兴趣提高，越来越多的开发人员使用基于 JDBC 的工具，以使程序的编写更加容易。程序员也一直在力图编写使最终用户对数据库的访问变得更为简单的应用程序。例如应用程序可提供一个选择数据库任务的菜单，任务选定后，应用程序将给出提示及空白以填写执行选定任务所需的信息。所需信息输入应用程序后将自动调用所需的 SQL 命令。在这种程序的协助下，即使用户根本不懂 SQL 的语法，也可以执行数据库任务。

22.2.2　JDBC 驱动类型

JDBC 是应用程序编程接口，描述了一个访问关系数据库的标准 Java 类库，并且还为数据库厂商提供了一个标准的体系结构，让厂商可以为自己的数据库产品提供 JDBC 驱动程序，这些驱动程序可以直接访问厂商的数据产品，从而提高了 Java 程序访问数据库的效率。下面介绍 JDBC 中的 4 种驱动。

1. JDBC-ODBC 桥

ODBC 是微软公司窗口开放服务架构（Windows Open Services Architecture，WOSA）中有关数据库的一个组成部分，它建立了一组规范并提供了一组对数据库访问的标准 API（应用程序编程接口）。这些 API 利用 SQL 来完成大部分任务。ODBC 本身支持 SQL 语言，用户可以直接将 SQL 语句发送给 ODBC，因为 ODBC 推出的时间要比 JDBC 早，所以大部分数据库都支持 ODBC 的访问。Sun 公司提供了 JDBC-ODBC 这个驱动来支持 Microsoft Access 之类的数据库，JDBC API 通过调用 JDBC-ODBC，JDBC-ODBC 调用 ODBC API 从而访问数据库的 ODBC 层。由于这种方式经过了多层，所以调用效率比较低。当用这种方式访问数据库时，需要客户的机器上具有 JDBC-ODBC 驱动、ODBC 驱动和相应数据库的本地 API。

2. 本地 API 驱动

本地 API 驱动直接把 JDBC 调用转变为数据库的标准调用再去访问数据库，这种方法需要本地数据库驱动代码。本地 API 驱动比起 JDBC-ODBC 执行效率高，但是它仍然需要在客户端加载数据库厂商提供的代码库，这样就不适合基于互联网的应用。并且，其执行效率比起三代和四代的 JDBC 驱动还是不够高。

3. 网络协议驱动

这种驱动实际上是根据我们熟悉的 3 层结构建立的。JDBC 先把数据库访问请求传递给网络上的中间件服务器，中间件服务器再把请求翻译为符合数据库规范的调用，再把这种调用传给数据库服务器。如果中间件服务器也是用 Java 开发的，那么在中间层也可以使用一代或二代 JDBC 驱动程序作为访问数据库的方法，由此构成了一个"网络协议驱动—中间件服务器—数据库 Server"的 3 层模型，由于这种驱动是基于 Server 的，所以它不需要在客户端加载数据库厂商提供的代码库。而且它在执行效率和可升级性方面性能是比较好的，因为大部分功能实现都在 Server 端，所以这种驱动可以设计得很小，可以非常快速地加载到内存中。但是这种驱动在中间件处仍然需要配置数据库的驱动程序，并且由于多了一个中间层来传递数据，它的执行效率还不是最好的。

4. 本地协议驱动

这种驱动直接把 JDBC 调用转换为符合相关数据库规范的请求，由于四代驱动编写的应用可以直接和数据库服务器进行通信，因此这种类型的驱动完全由 Java 实现。对于由本地协议驱动的数据库 Server 来说，因为这种驱动不需要先把 JDBC 调用传给 ODBC、本地数据库接口或者是中间层服务器，所以它的执行效率是非常高的。而且它根本不需要在客户端或服务器端装载任何的软件或驱动，所以这种驱动程序可以动态地下载，对于不同的数据库需要下载不同的驱动程序。

22.2.3 JDBC 的常用接口和类

JDBC 为我们提供了一系列独立于数据库的统一 API 以执行 SQL 命令，下面介绍 JDBC API 中常用的接口和类。

1. DriverManager

管理 JDBC 驱动的服务类。程序中该类的主要功能是获取 Connection 对象，在该类中包含如下方法。

❑ public static Connection getConnection（String url，String user，String password）throws SQLException：该方法获得 url 对应数据库的连接。其中"url"表示数据库的地址，"user"表示连接数据库的用户名，"password"表示连接数据库的密码。

2. Connection

Connection 代表数据库连接对象，每个 Connection 代表一个物理连接会话。要想访问数据库，必须先获得数据库连接。Connection 接口中的常用方法如下所示。

❑ Statement createStatement() throws SQLExcepion：该方法用于创建一个 Statement 对象，
封装 SQL 语句发送给数据库。它通常用来执行不带参数的 SQL 语句。

❑ PreparedStatement prepareStatement（String sql）throws SQLException：该方法返回预编
译的 Statement 对象，即将 SQL 语句提交到数据库进行预编译。

❑ CallableStatement prepareCall（String sql）throws SQLException：该方法返回 Callable
Statement 对象，该对象用于调用存储过程。

上述 3 个方法都会返回执行 SQL 语句的 Statement 对象，PreparedStatement、Callable Statement
是 Statement 的子类，只有获得了 Statement 之后才可执行 SQL 语句。除此之外，在 Connection
中还有如下几个用于控制事务的方法。

❑ Savepoint setSavepoint()：创建一个保存点。

❑ Savepoint setSavepoint（String name）：以指定名称来创建一个保存点。

❑ void setTransactionIsolation（intlevel）：设置事务的隔离级别。

❑ void rollback()：回滚事务。

❑ void rollback（Savepoint savepoint）：将事务回滚到指定的保存点。

❑ void setAutoCommit（boolean autoCommit）：关闭自动提交，打开事务。

❑ void commit()：提交事务。

3．Statement

Statement 是一个执行 SQL 语句的工具接口，该对象既可以执行 DDL、DCL 语句，也可执
行 DML 语句，还可执行 SQL 查询。当执行 SQL 查询时，它会返回查询到的结果集。在 Statement
中的常用方法如下所示。

❑ ResultSet executeQuery（String sql）throws SQLException：该方法用于执行查询语句，
并返回查询结果对应的 ResultSet 对象。该方法只能执行查询语句。

❑ int executeUpdate（String sql）throws SQLException：该方法用于执行 DML 语句，并
返回受影响的行数；该方法也可执行 DDL 语句，执行 DDL 将返回 0。

❑ boolean execute（String sql）throws SQLException：该方法可执行任何 SQL 语句。如果
执行后第一个结果为 ResultSet 对象，则返回 true；如果执行后第一个结果为受影响的
行数或没有任何结果，则返回 false。

4．PreparedStatement

PreparedStatement 是一个预编译的 Statement 对象。PreparedStatement 是 Statement 的子接
口，它允许数据库预编译 SQL（这些 SQL 语句通常带有参数）语句，以后每次只需改变 SQL
命令的参数，避免数据库每次都编译 SQL 语句，因此性能更好。和 Statement 相比，使用
PreparedStatement 执行 SQL 语句时，无须重新传入 SQL 语句，因为它已经预编译了 SQL 语句。
由于 PreparedStatement 需要为预编译的 SQL 语句传入参数值，所以 PreparedStatement 比
Statement 多了下面这个方法。

❑ void setXxx（int parameterIndex，Xxx value）：该方法根据传入参数值的类型不同，使
用不同的方法。传入的值根据索引传给 SQL 语句中指定位置的参数。

5．ResultSet

ResultSet 是一个结果对象，该对象包含查询结果的方法，ResultSet 可以通过索引或列名来
获得列中的数据。在 ResultSet 中的常用方法如下所示。

❑ void close()throws SQLExce ption：释放 ResultSet 对象。

❑ boolean absolute（int row）：将结果集的记录指针移动到第 row 行，如果 row 是负数，
则移动到倒数第 row 行.如果移动后的记录指针指向一条有效记录,则该方法返回 true。

- void beforeFirst()：将 ResultSet 的记录指针定位到首行之前，这时 ResultSet 结果集记录指针的初始状态——记录指针的起始位置位于第一行之前。
- boolean first()：将 ResultSet 的记录指针定位到首行。如果移动后的记录指针指向一条有效记录，则该方法返回 true。
- boolean previous()：将 ResultSet 的记录指针定位到上一行。如果移动后的记录指针指向一条有效记录，则该方法返回 true。
- boolean next()：将 ResultSet 的记录指针定位到下一行，如果移动后的记录指针指向一条有效记录，则该方法返回 true。
- boolean last()：将 ResultSet 的记录指针定位到最后一行，如果移动后的记录指针指向一条有效记录，则该方法返回 true。
- void afterLast()：将 ResultSet 的记录指针定位到最后一行的后面。
- boolean isFirst()：判断当前光标位置是否在第一行上。
- boolean isLast()：判断当前光标位置是否在最后一行上。

注意：在 JDK 1.4 以前，采用默认方法创建 Statement，它查询到的 ResultSet 不支持 absolute、previous 等移动记录指针方法，它只支持 next 这个移动记录指针方法，即 ResultSet 的记录指针只能向下移动，而且每次只能移动一格。从 JDK 1.5 以后就避免了这个问题，程序采用默认方法创建 Statement，它查询得到的 ResultSet 也支持 absolute、previous 等方法。

22.2.4 JDBC 编程的一般步骤

JDBC 编程的基本步骤如下所示。

（1）注册一个数据库驱动 driver，有如下 3 种方式注册数据库的驱动程序。

方式一为如下面所示的代码。

```
Class.forName("oracle.jdbc.driver.OracleDriver");
```

在 Java 规范中明确规定：所有的驱动程序必须在静态初始化代码块中将驱动注册到驱动程序管理器中。

方式二为如下面所示的代码。

```
Driver drv = new oracle.jdbc.driver.OracleDriver();
        DriverManager.registerDriver(drv);
```

方式三为编译时在虚拟机中加载驱动，例如下面的代码使用系统属性名加载驱动，-D 表示为系统属性赋值。

```
javac -Djdbc.drivers = oracle.jdbc.driver.OracleDriver xxx.java
java -D jdbc.drivers=驱动全名类名
```

MySQL 数据库驱动的全名是 com.mysql.jdbc.Driver。SQLServer 数据库驱动的全名是 com.microsoft.jdbc.sqlserver.SQLServerDriver。

（2）建立连接，下面的代码使用了 Connection 接口，这说明它是通过 DriverManager 的静态方法 get Connection（...）来得到的，这个方法的实质是把参数传到实际 Driver 中的 connect() 方法来获得数据库连接的。

```
conn=DriverManager.getConnection("jdbc:oracle:thin:@192.168.0.20:1521:tarena", "User", "Password");
```

（3）获得一个 Statement 对象，例如下面的代码。

```
sta = conn.createStatement();
```

（4）通过 Statement 执行 SQL 语句。下面的代码将 SQL 语句通过连接发送到数据库中执行，以实现对数据库的操作。

```
sta.executeQuery(String sql);        //返回一个查询结果集
sta.executeUpdate(String sql);       //返回值为int类型，它表示影响记录的条数
```

（5）处理结果集。

使用 Connection 对象可以获得一个 Statement，Statement 中的 executeQuery（String sql）方法

使用 select 语句来查询，并且返回一个结果集，ResultSet 通过遍历这个结果集获得 select 语句的查寻结果。ResultSet 的 next()方法会操作游标从第一条记录的前面开始读取，直到最后一条记录。

方法 executeUpdate（String sql）用于执行 DDL 和 DML 语句，可以实现更新、删除等操作。只有执行了 select 语句才会有结果集返回，例如下面的代码。

```
Statement str=con.createStatement();           //创建Statement
String sql="insert into test(id,name) values(1, "+"'"+"test"+"'"+")";
str. executeUpdate(sql);                       //执行sql语句
String sql="select * from test";
ResultSet rs=str. executeQuery(String sql);   //执行sql语句, 执行select语句后有结果集
while(rs.next()){                              //遍历处理结果集信息
        System.out.println(rs.getInt("id"));
        System.out.println(rs.getString("name"))
                                      //next()如果有下一条记录则返回true, 否则为false;
若有, 则游标指向下一条记录
}
```

（6）调用.close()方法关闭数据库连接并释放资源，例如下面的代码。

```
rs.close();            //关闭结果集
sta.close();           //关闭Statement
con.close();           //关闭数据库连接对象
```

上述编程过程如图 22-1 所示。

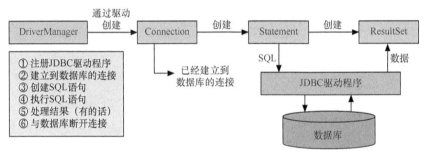

图 22-1　JDBC 编程过程

在上述编程过程中用到了多个方法，有如下 3 个用 Connection 创建 Statement 的方法。

❑ createStatement()：创建基本的 Statement 对象。

❑ prepareStatement（String sql）：根据传入的 SQL 语句创建预编译的 Statement 对象。

❑ prepareCall（String sql）：根据传入的 SQL 语句创建 CallableStatement 对象。

在使用 Statement 执行 SQL 语句时，所有 Statement 可以用如下 3 个方法来执行 SQL 语句。

❑ execute：可以执行任何 SQL 语句，但比较麻烦。

❑ executeUpdate：主要执行 DML 和 DDL 语句。执行 DML 返回受 SQL 语句影响的行数，执行 DDL 返回 0。

❑ executeQuery：只能执行查询语句，执行后返回代表查询结果的 ResultSet 对象。

在使用 ResultSet 对象获取查询结果时，可以通过如下两类方法来实现。

❑ next、previous、first、last、beforeFirst、afterLast、absolute 等移动记录指针的方法。

❑ getXxx 获取记录指针指向的行或特定列的值。该方法既可使用列索引作为参数，也可使用列名作为参数。使用列索引作为参数性能更好，使用列名作为参数可读性更好。

下面的代码演示了上述说明的具体执行步骤，通过上述流程建立了和 MySQL 数据库的连接。

```
import java.sql.DriverManager;
import java.sql.SQLException;
public class Jdbctest {
    public static void main(String[] args){
        query();
    }
    public static void query(){
```

```
        java.sql.Connection conn = null;
        try{
            Class.forName("com.mysql.jdbc.Driver");       //1.加载数据库驱动
            //2.获得数据库连接
            conn= DriverManager.getConnection("jdbc:mysql://127.0.0.1:3306/jdbc_db","root","1234");
            String sql = "select * from UserTbl";         //3.创建语句
            java.sql.Statement stmt = conn.createStatement();      //返回一个执行SQL的句柄
            java.sql.ResultSet rs = stmt.executeQuery(sql);        //4.执行查询
            //5.遍历结果集
            while(rs.next()){
                int id = rs.getInt(1);
                String username = rs.getString(2);
                String password = rs.getString(3);
                int age = rs.getInt(4);
                System.out.println(id+username+password+age);
            }
        }catch(Exception e){
            e.printStackTrace();
        }finally{
            //6.关闭数据库连接
            if(conn!=null){
                try{
                    conn.close();
                }catch(SQLException e){
                    conn = null;
                    e.printStackTrace();
                }
            }
        }
    }
}
```

　　需要说明的是，要想正确执行上述代码，需要在该工程里面加载连接数据库的 jar 包。根据不同的数据库选取不同的 jar 包，本例用的是 MySQL 数据库。当加载了 MySQL 数据库的 jar 包后，执行 Class.forName（"com.mysql.jdbc.Driver"）；语句，使程序确定使用的是 MySQL 数据库。

　　DriverManager 驱动程序管理器能够在数据库和相应的驱动程序之间建立连接，通过 "conn= DriverManager.getConnection（"jdbc:mysql://127.0.0.1/jdbc_db","root","1234"）；" 语句使程序连接到数据库上。

　　Connection 对象代表与数据库的连接，也就是在已经加载的 Driver 和数据库之间建立连接语句，在 getConnection 函数中有 url、user 和 password 3 个参数。

　　Statement 提供在基层连接上运行的 SQL 语句，并且访问结果。

　　在 Statement 执行 SQL 语句时，ResultSet 有时会返回 ResultSet 结果集，这包含查询的结果集。

　　当我们创建 SQL 语句后，通过 Statement 来执行，并将结果通过 ResultSet 类型的对象实例连接上，然后遍历结果集，执行相应的操作。最后，执行完成数据库的操作后，关闭数据库连接。

22.3　连接 Access 数据库

　　在 Java 开发应用中，最为常用的数据库工具是 Access、SQL Server、MySQL 和 Oracle。本节将详细讲解如何用 Java 连接 Access 数据库的基本知识。

知识点讲解：

22.3.1　Access 数据库概述

　　Access 是微软 Office 工具中的一种数据库管理程序，它可赋予用户更佳的用户体验，并且新增了导入、导出和处理 XML 数据文件等功能。

　　Access 适用于小型商务活动，用以存储和管理商务活动所需要的数据。Access 不仅是一个数据库，而且还具有强大的数据管理功能，可以方便地利用各种数据源生成窗体（表单）、查询、报表和应用程序等。在利用 ASP 开发小型项目时，Access 往往是首先考虑的数据库工具。它以操作简单、易学易用的特点受到大多数用户的青睐。

22.3.2　连接本地 Access 数据库

在 JDK 1.6 之前的版本中，JDK 都内置了 Access 数据库的连接驱动。但是在 JDK1.8 中不再包含 Access 桥接驱动，开发者需要单独下载 Access 驱动 jar 包（Access_JDBC30.jar），而 JDK1.1～JDK1.6，以及 JDK1.9 都是自带 Access 驱动，不需要单独下载。下面将以 Access 2013 为例介绍 Java 连接本机 Access 数据库的过程。

实例 22-1	连接本地 Access 数据库
	源码路径：daima\22\DBconnTest.java

（1）在本机 H 盘的根目录中创建一个名为"book.accdb"的 Access 数据库，数据库的设计视图如图 22-2 所示。

（2）将下载的 Access 驱动文件"Access_JDBC30.jar"放到 JDK 安装路径的"lib"目录下。修改本地机器的环境变量值，在环境变量"CLASSPATH"中加上这个 jar 包，将路径设置为驱动包的绝对路径，例如保存到"C:\ProgramFiles\Java\jre1.8.0_65\lib\Access_JDBC30.jar"目录中，添加完后需要重启计算机，然后就可以连接了。

（3）也可以将下载的 Access 驱动文件放到项目文件中，然后在 Eclipse 中右键单击 Access_JDBC30.jar，在弹出的命令中依次选择"Build Path""Add to Build Path"命令，将此驱动文件加载到项目中，如图 22-3 所示。

图 22-2　Access 数据库的设计视图　　　　　图 22-3　加载 Access 驱动文件到项目中

（4）编写测试文件 DBconnTest.java，主要实现代码如下所示。

```java
import java.sql.*;
public class DBconnTest {
    public static void main(String args[]) {
        //步骤1: 加载驱动程序
        String sDriver="com.hxtt.sql.access.AccessDriver";
        try{
            Class.forName(sDriver);                    //这是固定语法
        }
        catch(Exception e){                            //如果无法加载驱动程序则输出提示
            System.out.println("无法加载驱动程序");
            return;
        }
        System.out.println("步骤1: 加载驱动程序——成功! "); //加载成功时的提示
        Connection dbCon=null;
        Statement stmt=null;
        String sCon = "jdbc:Access:///h:/book.mdb";    //本地Access数据库的地址
        try{
            dbCon=DriverManager.getConnection(sCon);
            if(dbCon!=null){
                System.out.println("步骤2: 连接数据库——成功! ");
```

```
        }//步骤3：建立JDBC的Statement对象
        stmt=dbCon.createStatement();
        if(stmt!=null){
            System.out.println("步骤3：建立JDBC的Statement对象——成功！");
        }
    }
    catch(SQLException e){
        System.out.println("连接错误 "+sCon);
        System.out.println(e.getMessage());
        if(dbCon!=null){
            try{
                dbCon.close();
            }
            catch(SQLException e2){}
        }
        return;
    }
    try{//执行数据库查询，返回结果
        String sSQL="SELECT * "+" FROM bookindex";   //查询数据库中bookindex表的信息
        ResultSet rs=stmt.executeQuery(sSQL);
        while(rs.next()){
            System.out.print(rs.getString("BookID")+"  ");
            //查询bookindex表中BookID的信息
            System.out.print(rs.getString("BookTitle")+"  ");
            //查询bookindex表中BookTitle的信息
            System.out.print(rs.getString("BookAuthor"));
            //查询bookindex表中BookAuthor的信息
            System.out.println("  " +rs.getFloat("BookPrice"));
            //查询bookindex表中BookPrice的信息
        }
    }
    catch(SQLException e){
        System.out.println(e.getMessage());
    }
    finally{
        try{
            //关闭步骤3所开启的statement对象
            stmt.close();
            System.out.println("关闭statement对象");
        }
        catch(SQLException e){}
        try{
            //关闭步骤3所开启的statement对象
            dbCon.close();
            System.out.println("关闭数据库连接对象");
        }
        catch(SQLException e){}
    }
}
```

───── **拓展范例及视频二维码** ─────

范例 **22-1-01**：使用 executeUpdate
创建数据表

源码路径：**演练范例\22-1-01**

范例 **22-1-02**：使用 insert 语句
插入记录

源码路径：**演练范例\22-1-02**

执行后将显示查询过程和查询结果，执行结果如图 22-4 所示。

```
步骤1：加载驱动程序——成功！
步骤2：连接数据库——成功！
步骤3：建立JDBC的Statement对象——成功！
1    Java开发从入门到精通 扶松柏 59.8
2    C语言开发从入门到精通 老关 55.0
3    算法从入门到精通 老张 69.0
关闭statement对象
关闭数据库连接对象
```

图 22-4　执行结果

22.4　连接 SQL Server 数据库

SQL Server 是微软公司提出的普及型关系数据库系统，是建立在 WindowsNT/ 2000/2003 操作系统基础之上的，为用户提供了一个功能强大的客户/服务器端平台，同时能够支持多个并发用户的大型关系数据库。它一经推出，迅速

知识点讲解：

成为使用最广的数据库系统。经过多年的发展，SQL Server 已经发布了很多版本，例如 SQL Server 2000、SQL Server 2005，SQL Server 2008。在作者写作本书时，最新的版本是 SQL Server 2016，所以本书下面的内容将以 SQL Server 2016 为基础。本节将详细讲解 Java 连接 SQL Server 数据库的基本知识，为读者学习本书后面的知识打下基础。

22.4.1　下载并安装 SQL Sever 2016 驱动

要使用 Java 语言连接 SQL Server 2016 数据库，需要下载并配置对应的 JDBC 驱动程序，具体操作流程如下所示。

（1）登录微软官网找到相关软件后，单击右边的"Download"按钮。如图 22-5 所示。

（2）在新界面勾选"enu\sqljdbc_6.0.8112.100_enu.tar.gz"前面的复选框，然后单击右下角的"Next"按钮，如图 22-6 所示。

图 22-5　微软 SQL Server 2016 数据库的　　　　　　图 22-6　下载 sqljdbc_6.0.8112.100_enu.tar.gz
　　　　　　JDBC 驱动下载页面

（3）在弹出的新界面中下载驱动文件 sqljdbc_6.0.8112.100_enu.tar.gz 接下来解压缩这个文件，将里面的文件 sqljdbc42.jar 添加到 Eclipse 的 Java 项目中。具体方法是在 Eclipse 中右键单击 sqljdbc42.jar，在弹出的菜单中依次选择"Build Path"→"Add to Build Path"命令，将此驱动文件加载到项目中。如图 22-7 所示。

图 22-7　加载驱动文件 sqljdbc42.jar 到项目中

22.4.2　测试连接

实例 22-2	连接 SQL Server 数据库
	源码路径：daima\22\SQLuse.java

（1）使用 Eclipse 新建一个 Java 项目，然后将驱动文件 sqljdbc42.jar 加载到项目中。

（2）在 SQL Server 2016 数据库中新建一个名为"display"的空数据库，如图 22-8 所示。

（3）打开 SQL Server 的配置管理器，然后依次单击左侧的"SQL Server 网络配置""MSSQLSERVER 的协议"选项，确保右侧面板中的"TCP/IP"选项处于"已启用"状态，如图 22-9 所示。

图 22-8　SQL Server 2016 数据库　　　　图 22-9　"TCP/IP"选项处于"已启用"状态

（4）右击面板中的"TCP/IP"选项，在弹出的命令中选择"属性"命令后弹出"TCP/IP 属性"对话框，如图 22-10 所示。

（5）单击顶部中的"IP 地址"选项卡，在弹出的界面中可以查看当前 SQL Server 2016 数据库中两个重要的本地连接参数，其中 TCP 参数表示端口号，作者的机器是 1433。参数 IP Address 表示本地服务器的地址，作者的机器是 127.0.0.1，如图 22-11 所示。

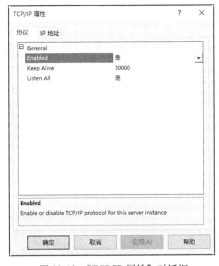

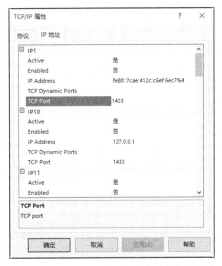

图 22-10　"TCP/IP 属性"对话框　　　　图 22-11　查看 TCP 端口号和本地服务器地址

（6）开始编写测试文件 SQLuse.java，主要实现代码如下所示。

```
public static void main(String [] args){
    String driverName="com.microsoft.sqlserver.jdbc.SQLServerDriver";
```

```
String dbURL="jdbc:sqlserver://127.0.0.1:1433;DatabaseName=display";
String userName="sa";
String userPwd="66688888";
try{
  Class.forName(driverName);
  DriverManager.getConnection(dbURL,
  userName, userPwd);
    System.out.println("连接数据库成功");
}
catch(Exception e){
  e.printStackTrace();
  System.out.print("连接失败");
  }
 }
}
```

拓展范例及视频二维码

范例 **22-2-01**：使用 execute
执行 SQL 语句
源码路径：**演练范例\22-2-01**
范例 **22-2-02**：对数据进行
降序查询
源码路径：**演练范例\22-2-02**

执行后的结果如图 22-12 所示。

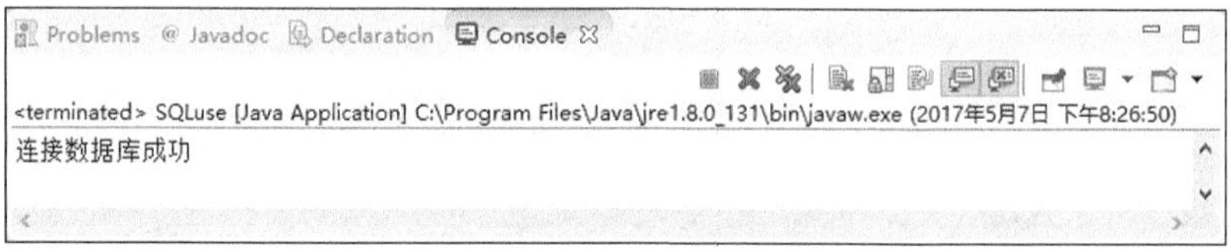

图 22-12　执行结果

22.4.3　获取 SQL Server 数据库中指定的表

请读者再看下面的实例，其功能是建立和 SQL Server 2016 数据库 "display" 的连接，然后显示这个数据库中所有的表名。

实例 22-3 获取 SQL Server 数据库中指定的表
源码路径　daima\22\GetTables.java

实例文件 GetTables.java 的主要实现代码如下所示。

```java
public class GetTables {
    static Connection conn = null;
    //获取数据库连接
    public static Connection getConn() {
        try {
                Class.forName("com.microsoft.sqlserver.jdbc.SQLServerDriver");//加载数据库驱动
        } catch (ClassNotFoundException e) {
                e.printStackTrace();
        }
        String url = "jdbc:sqlserver://127.0.0.1:1433;DatabaseName=display"; //连接数据库URL
        String userName = "sa";           // 连接数据库的用户名
        String passWord = "66688888"; // 连接数据库的密码
        try {
                conn = DriverManager.getConnection(url, userName, passWord); //获取数据库连接
                if (conn != null) {
                }
        } catch (SQLException e) {
                e.printStackTrace();
        }
        return conn; // 返回Connection对象
    }
    public static ResultSet GetRs() {
        try {
                String[] tableType = { "TABLE" };
                // 指定要查询的表类型
                Connection conn = getConn();
                // 调用与数据库建立连接的方法
                DatabaseMetaData databaseMetaData = conn.getMetaData(); //获取DatabaseMetaData实例
                ResultSet resultSet = databaseMetaData.getTables(null, null, "%",
                        tableType);                // 获取数据库中所有数据表集合
                return resultSet;
```

拓展范例及视频二维码

范例 **22-3-01**：对数据进行
多条件排序查询
源码路径：**演练范例\22-3-01**
范例 **22-3-02**：对统计结果
进行排序处理
源码路径：**演练范例\22-3-02**

```
        } catch (SQLException e) {
            System.out.println("记录数量获取失败！");
            return null;
        }
    }
    public static void main(String[] args) {
        ResultSet rst = GetRs();
        System.out.println("数据库中的表有：");
        try {
            while (rst.next()) { // 遍历集合
                String tableName = rst.getString("TABLE_NAME");
                System.out.println(tableName);
            }
        } catch (SQLException e) {
            e.printStackTrace();
        }
    }
}
```

执行后的结果如图 22-13 所示。

```
数据库中的表有：
huiyuan
trace_xe_action_map
trace_xe_event_map
```

图 22-13　执行结果

22.5　连接 MySQL 数据库

MySQL 是一个小型的关系数据库管理系统，开发者为瑞典 MySQL AB 公司，它在 2008 年 1 月 16 日被 Sun 公司收购，而 2009 年，Sun 又被 Oracle 收购。MySQL 是一种关联数据库管理系统，关联数据库将数据保存在不同的表中，而不是将所有数据放在一个大仓库内。这样就提高了速度和灵活性。本节将详细讲解如何用 Java 连接 MySQL 数据库的知识。

知识点讲解：

22.5.1　下载并配置 MySQL 驱动

MySQL 的 JDBC 驱动是很方便下载的，用户可以通过搜索引擎搜索关键字"MySQL jdbc"来获得，作者建议读者登录 MySQL 官方网站下载 JDBC 驱动，官方下载页面效果如图 22-14 所示。

Connector/J 3.1.14

Select Version:

3.1.14　▼

Looking for the latest GA version?

Select Operating System:

Platform Independent　▼

Platform Independent (Architecture independent), Compressed TAR Archive (mysql-connector-java-3.1.14.tar.gz)	3.1.14	27.6M	**Download**	
		MD5: 35c7578c79acb4ec9f8900c057128102 | Signature		
Platform Independent (Architecture independent), ZIP Archive (mysql-connector-java-3.1.14.zip)	3.1.14	27.7M	**Download**	
		MD5: f7222e2e419c712f41140fab991c8a8b | Signature		

We suggest that you use the MD5 checksums and GnuPG signatures to verify the integrity of the packages you download.

图 22-14　下载 JDBC 驱动

下载完成后将其解压，找到里面的文件 mysql-connector-java-5.1.7-bin.jar。如果是使用 DOS 命令执行 Java 程序，则必须要对环境进行配置，具体配置过程如下所示。

（1）打开本地计算机的环境变量界面。前面曾经讲解过配置 JDK 的过程，并建立了一个 CLASSPATH 环境，现在要找到这个环境变量，单击"编辑"按钮重新对它进行编辑，如图 22-15 所示。

（2）在它的变量值后面加入"；"，然后再加入 mysql-connector-java.jar 路径，因为这里是放置在 D 盘，所以为"；D:\mysql-connector-java-5.1.7-bin. Jar"，单击"确定"按钮，然后再次单击"确定"按钮，如图 22-16 所示。

图 22-15　编辑 classpath　　　　　　　　图 22-16　编辑系统变量

注意：上面讲解的只是 Java 连接 MySQL 的一个原理，实际上它并不适用，因为现在都使用 IDE 开发 Java 项目，所以用户将 JDBC 驱动直接加载到 IDE 里即可。

22.5.2　将 MySQL 驱动加载到 Eclipse 中

在现实应用中，绝大多数开发者使用 Eclipse 或 MyEclipse 等 IDE 工具来开发 Java 程序，Eclipse 和 MyEclipse 的驱动配置是一样的，下面以 Eclipse 为例进行配置，其具体操作方法如下所示。

（1）启动 Eclipse，然后选择下载的驱动文件并右击，在弹出的菜单项中选择"Copy"命令，然后在 Eclipse 里选择需要的项目，如图 22-17 所示。

（2）选择加载的驱动，然后右击，在弹出的快捷菜单中依次选择"Build Path"｜"Add to Build Path"命令，将 MySQL 驱动加载到当前项目中，如图 22-18 所示。

图 22-17　复制并粘贴 MySQL 驱动　　　　　图 22-18　选择命令

22.5.3 测试连接

接下来，将通过一个具体实例程序来测试 MySQL 数据库是否连接成功。

实例 22-4 测试 MySQL 数据库是否连接成功
源码路径：daima\22\CreateMySQL.java

实例文件 CreateMySQL.java 的主要实现代码如下所示。

```java
public class CreateMySQL {
  Connection conn = null;
  public Connection getConnection() {                       //实现连接方法getConnection()
    try {
        Class.forName("com.mysql.jdbc.Driver");             //加载MySQL数据库驱动
        System.out.println("数据库驱动加载成功！！");
        String url = "jdbc:mysql://127.0.0.1:8888/db_database22";//定义与连接数据库的URL
        String user = "root";                               //定义连接数据库的用户名
        String passWord = "66688888";                       //定义连接数据库的密码
        conn = DriverManager.getConnection(url, user, passWord);  //获取连接字符串
        System.out.println("已成功地与MySQL数据库建立连接！！");
    } catch (Exception e) {
        e.printStackTrace();
    }
    return conn;
  }
  public static void main(String[] args) {
        CreateMySQL mySQL = new CreateMySQL();
        mySQL.getConnection();
        //调用连接方法getConnection()
  }
}
```

拓展范例及视频二维码

范例 **22-4-01**：查询 MySQL 的
前 3 条数据
源码路径：**演练范例\22-4-01**
范例 **22-4-02**：查询 MySQL 的
后 3 条数据
源码路径：**演练范例\22-4-02**

运行后的效果如图 22-19 所示。

```
Problems  @ Javadoc
CreateMySQL [Java Application]
数据库驱动加载成功！！
```

图 22-19 执行结果

22.6 技 术 解 惑

22.6.1 连接池的功效

长期以来，数据库连接在实际应用中的主要问题在于对数据库连接资源的低效管理。我们知道，对于共享资源，业界有一个很著名的设计模式——资源池（resource pool）。该模式的设计目的就是为了解决频繁分配/释放资源所造成的问题。为了解决上述问题，我们可以采用数据库连接池技术。数据库连接池的基本思想就是为数据库连接建立一个"缓冲池"。预先在缓冲池中放入一定数量的连接，当需要建立数据库连接时，只需从"缓冲池"中取出一个，使用完毕之后再放回去。我们可以通过设定连接池的最大连接数来防止系统无尽地与数据库进行连接。更为重要的是，程序员可以通过连接池的管理机制监视数据库连接的数量使用情况，为系统开发、测试及性能调整提供依据。

22.6.2 服务器自带连接池的问题

JDBC 的 API 中没有提供连接池的方法。一些大型的 Web 应用服务器（如 BEA 的 WebLogic 和 IBM 的 WebSphere 等）提供了连接池机制，但是必须有其第三方的专用类方法来支持连接池的用法。对于连接池来说，主要面临 5 个关键问题。下面介绍这 5 个关键问题。

1. 并发问题

为了使连接管理服务具有最大的通用性，必须考虑多线程环境，即并发问题。这个问题比较好解决，因为 Java 语言提供了对并发管理的支持，使用 synchronized 关键字即可确保线程是同步的。使用方法为直接在类方法前面加上 synchronized 关键字，如以下所示的代码。

```
public synchronized Connection getConnection()
```

2. 多数据库服务器和多用户

对于大型的企业级应用，常常需要同时连接不同的数据库（如连接 Oracle 和 Sybase）。如何连接不同的数据库呢?我们采用的策略是：设计一个符合单例模式的连接池管理类，在创建连接池管理类的唯一实例时读取一个资源文件，其中资源文件里存放着多个数据库的 URL 地址()、用户名()、密码()等信息。如 tx.url=172.21.15.123：5000/tx_it, tx.user=yang, tx.password=yang321。根据资源文件提供的信息，创建多个连接池类的实例，每个实例都是一个特定数据库的连接池。连接池管理类实例为每个连接池实例取一个名字，它通过不同的名字来管理不同的连接池。

对于同一个数据库有多个用户使用不同的名称和密码来访问的情况，可以通过资源文件进行处理，即在资源文件中设置多个具有相同 URL 地址，但具有不同用户名和密码的数据库连接信息。

3. 事务处理

众所周知，事务具有原子性，此时要求对数据库的操作符合"ALL-ALL-NOTHING"原则，即对于一组 SQL 语句要么全做，要么全不做。在 Java 语言中，Connection 类本身提供了事务支持，该类可以通过设置 Connection 的 AutoCommit 属性为 false，然后显式地调用 commit 或 rollback 方法来实现它。但要想高效地进行 Connection 复用，就必须提供相应的事务支持机制。可采用每个事务独占一个连接来实现，这种方法可以大大降低事务管理的复杂性。

4. 连接池的分配与释放

连接池的分配与释放对系统的性能有很大的影响。合理的分配与释放可以提高连接的复用度，从而降低建立新连接的开销，同时还可以加快用户的访问速度。

使用空闲池可进行连接管理。即把已经创建但尚未分配的连接按创建时间存放到一个空闲池中。每当用户请求一个连接时，系统首先检查空闲池内有没有空闲连接。如果有就把建立时间最长（通过容器的顺序存放来实现）的那个连接分配给它（实际是先进行连接是否有效的判断，若可用就分配给用户，若不可用就把这个连接从空闲池中删掉，重新检测空闲池是否还有连接）；如果没有则检查当前的连接池是否达到连接池所允许的最大连接数（maxConn），如果没有达到，则新建一个连接；如果已经达到，则等待一定的时间；如果在等待时间内有连接释放出来，那么可以把这个连接分配给等待的用户；如果等待时间超过了预定时间，则返回空值（null）。系统对已经分配出去正在使用的连接进行计数，使用完后再返还给空闲池。可以开辟专门的线程定时检测空闲连接的状态，这样会花费一定的系统开销，但可以保证较快的响应速度。也可不开辟专门线程，只是在分配前检测的方法。

5. 连接池的配置与维护

连接池中到底应该放置多少个连接才能使系统的性能最佳? 系统可设置最小连接数（minConn）和最大连接数（maxConn）来控制连接池中的连接。最小连接数是系统启动时连接池所创建的连接数。如果创建过多，则系统启动就会慢，但创建后系统的响应速度会很快。如果创建过少，则系统启动很快，响应起来却慢。在开发时，可以设置较小的最小连接数，使开发起来会快，而在系统实际使用时设置较大的连接数，这样对访问客户来说速度会快些。最大连接数是连接池中允许连接的最大数目，具体数值，要看系统的访问量，可通过反复测试，找到最佳点。

如何确保连接池中的最小连接数呢? 有动态和静态两种策略。动态即每隔一定时间就对连接池进行检测，如果发现连接数量小于最小连接数，则补充相应数量的新连接，以保证连接池的正常运转。静态是发现空闲连接不够时再去检查。

22.6.3 连接池模型

下面讨论的连接池包括一个连接池类（DBConnectionPool）和一个连接池管理类（DBConnetionPoolManager）。连接池类是某一数据库中所有连接的"缓冲池"，主要实现如下所示的功能。

- ❑ 从连接池获取或创建可用连接。
- ❑ 使用完毕之后，把连接返还给连接池。
- ❑ 在系统关闭前，断开所有连接并释放连接占用的系统资源。
- ❑ 能够处理无效连接（原来登记为可用连接，由于某种原因不再可用，如超时、通信问题），并能够限制连接池中的连接总数不低于某个预定值和不超过某个预定值。

连接池管理类是连接池类的外覆类（wrapper），符合单例模式，即系统中只能有一个连接池管理类实例。其主要用于多个连接池对象进行管理，具有如下所示的功能。

- ❑ 装载并注册特定数据库的JDBC驱动程序。
- ❑ 根据属性文件给定的信息，创建连接池对象。
- ❑ 为方便管理多个连接池对象，为每个连接池对象取一个名字，并实现连接池名字与实例之间的映射。
- ❑ 跟踪客户使用连接情况，以便在需要时关闭连接释放资源。

连接池管理类的引入主要是为了方便对多个连接池的使用和管理，如系统需要连接不同的数据库，或连接相同的数据库但由于安全问题需要不同的用户使用不同的名称和密码。

22.6.4 数据模型、概念模型和关系数据模型

数据模型是现实世界中数据特征的抽象，是数据技术的核心和基础。数据模型是数据库系统的数学形式框架，是用来描述数据的一组概念和定义，主要包括如下3方面的内容。

- ❑ 静态特征：对数据结构和关系的描述。
- ❑ 动态特征：在数据库上的操作，例如添加、删除和修改。
- ❑ 完整性约束：数据库中的数据必须满足的规则。

不同的数据模型具有不同的数据结构。目前最为常用的数据模型有层次模型、网状模型、关系模型和面向对象数据模型。其中层次模型和网状模型统称为非关系模型。

概念模型是按照用户的观点对数据和信息进行建模，而数据模型是按照计算机系统的观点对数据进行建模。概念模型用于信息世界的建模，人们常常先将现实世界抽象为信息世界，然后将信息世界转换为机器世界。而概念模型是现实世界到机器世界的一个中间层。

概念模型可以用E-R图来描述世界的概念模型。E-R图提供了表示实体型、属性和联系的方法。

- ❑ 实体型：用矩形表示，框内写实体名称。
- ❑ 属性：用椭圆表示，框内写属性名称。
- ❑ 联系：用菱形表示，框内写联系名称。

图22-20描述了实体-属性图。

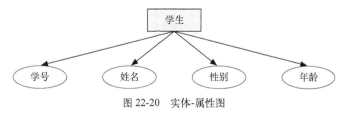

图22-20 实体-属性图

图22-21描述了实体-联系图。

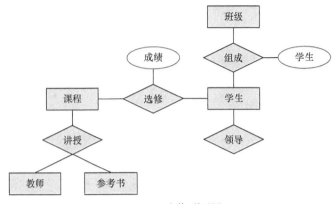

图 22-21　实体-联系图

关系模型是当前应用最为广泛的一种模型。关系数据库都采用关系模型作为数据的组织方式。自从 20 世纪 80 年代以来，计算机厂商推出的数据库管理系统几乎都支持关系模型。

关系模型的基本要求是关系必须要规范，即要求关系模式必须满足一定的规范条件，关系的分量必须是一个不可再分的数据项。

22.6.5　数据库系统的结构

设计数据库时，强调的是数据库结构；使用数据库时，关心的是数据库中的数据。从数据库系统的角度看，数据库系统通常采用 3 级模式结构，这是数据库管理系统的内部结构。

数据库系统的 3 级模式结构是指数据库系统由外模式（物理模式）、模式（逻辑模式）和内模式 3 级抽象模式构成，这是数据库系统的体系结构或总结构。上述具体结构如图 22-22 所示。

数据库管理系统（即 DBMS），是数据库系统的核心，是为数据库的建立、使用和维护而配置的软件。它建立在操作系统的基础之上，是操作系统与用户之间的一层数据管理软件，负责对数据库进行统一的管理和控制。数据库管理系统的功能主要包括 7 个方面：数据定义、数据操纵、数据库运行管理、数据组织、存储和管理、数据库的建立和维护、数据通信接口。

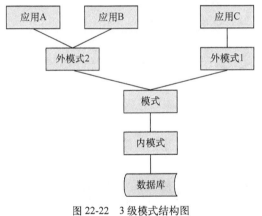

图 22-22　3 级模式结构图

22.7　课 后 练 习

（1）编写一个 Java 程序，调用存储过程实现身份认证。

（2）编写一个 Java 程序，调用存储过程向数据库中添加新数据。

（3）编写一个 Java 程序，获取某个数据库中的所有存储过程。

（4）编写一个 Java 程序，使用触发器添加日记信息。

（5）编写一个 Java 程序，使用批处理删除数据库中的数据。

（6）编写一个 Java 程序，使用视图过滤掉数据库中无用的数据。

（7）编写一个 Java 程序，获取数据库中的全部用户视图。

第23章

网络与通信编程

Java 语言在网络通信方面的优点特别突出,并远远领先其他语言。本章将详细讲解如何使用 Java 语言开发网络应用的基本知识。

23.1　Java 中的网络包

Java 作为一门面向对象的高级语言，自然会提供专门的包来支持网络应用的开发功能。我们可以通过包 java.net 中的类 URL 和类 URLConnection 来实现 Web 服务功能。另外，类 URLDecoder 和 URLEncoder 还提供了普通字符串和 application/x- www-form-urlencoded MIME（一种浏览器常用的缩码方式）字符串相互转换的静态方法。

 知识点讲解：

23.1.1　InetAddress 类

在 Java 中使用类 InetAddress 来表示 IP 地址，在类 InetAddress 下还有如下两个子类。

❑ Inet4Address：代表 Internet Protocol version 4（IPv4）地址。

❑ Inet6Address：Internet Protocol version 6（IPv6）地址。

类 InetAddress 中没有提供构造器，而是提供了如下两个静态方法来获取 InetAddress 实例。

❑ public static InetAddress getByName（String host）throws UnknownHostException：根据主机获取对应的 InetAddress 对象。参数 host 表示主机地址，如果不存在则抛出 UnknownHostException 异常。

❑ public static InetAddress getByAddress（byte[] addr）throws UnknownHostException：根据原始 IP 地址来获取对应的 InetAddress 对象。参数 addr 表示原始的 IP 地址，如果不存在则抛出 UnknownHostException 异常。

在 InetAddress 中可以通过如下 3 个方法来获取与 InetAddress 实例对应的 IP 地址和主机名。

❑ public String getCanonicalHostName()：获取此 IP 地址的全限定域名。

❑ public String getHostAddress()：返回该 InetAddress 实例对应的 IP 地址字符串（以字符串形式）。

❑ public String getHostName()：获取此 IP 地址的主机名。

另外，在类 InetAddress 中还包含了如下重要方法。

❑ static InetAddress getLocalHost()：获取本机 IP 地址对应的 InetAddress 实例。

❑ public boolean isReachable（int timeout）throws IOException：测试是否可以到达该地址，该方法将尽最大努力试图到达主机，但防火墙和服务器配置可能会阻塞请求，使其在某些特定端口访问时处于不可达的状态。如果可以获得权限，则典型实现将使用 ICMP ECHO REQUEST；否则它将试图在目标主机的端口 7（Echo）上建立 TCP 连接。参数 timeout 的单位是毫秒，指示尝试应该使用的最大时间量。如果在获取应答前操作就已超时，则视为主机不可到达。如果是负值，则会导致抛出 IllegalArgumentException 异常。

23.1.2　URLDecoder 类和 URLEncoder 类

URLDecoder 类和 URLEncoder 类的功能是，完成普通字符串和 application/x-www-form-urlencoded MIME 字符串之间的相互转换。application/x-www-form-urlencoded MIME 虽然不是普通的字符串，但是在现实应用中经常见到，例如搜索引擎网址中看似是乱码的内容，如图 23-1 所示。

&aqi=&aql=&gs_sm=&gs_upl=&bav=on.2,or.r_gc.r_pw.,cf.osb&fp=7d739249df327f8&biw=1272&bih=594

图 23-1　MIME 编码

当 URL 里包含非西欧字符的字符串时，系统会将这些非西欧字符串转换成特殊字符串。编程过程中可以将普通字符串和这种特殊字符串相关转换，此功能是通过使用 URLDecoder 和 URLEncoder 类来实现的。

❑ URLDecoder 类：包含一个静态方法 decode（String s，String enc），它可以将看上去是乱码的特殊字符串转换成普通字符串。

❑ URLEncoder 类：包含一个静态方法 encode（String s，String enc），它可以将普通字符串转换成 application/x-www-form-urlencoded MIME 字符串。

在现实应用中，我们不必转换仅包含西欧字符的普通字符串和 application/x-www-form-urlencoded MIME 字符串。由于需要转换包含中文字符的普通字符串，转换方法是每个中文字符占两个字节，每个字节可以转换成两个十六进制的数字，所以每个中文字符将转换成"%XX%XX"的形式。当采用不同的字符集时，每个中文字符对应的字节数并不完全相同，当使用 URLEncoder 和 URLDecoder 进行转换时需要指定字符集。

23.1.3 URL 类和 URLConnection 类

URL 是 Uniform Resource Locator 的缩写，意为统一资源定位器，它是指向互联网"资源"的指针。资源可以是简单的文件或目录，也可以是更为复杂的对象引用，例如对数据库或搜索引擎的查询。就通常情况而言，URL 可以由协议名、主机、端口和资源组成。URL 需要满足如下格式。

```
protocol://host:port/resourceName
```

例如下面就是一个 URL。

```
http://www.163.com
```

JDK 为我们提供了一个 URI 类，其实例代表一个统一的资源标识符。Java 的 URI 不能定位任何资源，它的唯一作用就是解析。而 URL 类中则包含了一个可打开到达该资源的输入流，因此我们可以将 URL 类理解成 URI 类的特例。

类 URL 中提供了多个构造器以创建 URL 对象，一旦获得了 URL 对象，就可以调用如下方法来访问该 URL 对应的资源。

❑ String getFile()：获取此 URL 的资源名。

❑ String getHost()：获取此 URL 的主机名。

❑ String getPath()：获取此 URL 的路径。

❑ int getPort()：获取此 URL 的端口号。

❑ String getProtocol()：获取此 URL 的协议名称。

❑ String getQuery()：获取此 URL 的查询字符串。

❑ URLConnection openConnection()：返回一个 URLConnection 对象，它表示到 URL 所引用的远程对象的连接。

❑ InputStream openStream()：打开与此 URL 的连接，并返回一个读取该 URL 资源的 InputStream。

在 URL 中，可以使用 openConnection()方法返回一个 URLConnection 对象，该对象表示应用程序和 URL 之间的通信连接。应用程序可以通过 URLConnection 实例向此 URL 发送请求，并读取 URL 引用的资源。

创建一个与 URL 连接并发送请求、读取此 URL 引用的资源的步骤如下所示。

（1）通过调用 URL 对象 openConnection()方法来创建 URLConnection 对象。

（2）设置 URLConnection 的参数和普通请求的属性。

（3）如果只是发送 GET 方式的请求，那么使用方法 connect 建立与远程资源之间的实际连接即可；如果需要发送 POST 方式的请求，那么需要获取与 URLConnection 实例对应的输出流来发送请求参数。

（4）远程资源变为可用后，程序可以访问远程资源的头字段或通过输入流读取远程资源中的数据。

在与远程资源建立实际连接之前，我们可以通过如下方法来设置请求头字段。

- ❑ setAllowUserInteraction：设置该 URLConnection 对象的 allowUserInteraction 请求头字段的值。
- ❑ setDoInput：设置该 URLConnection 对象的 doInput 请求头字段的值。
- ❑ setDoOutput：设置该 URLConnection 对象的 doOutput 请求头字段的值。
- ❑ setIfModifiedSince：设置该 URLConnection 对象的 ifModifiedSince 请求头字段的值。
- ❑ setUseCaches：设置该 URLConnection 对象的 useCaches 请求头字段的值。

除此之外，还可以使用如下方法来设置或增加通用头字段。

- ❑ setRequestProperty（String key, String value）：设置该 URLConnection 对象的 key 请求头字段的值为 value。
- ❑ addRequestProperty（String key, String value）：为该 URLConnection 对象的 key 请求头字段增加 value 值，该方法并不会覆盖原请求头字段的值，而是将新值追加到原请求头字段中。

当发现远程资源可以使用后，使用如下方法访问头字段和内容。

- ❑ Object getContent()：获取该 URLConnection 对象的内容。
- ❑ String getHeaderField（String name）：获取指定响应头字段的值。
- ❑ getInputStream()：返回该 URLConnection 对象对应的输入流，以获取 URLConnection 响应的内容。
- ❑ getOutputStream()：返回该 URLConnection 对象对应的输出流，以向 URLConnection 发送请求参数。
- ❑ getHeaderField：根据响应头字段来返回对应的值。

因为在程序中需要经常访问某些头字段，所以 Java 提供了如下方法来访问特定响应头字段的值。

- ❑ getContentEncoding：获取 content-encoding 响应头字段的值。
- ❑ getContentLength：获取 content-length 响应头字段的值。
- ❑ getContentType：获取 content-type 响应头字段的值。
- ❑ getDate()：获取 date 响应头字段的值。
- ❑ getExpiration()：获取 expires 响应头字段的值。
- ❑ getLastModified()：获取 last-modified 响应头字段的值。

✿ 注意：如果既要使用输入流读取 URLConnection 响应的内容，也要使用输出流发送请求参数，那就一定要先使用输出流，再使用输入流。另外，无论是发送 GET 请求，还是发送 POST 请求，程序获取 URLConnection 响应的方式完全一样。如果程序可以确定远程响应是字符流，则可以使用字符流来读取；如果程序无法确定远程响应是字符流，则使用字节流来读取。

23.1.4　实践演练

经过前面内容的学习，可以了解到 Java 网络包中各个类的基本知识，接下来将通过具体实例来演练各个类的具体用法。

实例 23-1　演示 InetAddress 的简单用法
源码路径：daima\23\InetAddressyong.java

实例文件 InetAddressyong.java 主要实现代码如下所示。

```
import java.net.*;
public class InetAddressyong{
```

```
public static void main(String[] args)
    throws Exception{
    //根据主机名来获取对应的InetAddress实例
    InetAddress ip = InetAddress.getByName
    ("www.sohu.com");
    //判断是否可达
    System.out.println("sohu是否可达:" + ip.
    isReachable(2000));
    //获取该InetAddress实例的IP字符串
    System.out.println(ip.getHostAddress());
    //根据原始IP地址来获取对应的InetAddress实例
    InetAddress local = InetAddress.
    getByAddress(new byte[]
    {127,0,0,1});
    System.out.println("本机是否可达: " +
    local.isReachable(5000));
    //获取该InetAddress实例对应的全限定域名
    System.out.println(local.getCanonicalHostName());
    }
}
```

拓展范例及视频二维码

范例 **23-1-01**：普通字符和
　　　　　　MIME 字符的转换
源码路径：**演练范例\23-1-01**
范例 **23-1-02**：获取计算机名和
　　　　　　IP 地址
源码路径：**演练范例\23-1-02**

执行后的结果如图 23-2 所示。

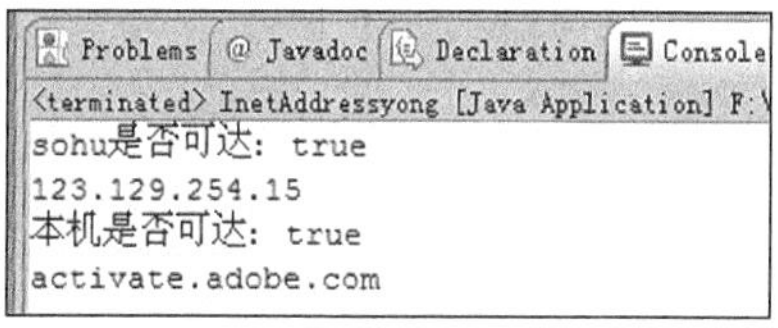

```
Problems | @ Javadoc | Declaration | Console
<terminated> InetAddressyong [Java Application] F:\
sohu是否可达: true
123.129.254.15
本机是否可达: true
activate.adobe.com
```

图 23-2 执行结果

上述实例演示了 InetAddress 类中几个方法的用法，此类本身并没有提供太多的功能，它代表一个 IP 地址对象，是网络通信的基础。

实例 23-2　通过 InputStream 实现多线程下载
源码路径：daima\23\xiazai.java

实例文件 xiazai.java 主要实现代码如下所示。

```
import java.io.*;
import java.net.*;

//定义下载内容从start到end的线程
class DownThread extends Thread{
    //定义字节数组的长度
    private final int BUFF_LEN = 32;
    //定义下载的起始点
    private long kaishi;
    //定义下载的结束点
    private long jieshu;
    //下载资源对应的输入流
    private InputStream is;
    //将下载得到的字节输出到mm中
    private RandomAccessFile mm ;

    //构造器、传入输入流、输出流和下载起始点、结束点
    public DownThread(long start , long end , InputStream is , RandomAccessFile raf) {
        //输出该线程负责下载的字节位置
        System.out.println(start + "---->"  + end);
        this.kaishi = start;
        this.jieshu = end;
        this.is = is;
        this.mm = raf;
    }
    public void run(){
        try{
            is.skip(kaishi);
```

拓展范例及视频二维码

范例 **23-2-01**：向 Web 站点
　　　　　　发送请求
源码路径：**演练范例\23-2-01**
范例 **23-2-02**：获取网址的
　　　　　　IP 地址
源码路径：**演练范例\23-2-02**

```
                mm.seek(kaishi);
                //定义读取输入流内容的缓存数组
                byte[] buff = new byte[BUFF_LEN];
                //本线程负责下载资源的大小
                long contentLen = jieshu - kaishi;
                //定义最多需要读取几次就可以完成本线程的下载
                long times = contentLen / BUFF_LEN + 4;
                //实际读取的字节数
                int hasRead = 0;
                for (int i = 0; i < times ; i++){
                    hasRead = is.read(buff);
                    //如果读取的字节数小于0，则退出循环
                    if (hasRead < 0){
                        break;
                    }
                    mm.write(buff , 0 , hasRead);
                }
            }
            catch (Exception ex){
                ex.printStackTrace();
            }
            //使用finally块来关闭当前线程的输入流、输出流
            finally{
                try{
                    if (is != null){
                        is.close();
                    }
                    if (mm != null){
                        mm.close();
                    }
                }
                catch (Exception ex){
                    ex.printStackTrace();
                }
            }
        }
    }
}
public class xiazai{
    public static void main(String[] args){
        final int DOWN_THREAD_NUM = 4;
        final String OUT_FILE_NAME = "down.jpg";
        InputStream[] isArr = new InputStream[DOWN_THREAD_NUM];
        RandomAccessFile[] outArr = new RandomAccessFile[DOWN_THREAD_NUM];
        try{
            //创建一个URL对象
            URL url = new URL("http://images.china-pub.com/"+ "ebook35001-40000/35850/shupi.jpg");
            //利用此URL对象打开第一个输入流
            isArr[0] = url.openStream();
            long fileLen = getFileLength(url);
            System.out.println("网络资源的大小" + fileLen);
            //利用输出文件名创建第一个RandomAccessFile输出流
            outArr[0] = new RandomAccessFile(OUT_FILE_NAME , "rw");
            //创建一个与下载资源相同大小的空文件
            for (int i = 0 ; i < fileLen ; i++ ){
                outArr[0].write(0);
            }
            //每个线程应该下载的字节数
            long numPerThred = fileLen / DOWN_THREAD_NUM;
            //整个下载资源整除后剩下的余数
            long left = fileLen % DOWN_THREAD_NUM;
            for (int i = 0 ; i < DOWN_THREAD_NUM; i++){
                //为每个线程打开一个输入流、一个RandomAccessFile对象
                //让每个线程分别负责下载资源的不同部分
                if (i != 0)  {
                    //利用URL打开多个输入流
                    isArr[i] = url.openStream();
                    //利用指定的输出文件创建多个RandomAccessFile对象
                    outArr[i] = new RandomAccessFile(OUT_FILE_NAME , "rw");
                }
```

```
                    //分别启动多个线程来下载网络资源
                    if (i == DOWN_THREAD_NUM - 1){
                        //最后一个线程下载指定numPerThred+left个字节
                        new DownThread(i * numPerThred , (i + 1) * numPerThred + left
                            , isArr[i] , outArr[i]).start();
                    }
                    else{
                        //每个线程负责下载numPerThred个字节
                        new DownThread(i * numPerThred , (i + 1) * numPerThred
                            , isArr[i] , outArr[i]).start();
                    }
                }
            }
            catch (Exception ex){
                ex.printStackTrace();
            }
        }
        //定义获取指定网络资源长度的方法
        public static long getFileLength(URL url) throws Exception{
            long length = 0;
            //打开该URL对应的URLConnection
            URLConnection con = url.openConnection();
            //获取连接URL资源的长度
            long size = con.getContentLength();
            length = size;
            return length;
        }
    }
```

在上述实例中，我们定义了 DownThread 线程类，该线程从 InputStream 中读取从 kaishi 开始到 jieshu 结束的所有字节数据，并写入到 RandomAccessFile 对象中。这个 DownThread 线程类的 run()就是一个简单的输入、输出实现。上述代码使用类 MutilDown 中的方法 main 负责按如下步骤来实现多线程下载。

（1）创建 URL 对象，获取指定 URL 对象所指向的资源大小（由 getFileLength 方法实现）。此处用到了 URLConnection 类，该类代表 Java 应用程序和 URL 之间的通信连接。下面还有关于 URLConnection 更详细的介绍。

（2）在本地磁盘上创建一个与网络资源相同大小的空文件。

（3）计算每条线程应该下载网络资源的哪个部分（从哪个字节开始，到哪个字节结束）。

```
网络资源的大小69281
0---->17320
17320---->34640
34640---->51960
51960---->69281
```

（4）依次创建、启动多条线程来下载网络资源的指定部分。

本实例的执行结果如图 23-3 所示。

图 23-3　执行结果

23.2　TCP 编程

TCP/IP 通信协议是一种可靠的网络协议，我们可以利用该协议在通信链路的两端各建立一个 Socket，从而形成网络虚拟链路。一旦建立了虚拟的网络链路，两端的程序就可以通过虚拟链路进行通信。Java 对 TCP 网络通信提供了良好的封装，提供 Socket 对象代表两端的通信端口，并通过 Socket 产生 I/O 流进行网络通信。

知识点讲解：

23.2.1　使用 ServerSocket

在 Java 中，我们可以使用类 ServerSocket 来接受其他通信实体的连接请求，对象 ServerSocket 用于监听来自客户端的 Socket 连接，如果没有连接则它一直处于等待状态。在类 ServerSocket 中包含了如下监听客户端连接请求的方法。

❑ public Socket accept()throws IOException：如果接收到一个客户端 Socket 的连接请求，该方法将返回一个与客户端 Socket 对应的 Socket；否则，该方法将一直处于等待状态，线程也会阻塞。

为了创建 ServerSocket 对象，ServerSocket 类提供了如下构造器。

❑ ServerSocket()：创建一个未绑定的 ServerSocket 对象。

❑ ServerSocket（int port）：用指定端口 port 来创建一个 ServerSocket。该端口应有一个有效的端口整数值，其取值范围为 0～65535。

❑ ServerSocket（int port, int backlog）：增加一个用来改变连接队列长度的参数 backlog。

❑ ServerSocket（int port, int backlog, InetAddress localAddr）：在机器存在多个 IP 地址的情况下，允许通过参数 localAddr 来将 ServerSocket 绑定到指定的 IP 地址上。

当 ServerSocket 使用完毕后，需要用 ServerSocket 中的方法 close()关闭该 ServerSocket。在通常情况下，服务器不会只接收一个客户端请求，而是不断地接受来自客户端的请求，所以在 Java 程序中可以通过循环不断地调用 ServerSocket 的 accept()方法。例如下面的代码。

```
//创建一个ServerSocket，以监听客户端Socket的连接请求
ServerSocket ss = new ServerSocket(30000);
//采用循环方式不断接收来自客户端的请求
while (true){
//每当接收到客户端Socket的请求后，服务器端也对应产生一个Socket
Socket s = ss.accept();
//下面就可以使用Socket进行通信了
...
}
```

上述代码创建的 ServerSocket 没有指定 IP 地址，该 ServerSocket 会绑定到本机默认的 IP 地址上。在代码中使用 40000 作为该 ServerSocket 的端口号，通常推荐使用 10000 以上的端口号，这主要是为了避免与其他应用程序的通用端口冲突。

23.2.2　使用 Socket

在客户端可以使用 Socket 的构造器来连接到指定服务器，在 Socket 中可以使用如下两个构造器。

❑ Socket（InetAddress/String remoteAddress, int port）：创建连接到指定远程主机、远程端口的 Socket。该构造器没有指定本地地址、本地端口，默认使用本地主机的默认 IP 地址，或者默认使用系统动态指定的 IP 地址。

❑ Socket（InetAddress/String remoteAddress, int port, InetAddress localAddr, int localPort）：创建连接到指定远程主机、远程端口的 Socket。它并指定本地 IP 地址和本地端口号，这适用于本地主机有多个 IP 地址的情形。

在使用构造器指定远程主机时，既可使用 InetAddress 来指定，也可直接使用 String 对象来指定，在 Java 中通常使用 String 对象（如 192.168.2.23）来指定远程 IP。当本地主机只有一个 IP 地址时，使用第一个方法更为简单。例如下面的代码所示。

```
//创建连接到本机30000端口的Socket
Socket s = new Socket("127.0.0.1" , 30000);
```

当程序执行上述代码后会连接到指定服务器，让服务器端的 ServerSocket 的 accept()方法向下执行，于是服务器端和客户端就产生了一对互相连接的 Socket。上述代码连接到"远程主机"的 IP 地址是 127.0.0.1，此 IP 地址总是代表本级的 IP 地址。因为示例程序的服务器端、客户端都是在本机运行，所以 Socket 连接到远程主机的 IP 地址使用 127.0.0.1 这个地址。

当客户端、服务器端产生了对应的 Socket 之后，程序无须再区分服务器、客户端，而是通过各自的 Socket 进行通信。Socket 提供如下两个方法来获取输入流和输出流。

❑ InputStream getInputStream()：返回该 Socket 对象对应的输入流，让程序通过该输入流从 Socket 中取出数据。

❏ OutputStream getOutputStream()：返回该 Socket 对象对应的输出流，让程序通过该输出流向 Socket 中输入数据。

实例 23-3　创建 TCP 的服务器端
源码路径：daima\23\Server.java

实例文件 Server.java 主要实现代码如下所示。

```
public class Server{
    public static void main(String[] args)
        throws IOException{
        //创建一个ServerSocket, 以监听客户端Socket的
        连接请求
        ServerSocket ss = new ServerSocket(30000);
        //采用循环方式不断接收来自客户端的请求
        while (true){
            //每当接到客户端Socket的请求后,
            服务器端也对应产生一个Socket
            Socket s = ss.accept();
            PrintStream ps = new PrintStream(s.
            getOutputStream());  //将Socket对应的
            输出流包装成PrintStream
            ps.println("圣诞快乐!"); //进行普通I/O操作,输出文本
            //关闭输出流, 关闭Socket
            ps.close();
            s.close();
            ss.close();
        }
    }
}
```

拓展范例及视频二维码

范例 **23-3-01**：实现 TCP 的
　　　　　客户端
源码路径：**演练范例\23-3-01**
范例 **23-3-02**：判断两网址的
　　　　　主机名是否一致
源码路径：**演练范例\23-3-02**

在上述代码中，由于我们仅建立了 ServerSocket 监听，并使用 Socket 获取输出流，所以代码执行后不会显示任何信息。

通过上述实例可以得出一个结论：一旦使用 ServerSocket、Socket 建立网络连接之后，程序通过网络进行通信与普通 I/O 并没有太大的区别。如果先运行上面程序中的 Server 类，那么将看到服务器一直处于等待状态，因为服务器使用死循环来接收来自客户端的请求；运行 Client 类可以看到程序输出："来自服务器的数据：圣诞快乐！"这表明客户端和服务器端通信成功。上述代码为了突出通过 ServerSocket 和 Socket 建立连接并通过底层 I/O 流进行通信的主题，程序没有进行异常处理，也没有使用 finally 块关闭资源。

23.2.3　TCP 中的多线程

服务器端和客户端只是执行了简单的通信操作，当服务器接收到客户端的连接请求之后，服务器向客户端输出一个字符串，而客户端也只是读取服务器发送的字符串后就退出了。在实际应用中，客户端可能需要和服务器端保持长时间通信，即服务器需要不断地读取客户端数据，并向客户端写入数据，客户端也需要不断地读取服务器数据，并向服务器写入数据。

当使用 readLine() 方法读取数据时，如果在该方法成功返回之前线程被阻塞，则程序将无法继续执行。所以此服务器很有必要为每个 Socket 单独启动一条线程，每条线程负责与一个客户端进行通信。另外，因为客户端读取服务器数据的线程同样会被阻塞，所以系统应该单独启动一条线程来专门读取服务器数据。

假设要开发一个聊天室程序，那么在服务器端应该包含多条线程，其中每个 Socket 对应一条线程，该线程负责读取 Socket 对应的输入流数据（从客户端发送过来的数据），并将读到的数据向每个 Socket 输出流发送一遍（将一个客户端发送的数据"广播"给其他客户端），因此需要在服务器端使用列表来保存所有的 Socket。在具体实现时，它为服务器提供了如下两个类。

❏ 创建 ServerSocket 监听的主类。
❏ 处理每个 Socket 通信的线程类。

首先看实例文件 IServer.java，主要实现代码如下所示。

```
package liao.server;
import java.net.*;
public class IServer{
    //定义保存所有Socket的ArrayList
    public static ArrayList<Socket> socketList =
    new ArrayList<Socket>();
    public static void main(String[] args)
        throws IOException{
        ServerSocket ss = new ServerSocket(30000);
        while(true){
            //此行代码会阻塞，它将一直等待其他的连接
            Socket s = ss.accept();
            socketList.add(s);
            //当客户端连接后启动一条ServerThread线程为该客户端服务
            new Thread(new Serverxian(s)).start();
            ss.close();
        }
    }
}
```

在上述代码中，服务器端只负责接受客户端 Socket 的连接请求，当客户端 Socket 连接到该 ServerSocket 之后，程序将对应的 Socket 加入到 socketList 集合中保存，并为该 Socket 启动一条线程，它负责处理该 Socket 所有的通信任务。

然后看服务器端线程类文件 Serverxian.java，主要实现代码如下所示。

```
//负责每个线程通信的线程类
public class Serverxian implements Runnable {
    //定义当前线程所处理的Socket
    Socket s = null;
    //该线程处理的Socket所对应的输入流
    BufferedReader br = null;
    public Serverxian(Socket s)
        throws IOException{
        this.s = s;
        //初始化该Socket对应的输入流
        br = new BufferedReader(new InputStreamReader(s.getInputStream()));
    }
    public void run(){
        try{
            String content = null;
            //采用循环方式不断从Socket中读取客户端发送过来的数据
            while ((content = readFromClient()) != null){
                //遍历socketList中的每个Socket
                //将读到的内容向每个Socket发送一次
                for (Socket s : IServer.socketList){
                    PrintStream ps = new PrintStream(s.getOutputStream());
                    ps.println(content);
                }
            }
        }
        catch (IOException e){
            //e.printStackTrace();
        }
    }
    //定义读取客户端数据的方法
    private String readFromClient(){
        try{
            return br.readLine();
        }
        //如果捕捉到异常，则表明与该Socket对应的客户端已经关闭
        catch (IOException e){
            //删除该Socket
            IServer.socketList.remove(s);
        }
    }
```

```
        return null;
    }
}
```

在上述代码中，服务器端线程类会不断地使用方法 readFromClient()来读取客户端数据。如果读取数据过程中捕获到 IOException 异常，则说明此 Socket 对应的客户端 Socket 出现了问题，程序会将此 Socket 从 socketList 中删除。当服务器线程读到客户端数据之后会遍历整个 socketList 集合，并将该数据向 socketList 集合中的每个 Socket 发送一次，该服务器线程将把从 Socket 中读到的数据向 socketList 中的每个 Socket 转发一次。

接下来开始客户端的编码工作，在本应用中每个客户端应该包含如下两条线程。

❑ 一条线程负责读取用户的键盘输入，并将用户输入的数据写入与 Socket 对应的输出流中。
❑ 一条线程负责读取 Socket 对应输入流中的数据（从服务器发送过来的数据），并将这些数据输出。其中负责读取用户键盘输入的线程由 Myclient 负责，也就是由程序的主线程来负责。

客户端主程序文件 Iclient.java，主要实现代码如下所示。

```
public class IClient{
    public static void main(String[] args)
        throws IOException {
        Socket s = new Socket("127.0.0.1" , 30000);
        //客户端启动ClientThread线程不断读取来自服务器的数据
        new Thread(new ClientThread(s)).start();
        //获取该Socket对应的输出流
        PrintStream ps = new PrintStream(s.getOutputStream());
        String line = null;
        //不断读取键盘输入
        BufferedReader br = new BufferedReader(new InputStreamReader(System.in));
        while ((line = br.readLine()) != null){
            //将用户的键盘输入内容写入与Socket对应的输出流中
            ps.println(line);
        }
    }
}
```

在上述代码中，当线程读到用户键盘输入的内容后，会将该内容写入与 Socket 对应的输出流中。当主线程使用 Socket 连接到服务器之后，它会启动 ClientThread 来处理该线程的 Socket 通信。

最后编写客户端的线程处理文件 Clientxian.java，此线程负责读取 Socket 输入流中的内容，并将这些内容在控制台中输出。文件 Clientxian.java 的主要实现代码如下所示。

```
public class Clientxian implements Runnable{
    //该线程负责处理的Socket
    private Socket s;
    //该线程处理的Socket所对应的输入流
    BufferedReader br = null;
    public Clientxian(Socket s)
        throws IOException{
        this.s = s;
        br = new BufferedReader(
            new InputStreamReader(s.getInputStream()));
    }
    public void run(){
        try{
            String content = null;
            //不断读取Socket输入流中的内容，并将这些内容输出
            while ((content = br.readLine()) != null){
                System.out.println(content);
            }
        }
        catch (Exception e){
            e.printStackTrace();
        }
    }
}
```

上述代码能够不断获取 Socket 输入流中的内容，并直接将这些内容打印在控制台。先运行上面程序中的类 IServer，由于该类运行后会作为本应用的服务器，所以不会看到任何输出。接着可以运行多个 IClient——相当于启动多个聊天室客户端登录该服务器，此时在任何一个客户端通过键盘输入一些内容并按回车键后，可看到所有客户端（包括自己）都会在控制台收到刚刚输入的内容，这就简单地实现了一个聊天室的功能。

23.3　UDP 编程

Java 还提供了 DatagramSocket 对象来作为基于 UDP 的 Socket，可以使用 DatagramPacket 代表 DatagramSocket 发送或接收数据报。本节将详细讲解 Java 技术实现 UDP 编程的基本知识。

 知识点讲解：

23.3.1　使用 DatagramSocket

DatagramSocket 本身只是码头，不维护状态，不能产生 I/O 流，它的唯一作用就是接收和发送数据报。Java 使用 DatagramPacket 代表数据报，DatagramSocket 接收和发送的数据都是通过 DatagramPacket 对象完成的。DatagramSocket 中的构造器如下所示。

- ❑ DatagramSocket()：创建一个 DatagramSocket 实例，并将该对象绑定到本机默认 IP 地址、本机所有可用端口中随机选择的某个端口。
- ❑ DatagramSocket (int prot)：创建一个 DatagramSocket 实例，并将该对象绑定到本机默认 IP 地址、指定端口。
- ❑ DatagramSocket (int port, InetAddress laddr)：创建一个 DatagramSocket 实例，并将该对象绑定到指定 IP 地址、指定端口。

在 Java 编程应用中，通过上述构造器中的任意一个均可创建一个 DatagramSocket 实例。在创建服务器时，需要创建指定端口的 DatagramSocket 实例，这样的好处是保证其他客户端可以将数据发送到该服务器。一旦得到了 DatagramSocket 实例，就可以通过如下两个方法来接收和发送数据。

- ❑ receive (DatagramPacket p)：从该 DatagramSocket 中接收数据报。
- ❑ send (DatagramPacket p)：从该 DatagramSocket 对象向外发送数据报。

从上面两个方法可以看出，在使用 DatagramSocket 发送数据报时，DatagramSocket 并不知道将该数据报发送到哪里，而是由 DatagramPacket 自身决定数据报的目的地。就像码头并不知道每个集装箱的目的地，它只是将这些集装箱发送出去，而集装箱本身包含了目的地。

当 Client/Server 程序使用 UDP 时，实际上并没有明显的服务器和客户端，因为两方都需要先建立一个 DatagramSocket 对象以接收或发送数据报，然后使用 DatagramPacket 对象作为传输数据的载体。通常固定 IP、固定端口的 DatagramSocket 对象所在的程序称为服务器，因为该 DatagramSocket 可以主动接收客户端数据。

DatagramPacket 中的构造器如下所示。

- ❑ DatagramPacket (byte buf[], int length)：用一个空数组来创建 DatagramPacket 对象，该对象的作用是接收 DatagramSocket 中的数据。
- ❑ DatagramPacket (byte buf[], int length, InetAddress addr, int port)：用一个包含数据的数组来创建 DatagramPacket 对象，在创建该 DatagramPacket 时还指定了 IP 地址和端口——这就决定了该数据报的目的地。
- ❑ DatagramPacket (byte[] buf, int offset, int length)：用一个空数组来创建 DatagramPacket 对象，并指定接收到的数据放入 buf 数组中时从 offset 开始，最多放 length 个字节。

❑ DatagramPacket（byte[] buf，int offset，int length，InetAddress address，int port）：创建一个用于发送的 DatagramPacket 对象，并指定一个 offset 参数。

在接收数据前，应该使用上面的第一个或第三个构造器生成一个 DatagramPacket 对象，给出接收数据的字节数组及其长度。然后调用 DatagramSocket 中的 receive()方法等待数据报的到来，此方法将一直等待（也就是说它会阻塞调用该方法的线程），直到收到一个数据报为止。例如下面的代码所示。

```
DatagramPacket packet=new DatagramPacket(buf, 256);    //创建接收数据的DatagramPacket对象
socket.receive(packet);                                //接收数据
```

在发送数据之前，调用第二个或第四个构造器创建 DatagramPacket 对象，此时字节数组里存放了想要发送的数据。除此之外，还要给出完整的目的地址，这包括 IP 地址和端口号。发送数据是通过 DatagramSocket 的方法 send()实现的，方法 send()根据数据报的目的地址来寻找路径以传递数据报。例如下面的代码。

```
//创建一个发送数据的DatagramPacket对象
DatagramPacket packet = new DatagramPacket(buf, length, address, port);
socket.send(packet);                   //发送数据报
```

接着 DatagramPacket 提供的 getData()方法可以返回 DatagramPacket 对象里封装的字节数组。

有时，当服务器（也可以客户端）接收到一个 DatagramPacket 对象后，想向该数据报的发送者"反馈"一些信息。但 UDP 是面向非连接的，接收者并不知道数据报的发送者，此时程序可以调用 DatagramPacket 的如下 3 个方法来获取发送者的 IP 地址和端口信息。

❑ InetAddress getAddress()：返回某台机器的 IP 地址。当程序准备发送数据报时，该方法返回此数据报的目标机器的 IP 地址；当程序刚接收到一个数据报时，该方法返回该数据报的发送主机的 IP 地址。

❑ int getPort()：返回某台机器的端口。当程序准备发送数据报时，该方法返回此数据报的目标机器的端口；当程序刚接收到一个数据报时，该方法返回该数据报的发送主机的端口。

❑ SocketAddress getSocketAddress()：返回完整的 SocketAddress，它通常由 IP 地址和端口组成。当程序准备发送数据报时，该方法返回此数据报的目标 SocketAddress；当程序刚接收到一个数据报时，该方法返回该数据报的源 SocketAddress。

getSocketAddress 方法的返回值是一个 SocketAddress 对象，该对象实际上就是一个 IP 地址和一个端口号，也就是说 SocketAddress 对象封装了一个 InetAddress 对象和一个代表端口的整数，所以使用 SocketAddress 对象可以同时代表 IP 地址和端口。

实例 23-5 ｜ **实现 UDP 的服务器端**
源码路径：daima\23\UdpServer.java

服务器端实现文件 UdpServer.java 的主要实现代码如下所示。

```
public class UdpServer{
    public static final int PORT = 30000;
    //定义每个数据报的最大长度为4KB
    private static final int DATA_LEN = 4096;
    //定义该服务器使用的DatagramSocket
    private DatagramSocket socket = null;
    //定义接收网络数据的字节数组
    byte[] inBuff = new byte[DATA_LEN];
    //用指定字节数组创建接收数据的DatagramPacket对象
    private DatagramPacket inPacket =
        new DatagramPacket(inBuff , inBuff.length);
    //定义一个用于发送的DatagramPacket对象
    private DatagramPacket outPacket;
    //定义一个字符串数组，服务器发送该数组中的元素
    String[] books = new String[] {
        "AAA",
        "BBB",
```

拓展范例及视频二维码

范例 **23-5-01**：实现 UDP 协议的客户端
源码路径：**演练范例\23-5-01**

范例 **23-5-02**：使用 URL 访问网页
源码路径：**演练范例\23-5-02**

573

```
            "CCC",
            "DDD"
    };
    public void init()throws IOException{
        try{
            //创建DatagramSocket对象
            socket = new DatagramSocket(PORT);
            //采用循环方式接收数据
            for (int i = 0; i < 1000 ; i++ ){
                //读取Socket中的数据，读到的数据放在inPacket所封装的字节数组里
                socket.receive(inPacket);
                //判断inPacket.getData()和inBuff是否是同一个数组
                System.out.println(inBuff == inPacket.getData());
                //将接收到的内容转成字符串后输出
                System.out.println(new String(inBuff ,
                    0 , inPacket.getLength()));
                //从字符串数组中取出一个元素作为发送的数据
                byte[] sendData = books[i % 4].getBytes();
                //用指定字节数组作为发送数据，用刚接收到DatagramPacket的
                //源SocketAddress作为目标SocketAddress创建DatagramPacket
                outPacket = new DatagramPacket(sendData ,
                    sendData.length , inPacket.getSocketAddress());
                //发送数据
                socket.send(outPacket);
            }
        }
        //使用finally块来关闭资源
        finally{
            if (socket != null){
                socket.close();
            }
        }
    }
    public static void main(String[] args)
        throws IOException{
        new UdpServer().init();
    }
}
```

上述整个应用程序使用 DatagramSocket 实现了 Server/Client 结构的网络通信，其中服务器端循环 1000 次来读取 DatagramSocket 中的数据报，每当读到内容之后便向该数据报的发送者反馈一条信息。

23.3.2　使用 MulticastSocket

DatagramSocket 只允许数据报发送给指定的目标地址，而 MulticastSocket 可以将数据报以广播方式发送到数量不等的多个客户端上。如果要使用多点广播，则需要让一个数据报标有一组目标主机地址，当数据报发出后，整个组的所有主机都能收到该数据报。IP 多点广播（或多点发送）实现了将单一信息发送到多个接收者的功能，其思想是设置一组特殊网络地址作为多点广播地址，每一个多点广播地址都是一个组，当客户端需要发送、接收广播信息时，加入到该组即可。

IP 为多点广播提供了这些特殊的 IP 地址，这些 IP 地址的范围是 224.0.0.0～239.255.255.255。

类 MulticastSocket 既可以将数据报发送到多点广播地址，也可以接收其他主机的广播信息。类 MulticastSocket 是 DatagramSocket 的一个子类，当要发送一个数据报时，可使用随机端口创建 MulticastSocket，也可以在指定端口创建 MulticastSocket。

类 MulticastSocket 中提供了如下 3 个构造器。

❑ public MulticastSocket()：使用本机默认地址、随机端口来创建一个 MulticastSocket 对象。

❑ public MulticastSocket（int portNumber）：使用本机默认地址、指定端口来创建一个 MulticastSocket 对象。

❑ public MulticastSocket（SocketAddress bindaddr）：使用本机指定 IP 地址、指定端口来创建一个 MulticastSocket 对象。

在创建一个 MulticastSocket 对象后，需要将其加入到指定的多点广播地址。在 MulticastSocket 中使用方法 jionGroup()加入到一个指定的组中，使用方法 leaveGroup()从一个组中脱离。这两个方法的具体说明如下所示。

❑ joinGroup（InetAddress multicastAddr）：将该 MulticastSocket 加入指定的多点广播地址。

❑ leaveGroup（InetAddress multicastAddr）：让该 MulticastSocket 离开指定的多点广播地址。

在某些系统中，可能有多个网络接口，这可能会给多点广播带来问题。这时候程序需要在一个指定的网络接口上进行监听，调用 setInterface 可选择 MulticastSocket 所使用的网络接口，也可以使用 getInterface 方法查询 MulticastSocket 监听的网络接口。

如果创建仅发送数据报的 MulticastSocket 对象，则只需用默认地址、随机端口。但如果创建接收用的 MulticastSocket 对象，则该 MulticastSocket 对象必须具有指定端口，否则发送方无法确定数据报的目标端口。

虽然 MulticastSocket 实现发送、接收数据报的方法与 DatagramSocket 的完全相同，但是 MulticastSocket 比 DatagramSocket 多了如下方法。

```
setTimeToLive(int ttl)
```

参数 ttl 设置数据报最多可以跨过多少个网络，当 ttl 为 0 时，指定数据报应停留在本地主机；当 ttl 的值为 1 时，指定数据报发送到本地局域网；当 ttl 的值为 32 时，这意味着只能发送到本站点的网络上；当 ttl 为 64 时，意味着数据报应保留在本地区；当 ttl 的值为 128 时，意味着数据报应保留在本大洲；当 ttl 为 255 时，意味着数据报可发送到任何地方；默认情况下，ttl 的值为 1。

在使用 MulticastSocket 进行多点广播时，所有通信实体都是平等的，都将自己的数据报发送到多点广播 IP 地址，并使用 MulticastSocket 接收其他人发送的广播数据报。例如在下面的实例代码中，使用 MulticastSocket 实现了一个基于广播的多人聊天室，程序只需要一个 Multicast Socket、两条线程，其中 MulticastSocket 既可用于发送，也可用于接收，其中一条线程负责接收用户的键盘输入，并向 MulticastSocket 发送数据，另一条线程则负责从 MulticastSocket 中读取数据。

实例 23-6 用 MulticastSocket 实现一个基于广播的多人聊天室
源码路径：daima\23\duoSocketTest.java

实例文件 duoSocketTest.java 主要实现代码如下所示。

```java
//该类实现Runnable接口，该类的实例可作为线程的target
public class duoSocketTest implements Runnable{
    //使用常量作为本程序多点广播的IP地址
    private static final String IP = "230.0.0.1";
    //使用常量作为本程序多点广播的目的端口
    public static final int PORT = 30000;
    //定义每个数据报的最大长度为4KB
    private static final int LEN = 4096;
    //定义本程序的MulticastSocket实例
    private MulticastSocket socket = null;
    private InetAddress bAddress = null;
    private Scanner scan = null;
    //定义接收网络数据的字节数组
    byte[] inBuff = new byte[LEN];
    //用指定字节数组创建接收数据的DatagramPacket对象
    private DatagramPacket inPacket = new Datag
ramPacket(inBuff , inBuff.length);
    //定义一个用于发送的DatagramPacket对象
    private DatagramPacket oPacket = null;
    public void init()throws IOException {
        try{
            //创建用于发送、接收数据的MulticastSocket对象
            //因为该MulticastSocket对象需要接收，所以应有指定端口
            socket = new MulticastSocket(PORT);
            bAddress = InetAddress.getByName(IP);
            //将该socket加入到指定的多点广播地址
```

拓展范例及视频二维码

范例 **23-6-01**：URL 的组成
　　　　　部分
源码路径：演练范例\23-6-01\
范例 **23-6-02**：通过 URL 获取
　　　　　网页的源码
源码路径：演练范例\23-6-02\

```
            socket.joinGroup(bAddress);
            //设置这个MulticastSocket发送的数据报会回送到自身
            socket.setLoopbackMode(false);
            //初始化发送用的DatagramSocket, 它包含一个长度为0的字节数组
            oPacket = new DatagramPacket(new byte[0] , 0 ,bAddress , PORT);
            //启动以run()方法作为线程体的线程
            new Thread(this).start();
            //创建键盘输入流
            scan = new Scanner(System.in);
            //不断读取键盘输入
            while(scan.hasNextLine()){
                //将键盘输入的一行字符串转换字节数组
                byte[] buff = scan.nextLine().getBytes();
                //设置发送用的DatagramPacket里的字节数据
                oPacket.setData(buff);
                //发送数据报
                socket.send(oPacket);
            }
        }
        finally{
            socket.close();
        }
    }

    public void run(){
        try{
            while(true){
                //读取Socket中的数据, 读到的数据放在inPacket所封装的字节数组里
                socket.receive(inPacket);
                //输出从Socket中读取的内容
                System.out.println("聊天信息:" + new String(inBuff , 0 ,
                    inPacket.getLength()));
            }
        }
        //捕捉异常
        catch (IOException ex){
            ex.printStackTrace();
            try{
                if (socket != null){
                    //设置该Socket离开该多点IP广播地址
                    socket.leaveGroup(bAddress);
                    //关闭该Socket对象
                    socket.close();
                }
                System.exit(1);
            }
            catch (IOException e){
                e.printStackTrace();
            }
        }
    }
    public static void main(String[] args)
        throws IOException{
        new duoSocketTest().init();
    }
}
```

在上述代码中，我们在方法 init() 中首先创建了一个 MulticastSocket 对象，由于需要使用该对象接收数据报，所以为该 Socket 对象设置固定端口，然后将该 Socket 对象添加到指定的多点广播 IP 地址。接下来设置该 Socket 发送的数据报会回送到自身（即该 Socket 可以接收到自己发送的数据报）。代码使用 MulticastSocket 发送并接收数据报的代码，与使用 Datagram Socket 实现的方法并没有区别，在此不再介绍。

23.4 代理服务器

代理服务器（proxy server）是一种重要的安全功能，它主要工作在开放系统互联（OSI）模型的对话层，从而起到防火墙的作用。代理服务器大多用来连接 Internet（互联网）和 INTRANET（局域网）。强大的 Java 技术为我们提供了开发代理服务器的知识，在本节将一一为大家讲解相关知识。

 知识点讲解：

23.4.1 代理服务器概述

代理服务器的功能就是代理网络用户去获取网络信息。当我们使用网络浏览器直接连接至其他 Internet 站点获取网络信息时，通常需要发送请求来等待响应。代理服务器是介于浏览器和 Web 服务器之间的一台服务器，有了它之后，浏览器不是直接到 Web 服务器中获取网页数据而是向代理服务器发出请求，请求会先送到代理服务器，由代理服务器取回浏览器所需要的信息并送回给网络浏览器。而且，大部分代理服务器都具有缓冲功能，就好像一个大的缓存，它有很大的存储空间，它不断将新取得的数据存储到本机的存储器上。如果浏览器所请求的数据在本机存储器上已经存在而且是最新的，那么它就不会从 Web 服务器中获取数据，而是直接将存储器上的数据传送给用户浏览器，这样就能显著提高浏览速度和效率。代理服务器主要为我们提供如下两个功能。

- ❑ 突破自身 IP 限制，对外隐藏自身 IP 地址。突破 IP 限制包括访问国外受限站点，访问国内特定单位、团体的内部资源。
- ❑ 提高访问速度。代理服务器提供的缓冲功能可以避免每个用户都直接访问远程主机，从而提高客户端的访问速度。

1. Java 对代理的支持

从 JDK 1.5 开始，java.net 包中提供了 Proxy 和 ProxySelector 两个类，其中 Proxy 代表一个代理服务器，它可以在打开 URLConnection 连接时指定所用的 Proxy 实例，也可以在创建 Socket 连接时指定 Proxy 实例。而 ProxySelector 代表一个代理选择器，它对代理服务器提供了更加灵活的控制，它可以分别设置 HTTP、HTTPS、FTP、SOCKS 等，而且还可以设置不需要通过代理服务器的主机和地址。使用 ProxySelector 可以达到像在 Internet Explorer、FireFox 等软件中设置代理服务器的效果。

2. 监控 HTTP 传输过程

不管以哪种方式应用代理服务器，其监控 HTTP 传输过程的方式总是如下所示。

（1）内部浏览器发送请求给代理服务器，请求的第一行包含了目标 URL。

（2）代理服务器读取该 URL，并把请求转发给合适的目标服务器。

（3）代理服务器接收来自 Internet 上的目标机器的应答，把应答转发给合适的内部浏览器。

假设有一个企业雇员试图访问某个网站。如果没有代理服务器，则雇员的浏览器打开的 Socket 会运行这个网站的 Web 服务器，从 Web 服务器上返回的数据也直接传递给雇员的浏览器。如果浏览器配置成使用代理服务器，则请求首先到达代理服务器，随后代理服务器从请求的第一行提取目标 URL，打开一个通向该网站的 Socket。当网站返回应答时，代理服务器把应答转发给雇员的浏览器。

当然，代理服务器并非只适用于企业环境。作为一个开发者，拥有一个自己的代理服务器是一件很不错的事情。例如，我们可以用代理服务器来分析浏览器和 Web 服务器的交互过程。在测试和解决 Web 应用中存在的问题时，这种功能是很有用的。我们甚至还可以同时使用多个代理服务器（大多数代理服务器允许多个服务器链接在一起使用）。例如，我们可以用一个企业的代理服务器，再加上一个用 Java 编写的代理服务器来调试应用程序。但应该注意的是，代理服务器链上的每一个服务器都会对性能产生一定的影响。

3．设计规划代理项目

代理服务器只不过是一种特殊的服务器。和大多数服务器一样，如果要处理多个请求，那么代理服务器应该使用线程。例如下面是一个典型的代理服务器的基本规划。

（1）等待来自客户（Web 浏览器）的请求。

（2）启动一个新线程，以处理客户连接请求。

（3）读取浏览器请求的第一行（该行包含了请求的目标 URL）。

（4）分析请求的第一行内容，得到目标服务器的 IP 地址和端口。

（5）打开一个通向目标服务器（或下一个代理服务器）的 Socket。

（6）把请求的第一行发送到输出 Socket。

（7）把请求的剩余部分发送到输出 Socket。

（8）把目标 Web 服务器返回的数据发送给发出请求的浏览器。

在上述规划中我们应主要考虑如下两个问题。

❑　从 Socket 按行读取最适合数据并进行进一步处理，但这会产生性能瓶颈。

❑　两个 Socket 之间的连接必须高效。

有几种方法可以实现这两个目标，但每一种方法都有各自的代价。

假如想在数据进入代理服务器的时候进行过滤，这些数据最好按行读取；然而在大多数时候，当数据到达代理服务器时，立即把它转发出去更适合高效这一要求。另外，也可以使用多个独立的线程进行数据的发送和接收，但大量地创建和拆除线程也会带来性能问题。因此，对于每个请求，我们将用一个线程来处理数据的接收和发送，同时在数据到达代理服务器时，尽可能快地把它转发出去。

23.4.2　使用 Proxy 创建连接

在 Java 语言中，类 Proxy 只包含如下所示的这一个构造器。

Proxy（Proxy.Type type，SocketAddress sa）：创建表示代理服务器的 Proxy 对象。参数 sa 指定代理服务器的地址，type 是该代理服务器的类型，该服务器类型有如下 3 种。

❑　Proxy.Type.DIRECT：表示直接连接或缺少代理。

❑　Proxy.Type.HTTP：表示高级协议的代理，如 HTTP 或 FTP。

❑　Proxy.Type.SOCKS：表示 SOCKS（V4 或 V5）代理。

一旦创建了 Proxy 对象，在 Java 程序中就可以在使用 URLConnection 打开连接或创建 Socket 连接时传入一个 Proxy 对象，并将其作为本次连接所使用的代理服务器。

URL 中提供的 URLConnection openConnection（Proxy proxy）方法可以使用指定的代理服务器来打开连接。

Socket 中提供了 Socket（Proxy proxy）构造器，此构造器使用指定的代理服务器创建一个没有连接的 Socket 对象。

下面的实例代码演示了在 URLConnection 中使用代理服务器的过程。

在 URLConnection 中使用代理服务器

源码路径：daima\23\Proxydai.java

实例文件 Proxydai.java 主要实现代码如下所示。

```java
public class Proxydai{
    Proxy proxy;
    URL url;
    URLConnection conn;
    //在网络上通过代理读数据
    Scanner scan;
    PrintStream ps ;
    //下面是代理服务器的地址和端口
    //换成实际有效的代理服务器地址和端口
    String proxyAddress = "78.39.195.11";
    int proxyPort;
    //下面是试图打开的网站地址
    String urlStr = "http://www.xxx.cn";

    public void init(){
        try{
            url = new URL(urlStr);
            //创建一个代理服务器对象
            proxy = new Proxy(Proxy.Type.HTTP,
                new InetSocketAddress(proxyAddress , proxyPort));
            //使用指定的代理服务器打开连接
            conn = url.openConnection(proxy);
            //设置超时时长
            conn.setConnectTimeout(5000);
            scan = new Scanner(conn.getInputStream());
            //初始化输出流
            ps = new PrintStream("Index.html");
            while (scan.hasNextLine()){
                String line = scan.nextLine();
                //在控制台输出网页资源内容
                System.out.println(line);
                //将网页资源内容输出到指定输出流
                ps.println(line);
            }
        }
        catch(MalformedURLException ex){
            System.out.println(urlStr + "不是有效的网站地址!");
        }
        catch(IOException ex){
            ex.printStackTrace();
        }
        //关闭资源
        finally{
            if (ps != null){
                ps.close();
            }
        }
    }
    public static void main(String[] args) {
        new Proxydai().init();
    }
}
```

拓展范例及视频二维码

范例 **23-7-01**：实现一对多

通信模式

源码路径：**演练范例\23-7-01**

范例 **23-7-02**：自制一个

浏览器

源码路径：**演练范例\23-7-02**

上述代码首先创建了一个 Proxy 对象，然后用 Proxy 对象打开 URLConnection 连接。除此之外，该程序的其他部分就是对 URLConnection 的使用了。

23.4.3 使用 ProxySelector 选择代理服务器

23.5.2 节将讲解直接使用 Proxy 对象在打开 URLConnection 或 Socket 时指定代理服务器的方法，并且会得出一个结论：使用这种方式时，每次打开连接都会显式地设置代理服务器。如果想让系统打开连接时总是具有默认的代理服务器，则可以使用 java.net.ProxySelector 来实现，它可以根据不同的连接使用不同的代理服务器。

系统默认的 ProxySelector 会检测各种系统属性和 URL 协议，然后决定怎样连接不同的主机。当然，程序也可以调用 ProxySelector 类的 setDefault()静态方法来设置默认的代理服务器，也可以调用 getDefault()方法获得系统当前默认的代理服务器。

在 Java 应用程序中，可以使用类 System 来设置系统的代理服务器属性。在 ProxySelector 中有如下 3 个代理服务器常用的属性。

- http.proxyHost：设置 HTTP 访问所使用的代理服务器地址。该属性名的前缀可以改为 https、ftp 等，它们分别用于设置 HTTP 访问、安全 HTTP 访问和 FTP 访问所用的代理服务器地址。
- http.proxyPort：设置 HTTP 访问所使用的代理服务器端口。该属性名的前缀可以改为 https、ftp 等，它们分别用于设置 HTTP 访问、安全 HTTP 访问和 FTP 访问所用的代理服务器端口。
- http.nonProxyHosts：设置 HTTP 访问中不需要使用代理服务器的远程主机。它可以使用*通配符，如果有多个地址，那么多个地址用竖线"|"来分隔。

下面的实例代码演示了通过改变系统属性来改变默认代理服务器的过程。

实例 23-8　**通过改变系统属性来改变默认的代理服务器**
源码路径：daima\23\ProxySelectoryong.java

实例文件 ProxySelectoryong.java 主要实现代码如下所示。

```java
public class ProxySelectoryong{
    // 测试本地JVM的网络默认配置
    public void setLocalProxy(){
        Properties prop = System.getProperties();
        //设置HTTP访问要使用的代理服务器地址
        prop.setProperty("http.proxyHost", "192.168.0.96");
        //设置HTTP访问要使用的代理服务器端口
        prop.setProperty("http.proxyPort", "8080");
        //设置HTTP访问不需要通过代理服务器访问的主机
        //可以使用*通配符，多个地址用|分隔
        prop.setProperty("http.nonProxyHosts", "localhost|10.20.*");
        //设置安全HTTP访问使用的代理服务器地址与端口
        //它没有https.nonProxyHosts属性，它按照http.nonProxyHosts 中设置的规则进行访问
        prop.setProperty("https.proxyHost", "10.10.0.96");
        prop.setProperty("https.proxyPort", "443");
        //设置FTP访问的代理服务器主机、端口以及不需要使用代理服务器的主机
        prop.setProperty("ftp.proxyHost", "10.10.0.96");
        prop.setProperty("ftp.proxyPort", "2121");
        prop.setProperty("ftp.nonProxyHosts", "localhost|10.10.*");
        //设置socks代理服务器的地址与端口
        prop.setProperty("socks.ProxyHost", "10.10.0.96");
        prop.setProperty("socks.ProxyPort", "1080");
    }
    // 清除proxy设置
    public void removeLocalProxy() {
        Properties prop=System.getProperties();
        //清除HTTP访问的代理服务器设置
        prop.remove("http.proxyHost");
        prop.remove("http.proxyPort");
        prop.remove("http.nonProxyHosts");
        //清除HTTPS访问的代理服务器设置
        prop.remove("https.proxyHost");
        prop.remove("https.proxyPort");
        //清除FTP访问的代理服务器设置
        prop.remove("ftp.proxyHost");
        prop.remove("ftp.proxyPort");
        prop.remove("ftp.nonProxyHosts");
        //清除socks的代理服务器设置
        prop.remove("socksProxyHost");
```

拓展范例及视频二维码

范例 **23-8-01**：扫描 TCP 端口
源码路径：**演练范例\23-8-01**

范例 **23-8-02**：TCP 服务器
源码路径：**演练范例\23-8-02**

```
      prop.remove("socksProxyPort");
   }
   //测试HTTP访问
   public void showHttpProxy()
      throws MalformedURLException , IOException{
      URL url = new URL("http://www.163.cn");
      //直接打开连接，但系统会调用刚设置的HTTP代理服务器
      URLConnection conn = url.openConnection();
      Scanner scan = new Scanner(conn.getInputStream());
      //读取远程主机的内容
      while(scan.hasNextLine()){
         System.out.println(scan.nextLine());
      }
   }
   public static void main(String[] args)throws IOException{
      ProxySelectoryong test = new ProxySelectoryong();
      test.setLocalProxy();
      test.showHttpProxy();
      test.removeLocalProxy();
   }
}
```

上述代码首先设置打开 HTTP 访问时的代理服务器属性，其中前两行代码设置代理服务器的地址和端口。然后设置该 HTTP 访问哪些主机时不需要使用代理服务器。在上述代码中虽然直接打开一个 URLConnection，但是系统会为打开该 URLConnection 而使用代理服务器。运行上面程序，将会看到程序长时间等待，因为 192.168.0.96 通常并不是有效的代理服务器地址，执行后的结果如图 23-4 所示。

```
<script type="text/javascript">
    document.location.href = "http://car.163.cn/";
</script>
```

图 23-4 执行结果

23.5 HTTP/2 Client API（Java 10 **的改进**）

为了提高网络处理的速度和效率，Java 9 中提供了 HTTP/2 Client API 以实现 HTTP 2.0 功能。HTTP 2.0（即超文本传输协议 2.0）是下一代 HTTP 协议，由互联网工程任务组（IETF）的 Hypertext Transfer Protocol Bis （httpbis）工作小组进行开发，是自 1999 年 http1.1 发布后的首个更新。HTTP 2.0 在 2013 年 8 月进行首次合作共事性测试。在互联网中 HTTP 2.0 将只用于 https://网址，而 http://网址将继续使用 HTTP/1，其目的是在开放互联网上增加加密技术，以提供强有力的保护来遏制主动攻击。本节将详细讲解 Java 9 中新增的 HTTP/2 Client API 的知识。

知识点讲解：

23.5.1 **孵化器模块 usergrid 概述**

在 Java 9 中，将 HTTP/2 Client API 称为名为 jdk.incubator.httpclient 的孵化器模块，该模块导出所有包含公共 API 的 jdk.incubator.http 包。孵化器模块 usergrid 不是 Java SE 的一部分，保存在 Apache 开源项目下。Java 官方声称：在 Java 10 中，孵化器模块 usergrid 将会标准化，并成为 Java SE 10 的一部分，否则被删除。

孵化器模块的名称和包含孵化器 API 的软件包以 jdk.incubator 为开始，一旦它们被标准化并包含在 Java SE 中，它们的名称将更改为使用标准的 Java 命名约定。例如，模块名称 jdk.incubator.httpclient 在 Java SE 10 中成为 java.httpclient。在 Java 11 中，Oracle 将仍处于实验阶段的新 HTTP Client API 进

行标准化。在 JDK 11 中，包名由 jdk.incubator.http 改为 jdk. net.http。除了实现 HTTP（1.1 和 2）、WebSocket 之外，HTTP Client API 现在也支持同步和异步调用以及 Reactive Streams。另外，在 Java 11 中，还使用清晰易懂的 Fluent 界面，将来可能会淘汰其他 HTTP 客户端（如 Apache）。

23.5.2　HTTP/2 Client API 概述

自从 JDK 1.0 诞生以来，Java 便已经支持 HTTP/1.1。HTTP API 由 java.net 包中的几种类型组成，和 HTTP 相关的现有 API 存在以下几个问题。

- ❏ 它们设计为支持多个协议（如 http、ftp 和 gopher 等）其中许多协议已不再使用。
- ❏ 太抽象，很难使用。
- ❏ 包含许多未公开的行为。
- ❏ 只支持阻塞这一种模式。这要求每个"请求/响应"有一个单独的线程。

Java 9 不是更新现有的 HTTP/1.1 API，而是提供了一个同时支持 HTTP/1.1 和 HTTP/2 的 HTTP/2 Client API。推出 HTTP/2 Client API 的最终目的是取代旧的 API。另外，新 API 还包含使用 WebSocket 协议开发的客户端应用程序的类和接口。和旧版本 API 相比，新的 HTTP/2 Client API 具有如下所示的好处。

- ❏ 在大多数情况下，学习和使用都很简单。
- ❏ 提供基于事件的通知，例如当收到首部信息或收到正文并发生错误时，它会生成通知。
- ❏ 支持服务器推送。这允许服务器将资源推送到客户端，而客户端不需要明确的请求。这使得与服务器的 WebSocket 通信变得简单。
- ❏ 支持 HTTP/2 和 HTTPS/TLS 协议。
- ❏ 同时工作在同步（阻塞模式）和异步（非阻塞模式）模式。

新的 HTTP/2 Client API 由不到 20 种类型组成，其中主要有 4 种常用的类型。当使用这 4 种类型时，会用到其他类型。新 API 还使用旧 API 中的几种类型。从 Java 11 开始，新的 API 位于 java.net.http 包中。最为主要的类型有 3 个抽象类和 1 个接口，它们分别是类 HttpClient、类 HttpRequest、类 HttpResponse 和接口 WebSocket。其中类 HttpClient 的实例用于保存多个 HTTP 请求配置的容器，而不是为每个 HTTP 请求单独设置。类 HttpRequest 的实例表示可以发送到服务器的 HTTP 请求。类 HttpResponse 的实例表示 HTTP 响应。WebSocket 接口的实例表示一个 WebSocket 客户端。可以使用 Java EE 7 WebSocket API 创建 WebSocket 服务器。

当使用构建器创建 HttpClient、HttpRequest 和 WebSocket 的实例时，每个类型都包含一个名为 Builder 的嵌套"类/接口"，以构建该类型的实例。读者需要注意，无须单独创建 HttpResponse，它只是作为所实现的 HTTP 请求的一部分来返回。实现新的 HTTP/2 Client API 非常简单，只需在一个语句中读取 HTTP 资源。下面的代码使用 GET 请求，将 URL 作为字符串来读取内容。

```
String responseBody = HttpClient.newHttpClient()
        .send(HttpRequest.newBuilder(new URI("https://www.google.com/"))
            .GET()
            .build(), BodyHandler.asString())
        .body();
```

23.5.3　处理 HTTP 请求

在 Java 应用程序中，处理 HTTP 请求的基本步骤如下所示。

- ❏ 创建 HTTP 客户端对象以保存 HTTP 配置信息。
- ❏ 创建 HTTP 请求对象并使用要发送到服务器中的信息进行填充。
- ❏ 将 HTTP 请求发送到服务器。
- ❏ 接收来自服务器的 HTTP 响应对象作为响应。
- ❏ 处理 HTTP 响应。

实例 23-9	访问 HTTP2 网址
	源码路径：daima\23\http2.java 和 Foo.java

在本实例中，编写自定函数 http2()访问 HTTP2 网址，实例文件 http2.java 主要实现代码如下所示。

```java
import java.net.*;
import java.net.http.HttpClient;
import java.net.http.HttpRequest;
import java.net.http.HttpResponse;
import java.nio.file.Files;
import java.nio.file.Path;
import java.nio.file.Paths;
import java.util.List;
import java.util.concurrent.CompletableFuture;

import static java.util.stream.Collectors.toList;
public class http2 {



    // 访问 HTTP2 网址
    public static void http2() throws Exception {
        HttpClient.newBuilder()
                .followRedirects(HttpClient.Redirect.NORMAL)
                .version(HttpClient.Version.HTTP_2)
                .build()
                .sendAsync(HttpRequest.newBuilder()
                                .uri(new URI("http://www.ptpress.com.cn/ "))
                                .GET()
                                .build(),
                        HttpResponse.BodyHandlers.ofString())
                .whenComplete((resp, t) -> {
                    if (t != null) {
                        t.printStackTrace();
                    } else {
                        System.out.println(resp.body());
                        System.out.println(resp.statusCode());
                    }
                }).join();
    }
    public static void main(String[] args) throws Exception {
        http2();
    }


}
```

本实例执行后会输出访问人民邮电出版社官网首页的效果。

```html
<!DOCTYPE html>
<html lang="zh-CN">
<head>
  <meta charset="utf-8">
  <meta name="renderer" content="webkit">
  <meta http-equiv="X-UA-Compatible" content="IE=edge">
  <meta name="viewport" content="width=device-width, initial-scale=1">
  <title>人民邮电出版社</title>

<link rel="shortcut icon" href="/static/eleBusiness/img/favicon.ico" charset="UTF-8"/>
<link rel="stylesheet" href="/static/plugins/bootstrap/css/bootstrap.min.css">
<link rel="stylesheet" href="/static/portal/css/iconfont.css">
<link rel="stylesheet" href="/static/portal/tools/iconfont.css">
<link rel="stylesheet" href="/static/portal/css/font.css">
<link rel="stylesheet" href="/static/portal/css/common.css">
<link rel="stylesheet" href="/static/portal/css/header.css">
<link rel="stylesheet" href="/static/portal/css/footer.css?v=1.0">
<link rel="stylesheet" href="/static/portal/css/compatible.css">
```

//后面省略执行效果

23.6　技术解惑

23.6.1　使用异常处理完善程序

在实际应用中，程序可能不想让执行网络连接或读取服务器数据的进程一直阻塞，而是希望当网络连接或读取操作超过合理的时间之后，系统自动认为该操作失败，这个合理的时间就是超时时长。Socket 对象提供 setSoTimeout（int timeout）方法来设置超时时长。例如下面的代码所示。

```
Socket s = new Socket("127.0.0.1" , 30000);
//设置10s之后即认为超时
s.setSoTimeout(10000);
```

当为 Socket 对象指定了超时时长之后，使用 Socket 执行读、写操作时，如果其完成前已经超出了该时间限制，那么这些方法就会抛出 SocketTimeoutException 异常，程序可以捕捉该异常，并进行适当的处理。例如下面的代码。

```
try
{
//使用Scanner来读取网络输入流中的数据
Scanner scan = new Scanner(s.getInputStream())
//读取一行字符
String line = scan.nextLine()
...
}
//捕捉SocketTimeoutException异常
catch(SocketTimeoutException ex)
{
//对异常进行处理
...
```

假设程序需要为 Socket 连接服务器时指定了超时时长，但经过指定时间后，如果该 Socket 还未连接到远程服务器，则系统认为该 Socket 连接超时。由于 Socket 的所有构造器都没有提供指定超时时长的参数，所以程序应该先创建一个无连接的 Socket，再调用 Socket 的 connect() 方法来连接远程服务器，而 connect 方法应该可以接收一个超时时长参数。例如下面的代码。

```
//创建一个无连接的Socket
Socket s = new Socket();
//使该Socket连接到远程服务器，如果经过10s还没有连接到，则认为连接超时
s.connconnect(new InetAddress(host, port) ,10000);
```

23.6.2　使用 ServerSocketChannel 的弊端

在上述服务器端使用 ServerSocketChannel 监听客户端的连接请求时，需要先调用它的 socket()方法来获得关联 ServerSocket 对象，再将该 ServerSocket 对象绑定到指定监听的 IP 和端口。整个过程非常烦琐，这是为什么呢？因为 Java 中的类 ServerSocketChannel 不是 ServerSocket 的完整抽象，所以不能直接让该 Channel 监听某个端口；而且它不允许使用 ServerSoceket 的 getChannel()方法来获取 ServerSocketChannel 实例。在 Java 中创建一个可用的 ServerSocketChannel 的格式如下所示。

```
//通过open方法打开一个未绑定的ServerSocketChannel实例
ServerSocketChannel server = ServerSocketChannel.open();
InetSocketAddress isa = new InetSocketAddress("127.0.0.1", 30000);
//将该ServerSocketChannel绑定到指定的IP地址
server.socket().bind(isa);
```

如果需要使用非阻塞方式来处理该 ServerSocketChannel，那么还应该设置它的非阻塞模式，并将其注册到指定的 Selector 对象。可以用如下代码实现这些功能。

```
//设置ServerSocket以非阻塞方式工作
server.configureBlocking(false);
//将server注册到指定Selector对象
server.register(selector, SelectionKey.OP_ACCEPT);
```

23.6.3　体会复杂的 DatagramPacket

当使用 DatagramPacket 来接收数据时，会感觉它设计得过于复杂。对于开发者而言，只关心该 DatagramPacket 能放多少数据，而无须关心 DatagramPacket 是否采用字节数组来存储数据，但是 Java 要求创建接收数据使用的 DatagramPacket 时，必须传入一个空的字节数组，该数组的长度决定了 DatagramPacket 能放多少数据，这实际上暴露了 DatagramPacket 的实现细节。

另外，DatagramPacket 为我们提供的 getData()方法显得有些多余，如果程序需要获取 DatagramPacket 封装的字节数组，那么可以直接访问传给 DatagramPacket 构造器的字节数组实参，无须调用该方法。

23.6.4　MulticastSocket 类的重要意义

当使用 UDP 时，如果想让一个客户端发送的聊天信息可转发到其他所有客户端，这样比较困难。可以考虑在服务器端使用 Set 来保存所有客户端信息，每接收到一个客户端的数据报之后，程序检查该数据报的源 SocketAddress 是否在 Set 集合中，如果不在则将该 SocketAddress 添加到该 Set 集合中，但这样又涉及一个问题：可能有些客户端发送一个数据报之后永久性地退出了程序，但服务器端还将该客户端的 SocketAddress 保存在 Set 集合中……总之，这种方式需要处理的问题比较多，编程比较烦琐。幸好 Java 为 UDP 提供了 MulticastSocket 类，通过该类可以轻松实现多点广播。

23.6.5　继承 ProxySelector 时需要做的工作

Java 中提供了默认的 ProxySelector 子类作为代理选择器。开发人员可以在程序中通过继承 ProxySelector 来实现自己的代理选择器。在继承 ProxySelector 时需要重写如下两个方法。

- ❑ List<Proxy> select（URI uri）：实现该方法可让代理选择器根据不同的 URI 使用不同的代理服务器，该方法是代理选择器管理网络连接使用代理服务器的关键。
- ❑ connectFailed（URI uri，SocketAddress sa，IOException ioe）：当系统通过默认的代理服务器建立连接失败后，代理选择器将会自动调用该方法。通过重写该方法可以对连接代理服务器失败的情形进行处理。

系统默认的代理服务器选择器也重写了 connectFailed 方法，它重写该方法的策略是：当系统设置的代理服务器连接失败时，默认代理选择器将会采用直连的方式连接远程资源，所以虽然通常在运行代理程序时需要等待很长时间，但是这个程序依然可以运行成功，可以打印出该远程资源的所有内容。

23.6.6　代理服务无止境

有两种途径可以利用派生类定制或调整代理服务器的行为，一种是修改主机的名字，另一种是捕获所有通过代理服务器的数据。方法 processHostName()允许代理服务器分析和修改主机名字，如果启用了日志记录，那么代理服务器为每一个通过服务器的字符调用 writeLog()方法。如何处理这些信息完全由我们自己来决定——可以把它写入日志文件，可以把它输出到控制台，也可以执行其他满足我们要求的操作。writeLog 输出中的一个布尔型标记指示出数据是来自浏览器还是 Web 主机。

和许多工具一样，代理服务器本身并不存在好或者坏的问题，关键在于如何使用它们。代理服务器可能用于侵犯隐私，也可以阻隔偷窥者和保护网络。即使代理服务器和浏览器不在同一台机器上，也希望把代理服务器看成一种扩展浏览器功能的途径。例如，在把数据发送给浏览器之前，可以用代理服务器压缩数据。

23.6.7　生成 jdk.incubator.httpclient 模块的 Javadoc

因为 jdk.incubator.httpclient 模块不在 Java SE 中，所以为了生成此模块的 Javadoc，可将其包含在本书的源代码中。可以使用下载的源代码中的文件 Java9Revealed/jdk.incubator.httpclient/dist/javadoc/index.html 访问 Javadoc。使用 JDK 早期访问构建的 JDK 版本来生成 Javadoc。API 可能会改变，这可能需要重新生成 Javadoc。以下是具体的步骤。

（1）在源代码中包含与项目名称相同的目录，也会存在于 jdk.incubator.httpclient NetBeans 这个项目目录中。安装 JDK 10 时，其源代码将作为 src.zip 文件复制到安装目录中。将所有内容从 src.zip 文件中的 jdk.incubator.httpclient 目录复制到下载的源代码中的 Java10revealed\jdk. incubator. httpclient\src 目录中。

（2）在 NetBeans 中打开 jdk.incubator.httpclient 项目。

（3）右击 NetBeans 中的项目，然后选择"生成 Javadoc"选项。你会收到错误和警告，可以忽略它。在 Java9Revealed/jdk.incubator.httpclient/dist/javadoc 目录中会生成 Javadoc。打开此目录中的 index.html 文件，查看 jdk.incubator.httpclient 模块的 Javadoc。

23.7　课 后 练 习

（1）编写一个 Java 程序，使用类 InetAddress 中的方法 InetAddress.getByName() 获取指定主机（网址）的 IP 地址。

（2）编写一个 Java 程序，检测主机端口"localhost"是否已经使用。

（3）编写一个 Java 程序，获取远程指定 URL 地址的图片文件的大小。

（4）编写一个 Java 程序，查看主机指定文件的最后修改时间。

（5）编写一个 Java 程序，使用 Socket 中的方法 getInetAddress() 连接到指定的主机。

（6）编写一个 Java 程序，使用类 URL 中的构造方法 URL() 来抓取网页。

（7）编写一个 Java 程序，获取指定 URL 地址的响应头信息。

第 24 章

多线程和进程

本章前面讲解的程序大多数都是单线程程序，那么究竟什么是多线程呢？当一个程序需要同时处理多项任务的时候，就需要让多个线程并行工作。如果一个程序在同一时间只能做一件事情时，那么其功能会显得过于简单，肯定无法满足现实的需求。能够同时处理多个任务的程序功能会更加强大，更满足现实生活中需求多变的情况。作为一门面向对象的语言，Java 当然具有支持多线程开发的功能。本章将详细讲解多线程的基本知识，并讲解进程类 Process 的基本用法。

24.1　线程概述

线程是程序的基本执行单元。当操作系统（不包括单线程的操作系统，如微软早期的 DOS）在执行一个程序时，它会在系统中建立一个进程，而在这个进程中，必须至少建立一个线程（这个线程称为主线程）并将其作为程序运行 知识点讲解：

的入口点。因此，在操作系统中运行的任何程序都至少有一个主线程。本节将简要讲解线程的基本知识。

24.1.1　线程与进程

进程和线程是现代操作系统中两个必不可少的运行单位。操作系统中通常会运行多个进程，这些进程包括系统进程（由操作系统内部建立的进程）和用户进程（由用户程序建立的进程）；而一个进程中又会运行着一个或多个线程。进程与线程之间的区别主要在于：进程和进程之间不共享内存，也就是说系统中的进程是在独立的内存空间中运行的；而进程中的线程则可以共享系统分派给这个进程的内存空间。

线程不仅可以共享进程的内存，而且还拥有属于自己的内存空间，这段内存空间也叫作线程栈，它是在建立线程时由系统分配的，主要用来保存线程内部所使用的数据，如线程执行函数中所定义的变量。

操作系统将进程分成多个线程，这些线程可以在操作系统的管理下并发执行，从而大大提高程序的运行效率。虽然从宏观上看线程的执行是多个线程同时执行，但实际上大多数时候这只是操作系统的障眼法。由于同一个 CPU 内核同时只能执行一条指令，而我们要运行的线程数大多数时候是远大于 CPU 内核数的，因此，不可能所有的线程都能独占一个 CPU 内核。而操作系统为了解决这一问题，在一个线程空闲时会撤下这个线程，并且会执行其他线程，这种方式叫作线程调度。之所以从表面上看是多个线程同时执行，是因为不同线程之间的切换时间非常短，而且在一般情况下切换非常频繁。假设我们有线程 A 和 B 正在运行，可能是 A 执行了 1ms 后，切换到 B，B 执行了 1ms，然后又切换到了 A，A 又执行 1ms。由于 1ms 的时间对于普通人来说是很难感知的，因此，从表面看上去就像 A 和 B 同时执行一样，但实际上 A 和 B 是交替执行的。

24.1.2　线程的意义

如果能合理地使用线程，则会减少开发和维护成本，甚至可以改善复杂应用程序的性能。如在 GUI 应用程序中，我们可以借助线程的异步特性来更好地处理事件；在应用服务器程序中，我们可以通过建立多个线程来处理客户端请求。线程甚至还可以简化虚拟机的实现，如 Java 虚拟机（JVM）的垃圾回收器（garbage collector）通常运行在一个或多个线程中。通过使用线程，开发者将会从以下 5 个方面来改善应用程序。

（1）充分利用 CPU 资源。

即使进入多核并行计算时代的今天，充分利用 CPU 资源也是尤为重要的事。当执行单线程程序时，程序发生阻塞时 CPU 可能会处于空闲状态，这将造成大量计算资源的浪费。如果在程序中使用多线程，那么可以在某一个线程处于休眠或阻塞而 CPU 又恰好处于空闲状态时来运行其他线程。这样 CPU 就很难有空闲的时候。因此，CPU 资源就得到了充分利用。

（2）简化编程模型。

如果程序只完成一项任务，那只需编写一个单线程程序，并且按照这个任务的执行步骤编写代码即可。但如果我们想要完成多项任务，且还使用单线程，那就要在程序中判断每项任务是否应该执行以及什么时候执行。如显示一个时钟的时、分、秒 3 个指针。使用单线程就要在循环中逐一判断这 3 个指针的转动时间和角度。如果使用 3 个线程分别处理它们的显示，那么对于每个线程来说就是执行一个单独的任务。这样有助于开发人员理解和维护程序。

（3）简化异步事件的处理。

一个服务器应用程序要接收不同的客户端连接，最简单的处理方法就是为每一个客户端连接建立一个线程，然后监听线程负责监听来自客户端的请求。如果这种应用程序采用单线程来处理，那么当监听线程接收到一个客户端请求后，程序开始读取客户端发来的数据，在读完数据后，read() 方法处于阻塞状态，也就是说，这个线程将无法再监听客户端请求。若想在单线程中处理多个客户端请求，那么就必须使用非阻塞的 Socket 连接和异步 I/O。但使用异步 I/O 比使用同步 I/O 更难以控制，也更容易出错。因此使用多线程和同步 I/O 可以更容易地处理多请求的异步事件。

（4）使 GUI 更高效。

使用单线程处理 GUI 事件时，必须使用循环来扫描随时可能发生的 GUI 事件，在循环内部除了扫描 GUI 事件外，还要执行其他的程序代码。如果这些代码太长，那么 GUI 事件就会被"冻结"，直到这些代码执行完为止。

在当前 GUI 框架（如 SWING、AWT、SWT 和 JavaFX）中都使用了一个单独的事件分派线程（event dispatch thread）来对 GUI 事件进行扫描。当我们按下一个按钮时，按钮的单击事件函数会在这个事件分派线程中被调用。由于事件分派线程的任务只是对 GUI 事件进行扫描，因此，这种方式对事件的反应是非常快的。

（5）提高程序的执行效率。

在计算机领域中，一般有如下 3 种方法来提高程序的执行效率。

❑ 增加计算机中的 CPU 个数。

❑ 为一个程序启动多个进程。

❑ 在程序中使用多线程。

在上述方法中，第一种方法是最容易做到的，但同时也是最昂贵的。这种方法不需要修改程序，从理论上说，任何程序都可以使用这种方法来提高执行效率。第二种方法虽然不用购买新的硬件，但这种方式不容易共享数据。如果程序要完成的任务必须要共享数据，那么这种方式就不太方便，而且启动多个线程会消耗大量的系统资源。第三种方法恰好弥补了第一种方法的缺点，而又继承了前两种方法的优点。也就是说，它既不需要购买 CPU，也不会因为开启太多的线程而占用大量的系统资源（在默认情况下，一个线程所占的内存空间要远比一个进程所占的内存空间小得多），并且多线程可以模拟多 CPU 的运行方式，因此，使用多线程是提高程序执行效率的最廉价方式。

24.1.3　Java 的线程模型

由于 Java 是纯面向对象语言的，所以其线程模型自然也是面向对象的。Java 通过 Thread 类将线程所必需的功能都封装起来了。要想建立线程，必须要有线程执行函数，这个线程执行函数就是 Thread 类的 run() 方法。Thread 类还有一个 start() 方法，这个方法的任务是建立线程，其作用相当于调用 Windows 的建立线程函数 CreateThread()。当调用 start() 方法后，如果线程建立成功，则程序会自动调用 Thread 类的 run() 方法。因此，任何继承 Thread 的 Java 类都可以通过 Thread 类中的 start() 方法来建立线程。如果想运行自己编写的线程执行函数，那么就要覆盖 Thread 类的 run() 方法。

在 Java 的线程模型中，除了 Thread 类之外，还有标识某个 Java 类是否可作为线程类的接口 Runnable，此接口只有一个抽象方法 run()，它也是 Java 线程模型的线程执行函数。因此，辨别一个线程类的唯一标准就是这个类是否实现了 Runnable 接口的 run() 方法，也就是说，拥有线程执行函数的类就是线程类。

从上面的描述可以看出，在 Java 中建立线程有两种方法，一种是继承 Thread 类，另一种是实现 Runnable 接口，并通过 Thread 类和实现 Runnable 的类来建立线程。其实这两种方法从本质上说是同一种方法，即都是通过 Thread 类来建立线程，并运行 run()方法。但它们的区别是通过继承 Thread 类来建立的线程，虽然在实现起来更容易，但由于 Java 不支持类之间的多继承，所以这个线程类如果继承了 Thread，那就不能再继承其他类了。因此，Java 线程模型提供了通过实现 Runnable 接口的方法来建立线程，这样线程类可以在必要的时候继承和业务有关的类，而不是 Thread 类。

24.2　创　建　线　程

Java 语言使用类 Thread 代表线程，所有的线程对象都必须是 Thread 类或其子类的实例。每条线程的作用是完成特定的任务，实际上就是执行一段程序流（一段顺序执行的代码）。Java 使用方法 run()来封装这段程序流。

 知识点讲解：

24.2.1　使用 Thread 类创建线程

因为在使用 Runnable 接口创建线程时需要先建立一个 Thread 实例，所以无论是通过 Thread 类还是 Runnable 接口建立线程，都必须建立 Thread 类或它的子类的实例。类 Thread 的构造方法被重载 8 次，构造方法如下所示。

```
public Thread( );
public Thread(Runnable target);
public Thread(String name);
public Thread(Runnable target, String name);
public Thread(ThreadGroup group, Runnable target);
public Thread(ThreadGroup group, String name);
public Thread(ThreadGroup group, Runnable target, String name);
public Thread(ThreadGroup group, Runnable target, String name, long stackSize);
```

上述构造方法中各个参数的具体说明如下所示。

- ❑ Runnable target：实现了 Runnable 接口的类的实例。在此需要注意的是，类 Thread 也实现了 Runnable 接口，因此继承 Thread 类的实例也可以作为目标传入到这个构造方法。
- ❑ String name：线程的名字。此名字可以在建立 Thread 实例后通过 Thread 类的 setName 方法来设置。如果不设置线程的名字，那么线程就使用默认的线程名 Thread-N，其中 N 是线程建立的顺序，是一个不重复的正整数。
- ❑ ThreadGroup group：当前建立的线程所属的线程组。如果不指定线程组，那么所有线程都放到一个默认的线程组中。关于线程组的细节将在后面进行详细讨论。
- ❑ long stackSize：线程栈的大小，这个值一般是 CPU 页面的整数倍。例如在 x86 平台下，默认的线程栈大小是 12KB。

一个普通的 Java 类只要继承了 Thread 类，就可以成为一个线程类，并可通过 Thread 类的 start()方法来执行线程代码。虽然可以直接实例化 Thread 类的子类，但在子类中必须要覆盖 Thread 类的 run()方法才能真正运行线程的代码。下面的实例演示了使用类 Thread 创建线程的过程。

实例 24-1　使用类 Thread 创建线程
源码路径：daima\24\Thread1.java

实例文件 Thread1.java 的主要实现代码如下所示。

```
1 package mythread;
2
3   public class Thread1 extends Thread
4   {
5       public void run()
```

```
 6          {
 7              System.out.println(this.getName());
 8          }
 9          public static void main(String[] args)
10          {
11              System.out.println(Thread.
                currentThread().getName());
12              Thread1 thread1 = new Thread1();
13              Thread1 thread2 = new Thread1 ();
14              thread1.start();
15              thread2.start();
16          }
17  }
```

拓展范例及视频二维码

范例 **24-1-01**：创建线程
并执行实例

源码路径：**演练范例\24-1-01**

范例 **24-1-02**：通过继承
Thread 创建线程

源码路径：**演练范例\24-1-02**

上述代码建立了 thread1 和 thread2 两个线程，第 5～8 行是类 Thread1 的 run 方法。当在第 14 行和第 15 行调用 start 方法时，系统会自动调用 run 方法。第 7 行使用 this.getName()输出当前线程的名字，由于在建立线程时并未指定线程名，因此所输出的线程名是系统的默认值，也就是 Thread-N 的形式。第 11 行输出了主线程的线程名。上述代码执行后的结果如图 24-1 所示。从执行结果可以看出，第 1 行输出的 main 是主线程的名字。后面的 Thread-1 和 Thread-2 分别是 thread-1 和 thread-2 的输出结果。

```
main
Thread-0
Thread-1
```

图 24-1   执行结果

✿ 注意：任何一个 Java 程序都必须有一个主线程。一般这个主线程的名字为 main。只有在程序中建立另外的线程才能算是真正的多线程程序。也就是说，多线程程序必须拥有一个以上的线程。

类 Thread 有一个重载构造方法可以设置线程名。除了使用构造方法在建立线程时设置线程名以外，还可以使用 Thread 类的 setName 方法修改线程名。要想通过 Thread 类的构造方法来设置线程名，必须在 Thread 的子类中使用构造方法 public Thread（String name），因此，必须在 Thread 的子类中添加一个用于传入线程名的构造方法。下面的实例演示了设置线程名的过程。

实例 24-2   使用类 Thread 设置线程名
源码路径：daima\24\Thread2.java

实例文件 Thread2.java 的主要实现代码如下所示。

```
 1  package mythread;
 2
 3  public class Thread2 extends Thread
 4  {
 5  private String who;
 6
 7      public void run()
 8      {
 9          System.out.println(who + ":" + this.
            getName());
10      }
11      public Thread2(String who)
12      {
13          super();
14          this.who = who;
15      }
16      public Thread2(String who, String name)
17      {
18          super(name);
19          this.who = who;
20      }
21      public static void main(String[] args)
22      {
23          Thread2 thread1 = new Thread2 ("thread1", "MyThread1");
24          Thread2 thread2 = new Thread2 ("thread2");
25          Thread2 thread3 = new Thread2 ("thread3");
```

范例 **24-2-01**：使用 Thread 类
创建线程

源码路径：**演练范例\24-2-01**

范例 **24-2-02**：用 Callable 和
Future 创建线程

源码路径：**演练范例\24-2-02**

```
26          thread2.setName("MyThread2");
27          thread1.start();
28          thread2.start();
29          thread3.start();
30      }
31 }
```

上述代码中有如下两个构造方法。

❑ 第 11 行中的 public Thread2（String who）：此构造方法有一个参数 who，它用来标识当前建立的线程。在这个构造方法中仍然调用 Thread 类的默认构造方法 public Thread()。

❑ 第 16 行中的 Thread2（String who，String name）：此构造方法中的 who 和第一个构造方法中的 who 的含义一样，而参数 name 就是线程名。在这个构造方法中调用了 Thread 类的 public Thread（String name）构造方法，也就是第 18 行的 super（name）。

在方法 main()中建立了 thread1、thread2 和 thread3 这 3 个线程，其中 thread1 通过构造方法来设置线程名，thread2 通过方法 setName 来修改线程名，thread3 未设置线程名。执行后的结果如图 24-2 所示。

```
thread1:MyThread1
thread3:Thread-1
thread2:MyThread2
```

图 24-2　执行结果

从上述执行结果可以看出，thread1 和 thread2 的线程名都已经修改了，而 thread3 的线程名仍然为 Thread-1。

24.2.2　使用 Runnable 接口创建线程

在实现 Runnable 接口的类时，必须使用类 Thread 的实例才能创建线程。使用接口 Runnable 创建线程的过程分为如下两个步骤。

（1）将实现 Runnable 接口的类实例化。

（2）建立一个 Thread 对象，并将第一步实例化的对象作为参数传入 Thread 类的构造方法中，最后通过 Thread 类的 start()方法建立线程。

实例 24-3　使用 Thread 创建线程
源码路径：daima\24\yongThread.java

实例文件 yongThread.java 的主要代码如下所示。

```java
//通过继承Thread类来创建线程类
public class yongThread extends Thread{
    private int i ;
    //重写run方法,它的方法体就是线程执行体
    public void run(){
        for ( ; i < 100 ; i++ ){
            //当线程类继承Thread类时, 可以直接调用
            //getName()方法来返回当前线程名
            //如果想获取当前线程, 则直接使用this即可
            //Thread对象的getName返回当前该线程名
            System.out.println(getName() + " " + i);
        }
    }
    public static void main(String[] args) {
        for (int i = 0; i < 100;  i++){
            //调用Thread类的currentThread方法获取当前线程
            System.out.println(Thread.currentThread().getName() + " " + i);
            if (i == 20){
                new yongThread().start();    //创建并启动第一条线程
                new yongThread().start();    //创建并启动第二条线程
            }
        }
    }
}
```

拓展范例及视频二维码

范例 **24-3-01**：使用 Runnable
接口创建线程
源码路径：**演练范例\24-3-01**

范例 **24-3-02**：新建无返回值的
线程
源码路径：**演练范例\24-3-02**

执行后的结果如图 24-3 所示。

在上述实例代码中，类 FirstThread 继承了 Thread 类，并实现了 run()方法。在该 run()方法

里代码执行的是该线程所需要完成的任务。程序的主方法也包含一个循环，当循环变量 *i* 等于 20 时创建并启动两条新线程。虽然代码只是显式地创建并启动了两条线程，但实际上程序中至少有 3 条线程，程序显式地创建的两个子线程和主线程。当 Java 程序开始运行后，它至少会创建一条主线程，主线程的线程执行体不是由 run() 方法来确定的，而是由 main() 方法来确定的，main() 方法的方法体代表主线程的线程执行体。在上述代码中还用到了线程中的如下两个方法。

❑ Thread.currentThread()：currentThread 是 Thread 类的静态方法，该方法总是返回当前正在执行的线程对象。

❑ getName()：该方法是 Thread 的实例方法，该方法返回调用该方法的线程名。

24.2.3 使用 Thread.onSpinWait() 方法实现循环等待

在 Java 9 的类 Thread 中新增了 onSpinWait() 方法，其功能是在循环中等待某个条件的发生。当这个条件为真时，暂停当前的线程操作。下面的实例演示了使用 onSpinWait() 方法的过程。

实例 24-4 使用 onSpinWait() 方法
源码路径：daima\24\HelloJDK9.java

实例文件 HelloJDK9.java 的主要实现代码如下所示。

```java
public class HelloJDK9 {
    volatile boolean eventNotificationNotReceived = true; //使用关键字volatile定义循环条件的标记
    public void setEventNotificationNotReceived(boolean eventNotificationNotReceived) {
        this.eventNotificationNotReceived = eventNotificationNotReceived;
    }
    public static void main(String[] args) {
        HelloJDK9 helloJDK9 = new HelloJDK9();                    //新建对象实例
        new Thread() {            //新建线程
            @Override
            public void run() {
                System.out.println("线程一开始等待线程二的指令"); //输出文本提示
                int num=0;                      //初始化变量num
                while (helloJDK9.eventNotificationNotReceived) {//while循环语句
                    num++;                      //num递增1
                    Thread.onSpinWait();        //调用方法onSpinWait()
                }
                System.out.println
                ("线程一收到线程二的指令");
            }
        };
        new Thread() {           //新建线程
            @Override
            public void run() {
                try {
                    System.out.println
                    ("线程二等待1s");
                    sleep(1000);                //设置第二个线程等待1s
                    helloJDK9.setEventNotificationNotReceived(false);//将循环标记设置为false
                    System.out.println("线程二发出指令");       //输出文本提示
                } catch (InterruptedException e) {
                    e.printStackTrace();
                }
            }
        };
    }
}
```

```
━━━━  拓展范例及视频二维码  ━━━━
范例 24-4-01：线程睡眠
源码路径：演练范例\24-4-01\
范例 24-4-02：使用 join()
源码路径：演练范例\24-4-02\
```

上述代码首先运行第一个线程，当 eventNotificationNotReceived 的值为 true 时暂停第一个线程，而运行第二个线程。在运行第二个线程时，设置第二个线程运行后等待 1s，并统计线程运行多少次。本实例执行后会输出如下结果。

```
线程一开始等待线程二的指令
线程二等待1s
线程二发出指令
线程一收到线程二的指令,num=102297173
```

24.3　线程的生命周期

线程要经历开始（等待）、运行、挂起和停止 4 种不同的状态，这 4 种状态都可以通过 Thread 类中的方法进行控制。下面的代码给出了在类 Thread 中和上述 4 种状态相关的方法。

知识点讲解：

```
public void start( );                          //开始线程
public void run( );
// 挂起和唤醒线程
public void resume( );                         //重新启动线程,不建议使用
public void suspend( );                        //暂定线程,不建议使用
public static void sleep(long millis);
public static void sleep(long millis, int nanos);
    public void stop( );                       //终止线程,不建议使用
    public void interrupt();                   //中断线程
    //得到线程状态
    public boolean isAlive( );                 //是否运行中
    public boolean isInterrupted( );
    public static boolean interrupted( );      //是否中断
    // join方法
    public void join( ) throws InterruptedException;
```

24.3.1　线程的运行与停止

线程在建立后并不会马上执行 run 方法中的代码，而是处于等待状态。这时，我们可以通过 Thread 类中的一些方法来设置线程的各种属性，如线程的优先级（setPriority）、线程名（setName）和线程的类型（setDaemon）等。

调用 start()方法后，线程开始执行 run()方法中的代码，线程进入运行状态。可以通过 Thread 类的 isAlive()方法判断线程是否处于运行状态。当线程处于运行状态时，isAlive 返回 true；当 isAlive 返回 false 时，线程可能处于等待状态，也可能处于停止状态。

下面的实例演示了线程的创建、运行和停止 3 个状态之间的切换过程，并输出了 isAlive 相应的返回值。

实例 24-5　创建、运行和停止线程
源码路径：daima\24\LifeCycle.java

实例文件 LifeCycle.java 的主要实现代码如下所示。

```
public class LifeCycle extends Thread{
    public void run(){
        int n = 0;
        while ((++n) < 1000);
    }
    public static void main(String[] args)
    throws Exception{
        LifeCycle thread1 = new LifeCycle();
        System.out.println("isAlive: " +
        thread1.isAlive());
        thread1.start();
        System.out.println("isAlive: " + thread1.isAlive());
        thread1.join();                         //等线程thread1结束后再继续执行
        System.out.println("thread1已经结束!");
        System.out.println("isAlive: " + thread1.isAlive());
    }
}
```

━━━ **拓展范例及视频二维码** ━━━

范例 **24-5-01**：中断阻塞线程

源码路径：**演练范例\24-5-01**

范例 **24-5-02**：不能中断运行的线程

源码路径：**演练范例\24-5-02**

我们在上述代码中使用了 join 方法，它的主要功能是保证线程中的 run 方法执行完成后程序才继续运行，这个方法将在后面介绍。本实例执行后的结果如图 24-4 所示。

```
isAlive: false
isAlive: true
thread1已经结束!
isAlive: false
```

图 24-4　执行结果

24.3.2　线程的挂起和唤醒

一旦线程开始执行 run() 方法，就会直到这个 run() 方法执行完成线程才退出。但在线程执行的过程中，我们可以通过这两个方法 suspend() 和 sleep() 使线程暂时停止执行。在使用 suspend() 方法挂起线程后，可以通过 resume() 方法唤醒线程。而使用 sleep() 方法使线程休眠后，只能在设定的时间后使线程处于就绪状态（在线程休眠结束后，线程不一定马上开始执行，只是进入了就绪状态，等待系统调度）。

虽然使用方法 suspend() 和方法 resume() 可以很方便地使线程挂起和唤醒，但由于使用这两个方法可能会造成一些不可预料的事情发生，因此，这两个方法被标识为 deprecated（抗议）标记，这表明在以后的 JDK 版本中这两个方法可能会删除，所以尽量不要使用这两个方法来操作线程。下面的实例演示了使用 sleep()、suspend() 和 resume() 这 3 个方法的过程。

实例 24-6　**使用方法 sleep()、suspend() 和 resume()**
源码路径：daima\24\MyThread.java

实例文件 MyThread.java 的主要实现代码如下所示。

```java
public class MyThread extends Thread{
    int i = 0;
    //重写run方法，它的方法体就是现场执行体
    public void run(){
        for(;i<10;i++){
            //如果i小于10就循环递增1且输出i的值
            System.out.println(getName()+" "+i);
        }
    }
    public static void main(String[] args){
        for(int i = 0;i< 10;i++){
            System.out.println(Thread.currentThread().getName()+"  : "+i); //输出线程名
            if(i==2){
                new MyThread().start();
                new MyThread().start();
            }
        }
    }
}
```

拓展范例及视频二维码

范例 **24-6-01**：判断中断标志
源码路径：演练范例\24-6-01\
范例 **24-6-02**：使用 sleep() 方法
源码路径：演练范例\24-6-02\

//如果*i*小于10就循环递增1
//如果*i*整除2，则通过下面的代码重新开启线程

执行结果如图 24-5 所示。

```
main  : 0
main  : 1
main  : 2
main  : 3
main  : 4
Thread-0  0
main  : 5
Thread-0  1
Thread-0  2
main  : 6
Thread-0  3
Thread-0  4
main  : 7
Thread-0  5
Thread-1  0
Thread-0  6
main  : 8
Thread-0  7
Thread-1  1
Thread-0  8
main  : 9
Thread-0  9
Thread-1  2
Thread-1  3
Thread-1  4
Thread-1  5
Thread-1  6
Thread-1  7
Thread-1  8
Thread-1  9
```

图 24-5　执行结果

24.3.3　终止线程的 3 种方法

在 Java 程序中，有如下 3 种方法可以终止线程。

❑ 使用退出标志使线程正常退出，也就是当 run()方法完成后终止线程。

❑ 使用 stop()方法强行终止线程（这个方法不推荐使用，因为 stop()和 suspend()、resume() 一样，也可能发生不可预料的结果）。

❑ 使用 interrupt 方法中断线程。

接下来，将详细讲解上述 3 种方法的基本知识。

1．使用退出标志终止线程

当 run()方法执行完毕后，线程就会退出。但有时 run()方法是永远不会结束的，如在服务端程序中使用线程监听客户端请求，或是其他需要循环处理的任务。在这种情况下，一般是将这些任务放在一个循环（如 while 循环）中，如果想让循环永远运行下去，那么可以使用 while (true){...}来处理。但要想使 while 循环在某一特定条件下退出，那么最直接的方法就是设一个布尔类型的标志，并通过设置这个标志为 true 或 false 来控制 while 循环是否退出。下面的实例使用退出标志终止了线程。

实例 24-7	使用退出标志终止线程
	源码路径：daima\24\ThreadFlag.java

实例文件 ThreadFlag.java 的主要实现代码如下所示。

```java
public class ThreadFlag extends Thread{
    public volatile boolean exit = false;
    public void run(){
        while (!exit);        //使用exit标志
    }
    public static void main(String[] args)
    throws Exception{
        ThreadFlag thread = new ThreadFlag();
        thread.start();
        sleep(5000);           //主线程延迟5s
        thread.exit = true;    //终止线程thread
        thread.join();
        System.out.println("线程退出!");
    }
}
```

拓展范例及视频二维码

范例 **24-7-01**：挂起和唤醒

源码路径：演练范例\24-7-01\

范例 **24-7-02**：使用 yield()

源码路径：演练范例\24-7-02\

上述代码定义了一个退出标志 exit，当 exit 为 true 时，while 循环退出，exit 的默认值为 false。使用一个 Java 关键字 volatile 定义了 exit，这个关键字的目的是使 exit 同步，也就是说同一时刻只能由一个线程来修改 exit 的值。执行结果如图 24-6 所示。

2．使用 stop()方法终止线程

在 Java 程序中，可以使用 stop()方法强行终止正在运行或挂起的线程，例如可以使用如下所示的代码来终止线程。

线程退出！

图 24-6　执行结果

```
thread.stop();
```

虽然使用上面的代码可以终止线程，但使用 stop()方法是很危险的，就像突然关闭计算机电源而不是按正常程序关机一样，这可能会产生不可预料的结果，因此，并不推荐使用 stop 方法来终止线程。

3．使用 interrupt()方法终止线程

在使用 interrupt()方法终止线程时可以分为如下两种情况。

❑ 线程处于阻塞状态，如使用了 sleep()方法。

❑ 使用 while(!isInterrupted()){...}来判断线程是否中断。

在上述第一种情况下使用 interrupt 方法，sleep 方法将抛出一个 InterruptedException 异常，而在第二种情况下线程将直接退出。下面的实例演示了在第一种情况下使用 interrupt()方法的过程。

在线程处于阻塞状态时使用 interrupt()方法

源码路径：daima\24\ThreadInterrupt.java

实例文件 ThreadInterrupt.java 的主要实现代码如下所示。

```java
public class ThreadInterrupt extends Thread{
    public void run(){
        try{
            sleep(50000);   // 延迟50s
        }
        catch (InterruptedException e)
        //抛出一个InterruptedException异常
        {
            System.out.println(e.getMessage());
        }
    }
    public static void main(String[] args)
    throws Exception{
        Thread thread = new ThreadInterrupt();   //定义线程对象
        thread.start();                          //线程开始执行
        System.out.println("在50s之内按任意键中断线程!"); //提示信息
        System.in.read();                        //读取用户输入的按键
        thread.interrupt();                      //使用interrupt方法
        thread.join();                           //调用join()方法
        System.out.println("线程已经退出!");
    }
}
```

拓展范例及视频二维码

范例 **24-8-01**：阻塞和执行
转换
源码路径：**演练范例\24-8-01**
范例 **24-8-02**：join()线程
加入
源码路径：**演练范例\24-8-02**

在上述代码中，当调用方法 interrupt()后，方法 sleep()会抛出异常，然后输出错误信息"sleep interrupted"。执行结果如图 24-7 所示。

✿ 注意：在类 Thread 中有两个方法可以判断是否通过 interrupt() 方法终止线程。一个是静态方法 interrupted()，一个是非静态方法 isInterrupted()。这两个方法的区别是 interrupted 可判断当前线是否被中断，而 isInterrupted 可以判断其他线程是否被中断。因此，while (!isInterrupted())也可以换成 while（!Thread.interrupted()）。

```
在50s之内按任意键中断线程!
sleep interrupted
线程已经退出!
```

图 24-7 执行结果

24.3.4 线程的阻塞

当线程开始运行后，我们不可能让它一直处于运行状态（除非它的线程执行体足够短且无用户交互。线程在运行过程中需要被中断，目的是使其他线程获得执行的机会，线程调度的细节取决于底层平台所采用的策略。在计算机系统中，当发生如下情况下时线程将会进入阻塞状态。

- ❏ 线程调用 sleep()方法主动放弃所占用的处理器资源。
- ❏ 线程调用阻塞式 I/O 方法，在该方法返回之前，该线程被阻塞。
- ❏ 线程试图获得一个同步监视器，但该同步监视器正被其他线程所持有。
- ❏ 线程在等待某个通知（notify）。
- ❏ 程序调用线程的 suspend()方法将其挂起。不过这个方法容易导致死锁，所以程序中应该尽量避免使用该方法。
- ❏ 当前正在执行的线程被阻塞之后，其他线程就可以获得执行的机会了。被阻塞的线程会在合适的时候重新进入就绪状态，注意是就绪状态而不是运行状态。也就是说被阻塞线程在阻塞解除后，必须重新等待线程调度器再次调度它。

24.3.5 线程的死亡

可以用如下 3 种方式来结束线程，结束后的线程处于死亡状态。

- ❏ run()方法执行完毕，线程正常结束。
- ❏ 线程抛出一个未捕获的异常或错误。

❑ 直接调用该线程的 stop()方法来结束线程，因为该方法容易导致死锁，所以不推荐使用。

可以调用线程对象中的方法 isAlive()来测试某条线程是否已经死亡。当线程处于就绪、运行或阻塞 3 种状态时，该方法将返回 true；当线程处于新建、死亡状态时，该方法将返回 false。不要试图对一个已经死亡的线程调用 start()方法来使它重新启动，死亡就是死亡，该线程将不可再次执行。下面的实例代码演示了线程死亡的过程。

实例 24-9 演示线程的死亡

源码路径：daima\19\si.java

实例文件 si.java 的主要代码如下所示。

```java
public class si extends Thread{
private int i ;
//重写run方法，它的方法体就是线程执行体
public void run(){
    for ( ; i < 100 ; i++){
        //当线程类继承Thread类时，可以直接调用getName方法返回当前线程名
        //如果想获取当前线程，则直接使用this即可。Thread对象的getName方法返回当前线程名
        System.out.println(getName() +  " " + i);
    }
}
public static void main(String[] args) {
    //创建线程对象
    si sd = new si();
        for (int i = 0; i <300;  i++){
            //调用Thread的currentThread方法获取当前线程
            System.out.println(Thread.currentThread().getName() +  " " + i);
            if (i == 20){
                //启动线程
                sd.start();
                //判断启动后线程的isAlive()值，输出true
                System.out.println
                (sd.isAlive());
            }
            //只有当线程处于新建、死亡两种状态时，
            isAlive方法才返回false
            //因为i > 20，说明该线程已经启动了，
            所以只可能是死亡状态
            if (i > 20 && !sd.isAlive()){
                //试图再次启动该线程
                sd.start();
            }
        }
    }
}
```

拓展范例及视频二维码

范例 **24-9-01**：查看线程的
运行状态

源码路径：演练范例\24-9-01\

范例 **24-9-02**：查看 JVM 中的
线程名

源码路径：演练范例\24-9-02\

上述代码试图在线程已死亡的情况下再次调用 start()方法来启动该线程，运行上述代码将会引发 IllegalThreadStateException 异常，这表明处于死亡状态的线程无法再次运行。执行结果如图 24-8 所示。

```
Thread-0 99
main 104
Exception in thread "main" java.lang.IllegalThreadState
        at java.lang.Thread.start(Thread.java:638)
        at si.main(si.java:37)
```

图 24-8 执行结果

24.4 控 制 线 程

为了更好地对线程进行控制，Java 中的线程提供了一些便捷的工具。本节将详细讲解在 Java 中控制线程的基本知识。

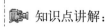 知识点讲解：

24.4.1 使用 join 方法

在前面的演示代码中曾经多次使用到了 Thread 类的 join() 方法，此方法的功能是使异步执行的线程变成同步执行。也就是说，当调用线程实例的 start 方法后，这个方法会立即返回，如果在调用 start() 方法后需要使用一个由这个线程计算得到的值，那么就必须使用 join() 方法。如果不使用 join 方法，就不能保证当执行到 start 方法后面的某条语句时，这个线程一定会执行完毕。而使用 join() 方法后，直到这个线程退出，程序才会往下执行。下面的实例演示了方法 join() 的基本用法。

实例 24-10 演示 join() 方法的基本用法
源码路径：daima\19\JoinThread.java

实例文件 JoinThread.java 的主要实现代码如下所示。

```java
Public class JoinThread extends Thread{
    public static volatile int n = 0;
    public void run(){
        for (int I = 0; I < 10; I++, n++)
            try{
                sleep(3);//为了使运行结果更随机,延迟3ms
            }
            catch (Exception e){
            }
    }
    public static void main(String[] args)
    throws Exception{
        Thread threads[] = new Thread[100];
        for (int I = 0; I < threads.length; I++)     //建立100个线程
            threads[I] = new JoinThread();
        for (int I = 0; I < threads.length; I++)     //运行刚才建立的100个线程
            threads[I].start();
        if (args.length > 0)
            for (int I = 0; I < threads.length; I++) //100个线程都执行完后程序继续
                threads[I].join();
        System.out.println("n=" + JoinThread.n);
    }
}
```

拓展范例及视频二维码

范例 **24-10-01**：两种创建
线程的方法
源码路径：**演练范例\24-10-01**
范例 **24-10-02**：两种方法的
优缺点
源码路径：**演练范例\24-10-02**

上述代码建立了 100 个线程，每个线程使静态变量 n 增加 1。如果在这 100 个线程都执行完后输出 n，那么这个 n 值应该是 100。实际运行后的效果如图 24-9 所示。

这个运行结果可能在不同的运行环境下有一些差异，并且同台机器每次的运行结果也不一样，但是一般 n 不会等于 100。从上面的结果可知，这 100 个线程未执行完就将 n 输出了。

n=41

图 24-9 执行结果

24.4.2 慎重使用 volatile 关键字

关键字 volatile 用于声明简单的类型变量，例如 int、float、boolean 等数据类型。如果这些简单数据类型声明为 volatile，那么对它们的操作就会变成原子级别的。但这有一定的限制，在下面的实例中 count 就不是原子级别的。

实例 24-11 count 不是原子级别的
源码路径：daima\24\Counter.java

实例文件 Counter.java 的主要实现代码如下所示。

```java
Public class Counter {
    public static int count = 0;
    public static void inc() {
        //这里延迟1ms，使得结果更明显
        try {
            Thread.sleep(1);
        } catch (InterruptedException e) {
        }
```

```
            count++;
        }
    public static void main(String[] args) {
        //同时启动1000个线程,去进行I++计算,看看实际结果
        for (int I = 0; I < 100; I++) {
                new Thread(new Runnable() {
                        @Override
                        public void run() {
                                Counter.inc();
                        }
                }).start();
            }
        //这里每次的运行结果都有可能不同,可能为100
        System.out.println("运行结果:Counter.
        count=" + Counter.count);
        }
    }
```

拓展范例及视频二维码

范例 **24-11-01**:保证

原子性

源码路径:**演练范例\24-11-01**

范例 **24-11-02**:采用

synchronized

源码路径:**演练范例\24-11-02**

如果对 count 的操作是原子级别的,那么最后输出的结果应该为 count =100,而在执行上述代码时,很多时候输出的 count 都小于 100,这说明 count = count +1 不是原子级别的操作。但实际运算都不会相同,例如作者机器上的执行结果如图 24-10 所示。

很多读者以为这是多线程的并发问题,只需要在变量 count 之前加上 volatile 就可以避免这个问题。我们在下面的实例中修改代码看看具体结果是不是符合我们的期望。

运行结果:Counter.count=81

图 24-10 执行结果

实例 24-12 使用 volatile 关键字
源码路径:daima\24\Counter1.java

实例文件 Counter1.java 的主要实现代码如下所示。

```
Public class Counter1 {
    public volatile static int count = 0;          //使用关键字volatile
    public static void inc() {
        try {
                Thread.sleep(1);
                //这里延迟1ms,使得结果更明显
        } catch (InterruptedException e) {
        }
        count++;
    }
    public static void main(String[] args) {
        //同时启动100个线程进行I++计算,看看实际结果
        for (int I = 0; I < 100; I++) {
                new Thread(new Runnable() {
                        @Override
                        public void run() {
                                Counter.inc();
                        }
                }).start();
            }
        //这里每次的运行结果都有可能不同,可能为100
        System.out.println("运行结果:Counter.count=" + Counter.count);
        }
    }
```

拓展范例及视频二维码

范例 **24-12-01**:采用 Lock

方式

源码路径:**演练范例\24-12-01**

范例 **24-12-02**:采用

AtomicInteger

源码路径:**演练范例\24-12-02**

但是运行结果还不是我们期望的 100,例如作者机器的执行结果如图 24-11 所示。另外读者还需要注意的是,这个运行结果是随机的。

运行结果:Counter.count=87

图 24-11 执行结果

这是什么原因呢?原因是如果声明为 volatile 的简单变量的当前值与该变量以前的值相关,那么 volatile 关键字不起作用,也就是说下面的表达式都不是原子操作。

```
Count = count + 1;
```

上述表达式不是原子操作的原因也很简单，count++虽然是一行代码，但是其实共有 3 步操作：读取 count 值，将 count 值累加，累加后的值写回到 count 变量。这 3 步操作不是原子性的，例如当前 count=10，需要两个线程同时操作，A 线程读取 count 为 10，然后执行 count++，此时 count++虽然已执行，但是值还没回写到 count 中，B 线程同时也在读取 count，count 依然为 10，于是 B 线程也执行 count++，所以 A、B 两个线程在执行完 count++这行代码后，count 的值都为 11，也就是两次回写操作，写入的值均为 11。这也正是导致虽然最后代码运行了 100 次，但是累加值却不到 100 的原因。

如果想使线程操作变成原子操作，则需要使用 synchronized 关键字。下面的实例演示了使用 synchronized 关键字实现原子性操作的方法。

实例 24-13　**使用关键字 synchronized 实现原子性操作**
源码路径：daima\24\Counter4.java

实例文件 Counter4.java 的主要实现代码如下所示。

```java
Import java.util.concurrent.CountDownLatch;
public class Counter4 {
    public volatile static int count = 0;
    static CountDownLatch cdLatch  = new CountDownLatch(1000);
    //加上volatile试试，测试可不可以保证原子性（结果不可以）
    public static void inc() {
        try {
            Thread.sleep(1);                //这里延迟1ms，使得结果更明显
        } catch (InterruptedException e) {

        }
        synchronized(Counter4.class){
            count++;
        }

    }
    public static void main(String[] args) {
        System.out.println(System.currentTimeMillis());
        //同时启动1000个线程进行I++计算，看看实际结果
        for (int I = 0; I < 1000; I++) {
            new Thread(new Runnable() {
                CountDownLatch countDownLatch  = Counter4.cdLatch;
                @Override
                public void run() {
                    Counter4.inc();
                    countDownLatch.countDown();
                }
            }).start();
        }
        try {
            cdLatch.await();
        } catch (InterruptedException e) {
            e.printStackTrace();

        }
        //这里每次的运行结果都有可能不同,可能为1000
        System.out.println("运行结果:Counter.count=" + Counter4.count);
        System.out.println(System.currentTimeMillis());
    }

}
```

拓展范例及视频二维码

范例 **24-13-01**：使用 synchronized
实例 1
源码路径：**演练范例\24-13-01**

范例 **24-13-02**：使用 synchronized
实例 2
源码路径：**演练范例\24-13-02**

在上述代码中，使用 synchronized 关键字对 Counter4.class 中的 count++操作进行了同步。此时它将会实现原子性功能，执行结果如图 24-12 所示。

```
运行结果:Counter.count=1000
1494126735400
```

图 24-12　执行结果

由此可见，在 Java 程序中使用 volatile 关键字时要慎重，并不是只要简单类型变量使用 volatile 修饰了，那么对这个变量的所有操作都是原子操作，当变量值由自身的前一个值决定时（如 n=n+1、n++等），volatile 关键字将失效，只有当变量值和自身的前一个值无关时对该变量的操作才是原子级别的，如 n=m+1 就是原子级别的。所以在使用 volatile 关键字时一定要谨慎，如果自己没有把握，可以使用 synchronized 来代替 volatile。

24.4.3 后台、让步和睡眠

计算机操作系统中通常有 3 种非常重要的线程，接下来的内容将一一讲解它们。

1. 后台线程

有一种线程是在后台运行的，其任务是为其他线程提供服务，这种线程称为"后台线程"（daemon thread），又称为"守护线程"或"精灵线程"。JVM 的垃圾回收线程就是典型的后台线程，后台线程有一个非常明显的特征——如果所有的前台线程都死亡，那么后台线程会自动死亡。

2. 睡眠线程

如果我们需要让当前正在执行的线程暂停一段时间，并进入阻塞状态，则可以通过调用 Thread 类的静态方法 sleep 来实现，方法 sleep 有如下两种重载的形式。

static void sleep（long millis）：让当前正在执行的线程暂停 millis 毫秒，并进入阻塞状态，该方法受系统计时器和线程调度器的精度和准确度的影响。

static void sleep（long millis, int nanos）：让当前正在执行的线程暂停 millis 毫秒加 nanos 纳秒，并进入阻塞状态。该方法受系统计时器和线程调度器的精度和准确度的影响。

与前面类似，程序很少调用第二种形式的 sleep 方法。

如果当前线程调用 sleep()方法进入阻塞状态，那么在其睡眠时间段内该线程不会获得执行机会，即使系统中没有其他可运行的线程，处于睡眠中的线程也不会运行，因此 sleep()方法常用来暂停程序的执行。

3. 线程让步

线程让步需要用到方法 yield()，它是一个和 sleep()方法有点相似的方法。它也是 Thread 类提供的一个静态方法，可以让当前正在执行的线程暂停，但它不会阻塞该线程，只是将该线程转入就绪状态。方法 yield 只是让当前线程暂停一下，让系统的线程调度器重新调度。完全可能的情况是当某个线程调用 yield()方法暂停之后，线程调度器又将其调度出来重新执行。

实际上当某个线程调用 yield()方法暂停之后，只有优先级与当前线程相同，或者比当前线程更高的处于就绪状态的线程才会获得执行机会。

实例 24-14	**演示 Java 的自动转换**
	源码路径：daima\19\houtai.java

实例文件 houtai.java 的主要代码如下所示。

```
Public class houtai extends Thread{
    //定义后台线程的线程执行体与普通线程没有任何区别
    public void run(){
        for (int I = 0; I < 1000 ; I++ ){
            System.out.println(getName() + " " + I);
        }
    }
    public static void main(String[] args) {
        houtai t = new houtai();
        //将此线程设置成后台线程
        t.setDaemon(true);
        //启动后台线程
        t.start();
        for (int I = 0 ; I < 10 ; I++ ){
            System.out.println(Thread.currentThread().getName()
            + "  " + I);
        }
        //-----程序执行到此处，前台线程（main线程）结束------
        //后台线程也应该随之结束
    }
}
```

执行后的结果如图 24-13 所示。

拓展范例及视频二维码

范例 **24-14-01**：把基本类型
转换为字符串
源码路径：**演练范例\24-14-01**

范例 **24-14-02**：查看和修改
线程名称
源码路径：**演练范例\24-14-02**

上述实例代码通过调用类 Thread setDaemon（true）方法将指定线程设置成后台线程。当所有前台线程死亡后，后台线程随之死亡。当整个虚拟机中只剩下后台线程时，程序就没有继续运行的必要了，这样虚拟机也就退出了。另外，类 Thread 中提供的 isDaemon()方法用于判断指定线程是否为后台线程。主线程默认是前台线程，并不是所有的线程默认都是前台线程，有些线程默认是后台线程，前台线程创建的子线程默认是前台线程，后台线程创建的子线程默认是后台线程。在上述代码中，将线程 t 设置为后台线程。

```
<terminated> houtai [Java Application]
Thread-0  36
Thread-0  37
Thread-0  38
Thread-0  39
Thread-0  40
Thread-0  41
```

图 24-13　执行结果

24.5　线程传递数据

在传统的同步开发模式下，当我们调用一个函数时，可以通过这个函数的参数将数据传入，并通过它的返回值来给出最终的计算结果。但在多线程异步开发模式下，数据的传递和返回与同步开发模式有很大的区别。由于线程

 知识点讲解：

的运行和结束是不可预料的，所以在传递和返回数据时无法像函数一样通过函数参数和 return 语句来返回数据。本节将详细讲解在 Java 中向线程传递数据的方法，并介绍从线程中返回数据的方法。

24.5.1　向线程传递数据的方法

一般在使用线程时都需要初始化一些数据，然后线程利用这些数据进行加工处理，并返回结果。在这个过程中最先要做的就是向线程传递数据。在 Java 语言中有 3 种向线程传递数据的方法。下面详细介绍这些方法。

1. 通过构造方法传递数据

在创建线程时，必须要建立一个 Thread 类或其子类的实例。因此，我们不难想到在调用 start() 方法之前通过线程类的构造方法将数据传入线程，并将传入的数据使用类变量保存起来，以便线程使用（其实就是在 run 方法中使用）。下面的实例演示了通过构造方法传递数据的过程。

实例 24-15　通过构造方法传递数据
源码路径：daima\24\MyThread1.java

实例文件 MyThread1.java 的主要实现代码如下所示。

```java
public class MyThread1 extends Thread{
    private String name;          //定义私有变量
    public MyThread1(String name) {
    //定义构造方法MyThread1()
        this.name = name;  //定义构造方法的参数name
    }
    public void run(){    //定义方法run()
        System.out.println("hello " + name);
        //输出name值
    }
    public static void main(String[] args) {
    //主方法
            Thread thread = new MyThread1("world");    //设置参数name的值是world
        thread.start();
    }
}
```

拓展范例及视频二维码

范例 **24-15-01**：扩展 java.lang. Thread 类
源码路径：**演练范例\24-15-01**

范例 **24-15-02**：实现 java.lang. Runnable 接口
源码路径：**演练范例\24-15-02**

执行结果如图 24-14 所示。
由于这种方法是在创建线程对象的同时传递数据的，因此，在线程运行

```
hello world
```

图 24-14　执行结果

之前这些数据就已经到位了，这样就不会造成数据在线程运行后才传入的现象。如果要传递更复杂的数据，则可以使用集合、类等数据结构。使用构造方法传递数据虽然比较安全，但如果当要传递的数据比较多时，就会造成很多不便。由于 Java 没有默认参数，所以要想实现默认参数的效果，就要使用重载，这样不但使构造方法本身过于复杂，又会使构造方法的数量增多。因此，要想避免这种情况，就得通过类方法或类变量来传递数据。

2. 通过变量和方法传递数据

我们一般会有两次向线程对象传入数据的机会，第一次机会是在建立线程时通过构造方法传入数据，另外一次机会就是在类中定义一系列的 public 方法或变量（也可称为字段）时。在建立完线程对象后，通过这个对象来逐个赋值。下面的实例对上面实例中的类 MyThread1 进行了改版，使用方法 setName() 来设置 name 变量。

实例 24-16　使用方法 setName() 设置 name 变量
源码路径：daima\24\MyThread2.java

实例文件 MyThread2.java 的主要实现代码如下所示。

```java
public class MyThread2 implements Runnable{
    private String name;                    //定义私有变量
    public void setName(String name) {
    //定义方法setName()，参数是name
        this.name = name;
    }
    public void run(){           //定义方法run()
        System.out.println("hello " + name);
        //输出name值
    }
    public static void main(String[] args){
        MyThread2 myThread = new MyThread2();
        //创建类对象
        myThread.setName("world");
        //设置方法setName()的name参数值是world
        Thread thread = new Thread(myThread);
        thread.start();                       //运行线程方法
    }
}
```

拓展范例及视频二维码

范例 **24-16-01**：不使用 join()
方法
源码路径：**演练范例\24-16-01**
范例 **24-16-02**：使用 join()
方法
源码路径：**演练范例\24-16-02**

执行结果如图 24-15 所示。

3. 通过回调函数传递数据

虽然前面讨论的向线程中传递数据的方法是最常用的，但这两种方法都是 main() 方法主动将数据传入线程类的。这对于线程来说，是被动接收这些数据的。然而，在有些应用中需要在线程运行的过程中动态地获取数据。

`hello world`

图 24-15　执行结果

在下面的实例代码中，在 run() 方法中产生了 3 个随机数，然后通过 Work 类的 process 方法计算这 3 个随机数的和，并通过 Data 类的 value 将结果返回。从这个例子可以看出，在返回值之前，必须要得到 3 个随机数。也就是说，这个值是无法事先传入线程类的。

实例 24-17　通过回调函数传递数据
源码路径：daima\24\MyThread3.java

实例文件 MyThread3.java 的主要实现代码如下所示。

```java
class Data{                      //定义类Data
    public int value = 0;
    //定义int类型变量value的初始值是0
}
class Work{                            //定义类Work
    public void process(Data data, int[] numbers) {
    //定义方法process，计算数组元素的和
```

拓展范例及视频二维码

范例 **24-17-01**：扩展 java.lang Thread 类
源码路径：**演练范例\24-17-01**
范例 **24-17-02**：实现 java.lang.
Runnable 接口
源码路径：**演练范例\24-17-02**

```
        for (int n : numbers) {          //遍历数组元素
            data.value += n;             //求和
        }
    }
}
public class MyThread3 extends Thread{              //定义类MyThread3
    private Work work;                              //定义类对象work
    public MyThread3(Work work) {                   //定义构造方法
        this.work = work;
    }
    public void run(){                              //定义方法run()
        java.util.Random random = new java.util.Random();   //生成随机数
        Data data = new Data();
        int n1 = random.nextInt(1000);              //生成1000以内的随机数
        int n2 = random.nextInt(2000);              //生成2000以内的随机数
        int n3 = random.nextInt(3000);              //生成3000以内的随机数
        int numbers[]=new int[]{n1,n2,n3};          //定义数组，使其包含上面生成的3个随机数
        work.process(data, numbers);                //使用回调函数，计算3个数组元素的和
        System.out.println(String.valueOf(n1) + "+" + String.valueOf(n2) + "+"
                + String.valueOf(n3) + "=" + data.value);   //显示计算结果
    }
    public static void main(String[] args){
        Thread thread = new MyThread3(new Work());//创建线程对象
        thread.start();                             //开始运行线程
    }
}
```

在上述代码中，方法 process()称为回调函数。从本质上说，回调函数就是事件函数。在 Windows API 中，经常使用回调函数和调用 API 的程序进行数据交互。因此，调用回调函数的过程就是最原始的引发事件的过程。在这个例子中调用 process()方法来获得数据就相当于在 run()方法中引发一个事件。执行后将随机产生 3 个指定范围内的数字，并计算这 3 个数字的和，执行结果如图 24-16 所示。因为是随机数，所以每次运行的结果不一样。

184+1108+183=1475

图 24-16　执行结果

24.5.2　线程中返回数据的方法

从线程中返回数据与向线程传递数据类似，也可以通过类成员以及回调函数来返回数据。但类成员在返回数据时和传递数据有一些区别，下面介绍它们的区别。

1. 通过类变量和方法返回数据

使用这种方法返回数据时，需要调用 start()方法后才能通过类变量或方法得到数据，先看下面的代码运行后会得到什么结果。

```
public class MyThread extends Thread{
    private String value1;
    private String value2;
    public void run(){
        value1 = "通过成员变量返回数据";
        value2 = "通过成员方法返回数据";
    }
    public static void main(String[] args) throws Exception{
        MyThread thread = new MyThread();
        thread.start();
        System.out.println("value1:" + thread.value1);
        System.out.println("value2:" + thread.value2);
    }
}
```

上述代码执行后输出如下结果。

```
value1:null
value2:null
```

上面的运行结果很不正常。在 run()方法中已经对 value1 和 value2 进行赋值，但是返回的却是 null。发生这种情况的原因是，调用 start()方法后就立刻输出了 value1 和 value2 的值，而这时 run 方法还没有执行到为 value1 和 value2 赋值的语句。要想避免这种情况的发生，就需要

等 run()方法执行完后才执行输出 value1 和 value2 的语句。可以考虑使用方法 sleep 将主线程延迟，例如可以在 thread.start()后加一行如下所示的语句。

```
sleep(1000);
```

这样可以使主线程延迟 1s 后再往下执行，但这样做有一个问题，那就是无法知道要延迟多长时间。在上述代码的 run 方法中只有两条赋值语句，而且只创建了一个线程，因此，延迟 1s 已经足够，但如果 run 方法中的语句很复杂，那么这个时间就很难预测，因此这种方法并不稳定。

我们的目的非常简单，就是要得到 value1 和 value2 的值，因此只要判断 value1 和 value2 是否为 null 即可。当它们都不为 null 时就可以输出 value1 和 value2 的值。我们可以使用下面的代码来达到这个目的。

```
while (thread.value1 == null || thread.value2 == null);
```

使用上面的语句可以避免这种情况的发生，但这种方法太耗费系统资源。大家可以设想，如果 run 方法中的代码很复杂，那么 value1 和 value2 需要很长时间才能被赋值，这样 while 循环就必须一直执行，直到 value1 和 value2 都不为 null 为止。因此，我们可以对上面的语句进行如下的改进。

```
while (thread.value1 == null || thread.value2 == null)
    sleep(100);
```

在 while 循环中每判断一次 value1 和 value2 的值后休眠 100ms，然后再判断，这样所占用的系统资源会小一些。

上面的方法虽然可以很好地解决我们的问题，但是 Java 的线程模型提供了更好的解决方案，这就是使用 join()方法。join()的功能就是使用线程从异步执行变成同步执行，当线程变成同步执行后，就与利用普通方法得到返回数据没有什么区别了，可以使用如下所示的代码更有效地解决这个问题。

```
thread.start();
thread.join();
```

当 thread.join()执行完毕后，线程 thread 的 run()方法已经退出，也就是说线程 thread 已经结束。因此，在 thread.join()后面可以放心大胆地使用 MyThread 类的任何资源来得到返回数据。

2. 通过回调函数返回数据

其实这种方法已经在 24.5.1 节中介绍了，通过 Work 类的 process 方法向线程中传递计算结果，但同时也通过 process 方法从线程中得到了 3 个随机数。因此，这种方法既可以向线程传递数据，也可以从线程中获得数据。

24.6　进　程

在 Java 语言中，Process 是一个抽象类（所有的方法均是抽象的），其功能是封装一个进程。类 Process 主要提供了进程输入、进程输出和等待进程完成、检查进程的退出状态以及销毁进程的方法。本节详细讲解使用类 Process 实现进程处理的知识。

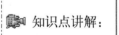 知识点讲解：

24.6.1　使用类 ProcessBuilder

在 Java 语言中，类 ProcessBuilder 用于创建操作系统进程。ProcessBuilder 实例管理过程的集合属性。使用 start()方法创建一个新 Process 实例的属性，可以调用多次方法 start()以从同一实例中创建具有相同或相关属性的新阶段。

类 ProcessBuilder 中常用的内置方法如下所示。

❑ public ProcessBuilder（List<String> command）：返回此进程生成器，参数 command 是一个字符串数组。

❑ public ProcessBuilder（String... command）：使用指定的操作系统程序和参数构造进程生成

器。此方法不会使用命令列表的副本。后续更新的名单将反映在进程生成器的状态上。它不会检查command是否为一个有效的操作系统命令。参数command包含程序和它的参数列表。

❑ public List<String> command()：返回此进程生成器的操作系统程序和参数。

❑ public ProcessBuilder command（List<String> command）：设置此进程生成器的操作系统程序和参数。此方法不会使用命令列表的副本。后续更新的列表将反映在进程生成器的状态上。它不检查command是否为一个有效的操作系统命令。

❑ public ProcessBuilder command（String...command）：设置此进程生成器的操作系统程序和参数。这用于设置命令包含相同的字符串。它不检查command是否为一个有效的操作系统命令。

❑ public File directory()：返回此进程生成器的工作目录。

❑ public ProcessBuilder directory（File directory）：设置此进程生成器的工作目录。

❑ public Map<String,String> environment()：返回此进程生成器环境字符串的映射视图。

❑ public boolean redirectErrorStream()：通知进程生成器是否合并标准错误和标准输出。

❑ public ProcessBuilder redirectErrorStream（boolean redirectErrorStream）：设置此进程生成器的 redirectErrorStream 属性。

❑ public Process start()：使用此进程生成器的属性启动一个新进程。

实例 24-18 ｜ 使用 ProcessBuilder 执行本地 Windows 系统中的命令
源码路径：daima\24\UsingProcessBuilder.java

本实例的功能是使用 ProcessBuilder 执行本地 Windows 操作系统中的"ipconfig/all"命令，获取本机网卡的 MAC 地址。在具体实现时，使用命令参数选项构造 ProcessBuilder 对象，通过 start()方法执行命令以启动一个进程，然后返回一个 Process 对象。使用 ProcessBuilder 的 environment()方法获得运行进程的环境变量以得到一个 Map。这样可以修改环境变量，并且可通过 ProcessBuilder的 directory()方法切换工作目录。实例文件 UsingProcessBuilder.java 的主要代码如下所示。

```
public class UsingProcessBuilder {
    /**获取Windows系统下网卡的MAC地址*/
    public static List<String> getPhysicalAddress(){
        Process p = null;
        List<String> address = new ArrayList<String>(); //物理网卡列表
        try{
            p = new ProcessBuilder("ipconfig","/all").start();//执行ipconfig/all命令
        }catch(IOException e){
            return address;
        }
        byte[] b = new byte[1024];
        int readbytes = -1;
        StringBuffer sb = new StringBuffer();
        //读取进程输出值
        //在java I/O中,输入输出是针对JVM而言的,读写是针对外部数据源而言的
        InputStream in = p.getInputStream();
        try{
            while((readbytes = in.read(b)) != -1){
                sb.append (new String (b,0,readbytes));
            }
        }catch(IOException e1){
        }finally {
            try{
                in.close();
            }catch
            (IOException e2){
            }
        }
        //以下是分析输出值得到物理网卡的过程
        String rtValue = sb.toString();
        int i = rtValue.indexOf
```

拓展范例及视频二维码

范例 **24-18-01**：使用回调函数
源码路径：**演练范例\24-18-01**
范例 **24-18-02**：在子线程与
主线程之间
传递数据
源码路径：**演练范例\24-18-02**

```
                                ("Physical Address.........:");
                        while (i > 0){
                                rtValue = rtValue.substring(i + "Physical Address.........:".length());
                                address.add(rtValue.substring(1,18));
                                i = rtValue.indexOf("Physical Address.........:");
                        }
                        return address;
        }
        /**执行自定义的一个命令,该命令放在C:/temp下,并且需要两个环境变量的支持*/
        public static boolean executeMyCommand1(){
                        //创建系统进程创建器
                        ProcessBuilder pb = new ProcessBuilder("myCommand","myArg1","myArg2");
                        Map<String, String> env = pb.environment(); //获得进程的环境
                        //设置和去除环境变量
                        env.put("VAR1", "myValue");
                        env.remove("VAR0");
                        env.put("VAR2", env.get("VAR1") + ";");
                        //迭代环境变量,获取属性名和属性值
                        Iterator<String> it=env.keySet().iterator();
                        String sysatt = null;
                        while(it.hasNext()){
                                sysatt = (String)it.next();
                                System.out.println("System Attribute:"+sysatt+"="+env.get(sysatt));
                        }
                        pb.directory(new File("C:/temp"));
                        try{
                                Process p = pb.start();               //得到进程实例
                                //等待进程执行完毕
                                if(p.waitFor() != 0){
                                        p.getErrorStream();
                                }
                                p.getInputStream();
                        }catch(IOException e){
                        }catch(InterruptedException e){
                        }
                        return true;
        }
        public static void executeMyCommand2(){
          ProcessBuilder pb = null;
          String sysatt = null;
          try{
              pb = new ProcessBuilder("cmd.exe");         //创建一个进程实例
              //获取系统参数并打印显示
              Map<String, String> env = pb.environment();
              Iterator<String> it=env.keySet().iterator();
              while(it.hasNext()){
                  sysatt = (String)it.next();
                  System.out.println("System Attribute:"+sysatt+"="+env.get(sysatt));
              }
              //设置工作目录
              pb.directory(new File("h://myDir"));
              Process p = pb.start();
              //写入将要执行的Windows命令
              BufferedWriter bw=new BufferedWriter(new OutputStreamWriter(p.getOutputStream()));
              bw.write("test.bat /r/n");                //'/r/n'是必须写入的
              bw.write("ping -t www.yahoo.com.cn /r/n");
              bw.flush();                //flush()方法是必须调用的
              //打印显示执行结果
              InputStream is = p.getInputStream();
              InputStreamReader isr = new InputStreamReader(is, "GBK");
              BufferedReader br = new BufferedReader(isr);
              String line;
              while ((line = br.readLine()) != null){
                  System.out.println(line);
              }
          }
          catch (Exception e){
              e.printStackTrace();
```

```
        }
    }
    public static void main(String[] args){
        List<String> address = UsingProcessBuilder.getPhysicalAddress();
        for(String add : address){
            System.out.printf("物理网卡地址: %s%n",add);
        }
        executeMyCommand1();
        executeMyCommand2();
    }
}
```

24.6.2 使用类 Process

在 Java 程序中，类 Process 可以实现进程控制并获取进程信息的一个实例。类 Process 中主要包含如下所示的方法。

- ❑ destroy()：销毁子进程。这表示子进程被强行终止或不依赖于具体实现。
- ❑ destroyForcibly()：销毁子进程。这表示子进程被强行终止。
- ❑ exitValue()：返回子进程的退出值。
- ❑ getErrorStream()：返回连接到子进程的错误输出输入流。
- ❑ isAlive()：测试 Process 进程是否还存活。
- ❑ waitFor()：使当前线程处于等待状态（如果有必要）直到 Process 对象表示的进程已经终止。
- ❑ waitFor（long timeout，TimeUnit unit）：使当前线程等待（如果有必要），直到 Process 对象表示的子进程已终止，或经过了指定的等待时间。

实例 24-19 使用 Process 调用 DOS 命令打开记事本
源码路径：daima\24\CmdToolkit.java

本实例的功能是使用类 Process 调用本地 DOS 命令打开记事本程序，在 Windows 系统中，内置的记事本程序是 notepad。实例文件 CmdToolkit.java 的主要实现代码如下所示。

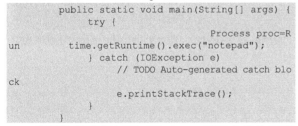

```
public static void main(String[] args) {
    try {
                        Process proc=R
un time.getRuntime().exec("notepad");
    } catch (IOException e) {
        // TODO Auto-generated catch blo
ck
        e.printStackTrace();
    }
}
```

拓展范例及视频二维码

范例 **24-19-01**：打开 exe 格式的
文件
源码路径：**演练范例\24-19-01**
范例 **24-19-02**：列出系统运行的
进程信息
源码路径：**演练范例\24-19-02**

代码执行后将打开 Windows 系统自带的记事本程序。

24.6.3 使用类 ProcessHandle（Java 9 新增功能）

自从 Java 1.0 诞生以来，它就完全支持使用本地进程的功能。类 Process 的实例表示，由 Java 程序创建的本地进程通过调用 Runtime 类的 exec()方法可以启动一个进程。

在 Java 5.0 中添加了 ProcessBuilder 类，Java 7.0 添加了 ProcessBuilder.Redirect 的嵌套类。ProcessBuilder 类的实例保存进程的一组属性，调用其 start()方法启动本地进程并返回一个表示本地进程 Process 类的实例，可以多次调用其 start()方法。每次使用 ProcessBuilder 实例中保存的属性会启动一个新进程。在 Java 5.0 中，ProcessBuilder 类接管 Runtime.exec()方法来启动新进程。Java 7 和 Java 8 中的 Process API 有一些改进，就是在 Process 和 ProcessBuilder 类中添加几个方法。

在 Java 9 诞生之前，Process API 仍然缺乏对本地进程的基本支持，例如获取进程的 PID 和所有者、进程的开始时间、进程使用了多少 CPU 时间、多少本地进程正在运行等。读者需要注意，在 Java 9 之前，程序可以启动本地进程并使用其输入、输出和错误流，但是无法使用未启动的本地进程，无法查询进程的详细信息。为了更紧密地处理本地进程，Java 开发人员不得不使用 Java Native Interface（JNI）来编写本地代码。Java 9 使这些必要的功能与本地进程配合使用，它向 Process API 中添加了一个名为 ProcessHandle 的接口。ProcessHandle 接口的实例能够标识一个本地进程，以查询进程状态并管理进程。

在 Java 程序中，可以使用 ProcessHandle 接口中的方法来查询进程的状态。表 24-1 列出了该接口常用的简单说明方法。请注意，许多方法返回执行快照时进程状态的快照。不过，由于进程是以异步方式创建、运行和销毁的，所以当稍后使用其属性时，无法保证进程仍然处于相同的状态。

表 24-1　ProcessHandle 中的方法

方法	描述
static Stream\<ProcessHandle> allProcesses()	返回操作系统中当前进程可见的所有进程的快照
Stream\<ProcessHandle> children()	返回当前进程中直接子进程的快照。使用 descendants()方法获取所有级别的子级列表，例如子进程，孙子进程等。返回当前进程可见操作系统中所有进程的快照
static ProcessHandle current()	返回当前进程的 ProcessHandle，这是通过执行此方法调用的 Java 进程实现的
Stream\<ProcessHandle> descendants()	返回进程后代的快照。与 children()方法进行比较，该方法仅返回进程的直接后代
boolean destroy()	请求进程被销毁。如果终止进程请求成功，则返回 true，否则返回 false。 是否可以销毁进程取决于操作系统的访问控制
boolean destroyForcibly()	要求进程被强行销毁。如果终止进程请求成功，则返回 true，否则返回 false。销毁进程会立即强制终止进程，而正常终止则允许进程彻底关闭。是否可以销毁进程取决于操作系统的访问控制
long getPid()	返回由操作系统分配的进程的本地进程 ID（PID）。注意，PID 可以由操作系统重复使用，因此具有相同 PID 的两个处理句柄可能不代表相同的过程
ProcessHandle.Info info()	返回有关进程信息的快照
boolean isAlive()	如果此 ProcessHandle 表示的进程尚未终止，则返回 true，否则返回 false。请注意，在终止进程请求成功后，此方法可能会返回一段时间，因为进程将以异步方式终止
static Optional \<ProcessHandle> of(long pid)	返回现有本地进程的 Optional\<ProcessHandle>。如果具有指定 PID 的进程不存在，则返回空的 Optional
CompletableFuture \<ProcessHandle> onExit()	返回一个用于终止进程的 CompletableFuture\<ProcessHandle>。可以使用返回对象来添加在进程终止时执行的任务。在当前进程中调此方法会引发 IllegalStateException 异常
Optional\<ProcessHandle> parent()	返回父进程的 Optional\<ProcessHandle>
boolean supportsNormalTermination()	如果 destroy()实现了正常终止进程，则返回 true

表 24-2 列出了 ProcessHandle.Info 嵌套接口的方法和描述，此接口的实例中包含有关进程的快照信息。可以使用 ProcessHandle 接口或 Process 类的 info()方法获取 ProcessHandle.Info，接口中的所有方法都会返回一个 Optional。

表 24-2　**ProcessHandle.Info 嵌套接口的方法**

方法	描述
Optional<String[]> arguments()	返回进程的参数。该过程可能会更改启动后传递给它的原始参数，在这种情况下，此方法返回更改后的参数
Optional<String> command()	返回进程的可执行路径名
Optional<String> commandLine()	它是一个进程组合命令和参数便捷方法。如果 command()和 arguments()方法都没有返回空 Optional，那么它通过组合从 command()和 arguments()方法中返回的值来返回进程的命令行
Optional<Instant> startInstant()	返回进程的开始时间。如果操作系统没有返回开始时间，则返回一个空 Optional
Optional<Duration> totalCpuDuration()	返回进程使用的 CPU 时间。请注意，进程可能运行很长时间，但可能使用很少的 CPU 时间
Optional<String> user()	返回进程的用户

对比 Process 类和 ProcessHandle 接口会发现 Process 类的实例表示由当前 Java 程序启动的本地进程，而 ProcessHandle 接口的实例表示本地进程，它可能由当前 Java 程序启动也可能以其他方式启动。在 Java 9 中，已经在 Process 类中添加了几种可以在新 ProcessHandle 接口中使用的方法。Process 类包含一个返回 ProcessHandle 的 toHandle()方法。

ProcessHandle.Info 接口的实例表示进程属性的快照。读者需要注意的是，进程由操作系统中不同的内存实现，因此它们的属性不同。进程的状态可以随时更改，例如当进程获得更多的 CPU 时间时，进程使用的 CPU 时间增加。使用 ProcessHandle 接口的 info()方法可以获取进程的最新信息，这将返回一个新的 ProcessHandle.Info 实例。

实例 24-20　**输出当前运行进程的相关信息**
源码路径：daima\24\CurrentProcessInfo.java

本实例的功能是定义 printInfo()方法将 ProcessHandle 作为参数，main()方法能够获取当前运行进程的句柄。运行本程序后会输出详细信息，对于不同的计算机和操作系统，可能会得到不同的运行结果。实例文件 CurrentProcessInfo.java 的主要实现代码如下所示。

```java
public class CurrentProcessInfo {
    public static void main(String[] args) {
        //获取当前进程的句柄
        ProcessHandle current = ProcessHandle.current();
        //调用方法ProcessHandle()输出当前进程的详细信息
        printInfo(current);
    }
    //编写方法printInfo()，功能是输出进程的详细信息
    public static void printInfo(ProcessHandle
handle) {
        //获取进程的ID
        long pid = handle.pid();
        //如果进程仍然在运行
        boolean isAlive = handle.isAlive();
        //获取其他进程的信息
        ProcessHandle.Info info = handle.info();
        String command = info.command().orElse("");
        String[] args = info.arguments().
orElse(new String[]{});
        String commandLine = info.commandLine().orElse("");
        ZonedDateTime startTime = info.startInstant().orElse(Instant.now()).atZone
(ZoneId.systemDefault());
        Duration duration = info.totalCpuDuration().orElse(Duration.ZERO);
```

拓展范例及视频二维码

范例 **24-20-01**：设置睡眠间隔和
睡眠持续时间
源码路径：**演练范例\24-20-01**
范例 **24-20-02**：输出新进程的
详细信息
源码路径：**演练范例\24-20-02**

```
                        String owner = info.user().orElse("Unknown");
                        long childrenCount = handle.children().count();
                        // 下面开始顺序输出进程的信息
                        System.out.printf("PID: %d%n", pid);                          //进程的PID
                        System.out.printf("IsAlive: %b%n", isAlive);                  //进程是否生存
                        System.out.printf("Command: %s%n", command);                  //进程的位置
                        System.out.printf("Arguments: %s%n", Arrays.toString(args));  //参数
                        System.out.printf("CommandLine: %s%n", commandLine);
                        System.out.printf("Start Time: %s%n", startTime);             //启动时间
                        System.out.printf("CPU Time: %s%n", duration);                //运行耗时
                        System.out.printf("Owner: %s%n", owner);                      //拥有者
                        System.out.printf("Children Count: %d%n", childrenCount);
                }
        }
```

作者机器的执行结果如图 24-17 所示。

```
PID: 3668
IsAlive: true
Command: C:\Program Files\Java\jre-9\bin\javaw.exe
Arguments: []
CommandLine:
Start Time: 2017-08-02T22:52:44.615+08:00[Asia/Shanghai]
CPU Time: PT0.3125S
Owner: DESKTOP-VMVTB06\apple
Children Count: 0
```

图 24-17　执行结果

24.7　技 术 解 惑

24.7.1　线程和函数的关系

任何一个线程在建立时都会执行一个函数，这个函数叫作线程执行函数。也可以将这个函数看作线程的入口点（类似于程序中的 main 函数）。无论使用什么语言或技术来建立线程，都必须执行这个函数（它的表现形式可能不一样，但都会有一个这样的函数）。如在 Windows 中建立线程的 API 函数 CreateThread 中的第三个参数就是执行函数的指针。

24.7.2　在 run 方法中使用线程名时产生的问题

在调用 start()方法前后都可以使用 setName 来设置线程名，但在调用 start()方法后使用 setName 修改线程名，就会产生不确定性，也就是说可能在 run()方法执行完毕后才会执行 setName。如果在 run()方法中要使用线程名，那么就会出现虽然调用了 setName()方法，但线程名却未修改的现象。类 Thread 的 start()方法不能多次调用，如不能调用两次 thread1.start()方法，否则会抛出一个 IllegalThreadStateException 异常。

24.7.3　继承 Thread 类或实现 Runnable 接口的比较

通过继承 Thread 类或实现 Runnable 接口都可以实现多线程，但两种方式存在一定的差别，在此简单总结两者之间的差别。

当采用 Runnable 接口方式实现多线程时，线程类只是实现了 Runnable 接口，还可以继承其他类。在这种方式下，可以多个线程共享同一个目标对象，所以非常适合多个相同线程处理同一份资源的情况，从而将 CPU、代码和数据分开，以形成清晰的模型，这较好地体现了面向对象的思想。此方式的劣势是，编程稍稍有些复杂，如果需要访问当前线程，那么必须使用 Thread.currentThread()方法。

当采用继承 Thread 类的方式实现多线程时，劣势是因为线程已经继承了 Thread 类，所以不能再继承其他父类；优势是编写简单，如果需要访问当前线程，那么无须使用 Thread.

currentThread()方法，直接使用 this 即可获得当前线程。

实际上几乎所有的多线程应用都可采用第一种方式，也就是实现 Runnable 接口的方式。

24.7.4　start()和 run()的区别

用方法 start()启动线程真正实现了多线程运行，这时无须等待 run()方法中的代码执行完毕即可直接执行下面的代码。通过调用 Thread 类的 start()方法可以启动一个线程，这时此线程处于就绪（可运行）状态，但并没有运行，一旦得到时间片，它就开始执行 run()方法，这时方法 run()称为线程体，它包含了这个线程要执行的内容。当 run()方法运行结束，此线程随即终止。

方法 run()只是类的一个普通方法而已，如果直接调用 run()方法，那么程序中依然只有主线程这一个线程，程序执行路径还是只有一条，还是要顺序执行，还是要等待 run()方法体执行完毕后才可继续执行下面的代码，这样没有达到写线程的目的。

由此可见，调用方法 start()可以启动线程，而方法 run 只是线程的一个普通方法调用，它还是在主线程里执行。

24.7.5　使用 sleep()方法的注意事项

在使用 sleep()方法时需要注意如下两点。

（1）方法 sleep 有两个重载形式，其中一个重载形式中时间单位不仅可以设为毫秒，而且还可以设为纳秒（1 000 000ns 等于 1ms）。但由于大多数操作系统平台上的 Java 虚拟机都无法精确到纳秒，因此，如果对 sleep 设置了以纳秒为单位，那么 Java 虚拟机将取最接近这个值的毫秒数。

（2）在使用方法 sleep 时必须使用 throws 或 try{...}catch{...}，因为 run 方法无法使用 throws。

```
try{
...
}
catch{
...
}
```

线程休眠的过程中，使用 interrupt()方法中断线程时，sleep()会抛出一个 Interrupted Exception 异常。定义 sleep()方法的格式如下所示。

```
public static void sleep(long millis)  throws InterruptedException
public static void sleep(long millis,  int nanos)  throws InterruptedException
```

另外，启动线程使用的是 start()方法，而不是 run()方法！永远不要调用线程对象的 run()方法！调用 start()方法启动线程，系统会把 run()方法当成线程执行体来处理。但如果直接调用线程对象的 run()方法，则 run()方法就会立即被执行，而且在 run()方法返回之前其他线程不能并发执行，也就是说系统把线程对象当成一个普通对象，而 run()方法也是一个普通方法，而不是线程执行体。

24.7.6　线程的优先级

线程的优先级用数字表示，范围是 1～10，高的会优先执行，一个线程默认的优先级为 5。

```
Thread.MAX_PRIORITY=1
Thread.MIN_PRIORITY=10
Thread.NORM_PRIORITY=5
```

例如：

```
t.setPriority(Thread.NORM_PRIORITY+3);
```

24.7.7　如何确定发生死锁

Java 虚拟机死锁发生时，从操作系统上观察可以发现，虚拟机的 CPU 占用率为零，并很快会从 top 或 prstat 的输出中消失。这时可以收集 thread dump，查找 "waiting for monitor entry" 的线程，如果大量线程都在等待给同一个地址上锁（因为对于 Java 而言，一个对象只有一把锁），则说明很可能发生了死锁。

为了确定问题，建议隔几分钟后再次收集 thread dump，如果得到的输出相同，仍然是大量线程都在等待给同一个地址上锁，那么肯定是死锁了。如何找到当前持有锁的线程是解决问题的关键。一般方法是搜索"thread dump,"查找"locked"，找到持有锁的线程。如果持有锁的线程还在等待另一个对象上锁，那么还是按上面的办法顺藤摸瓜，直到找到死锁的根源为止。

另外，在 thread dump 里还会经常看到这样的线程，它们是等待一个条件而主动放弃锁的线程。有时也需要分析这类线程，尤其是线程等待的条件。

24.7.8　关键字 synchronized 和 volatile 的区别

关键字 synchronized 和 volatile 的区别如下。

- volatile 的本质是告诉 JVM 当前变量在寄存器（工作内存）中的值是不确定的，需要从主存中读取；synchronized 则是锁定当前变量，只有当前线程可以访问该变量，其他线程都被阻塞。
- volatile 仅能使用在变量级别；synchronized 则可以使用在变量、方法和类级别。
- volatile 仅能实现变量修改的可见性，并保证原子性；而 synchronized 则可以保证变量修改的可见性和原子性。
- volatile 不会造成线程阻塞；synchronized 可能会造成线程阻塞。
- volatile 标记的变量不会被编译器优化；synchronized 标记的变量可以被编译器优化。

因此 volatile 只是在线程内存和"主"内存间同步某个变量的值，而 synchronized 通过锁定和解锁某个监视器同步所有变量的值。显然 synchronized 要比 volatile 消耗更多资源。

24.7.9　sleep()方法和 yield()方法的区别

sleep()方法和 yield()方法的区别如下。

- sleep()方法暂停当前线程后，会给其他线程执行机会，不考虑其他线程的优先级。但 yield()方法只会给优先级相同，或优先级更高的线程执行机会。
- sleep()方法会将线程转入阻塞状态，直到经过阻塞时间后才会转入就绪状态。而 yield() 不会将线程转入阻塞状态，它只是强制当前线程进入就绪状态。因此某个线程调用 yield()方法暂停之后，完全有可能立即再次获得处理器资源并再次执行。
- sleep()方法声明抛出了 InterruptedException 异常，所以调用 sleep()方法时要么捕捉该异常，要么显式声明抛出该异常。而 yield()方法则没有声明抛出任何异常。
- sleep()方法比 yield()方法有更好的可移植性，通常不要依靠 yield()来控制并发线程的执行。

24.7.10　分析 Swing 的多线程死锁问题

在基于 Java Swing 进行图形界面开发的时候，经常遇到的就是 Swing 多线程问题。我们可以想象一下，如果需要在一个图形界面上显示很多数据，这些数据是经过长时间、复杂的查询和运算而得到的，并且在图形界面的同一个线程中进行查询和运算工作会导致一段时间内界面处于死机状态，那么这会给用户带来不良的互动感受。为了解决这个问题，一般会单独启动一个线程进行运算和查询工作，并随时更新图形界面。这时候，另一个问题就出现了，这可能不仅没有解决原来偶尔死机的问题，还会导致程序彻底死掉。幸运的是，在 JDK 中暗藏了一个中断程序的快捷键 Ctrl+Break，这个快捷键 Sun 并没有在文档中公布。如果在命令行模式下启动 Java 程序，然后按 Ctrl+Break 组合键，那么会得到堆栈的跟踪信息，从这些跟踪信息中就可以知道具体引发死机的位置了。

当一个程序产生死锁的时候，我们都希望尽快找到原因并且解决它。这时我们会查找引发死锁的位置，并对堆栈进行跟踪以确定引发死锁的原因。但是在 Java Swing 程序中，所有的努力可能都是没有价值的，这是因为 Java 对 Swing 的多线程编程有一个特殊要求，这就是在 Swing

里只能在与 Swing 相同的线程里对 GUI 元件进行修改。也就是说，如果要执行类似于 "jLabel1.setText("blabla")" 代码，那么它必须在 Swing 线程中，而不允许在其他线程当中。如果必须在其他线程中修改元件，那么可以使用如下方式来解决。

```
SwingUtilities.invokeLater(new Runnable() {
 public void run() {
 jLabel1.setText("blabla");
 }
 }
```

方法 invokeLater 虽然表面上有时间延迟，但是实际上几乎没有任何影响，它可能在几毫秒之内就会执行。另外还有 invokeAndWait 方法，但除非特殊需要，否则几乎是不用它的。

在不使用 invokeLater 的情况下，导致刷新问题是可以理解的，但是导致死锁就有点令人匪夷所思了。幸运的是，不是任何时候都需要调用改方法，这是因为大多数情况下，我们都是在与 Swing 相同的线程里进行界面更新。例如监听按钮单击事件的 ActionListener.actionPerformed 方法就是运行在与 Swing 相同的线程中的。但是如果在回调类中引用了另一个类，并且它不属于 AWT/Swing 的，那么结果就很难确定了。所以说使用 invokeLater 应该是最安全的。

需要注意的是，在 invokeLater 方法中执行任何操作都会导致 Swing 线程窗口绘制工作暂停下来，等候 invokeLater 工作结束。所以建议不要在 invokeLater 中执行耗时操作，尽量只执行那些与界面绘制相关的工作。通过代码重构可以将那些与界面更新相关的代码集中起来统一处理。

另外还有一个建议是合理设计在 Swing 中使用的类。代码执行前判断其是否处于 Swing 线程当中（使用 SwingUtilities.isEventDispatchThread()方法），如果不是，则需要通过 SwingUtilities.InvokeLater（Runnable）来执行，如果是则直接执行代码。说起来简单，但是实际操作会遇到很多困难。

24.8 课 后 练 习

（1）编写一个 Java 程序，通过继承 Thread 类并使用 isAlive()方法来检测某线程是否存活。

（2）编写一个 Java 程序，通过继承 Thread 类并使用 currentThread.getName()方法监测线程的状态。

（3）编写一个 Java 程序，使用 setPriority()方法设置线程的优先级。

（4）编写一个 Java 程序，实现死锁并解锁。

（5）编写一个 Java 程序，演示如何获取线程状态的方法。

（6）编写一个 Java 程序，使用方法 getThreadId()获取线程的 ID。

（7）编写一个 Java 程序，首先使用方法 interrupt()中断线程，然后使用方法 isInterrupted()判断线程是否已中断。

第 25 章

大数据综合实战：爬取并分析知乎用户信息

经过前面的学习，Java 的核心知识已经全部介绍完毕。本章将通过一个大型综合实例的实现过程，详细讲解使用 Java 爬取上千万条数据的方法，并详细讲解使用 Java 分析大数据的方法，展示 Java 在大数据项目中的强大功能。

25.1 系 统 设 计

在开发一个软件项目时，第一步永远是进行系统设计，预先规划整个项目的功能模块和运行流程。本节将详细讲解本项目的系统设计过程。

25.1.1 系统目标

分析系统需求，本项目的系统目标如下。

❑ 爬取知乎用户中公开的个人资料信息。
❑ 构建专有爬虫 http 代理池，突破同一客户端访问量的限制。
❑ 持久化数据到 MySQL 数据库。
❑ 多线程抓取，提高爬取速度。
❑ 对抓取到的信息进行大数据分析。

25.1.2 系统功能结构

根据系统需求将系统分为知乎爬取和代理池构建两大模块，两大模块及其包括的具体功能模块如图 25-1 所示。

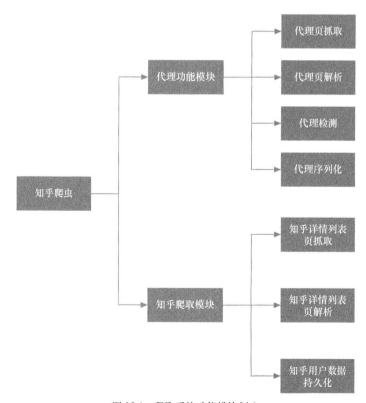

图 25-1 爬取系统功能模块划分

25.2 数据库设计

本系统中的数据采用 MySQL 数据库来存储。相比其他管理类系统，一个网络爬虫系统在数据库设计上简单许多，本项目只涉及两个表。一个是 user 表，用于存放知乎用户信息；另一个表是 url 表，用来存放 url 数据。其中 user 表的结构如表 25-1 所示。

表 25-1 user 表的结构

列名	数据类型	字段说明
id	int(11)	自增 id
user_token	varchar(100)	个性地址 token，唯一
location	varchar(100)	位置
business	varchar(255)	行业
sex	varchar(255)	性别
employment	varchar(255)	企业
education	varchar(255)	教育
username	varchar(255)	用户名
url	varchar(255)	用户首页 URL
agrees	int(11)	赞同数
thanks	int(11)	感谢数
asks	int(11)	提问数
answers	int(11)	回答问题数
posts	int(11)	文章数
followees	int(11)	关注数
followers	int(11)	粉丝数
hashId	varchar(255)	hashid，用户唯一标识

url 表的结构如表 25-2 所示。

表 25-2 url 表的结构

列名	数据类型	字段说明
id	int(11)	自增 id
user_ md5_url	varchar(35)	URL 爬取连接的 md5 摘要，unique key

25.3 知乎爬虫请求分析

就目前的大部分网页来说，网页上能看到的数据大多是直接在网站后台生成的数据（有的网页是在网站前端通过 JavaScript 代码处理后显示的，例如数据混淆、加密等），直接在前台显示。虽然也有很多网站采用 Ajax 异步加载功能，但归根结底它还是一个 http 请求。只要能够分析出对应数据的请求来源，那么就很容易得到想要的数据了。接下来将详细讲解分析 http 请求的方法。

（1）以作者的知乎账户为例，获取作者所有关注的用户资料。首先打开图 25-2 所示知乎页面，可以看到主面板中作者此时关注的 261 个用户，现在就是要获取这 261 个用户的个人资料。

（2）打开 Chrome 浏览器，如图 25-2 所示，访问知乎网站，然后依次单击浏览器工具栏中的
"Network"｜"XHR"选项，勾选"Preserve log"和"Disable cache"两个复选框，如图 25-2
所示。

图 25-2　勾选"Preserve log"和"Disable cache"复选框

（3）使用鼠标下拉滚动条，通过单击"下一页"的方式到第 4 页获取对应请求（在翻页的
过程会有很多无关的请求，请不要理会）。待页面加载完成后，在请求列表中右击，在弹出的命
令中选择"Save as HAR with content"选项，它的功能是把当前请求（request）列表保存为 json
格式文本。保存后使用 Chrome 浏览器打开这个文件，方法是单击浏览器中的搜索菜单（快捷
键是 Ctrl+F），然后在页面中输入搜索的关键字。注意，这里中文采用了 Unicode 编码，这里直
接搜索 9692（知乎账号"晨光文具"的关注者数）。这一步骤的目的是获取数据（关注用户的
个人资料）的请求来源。具体如图 25-3 所示。

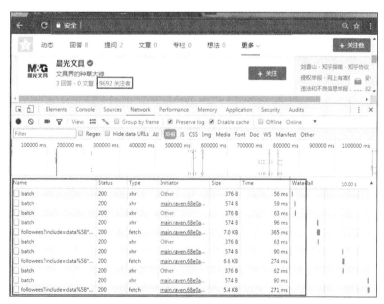

图 25-3　获取请求来源

（4）由步骤（3）得出，关注用户的资料数据来自于以下请求（如图 25-4 所示），URL 解码后为：

```
https://***/api/v4/members/wo-yan-chen-mo/followees?include=data%5B*%5D.answer_count%2
Carticles_count%2Cgender%2Cfollower_count%2Cis_followed%2Cis_following%2Cbadge%5B%3F(type%3
Dbest_answerer)%5D.topics&offset=40&limit=20 (url1)
```

从解码后的 URL 中可以看出，关注列表的数据并不是从 https://***/people/wo-yan-chen-mo/

following?page=4 上同步加载而来的，而是直接通过 Ajax 异步请求 url1 来获得关注用户数据的，然后通过 js 代码填充数据。这里注意用红色矩形框住的 authorization request header，在代码实现时必须加上这个 header。这个数据并不是动态变化的，通过步骤（3）可以发现它来自一个 js 文件。该步骤需要注意的是，作者写此过程的时候是 2017-11-18，随着时间的推移，知乎可能会更新相关 API 接口的 URL，也就是说通过步骤（3）得出的 URL 有可能并不是上面的 url1，但具体的分析方法还是通用的。

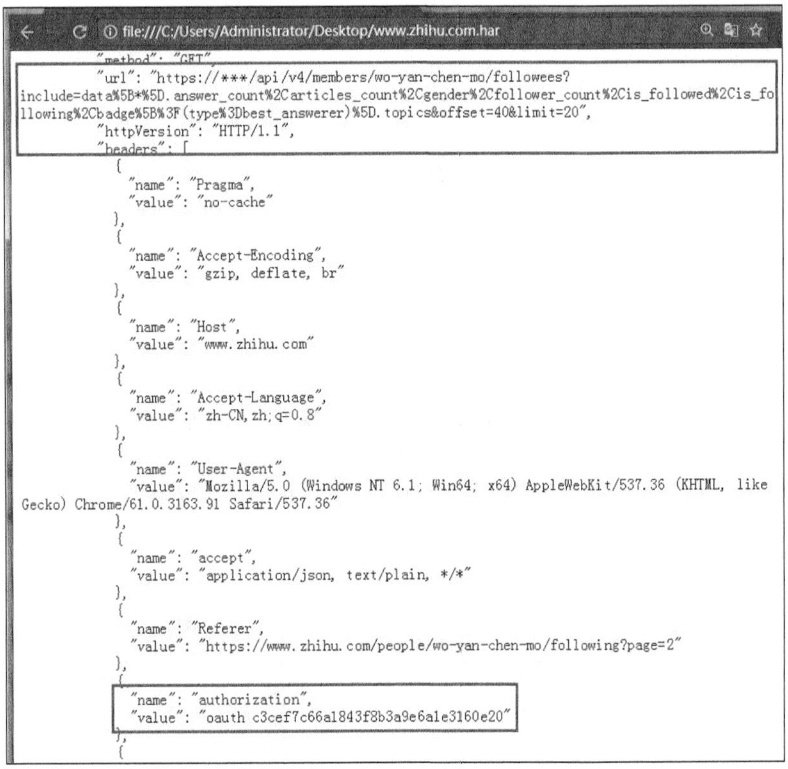

图 25-4　请求 URL

（5）经过多次测试分析后，可以得出以上 url1 的参数含义，如表 25-3 所示。

表 25-3　url1 的参数含义

参数名	类型	是否必填	值	说明
include	String	是	data[*]answer_count ,articles_count	需要返回的字段（这个值可以根据需要增加一些字段）
offset	int	是	0	偏移量（通过调整这个值可以获取一个用户所有关注的用户资料）
limit	int	是	20	返回用户数（最大 20，超过 20 无效）

关于如何测试请求，建议可以采用以下 3 种方式。

❑ 原生 Chrome 浏览器：可以进行一些简单的 GET 请求测试。这种方式有很大的局限性，不能编辑 http header。如果直接（未登录知乎网站）通过浏览器访问 url1，则会得到 401 错误的 response code。因为它没有带上 authorization request header，所以这种方式能测试一些简单且没有特殊 request header 的 GET 请求，如图 25-5 所示。

图 25-5 错误提示

❑ Chrome 插件 Postman：一个很强大的 http 请求测试工具，可以直接编辑 request header
（包括 cookies）。GET、POST、PUT 等都是支持它的，几乎可以发送任意类型的 http
请求，测试的 url1 如图 25-6 所示。修改它的参数值可以看到服务器响应数据的变化以
确定参数含义。

图 25-6 插件 Postman

❑ intellij idea ultimate 版自带的工具：打开方式是依次单击"Tools"｜"Test RESTful Web
Service"。也是可以直接编辑和 http header（包括 cookies）请求和，并且它也支持 GET、
POST、PUT 等请求方式。

25.4　系统文件夹组织结构

在系统开发过程中，为了便于整个项目的管理和后期维护，需要规划好整个系统项目文件
夹结构。按照系统功能划分文件夹，本系统的文件夹组织结构如图 25-7 所示。

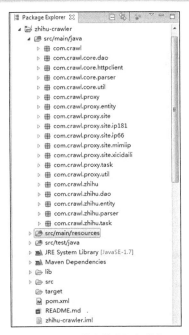

图 25-7 系统文件夹组织结构

25.5 系统详细运行流程图

整个项目的详细运行流程如图 25-8 所示。

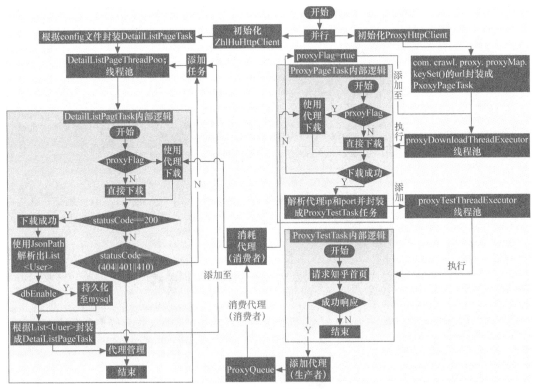

图 25-8 系统运行流程图

25.6 具 体 编 码

25.6.1 核心模块代码的编写

为了提升项目代码的可读性和可重用性,本模块主要实现了整个项目的公共操作类、核心工具类、配置实体类。公共操作包括与数据库相关的操作,核心工具类包括 Http 请求工具类。

1. Http 请求的执行

本系统是一个实战爬虫项目,最基本的功能便是 Http 请求的执行。下面将详细介绍使用 HttpClient 实现 Http 请求功能的过程。

本功能的实现文件是 HttpClientUtil.java,本功能的难点是 HttpClientContext 这个对象不是线程安全的。在多线程情况下它有一定的概率会出错,并且问题不容易排查。阅读官方文档也会发现文档对这点也有说明,建议读者在写代码的过程中一定要养成学会看官方文档的习惯。不要像作者那样遇到问题后才从搜索引擎上去寻找解决方法,而网上相关资料甚少,最终还是通过阅读源码才解决这个问题的。回过头去看官方文档,发现它对这点早有提示说明。实例文件 HttpClientUtil.java 的主要实现代码如下。

```
/**
 * 根据URL,返回网页响应内容
 * @param url 网页地址
 * @return 网页内容
 * @throws IOException
 */
public static String getWebPage(String url) throws IOException {
    //根据网页地址创建一个Http Get请求
    HttpGet request = new HttpGet(url);
    //调用本类中的方法
    return getWebPage(request, "utf-8");
}

/**
 * 根据request请求对象,返回响应内容
 * @param request http请求
 * @return 网页内容
 * @throws IOException
 */
public static String getWebPage(HttpRequestBase request) throws IOException {
    //调用本类中的方法
    return getWebPage(request, "utf-8");
}

/**
 * @param encoding 字符编码
 * @return 网页内容
 */
public static String getWebPage(HttpRequestBase request
        , String encoding) throws IOException {
    CloseableHttpResponse response = null;
    //调用本类中的方法,获取CloseableHttpResponse对象
    response = getResponse(request);
    //从响应对象中获取响应状态码(200表示响应成功),并输出到日志
    logger.info("status---" + response.getStatusLine().getStatusCode());
    //通过HttpClient工具类EntityUtils从response对象解析出网页响应内容
    String content = EntityUtils.toString(response.getEntity(),encoding);
    //释放http连接
    request.releaseConnection();
    //返回网页内容
    return content;
}

/**
```

```java
 * 根据request对象，返回CloseableHttpResponse对象
 * @param request http请求
 * @return 网页内容
 * @throws IOException
 */
public static CloseableHttpResponse getResponse(HttpRequestBase request) throws IOException {
    //判断该请求是否有额外配置（是否有代理情况、超时时间等配置），如果没有则使用项目默认配置
    if (request.getConfig() == null){
        request.setConfig(requestConfig);
    }
    /**
     * 从Constants类中随机获取一个User-Agent，并设置到http request header，伪装成浏览器
     * 防止服务器限制访问，此处随机的目的是防止服务器通过User-Agent来判断是否为同一用户
     *
     **/
    request.setHeader("User-Agent", Constants.userAgentArray[new Random().nextInt(Constants.
userAgentArray.length)]);
    /**
     * 创建HttpClientContext(HttpClient上下文，维护与Cookie相关的内容)
     * 由于httpClientContext不是线程安全的，所以当有大量302状态码的http请求出现时，有很大概率会抛异常
     * 此处将httpClientContext设置为线程独享，共同维护同一个CookieStore对象
     **/
    HttpClientContext httpClientContext = HttpClientContext.create();
    // 设置Cookie
    httpClientContext.setCookieStore(cookieStore);
    // 携带http上下文执行Http请求，并获得CloseableHttpResponse响应对象
    CloseableHttpResponse response = httpClient.execute(request, httpClientContext);
    //返回response对象
    return response;
}
/**
 * 执行http post请求
 * @param postUrl 请求地址
 * @param params 请求参数，键值对
 * @return
 * @throws IOException
 */
public static String postRequest(String postUrl, Map<String, String> params) throws IOException {
    /**
     * 创建一个Http Post请求对象
     */
    HttpPost post = new HttpPost(postUrl);
    //设置post请求参数
    setHttpPostParams(post, params);
    //根据request对象获取响应内容，响应编码为UTF-8
    return getWebPage(post, "utf-8");
}
/**
 * 设置request请求参数
 * @param request http post对象
 * @param params post请求参数
 */
public static void setHttpPostParams(HttpPost request,Map<String,String> params){
    //创建一个NameValuePair http表单键值对参数集合
    List<NameValuePair> formParams = new ArrayList<NameValuePair>();
    //遍历map，根据其参数创建NameValuePair对象，并添加至formParams list集合中
    for (String key : params.keySet()) {
        formParams.add(new BasicNameValuePair(key,params.get(key)));
    }
    UrlEncodedFormEntity entity = null;
    try {
        //对参数进行URL编码
        entity = new UrlEncodedFormEntity(formParams, "utf-8");
    } catch (UnsupportedEncodingException e) {
        e.printStackTrace();
    }
    //把表单参数添加至request请求对象
    request.setEntity(entity);
}
```

2.　数据库连接管理

本系统提供了持久化知乎用户数据的功能，此功能会涉及 jdbc 的相关技术。本功能的实现文件是 ConnectionManager.java，这个类主要的功能是创建数据库连接，获取数据库连接，关闭连接这 3 个功能。文件 ConnectionManager.java 的主要实现代码如下。

```java
/**
 * 创建一个新数据库连接并返回
 * @return 数据库连接
 */
public static Connection createConnection(){
    //获取配置文件中数据库的host属性
    String host = Config.dbHost;
    //获取配置文件中数据库登录的用户名
    String user = Config.dbUsername;
    //获取配置文件中数据库登录的密码
    String password = Config.dbPassword;
    //获取配置文件中的数据库名
    String dbName = Config.dbName;
    //生成连接URL
    String url="jdbc:mysql://" + host + ":3306/" + dbName + "?characterEncoding=utf8";
    Connection con=null;
    try{
        //创建连接
        con = DriverManager.getConnection(url,user,password);
        logger.debug("success!");
    } catch(MySQLSyntaxErrorException e){
        logger.error("数据库不存在..请手动创建创建数据库:" + dbName);
        e.printStackTrace();
    } catch(SQLException e2){
        logger.error("SQLException",e2);
    }
    return con;
}

/**
 * 返回当前ConnectionManager中的数据库连接，若没有则创建新连接并返回
 * @return 数据库连接
 */
public static Connection getConnection(){
    try {
        if(conn == null || conn.isClosed()){
            conn = createConnection();
        } else{
            return conn;
        }
    } catch (SQLException e) {
        logger.error("SQLException",e);
    }
    return conn;
}

/**
 * 关闭数据库连接
 */
public static void close(){
    if(conn != null){
        try {
            conn.close();
        } catch (SQLException e) {
            logger.error("SQLException",e);
        }
    }
}
```

3.　数据库 dao 操作

前面讲到了连接管理，connection 主要是为 dao 层服务的，下面开始介绍该系统中所有数据库操作（增、删、改、查）功能的实现。本功能的实现文件是 ZhiHuDaoImp.java，这个类主要的功能

是初始化数据库表。文件 ZhiHuDaoImp.java 的具体实现过程如下所示。

（1）初始化表功能的实现。该功能根据配置的数据库连接创建数据库连接，然后查询当前库是否已经创建了表，若不存在表则初始化 table。对应的实现代码如下。

```java
/**
 * 初始化table
 */
public static void DBTablesInit() {
    ResultSet rs = null;
    //创建properties文件对象
    Properties p = new Properties();
    //获取一个数据库连接
    Connection cn = ConnectionManager.getConnection();
    try {
        //加载文件config.properties
        p.load(ZhiHuDaoImp.class.getResourceAsStream("/config.properties"));
        //查询url table
        rs = cn.getMetaData().getTables(null, null, "url", null);
        //创建数据库Statement对象
        Statement st = cn.createStatement();
        if(!rs.next()){
            //不存在url表，创建url表
            st.execute(p.getProperty("createUrlTable"));
            logger.info("url表创建成功");
        }
        else{
            logger.info("url表已存在");
        }
        //查询user table
        rs = cn.getMetaData().getTables(null, null, "user", null);
        if(!rs.next()){
            //不存在user表，创建user表
            st.execute(p.getProperty("createUserTable"));
            logger.info("user表创建成功");
        }
        else{
            logger.info("user表已存在");
        }
        //关闭数据库结果集
        rs.close();
        //关闭数据库操作对象
        st.close();
        //关闭连接
        cn.close();
    } catch (SQLException e) {
        e.printStackTrace();
    } catch (IOException e) {
        e.printStackTrace();
    }
}
```

（2）实现 insert user 功能。此处首先需要判断在数据库中是否存在该用户，如果存在则不执行 insert 操作并返回 true；如果不存在则执行 insert 操作，然后返回 true。对应实现代码如下。

```java
/**
 * insert 用户资料至数据库
 * @param cn 数据库连接
 * @param u 用户对象
 * @return insert操作结果
 */
@Override
public boolean insertUser(Connection cn, User u) {
    try {
        //判断数据库是否存在该用户，若存在则直接返回false
        if (isExistUser(cn, u.getUserToken())){
            return false;
        }
        //创建insert sql 语句
        String column = "location,business,sex,employment,username,url,agrees,thanks,asks," +
```

```
                        "answers,posts,followees,followers,hashId,education,user_token";
            String values = "?,?,?,?,?,?,?,?,?,?,?,?,?,?,?,?";
            String sql = "insert into user (" + column + ") values(" +values+")";
            PreparedStatement pstmt;
            //根据数据库连接创建PreparedStatement对象
            pstmt = cn.prepareStatement(sql);
            //设置用户所在位置
            pstmt.setString(1,u.getLocation());
            //所在行业
            pstmt.setString(2,u.getBusiness());
            //性别
            pstmt.setString(3,u.getSex());
            //所在企业
            pstmt.setString(4,u.getEmployment());
            //用户名
            pstmt.setString(5,u.getUsername());
            //知乎主页URL
            pstmt.setString(6,u.getUrl());
            //获得的赞同数
            pstmt.setInt(7,u.getAgrees());
            //获得的感谢数
            pstmt.setInt(8,u.getThanks());
            //提问数
            pstmt.setInt(9,u.getAsks());
            //回答数
            pstmt.setInt(10,u.getAnswers());
            //文章数
            pstmt.setInt(11,u.getPosts());
            //粉丝数量
            pstmt.setInt(12,u.getFollowees());
            //关注人数
            pstmt.setInt(13,u.getFollowers());
            //hashid,用户唯一标识
            pstmt.setString(14,u.getHashId());
            //教育
            pstmt.setString(15,u.getEducation());
            //用户token，用户唯一标识
            pstmt.setString(16,u.getUserToken());
            pstmt.executeUpdate();
            pstmt.close();
            logger.info("插入数据库成功---" + u.getUsername());
        } catch (SQLException e) {
            e.printStackTrace();
        } finally {
        }
        return true;
    }
```

（3）实现查询功能。根据用户个性地址 token 查询数据库中是否已爬取过该用户，如果在数据库中存在该用户则返回 true，否则返回 false。对应的实现代码如下。

```
/**
 * 根据userToken查询数据库是否存在该用户
 * @param userToken 用户token，唯一标识
 * @return 查询结果
 */
@Override
public boolean isExistUser(String userToken) {
    //调用本类中的方法
    return isExistUser(ConnectionManager.getConnection(), userToken);
}

/**
 * 根据userToken查询数据库是否存在该用户
 * @param cn 数据库连接
 * @param userToken 用户token，唯一标识
 * @return
 */
@Override
public boolean isExistUser(Connection cn, String userToken) {
```

```
        //查询sql
        String isContainSql = "select count(*) from user WHERE user_token='" + userToken + "'";
        try {
            if(isExistRecord(isContainSql)){
                return true;
            }
        } catch (SQLException e) {
            e.printStackTrace();
        }
        return false;
    }

    /**
     * 根据查询语句，判断是否存在查询结果
     * @param sql 查询语句
     * @return
     * @throws SQLException
     */
    @Override
    public boolean isExistRecord(String sql) throws SQLException{
        //调用本类中的方法
        return isExistRecord(ConnectionManager.getConnection(), sql);
    }

    /**
     * 根据查询语句，判断是否存在查询结果
     * @param cn 数据库连接
     * @param sql 查询语句
     * @return
     * @throws SQLException
     */
    @Override
    public boolean isExistRecord(Connection cn, String sql) throws SQLException {
        int num = 0;
        PreparedStatement pstmt;
        //创建PreparedStatement对象
        pstmt = cn.prepareStatement(sql);
        //执行查询，并返回结果
        ResultSet rs = pstmt.executeQuery();
        while(rs.next()){
            num = rs.getInt("count(*)");
        }
        //关闭ResultSet对象
        rs.close();
        //关闭PreparedStatement对象
        pstmt.close();
        if(num == 0){
            return false;
        }else{
            return true;
        }
    }
}
```

4. 相关实体类

　　一般来说，实体类对应数据库表中的一条记录，也就是说数据库表的一条记录是一个实体对象，而一列就表示一个实体对象的一个属性。本项目实体类的实现文件是 User.java，具体实现代码如下。

```
    /**
     * 知乎用户资料
     */
    public class User {
        //用户名
        private String username;
        //user token
        private String userToken;
        //位置
        private String location;
        //行业
        private String business;
```

```
          //性别
          private String sex;
          //企业
          private String employment;
          //企业职位
          private String position;
          //教育
          private String education;
          //用户首页URL
          private String url;
          //答案赞同数
          private int agrees;
          //感谢数
          private int thanks;
          //提问数
          private int asks;
          //回答数
          private int answers;
          //文章数
          private int posts;
          //关注人数
          private int followees;
          //粉丝数量
          private int followers;
          // hashId 用户唯一标识
          private String hashId;

          public String getUsername() {
              return username;
          }

          public void setUsername(String username) {
              this.username = username;
          }
          //其他普通字段的GET、SET方法同上，此处省略部分GET、SET方法
          @Override
          public String toString() {
              return "User{" +
                          "username='" + username + '\'' +
                          ", userToken='" + userToken + '\'' +
                          ", location='" + location + '\'' +
                          ", business='" + business + '\'' +
                          ", sex='" + sex + '\'' +
                          ", employment='" + employment + '\'' +
                          ", position='" + position + '\'' +
                          ", education='" + education + '\'' +
                          ", url='" + url + '\'' +
                          ", agrees=" + agrees +
                          ", thanks=" + thanks +
                          ", asks=" + asks +
                          ", answers=" + answers +
                          ", posts=" + posts +
                          ", followees=" + followees +
                          ", followers=" + followers +
                          ", hashId='" + hashId + '\'' +
                          '}';
          }
}
```

25.6.2　知乎抓取功能模块

　　本模块是整个项目的核心模块，主要包含的功能有整个爬虫的初始化、知乎页面的下载、知乎页面数据的解析、整个爬虫运行流程的控制、爬取异常处理、重试机制等功能。

　　1. 爬虫抓取初始化

　　（1）初始化 authorization 字段。

　　浏览器对知乎网站进行抓包后可知，要抓取页面的请求并不是一个普通的 GET 请求，而是

携带了额外 http authorization 的验证头。当通过爬虫方式来实现的时候，需要每次在请求时携带该 header 才能请求成功。而通过抓包详细分析可以得到 authorization 是在 js 脚本文件中的。因为 js 文件的地址需要通过知乎用户关注的页面才能拿到，所以在初始化 authorization 字段时需要注意如下两个步骤。

① 请求并下载关注页面，解析出 authorization 所在 js 文件的 URL。

② 再请求下载该 URL 的数据，最终解析出 authorization 字段。

上述功能的实现文件是 ZhiHuHttpClient.java，对应实现代码如下。

```java
/**
 * 初始化authorization
 * @return
 */
private String initAuthorization(){
    logger.info("初始化authoriztion中...");
    String content = null;
    //创建一个页面下载任务
    GeneralPageTask generalPageTask = new GeneralPageTask(Config.startURL, true);
    //执行下载任务，直接调用run方法
    generalPageTask.run();
    //获取下载成功的网页内容
    content = generalPageTask.getPage().getHtml();
    //创建一个正则表达式，获取authoriztion所在js文件地址的URL
    Pattern pattern = Pattern.compile("https:\\/\\/static\\.zhihu\\.com/heifetz/main\\.
app\\.([0-9]|[a-z])*\\.js");
    Matcher matcher = pattern.matcher(content);
    String jsSrc = null;
    if (matcher.find()){
        //解析出js文件的URL
        jsSrc = matcher.group(0);
    } else {
        throw new RuntimeException("not find javascript url");
    }
    String jsContent = null;
    //创建一个页面下载任务，地址为刚刚解析出的js文件的URL
    GeneralPageTask jsPageTask = new GeneralPageTask(jsSrc, true);
    jsPageTask.run();
    //获取下载成功的js文件content
    jsContent = jsPageTask.getPage().getHtml();
    //创建一个正则表达式，解析出authoriztion字段值
    pattern = Pattern.compile("oauth\\\"\\),h=\\\"(([0-9]|[a-z])*)\"");
    matcher = pattern.matcher(jsContent);
    if (matcher.find()){
        //获取authorization字段成功
        String authorization = matcher.group(1);
        logger.info("初始化authoriztion完成");
        return authorization;
    }
    throw new RuntimeException("not get authorization");
}
```

（2）初始化列表详情页线程池。

本项目采用多线程的方式来提高抓取速度，将每一个 URL 抽象成一个具体线程任务，这个任务的时间比较短。如果未执行一个任务就去创建一个线程，那么当任务数量达到百万级别的时候，在线程创建上的开销是很大的。所以这里采用线程池模型来执行任务，线程池适用于执行任务多、而耗时短的操作。它内部的基本原理是创建指定数量的线程后，当有新任务到来时，直接从线程池里面获取线程来执行任务。这里就少去频繁创建线程的开销。线程池的主要初始化代码见 ZhiHuHttpClient 文件，对应实现代码如下所示。

```java
/**
 * 初始化线程池
 */
private void initThreadPool(){
    /**
```

```
     *
     * 创建corePoolSize为100, maxmumPoolSize为100
     * 任务队列长度为2000的线程池,用于执行知乎详情列表页下载的解析任务,其中poolSize大小可以通过
配置文件夹修改
     * 当线程池中运行的线程数量maxmumPoolSize达到100,且队列长度达到2000时,若有新任务添加进来,则直接丢弃
     * 这里调用的是SimpleThreadPoolExecutor,继承ThreadPoolExecutor,可以通过构造方法直接为线程池命名
     * 这里继承的目的是为了在输出日志中观察各个线程池运行状态
     */
    detailListPageThreadPool = new SimpleThreadPoolExecutor(Config.downloadThreadSize,
            Config.downloadThreadSize,
            0L, TimeUnit.MILLISECONDS,
            new LinkedBlockingQueue<Runnable>(2000),
            new ThreadPoolExecutor.DiscardPolicy(),
            "detailListPageThreadPool");
    //开启一个新线程用于监视列表详情页以测试线程池执行情况
    new Thread(new ThreadPoolMonitor(detailListPageThreadPool, "detailListPageThreadPool")).
    start();
}
```

（3）管理 ZhiHuHttpClient。

整个项目启动后不可能无休止地运行下去,当爬取指定数量的网页后,需要平滑关闭整个爬虫功能。轮询检测 detailListPageThreadPool 线程池的执行情况,当完成指定任务数后关闭该线程池,不再接受新任务。还需要关闭线程池监视工具类,当 detailListPageThreadPool 关闭后,关闭线程池连接和 ProxyHttpClient 类中的 proxyTestThreadExecutor 线程池和 proxyDownloadThreadExecutor 线程池。本功能的实现文件是 ZhiHuHttpClient.java,对应实现代码如下所示。

```
/**
 * 管理知乎HttpClient
 * 关闭整个爬虫
 */
public void manageHttpClient(){
    //每秒执行一次轮询,检测整个爬虫的执行情况
    while (true) {
        /**
         * 下载网页数
         */
        long downloadPageCount = detailListPageThreadPool.getTaskCount();
        //下载网页数达到配置下载数后,关闭detailListPageThreadPool线程池
        if (downloadPageCount >= Config.downloadPageCount &&
                !detailListPageThreadPool.isShutdown()) {
            isStop = true;
            //设置ThreadPoolMonitor,isStopMonitor字段为true,关闭线程池监视类
            ThreadPoolMonitor.isStopMonitor = true;
            //关闭detailListPageThreadPool线程池
            detailListPageThreadPool.shutdown();
        }
        //判断detailListPageThreadPool线程池是否完成关闭,关闭完成后,关闭数据库连接
        if(detailListPageThreadPool.isTerminated()){
            //关闭数据库连接
            Map<Thread, Connection> map = DetailListPageTask.getConnectionMap();
            for(Connection cn : map.values()){
                try {
                    if (cn != null && !cn.isClosed()){
                        cn.close();
                    }
                } catch (SQLException e) {
                    e.printStackTrace();
                }
            }
            //关闭代理检测线程池
            ProxyHttpClient.getInstance().getProxyTestThreadExecutor().shutdownNow();
            //关闭代理下载页线程池
            ProxyHttpClient.getInstance().getProxyDownloadThreadExecutor().shutdownNow();
            break;
        }
        double costTime = (System.currentTimeMillis() - startTime) / 1000.0;//单位s
        logger.debug("抓取速率: " + parseUserCount.get() / costTime + "个/s");
```

```
        try {
            Thread.sleep(1000);
        } catch (InterruptedException e) {
            e.printStackTrace();
        }
    }
}
```

（4）爬取入口。

通过配置 startUserToken 可以指定从哪一个知乎用户开始爬取。读者需要注意的是，由于爬取路线是顺着关注的用户一直往下爬取的，所以配置的 startUserToken 必须要有关注用户。创建一个 DetailListPageTask，添加至 detailListPageThreadPool 线程池中以执行。该功能的实现文件是 ZhiHuHttpClient.java 文件，对应实现代码如下。

```
/**
 * 开始爬取
 */
@Override
public void startCrawl() {
    //调用方法，初始化authorization字段
    authorization = initAuthorization();
    //获取爬取入口用户token
    String startToken = Config.startUserToken;
    //根据token构建请求URL
    String startUrl = String.format(Constants.USER_FOLLOWEES_URL, startToken, 0);
    //根据URL创建一个GET请求
    HttpGet request = new HttpGet(startUrl);
    //设置authorization header
    request.setHeader("authorization", "oauth " + ZhiHuHttpClient.getAuthorization());
    //创建一个DetailListPageTask，并添加至detailListPageThreadPool中执行
    detailListPageThreadPool.execute(new DetailListPageTask(request, Config.isProxy));
    manageHttpClient();
}
```

2．知乎网页下载

（1）实现知乎 Http 请求抽象页的任务。

Http 请求是不能保证百分之百成功的，在爬取过程中需要处理各种请求失败的可能性，以及是否使用代理，使用代理失败后的处理逻辑，代理的耗时统计等。该功能的实现文件是 AbstractPageTask.java，对应实现代码如下。

```
/**
 * 线程任务
 */
public void run(){
    long requestStartTime = 0l;
    HttpGet tempRequest = null;
    try {
        Page page = null;
        if(url != null){
            if (proxyFlag){
                //使用代理
                tempRequest = new HttpGet(url);
                //从代理池延时队列中获取一个代理
                currentProxy = ProxyPool.proxyQueue.take();
                //判断代理是否为Direct(直连)
                if(!(currentProxy instanceof Direct)){
                    //不是本机直接，创建一个HttpHost代理对象
                    HttpHost proxy = new HttpHost(currentProxy.getIp(),
                    currentProxy.getPort());
                    //设置代理
                    tempRequest.setConfig(HttpClientUtil.
                    getRequestConfigBuilder().setProxy(proxy).build());
                }
                requestStartTime = System.currentTimeMillis();
                //执行HttpGet请求，获取响应内容
                page = zhiHuHttpClient.getWebPage(tempRequest);
            }else {
```

```
                            //不使用代理
                            requestStartTime = System.currentTimeMillis();
                            page = zhiHuHttpClient.getWebPage(url);
                    }
        } else if(request != null){
                if (proxyFlag){
                            //使用代理，从代理延时队列中获取一个代理
                            currentProxy = ProxyPool.proxyQueue.take();
                            //判断代理是否为Direct(直连)
                            if(!(currentProxy instanceof Direct)) {
                                    //不是本机直接连接，创建一个HttpHost代理对象
                                    HttpHost proxy = new HttpHost(currentProxy.getIp(),
                                    currentProxy.getPort());
                                    //设置代理
                                    request.setConfig(HttpClientUtil.
                                    getRequestConfigBuilder().setProxy(proxy).build());
                            }
                            requestStartTime = System.currentTimeMillis();
                            //执行请求，获取响应内容
                            page = zhiHuHttpClient.getWebPage(request);
                }else {
                            //直接下载
                            requestStartTime = System.currentTimeMillis();
                            page = zhiHuHttpClient.getWebPage(request);
                }
        }
        long requestEndTime = System.currentTimeMillis();
        page.setProxy(currentProxy);
        //获取响应状态码
        int status = page.getStatusCode();
        //拼接日志
        String logStr = Thread.currentThread().getName() + " " + currentProxy +
                    " executing request " + page.getUrl() + " response
                    statusCode:" + status +
                    " request cost time:" + (requestEndTime - requestStartTime)
                    + "ms";
        if(status == HttpStatus.SC_OK){
                /**
                 * 返回SC_OK状态不一定表示响应成功，由于部分异常代理，所以不会返回目标
                   请求URL的内容
                 * 此处需要二次判断
                 */
                if (page.getHtml().contains("zhihu") && !page.getHtml().
                contains("安全验证")){
                        logger.debug(logStr);
                        //代理请求次数+1
                        currentProxy.setSuccessfulTimes(currentProxy.
                        getSuccessfulTimes() + 1);
                        //记录代理总共请求耗时
                        currentProxy.setSuccessfulTotalTime(currentProxy.
                        getSuccessfulTotalTime() + (requestEndTime - requestStartTime));
                        //计算成功请求的平均耗时
                        double aTime = (currentProxy.getSuccessfulTotalTime() +
                        0.0) / currentProxy.getSuccessfulTimes();
                        currentProxy.setSuccessfulAverageTime(aTime);
                        currentProxy.setLastSuccessfulTime(System.currentTimeMillis());
                        //处理响应成功网页，具体处理由子类实现
                        handle(page);
                }else {
                        /**
                         * 代理异常，没有正确返回目标URL
                         */
                        logger.warn("proxy exception:" + currentProxy.toString());
                }
        }
        /**
         * 401——不能通过验证
         */
        else if(status == 404 || status == 401 ||
```

```
                                    status == 410){
                            logger.warn(logStr);
                    }
                    else {
                            logger.error(logStr);
                    Thread.sleep(100);
                    retry();
            }
    } catch (InterruptedException e) {
            logger.error("InterruptedException", e);
    } catch (IOException e) {
            //请求异常
        if(currentProxy != null){
            /**
             * 该代理可用，将该代理继续添加到proxyQueue
             */
            currentProxy.setFailureTimes(currentProxy.getFailureTimes() + 1);
        }
        if(!zhiHuHttpClient.getDetailListPageThreadPool().isShutdown()){
            //重试，具体重试方法由子类来实现
                retry();
        }
    } finally {
            if (request != null){
                    //释放连接
                    request.releaseConnection();
            }
            if (tempRequest != null){
                    //释放连接
                    tempRequest.releaseConnection();
            }
            if (currentProxy != null && !ProxyUtil.isDiscardProxy(currentProxy)){
                    //代理过滤，失败次数达到一定条件，丢弃代理
                    currentProxy.setTimeInterval(Constants.TIME_INTERVAL);
                    ProxyPool.proxyQueue.add(currentProxy);
            }
    }
}
```

（2）实现知乎详情列表页的任务。

该功能是对下载成功的用户详情列表页进行后续处理，解析出用户资料并入库，对 URL 的去重处理、构造待爬取的 DetailListPageTask 任务。本功能的难点是通过 DetailListPageTask 执行任务，它在执行过程中又构造新的 DetailListPageTask 添加至线程池中。这时候就没有新的任务添加至线程池了，这会导致线程池一直处于空闲状态。该功能的实现文件是 DetailListPageTask.java，对应实现代码如下。

```
/**
 * 对下载成功的知乎用户列表详情页进行后续处理
 * @param page 网页
 */
@Override
void handle(Page page) {
    if(!page.getHtml().startsWith("{\"paging\""}){
            //代理异常，未能正确返回目标请求数据，丢弃
            currentProxy = null;
            return;
    }
    //从下载成功的详情列表页中解析出用户
    List<User> list = proxyUserListPageParser.parseListPage(page);
    for(User u : list){
            logger.info("解析用户成功:" + u.toString());
            if(Config.dbEnable){
                    //数据库可用，获取数据库连接
                    Connection cn = getConnection();
                    if (zhiHuDao.insertUser(cn, u)){
                            //insert user
                            parseUserCount.incrementAndGet();
```

```
            }
            //根据解析出的用户信息，获取当前关注的用户数
            for (int j = 0; j < u.getFollowees() / 20; j++){
                    if (zhiHuHttpClient.getDetailListPageThreadPool().getQueue().
                    size() > 1000){
                            continue;
                    }
                    //构造获取当前所关注用户的URL
                    String nextUrl = String.format(USER_FOLLOWEES_URL, u.
                    getUserToken(), j * 20);
                    /**
                     * URL计算md5摘要，插入数据库，用于去重
                     * 当前URL没有访问过或detailListPageThreadPool activeCount为1
                     * 其中当爬取数量达到一定值后，有可能某个用户所关注的用户全都已经爬取了
                     * activeCount=1条件是防止线程池任务一直处于等待状态而停止爬取
                     */
                    if (zhiHuDao.insertUrl(cn, Md5Util.Convert2Md5(nextUrl)) ||
                            zhiHuHttpClient.getDetailListPageThreadPool().
                            getActiveCount() == 1){
                        //根据生成的URL构造HttpGet对象
                        HttpGet request = new HttpGet(nextUrl);
                        //设置authorization验证header
                        request.setHeader("authorization", "oauth " +
                        ZhiHuHttpClient.getAuthorization());
                        //创建DetailListPageTask，并添加至detailListPageThreadPool中
                        zhiHuHttpClient.getDetailListPageThreadPool().execute(new
                        DetailListPageTask(request, true));
                    }
            }
        }
        else if(!Config.dbEnable || zhiHuHttpClient.getDetailListPageThreadPool().
        getActiveCount() == 1){
                //若不使用数据库，则不进行去重处理
                parseUserCount.incrementAndGet();
                for (int j = 0; j < u.getFollowees() / 20; j++){
                        //构造nextUrl
                        String nextUrl = String.format(USER_FOLLOWEES_URL, u.
                        getUserToken(), j * 20);
                        //根据URL创建HttpGet
                        HttpGet request = new HttpGet(nextUrl);
                        //设置authorization验证header
                        request.setHeader("authorization", "oauth " + ZhiHuHttpClient.
                        getAuthorization());
                        //创建DetailListPageTask，并添加至detailListPageThreadPool中
                        zhiHuHttpClient.getDetailListPageThreadPool().execute(new
                        DetailListPageTask(request, true));
                }
        }
    }
}
```

3. 知乎详情列表页的解析

因为抓取的页面并不是普通的 HTML 标签文档，而是 JSON 格式的数据文档，所以在此处作者使用jsonPath 库来解析数据。在实现本功能时需要注意，因为为了兼容以前的代码，知乎服务器所返回的数据字段与本地 user 对象字段名大多不一样，所以这里注入值的时候采用反射方式直接将值注入值对象中。该功能的实现文件是 ZhiHuUserListPageParser.java，对应实现代码如下。

```
/**
 * 根据网页对象，解析出用户资料列表
 * @param page
 * @return 用户资料列表
 */
@Override
public List<User> parseListPage(Page page) {
    List<User> userList = new ArrayList<>();
    String baseJsonPath = "$.data.length()";
    DocumentContext dc = JsonPath.parse(page.getHtml());
    Integer userCount = dc.read(baseJsonPath);
```

```java
        for (int i = 0; i < userCount; i++){
            User user = new User();
            String userBaseJsonPath = "$.data[" + i + "]";
            //userToken
            setUserInfoByJsonPth(user, "userToken", dc, userBaseJsonPath + ".url_token");
            //username
            setUserInfoByJsonPth(user, "username", dc, userBaseJsonPath + ".name");
            //hashId
            setUserInfoByJsonPth(user, "hashId", dc, userBaseJsonPath + ".id");
            //关注人数
            setUserInfoByJsonPth(user, "followees", dc, userBaseJsonPath + ".
            following_count");
            //位置
            setUserInfoByJsonPth(user, "location", dc, userBaseJsonPath + ".
            locations[0].name");
            //行业
            setUserInfoByJsonPth(user, "business", dc, userBaseJsonPath + ".business.name");
            //公司
            setUserInfoByJsonPth(user, "employment", dc, userBaseJsonPath + ".
            employments[0].company.name");
            //职位
            setUserInfoByJsonPth(user, "position", dc, userBaseJsonPath + ".
            employments[0].job.name");
            //学校
            setUserInfoByJsonPth(user, "education", dc, userBaseJsonPath + ".
            educations[0].school.name");
            //回答数
            setUserInfoByJsonPth(user, "answers", dc, userBaseJsonPath + ".answer_count");
            //提问数
            setUserInfoByJsonPth(user, "asks", dc, userBaseJsonPath + ".question_count");
            //文章数
            setUserInfoByJsonPth(user, "posts", dc, userBaseJsonPath + ".articles_count");
            //粉丝数
            setUserInfoByJsonPth(user, "followers", dc, userBaseJsonPath + ".follower_count");
            //赞同数
            setUserInfoByJsonPth(user, "agrees", dc, userBaseJsonPath + ".voteup_count");
            //感谢数
            setUserInfoByJsonPth(user, "thanks", dc, userBaseJsonPath + ".thanked_count");
            //感谢数
            try {
                //性别
                Integer gender = dc.read(userBaseJsonPath + ".gender");
                if (gender != null && gender == 1){
                    user.setSex("male");
                }
                else if(gender != null && gender == 0){
                    user.setSex("female");
                }
            } catch (PathNotFoundException e){
                //没有该属性
            }
            userList.add(user);
        }
        return userList;
}
/**
 * jsonPath获取值，并通过反射直接注入到user中
 * @param user user对象
 * @param fieldName user对象中的字段名
 * @param dc 文档上下文
 * @param jsonPath jsonPath表达式
 */
private void setUserInfoByJsonPth(User user, String fieldName, DocumentContext dc ,
String jsonPath){
    try {
        //根据jsonPath表达式获取对应的值
        Object o = dc.read(jsonPath);
        //根据field字段名，获取对象的Field对象
        Field field = user.getClass().getDeclaredField(fieldName);
```

```
                    //设置为可访问
                    field.setAccessible(true);
                    //设置user对象的field字段值
                    field.set(user, o);
            } catch (PathNotFoundException e1) {
                    //no results
            } catch (Exception e){
                    e.printStackTrace();
            }
     }
```

25.6.3　代理功能模块

本模块主要是为知乎抓取模块服务的，取消同一客户端访问知乎服务器的并发连接限制，以此提高整个项目的抓取速度。它主要包括的几个功能有：代理页的下载，代理页面的解析、代理的测试，代理打分丢弃机制等功能。

1. 代理功能模块初始化

（1）定义 Proxy 类。

为了提高代理的可重用性，对同一个 Porxy 的请求速率是有限制的，而该类正是通过 JDK 中 DelayQueue 延时队列来实现这一功能的，DelayQueue 队列中的元素必须实现 Delayed 接口。在此需要注意的是，在这个类中增加了一些额外的属性以统计代理的一些请求信息，便于对代理进行打分。本功能的实现文件是 Proxy.java，对应实现代码如下。

```
/**
 * Http 代理实体
 * 实现Delayed接口，作为DelayQueue队列中的元素
 */
public class Proxy implements Delayed, Serializable{
     private static final long serialVersionUID = -7583883432417635332L;
     //使用该代理的最小间隔时间,单位为ms
     private long timeInterval ;
     //代理IP地址
     private String ip;
     //代理端口
     private int port;
     //该代理是否可用
     private boolean availableFlag;
     //是否匿名
     private boolean anonymousFlag;
     //最近一次请求成功的时间
     private long lastSuccessfulTime;
     //请求成功的总耗时
     private long successfulTotalTime;
     //请求失败的次数
     private int failureTimes;
     //请求成功的次数
     private int successfulTimes;//请求成功次数
     //请求成功的平均耗时
     private double successfulAverageTime;
     public Proxy(String ip, int port, long timeInterval) {
         this.ip = ip;
         this.port = port;
         this.timeInterval = timeInterval;
         this.timeInterval = TimeUnit.NANOSECONDS.convert(timeInterval, TimeUnit.
         MILLISECONDS) + System.nanoTime();
     }
     public String getIp() {
         return ip;
     }

     public void setIp(String ip) {
         this.ip = ip;
     }
     //其他普通字段的GET、SET方法同上，此处省略部分GET、SET方法
```

```
        @Override
        public int compareTo(Delayed o) {
            Proxy element = (Proxy)o;
            if (successfulAverageTime == 0.0d ||element.successfulAverageTime == 0.0d){
                return 0;
            }
            return successfulAverageTime > element.successfulAverageTime ? 1:
            (successfulAverageTime < element.successfulAverageTime ? -1 : 0);
        }

        @Override
        public String toString() {
            return "Proxy{" +
                    "timeInterval=" + timeInterval +
                    ", ip='" + ip + '\'' +
                    ", port=" + port +
                    ", availableFlag=" + availableFlag +
                    ", anonymousFlag=" + anonymousFlag +
                    ", lastSuccessfulTime=" + lastSuccessfulTime +
                    ", successfulTotalTime=" + successfulTotalTime +
                    ", failureTimes=" + failureTimes +
                    ", successfulTimes=" + successfulTimes +
                    ", successfulAverageTime=" + successfulAverageTime +
                    '}';
        }
        //此处重写equals，如果IP地址和port相同，则表示同一个代理
        @Override
        public boolean equals(Object o) {
            if (this == o) return true;
            if (o == null || getClass() != o.getClass()) return false;

            Proxy proxy = (Proxy) o;

            if (port != proxy.port) return false;
            return ip.equals(proxy.ip);

        }

        @Override
        public int hashCode() {
            int result = ip.hashCode();
            result = 31 * result + port;
            return result;
        }

        public String getProxyStr(){
            return ip + ":" + port;
        }
}
```

（2）初始化代理。

爬虫初始化可以获取有用的代理，这是一个比较耗时的过程，经常会直接导致爬取前期速度非常慢。为了解决这个问题，需要让爬虫每次快速启动，并且也能很快地爬取。在爬虫过程中每隔一段时间要把代理序列化至文件，然后每次启动文件时将代理反序列化至内存中。如果代理在最近 1 小时内会使用，则直接使用。在此需要注意的是，为什么选择 1 小时作为超时时间？因为目前网上公开的免费代理大多都有的一个特点是使用的实效特别短。能在公开出来后的 1 小时后还能使用的是非常少的，作者进行过具体测试。本功能的实现文件是 ProxyHttpClient.java，对应实现代码如下。

```
    /**
     * 初始化代理
     */
    private void initProxy(){
        Proxy[] proxyArray = null;
        try {
            //反序列化代理文件
```

```
            proxyArray = (Proxy[]) HttpClientUtil.deserializeObject(Config.proxyPath);
            int usableProxyCount = 0;
            for (Proxy p : proxyArray){
                if (p == null){
                    continue;
                }
                //设置
                p.setTimeInterval(Constants.TIME_INTERVAL);
                p.setFailureTimes(0);
                p.setSuccessfulTimes(0);
                long nowTime = System.currentTimeMillis();
                if (nowTime - p.getLastSuccessfulTime() < 1000 * 60 *60){
                    //上次成功离现在少于1小时
                    ProxyPool.proxyQueue.add(p);
                    ProxyPool.proxySet.add(p);
                    usableProxyCount++;
                }
            }
            logger.info("反序列化proxy成功, " + proxyArray.length + "个代理,可用代理" +
            usableProxyCount + "个");
        } catch (Exception e) {
            logger.warn("反序列化proxy失败");
        }
    }
```

（3）初始化代理页下载线程池和代理测试线程池。

代理功能模块主要负责两类任务，第一类是根据 ProxyPool.java 文件中配置的 URL 去下载并解析代理网页任务，第二类是检测解析出的代理的可用性。在此也通过创建 proxyTestThreadPool 和 proxyDownloadThreadPool 两个线程池来分别执行这两种类型的任务，线程池的主要初始化代码见 ZhiHuHttpClient 文件，对应实现代码如下。

```
/**
 * 初始化线程池
 */
private void initThreadPool(){
    //创建corePoolSize为100、maxmumPoolSize为100、任务队列长度为10000的线程池，用于执行代理测试任务
    proxyTestThreadExecutor = new SimpleThreadPoolExecutor(100, 100,
            0L, TimeUnit.MILLISECONDS,
            new LinkedBlockingQueue<Runnable>(10000),
            new ThreadPoolExecutor.DiscardPolicy(),
            "proxyTestThreadExecutor");
    //创建corePoolSize为10、maximumPoolSize为10、任务队列长度为nteger.MAX_VALUE的线程池，
    用于执行代理页面下载任务
    proxyDownloadThreadExecutor = new SimpleThreadPoolExecutor(10, 10,
            0L, TimeUnit.MILLISECONDS,
            new LinkedBlockingQueue<Runnable>(), "" +
            "proxyDownloadThreadExecutor");
    //开启一个新线程以监视代理测试线程池的执行情况
    new Thread(new ThreadPoolMonitor(proxyTestThreadExecutor, "ProxyTestThreadPool")).start();
    //开启一个新线程以监视代理页下载线程池的执行情况
    new Thread(new ThreadPoolMonitor(proxyDownloadThreadExecutor,
    "ProxyDownloadThreadExecutor")).start();
}

/**
 * 抓取代理
 */
public void startCrawl(){
    new Thread(new Runnable() {
        @Override
        public void run() {
            while (true){
                for (String url : ProxyPool.proxyMap.keySet()){
                    /**
                     * 首次在本地直接下载代理页面
                     */
                    proxyDownloadThreadExecutor.execute(new ProxyPageTask(url, false));
```

```
                                    try {
                                        Thread.sleep(1000);
                                    } catch (InterruptedException e) {
                                        e.printStackTrace();
                                    }
                                }
                                try {
                                    Thread.sleep(1000 * 60 * 60);
                                } catch (InterruptedException e) {
                                    e.printStackTrace();
                                }
                            }
                        }
                    }).start();
                    new Thread(new ProxySerializeTask()).start();
                }
                public ThreadPoolExecutor getProxyTestThreadExecutor() {
                    return proxyTestThreadExecutor;
                }

                public ThreadPoolExecutor getProxyDownloadThreadExecutor() {
                    return proxyDownloadThreadExecutor;
                }
            }
```

（4）实现代理抓取的入口。

根据在文件 ProxyPool.java 中配置的代理页 URL，逐一构造 PrxoyPageTask，并添加至 proxy DownloadThreadPool 中，然后创建一个代理序列化任务。本功能的实现文件是 ProxyHttp Client.java，对应实现代码如下。

```
/**
 * 抓取代理
 */
public void startCrawl(){
    //开启一个新线程
    new Thread(new Runnable() {
        @Override
        public void run() {
            while (true){
                for (String url : ProxyPool.proxyMap.keySet()){
                    /**
                     * 首次在本地直接下载代理页面
                     */
                    proxyDownloadThreadPool.execute(new ProxyPageTask(url, false));
                    try {
                        Thread.sleep(1000);
                    } catch (InterruptedException e) {
                        e.printStackTrace();
                    }
                }
                try {
                    //每隔1小时重新获取代理
                    Thread.sleep(1000 * 60 * 60);
                } catch (InterruptedException e) {
                    e.printStackTrace();
                }
            }
        }
    }).start();
    //创建代理序列化任务
    new Thread(new ProxySerializeTask()).start();
}
```

2．代理页面下载

根据文件 ProxyPool.java 中的代理页 URL 下载代理页面，下载成功后解析出代理。并根据代理构造 ProxyTestTask，并添加至 proxyTestThreadPool 中。对于下载失败的代理页面，构造新的 ProxyPageTask，通过代理重新进行下载，直至下载成功。本功能的实现文件是 ProxyPageTask.java，对应实现代码如下。

```java
public void run(){
    //获取当前时间戳，单位为ms
    long requestStartTime = System.currentTimeMillis();
    HttpGet tempRequest = null;
    try {
        Page page = null;
        if (proxyFlag){
            //使用代理下载，创建HttpGet请求对象
            tempRequest = new HttpGet(url);
            //从延时队列中获取一个代理
            currentProxy = proxyQueue.take();
            //判断是否为本机直接连接
            if(!(currentProxy instanceof Direct)){
                //不是直接连接，创建一个HttpHost代理对象
                HttpHost proxy = new HttpHost(currentProxy.getIp(),
                currentProxy.getPort());
                //设置代理至创建的请求
                tempRequest.setConfig(HttpClientUtil.getRequestConfigBuilder().
                setProxy(proxy).build());
            }
            //执行请求，获取网页内容
            page = proxyHttpClient.getWebPage(tempRequest);
        }else {
            //不使用代理，直接下载
            page = proxyHttpClient.getWebPage(url);
        }
        page.setProxy(currentProxy);
        //获取响应状态码
        int status = page.getStatusCode();
        //获取当前时间戳，单位为ms。用于统计请求耗时
        long requestEndTime = System.currentTimeMillis();
        String logStr = Thread.currentThread().getName() + " " + getProxyStr
        (currentProxy) +
                " executing request " + page.getUrl() + " response
                statusCode:" + status +
                " request cost time:" + (requestEndTime - requestStartTime) + "ms";
        if(status == HttpStatus.SC_OK){
            //获取代理页成功
            logger.debug(logStr);
            handle(page);
        } else {
            //获取代理页失败
            logger.error(logStr);
            Thread.sleep(100);
            //重试
            retry();
        }
    } catch (InterruptedException e) {
        logger.error("InterruptedException", e);
    } catch (IOException e) {
        retry();
    } finally {
        if(currentProxy != null){
            currentProxy.setTimeInterval(Constants.TIME_INTERVAL);
            proxyQueue.add(currentProxy);
        }
        if (tempRequest != null){
            //释放连接
            tempRequest.releaseConnection();
        }
    }
}
/**
 * retry
 */
public void retry(){
    //创建ProxyPageTask任务，通过代理来下载
    proxyHttpClient.getProxyDownloadThreadPool().execute(new ProxyPageTask(url, true));
```

```
    }
    /**
     * 处理下载成功的代理页
     * @param page
     */
    public void handle(Page page){
        if (page.getHtml() == null || page.getHtml().equals("")){
            return;
        }
        //根据URL获取代理页面解析器
        ProxyListPageParser parser = ProxyListPageParserFactory.
                getProxyListPageParser(ProxyPool.proxyMap.get(url));
        //解析出代理列表
        List<Proxy> proxyList = parser.parse(page.getHtml());
        for(Proxy p : proxyList){
            if(!ZhiHuHttpClient.getInstance().getDetailListPageThreadPool().isTerminated()){
                //获取ProxyPool读锁
                ProxyPool.lock.readLock().lock();
                //判断当前代理是否被已添加
                boolean containFlag = ProxyPool.proxySet.contains(p);
                //释放ProxyPool读锁
                ProxyPool.lock.readLock().unlock();
                if (!containFlag){
                    //未被添加，则获取响应写锁，添加代理至proxySet
                    ProxyPool.lock.writeLock().lock();
                    ProxyPool.proxySet.add(p);
                    //释放写锁
                    ProxyPool.lock.writeLock().unlock();
                    //创建一个ProxyTestTask代理测试任务，并添加至proxyTest线程池
                    proxyHttpClient.getProxyTestThreadPool().execute(new
                    ProxyTestTask(p));
                }
            }
        }
    }
}
```

3．代理页面解析

代理页面和知乎详情列表的网页内容不太一致，由于目前所抓取的 4 个代理网页的内容是 HTML 标签文档，所以这里的解析并没有采用 jsonPath 解析功能，而是采用 jsoup 库来解析，jsoup 在解析 HTML 文档时非常灵活方便。本功能的具体实现详见 com.crawl.proxy.site 包。主要实现过程如下所示。

（1）登录代理网站，对应实现代码如下。

```
/**
 * 66ip代理网
 */
public class Ip66ProxyListPageParser implements ProxyListPageParser {
    /**
     * 根据66ip代理网网页内容解析出代理列表
     * @param content 网页内容
     * @return proxy list
     */
    @Override
    public List<Proxy> parse(String content) {
        List<Proxy> proxyList = new ArrayList<>();
        if (content == null || content.equals("")){
            return proxyList;
        }
        //根据网页内容创建Document对象
        Document document = Jsoup.parse(content);
        //通过类似jquery的CSS选择器查找标签和table子标签tr标签，并且tr索引大于1
        Elements elements = document.select("table tr:gt(1)");
        for (Element element : elements){
            //第1个td标签，text为IP
            String ip = element.select("td:eq(0)").first().text();
            //第2个td标签，text为port
            String port = element.select("td:eq(1)").first().text();
```

```
                //第3个td标签，text为匿名标志
                String isAnonymous = element.select("td:eq(3)").first().text();
                if(!anonymousFlag || isAnonymous.contains("匿")){
                        //只添加匿名代理至proxyList中
                        proxyList.add(new Proxy(ip, Integer.valueOf(port), TIME_INTERVAL));
                }
        }
        return proxyList;
    }
}
```

（2）登录 ip181 网站，该代理解析类的实现文件是 Ip181ProxyListPageParser.java，对应实现代码如下。

```
/**
 * ip181网站
 */
public class Ip181ProxyListPageParser implements ProxyListPageParser {
    /**
     * 根据ip181网站中的内容解析出代理列表
     * @param content 网页内容
     * @return proxy list
     */
    @Override
    public List<Proxy> parse(String content) {
            //根据网页内容创建Document对象
            Document document = Jsoup.parse(content);
            //获取table标签下索引大于0的tr标签
            Elements elements = document.select("table tr:gt(0)");
            List<Proxy> proxyList = new ArrayList<>(elements.size());
            for (Element element : elements){
                    //获取第1个td标签，text为IP
                    String ip = element.select("td:eq(0)").first().text();
                    //获取第2个td标签，text为port
                    String port  = element.select("td:eq(1)").first().text();
                    //获取第3个td标签，text为匿名标志
                    String isAnonymous = element.select("td:eq(2)").first().text();
                    if(!anonymousFlag || isAnonymous.contains("匿")){
                            //添加匿名代理至proxyList
                            proxyList.add(new Proxy(ip, Integer.valueOf(port), TIME_INTERVAL));
                    }
            }
            return proxyList;
    }
}
```

其他代理网站的代理原理同以上两个网站，书中不再提供具体实现。

4. 代理可用性检测

从代理网站上抓取的大部分代理是不可用的。我们需要对代理进行检测，将可用的代理作为爬虫代理，这里检测的方式便是通过访问知乎首页能否正确响应作为检测结果。该功能的实现文件是 ProxyTestTask.java，对应实现代码如下。

```
/**
 * 代理检测任务
 * 通过访问知乎首页能否正确响应来确定结果
 * 将可用代理添加到DelayQueue延时队列中
 */
public class ProxyTestTask implements Runnable{
    private final static Logger logger = LoggerFactory.getLogger(ProxyTestTask.class);
    private Proxy proxy;
    public ProxyTestTask(Proxy proxy){
            this.proxy = proxy;
    }

    /**
     * 多线程任务
     */
    @Override
    public void run() {
```

```
        //获取当前时间戳，单位为ms
        long startTime = System.currentTimeMillis();
        //创建url为zhihu网站的HttpGet请求
        HttpGet request = new HttpGet(Constants.INDEX_URL);
        try {
            //配置request，设置超时时间，设置代理
            RequestConfig requestConfig = RequestConfig.custom().setSocketTimeout
        (Constants.TIMEOUT).
                    setConnectTimeout(Constants.TIMEOUT).
                    setConnectionRequestTimeout(Constants.TIMEOUT).
                    setProxy(new HttpHost(proxy.getIp(), proxy.getPort())).
                    setCookieSpec(CookieSpecs.STANDARD).
                    build();
            request.setConfig(requestConfig);
            //执行请求，获取响应
            Page page = ZhiHuHttpClient.getInstance().getWebPage(request);
            //获取当前时间戳
            long endTime = System.currentTimeMillis();
            String logStr = Thread.currentThread().getName() + " " + proxy.getProxyStr() +
                    " executing request " + page.getUrl() + " response statusCode:" +
                    page.getStatusCode() +
                    " request cost time:" + (endTime - startTime) + "ms";
            if (page == null || page.getStatusCode() != 200){
                //未能正确响应，直接返回
                logger.warn(logStr);
                return;
            }
            //释放连接
            request.releaseConnection();
            //记录日志
            logger.debug(proxy.toString() + "---------" + page.toString());
            logger.debug(proxy.toString() + "----------代理可用--------请求耗时:" +
            (endTime - startTime) + "ms");

            //正确响应，该代理可用，添加代理至延时队列
            ProxyPool.proxyQueue.add(proxy);
        } catch (IOException e){
            logger.debug("IOException:", e);
        } finally {
            //延时队列
            if (request != null){
                request.releaseConnection();
            }
        }
    }
    private String getProxyStr(){
        return proxy.getIp() + ":" + proxy.getPort();
    }
}
```

5. 代理序列化

序列化时间间隔为 1min，把代理池 ProxyPool 延时队列中的代理序列化至磁盘文件。该功能的实现文件是 ProxySerializeTask.java，对应实现代码如下。

```
/**
 * 代理序列化任务
 */
public class ProxySerializeTask implements Runnable{
    private static Logger logger = LoggerFactory.getLogger(ProxySerializeTask.class);

    /**
     * 实现Runnable接口方法
     * 每隔1min序列化当前可用代理至文件
     */
    @Override
    public void run() {
        while (!ZhiHuHttpClient.isStop){
            try {
                Thread.sleep(1000 * 10 * 1);
```

```
        } catch (InterruptedException e) {
            e.printStackTrace();
        }
        Proxy[] proxyArray = null;
        //ProxyPool中可用的代理，添加至proxyArray
        proxyArray = ProxyPool.proxyQueue.toArray(new Proxy[0]);
        //序列化代理至硬盘
        HttpClientUtil.serializeObject(proxyArray, Config.proxyPath);
        logger.info("成功序列化" + proxyArray.length + "个代理");
    }
}
```

25.7　知乎用户大数据分析

25.7.1　数据展示模块

前面几节讲解了数据的抓取过程，接下来对抓取的数据进行简单的分析处理。具体的处理方式是采用 SQL 查询语言查询出我们想要的数据，然后通过前端库 echarts 展示在浏览器上。该项目并不是一个 Web 项目，但是需要在浏览器上对数据进行可视化。JDK 自带的轻量级 httpserver 作为 WebServer，后端采用 velocity 模板引擎对数据进行渲染。传递数据到浏览器端，再通过 echarts 对数据进行可视化渲染。

1. Http 请求处理

它负责对 httpserver 接收的请求进行处理，该功能的实现文件是 HttpRequestHandler.java，对应的实现代码如下。

```
/**
 * 具体请求的处理方法
 * @param httpExchange
 * @throws IOException
 */
private void process(HttpExchange httpExchange) throws IOException {httpExchange.
sendResponseHeaders(200, 0);
    //获取响应流
    OutputStream responseBody = httpExchange.getResponseBody();
    List<ChartVO> chartVOList = new ArrayList<>();
    //创建可视化vo对象
    chartVOList.add(new ChartVO("followers", "粉丝数", "知乎粉丝数TOP10"));
    chartVOList.add(new ChartVO("agrees", "赞同数", "知乎赞同数TOP10"));
    chartVOList.add(new ChartVO("thanks", "感谢数", "知乎感谢数TOP10"));
    chartVOList.add(new ChartVO("asks", "提问数", "知乎提问数TOP10"));
    chartVOList.add(new ChartVO("answers", "回答数", "知乎回答数TOP10"));
    chartVOList.add(new ChartVO("posts", "文章数", "知乎文章数TOP10"));
    chartVOList.add(new ChartVO("followees", "关注数", "知乎关注数TOP10"));
    for(ChartVO vo : chartVOList){
        //调用本类中的方法
        getTop10(vo);
    }
    //调用本类中的方法，渲染数据
    String response = render(chartVOList);
    //写数据至响应流中
    responseBody.write(response.getBytes());
    responseBody.close();
}
```

2. 展示数据查询

该功能是通过调用 dao 模块来实现的，它需要从数据库中查询所需字段的 TOP10 数据。根据返回的 vo 对象构造前端页面 echarts 数据字符串对象。该功能的实现文件是 HttpRequestHandler.java，对应的实现代码如下所示。

```
/**
 * 根据vo对象，从数据库中查询对应数据的TOP10
```

```
    * 通过反射获取对应字段的值，然后构造前端所需的数据格式
    * @param vo
    * @return
    */
private ChartVO getTop10(ChartVO vo){
        //创建数据库操作对象
        ZhiHuDao zhiHuDao = new ZhiHuDaoImp();
        //创建SQL查询语句
        String followersTop10Sql = "select * from user order by " + vo.getColumnName() + "
        desc limit 0, 10";
        //根据SQL查询数据
        List<User> userList = zhiHuDao.queryUserList(followersTop10Sql);

        //创建前端页面echarts横坐标数组字符串对象
        StringBuilder xAxis = new StringBuilder();
        //创建前端页面echarts纵坐标数组字符串对象
        StringBuilder series = new StringBuilder();
        xAxis.append("[");
        series.append("[");

        //根据字段名，构造对应字段的GET方法名，eg:字段名为followers,则对应的GET方法名为getFollowers
        StringBuilder methodName = new StringBuilder(vo.getColumnName());
        int c = methodName.charAt(0);
        c = c - 32;
        methodName.deleteCharAt(0);
        methodName.insert(0, (char) c);
        Method method = null;
        try {
                //获取字段对应的method对象
                method = User.class.getMethod("get" + methodName);
        } catch (NoSuchMethodException e) {
                e.printStackTrace();
        }

        //设置数据
        for (User user : userList){
                xAxis.append("'" + user.getUsername() + "',");
                try {

                        int value = (int) method.invoke(user);
                        series.append("'" + value + "',");
                } catch (IllegalAccessException e) {
                        e.printStackTrace();
                } catch (InvocationTargetException e) {
                        e.printStackTrace();
                }
        }
        xAxis.deleteCharAt(xAxis.length() - 1);
        series.deleteCharAt(series.length() - 1);
        xAxis.append("]");
        series.append("]");
        vo.setxAxis(xAxis.toString());
        vo.setSeries(series.toString());
        return vo;
}
```

25.7.2　运行展示

运行程序文件 Main.java，打开浏览器输入网址：http://localhost:8080/zhihu-data-analysis 后就可以看到爬取数据的实时统计情况。其中去掉学校后的一个学校排名的用户数统计如图 25-9 所示。

知乎粉丝数 TOP10 用户统计如图 25-10 所示，可以看出张**是遥遥领先的。

赞同数 TOP10 的用户统计如图 25-11 所示。

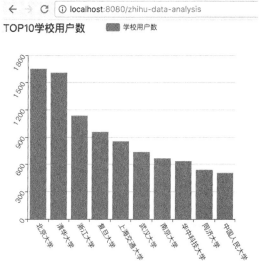

图 25-9　前 10 名学校用户数统计

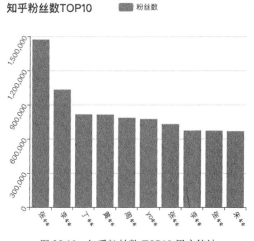

图 25-10　知乎粉丝数 TOP10 用户统计

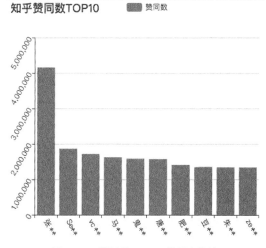

图 25-11　赞同数 TOP10 的用户统计

25.8　项目开发难点分析

现在来回顾整个系统的开发。对于简单的小型爬虫项目来说，当爬取数据量比较小时，项目是没什么问题的，但是当爬取的数据量比较大时就会有很多额外的问题，比如网站统一客户端的访问量限制、数据的存储、URL 去重。当前的知乎网站对同一客户端有访问限制，而且在一段时间内同一客户端请求量达到一定阈值后，会被知乎服务器禁止访问。但是又要爬取数据，那该怎么办呢？这时需要构建自己免费的爬虫代理池。具体的 http 代理去哪里找呢？也用爬虫的方式抓取网上免费公开的代理，然后把这些代理拿来爬取知乎上我们想要的用户数据。在此需要注意的是，网上免费公开代理的可用率非常低，可能在几十个代理中只有一两个可用。如果想从这些代理中找出可用的代理，就需要编写专门的代理检测模块以实现从网上爬取的 http 代理中找出可用的 http 代理。拿到可用代理后，具体怎么使用这些代理呢？本书前面曾经提及知乎对同一客户端有限制，同时也是为了让这些代理达到最大利用率，在多线程抓取时，通过延时队列来控制同一时刻同一代理最多只有一个请求在请求知乎服务器，并且同一代理的使用间隔为 1s，这就大大增加了代理的复用性。